내가 뽑은 원픽! 최신 출 수험서

2024

전기산업기사 실기 + 무료동영상

22개년 기출 + 핵심요약 핸드북

강준희 · 주진열 저

예문사

INFORMATION 동영상 시청 안내

2024 전기산업기사 실기

STEP 1 아래 QR 코드를 스캔하여 카페에 가입합니다.

카페 주소(cafe.naver.com/electrichy)를 직접 입력하거나,
네이버 카페에서 전기의 희열을 검색하셔도 됩니다.

STEP 2 아래에 닉네임을 적고 인증사진을 찍습니다.

2024 전기산업기사 실기	닉네임 :

• 지워지지 않는 펜으로 크게 기입
• 중복기입 및 중고도서 등 인증불가

STEP 3 도서 인증하기를 클릭하여 인증사진을 올립니다.

STEP 4 인증하기 후 등업 요청하기를 클릭하여 등업을 요청합니다.

카페 관리자가 등업을 하면 바로 시청이 가능합니다.

전기의 희열 카페에 가입하시면

○ 무료 동영상 강의 시청 및 시험정보 공유
○ 질문 게시판을 이용한 질의 응답 가능
○ 무료 특강 시청
등의 특전이 있습니다.

머리말

현대사회는 무한 경쟁 시대로 수험생 여러분의 가치와 능력을 증명하기 위한 노력이 매우 중요하고 절실합니다. 전기 분야 자격증은 중소기업은 물론 공기업 및 대기업 취업에도 유리한 자격증이지만 비전공자가 접근하기에는 다소 어려운 자격증입니다. 또한 최근 실기문제는 기존 과년도 문제를 변형하여 출제되므로 단순히 답만 암기하여 합격하기는 어려워졌습니다. 따라서 비전공자라도 본서의 학습플랜과 무료로 제공하는 동영상을 시청하면서 개념을 충분히 익히고 유형을 잘 파악하여 준비한다면 독학으로도 충분히 자격증을 취득할 수 있을 것입니다.

본서는 다음 사항에 중점을 두고 집필하였습니다.

◆ 본서의 특징

1. 22년간 시행된 모든 과년도를 **한국전기설비규정(KEC)에 맞게 수정**하였습니다.
2. **핵심요약 핸드북**과 **22개년 과년도 기출문제를 모두 무료 고화질 동영상으로 제공**합니다.
3. **암기**가 어려운 부분은 **간단 명료**하게, **수학**은 이해하기 **쉽게 해설**하였습니다.
4. 기출문제의 완벽한 복원으로 **동영상 업데이트** 및 **2024년까지 무료강의** 시청이 가능합니다.

또한 수험자들을 위하여 '네이버 전기의 희열 카페'에서는 도서와 관련한 문의 사항을, 유튜브를 통하여는 과년도 고빈출 및 변형되는 문제를 제공하고 있습니다.

끝으로 본 교재와 동영상을 통하여 공부한 모든 수험생의 합격을 기원하며, 출간을 위해 노력해 주신 인천대산전기직업학교 송우근 대표님, 예문사 정용수 대표님, 실무에 도움을 주신 김득모 선배님께 감사드립니다.

저자 강준희, 주진열

단기합격 공부방법

최근 10년간 출제 경향

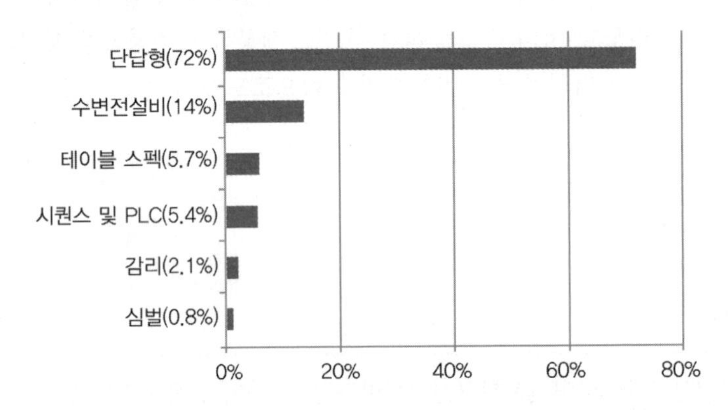

단답형 문제는 60~70%의 비중으로 출제된다. 만점을 목표로 하기보다는 핵심요약 핸드북으로 키워드와 암기법 위주로 공부한다. 수변전설비와 테이블 스펙, 시퀀스 부분의 비중은 20~30% 정도로 배점이 큰 편이고 기본 개념을 알아야 문제를 풀 수 있으므로 암기보다는 이해 위주의 공부가 필요하다.

단답형 문제

1) 앞글자를 이용한 단순암기

핵심요약 핸드북에 단순암기 방법을 제시하였으며, 동영상 강의를 시청하며 강사가 그때그때 제시하는 방법을 적극 활용한다.

예 전력용 퓨즈 특성 3가지를 쓰시오.

전차단특성, 단시간 허용특성, 용단특성 ➡ 전단용

2) 설명문제 암기법

핵심 키워드만 암기하는 것이 좋으며, 동영상 강의를 시청하며 강사가 제시하는 방법을 적극 활용한다.

예 전력용 퓨즈의 기능을 쓰시오.

① 부하전류를 안전하게 흐르게 한다. ➡ 부하전류만 암기

② 사고전류를 차단하여 기기를 보호한다. ➡ 사고전류만 암기

학습 플랜

간단한 계산문제

1) 문항의 조건 확인 필수(주어진 표, 소숫점 처리, 단위 등)
   ➡ 조건을 제대로 확인하지 않고 풀어 실수하는 경우가 많으므로 주어진 조건을 꼭 확인한다.

2) 쉬운 문제도 끝까지 검산할 것
   ➡ 계산기를 효율적으로 활용하면 시간이 단축되므로 끝까지 정답을 확인하는 습관을 갖는다.

3) 비슷한 문항도 변형된 곳이 있는지 꼭 확인할 것
   ➡ 과년도가 변형되어 출제되므로 어느 부분이 변형되었는지 제대로 읽고 풀어야 실수가 발생하지 않는다.

4) 최종 값에 반드시 대괄호와 단위 기입
   ➡ 단위(지수 등)를 잘못 기재하는 경우가 많으므로 꼭 단위를 확인하고 마무리한다.

복잡한 계산문제

1) 시간이 오래 걸리고 어려운 문제는 집중하여 반복학습
   ➡ 문제가 그대로 출제되어도 오답률이 많다. 집중이 잘 되는 시간에 동영상을 반복 시청한다.

2) 문항에 표시된 별 3개 이상의 문제를 풀어본다.
   ➡ 복습시간이 부족하면 출제 빈도가 많지 않은 별 1, 2개 문항은 과감히 패스한다.

시퀀스 및 PLC

1) 무조건 암기 NO!
   ➡ 단순한 암기로 풀 수 있는 문제가 아니므로 반드시 기초를 알아야 한다.

2) 이해하고 풀 것!
   ➡ 비슷한 문항이 반복되므로 몇 문제만 제대로 이해하면 응용할 수 있다.

그림 그리는 문제

1) 복선도, 단선도에서 접지 등을 표기할 것 ➡ 동영상에서 강사가 제시함

2) 상(선) 연결 시 반드시 •을 표기할 것

합격 PLAN

1. 필기시험(CBT) 응시 후 바로 합격 여부를 알 수 있고 실기시험 까지 총 2개월의 여유가 있으므로 이 기간으로 과정을 설계하였음(재검자는 별 1개 문항도 시청할 것)
2. 공부하는 방법, 암기하는 방법, 문제유형 변경내용, KEC 등을 반복하여 동영상으로 자세히 설명했으니 활용할 것
3. 실기는 10년 정도 문제만 시청하면 이후에 반복되는 문항이 있어 복습 시 처음 공부할 때보다 시간이 절반으로 줄어들고 두 번째 복습 시는 또다시 절반으로 줄어든다. 문제는 3회 이상 무조건 반복하여 풀어보고 자주 틀리는 문항은 별도로 표시하거나 오답노트를 활용하여 시험 전에 꼭 체크할 것

1개월

1주차 | 동영상을 활용하여 핵심요약 핸드북 내용을 3회 이상 반복하여 암기하고 대표유형문제로 내용 숙지

1일차	2일차	3일차	4일차	5일차	6일차	7일차
핵심요약 핸드북 1회독		핵심요약 핸드북 2회독		핵심요약 핸드북 3회독		보충학습
월 일		월 일		월 일		월 일

2주차 | 별 2개 이상 문항을 동영상으로 학습(2002~2008)

1일차	2일차	3일차	4일차	5일차	6일차	7일차
2002년	2003년	2004년	2005년	2006년	2007년	2008년
월 일	월 일	월 일	월 일	월 일	월 일	월 일

3주차 | 별 2개 이상 문항을 동영상으로 학습(2009~2015)

1일차	2일차	3일차	4일차	5일차	6일차	7일차
2009	2010	2011	2012	2013	2014	2015
월 일	월 일	월 일	월 일	월 일	월 일	월 일

4주차 | 별 2개 이상 문항을 동영상으로 학습(2016~2023)

1일차	2일차	3일차	4일차	5일차	6일차	7일차
2016	2017	2018	2019	2020	2021	2022~2023
월 일	월 일	월 일	월 일	월 일	월 일	월 일

학습 플랜

2개월

1주차 | 별 2개 이상 복습하기 2002년~2013년 복습(동영상 1.2~1.3배속)

1일차	2일차	3일차	4일차	5일차	6일차	7일차
2002~2003	2004~2005	2006~2007	2008~2009	2010~2011	2012~2013	보충학습
월 일	월 일	월 일	월 일	월 일	월 일	월 일

2주차 | 2014년~2023년 복습(동영상 1.2~1.3배속)

1일차	2일차	3일차	4일차	5일차	6일차	7일차
2014~2015	2016~2017	2018~2019	2020~2022	2023	보충학습	보충학습
월 일	월 일	월 일	월 일	월 일	월 일	월 일

3주차 | 2002~2023 재복습하기(동영상 1.2~1.3배속)

1일차	2일차	3일차	4일차	5일차	6일차	7일차
2002~2005	2006~2009	2010~2013	2014~2017	2018~2023	보충학습	보충학습
월 일	월 일	월 일	월 일	월 일	월 일	월 일

4주차 | 마무리 학습

1일차	2일차	3일차	4일차	5일차	6일차	7일차
2002~2006	2007~2011	2012~2016	2017~2023	보충학습	보충학습	시험일
월 일	월 일	월 일	월 일	월 일	월 일	월 일

(암기된 문항을 제외하고 자주 틀리는 문제, 오답노트 등을 활용하여 학습하고 시험 당일에 핵심요약 핸드북을 정독하고 시험장에 입실한다.)

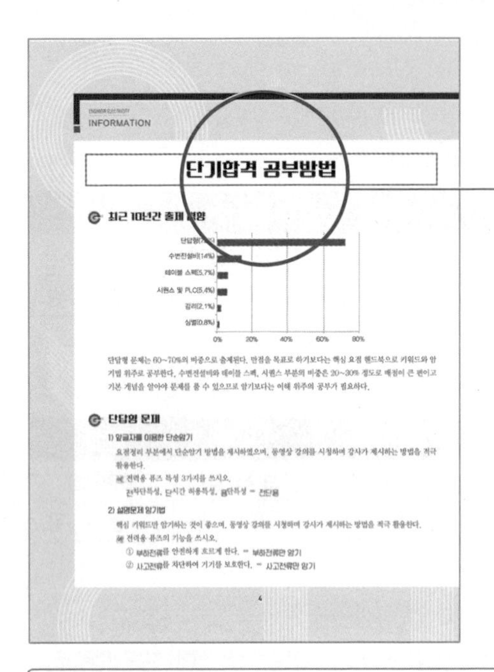

단기합격 공부방법
최근 출제경향부터 어떻게 공부해야 하는지 학습전략을 설명해줍니다.

학습 플랜
학습 플랜 가이드로 공부일정을 관리할 수 있어요.
개인에 맞게 일정을 변경하여 사용해보세요.

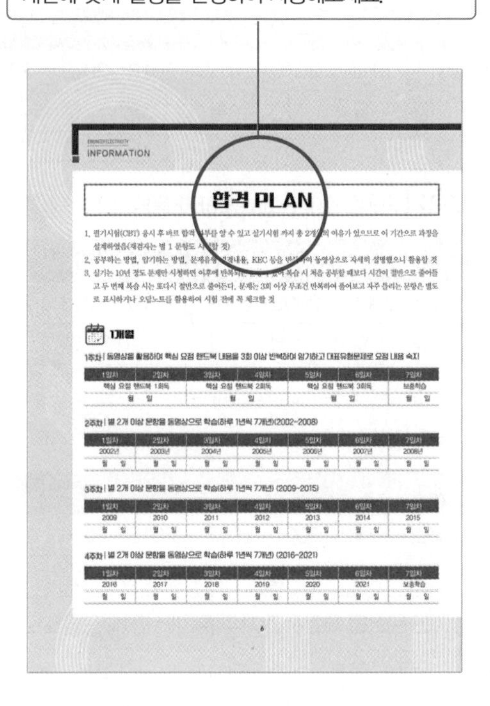

회독 체크 및 별표 표시
3회독 이상 학습을 체크할 수 있고 별 개수로 자주 출제되는 중요한 문제를 선별하였습니다.

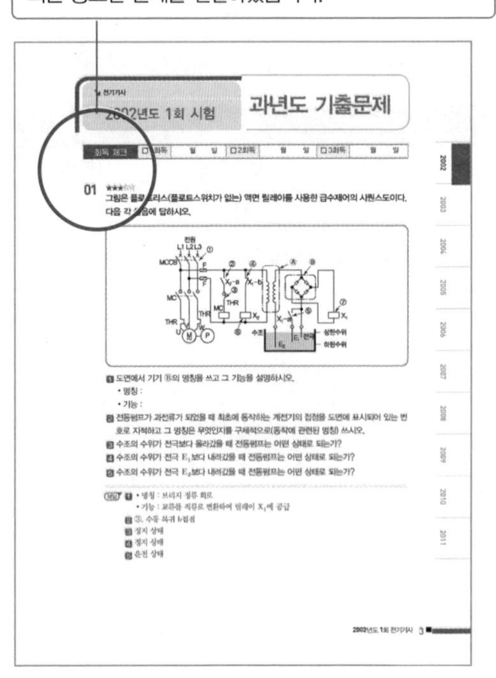

이 책의 구성과 특징

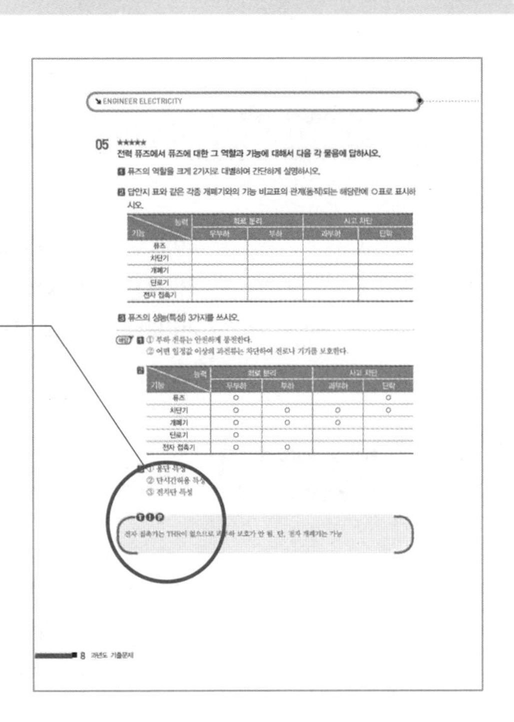

ENGINEER ELECTRICITY

05 ★★★★★
전력 퓨즈에서 퓨즈에 대한 그 역할과 기능에 대해서 다음 각 물음에 답하시오.

1 퓨즈의 역할을 크게 2가지로 대별하여 간단하게 설명하시오.

2 답안지 표와 같은 각종 개폐기와의 기능 비교표의 관계(동작)되는 해당란에 ○표로 표시하시오.

기능 \ 능력	회로 분리		사고 차단	
	무부하	부하	과부하	단락
퓨즈				
차단기				
개폐기				
단로기				
전자 접촉기				

3 퓨즈의 성능(특성) 3가지를 쓰시오.

해답 1 ① 부하 전류는 안전하게 통전한다.
② 어떤 일정값 이상의 과전류는 차단하여 전로나 기기를 보호한다.

2

기능 \ 능력	회로 분리		사고 차단	
	무부하	부하	과부하	단락
퓨즈	○			○
차단기	○	○	○	○
개폐기	○	○	○	
단로기	○			
전자 접촉기	○	○		

3 ① 용단 특성
② 단시간허용 특성
③ 전차단 특성

TIP
전자 접촉기는 THR이 없으므로 과부하 보호가 안 됨. 단, 전자 개폐기는 가능

8 과년도 기출문제

Tip
중요 내용, 추가 내용, 공식 등을 정리해 이해를 돕습니다.

핵심요약 핸드북
휴대가 간편한 핵심요약집으로, 본문 내용은 물론 대표 유형문제 동영상을 무료로 제공합니다.

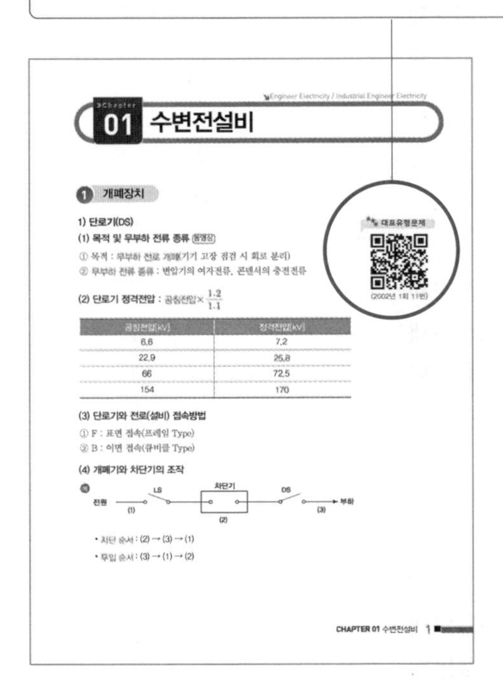

Engineer Electricity / Industrial Engineer Electricity

Chapter 01 수변전설비

1 개폐장치

1) 단로기(DS)

(1) 목적 및 무부하 전류 종류 동영상
① 목적 : 무부하 전로 개폐(기기 고장 점검 시 회로 분리)
② 무부하 전류 종류 : 변압기의 여자전류, 콘덴서의 충전전류

(2) 단로기 정격전압 : 공칭전압 $\times \frac{1.2}{1.1}$

공칭전압[kV]	정격전압[kV]
6.6	7.2
22.9	25.8
66	72.5
154	170

(3) 단로기와 전로(설비) 접속방법
① F : 표면 접속(프레임 Type)
② B : 이면 접속(뮤비클 Type)

(4) 개폐기와 차단기의 조작

• 차단 순서 : (2) → (3) → (1)
• 투입 순서 : (3) → (1) → (2)

대표유형문제 (2002년 1회 11번)

CHAPTER 01 수변전설비 1

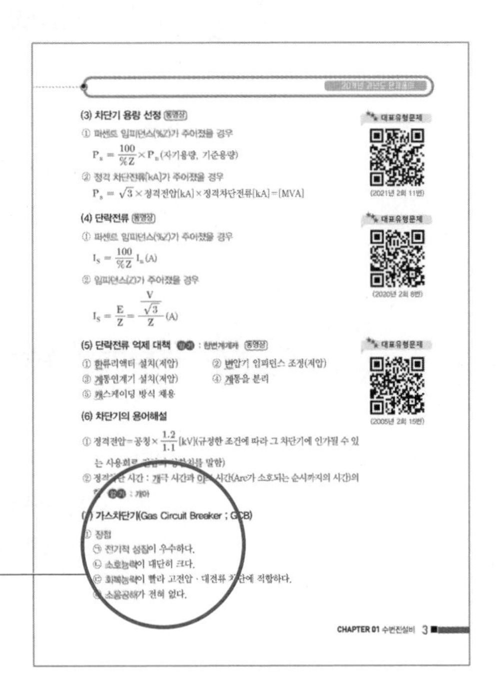

(3) 차단기 용량 선정 동영상
① 퍼센트 임피던스(%Z)가 주어졌을 경우
$P_s = \frac{100}{\%Z} \times P_n$ (자기용량, 기준용량)
② 정격 차단전류(kA)가 주어졌을 경우
$P_s = \sqrt{3} \times$ 정격전압[kV] × 정격차단전류[kA] = [MVA]

(4) 단락전류 동영상
① 퍼센트 임피던스(%Z)가 주어졌을 경우
$I_s = \frac{100}{\%Z} I_n$ (A)
② 임피던스(Z)가 주어졌을 경우
$I_s = \frac{E}{Z} = \frac{\frac{V}{\sqrt{3}}}{Z}$ (A)

(5) 단락전류 억제 대책 : 한번계계파 동영상
① 한류리액터 설치(저압)
② 변압기 임피던스 조정(저압)
③ 계통연계기 설치(저압)
④ 계통을 분리
⑤ 캐스케이딩 방식 채용

(6) 차단기의 용어해설
① 정격전압 = 공칭 × $\frac{1.2}{1.1}$ [kV](규정한 조건에 따라 그 차단기에 인가될 수 있는 사용회로 전압의 상한값을 말함)

(7) 가스차단기(Gas Circuit Breaker ; GCB)
① 장점
㉠ 전기적 성질이 우수하다.
㉡ 소호능력이 대단히 크다.
㉢ 회복능력이 빨라 고전압 · 대전류 차단에 적합하다.
㉣ 소음공해가 전혀 없다.

대표유형문제 (2021년 2회 11번)
대표유형문제 (2020년 2회 8번)
대표유형문제 (2005년 2회 15번)

CHAPTER 01 수변전설비 3

암기법, 키워드 표시
외우기 쉽도록 암기법과 키워드를 강조하여 가독성을 높였습니다.

CONTENTS

2002년 과년도 기출문제

2003년 과년도 기출문제

2004년 과년도 기출문제

2005년 과년도 기출문제

차 례

2006년 과년도 문제풀이

2007년 과년도 문제풀이

2008년 과년도 문제풀이

2009년 과년도 문제풀이

CONTENTS

2010년 과년도 문제풀이

2011년 과년도 문제풀이

2012년 과년도 문제풀이

2013년 과년도 문제풀이

차 례

2014년 과년도 문제풀이

2015년 과년도 문제풀이

2016년 과년도 문제풀이

2017년 과년도 문제풀이

CONTENTS

2018년 과년도 문제풀이

2019년 과년도 문제풀이

2020년 과년도 문제풀이

2021년 과년도 문제풀이

차 례

2022년 과년도 문제풀이

2023년 과년도 문제풀이

국가기술자격 실기시험 문제 및 답안지

2○○○년도 기사 제○회 필답형 실기시험

종목	시험시간	배점	문제수	형별
전기산업기사	2시간	100점		

구분	수험자 유의사항
공통사항	• 시험 시작시간 이후 입실 및 응시가 불가하며, 수험표 및 접수내역 사전확인을 통한 시험장 위치, 시험장 입실가능 시간을 숙지하시기 바랍니다. • 시험 준비물 – 공단인정 신분증(바로가기), 수험표 , 계산기[필요시], 흑색 볼펜류 필기구(필답, 기술사 필기), 계산기[필요시], 수험자지참준비물(작업형실기, 바로가기) ※ 공학용 계산기는 일부 등급에서 제한된 모델로만 사용이 가능하므로 사전에 필히 확인 후 지참 바랍니다. • 부정행위 관련 유의사항 – 시험 중 다음과 같은 행위를 하는 자는 국가기술자격법 제10조 제6항의 규정에 따라 당해 검정을 중지 또는 무효로 하고 3년간 국가기술자격법에 의한 검정을 받을 자격이 정지됩니다. • 부정행위 관련 유의사항 – 시험 중 다음과 같은 행위를 하는 자는 국가기술자격법 제10조 제6항의 규정에 따라 당해 검정을 중지 또는 무효로 하고 3년간 국가기술자격법에 의한 검정을 받을 자격이 정지됩니다. – 시험 중 다른 수험자와 시험과 관련된 대화를 하거나 답안지(작품 포함)를 교환하는 행위 – 시험 중 다른 수험자의 답안지(작품) 또는 문제지를 엿보고 답안을 작성하거나 작품을 제작하는 행위 – 다른 수험자를 위하여 답안(실기작품의 제작방법 포함)을 알려주거나 엿보게 하는 행위 – 시험 중 시험문제 내용과 관련된 물건을 휴대하여 사용하거나 이를 주고받는 행위 – 시험장 내외의 자로부터 도움을 받고 답안지를 작성하거나 작품을 제작하는 행위 – 다른 수험자와 성명 또는 수험번호(비번호)를 바꾸어 제출하는 행위 – 대리시험을 치르거나 치르게 하는 행위 – 시험시간 중 통신기기 및 전자기기를 사용하여 답안지를 작성하거나 다른 수험자를 위하여 답안을 송신하는 행위 – 그 밖에 부정 또는 불공정한 방법으로 시험을 치르는 행위 • 시험시간 중 전자 · 통신기기를 비롯한 불허물품 소지가 적발되는 경우 퇴실조치 및 당해시험은 무효처리 됩니다.

유의사항

<table>
<tr><th>구분</th><th>수험자 유의사항</th></tr>
<tr><td>실기시험</td><td>• 작업형 실기시험
1. 수험자지참준비물을 반드시 확인 후 준비해오셔야 응시 가능합니다.
2. 수험자는 시험위원의 지시에 따라야 하며 시험실 출입 시 부정한 물품 소지여부 확인을 위해 시험위원의 검사를 받아야 합니다.
3. 시험시간 중 전자 · 통신기기를 비롯한 불허물품 소지가 적발되는 경우 퇴실조치 및 당해시험은 무효처리 됩니다.
4. 수험자는 답안 작성 시 검정색 필기구만 사용하여야 합니다.(그 외 연필류, 유색 필기구 등을 사용한 답항은 채점하지않으며 0점 처리됩니다.)
5. 수험자는 시험시작 전에 지급된 재료의 이상 유무를 확인하고 이상이 있을 경우에는 시험위원으로 부터 조치를 받아야 합니다.(시험시작 후 재료교환 및 추가지급 불가)
6. 수험자는 시험 종료후 문제지와 작품(답안지)을 시험위원에게 제출하여야 합니다.(단, 문제지 제공 지정종목은 시험 종료 후 문제지를 회수하지 아니함)
7. 복합형(필답형+작업형)으로 시행되는 종목은 전 과정을 응시하지 않는 경우 채점대상에서 제외 됩니다.
8. 다음과 같은 경우는 득점에 관계없이 불합격 처리 합니다.
–시험의 일부 과정에 응시하지 아니하는 경우
–문제에서 주요 직무내용이라고 고지한 사항을 전혀 해결하지 못하는 경우
–시험 중 시설 장비의 조작 또는 재료의 취급이 미숙하여 위해를 일으킬 것으로 시험위원 전원이 합의 하여 판단한 경우
9. 수험자는 시험 중 안전에 특히 유의하여야 하며, 시험장에서 소란을 피우거나 타인의 시험을 방해하는 자는 질서유지를 위해 시험을 중지시키고 시험장에서 퇴장 시킵니다.

• 필답형 실기시험
1. 문제지를 받는 즉시 응시 종목의 문제가 맞는지 확인하셔야 합니다.
2. 답안지 내 인적사항 및 답안작성(계산식 포함)은 검정색 필기구만을 계속 사용하여야 합니다.
3. 답안정정 시에는 두 줄(=)을 긋고 다시 기재 가능하며, 수정테이프 사용 또한 가능합니다.
4. 계산문제는 반드시 '계산과정'과 '답'란에 정확히 기재하여야 하며 계산과정이 틀리거나 없는 경우 0점 처리됩니다.
※ 연습이 필요 시 연습란을 이용하여야 하며, 연습란은 채점대상이 아닙니다.
5. 계산문제는 최종결과 값(답)에서 소수 셋째자리에서 반올림하여 둘째 자리까지 구하여야 하나 개별 문제에서 소수처리에 대한 별도 요구사항이 있을 경우, 그 요구사항에 따라야 합니다.
6. 답에 단위가 없으면 오답으로 처리됩니다.(단, 문제의 요구사항에 단위가 주어졌을 경우는 생략되어도 무방합니다)
7. 문제에서 요구한 가지 수 이상을 답란에 표기한 경우, 답란기재 순으로 요구한 가지 수만 채점합니다.</td></tr>
</table>

memo

INDUSTRIAL ENGINEER ELECTRICITY

2002년 과 년 도 문제풀이

↘ 전기산업기사

2002년도 1회 시험

과년도 기출문제

회독 체크	□1회독	월 일	□2회독	월 일	□3회독	월 일

01

★★★☆☆ [10점]

그림을 보고 ①부터 ⑩까지의 기기 명칭과 그 용도를 설명하시오.

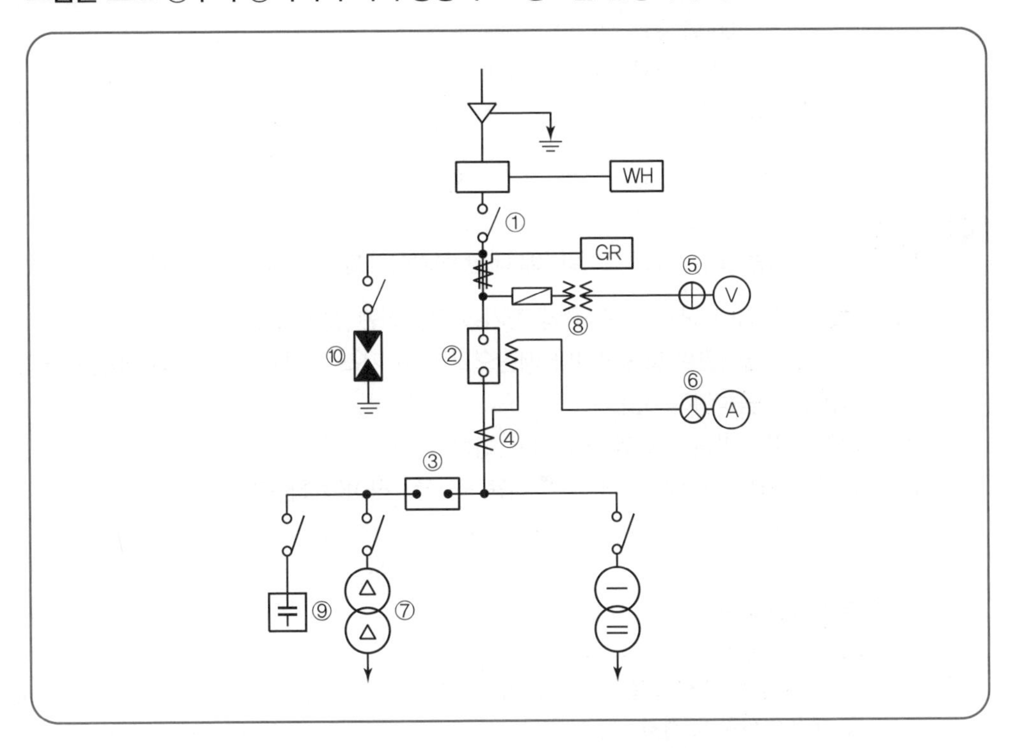

해답

호	명칭	용도
①	단로기	무부하 시 회로 개폐
②	교류차단기	사고 전류 차단 및 부하 전류 차단
③	유입개폐기	부하 전류 개폐
④	변류기	대전류를 소전류로 변성하여 계기 및 과전류 계전기에 공급
⑤	전압계용 전환개폐기	1대의 전압계로 3상의 전압을 측정하기 위한 전환개폐기
⑥	전류계용 전환개폐기	1대의 전류계로 3상의 전류를 측정하기 위한 전환개폐기
⑦	수전용 변압기	전압을 부하에 적합한 전압으로 변성
⑧	계기용 변압기	고전압을 저전압으로 변성시켜 계기 및 계전기 등의 전원공급
⑨	전력용 콘덴서	부하의 역률 개선
⑩	피뢰기	이상 전압이 내습하면 이를 대지로 방전하고, 속류를 차단

02 ★★☆☆☆

[5점]

전압의 크기에 따른 종별을 구분하고, 그 전압의 범위를 쓰시오.

※ KEC 규정에 따라 변경

해답 ① 저압

직류 : 1,500[V] 이하

교류 : 1,000[V] 이하

② 고압

직류 : 1,500[V] 초과 7,000[V] 이하

교류 : 1,000[V] 초과 7,000[V] 이하

③ 특별고압 : 7,000[V] 초과

03 ★☆☆☆☆

[8점]

LPG 등 주유하는 주유소의 전기설비에 대한 전기설계를 하고자 한다. 다음 사항에 답하시오.

1 재해방지를 위해 이와 같은 곳의 전기설비는 어떤 설비로 설계되어야 하는가?

2 동력전원 공급배관은 노출공사나 배관으로 인한 가스 유입을 막기 위해 어떤 구조의 배관 부속함을 사용하여야 하는가?

3 전기기기류는 어떤 구조를 선택해야 하는가?

4 정전기에 의한 피해를 막기 위해 어떤 공사를 하여야 하는가?

※ KEC 규정에 따라 변경

해답 1 폭발방지 전기설비

2 내압 폭발방지구조

3 ① 압력 폭발방지구조 ② 유입 폭발방지구조

4 제전기 설치 및 접지

TIP

➤ 폭발방지구조의 종류

구분	
폭발방지구조의 종류	내압 폭발방지구조(d)
	유입 폭발방지구조(o)
	압력 폭발방지구조(p)
	안전증 폭발방지구조(e)
	본질안전 폭발방지구조(ia, ib)
	특수 폭발방지구조(s)

04 ★★★★★ [8점]

폭 10[m], 길이 20[m]인 사무실의 조명 설계를 하려고 한다. 작업면에서 광원까지의 높이 2.8[m], 실내 평균 조도 120[lx], 조명률 0.5, 유지율 0.72이며, 40[W] 백색형광등(광속 2,800[lm])을 사용한다고 할 때 다음 각 물음에 답하시오.

1 소요 등수를 계산하시오.
2 F40×2를 사용한다고 할 때 F40×2의 KSC 심벌을 그리시오.
3 F40×2를 사용한다고 할 때 적절한 배치도를 그리시오.(단, 위치에 대한 치수 기입은 생략하고 F40×2의 심벌을 모를 경우 ⊏◯⊐ 로 배치하여 표시할 것

해답 1 전등수 $N=\dfrac{EA}{FUM}=\dfrac{120\times(10\times20)}{2{,}800\times0.5\times0.72}=23.81$[등]

답 24[등]

2 ⊏◯⊐
F40×2

3

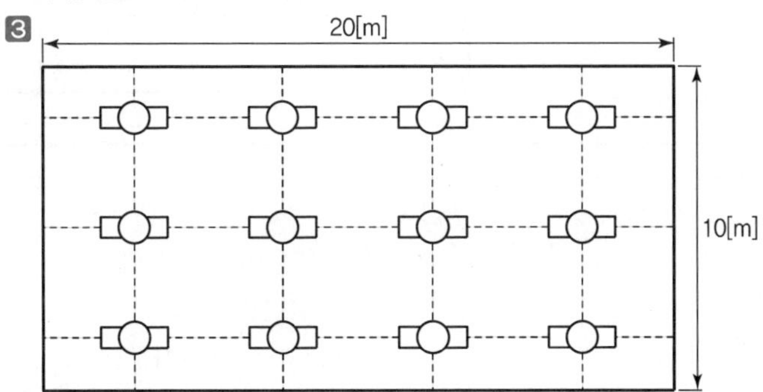

TIP

감광보상률$(D)=\dfrac{1}{M}$ M : 유지율

05 ★★☆☆☆ [10점]

도면은 농형 유도전동기의 직류여자방식 제어기기의 시퀀스도이다. 도면 및 동작설명을 이용하여 다음 각 물음에 답하시오.

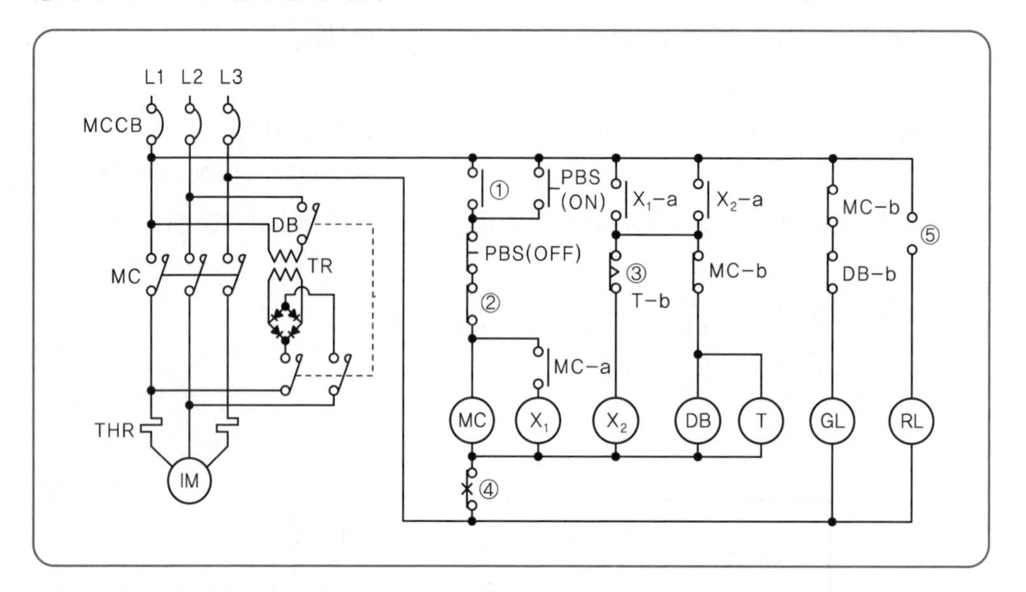

[범례]

MCCB : 배선용 차단기	THR : 열동형 과전류 계전기
MC : 전자 접촉기	TR : 정류 전원 변압기
SiRf : 실리콘 정류기	X_1, X_2 : 보조 계전기
T : 타이머	DB : 제동용 전자 접촉기
PBS(ON) : 운전용 푸시버튼	PBS(OFF) : 정지용 푸시버튼
GL : 정지 램프	RL : 운전 램프

[동작설명]

운전용 푸시 버튼 스위치 PBS(ON)를 눌렀다 놓으면 각 접점이 동작하여 전자접촉기 MC가 투입되어 전동기는 가동하기 시작하며 운전을 계속한다. 운전을 마치기 위하여 정지용 푸시버튼 스위치 PBS(OFF)를 누르면 각 접점이 동작하여 전자접촉기 MC가 끊어지고 직류제동용 전자접촉기 DB가 투입되며, 전동기에는 직류가 흐른다. 타이머 T에 세트한 시간만큼 직류 제동 전류가 흐르고 직류가 차단되며, 각 접점은 운전 전의 상태로 복귀되고 전동기는 정지하게 된다.

1 ①, ②, ④에 해당되는 접점의 기호를 쓰시오.

2 ③에 대한 접점의 심벌 명칭은 무엇인가?

3 (RL)은 운전 중 점등되는 램프이다. 어느 보조 계전기를 사용하는지 ⑤에 대한 접점의 심벌을 그리고 그 기호를 쓰시오.

해답 1 ① MC－a ② DB－b ④ THR－b

2 한시동작 순시복귀 b접점

3 X_1－a

06 ★★★★☆ [11점]

다음 어느 생산 공장의 수전 설비이다. 이것을 이용하여 다음 각 물음에 답하시오.

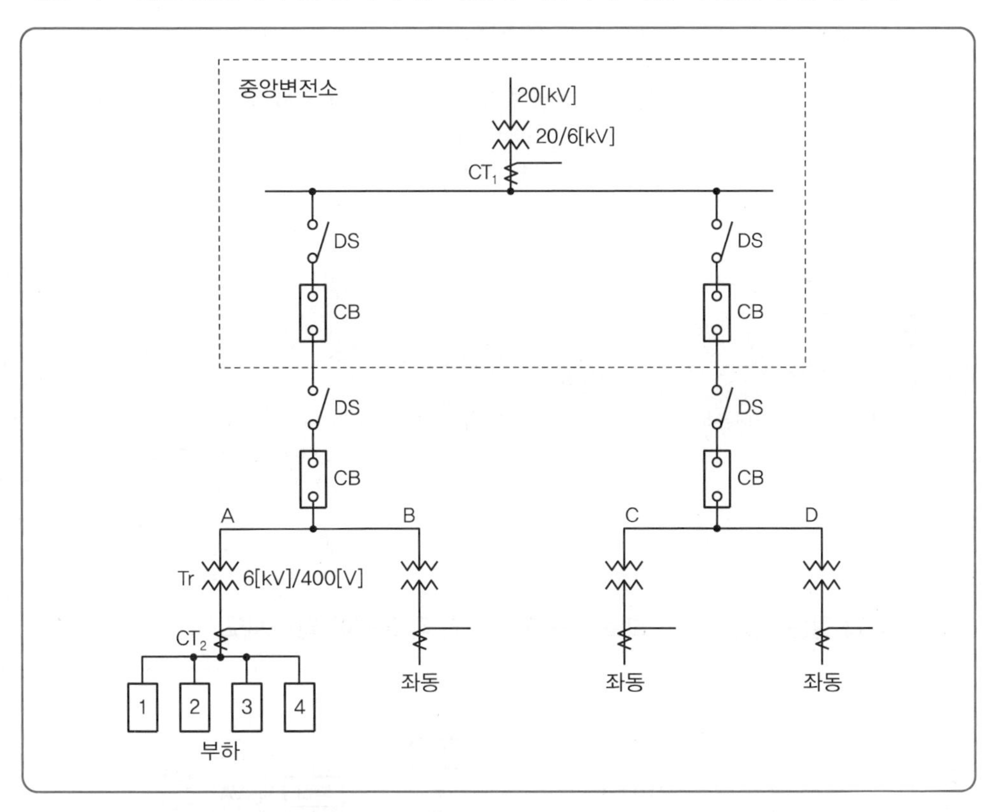

| 뱅크의 부하 용량표 |

피더	부하 설비 용량[kW]	수용률[%]
1	125	80
2	125	80
3	500	60
4	600	84

| 변류기 규격표 |

항목	변류기
정격 1차 전류[A]	5, 10, 15, 20, 30, 40, 50, 75, 100, 150, 200, 300, 400, 500, 600, 750, 1,000, 1,500, 2,000, 2,500
정격 2차 전류[A]	5

1 표와 같이 A, B, C, D 4개의 뱅크가 있으며, 각 뱅크는 부등률이 1.1이다. 이때 중앙 변전소의 변압기 용량을 산정하시오.(단, 각 부하의 역률은 0.8이며, 변압기 용량은 표준규격으로 답하도록 한다.)

2 변류기 CT_1과 CT_2의 변류비를 산정하시오.(단, 1차 수전 전압은 20,000/6,000[V], 2차 수전 전압은 6,000/400[V]이며, 변류비는 표준규격으로 답하도록 한다.)

해답 1 각 뱅크의 부하설비용량이 같으므로 1뱅크에 곱하기 4를 하면 된다.

계산 : T_r 용량 $= \dfrac{\text{개별 최대전력의 합(설비용량} \times \text{수용률)}}{\text{부등률} \times \text{역률}}$

$= \dfrac{(125 \times 0.8 + 125 \times 0.8 + 500 \times 0.6 + 600 \times 0.84) \times 4}{1.1 \times 0.8} = 4{,}563.64$

답 5,000[kVA]

2 ① 계산 : $I_1 = \dfrac{P}{\sqrt{3} \times V} = \dfrac{4{,}563.64}{\sqrt{3} \times 6} = 439.14[A]$

CT 1차는 1.25배를 적용하여 $439.14 \times 1.25 = 548.93[A]$ 답 600/5

② 계산 : $I_1 = \dfrac{P}{\sqrt{3} \times V} = \dfrac{4{,}563.64/4}{\sqrt{3} \times 0.4} = 1{,}648.76[A]$

CT 1차는 1.25배를 적용하여 $1{,}648.76 \times 1.25 = 2{,}060.95[A]$ 답 2,500/5

TIP

1 최대수요전력 $= \dfrac{\dfrac{\text{부하설비 용량[kW]}}{\cos\theta} \times \text{수용률}}{\text{부등률}}$ [kVA]

2 변류기는 최대부하전류의 1.25~1.5배로 선정

07 ★★★★☆ [6점]

그림과 같은 단상 3선식 회로를 보고 다음의 각 물음에 답하시오.

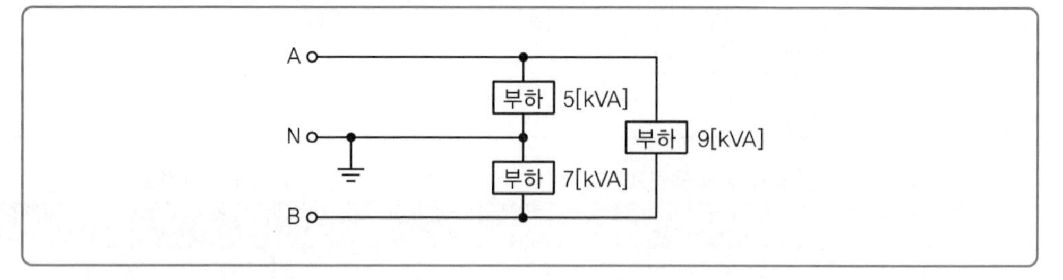

1 중성선 전류와 대지 전압을 측정하고자 한다. 회로의 적당한 위치에 전압계와 전류계를 설치하여 도면을 완성하시오.

2 설비불평형률은 몇 [%]인가?

해답 **1**

A, N, B, V, A, 부하 5[kVA], 부하 9[kVA], 부하 7[kVA]

2 계산 : $\text{설비불평형률} = \dfrac{7-5}{(5+7+9)\times\dfrac{1}{2}} \times 100 = 19.05[\%]$

답 19.05[%]

TIP

➤ 단상 3선식에서 설비불평형률

① $\text{설비불평형률} = \dfrac{\text{중성선과 각 전압 측 전선 간에 접속된 부하 설비용량의 차}}{\text{총 부하 설비용량의 } 1/2} \times 100[\%]$

② 전압계 : 병렬연결　　전류계 : 직렬연결

08 ★★★☆☆ [9점]

비상용 조명으로 40[W] 120등, 60[W] 50등을 30분간 사용하려고 한다. 급방전형 축전지(HS형) 1.7[V/셀]을 사용하여 허용 최저 전압 90[V], 최저 축전지 온도를 5[℃]로 할 경우 참고자료를 사용하여 물음에 답하시오.(단, 비상용 조명 부하의 전압은 100[V]로 한다.)

| 납축전지 용량 환산시간(K) |

형식	온도[℃]	10분			30분		
		1.6[V]	1.7[V]	1.8[V]	1.6[V]	1.7[V]	1.8[V]
CS	25	0.9 0.8	1.15 1.06	1.6 1.42	1.41 1.34	1.6 1.55	2.0 1.88
	5	1.15 1.1	1.35 1.25	2.0 1.8	1.75 1.75	1.85 1.8	2.45 2.35
	−5	1.35 1.25	1.6 1.5	2.65 2.25	2.05 2.05	2.2 2.2	3.1 3.0
HS	25	0.58	0.7	0.93	1.03	1.14	1.38
	5	0.62	0.74	1.05	1.11	1.22	1.54
	−5	0.68	0.82	1.15	1.2	1.35	1.68

1 비상용 조명부하의 전류는?

2 HS형 납축전지의 셀 수는?(단, 1셀의 여유를 준다.)

3 HS형 납축전지의 용량[Ah]은?(단, 경년용량 저하율은 0.8이다.)

해답 **1** 계산 : $I=\frac{P}{V}=\frac{40\times120+60\times50}{100}=78[A]$

답 78[A]

2 계산 : $N=\frac{V}{V_c}=\frac{90[V]}{1.7[V/분]}=52.94[셀]+1[셀]=53.94[셀]$

답 54[셀]

3 계산 : $C=\frac{1}{L}KI[Ah]$(K는 표에서 1.22)$=\frac{1}{0.8}\times1.22\times78=118.95[Ah]$

답 118.95[Ah]

TIP

① 축전지의 셀 수는 짝수를 기본으로 한다.
② 셀 수는 절상을 한다.

09 ★★★☆☆ [6점]

다음 그림과 같은 회로에서 램프 Ⓛ의 동작을 답안지의 타임차트에 표시하시오. (단, PB : 푸시버튼 스위치, Ⓡ : 릴레이 접점, LS : 리미트 스위치)

1

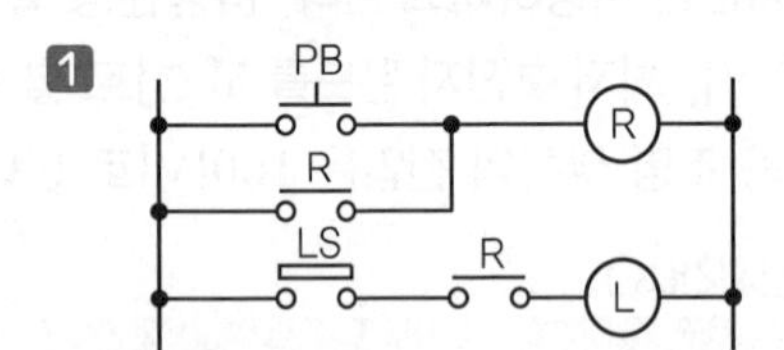

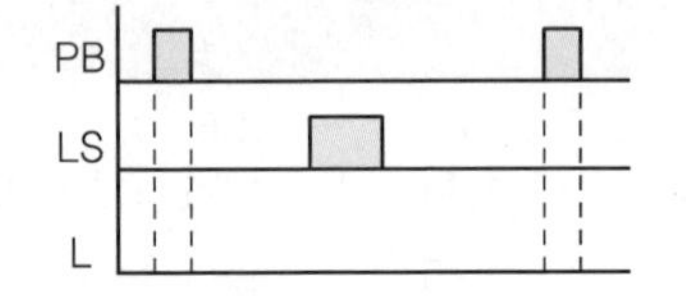

2

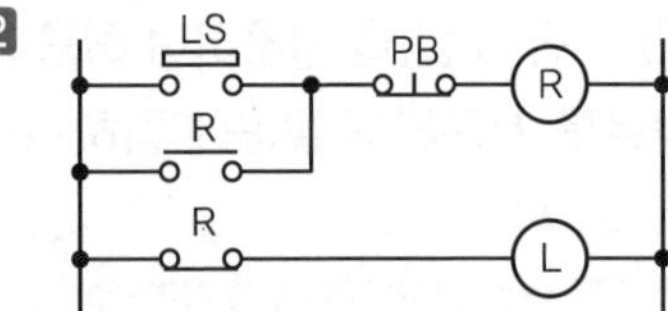

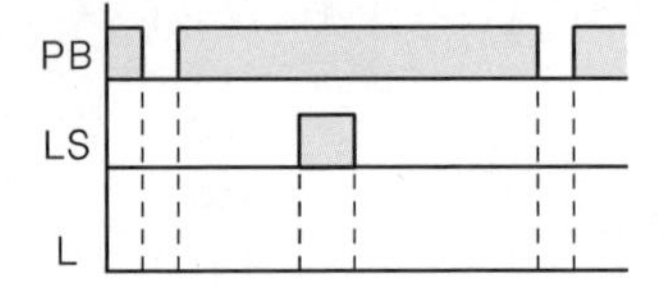

해답 **1**

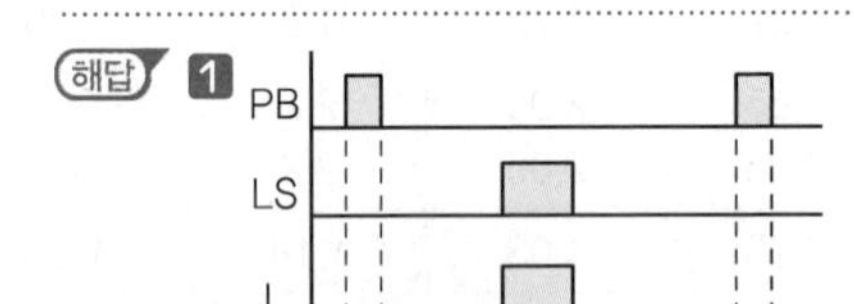

2

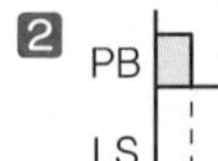

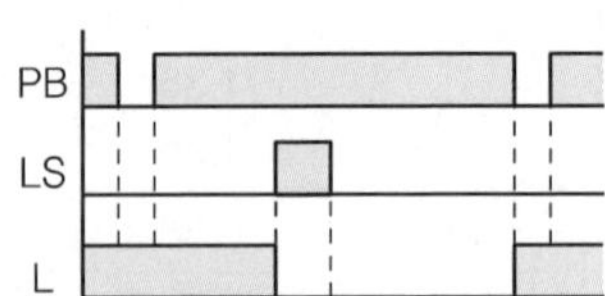

10 ★★★★★ [6점]

그림과 같은 평면도의 2층 건물에 대한 배선설계를 하기 위하여 주어진 조건을 이용하여 1층 및 2층을 분리하여 분기회로수를 결정하고자 한다. 다음 각 물음에 답하시오.

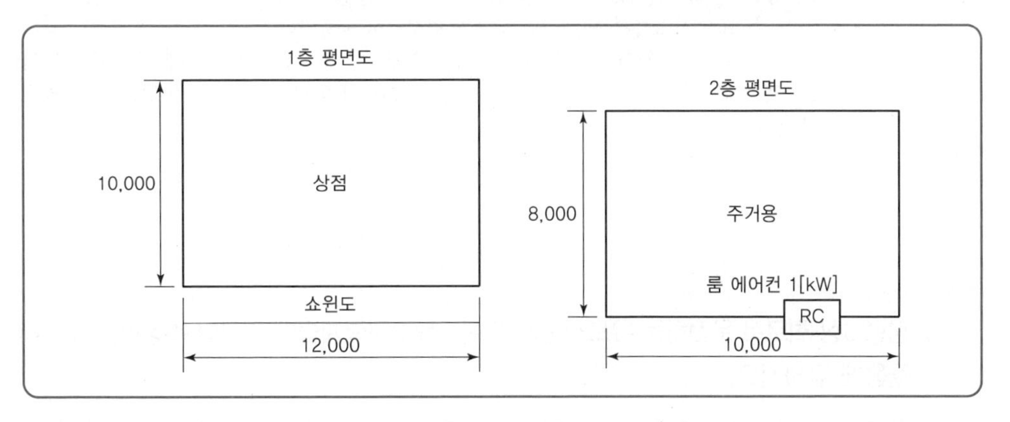

[조건]

- 분기회로는 16[A] 분기회로로 하고 80[%]의 정격이 되도록 한다.
- 배전 전압은 200[V]를 기준으로 하여 적용 가능한 최대 부하를 상정한다.
- 주택 및 상점의 표준 부하는 30[VA/m^2]로 하되 1층, 2층 분리하여 분기회로수를 결정하고 상점과 주거용에 각각 1,000[VA]를 가산하여 적용한다.
- 상점의 쇼윈도에 대해서는 길이 1[m]당 300[VA]를 적용한다.
- 옥외광고등 500[VA]짜리 1등이 상점에 있는 것으로 한다.
- 예상이 곤란한 콘센트, 틀어끼우는 접속기, 소켓 등이 있을 경우에라도 이를 상정하지 않는다.

1. 1층의 분기회로수는?
2. 2층의 분기회로수는?

해답 1. 계산 : 최대상정부하 $P = (12 \times 10 \times 30) + 12 \times 300 + 500 + 1{,}000 = 8{,}700[\text{VA}]$

$$\text{분기회로수 } N = \frac{\text{부하용량}}{\text{정격전압} \times \text{분기회로전류} \times \text{용량}}$$

$$= \frac{8{,}700}{200 \times 16 \times 0.8} = 3.4[\text{회로}]$$

답 16[A] 분기 4회로

2. 계산 : 최대상정부하 $P = 10 \times 8 \times 30 + 1{,}000 + 1{,}000 = 4{,}400[\text{VA}]$

$$\text{분기회로수 } N = \frac{\text{부하용량}}{\text{정격전압} \times \text{분기회로전류} \times \text{용량}}$$

$$= \frac{4{,}400}{200 \times 16 \times 0.8} = 1.72[\text{회로}]$$

답 16[A] 분기 2회로

2002 2003 2004 2005 2006 2007 2008 2009 2010 2011

TIP

1 최대상정부하=(바닥면적×표준부하)+기타 모든 부하(쇼윈도+옥외광고등+가산부하)

2 • 최대상정부하=바닥면적×표준부하+룸 에어컨+가산부하
• 분기회로수 산정 시 소수가 발생되면 무조건 절상하여 산출한다.
• 220[V]에서 3[kW](110[V]는 1.5[kW]) 이상인 냉방기기, 취사용 기기 등 대형 전기 기계기구를 사용하는 경우에는 단독분기회로를 사용하여야 한다. 그러나 룸 에어컨이 1[kW]이므로 단독분기회로로 할 필요는 없다.

11 ★★★★★ [8점]

평형 3상 회로로 운전하는 유도전동기의 회로를 2전력계법에 의하여 측정하고자 한다. 다음 물음에 답하시오.

1 전력계 W_1, W_2 전류계 Ⓐ, 전압계 Ⓥ를 결선하시오.

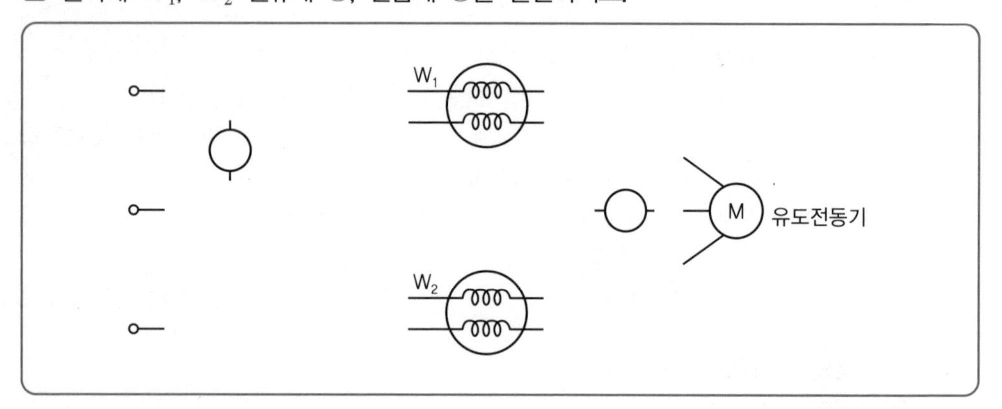

2 $W_1 = 5$ [kW], $W_2 = 4.5$ [kW], $V = 380$, $I = 18$[A]일 때 전동기의 역률은 몇 [%]인가?

3 유도전동기를 직입 기동 방식에서 $Y - \triangle$ 기동 방식으로 변경할 때 기동 전류는 어떻게 변화하는가?

4 유도전동기의 주파수가 60[Hz]이고 4극이라면 회전수는 몇 [rpm]인가?

해답 1

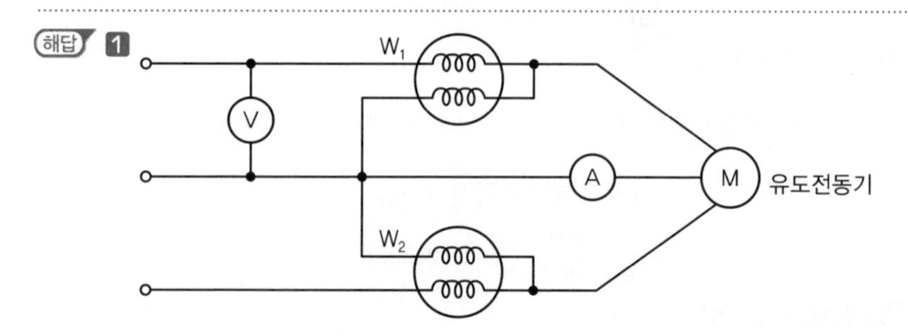

2 계산 : 유효전력 $P = W_1 + W_2 = 5 + 4.5 = 9.5$[kW]

피상전력 $P_a = 2\sqrt{W_1^2 + W_2^2 - W_1W_2}$

$= 2\sqrt{5^2 + 4.5^2 - 5 \times 4.5} = 9.54[\text{kVA}]$

역률 $\cos\theta = \dfrac{P}{P_a} = \dfrac{9.5}{9.54} \times 100 = 99.58[\%]$

답 99.58[%]

3 Y－Δ기동 시 기동전류는 직입기동 시 기동전류의 $\dfrac{1}{3}$배이다.

4 $N = \dfrac{120f}{P}$에서 $N = \dfrac{120 \times 60}{4} = 1{,}800[\text{rpm}]$

TIP

① 유효전력 $W = W_1 + W_2[\text{W}]$

② 무효전력 $Q = \sqrt{3}(W_1 - W_2)[\text{Var}]$

③ 피상전력 $P_a = 2\sqrt{W_1^2 + W_2^2 - W_1W_2}\,[\text{VA}]$

④ 역률 $\cos\theta = \dfrac{W_1 + W_2}{2\sqrt{W_1^2 + W_2^2 - W_1W_2}}$

[중요]

피상전력 $P_a = \sqrt{3}VI$에 의하여 계산할 수 있으나, 문제에서 3상 전력은 2전력계법에 의하여 측정한다는 조건이 있으므로 피상전력 $P_a = 2\sqrt{W_1^2 + W_2^2 - W_1W_2}$에 의하여 계산한다.

12 ★★★★★

[6점]

전동기를 생산하는 어떤 공장에 700[kVA]의 변압기가 설치되어 있다. 이 변압기에 역률 65[%]의 부하 700[kVA]가 접속되어 있다고 할 때, 이 부하와 병렬로 전력용 콘덴서를 접속하여 합성 역률을 90[%]로 유지하려고 한다. 다음 각 물음에 답하시오.

1 전력용 콘덴서의 용량은 몇 [kVA]가 필요한가?

2 이 변압기에 부하는 몇 [kW] 증가시켜 접속할 수 있는가?

해답 1 계산 : $Q_c = P_{kVA} \times \cos\theta_1(\tan\theta_1 - \tan\theta_2)$

$= 700 \times 0.65\left(\dfrac{\sqrt{1-0.65^2}}{0.65} - \dfrac{\sqrt{1-0.9^2}}{0.9}\right) = 311.59[\text{kVA}]$

답 311.59[kVA]

2 $P_1 = P_a\cos\theta_1 = 700 \times 0.65 = 455[\text{kW}]$

$P_2 = P_a\cos\theta_2 = 700 \times 0.9 = 630[\text{kW}]$

$\Delta P = 630 - 455 = 175[\text{kW}]$

답 175[kW]

TIP

$$Q_c = P(\tan\theta_1 - \tan\theta_2) = P\left(\frac{\sqrt{1-\cos\theta_1^2}}{\cos\theta_1} - \frac{\sqrt{1-\cos\theta_2^2}}{\cos\theta_2}\right)[\text{kVA}]$$

13 ★★★★☆ [7점]

차단기 명판에 BIL 150[kVA] 정격차단전류 20[kA], 차단시간 3[Hz], 솔레노이드형이라고 기재되어 있다. 이것을 보고 다음 각 물음에 답하시오.

1 BIL이란 무엇인가?

2 이 차단기의 정격전압이 25.8[kV]라면 정격용량은 몇 [MVA]가 되겠는가?

3 조작전원으로 사용되는 전원은 어떤 종류의 전원이 사용되는가?

해답 1 기준 충격 절연 강도

2 계산 : $P_s = \sqrt{3}V_nI_s = \sqrt{3} \times 25.8 \times 20 = 893.74[\text{MVA}]$

답 893.74[MVA]

3 DC(직류)

전기산업기사

2002년도 2회 시험

과년도 기출문제

회독 체크	□1회독	월 일	□2회독	월 일	□3회독	월 일

01 ★☆☆☆☆ [4점]

단상부하가 각 15[kVA], 12[kVA], 20[kVA] 및 3상 부하 22.5[kVA]가 있다. 최소 3상 변압기 용량을 구하시오.

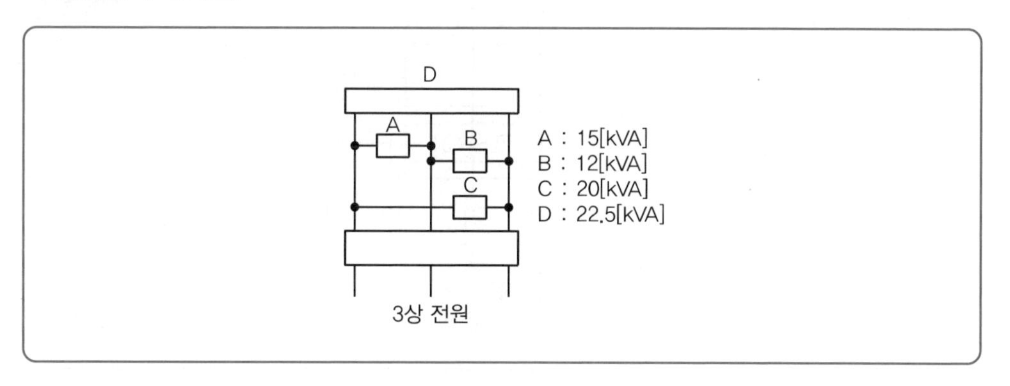

해답 1상당 최대 부하 P_1 = 단상최대부하 + $\frac{3상부하}{3} = 20 + \frac{22.5}{3} = 27.5$[kVA]

3상 변압기 용량 P_3 = 1상(단상)부하 × 3대 = $27.5 \times 3 = 82.5$[kVA]

답 82.5[kVA]

TIP

3상 변압기의 경우 모두 동일용량이 되어야 한다.

02 ★★★★★ [9점]

다음 계통도의 (1), (2), (3)의 명칭과 역할을 간단히 설명하시오.

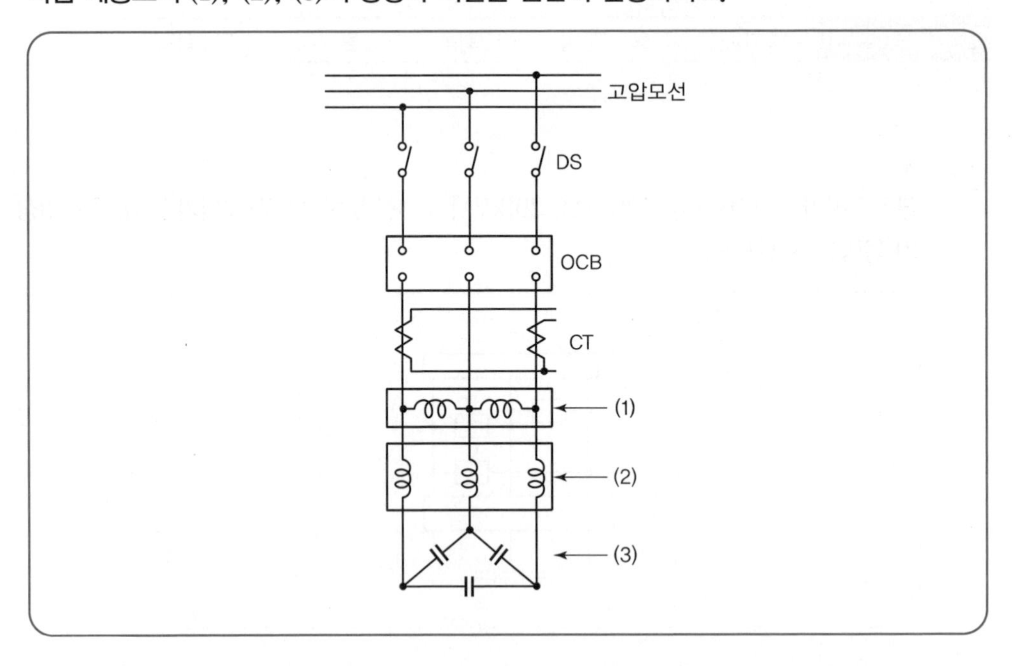

해답

번호	명칭	역할
(1)	방전 코일	콘덴서에 축적된 잔류 전하를 방전한다.
(2)	직렬 리액터	제5고조파를 제거하여 파형을 개선한다.
(3)	전력용 콘덴서	역률을 개선한다.

03 ★★☆☆☆ [4점]

형광등이 백열전구에 비하여 우수한 점을 4가지만 쓰시오.

해답 ① 효율이 높다.
② 수명이 길다.
③ 필요로 하는 광색을 쉽게 얻을 수 있다.
④ 열방사가 적다.
그 외
⑤ 소비전력이 낮다.

04 ★★☆☆☆ [5점]

부하율을 간단히 설명하고, 부하율의 크기와 전력 변동 및 설비 이용률의 관계를 비교 설명하시오.

1 부하율 :

2 관계의 비교 설명 :

해답 1 부하율 : 어느 기간 중의 평균 수용 전력과 최대 수용 전력과의 비를 백분율로 표시한 것이다.

2 관계의 비교 설명 : 부하율이 클수록 공급 설비가 유효하게 사용되고 있는 것이고 반대로 부하율이 작을수록 부하 전력의 변동이 심하고 공급 설비의 이용률이 감소하는 경우이다.

05 ★★☆☆☆ [6점]

전원 측 전압이 380[V]인 3상 3선식 옥내 배선이 있다. 그림과 같이 250[m] 떨어진 곳에서부터 10[m] 간격으로 용량 5[kVA]의 3상 동력을 5대 설치하려고 한다. 부하 말단까지의 전압강하를 5[%] 이하로 유지하려면 동력선의 굵기를 얼마로 선정하면 좋은지 표에서 산정하시오.(단, 전선으로는 도전율이 97[%]인 비닐 절연 동선을 사용하여 금속관 내에 설치하여 부하 말단까지 동일한 굵기의 전선을 사용한다.)

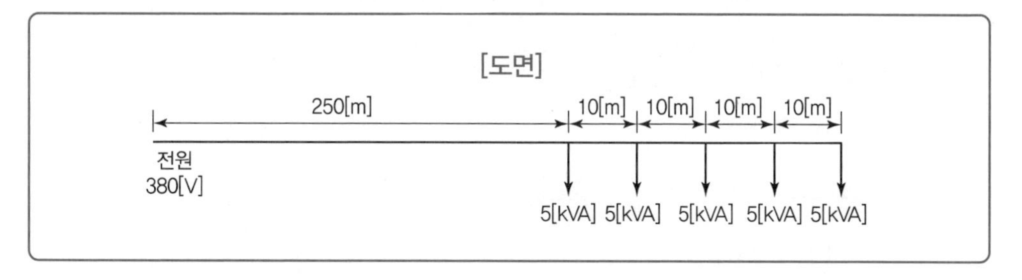

| 전선의 굵기 및 허용 전류 |

전선의 굵기[mm^2]	10	16	25	35	50
전선의 허용 전류[A]	43	62	82	97	133

해답 부하의 중심 거리 $L = \dfrac{I_1 l_1 + I_2 l_2 + I_3 l_3 + I_4 l_4}{I_1 + I_2 + I_3 + I_4}$

$= \dfrac{5 \times 250 + 5 \times 260 + 5 \times 270 + 5 \times 280 + 5 \times 290}{5+5+5+5+5} = 270[\text{m}]$

전부하 전류 $I = \dfrac{P}{\sqrt{3}\,V} = \dfrac{5 \times 10^3 \times 5}{\sqrt{3} \times 380} \fallingdotseq 38[\text{A}]$

전압 강하 $e = 380 \times 0.05 = 19[\text{V}]$

$A = \dfrac{30.8LI}{1{,}000e} = \dfrac{30.8 \times 270 \times 38}{1{,}000 \times 19} = 16.63[\text{mm}^2]$

답 25[mm^2]

06 ★★★★★

[10점]

어느 수용가의 공장 배전용 변전실에 설치되어 있는 250[kVA]의 3상 변압기에서 A, B 2회선으로 아래 표에 명시된 부하에 전력을 공급하고 있는데 A, B 각 회선의 합성 부등률은 1.2, 개별 부등률은 1.0이라고 할 때 최대 수용 전력 시에는 과부하가 되는 것으로 추정되고 있다. 다음 각 물음에 답하시오.

회선	부하 설비[kW]	수용률[%]	역률[%]
A	250	60	75
B	150	80	75

1 A회선의 최대 부하는 몇 [kW]인가?

2 B회선의 최대 부하는 몇 [kW]인가?

3 합성 최대 수용 전력(최대 부하)은 몇 [kW]인가?

4 전력용 콘덴서를 병렬로 설치하여 과부하되는 것을 방지하고자 한다. 이론상 필요한 콘덴서 용량은 몇 [kVA]인가?

해답 1 계산 : $P_A = \frac{\text{설비용량} \times \text{수용률}}{\text{부등률}} = \frac{250 \times 0.6}{1.0} = 150[\text{kW}]$

답 150[kW]

2 계산 : $P_B = \frac{\text{설비용량} \times \text{수용률}}{\text{부등률}} = \frac{150 \times 0.8}{1.0} = 120[\text{kW}]$

답 120[kW]

3 계산 : $P = \frac{\text{개별 최대 전력의 합}}{\text{부등률}} = \frac{150 + 120}{1.2} = 225[\text{kW}]$

답 225[kW]

4 계산 : 개선 후의 역률 $\cos\theta_2 = \frac{P}{P_a} = \frac{225}{250} = 0.9$가 되어야 하므로

콘덴서 용량 $Q_c = P(\tan\theta_1 - \tan\theta_2)$

$$= 225\left(\frac{\sqrt{1-0.75^2}}{0.75} - \frac{\sqrt{1-0.9^2}}{0.9}\right) = 89.46[\text{kVA}]$$

답 89.46[kVA]

TIP

① 합성최대전력 $= \frac{\text{설비용량} \times \text{수용률}}{\text{부등률}}$

② $\cos\theta = \frac{P}{P_a} = \frac{P}{VI}$

07 ★★★☆☆ [14점]

주어진 도면을 보고 다음 각 물음에 답하시오.(단, 변압기의 2차 측은 고압이다.)

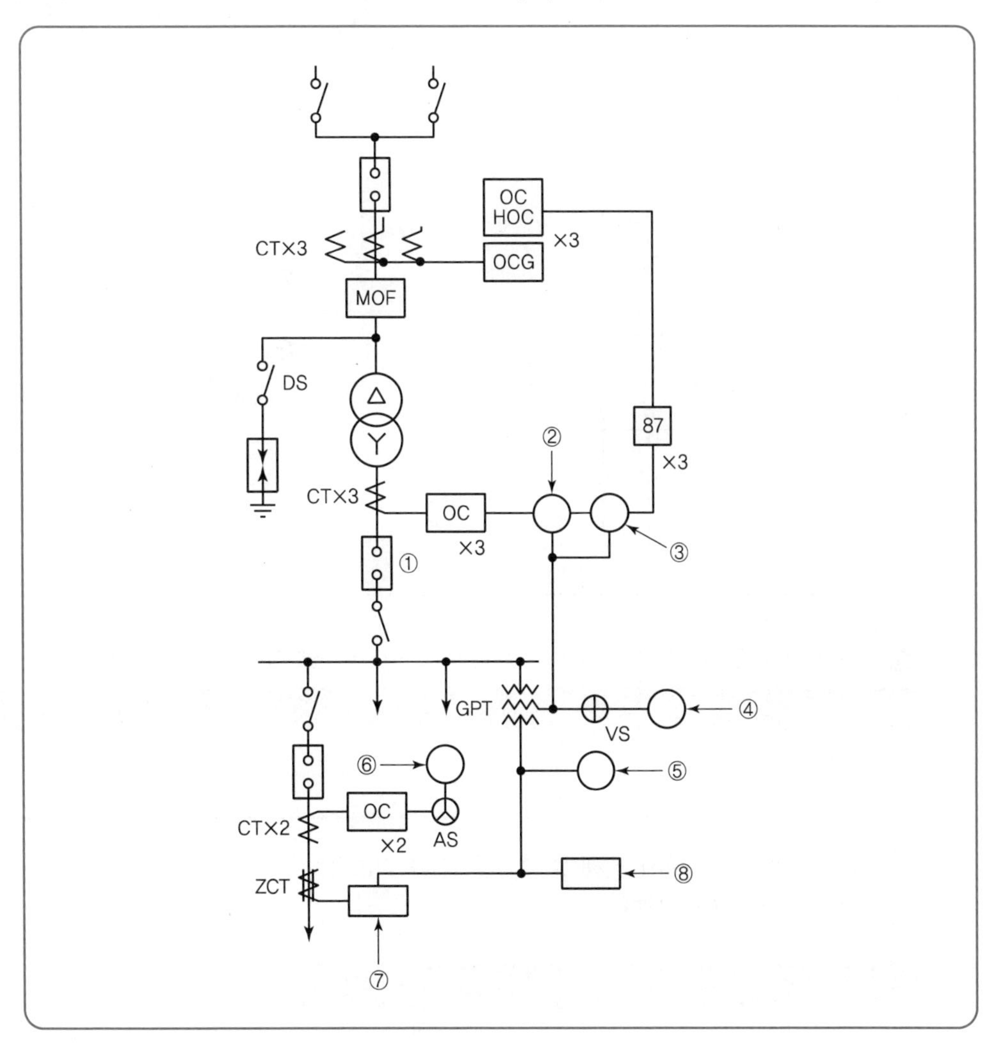

1 도면에서 ①~⑧까지의 약호와 우리말 명칭을 쓰시오.

2 87계전기의 3상 결선도를 주어진 답란에 완성하시오.

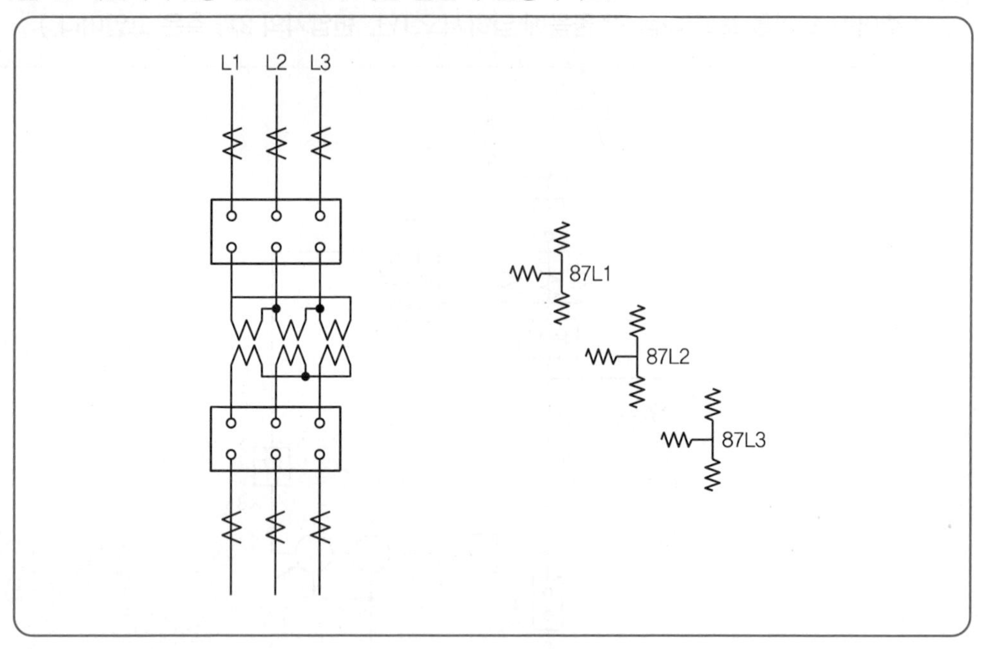

3 도면상의 약호 중 약호는 그대로 하고 명칭 및 용도를 간단히 설명하시오.

약호	명칭	용도
AS		
VS		

4 피뢰기(LA)의 접지공사는 제 몇 종으로 해야 하는가?

※ KEC 규정에 따라 삭제

해답 **1**

번호	약호	명칭
①	CB	교류차단기
②	51V	전압 억제 과전류 계전기
③	TLR(TC)	한시 계전기
④	V	전압계
⑤	Vo	영상 전압계
⑥	A	전류계
⑦	SGR	선택 지락 계전기
⑧	OVGR	지락 과전압 계전기

2

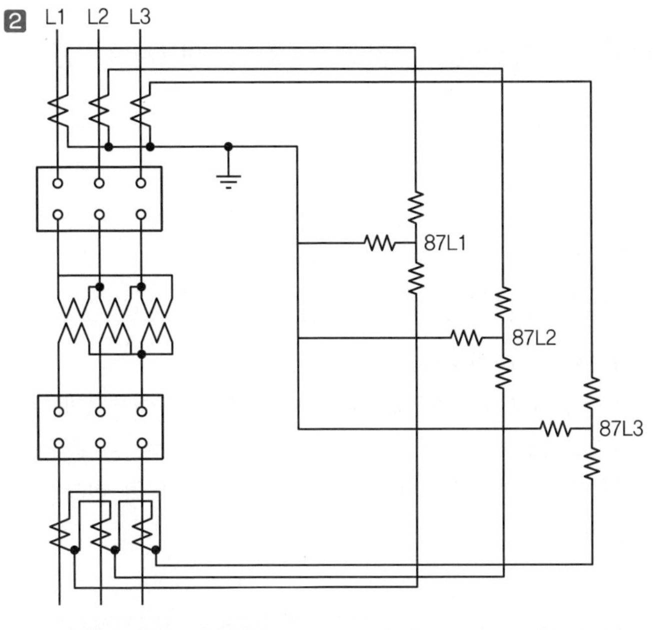

3

약호	명칭	용도
AS	전류계용 전환개폐기	전류계 1대로 3상의 전류를 측정하기 위한 전환개폐기
VS	전압계용 전환개폐기	전압계 1대로 3상의 전압을 측정하기 위한 전환개폐기

4 ※ KEC 규정에 따라 삭제

TIP

① (51V) : 정상 시와 사고 시 구분하여 동작

② (TLR) : 순시동작이 아닌 동작시간 조정

③ [OC HOC] : 고정정 과전류 계전기로 설정(Tap)값을 크게 잡는 경우 사용

④ 비율차동계전기에 사용되는 CT는 변압기 결선과 반대로 하여 위상차 보상
- 변압기결선 : $\Delta-Y$
- CT결선 : $Y-\Delta$

2002 2003 2004 2005 2006 2007 2008 2009 2010 2011

08 ★☆☆☆☆ [10점]

3개의 입력신호 A, B, C에 의한 조건이 ①~③일 때, 이 조건을 이용하여 다음 각 물음에 답하시오.

[조건]
① 입력신호 A, B 중 어느 하나의 신호로 동작하거나 혹은 C의 신호가 소멸하면 동작
② A, C 양쪽의 신호가 들어가고 B의 신호가 소멸하면 동작
③ A, B 양쪽의 신호가 들어가고 C의 신호가 소멸하면 동작

1 ①~③에 대한 논리식을 쓰고 논리회로를 그리시오.

2 ①의 조건과 ②, ③의 조건 중 하나를 만족하는 조건이 동시에 이루어졌을 때 출력이 나타나는 논리식을 쓰고 논리회로를 그리시오.[단, ①~③을 직접 합성하는 경우와 이것을 최소화한 논리 소자로 구성되는 경우(즉, 간략화하는 경우)로 답하도록 한다.]

- 간략화하지 않고 직접 합성하는 경우
- 간략화(최소화)하는 경우

해답 **1** ① 논리식 $= A\overline{B}+\overline{A}B+\overline{C}$

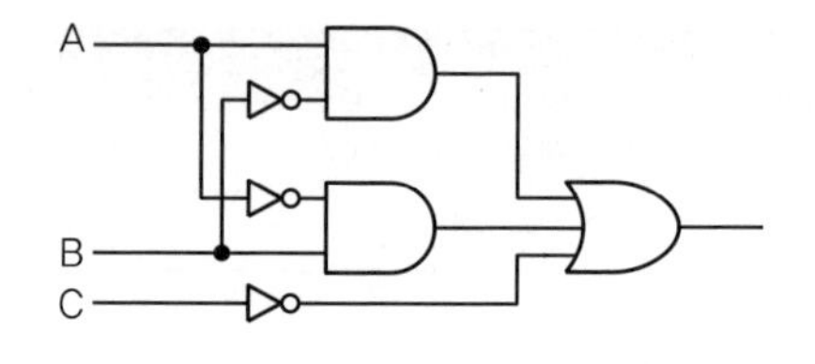

② 논리식 $= A\overline{B}C$

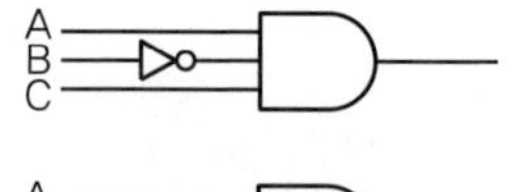

③ 논리식 $= AB\overline{C}$

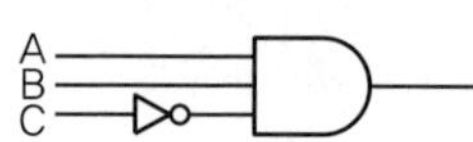

2 • 간략화하지 않고 직접 합성하는 경우

논리식 $= ①(②\overline{③}+\overline{②}③) = A\overline{B}+\overline{A}B+\overline{C}\{A\overline{B}C \cdot \overline{AB\overline{C}}+\overline{A\overline{B}C}\cdot AB\overline{C}\}$

$= A\overline{B}+\overline{A}B+\overline{C}\{A\overline{B}C \cdot (\overline{A}+\overline{B}+C)+(\overline{A}+B+\overline{C})\cdot AB\overline{C}\}$

$= A\overline{B}+\overline{A}B+\overline{C}(A\overline{B}C+AB\overline{C})$

논리회로

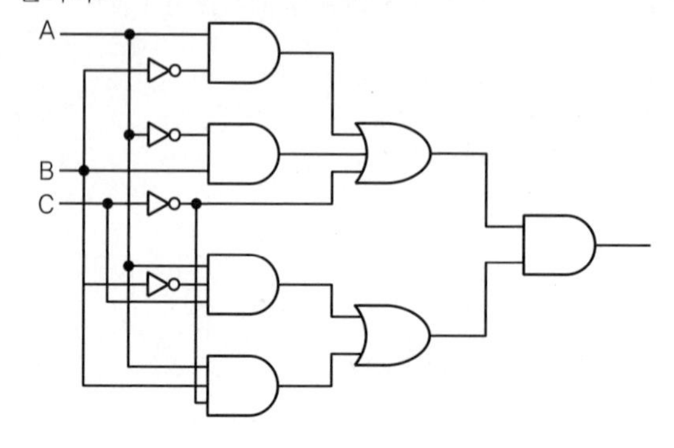

- 간략화(최소화)하는 경우
  논리식 $=(A\overline{B}+\overline{A}B+\overline{C})(A\overline{B}C+AB\overline{C})=A\overline{B}C+AB\overline{C}$
  $=A(\overline{B}C+B\overline{C})$
  논리회로

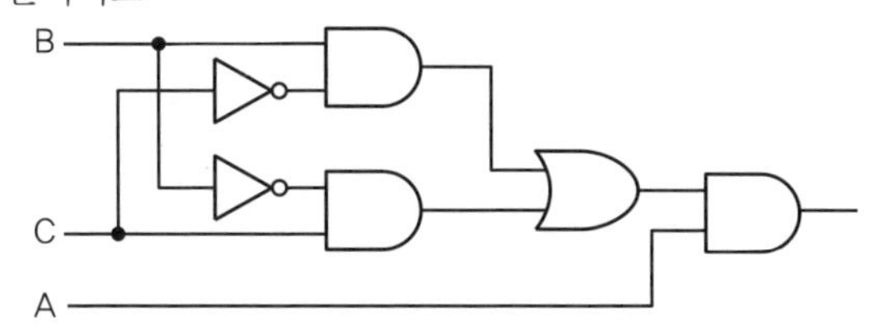

2002
2003
2004
2005
2006
2007
2008
2009
2010
2011

09 ★★★★☆ [4점]

3상 3선식 6[kV] 수전점에서 100/5[A] CT 2대, 6,600/110[V] PT 2대를 정확히 결선하여 CT 및 PT의 2차 측에서 측정한 전력이 300[W]라면 수전전력은 얼마이겠는가?

해답 계산 : 수전전력$(P_1)=P_2\times PT\text{ 비}\times CT\text{ 비}\times 10^{-3}=300\times\dfrac{6,600}{110}\times\dfrac{100}{5}\times 10^{-3}$

$=360[kW]$

답 360[kW]

TIP

승률(배율) = PT비 × CT비

10 ★★☆☆☆ [8점]

저온저장 창고로서 천장이 4[m]이고 출입구가 양쪽에 있으며, 사용 빈도가 시간별로 빈번하고 내부는 습기가 많이 발생되는 곳에 대한 조명설계 계획을 하고자 한다. 이 때 다음 각 물음에 답하시오.

1 이곳에 가장 적당한 조명기구를 한 가지 쓰시오.
2 전등을 가장 편리하게 점멸할 수 있는 방법에 대해서 설명하시오.
3 사용전압이 220[V]이고 용량은 3[kW] 이내일 때 여기에 적합한 배전용 차단기는 어떤 차단기를 사용하는가?
4 조명배치 시 참고해야 할 사항 2가지만 쓰시오.

해답 1 방습형 조명기구
2 3로 스위치를 이용한 2개소 점멸
3 누전 차단기
4 ① 균일한 조도　　② 눈부심 발생 방지

11 ★★☆☆☆ [7점]

다음 전기 설비에서 사용하는 그림 기호의 명칭을 쓰시오.

1 LD
2
3 ●R
4 EX
5

※ KEC 규정에 따라 변경

해답
1 라이팅 덕트
2 풀박스 및 접속 상자
3 리모컨 스위치
4 폭발방지형 콘센트
5 분전반

12 ★★★★★ [9점]

가정용 110[V] 전압을 220[V]로 승압할 경우 저압간선에 나타나는 효과로서 다음 각 물음에 답하시오.

1 공급능력 증대는 몇 배인가?
2 전력손실의 감소는 몇 [%]인가?
3 전압강하율의 감소는 몇 [%]인가?

해답 1 2배

2 계산 : $P_L \propto \frac{1}{V^2}$ 이므로 $\frac{1}{4} = 0.25P_L$

$\therefore$ 감소는 $1 - 0.25 = 0.75$

답 75[%]

3 계산 : $\varepsilon \propto \frac{1}{V^2}$ 이므로 $\frac{1}{4} = 0.25P_L$

$\therefore$ 감소는 $1 - 0.25 = 0.75$

답 75[%]

TIP

① $P_L \propto \frac{1}{V^2}$ (P_L : 손실) ② $A \propto \frac{1}{V^2}$ (A : 단면적) ③ $\delta \propto \frac{1}{V^2}$ (δ : 전압강하율)

④ $e \propto \frac{1}{V}$ (e : 전압강하) ⑤ $P \propto V^2$ (P : 전력)

⑥ 공급능력 $P = VI\cos\theta$에서 $P \propto V$ (P : 공급능력)

공급능력 $P = VI\cos\theta$[W] $P \propto V = \frac{220}{110} = 2$배

13 ★★★★☆

[6점]

연축전지에 비해 알칼리축전지의 장점 2가지와 단점 1가지를 쓰시오.

해답 장점 : ① 과충전, 과방전에 강하다.
② 수명이 길다.
그 외
③ 진동에 우수하다.
④ 기계적 충격에 강하다.

단점 : ① 가격이 비싸다.
그 외
② 단자전압이 낮다.

14 ★★★★★

[4점]

인텔리전트 빌딩(Intelligent building)은 빌딩자동화시스템, 사무자동화시스템, 경보통신시스템, 건축환경을 총망라한 유지관리의 경제성을 추구하는 빌딩이라 할 수 있다. 이러한 빌딩의 건물시스템을 유지하기 위하여 비상전원으로 사용되고 있는 UPS에 대하여 다음 각 물음에 답하시오.

1. UPS를 우리말로 하면?
2. UPS에서 AC · DC부와 DC · AC부로 변환하는 부분의 명칭을 각각 무엇이라 부르는가?
3. UPS가 동작되면 전력공급을 위한 축전지가 필요한데 그때의 축전지 용량을 구하는 공식을 쓰시오.(단, 사용기호에 대한 의미로 명확하게 쓰시오.)

해답 1. 무정전 전원공급장치

2. • AC · DC부 : 정류기
• DC · AC부 : 인버터

3. $C = \frac{1}{L} KI$[Ah]

여기서, C : 축전지 용량[Ah], L : 보수율
K : 용량환산시간계수, I : 방전전류, 부하전류[A]

TIP

① 정류기 = 컨버터
② 역변환기 = 인버터

전기산업기사

2002년도 3회 시험

과년도 기출문제

회독 체크	□1회독	월 일	□2회독	월 일	□3회독	월 일

01 ★★★★☆ [10점]

옥외의 간이 수변전설비에 대한 단선 결선도이다. 이 그림을 보고 다음 각 물음에 답하시오.

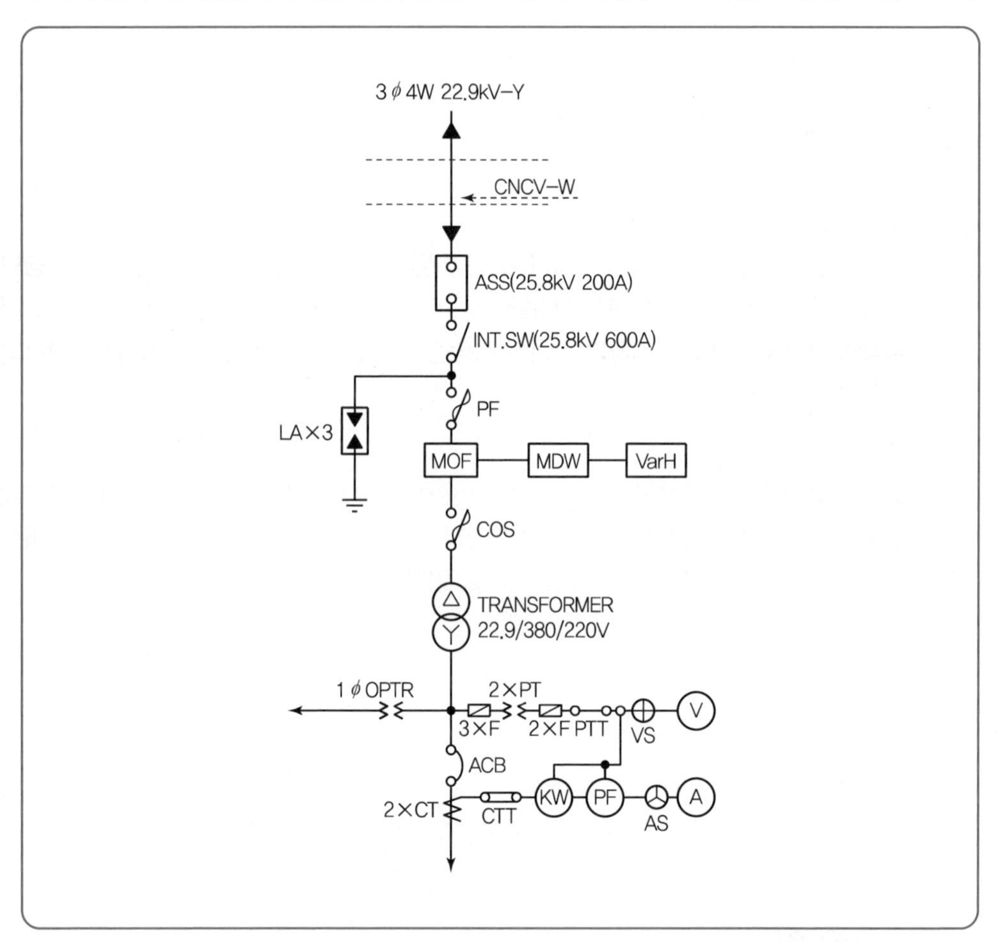

1 도면상의 ASS는 무엇인지 그 명칭을 쓰시오.(우리말 또는 영문원어로 답하시오.)

2 도면상의 MDW의 명칭은 무엇인가?(우리말 또는 영문원어로 답하시오.)

3 도면상의 CNCV-W에 대하여 정확한 명칭을 쓰시오.

4 22.9[kV-Y] 간이 수변전설비는 수전용량 몇 [kVA] 이하에 적용하는가?

5 LA의 공칭 방전전류는 몇 [A]를 적용하는가?

6 도면에서 PTT는 무엇인가?(우리말 또는 영문원어로 답하시오.)

7 도면에서 CTT는 무엇인가?(우리말 또는 영문원어로 답하시오.)

8 2차 측 주개폐기로 380[V]/220[V]를 사용하는 경우 중성선 측 개폐기의 표시는 어떤 색깔로 하여야 하는가? ※ KEC 규정에 따라 변경

9 도면상의 ⊕은 무엇인지 우리말로 답하시오.

10 도면상의 Ⓧ은 무엇인지 우리말로 답하시오.

해답
1 자동 고장 구분 개폐기(Automatic Section Switch)
2 최대 수요 전력량계(Maximum Demand Wattmeter)
3 동심 중성선 수밀형 전력케이블
4 1,000[kVA] 이하
5 2,500[A]
6 전압 시험 단자
7 전류 시험 단자
8 파란색
9 ⊕ : 전압계용 전환개폐기
10 Ⓧ : 전류계용 전환개폐기

TIP

상(문자)	색상
L1	갈색
L2	검정색
L3	회색
N	파란색
보호도체	녹색-노란색

02 ★★★★☆ [10점]

옥내 배선용 그림 기호에 대한 다음 각 물음에 답하시오.

1 일반적인 콘센트의 그림 기호는 (:)이다. (••)은 어떤 경우에 사용되는가?

2 점멸기의 그림 기호로 ●, $●_{2P}$, $●_3$의 의미는 어떤 의미인가?

3 개폐기, 배선용 차단기, 누전 차단기의 그림 기호를 그리시오.

4 HID등으로서 H400, M400, N400의 의미는 무엇인가?

해답
1 천장에 부착하는 경우
2 단극 스위치, 2극 스위치, 3로 스위치
3 개폐기 : [S], 배선용 차단기 : [B], 누전 차단기 : [E]
4 400[W] 수은등, 400[W] 메탈할라이드등, 400[W] 나트륨등

03 ★★☆☆☆ [4점]

자가용 전기 설비의 중요 검사 항목을 4가지만 쓰시오.

해답
① 접지 저항 측정 ② 절연 저항 측정
③ 절연 내력 시험 ④ 계전기 동작 시험
그 외
⑤ 외관검사 ⑥ 계측기 동작 시험

04 ★★★☆☆ [5점]

그림과 같은 심벌의 명칭을 구체적으로 쓰시오.

해답
1 배전반 2 제어반
3 분전반 4 재해방지 전원회로용 분전반
5 재해방지 전원회로용 배전반

05 ★★★★★ [8점]

어느 회사에서 한 부지 A, B, C에 세 공장을 세워 3대의 급수 펌프 P_1(소형), P_2(중형), P_3(대형)으로 다음 계획에 따라 급수 계획을 세웠다. 계획 내용을 잘 살펴보고 다음 물음에 답하시오.

[계획]
① 모든 공장 A, B, C가 휴무일 때 또는 그중 한 공장만 가동할 때에는 펌프 P_1만 가동시킨다.
② 모든 공장 A, B, C 중 어느 것이나 두 개의 공장만 가동할 때에는 P_2만 가동시킨다.
③ 모든 공장 A, B, C가 모두 가동할 때에는 P_3만 가동시킨다.

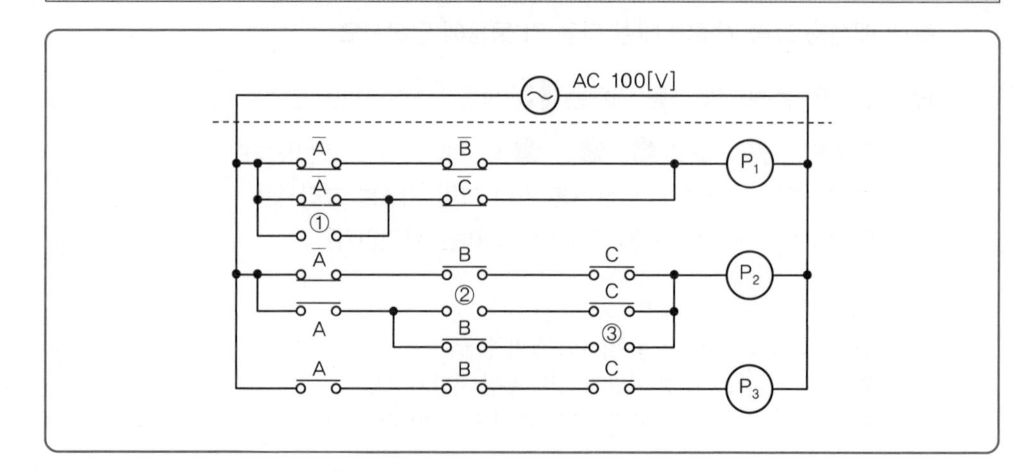

1 조건과 같은 진리표를 작성하시오.

2 ①~③번의 접점 기호를 그리고 알맞은 약호를 쓰시오.

3 P_1~P_3의 출력식을 각각 쓰시오.

※ 접점 심벌을 표시할 때는 A, B, C, $\overline{A}$, $\overline{B}$, $\overline{C}$ 등 문자 표시도 할 것

해답 1

A	B	C	P_1	P_2	P_3
0	0	0	1	0	0
0	0	1	1	0	0
0	1	0	1	0	0
0	1	1	0	1	0
1	0	0	1	0	0
1	0	1	0	1	0
1	1	0	0	1	0
1	1	1	0	0	1

2 ① $\overline{B}$ ② B ③ $\overline{C}$

3 $P_1 = \overline{A}\cdot\overline{B}\cdot\overline{C} + \overline{A}\cdot\overline{B}\cdot C + \overline{A}\cdot B\cdot\overline{C} + A\cdot\overline{B}\cdot\overline{C}$

$= \overline{A}\cdot\overline{B} + \overline{A}\cdot\overline{C} + \overline{B}\cdot\overline{C}$

$P_2 = \overline{A}\cdot B\cdot C + A\cdot\overline{B}\cdot C + A\cdot B\cdot\overline{C}$

$P_3 = A\cdot B\cdot C$

TIP

$\overline{A}\overline{B}\overline{C} = \overline{A}\overline{B}\overline{C} + \overline{A}\overline{B}\overline{C}$ ($\because$ A+A=A, A+A+A=A)

$P_1 = \overline{A}\overline{B}\overline{C} + \overline{A}\overline{B}C + \overline{A}B\overline{C} + A\overline{B}\overline{C} + (\overline{A}\overline{B}\overline{C} + \overline{A}\overline{B}\overline{C})$

$= \overline{A}\overline{B} + \overline{A}\overline{C} + \overline{B}\overline{C}$

06 ★★☆☆☆ [4점]

배선용 차단기의 표면에 표시되어 있는 75[A]와 100[AF]를 각각 설명하시오.

1 75[A]

2 100[AF]

해답 1 차단기 트립 전류

2 차단기 프레임 전류

07 ★★★★★

[6점]

그림은 어느 공장의 하루 간 전력부하 곡선이다. 이 그림을 보고 다음 각 물음에 답하시오.

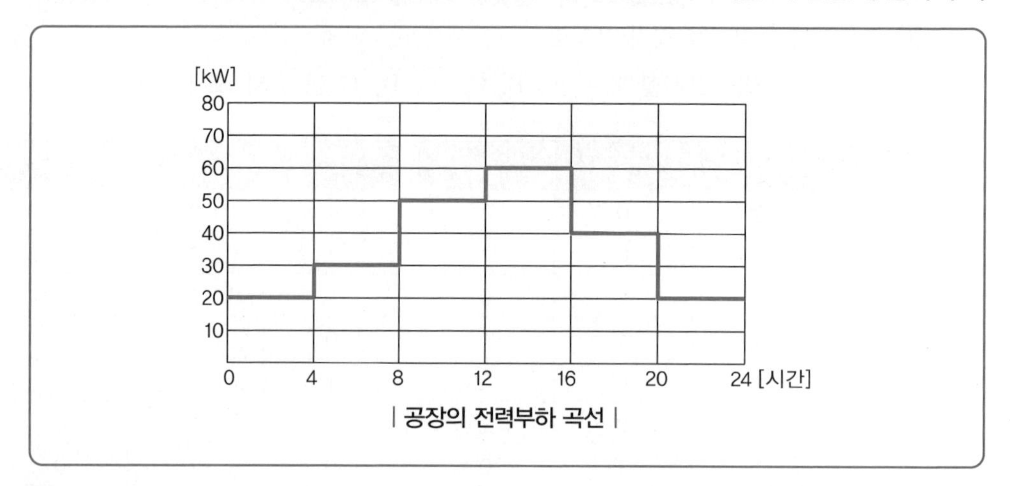

| 공장의 전력부하 곡선 |

1 이 공장의 부하 평균전력은 몇 [kW]인가?

2 이 공장의 일부하율은 얼마인가?

3 이 공장의 수용률은 얼마인가?(단, 설비용량은 80[kW]이다.)

해답 1 계산 : $\text{평균전력} = \dfrac{\text{사용전력량}}{\text{시간}} = \dfrac{(20+30+50+60+40+20)\times 4}{24} = 36.67[\text{kW}]$

답 36.67[kW]

2 계산 : $\text{일부하율} = \dfrac{\text{평균전력}}{\text{일최대전력}} \times 100 = \dfrac{36.67}{60} \times 100 = 61.1[\%]$

답 61.1[%]

3 계산 : $\text{수용률} = \dfrac{\text{최대전력}}{\text{설비용량}} \times 100 = \dfrac{60}{80} \times 100 = 75[\%]$

답 75[%]

TIP

① $\text{수용률} = \dfrac{\text{최대전력}}{\text{설비용량}} \times 100\%$

② $\text{부하율} = \dfrac{\text{평균전력}}{\text{최대전력}} \times 100\%$

③ $\text{부등률} = \dfrac{\text{개별 최대전력의 합}}{\text{합성 최대전력}} \geq 1$

08 ★★★★★ [8점]

예비 전원 설비에 이용되는 연축전지와 알칼리축전지에 대하여 다음 각 물음에 답하시오.

1 연축전지와 비교할 때 알칼리축전지의 장점과 단점을 1가지씩 쓰시오.

2 연축전지와 알칼리축전지의 공칭전압은 몇 [V]인가?

3 축전지의 일상적인 충전방식 중 부동충전방식에 대하여 간단히 설명하시오.

4 연축전지의 정격용량이 200[Ah]이고, 상시부하가 15[kW]이며, 표준전압이 100[V]인 부동충전방식 충전기의 2차 전류는 몇 [A]인가?(단, 상시부하의 역률은 1로 간주한다.)

해답 1 장점 : 과충·과방전에 강하다.
단점 : 단자 전압이 낮다.

2 연축전지 : 2.0[V/cell]
알칼리축전지 : 1.2[V/cell]

3 부동 충전 방식 : 축전지의 자기 방전을 보충함과 동시에 상용부하에 대한 전력공급은 충전기가 부담하도록 하되 충전기가 부담하기 어려운 일시적인 대전류 부하는 축전지가 부담하게 하는 방식

4 2차 충전 전류 $I_2 = \frac{200}{10} + \frac{15 \times 10^3}{100} = 170[A]$

답 170[A]

TIP

1 $\text{충전전류} = \frac{\text{축전지 정격용량}}{\text{정격방전율}} + \frac{\text{상시부하}}{\text{표준전압}}$

2 정격방전율
- 연축전지 : 10[h]
- 알칼리축전지 : 5[h]

09 ★★★★★ [9점]

전력 퓨즈에서 다음 각 물음에 답하시오.

1 퓨즈의 역할을 크게 2가지로 구분하여 간단하게 설명하시오.

2 퓨즈의 가장 큰 단점은 무엇인가?

3 주어진 표는 개폐장치(기구)의 동작 가능한 곳에 ○표를 한 것이다. ①~③은 어떤 개폐장치이겠는가?

기능 \ 능력	회로 분리		사고 차단	
	무부하	부하	과부하	단락
퓨즈	○			○
①	○	○	○	○
②	○	○	○	
③	○			

4 큐비클의 종류 중 PF－S형 큐비클은 주 차단장치로서 어떤 것들을 조합하여 사용하는 것을 말하는가?

해답 1 • 부하 전류를 안전하게 흐르게 한다.
• 과전류를 차단하여 전로나 기기를 보호한다.

2 재투입할 수 없다.

3 ① 차단기
② 자동고장구분개폐기(ASS)
③ 단로기

4 전력 퓨즈와 고압 개폐기

10 ★★★★☆ [6점]

계기용 변성기(PT)와 전위절환 개폐기(VS 혹은 VCS)로 모선전압을 측정하고자 한다.

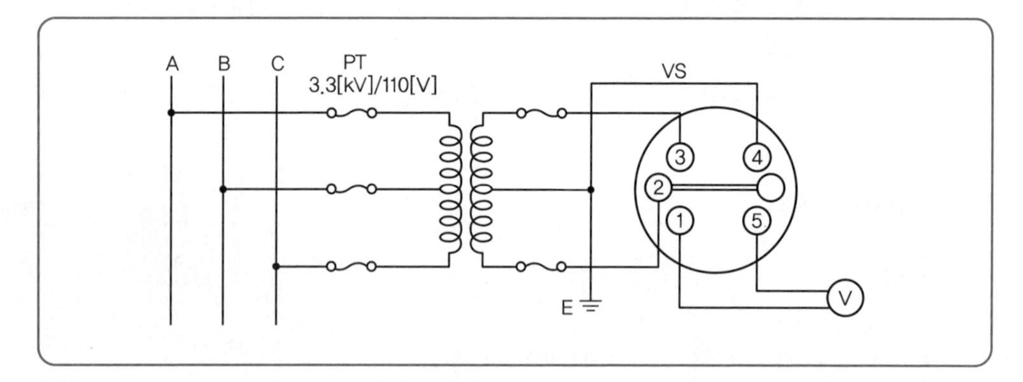

1 VAB 측정 시 VS 단자 중 단락되는 접점을 2가지 쓰시오.

2 VBC 측정 시 VS 단자 중 단락되는 접점을 2가지 쓰시오.

3 PT 2차 측을 접지하는 이유를 기술하시오. ※ KEC 규정에 따라 변경

4 PT의 결선방법에서 모든 PT는 무엇을 원칙으로 하는가?

5 PT가 Y－△ 결선일 때에는 △가 Y에 대하여 몇 도 늦은 상변위가 되도록 결선을 하여야 하는가?

해답 1 ③－①, ④－⑤

2 ①－②, ④－⑤

3 이유 : 혼촉에 의한 기기 손상 방지

4 감극성

5 30°

TIP

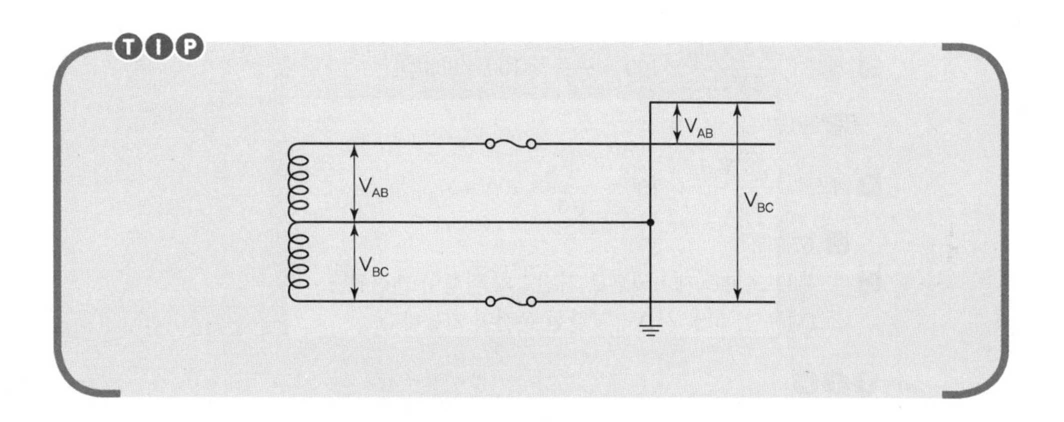

11 ★★★★☆ [10점]

그림과 같은 단상 변압기 3대가 있다. 이 변압기에 대하여 다음 각 물음에 답하시오.

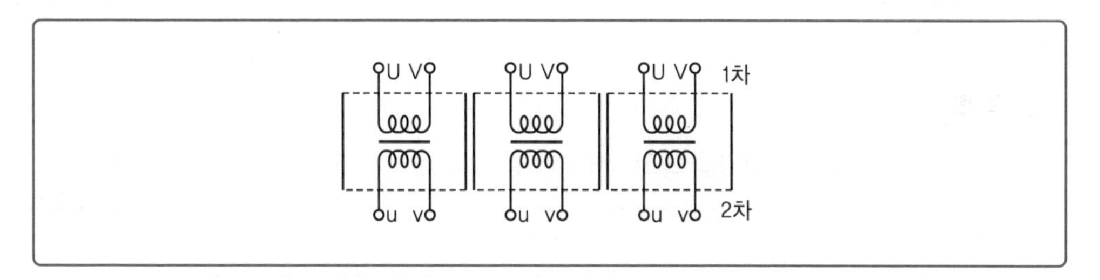

1. 이 변압기를 주어진 그림에 △－△결선하시오.
2. △－△결선으로 운전하던 중 L2상의 변압기에 고장이 나 나머지 2대로 운전하려고 한다. 결선도를 그리고 이 결선의 명칭을 쓰시오.
3. 2번 문항에서 변압기 1대의 이용률은 몇 [%]인가?
4. 2번 문항과 같이 결선한 변압기 2대 3상 출력은 △－△결선 시 3상 출력과 비교할 때 몇 [%]인가?
5. △－△결선 시 장점 2가지만 쓰시오.

해답 1 △－△ 결선방식

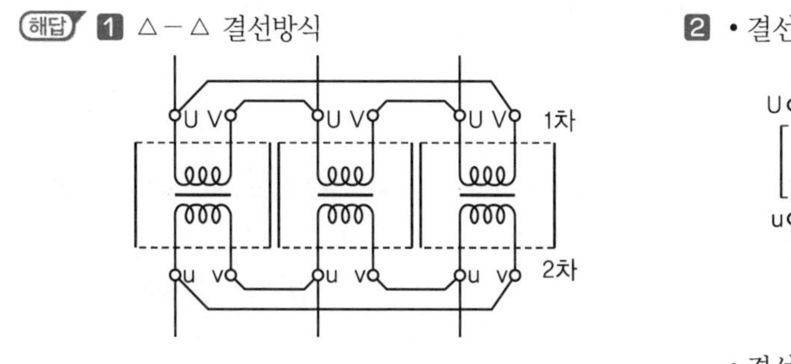

2 • 결선도

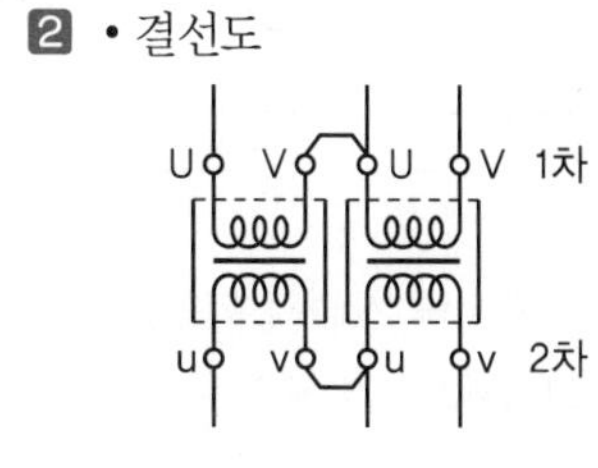

• 결선명칭 : V－V결선

3 계산 : $\dfrac{\sqrt{3}\,V_P I_P}{2\,V_P I_P} \times 100 = \dfrac{\sqrt{3}}{2} \times 100 = 86.6[\%]$

답 $86.6[\%]$

4 계산 : $\dfrac{\sqrt{3}\,V_P I_P}{3\,V_P I_P} \times 100 = \dfrac{1}{\sqrt{3}} \times 100 = 57.7[\%]$

답 $57.7[\%]$

5 ① 제3고조파가 제거되므로 기전력의 파형이 개선된다.
② 1대(1상) 고장 시 V−V결선 운전이 가능하다.

TIP

① 혼촉방지판이 있는 경우는 중성점 접지를 하지 않는다.
② 출력비 $= \dfrac{1}{\sqrt{3}}$ 출력률 $= 57.7[\%]$

12 ★★★★☆ [8점]

주어진 도면과 동작설명을 보고 다음 각 물음에 답하시오.

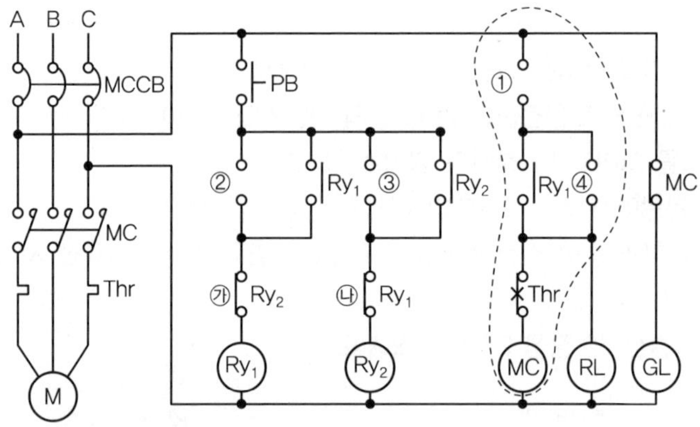

[동작 설명]

① 누름버튼 스위치 PB를 누르면 릴레이 Ry_1이 여자되어 MC를 여자시켜 전동기가 기동되며 PB에서 손을 떼어도 전동기는 계속 운전된다.
② 다시 PB를 누르면 릴레이 Ry_2가 여자되어 MC는 소자되며 전동기는 정지한다.
③ 다시 PB를 누름에 따라서 ①과 ②의 동작을 반복하게 된다.

1 ㉮, ㉯의 릴레이 b접점이 서로 작용하는 역할에 대하여 이것을 무슨 접점이라 하는가?

2 운전 중에 과전류로 인하여 Thr이 작동되면 점등되는 램프는 어떤 램프인가?

3 그림의 점선 부분을 논리식(출력식)과 무접점 논리회로로 표시하시오.

- 논리식
- 논리회로

4 동작에 관한 타임차트를 완성하시오.

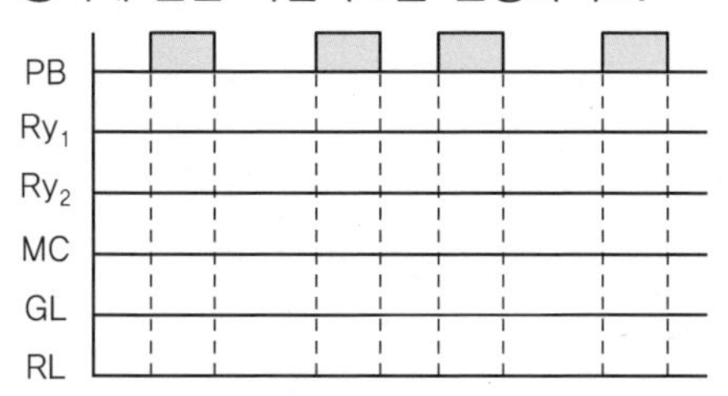

해답 **1** 인터록 접점(릴레이 Ry_1, Ry_2 동시 투입 방지)

2 (GL) 램프

3 • 논리식 : $MC = \overline{Ry_2}(Ry_1 + MC) \cdot \overline{Thr}$

• 논리회로

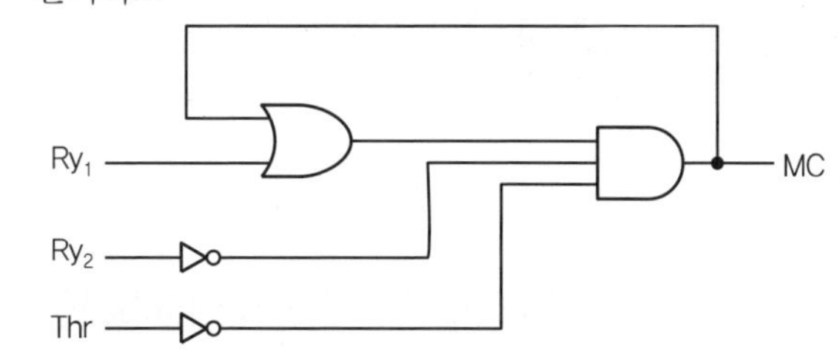

4

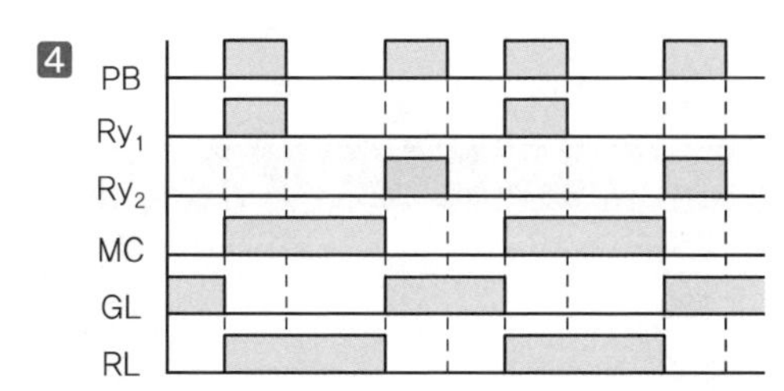

TIP

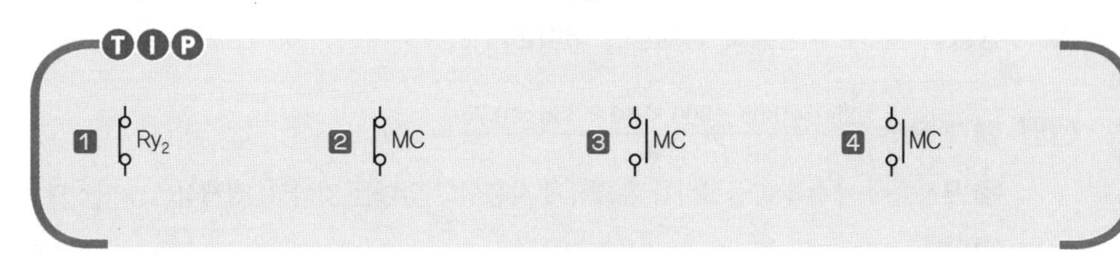

13 ★★★★★ [8점]

어떤 수용가의 전기설비로 역률 0.8, 용량 200[kVA]인 3상 유도부하가 사용되고 있다. 이 부하에 병렬로 전력용 콘덴서를 설치하여 합성 역률을 0.95로 개선할 경우 다음 각 물음에 답하시오.

1 전력용 콘덴서의 용량은 몇 [kVA]가 필요한가?

2 전력용 콘덴서에 직렬리액터를 설치할 때 설치하는 이유와 용량은 이론상 몇 [kVA]를 설치하여야 하는지를 쓰시오.

해답 1 콘덴서 용량 $Q_c = P\left(\frac{\sin\theta_1}{\cos\theta_1} - \frac{\sin\theta_2}{\cos\theta_2}\right)$

계산 : $200 \times 0.8\left(\frac{0.6}{0.8} - \frac{\sqrt{1-0.95^2}}{0.95}\right) = 67.41[\text{kVA}]$

답 67.41[kVA]

2 이유 : 제5고조파의 제거

용량 : 이론상 콘덴서 용량의 4[%]이므로 67.41×0.04=2.7[kVA]

TIP

2 이론상 : 콘덴서 용량×4[%]

실제상 : 콘덴서 용량×6[%]로 주파수 변동을 고려한다.

14 ★★★★★ [4점]

표와 같은 수용가 A, B, C에 공급하는 배전 선로의 최대전력이 450[kW]라고 할 때 다음 각 물음에 답하시오.

1 수용가의 부등률은 얼마인가?

수용가	설비용량[kW]	수용률[%]
A	250	65
B	300	70
C	350	75

2 부등률이 클 때 이용률과 경제성은 어떠한가?

해답 1 부등률$= \frac{250 \times 0.65 + 300 \times 0.7 + 350 \times 0.75}{450} = 1.41$

2 부등률이 클수록 공급설비가 유효하게 사용되고 있다는 것이고, 경제성은 높아진다.

TIP

부등률$= \frac{\text{개별 최대 수용전력의 합계}}{\text{합성 최대 수용전력}} = \frac{\text{설비용량} \times \text{수용률}}{\text{합성 최대 수용전력}}$

INDUSTRIAL ENGINEER ELECTRICITY

2003년 과 년 도 문제풀이

2003년도 1회 시험

과년도 기출문제

회독 체크	□1회독	월 일	□2회독	월 일	□3회독	월 일

01 ★★★★★ [6점]

200[V], 15[kVA]인 3상 유도전동기를 부하로 사용하는 공장이 있다. 이 공장이 어느 날 1일 사용전력량이 90[kWh]이고, 1일 최대전력이 10[kW]일 경우 다음 각 물음에 답하시오.(단, 최대전력일 때의 전류값은 43.3[A]라고 한다.)

1 일 부하율은 몇 [%]인가?
2 최대전력일 때의 역률은 몇 [%]인가?

해답 1 계산 : 일 부하율$=\dfrac{90/24}{10}\times 100=37.5[\%]$

답 $37.5[\%]$

2 계산 : $\cos\theta=\dfrac{P}{\sqrt{3}\,VI}=\dfrac{10\times 10^3}{\sqrt{3}\times 200\times 43.3}\times 100=66.67[\%]$

답 $\cos\theta=66.67[\%]$

TIP

부하율$=\dfrac{\text{평균전력}}{\text{최대전력}}\times 100[\%]=\dfrac{\text{1일 전력량/24}}{\text{최대전력}}\times 100[\%]$

02 ★★★★☆ [6점]

그림과 같은 계통의 기기의 A점에서 완전 지락이 발생하였다. 그림을 이용하여 다음 각 물음에 답하시오.

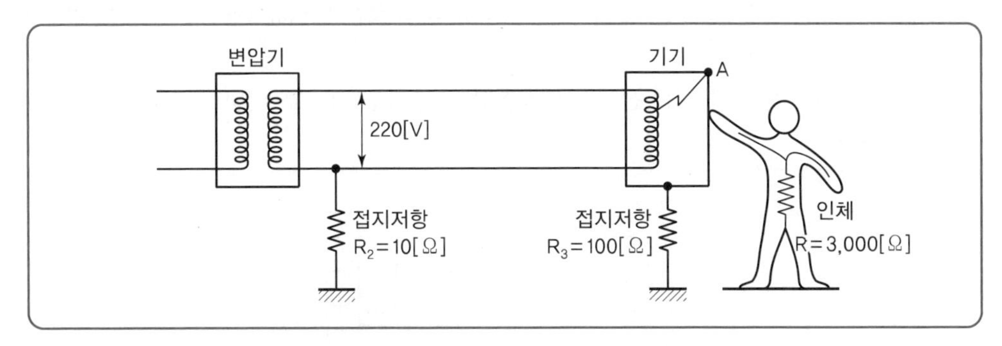

1 이 기기의 외함에 인체가 접촉하고 있지 않을 경우 대지전압을 구하시오.
2 이 기기의 외함에 인체가 접촉한 경우 인체를 통해서 흐르는 전류를 구하시오.(단, 인체의 저항은 3,000[Ω]으로 한다.)

해답 **1** 계산

대지전압 : $e = \dfrac{R_3}{R_2 + R_3} \times V = \dfrac{100}{10+100} \times 220 = 200[V]$

답 200[V]

2 계산

인체에 흐르는 전류 : $I = \dfrac{V}{R_2 + \dfrac{R_3 \cdot R}{R_3 + R}} \times \dfrac{R_3}{R_3 + R} = \dfrac{220}{10 + \dfrac{100 \times 3{,}000}{100 + 3{,}000}} \times \dfrac{100}{100 + 3{,}000}$

$= 0.06647[A] = 66.47[mA]$

답 66.47[mA]

① 인체에 비접촉한 경우

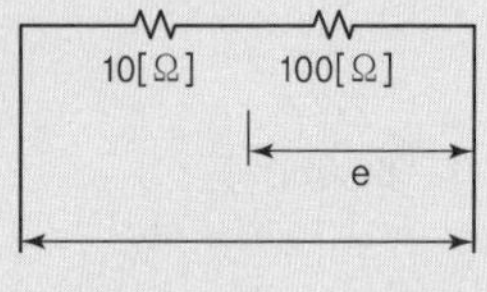

e : 인체에 인가되는 대지전압

② 인체에 접촉한 경우

100[Ω]
10[Ω]
I 3,000[Ω]

I : 인체에 흐르는 전류

③ 제2종 접지공사 ⇒ 혼촉방지(계통)접지
④ 제3종 접지공사 ⇒ 저압보호접지

03 ★★★☆☆ [9점]

축전지 설비에 관련된 다음 각 물음에 답하시오.

1 주어진 조건과 도면 등을 이용하여 축전지 용량을 산정하시오.

2 축전지의 충전 방식 중 균등 충전 방식과 부동 충전 방식에 대하여 충전 방식의 이용 목적을 설명하시오.

3 전압 24[V]에 알칼리축전지를 이용한다면 셀 수는 몇 개가 필요한가?(단, 1셀의 여유를 둔다.)

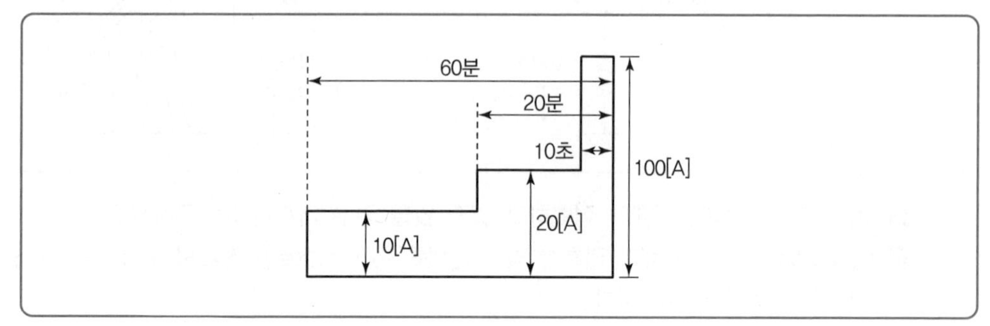

[조건]

- 사용 축전지 : 보통형 소결식 알칼리축전지
- 경년 용량 저하율 : 0.9
- 최저 축전지 온도 : 5[℃]
- 허용 최저 전압 : 1.06[V/셀]
- 소결식 알칼리축전지의 표준특성(표준형 5HR 환산)

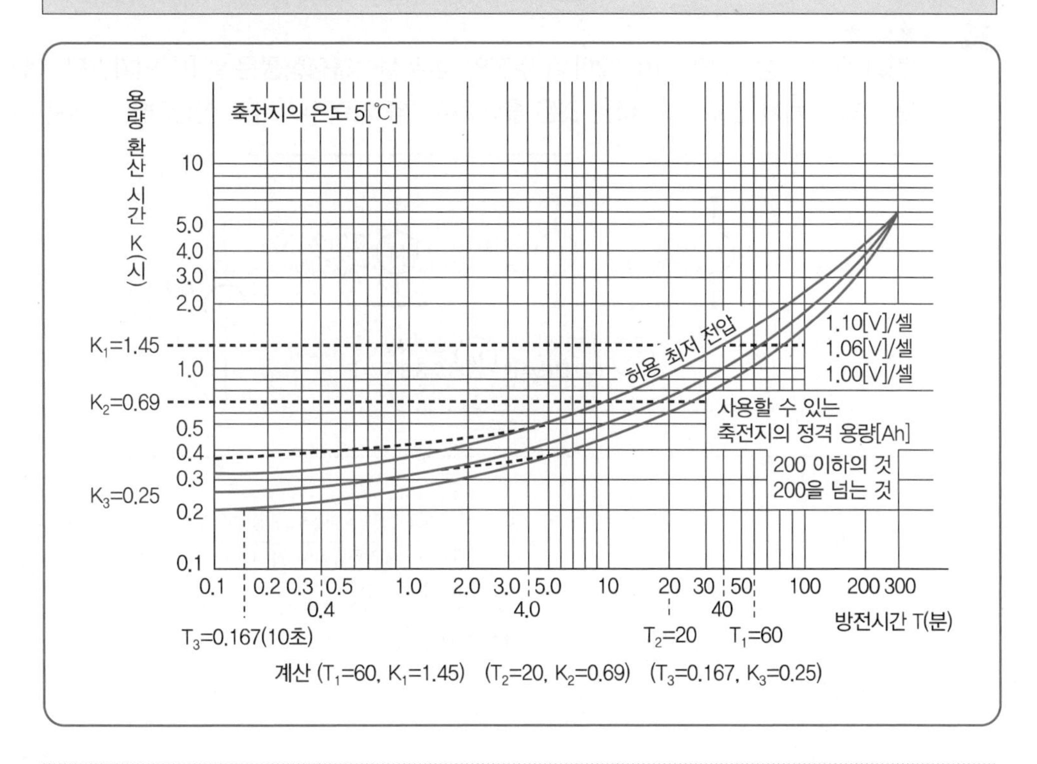

해답 **1** $C = \frac{1}{L}[K_1 I_1 + K_2(I_2 - I_1) + K_3(I_3 - I_2)]$

$= \frac{1}{0.9}[1.45 \times 10 + 0.69(20-10) + 0.25(100-20)] = 46[\text{Ah}]$

답 46[Ah]

2
- 균등 충전 : 여러 개의 축전지를 한 조로 하여 장시간 사용하는 경우 방전으로 생기는 충전 상태의 불균형을 없애고 충전 상태를 균등하게 하기 위한 충전 방식
- 부동 충전 : 축전지의 자기 방전을 보충함과 동시에 상용 부하에 대한 전력 공급은 충전기가 부담하도록 하되, 충전기가 부담하기 어려운 일시적인 대전류 부하는 축전지가 부담하게 하는 방식

3 $N = \frac{\text{부하의 허용 최저전압}}{\text{축전지 허용 최저전압}} = \frac{24}{1.06} = 22.64 \rightarrow 23 + 1(\text{여유}) = 24[\text{cell}]$

답 24[cell]

TIP

① 평상시 : 부동 충전 방식
② 정기적 : 균등 충전 방식

04 ★★★★★

[4점]

그림과 같이 단상 3선식 110/220[V] 수전인 경우 설비불평형률은 몇 [%]인가?(단, 여기서 전동기의 수치가 괄호 내와 다른 것은 출력 [kW]를 입력 [kVA]로 환산하였기 때문임)

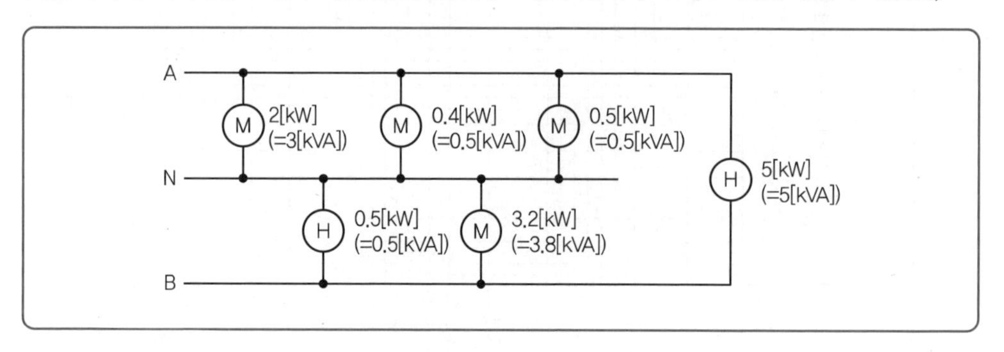

해답 설비불평형률 $= \dfrac{\text{중성선과 각 전압 측 전선 간에 접속되는 부하설비용량[kVA]의 차}}{\text{총 부하설비용량[kVA]의 1/2}} \times 100[\%]$

$$= \frac{(0.5+3.8)-(3+0.5+0.5)}{(3+0.5+0.5+0.5+3.8+5)\times\dfrac{1}{2}} \times 100 = 4.51[\%]$$

답 4.51[%]

TIP

3상 3선식 설비불평형률 $= \dfrac{\text{각 선 간에 접속되는 단상 부하의 최대와 최소의 차}}{\text{총 부하 설비용량의 1/3}} \times 100[\%]$

05 ★★☆☆☆ [6점]

그림과 같은 무접점 릴레이 회로의 출력식 Z를 구하고, 이것을 전자 릴레이 회로로 바꾸어 그리시오.

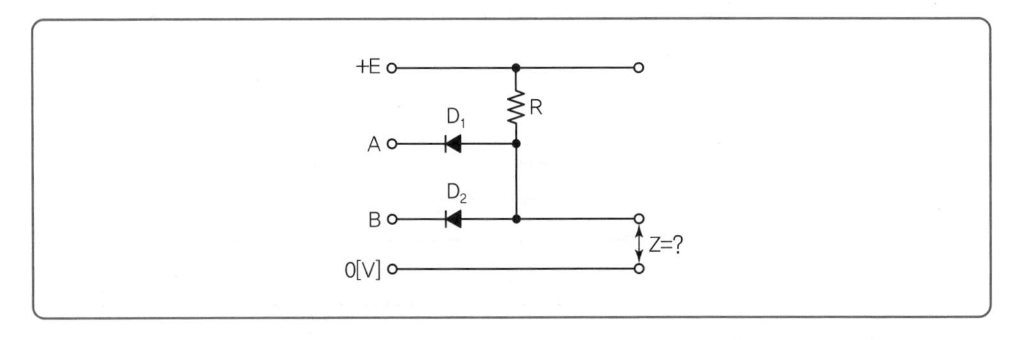

해답
- 출력식 : Z = A · B
- 전자 릴레이 회로(유접점 회로)

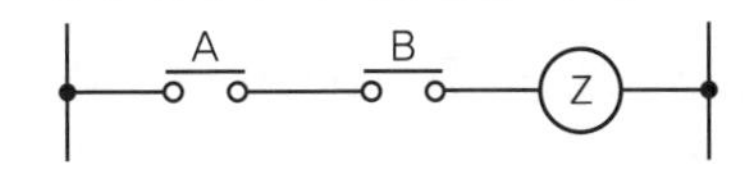

TIP

AND 회로의 경우 전압강하 발생 시 출력은 존재하지 않는다!

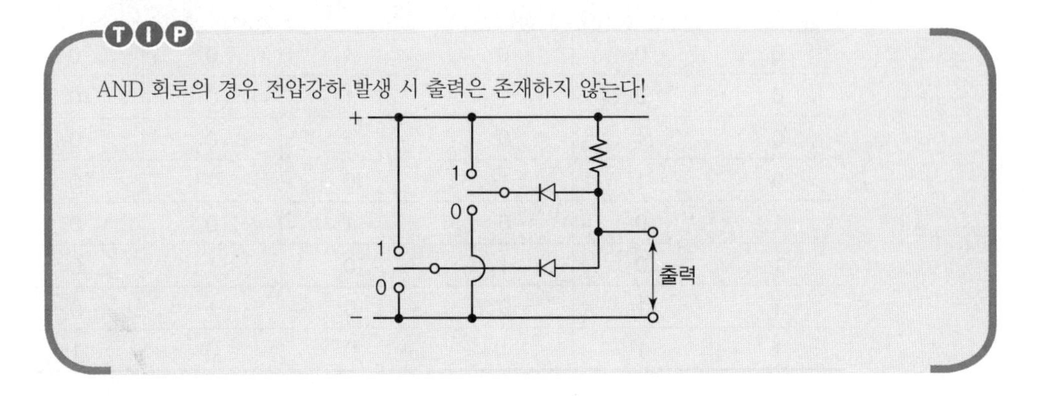

06 ★★★★★ [12점]

어느 회사에서 한 부지 A, B, C에 세 공장을 세워 3대의 급수 펌프 P_1(소형), P_2(중형), P_3(대형)으로 다음 계획에 따라 급수 계획을 세웠다. 계획 내용을 잘 살펴보고 다음 물음에 답하시오.

[계획]

① 모든 공장 A, B, C가 휴무일 때 또는 그중 한 공장만 가동할 때에는 펌프 P_1만 가동시킨다.
② 모든 공장 A, B, C 중 어느 것이나 두 개의 공장만 가동할 때에는 P_2만 가동시킨다.
③ 모든 공장 A, B, C가 모두 가동할 때에는 P_3만 가동시킨다.

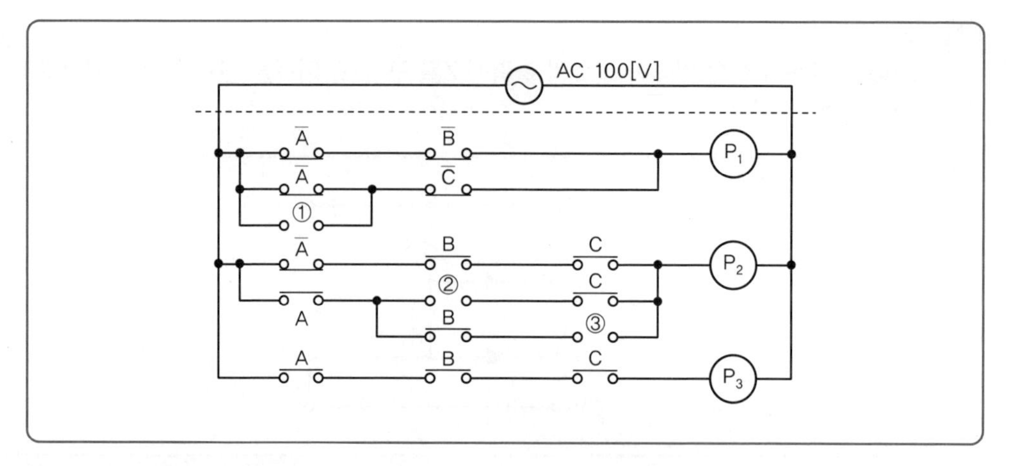

1 조건과 같은 진리표를 작성하시오.

2 ①~③번의 접점 기호를 그리고 알맞은 약호를 쓰시오.

3 P_1~P_3의 출력식을 각각 쓰시오.

※ 접점 심벌을 표시할 때는 A, B, C, $\overline{A}$, $\overline{B}$, $\overline{C}$ 등 문자 표시도 할 것

해답 1

A	B	C	P_1	P_2	P_3
0	0	0	1	0	0
0	0	1	1	0	0
0	1	0	1	0	0
0	1	1	0	1	0
1	0	0	1	0	0
1	0	1	0	1	0
1	1	0	0	1	0
1	1	1	0	0	1

2 ① —o $\overline{B}$ o— ② —o $\overline{B}$ o— ③ —o $\overline{C}$ o—

3 $P_1 = \overline{A}\cdot\overline{B}\cdot\overline{C} + \overline{A}\cdot\overline{B}\cdot C + \overline{A}\cdot B\cdot\overline{C} + A\cdot\overline{B}\cdot\overline{C}$

$= \overline{A}\cdot\overline{B} + \overline{A}\cdot\overline{C} + \overline{B}\cdot\overline{C}$

$P_2 = \overline{A}\cdot B\cdot C + A\cdot\overline{B}\cdot C + A\cdot B\cdot\overline{C}$

$P_3 = A\cdot B\cdot C$

TIP

$\overline{A}\overline{B}\overline{C} = \overline{A}\overline{B}\overline{C} + \overline{A}\overline{B}\overline{C}$ ($\because$ A+A=A, A+A+A=A)

$P_1 = \overline{A}\overline{B}\overline{C} + \overline{A}\overline{B}C + \overline{A}B\overline{C} + A\overline{B}\overline{C} + (\overline{A}\overline{B}\overline{C} + \overline{A}\overline{B}\overline{C})$

$= \overline{A}\overline{B} + \overline{A}\overline{C} + \overline{B}\overline{C}$

07 ★★★★☆ [10점]

그림은 22.9[kV] 특별고압 수전설비의 단선도이다. 이 도면을 보고 다음 각 물음에 답하시오.

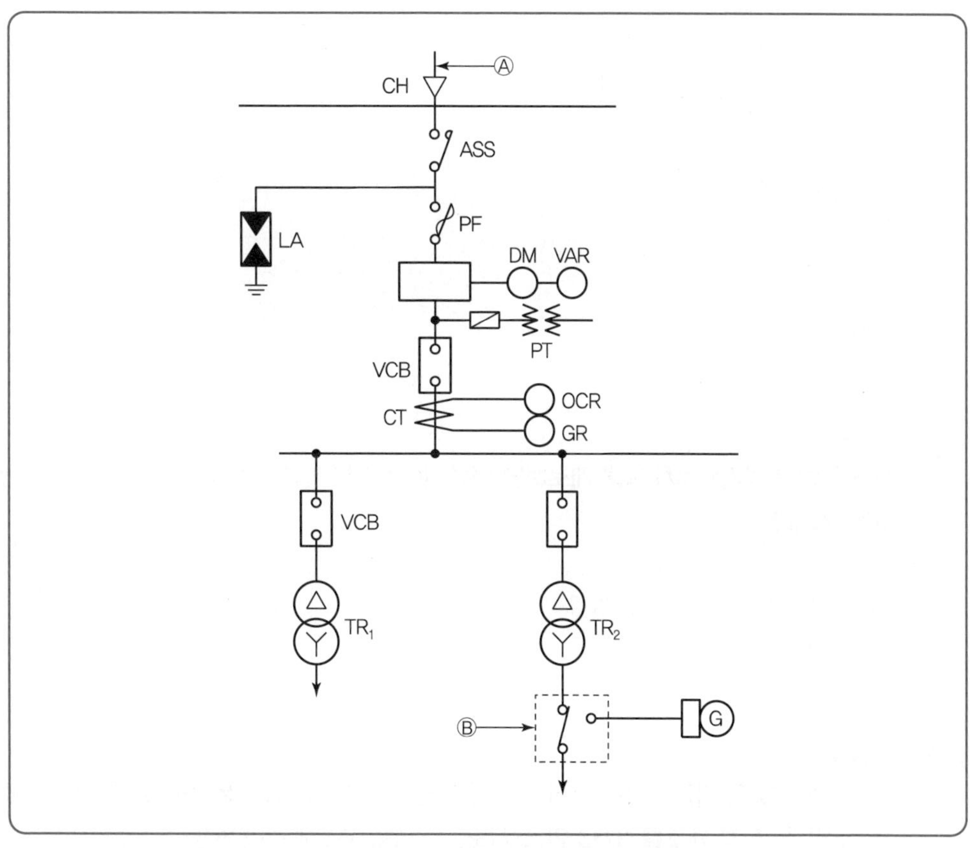

1 도면에 표시되어 있는 다음 약호의 명칭을 우리말로 쓰시오.

① ASS : ② LA :

③ VCB : ④ DM :

2 TR_1 쪽의 부하 용량의 합이 300[kW]이고, 역률 및 효율이 각각 0.8, 수용률이 0.6이라면 TR_1 변압기의 용량은 몇 [kVA]가 적당한지를 계산하고 규격용량으로 답하시오.

3 Ⓐ에는 어떤 종류의 케이블이 사용되는가?

4 Ⓑ의 명칭은 무엇인가?

5 변압기의 결선도를 복선도로 그리시오.

해답 **1** ① ASS : 자동고장 구분개폐기 ② LA : 피뢰기

③ VCB : 진공 차단기 ④ DM : 최대 수요전력량계

2 계산 : $TR_1 = \dfrac{\text{설비용량} \times \text{수용률}}{\text{역률} \times \text{효율}} = \dfrac{300 \times 0.6}{0.8 \times 0.8} = 281.25[\text{kVA}]$

답 300[kVA] 선정

3 CNCV－W 케이블(수밀형)

4 자동절체개폐기(ATS)

5

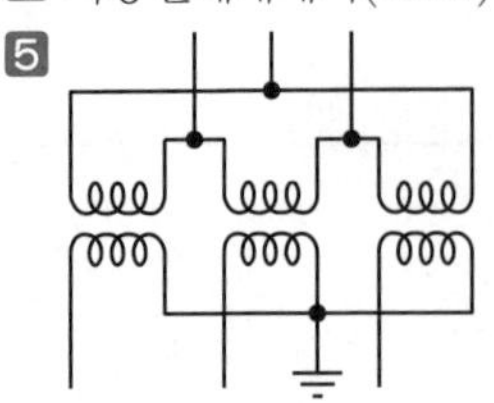

TIP

$$변압기\ 용량[kVA]=\frac{설비용량[kVA]\times 수용률}{효율}=\frac{설비용량[kW]\times 수용률}{효율\times 역률}$$

08 ★★★★☆ [4점]

사용 중에 변류기의 2차 측을 개로하면 변류기는 어떤 현상이 발생하는지 원인과 결과를 간단하게 쓰시오.

해답 원인 : 2차 측에 과전압 발생

결과 : 절연소손

09 ★★★★☆ [6점]

배전용 변전소의 각종 전기시설에는 접지를 하고 있다. 그 접지 목적을 3가지로 요약하여 쓰고, 고압 측 접지 개소를 3개소만 쓰시오. ※ KEC 규정에 따라 변경

1 접지목적

2 접지개소

해답 1 접지목적

① 감전 방지

② 이상전압 억제

③ 보호 계전기의 확실한 동작

2 접지개소

① 일반 기기 및 제어반 외함 접지

② 피뢰기 및 피뢰침 접지

③ 옥외 철구 및 경계책 접지

④ 계기용 변성기 2차 측 접지

2002
2003
2004
2005
2006
2007
2008
2009
2010
2011

10 ★☆☆☆☆

[6점]

그림과 같이 아파트에 급수설비가 시설되어 있다. 급수관의 마찰 손실이 흡입관과 토출관을 합하여 0.3[kg/cm^2], 펌프의 효율이 75[%]일 때, 다음 각 물음에 답하시오.

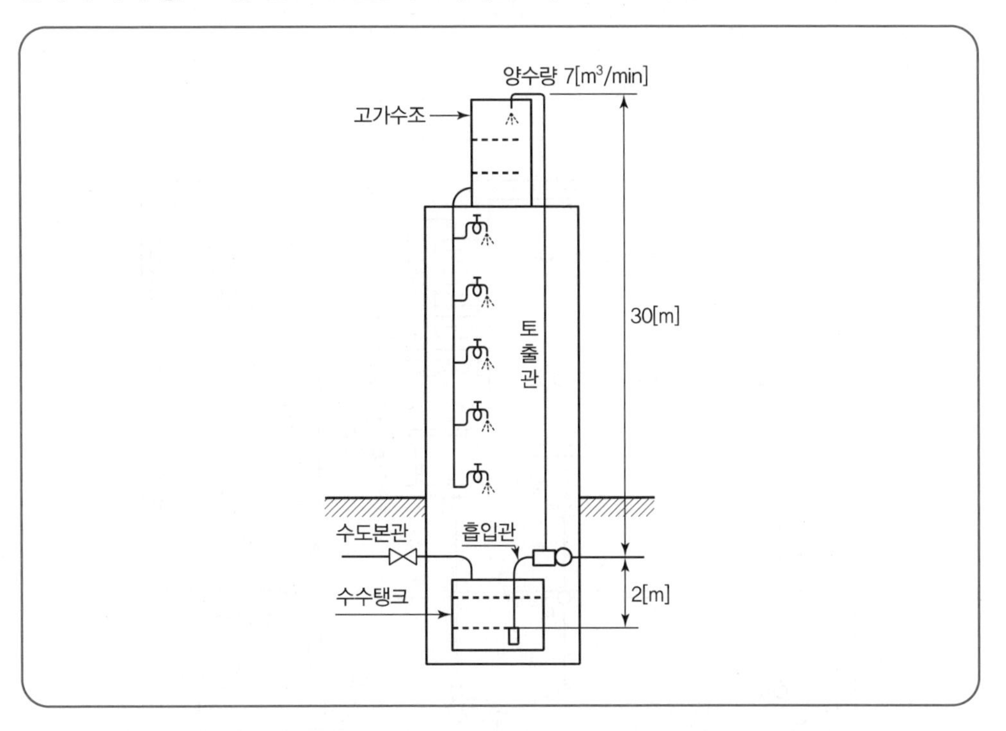

1. 옥상의 고가수조와 지하층의 수수(受水) 탱크에 수위를 전기적으로 자동으로 조절하기 위하여 시설하는 것은 무엇인가?
2. 펌프의 총 양정은 몇 [m]인가?
3. 급수 펌프용 전동기의 축동력은 몇 [HP](마력)이 필요한가?

해답

1. 플로트 스위치 또는 전극봉 스위치
2. 계산 : $H = (30+2) + 0.3 \times 10 = 35[\text{m}]$ 　　답 35[m]
3. 계산 : $P = \dfrac{9.8QHK}{\eta} = \dfrac{9.8 \times \dfrac{7}{60} \times 35}{0.75 \times 0.746} = 71.52[\text{HP}]$ 　　답 71.52[HP]

TIP

2. 총 양정=높이+손실수두

   손실수두 $h = \dfrac{P}{w} = \dfrac{0.3 \times 10^4}{1,000} = 3[\text{m}]$
3. $1[\text{HP}] = 746[\text{W}] = 0.746[\text{kW}]$

11 ★☆☆☆☆

[17점]

도면은 어느 사무실의 전등 설비 평면도이다. 주어진 조건과 도면을 이용하여 다음의 물음에 답하시오.

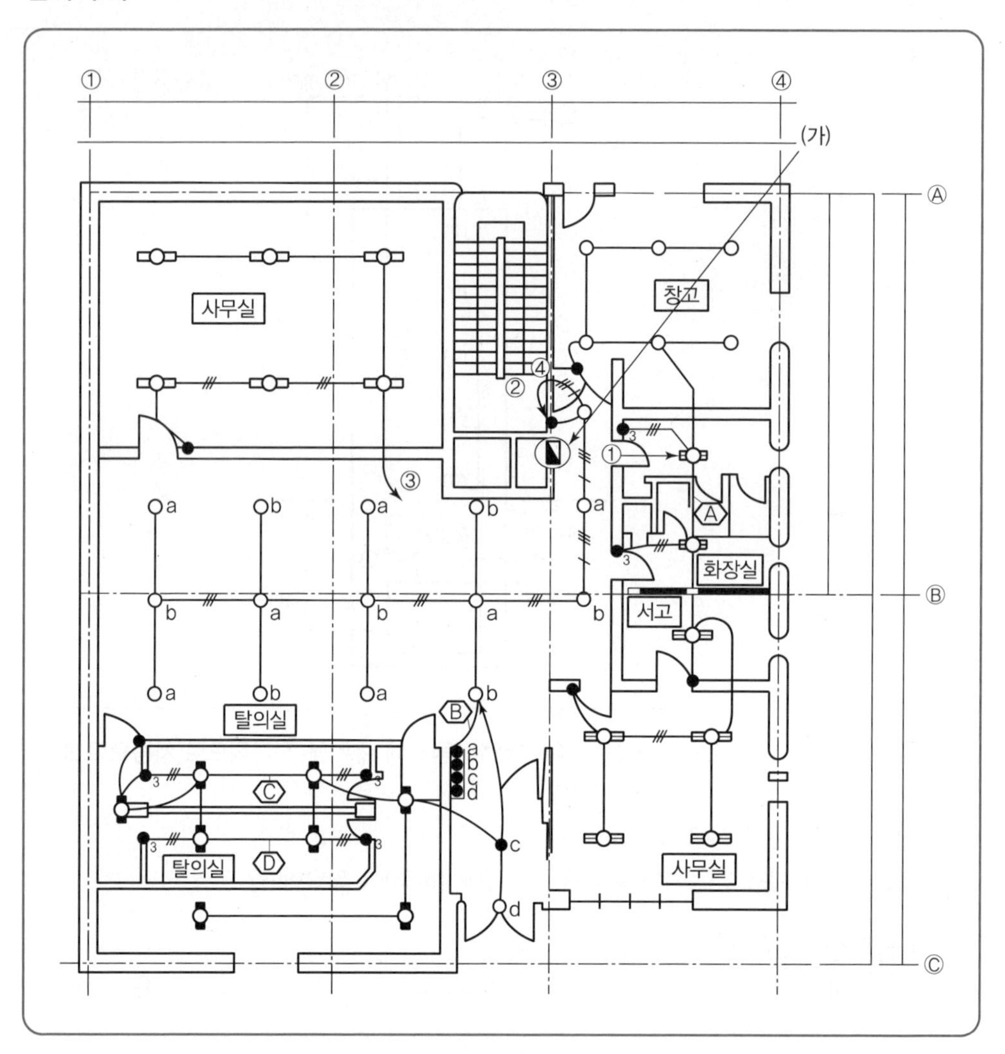

[조건]

- 사무실의 층고는 3[m]이고 이중 천장은 천장면에서 0.5[m]에 설치된다.
- 전선관은 후강 전선관이며 천장 슬래브 및 벽체 매입 배관으로 한다.
- 창고 부분은 이중 천장이 없다.
- 전등 회로의 사용 전압은 $1\phi 3W$ 110/220[V]에서 $1\phi 220$[V]를 적용한다.
- 콘크리트 BOX는 3방출 이상 4각 BOX를 사용한다.
- 사무실과 서고에 사용하는 형광등은 F40×2이고 기타 장소의 형광등은 F20×2이다.
- 모든 배관 배선은 후강 전선관과 NR 2.5[mm²]를 사용하며 관의 굵기, 배선 가닥수 배선 굵기는 다음과 같이 표기하도록 한다.

——— 16C(2-2.5[mm²]) —///— 16C(3-2.5[mm²]) —////— 22C(4-2.5[mm²])

—/////— 22C(5-2.5[mm²]) —//////— 22C(6-2.5[mm²]) —///////— 22C(7-2.5[mm²])

1 도면에서 Ⓐ, Ⓑ, Ⓒ, Ⓓ에 해당하는 전선의 가닥수는 몇 가닥인가?

2 백열등을 벽에 붙이는 경우의 그림 기호는 어떻게 표시하는가?

3 (가)의 명칭은 무엇인가?

4 회로 번호 ①에 대한 설계를 하려고 한다. 다음 표에 대한 물량을 산출하시오.

품명	규격	단위	수량	품명	규격	단위	수량
부싱	16C	개		텀블러스위치	단로	개	
부싱	22C	개		텀블러스위치	삼로	개	
록너트	16C	개		플렉시블 커넥터	16C	개	
록너트	22C	개		조명기구형광등	F40×2	기구	
BOX	4각	개		조명기구형광등	F20×2	기구	
BOX	8각	개		백열등	1L 100W	등	
BOX 커버	4각맹커버	개		스위치 BOX	1개용	개	

해답 1 Ⓐ 5 Ⓑ 5 Ⓒ 5 Ⓓ 4

2 ◐

3 분전반

4

품명	규격	단위	수량	품명	규격	단위	수량
부싱	16C	개	34	텀블러스위치	단로	개	3
부싱	22C	개	2	텀블러스위치	삼로	개	2
록너트	16C	개	68	플렉시블 커넥터	16C	개	7
록너트	22C	개	4	조명기구형광등	F40×2	기구	5
BOX	4각	개	7	조명기구형광등	F20×2	기구	2
BOX	8각	개	6	백열등	1L 100W	등	6
BOX 커버	4각맹커버	개	7	스위치 BOX	1개용	개	5

12 ☆☆☆☆☆

[10점]

어떤 수원지의 가압 펌프 모터에 전기를 공급하는 3상 380[V] 용량 50[HP]의 전동기가 있다. 주어진 조건과 참고표를 이용하여 다음 각 물음에 답하시오. ※ KEC 규정에 따라 삭제

1 이 전동기의 전부하 전류는 얼마인가?

2 사용되는 전선의 온도 감소 계수는 얼마인가?

3 이 전선은 최대 허용 전류가 몇 [A]인 것을 사용하여야 하는가?

4 이 전선의 최소 굵기는 몇 [mm²]인가?

5 금속관 공사에 의하여 설비한다고 할 때 사용되는 후강전선관의 최소 굵기는 몇 [mm] 인가?

13 ★★★☆☆

[4점]

답안지의 그림과 같이 송풍기용 유도전동기의 운전을 현장인 전동기 옆에서도 할 수 있고, 멀리 떨어져 있는 제어실에서도 할 수 있는 시퀀스 제어 회로도를 완성하시오.

- 그림에 있는 전자개폐기에는 주접점 외에 자기유지 접점이 부착되어 있다.
- 도면에 사용되는 심벌에는 심벌의 약호를 반드시 기록하여야 한다.
  (예 PBS－ON, MC－a, PBS－OFF)
- 사용되는 기구는 누름버튼 스위치 2개, 전자코일 MC 1개, 자기 유지 접점(MC－a) 1개이다.
- 누름버튼 스위치는 기동용 접점과 정지용 접점이 있는 것으로 한다.

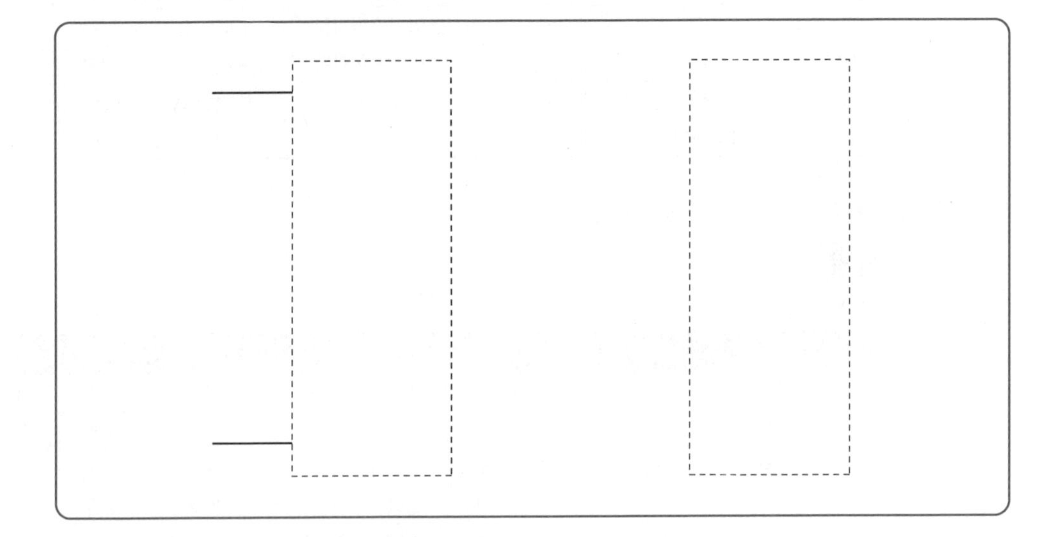

해답

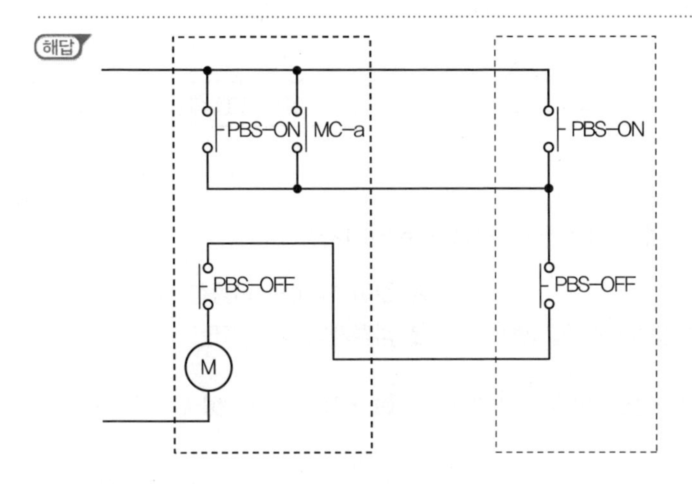

TIP

"기동용 스위치는 병렬접속시키고 정지용 스위치는 직렬접속시킨다."는 사실을 기억하자!

전기산업기사

2003년도 2회 시험

과년도 기출문제

회독 체크	□1회독	월 일	□2회독	월 일	□3회독	월 일

01 ★★★☆☆ [6점]

다음의 저항을 측정하는 데 가장 적당한 방법은 무엇인가?

1 황산구리 용액
2 길이 1[m]의 연동선
3 백열 상태에 있는 백열전구의 필라멘트
4 검류계의 내부 저항

해답 1 콜라우시 브리지법 2 캘빈 더블 브리지법 3 전압 강하법 4 휘스톤 브리지법

02 ★★★★☆ [9점]

그림을 보고 단상변압기 3대를 $\Delta-\Delta$ 결선하고 이 결선방식의 장점과 단점을 3가지씩 설명하시오.

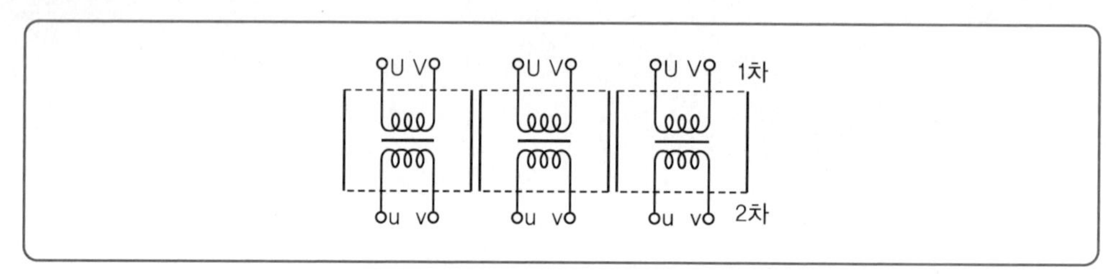

해답 (1) $\Delta-\Delta$ 결선방식

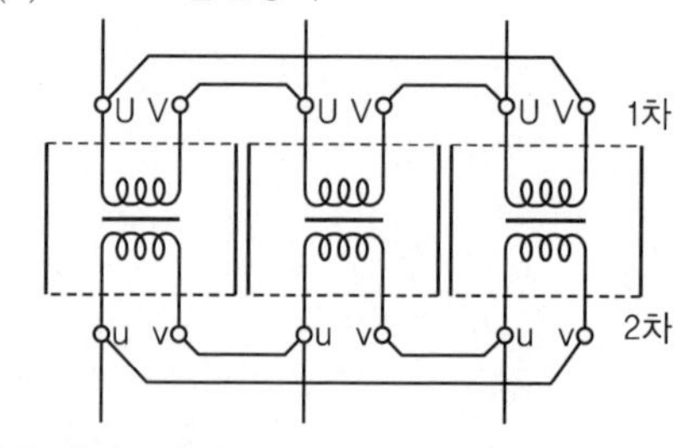

(2) 장점 3가지

① 제3고조파 전류가 Δ결선 내를 순환하므로 정현파 교류 전압을 유기하여 기전력의 파형이 왜곡되지 않는다.

② 1대가 고장이 나면 나머지 2대로 V결선하여 사용할 수 있다.

③ 각 변압기의 상전류가 선전류의 $\frac{1}{\sqrt{3}}$이 되어 대전류에 적합하다.

(3) 단점 3가지

① 중성점을 접지할 수 없으므로 지락사고의 검출이 곤란하다.

② 권수비가 다른 변압기를 결선하면 순환전류가 흐른다.

③ 각 상의 임피던스가 다를 경우 변압기의 불평형 전류가 흐른다.

03 ★★★★★ [7점]

그림과 같은 콘센트의 심벌을 구분하여 설명하시오.

1 ⊙ 2 $\bigodot_2$ 3 $\bigodot_{3P}$ 4 $\bigodot_{WP}$ 5 $\bigodot_E$

해답 1 천장붙이 콘센트 2 2구 콘센트
3 3극 콘센트 4 방수 콘센트
5 접지극 붙이 콘센트

04 ★★★★☆ [6점]

수전전압 22.9[kV], 변압기 용량 5,000[kVA]의 수전설비를 계획할 때 외부와 내부의 이상 전압으로부터 계통의 기기를 보호하기 위해 설치해야 할 기기의 명칭과 그 설치위치를 설명하시오. (단, 변압기는 몰드형으로서 변압기 1차의 주차단기는 진공차단기를 사용하고자 한다.)

1 뇌(낙뢰) 등 외부 이상전압
2 개폐 이상전압 등 내부 이상전압

해답 1 기기명 : 피뢰기
설치위치 : 진공 차단기 1차 측
2 기기명 : 서지 흡수기
설치위치 : 진공 차단기 2차 측과 몰드형 변압기 1차 측 사이

TIP

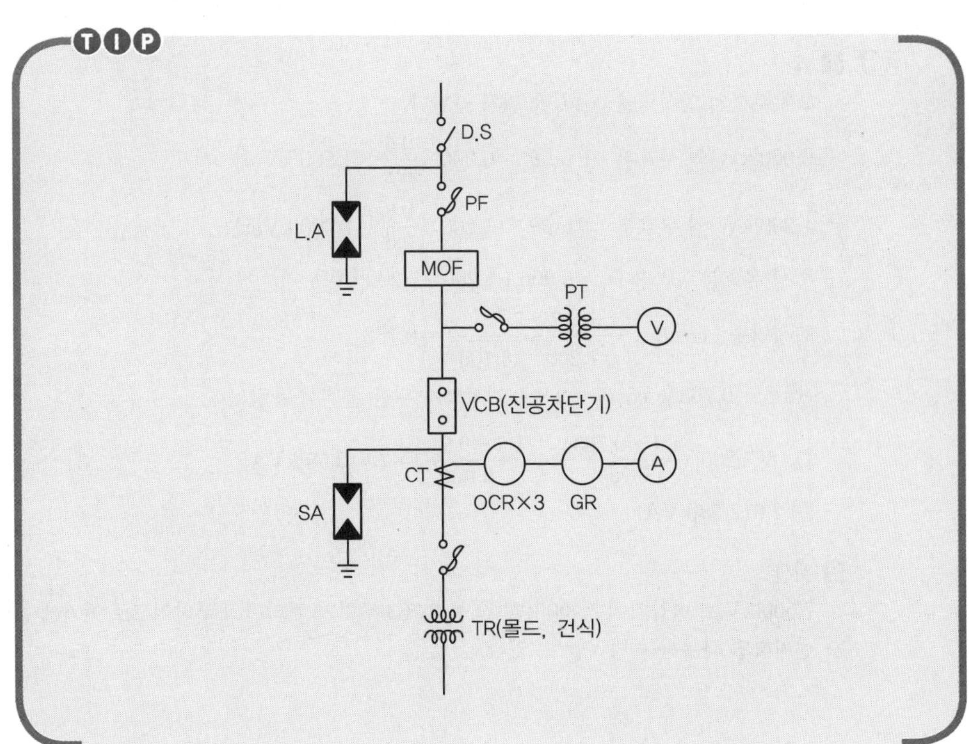

05 ★★★☆☆

[4점]

다음 그림은 계전기의 심벌이다. 각각의 명칭을 우리말로 쓰시오.

1 OC　　2 OL

3 UV　　4 GR

해답 1 과전류 계전기　　2 과부하 계전기

3 부족 전압 계전기　　4 지락 계전기

TIP

- OC : Over Current
- OL : Over Load
- UV : Under Voltage
- GR : Ground Relay

06 ★★★★☆

[8점]

어느 변전소에서 뒤진 역률 80[%]의 부하 6,000[kW]가 있다. 여기에 뒤진 역률 60[%], 1,200[kW] 부하를 증가하였다면 다음과 같은 경우에 콘덴서의 용량은 몇 [kVA]가 되겠는가?

1 부하 증가 후 역률을 90[%]로 유지할 경우 콘덴서 Q[kVA]

2 부하 증가 후 변전소의 피상 전력을 동일하게 유지할 경우 콘덴서 Q[kVA]

해답 1 계산

2개 부하의 합성역률 $\cos\theta_1$를 먼저 구한다.

6,000[kW]의 무효분 : $P\tan\theta_1 = 6{,}000 \times \dfrac{0.6}{0.8} = 4{,}500[\text{kVar}]$

1,200[kW]의 무효분 : $P\tan\theta_2 = 1{,}200 \times \dfrac{0.8}{0.6} = 1{,}600[\text{kVar}]$

합성 유효분 : $P_1 + P_2 = 6{,}000 + 1{,}200 = 7{,}200[\text{kW}]$

합성역률 : $\cos\theta_1 = \dfrac{7{,}200}{\sqrt{7{,}200^2 + 6{,}100^2}} = 0.763$

$\cos\theta_1 = 0.763$을 $\cos\theta_2 = 0.9$로 개선하기 위한 콘덴서 용량

$$Q_C = 7{,}200\left(\frac{\sqrt{1-0.763^2}}{0.763} - \frac{\sqrt{1-0.9^2}}{0.9}\right) = 2{,}612.58[\text{kVA}]$$

답 2,612.58[kVA]

2 계산

7,500[kVA] 변압기에 7,200[kW] 역률 0.763 부하가 걸리면 과부하이므로 여기에 콘덴서를 설치하면 과부하를 방지할 수 있다.

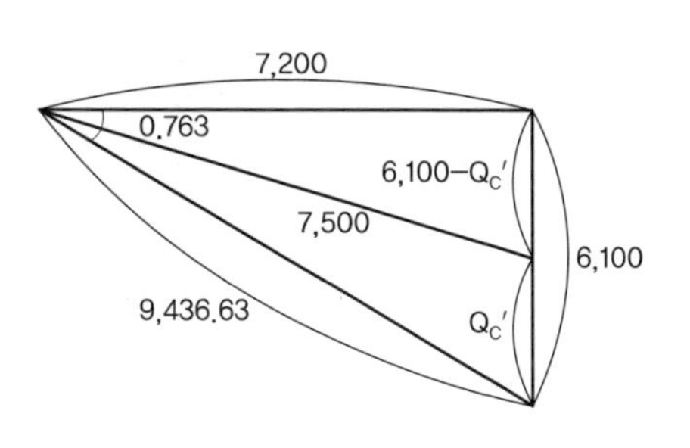

∴ 과부하를 방지하기 위한 콘덴서 용량 Q_c'는

$P_a = \sqrt{P^2 + (Q - Q_c')^2}$ $7{,}500^2 = 7{,}200^2 + (6{,}100 - Q_C')^2$에서 $Q_c' = 4{,}000$[kVA]

답 4,000[kVA]

TIP

① 부하가 2개 이상인 경우 각각 무효전력과 유효전력을 구한다.
② 피상전력 $= \sqrt{유^2 + 무^2}$
③ 무효전력 $= VI\sin\theta = P \cdot \tan\theta$ [kVar]
여기서, P : 유효전력[kW] VI : 피상전력[kVA]

07 ★★★★★ [4점]

그림은 어느 수용가의 일부하 곡선이다. 이 수용가의 일부하율은 몇 [%]인가?

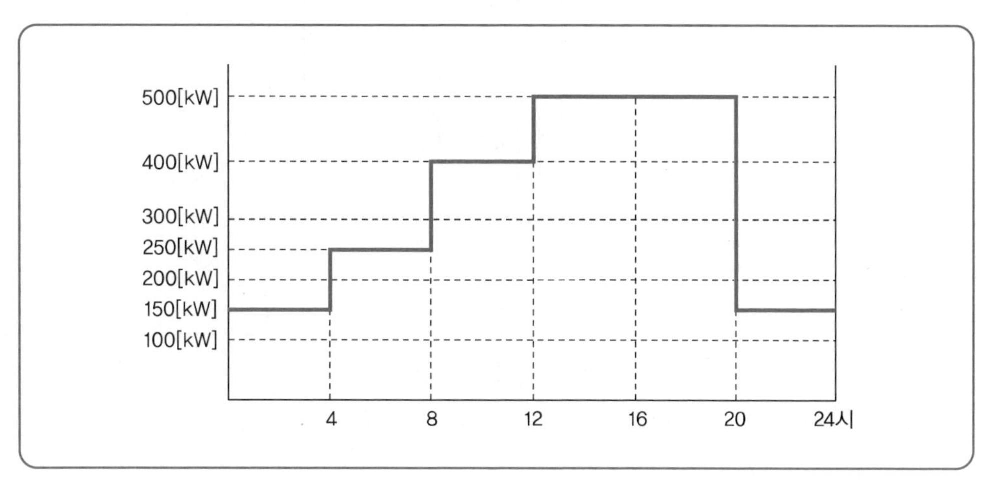

해답 계산 : 부하율 $= \dfrac{\text{평균전력(전력량/시간)}}{\text{최대전력}} \times 100$

$= \dfrac{(150 \times 4 + 250 \times 4 + 400 \times 4 + 500 \times 8 + 150 \times 4)/24}{500} \times 100 = 65[\%]$

답 65[%]

TIP

① 부하율 $= \frac{\text{평균전력}}{\text{최대전력}} \times 100[\%]$ ② 평균전력 $= \frac{\text{전력 사용량[kWh]}}{\text{사용시간[h]}}$

08 ★★★☆☆ [10점]

다음 그림은 고압수전설비 참고 결선도이다. 각 물음에 답하시오.

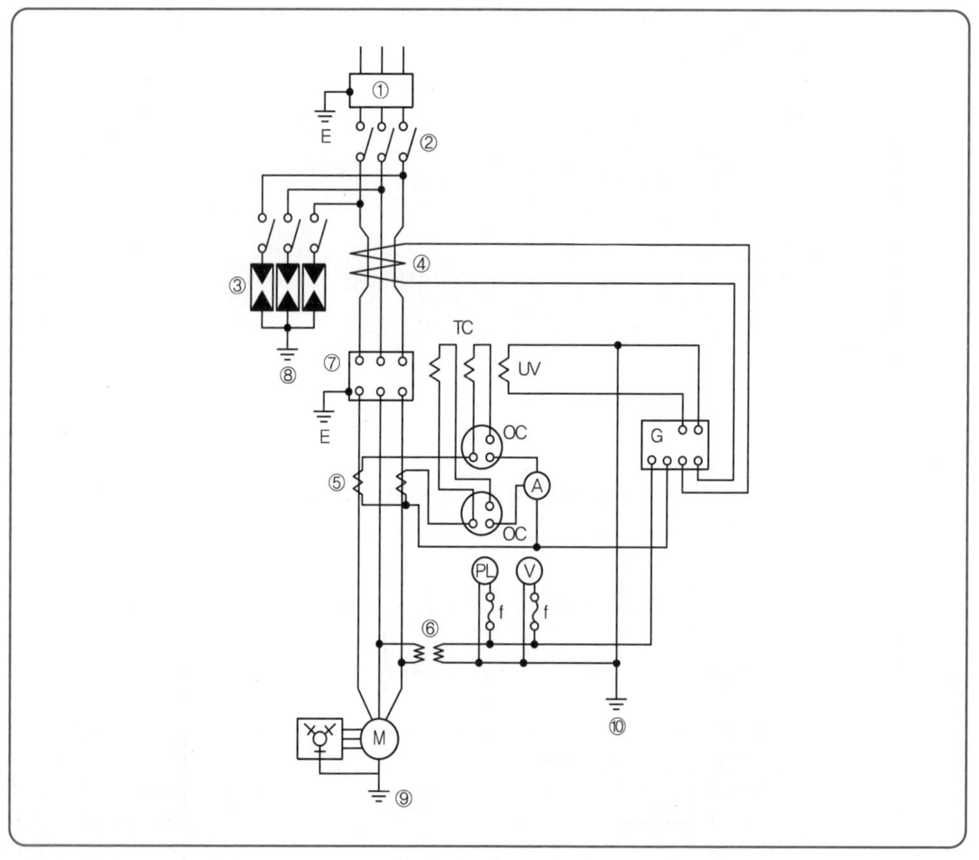

1 ①~⑦까지의 기기의 약호와 명칭을 쓰시오.

2 ⑧~⑩까지의 접지종별을 쓰시오. ※ KEC 규정에 따라 삭제

해답 **1** ① MOF : 전력 수급용 계기용 변성기 ② DS : 단로기
③ LA : 피뢰기 ④ ZCT : 영상 변류기
⑤ CT : 변류기 ⑥ PT : 계기용 변압기
⑦ CB : 교류 차단기

2 ※ KEC 규정에 따라 삭제

09 ★★☆☆☆ [5점]

굵기가 4[mm²]인 전선 3본과 10[mm²]인 전선 3본을 동일 전선관 내에 넣을 수 있는 후강전선관의 굵기를 주어진 표를 이용하여 구하시오.(단, 전선관은 내단면적의 32[%] 이하가 되도록 한다.) ※ KEC 규정에 따라 변경

| 표 1. 전선(피복 절연물을 포함)의 단면적 |

도체 단면적[mm²]	절연체 두께[mm]	평균 완성 바깥지름[mm]	전선의 단면적[mm²]
1.5	0.7	3.3	9
2.5	0.8	4.0	13
4	0.8	4.6	17
6	0.8	5.2	21
10	1.0	6.7	35
16	1.0	7.8	48
25	1.2	9.7	74
35	1.2	10.9	93
50	1.4	12.8	128
70	1.4	14.6	167
95	1.6	17.1	230
120	1.6	18.8	277
150	1.8	20.9	343
185	2.0	23.3	426
240	2.2	26.6	555
300	2.4	29.6	688
400	2.6	33.2	865

| 표 2. 절연전선을 금속관 내에 넣을 경우의 보정계수 |

도체 단면적[mm²]	보정계수
2.5, 4	2.0
6, 10	1.2
16 이상	1.0

| 표 3. 후강 전선관 |

호칭 (내경)	내경[mm]	단면적의 1/3 [mm²]	호칭 (내경)	내경[mm]	단면적의 1/3 [mm²]
16	16.4	70	54	54.0	762
22	21.9	125	70	69.6	1,266
28	28.3	209	82	82.3	1,770
36	36.9	356	92	93.7	2,295
42	42.8	479	104	106.4	2,959

해답 표 1에서 도체 단면적 $4[mm^2]$ 전선의 단면적은 $17[mm^2]$이므로 3가닥 : $17 \times 3 = 51[mm^2]$

도체 단면적 $10[mm^2]$ 전선의 단면적은 $35[mm^2]$이므로 3가닥 : $35 \times 3 = 105[mm^2]$

표 2에서 보정 계수를 적용하면 $51 \times 2.0 + 105 \times 1.2 = 228[mm^2]$

표 3에서 단면적 1/3 난의 $356[mm^2]$의 36[mm]로 선정한다.

답 36호(36[mm]) 후강 전선관

10 ★★★★★ [8점]

CT 2대를 V결선하여 OCR 3대를 그림과 같이 연결하여 사용할 경우 다음 각 물음에 답하시오.

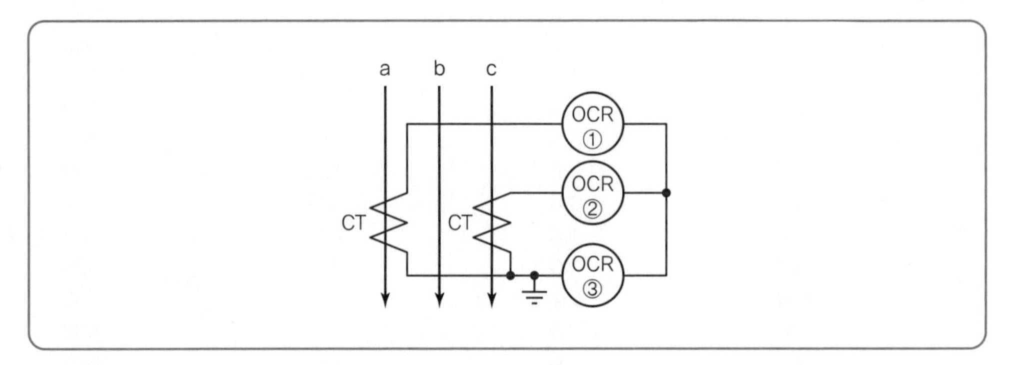

1. 국내에서 사용되는 CT는 일반적으로 어떤 극성을 사용하는가?
2. 도면에서 사용된 CT의 변류비가 40/5이고 변류기 2차 측 전류를 측정하니 3[A]의 전류가 흘렀다면 수전전력은 몇 [kW]인가?(단, 수전전압은 22,900[V]이고 역률은 90[%]이다.)
3. OCR 중에서 ③번 OCR에 흐르는 전류는 어떤 상의 전류인가?
4. OCR은 주로 어떤 사고가 발생하였을 때 동작하는가?
5. 통전 중에 있는 변류기 2차 측 기기를 교체하고자 할 때 가장 먼저 취하여야 할 조치는 무엇인지를 설명하시오.

해답
1. 감극성
2. 계산 : $P = \sqrt{3}VI\cos\theta$ 에서

$$P = \sqrt{3} \times 22{,}900 \times 3 \times \frac{40}{5} \times 0.9 \times 10^{-3} = 856.74[kW]$$

답 856.74[kW]

3. b상 전류
4. 단락 사고(과부하)
5. 2차 측 단락

TIP

➤ OCR 동작
① 과부하 시
② 단락 시

11 ★★★★★ [8점]

어떤 작업실에 실내에 조명설비를 하고자 한다. 조명설비의 설계에 필요한 다음 각 물음에 답하시오.

- 방바닥에서 0.8[m] 높이의 작업대에서 작업을 하고자 한다.
- 작업실의 면적은 가로 15[m]×세로 20[m]이다.
- 방바닥에서 천장까지 높이는 3.8[m]이다.
- 이 작업장의 평균조도는 150[lx]이다.
- 등기구는 40[W] 형광등이며 형광등 1개의 전광속은 3,000[lm]이다.
- 조명률은 0.7, 감광률은 1.4로 한다.

1 이 작업장의 실지수는 얼마인가?
2 이 작업장에 필요한 평균조도를 얻으려면 형광등은 몇 [등]이 필요한가?
3 일반적인 경우 공장에 시설하는 전체조명용 전등은 부분 조명이 가능하도록 등기구수를 몇 개 이내의 전등군으로 구분하여 전등군마다 점멸이 가능하도록 해야 하는가?
※ KEC 규정에 따라 삭제

해답 1 계산 : $H=3.8-0.8=3[m]$

$$\text{실지수}=\frac{X \cdot Y}{H(X+Y)}=\frac{15\times 20}{3(15+20)}=2.857$$

답 2.86

2 계산 : $N=\frac{AED}{FU}=\frac{150\times 15\times 20\times 1.4}{3{,}000\times 0.7}=30[\text{등}]$

답 30[등]

3 6[등]

TIP

① 실지수는 단위가 없다.
② 점멸기는 1개당 6[등]까지 점멸할 수 있으나 현 KEC에서는 부분 점멸 또는 전등군마다 점멸이 가능하게 한다고 규정됨

12 ★★★☆☆ [6점]

축전지에 대한 다음 각 물음에 답하시오.

1 연축전지의 고장으로 전 셀의 전압이 불균형이 크고 비중이 낮았을 때 원인은?

2 연축전지와 알칼리축전지의 1셀당 기전력은 약 몇 [V]인가?

3 알칼리축전지에 불순물이 혼입되었다면 어떤 현상이 나타나는가?

해답 1 충전 부족, 불순물 혼입

2 • 연축전지 : 2.05~2.08[V] • 알칼리축전지 : 1.32[V]

3 용량 감소

TIP

① 연축전지 공칭전압 및 기전력 : 2.0[V], 2.05~2.08[V/셀]

② 알칼리축전지 공칭전압 및 기전력 : 1.2[V], 1.32[V/셀]

13 ★★★★☆ [9점]

누름버튼 스위치 BS_1, BS_2, BS_3에 의하여 직접 제어되는 계전기 X_1, X_2, X_3가 있다. 이 계전기 3개가 모두 소자(복귀)되어 있을 때만 출력램프 L_1이 점등되고, 그 이외에는 출력램프 L_2가 점등되도록 계전기를 사용한 시퀀스 제어회로를 설계하려고 한다. 이때 다음 각 물음에 답하시오.

1 본문 요구조건과 같은 진리표를 작성하시오.

입력			출력	
X_1	X_2	X_3	L_1	L_2
0	0	0		
0	0	1		
0	1	0		
0	1	1		
1	0	0		
1	0	1		
1	1	0		
1	1	1		

2 최소 접점수를 갖는 논리식을 쓰시오.

$L_1=$ $L_2=$

3 논리식에 대응되는 계전기 시퀀스 제어회로(유접점 회로)를 그리시오.

해답 **1**

입력			출력	
X_1	X_2	X_3	L_1	L_2
0	0	0	1	0
0	0	1	0	1
0	1	0	0	1
0	1	1	0	1
1	0	0	0	1
1	0	1	0	1
1	1	0	0	1
1	1	1	0	1

2 $L_1 = \overline{X_1} \cdot \overline{X_2} \cdot \overline{X_3}$

$$L_1 = \overline{X_1} \cdot \overline{X_2} \cdot X_3 + \overline{X_1} \cdot X_2 \cdot \overline{X_3} + \overline{X_1} \cdot X_2 \cdot X_3 + X_1 \cdot \overline{X_2} \cdot \overline{X_3} + X_1 \cdot \overline{X_2} \cdot X_3 + X_1 \cdot X_2 \cdot \overline{X_3} + X_1 \cdot X_2 \cdot X_3$$
$$= X_1 + X_2 + X_3$$

3

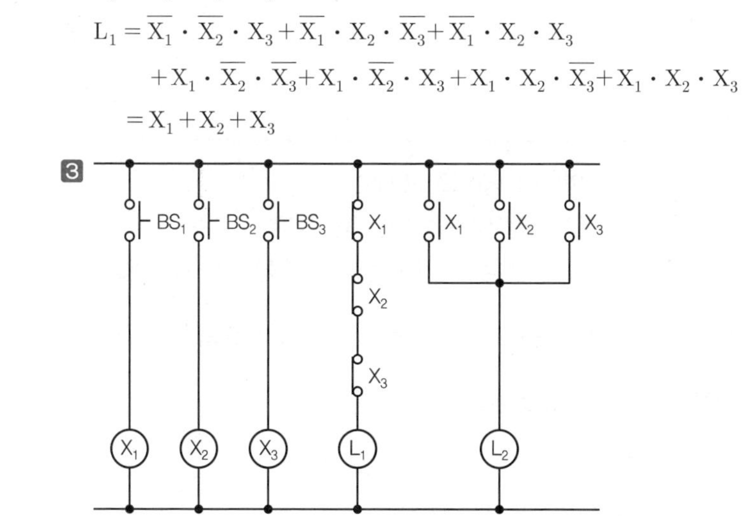

14 ★★★★☆ [10점]

그림과 같은 3상 유도 전동기의 미완성 시퀀스 회로도를 보고 다음 각 물음에 답하시오.

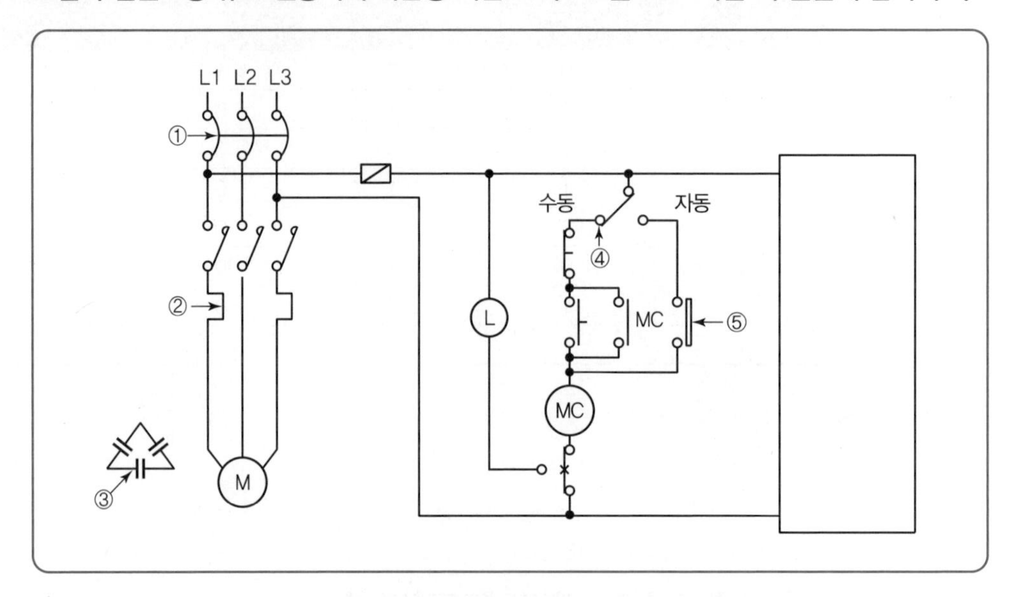

1. 도면에 표시된 ①~⑤의 약호와 명칭을 쓰시오.
2. 도면에 그려져 있는 Ⓛ등은 어떤 역할을 하는 등인가?
3. 전동기가 정지하고 있을 때는 녹색등 Ⓖ가 점등되고, 전동기가 운전 중일 때는 녹색등 Ⓖ가 소등되고 적색등 Ⓡ이 점등되도록 표시등 Ⓖ, Ⓡ을 회로의 ☐ 내에 설치하시오.
4. ③의 결선도를 완성하고 역할을 쓰시오.

해답 **1** ① 약호 : MCCB
명칭 : 배선용 차단기
② 약호 : Thr
명칭 : 열동계전기
③ 약호 : SC
명칭 : 전력용 콘덴서
④ 약호 : SS
명칭 : 셀렉터 스위치
⑤ 약호 : LS
명칭 : 리미트 스위치

2 전동기 과부하 운전 표시램프

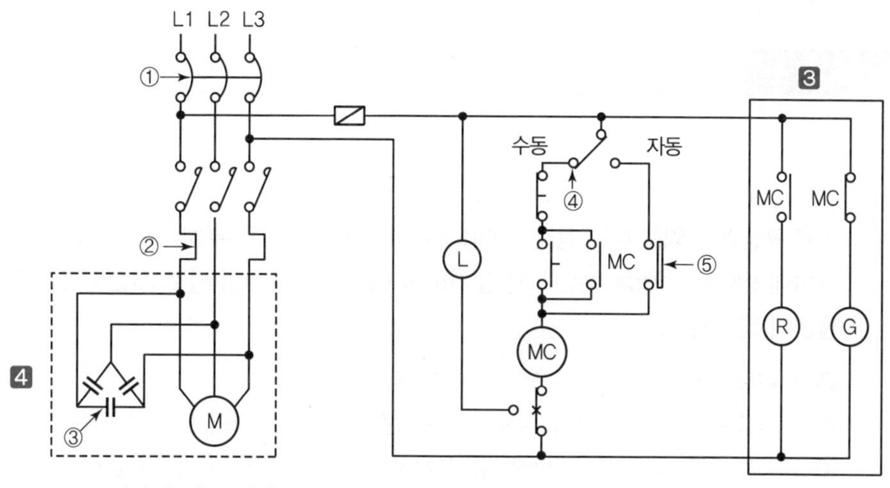

SC : 부하의 역률 개선

전기산업기사

2003년도 3회 시험 과년도 기출문제

회독 체크	□1회독	월 일	□2회독	월 일	□3회독	월 일

01 ★★★★★ [9점]

어떤 공장에서 역률 0.6, 용량 300[kVA]인 3상 평형 유도 부하가 사용되고 있다고 한다. 이 부하에 병렬로 전력용 콘덴서를 설치하여 합성 역률을 95[%]로 개선한다고 할 때 다음 각 물음에 답하시오.

1. 전력용 콘덴서의 용량은 몇 [kVA]가 필요하겠는가?
2. 잔류 전하를 방전시키기 위해 전력용 콘덴서에는 무엇이 있어야 하는가?
3. 전력용 콘덴서에 직렬 리액터를 설치하는 이유는 무엇인지를 설명하고 합성 역률을 95[%]로 개선할 때 직렬 리액터는 이론상 몇 [kVA]가 필요하며, 실제로는 몇 [kVA]를 사용하는지를 설명하시오.
   - 설치 이유 :
   - 이론상 용량 :
   - 실제 용량 :

해답 1 계산 : 콘덴서 용량

$$Q_c = P_a \cos\theta_1\left(\frac{\sin\theta_1}{\cos\theta_1} - \frac{\sin\theta_2}{\cos\theta_2}\right) = 300 \times 0.6\left(\frac{\sqrt{1-0.6^2}}{0.6} - \frac{\sqrt{1-0.95^2}}{0.95}\right)$$

$$= 180.84[\mathrm{kVA}]$$

답 180.84[kVA]

2 방전 코일

3 설치 이유 : 제5고조파의 제거

이론상 용량 : 180.84×0.04=7.23[kVA]

실제 용량 : 180.84×0.06=10.85[kVA]

TIP

① 이론상 : 콘덴서 용량×4[%]

② 실제상 : 콘덴서 용량×6[%]

02 ★★★★★

[5점]

부하설비 및 수용률이 그림과 같은 경우 이곳에 공급할 변압기 Tr의 용량을 계산하여 표준 용량으로 결정하시오.(단, 부등률은, 1.1, 종합 역률은 80[%] 이하로 한다.)

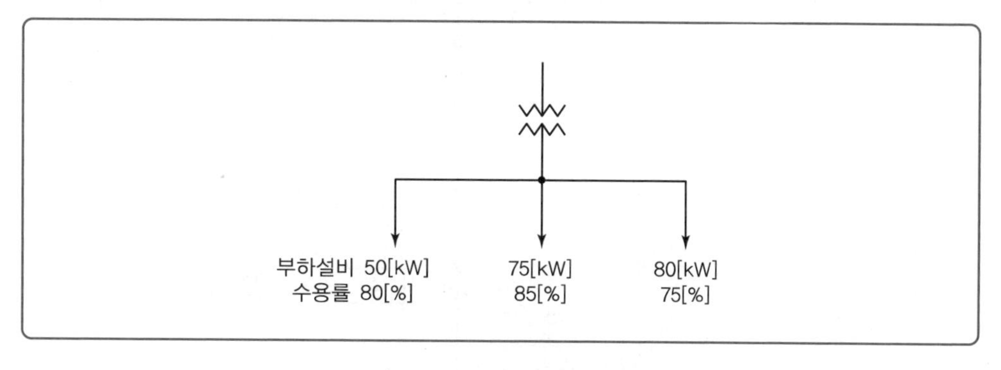

| 변압기 표준 용량[kVA] |

50	100	150	200	250	300	500

해답 계산 : 변압기 용량$=\dfrac{50\times0.8+75\times0.85+80\times0.75}{1.1\times0.8}=186.08$[kVA]

답 200[kVA]

TIP

① 변압기 용량[kVA]≥합성 최대전력[kVA]$=\dfrac{\text{설비 용량[kVA]}\times\text{수용률}}{\text{부등률}}$

② 변압기 용량[kVA]≥합성 최대전력[kW]$=\dfrac{\text{설비 용량[kW]}\times\text{수용률}}{\text{부등률}\times\text{역률}}$

03 ★★★★☆ [18점]

아래 도면은 어느 수전설비의 단선 결선도이다. 물음에 답하시오.

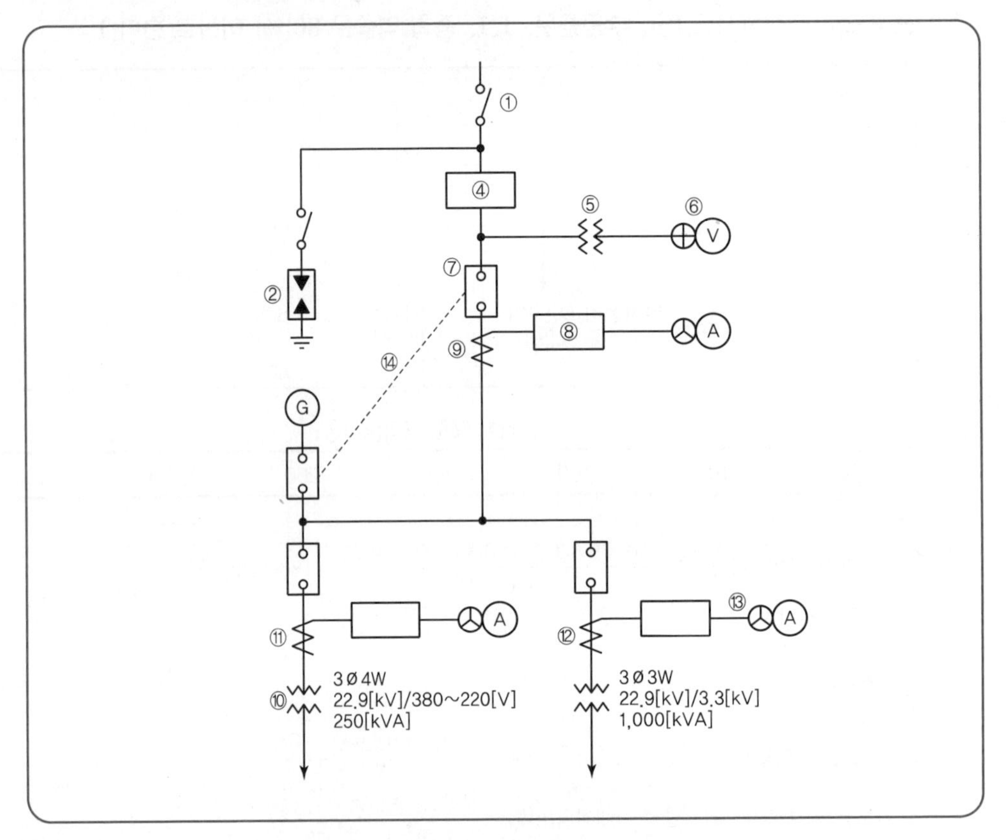

1 ①~②, ④~⑨, ⑬에 해당되는 부분의 명칭과 용도를 쓰시오.

2 ⑤의 1차, 2차 전압은?

3 ⑩의 2차 측 결선방법은?

4 ⑪, ⑫의 1 · 2차 전류는?(단, CT 정격 전류는 부하 정격 전류의 1.5배로 한다.)

5 ⑭의 목적은?

해답 **1** ① 명칭 : 단로기
용도 : 무부하 시 전로 개폐

② 명칭 : 피뢰기
용도 : 이상전압 내습 시 대지로 방전시키고 속류를 차단

④ 명칭 : 전력수급용 계기용 변성기
용도 : 전력량을 산출하기 위해서 PT와 CT를 하나의 함에 내장한 것

⑤ 명칭 : 계기용 변압기
용도 : 고전압을 저전압으로 변성시킴

⑥ 명칭 : 전압계용 절환 개폐기
용도 : 하나의 전압계로 3상의 선간전압을 측정하는 전환 개폐기

⑦ 명칭 : 차단기
용도 : 고장전류 차단 및 부하전류 개폐
⑧ 명칭 : 과전류 계전기
용도 : 과부하 및 단락사고 시 차단기 개방
⑨ 명칭 : 변류기
용도 : 대전류를 소전류로 변류시킴
⑬ 명칭 : 전류계용 절환 개폐기
용도 : 하나의 전류계로 3상의 선간전류를 측정하는 전환 개폐기

2 1차 전압 : 13,200[V]
2차 전압 : 110[V]

3 Y결선

4 ⑪ 계산

$$I_1 = \frac{P}{\sqrt{3}\,V} = \frac{250}{\sqrt{3} \times 22.9} = 6.3[A]$$ 답 6.3[A]

6.3×1.5=9.45[A]이므로 변류비 10/5 선정

$$I_2 = I_1 \times \frac{1}{CT비} = \frac{250}{\sqrt{3} \times 22.9} \times \frac{5}{10} = 3.15[A]$$ 답 3.15[A]

⑫ 계산

$$I_1 = \frac{P}{\sqrt{3}\,V} = \frac{1,000}{\sqrt{3} \times 22.9} = 25.21[A]$$ 답 25.21[A]

25.21×1.5=37.82[A]이므로 변류비 40/5 선정

$$I_2 = I_1 \times \frac{1}{CT비} = \frac{1,000}{\sqrt{3} \times 22.9} \times \frac{5}{40} = 3.15[A]$$ 답 3.15[A]

5 상용 전원과 예비 전원의 동시 투입을 방지한다.(인터록)

TIP

➤ Y결선
2차 측 전압이 380/220 나오는 결선

04 ★★★★☆ [6점]

다음과 같은 값을 측정하는 데 가장 적당한 것은?

1 단선인 전선의 굵기
2 옥내전등선의 절연저항
3 접지저항(브리지로 답할 것)

해답 1 와이어 게이지
2 메거
3 콜라우시 브리지

TIP

➤ 접지저항 측정
접지저항계, 콜라우시 브리지

05 ★★★★☆ [7점]

분전반에서 30[m]의 거리에 2.5[kW]의 교류 단상 220[V] 전열용 아우트렛을 설치하여 전압강하를 2[%] 이내가 되도록 하고자 한다. 이곳의 배선 방법을 금속관공사로 한다고 할 때, 다음 각 물음에 답하시오.

1 전선의 굵기를 선정하고자 할 때 고려하여야 할 사항을 3가지만 쓰시오.
2 전선은 450/750[V] 일반용 단심 비닐절연전선을 사용한다고 할 때 본문내용에 따른 전선의 굵기를 계산하고, 규격품의 굵기로 답하시오.

해답 1 허용 전류, 전압 강하, 기계적 강도

2 $I = \dfrac{P}{V} = \dfrac{2.5 \times 10^3}{220} = 11.36[\text{A}]$

전선의 굵기 : $A = \dfrac{35.6LI}{1{,}000e} = \dfrac{35.6 \times 30 \times 11.36}{1{,}000 \times (220 \times 0.02)} = 2.76[\text{mm}^2]$

답 $4[\text{mm}^2]$

TIP

| KSC IEC 전선규격[mm²] |

1.5	2.5	4
6	10	16
25	35	50
70	95	120
150	185	240
300	400	500

| 전선의 단면적 |

단상 2선식	$A = \dfrac{35.6LI}{1{,}000 \cdot e}$
3상 3선식	$A = \dfrac{30.8LI}{1{,}000 \cdot e}$
단상 3선식 3상 4선식	$A = \dfrac{17.8LI}{1{,}000 \cdot e}$

06 ★★★☆☆ [5점]

아래 그림은 154[kV] 계통절연협조를 위한 각 기기의 절연강도 비교표이다. 변압기, 선로애자, 개폐기 지지애자, 피뢰기 제한전압이 속해 있는 부분은 어느 곳인가? □ 안에 써 넣으시오.

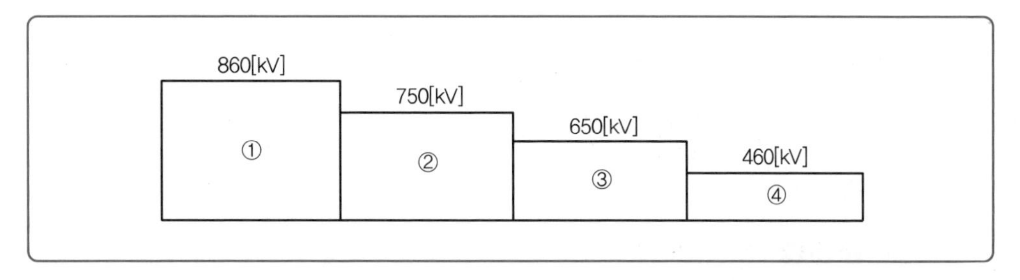

해답 ① 선로애자
② 개폐기 지지애자
③ 변압기
④ 피뢰기 제한전압

TIP

피뢰기 제한전압은 절연강도가 가장 낮아 이상전압(뇌)으로부터 변압기를 보호한다.

07 ★★★★☆ [7점]

일반용 조명 및 콘센트의 그림 기호에 대한 다음 각 물음에 답하시오.

1. 백열등의 그림 기호는 ◯이다. 벽붙이의 그림 기호를 그리시오.
2. ⊗로 표시되는 등은 어떤 등인가?
3. ◯$_H$: ◯$_M$: ◯$_N$:

해답 1. ◐
2. 옥외등
3. ◯$_H$: 수은등 ◯$_M$: 메탈할라이드등 ◯$_N$: 나트륨등

08 ★★★☆☆

[5점]

거리 계전기의 설치점에서 고장점까지의 임피던스를 70[Ω]이라고 하면 계전기 측에서 본 임피던스는 몇 [Ω]인가?(단, PT의 변압비는 154,000/110[V]이고, CT의 변류비는 500/5이다.)

해답 계산 : 거리 계전기 측에서 본 임피던스(Z_R)=선로 임피던스$(Z)\times\dfrac{1}{\text{PT 비}}\times$CT비[Ω]

$$\therefore\ Z_R = 70\times\frac{110}{154{,}000}\times\frac{500}{5}=5[\Omega]$$

답 5[Ω]

TIP

$$Z_R=\frac{V_2}{I_2}=\frac{\dfrac{1}{\text{PT비}}\times V_1}{\dfrac{1}{\text{CT비}}\times I_1}=\frac{\text{CT비}}{\text{PT비}}\times\frac{V_1}{I_1}=\frac{\text{CT비}}{\text{PT비}}\times Z_1=\frac{1}{\text{PT비}}\times\text{CT비}\times Z_1$$

09 ★★★★★

[10점]

다음 회로는 전동기의 정 · 역변환 시퀀스 회로이다. 전동기는 가동 중 정, 역을 곧바로 바꾸면 과전류와 기계적 손상이 오기 때문에 지연 타이머로 지연시간을 주도록 하였다. 다음 각 물음에 답하시오.

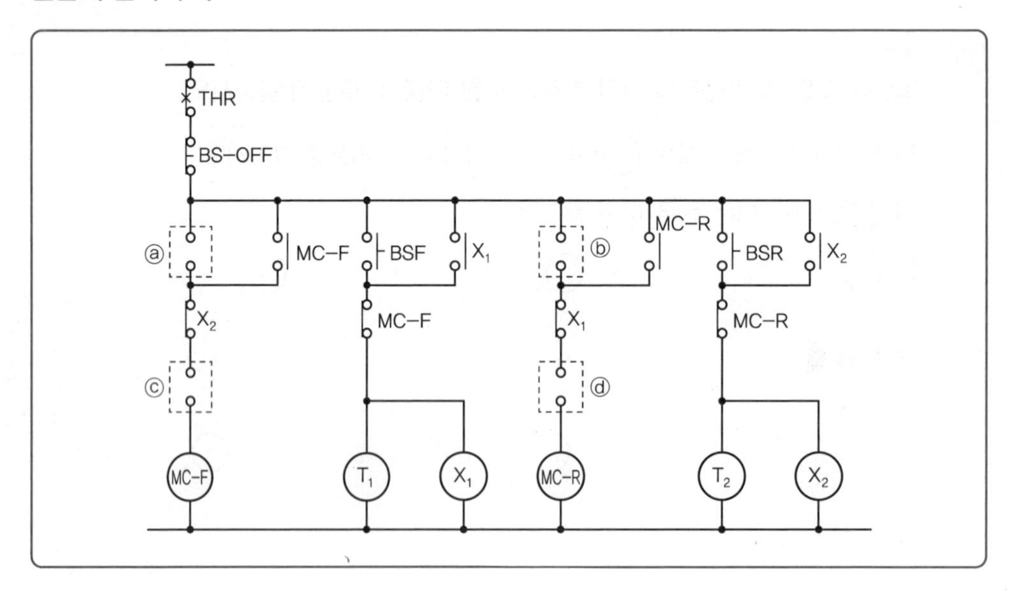

1 ⓐ, ⓑ, ⓒ, ⓓ에 들어갈 접점을 그리고 접점 옆에 접점기호를 표시하시오.
2 약호 THR의 명칭과 용도를 쓰시오.
3 ⓐ, ⓑ 접점의 기능을 쓰시오.
4 ⓒ, ⓓ 접점의 기능을 쓰시오.

해답 1

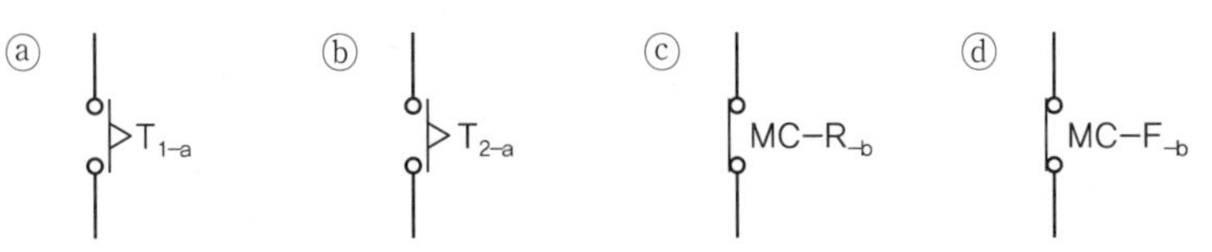

2 명칭 : 열동계전기
용도 : 전동기 과부하 시 동작하여 전동기 코일 손상 방지
3 전동기 기동용
4 동시 투입 방지

TIP

약호 THR과 접점 THR(열동계전기 b접점, 수동복귀 b접점)을 구분할 수 있어야 한다.

10 ★★★☆☆ [8점]

축전지 설비에 대한 다음 각 물음에 답하시오.

1 연축전지 설비의 초기에 단전지 전압의 비중이 저하되고, 전압계가 역전되었다. 어떤 원인으로 추정할 수 있는가?
2 충전장치의 고장, 과충전, 액면 저하로 인한 극판노출, 교류분 전류의 유입과대 등의 원인에 의하여 발생될 수 있는 현상은?
3 축전지와 부하를 충전기에 병렬로 접속하여 사용하는 충전방식은?
4 축전지 용량은 $C = \frac{1}{L}KI$로 계산하되, I는 방전전류, K는 용량환산시간이다. L은 무엇인가?

해답 1 역접속
2 축전지의 현저한 온도상승 및 소손
3 부동충전방식
4 보수율

11 ★★☆☆☆ [8점]

답란의 그림과 같이 3상 3선식 6,600[V] 비접지 고압선로로부터 전등, 전열등 단상 부하와 3상 부하를 함께 공급하기 위한 동력과 전등 공용 변압기 결선을 20[kVA] 단상 변압기 2대로 V결선하고 이때 필요한 보호 설비와 접지를 도해하시오.(단, 기기의 규격은 생략한다.)

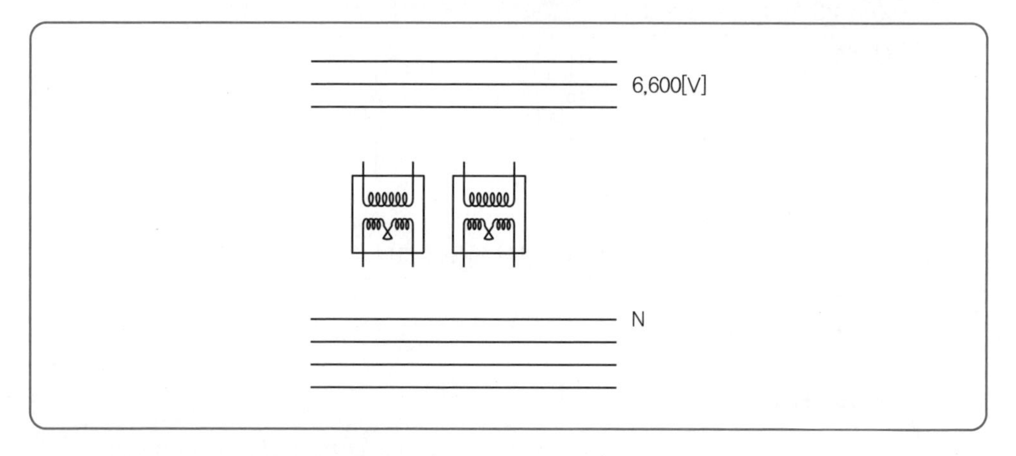

해답

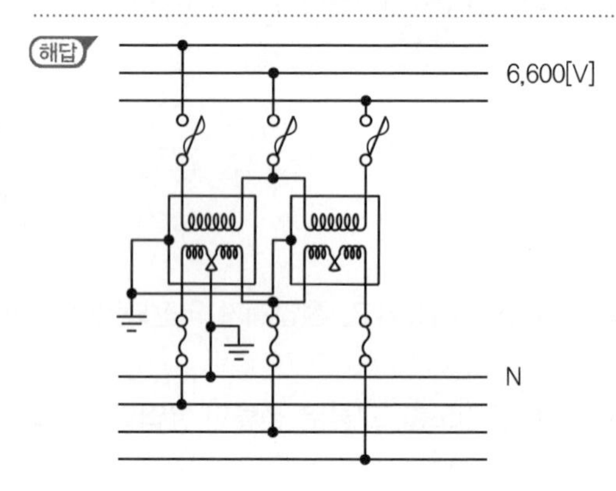

12 ★★★★☆ [12점]

주어진 다음 표를 이용하여 다음 각 물음에 답하시오.

진리표			
LS_1	LS_2	LS_3	X
0	0	0	0
0	0	1	0
0	1	0	0
0	1	1	1
1	0	0	0
1	0	1	1
1	1	0	1
1	1	1	1

1 카르노 도표를 작성하시오.

2 논리식을 쓰시오.

3 무접점 회로를 완성하시오.

해답 1

LS_3 \ LS_1, LS_2	0 0	0 1	1 1	1 0
0	0	0	1	0
1	0	1	1	1

2 $X = \overline{LS_1}LS_2LS_3 + LS_1\overline{LS_2}LS_3 + LS_1LS_2\overline{LS_3} + LS_1LS_2LS_3$

$= LS_1LS_2 + LS_2LS_3 + LS_1LS_3$

3

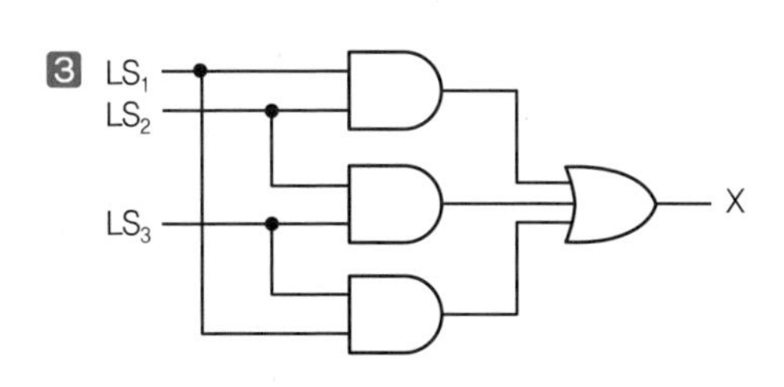

memo

INDUSTRIAL ENGINEER ELECTRICITY

2004년
과 년 도
문제풀이

➘ 전기산업기사

2004년도 1회 시험 과년도 기출문제

회독 체크	□1회독	월 일	□2회독	월 일	□3회독	월 일

01 ★★★★☆ [6점]

그림과 같은 계통에서 측로 단로기 DS_3을 통하여 부하에 공급하고 차단기 CB를 점검하고자 할 때 다음 각 물음에 답하시오.(단, 평상시에 DS_3는 열려 있는 상태이다.)

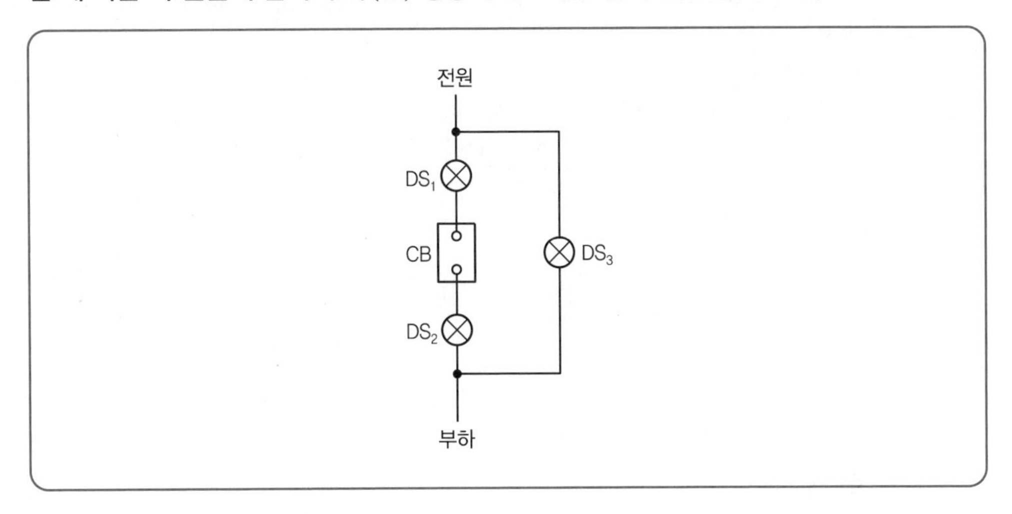

1 차단기 점검을 하기 위한 조작 순서를 쓰시오.

2 CB의 점검이 완료된 후 정상 상태로 전환 시의 조작 순서를 쓰시오.

3 도면과 같은 설비에서 차단기 CB의 점검 작업 중 발생할 수 있는 문제점을 설명하고 이러한 문제점을 해소하기 위한 방안을 설명하시오.

해답 1 DS_3(ON) → CB(OFF) → DS_2(OFF) → DS_1(OFF)

2 DS_2(ON) → DS_1(ON) → CB(ON) → DS_3(OFF)

3 • 발생할 수 있는 문제점 : 조작순서를 지키지 않을 경우 감전 및 화상 사고
• 해소방안 : 단로기(DS)와 차단기(CB) 간에 인터록장치를 한다.

TIP

DS_3 투입 시 등전위가 발생되어 전류가 흐르지 않는다.

02 ★★★☆☆

[6점]

선로의 길이가 30[km]인 3상 3선식 2회선 송전선로가 있다. 수전단에 30[kV], 6,000[kW], 역률 0.8의 3상 부하에 공급할 경우 송전 손실을 10[%] 이하로 하기 위해서는 전선의 굵기를 얼마로 하여야 하는가?(단, 사용전선의 고유저항은 1/55[Ω · mm^2/m]이다.)

| 심선의 굵기와 허용전류 |

심선의 굵기[mm^2]	25	35	50	70	95	120	150
허용전류	50	90	100	140	110	160	200

해답 계산

1회선당=3,000[kW]

송전손실 $P_l = P \times$ 송전손실률 $= 3{,}000 \times 0.1 = 300$[kW]

$$I = \frac{P}{\sqrt{3}V\cos\theta} = \frac{3{,}000[\text{kW}]}{\sqrt{3} \times 30[\text{kV}] \times 0.8} = 72.168[\text{A}]$$

$P_l = 3I^2 \cdot R$에서

$$R = \frac{P_l}{3I^2} = \frac{300 \times 10^3}{3 \times 72.168^2} = 19.2[\Omega]$$

$\therefore\ A = \rho \cdot \frac{L}{R}$에서

$$= \frac{1}{55} \times \frac{30 \times 10^3}{19.2} = 28.40[\text{mm}^2]$$

답 35[mm^2]

TIP

➤ IEC 전선규격[mm^2]

1.5, 2.5, 4, 6, 10, 16, 25, 35, 50, 70, 95, 120, 150, 185, 240, 300, 400

03 ★★★☆☆ [25점]

답안지에 있는 미완성 복선 결선도를 보고 다음 각 물음에 답하시오.

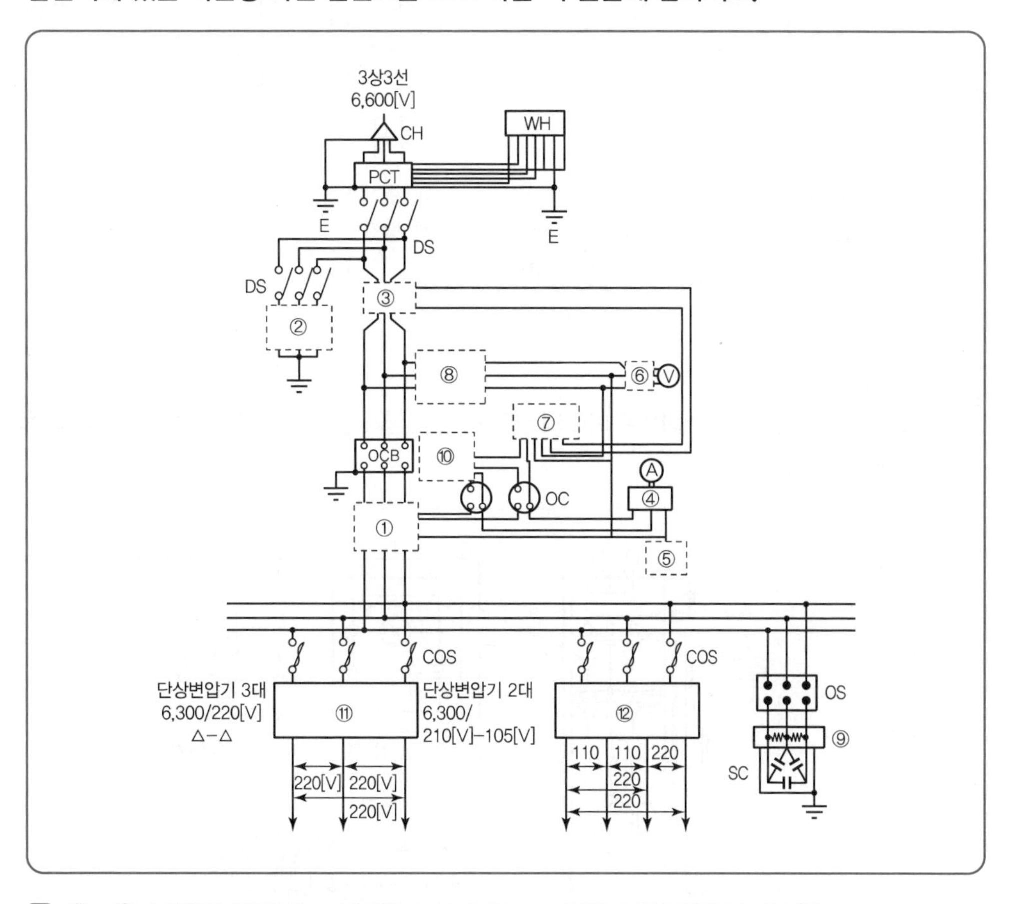

1 ①~⑥ 부분에 해당되는 심벌을 그려 넣고 그 옆에 제어 약호를 쓰시오.

2 ⑪, ⑫에 결선도를 그리시오.

3 ⑦, ⑧에 사용되는 기기의 명칭은 무엇인가?

4 ⑨, ⑩ 부분을 사용하는 주된 목적을 설명하시오.

해답 **1**

번호	①	②	③
심벌	CT	LA	ZCT

번호	④	⑤	⑥
심벌	AS	E	VS

2 ⑪ ⑫

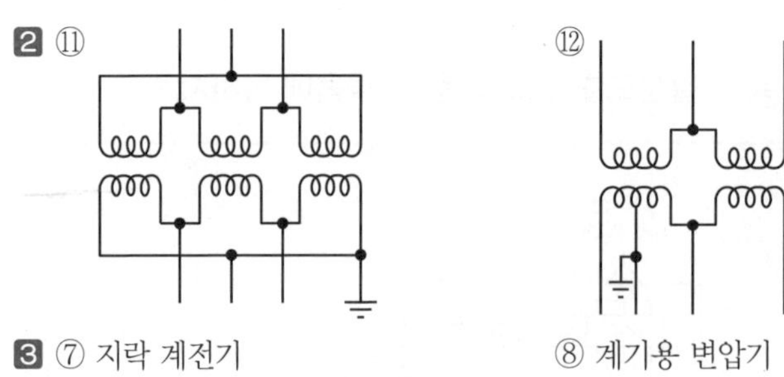

3 ⑦ 지락 계전기 ⑧ 계기용 변압기

4 ⑨ 전원개방 시 콘덴서에 축적된 잔류 전하 방전

⑩ 사고 전류로부터 차단기 개방

04

★★★☆☆ [5점]

그림은 자가용 수변전설비 주회로의 절연저항 측정시험에 대한 기기 배치도이다. 다음 각 물음에 답하시오.

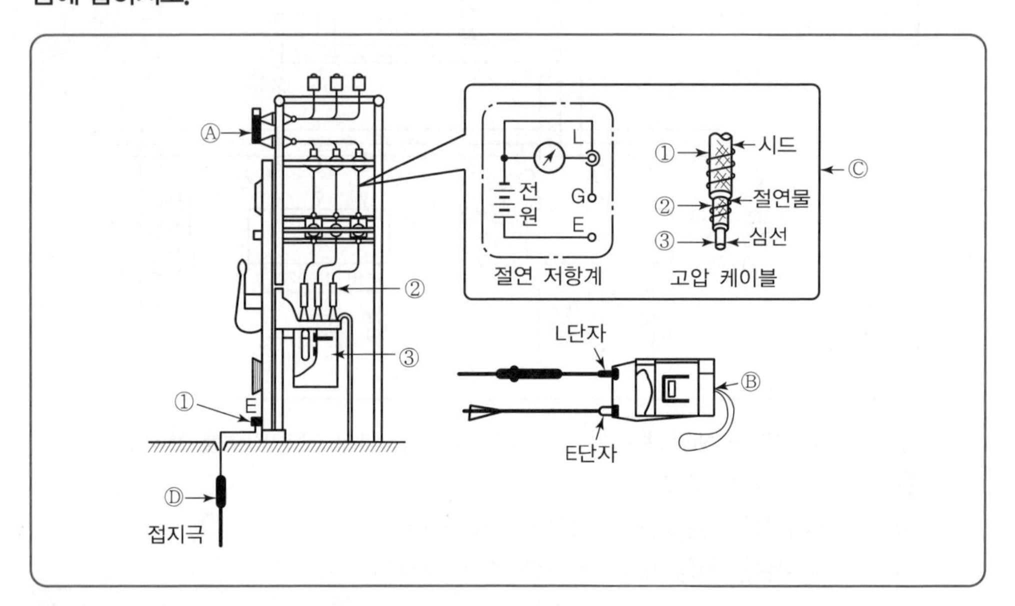

1 절연저항 측정에서 기기 Ⓐ의 명칭과 개폐상태는?

2 기기 Ⓑ의 명칭은?

3 절연저항계의 L단자, E단자 접속에서 맞는 것은?

4 절연저항계의 지시가 잘 안정되지 않을 때는?

5 Ⓒ의 고압케이블과 절연저항 단계의 접속에서 맞는 것은?

6 접지극 Ⓓ의 접지공사의 종류는? ※ KEC 규정에 따라 삭제

해답 1 명칭 : 단로기, 개폐상태 : 개방
2 절연 저항계(메거)
3 L단자 : ②, E단자 : ①
4 1분 후 재측정한다.
5 L단자 : ③, G단자 : ②, E단자 : ①
6 ※ KEC 규정에 따라 삭제

TIP

케이블의 절연저항은 시드(외장), 절연물, 심선 3곳을 접속하여 절연저항을 측정한다.

2002 2003 2004 2005 2006 2007 2008 2009 2010 2011

05 ★★★☆☆ [5점]

일반용 조명에 관한 다음 각 물음에 답하시오.

1 백열등의 그림 기호는 ○이다. 벽붙이의 그림 기호를 그리시오.

2 HID등의 종류를 표시하는 경우는 용량 앞에 문자기호를 붙이도록 되어 있다. 수은등, 메탈할라이드등, 나트륨등은 어떤 기호를 붙이는가?

3 그림 기호가 ⊗로 표시되어 있다. 어떤 용도의 조명등인가?

4 조명등으로서의 일반 백열등을 형광등과 비교할 때의 그 기능상의 장점을 3가지만 쓰시오.

해답 1 ◐

2 수은등 : H　　메탈할라이드등 : M　　나트륨등 : N

3 옥외등

4 ① 역률이 좋다.
② 연색성이 우수하다.
③ 안정기가 불필요하며, 기동시간이 짧다.
그 외
④ 램프의 점등 방식이 간단하다.
⑤ 가격이 저렴하다.

TIP

➤ 형광등의 장점
① 효율이 높다.　② 다양한 광색을 얻는다.
③ 수명이 길다.　④ 눈부심이 적다.

06 ★★★★☆

[5점]

500[kVA]의 변압기가 그림과 같은 부하로 운전되고 있다. 오전에는 역률 85[%]로, 오후에는 100[%]로 운전된다고 할 때 전일효율[%]을 구하시오.(단, 이 변압기의 철손은 6[kW], 전부하의 동손은 10[kW]라고 한다.)

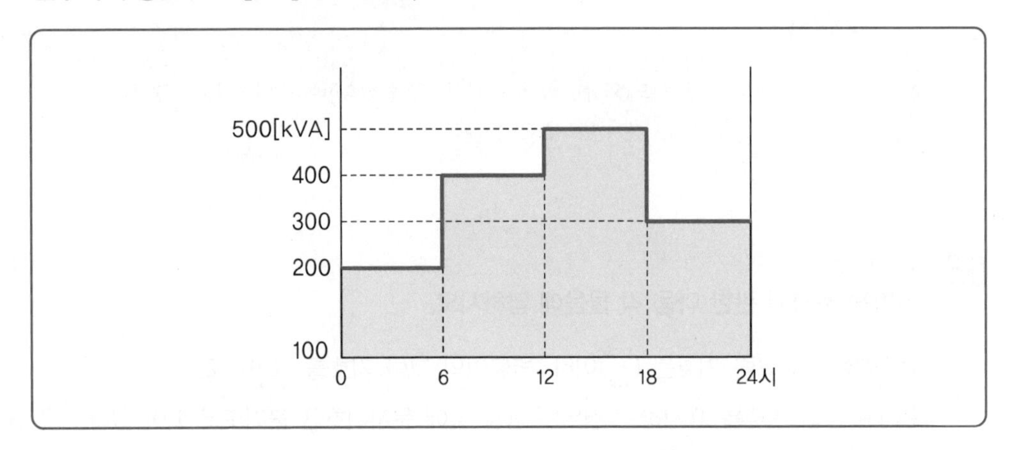

해답 계산

$$\text{전일효율} = \frac{(200\times6\times0.85+400\times6\times0.85+500\times6+300\times6)}{\left(\begin{array}{c}200\times6\times0.85+400\times6\times0.85\\+500\times6+300\times6\end{array}\right)+6\times24+10\times6\times\left\{\begin{array}{l}\left(\frac{200}{500}\right)^2+\left(\frac{400}{500}\right)^2\\+\left(\frac{500}{500}\right)^2+\left(\frac{300}{500}\right)^2\end{array}\right\}}$$

$\times 100[\%] = 96.64[\%]$

답 96.64[%]

TIP

① 전력량(출력)P = 전력[kVA] × 시간 × 역률

철손 $P_i = P_i \times$ 시간　　동손 $P_c = \left(\frac{1}{m}\right)^2 P_c \times$ 시간

② 효율 $\eta = \frac{\text{전력량}}{\text{전력량}+\text{철손}+\text{동손}} \times 100(\%)$

07 ★★★☆☆ [9점]

그림과 같은 단상 3선식 수전인 경우 다음 각 물음에 답하시오.

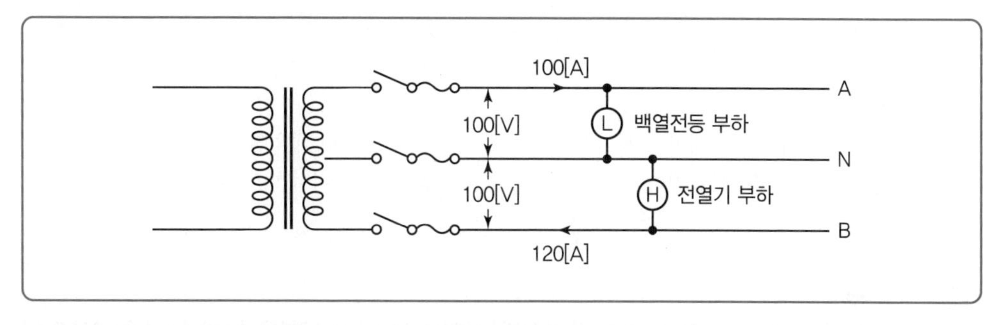

1. 2차 측이 폐로되어 있다고 할 때 설비불평형률은 몇 [%]인가? ※ KEC 규정에 따라 변경
2. 변압기 2차 측에서 부하전단까지 누락되거나 잘못된 부분이 3가지 있다. 이것을 지적하고 올바른 그림을 그리시오.

해답 1 계산 : 설비불평형률

$$= \frac{\text{중성선과 각 전압 측 전선 간에 접속되는 부하설비용량[VA]의 차}}{\text{총 부하설비용량[VA]의 1/2}} \times 100[\%]$$

$$= \frac{120-100}{\frac{1}{2}(100+120)} \times 100 = 18.18[\%]$$

답 18.18[%]

2 ① 중성선은 혼촉방지(계통) 접지공사를 해야 함
② 중성선 과전류 차단기는 생략하고 동선으로 직결
③ 개폐기는 동시 개폐

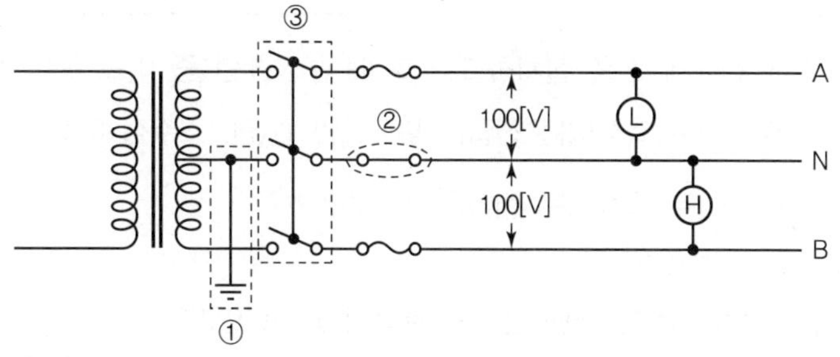

TIP

$$\text{3상 3선식 설비불평형률} = \frac{\text{각 선 간에 접속되는 단상 부하의 최대와 최소의 차}}{\text{총 부하 설비용량의 1/3}} \times 100[\%]$$

2002
2003
2004
2005
2006
2007
2008
2009
2010
2011

08 ★☆☆☆☆ [4점]

다음과 같은 전선이나 케이블에 대한 명칭을 쓰시오.

1 MI
2 NV
3 ACSR
4 OW

해답 1 미네랄 인슐레이션 케이블
2 비닐절연 네온전선
3 강심 알루미늄 연선
4 옥외용 비닐절연 전선

09 ★★★★☆ [12점]

그림은 최대 사용 전압 6,900[V]인 변압기의 절연 내력 시험을 위한 시험 회로도이다. 그림을 보고 다음 각 물음에 답하시오.

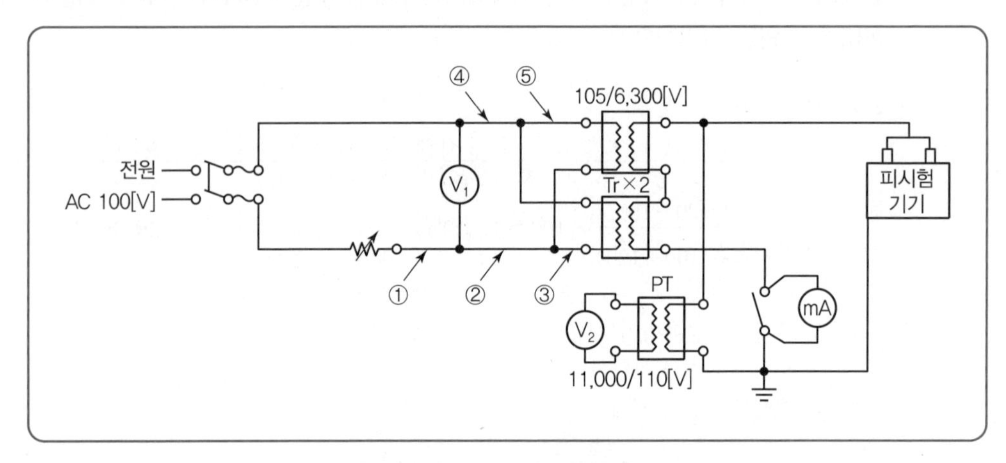

1 전원 측 회로에 전류계 Ⓐ를 설치하고자 할 때 ①~⑤번 중 어느 곳이 적당한가?
2 시험 시 전압계 (V_1)로 측정되는 전압은 몇 [V]인가?(단, 소수점 이하는 반올림할 것)
3 시험 시 전압계 (V_2)로 측정되는 전압은 몇 [V]인가?
4 PT의 설치 목적은 무엇인가?
5 전류계[mA]의 설치 목적은 어떤 전류를 측정하기 위함인가?

해답 1 ①

2 계산 : 절연 내력 시험 전압 : $V = 6{,}900 \times 1.5 = 10{,}350[V]$

전압계 : $(V_1) = 10{,}350 \times \frac{1}{2} \times \frac{105}{6{,}300} = 86.25[V]$ 답 86[V]

3 계산 : $(V_2) = 6{,}900 \times 1.5 \times \frac{110}{11{,}000} = 103.5[V]$ 답 103.5[V]

4 피시험기기의 절연 내력 시험 전압 측정
5 누설 전류의 측정

TIP

① V_1 전압계 지시값은 2차 전압 10,350(V)는 변압기 2대 값이고, 1차 전압은 변압기가 병렬(전압이 일정)이므로 1대 값이 된다. 즉, $10,350(V) \times \frac{1}{2}$ 가 된다.

② 7,000(V) 이하의 절연내력시험 전압 : 전압×1.5배

10 ★★★★★ [5점]

그림과 같은 방전 특성을 갖는 부하에 대한 각 물음에 답하시오.
(단, 방전 전류[A] $I_1 = 500$, $I_2 = 300$, $I_3 = 80$, $I_4 = 100$
방전 시간(분) $T_1 = 120$, $T_2 = 119$, $T_3 = 50$, $T_4 = 1$
용량 환산 시간 $K_1 = 2.49$, $K_2 = 2.49$, $K_3 = 1.46$, $K_4 = 0.57$
보수율은 0.8을 적용한다.)

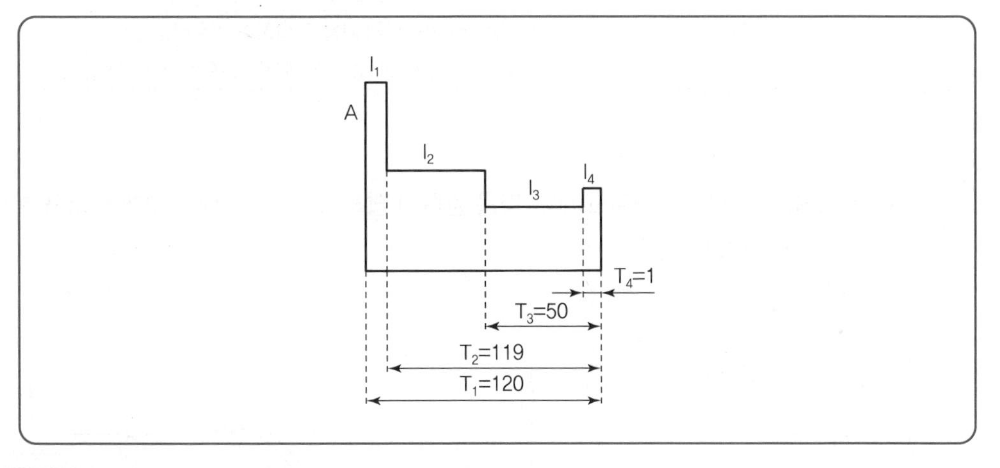

1 이와 같은 방전 특성을 갖는 축전지 용량은 몇 [Ah]인가?
2 납축전지의 정격방전율은 몇 시간으로 하는가?
3 축전지의 전압은 납축전지에서는 1단위당 몇 [V]인가?
4 예비전원으로 시설되는 축전지로부터 부하에 이르는 전로에는 개폐기와 또 무엇을 설치하는가?

해답 1 계산 : $C = \frac{1}{L}[K_1I_1 + K_2(I_2 - I_1) + K_3(I_3 - I_2) + K_4(I_4 - I_3)]$ [Ah]

$= \frac{1}{0.8}[2.49 \times 500 + 2.49(300 - 500) + 1.46(80 - 300) + 0.57(100 - 80)]$

$= 546.5$[Ah]

답 546.5[Ah]

2 10시간율
3 2.0[V/cell]
4 과전류 차단기

TIP

➤ 정격방전율
① 납축전지 : 10[h] ② 알칼리축전지 : 5[h]

11 ★★★☆☆ [8점]

큐비클의 종류 3가지를 쓰고 각 주 차단장치에 대해 간단히 설명을 하시오.

해답

큐비클의 종류	설명
CB형	차단기(CB)를 사용한 것
PF-CB형	전력용 퓨즈(PF)와 CB를 조합하여 사용하는 것
PF-S형	전력용 퓨즈(PF)와 고압 개폐기를 조합하여 사용하는 것

12 ★★☆☆☆ [10점]

그림은 오락실의 시퀀스 회로도이다. 다음 물음에 답하시오.(단, 코인을 2개 투입하면 1시간 만큼 동작하는 회로이다.)

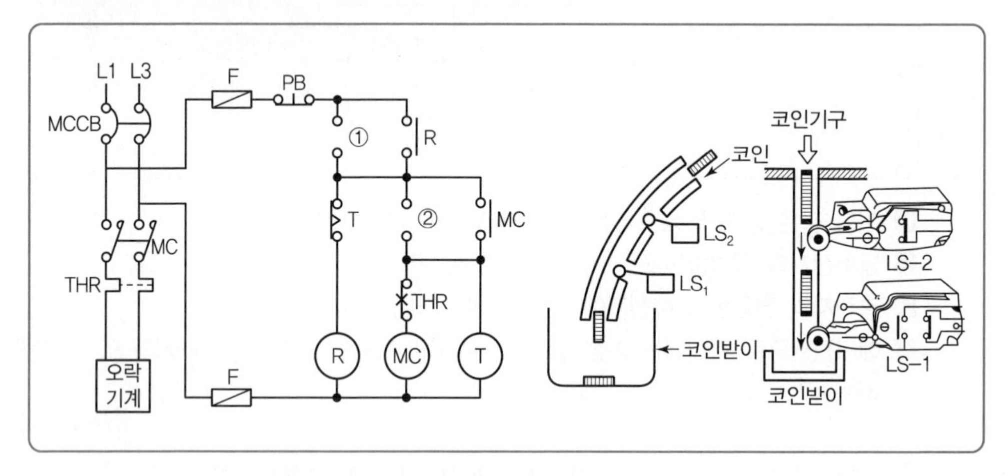

1 그림의 시퀀스 회로를 보고 ①, ② 접점을 완성하시오.
2 코인(동전) 1개 투입부터 오락기계 정지까지의 동작을 순서대로 설명하시오.

3 다음 타임차트를 완성하시오.

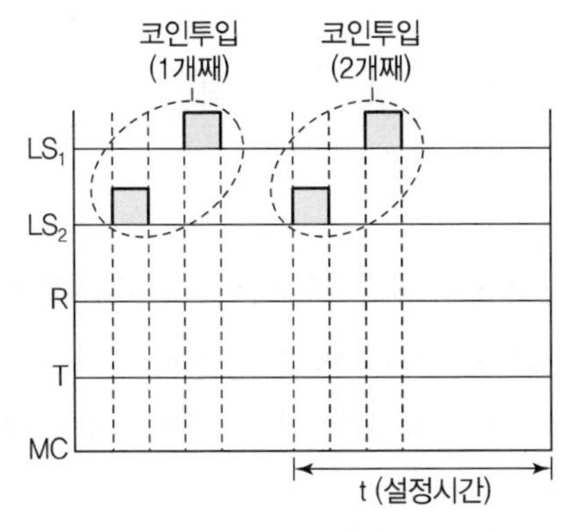

해답 **1** ①

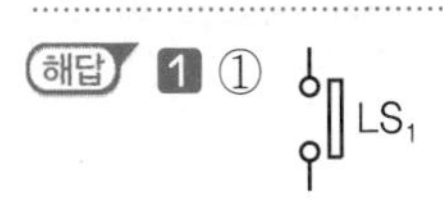

②

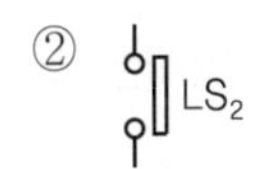

2 ① 코인(동전) 한 개를 투입하면 $LS_2 \rightarrow LS_1$의 순으로 폐로되는데, LS_2가 폐로되어도 회로는 동작하지 않고 LS_1이 폐로되어야만 릴레이 Ⓡ이 여자된다.

② 릴레이 Ⓡ의 a접점에 의해 자기 유지되어 있는 상태에서 두 번째 코인을 투입하면 LS_2가 폐로, ⓂⒸ가 여자되고 오락기가 동작한다.

③ 타이머 설정시간 후 Ⓡ이 소자되고 ⓂⒸ가 소자되어 오락기는 정지한다.

3

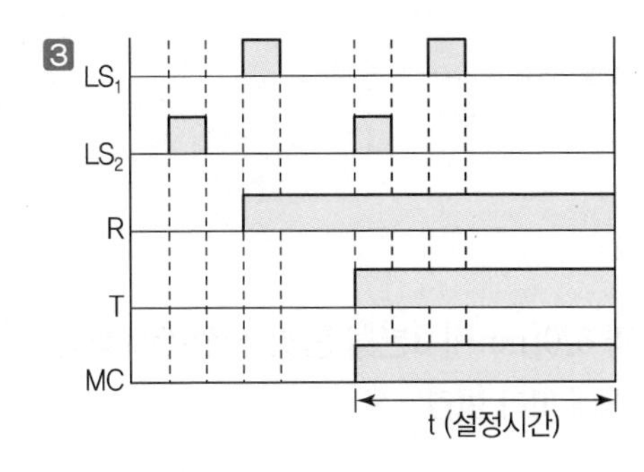

전기산업기사

2004년도 2회 시험 과년도 기출문제

회독 체크	□1회독	월 일	□2회독	월 일	□3회독	월 일

01

★★★★☆ [9점]

예비 전원 설비로 축전지 설비를 하고자 한다. 축전지 설비에 대한 다음 각 물음에 답하시오.

1 축전지 설비를 구성하는 주요 부분을 4가지로 구분할 때, 그 4가지는 무엇인가?

2 축전지의 충전 방식 중 부동 충전 방식에 대한 개략도를 그리고 이 충전 방식에 대하여 설명하시오.

3 축전지의 과방전 및 방치상태, 가벼운 설페이션(Sulfation) 현상 등이 생겼을 때 기능회복을 위하여 실시하는 충전 방식은 어떤 충전 방식인가?

해답

1 축전지, 충전 장치, 보안 장치, 제어 장치

2 축전지의 자기방전을 보충함과 동시에 상용부하에 대한 전력공급은 충전기가 부담하되 충전기가 부담하기 어려운 일시적인 대전류 부하는 축전지가 부담하게 하는 방식

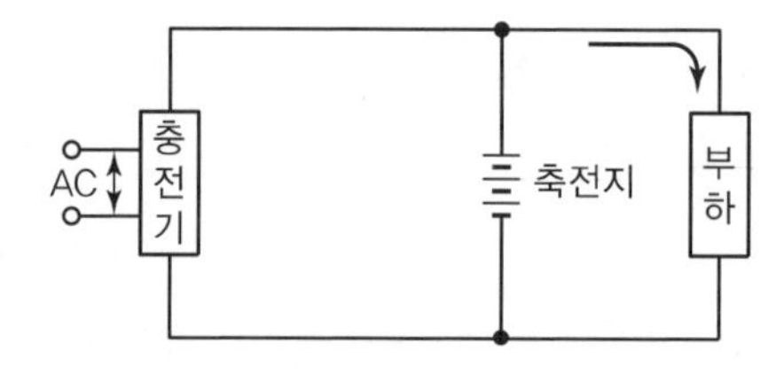

3 회복 충전

TIP

➤ 회복충전 : 방전된 축전지를 충분하게 용량을 회복시키는 충전 방식

02

★★☆☆☆ [4점]

전선의 굵기가 다른 NR 4.0[mm²] 4본과 6.0[mm²] 3본을 동일 전선관에 배선하고자 한다. 이때 다음 물음에 답하시오. ※ KEC 규정에 따라 변경

전선의 굵기	단면적[mm²]	보정계수
4.0[mm²]	17	2.0
6.0[mm²]	21	1.2
10[mm²]	35	1.2

| 후강 전선관 |

호칭(내경)	내경[mm]	단면적의 1/3[mm²]
16	16.4	70
22	21.9	125
28	28.3	209
36	36.9	356
42	42.8	479
54	54.0	762
70	69.6	1,266
82	82.3	1,770
92	93.7	2,295
104	106.4	2,959

1 전선관의 최소 규격을 구하시오.

2 금속관을 구부릴 때 곡률 반지름은 관 안지름의 몇 배 이상이어야 하는가?

해답 **1** 보정 계수를 고려한 총 단면적 $= 17 \times 4 \times 2 + 21 \times 3 \times 1.2 = 211.6[\text{mm}^2]$

표에서 단면적 1/3$[\text{mm}^2]$ 칸에서 211.6$[\text{mm}^2]$를 초과하는 356$[\text{mm}^2]$인 36[mm]를 선정

답 36[mm] 또는 36호

2 6배

03 ★★★☆☆ [14점]

주어진 도면은 어떤 수용가의 수전 설비의 단선 결선도이다. 도면과 참고표를 이용하여 물음에 답하시오.

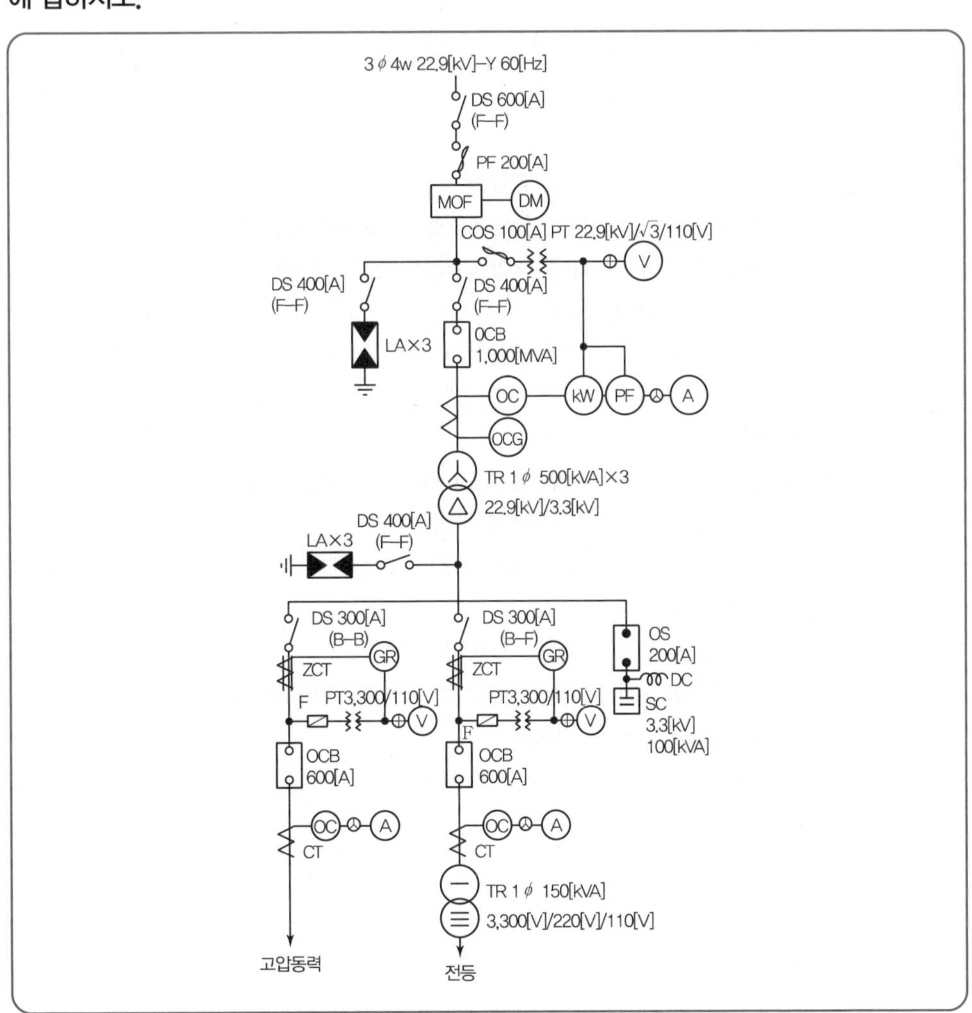

| 계기용 변압 변류기 정격(일반 고압용) |

종별	정격	
PT	1차 정격 전압[V]	3,300, 6,000
	2차 정격 전압[V] 정격 부담[VA]	110 50, 100, 200, 400
CT	1차 정격 전류[A]	10, 15, 20, 30, 40, 50, 75, 100, 150, 200, 300, 400, 500, 600
	2차 정격 전류[A] 정격 부담[VA]	5 15, 40, 100 일반적으로 고압 회로는 40[VA] 이하, 저압회로는 15[VA] 이상

1 22.9[kV] 측에 대하여 다음 각 물음에 답하시오.

① MOF에 연결되어 있는 (DM)은 무엇인가?

② DS의 정격 전압은 몇 [kV]인가?

③ LA의 정격 전압은 몇 [kV]인가?

④ OCB의 정격 전압은 몇 [kV]인가?

⑤ OCB의 정격 차단 용량 선정은 무엇을 기준으로 하는가?

⑥ CT의 변류비는?(단, 1차 전류의 여유는 25[%]로 한다.)

⑦ DS에 표시된 F-F의 뜻은?

⑧ 그림과 같은 결선에서 단상 변압기가 2부싱형 변압기이면 1차 중성점의 접지는 어떻게 해야 하는가?(단, "접지를 한다", "접지를 하지 않는다"로 답하되 접지를 하게 되면 접지 종별을 쓰도록 하시오.)

⑨ OCB의 차단 용량이 1,000[MVA]일 때 정격 차단 전류는 몇 [A]인가?

2 3.3[kV] 측에 대하여 다음 각 물음에 답하시오.

① 애자 사용 배선에 의한 옥내 배선인 경우 간선에는 몇 [mm^2] 이상의 전선을 사용하는 것이 바람직한가?

② 옥내용 PT는 주로 어떤 형을 사용하는가?

③ 고압 동력용 OCB에 표시된 600[A]는 무엇을 의미하는가?

④ 콘덴서에 내장된 DC의 역할은?

⑤ 전등 부하의 수용률이 70[%]일 때 전등용 변압기에 걸 수 있는 부하 용량은 몇 [kW]인가?

해답 **1** ① 최대 수요 전력량계

② 25.8[kV]

③ 18[kV]

④ 25.8[kV]

⑤ 전원 측 단락 용량 또는 단락 전류

⑥ 계산 : CT 1차전류 $I_1 = \frac{P}{\sqrt{3}V} \times 1.25 = \frac{500 \times 3}{\sqrt{3} \times 22.9} \times 1.25 = 47.27[A]$

답 50/5

⑦ 표면－표면 접속

⑧ 접지를 하지 않는다.

⑨ 계산 : $I_s = \frac{P_s}{\sqrt{3}V} = \frac{1,000 \times 10^3}{\sqrt{3} \times 25.8} = 22,377.92[A]$ 답 22,377.92[A]

2 ① 25[mm²]

② 몰드형

③ 정격 전류

④ 콘덴서에 축적된 잔류 전하 방전

⑤ 계산 : 설비용량(부하용량) $= \frac{\text{최대전력}}{\text{수용률}} = \frac{150}{0.7} = 214.29[kW]$ 답 214.29[kW]

TIP

① 정격차단용량 $P_s = \sqrt{3} \times V \times I_s$ 여기서, V : 정격 전압, I_s : 단락 전류

② 수용률 $= \frac{\text{최대전력(변압기용량)}}{\text{설비용량}} \times 100$

04 ★★★★★ [5점]

분전반에서 30[m]인 거리에 5[kW]의 단상 교류 200[V]의 전열기용 아우트렛을 설치하여, 그 전압강하를 4[V] 이하가 되도록 하려고 한다. 배선방법을 금속관공사로 한다고 할 때 여기에 필요한 전선의 굵기를 계산하고, 실제 사용되는 전선의 굵기를 정하시오.

해답 계산 : $I = \frac{P}{V} = \frac{5,000}{200} = 25[A]$ $A = \frac{35.6LI}{1,000e} = \frac{35.6 \times 30 \times 25}{1,000 \times 4} = 6.68[mm^2]$

답 10[mm²]

TIP

| KSC IEC 전선규격[mm²] |

1.5	2.5	4
6	10	16
25	35	50
70	95	120
150	185	240
300	400	500

| 전선의 단면적 |

단상 2선식	$A = \frac{35.6LI}{1,000 \cdot e}$
3상 3선식	$A = \frac{30.8LI}{1,000 \cdot e}$
단상 3선식 3상 4선식	$A = \frac{17.8LI}{1,000 \cdot e}$

2002 2003 2004 2005 2006 2007 2008 2009 2010 2011

05 ★★★☆☆ [4점]

송전 계통의 중성점 접지방식에서 어떻게 접지하는 것을 유효접지(Effective Grounding)라 하는지 설명하고, 유효접지의 가장 대표적인 접지방식 한 가지만 쓰시오.

해답 1 설명

1선 지락 시 건전상의 전위 상승이 상규대지전압에 1.3배 이하가 되도록 하는 접지

2 접지방식

직접 접지방식

TIP

➤ 중성점 접지 종류

① 비접지
② 저항접지
③ 소호리액터 접지
④ 직접 접지

06 ★☆☆☆☆ [4점]

전선 및 케이블에 대한 다음 약호의 우리말 명칭을 쓰시오.

1 DV 전선
2 NR 전선
3 CV10 케이블
4 EV 케이블

해답 1 인입용 비닐 절연 전선
2 450/750[V] 일반용 단심 비닐 절연 전선
3 6/10[kV] 가교 폴리에틸렌 절연 비닐 시즈 케이블
4 폴리에틸렌 절연 비닐 시즈 케이블

07 ★★★★★ [12점]

다음 그림은 환기팬의 수동 운전 및 고장 표시등 회로의 일부이다. 이 회로를 이용하여 다음 각 물음에 답하시오.

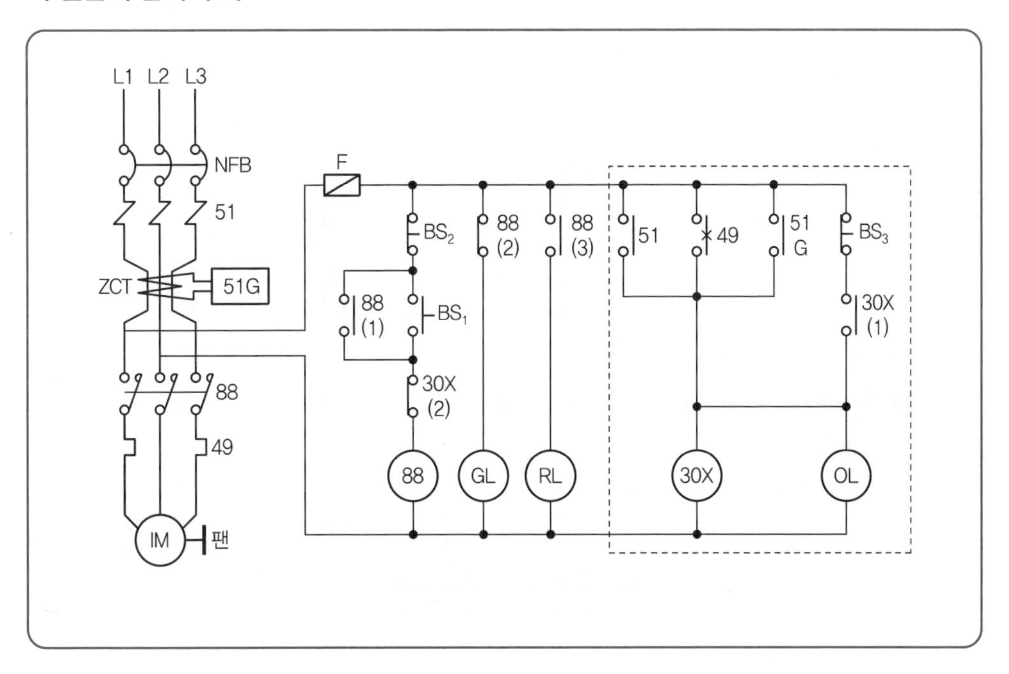

1 88은 MC로서 도면에서는 출력기구이다. 도면에 표시된 기구에 대하여 다음에 해당되는 명칭을 그 약호로 쓰시오.(단, 중복은 없고 NFB, ZCT, IM, 팬은 제외하며, 해당되는 기구가 여러 가지일 경우에는 모두 쓰도록 한다.)

① 고장표시기구 : ② 고장회복 확인기구 :
③ 기동기구 : ④ 정지기구 :
⑤ 운전표시램프 : ⑥ 정지표시램프 :
⑦ 고장표시램프 : ⑧ 고장검출기구 :

2 그림의 점선으로 표시된 회로를 AND, OR, NOT 회로를 사용하여 로직회로를 그리시오. (단, 로직소자는 3입력 이하로 한다.)

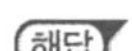
1 ① 30X ② BS_3
③ BS_1 ④ BS_2
⑤ RL ⑥ GL
⑦ OL ⑧ 51, 51G, 49

2

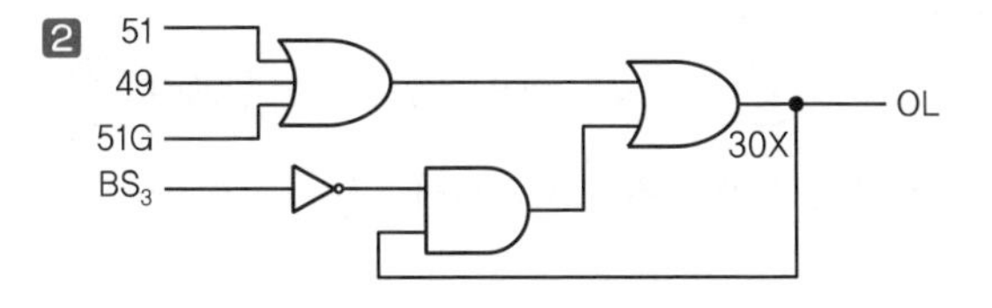

2002
2003
2004
2005
2006
2007
2008
2009
2010
2011

08 ★★★★★ [5점]

그림은 릴레이 인터록 회로이다. 이 그림을 보고 다음 각 물음에 답하시오.

1 이 회로를 논리회로로 고쳐서 그리고, 주어진 타임차트를 완성하시오.

- 논리회로
- 타임차트

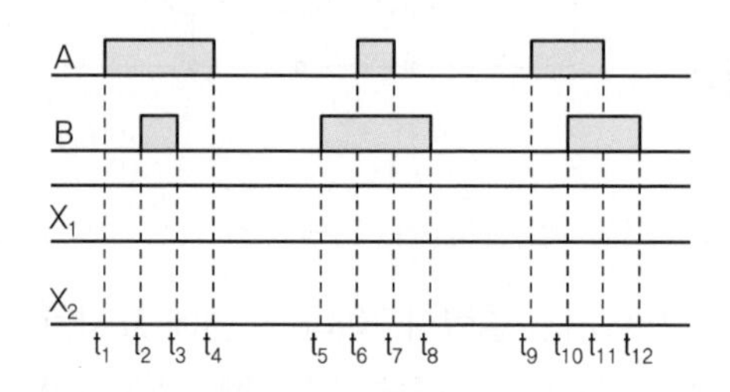

2 인터록회로는 어떤 회로인지 상세하게 설명하시오.

해답 **1** • 논리회로

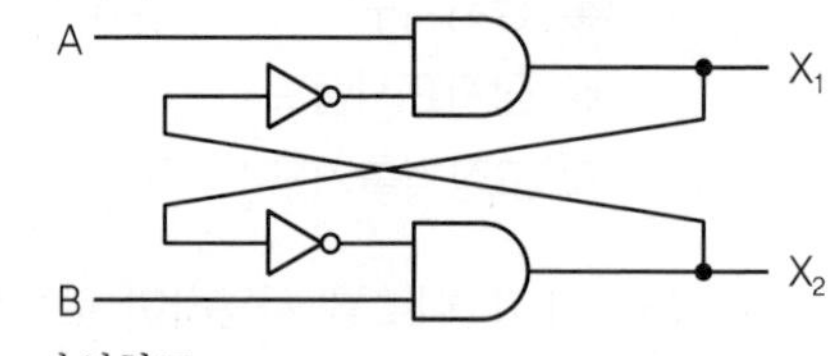

• 타임차트

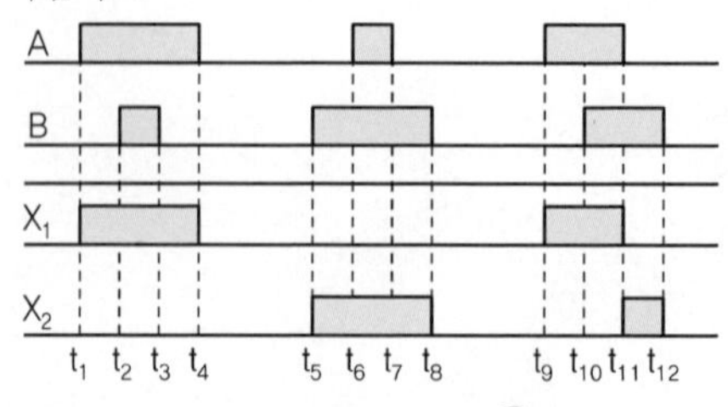

2 단락사고 방지를 위하여 릴레이 (X_1)이 여자된 경우 스위치 B로 릴레이 (X_2)를 여자시킬 수 없고 릴레이 (X_2)가 여자되어 있을 때 스위치 A로 릴레이 (X_1)을 여자할 수 없는 회로

09 ★★☆☆☆

[4점]

계기용 변압기와 변류기를 부속하는 3상 3선식 전력량계를 결선하시오.(단, 1, 2, 3은 상순을 표시하고, P1, P2, P3은 계기용 변압기에, 1S, 1L, 3S, 3L은 변류기에 접속하는 단자이다.)

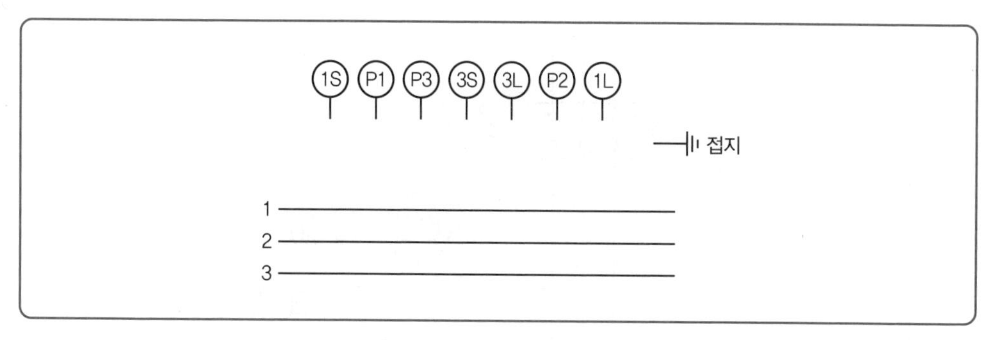

해답

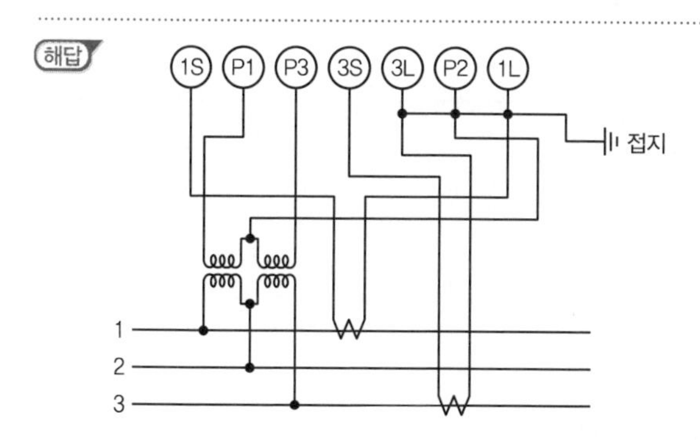

10 ★★★★★

[5점]

면적 216[m²]인 사무실에 2×40W용 형광등 기구를 설치하려고 한다. 이 형광등 기구의 전광속이 4,600[lm], 전류가 0.87[A]라고 할 때, 이 형광등 기구들을 설치하여 평균조도를 200[lx]로 한다면, 이 사무실의 형광등 기구의 수는 몇 개가 필요하며, 최소 분기 회로수는 몇 분기회로로 하여야 하는가?(단, 조명률은 51[%], 감광보상률은 1.3이며 전기방식은 단상 2선식 200[V]로 16[A] 분기회로로 한다.)

해답 ① 계산 : 전등수 $N = \frac{EAD}{FU} = \frac{200 \times 216 \times 1.3}{4,600 \times 0.51} = 23.94$[개] 답 24[개]

② 계산 : 분기회로수 $N = \frac{\text{등수} \times 1\text{개당 전류}}{\text{분기회로전류}} = \frac{24 \times 0.87}{16} = 1.31$ 답 16[A] 분기 2회로

TIP

$$N = \frac{\text{부하용량}}{\text{정격전압} \times \text{분기회로전류}} = \frac{\text{등수} \times 1\text{개당 전류}}{\text{분기회로전류}}$$

11 ★★★☆☆ [5점]

그림에 나타낸 과전류 계전기가 유입차단기를 차단할 수 있도록 결선하고, CT의 접지를 표시하시오.(단, 과전류 계전기는 상시 폐로식이다.) ※ KEC 규정에 따라 변경

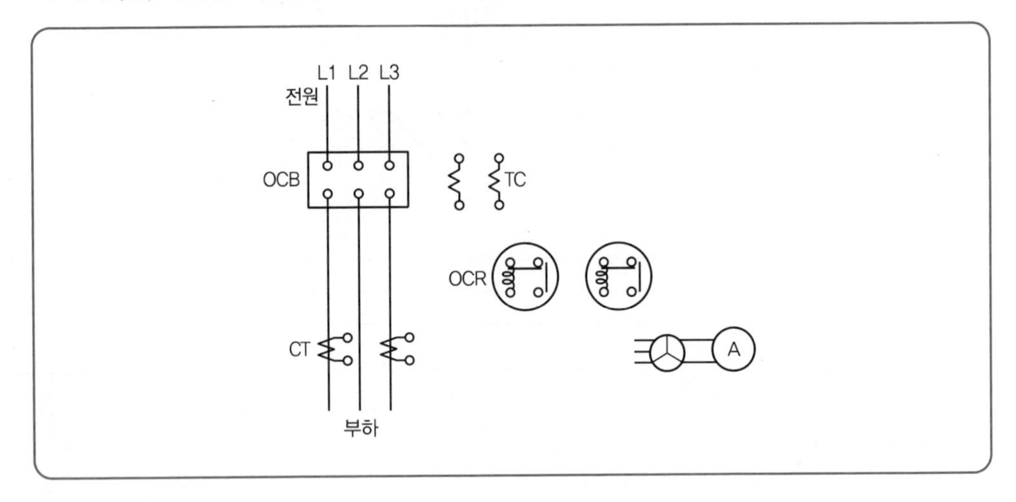

해답

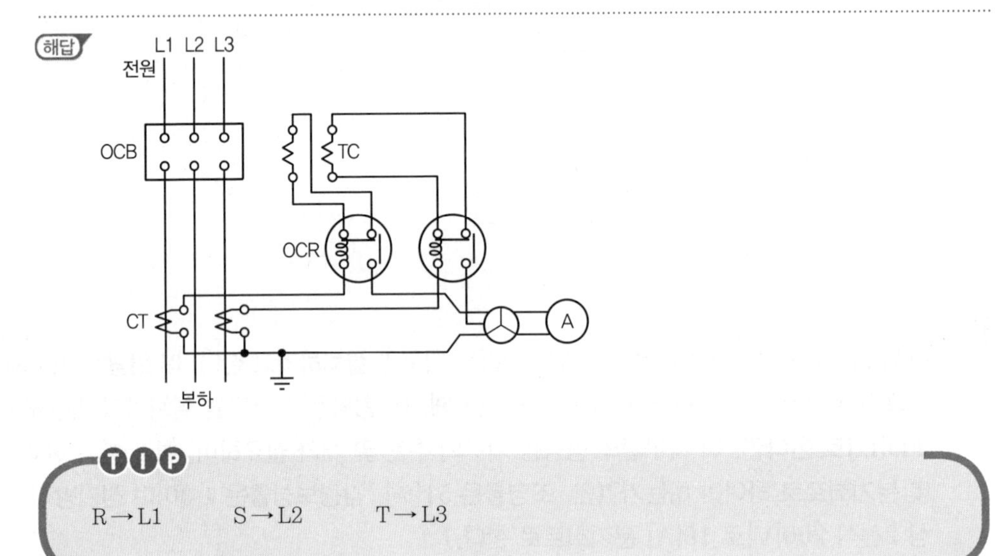

TIP

R → L1　　S → L2　　T → L3

12 ★★★★☆ [5점]

500[kVA] 단상 변압기 3대를 △－△ 결선의 1뱅크로 하여 사용하고 있는 변전소가 있다. 지금 부하의 증가로 1대의 단상 변압기를 증가하여 2뱅크로 하였을 때 최대 얼마의 3상 부하에 응할 수 있겠는가?

해답 계산 : $P = 2P_V = 2 \times \sqrt{3}P_1 = 2 \times \sqrt{3} \times 500 = 1,732.05$[kVA]

답 1,732.05[kVA]

TIP

단상 변압기 4대로 V–V결선 2뱅크
$P=P_V\times2=\sqrt{3}P_1\times2$

2002 2003 2004 2005 2006 2007 2008 2009 2010 2011

13 ★★★★☆

[6점]

신설공장의 부하설비가 표와 같을 때 다음 각 물음에 답하시오.

변압기군	부하의 종류	설비용량[kW]	수용률[%]	부등률	역률[%]
A	플라스틱압축기(전동기)	50	60	1.3	80
	일반동력전동기	85	40	1.3	80
B	전등조명	60	80	1.1	90
C	플라스틱압출기	100	60	1.3	80

1 각 변압기군의 최대 수용전력은 몇 [kW]인가?
① 변압기 A의 최대 수용전력
② 변압기 B의 최대 수용전력
③ 변압기 C의 최대 수용전력

2 변압기 효율을 98[%]로 할 때 각 변압기의 최소 용량은 몇 [kVA]인가?
① 변압기 A의 용량
② 변압기 B의 용량
③ 변압기 C의 용량

해답 **1** 최대 수용전력 $=\dfrac{\text{개별 최대 수용전력(설비용량×수용률)의 합}}{\text{부등률}}$ [kW]

① 계산 : 변압기 A의 최대 수용전력 $=\dfrac{(50\times0.6)+85\times0.4}{1.3}=49.23$[kW]

답 49.23[kW]

② 계산 : 변압기 B의 최대 수용전력 $=\dfrac{60\times0.8}{1.1}=43.64$[kW]

답 43.64[kW]

③ 계산 : 변압기 C의 최대 수용전력 $=\dfrac{100\times0.6}{1.3}=46.15$[kW]

답 46.15[kW]

2 변압기 용량$=\dfrac{\text{최대 수용전력[kW]}}{\text{효율}\times\text{역률}}$[kVA]

① 계산 : 변압기 A의 용량$=\dfrac{49.23}{0.98\times 0.8}=62.79$[kVA]

답 62.79[kVA]

② 계산 : 변압기 B의 용량$=\dfrac{43.64}{0.98\times 0.9}=49.48$[kVA]

답 49.48[kVA]

③ 계산 : 변압기 C의 용량$=\dfrac{46.15}{0.98\times 0.8}=58.86$[kVA]

답 58.86[kVA]

14 ★☆☆☆☆

[18점]

다음 도면은 옥내의 전등 및 콘센트 설비에 대한 평면 배선이다. 주어진 조건을 이용하여 각 물음에 답하여라.

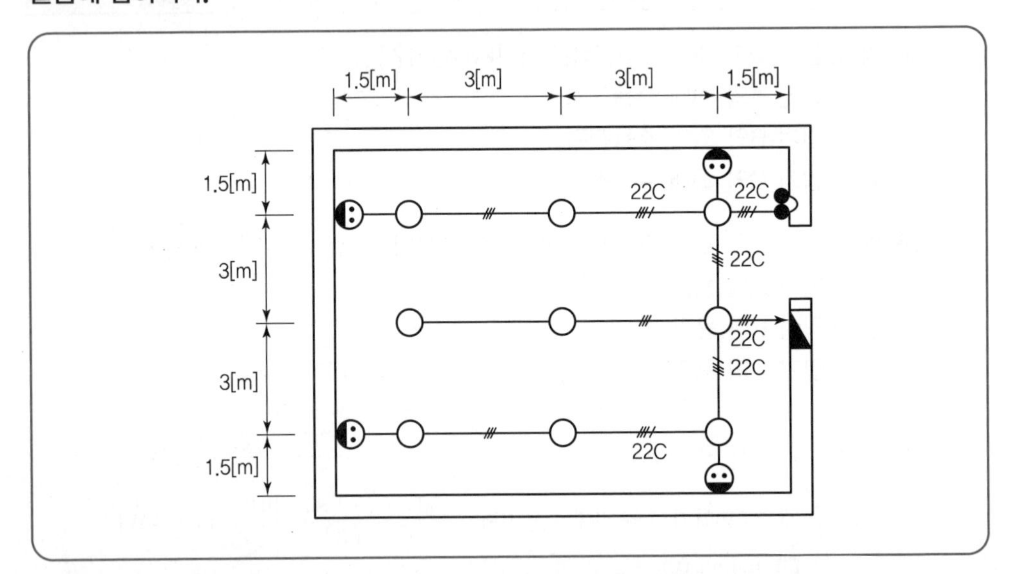

[조건]

- 바닥에서 천장 슬래브까지의 높이는 3[m]이다.
- 전선은 450/750[V] 일반용 단심 비닐절연전선 2.5[mm²]를 사용한다.
- 전선관은 후강 전선관을 사용하고 도면에 표현이 없는 것과 전선이 3가닥인 것은 16[mm]를 사용하는 것으로 한다.
- 4조 이상의 배관과 접속되는 박스는 4각 박스를 사용한다.
- 분전반의 설치 높이는 1.8[m](바닥에서 상단까지)이고, 바닥에서 하단까지는 0.5[m]로 한다.
- 콘센트의 설치 높이는 0.3[m](바닥에서 중심까지)로 한다.
- 스위치의 설치 높이는 1.2[m](바닥에서 중심까지)로 한다.

- 자재 산출 시 산출수량과 할증수량은 소수점 이하도 모두 기재하고, 자재별 총 수량(산출수량 + 할증수량)을 산정할 때 소수점 이하의 수는 올려서 계산하도록 한다.
- 배관, 배선의 할증은 10[%]로 하고 배관, 배선 이외의 자재는 할증이 없는 것으로 한다.
- 배관, 배선의 자재산출은 기구 중심에서 중심까지로 하되 벽면에 있는 기구는 그 끝까지(즉, 도면의 치수표시 숫자인 1.5[m]) 산정한다.
- 콘센트용 박스는 4각 박스로 한다.
- 도면에 전선 가닥수의 표시가 없는 것은 최소 전선수를 적용하도록 한다.
- 분전반 내부에서의 배선 여유는 전선 1본당 0.5[m]로 한다.
- 천장 슬래브에서 천장 슬래브 내의 배관 및 배선의 설치높이는 자재 산출에 포함시키지 않는다.

1 주어진 도면에서 산출할 수 있는 다음 재료표의 빈칸을 채우시오.(단, 전선관 및 절연전선은 산출수량의 근거식을 반드시 쓰도록 한다.)

자재명	규격	단위	산출 수량	할증 수량	총수량 (산출수량 + 할증수량)
후강 전선관	16(호)	m			
후강 전선관	22(호)	m			
NR 전선	2.5[mm^2]	m			
스위치	250[V], 10[A]	개			
스위치 플레이트	2개용	개			
매입콘센트	250[V], 15[A] 2개용	개			
4각박스	–	개			
8각박스	–	개			
스위치박스	2개용	개			
콘센트 플레이트	2개용	개			

- 후강 전선관 16[mm] :
- 후강 전선관 22[mm] :
- NR 전선 :

2 도면에 그려져 있는 콘센트는 일반용 콘센트의 그림기호이다. 방수형은 어떤 문자를 방기하는가?

 1

자재명	규격	단위	산출수량	할증수량	총수량 (산출수량+할증수량)
후강 전선관	16(호)	m	28.8	2.88	28.8+2.88=31.68 답 32
후강 전선관	22(호)	m	18	1.8	18+1.8=19.8 답 20
NR 전선	2.5[mm²]	m	140.6	14.06	140.6+14.06=154.66 답 155
스위치	250[V], 10[A]	개	2		2
스위치 플레이트	2개용	개	1		1
매입콘센트	250[V], 15[A] 2개용	개	4		4
4각박스	–	개	6		6
8각박스	–	개	7		7
스위치박스	2개용	개	1		1
콘센트 플레이트	2개용	개	4		4

- 후강전선관 16[mm] : $1.5\times4+3\times4+(3-0.3)\times4=28.8$[m]
- 후강전선관 22[mm] : $1.5\times2+3\times4+(3-1.8)+(3-1.2)=18$[m]
- NR 전선 : $1.5\times16+3\times27+1.8\times4+1.2\times4+0.5\times4+2.7\times8=140.6$[m]

2 WP

2004년도 3회 시험

과년도 기출문제

회독 체크	□1회독	월 일	□2회독	월 일	□3회독	월 일

01 ★★★★★ [6점]

200[V], 10[kVA]인 3상 유도전동기를 부하설비로 사용하는 곳이 있다. 이곳의 어느 날 부하 실적이 1일 사용 전력량 60[kWh], 1일 최대전력 8[kW], 최대 전류일 때의 전류값이 30[A]이었을 경우, 다음 각 물음에 답하시오.

1 1일 부하율은 얼마인가?

2 최대 공급 전력일 때의 역률은 얼마인가?

해답 1 $\text{부하율} = \dfrac{\text{평균 수용전력}}{\text{최대 수용전력}} \times 100[\%]$

$= \dfrac{\frac{60}{24}}{8} \times 100 = 31.25[\%]$ 답 31.25[%]

2 $\cos\theta = \dfrac{P}{\sqrt{3}\,VI} = \dfrac{8 \times 10^3}{\sqrt{3} \times 200 \times 30} \times 100 = 76.98[\%]$ 답 76.98[%]

02 ★★★★☆ [12점]

주어진 도면은 3상 유도전동기의 플러깅(Plugging) 회로에 대한 미완성 도면이다. 이 도면을 보고 다음 각 물음에 답하시오.

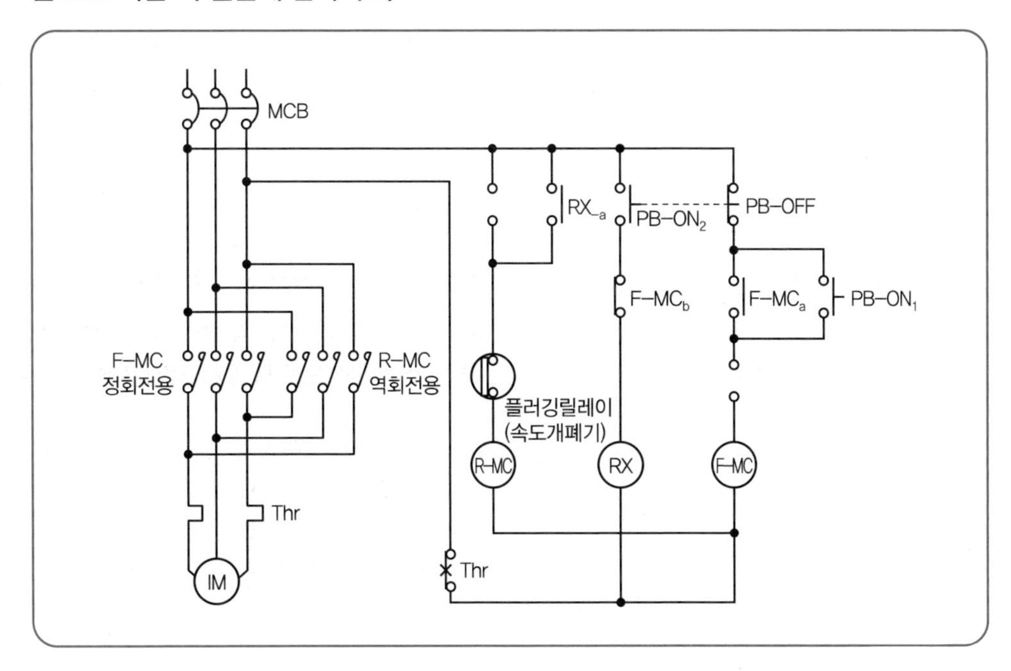

1 동작이 완전하도록 도면을 완성하시오.

2 (RX)계전기를 사용하는 이유를 설명하시오.

3 전동기가 정회전하고 있는 중에 PB–OFF를 누를 때의 동작과정을 상세하게 설명하시오.

4 플러깅에 대하여 간단히 설명하시오.

해답 1

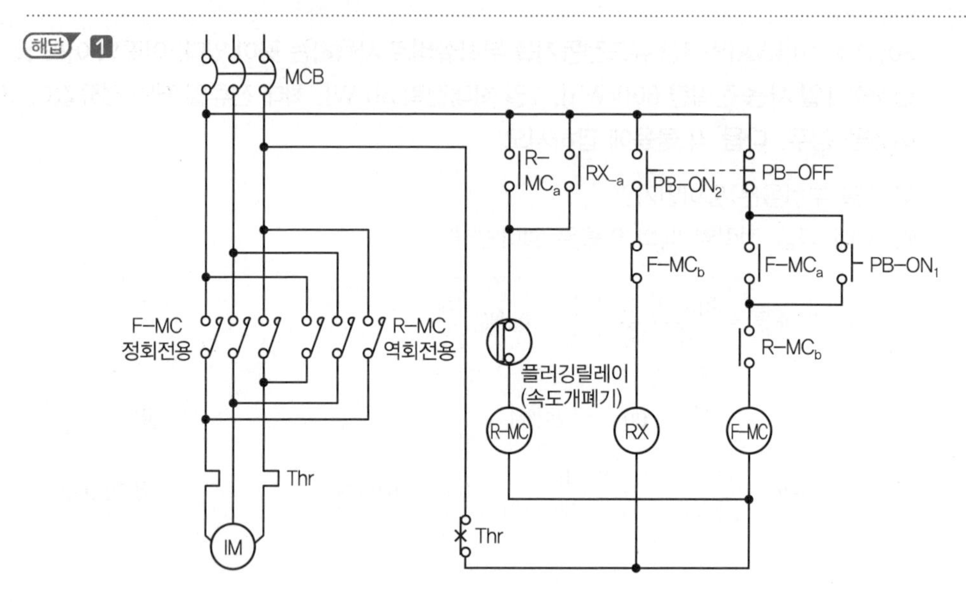

2 순간단락사고 방지용

3 PB－OFF를 누르면 F－MC가 소자되고 (RX)가 여자된다. 미소시간 후 (R-MC)가 여자되어 전동기는 역상제동한다. 전동기의 속도가 0에 가까워지면 플러깅릴레이가 동작하여 (R-MC)가 소자되고 전동기는 급정지한다.

4 역상토크에 의한 전동기 급정지 회로

03 ★★★☆☆ [5점]

200[V] 3상 유도 전동기 부하에 전력을 공급하는 저압간선의 최소 굵기를 구하고자 한다. 전동기의 종류가 다음과 같을 때 200[V] 3상 유도 전동기 간선의 굵기 및 기구의 용량표를 이용하여 각 물음에 답하시오.(단, 전선은 PVC 절연전선으로서 공사 방법은 B1에 준한다.)

부하
- 0.75[kW]×1대 직입기동 전동기
- 1.5[kW]×1대 직입기동 전동기
- 3.7[kW]×1대 직입기동 전동기
- 3.7[kW]×1대 직입기동 전동기

1 간선배선을 금속관 배선으로 할 때 간선의 최소 굵기는 구리도체 전선을 사용하는 경우 얼마인가?

2 과전류 차단기의 용량은 몇 [A]를 사용하는가?

3 주개폐기 용량은 몇 [A]를 사용하는가?

[참고자료]

| 표. 200[V] 3상 유도 전동기의 간선의 굵기 및 기구의 용량 |

전동기 [kW] 수의 총계 ① [kW] 이하	최대 사용 전류 ①' [A] 이하	배선종류에 의한 간선의 최소 굵기[mm²] ②						직입기동 전동기 중 최대용량의 것											
		공사방법 A1		공사방법 B1		공사방법 C		0.75 이하	1.5	2.2	3.7	5.5	7.5	11	15	18.5	22	30	37~55
								기동기사용 전동기 중 최대용량의 것											
								-	-	-	5.5	7.5	11 15	18.5 22	-	30 37	-	45	55
		PVC	XLPE, EPR	PVC	XLPE, EPR	PVC	XLPE, EPR	과전류차단기[A]……(칸 위 숫자) ③ 개폐기용량[A]……(칸 아래 숫자) ④											
3	15	2.5	2.5	2.5	2.5	2.5	2.5	15 30	20 30	30 30	-	-	-	-	-	-	-	-	-
4.5	20	4	2.5	2.5	2.5	2.5	2.5	20 30	20 30	30 30	50 60	-	-	-	-	-	-	-	-
6.3	30	6	4	6	4	4	2.5	30 30	30 30	50 60	50 60	75 100	-	-	-	-	-	-	-
8.2	40	10	6	10	6	6	4	50 60	50 60	50 60	75 100	75 100	100 100	-	-	-	-	-	-
12	50	16	10	10	10	10	6	50 60	50 60	50 60	75 100	75 100	100 100	150 200	-	-	-	-	-
15.7	75	35	25	25	16	16	16	75 100	75 100	75 100	75 100	100 100	100 100	150 200	150 200	-	-	-	-
19.5	90	50	25	35	25	25	16	100 100	100 100	100 100	100 100	100 100	150 200	150 200	200 200	200 200	-	-	-
23.2	100	50	35	35	25	35	25	100 100	100 100	100 100	100 100	100 100	150 200	150 200	200 200	200 200	200 200	-	-
30	125	70	50	50	35	50	35	150 200	150 200	150 200	150 200	150 200	150 200	150 200	200 200	200 200	200 200	-	-
37.5	150	95	70	70	50	70	50	150 200	150 200	150 200	150 200	150 200	150 200	150 200	200 200	300 300	300 300	300 300	-
45	175	120	70	95	50	70	50	200 200	200 200	200 200	200 200	200 200	200 200	200 200	200 200	300 300	300 300	300 300	300 300
52.5	200	150	95	95	70	95	70	200 200	200 200	200 200	200 200	200 200	200 200	200 200	200 200	300 300	300 300	400 400	400 400
63.7	250	240	150		95	120	95	300 300	300 300	300 300	300 300	300 300	300 300	300 300	300 300	300 300	400 400	400 400	500 600
75	300	300	185		120	185	120	300 300	300 300	300 300	300 300	300 300	300 300	300 300	300 300	300 300	400 400	400 400	500 600
86.2	350		240			240	150	400 400	400 400	400 400	400 400	400 400	400 400	400 400	400 400	400 400	400 400	400 400	600 600

[주] 1. 최소 전선 굵기는 1회선에 대한 것이며, 2회선 이상일 경우는 복수회로 보정계수를 적용하여야 한다.
2. 공사방법 A1은 벽 내의 전선관에 공사한 절연전선 또는 단심케이블, B1은 벽면의 전선관에 공사한 절연전선 또는 단심케이블, 공사방법 C는 벽면에 공사한 단심 또는 다심케이블을 시설하는 경우의 전선 굵기를 표시하였다.
3. 「전동기 중 최대의 것」에는 동시 기동하는 경우를 포함하였다.
4. 과전류 차단기의 용량은 해당 조항에 규정되어 있는 범위에서 실용상 거의 최댓값을 표시하였다.
5. 과전류 차단기의 선정은 최대용량의 정격전류의 3배에 다른 전동기의 정격전류의 합계를 가산한 값 이하를 표시하였다.

6. 고리퓨즈는 300[A] 이하에서 사용하여야 한다.

해답 전동기 [kW]수의 총화 P = 0.75 + 1.5 + 3.7 + 3.7 = 9.65 [kW] 이므로
표의 12[kW] 칸에서 직입기동 중 최대의 것 3.7[kW] 칸에 의해

1 10[mm²]

2 75[A]

3 100[A]

04 ★★☆☆☆ [5점]

CT의 변류비가 400/5[A]이고 고장 전류가 4,000[A]이다. 과전류 계전기의 동작 시간은 몇 [sec]로 결정되는가?(단, 전류는 125[%]에 정정되어 있고, 시간 표시판 정정은 5이며, 계전기의 동작 특성은 그림과 같다.)

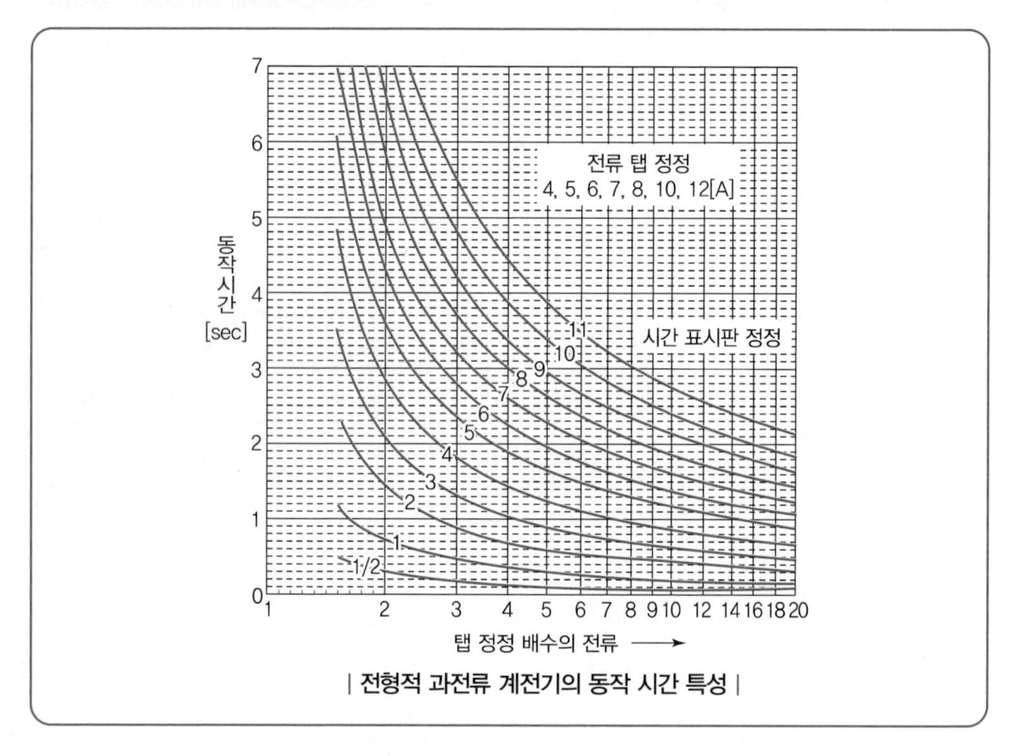

| 전형적 과전류 계전기의 동작 시간 특성 |

해답 계산 : 정정목표치 $= 400 \times \dfrac{5}{400} \times 1.25 = 6.25$

따라서, 7[A] 탭으로 정정

탭정정 배수$= \dfrac{4{,}000 \times \dfrac{5}{400}}{7} = \dfrac{50}{7} = 7.14$

동작시간은 탭정정 배수 7.14와 시간표시판 정정 5와 만나는 1.4[sec]에 동작한다.

답 1.4[sec]

05 ★★★★★ [10점]

피뢰기에 대한 다음 각 물음에 답하시오.

1. 현재 사용되고 있는 교류용 피뢰기의 주요 구조는 무엇과 무엇으로 구성되어 있는가?
2. 피뢰기의 정격전압은 어떤 전압을 말하는가?
3. 피뢰기의 제한전압은 어떤 전압을 말하는가?
4. 피뢰기의 기능상 필요한 구비조건을 4가지만 쓰시오.

해답

1. 직렬 갭과 특성요소
2. 속류를 차단할 수 있는 최고의 교류전압
3. 피뢰기 방전 중 단자에 남게 되는 충격전압(뇌전류 방전 시 직렬 갭에 나타나는 전압)
4. ① 충격방전 개시 전압이 낮을 것
   ② 상용주파 방전개시 전압이 높을 것
   ③ 방전내량이 크면서 제한 전압이 낮을 것
   ④ 속류차단 능력이 충분할 것

06 ★★★★☆ [12점]

그림은 154[kV]를 수전하는 어느 공장의 수전설비 도면의 일부분이다. 이 도면을 보고 각 물음에 답하시오.

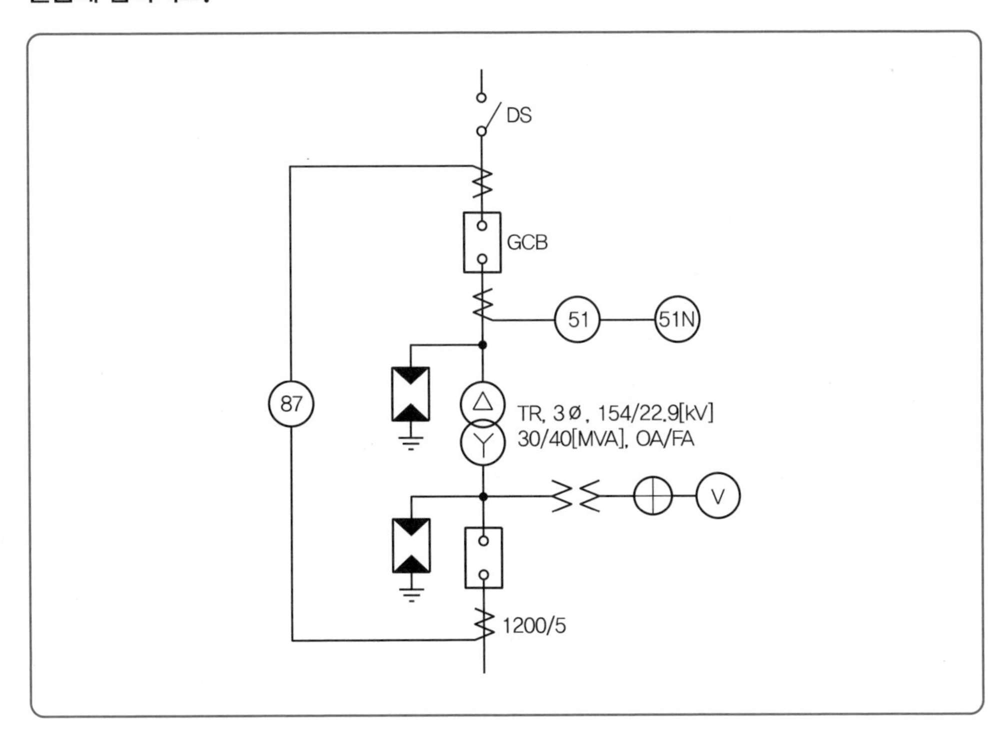

1 그림에서 87과 51N의 명칭은 무엇인가?
① 87
② 51N

2 154/22.9[kV] 변압기에서 FA 용량기준으로 154[kV] 측의 전류와 22.9[kV] 측의 전류는 몇 [A]인가?
① 154[kV] 측
② 22.9[kV] 측

3 GCB에는 주로 어떤 절연재료를 사용하는가?

4 △-Y 변압기의 복선도를 그리시오.

해답 **1** ① 비율차동계전기
② 중성점 과전류계전기

2 ① 계산 : $I = \frac{P}{\sqrt{3}V_1} = \frac{40,000}{\sqrt{3} \times 154} = 149.96[A]$

답 149.96[A]

② 계산 : $I = \frac{P}{\sqrt{3}V_2} = \frac{40,000}{\sqrt{3} \times 22.9} = 1,008.47[A]$

답 1,008.47[A]

3 SF_6(육불화유황) 가스

4

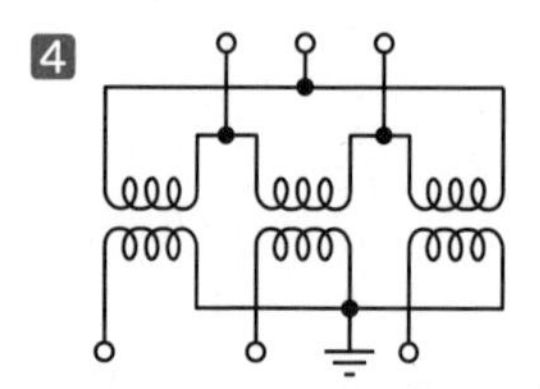

TIP
① FA : 유입풍냉식, OA : 유입자냉식
② 40[MVA] 기준
③ Y결선은 중성점을 접지할 것

07 ★★★★★ [9점]

그림과 같은 로직 시퀀스 회로를 보고 다음 각 물음에 답하시오.

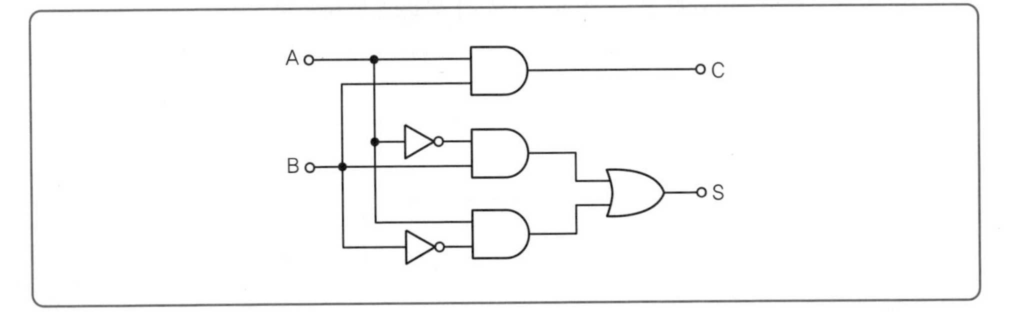

1 출력 S와 C의 논리식을 쓰시오.

- S :
- C :

2 NAND gate와 NOT gate만 사용하여 로직 시퀀스 회로를 바꾸어 그리시오.

3 2개의 논리소자(Exclusive OR gate 및 AND gate)를 사용하여 등가 로직 시퀀스 회로를 그리시오.

해답 1 $S = \overline{A}B + A\overline{B}$ $C = AB$

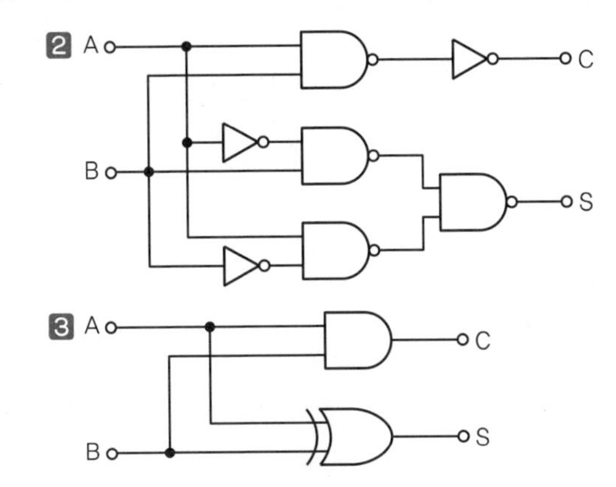

08 ★★★☆☆ [4점]

전력용 콘덴서의 개폐 제어는 크게 나누어 수동 조작과 자동 조작이 있으며, 수동 조작에는 직접 조작과 원방 조작 두 가지가 있다. 이때 자동 조작 방식을 제어 요소에 따라 분류할 때 그 제어 요소에는 어떤 것이 있는지 아는 대로 쓰시오.

해답 ① 무효전력에 의한 제어 ② 전압에 의한 제어
③ 역률에 의한 제어 ④ 전류에 의한 제어
⑤ 프로그램에 의한 제어

09 ★★★☆☆

[6점]

그림과 같은 탭(Tab) 전압 1차 측이 3,150[V], 2차 측이 210[V]인 단상 변압기에서 전압 V_1을 V_2로 승압하고자 한다. 이때 다음 각 물음에 답하시오.

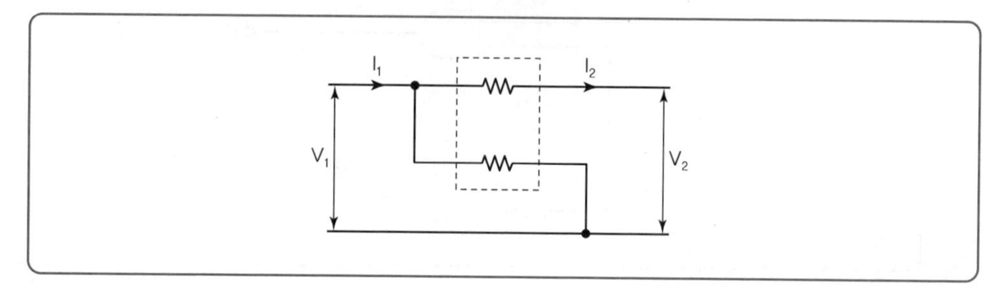

1. V_1이 3,000[V]인 경우, V_2는 몇 [V]가 되는가?
2. I_1이 25[A]인 경우 I_2는 몇 [A]가 되는가?(단, 변압기의 임피던스, 여자전류 및 손실은 무시한다.)

해답 1 계산 : $V_2 = V_1\left(1+\frac{e_2}{e_1}\right) = 3,000\left(1+\frac{210}{3,150}\right) = 3,200[V]$

답 3,200[V]

2 계산 : 입력 $P_1 = V_1 I_1 = 3,000 \times 25 = 75,000\,[VA]$

출력 $P_2 = V_2 I_2$에서 $I_2 = \frac{P_2}{V_2} = \frac{75,000}{3,200} = 23.44\,[A]$

답 23.44[A]

TIP

손실이 없으면 입력과 출력이 같게 된다.

① (입력) $P_1 = 7,500$

② (출력) $P_2 = 7,500$

10 ★★★★☆ [10점]

그림은 발전기의 상간 단락보호 계전방식을 도면화한 것이다. 이 도면을 보고 다음 각 물음에 답하시오.

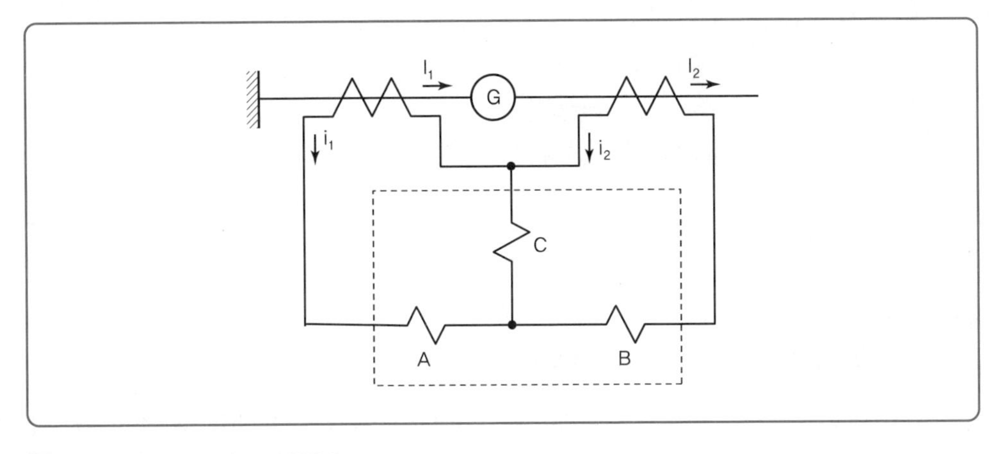

1 점선 안의 계전기 명칭은?
2 동작 코일은 A, B, C 코일 중 어느 것인가?
3 발전기에 상간 단락이 생길 때 코일 C의 전류 i_d는 어떻게 표현되는가?
4 동기 발전기의 병렬운전 조건을 3가지만 쓰시오.

해답 1 비율 차동 계전기
2 C 코일
3 $i_d = i_2 - i_1 \neq 0$
4 ① 기전력의 크기가 같을 것
② 기전력의 위상이 같을 것
③ 기전력의 주파수가 같을 것
그 외
④ 기전력의 파형이 같을 것

11 ★★☆☆☆ [4점]

단상 2선식 220[V]로 공급되는 전동기가 절연열화로 인하여 외함에 전압이 인가될 때 사람이 접촉하였다. 이때의 접촉전압은 몇 [V]인가?(단, 변압기 2차 측 접지저항은 9[Ω], 전로의 저항은 1[Ω], 전동기 외함의 접지저항은 100[Ω]이다.)

해답 계산 : $I_g = \dfrac{V}{R} = \dfrac{V}{R_1 + R_2 + R_3} = \dfrac{220}{9+1+100} = 2[A]$

$V_g = I_g \cdot R = 2 \times 100 = 200[V]$

답 200[V]

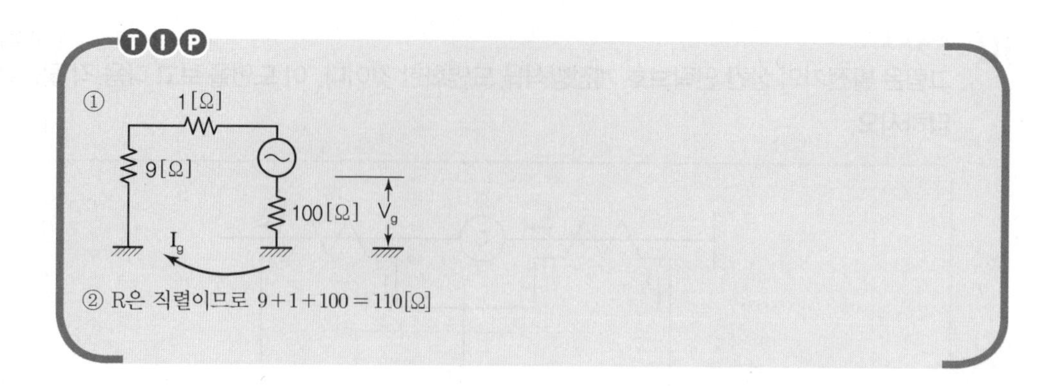

TIP
①
1[Ω]
9[Ω]
100[Ω]
V_g
I_g
② R은 직렬이므로 9+1+100=110[Ω]

12 ★★☆☆☆

[6점]

다음 ( ) 안에 알맞은 말이나 숫자를 써넣으시오.

- 6.6[kV] 전로에 사용하는 다심케이블은 최대사용전압의 (①)배의 시험전압을 심선 상호 및 심선과 (②) 사이에 연속해서 (③)분간 가하여 절연내력을 시험했을 때 이에 견디어야 한다.
- 비방향성의 고압 지락 계전기는 전류에 의하여 동작한다. 따라서 수용가 구내에 선로의 길이가 긴 고압 케이블을 사용하고 대지와의 사이의 (④)이 크면 (⑤) 측 지락사고에 의해 불필요한 동작을 하는 경우가 있다.

해답 ① 1.5배 ② 대지
③ 10 ④ 정전용량
⑤ 저압

13 ★★★★☆

[5점]

수용가 건물의 자가용 디젤 발전기 설비를 설계하려고 한다. 발전기 용량을 산출하기 위하여 필요한 부하의 종류와 여러 가지 특성이 다음의 부하 및 특성표와 같을 때 전부하를 운전하는 데 필요한 수치값들을 주어진 표를 활용하여 수치표의 빈칸에 기록하면서 발전기의 [kVA] 용량을 산정하시오.(단, 전동기 기동 시에 필요한 용량은 무시하고, 수용률의 적용은 최대 입력 전동기 한 대에 대하여 100[%], 기타의 전동기는 80[%]로 한다. 또한 전등 및 기타의 효율 및 역률은 100[%]로 한다.)

| 부하 및 특성표 |

부하의 종류	출력[kW]	극수(극)	대수(대)	적용 부하	기동 방법
전동기	30	8	1	소화전 펌프	리액터 기동
	11	6	3	배풍기	Y-△기동
전등 및 기타	60			비상조명	

| 표 1. 전동기 |

정격 출력 [kW]	극수	동기 속도 [rpm]	전부하 특성		기동전류 I_{st} 각 상의 평균값 [A]	비고		
			효율 η [%]	역률 pf [%]		무부하전류 I_0 각 상의 전류값 [A]	전부하 전류 I 각 상의 평균값 [A]	전부하 슬립 S[%]
5.5	4	1800	82.5 이상	79.5 이상	150 이하	12	23	5.5
7.5			83.5 이상	80.5 이상	190 이하	15	31	5.5
11			84.5 이상	81.5 이상	280 이하	22	44	5.5
15			85.5 이상	82.0 이상	370 이하	28	59	5.0
(19)			86.0 이상	82.5 이상	455 이하	33	74	5.0
22			86.5 이상	83.0 이상	540 이하	38	84	5.0
30			87.0 이상	83.5 이상	710 이하	49	113	5.0
37			87.5 이상	84.0 이상	875 이하	59	138	5.0
5.5	6	1200	82.0 이상	74.5 이상	150 이하	15	25	5.5
7.5			83.0 이상	75.5 이상	185 이하	19	33	5.5
11			84.0 이상	77.0 이상	290 이하	25	47	5.5
15			85.0 이상	78.0 이상	380 이하	32	62	5.5
(19)			85.5 이상	78.5 이상	470 이하	37	78	5.0
22			86.0 이상	79.0 이상	555 이하	43	89	5.0
30			86.5 이상	80.0 이상	730 이하	54	119	5.0
37			87.0 이상	80.0 이상	900 이하	65	145	5.0
5.5	8	900	81.0 이상	72.0 이상	160 이하	16	26	6.0
7.5			82.0 이상	74.0 이상	210 이하	20	34	5.5
11			83.5 이상	75.5 이상	300 이하	26	48	5.5
15			84.0 이상	76.5 이상	405 이하	33	64	5.5
(19)			85.0 이상	77.0 이상	485 이하	39	80	5.5
22			85.5 이상	77.5 이상	575 이하	47	91	5.0
30			86.0 이상	78.5 이상	760 이하	56	121	5.0
37			87.5 이상	79.0 이상	940 이하	68	148	5.0

| 표 2. 자가용 디젤 발전기의 표준 출력 |

50	100	150	200	300	400

| 수치값 표 |

부하	출력 [kW]	효율 [%]	역률 [%]	입력 [kVA]	수용률 [%]	수용률 적용값 [kVA]
전동기	30×1					
전동기	11×3					
전등 및 기타	60					
계						
필요한 발전기 용량[kVA]						

※ 수치표의 빈칸을 채울 때, 계산이 필요한 것은 계산식을 반드시 기록하고 그 결과값을 표시하도록 한다.

해답 입력환산[kVA]$=\dfrac{\text{설비용량[kW]}}{\text{역률}\times\text{효율}}$[kVA]

부하	출력 [kW]	효율 [%]	역률 [%]	입력 [kVA]	수용률 [%]	수용률 적용값 [kVA]
전동기	30×1	86	78.5	$\dfrac{30}{0.86\times0.785}=44.44$	100	44.44
전동기	11×3	84	77	$\dfrac{11\times3}{0.84\times0.77}=51.02$	80	40.82
전등 및 기타	60	100	100	60	100	60
계						145.26
필요한 발전기 용량[kVA]						150

14 ★★★★★ [6점]

다음 조건에 있는 콘센트의 그림기호를 그리시오.

1 벽붙이용
2 천장에 부착하는 경우
3 바닥에 부착하는 경우
4 방수형
5 타이머 붙이
6 2구용

해답
1
2
3
4 WP
5 TM
6 2

TIP

- WP : 방수형
- E : 접지극 붙이
- ET : 접지 단자 붙이
- EL : 누전차단기 붙이

INDUSTRIAL ENGINEER ELECTRICITY

2005년 과년도 문제풀이

2005년도 1회 시험

과년도 기출문제

회독 체크	□1회독	월 일	□2회독	월 일	□3회독	월 일

2002 2003 2004 2005 2006 2007 2008 2009 2010 2011

01 ★★★☆☆ [6점]

점멸기의 그림 기호에 대하여 다음 각 물음에 답하시오.

1 ●는 몇 [A]용 점멸기인가?

2 방수형 점멸기의 그림 기호를 그리시오.

3 점멸기의 그림 기호로 $●_4$의 의미는 무엇인가?

해답 1 10[A]

2 $●_{WP}$

3 4로 스위치

TIP

점멸기(스위치)는 정격 용량 15[A] 이상은 표기한다.

02 ★★☆☆☆ [6점]

배전반, 분전반 및 제어반의 그림 기호는 [ ] 로 표현된다. 이것을 각 종류별로 구별하는 경우의 그림 기호를 그리시오.

해답

배전반 분전반 제어반

03 ★★★★☆ [4점]

다음의 역할에 대하여 쓰시오.

1 방전코일

2 직렬리액터

해답 1 방전코일 : 전원 개방 시 콘덴서의 잔류 전하의 방전

2 직렬리액터 : 제5고조파를 제거하여 파형 개선

TIP

➤ 직렬 리액터 설치 목적
① 고조파 억제
② 콘덴서 투입 시 돌입전류 억제
③ 계전기 오작동 방지
④ 콘덴서 개방 시 과전압 억제

04 ★★★★☆ [9점]

폭 10[m], 길이 20[m]인 사무실의 조명 설계를 하려고 한다. 작업면에서 광원까지의 높이는 2.8[m], 실내 평균 조도는 120[lx], 조명률은 0.5, 유지율이 0.72이며, 40[W] 백색 형광등(광속 2,800[lm])을 사용한다고 할 때 다음 각 물음에 답하시오.

1 소요 등수를 계산하시오.
2 F40×2를 사용한다고 할 때 F40×2의 KSC 심벌을 그리시오.
3 F40×2를 사용한다고 할 때 적절한 배치도를 그리시오.(단, 위치에 대한 치수 기입은 생략하고 F40×2의 심벌을 모를 경우 □◯□ 로 배치하여 표시할 것)

해답 1 계산 : 전등수 $N = \frac{EA}{FUM} = \frac{120 \times (10 \times 20)}{2,800 \times 0.5 \times 0.72} = 23.81$[등]

답 40[W] 24등

2 □◯□
F40×2

3

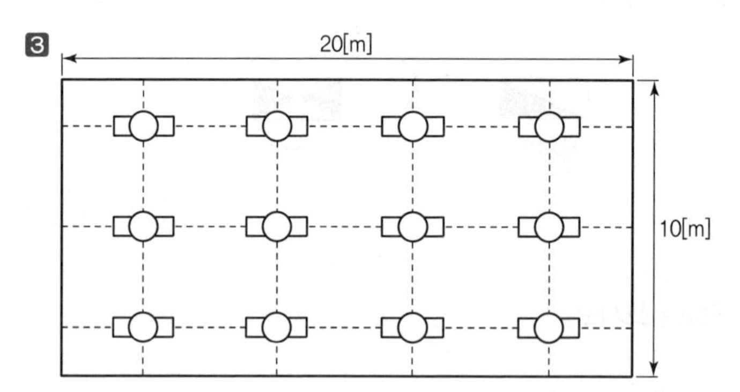

TIP

① F40 : 24[등], F40×2 : 12[등]
② 감광보상률(D)$= \frac{1}{M}$ 여기서, M : 유지율

05 ★★★★☆ [6점]

UPS 장치에 대한 다음 각 물음에 답하시오.

1 이 장치는 어떤 장치인지를 설명하시오.

2 이 장치의 중심부분을 구성하는 것이 CVCF이다. 이것의 의미를 설명하시오.

3 그림은 CVCF의 기본 회로이다. 축전지는 A~H 중 어디에 설치되어야 하는가?

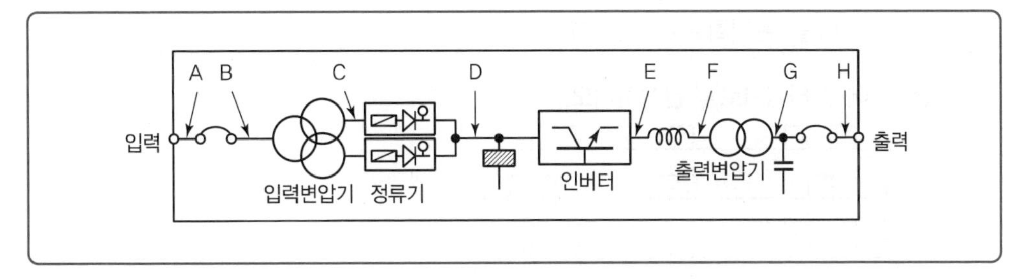

해답 1 무정전 전원 공급 장치

2 정전압 정주파수 공급 장치

3 D

TIP

① UPS : 무정전 전원 공급 장치로서 입력 전원의 정전 시에도 부하 전력 공급의 연속성을 확보하며 출력의 전압, 주파수 등의 안정도를 향상시킨다.

② CVCF : 정전압 정주파수 공급 장치로서 전원 측의 전압이나 주파수가 변하여도 부하 측에는 일정한 전압과 주파수를 공급하는 장치를 말한다.

06 ★★★★★ [10점]

그림을 보고 다음 각 물음에 답하시오.

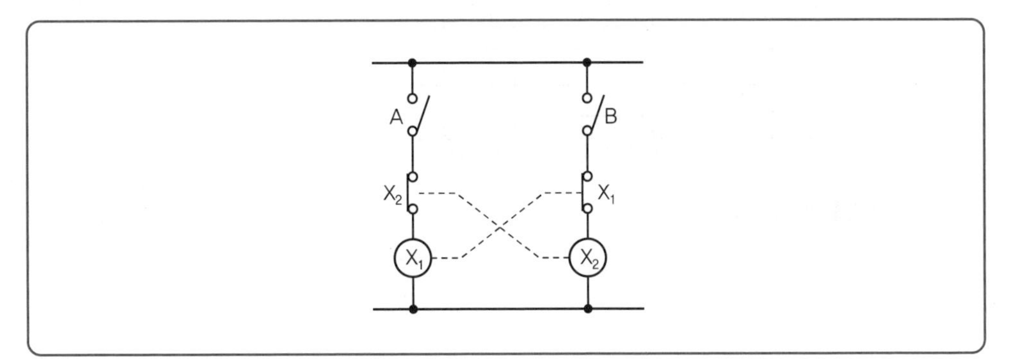

1 진리표를 완성하시오.

A	B	X_1	X_2
0	0		
0	1		
1	0		

2 이 회로를 논리회로로 고쳐 그리시오.

3 주어진 타임차트를 완성하시오.

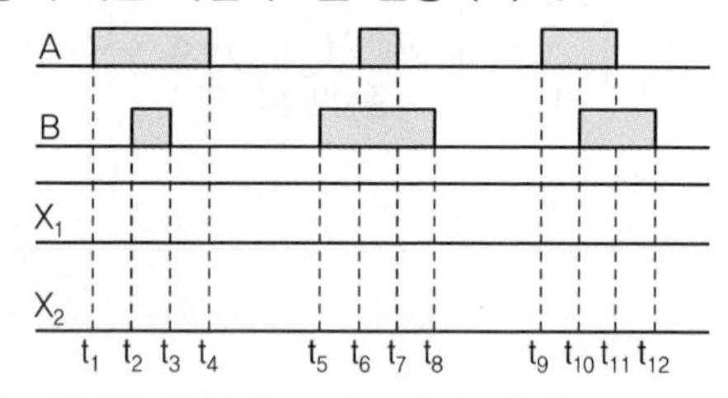

4 이러한 회로를 무슨 회로라 하는가?

해답 1

A	B	X_1	X_2
0	0	0	0
0	1	0	1
1	0	1	0

2

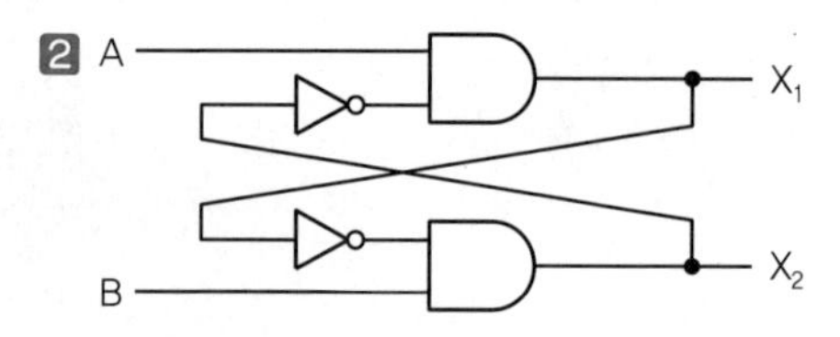

3

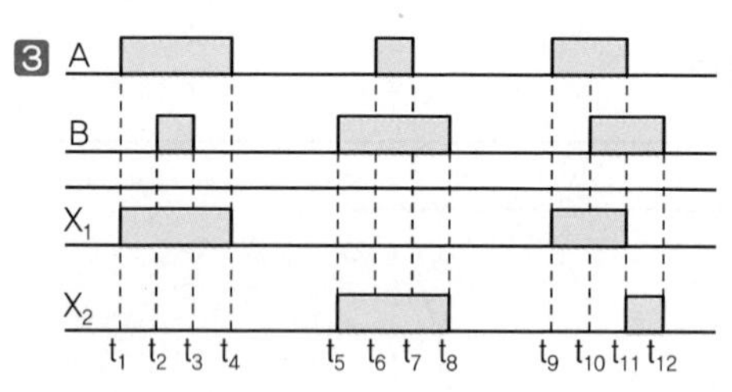

4 인터록 회로

07 ★★★☆☆

[13점]

도면과 같은 22.9[kV-Y] 특고압 수전설비 표준결선도를 보고 다음 각 물음에 답하시오.

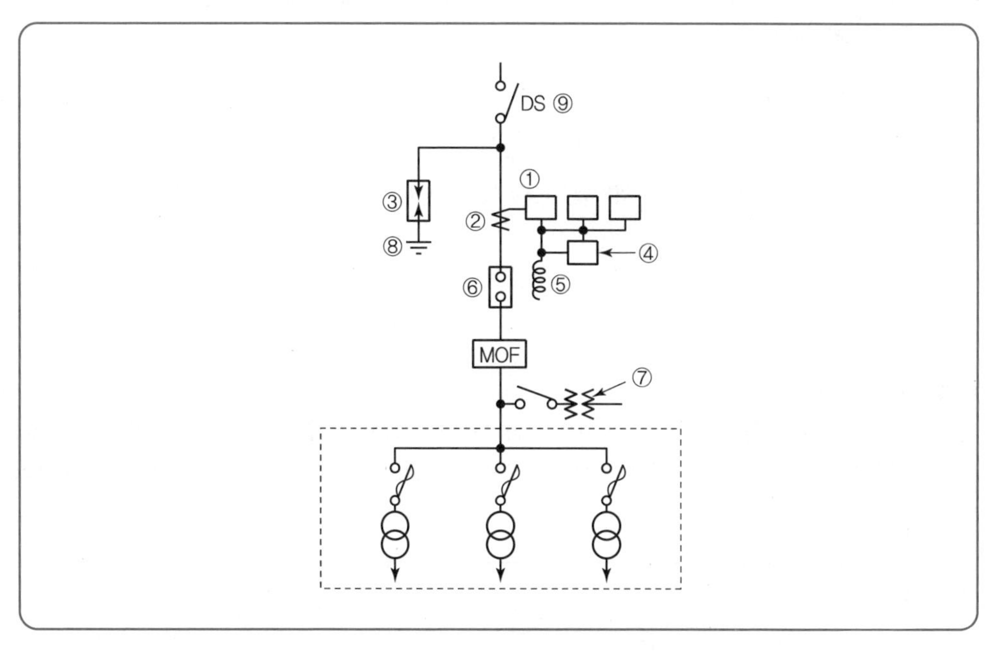

1 ①~⑦에 해당되는 단선도용 심벌의 약호를 쓰시오.

2 인입구에 수전 전압의 66[kV]인 경우에 ⑨의 DS 대신에 무엇을 사용하여야 하는가?

3 도면의 ⑦에 전압계를 연결하고자 한다. 전압계 바로 앞에 전압계용 전환개폐기를 부착할 때 그 심벌을 그리시오.

해답 **1** ① OCR ② CT ③ LA ④ GR ⑤ TC ⑥ CB ⑦ PT

2 LS

3 ⊕

08 ★★★★★

[5점]

어느 주택 시공에서 바닥 면적 90[m²]의 일반주택배선 설계에서 전등 수구 14개, 소형기기용 콘센트 8개 및 2[kW] 룸 에어컨 2대를 사용하는 경우 최소 분기회로수는 몇 회선인가? (단, 전등 및 콘센트는 16[A]의 분기회로로 하고 바닥 1[m²]당 전등(소형기기 포함)의 표준부하는 30[VA], 전체에 가산하는 VA수는 1,000[VA], 전압은 220[V]이다.)

※ KEC 규정에 따라 변경

해답 계산 : $\text{분기회로수} = \dfrac{\text{총설비용량}}{\text{분기설비용량}} = \dfrac{90\times30+2{,}000\times2+1{,}000}{220\times16} = 2.19$ 회로 → 3회로 선정

답 16[A] 분기 3회로

TIP

➤ 분기회로수

220[V]에서 정격소비전력 3[kW](110[V]는 1.5[kW]) 이상인 냉방기기, 취사용 기기는 전용분기회로로 해야 한다.

09 ★★★★★

[5점]

3상 3선식 380[V] 수전인 경우에 부하 설비가 그림과 같을 때 설비불평형률은 몇 [%]인가? (단, Ⓗ는 전열기 또는 일반 부하로서 역률은 1이며, Ⓜ은 전동기 부하로서 역률은 0.8이다.)

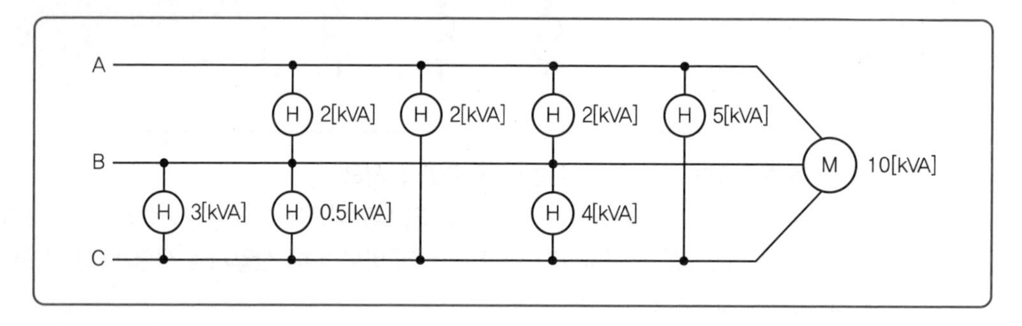

해답 계산 : $P_{AB} = 2+2 = 4[\text{kVA}]$

$P_{BC} = 3+0.5+4 = 7.5[\text{kVA}]$

$P_{CA} = 2+5 = 7[\text{kVA}]$

$\therefore \text{설비불평형률} = \dfrac{7.5-4}{(4+7.5+7+10)\times\frac{1}{3}} \times 100 = 36.84[\%]$

답 36.84[%]

TIP

➤ 3상 3선식에서의 설비불평형률

$\dfrac{\text{각 선간에 접속되는 단상부하의 최대와 최소의 차}}{\text{총 부하 설비용량의 1/3}} \times 100[\%]$

10 ★★★☆☆ [8점]

다음 각 물음에 답하시오.

1 22.9[kV－Y] 배전용 주상 변압기의 1차 측 탭 전압이 22,000[V]의 경우에 저압 측의 전압이 220[V]이다. 저압 측의 전압을 210[V]로 하자면 1차 측의 어느 탭 전압에 접속해야 하는가?(단, 탭은 20,000[V], 21,000[V], 22,000[V], 23,000[V]가 있다.)

2 과거에는 유입변압기가 주로 사용되었으나 최근에는 건식 변압기가 많이 사용되고 있다. 특히 건식변압기는 대형백화점이나 병원 등에서 주로 사용되는데, 같은 용량의 유입변압기를 사용할 때와 비교하여 이점을 4가지만 쓰시오.

3 구내 선로에서 발생할 수 있는 개폐서지, 순간과도전압 등으로 이상전압이 2차 기기에 악영향을 주는 것을 막기 위해 설치하는 것으로 변압기나 기기계통을 보호하는 것은 무엇인가?

해답 1 계산 : $V_1' = V_1 \times \dfrac{\text{현재의 탭 전압}}{\text{변경할 탭 전압}} = 22,000 \times \dfrac{220}{210} = 23,047$

답 23,000[V]

2 ① 화재 위험이 전혀 없다.
② 소형 · 경량화할 수 있다.
③ 보수 및 점검이 용이하다.
④ 큐비클 설비가 용이하다.

3 서지흡수기(SA)

11 ★☆☆☆☆ [7점]

그림과 같은 설비에 대하여 절연저항계(메거)로 직접 선간 절연저항을 측정하고자 한다. 부하의 접속여부, 스위치의 ON, OFF 상태, 분기 개폐기의 ON, OFF 상태를 어떻게 하여야 하며 L과 E 단자는 어느 개소에 연결하여 어떤 방법으로 측정하여야 하는지를 상세히 설명하시오.(단, L, E와 연결되는 선은 도면에 알맞은 개소에 직접 연결하도록 한다.)

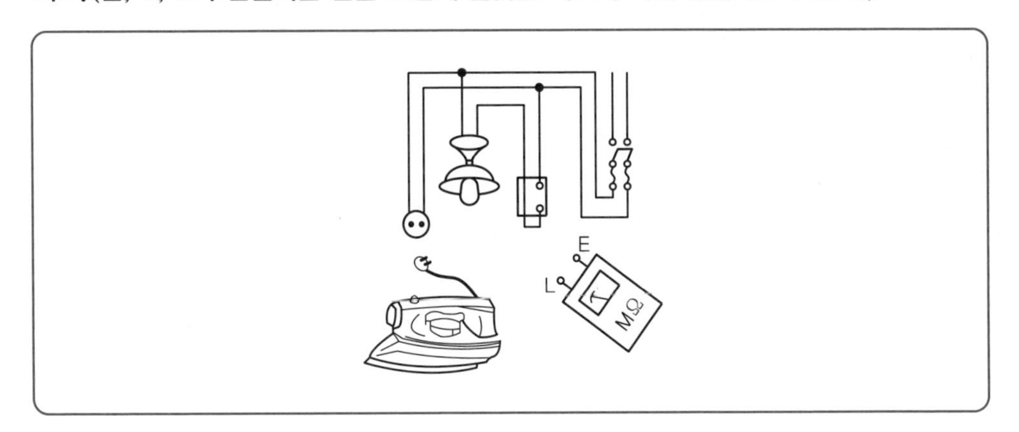

해답 측정 방법

① 분기 개폐기를 OFF시킨다.
② 부하를 전로로부터 분리시킨다.
③ 스위치를 OFF시킨다.
④ 절연저항계의 E 및 L단자를 부하 개폐기의 부하 측 두 단자에 각각 연결한다.
⑤ 절연저항계의 버튼을 눌러 계기 눈금의 지시값을 읽는다.

12 ★★★★★ [6점]

다음 각 물음에 답하시오.

1. 농형 유도 전동기의 기동법을 쓰시오.
2. 유도 전동기의 1차 권선의 결선을 △에서 Y로 바꾸면 기동 시 1차 전류는 △결선 시의 몇 배가 되는가?

해답 1. 전전압 기동법, Y－△기동법, 리액터 기동법, 기동 보상기법

2. $\frac{1}{3}$배

TIP

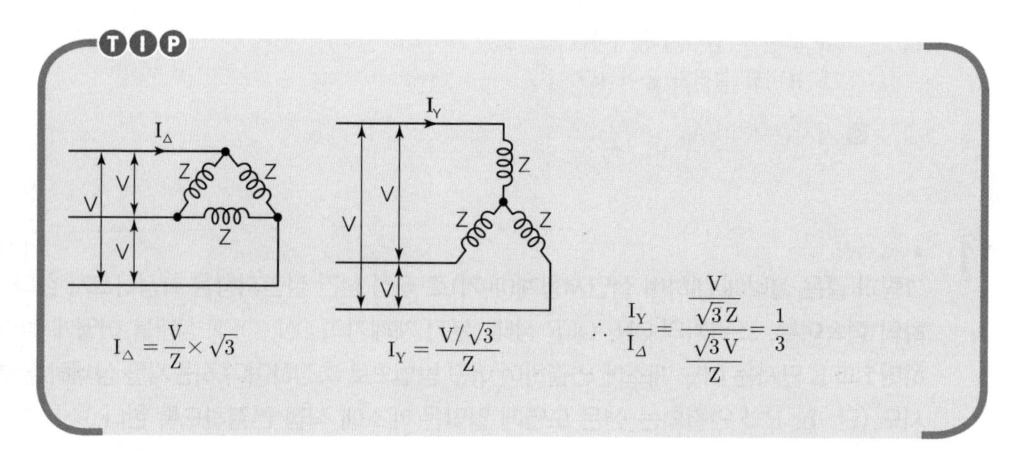

13 ★★★★★

[9점]

답안지의 그림은 전동기의 정 · 역 운전 회로도의 일부분이다. 동작 설명과 미완성 도면을 이용하여 주회로 부분과 보조회로 부분을 완성하시오.

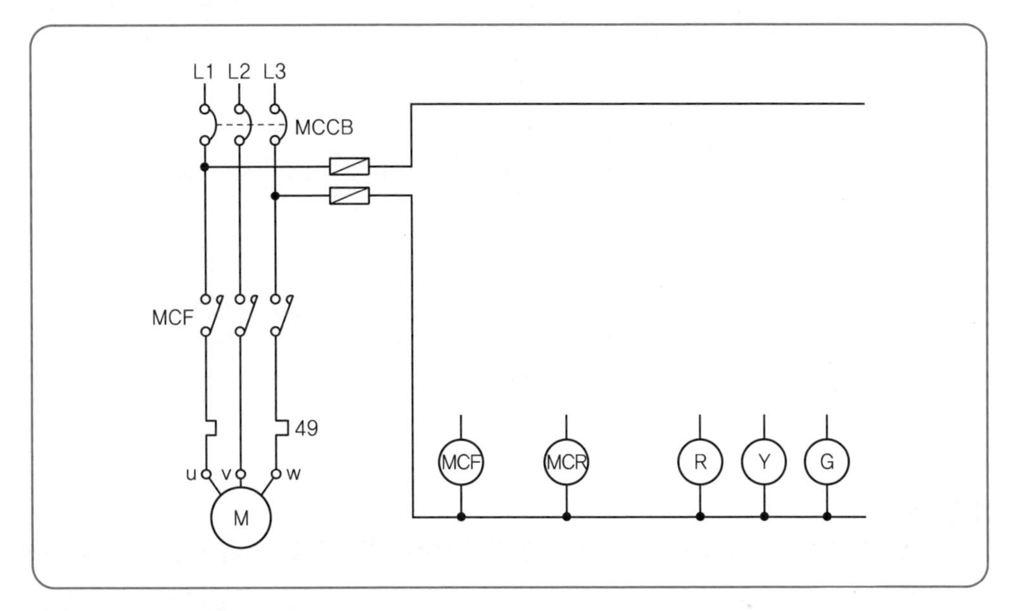

[동작설명]

- NFB를 투입하여 전원을 인가하면 Ⓖ등이 점등되도록 한다.
- 누름버튼 스위치 ON(정)을 ON하면 MCF가 여자되며, 이때 Ⓖ등은 소등되고 Ⓡ등은 점등되도록 하며, 또한 정회전한다.
- 누름버튼 스위치 OFF를 OFF하면 전동기는 정지한다.
- 누름버튼 스위치 ON(역)을 ON하면 MCR이 여자되며, 이때 Ⓖ등은 소등되고 Ⓨ등이 점등되도록 하며, 전동기는 역회전한다.
- 과부하 시에는 열동계전기 49가 동작되어 49의 b접점이 개방되어 전동기는 정지된다.

※ 위와 같은 사항으로 동작되며, 특이한 사항은 MCF나 MCR 어느 하나가 여자되면 나머지 하나는 전동기가 정지 후 동작시켜야 동작이 가능하다.

※ MCF, MCR의 보조 접점으로는 각각 a접점 2개, b접점 2개를 사용한다.

해답

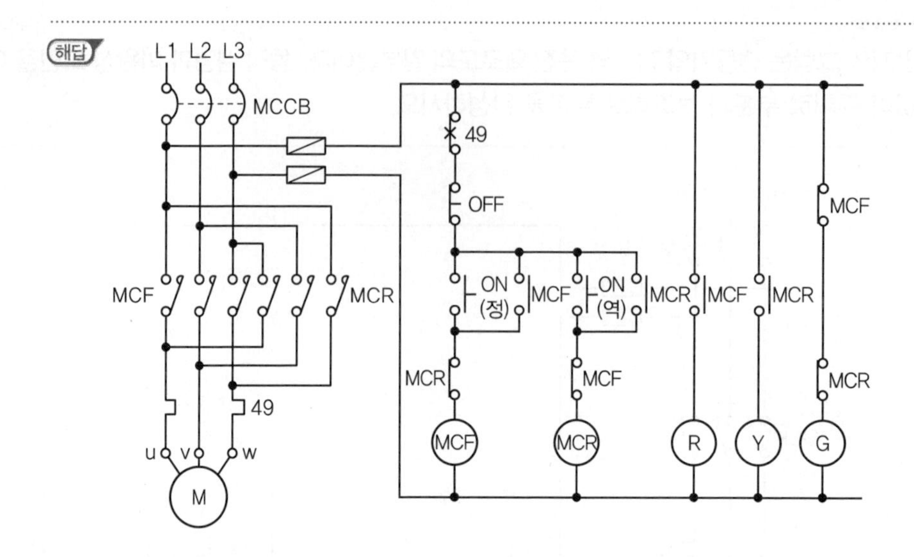

14 ★☆☆☆☆ [6점]

배전반 주회로 부분과 감시제어회로 중 감시제어기기의 구성요소를 4가지 쓰고 간단히 설명하시오.

해답 ① 감시기능 : 기기의 운전, 정지, 개폐의 상태를 표시하고 이상 발생 시 고장 부분의 표시 및 경보

② 제어기능 : 기기를 수동, 자동의 상태로 변환시키면서 운전시킬 수 있으며 정전, 화재, 천재지변 등의 이상 발생 시 제어할 수 있는 기능

③ 계측제어 : 전류, 전압, 전력 등을 계측하여 부하 또는 기기의 상태 파악

④ 기록기능 : 계측값을 일일이 기록용지에 자동 인쇄하여 등록된 데이터 집계

전기산업기사

2005년도 2회 시험 과년도 기출문제

회독 체크	□1회독	월 일	□2회독	월 일	□3회독	월 일

01 ★★★★★ [7점]

폭 15[m], 길이 30[m]인 사무실에 조명 설비를 하려고 한다. 주어진 조건을 이용하여 다음 각 물음에 답하시오.

[조건]

- 실내 평균 조도 : 150[lx]
- 조명률 : 0.5
- 유지율 : 0.69
- 작업면에서 광원까지의 높이 : 2.8[m]
- 등기구 : 40[W], 백색 형광등(광속 2,800[lm]) 사용

1. 이 사무실에 백색 형광등이 몇 등이 필요한지 그 소요 등수를 산정하시오.
2. 형광등의 램프수가 2개인 것을 사용할 경우 그림 기호를 그리고 형광등에 그 문자기호를 써넣으시오.
3. 건축기준법에 따르는 비상조명등을 백열등과 형광등으로 구분하여 그 그림기호를 그리시오.
   - 형광등
   - 백열등

해답 1 계산 : 전등수 $N = \dfrac{EAD}{FU} = \dfrac{150 \times 15 \times 30 \times \dfrac{1}{0.69}}{2{,}800 \times 0.5} = 69.88$[등]

답 70[등]

2 

3 • 형광등 : ■○■

• 백열등 : ●

TIP

감광보상률(D)$= \dfrac{1}{M}$ 여기서, M : 유지율

02 ★★★☆☆

[4점]

다음과 같은 값을 측정하는 데 가장 적당한 것은?

1. 단선인 전선의 굵기
2. 옥내전등선의 절연저항
3. 접지저항(브리지로 답할 것)

해답
1. 와이어 게이지
2. 메거
3. 콜라우시 브리지

TIP

➤ 접지저항측정기

① 접지저항계

② 콜라우시 브리지

03 ★★★★☆

[6점]

60[Hz]로 설계된 3상 유도전동기를 동일 전압으로 50[Hz]에 사용할 경우 다음 요소는 어떻게 변화하는지를 수치를 이용하여 설명하시오.

1. 무부하 전류
2. 온도 상승
3. 속도

해답
1. 6/5으로 증가
2. 6/5으로 증가
3. 5/6로 감소

TIP

① $I_o \propto \frac{1}{f}$ 　여기서, I_o : 무부하전류

② $T \propto I_o$ 　여기서, T : 온도

③ $N \propto f$ 　여기서, N : 속도

04 ★★★★★ [8점]

답안지의 도면은 유도 전동기 M의 정 · 역회전 회로의 미완성 도면이다. 이 도면을 이용하여 다음에 답하시오.(단, 주접점 및 보조접점을 그릴 때에는 해당되는 접점의 명칭도 함께 쓰도록 한다.)

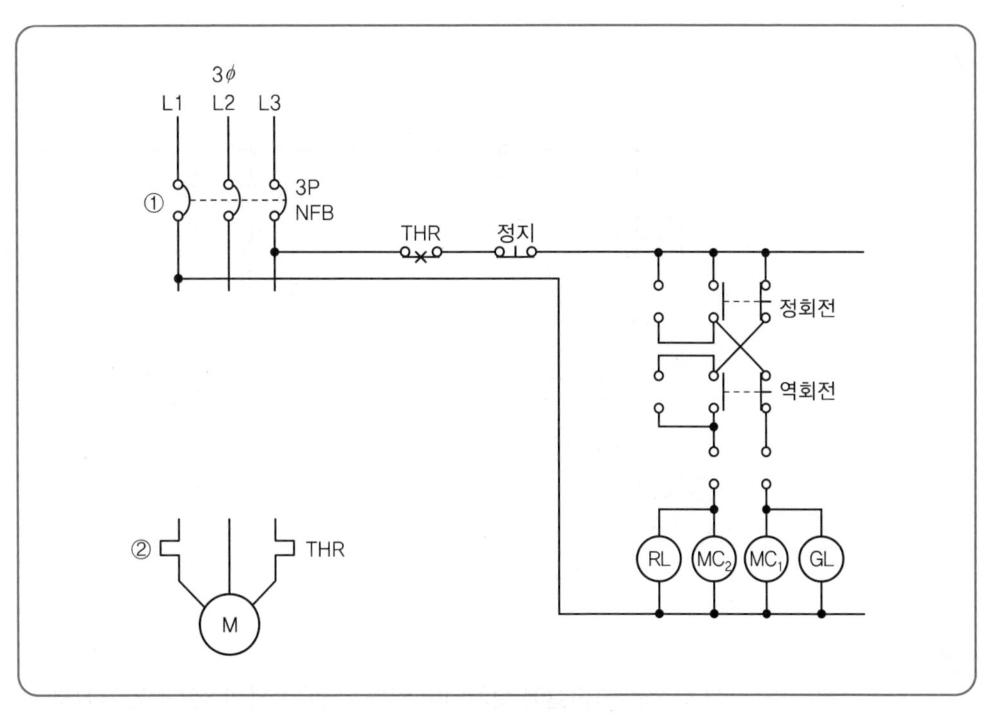

[동작 조건]

- NFB를 투입한 다음
- 정회전용 누름버튼 스위치를 누르면 전동기 M이 정회전하며, GL 램프가 점등된다.
- 정지용 누름버튼 스위치를 누르면 전동기 M은 정지한다.
- 역회전용 누름버튼 스위치를 누르면 전동기 M이 역회전하며, RL 램프가 점등된다.
- 과부하 시에는 —o×o— 접점이 떨어져서 전동기가 멈추게 된다.

※ 정회전 또는 역회전 중에 회전 방향을 바꾸려면 전동기를 정지시킨 다음 회전 방향을 바꾸어야 한다.

※ 누름버튼 스위치를 누르는 것은 눌렀다가 즉시 손을 떼는 것을 의미한다.

※ 정회전과 역회전의 방향은 임의로 결정하도록 한다.

1 도면의 ①, ②에 대한 우리말 명칭(기능)은 무엇인가?

2 정회전과 역회전이 되도록 주회로의 미완성 부분을 완성하시오.

3 정회전과 역회전이 되도록 동작조건을 이용하여 미완성된 보조회로를 완성하시오.

해답 1 ① 배선용 차단기
② 열동계전기

2 3

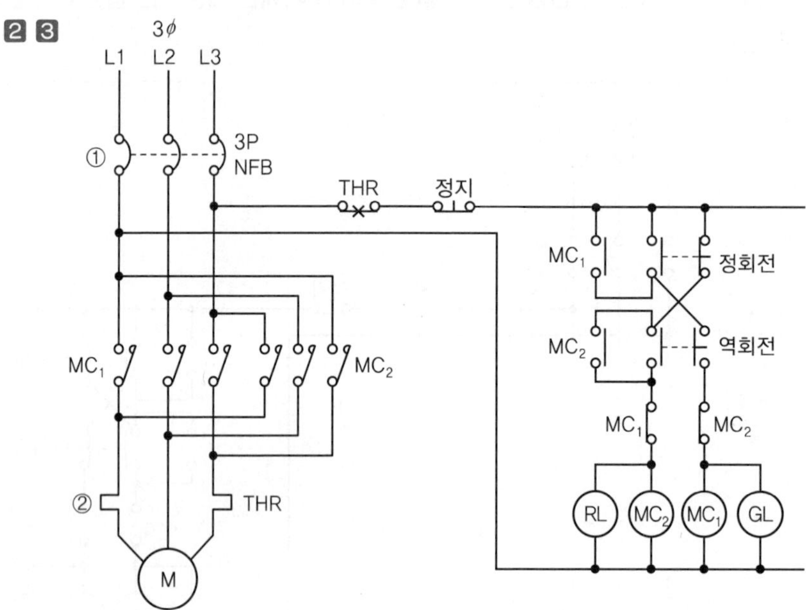

05 ★★★★★ [8점]

어느 수용가의 공장 배전용 변전실에 설치되어 있는 250[kVA]의 3상 변압기에서 A, B 2회선으로 아래 표에 명시된 부하에 전력을 공급하고 있는데 A, B 각 회선의 합성 부등률은 1.2, 개별 부등률은 1.0이라고 할 때 최대 수용 전력 시에는 과부하가 되는 것으로 추정되고 있다. 다음 각 물음에 답하시오.

회선	부하 설비[kW]	수용률[%]	역률[%]
A	250	60	75
B	150	80	75

1 A회선의 최대 부하는 몇 [kW]인가?
2 B회선의 최대 부하는 몇 [kW]인가?
3 합성 최대 수용전력(최대 부하)은 몇 [kW]인가?
4 전력용 콘덴서를 병렬로 설치하여 과부하되는 것을 방지하고자 한다. 이론상 필요한 콘덴서 용량은 몇 [kVA]인가?

해답 1 계산 : $P_A = \dfrac{\text{설비용량} \times \text{수용률}}{\text{부등률}} = \dfrac{250 \times 0.6}{1.0} = 150[\text{kW}]$ 답 150[kW]

2 계산 : $P_B = \dfrac{\text{설비용량} \times \text{수용률}}{\text{부등률}} = \dfrac{150 \times 0.8}{1.0} = 120[\text{kW}]$ 답 120[kW]

③ 계산 : $P = \frac{\text{개별 최대전력의 합}}{\text{부등률}} = \frac{150+120}{1.2} = 225[kW]$ 답 225[kW]

④ 계산 : 개선 후의 역률 $\cos\theta_2 = \frac{P}{P_a} = \frac{225}{250} = 0.9$가 되어야 하므로

콘덴서 용량 $Q = P(\tan\theta_1 - \tan\theta_2)$

$$= 225\left(\frac{\sqrt{1-0.75^2}}{0.75} - \frac{\sqrt{1-0.9^2}}{0.9}\right) = 89.46[kVA]$$ 답 89.46[kVA]

TIP

① 합성 최대전력 $= \frac{\text{설비용량} \times \text{수용률}}{\text{부등률}}$

② $\cos\theta = \frac{P}{Pa} = \frac{P}{VI}$

2002 2003 2004 2005 2006 2007 2008 2009 2010 2011

06 ★★★☆☆ [5점]

그림은 갭형 피뢰기와 갭리스형 피뢰기 구조를 나타낸 것이다. 화살표로 표시된 각 부분의 명칭을 쓰시오.

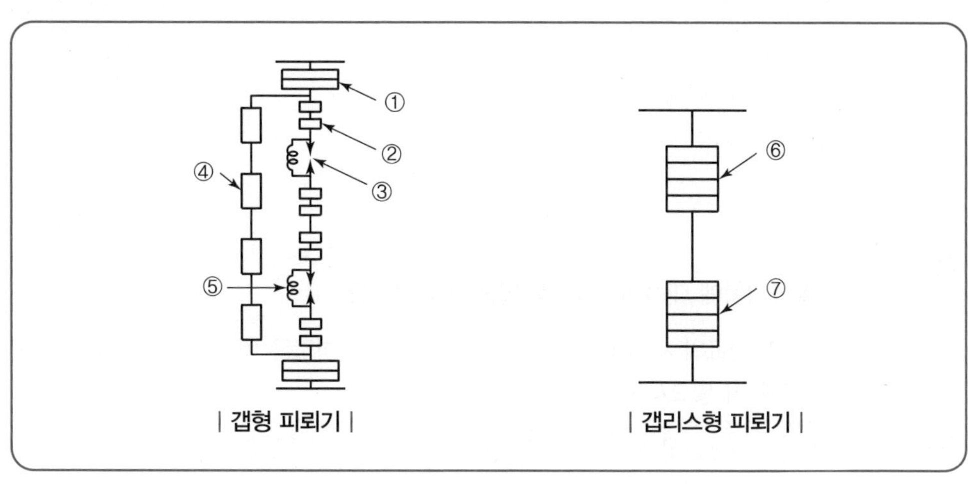

| 갭형 피뢰기 | | 갭리스형 피뢰기 |

해답

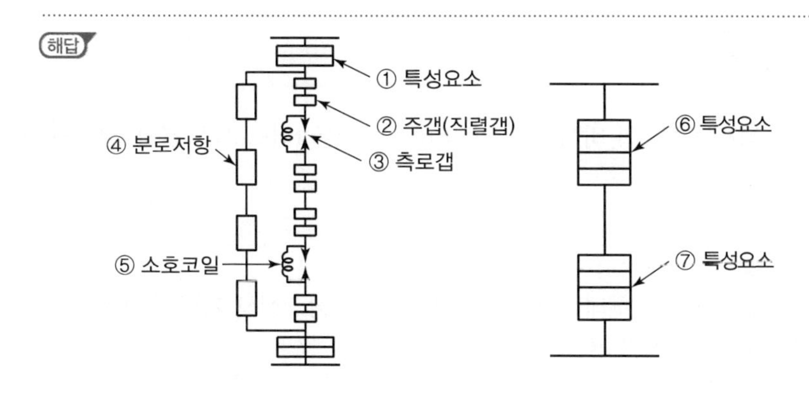

07 ★★★★☆

[10점]

그림과 같은 UPS 설비를 보고 다음 각 물음에 답하시오.

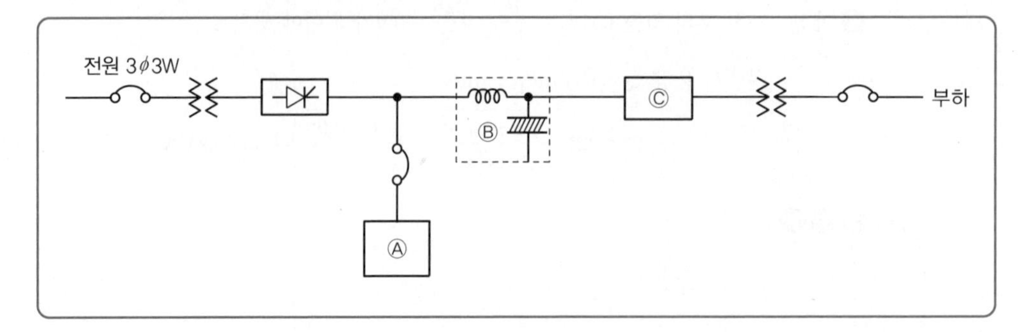

1 UPS의 주요 기능을 2가지로 요약하여 설명하시오.

2 A는 무슨 부분인가?

3 B는 무슨 역할을 하는 회로인가?

4 C 부분은 무슨 회로이며, 그 역할은 무엇인가?

해답 1 ① 무정전 전원 공급
② 정전압 정주파수 공급장치

2 축전지

3 리플 전압을 제거하여 파형 개선

4 인버터 회로, 역할 : 직류를 교류로 변환

08 ★★★★☆

[9점]

전로의 절연저항에 대하여 다음 각 물음에 답하시오.

1 다음 표의 전로의 사용 전압의 구분에 따른 절연저항값은 몇 [MΩ] 이상이어야 하는지 그 값을 표에 써 넣으시오. ※ KEC 규정에 따라 변경

전로의 사용전압[V]	절연저항[MΩ]
SELV 및 PELV	
FELV, 500[V] 이하	
500[V] 초과	

2 대지 전압은 접지식 전로와 비접지식 전로에서 어떤 전압(어느 개소 간의 전압)인지를 설명하시오.

- 접지식 전로 :
- 비접지식 전로 :

3 사용 전압이 200[V]이고 최대 공급전류가 30[A]인 단상 2선식 가공 전선로에 2선을 총괄한 것과 대지 간의 절연저항은 몇 [Ω]인가?

해답 1

전로의 사용전압[V]	절연저항[MΩ]
SELV 및 PELV	0.5 이상
FELV, 500[V] 이하	1.0 이상
500[V] 초과	1.0 이상

2 접지식 전로 : 전선과 대지 사이의 전압
비접지식 전로 : 전선과 그 전로 중의 임의의 다른 전선 사이의 전압

3 계산 : 누설전류 $I_\ell = 30 \times \frac{1}{1,000} = 0.03[A]$

절연저항 $R = \frac{200}{0.03} = 6,666.67[\Omega]$

답 $6,666.67[\Omega]$

TIP

① 저압전로의 절연성능(KEC)

전로의 사용전압[V]	DC 시험전압[V]	절연저항[MΩ]
SELV 및 PELV	250	0.5 이상
FELV, 500[V] 이하	500	1.0 이상
500[V] 초과	1,000	1.0 이상

[주] 특별저압(extra low voltage : 2차 전압이 AC 50[V], DC 120[V] 이하)으로 SELV(비접지 회로 구성) 및 PELV(접지회로 구성)은 1차와 2차가 전기적으로 절연된 회로, FELV는 1차와 2차가 전기적으로 절연되지 않은 회로
SPD 또는 기타 기기 등은 측정 전에 분리시켜야 하고, 부득이하게 분리가 어려운 경우에는 시험전압을 250[V] DC로 낮추어 측정할 수 있지만 절연저항값은 1[MΩ] 이상이어야 한다.

② $I_\ell = I_m \times \frac{1}{2,000}$ 단, 단상 2선식은 $\frac{1}{1,000}$ 여기서, I_ℓ : 누설전류, I_m : 최대 공급전류

09 ★★★★☆ [6점]

수전전압 22.9[kV], 변압기 용량 5,000[kVA]의 수전설비를 계획할 때 외부와 내부의 이상전압으로부터 계통의 기기를 보호하기 위해 설치해야 할 기기의 명칭과 그 설치위치를 설명하시오.(단, 변압기는 몰드형으로서 변압기 1차의 주차단기는 진공차단기를 사용하고자 한다.)

1 뇌(낙뢰) 등 외부 이상전압
2 개폐 이상전압 등 내부 이상전압

해답 1 기기명 : 피뢰기
설치위치 : 진공차단기 1차 측
2 기기명 : 서지 흡수기
설치위치 : 진공차단기 2차 측과 몰드형 변압기 1차 측 사이

TIP

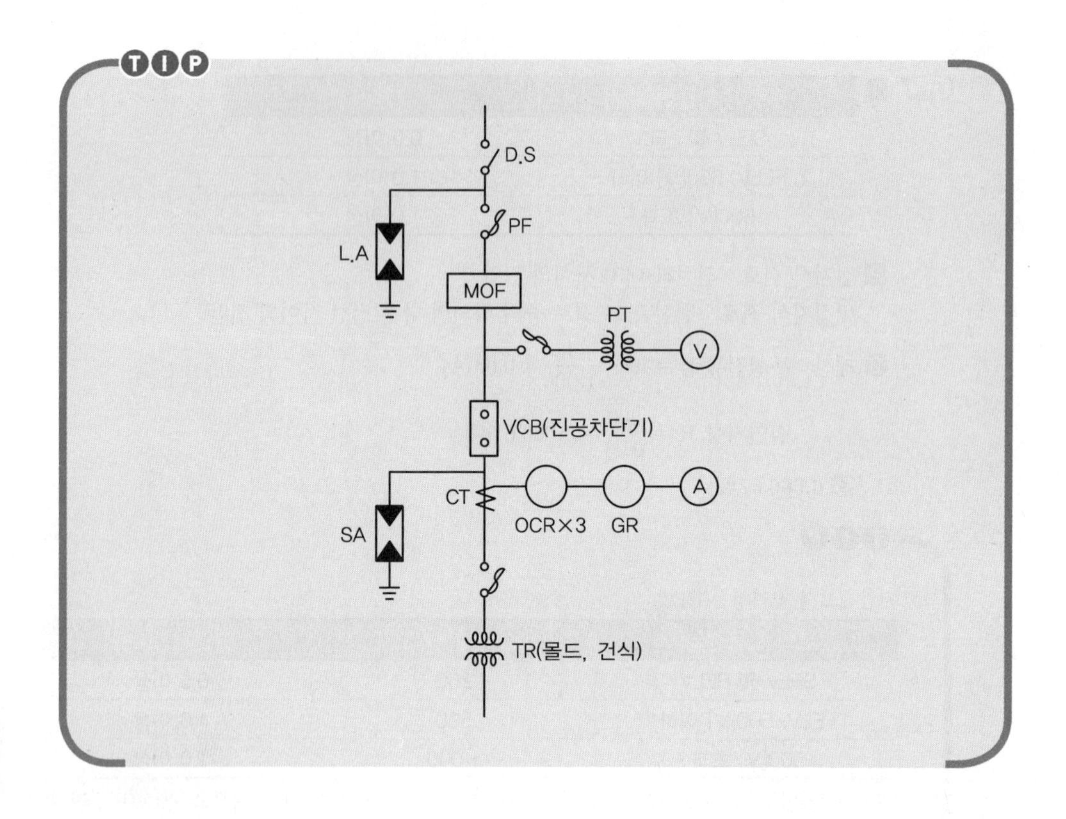

10 ★★★★★ [9점]

배전선로에 있어서 전압을 3[kV]에서 6[kV]로 상승시켰을 경우, 승압 전과 승압 후를 비교하여 장점과 단점을 설명하시오.(단, 수치비교가 가능한 부분은 수치를 적용시켜 비교 설명하시오.)

해답

장점	① 공급능력은 2배 증가 ② 전력손실 감소 $P_r \propto \frac{1}{V^2} = \frac{1}{2^2} = \frac{1}{4}$배 감소 ③ 전압강하 감소 $e \propto \frac{1}{V} = \frac{1}{2}$배 감소
단점	전압이 2배이므로 절연비가 비싸고 인축의 접지사고와 통신선의 유도장해가 많음

TIP

① $P_L \propto \frac{1}{V^2}$ (P_L : 손실) ② $A \propto \frac{1}{V^2}$ (A : 단면적) ③ $\delta \propto \frac{1}{V^2}$ (δ : 전압강하율)

④ $e \propto \frac{1}{V}$ (e : 전압강하) ⑤ $P \propto V^2$ (P : 전력)

⑥ 공급능력 $P = VI\cos\theta$에서 $P \propto V$ (P : 공급능력)

11 ★★★★★ [8점]

CT 2대를 V결선하여 OCR 3대를 그림과 같이 연결하여 사용할 경우 다음 각 물음에 답하시오.

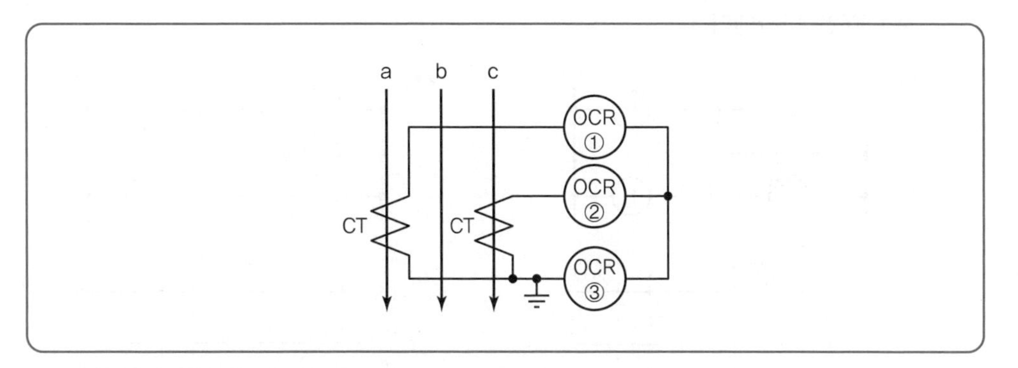

1. 국내에서 사용되는 CT는 일반적으로 어떤 극성을 사용하는가?
2. 도면에서 사용된 CT의 변류비가 40/5이고 변류기 2차 측 전류를 측정하니 3[A]의 전류가 흘렀다면 수전전력은 몇 [kW]인가?(단, 수전전압은 22,900[V]이고 역률은 90[%]이다.)
3. OCR 중에서 ③번 OCR에 흐르는 전류는 어떤 상의 전류인가?
4. OCR은 주로 어떤 사고가 발생하였을 때 동작하는가?
5. 통전 중에 있는 변류기 2차 측 기기를 교체하고자 할 때 가장 먼저 취하여야 할 조치는 무엇인지를 설명하시오.

해답

1. 감극성
2. 계산 : $P = \sqrt{3}\,VI\cos\theta$ 에서

$$P = \sqrt{3} \times 22{,}900 \times 3 \times \frac{40}{5} \times 0.9 \times 10^{-3} = 856.74[kW]$$

답 856.74[kW]

3. b상 전류
4. 단락 사고(과부하)
5. 2차 측 단락

TIP

➤ OCR 동작
① 과부하 시
② 단락 시

12 ★★★★☆ [4점]

다음 그림과 같은 회로에서 램프 Ⓛ의 동작을 답안지의 타임차트에 표시하시오.(단, 타임차트 상단에서 선의 상단의 표시는 a접점으로 ON 상태를 나타내며, 하단에 있는 것은 b접점으로 OFF를 나타낸다.)

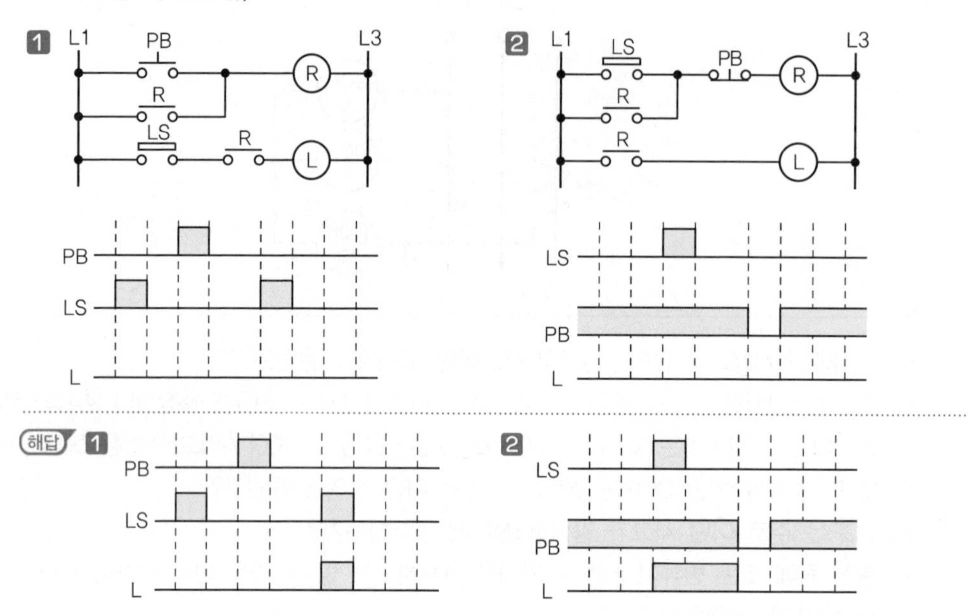

13 ★★★★★ [11점]

인텔리전트 빌딩의 등급별 추정 전원 용량에 대한 다음 표를 이용하여 각 물음에 답하시오.

| 등급별 추정 전원 용량[VA/m²] |

내용 \ 등급별	0등급	1등급	2등급	3등급
조명	32	22	21	29
콘센트	–	13	5	5
사무자동화(OA) 기기	–	–	34	36
일반동력	38	45	45	45
냉방동력	40	43	43	43
사무자동화(OA) 동력	–	2	8	8
합계	110	125	156	166

1. 연면적 10,000[m²]인 인텔리전트 2등급인 사무실 빌딩의 전력 설비용량을 상기 '등급별 추정 전원 용량[VA/m²]'을 이용하여 빈칸에 계산과정과 답을 쓰시오.

부하 내용	면적을 적용한 부하용량[kVA]
조명	
콘센트	
OA 기기	
일반동력	
냉방동력	
OA 동력	
합계	

2 물음 **1**에서 조명, 콘센트, 사무자동화기기의 적정 수용률은 0.8, 일반동력 및 사무자동화 동력의 적정 수용률은 0.5, 냉방동력의 적정 수용률은 0.8이고, 주 변압기 부등률은 1.2로 적용한다. 이때 전압방식을 2단 강압방식으로 채택할 경우 변압기의 용량에 따른 변전설비의 용량을 산출하시오.(단, 조명, 콘센트, 사무자동화기기를 3상 변압기 1대로, 일반동력 및 사무자동화 동력을 3상 변압기 1대로, 냉방동력을 3상 변압기 1대로 구성하고 상기 부하에 대한 주 변압기 1대를 사용하도록 하며, 변압기 용량은 일반 규격 용량으로 정하도록 한다.)

① 조명, 콘센트, 사무자동화기기에 필요한 변압기 용량 산정

② 일반동력, 사무자동화 동력에 필요한 변압기 용량 산정

③ 냉방동력에 필요한 변압기 용량 산정

④ 주 변압기 용량 산정

3 수전 설비의 단선 계통도를 간단하게 그리시오.

해답 **1**

부하 내용	면적을 적용한 부하용량[kVA]
조명	$21 \times 10{,}000 \times 10^{-3} = 210$
콘센트	$5 \times 10{,}000 \times 10^{-3} = 50$
OA 기기	$34 \times 10{,}000 \times 10^{-3} = 340$
일반동력	$45 \times 10{,}000 \times 10^{-3} = 450$
냉방동력	$43 \times 10{,}000 \times 10^{-3} = 430$
OA 동력	$8 \times 10{,}000 \times 10^{-3} = 80$
합계	$156 \times 10{,}000 \times 10^{-3} = 1{,}560$

2 ① 계산 : TR_1=설비용량(부하용량)×수용률$=(210+50+340)\times 0.8=480$ 답 500[kVA]

② 계산 : TR_2=설비용량(부하용량)×수용률$=(450+80)\times 0.5=265$ 답 300[kVA]

③ 계산 : TR_3=설비용량(부하용량)×수용률$=430\times 0.8=344$ 답 500[kVA]

④ 계산 : 주 변압기 용량$=\dfrac{\text{개별최대전력의합}}{\text{부등률}}=\dfrac{480+265+344}{1.2}=907.5$ 답 1,000[kVA]

③

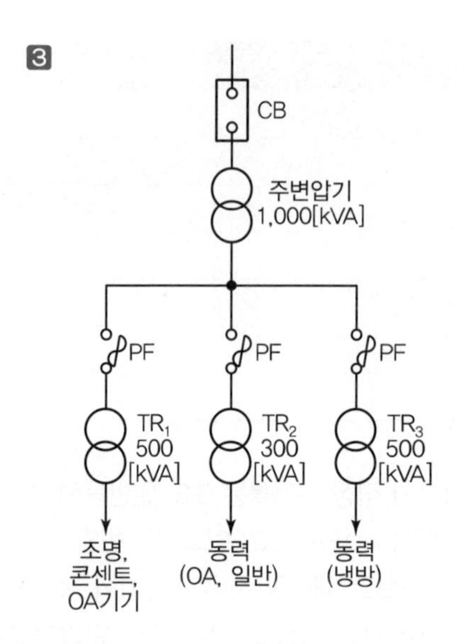

14 ★★★☆☆ [5점]

그림과 같은 무접점 논리 회로의 래더 다이어그램(ladder diagram)의 미완성 부분(점선 부분)을 그리시오.(단, 입 · 출력 번지의 할당은 다음과 같다.)

입력 : Pb_1(01), Pb_2(02), 출력 : GL(30), RL(31), 릴레이 : X(40)

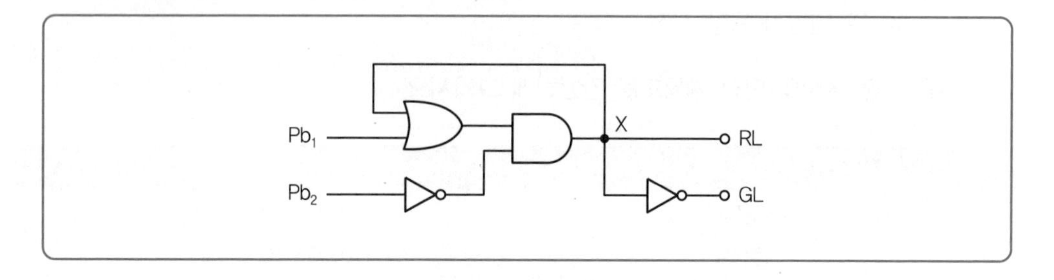

해답

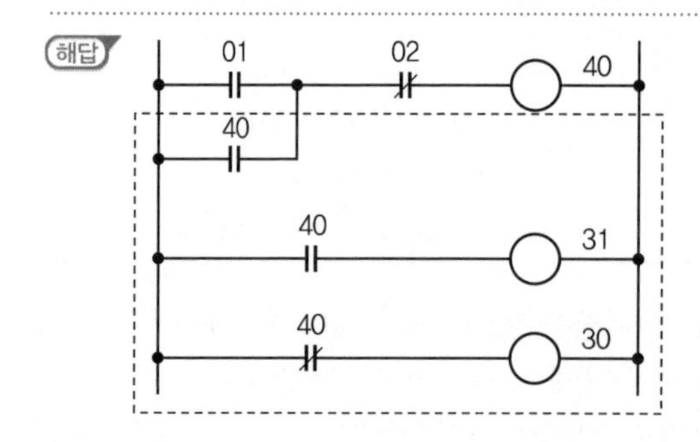

2005년도 3회 시험 과년도 기출문제

회독 체크	□1회독	월 일	□2회독	월 일	□3회독	월 일

01 ★★★★★ [4점]

길이 40[m], 폭 30[m], 높이 9[m]의 공장에 고압 수은등 400[W] 27개를 설치하였을 때의 조도는 몇 [lx]인가?(단, 수은등 1개의 광속은 18,000[lm], 조명률은 47[%], 감광보상률은 1.3이다.)

해답 계산 : 조도 $E = \frac{FUN}{AD} = \frac{18,000 \times 0.47 \times 27}{40 \times 30 \times 1.3} = 146.42[lx]$

답 146.42[lx]

02 ★★☆☆☆ [6점]

전압을 크기에 따라 종별로 구분하고 그 전압의 범위를 쓰시오. ※ KEC 규정에 따라 변경

해답

분류	전압의 범위
저압	• 직류 : 1.5[kV] 이하
	• 교류 : 1[kV] 이하
고압	• 직류 : 1.5[kV]를 초과하고, 7[kV] 이하
	• 교류 : 1[kV]를 초과하고, 7[kV] 이하
특고압	7[kV]를 초과

03 ★★★★★ [6점]

다음 물음에 답하시오.

1 저압 수전의 단상 3선식에서 중성선과 각 전압 측 전선 간의 부하는 평형이 되게 하는 것을 원칙으로 한다. 다만, 부득이한 경우는 몇 [%]까지로 할 수 있는가?

2 그림과 같은 단상 3선식 110[V]/220[V] 수전의 경우에 설비불평형률은 몇 [%]인지를 구하시오.

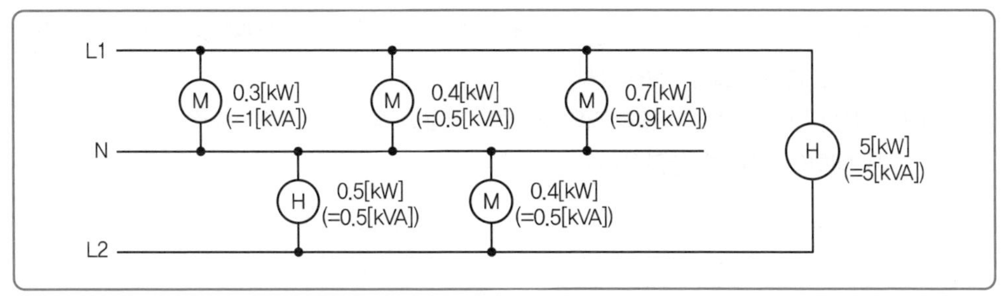

해답 **1** 40[%]

2 계산 : $설비불평형률=\dfrac{(1+0.5+0.9)-(0.5+0.5)}{\frac{1}{2}(1+0.5+0.9+0.5+0.5+5)}\times 100=33.33[\%]$ 답 33.33[%]

TIP

① 단상 3선식에서 설비불평형률

$$설비불평형률=\frac{중성선과\ 각\ 전압\ 측\ 전선\ 간에\ 접속된\ 부하\ 설비용량의\ 차}{총\ 부하\ 설비용량의\ 1/2}\times 100[\%]$$

② 3상인 경우 30[%]를 초과하지 말 것

04 ★★★★☆ [11점]

다음 답안지의 미완성 도면을 보고 다음 각 물음에 답하시오.

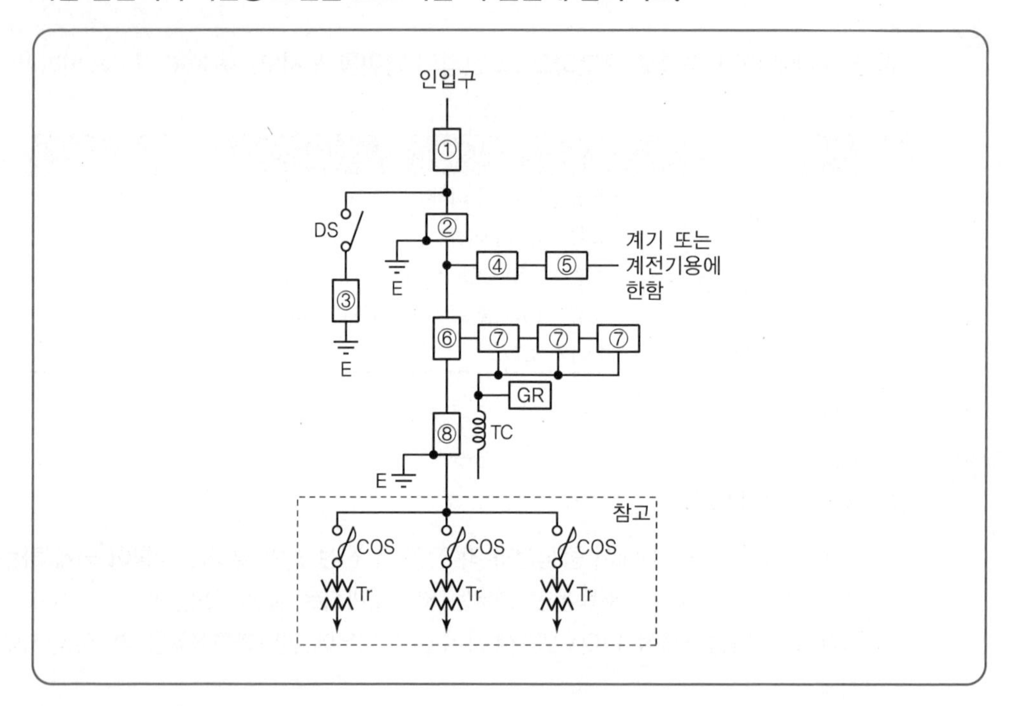

1 주어진 단선 결선도에서 [ ] 표시한 ①~⑧까지의 기기에 대하여 표준 심벌을 사용하여 단선 결선도를 완성하시오.

2 주어진 단선도의 ①~⑧까지의 기기의 약호와 명칭의 표를 작성하고 그 용도 또는 역할에 대하여 간단히 설명하시오.

번호	약호	명칭	용도 또는 역할
①			
②			
③			
④			
⑤			
⑥			
⑦			
⑧			

해답 1

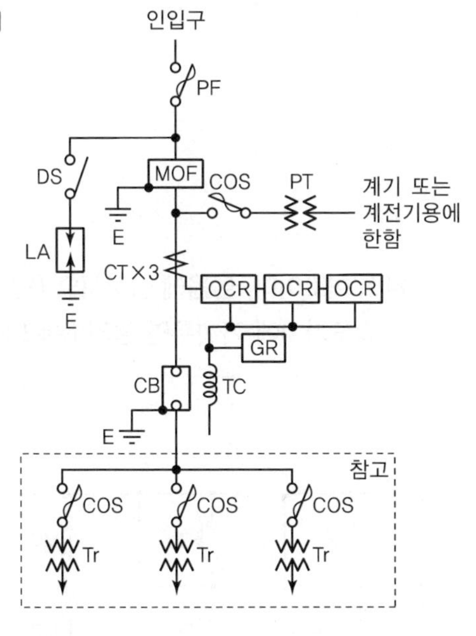

2 기능 설명

번호	약호	명칭	용도 또는 역할
①	PF	전력용 퓨즈	단락 전류 차단
②	MOF	전력수급용 계기용 변성기	전력량을 측정하기 위하여 PT와 CT를 조합한 것
③	LA	피뢰기	이상 전압 침입 시 이를 대지로 방전시키며 속류를 차단
④	COS	컷아웃 스위치	사고의 확대를 방지
⑤	PT	계기용 변압기	고전압을 저전압으로 변성하여 계기에 전원 공급
⑥	CT	변류기	대전류를 소전류로 변성하여 전류 공급
⑦	OCR	과전류 계전기	과전류로부터 차단기를 개방
⑧	CB	차단기	부하전류 개폐 및 고장전류 차단

05 ★★★★☆

[4점]

그림은 옥내 배선을 설계할 때 사용되는 배전반, 분전반 및 제어반의 일반적인 그림기호이다. 이것을 배전반, 분전반, 제어반 및 직류용으로 구별하여 그림기호를 사용하고자 할 때 그 그림기호를 그리시오.

1. 배전반
2. 분전반
3. 제어반
4. 직류용

해답 1. 배전반 :
2. 분전반 :
3. 제어반 :
4. 직류용 : DC

06 ★★★★☆

[11점]

그림은 3상 유도 전동기의 역상 제동 시퀀스 회로이다. 물음에 답하시오.(단, 플러깅 릴레이 Sp는 전동기가 회전하면 접점이 닫히고, 속도가 0에 가까우면 열리도록 되어 있다.)

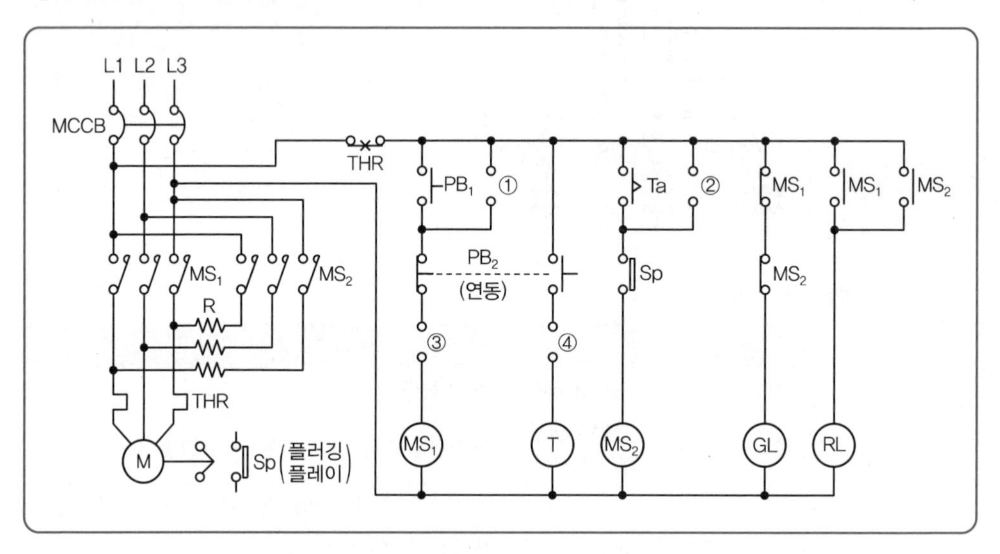

1. 회로에서 ①~④에 접점과 기호를 넣으시오.
2. MS_1, MS_2의 동작 과정을 간단히 설명하시오.
3. 보조 릴레이 T와 저항 R의 용도 및 역할에 대하여 간단히 설명하시오.

해답 **1**

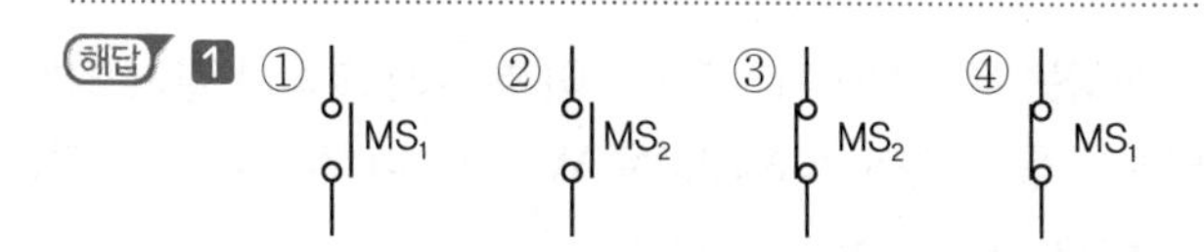

2 PB1을 누르면 (MS1)이 여자되어 전동기는 정회전 하고 PB2를 누르면 (MS1)은 소자되고 (T)가 여자되어 일정 시간 후 (MS2)가 여자되어 전동기는 역상 토크를 발생한다. 전동기의 속도가 한없이 0에 가까워지면 SP(플러깅 릴레이)가 개로하여 전동기는 급정지한다.

3 T : 순간단락사고 방지를 위한 지연시간을 부여함
R : 역상 토크 발생 시 전압 강하로 전압을 줄여 전동기 부담을 줄임

07 ★★★★☆ [6점]

그림과 같은 UPS 설비를 보고 다음 각 물음에 답하시오.

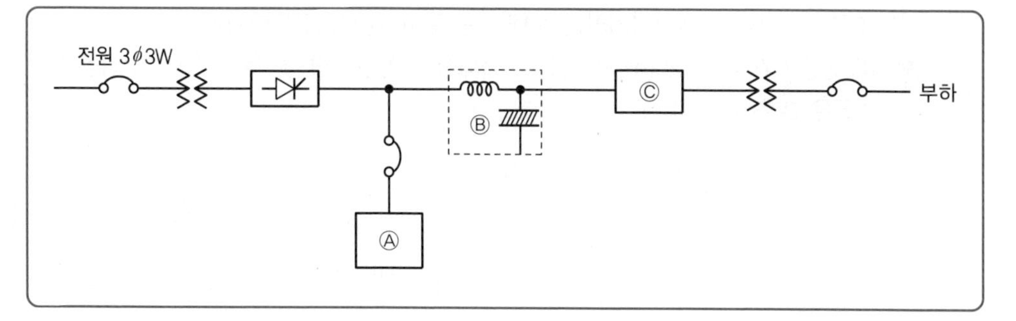

1 UPS의 우리말 명칭을 쓰시오.
2 블록 다이어그램에서 A는 어떤 부분인가?
3 B와 C부분의 역할에 대하여 설명하시오.

해답 **1** 무정전 전원 공급장치
2 축전지
3 B : 리플전압을 제거하여 파형을 개선한다.
C : 직류를 교류로 변환한다.

TIP

① UPS : 무정전 전원 공급 장치로서 입력 전원의 정전 시에도 부하 전력 공급의 연속성을 확보하며 출력의 전압, 주파수 등의 안정도를 향상시킨다.
② CVCF : 정전압 정주파수 공급 장치로서 전원 측의 전압이나 주파수가 변하여도 부하 측에는 일정한 전압과 주파수를 공급하는 장치를 말한다.

08 ★★★★★ [9점]

그림과 같은 평형 3상 회로로 운전하는 유도전동기가 있다. 이 회로에 그림과 같이 2개의 전력계 W_1, W_2, 전압계 Ⓥ, 전류계 Ⓐ를 접속한 후 지시값은 $W_1 = 6.4$[kW], $W_2 = 2.5$[kW], $V = 200$[V], $I = 30$[A]이었다. 다음 각 물음에 답하시오.

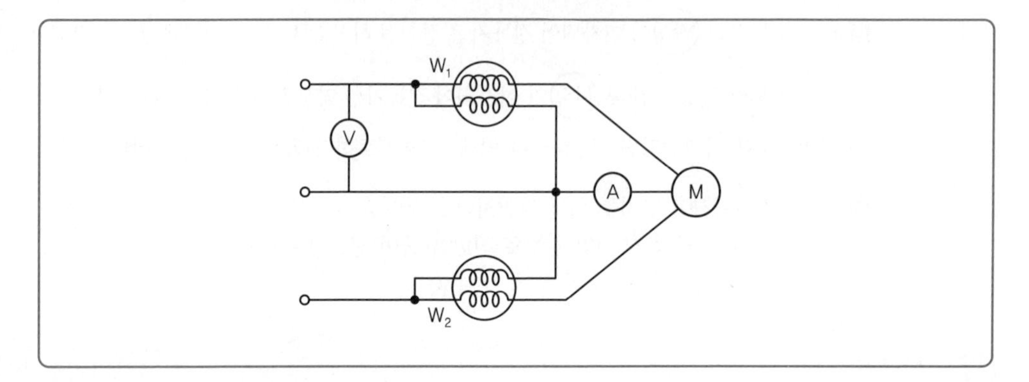

1. 이 유도전동기의 역률은 몇 [%]인가?
2. 역률을 90[%]로 개선시키려면 콘덴서는 몇 [kVA]가 필요한가?
3. 이 전동기가 매분 20[m]의 속도로 물체를 권상한다면 몇 [ton]까지 가능한가?(단, 종합 효율은 80[%]로 한다.)

해답 1 계산 : 유효전력 $= 6.4 + 2.5 = 8.9$[kW]

피상전력 $= \sqrt{3}VI \times 10^{-3} = \sqrt{3} \times 200 \times 30 \times 10^{-3} = 10.393$[kVA]

역률 $= \dfrac{\text{유효전력}}{\text{피상전력}} \times 100 = \dfrac{8.9}{10.393} \times 100 = 85.63$[%]

답 85.63[%]

2 계산

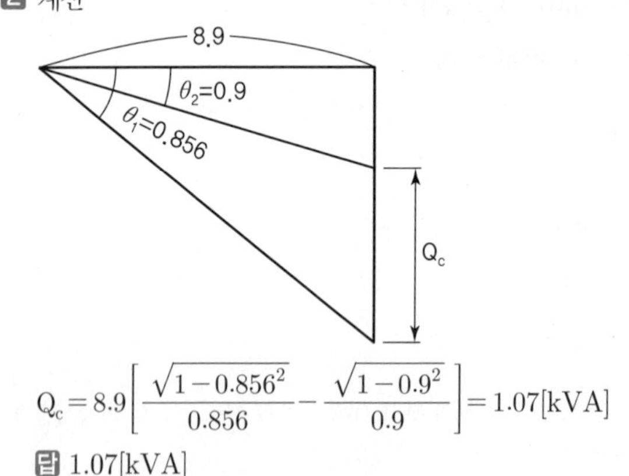

$$Q_c = 8.9\left[\frac{\sqrt{1-0.856^2}}{0.856} - \frac{\sqrt{1-0.9^2}}{0.9}\right] = 1.07[\text{kVA}]$$

답 1.07[kVA]

3 계산 : $P = \dfrac{WV}{6.12\eta}$ 에서 $W = \dfrac{6.12\eta P}{V} = \dfrac{6.12 \times 0.8 \times 8.9}{20} = 2.178$[ton]

답 2.18[ton]

TIP

➤ 권상기 용량

$$P = \frac{W \cdot V}{6.12\eta}$$

여기서, W : 무게[ton], V : 속도[m/min], η : 효율

09 ★★★★★ [6점]

그림과 같은 논리회로를 보고 다음 각 물음에 답하시오.

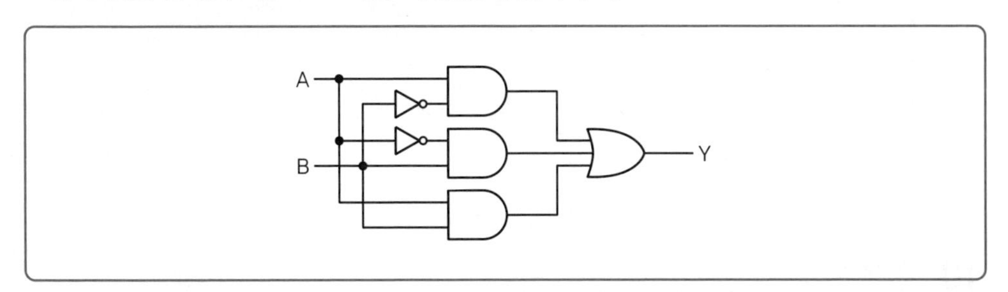

1 각 논리소자를 모두 사용할 때 부울대수의 초기식을 쓰고 이 식을 가장 간단하게 정리하여 표현하시오.

① 초기식 :

② 정리식 :

2 주어진 논리회로에 대한 부울 대수식의 초기식(물음 **1**의 초기식)을 유접점 회로(계전기 접점회로)로 바꾸어 그리시오.

3 입력 A, B와 출력 Y에 대한 진리표를 만드시오.

입력		출력
A	B	Y
0	0	
0	1	
1	0	
1	1	

해답 **1** ① 초기식 : $Y = A\overline{B} + \overline{A}B + AB$

② 정리식 : $Y = A\overline{B} + \overline{A}B + AB = A(B + \overline{B}) + \overline{A}B$

$= (A + \overline{A})(A + B) = A + B$

2

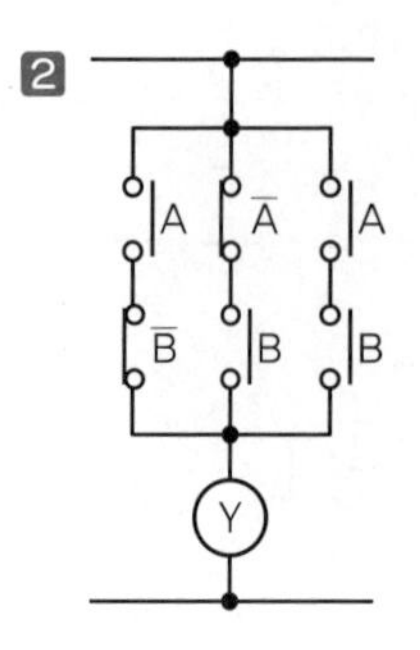

3

입력		출력
A	B	Y
0	0	0
0	1	1
1	0	1
1	1	1

TIP

① 분배법칙 : $A+(B \cdot C)=(A+B) \cdot (A+C)$
$A \cdot (B+C)=A \cdot B+A \cdot C$

② 2진수(0과 1)에서
$A \cdot 1=A$ $A+\overline{A}=1$ $A+1=1$ $A+A=A$

10 ★★★★☆ [8점]

동기 발전기를 병렬 운전시키기 위한 조건을 3가지만 쓰시오.

해답 ① 기전력의 주파수가 같을 것 ② 기전력의 위상이 같을 것
③ 기전력의 파형이 같을 것
그 외
④ 기전력의 크기가 같을 것

11 ★★★★★ [6점]

그림과 같은 부하곡선을 보고 다음 각 물음에 답하시오.

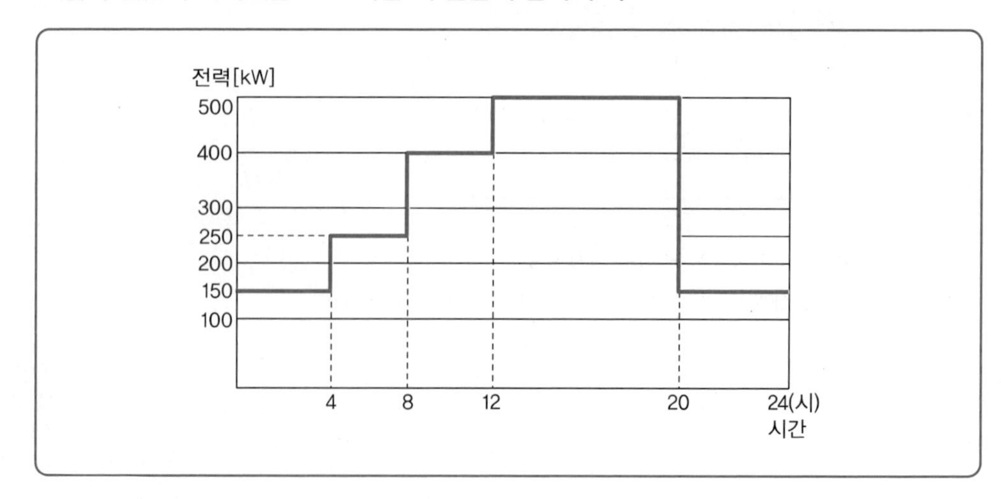

1 첨두부하는 몇 [kW]인가?
2 첨두부하가 지속되는 시간은 몇 시부터 몇 시까지인가?
3 일 공급전력량은 몇 [kWh]인가?
4 일부하율은 몇 [%]인가?

해답 1 500[kW] (첨두부하=최대 전력)
2 12~20시
3 계산 : 150×8+250×4+400×4+500×8=7,800[kWh] 답 7,800[kWh]
4 계산 : 일부하율$=\dfrac{7,800}{500 \times 24} \times 100 = 65[\%]$ 답 65[%]

TIP
① 부하율$=\dfrac{\text{평균 전력}}{\text{최대 전력}} \times 100 = \dfrac{\text{전력량[kWh]/시간}}{\text{최대 전력}}$
② 전력량=사용 전력량[kWh]

12

☆☆☆☆☆ [5점]

다음에 열거한 특성과 조건을 갖고 있는 전동기를 시설하고자 한다. 이 전동기의 회로에 설치하는 분기과전류 차단기로 A종 퓨즈 또는 배선용 차단기를 사용하고자 할 때 최대정격은 몇 [A]인가? 또한, 다음의 조건에서 전동기의 기동계급을 모른다고 할 때, 분기과전류 차단기의 최대 정격은 몇 [A]인가? ※ KEC 규정에 따라 삭제

[조건]
- 전동기의 기동방식 : 리액터 직렬기동
- 전동기의 기동계급 : D
- 전동기의 부하전류 : 50[A]
- 전동기의 종류 : 농형(일반)

1 전동기의 기동계급이 D인 경우
2 전동기의 기동계급을 모른다고 할 경우

해답 1 A종 퓨즈 및 배선용 차단기 : $I_n = 50 \times 200[\%] = 50 \times 2 = 100[A]$
2 A종 퓨즈 및 배선용 차단기 : $I_n = 50 \times 300[\%] = 50 \times 3 = 150[A]$

TIP

전동기의 종류와 기동법의 종류	과전류차단기의 최대정격 (전부하전류에 대한 [%])	
	B종 퓨즈	A종 퓨즈 또는 배선용 차단기
직입기동, 저항 또는 리액터 직렬기		
기동계급 F에서 V	250	300
기동계급 B에서 E	200	200
기동계급 A	150	150
기동계급의 표시가 없는 농형 및 동기전동기	250	300
기동계급의 표시가 없는 특수농형 전동기	200	정격 30A 이하 250
기동보상기 기동	–	정격 30A 이하 200
기동계급 F에서 V	200	250
기동계급 B에서 E	200	200
기동계급 A	150	150
기동계급의 표시가 없는 농형 및 동기전동기	200	250
기동계급의 표시가 없는 특수농형 전동기	200	200
권선형 전동기	150	150
직류 전동기	150	150

[비고] 컴프레서용, 엘리베이터용 등 기동전류가 큰 전동기는 이 표의 값 이상의 과전류 차단기를 필요로 할 경우가 있다.

13 ★★★★★

[6점]

폭 12[m], 길이 18[m], 천장 높이 3.1[m], 작업면(책상 위) 높이 0.85[m]인 사무실이 있다. 실내 조도는 500[lx], 조명기구는 40[W] 2등용(H형) 펜던트를 설치하고자 한다. 이때 다음 조건을 이용하여 각 물음의 설계를 하시오.

[조건]

- 천장의 반사율은 50[%], 벽의 반사율은 30[%]로서 H형 펜던트의 기구를 사용할 때 조명률은 0.61로 한다.
- H형 펜던트 기구의 보수율은 0.75로 한다.
- H형 펜던트의 길이는 0.5[m]이다.
- 램프의 광속은 40[W] 1등당 3,300[lm]으로 한다.
- 조명기구의 배치는 5열로 배치하고, 1열당 등수는 동일하게 한다.

1 광원의 높이는 몇 [m]인가?

2 이 사무실의 실지수는 얼마인가?

3 이 사무실에는 40[W] 2등용(H형) 펜던트의 조명기구를 몇 조 설치하여야 하는가?

해답 **1** 계산 : $H=3.1-0.85-0.5=1.75[m]$

답 1.75[m]

2 계산 : 실지수$=\dfrac{XY}{H(X+Y)}=\dfrac{12\times18}{1.75(12+18)}=4.11$

답 4.11

3 계산 : $N=\dfrac{EA}{FUM}=\dfrac{500\times(12\times18)}{3{,}300\times2\times0.61\times0.75}=35.77[조]$

답 40[조]

TIP

H＝천장 높이－작업면 높이－펜던트 길이

14 ★★★★★ [12점]

3층 사무실용 건물에 3상 3선식의 6,000[V]를 수전하여 200[V]로 체강하여 수전하는 설비를 하였다. 각종 부하설비가 주어진 표 1, 2와 같을 때 다음 각 물음에 답하시오.(단, 각 물음에 대한 답은 계산 과정을 모두 쓰면서 답하도록 한다.)

| 표 1. 동력 부하 설비 |

사용 목적	용량 [kW]	대수	상용 동력 [kW]	하계 동력 [kW]	동계 동력 [kW]
난방 관계					
• 보일러 펌프	6.0	1			6.0
• 오일 기어 펌프	0.4	1			0.4
• 온수 순환 펌프	3.0	1			3.0
공기 조화 관계					
• 1, 2, 3층 패키지 컴프레서	7.5	6		45.0	
• 컴프레서 팬	5.5	3	16.5		
• 냉각수 펌프	5.5	1		5.5	
• 쿨링 타워	1.5	1		1.5	
급수 · 배수 관계					
• 양수 펌프	3.0	1	3.0		
기타					
• 소화 펌프	5.5	1	5.5		
• 셔터	0.4	2	0.8		
합계			25.8	52.0	9.4

| 표 2. 조명 및 콘센트 부하 설비 |

사용 목적	와트수 [W]	설치 수량	환산 용량 [VA]	총용량 [VA]	비고
전등관계					
• 수은등 A	200	4	260	1,040	200[V] 고역률
• 수은등 B	100	8	140	1,120	100[V] 고역률
• 형광등	40	820	55	45,100	200[V] 고역률
• 백열 전등	60	10	60	600	
콘센트 관계					
• 일반 콘센트		80	150	12,000	2P 15[A]
• 환기팬용 콘센트		8	55	440	
• 히터용 콘센트	1,500	2		3,000	
• 복사기용 콘센트		4		3,600	
• 텔레타이프용 콘센트		2		2,400	
• 룸 쿨러용 콘센트		6		7,200	
기타					
• 전화 교환용 정류기		1		800	
계				77,300	

[주] 변압기 용량(제작 회사에서 시판)
단상, 3상 모두 5, 10, 15, 20, 30, 50, 75, 100, 150[kVA]

| 표 3. 변압기 용량 |

상별	제작회사에서 시판되는 표준용량[kVA]
단상, 3상	5, 10, 15, 20, 30, 50, 75, 100, 150, 200, 250, 300[kVA]

1 동계 난방 때 온수 순환 펌프는 상시 운전하고, 보일러용과 오일 기어 펌프의 수용률이 55[%]일 때 난방 동력 수용 부하는 몇 [kW]인가?

2 동력 부하의 역률이 전부 70[%]라고 한다면 피상 전력은 각각 몇 [kVA]인가?(단, 상용동력, 하계 동력, 동계 동력별로 각각 계산하시오.)

① 상용 동력

② 하계 동력

③ 동계 동력

3 총 전기 설비 용량은 몇 [kVA]를 기준으로 하여야 하는가?

4 전등의 수용률은 60[%], 콘센트 설비의 수용률은 70[%]라고 한다면 몇 [kVA]의 단상 변압기에 연결하여야 하는가?(단, 전화 교환용 정류기는 100[%] 수용률로서 계산 결과에 포함시키며 변압기 예비율(여유율)은 무시한다.)

5 동력 설비 부하의 수용률이 모두 65[%]라면 동력 부하용 3상 변압기의 용량은 몇 [kVA]인가?(단, 동력 부하의 역률은 70[%]로 하며 변압기의 예비율은 무시한다.)

6 물음 4와 5에서 선정된 단상과 3상 변압기의 전류계용으로 사용되는 변류기의 1차 측 정격 전류는 각각 몇 [A]인가?
① 단상
② 3상

해답 1 계산 : 수용부하 $= 3 + 6.0 \times 0.55 + 0.4 \times 0.55 = 6.52[\text{kW}]$
답 6.52[kW]

2 ① 계산 : 상용 동력의 피상 전력 $= \dfrac{\text{설비용량[kW]}}{\text{역률}} = \dfrac{25.8}{0.7} = 36.86[\text{kVA}]$
답 36.86[kVA]

② 계산 : 하계 동력의 피상 전력 $= \dfrac{\text{설비용량[kW]}}{\text{역률}} = \dfrac{52.0}{0.7} = 74.29[\text{kVA}]$
답 74.29[kVA]

③ 계산 : 동계 동력의 피상 전력 $= \dfrac{\text{설비용량[kW]}}{\text{역률}} = \dfrac{9.4}{0.7} = 13.43[\text{kVA}]$
답 13.43[kVA]

3 계산 : $36.86 + 74.29 + 77.3 = 188.45[\text{kVA}]$
답 188.45[kVA]

4 계산 : 전등 관계 : $(1{,}040 + 1{,}120 + 45{,}100 + 600) \times 0.6 \times 10^{-3} = 28.72[\text{kVA}]$
콘센트 관계 : $(12{,}000 + 440 + 3{,}000 + 3{,}600 + 2{,}400 + 7{,}200) \times 0.7 \times 10^{-3}$
$= 20.05[\text{kVA}]$
기타 : $800 \times 1 \times 10^{-3} = 0.8[\text{kVA}]$
$28.72 + 20.05 + 0.8 = 49.57[\text{kVA}]$이므로
단상 변압기 용량은 50[kVA]가 된다.
답 50[kVA]

5 계산 : 동계 동력과 하계 동력 중 큰 부하를 기준으로 하고 상용 동력과 합산하여 계산하면
$T_R = \dfrac{\text{설비용량} \times \text{수용률}}{\text{역률}} = \dfrac{(25.8 + 52.0)}{0.7} \times 0.65 = 72.24[\text{kVA}]$이므로
3상 변압기 용량은 75[kVA]가 된다.
답 75[kVA]

6 계산 : ① 단상 변압기 1차 측 변류기
$$I = \frac{P}{V} \times (1.25 \sim 1.5) = \frac{50 \times 10^3}{6 \times 10^3} \times (1.25 \sim 1.5) = 10.42 \sim 12.5[\text{A}]$$
답 15[A] 선정
② 3상 변압기 1차 측 변류기
$$I = \frac{P}{\sqrt{3}\,V} \times (1.25 \sim 1.5) = \frac{75 \times 10^3}{\sqrt{3} \times 6 \times 10^3} \times (1.25 \sim 1.5) = 9.02 \sim 10.83[\text{A}]$$
답 10[A] 선정

memo

INDUSTRIAL ENGINEER ELECTRICITY

2006년
과 년 도
문제풀이

2006년도 1회 시험 과년도 기출문제

회독 체크	□1회독	월 일	□2회독	월 일	□3회독	월 일

2002 2003 2004 2005 2006 2007 2008 2009 2010 2011

01

★☆☆☆☆ [8점]

절연전선의 피복에 다음과 같은 표시가 되어 있다. 이 표시에 대한 의미를 상세하게 쓰시오.

1. N-RV
2. N-RC
3. N-EV
4. N-V

해답

1. N-RV : 고무 절연 비닐 시즈 네온 전선
2. N-RC : 고무 절연 클로로프렌 시즈 네온 전선
3. N-EV : 폴리에틸렌 절연 비닐 시즈 네온 전선
4. N-V : 비닐 절연 네온 전선

02

★★★★★ [5점]

다음 그림의 회로는 어느 것인가 먼저 ON 조작된 측의 램프만 점등하는 병렬 우선 회로(PB_1 ON 시 L_1이 점등된 상태에서 L_2가 점등되지 않고, PB_2 ON 시 L_2가 점등된 상태에서 L_1이 점등되지 않는 회로)로 변경하여 그리시오.(단, 계전기 R_1, R_2의 보조 b접점 각 1개씩을 추가 사용하여 그리도록 한다.)

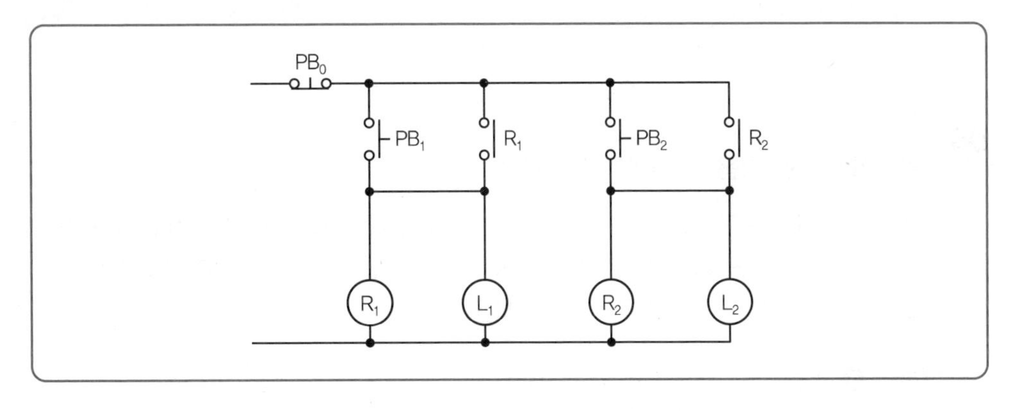

해답

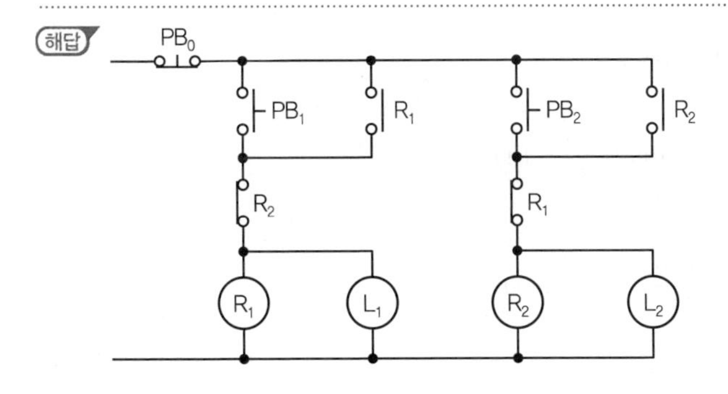

03 ★★★★★

[4점]

어떤 변전소의 공급구역 내의 총 부하용량은 전등 600[kW], 동력 800[kW]이다. 각 수용가의 수용률은 전등 60[%], 동력 80[%], 각 수용가 간의 부등률은 전등 1.2, 동력 1.6이며, 또한 변전소에서 전등부하와 동력부하 간의 부등률을 1.4라 하고, 배전선(주상변압기 포함)의 전력손실을 전등부하, 동력부하 각각 10[%]라 할 때 다음 각 물음에 답하시오.

1 전등의 종합 최대수용전력은 몇 [kW]인가?
2 동력의 종합 최대수용전력은 몇 [kW]인가?
3 변전소에 공급하는 최대전력은 몇 [kW]인가?

해답 1 계산 : $P = \frac{\text{설비용량} \times \text{수용률}}{\text{부등률}} = \frac{600 \times 0.6}{1.2} = 300[\text{kW}]$ 답 300[kW]

2 계산 : $P = \frac{\text{설비용량} \times \text{수용률}}{\text{부등률}} = \frac{800 \times 0.8}{1.6} = 400[\text{kW}]$ 답 400[kW]

3 계산 : $P = \frac{\text{최대전력의 합}}{\text{부등률}} \times \text{손실} = \frac{300 + 400}{1.4} \times (1 + 0.1) = 550[\text{kW}]$ 답 550[kW]

TIP

① 합성 최대전력 $= \frac{\text{개별 최대전력의 합}}{\text{부등률}}$
② 합성 최대전력 = 종합 최대수용전력
③ 전력손실 10[%]은 공급 측에서 보상

04 ★☆☆☆☆

[8점]

발전기에 대한 다음 각 물음에 답하시오.

1 발전기의 출력이 500[kVA]일 때 발전기용 차단기의 차단 용량을 산정하시오.(단, 변전소 회로 측의 차단 용량은 30[MVA]이며, 발전기 과도 리액턴스는 0.25로 한다.)
2 동기 발전기의 병렬 운전 조건 4가지를 쓰시오.

해답 1 계산 : ① 기준용량 $P_n = 30[\text{MVA}]$

- 변전소 측 $\%Z_s$

$$P_s = \frac{100}{\%Z_s} \times P_n \text{ 에서}$$

$$\%Z_s = \frac{P_n}{P_s} \times 100 = \frac{30}{30} \times 100 = 100[\%]$$

- 발전기 $\%Z_g$

$$\%Z_g = \frac{30{,}000}{500} \times 25 = 1{,}500[\%]$$

② 차단용량

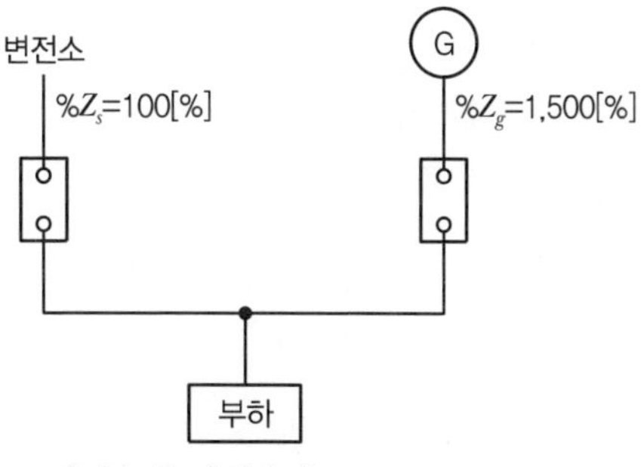

• 변전소의 단락용량

$$P_s = \frac{100}{\%Z_s} \times P_n = \frac{100}{100} \times 30 = 30[\text{MVA}]$$

• 발전기의 단락용량

$$P_s = \frac{100}{\%Z_g} \times P_n = \frac{100}{1{,}500} \times 30 = 2[\text{MVA}]$$

※ 차단기 용량은 큰 값을 기준으로 선정

답 30[MVA]

2 ① 기전력의 크기가 같을 것
② 기전력의 위상이 같을 것
③ 기전력의 주파수가 같을 것
④ 기전력의 파형이 같을 것

05 ★☆☆☆☆ [8점]

다음 도면과 같은 동력 및 옥외용 배선도를 보고 다음 각 물음에 답하시오.

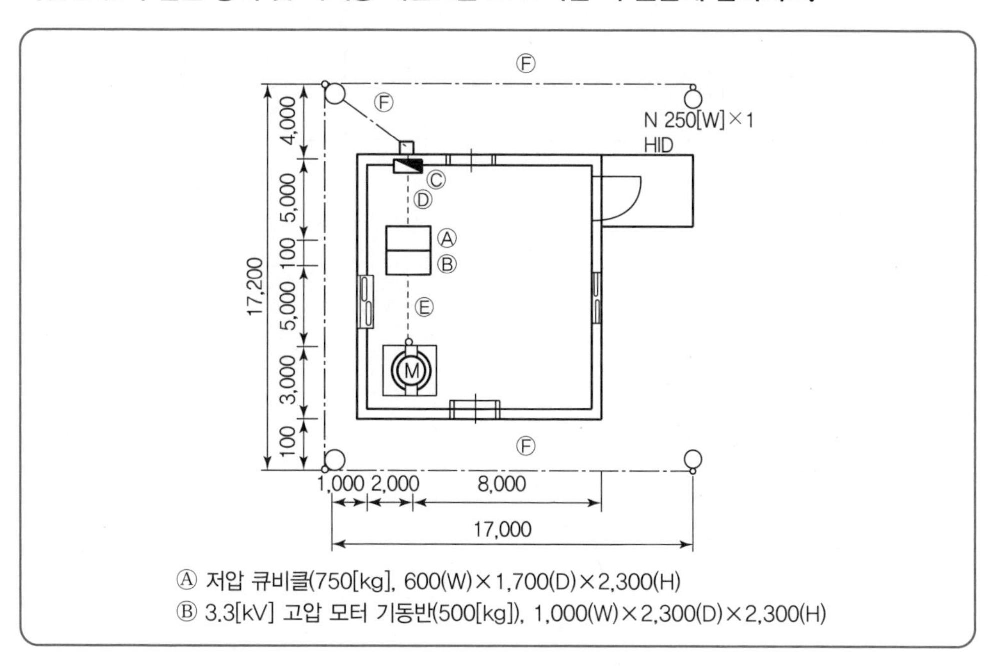

Ⓐ 저압 큐비클(750[kg], 600(W)×1,700(D)×2,300(H)
Ⓑ 3.3[kV] 고압 모터 기동반(500[kg]), 1,000(W)×2,300(D)×2,300(H)

1 도면에서 Ⓒ는 무엇을 나타내는가?
2 도면에서 Ⓓ와 Ⓔ는 어떤 배선을 나타내는가?
3 도면에서 Ⓕ는 어떤 배선을 나타내는가?
4 본 설계에 사용된 옥외등은 어떤 종류의 HID등인가?

해답 1 분전반 2 바닥 은폐배선
3 지중매설배선 4 나트륨등

TIP
4 H : 수은등 M : 메탈할라이드등 N : 나트륨등

06 ★★☆☆☆ [6점]

다음 그림과 같은 무접점 릴레이 출력을 쓰고 이것을 전자릴레이 회로로 그리시오.

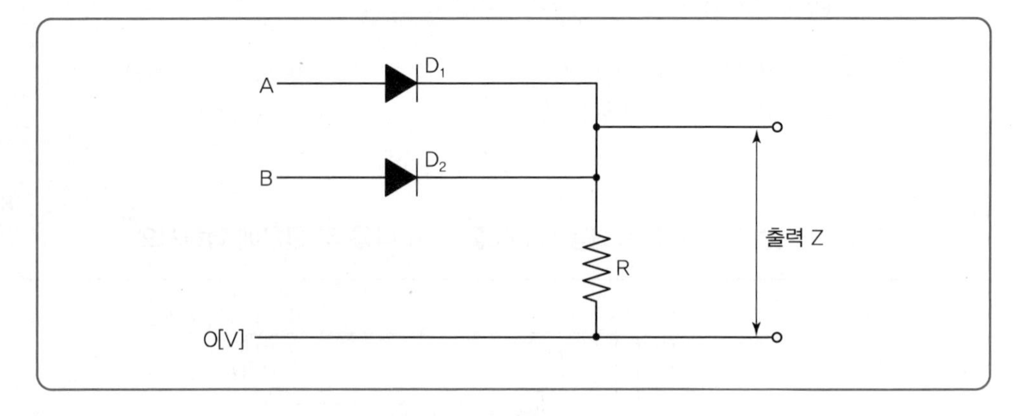

해답 $Z = A + B$

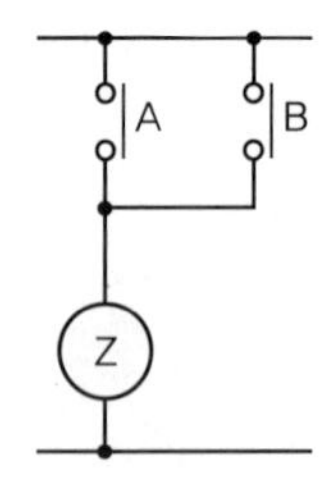

TIP

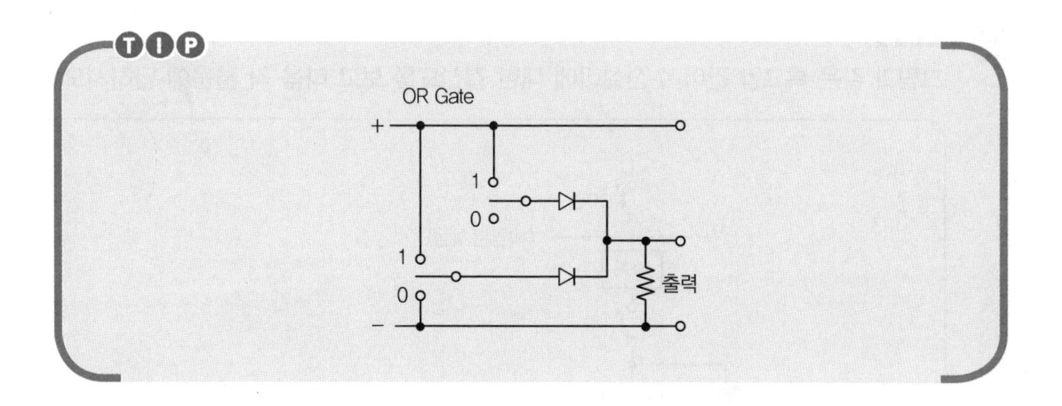

07 ★★★★★

[5점]

그림과 같은 교류 100[V] 단상 2선식 분기 회로의 전선 굵기를 결정하되 표준 규격으로 결정하시오.(단, 전압강하는 2[V] 이하, 배선은 600[V] 고무 절연 전선을 사용하는 애자사용 공사로 한다.)

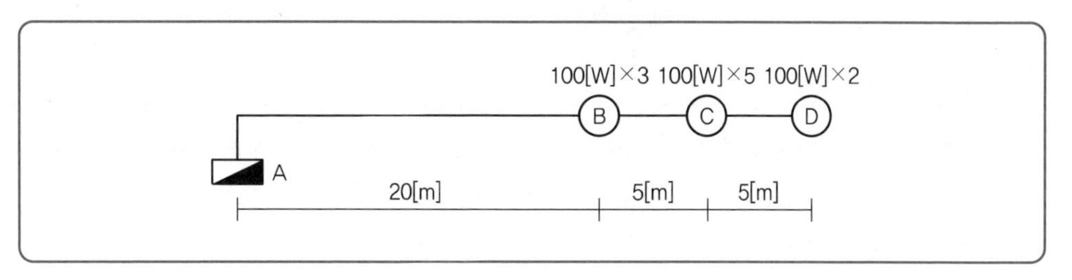

해답 계산 : 부하중심까지의 거리

$$I = \sum i = \frac{100\times3}{100} + \frac{100\times5}{100} + \frac{100\times2}{100} = 10[A]$$

$$L = \frac{\sum l \times i}{\sum i} = \frac{20\times\frac{100\times3}{100} + 25\times\frac{100\times5}{100} + 30\times\frac{100\times2}{100}}{10} = 24.5$$

전선의 굵기 $A = \frac{35.6LI}{1{,}000e} = \frac{35.6\times24.5\times10}{1{,}000\times2} = 4.36[mm^2]$

답 $6[mm^2]$

TIP

➤ 전선규격(KSC IEC 기준)

1.5, 2.5, 4, 6, 10, 16, 25, 35, 50, 70, 95,
120, 150, 185, 240, 300, 400, 500, 630[mm²]

08 ★★★★☆ [8점]

그림과 같은 특고압 간이 수전설비에 대한 결선도를 보고 다음 각 물음에 답하시오.

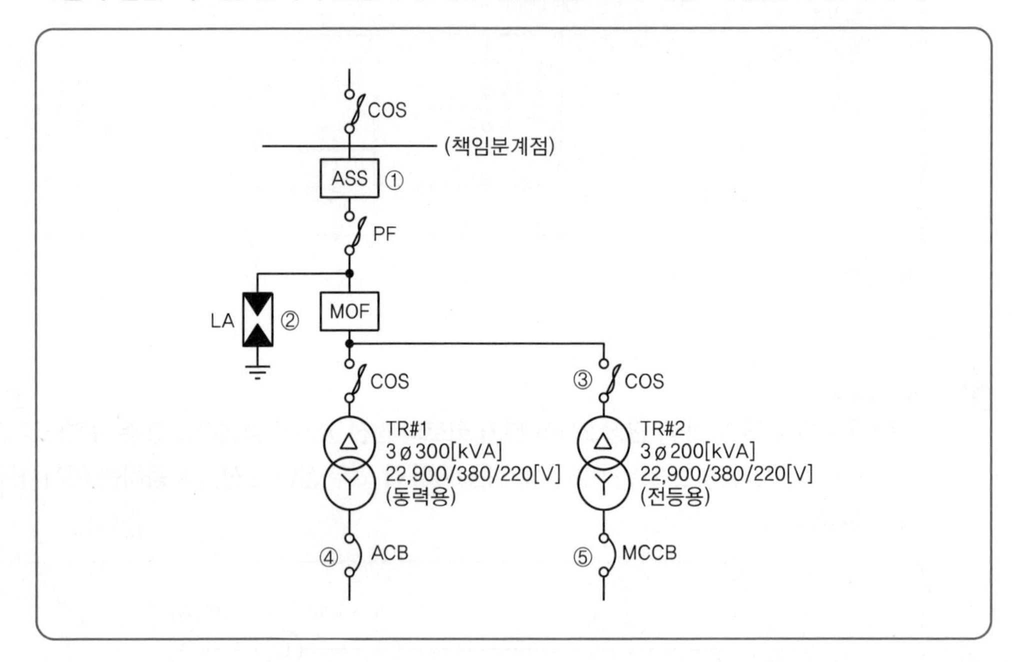

1 수전실의 형태를 Cubicle Type으로 할 경우 고압반(HV : High voltage) 4면과 저압반(LV : Low voltage) 2면으로 구성된다. 수용되는 기기의 명칭을 각각 쓰시오.

2 ①, ②, ③의 정격전압과 정격전류를 구하시오.
① ASS, ② LA, ③ COS

3 ④, ⑤ 차단기의 용량(AF, AT)은 어느 것을 선정하면 되겠는가?(단, 역률은 100[%]로 계산한다.)

해답 1 • 고압반 : 피뢰기, 전력 수급용 계기용 변성기, 전등용 변압기, 동력용 변압기, 컷아웃스위치, 전력퓨즈
• 저압반 : 기중 차단기, 배선용 차단기

2 ① 정격전압 : 25.8[kV], 정격전류 : 200[A]
② 정격전압 : 18[kV], 정격전류 : 2,500[A]
③ 정격전압 : 25[kV] 또는 25.8[kV], 정격전류 : 100[AF], 8[A]

3 ④ 계산 : $I_1 = \dfrac{P}{\sqrt{3}\,V} = \dfrac{300 \times 10^3}{\sqrt{3} \times 380} = 455.82[A]$

답 AF : 630[A], AT : 600[A]

⑤ 계산 : $I_1 = \dfrac{P}{\sqrt{3}\,V} = \dfrac{200 \times 10^3}{\sqrt{3} \times 380} = 303.87[A]$

답 AF : 400[A], AT : 350[A]

TIP

➤ ACB, MCCB(AT, AF) 차단기 용량

AF	AT
400	250, 300, 350, 400
630	400(ACB), 500(MCCB), 630(600)
800	700, 800
1,000	1,000
1,200	1,200

09 ★☆☆☆☆ [5점]

3상 회로에서 CT 3개를 이용한 영상 회로를 구성시키면, 지락사고 발생 시에 지락 과전류 계전기(OCGR)를 이용하여 이를 검출할 수 있다. 다음의 단선도를 복선도로 나타내시오.

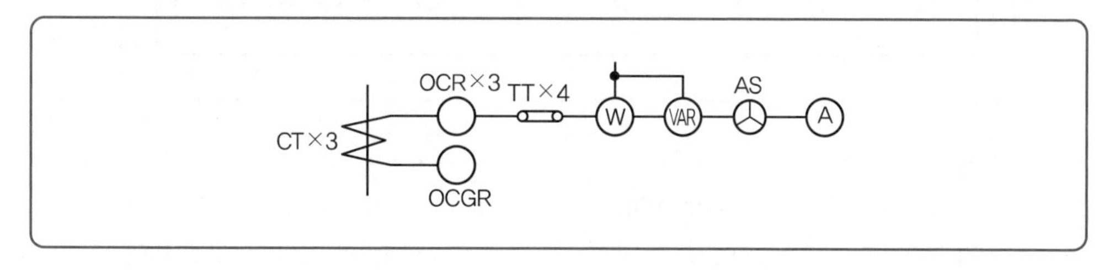

해답

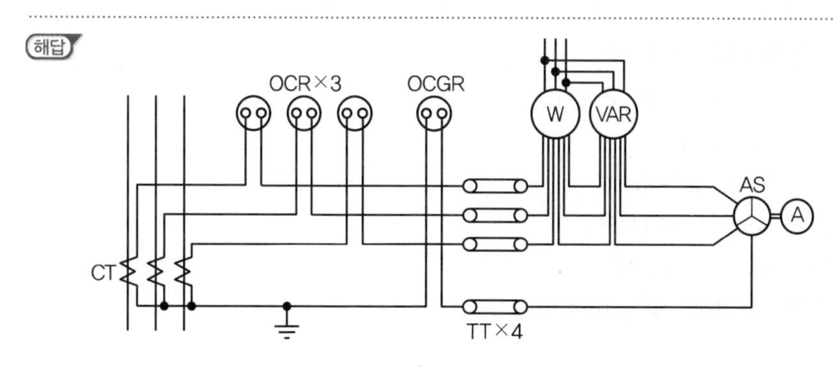

10 ★★★★☆ [10점]

다음과 같은 철골 공장에 백열전등 전반 조명 시 작업면의 평균조도를 200[lx]로 얻기 위한 광원의 소비전력[Watt]은 얼마이어야 하는지 주어진 참고 자료를 이용하여 답안지 순서에 의하여 계산하시오.

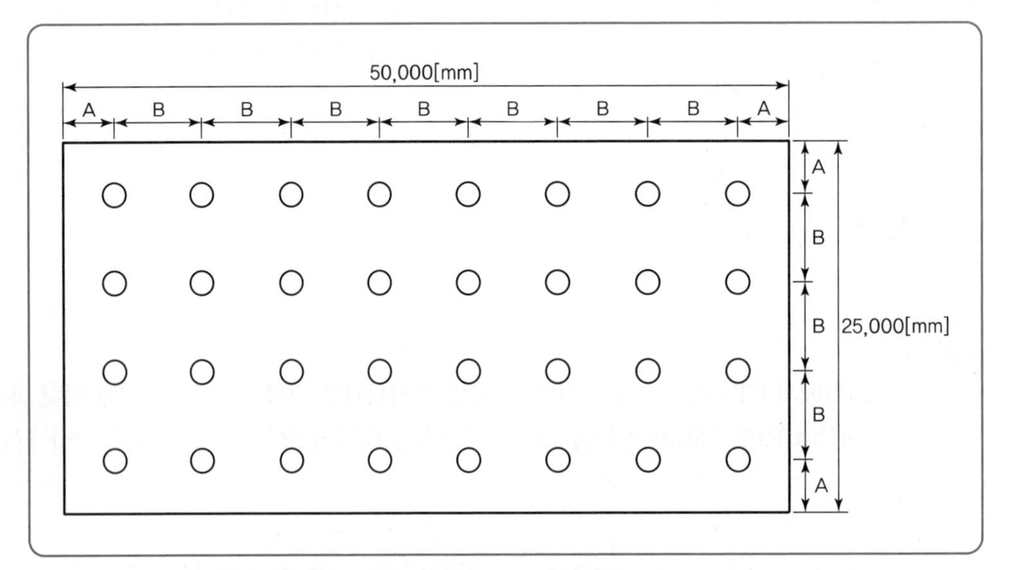

- 천장 및 벽면의 반사율 30[%]
- 광원은 천장면하 1[m]에 부착한다.
- 감광보상률은 보수상태 양으로 적용한다.
- 조명기구는 금속 반사갓 직부형
- 천장고는 9[m]이다.
- 배광은 직접조명으로 한다.

1. 광원의 높이[m]를 구하시오.
2. 실지수 기호와 실지수를 구하시오.
3. 조명률을 선정하시오.
4. 감광보상률을 선정하시오.
5. 총소요 광속[lm]을 구하시오.
6. 1등당 광속[lm]을 구하시오.
7. 백열전구의 크기[W] 및 소비전력[W]을 구하시오.

| 표 1. 조명률, 감광보상률 및 설치 간격 |

번호	배광	조명 기구	감광보상률 (D)	반사율 ρ 천장	0.75			0.50			0.3	
				벽	0.5	0.3	0.1	0.5	0.3	0.1	0.3	0.1
	설치 간격		보수상태 양중부	실지수	조명률 U[%]							
(1)	간접		전구	J0.6	16	13	11	12	10	08	06	05
				I0.8	20	16	15	15	13	11	08	07
			1.5 1.7 2.0	H1.0	23	20	17	17	14	13	10	08
	0.80			G1.25	26	23	20	20	17	15	11	10
				F1.5	29	26	22	22	19	17	12	11
			형광등	E2.0	32	29	26	24	21	19	13	12
	0			D2.5	36	32	30	26	24	22	15	14
				C3.0	38	35	32	28	25	24	16	15
			1.7 2.0 2.5	B4.0	42	39	36	30	29	27	18	17
	S ≤1.2H			A5.0	44	41	39	33	30	29	19	18
(2)	반간접		전구	J0.6	18	14	12	14	11	09	08	07
				I0.8	22	19	17	17	15	13	10	09
	0.70		1.4 1.5 1.7	H1.0	26	22	19	20	17	15	12	10
				G1.25	29	25	22	22	19	17	14	12
				F1.5	32	28	25	24	21	19	15	14
	0.10		형광등	E2.0	35	32	29	27	24	21	17	15
				D2.5	39	35	32	29	26	24	19	18
				C3.0	42	38	35	31	28	27	20	19
			1.7 2.0 2.5	B4.0	46	42	39	34	31	29	22	21
	S ≤1.2H			A5.0	48	44	42	36	33	31	23	22
(3)	전반확산		전구	J0.6	27	19	16	22	18	15	16	14
				I0.8	29	25	22	27	23	20	21	19
	0.40		1.3 1.4 1.5	H1.0	33	28	26	30	26	24	24	21
				G1.25	37	32	29	33	29	26	26	24
				F1.5	40	36	31	36	31	29	29	26
	0.40		형광등	E2.0	45	40	36	40	36	33	32	29
				D2.5	48	43	39	43	39	36	34	33
				C3.0	51	46	42	45	40	38	37	34
			1.4 1.7 2.0	B4.0	55	50	47	49	45	42	40	37
	S ≤1.2H			A5.0	57	53	49	51	47	44	41	40

번호	배광	조명기구	감광보상률(D)	반사율 ρ 천장	0.75			0.50			0.3	
				벽	0.5	0.3	0.1	0.5	0.3	0.1	0.3	0.1
	설치간격		보수상태 양중부	실지수	조명률 U[%]							
(4)	반직접		전구	J0.6	26	22	19	24	21	18	19	17
				I0.8	33	28	26	30	26	24	25	23
	0.25 ↑			H1.0	36	32	30	33	30	28	28	26
			1.3 1.4 1.5	G1.25	40	36	33	36	33	30	30	29
				F1.5	43	39	35	39	35	33	33	31
			형광등	E2.0	47	44	40	43	39	36	36	34
	↓ 0.05			D2.5	51	47	43	46	42	40	39	37
				C3.0	54	49	45	48	44	42	42	38
			1.6 1.7 1.8	B4.0	57	53	50	51	47	45	43	41
	S≤H			A5.0	59	55	52	53	49	47	47	43
(5)	직접		전구	J0.6	24	29	26	32	29	27	29	27
				I0.8	43	38	35	39	36	35	36	34
	0 ↑			H1.0	47	43	40	41	40	38	40	38
			1.3 1.4 1.5	G1.25	50	47	44	44	43	41	42	41
				F1.5	52	50	47	46	44	43	44	43
			형광등	E2.0	58	55	52	49	48	46	47	46
	↓ 0.75			D2.5	62	58	56	52	51	49	50	49
				C3.0	64	61	58	54	52	51	51	50
			1.4 1.7 2.0	B4.0	67	64	62	55	53	52	52	52
	S≤1.3H			A5.0	68	66	64	56	54	53	54	52

| 표 2. 실지수 기호 |

기호	A	B	C	D	E	F	G	H	I	J
실지수	5.0	4.0	3.0	2.5	2.0	1.5	1.25	1.0	0.8	0.6
범위	4.5 이상	4.5 ~ 3.5	3.5 ~ 2.75	2.75 ~ 2.25	2.25 ~ 1.75	1.75 ~ 1.38	1.38 ~ 1.12	1.12 ~ 0.9	0.9 ~ 0.7	0.7 이하

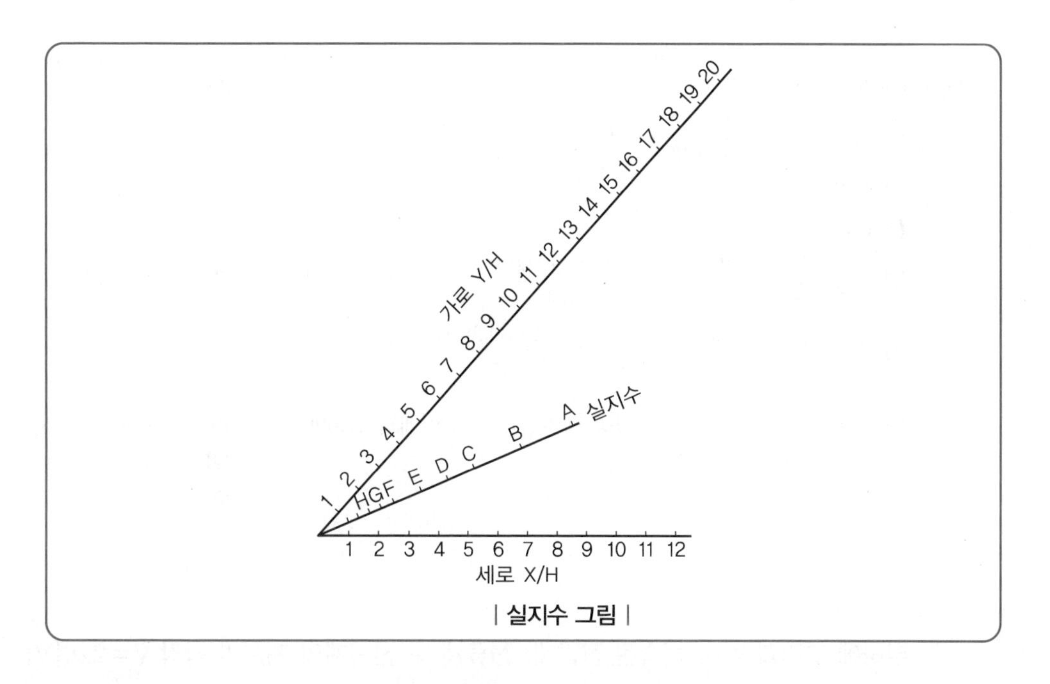

| 실지수 그림 |

| 표 3. 각종 백열전등의 특성 |

형식	종별	유리구의 지름 (표준치) [mm]	길이 [mm]	베이스	초기특성			50[%] 수명에서의 효율 [lm/W]	수명 [h]
					소비전력 [W]	광속 [lm]	효율 [lm/W]		
L100V 10W	진공 단코일	55	101 이하	E26/25	10±0.5	76±8	7.6±0.6	6.5 이상	1500
L100V 20W	진공 단코일	55	101 이하	E26/25	20±1.0	175±20	8.7±0.7	7.3 이상	1500
L100V 30W	가스입단코일	55	108 이하	E26/25	80±1.5	290±30	9.7±0.8	8.8 이상	1000
L100V 40W	가스입단코일	55	108 이하	E26/25	40±2.0	440±45	11.0±0.9	10.0 이상	1000
L100V 60W	가스입단코일	50	114 이하	E26/25	60±3.0	760±75	12.6±1.0	11.5 이상	1000
L100V 100W	가스입단코일	70	140 이하	E26/25	100±5.0	1500±150	15.0±1.2	13.5 이상	1000
L100V 150W	가스단일코일	80	170 이하	E26/25	150±7.5	2450±250	16.4±1.3	14.8 이상	1000
L100V 200W	가스입단코일	80	180 이하	E26/25	200±10	3450±350	17.3±1.4	15.3 이상	1000
L100V 300W	가스입단코일	95	220 이하	E39/41	300±15	5550±550	18.3±1.5	15.8 이상	1000
L100V 500W	가스입단코일	110	240 이하	E39/41	500±25	9900±990	19.7±1.6	16.9 이상	1000
L100V 1000W	가스입단코일	165	332 이하	E39/41	1000±50	21000±2100	21.0±1.7	17.4 이상	1000
Ld100V 30W	가스입이중코일	55	108 이하	E26/25	30±1.5	30±35	11.1±0.9	10.1 이상	1000
Ld100V 40W	가스입이중코일	55	108 이하	E26/25	40±2.0	500±50	12.4±1.0	11.3 이상	1000
Ld100V 50W	가스입이중코일	60	114 이하	E26/25	50±2.5	660±65	13.2±1.1	12.0 이상	1000
Ld100V 60W	가스입이중코일	60	114 이하	E26/25	60±3.0	830±85	13.0±1.1	12.7 이상	1000
Ld100V 75W	가스입이중코일	60	117 이하	E26/25	75±4.0	1100±110	14.7±1.2	13.2 이상	1000
Ld100V 100W	가스입이중코일	65 또는 67	128 이하	E26/25	100±5.0	1570±160	15.7±1.3	14.1 이상	1000

해답 1 계산 : H=9−1=8[m] 답 8[m]

2 계산 : $K=\frac{50\times25}{8(50+25)}=2.08$ 답 E, 2.0

3 47[%]

4 1.3

5 계산 : $NF=\frac{DEA}{U}=\frac{1.3\times200\times(50\times25)}{0.47}=691{,}489.36[lm]$ 답 691,489.36[lm]

6 계산 : $1등당\ 광속=\frac{전광속}{등수}=\frac{691{,}489.36}{(4\times8)}=21{,}609[lm]$ 답 21,609[lm]

7 백열전구의 크기 : 표 3 '각종 백열전등의 특성'에서 21,000±2,100[lm]인 1,000[W] 선정
소비 전력 : 1,000×32=32,000[W] 답 1,000[W]
답 32,000[W]

11 ★★★★★ [12점]

어떤 부하에 그림과 같이 접속된 전압계, 전류계 및 전력계의 지시가 각각 V=220[V], I=30[A], $W_1=5.8$[kW], $W_2=3.5$[kW]이다. 이 부하에서 다음 각 물음에 답하시오.

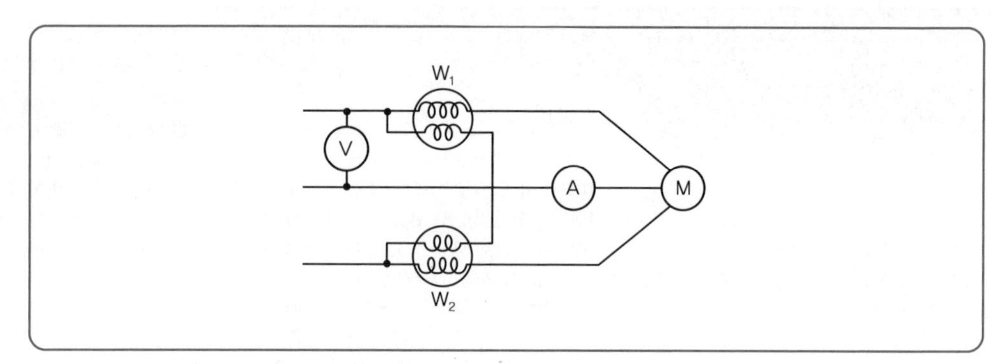

1 이 유도전동기의 역률은 몇 [%]인가?

2 역률을 90[%]로 개선시키려면 몇 [kVA] 용량의 콘덴서가 필요한가?

3 이 전동기로 만일 매분 20[m]의 속도로 물체를 권상한다면 몇 [ton]까지 가능한가? (단, 종합효율은 80[%]로 한다.)

해답 1 계산 : 전력 $P=W_1+W_2=5.8+3.5=9.3[kW]$

피상전력 $P_a=\sqrt{3}VI=\sqrt{3}\times220\times30\times10^{-3}=11.43[kVA]$

역률 $\cos\theta=\frac{9.3}{11.43}\times100=81.36[\%]$

답 81.36[%]

❷ 계산 : $Q_c = P(\tan\theta_1 - \tan\theta_2) = 9.3 \times \left(\frac{\sqrt{1-0.8136^2}}{0.8136} - \frac{\sqrt{1-0.9^2}}{0.9}\right) = 2.14[\text{kVA}]$

답 2.14[kVA]

계산 : 권상용 전동기의 용량 $P = \frac{W \cdot V}{6.12\eta}[\text{kW}]$

$\therefore$ 물체의 중량 $W = \frac{6.12\eta P}{V} = \frac{6.12 \times 0.8 \times 9.3}{20} = 2.28[\text{ton}]$

답 2.28[ton]

TIP

➤ 권상기 용량

$P = \frac{W \cdot V}{6.12\eta}$

여기서, W : 무게[ton], V : 속도[m/min], η : 효율

12 ★★★★☆ [4점]

상품 진열장에 하이빔 전구(산광형 100[W])를 설치하였는데 이 전구의 광속은 840[lm]이다. 전구의 직하 2[m] 부근에서의 수평면 조도는 몇 [lx]인지 주어진 배광 곡선을 이용하여 구하시오.

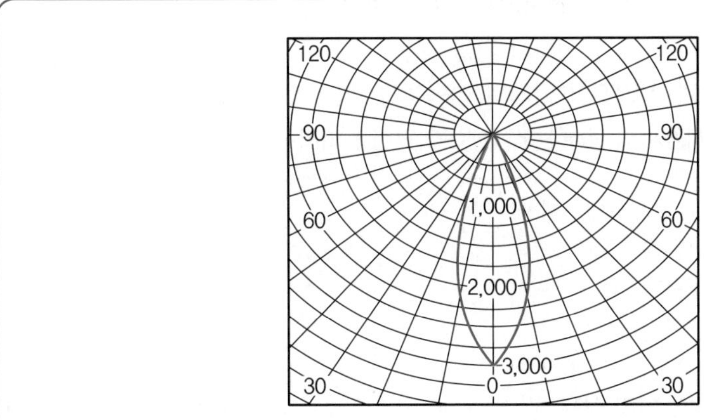

| 하이빔 전구 산광형(100[W]형)의 배광곡선(램프광속 1,000[lm] 기준) |

해답 계산 : 0°에서 만나는 배광곡선 3,000[cd], 1,000[lm]이므로

$I = 3{,}000 \times \frac{840}{1{,}000} = 2{,}520[\text{cd}]$

$\therefore E_h = \frac{I}{r^2}\cos\theta = \frac{2{,}520}{2^2}\cos 0° = 630[\text{lx}]$

답 630[lx]

13 ★★★☆☆ [12점]

그림은 자가용 수변전설비 주회로의 절연저항 측정시험에 대한 기기 배치도이다. 다음 각 물음에 답하시오.

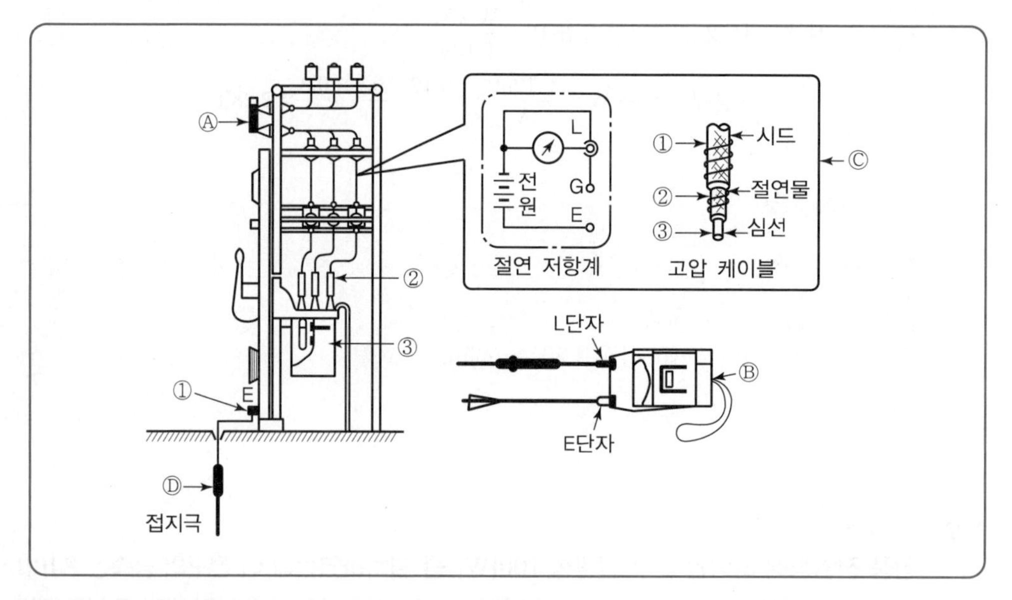

1. 절연저항 측정에서 기기 Ⓐ의 명칭과 개폐상태는?
2. 기기 Ⓑ의 명칭은?
3. 절연저항계의 L단자, E단자 접속에서 맞는 것은?
4. 절연저항계의 지시가 잘 안정되지 않을 때는?
5. Ⓒ의 고압케이블과 절연저항 단계의 접속에서 맞는 것은?
6. 접지극 Ⓓ의 접지공사의 종류는? ※ KEC 규정에 따라 삭제

해답

1. 명칭 : 단로기, 개폐상태 : 개방
2. 절연 저항계(메거)
3. L단자 : ②, E단자 : ①
4. 1분 후 재측정한다.
5. L단자 : ③, G단자 : ②, E단자 : ①
6. ※ KEC 규정에 따라 삭제

TIP

케이블의 절연저항은 시드(외장), 절연물, 심선 3곳을 접속하여 측정한다.

14 ★★★★★

[5점]

그림은 전동기 5대가 동작할 수 있는 제어회로 설계도이다. 회로를 완전히 숙지한 다음 (   ) 속에 알맞은 말을 넣어 완성하여라.

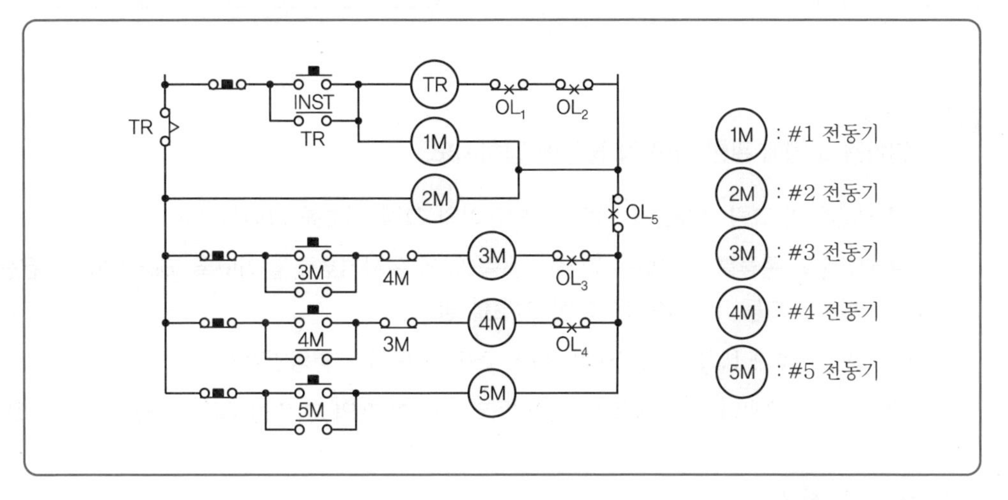

1. #1 전동기가 기동하면 일정시간 후에 (①) 전동기도 기동하고 #1 전동기가 운전 중에 있는 한 (②) 전동기도 동작한다.
2. #1, #2 전동기가 운전 중이 아니면 (①) 전동기는 기동할 수 없다.
3. #4 전동기가 운전 중일 때 (①) 전동기는 기동할 수 없으며 #3 전동기가 운전 중일 때 (②) 전동기는 기동할 수 없다.
4. #1 또는 #2 전동기의 과부하 계전기가 트립하면 (①) 전동기는 정지하여야 한다.
5. #5 전동기의 과부하 계전기가 트립하면 (①) 전동기가 정지한다.

해답

1. ① : #2 ② : #2
2. ① : #3, #4, #5
3. ① : #3 ② : #4
4. ① : #1, #2, #3, #4, #5
5. ① : #3, #4, #5

TIP

문제의 동작 설명을 이해하고 전류는 좌측에서 우측으로, 위에서 아래로 흐른다는 것을 기억한다!

↘ 전기산업기사

2006년도 2회 시험

과년도 기출문제

회독 체크	□1회독	월　　일	□2회독	월　　일	□3회독	월　　일

01

★★★★☆ [9점]

일반용 조명에 관한 다음 각 물음에 답하시오.

1 백열등의 그림 기호는 ◯이다. 벽붙이의 그림 기호를 그리시오.

2 HID등의 종류를 표시하는 경우는 용량 앞에 문자기호를 붙이도록 되어 있다. 수은등, 메탈할라이드등, 나트륨등은 어떤 기호를 붙이는가?

3 그림 기호가 ◎로 표시되어 있다. 어떤 용도의 조명등인가?

4 조명등으로서의 일반 백열등을 형광등과 비교할 때의 그 기능상의 장점을 3가지만 쓰시오.

해답 1 ◐

2 수은등 : H　　　메탈할라이드등 : M　　　나트륨등 : N

3 옥외등

4 ① 역률이 좋다.
② 연색성이 우수하다.
③ 안정기가 불필요하며, 기동시간이 짧다.
그 외
④ 램프의 점등 방식이 간단하다.
⑤ 가격이 저렴하다.

TIP

➤ 형광등의 장점
① 효율이 높다.　　② 다양한 광색을 얻는다.
③ 수명이 길다.　　④ 눈부심이 적다.

02

★★★★☆ [5점]

수용가 건물의 자가용 디젤 발전기 설비를 설계하려고 한다. 발전기 용량을 산출하기 위하여 필요한 부하의 종류와 여러 가지 특성이 다음의 부하 및 특성표와 같을 때 전부하를 운전하는 데 필요한 수치값들을 주어진 표를 활용하여 수치표의 빈칸에 기록하면서 발전기의 [kVA] 용량을 산정하시오.(단, 전동기 기동 시에 필요한 용량은 무시하고, 수용률의 적용은 최대 입력 전동기 한 대에 대하여 100[%], 기타의 전동기는 80[%]로 한다. 또한 전등 및 기타의 효율 및 역률은 100[%]로 한다.)

| 부하 및 특성표 |

부하의 종류	출력[kW]	극수(극)	대수(대)	적용 부하	기동 방법
전동기	30	8	1	소화전 펌프	리액터 기동
	11	6	3	배풍기	Y-△기동
전등 및 기타	60			비상조명	

| 표 1. 전동기 |

정격 출력 [kW]	극수	동기 속도 [rpm]	전부하 특성 효율 η [%]	전부하 특성 역률 pf [%]	기동전류 I_{st} 각 상의 평균값 [A]	비고 무부하전류 I_0 각 상의 전류값 [A]	비고 전부하 전류 I 각 상의 평균값 [A]	비고 전부하 슬립 S[%]
5.5	4	1800	82.5 이상	79.5 이상	150 이하	12	23	5.5
7.5			83.5 이상	80.5 이상	190 이하	15	31	5.5
11			84.5 이상	81.5 이상	280 이하	22	44	5.5
15			85.5 이상	82.0 이상	370 이하	28	59	5.0
(19)			86.0 이상	82.5 이상	455 이하	33	74	5.0
22			86.5 이상	83.0 이상	540 이하	38	84	5.0
30			87.0 이상	83.5 이상	710 이하	49	113	5.0
37			87.5 이상	84.0 이상	875 이하	59	138	5.0
5.5	6	1200	82.0 이상	74.5 이상	150 이하	15	25	5.5
7.5			83.0 이상	75.5 이상	185 이하	19	33	5.5
11			84.0 이상	77.0 이상	290 이하	25	47	5.5
15			85.0 이상	78.0 이상	380 이하	32	62	5.5
(19)			85.5 이상	78.5 이상	470 이하	37	78	5.0
22			86.0 이상	79.0 이상	555 이하	43	89	5.0
30			86.5 이상	80.0 이상	730 이하	54	119	5.0
37			87.0 이상	80.0 이상	900 이하	65	145	5.0
5.5	8	900	81.0 이상	72.0 이상	160 이하	16	26	6.0
7.5			82.0 이상	74.0 이상	210 이하	20	34	5.5
11			83.5 이상	75.5 이상	300 이하	26	48	5.5
15			84.0 이상	76.5 이상	405 이하	33	64	5.5
(19)			85.0 이상	77.0 이상	485 이하	39	80	5.5
22			85.5 이상	77.5 이상	575 이하	47	91	5.0
30			86.0 이상	78.5 이상	760 이하	56	121	5.0
37			87.5 이상	79.0 이상	940 이하	68	148	5.0

| 표 2. 자가용 디젤 발전기의 표준 출력 |

50	100	150	200	300	400

| 수치값 표 |

부하	출력 [kW]	효율 [%]	역률 [%]	입력 [kVA]	수용률 [%]	수용률 적용값 [kVA]
전동기	30×1					
전동기	11×3					
전등 및 기타	60					
계						
필요한 발전기 용량[kVA]						

※ 수치표의 빈칸을 채울 때, 계산이 필요한 것은 계산식을 반드시 기록하고 그 결과값을 표시하도록 한다.

해답 입력환산[kVA]$=\dfrac{\text{설비용량[kW]}}{\text{역률}\times\text{효율}}$[kVA]

부하	출력 [kW]	효율 [%]	역률 [%]	입력 [kVA]	수용률 [%]	수용률 적용값 [kVA]
전동기	30×1	86	78.5	$\dfrac{30}{0.86\times0.785}=44.44$	100	44.44
전동기	11×3	84	77	$\dfrac{11\times3}{0.84\times0.77}=51.02$	80	40.82
전등 및 기타	60	100	100	60	100	60
계						145.26
필요한 발전기 용량[kVA]						150

03 ★★★★☆ [10점]

주어진 도면은 3상 유도전동기의 플러깅(Plugging) 회로에 대한 미완성 도면이다. 이 도면을 보고 다음 각 물음에 답하시오.

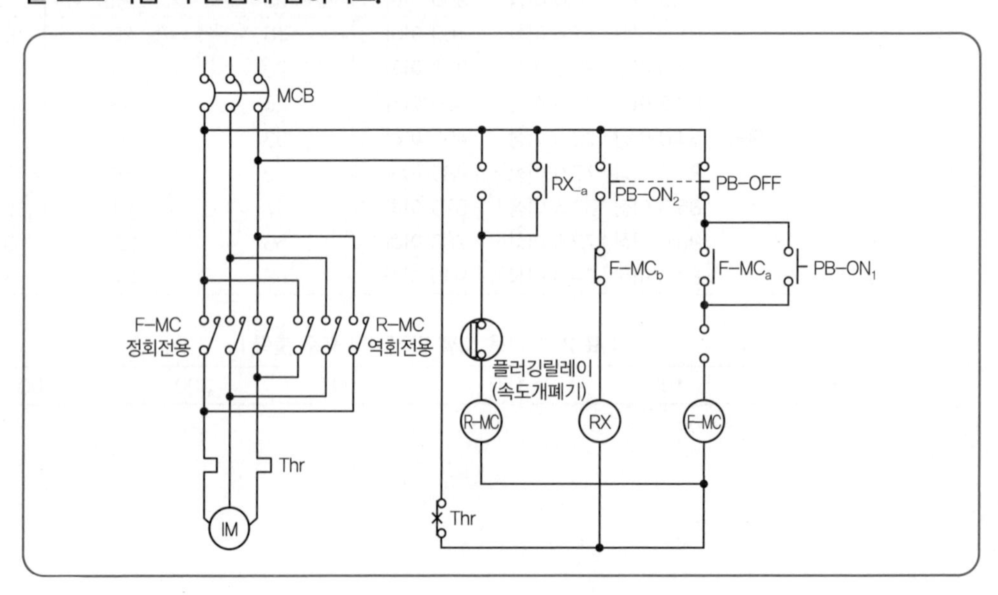

1 동작이 완전하도록 도면을 완성하시오.

2 (RX)계전기를 사용하는 이유를 설명하시오.

3 전동기가 정회전하고 있는 중에 PB–OFF를 누를 때의 동작과정을 상세하게 설명하시오.

4 플러깅에 대하여 간단히 설명하시오.

1

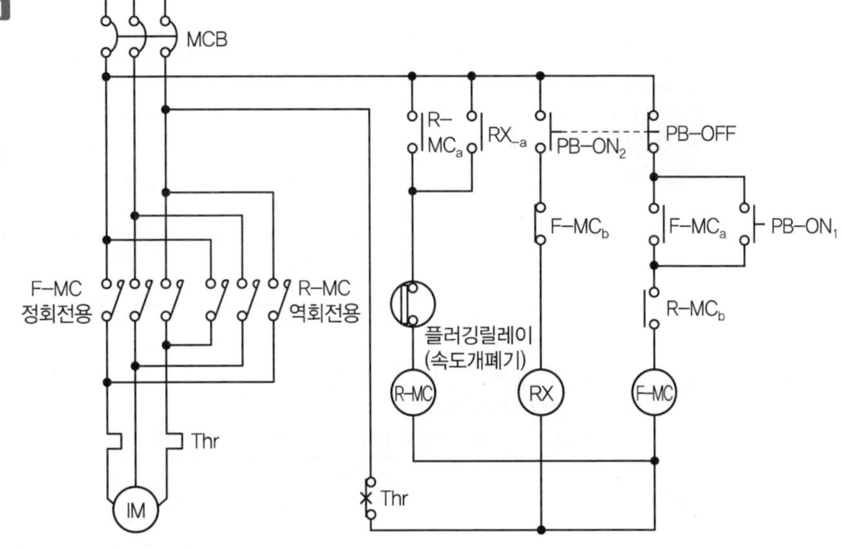

2 순간단락사고 방지용

3 PB－OFF를 누르면 F－MC가 소자되고 (RX)가 여자된다. 미소시간 후 (R-MC)가 여자되어 전동기는 역상제동한다. 전동기의 속도가 0에 가까워지면 플러깅릴레이가 동작하여 (R-MC)가 소자되고 전동기는 급정지한다.

4 역상토크에 의한 전동기 급정지 회로

04 ★★★☆☆ [4점]

그림은 어느 수용가의 일부하 곡선이다. 이 수용가의 일부하율은 몇 [%]인가?

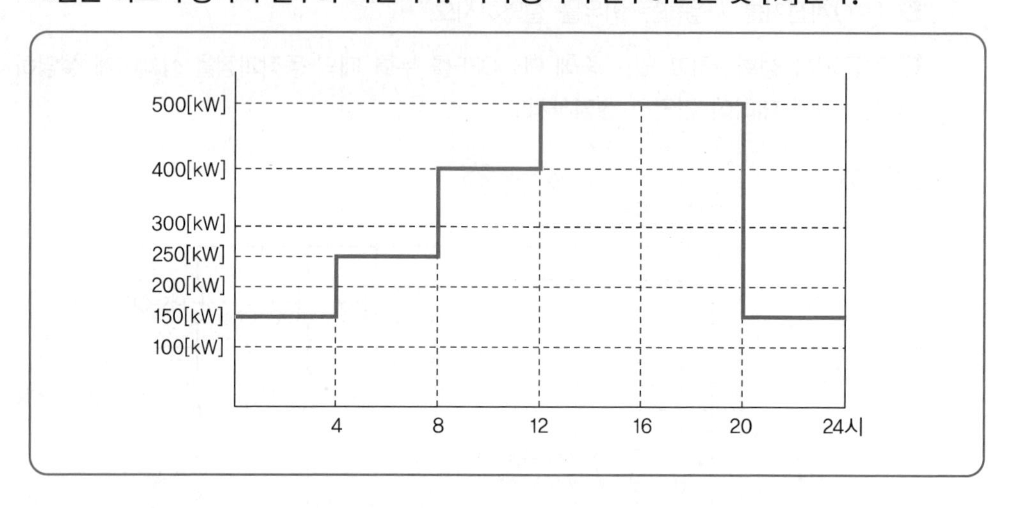

해답 계산 : 부하율 $= \dfrac{\text{전력량[kWh]/시간[h]}}{\text{최대전력[kW]}}$

$$= \frac{(150 \times 4 + 250 \times 4 + 400 \times 4 + 500 \times 8 + 150 \times 4)/24}{500} \times 100 = 65[\%]$$

답 65[%]

TIP

① 부하율 $= \dfrac{\text{평균전력}}{\text{최대전력}} \times 100[\%]$

② 평균전력 $= \dfrac{\text{전력 사용량[kWh]}}{\text{사용시간[h]}}$

05 ★★☆☆☆ [5점]

변압기를 과부하로 운전할 수 있는 조건을 5가지만 요약하여 쓰시오.

해답 ① 주위 온도가 저하되었을 때

② 온도 상승 시험 기록에 의해 미달되어 있는 경우

③ 단시간 사용하는 경우

④ 부하율이 저하되었을 경우

⑤ 여러 가지 조건이 중복되었을 경우

06 ★★★☆☆ [6점]

다음의 용어를 간단히 설명하시오.

1 BIL
2 INVERTER
3 CONVERTER
4 CVCF 전원 방식

해답
1 기준 충격 절연 강도
2 직류(D.C)를 교류(A.C)로 변환하는 장치
3 교류(A.C)를 직류(D.C)로 변환하는 장치
4 정전압 정주파수 전원 공급 장치

07 ★★★☆☆ [5점]

가스절연 변전소(GIS)에 대한 다음 각 물음에 답하시오.

1 가스절연 변전소(GIS)에 사용되는 가스는 어떤 가스인가?
2 가스절연 변전소(GIS)의 장점 4가지만 쓰시오.

해답
1 SF_6 가스
2 ① 설비의 축소화
② 주변 환경과의 조화
③ 고성능, 고신뢰성
④ 설치 공기의 단축
그 외
⑤ 점검 보수의 간소화
⑥ 종합적인 경제성 우수
⑦ 공해문제 해결
⑧ 설치 공사기간 단축

TIP

➤ 단점
① 사고의 대응이 부적절할 경우 대형사고 유발 우려가 있다.
② 고장 발생 시 조기 복구, 임시 복구가 거의 불가능하다.
③ 육안 점검이 곤란하며 SF_6 Gas의 세심한 주의가 필요하다.
④ 한랭지에서는 가스의 액화 방지 장치가 필요하다.

08 ★☆☆☆☆

[7점]

그림은 사장과 공장장의 출·퇴근 표시를 수위실과 비서실에서 스위치로 동시에 조작할 수 있고 작업장과 사무실에 동시에 표시되는 장치를 나타낸 것이다. 그림에서 ①, ②, ③으로 표시되는 전선관에 들어가는 전선의 최소 가닥수는 몇 가닥인지를 표시하고 실체 배선도를 그려서 표현하시오.(단, 접지선은 제외하며, S_1, L_1은 사장의 출·퇴근 스위치 및 표시등이고, B는 축전지, S_2, L_2는 공장장의 출·퇴근 스위치 및 표시등이다.)

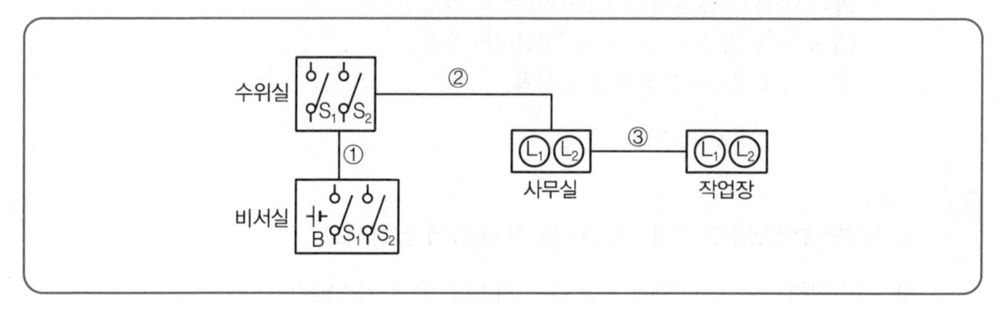

- 배선 가닥수 : ① ② ③
- 실체 배선도

해답
- 배선 가닥수 : ① 4 ② 3 ③ 3
- 실체 배선도

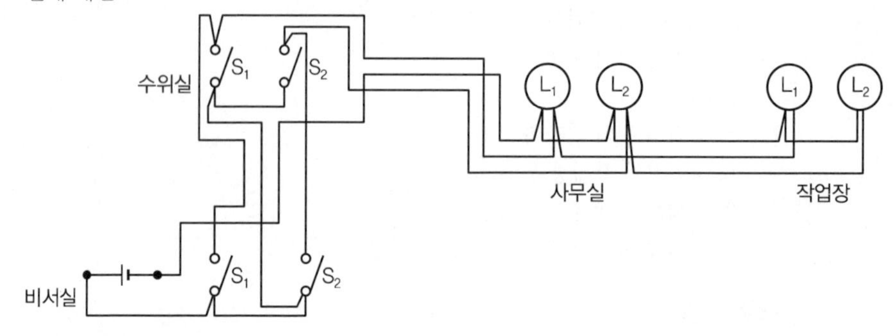

09 ★★★★★ [9점]

그림과 같은 로직 시퀀스 회로를 보고 다음 각 물음에 답하시오.

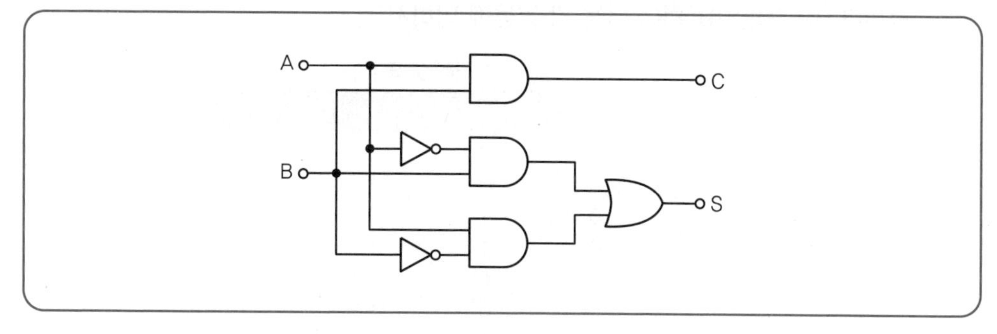

1 출력 S와 C의 논리식을 쓰시오.
 - 출력 S에 대한 논리식
 - 출력 C에 대한 논리식

2 NAND gate와 NOT gate만 사용하여 로직 시퀀스 회로를 바꾸어 그리시오.

3 2개의 논리소자(Exclusive OR gate 및 AND gate)를 사용하여 등가 로직 시퀀스 회로를 그리시오.

해답 1 $S = \overline{A}B + A\overline{B}$
$C = AB$

2
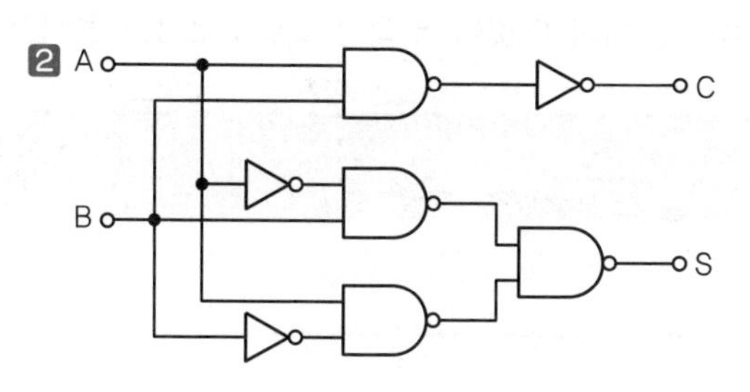

3
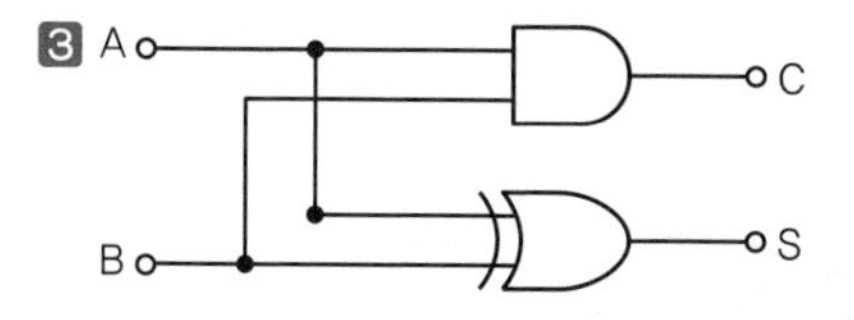

10 ★★★★☆

[6점]

주어진 진리값 표는 3개의 리미트 스위치 LS_1, LS_2, LS_3에 입력을 주었을 때 출력 X와의 관계 표이다. 이 표를 이용하여 다음 각 물음에 답하시오.

| 진리값 표 |

LS_1	LS_2	LS_3	X
0	0	0	0
0	0	1	0
0	1	0	0
0	1	1	1
1	0	0	0
1	0	1	1
1	1	0	1
1	1	1	1

1 진리값 표를 이용하여 다음과 같은 Karnaugh도를 완성하시오.

LS_3 \ LS_1, LS_2	0 0	0 1	1 1	1 0
0				
1				

2 물음 1의 Karnaugh도에 대한 논리식을 쓰시오.

3 진리값과 물음 2의 논리식을 이용하여 이것을 무접점 회로도로 표시하시오.

해답 1

LS_3 \ LS_1, LS_2	0 0	0 1	1 1	1 0
0	0	0	1	0
1	0	1	1	1

2 $X = LS_1LS_2 + LS_2LS_3 + LS_1LS_3$

3 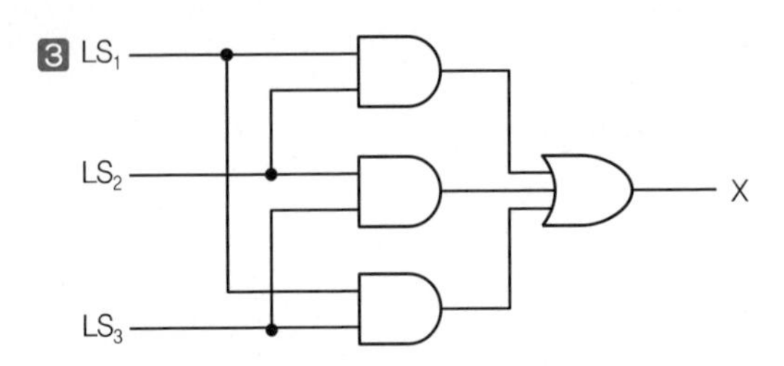

11 ★★★★☆ [11점]

그림은 22.9[kW] 특별고압 수전설비의 단선도이다. 이 도면을 보고 다음 각 물음에 답하시오.

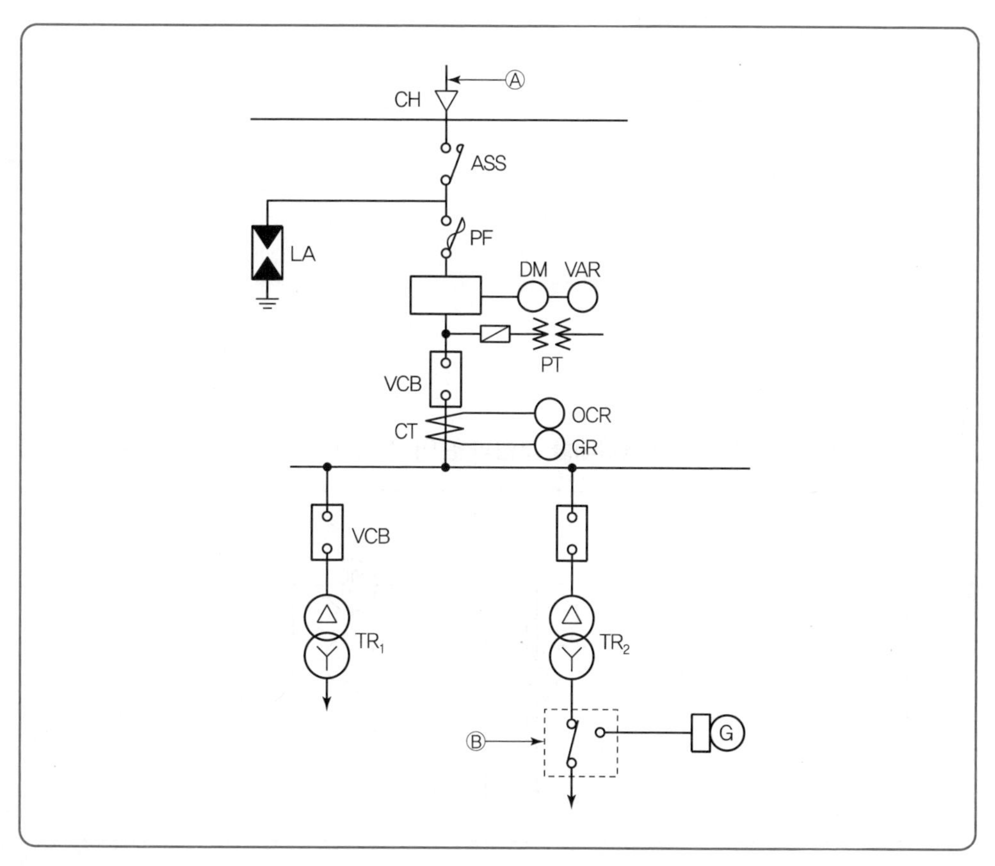

1 도면에 표시되어 있는 다음 약호의 명칭을 우리말로 쓰시오.

① ASS : ② LA :

③ VCB : ④ DM :

2 TR_1 쪽의 부하 용량의 합이 300[kW]이고, 역률 및 효율이 각각 0.8, 수용률이 0.6이라면 TR_1 변압기의 용량은 몇 [kVA]가 적당한지를 계산하고 규격용량으로 답하시오.

3 Ⓐ에는 어떤 종류의 케이블이 사용되는가?

4 Ⓑ의 명칭은 무엇인가?

5 변압기의 결선도를 복선도로 그리시오

해답 **1** ① ASS : 자동고장 구분개폐기 ② LA : 피뢰기

③ VCB : 진공 차단기 ④ DM : 최대 수요전력량계

2 계산 : $TR_1 = \dfrac{설비용량 \times 수용률}{역률 \times 효율} = \dfrac{300 \times 0.6}{0.8 \times 0.8} = 281.25[\text{kVA}]$ 답 300[kVA] 선정

3 CNCV−W 케이블(수밀형)

5

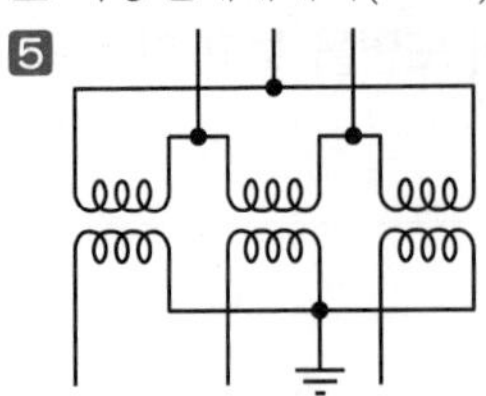

TIP

$$\text{변압기 용량[kVA]} = \frac{\text{설비용량[kVA]} \times \text{수용률}}{\text{효율}} = \frac{\text{설비용량[kW]} \times \text{수용률}}{\text{효율} \times \text{역률}}$$

12 ★★★★★ [7점]

CT 2대를 V결선하여 OCR 3대를 그림과 같이 연결하였다. 다음 각 물음에 답하시오.

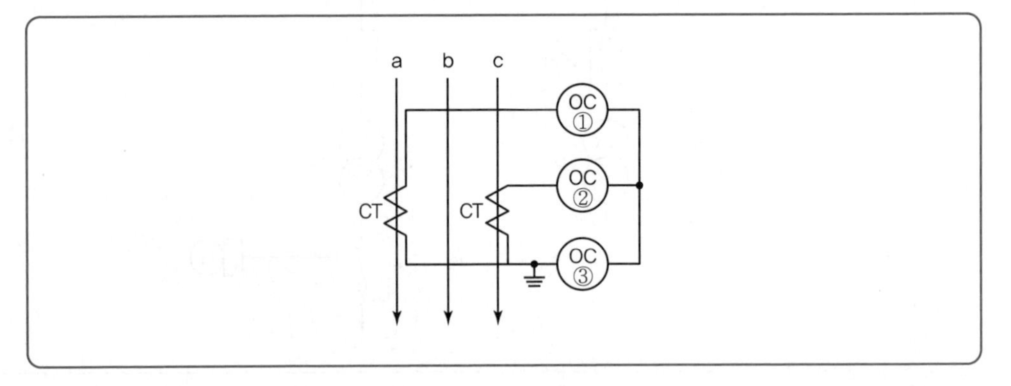

1 일반적으로 우리나라에서 사용하는 CT의 극성은?
2 변류기 2차 측에 접속하는 외부 부하 임피던스를 무엇이라고 하는가?
3 ③번 OCR에 흐르는 전류는 어떤 상의 전류인가?
4 OCR은 어떤 고장(사고)이 발생하였을 때 동작하는가?
5 이 선로의 배전 방식은?

해답
1 감극성
2 2차 부담
3 b상
4 과부하, 단락사고
5 3상 3선식($3\phi 3W$)

TIP

5 3상 3선식의 OCR은 CT가 2개이므로 일반적으로 2개를 설치한다.

13 ★★★★★

[9점]

가정용 110[V] 전압을 220[V]로 승압할 경우 저압간선에 나타나는 효과로서 다음 각 물음에 답하시오.

1. 공급능력 증대는 몇 배인가?
2. 전력손실의 감소는 몇 [%]인가?
3. 전압강하율의 감소는 몇 [%]인가?

해답 1. 2배

2. 계산 : $P_L \propto \frac{1}{V^2}$ 이므로 $\frac{1}{4} = 0.25P_L$　　∴ 감소는 $1 - 0.25 = 0.75$

답 75[%]

3. 계산 : $\varepsilon \propto \frac{1}{V^2}$ 이므로 $\frac{1}{4} = 0.25P_L$　　∴ 감소는 $1 - 0.25 = 0.75$

답 75[%]

TIP

① $P_L \propto \frac{1}{V^2}$ (P_L : 손실)　② $A \propto \frac{1}{V^2}$ (A : 단면적)　③ $\delta \propto \frac{1}{V^2}$ (δ : 전압강하율)

④ $e \propto \frac{1}{V}$ (e : 전압강하)　⑤ $P \propto V^2$ (P : 전력)

⑥ 공급능력 $P = VI\cos\theta$에서 $P \propto V$ (P : 공급능력)

공급능력 $P = VI\cos\theta$[W]　$P \propto V = \frac{220}{110} = 2$배

14 ★★★★☆

[7점]

그림은 무정전 전원설비(UPS)의 기본 구성도이다. 이 그림을 보고 다음 각 물음에 답하시오.

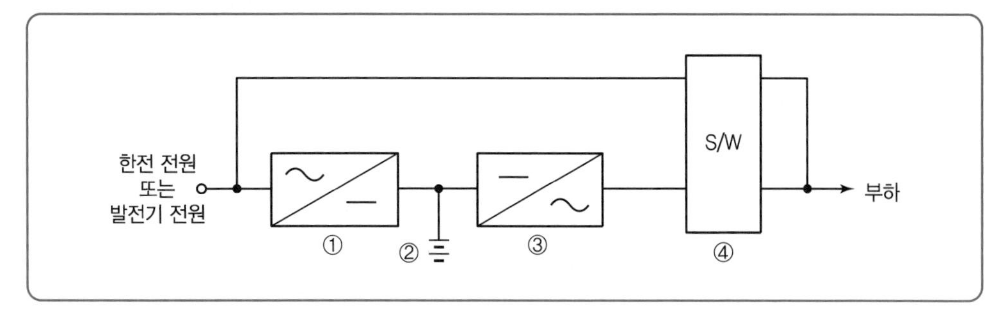

1. 무정전 전원설비(UPS)의 사용 목적을 간단히 설명하시오.
2. 그림의 ①, ②, ③, ④에 대한 기기 명칭과 그 주요 기능을 쓰시오.

구분	기기 명칭	주요 기능
①		
②		
③		
④		

해답 1 UPS(Uninterruptible Power supply System) : 정전 시 부하의 전력 공급을 연속하여 확보하며 평상시 전압 주파수를 일정하게 한다.

2

구분	기기 명칭	주요 기능
①	컨버터	AC를 DC로 변환
②	축전지	컨버터로 변환된 직류 전력을 저장
③	인버터	DC를 AC로 변환
④	절체스위치	상용전원 또는 UPS 전원으로 절체하는 스위치

TIP

① UPS : 무정전 전원 공급 장치로서 입력 전원의 정전 시에도 부하 전력 공급의 연속성을 확보하며 출력의 전압, 주파수 등의 안정도를 향상시킨다.
② CVCF : 정전압 정주파수 공급 장치로서 전원 측의 전압이나 주파수가 변하여도 부하 측에는 일정한 전압과 주파수를 공급하는 장치를 말한다.

2006년도 3회 시험 과년도 기출문제

회독 체크	□1회독	월 일	□2회독	월 일	□3회독	월 일

2002 2003 2004 2005 2006 2007 2008 2009 2010 2011

01 ★★★★★ [9점]

전력 퓨즈에서 다음 각 물음에 답하시오.

1 퓨즈의 역할을 크게 2가지로 구분하여 간단하게 설명하시오.

2 퓨즈의 가장 큰 단점은 무엇인가?

3 주어진 표는 개폐장치(기구)의 동작 가능한 곳에 ○표를 한 것이다. ①~③은 어떤 개폐장치이겠는가?

능력 / 기능	회로 분리		사고 차단	
	무부하	부하	과부하	단락
퓨즈	○			○
①	○	○	○	○
②	○	○	○	
③	○			

4 큐비클의 종류 중 PF-S형 큐비클은 주 차단장치로서 어떤 것들을 조합하여 사용하는 것을 말하는가?

해답 1 • 부하 전류를 안전하게 흐르게 한다.
• 과전류를 차단하여 전로나 기기를 보호한다.

2 재투입할 수 없다.

3 ① 차단기
② 자동고장구분개폐기(ASS)
③ 단로기

4 전력 퓨즈와 고압 개폐기

02 ★★☆☆☆ [6점]

변압기에 사용되는 절연유의 구비조건을 4가지만 쓰시오.

해답 ① 점도가 낮을 것
② 절연내력이 클 것
③ 인화점이 높고 응고점이 낮을 것
④ 절연물과 화학작용이 없을 것

03 ★★☆☆☆ [4점]

단상 2선식 220[V]로 공급되는 전동기가 절연열화로 인하여 외함에 전압이 인가될 때 사람이 접촉하였다. 이때의 접촉전압은 몇 [V]인가?(단, 변압기 2차 측 접지저항은 9[Ω], 전로의 저항은 1[Ω], 전동기 외함의 접지저항은 100[Ω]이다.)

해답 계산 : $I_g = \frac{V}{R} = \frac{V}{R_1 + R_2 + R_3} = \frac{220}{9+1+100} = 2[A]$

$V_g = I_g \cdot R = 2 \times 100 = 200[V]$

답 200[V]

TIP

①

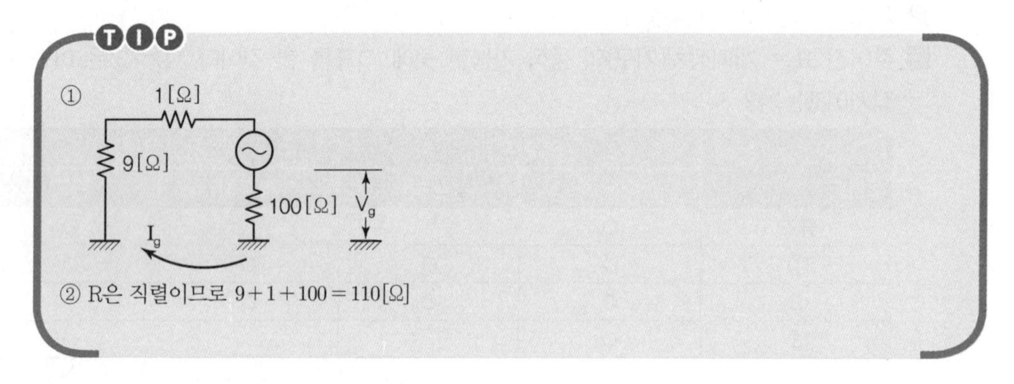

② R은 직렬이므로 9+1+100=110[Ω]

04 ★★★★☆ [6점]

계기용 변성기(PT)와 전위절환 개폐기(VS 혹은 VCS)로 모선전압을 측정하고자 한다. 다음 각 물음에 답하시오.

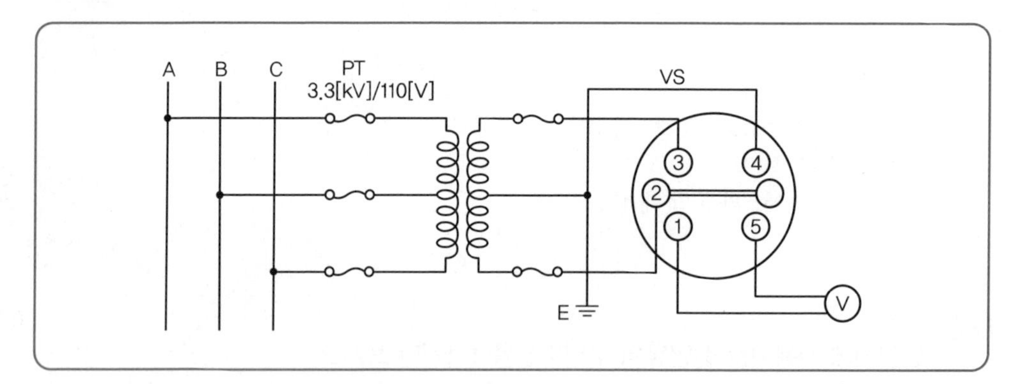

1 V_{AB} 측정 시 VS 단자 중 단락되는 접점을 2가지 쓰시오.

2 V_{BC} 측정 시 VS 단자 중 단락되는 접점을 2가지 쓰시오.

3 PT 2차 측을 접지하는 이유를 기술하시오. ※ KEC 규정에 따라 문항 변경

4 PT의 결선방법에서 모든 PT는 무엇을 원칙으로 하는가?

5 PT가 Y－△결선일 때에는 △가 Y에 대하여 몇 도 늦은 상변위가 되도록 결선을 하여야 하는가?

해답
1. ③－①, ④－⑤
2. ①－②, ④－⑤
3. 혼촉에 의한 기기 손상 방지
4. 감극성
5. 30°

TIP

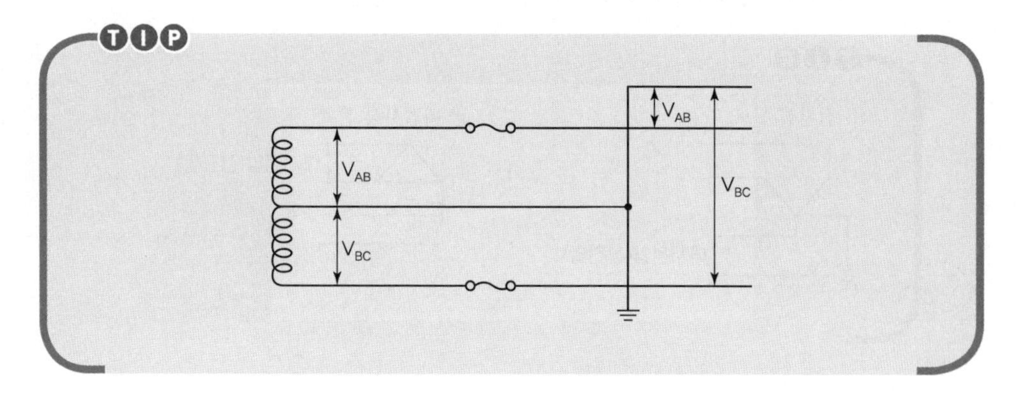

05 ★★★★☆ [7점]

예비 전원 설비로 축전지 설비를 하고자 한다. 축전지 설비에 대한 다음 각 물음에 답하시오.

1. 축전지 설비를 구성하는 주요 부분을 4가지로 구분할 때, 그 4가지는 무엇인가?
2. 축전지의 충전 방식 중 부동 충전 방식에 대한 개략도를 그리고 이 충전 방식에 대하여 설명하시오.
3. 축전지의 과방전 및 방치상태, 가벼운 설페이션(Sulfation) 현상 등이 생겼을 때 기능회복을 위하여 실시하는 충전 방식은 어떤 충전 방식인가?

해답
1. 축전지, 충전 장치, 보안 장치, 제어 장치
2. 상용부하에 대한 전력공급은 충전기가 부담하되 충전기가 부담하기 어려운 일시적인 대전류 부하는 축전지가 부담하게 하는 방식

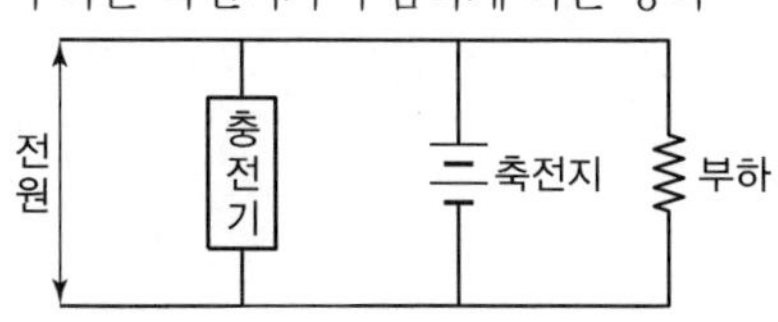

3. 회복 충전

TIP

➤ 회복 충전
과방전 등 된 축전지의 기능을 충분히 회복시키는 충전 방식

06 ★★☆☆☆ [5점]

대지전압이란 무엇과 무엇 사이의 전압을 말하는지 접지식 전로와 비접지식 전로로 구분하여 답하시오.

해답
- 접지식 전로 : 전선과 대지 사이의 전압
- 비접지식 전로 : 전선과 그 전로 중 임의의 다른 전선 사이의 전압

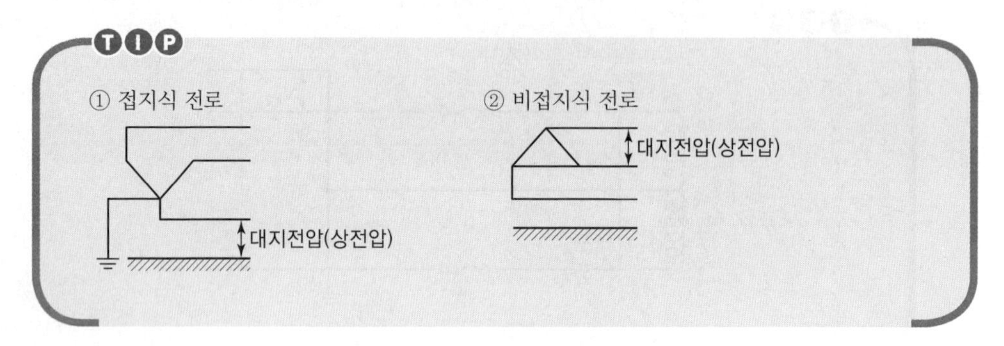

07 ★★★★☆ [12점]

누름버튼 스위치 BS_1, BS_2, BS_3에 의하여 직접 제어되는 계전기 X_1, X_2, X_3가 있다. 이 계전기 3개가 모두 소자(복귀)되어 있을 때만 출력램프 L_1이 점등되고, 그 이외에는 출력램프 L_2가 점등되도록 계전기를 사용한 시퀀스 제어회로를 설계하려고 한다. 이때 다음 각 물음에 답하시오.

1 본문 요구조건과 같은 진리표를 작성하시오.

입력			출력	
X_1	X_2	X_3	L_1	L_2
0	0	0		
0	0	1		
0	1	0		
0	1	1		
1	0	0		
1	0	1		
1	1	0		
1	1	1		

2 최소 접점수를 갖는 논리식을 쓰시오.

3 논리식에 대응되는 계전기 시퀀스 제어회로(유접점 회로)를 그리시오.

해답 1

입력			출력	
X_1	X_2	X_3	L_1	L_2
0	0	0	1	0
0	0	1	0	1
0	1	0	0	1
0	1	1	0	1
1	0	0	0	1
1	0	1	0	1
1	1	0	0	1
1	1	1	0	1

2 $L_1 = \overline{X_1} \cdot \overline{X_2} \cdot \overline{X_3}$

$L_1 = \overline{X_1} \cdot \overline{X_2} \cdot X_3 + \overline{X_1} \cdot X_2 \cdot \overline{X_3} + \overline{X_1} \cdot X_2 \cdot X_3 + X_1 \cdot \overline{X_2} \cdot \overline{X_3} + X_1 \cdot \overline{X_2} \cdot X_3 + X_1 \cdot X_2 \cdot \overline{X_3} + X_1 \cdot X_2 \cdot X_3$

$= X_1 + X_2 + X_3$

3

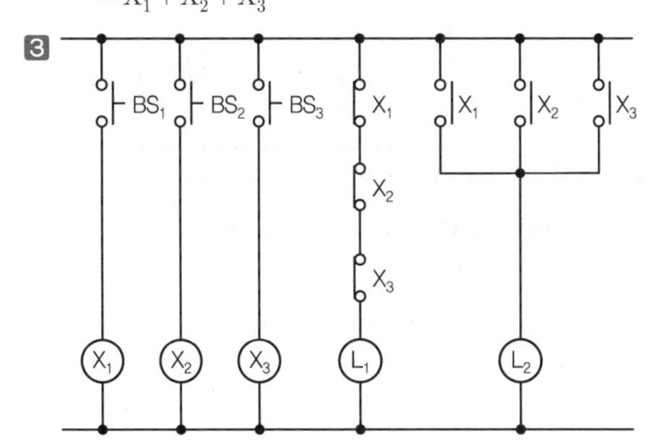

08 ★★★★☆ [4점]

3상 3선식 송전단 전압 6.6[kV] 전선로의 전압강하율을 10[%] 이하로 하는 경우에 수전전력의 크기[kW]는?(단, 저항 1.19[Ω], 리액턴스 1.8[Ω], 역률 80[%]이다.)

해답 계산 : $V_r = \dfrac{V_s}{1+\delta} = \dfrac{6,600}{1+0.1} = 6,000[V]$

$I = \dfrac{e}{\sqrt{3}(R\cos\theta + X\sin\theta)} = \dfrac{6,600-6,000}{\sqrt{3}(1.19 \times 0.8 + 1.8 \times 0.6)} = 170.48[A]$

$P = \sqrt{3} \times V_r I\cos\theta = \sqrt{3} \times 6,000 \times 170.48 \times 0.8 \times 10^{-3} = 1,417.34[kW]$

TIP

① $\delta = \dfrac{V_s - V_r}{V_r} \times 100$ ② $e = \sqrt{3} I(R\cos\theta + X\sin\theta)[V]$ ③ $P = \sqrt{3} VI\cos\theta \times 10^{-3}[kW]$

09 ★★★★★ [11점]

다음 그림은 전동기의 정 · 역회전 제어 회로도의 미완성 회로도이다. 다음 물음에 답하시오.

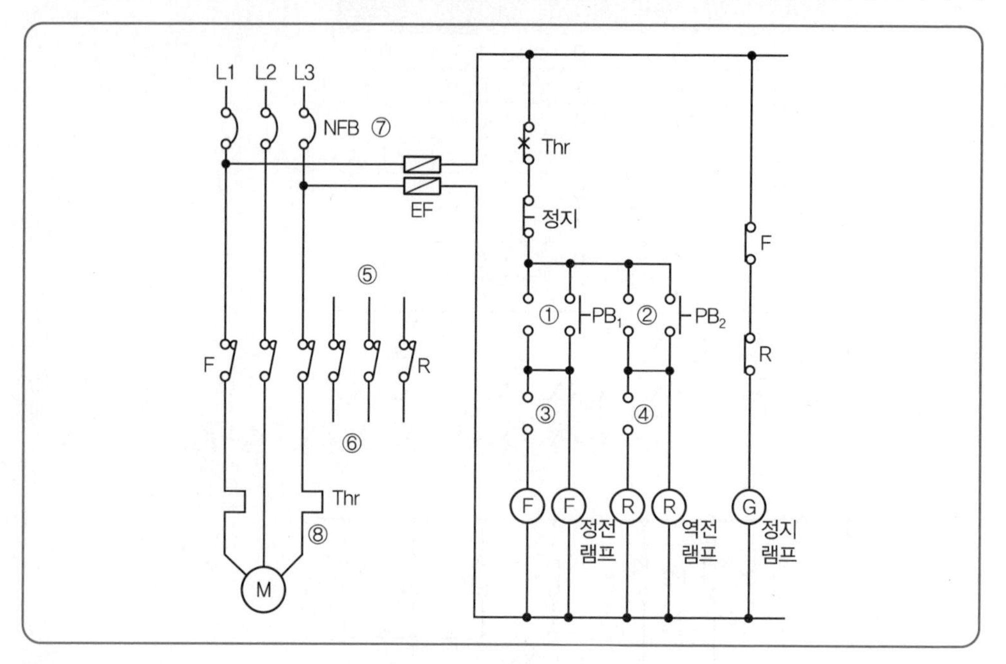

1. 미완성 부분 ①~⑥을 완성하시오. 또 ⑦, ⑧의 명칭을 쓰시오.
2. 자기 유지 접점을 도면의 번호로 답하시오.
3. 인터록 접점은 어느 것들인지 도면의 번호를 답하고 인터록에 대하여 설명하시오.
4. 전동기의 과부하 보호는 무엇이 하는가?
5. PB_1을 ON하여 전동기가 정회전하고 있을 때 PB_2를 ON하면 전동기는 어떻게 되는가?

해답 1

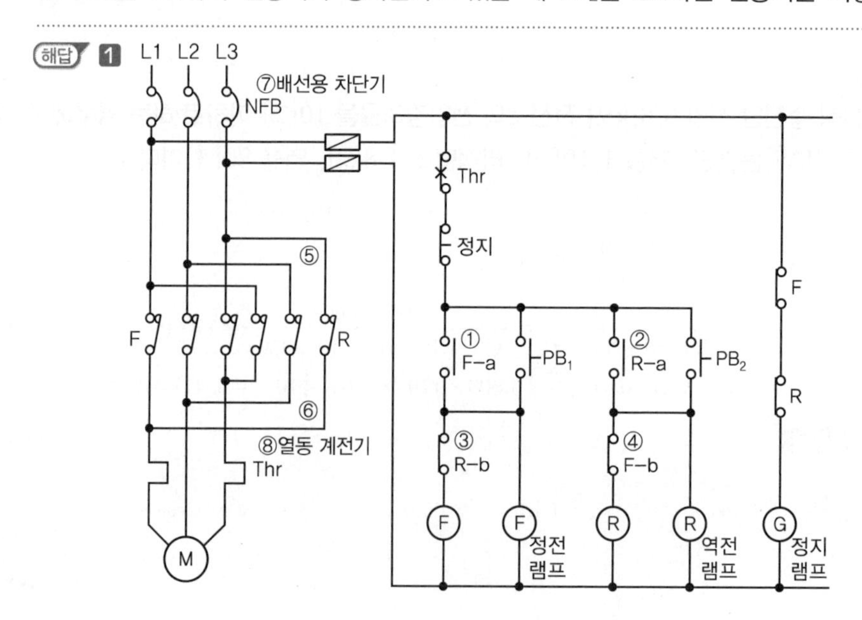

2 ①, ②

3 접점 : ③, ④

설명 : Ⓕ가 동작 중 Ⓡ이 동작할 수 없고, 또 Ⓡ이 동작 중 Ⓕ가 동작할 수 없다.

4 열동계전기(Thr)

5 계속 정회전한다.

10 ★★★☆☆ [10점]

그림과 같은 고압수전설비의 단선결선도에서 ①에서 ⑩까지의 심벌의 약호와 명칭을 번호별로 작성하시오.

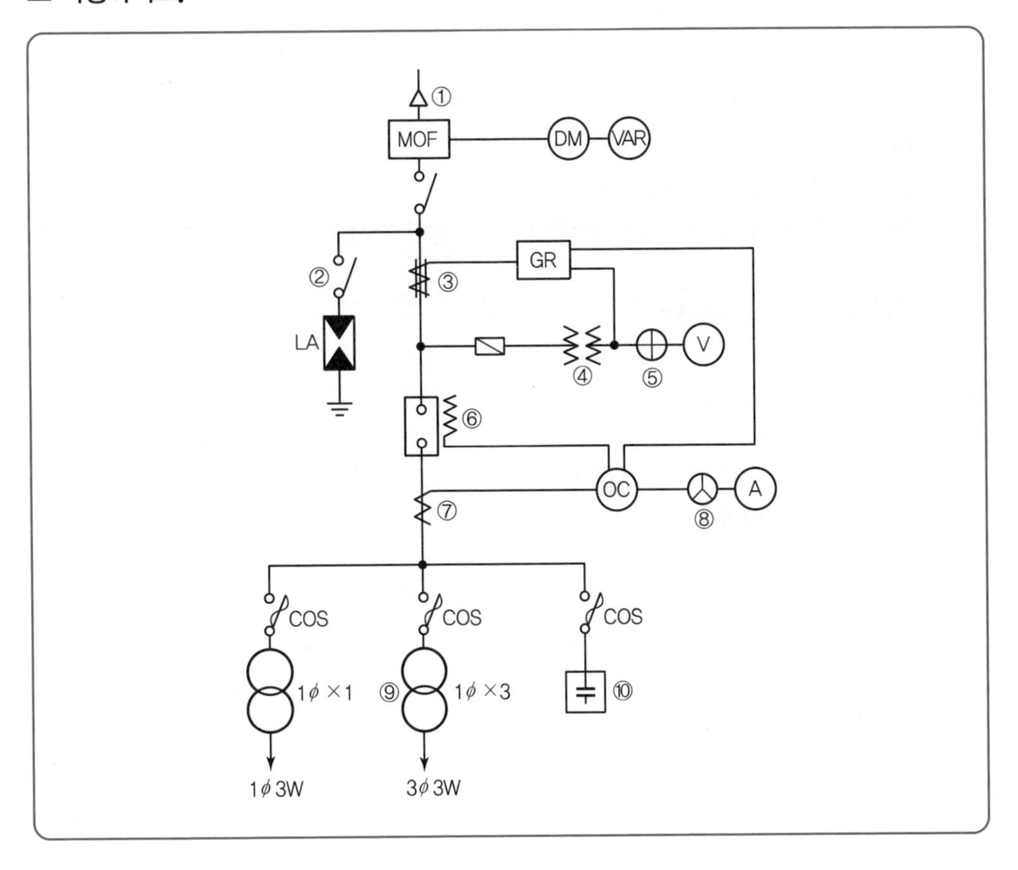

해답
① CH : 케이블 헤드
② DS : 단로기
③ ZCT : 영상변류기
④ PT : 계기용 변압기
⑤ VS : 전압계용 전환 개폐기
⑥ TC : 트립코일
⑦ CT : 변류기
⑧ AS : 전류계용 전환 개폐기
⑨ Tr : 전력용 변압기
⑩ SC : 전력용 콘덴서

11 ★★★★★

[6점]

그림은 어느 공장의 하루의 전력부하곡선이다. 이 그림을 보고 다음 각 물음에 답하시오.

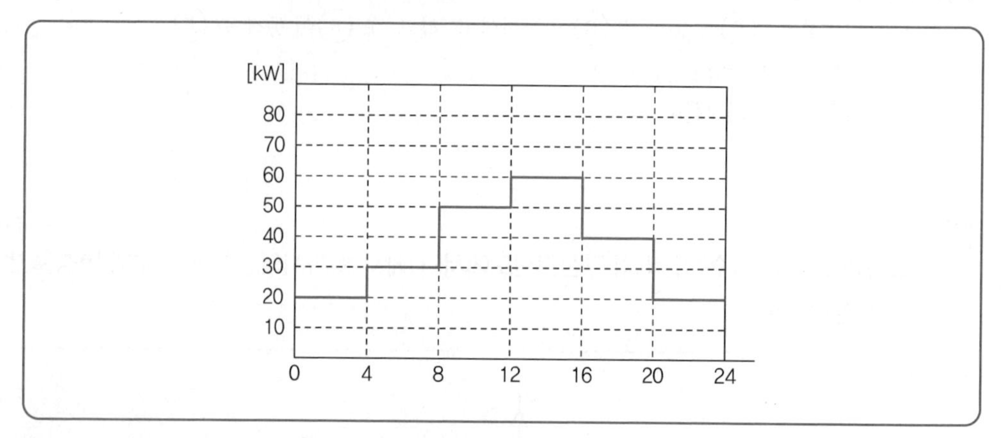

1 이 공장의 부하 평균전력은 몇 [kW]인가?

2 이 공장의 일 부하율은 얼마인가?

3 이 공장의 수용률은 얼마인가?(단, 이 공장의 부하설비용량은 80[kW]라고 한다.)

해답 **1** 계산 : $\text{평균전력} = \dfrac{\text{사용전력량}}{\text{시간}} = \dfrac{20\times4+30\times4+50\times4+60\times4+40\times4+20\times4}{24}$

$= 36.67[\text{kW}]$

답 36.67[kW]

2 계산 : $\text{일 부하율} = \dfrac{\text{평균전력}}{\text{최대전력}}\times100 = \dfrac{36.67}{60}\times100 = 61.12[\%]$

답 61.12[%]

3 계산 : $\text{수용률} = \dfrac{\text{최대전력}}{\text{설비용량}}\times100 = \dfrac{60}{80}\times100 = 75[\%]$

답 75[%]

12 ★★★★★

[5점]

그림과 같이 단상 3선식 110/220[V] 수전인 경우 설비불평형률은 몇 [%]인가?(단, 여기서 전동기의 수치가 괄호 내와 다른 것은 출력 [kW]를 입력 [kVA]으로 환산하였기 때문임)

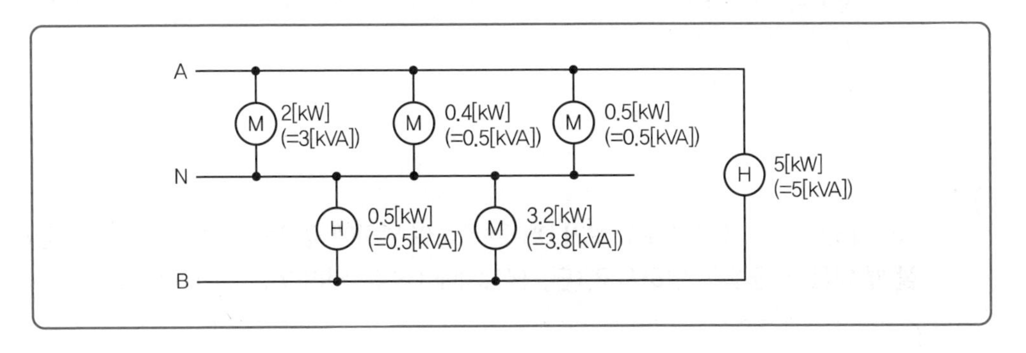

해답 설비불평형률 $= \dfrac{(0.5+3.8)-(3+0.5+0.5)}{(3+0.5+0.5+0.5+3.8+5)\times\dfrac{1}{2}}\times 100 = 4.51[\%]$

답 4.51[%]

TIP

➤ 단상 3선식에서 설비불평형률

① 설비불평형률 $= \dfrac{\text{중성선과 각 전압 측 전선 간에 접속된 부하 설비용량의 차}}{\text{총 부하 설비용량의 } 1/2}\times 100[\%]$

② 40[%]를 초과할 수 없다.

13 ★★★☆☆

[8점]

다음은 특고압 수전설비 중 지락보호회로의 복선도이다. ①~⑤번까지의 명칭을 쓰시오.

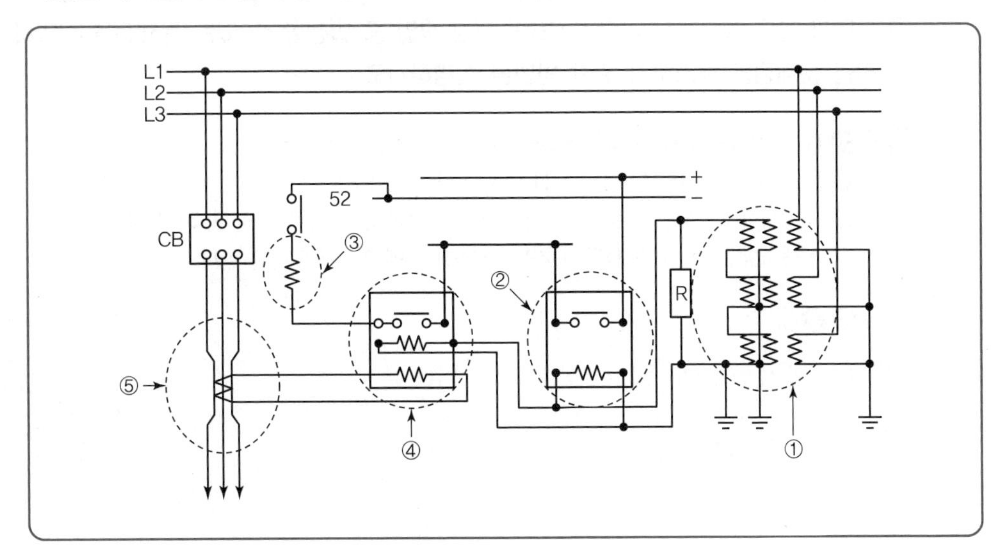

해답 ① 접지형 계기용 변압기(GPT)
② 지락 과전압 계전기(OVGR)
③ 트립 코일(TC)
④ 선택 접지 계전기(SGR)
⑤ 영상 변류기(ZCT)

14 ★★★★☆

[7점]

그림과 같은 계통에서 측로 단로기 DS_3을 통하여 부하에 공급하고 차단기 CB를 점검하고자 할 때 다음 각 물음에 답하시오. (단, 평상시에 DS_3는 열려 있는 상태이다.)

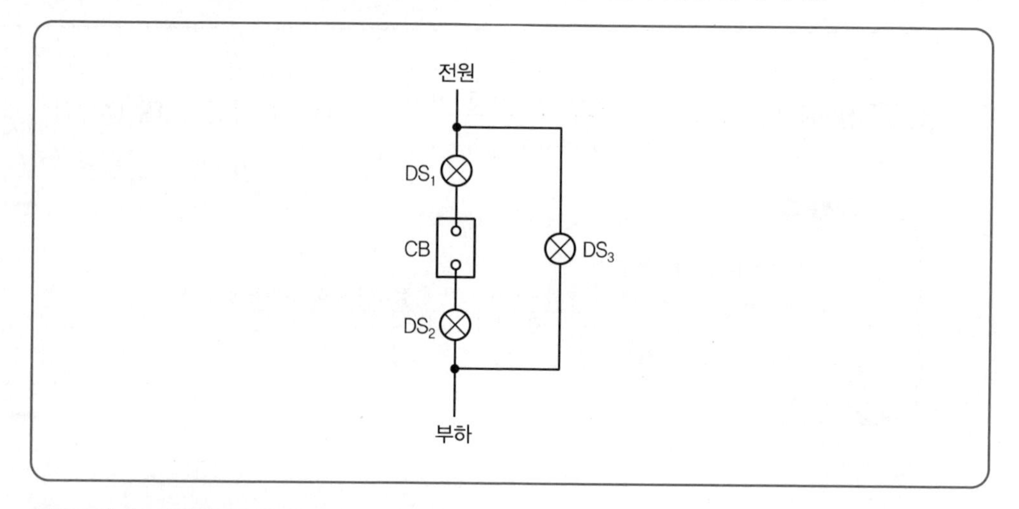

1 차단기 점검을 하기 위한 조작 순서를 쓰시오.

2 CB의 점검이 완료된 후 정상 상태로 전환 시의 조작 순서를 쓰시오.

3 도면과 같은 설비에서 차단기 CB의 점검 작업 중 발생할 수 있는 문제점을 설명하고 이러한 문제점을 해소하기 위한 방안을 설명하시오.

해답 1 DS_3(ON) → CB(OFF) → DS_2(OFF) → DS_1(OFF)

2 DS_2(ON) → DS_1(ON) → CB(ON) → DS_3(OFF)

3 • 발생할 수 있는 문제점 : 조작순서를 지키지 않을 경우 감전 및 화상 사고
• 해소방안 : 단로기(DS)와 차단기(CB) 간에 인터록장치를 한다.

TIP

DS_3 투입 시 등전위가 발생되어 전류가 흐르지 않는다.

INDUSTRIAL ENGINEER ELECTRICITY

2007년 과년도 문제풀이

전기산업기사

2007년도 1회 시험

과년도 기출문제

회독 체크	□1회독	월 일	□2회독	월 일	□3회독	월 일

01 ★★★★★

[5점]

그림과 같은 3상 3선식 배전선로에서 불평형률을 구하시오.

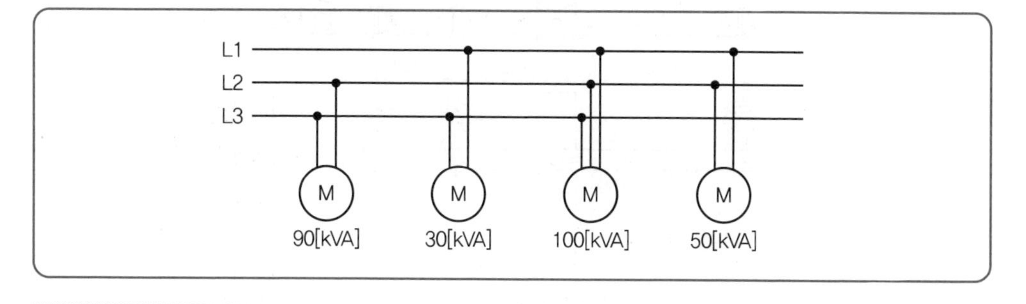

해답 계산 : $설비불평형률=\dfrac{90-30}{(90+30+100+50)\times\dfrac{1}{3}}\times 100=66.67[\%]$

답 66.67[%]

TIP

$3상\ 3선식\ 설비불평형률=\dfrac{각\ 선\ 간에\ 접속되는\ 단상\ 부하의\ 최대와\ 최소의\ 차}{총\ 부하\ 설비용량의\ 1/3}\times 100[\%]$

02 ★★★☆☆

[8점]

다음 답안지의 단상 변압기 3대를 ① Y－Y결선과 ② △－△결선으로 완성하고, 필요한 접지를 표시하시오.

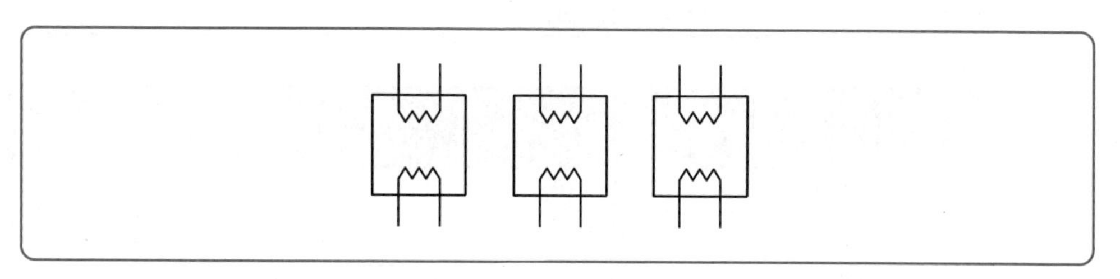

해답 ① Y－Y결선

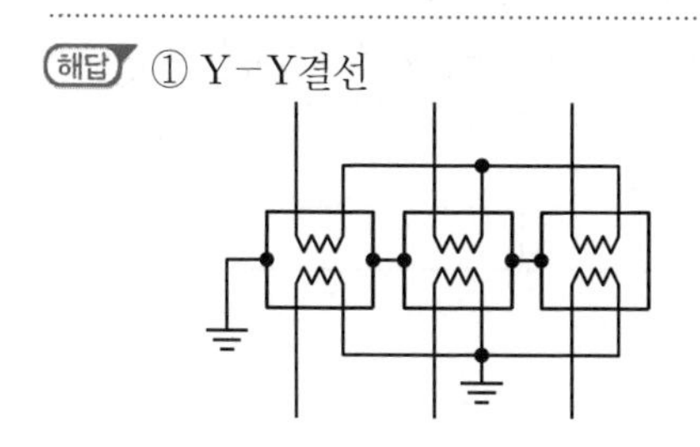

② △－△결선

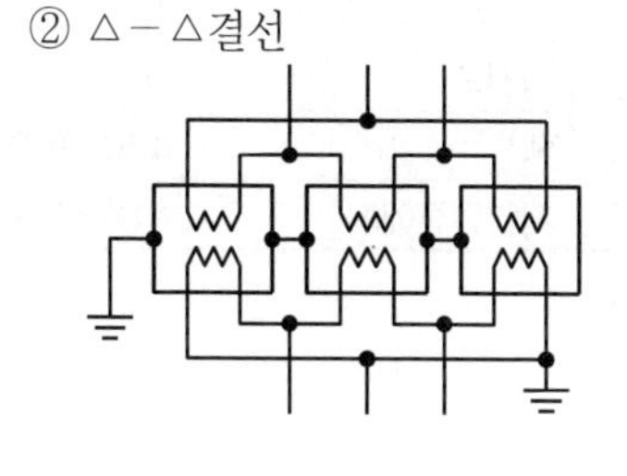

03 ★☆☆☆☆ [10점]

다음은 22.9[kV] 선로의 기본장주도 중 3상 4선식 선로의 직선주 그림이다. 다음 표의 빈칸에 들어갈 자재의 명칭을 쓰시오.(단, 장주에 경완금(□75×75×3.2×2,400)을 사용하고 취부에 완금 밴드를 사용한 경우이다.)

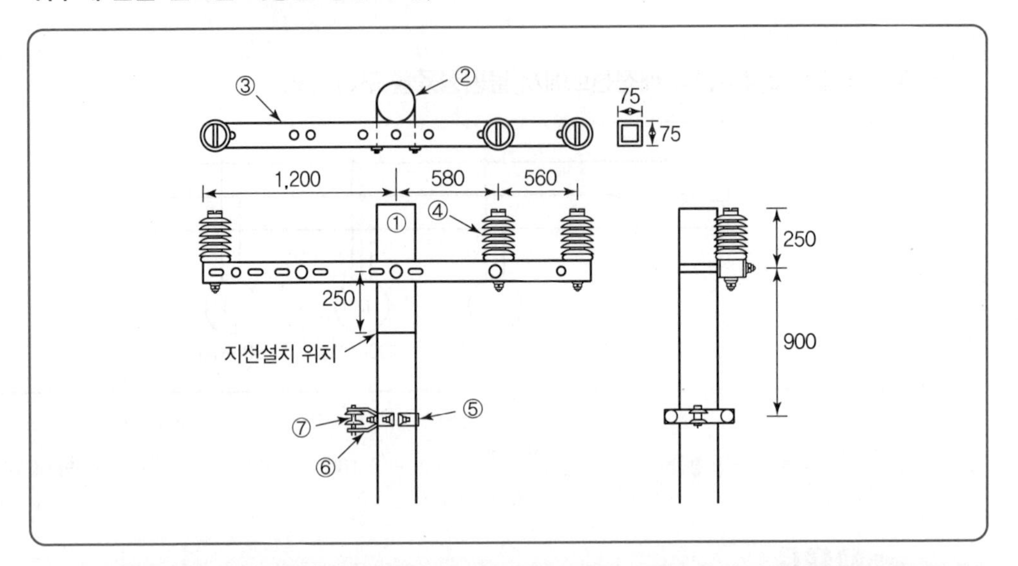

항목 번호	자재명	규격	수량 [개]	품목단위부품 및 수량(개)
①		10[m] 이상	1	
②		1방 2호	1	U금구 1, M좌 1, 와셔 4, 너트 4
③		75×75×3.2×2400	1	
④		152×304(경완금용)	3	와셔 1, 육각 너트 1, 록 너트 1
⑤		100×230 1방(2호)	1	(M16×60) 2, (M16×35) 1, 너트 3
⑥		4.5×100×100	1	
⑦		110×95(녹색)	1	

해답

항목 번호	자재명	규격	수량 [개]	품목단위부품 및 수량(개)
①	콘크리트 전주	10[m] 이상	1	
②	완금밴드	1방 2호	1	U금구 1, M좌 1, 와셔 4, 너트 4
③	경완금	75×75×3.2×2400	1	
④	라인포스트 애자	152×304(경완금용)	3	와셔 1, 육각 너트 1, 록 너트 1
⑤	랙밴드	100×230 1방(2호)	1	(M16×60) 2, (M16×35) 1, 너트 3
⑥	랙	4.5×100×100	1	
⑦	저압인류애자	110×95(녹색)	1	

04 ★★★★☆

[5점]

폭 5[m], 길이 7.5[m], 천장 높이 3.5[m]의 방에 형광등 40[W] 4등을 설치하니 평균 조도가 100[lx]가 되었다. 40[W] 형광등 1등의 전광속이 3,000[lm], 조명률이 0.5일 때 감광보상률 D를 구하시오.

해답 계산 : $D = \dfrac{FUN}{EA} = \dfrac{3{,}000 \times 0.5 \times 4}{100 \times 5 \times 7.5} = 1.6$

답 1.6

TIP

감광보상률은 단위가 없다.

05 ★★★☆☆

[5점]

거리 계전기의 설치점에서 고장점까지의 임피던스를 70[Ω]이라고 하면 계전기 측에서 본 임피던스는 몇 [Ω]인가?(단, PT의 변압비는 154,000/110[V]이고, CT의 변류비는 500/5이다.)

해답 계산 : 거리 계전기 측에서 본 임피던스(Z_R)= 선로 임피던스(Z)$\times \dfrac{1}{\text{PT비}} \times$CT비[Ω]

$\therefore\ Z_R = 70 \times \dfrac{110}{154{,}000} \times \dfrac{500}{5} = 5[\Omega]$

답 5[Ω]

TIP

$$Z_R = \frac{V_2}{I_2} = \frac{\frac{1}{\text{PT비}} \times V_1}{\frac{1}{\text{CT비}} \times I_1} = \frac{\text{CT비}}{\text{PT비}} \times \frac{V_1}{I_1} = \frac{\text{CT비}}{\text{PT비}} \times Z_1 = \frac{1}{\text{PT비}} \times \text{CT비} \times Z_1$$

06 ★★★★☆

[5점]

전력계통에 일반적으로 사용되는 리액터에는 ① 병렬 리액터 ② 한류 리액터 ③ 직렬 리액터 ④ 소호 리액터 등이 있다. 이들 리액터의 설치 목적을 간단히 쓰시오.

해답 ① 병렬 리액터 : 페란티 현상 방지

② 한류 리액터 : 단락전류를 제한하여 차단기 용량을 줄임

③ 직렬 리액터 : 제5고조파를 제거하여 전압의 파형을 개선

④ 소호 리액터 : 아크를 소멸하고 이상전압 발생 방지

2002 2003 2004 2005 2006 2007 2008 2009 2010 2011

TIP

① 병렬 콘덴서 : 부하의 역률을 개선한다.
② 직렬 콘덴서 : 리액턴스를 작게 하여 전압강하를 작게 한다.

07 ★☆☆☆☆ [5점]

다음 심벌의 명칭을 쓰시오.

① PO ② SP
③ T ④ PR

해답 ① 위치 계전기
② 속도 계전기
③ 온도 계전기
④ 압력 계전기

TIP

약어	명칭	원어
CLR	한류계전기	Current Limiting Relay
CR	전류계전기	Current Relay
DFR	차동계전기	Differential Relay
FR	주파수계전기	Frequency Relay
GR	지락계전기	Ground Relay
OCR	과전류계전기	Over-current Relay
OSR	과속도계전기	Over-speed Relay
OPR	결상계전기	Open-phase Relay
OVR	과전압계전기	Over voltage Relay
PLR	극성계전기	Polarity Relay
POR	위치계전기	Position Relay
PRR	압력계전기	Pressure Relay
RCR	재폐로계전기	Reclosing Relay
SPR	속도계전기	Speed Relay
SR	단락계전기	Short-circuit Relay
TDR	시연계전기	Time Delay Relay
THR	열동계전기	Thermal Relay
TLR	한시계전기	Time-lag Relay
TR	온도계전기	Temperature Relay
UVT	부족전압계전기	Under-voltage Relay
VR	전압계전기	Voltage Relay

08 ★★★★☆ [8점]

정격용량 500[kVA]의 변압기에서 배전선의 전력손실을 40[kW]로 유지하면서 부하 L_1, L_2에 전력을 공급하고 있다. 지금 그림과 같이 전력용 콘덴서를 기존 부하와 병렬로 연결하여 합성 역률을 90[%]로 개선하고 새로운 부하를 증설하려고 할 때 다음 물음에 답하시오.(단, 여기서 부하 L_1은 역률 60[%], 180[kW]이고, 부하 L_2의 전력은 120[kW], 160[kVar]이다.)

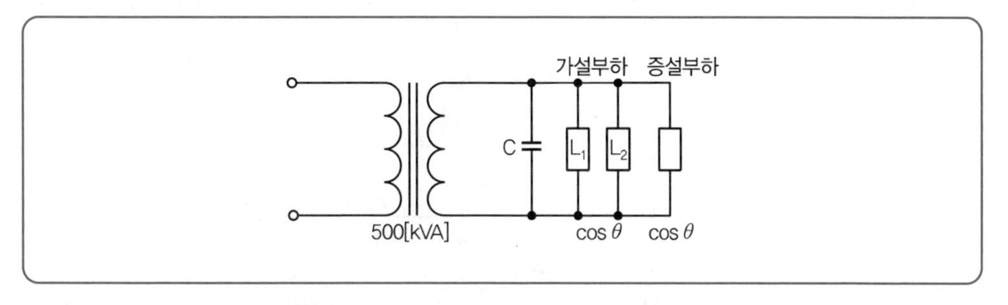

1 부하 L_1과 L_2의 합성용량[kVA]과 합성역률은?
① 합성용량
② 합성역률

2 역률 개선 시 변압기 용량의 한도까지 부하설비를 증설하고자 할 때 증설부하용량은 몇 [kW]인가?

해답 **1** ① 합성용량

계산 : 유효전력 $P = P_1 + P_2 = 180 + 120 = 300[kW]$

무효전력 $Q = Q_1 + Q_2 = P_1 \tan\theta_1 + Q_2$

$= 180 \times \dfrac{0.8}{0.6} + 160 = 400[kVar]$

합성용량 $P_a = \sqrt{P^2 + Q^2} = \sqrt{300^2 + 400^2} = 500[kVA]$ 답 500[kVA]

② 합성역률

계산 : $\cos\theta = \dfrac{P}{P_a} \times 100 = \dfrac{300}{\sqrt{300^2 + 400^2}} \times 100 = 60[\%]$ 답 60[%]

2 계산 : 증설부하용량을 ΔP라 하면

역률 개선 후 총 유효전력 $P_o = P_a \cos\theta = 500 \times 0.9 = 450[kW]$

증설부하용량 $\Delta P = P_o - P_H = 450 - (180 + 120 + 40) = 110$

여기서, P_H : 역률 개선 전 전력

답 110[kW]

TIP

문제 조건에서 전력손실을 40(kW)로 유지한다고 했으므로 역률 개선 후에도 손실은 40(kW)가 된다.

09 ★★★★☆ [12점]

그림은 154[kV]를 수전하는 어느 공장의 수전설비 도면의 일부분이다. 이 도면을 보고 각 물음에 답하시오.

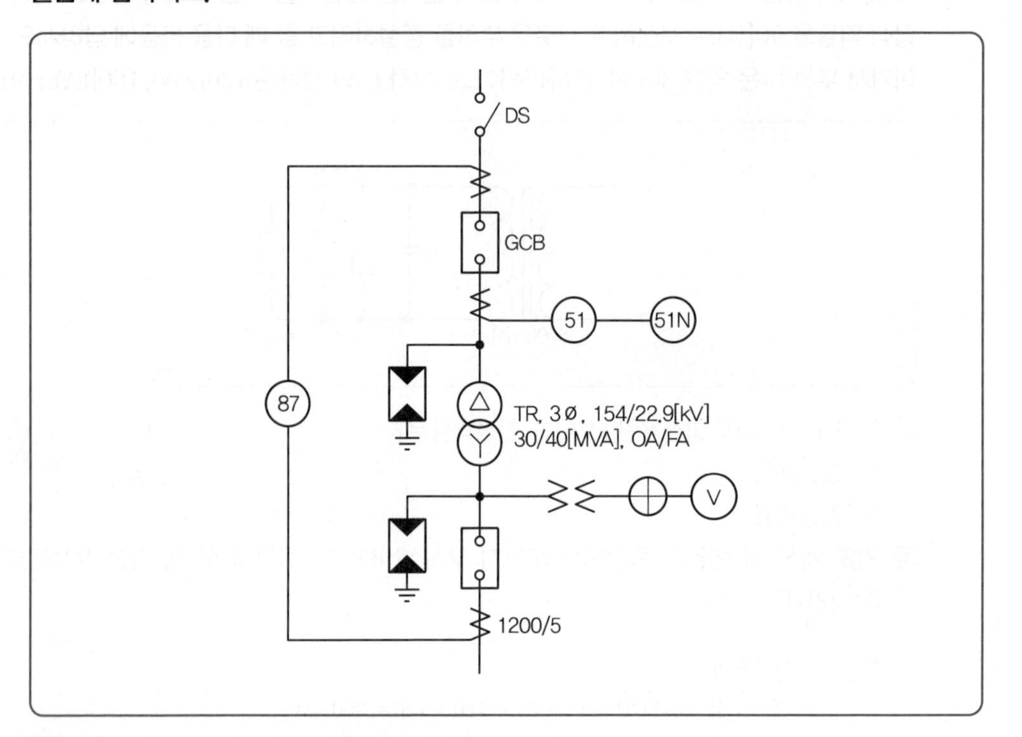

1 그림에서 87과 51N의 명칭은 무엇인가?

① 87

② 51N

2 154/22.9[kV] 변압기에서 FA 용량기준으로 154[kV] 측의 전류와 22.9[kV] 측의 전류는 몇 [A]인가?

① 154[kV] 측

② 22.9[kV] 측

3 GCB에는 주로 어떤 절연재료를 사용하는가?

4 △-Y 변압기의 복선도를 그리시오.

해답 **1** ① 비율차동계전기
② 중성점 과전류계전기

2 ① 계산 : $I = \frac{P}{\sqrt{3}V_1} = \frac{40,000}{\sqrt{3} \times 154} = 149.96[A]$ 답 149.96[A]

② 계산 : $I = \frac{P}{\sqrt{3}V_2} = \frac{40,000}{\sqrt{3} \times 22.9} = 1,008.47[A]$ 답 1,008.47[A]

3 SF_6(육불화유황) 가스

4

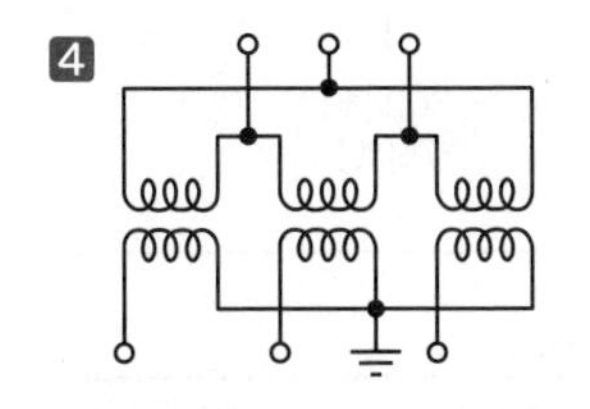

TIP

① FA : 유입풍냉식, OA : 유입자냉식
② 40[MVA] 기준
③ Y결선은 중성점을 접지할 것

10 ★☆☆☆☆ [6점]

아래 그림은 차단기 트립방식을 나타낸 도면이다. 트립방식의 명칭을 쓰시오.

1

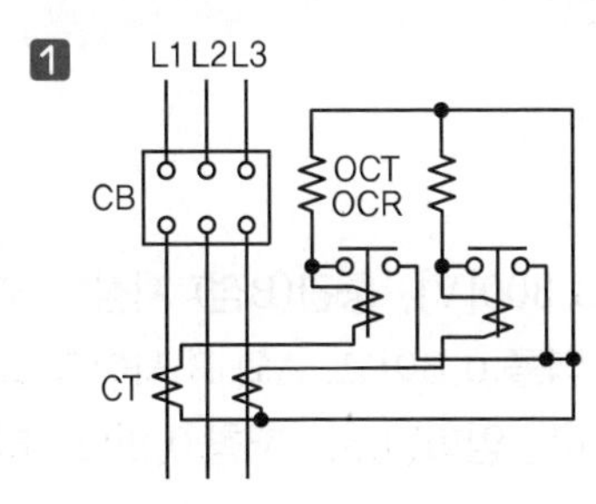

2

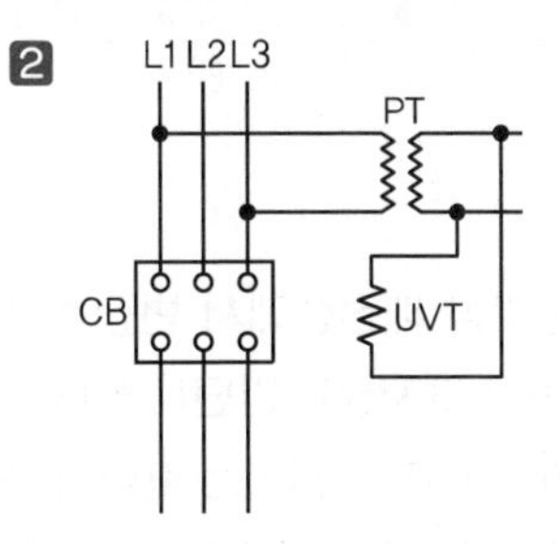

해답 **1** 과전류 트립 방식
2 부족 전압 트립 방식

11 ★★★★☆

[5점]

부하설비 및 수용률이 그림과 같은 경우 이곳에 공급할 변압기 Tr의 용량을 계산하여 표준 용량으로 결정하시오.(단, 부등률은 1.1, 종합 역률은 80[%] 이하로 한다.)

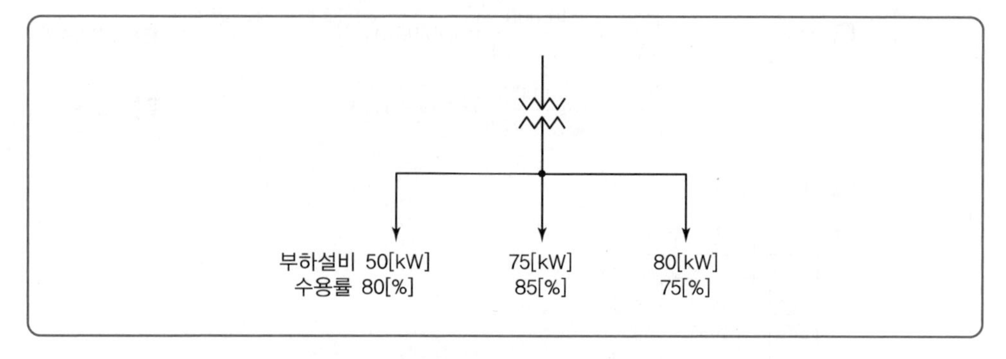

| 변압기 표준 용량[kVA] |

50	100	150	200	250	300	500

해답 계산 : 변압기 용량$=\dfrac{50\times0.8+75\times0.85+80\times0.75}{1.1\times0.8}=186.08$[kVA]

답 200[kVA]

TIP

① 변압기 용량[kVA]≥합성 최대전력[kVA]$=\dfrac{\text{설비 용량[kVA]}\times\text{수용률}}{\text{부등률}}$

② 변압기 용량[kVA]≥합성 최대전력[kW]$=\dfrac{\text{설비 용량[kW]}\times\text{수용률}}{\text{부등률}\times\text{역률}}$

12 ★★★★☆

[12점]

그림과 같은 3상 배전선에서 변전소(A점)의 전압은 3,300[V], 중간(B점) 지점의 부하는 50[A], 역률 0.8(지상), 말단(C점)의 부하는 50[A], 역률 0.8이고, A와 B 사이의 길이는 2[km], B와 C 사이의 길이는 4[km]이며, 선로의 [km]당 임피던스는 저항 0.9[Ω], 리액턴스 0.4[Ω]이라고 할 때 다음 각 물음에 답하시오.

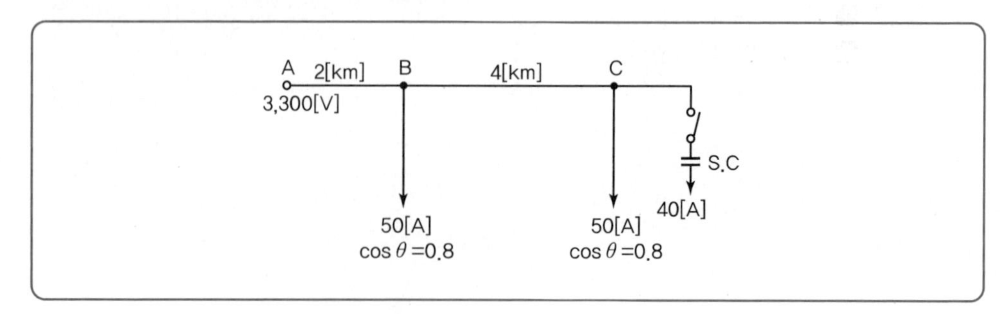

1 이 경우의 B점과 C점의 전압은 몇 [V]인가?

① B점의 전압

② C점의 전압

2 C점에 전력용 콘덴서를 설치하여 진상 전류 40[A]를 흘릴 때 B점과 C점의 전압은 각각 몇 [V]인가?

① B점의 전압

② C점의 전압

3 전력용 콘덴서를 설치하기 전과 후의 선로의 전력 손실을 구하시오.

① 전력용 콘덴서 설치 전

② 전력용 콘덴서 설치 후

해답 **1** 콘덴서 설치 전 B, C점의 전압

① B점의 전압

계산 : $V_B = V_A - \sqrt{3}\,I_1(R_1\cos\theta + X_1\sin\theta)$

$= 3{,}300 - \sqrt{3} \times 100(0.9 \times 2 \times 0.8 + 0.4 \times 2 \times 0.6) = 2{,}967.45$[V]

답 2,967.45[V]

② C점의 전압

계산 : $V_C = V_B - \sqrt{3}\,I_2(R_2\cos\theta + X_2\sin\theta)$

$= 2{,}967.45 - \sqrt{3} \times 50(0.9 \times 4 \times 0.8 + 0.4 \times 4 \times 0.6) = 2{,}634.9$[V]

답 2,634.9[V]

2 콘덴서 설치 후 B, C점의 전압

① B점의 전압

계산 : $V_B = V_A - \sqrt{3}\,\{I_1\cos\theta \cdot R_1 + (I_1\sin\theta - I_C) \cdot X_1\}$

$= 3{,}300 - \sqrt{3} \times \{100 \times 0.8 \times 1.8 + (100 \times 0.6 - 40) \times 0.8\} = 3{,}022.87$[V]

답 3,022.87[V]

② C점의 전압

계산 : $V_C = V_B - \sqrt{3} \times \{I_2\cos\theta \cdot R_2 + (I_2\sin\theta - I_C) \cdot X_2\}$

$= 3{,}022.87 - \sqrt{3} \times \{50 \times 0.8 \times 3.6 + (50 \times 0.6 - 40) \times 1.6\} = 2{,}801.17$[V]

답 2,801.17[V]

3 전력 손실

① 콘덴서 설치 전

계산 : $P_{L1} = 3I_1^2R_1 + 3I_2^2R_2 = 3 \times 100^2 \times 1.8 + 3 \times 50^2 \times 3.6 = 81{,}000$[W] $= 81$[kW]

답 81[kW]

② 콘덴서 설치 후

계산 : $I_1 = \sqrt{(100\times0.8)^2+(100\times0.6-40)^2} = 82.46[A]$

$I_2 = \sqrt{(50\times0.8)^2+(50\times0.6-40)^2} = 41.23[A]$

$\therefore\ P_{L2} = 3\times82.46^2\times1.8+3\times41.23^2\times3.6 = 55{,}080 = 55.08[kW]$

답 55.08[kW]

TIP

- 3상 전력 손실 $=3I^2R$
- 콘덴서 전류=진상무효전류$(-I_C)$

13 ★★★★☆ [6점]

그림과 같은 계통의 기기의 A점에서 완전 지락이 발생하였다. 그림을 이용하여 다음 각 물음에 답하시오.

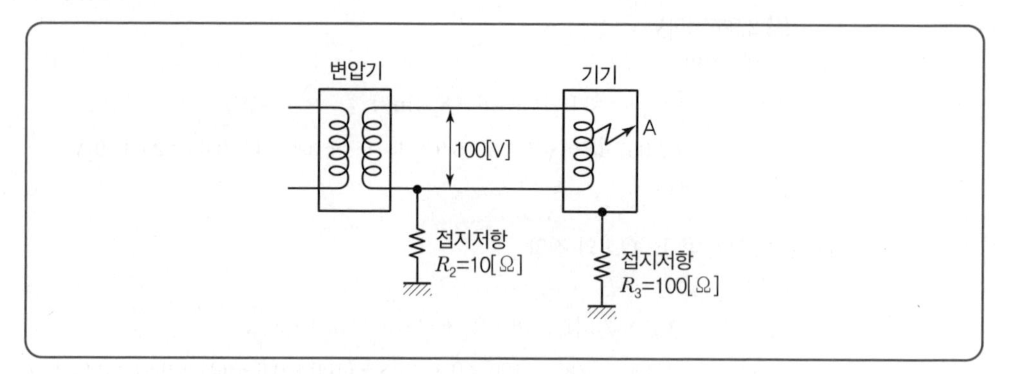

1 이 기기의 외함에 인체가 접촉하고 있지 않을 경우, 이 외함의 대지 전압을 구하시오.

2 이 기기의 외함에 인체가 접촉하였을 경우 인체를 통해서 흐르는 전류를 구하시오.(단, 인체의 저항은 3,000[Ω]으로 한다.)

해답 1 계산 : 대지 전압 $e = \dfrac{R_3}{R_2+R_3}\times V = \dfrac{100}{10+100}\times100 = 90.91[V]$

답 90.91[V]

2 계산 : 인체에 흐르는 전류

$$I = \frac{V}{R_2+\dfrac{R_3\cdot R}{R_3+R}}\times\frac{R_3}{R_3+R} = \frac{100}{10+\dfrac{100\times3{,}000}{100+3{,}000}}\times\frac{100}{100+3{,}000}$$

$= 0.0302[A] = 30.21[mA]$

답 30.21[mA]

14 ★★★☆☆ [8점]

그림과 같은 기동 우선 자기 유지 회로의 타임차트를 그리고 이 회로를 무접점(로직) 회로로 작성하시오.

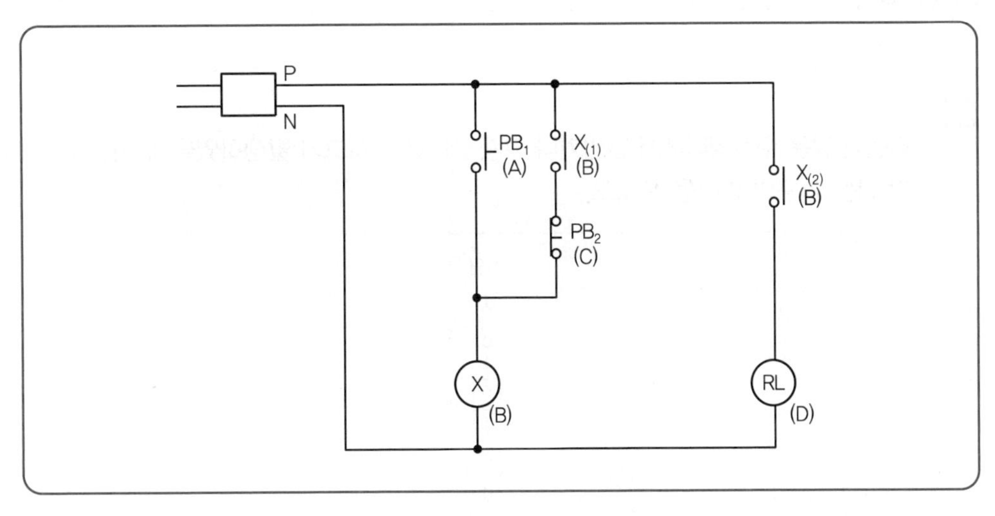

해답 ① 무접점 논리 회로

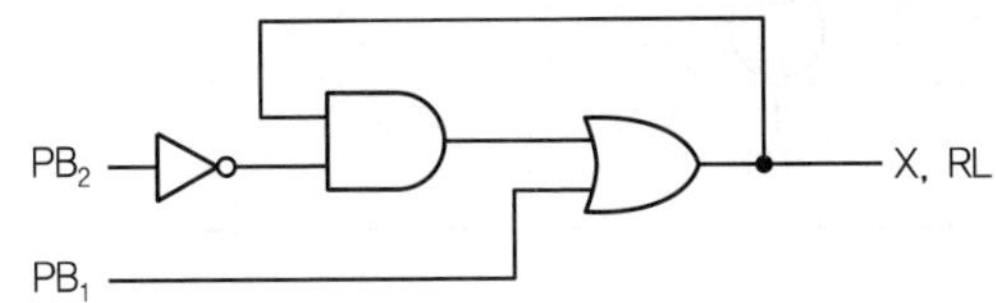

② 타임차트

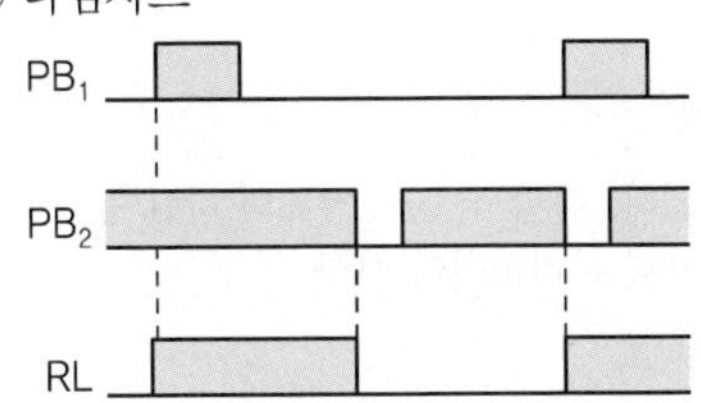

전기산업기사

2007년도 2회 시험 과년도 기출문제

회독 체크	□1회독	월 일	□2회독	월 일	□3회독	월 일

01 ★☆☆☆☆ [5점]

다음과 같은 수전설비에서 변압기나 각종 설비에서 사고가 발생하였을 때 가장 먼저 개방해야 하는 기구의 명칭을 쓰시오.

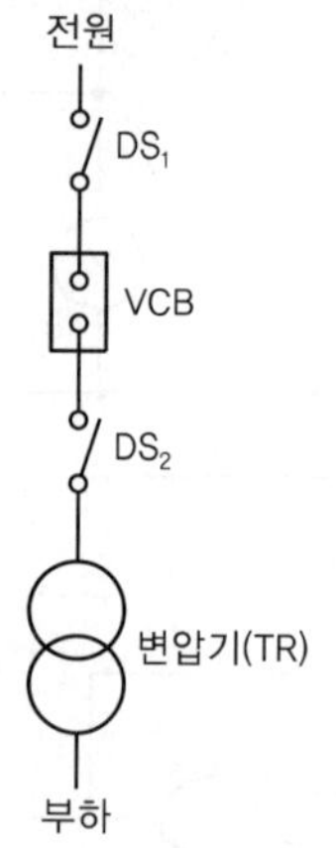

전원
DS_1
VCB
DS_2
변압기(TR)
부하

해답 진공차단기(VCB)

TIP

단로기(DS_1, DS_2)는 사고 전류의 차단 능력이 없다. 따라서, 고장전류의 차단 능력이 있는 VCB(진공차단기)를 개로하여 사고개소를 전원으로부터 분리하여야 한다.

02 ★★★★★ [14점]

그림은 자동 Y−△ 기동회로이다. 이 회로를 보고 다음 각 물음에 답하시오.

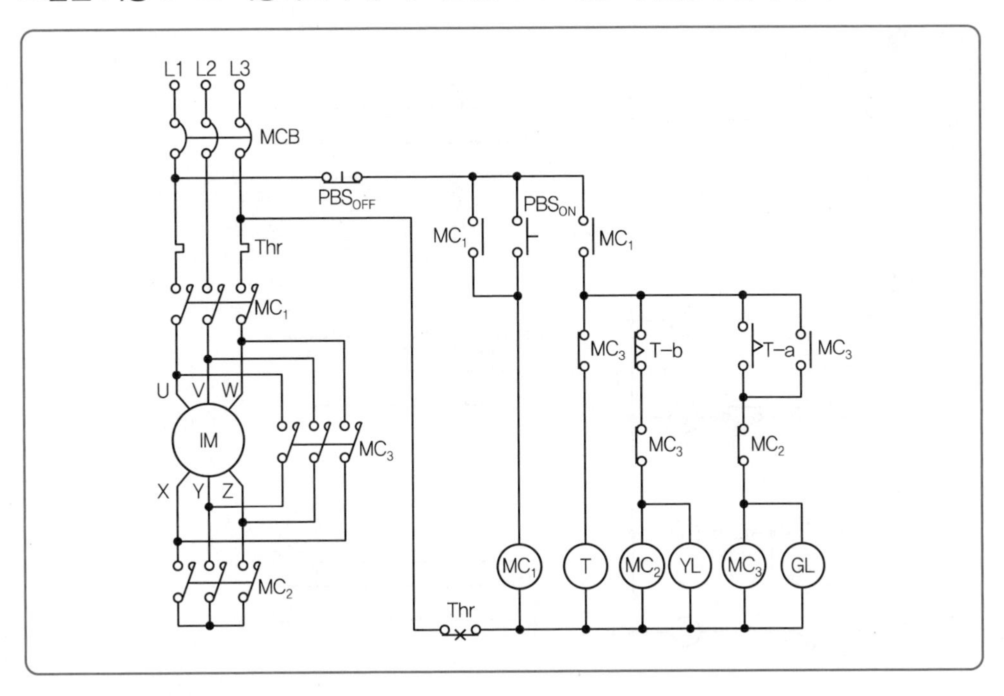

1 작동 설명의 ( ) 안에 알맞은 내용을 쓰시오.

- 기동스위치 PBS_{ON}을 누르면 (①)이 여자되고, (②)가 여자되면서 일정시간 동안 (③)와 (④) 접점에 의해 MC_2가 여자되어 MC_1, MC_2가 작동하여 (⑤) 결선으로 전동기가 기동된다.
- 일정시간 이후에 (⑥) 접점에 의해 개회로가 되므로 (⑦)가 소자되고, (⑧)와 (⑨) 접점에 의해 MC_3이 여자되어 MC_1, (⑩)가 작동하여 (⑪) 결선에서 (⑫) 결선으로 변환되어 전동기가 정상운전 된다.

2 주어진 기동회로에 인터록 회로의 표시를 한다면 어느 부분에 어떻게 표현하여야 하는가?

해답 1

① MC_1	② T	③ T−b	④ MC_3−b
⑤ Y	⑥ T−b	⑦ MC_2	⑧ T−a
⑨ MC_2−b	⑩ MC_3	⑪ Y	⑫ △

2 (MC_2) 회로에 있는 MC_3−b와 (MC_3)를 점선으로 연결하고,

(MC_3) 회로에 있는 MC_2−b와 (MC_2)를 점선으로 연결한다.

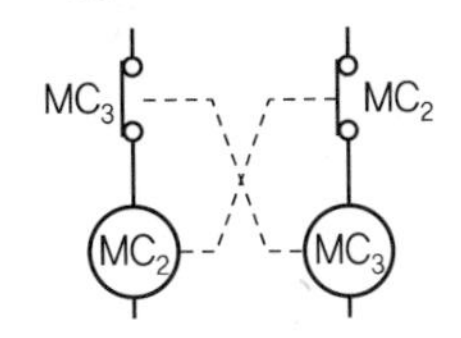

03 ★★★★☆

[8점]

그림과 같은 회로의 램프 Ⓛ에 대한 점등을 타임차트로 표시하시오.

1

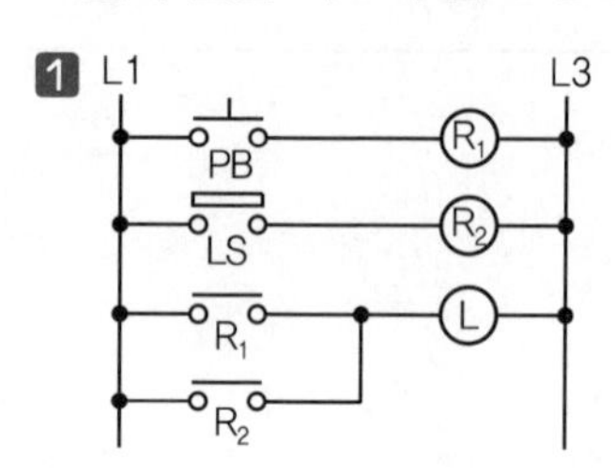

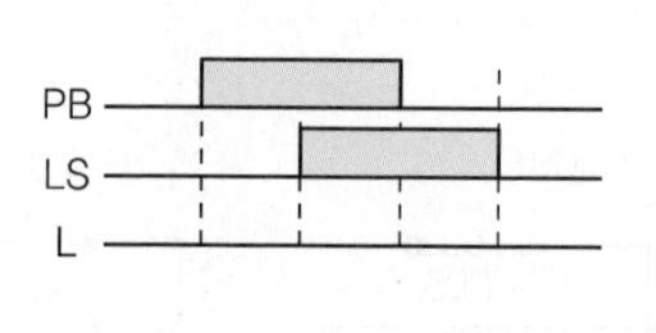

2

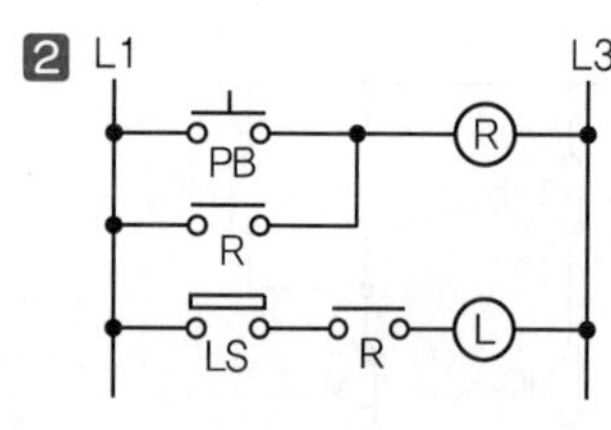

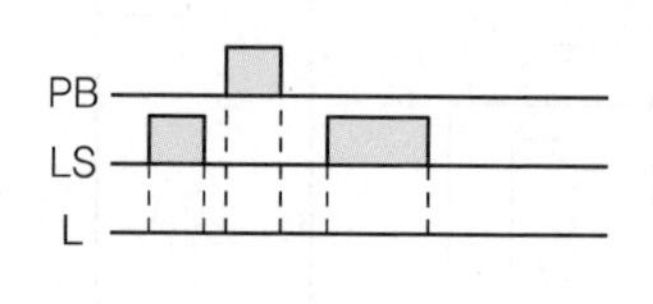

3

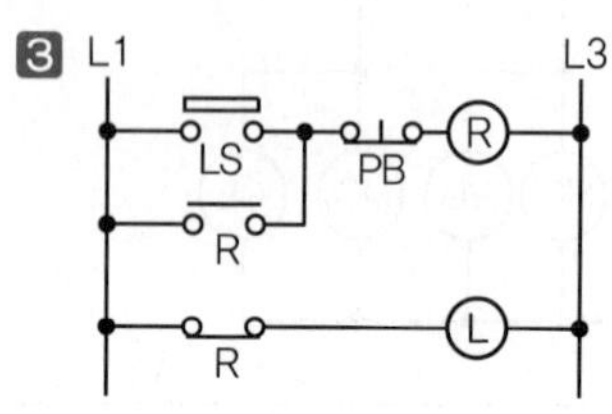

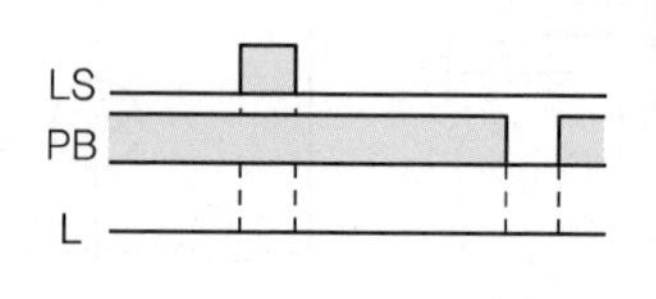

4

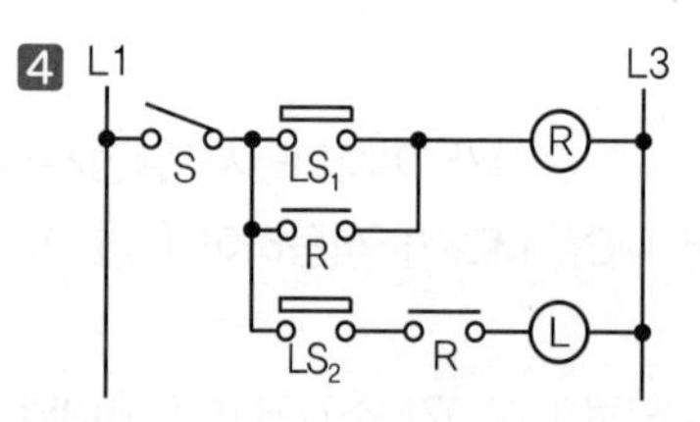

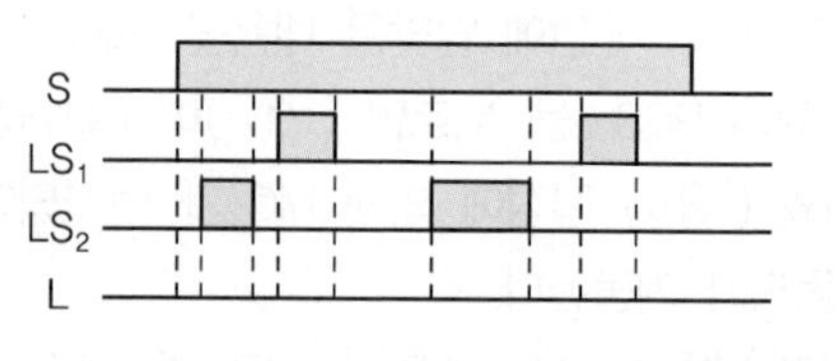

해답 1

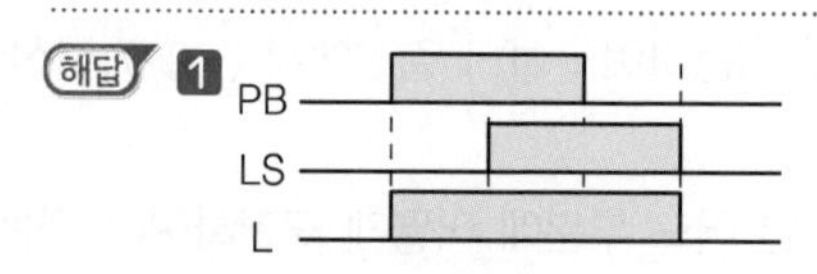

2

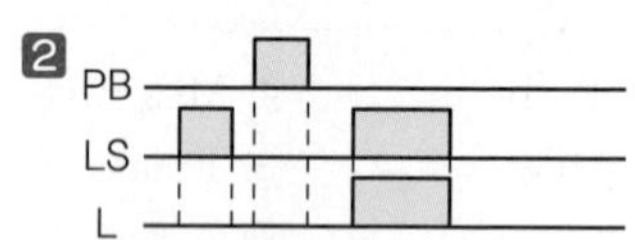

3

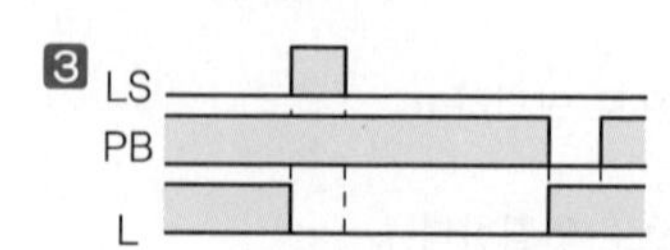

4

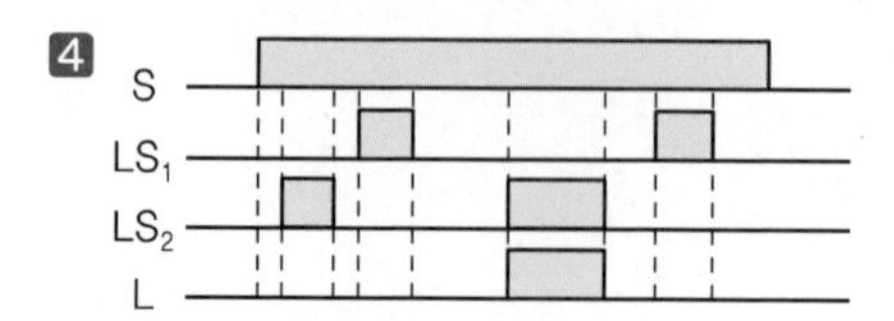

04 ★★☆☆☆ [12점]

그림은 릴레이 금지회로의 응용 예이다. 무접점 회로와 같은 유접점 릴레이 회로를 완성하시오.

문항	무접점 릴레이 회로	회로 명칭	유접점 릴레이 회로
1	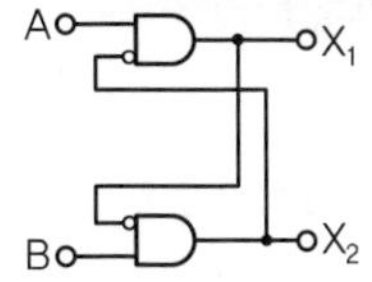 A, B, X_1, X_2	상호 인터록 회로	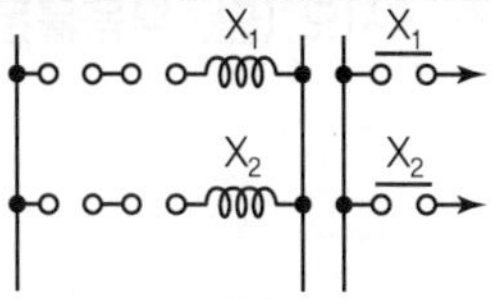 X_1, X_1, X_2, X_2
2	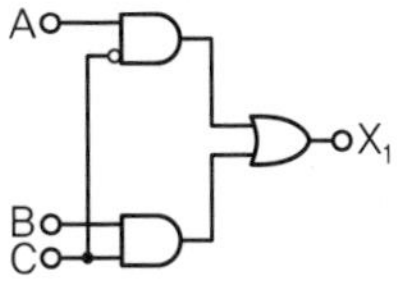 A, B, C, X_1	절환 회로	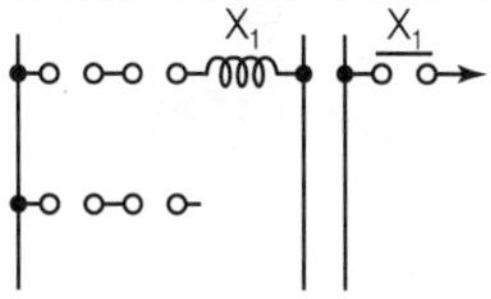 X_1, X_1
3	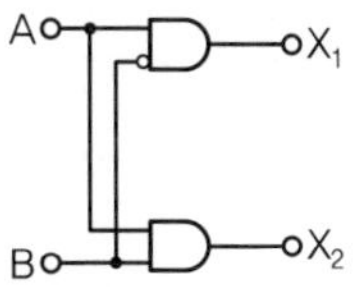 A, B, X_1, X_2	절환 회로	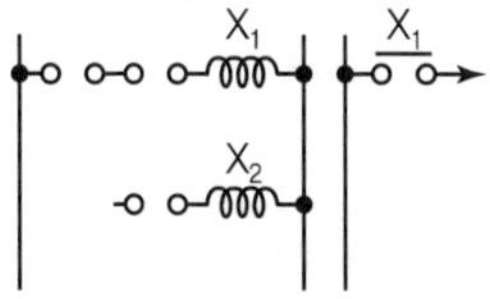 X_1, X_1, X_2
4	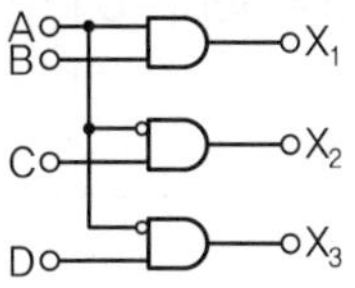 A, B, C, D, X_1, X_2, X_3	우선 회로	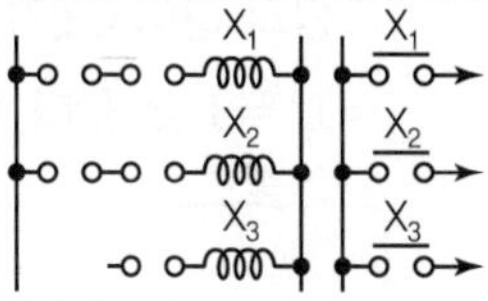 X_1, X_1, X_2, X_2, X_3, X_3

해답

문항	무접점 릴레이 회로	회로 명칭	유접점 릴레이 회로
1	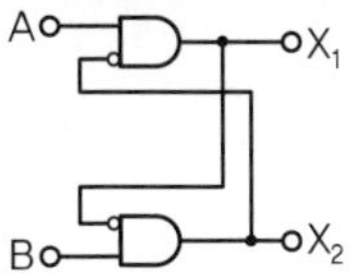 A, B, X_1, X_2	상호 인터록 회로	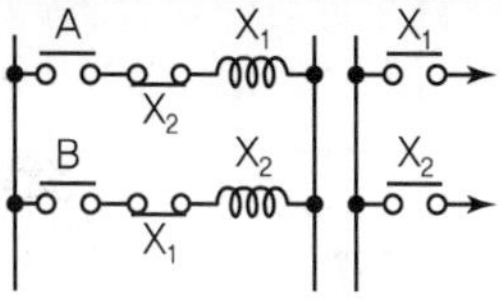 A, X_2, X_1, X_1 / B, X_1, X_2, X_2
2	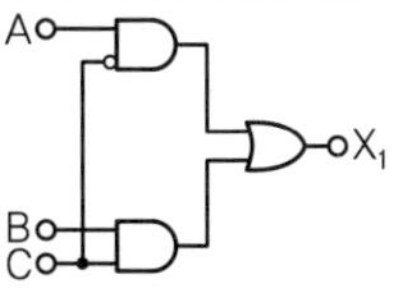 A, B, C, X_1	절환 회로	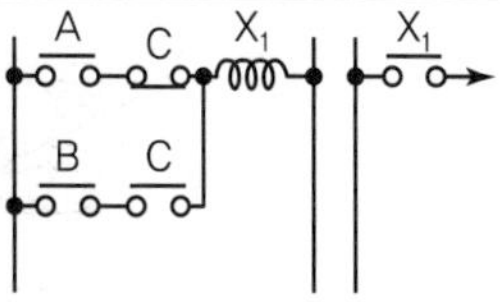 A, C, X_1, X_1 / B, C
3	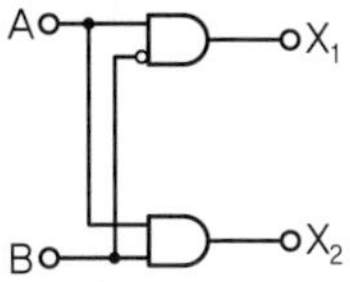 A, B, X_1, X_2	절환 회로	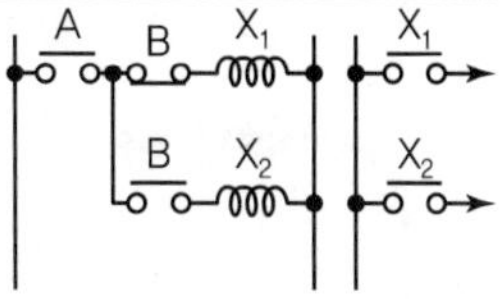 A, B, X_1, X_1 / B, X_2, X_2
4	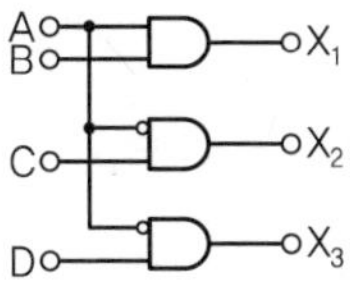 A, B, C, D, X_1, X_2, X_3	우선 회로	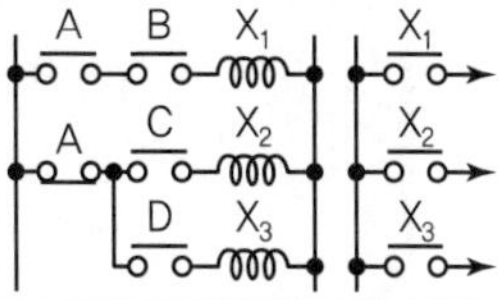 A, B, X_1, X_1 / A, C, X_2, X_2 / D, X_3, X_3

2002 2003 2004 2005 2006 2007 2008 2009 2010 2011

05 ★★★★★

[5점]

어느 수용가의 부하설비가 30[kW], 20[kW], 30[kW]로 배치되어 있다. 이들의 수용률이 각각 50[%], 60[%], 70[%]로 되어 있는 경우 여기에 전력을 공급할 변압기의 용량을 계산하시오.(단, 부등률은 1.1, 종합부하의 역률은 80[%]이다.)

해답 계산 : 변압기 용량$=\dfrac{30\times0.5+20\times0.6+30\times0.7}{1.1\times0.8}=54.55$[kVA]

답 54.55[kVA]

TIP

변압기 용량[kVA]$=\dfrac{\text{합성 최대 수용전력}}{\text{역률}}=\dfrac{\text{설비 용량[kW]}\times\text{수용률}}{\text{부등률}\times\text{역률}}$

06 ★★★★☆

[5점]

그림과 같이 CT가 결선되어 있을 때 전류계 A_3의 지시는 얼마인가?(단, 부하전류 $I_1=I_2=I_3=I$ 로 한다.)

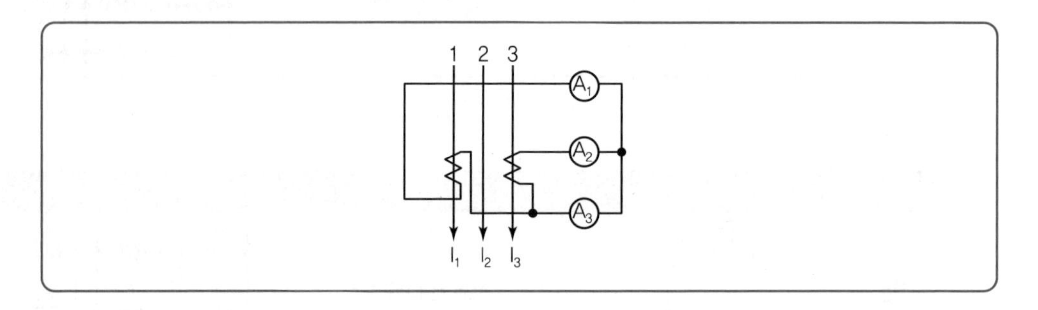

해답

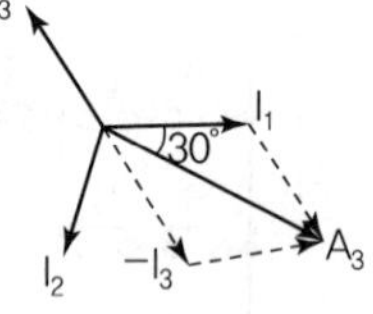

계산 : $A_3=2I_1\cos30°=2\times I_1\times\dfrac{\sqrt{3}}{2}=\sqrt{3}I_1=\sqrt{3}I$

답 $\sqrt{3}I$

TIP

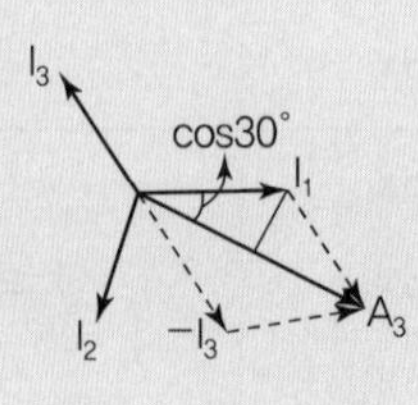

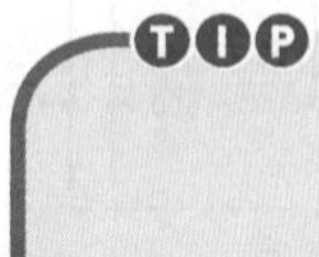

07 ★★☆☆☆ [8점]

CT의 변류비가 400/5[A]이고 고장 전류가 4,000[A]이다. 과전류 계전기의 동작 시간은 몇 [sec]로 결정되는가?(단, 전류는 125[%]에 정정되어 있고, 시간 표시판 정정은 5이며, 계전기의 동작 특성은 그림과 같다.)

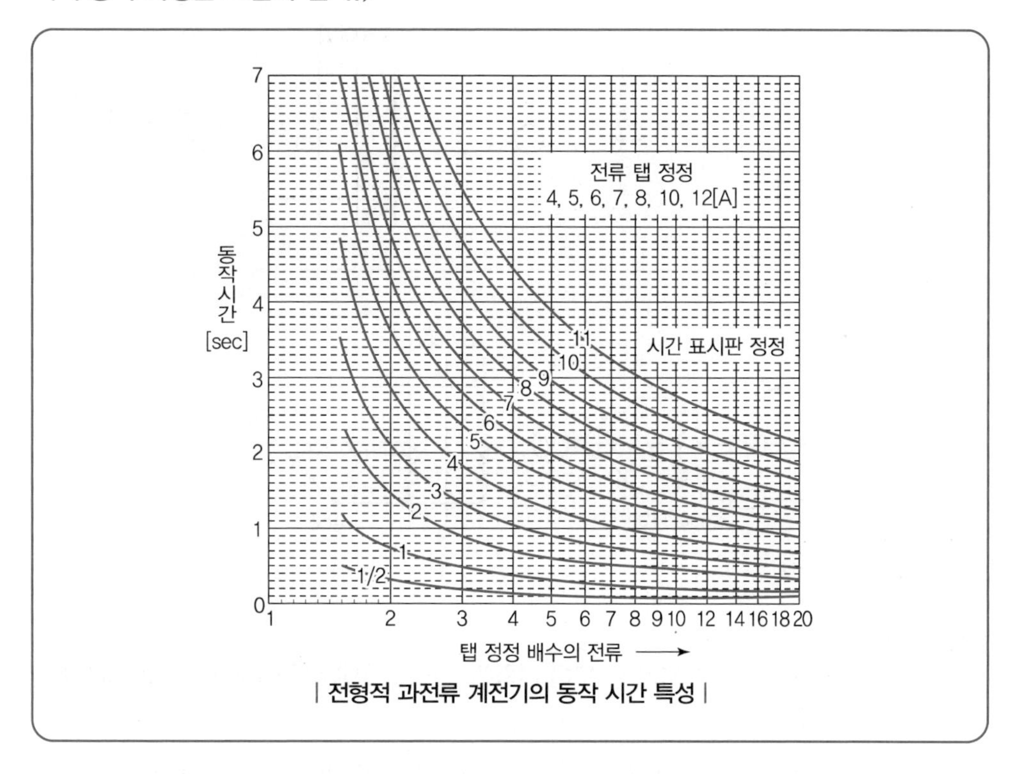

| 전형적 과전류 계전기의 동작 시간 특성 |

해답 계산 : 정정목표치 $= 400 \times \frac{5}{400} \times 1.25 = 6.25$

따라서, 7[A] 탭으로 정정

탭정정 배수 $= \dfrac{4{,}000 \times \frac{5}{400}}{7} = 7.14$

동작시간은 탭정정 배수 7.14와 시간표시판 정정 5와 만나는 1.4[sec]에 동작한다.

답 1.4[sec]

08 ★★☆☆☆ [7점]

다음의 결선도는 PT 및 CT의 미완성 결선도이다. 그림기호를 그리고 약호들을 사용하여 결선도를 완성하시오.

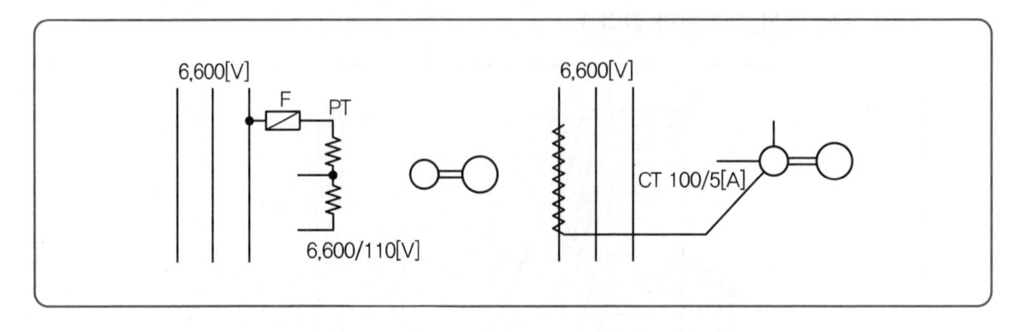

해답

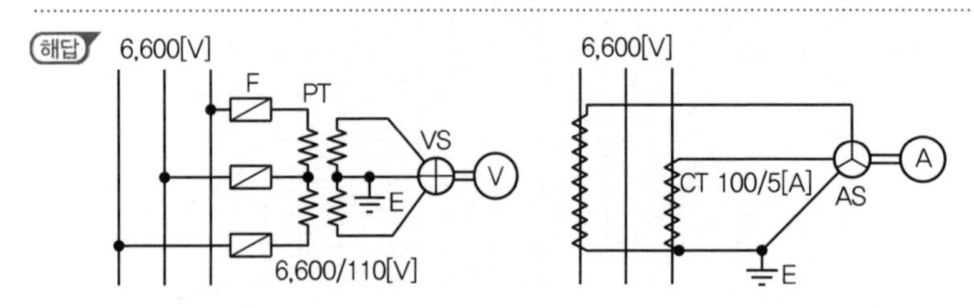

09 ★★★★★ [9점]

60[kW], 역률 80[%](지상)인 부하 전력에 전력용 콘덴서를 설치하려고 할 때 다음 각 물음에 답하시오.

1. 전력용 콘덴서에 직렬 리액터를 함께 설치하는 이유는 무엇 때문인가?
2. 전력용 콘덴서에 사용하는 직렬 리액터의 용량은 전력용 콘덴서 용량의 약 몇 [%]인가?
3. 역률을 95[%]로 개선하는 데 필요한 전력용 콘덴서의 용량은 몇 [kVA]인가?

해답

1. 제5고조파를 제거하여 파형 개선
2. 이론상 : 4[%], 실제 : 6[%]
3. 계산 : $Q_c = 60 \times \left(\frac{\sqrt{1-0.8^2}}{0.8} - \frac{\sqrt{1-0.95^2}}{0.95} \right) = 25.28[\text{kVA}]$

   답 25.28[kVA]

TIP

$$Q_c = P(\tan\theta_1 - \tan\theta_2) = \left(\frac{\sqrt{1-\cos\theta_1^2}}{\cos\theta_1} - \frac{\sqrt{1-\cos\theta_2^2}}{\cos\theta_2} \right)[\text{kVA}]$$

2002 2003 2004 2005 2006 2007 2008 2009 2010 2011

10 ★★★★☆ [5점]

어떤 방의 크기가 가로 12[m], 세로 24[m], 높이 4[m]이며, 6[m]마다 기둥이 있고, 기둥 사이에 보가 있으며, 이중천장으로 실내마감되어 있다. 이 방의 평균조도를 500[lx]가 되도록 매입개방형 형광등 조명을 하고자 할 때 다음 조건을 이용하여 이 방의 조명에 필요한 등수를 구하시오.

[조건]

• 천장반사율 : 75[%]	• 바닥반사율 : 30[%]
• 벽반사율 : 50[%]	• 조명률 : 70[%]
• 감광보상률 : 1.6	• 등의 보수상태 : 중간 정도
• 안정기 손실 : 개당 20[W]	• 등의 광속 : 2,200[lm]

해답 계산 : $N = \dfrac{EAD}{FU} = \dfrac{500 \times 12 \times 24 \times 1.6}{2,200 \times 0.7} = 149.61$[등]

답 150[등]

11 ★★★★☆ [4점]

그림과 같은 회로에서 단자 전압이 V_0일 때 전압계의 눈금 V로 측정하기 위해서는 배율기의 저항 R_m은 얼마로 하여야 하는가?(단, 전압계의 내부 저항은 R_v로 한다.)

해답 계산 : $V = \dfrac{R_v}{R_m + R_v} \cdot V_o$

$\dfrac{V_o}{V} = \dfrac{R_m + R_v}{R_v} = \dfrac{R_m}{R_v} + 1$

$\dfrac{R_m}{R_v} = \dfrac{V_o}{V} - 1$

$\therefore R_m = R_v\left(\dfrac{V_o}{V} - 1\right)$

답 $R_m = R_v\left(\dfrac{V_o}{V} - 1\right)$

12 ★★★★☆

[5점]

3상 3선식 6,600[V]인 변전소에서 저항 6[Ω], 리액턴스 8[Ω]의 송전선을 통하여 역률 0.8의 부하에 전력을 공급할 때 수전단 전압을 6,000[V] 이상으로 유지하기 위해서 걸 수 있는 부하는 최대 몇 [kW]까지 가능하겠는가?

해답 계산 : 전압강하 $e = \frac{P}{V}(R + X\tan\theta)$에서

$$6{,}600 - 6{,}000 = \frac{P}{6{,}000}\left(6 + 8 \times \frac{0.6}{0.8}\right)$$

$$P = 300[kW]$$

답 300[kW]

TIP

$$e = V_s - V_r = \sqrt{3}I(R\cos\theta + X\sin\theta) = \frac{P}{V_r}(R + X\tan\theta)$$

13 ★★★☆☆

[7점]

단상 변압기 3대를 △－△결선하고, 이 결선 방식의 장단점을 3가지씩 쓰시오.

해답 △－△결선

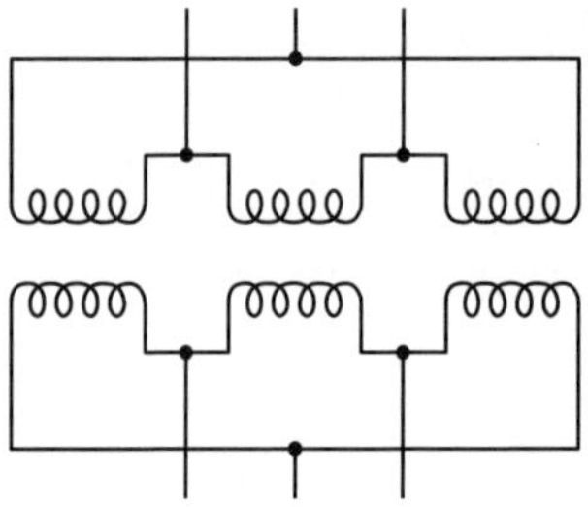

- 장점
  - ① 제3고조파 전류가 △결선 내에 순환하므로 기전력의 파형이 개선된다.
  - ② 1상 고장 시 V－V결선으로 사용할 수 있다.
  - ③ 상전류가 선전류의 $\frac{1}{\sqrt{3}}$이 되어 대전류에 적합하다.
- 단점
  - ① 중성점을 접지할 수 없으므로 지락사고 검출이 곤란하다.
  - ② 변압비가 다른 것을 결선하면 순환전류가 흐른다.
  - ③ 각 상의 권선임피던스가 다르면 부하가 평형이 되어도 부하전류는 불평형이 된다.

14 ★★★★★

[6점]

평형 3상 회로에 그림과 같은 유도 전동기가 있다. 이 회로에 2개의 전력계와 전압계 및 전류계를 접속하였더니 그 지시값은 $W_1 = 6.24[kW]$, $W_2 = 3.77[kW]$, 전압계의 지시는 200[V], 전류계의 지시는 34[A]이었다. 이때 다음 각 물음에 답하시오.

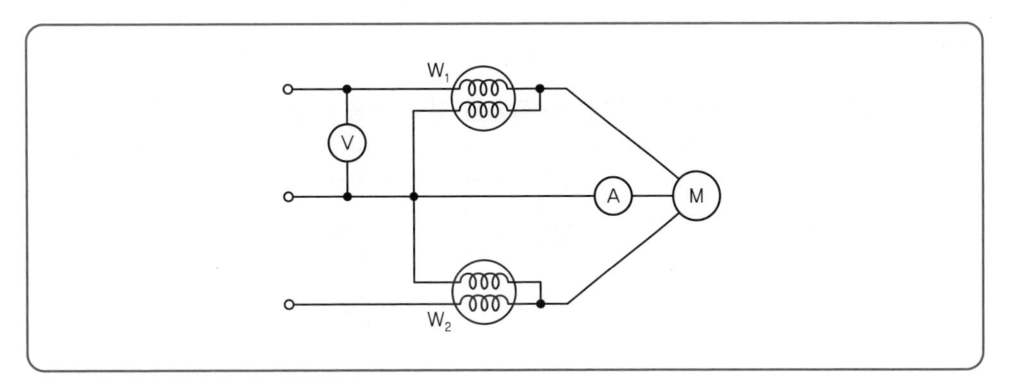

1. 부하에 소비되는 전력을 구하시오.
2. 부하의 피상전력을 구하시오.
3. 이 유도 전동기의 역률은 몇 [%]인가?

해답

1. 계산 : $P = W_1 + W_2 = 6.24 + 3.77 = 10.01[kW]$

   답 10.01[kW]

2. 계산 : $P_a = \sqrt{3}VI = \sqrt{3} \times 200 \times 34 \times 10^{-3} = 11.78[kVA]$

   답 11.78[kVA]

3. 계산 : $\cos\theta = \dfrac{W_1 + W_2}{\sqrt{3}VI} = \dfrac{10.01}{11.78} \times 100 = 84.97[\%]$

   답 84.97[%]

TIP

2전력계법은 2개의 단상전력계로 3상전력을 측정하는 방법으로 각각의 전력 및 역률은 다음과 같다.

① 유효전력 : $P = W_1 + W_2[W]$

② 무효전력 : $P_r = \sqrt{3}(W_1 - W_2)[Var]$

③ 피상전력 : $P_a = 2\sqrt{W_1^2 + W_2^2 - W_1W_2}\ [VA]$

④ 역률 : $\cos\theta = \dfrac{W_1 + W_2}{2\sqrt{W_1^2 + W_2^2 - W_1W_2}}$

↘ 전기산업기사

2007년도 3회 시험

과년도 기출문제

회독 체크	□1회독	월 일	□2회독	월 일	□3회독	월 일

01 ★★★★★ [7점]

그림은 릴레이 인터록 회로이다. 이 그림을 보고 다음 각 물음에 답하시오.

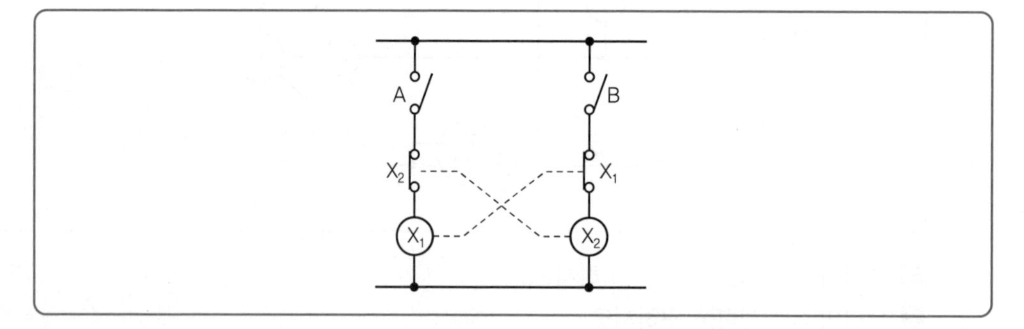

1 이 회로를 논리회로로 고쳐서 그리고, 주어진 타임차트를 완성하시오.

- 논리회로
- 타임차트

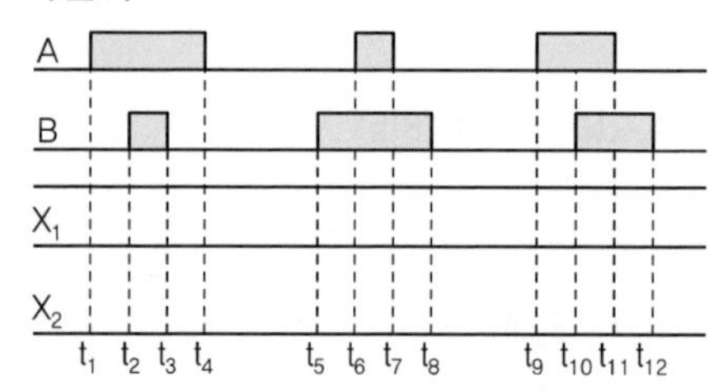

2 인터록회로는 어떤 회로인지 상세하게 설명하시오.

해답 1 • 논리회로

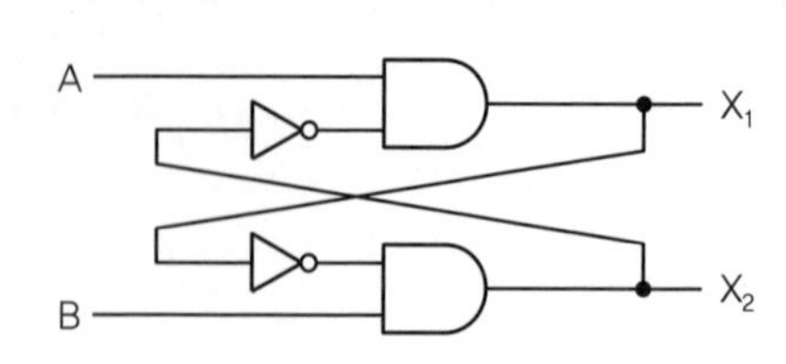

• 타임차트

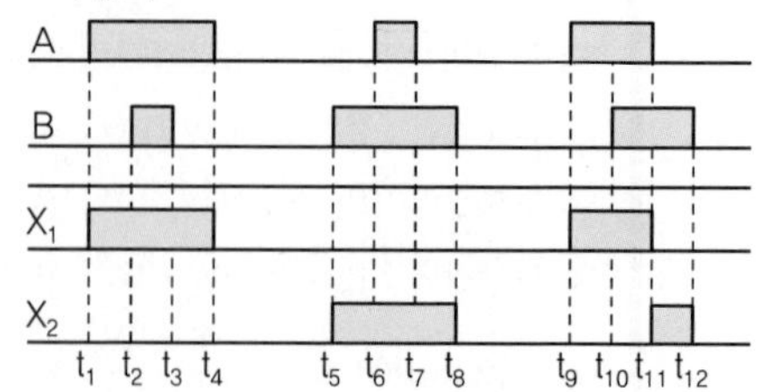

2 릴레이 (X_1)이 여자되어 있을 때 스위치 B로 릴레이 (X_2)를 여자할 수 없고, 릴레이 (X_2)가 여자되어 있을 때 스위치 A로 릴레이 (X_1)을 여자할 수 없는 회로

02 ★★★★★ [14점]

3층 사무실용 건물에 3상 3선식의 6,000[V]를 수전하여 200[V]로 체강하여 수전하는 설비를 하였다. 각종 부하설비가 표와 같을 때 주어진 조건을 이용하여 다음 각 물음에 답하시오.

| 표 1. 동력 부하 설비 |

사용 목적	용량 [kW]	대수	상용 동력 [kW]	하계 동력 [kW]	동계 동력 [kW]
난방 관계					
• 보일러 펌프	6.7	1			6.7
• 오일 기어 펌프	0.4	1			0.4
• 온수 순환 펌프	3.7	1			3.7
공기 조화 관계					
• 1, 2, 3층 패키지 컴프레셔	7.5	6		45.0	
• 컴프레서 팬	5.5	3	16.5		
• 냉각수 펌프	5.5	1		5.5	
• 쿨링 타워	1.5	1		1.5	
급수 · 배수 관계					
• 양수 펌프	3.7	1	3.7		
기타					
• 소화 펌프	5.5	1	5.5		
• 셔터	0.4	2	0.8		
합계			26.5	52.0	10.8

| 표 2. 조명 및 콘센트 부하 설비 |

사용 목적	와트수 [W]	설치 수량	환산 용량 [VA]	총용량 [VA]	비고
전등관계					
• 수은등 A	200	2	260	520	200[V] 고역률
• 수은등 B	100	8	140	1,120	100[V] 고역률
• 형광등	40	820	55	45,100	200[V] 고역률
• 백열전등	60	20	60	1,200	
콘센트 관계					
• 일반 콘센트		70	150	10,500	2P 15[A]
• 환기팬용 콘센트		8	55	440	
• 히터용 콘센트	1,500	2		3,000	
• 복사기용 콘센트		4		3,600	
• 텔레타이프용 콘센트		2		2,400	
• 룸 쿨러용 콘센트		6		7,200	
기타					
• 전화 교환용 정류기		1		800	
계				75,880	

[조건]

1. 동력부하의 역률은 모두 70[%]이며, 기타는 100[%]로 간주한다.
2. 조명 및 콘센트 부하설비의 수용률은 다음과 같다.
   - 전등설비 : 60[%]
   - 콘센트설비 : 70[%]
   - 전화교환용 정류기 : 100[%]
3. 변압기 용량 산출 시 예비율(여유율)은 고려하지 않으며 용량은 표준규격으로 답하도록 한다.
4. 변압기 용량 산정 시 필요한 동력부하설비의 수용률은 전체 평균 65[%]로 한다.

1 동계 난방 때 온수 순환 펌프는 상시 운전하고, 보일러용과 오일 기어 펌프의 수용률이 55[%] 일 때 난방 동력 수용 부하는 몇 [kW]인가?

2 상용 동력, 하계 동력, 동계 동력에 대한 피상전력은 몇 [kVA]가 되겠는가?

① 상용 동력

② 하계 동력

③ 동계 동력

3 이 건물의 총 전기설비 용량은 몇 [kVA]를 기준으로 하여야 하는가?

4 조명 및 콘센트 부하설비에 대한 단상변압기의 용량은 최소 몇 [kVA]가 되어야 하는가?

5 동력 부하용 3상 변압기의 용량은 몇 [kVA]가 되겠는가?

6 단상과 3상 변압기의 전류계용으로 사용되는 변류기의 1차 측 정격전류는 각각 몇 [A]인가?

① 단상

② 3상

7 역률개선을 위하여 각 부하마다 전력용 콘덴서를 설치하려고 할 때 보일러 펌프의 역률을 95[%]로 개선하려면 몇 [kVA]의 전력용 콘덴서가 필요한가?

해답 **1** 계산 : 수용부하 $= 3.7 + (6.7 + 0.4) \times 0.55 = 7.61$[kW]

답 7.61[kW]

2 ① 계산 : 상용 동력의 피상 전력 $= \dfrac{\text{설비용량[kW]}}{\text{역률}} = \dfrac{26.5}{0.7} = 37.86$[kVA]

답 37.86[kVA]

② 계산 : 하계 동력의 피상 전력 $= \dfrac{\text{설비용량[kW]}}{\text{역률}} = \dfrac{52.0}{0.7} = 74.29$[kVA]

답 74.29[kVA]

③ 계산 : 동계 동력의 피상 전력 $= \dfrac{\text{설비용량[kW]}}{\text{역률}} = \dfrac{10.8}{0.7} = 15.43$[kVA]

답 15.43[kVA]

3 계산 : $37.86 + 74.29 + 75.88 = 188.03$[kVA]

답 188.03[kVA]

4 계산 : 전등 관계 : $(520+1,120+45,100+1,200)\times 0.6\times 10^{-3}=28.76[\text{kVA}]$

콘센트 관계 : $(10,500+440+3,000+3,600+2,400+7,200)\times 0.7\times 10^{-3}$
$=19[\text{kVA}]$

기타 : $800\times 1\times 10^{-3}=0.8[\text{kVA}]$

$28.76+19+0.8=48.56[\text{kVA}]$ 이므로

단상 변압기 용량은 50[kVA]가 된다.

답 50[kVA]

5 계산 : 동계 동력과 하계 동력 중 큰 부하를 기준으로 하고 상용 동력과 합산하여 계산하면

$$T_R=\frac{\text{설비용량}\times\text{수용률}}{\text{역률}}=\frac{(26.5+52.0)}{0.7}\times 0.65=72.89[\text{kVA}]$$ 이므로

3상 변압기 용량은 75[kVA]가 된다.

답 75[kVA]

6 계산 : ① 단상 변압기 1차 측 변류기

계산 : $I=\frac{P}{V}\times\frac{50\times 10^3}{6\times 10^3}\times(1.25\sim 1.5)=10.42\sim 12.5[\text{A}]$

답 15[A] 선정

② 3상 변압기 1차 측 변류기

계산 : $I=\frac{P}{\sqrt{3}V}\times(1.25\sim 1.5)=\frac{75\times 10^3}{\sqrt{3}\times 6\times 10^3}\times(1.25\sim 1.5)=9.02\sim 10.83[\text{A}]$

답 10[A] 선정

7 계산 : $Q_c=P(\tan\theta_1-\tan\theta_2)=6.7\times\left(\frac{\sqrt{1-0.7^2}}{0.7}-\frac{\sqrt{1-0.95^2}}{0.95}\right)=4.63[\text{kVA}]$

답 4.63[kVA]

03 ★★★★☆ [5점]

그림과 같은 무접점 릴레이 회로의 출력식 Z를 구하고, 이것을 전자 릴레이 회로로 바꾸어 그리시오.

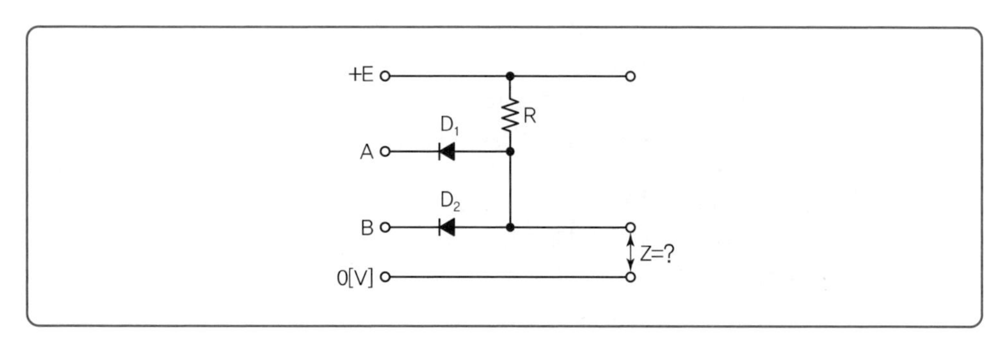

해답 • 출력식 : Z = A · B
• 전자 릴레이 회로(유접점 회로)

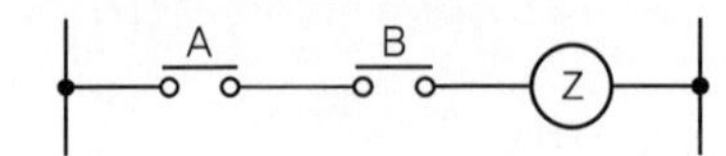

TIP

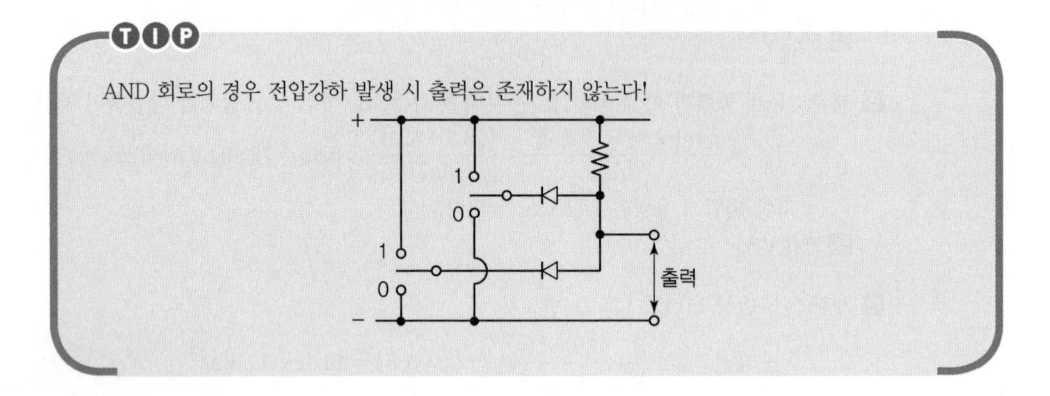

AND 회로의 경우 전압강하 발생 시 출력은 존재하지 않는다!
+
1
0
1
0
−
출력

04 ★☆☆☆☆ [6점]

다음과 같은 상황의 전자 개폐기의 고장에서 주요 원인과 그 보수 방법을 2가지씩 써넣으시오.

1 철심이 운다.
2 동작하지 않는다.
3 서멀 릴레이가 떨어진다.

해답 1 원인 : ① 철심 접촉 부위에 녹 발생
② 전원 단자 나사 부분의 이완
보수 방법 : ① 샌드페이퍼로 녹을 제거한다.
② 나사의 이완 부분을 조인다.

2 원인 : ① 여자 코일이 단선 또는 소손되었을 때
② 전원이 결상되었을 때
보수 방법 : ① 여자 코일을 교체한다.
② 전원 결상 부분을 찾아 연결한다.

3 원인 : ① 과부하 발생 시
② 서멀 릴레이 설정값이 낮을 때
보수 방법 : ① 부하를 정격값으로 조정한다.
② 서멀 릴레이 설정값을 상위값으로 조정한다.

05 ★★★★☆ [10점]

주어진 도면을 보고 다음 각 물음에 답하시오.

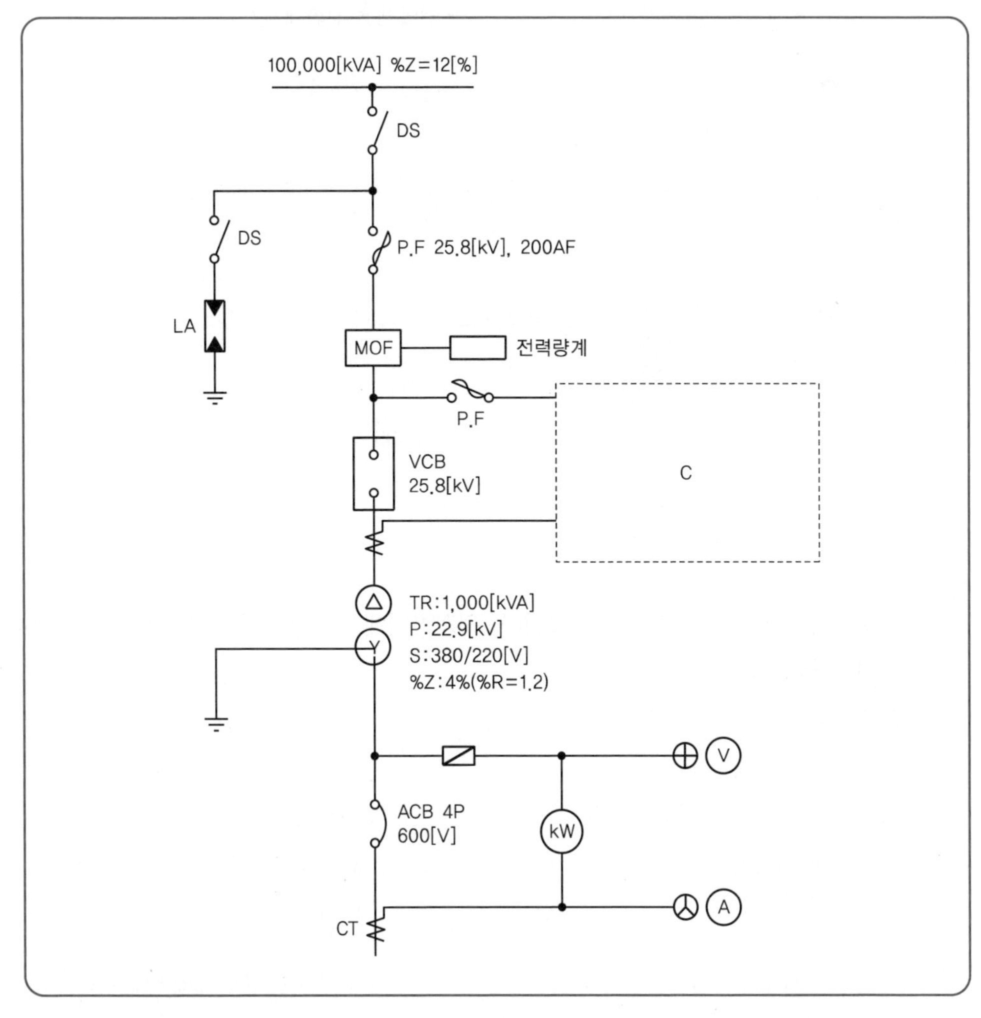

1. LA의 명칭과 그 기능을 설명하시오.
2. VCB에 필요한 최소 차단용량[MVA]을 구하시오.
3. 도면 C 부분의 계통도에 그려져야 할 것들 중에서 종류를 5가지만 쓰시오.
4. ACB의 최소 차단전류[kA]를 구하시오.
5. 최대 부하 800[kVA], 역률 80[%]인 경우 변압기에 의한 전압 변동률[%]을 구하시오.

해답 1 • 명칭 : 피뢰기
• 기능 : 뇌전류를 대지로 방전하고 속류를 차단

2 계산 : $P_S = \frac{100}{\%Z}P = \frac{100}{12} \times 100,000 = 833,333.33[\text{kVA}] \times 10^{-3} = 833.333[\text{MVA}]$

답 833.33[MVA]

3 • 계기용 변압기 • 전압계
• 전류계 • 과전류계전기
• 지락과전류계전기 • 전압계용 전환개폐기

4 계산 : 변압기 %Z를 100[MVA]으로 환산한 $\%Z = \frac{100}{1} \times 4 = 400[\%]$

합성 $\%Z = 400 + 12 = 412[\%]$

차단전류 $I_s = \frac{100}{\%Z} I_n = \frac{100}{412} \times \frac{100}{\sqrt{3} \times 380} \times 10^3 = 36.88[kA]$

답 36.88[kA]

5 계산 : $\%R = \frac{800}{1,000} \times 1.2 = 0.96[\%]$

$\%X = \frac{800}{1,000} \times \sqrt{4^2 - 1.2^2} = 3.05[\%]$

$\varepsilon = (\%R \times \cos\theta + \%X \times \sin\theta) = (0.96 \times 0.8 + 3.05 \times 0.6) = 2.6[\%]$

답 2.6[%]

06 ★☆☆☆☆ [13점]

다음은 수용가의 정전 시 조치사항이다. 점검방법에 따른 알맞은 점검절차를 보기에서 찾아 빈칸을 채우시오.

[보기]

• 수전용 차단기 개방
• 잔류전하의 방전
• 단로기 또는 전력퓨즈의 개방
• 단락접지용구의 취부
• 수전용 차단기의 투입
• 보호계전기 및 시험회로의 결선
• 보호계전기 시험
• 저압개폐기의 개방
• 검전의 실시
• 안전표지류의 취부
• 투입금지 표시찰 취부
• 구분 또는 분기개폐기의 개방
• 고압개폐기 또는 교류부하개폐기의 개방

점검순서	점검절차	점검방법
1		(1) 개방하기 전에 책임자와 충분한 협의를 실시하고 정전에 의하여 관계되는 기기의 장애가 없다는 것을 확인한다. (2) 동력개폐기를 개방한다. (3) 전등개폐기를 개방한다.
2		수동(자동)조작으로 수전용 차단기를 개방한다.
3		고압고무장갑을 착용하고, 고압검전기로 수전용 차단기의 부하 측 이후를 3상 모두 검전하고 무전압상태를 확인한다.
4		(책임분계점의 구분개폐기 개방의 경우) (1) 지락계전기가 있는 경우는 차단기와 연동시험을 실시한다.

		(2) 지락계전기가 없는 경우는 수동조작으로 확실히 개방한다. (3) 개방한 개폐기의 조작봉(끈)은 제3자가 조작하지 않도록 높은 장소에 확실히 매어(lock) 놓는다.
5		개방한 개폐기의 조작봉을 고정하는 위치에서 보이기 쉬운 개소에 취부한다.
6		원칙적으로 첫 번째 상부터 순서대로 확실하게 충분한 각도로 개방한다.
7		고압케이블 및 진상 콘덴서 등의 측정 후 잔류전하를 확실히 방전한다.
8		(1) 단락접지용구를 취부할 경우는 우선 접지금구를 접지선에 취부한다. (2) 다음에 단락접지 용구의 후크부를 개방한 DS 또는 LBS 전원 측 각 상에 취부한다. (3) 안전표지판을 취부하여 안전작업이 이루어지도록 한다.
9		공중이 들어가지 못하도록 위험구역에 안전네트(망) 또는 구획로프 등을 설치하여 위험표시를 한다.
10		(1) 릴레이 측과 CT 측을 회로시험기 등으로 확인한다. (2) 시험회로의 결선을 실시한다.
11		시험전원용 변압기 이외의 변압기 및 콘덴서 등의 개폐기를 개방한다.
12		수동(자동)조작으로 수전용 차단기를 투입한다.

해답 1. 저압개폐기의 개방
2. 수전용 차단기 개방
3. 검전의 실시
4. 구분 또는 분기 개폐기의 개방
5. 투입금지 표시찰 취부
6. 단로기 또는 전력퓨즈의 개방
7. 잔류전하의 방진
8. 단락접지용구의 취부
9. 안전표지류의 취부
10. 보호계전기 및 시험회로의 결선
11. 고압개폐기 또는 교류부하 개폐기의 개방
12. 수전용 차단기의 투입

07 ★★★☆☆ [5점]

접지공사에서 접지저항을 저감시키는 방법을 5가지 쓰시오.

해답 ① 접지극의 치수를 크게 한다.
② 접지극을 병렬 접속한다.
③ 접지극을 깊게 매설한다.
④ 메쉬공법을 한 경우 포설 면적을 크게 한다.
⑤ 접지저항 저감제를 사용한다.

TIP

➤ 접지 저감제 구비조건
① 접지극 부식 방지
② 지속적일 것
③ 공해가 없을 것
④ 저감효과가 클 것

08 ★★☆☆☆ [10점]

그림과 같은 교류 단상 3선식 선로를 보고 다음 각 물음에 답하시오. ※ KEC 규정에 따라 변경

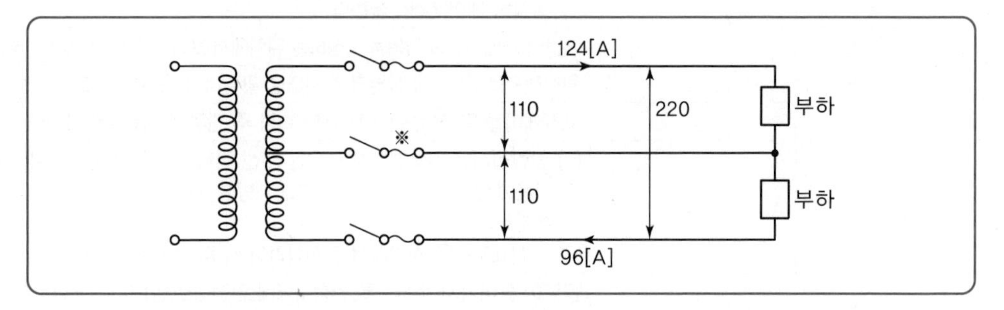

1 도면의 잘못된 부분을 고쳐서 그리고 잘못된 부분에 대한 설명을 하시오.

2 부하 불평형률은 몇 [%]인가?

3 도면에서 ※부분에 퓨즈를 넣지 않고 동선을 연결하였다. 옳은 방법인지 그 여부를 구분하고 이유를 설명하시오.

해답 **1** 결선

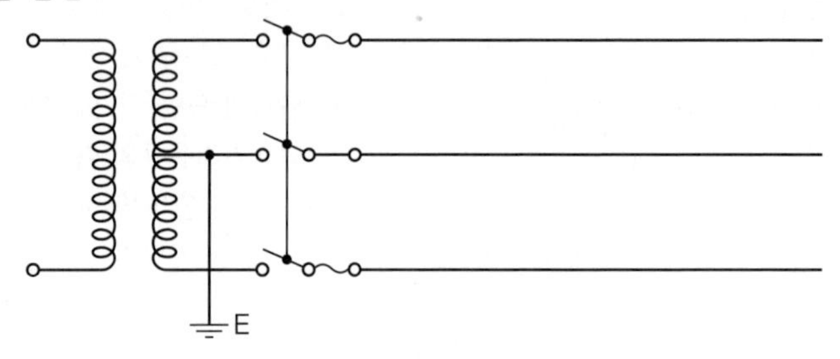

- 잘못된 부분 설명 ① 2차 측 중성선에 계통(중성선) 접지를 한다.
  ② 개폐기를 동시 동작형으로 바꾼다.
  ③ 중성선을 동선으로 직결한다.

2 $$\text{설비불평형률} = \frac{\text{중성선과 각 전압 측 전선 간에 접속되는 부하설비용량[VA]의 차}}{\text{총 부하설비용량[VA]의 } 1/2} \times 100[\%]$$

$$= \frac{(110 \times 124) - (110 \times 96)}{(110 \times 124 + 110 \times 96) \times \frac{1}{2}} \times 100 = 25.45[\%]$$

답 25.45[%]

3 설비가 옳다.

이유 : 부하불평형으로 인한 중성선에 전류가 흐른다. 퓨즈 설치 시 퓨즈가 용단되면 각 단자 전압에 불평형이 생긴다.

TIP

① 중성선에 흐르는 전류 I_N =각 선의 전류의 차

② 중성선의 굵기 I_S =각 선 중 큰 전류

09 ★☆☆☆☆ [4점]

권수비가 33인 PT와 20인 CT를 그림과 같이 단상 고압 회로에 접속했을 때 전압계 Ⓥ와 전류계 Ⓐ 및 전력계 Ⓦ의 지시가 95[V], 4.5[A], 360[W]이었다면 고압 부하의 역률은 몇 [%]가 되겠는가?(단, PT의 2차 전압은 110[V], CT의 2차 전류는 5[A]이다.)

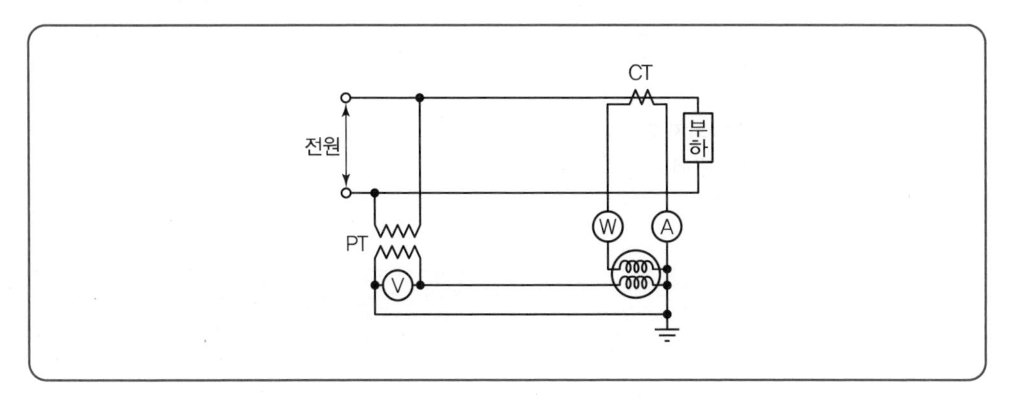

해답 계산 : 역률 $\cos\theta = \frac{P[W]}{VI[VA]} = \frac{360}{95 \times 4.5} \times 100 = 84.21[\%]$

답 84.21[%]

TIP

단상으로 PT, CT 1개를 설치한다.

10 ★★★☆☆ [5점]

다음에 제시하는 조건에 일치하는 제어 회로의 Sequence를 그리시오.

[조건]

누름버튼 스위치 PB_2를 누르면 lamp Ⓛ이 점등되고 손을 떼어도 점등이 계속된다. 그 다음에 PB_1을 누르면 Ⓛ이 소등되며 손을 떼어도 소등상태는 지속된다.

해답

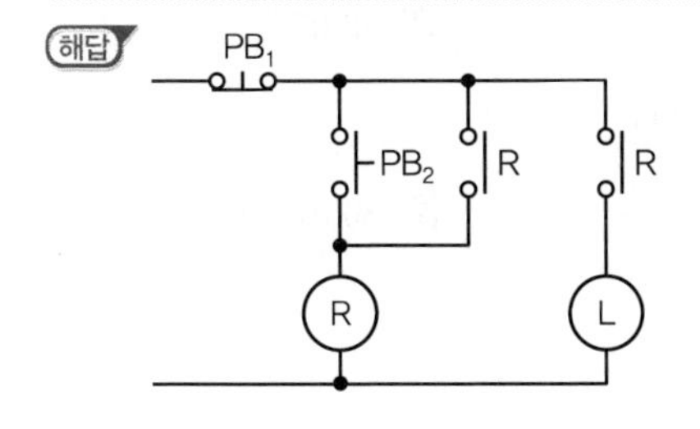

11 ★★★☆☆ [5점]

전원전압이 100[V]인 회로에 600[W] 전기솥 1개, 350[W] 전기다리미 1개, 150[W] 텔레비전 1개를 사용하여, 모든 부하의 역률은 1이라고 할 때 이 회로에 연결된 10[A]의 고리 퓨즈는 어떻게 되는지 그 상태와 이유를 설명하시오. ※ KEC 규정에 따라 변경

해답 계산 : $I = \frac{600 \times 1 + 350 \times 1 + 150 \times 1}{100} = 11\,[A]$

답 • 상태 : 용단되지 않는다.
• 이유 : 1.5배 이하이므로

TIP

정격전류	시간	정격전류배수	
		불용단전류	용단전류
4[A] 이하	60분	1.5배	2.1배
4[A] 초과 ~ 16[A] 미만	60분	1.5배	1.9배
16[A] 이상 ~ 63[A] 이하	60분	1.25배	1.6배
63[A] 초과 ~ 160[A] 이하	120분	1.25배	1.6배
160[A] 초과 ~ 400[A] 이하	180분	1.25배	1.6배
400[A] 초과	240분	1.25배	1.6배

12 ★★★★★ [6점]

송전선로에 전압을 154[kV]에서 345[kV]로 승압하여 공급할 때 다음 물음에 답하시오.

1 공급능력 증대는 몇 배인가?
2 손실 전력의 감소는 몇 [%]인가?
3 전압강하율의 감소는 몇 [%]인가?

해답 1 계산 : 공급능력 $P = \frac{345}{154} = 2.24$ 답 2.24배

2 계산 : 손실 전력 $P_L = \frac{1}{V^2} = \left(\frac{154}{345}\right)^2 = 0.1993$

감소분은 $1 - 0.1993 = 0.8007$ 답 80.07[%]

3 계산 : 전압강하율 $\delta = \frac{1}{V^2} = \left(\frac{154}{345}\right)^2 = 0.1993$

감소분은 $1 - 0.1993 = 0.8007$ 답 80.07[%]

TIP

① $P_L \propto \frac{1}{V^2}$ (P_L : 손실) ② $A \propto \frac{1}{V^2}$ (A : 단면적) ③ $\delta \propto \frac{1}{V^2}$ (δ : 전압강하율)

④ $e \propto \frac{1}{V}$ (e : 전압강하) ⑤ $P \propto V^2$ (P : 전력)

⑥ 공급능력 $P = VI\cos\theta$에서 $P \propto V$(P : 공급능력)

공급능력 $P = VI\cos\theta$ $P \propto V = \frac{345}{154} = 2.24$배

13 ★★☆☆☆ [5점]

다음 ( ) 안에 알맞은 내용을 쓰시오.

임의의 면에서 한 점의 조도는 광원의 광도 및 입사각의 코사인에 비례하고 거리의 제곱에 반비례한다. 이와 같이 입사각의 코사인에 비례하는 것을 Lambert의 코사인 법칙이라 한다. 또 광선과 피조면의 위치에 따라 조도를 (①)조도, (②)조도, (③)조도 등으로 분류할 수 있다.

해답 ① 법선
② 수직면
③ 수평면

14 ★★☆☆☆ [5점]

전등 1개를 3개소에서 점멸하기 위하여 3로 스위치 2개, 4로 스위치 1개를 사용한 배선도이다. 전선 접속도를 그리시오.

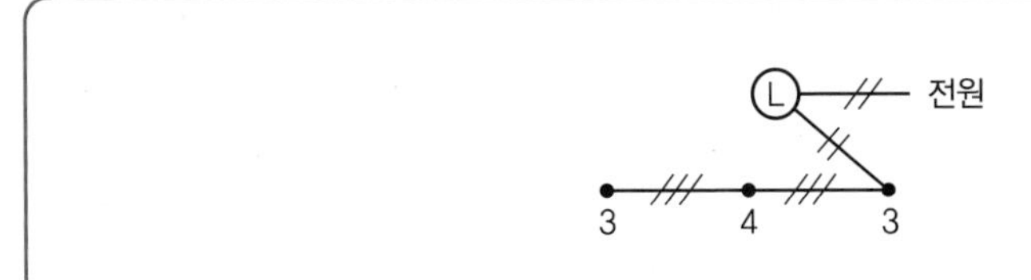

해답 전선 접속도

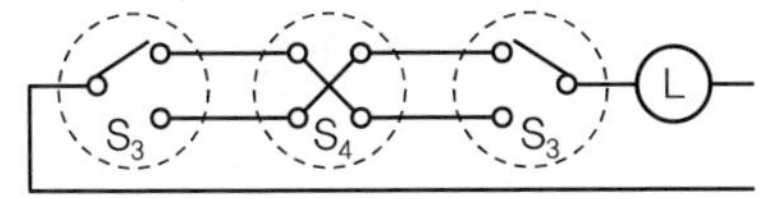

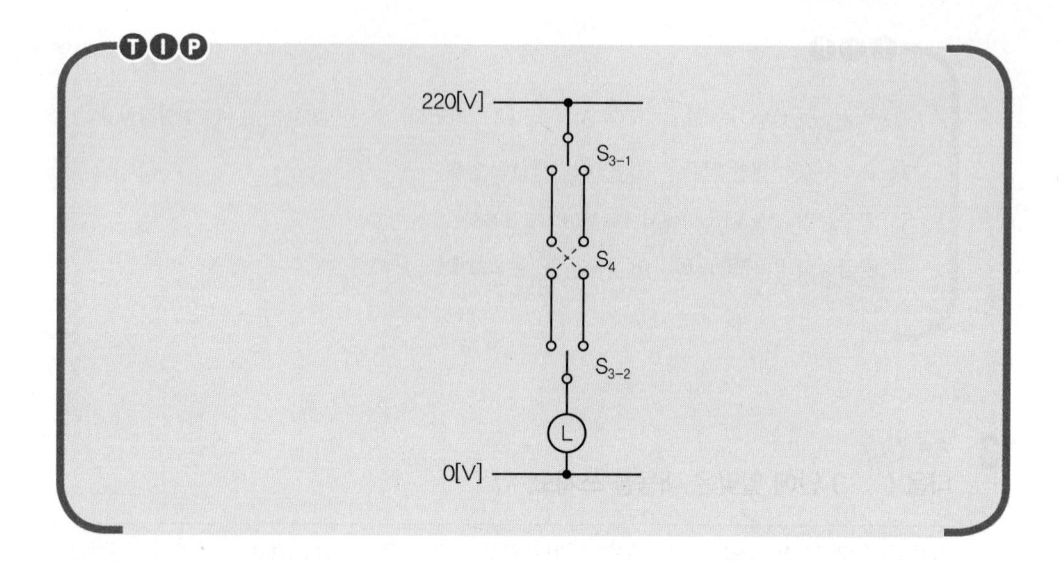
TIP
220[V]
S3-1
S4
S3-2
L
0[V]

INDUSTRIAL ENGINEER ELECTRICITY

2008년 과년도 문제풀이

2008년도 1회 시험

과년도 기출문제

회독 체크	□1회독	월 일	□2회독	월 일	□3회독	월 일

01 ★★★★☆ [8점]

도면과 같이 단상 변압기 3대가 있다. 다음 각 물음에 답하시오.

1. 이 변압기를 △－△로 결선하시오.(주어진 도면에 직접 그리시오.)

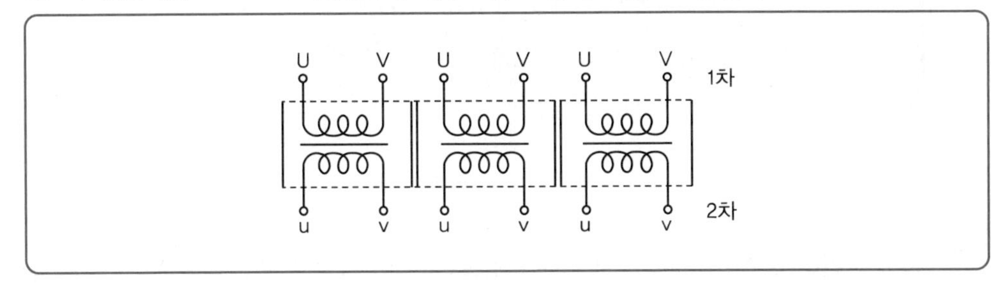

2. △－△결선으로 운전하던 중 한 상의 변압기에 고장이 생겨 이것을 분리하고 나머지 2대로 3상 전력을 공급하고자 한다. 이때 사용하는 결선의 명칭은 무엇이며, 이 결선과 △결선의 출력비는 몇 [%]가 되는지 계산하고 결선도를 완성하시오.(주어진 도면에 직접 그리시오.)
   ① 결선의 명칭
   ② △결선과의 출력비
   ③ 결선도

해답 1

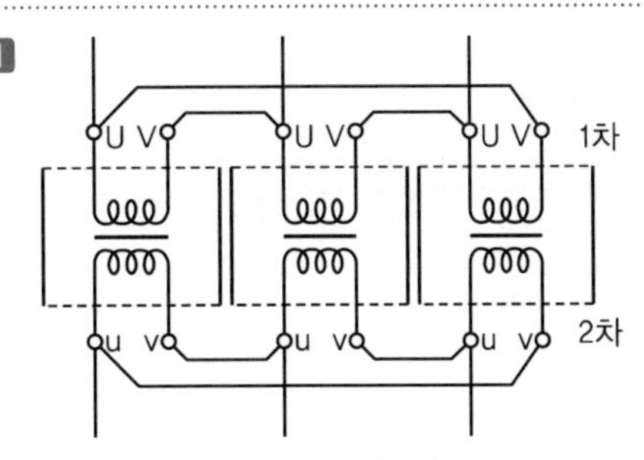

2 ① 결선의 명칭 : V－V 결선

② △결선과의 출력비

계산 : $\text{출력의 비} = \dfrac{\text{V결선 출력}}{\text{3상 출력}} = \dfrac{\sqrt{3}\,VI}{3VI} = \dfrac{1}{\sqrt{3}} \fallingdotseq 0.5774 = 57.74[\%]$

답 57.74[%]

③ 결선도

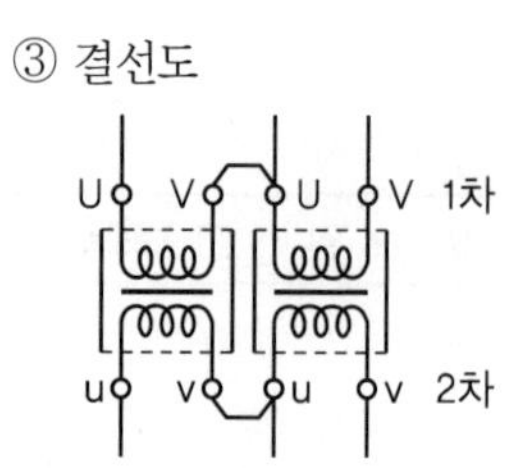

TIP

• 이용률$=\dfrac{\text{3상 출력}}{\text{설비용량}}=\dfrac{\sqrt{3}\,VI}{2VI}=\dfrac{\sqrt{3}}{2}=0.866=86.6[\%]$

• 출력의 비$=\dfrac{\text{V결선 출력}}{\text{3상 출력}}=\dfrac{\sqrt{3}\,VI}{3VI}=\dfrac{1}{\sqrt{3}}\fallingdotseq 0.5774=57.74[\%]$

02 ★★★☆☆

[10점]

옥외의 간이 수변전설비에 대한 단선 결선도이다. 이 그림을 보고 다음 각 물음에 답하시오.

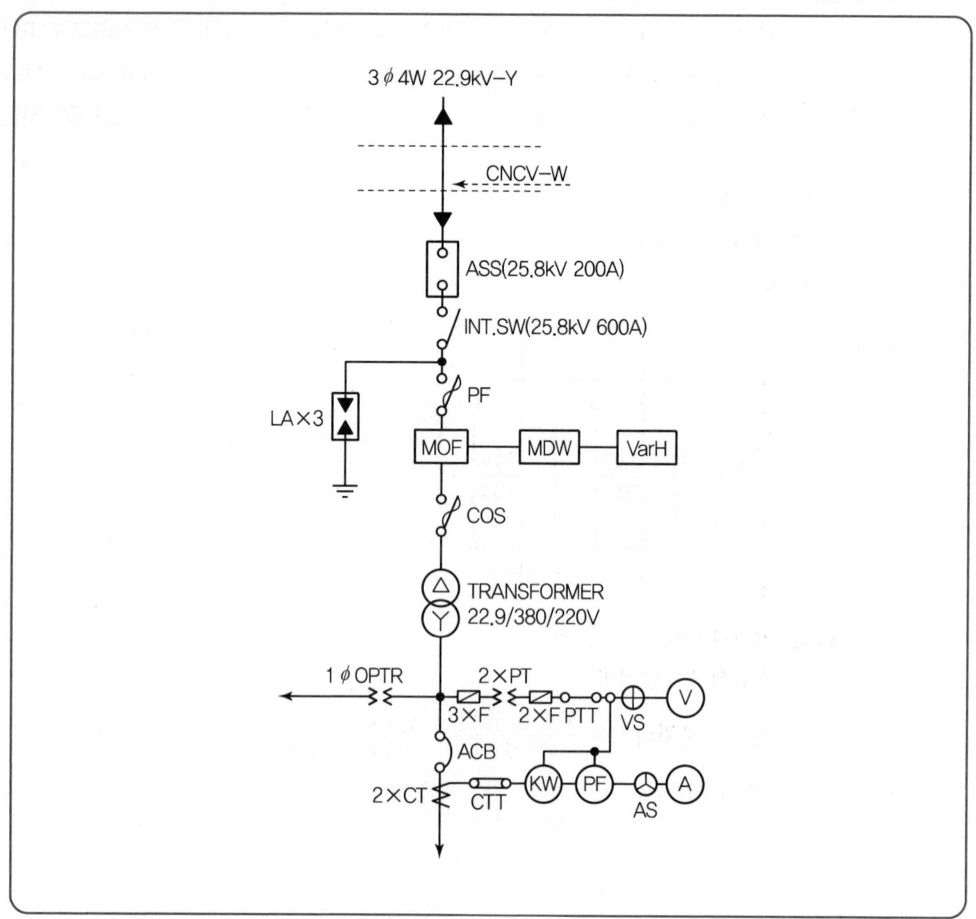

1. 도면상의 ASS는 무엇인지 그 명칭을 쓰시오.(우리말 또는 영문원어로 답하시오.)
2. 도면상의 MDW의 명칭은 무엇인가?(우리말 또는 영문원어로 답하시오.)
3. 도면상의 CNCV-W에 대하여 정확한 명칭을 쓰시오.
4. 22.9[kV-Y] 간이 수변전설비는 수전용량 몇 [kVA] 이하에 적용하는가?
5. LA의 공칭 방전전류는 몇 [A]를 적용하는가?
6. 도면에서 PTT는 무엇인가?(우리말 또는 영문원어로 답하시오.)
7. 도면에서 CTT는 무엇인가?(우리말 또는 영문원어로 답하시오.)
8. 2차 측 주개폐기로 380[V]/220[V]를 사용하는 경우 중성선 측 개폐기의 표시는 어떤 색깔로 하여야 하는가? ※ KEC 규정에 따라 변경
9. 도면상의 ⊕은 무엇인지 우리말로 답하시오.
10. 도면상의 ⊗은 무엇인지 우리말로 답하시오.

해답

1. 자동 고장 구분 개폐기(Automatic Section Switch)
2. 최대 수요 전력량계(Maximum Demand Wattmeter)
3. 동심 중성선 수밀형 전력케이블
4. 1,000[kVA] 이하
5. 2,500[A]
6. 전압 시험 단자
7. 전류 시험 단자
8. 파란색
9. ⊕ : 전압계용 전환개폐기
10. ⊗ : 전류계용 전환개폐기

TIP

상(문자)	색상
L1	갈색
L2	검정색
L3	회색
N	파란색
보호도체	녹색-노란색

03 ★★★☆☆ [8점]

단상 변압기의 병렬 운전 조건 4가지를 쓰고, 이들 각각에 대하여 조건이 맞지 않을 경우에 어떤 현상이 나타나는지 쓰시오.

① • 조건 • 현상
② • 조건 • 현상
③ • 조건 • 현상
④ • 조건 • 현상

해답 ① • 조건 : 극성이 일치할 것
• 현상 : 순환 전류가 흘러 권선이 소손
② • 조건 : 정격 전압(권수비)이 같은 것
• 현상 : 순환 전류가 흘러 권선이 소손
③ • 조건 : %임피던스 강하(임피던스 전압)가 같을 것
• 현상 : 부하의 분담이 용량의 비가 되지 않아 부하의 분담이 균형을 이룰 수 없다.
④ • 조건 : 내부 저항과 누설 리액턴스의 비가 같을 것
• 현상 : 각 변압기의 전류 간에 위상차가 생겨 동손이 증가

TIP

3상인 경우 ⑤ 상회전 방향이 같을 것
⑥ 각 변위가 같을 것

04 ★★★☆☆ [5점]

그림에 나타낸 과전류 계전기가 유입차단기를 차단할 수 있도록 결선하고, CT의 접지를 표시하시오. (단, 과전류 계전기는 상시 폐로식이다.) ※ KEC 규정에 따라 변경

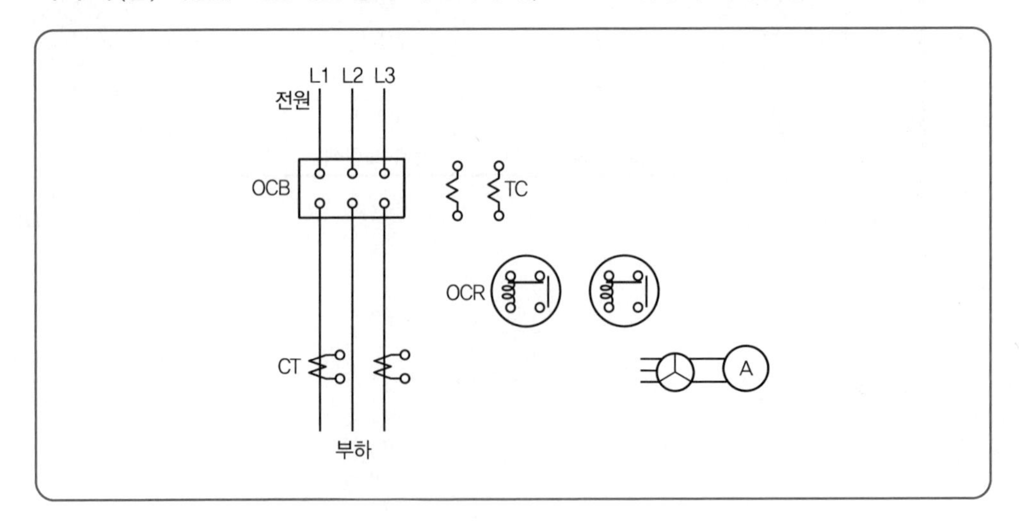

해답

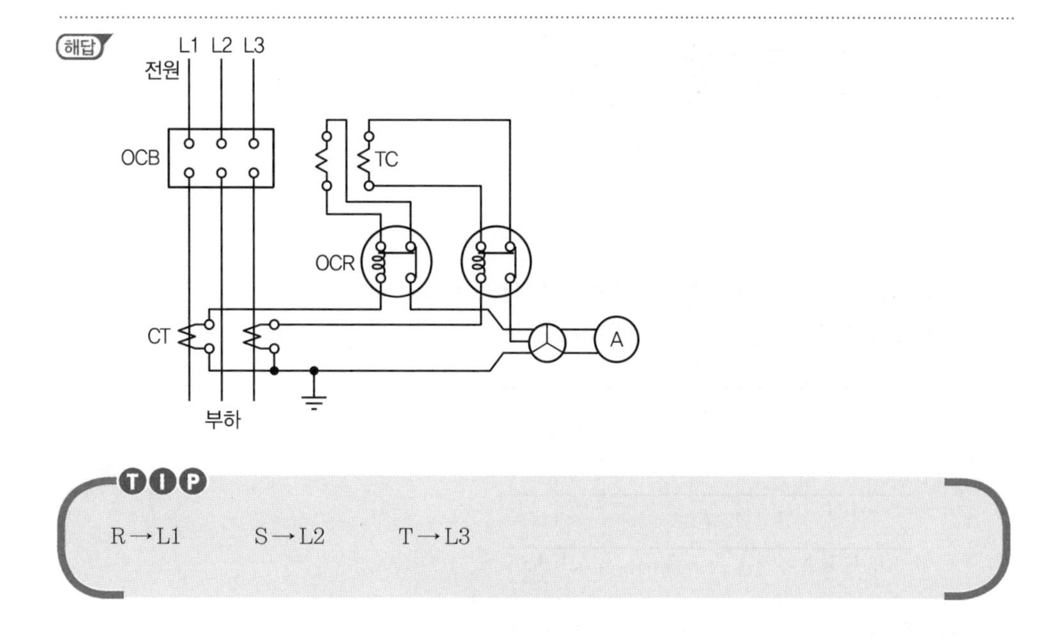

TIP

R → L1　　S → L2　　T → L3

05 ★★★★★ [7점]

다음의 회로는 두 입력 중 먼저 동작한 쪽이 우선이고, 다른 쪽의 동작을 금지시키는 시퀀스회로이다. 이 회로를 보고 다음 각 물음에 답하시오.(단, A, B는 입력스위치이고, X_1, X_2는 계전기이다.)

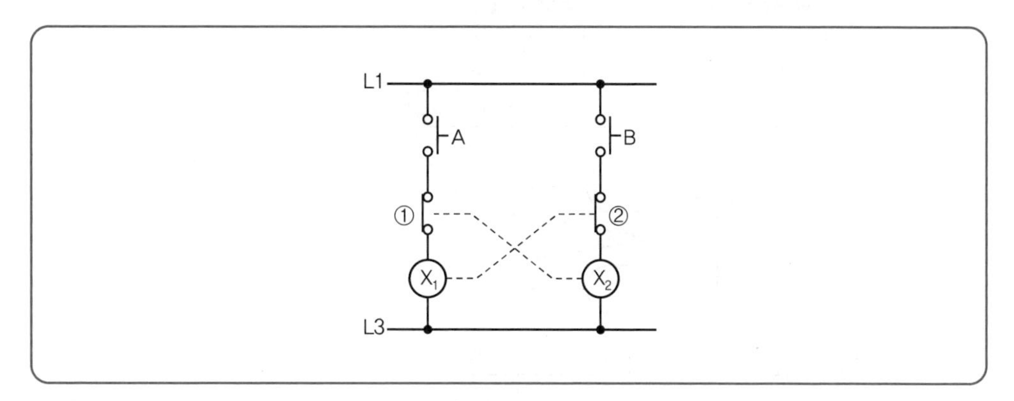

1. ①, ②에 맞는 각 보조접점 기호의 명칭을 쓰시오.
2. 이 회로는 주로 기기의 보호와 조작자의 안전을 목적으로 하는데 이와 같은 회로의 명칭을 무엇이라 하는가?

3 주어진 진리표를 완성하시오.

입력		출력	
A	B	X_1	X_2
0	0		
0	1		
1	0		

4 계전기 시퀀스 회로를 논리회로로 변환하여 그리시오.

5 그림과 같은 타임차트를 완성하시오.

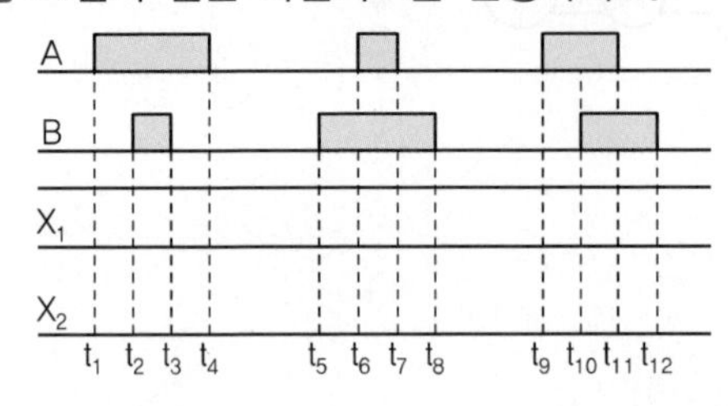

해답 **1** ① 릴레이 X_2 순시동작 순시복귀 b접점
② 릴레이 X_1 순시동작 순시복귀 b접점

2 인터록회로

3

입력		출력	
A	B	X_1	X_2
0	0	0	0
0	1	0	1
1	0	1	0

4

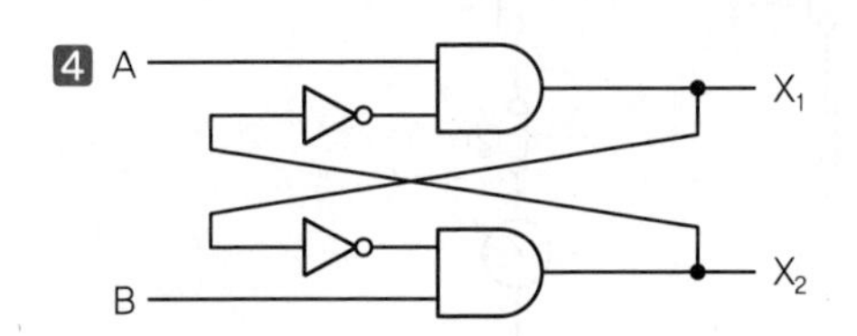

5

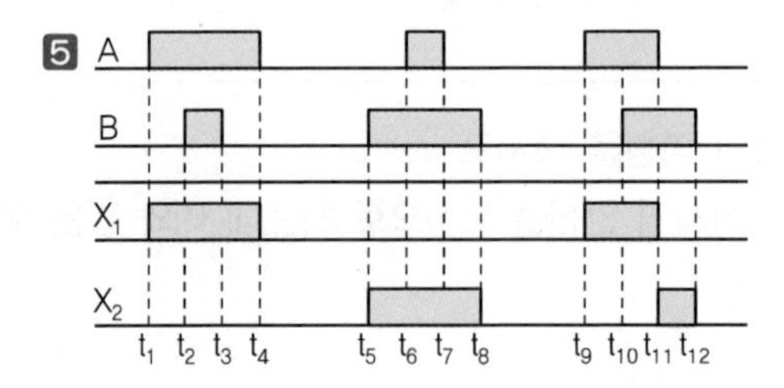

06 ★★★★☆ [5점]

다음 각 항목을 측정하는 데 가장 알맞은 계측기 또는 측정방법을 쓰시오.

① 변압기의 절연저항 :
② 검류계의 내부저항 :
③ 전해액의 저항 :
④ 배전선의 전류 :
⑤ 절연 재료의 고유저항 :

해답 ① 절연저항계(Megger) ② 휘스톤 브리지
③ 콜라우시 브리지 ④ 후크온 미터
⑤ 절연저항계(Megger)

TIP
① 길이 1[m]의 연동선 : 캘빈더블 브리지
② 백열전구의 필라멘트 : 전압강하법

07 ★★★★★ [8점]

피뢰기는 이상전압이 기기에 침입했을 때 그 파고값을 저감시키기 위하여 뇌전류를 대지로 방전시켜 절연파괴를 방지하며, 방전에 의하여 생기는 속류를 차단하여 원래의 상태로 회복시키는 장치이다. 다음 각 물음에 답하시오.

1 피뢰기의 구성요소를 쓰시오.
2 피뢰기의 구비 조건 4가지만 쓰시오.
3 피뢰기의 제한전압이란 무엇인가?
4 피뢰기의 정격전압이란 무엇인가?
5 충격 방전 개시 전압이란 무엇인가?

해답 1 직렬 갭과 특성요소
2 ① 충격파 방전 개시 전압이 낮을 것
② 상용주파 방전 개시 전압이 높을 것
③ 방전내량이 크고 제한전압이 낮을 것
④ 속류 차단능력이 클 것
3 뇌전류 방전 시 직렬 갭에 나타나는 전압
4 속류를 차단할 수 있는 최고의 교류전압
5 피뢰기 단자 간에 충격전압을 인가하였을 경우 방전을 개시하는 전압

08 ★★★★★

[5점]

3상 4선식에서 역률 100[%]의 부하가 각 상과 중성선 간에 연결되어 있다. a상, b상, c상에 흐르는 전류가 각각 110[A], 86[A], 95[A]이다. 중성선에 흐르는 전류 크기의 절댓값은 몇 [A]인가?

해답 계산 : $I_N = I_A + I_B + I_C = I_A + a^2 I_B + a I_C$

$= 110 + 86(1\angle -120°) + 95(1\angle -240°)$

$= 110 + 86\left(-\frac{1}{2} - j\frac{\sqrt{3}}{2}\right) + 95\left(-\frac{1}{2} + j\frac{\sqrt{3}}{2}\right)$

$= 110 - 43 - j74.48 - 47.5 + j82.27 = 19.5 + j7.79$

$= \sqrt{19.5^2 + 7.79^2} = 21[A]$

답 21[A]

09 ★★★★☆

[5점]

주변압기 단상 22,900/380[V], 단상 500[kVA] 3대를 △-Y결선으로 하여 사용하고자 하는 경우 2차 측에 설치해야 할 차단기 용량은 몇 [MVA]로 하면 되는가?(단, 변압기의 %Z는 3[%]로 계산하며, 그 외 임피던스는 고려하지 않는다.)

해답 계산 : 차단기 용량 $P = \frac{100}{3} \times 500 \times 3 \times 10^{-3} = 50[MVA]$

답 50[MVA]

TIP

$P_S = \frac{100}{\%Z} P$ 여기서, P : 기준용량(TR용량)

10 ★★★★☆

[5점]

그림은 발전기의 상간 단락보호 계전방식을 도면화한 것이다. 이 도면을 보고 다음 각 물음에 답하시오.

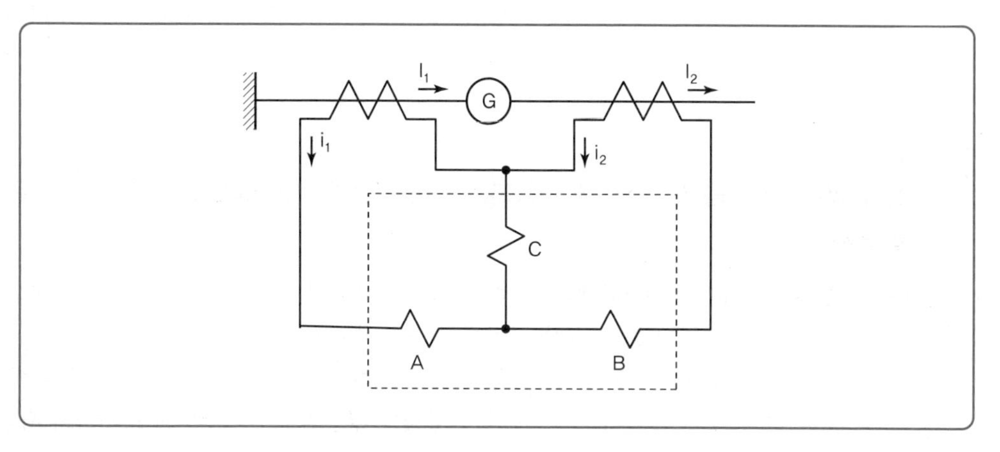

1. 점선 안의 계전기 명칭은?
2. 동작 코일은 A, B, C 코일 중 어느 것인가?
3. 발전기에 상간 단락이 생길 때 코일 C의 전류 i_d는 어떻게 표현되는가?
4. 동기 발전기의 병렬운전 조건을 3가지만 쓰시오.

해답

1. 비율 차동 계전기
2. C 코일
3. $i_d = i_2 - i_1 \neq 0$
4. ① 기전력의 크기가 같을 것
   ② 기전력의 위상이 같을 것
   ③ 기전력의 주파수가 같을 것
   그 외
   ④ 기전력의 파형이 같을 것

11 ★★★☆☆

[5점]

전부하에서 동손 100[W], 철손 50[W]인 변압기에서 최대 효율을 나타내는 부하는 몇 [%]인가?

해답 $m^2 P_c = P_i$

여기서, P_c : 동손, P_i : 철손

계산 : $m = \sqrt{\dfrac{50}{100}} \times 100 = 70.71[\%]$

답 70.71[%]

TIP

최대효율조건 $P_i = m^2 P_c$에서 최대효율이 나타나는 부하 $m = \sqrt{\frac{P_i}{P_c}}$

12 ★☆☆☆☆ [12점]

전기설비 및 자가용 전기설비에 사용되는 용어에 관한 사항이다. ( ) 안에 알맞은 내용을 쓰시오.

1. "과전류차단기(過電流遮斷器)"라 함은 배선용차단기, 퓨즈, 기중차단기(ACB)와 같이 (①) 및 (②)를 자동차단하는 기능을 가진 기구를 말한다.
2. "누전차단장치(漏電遮斷裝置)"라 함은 전로에 지락이 생겼을 경우에 부하기기, 금속제 외함 등에 발생하는 (③) 또는 (④)를 검출하는 부분과 차단기부분을 조합하여 자동적으로 전로를 차단하는 장치를 말한다.
3. "배선용 차단기(配線用遮斷器)"라 함은 전자작용 또는 바이메탈의 작용에 의하여 (⑤)를 검출하고 자동으로 차단하는 (⑥)로서 그 최소동작전류(동작하고 안 하는 한계전류)가 정격전류의 100[%]와 (⑦) 사이에 있고 또 외부에서 수동, 전자적 또는 전동적으로 조작할 수 있는 것을 말한다.
4. "과전류(過電流)"라 함은 과부하 전류 및 (⑧)를 말한다.
5. "중성선(中性線)"이라 함은 (⑨)에서 전원의 (⑩)에 접속된 전선을 말한다.
6. "조상설비(調相設備)"라 함은 (⑪)을 조정하는 전기기계기구를 말한다.
7. "이격거리(離隔距離)"라 함은 떨어져야 할 물체의 표면 간의 (⑫)를 말한다.

해답

① 과부하전류	② 단락전류
③ 고장전압	④ 지락전류
⑤ 과전류	⑥ 과전류차단기
⑦ 125[%]	⑧ 단락전류
⑨ 다선식 전로	⑩ 중성극
⑪ 무효전력	⑫ 최단거리

13 ★★★★☆

[6점]

제5고조파 전류의 확대 방지 및 스위치 투입 시 돌입전류 억제를 목적으로 역률개선용 콘덴서에 직렬 리액터를 설치하고자 한다. 콘덴서의 용량이 500[kVA]라고 할 때 다음 각 물음에 답하시오.

1 이론상 필요한 직렬 리액터의 용량은 몇 [kVA]인가?

2 실제적으로 설치하는 직렬 리액터의 용량은 몇 [kVA]인가?

- 리액터의 용량
- 사유

해답 1 계산 : $500 \times 0.04 = 20[\text{kVA}]$ 답 20[kVA]

2 리액터의 용량 : $500 \times 0.06 = 30[\text{kVA}]$

사유 : 주파수 변동 등을 고려하여 6[%]를 선정한다.

TIP

① 이론상 리액터의 용량=콘덴서 용량×4[%]

② 실제상 리액터의 용량=콘덴서 용량×6[%]

14 ★★★★★

[5점]

어느 수용가의 공장 배전용 변전실에 설치되어 있는 250[kVA]의 3상 변압기에서 A, B 2회선으로 주어진 표에 명시된 부하에 전력을 공급하고 있으며, A, B 각 회선의 합성 부등률이 1.2이고 개별 부등률이 1.0일 때 최대수용전력 시에 과부하가 되는 것으로 추정되고 있다. 이때 다음 각 물음에 답하시오.

회선	부하설비[kW]	수용률[%]	역률[%]
A	250	60	75
B	150	80	75

1 A회선의 최대 부하는 몇 [kW]인가?

2 B회선의 최대 부하는 몇 [kW]인가?

3 합성 최대수용전력(최대 부하)은 몇 [kW]인가?

4 전력용 콘덴서를 병렬로 설치하여 과부하가 되는 것을 방지하고자 한다. 이론상 필요한 전력용 콘덴서의 용량은 몇 [kVA]인가?

해답 1 계산 : $P_A = \dfrac{\text{설비용량} \times \text{수용률}}{\text{부등률}} = \dfrac{250 \times 0.6}{1.0} = 150[\text{kW}]$ 답 150[kW]

2 계산 : $P_B = \dfrac{\text{설비용량} \times \text{수용률}}{\text{부등률}} = \dfrac{150 \times 0.8}{1.0} = 120[\text{kW}]$ 답 120[kW]

3 계산 : $P = \frac{\text{개별 최대전력의 합}}{\text{부등률}} = \frac{150+120}{1.2} = 225[kW]$ 답 225[kW]

4 계산 : 개선 후의 역률 $\cos\theta_2 = \frac{P}{P_a} = \frac{225}{250} = 0.9$가 되어야 하므로

콘덴서 용량 $Q_c = P(\tan\theta_1 - \tan\theta_2)$

$$= 225\left(\frac{\sqrt{1-0.75^2}}{0.75} - \frac{\sqrt{1-0.9^2}}{0.9}\right) = 89.46[kVA]$$

답 89.46[kVA]

TIP

① 합성 최대전력$= \frac{\text{설비용량} \times \text{수용률}}{\text{부등률}}$

② 역률$= \frac{P}{P_a} = \frac{\text{유효전력}}{\text{피상전력}}$

15 ★★★★★ [6점]

그림은 전동기의 정 · 역 변환이 가능한 미완성 시퀀스 회로도이다. 이 회로도를 보고 다음 각 물음에 답하시오.(단, 전동기는 가동 중 정 · 역을 곧바로 바꾸면 과전류와 기계적 손상이 발생되기 때문에 지연 타이머로 지연시간을 주도록 하였다.)

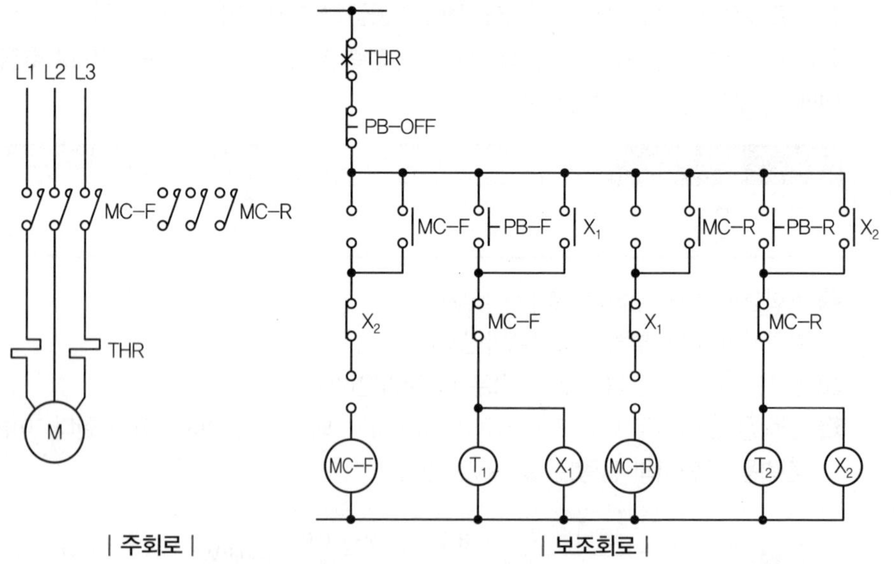

| 주회로 | | 보조회로 |

1 정 · 역 운전이 가능하도록 주어진 회로의 주회로의 미완성 부분을 완성하시오.

2 정 · 역 운전이 가능하도록 주어진 보조(제어)회로의 미완성 부분을 완성하시오.(단, 접점에는 접점 명칭을 반드시 기록하도록 하시오.)

3 주회로 도면에서 약호 THR은 무엇인가?

해답 1

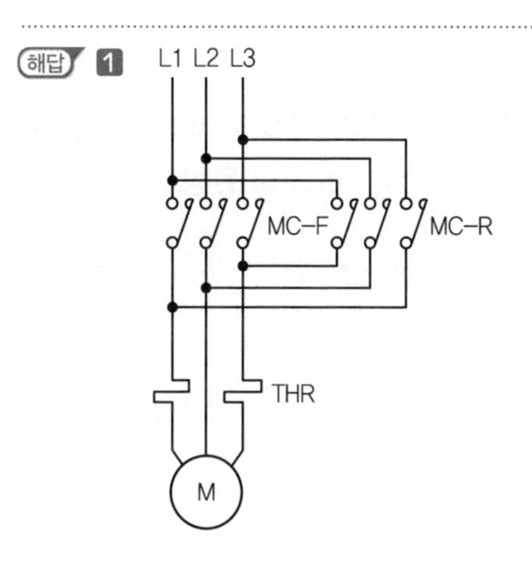

2

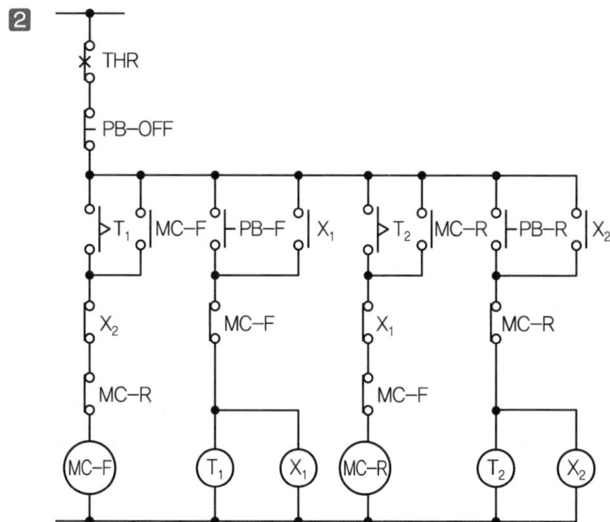

3 열동계전기

전기산업기사

2008년도 2회 시험

과년도 기출문제

회독 체크	□1회독	월 일	□2회독	월 일	□3회독	월 일

01 ★★★☆☆ [5점]

답안지의 그림과 같이 송풍기용 유도전동기의 운전을 현장인 전동기 옆에서도 할 수 있고, 멀리 떨어져 있는 제어실에서도 할 수 있는 시퀀스 제어 회로도를 완성시키시오.

- 그림에 있는 전자개폐기에는 주접점 외에 자기유지 접점이 부착되어 있다.
- 도면에 사용되는 심벌에는 심벌의 약호를 반드시 기록하여야 한다. (예 PBS－ON, MC－a, PBS－OFF)
- 사용되는 기구는 누름버튼 스위치 2개, 전자코일 MC 1개, 자기 유지 접점(MC－a) 1개이다.
- 누름버튼 스위치는 기동용 접점과 정지용 접점이 있는 것으로 한다.

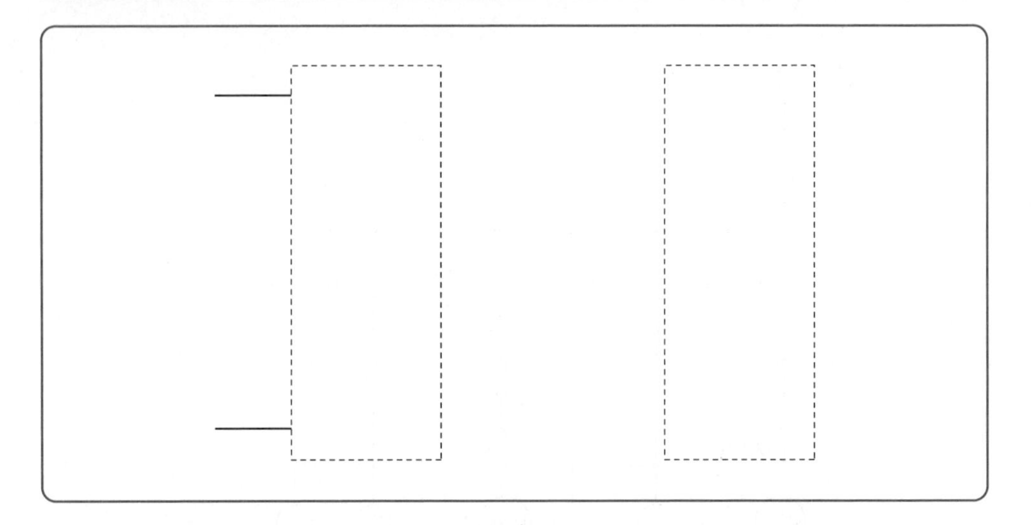

해답

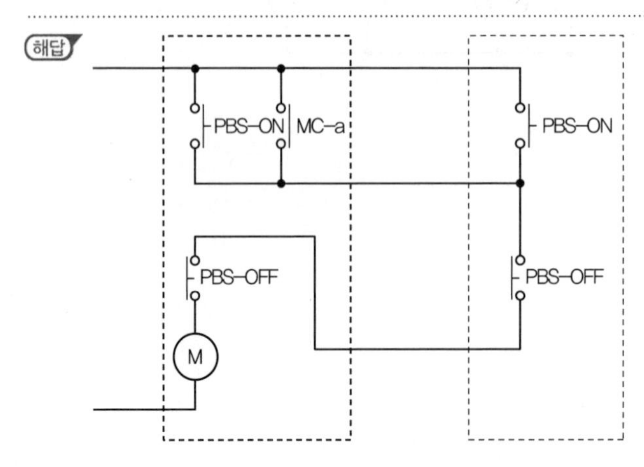

TIP

"기동용 스위치는 병렬접속시키고 정지용 스위치는 직렬접속시킨다."는 사실을 기억하자!

02 ★★☆☆☆ [5점]

수전설비에서 주변압기의 1차/2차 전압은 22.9[kV]/6.6[kV]이고, 주변압기 용량은 2,000[kVA]이다. 주변압기의 2차 측에 설치되는 진공차단기의 정격전압은?

해답 계산 : $V_n = 6.6 \times \frac{1.2}{1.1} = 7.2[kV]$

답 7.2[kV]

TIP

공칭전압[kV]	정격전압[kV]
765	800
345	362
154	170
22.9	25.8

03 ★★★★☆ [5점]

디젤 발전기를 6시간 전부하로 운전할 때 287[kg]의 중유가 소비되었다. 이 발전기의 정격출력[kVA]은?(단, 중유의 열량 10,000[kcal/kg], 기관 효율 36.3[%], 발전기 효율 82.7[%], 전부하 역률 90[%]이다.)

해답 계산 : $P = \frac{mH\eta_t\eta_c}{860 \cdot T \cdot \cos\theta}$

$= \frac{287 \times 10,000 \times 0.363 \times 0.827}{860 \times 6 \times 0.9} = 185.524$

여기서, m : 연료무게(량)[kg], H : 열량[kcal/kg]

T : 운전시간, $\cos\theta$: 역률

답 185.52[kVA]

TIP

$$\eta = \frac{860W}{mH} \times 100 = \frac{860P \cdot T}{mH} \times 100$$

04 ★★☆☆☆ [5점]

절연전선(絕緣電線)의 종류에 대하여 5가지만 쓰시오.

해답 ① 450/750[V] 비닐절연전선
② 450/750[V] 고무절연전선
③ 450/750[V] 저독성 난연 폴리올레핀 절연전선
④ 450/750[V] 저독성 난연 가교 폴리올레핀 절연전선
⑤ 인입용 비닐절연전선(DV 전선)

05 ★★★★☆ [5점]

단상 100[kVA], 22,900/210[V], %임피던스 5[%]인 배전용 변압기의 2차 측의 단락전류는 몇 [A]인가?

해답 계산 : $I_s = \frac{100}{\%Z} I_n = \frac{100}{5} \times \frac{100 \times 10^3}{210} = 9{,}523.81[A]$

답 9,523.81[A]

TIP

단락전류 $I_s = \frac{100}{\%Z} \times I_n$

여기서, 정격전류 $I_n = \frac{P}{V}$(단상), $I_n = \frac{P}{\sqrt{3}V}$(3상)

06 ★★★☆☆ [5점]

축전지 설비에 대하여 다음 각 물음에 답하시오.

1. 연(鉛)축전지의 전해액이 변색되며, 충전하지 않고 방치된 상태에서도 다량으로 가스가 발생되고 있다. 어떤 원인의 고장으로 추정되는가?
2. 거치용 축전설비에서 가장 많이 사용되는 충전 방식으로 자기방전을 보충함과 동시에 상용부하에 대한 전력공급은 충전기가 부담하도록 하되 충전기가 부담하기 어려운 일시적인 대전류 부하는 축전지로 하여금 부담하게 하는 충전 방식은?
3. 연(鉛)축전지와 알칼리축전지의 공칭전압은 몇 [V/셀]인가?
   ① 연(鉛)축전지 :
   ② 알칼리축전지 :
4. 축전지 용량을 구하는 식
   $C_B = \frac{1}{L}[K_1 I_1 + K_2(I_2 - I_1) + K_3(I_3 - I_2) \cdots\cdots + K_n(I_n - I_{n-1})]$[Ah]에서 L은 무엇을 나타내는가?

해답 **1** 전해액의 불순물의 혼입
2 부동 충전 방식
3 ① 연(鉛)축전지 : 2.0[V/cell]
② 알칼리축전지 : 1.2[V/cell]
4 보수율

07 ★★★☆☆

[5점]

최근 차단기의 절연 및 소호용으로 많이 이용되고 있는 SF_6 Gas의 특성을 4가지만 쓰시오.

해답 ① 절연 성능과 안전성이 우수하다.
② 소호 능력이 뛰어나다.
③ 절연 내력은 공기의 2~3배 정도 우수하다.
④ 유독 가스를 발생시키지 않는다.
그 외
⑤ 절연회복이 빠르다.

08 ★☆☆☆☆

[5점]

공동주택에 전력량계 1ϕ2W용 35개를 신설, 3ϕ4W용 7개를 사용이 종료되어 신품으로 교체하였다. 이때 소요되는 공구손료 등을 제외한 직접노무비를 계산하시오.(단, 인공계산은 소수 셋째 자리까지 구하며, 내선전공의 노임은 95,000원이다.)

| 전력량계 및 부속장치 설치 |

(단위 : 대)

종별	내선전공
전력량계 1ϕ2W용	0.14
전력량계 1ϕ3W용 및 3ϕ3W용	0.21
전력량계 3ϕ4W용	0.32
CT(저고압)	0.40
PT(저고압)	0.40
ZCT(영상변류기)	0.40
현수용 MOF(고압 · 특고압)	3.00
거치용 MOF(고압 · 특고압)	2.00
계기함	0.30
특수계기함	0.45
변성기함(저압 · 고압)	0.60

[해설]
① 폭발방지 200[%]
② 아파트 등 공동주택 및 기타 이와 유사한 동일 장소 내에서 10대를 초과하는 전력량계 설치 시 추가 1대당 해당품의 70[%]
③ 특수계기함은 3종 계기함, 농사용 계기함, 집합 계기함 및 저압 변류기용 계기함 등임
④ 고압변성기함, 현수용 MOF 및 거치용 MOF(설치대 조립품 포함)를 주상설치 시 배전전공 적용
⑤ 철거 30[%], 재사용 철거 50[%]

해답 계산

① 전력량계 1ϕ2W용 기본 10대까지의 신설 : $10 \times 0.14 = 1.4$

② 전력량계 1ϕ2W용 기본 10대를 초과하는 25대의 신설 : $(35-10) \times 0.14 \times 0.7 = 2.45$

③ 전력량계 3ϕ4W용 7대 교체 : $7 \times 0.32(0.3+1) = 2.912$

여기서, 교체는 "철거+신설"을 적용한다. 철거 시 사용이 종료된 계기이므로 재사용 철거는 적용하지 않는다.

내선전공$= 10 \times 0.14 + (35-10) \times 0.14 \times 0.7 + 7 \times 0.32(0.3+1) = 6.762$[인]

직접노무비$= 6.762 \times 95,000 = 642,390$[원]

답 642,390[원]

09 ★★★★☆ [5점]

길이 20[m], 폭 10[m], 천장높이 5[m], 조명률 50[%], 유지율 80[%]의 방에 있어서 책상면의 평균조도를 120[lx]로 할 때 소요광속은 몇 [lm]인가?

해답 계산 : $F = \dfrac{EAD}{U} = \dfrac{120 \times 20 \times 10 \times \dfrac{1}{0.8}}{0.5} = 60,000$[lm]

답 60,000[lm]

TIP

$D = \dfrac{1}{M}$ 여기서, M : 유지율, D : 감광보상률

10 ★★★★☆ [8점]

정격용량 500[kVA]의 변압기에서 배전선의 전력손실을 40[kW]로 유지하면서 부하 L_1, L_2에 전력을 공급하고 있다. 지금 그림과 같이 전력용 콘덴서를 기존 부하와 병렬로 연결하여 합성 역률을 90[%]로 개선하고 새로운 부하를 증설하려고 할 때 다음 물음에 답하시오.(단, 여기서 부하 L_1은 역률 60[%], 180[kW]이고, 부하 L_2의 전력은 120[kW], 160[kVar]이다.)

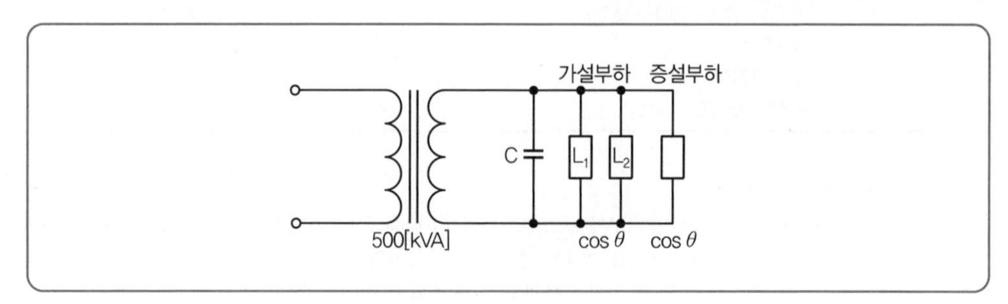

1 부하 L_1과 L_2의 합성용량[kVA]과 합성역률은?

① 합성용량

② 합성역률

2 역률 개선 시 변압기 용량의 한도까지 부하설비를 증설하고자 할 때 증설부하용량은 몇 [kW]인가?

(해답) **1** ① 합성용량

계산 : 유효전력 $P = P_1 + P_2 = 180 + 120 = 300[kW]$

무효전력 $Q = Q_1 + Q_2 = P_1 \tan\theta_1 + Q_2$

$$= 180 \times \frac{0.8}{0.6} + 160 = 400[kVar]$$

합성용량 $P_a = \sqrt{P^2 + Q^2} = \sqrt{300^2 + 400^2} = 500[kVA]$

답 500[kVA]

② 합성역률

계산 : $\cos\theta = \frac{P}{P_a} \times 100 = \frac{300}{\sqrt{300^2 + 400^2}} \times 100 = 60[\%]$

답 60[%]

2 계산 : 증설부하용량을 ΔP라 하면

역률 개선 후 총 유효전력 $P_o = P_a \cos\theta = 500 \times 0.9 = 450[kW]$

증설부하용량 $\Delta P = P_o - P_H = 450 - (180 + 120 + 40) = 110$

여기서, P_H : 역률 개선 전 전력

답 110[kW]

TIP

문제 조건에서 전력손실을 40(kW)로 유지한다고 했으므로 역률 개선 후에도 손실은 40(kW)가 된다.

2002 2003 2004 2005 2006 2007 2008 2009 2010 2011

11 ★★★★★ [8점]

그림은 22.9[kV－Y]의 시설을 하는 경우 특별고압 간이수전설비 결선도이다. ①~⑤ 내용을 알맞게 쓰시오.

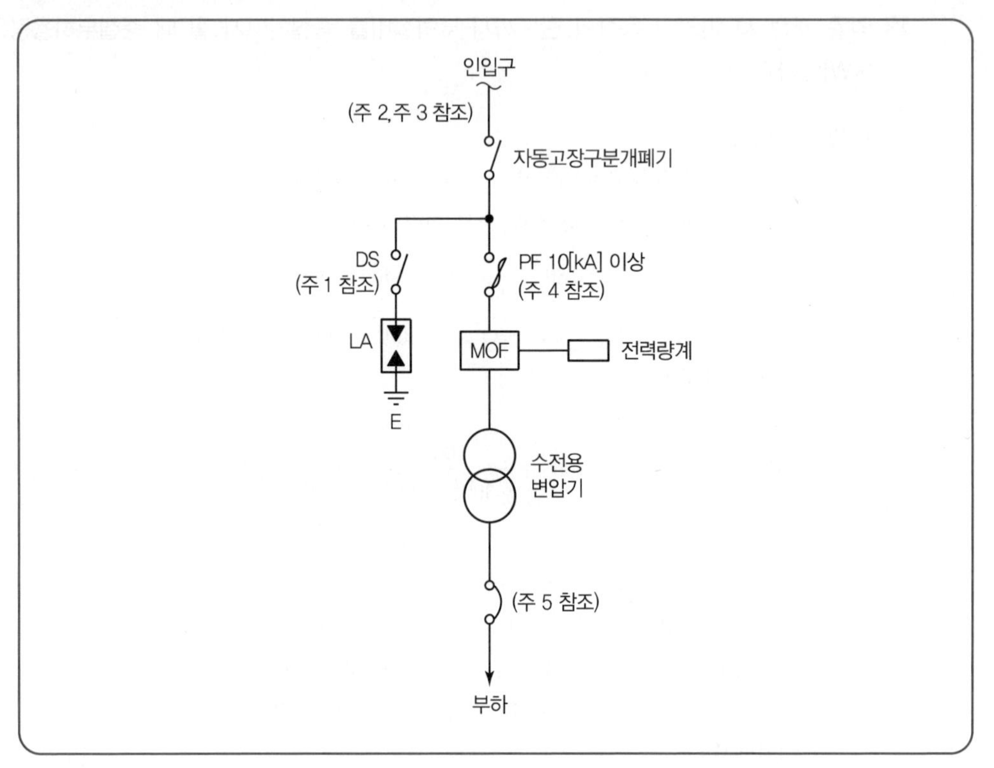

[주]

1. LA용 DS는 생략할 수 있으며 22.9[kV－Y]용 LA는 (①)(또는 Isolator) 붙임형을 사용하여야 한다.
2. 인입선을 지중선으로 시설하는 경우로 공동주택 등 고장 시 정전피해가 큰 경우는 예비 지중선을 포함하여 (②)으로 시설하는 것이 바람직하다.
3. 지중 인입선의 경우에 22.9[kV－Y] 계통은 CNCV－W 케이블(수밀형) 또는 TR CNCV－W(트리억제형)을 사용하여야 한다. 다만, 전력구·공동구·덕트·건물구 내 등 화재 우려가 있는 장소에서는 (③)을 사용하는 것이 바람직하다.
4. 300[kVA] 이하인 경우는 PF 대신 (④)을 사용할 수 있다.
5. 특별고압 간이수전설비는 PF의 용단 등의 결상사고에 대한 대책이 없으므로 변압기 2차 측에 설치되는 주 차단기에는 (⑤)등을 설치하여 결상사고에 대한 보호능력이 있도록 함이 바람직하다.

해답 ① 디스커넥터
② 2회선
③ FR CNCO－W(난연)
④ COS(비대칭 차단전류 10[kA] 이상)
⑤ 결상계전기

TIP

➤ **특고압 간이수전설비**

① LA용 DS는 생략할 수 있으며 22.9[kV－Y]용 LA는 Disconnector(또는 Isolator) 붙임형을 사용하여야 한다.
② 인입선을 지중선으로 시설하는 경우로 공동주택 등 고장 시 정전피해가 큰 경우는 예비지중선을 포함하여 2회선으로 시설하는 것이 바람직하다.
③ 지중인입선의 경우에 22.9[kV－Y] 계통은 CNCV－W 케이블(수밀형) 또는 TR CNCV－W(트리억제형)을 사용하여야 한다. 다만, 전력구 · 공동구 · 덕트 · 건물구 내 등 화재 우려가 있는 장소에서는 FR CNCO－W(난연) 케이블을 사용하는 것이 바람직하다.
④ 300[kVA] 이하인 경우는 PF 대신 COS(비대칭 차단전류 10[kA] 이상의 것)를 사용할 수 있다.
⑤ 특별고압 간이수전설비는 PF의 용단 등의 결상사고에 대한 대책이 없으므로 변압기 2차 측에 설치되는 주차단기에는 결상계전기 등을 설치하여 결상사고에 대한 보호능력이 있도록 함이 바람직하다.

12 ★★☆☆☆ [5점]

욕조 · 화장실 등 인체가 물에 젖어 있는 상태에서 물을 사용하는 장소에 콘센트를 시설하는 경우에 설치해야 하는 인체감전보호용 누전차단기의 정격감도전류와 동작시간은 얼마 이하를 사용하여야 하는가?

- 정격감도전류 :
- 동작시간 :

해답
- 정격감도전류 : 15[mA] 이하
- 동작시간 : 0.03[sec] 이하

TIP

➤ **콘센트의 시설**

욕조나 샤워시설이 있는 욕실 또는 화장실 등 인체가 물에 젖어 있는 상태에서 전기를 사용하는 장소에 콘센트를 시설
① 인체감전보호용 누전차단기(정격감도전류 15[mA] 이하, 동작시간 0.03[초] 이하의 전류동작형의 것에 한한다) 또는 절연변압기(정격용량 3[kVA] 이하인 것에 한한다)로 보호된 전로에 접속하거나, 인체감전보호용 누전차단기가 부착된 콘센트를 시설하여야 한다.
② 콘센트는 접지극이 있는 방적형 콘센트를 사용하여 규정에 준하여 접지하여야 한다.

13 ★★★★☆ [11점]

다음 시퀀스도의 동작원리는 다음과 같다. 물음에 답하시오.

자동차 차고의 셔터에 라이트가 비치면 PHS에 의해 자동으로 열리고, 또한 PB_1를 조작해도 열린다. 셔터를 닫을 때는 PB_2를 조작하면 셔터는 닫힌다. 리미트 스위치 LS_1은 셔터의 상한이고, LS_2는 셔터의 하한이다.

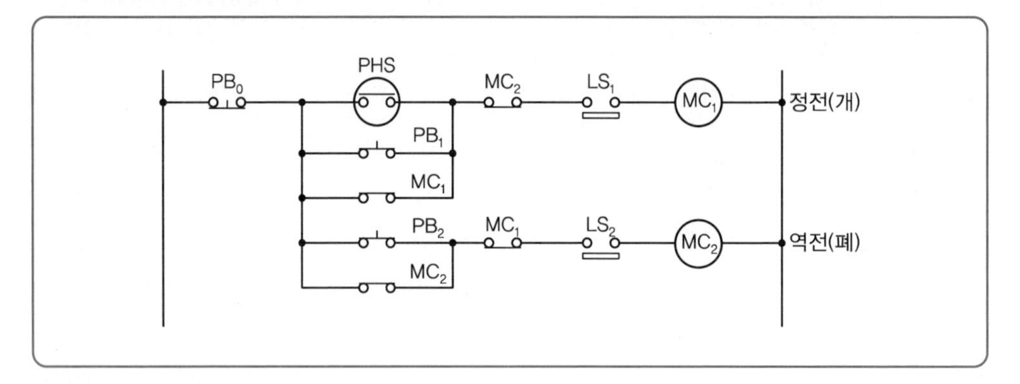

1. MC_1, MC_2의 a접점은 어떤 역할을 하는 접점인가?
2. MC_1, MC_2의 b접점은 어떤 역할을 하는가?
3. LS_1, LS_2는 어떤 역할을 하는가?
4. 시퀀스도에서 PHS(또는 PB_1)과 PB_2를 타임차트와 같은 타이밍에 'ON'으로 조작하였을 때의 타임차트를 완성하시오.

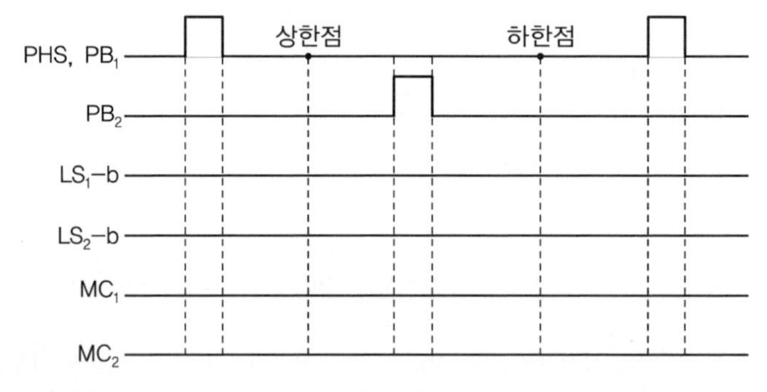

해답
1. 자기유지
2. 인터록(동시 투입 방지)
3. LS_1은 셔터의 상한 시 (MC1)을 소자시켜 전동기를 정지시킨다.

   LS_2는 셔터의 하한을 검지(검출)하여 (MC2)를 소자시켜 전동기를 정지시킨다.

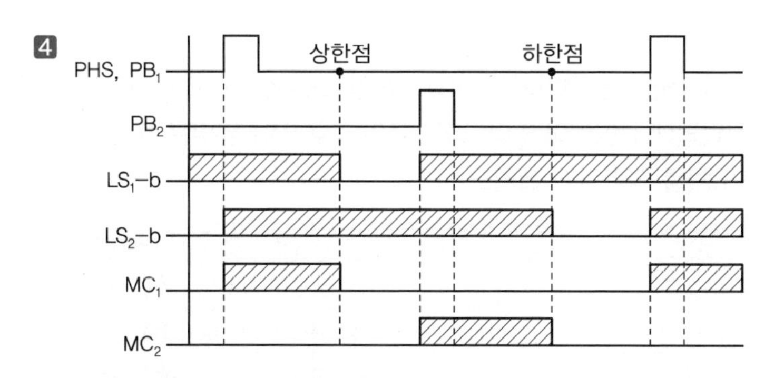

14 ★★★★☆ [8점]

배전용 변전소의 각종 전기시설에는 접지를 하고 있다. 그 접지목적을 3가지로 요약하여 쓰고, 고압 측 접지개소를 3개소만 쓰시오. ※ KEC 규정에 따라 문항 변경

1 접지목적

2 접지개소

해답 1 접지목적
① 감전 방지
② 이상전압 억제
③ 보호 계전기의 확실한 동작

2 접지개소
① 일반 기기 및 제어반 외함 접지
② 피뢰기 및 피뢰침 접지
③ 옥외 철구 및 경계책 접지
④ 계기용 변성기 2차 측 접지

15 ★★★☆☆ [5점]

다음은 계전기의 그림기호이다. 각각의 명칭을 우리말로 쓰시오.

1 OC 2 OL 3 UV 4 GR

해답 1 과전류 계전기 2 과부하 계전기
3 부족전압 계전기 4 지락 계전기

TIP

1 OC : Over Current 2 OL : Over Load
3 UV : Under Voltage 4 GR : Ground Relay

16 ★★☆☆☆ [5점]

전기사업자는 그가 공급하는 전기의 품질(표준전압, 표준주파수)을 허용오차 범위 안에서 유지하도록 전기사업법에 규정되어 있다. 다음 표의 괄호 안에 알맞은 표준전압 또는 표준주파수에 대한 허용오차를 정확하게 쓰시오.

표준전압 또는 표준주파수	허용 오차
110볼트	110볼트의 상하로 (1)볼트 이내
220볼트	220볼트의 상하로 (2)볼트 이내
380볼트	380볼트의 상하로 (3)볼트 이내
60헤르츠	60헤르츠 상하로 (4)헤르츠 이내

해답 1 6 2 13 3 38 4 0.2

17 ★★★★☆ [5점]

그림의 회로는 먼저 ON 조작된 측의 램프가 점등하는 병렬 우선 회로(PB_1 ON 시 L_1이 점등된 상태에서 L_2가 점등되지 않고 PB_2 ON 시 L_2가 점등된 상태에서 L_1이 점등되지 않는 회로)로 변경하여 그리시오.(단, 계전기 R_1, R_2의 보조접점을 사용하되 최소수를 사용하여 그리도록 한다.)

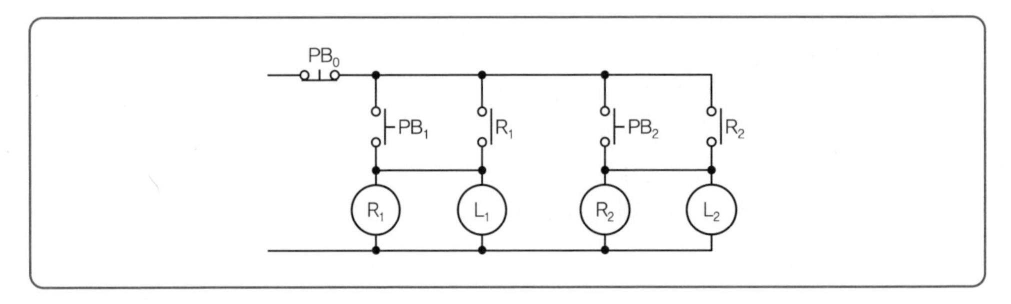

해답

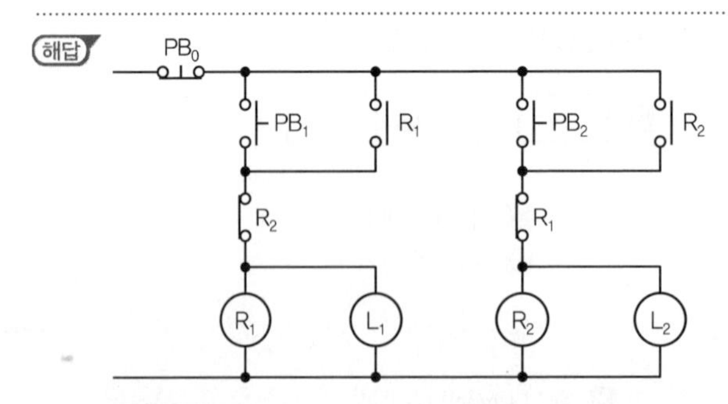

TIP

R_1, R_2의 b접점으로 각각 상대 쪽의 동작을 금지하는 인터록(interlock) 회로이다.

전기산업기사

2008년도 3회 시험

과년도 기출문제

회독 체크	□1회독	월 일	□2회독	월 일	□3회독	월 일

01 ★★☆☆☆ [5점]

수용가에서 사용하는 변압기의 고장원인 중 5가지만 쓰시오.

해답 ① 과부하 및 단락전류 ② 이상전압의 내습
③ 절연유의 열화 ④ 기계적 충격
⑤ 절연물 내부의 공극

TIP

➤ 변압기 고장의 종류
① 권선의 상간, 층간 단락 ② 권선과 철심 간의 절연 파괴
③ 고 · 저압 혼촉 ④ 권선의 단선
⑤ 부싱 및 리드선 절연 파괴

02 ★★☆☆☆ [5점]

다음 그림은 사용이 편리하고 일반적인 접지저항을 측정하고자 할 때 널리 사용되는 전위차계법(전압강하법)의 미완성 접속도이다. 다음 각 물음에 답하시오.

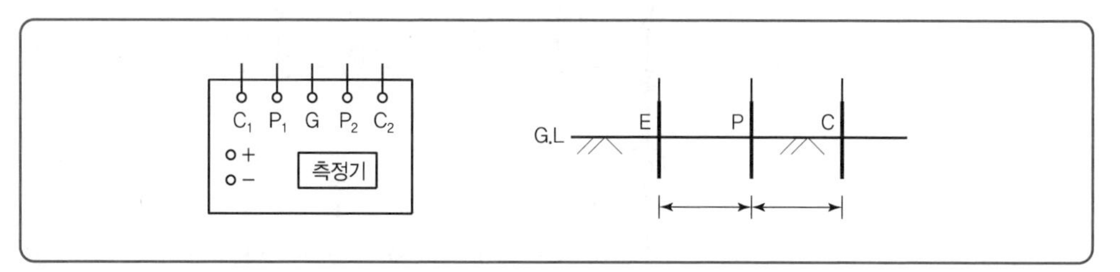

1 미완성 접속도를 완성하시오.

2 전극 간 거리는 몇 [m] 이상으로 하는가?

해답 **1**

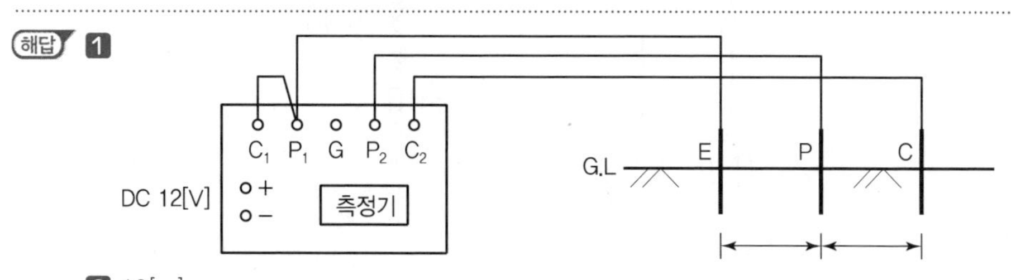

2 10[m]

03 ★★★☆☆ [5점]

다음 계전기의 심벌을 보고 이의 명칭을 쓰시오.

1 UV 2 OC 3 OV 4 P

해답
1 부족전압 계전기
2 과전류 계전기
3 과전압 계전기
4 전력 계전기

TIP
1 UV : Under Voltage
2 OC : Over Current
3 OV : Over Voltage
4 P : Power

04 ★★☆☆☆ [14점]

어느 공장에서 예비전원을 얻기 위한 전기시동방식 수동제어장치의 디젤엔진 3상 교류 발전기를 시설하게 되었다. 발전기는 사이리스터식 정지 자여자 방식을 채택하고 전압은 자동과 수동으로 조정 가능하게 하였을 경우, 다음 각 물음에 답하시오.

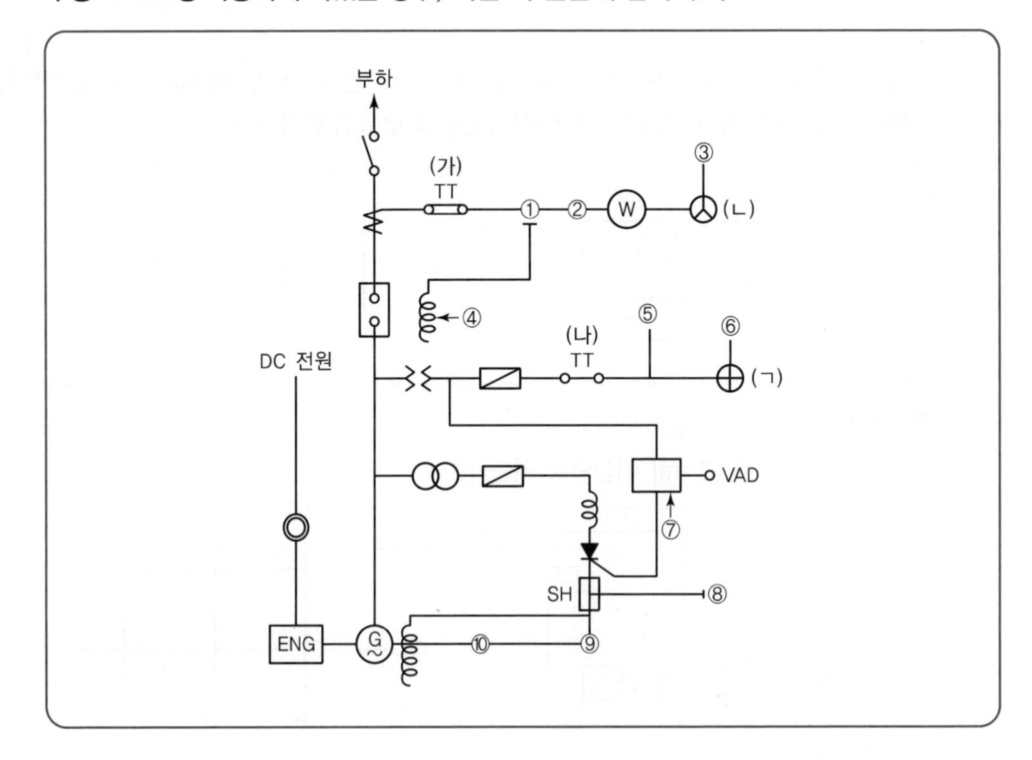

[약호]

- ENG : 전기기동식 디젤엔진
- AVR : 자동전압 조정기
- CR : 사이리스터 정류기
- CT : 변류기
- Fuse : 퓨즈
- RPM : 회전수계
- TC : 트립코일
- Wh : 전력량계
- G : 정지여자식 교류발전기
- VAD : 전압 조정기
- SR : 가포화리액터
- PT : 계기용 변압기
- F : 주파수계
- CB : 차단기
- OC : 과전류 계전기
- SH : 분류기
- TG : 타코제너레이터
- AV : 교류 전압계
- AA : 교류 전류계
- W : 지시 전력계
- TrE : 여자용 변압기
- DA : 직류전류계
- DS : 단로기

※ ◎ 엔진기동용 푸시 버튼

1 도면에서 ①~⑩에 해당되는 부분의 명칭을 주어진 약호로 답하시오.

2 도면에서 (가) TT 와 (나) TT 는 무엇을 의미하는가?

3 도면에서 (ㄱ)과 (ㄴ)은 무엇을 의미하는가?

해답 **1** ① OC ② WH
③ AA ④ TC
⑤ F ⑥ AV
⑦ AVR ⑧ DA
⑨ RPM ⑩ TG

2 (가) 전류 시험단자, (나) 전압 시험단자

3 (ㄱ) 전압계용 전환 개폐기, (ㄴ) 전류계용 전환 개폐기

05 ★★☆☆☆ [8점]

변전설비의 과전류 계전기가 동작하는 단락사고의 원인 4가지만 쓰시오.

해답 ① 기기 절연 불량에 의한 단락
② 모선(BUS)에서의 선간단락
③ 인·축의 접촉에 의한 단락
④ 케이블의 절연파괴에 의한 단락

06 ★★★☆☆

[5점]

변압기와 고압 전동기에 서지 흡수기를 설치하고자 한다. 각각의 경우에 대하여 서지 흡수기를 도면에 그려 넣고, 각각의 서지 흡수기의 정격전압[kV] 및 공칭방전전류[kA]를 쓰시오.

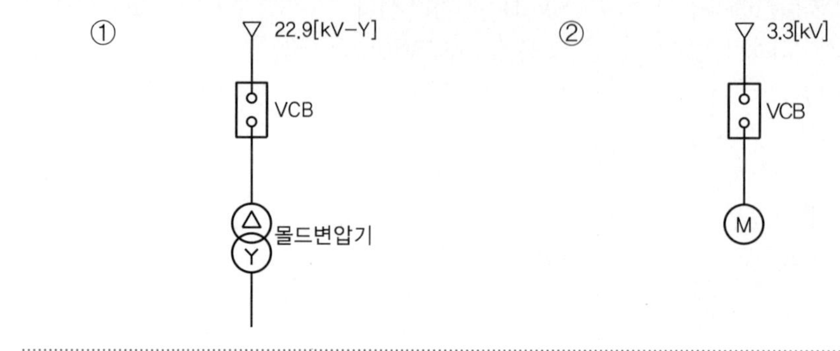

해답

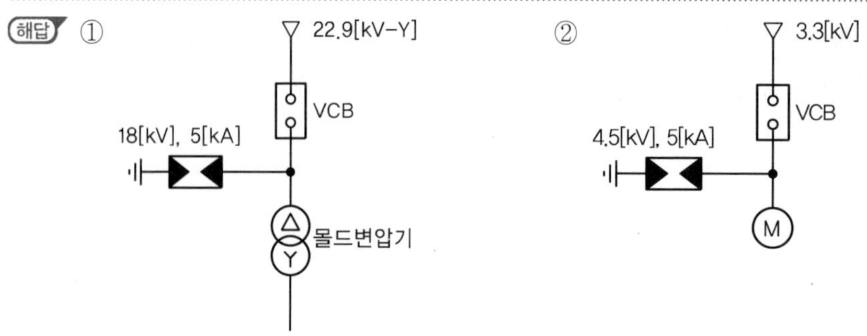

TIP

➤ 서지흡수기 정격

공칭전압	정격전압	공칭방전전류
3.3KV	4.5KV	5kA
6.6KV	7.5KV	5kA
22.9KV	18KV	5kA

07 ★★☆☆☆

[6점]

변전실 등의 시설과 관련하여 변압기, 배전반 등 수전설비는 계측기 판독 보수 점검에 필요한 공간 및 방화상 유효한 공간을 유지하기 위하여 주요 부분이 유지하여야 할 거리를 정하고 있다. 다음 표에 기기별 최소유지거리를 쓰시오.

위치별 / 기기별	앞면 또는 조작 · 계측면	뒷면 또는 점검면	열상호 간(점검하는 면)
특별고압 배전반	[m]	[m]	[m]
저압 배전반	[m]	[m]	[m]

해답

기기별 \ 위치별	앞면 또는 조작 · 계측면	뒷면 또는 점검면	열상호 간(점검하는 면)
특별고압 배전반	1.7[m]	0.8[m]	1.4[m]
저압 배전반	1.5[m]	0.6[m]	1.2[m]

TIP

➤ 수전설비의 배전반 등의 최소유지거리

기기별 \ 위치별	앞면 또는 조작 · 계측면	뒷면 또는 점검면	열상호 간 (점검하는 면)	기타의 면
특별고압 배전반	1.7	0.8	1.4	–
고압 배전반	1.5	0.6	1.2	–
저압 배전반	1.5	0.6	1.2	–
변압기 등	0.6	0.6	1.2	0.3

[비고]
앞면 또는 조작계측 면은 배전반 앞에서 계측기를 판독할 수 있거나 필요조작을 할 수 있는 최소거리임

08 ★★★★☆ [6점]

어느 변전소에서 뒤진 역률 80[%]의 부하 6,000[kW]가 있다. 여기에 뒤진 역률 60[%], 1,200[kW] 부하를 증가하였다면 다음과 같은 경우에 콘덴서의 용량은 몇 [kVA]가 되겠는가?

1 부하 증가 후 역률을 90[%]로 유지할 경우 콘덴서 Q[kVA]

2 부하 증가 후 변전소의 피상 전력을 동일하게 유지할 경우 콘덴서 Q[kVA]

해답 1 계산

2개 부하의 합성역률 $\cos\theta_1$를 먼저 구한다.

6,000[kW]의 무효분 : $P\tan\theta_1 = 6{,}000\times\frac{0.6}{0.8} = 4{,}500$[kVar]

1,200[kW]의 무효분 : $P\tan\theta_2 = 1{,}200\times\frac{0.8}{0.6} = 1{,}600$[kVar]

합성 유효분 : $P_1 + P_2 = 6{,}000 + 1{,}200 = 7{,}200$[kW]

합성역률 : $\cos\theta_1 = \frac{7{,}200}{\sqrt{7{,}200^2 + 6{,}100^2}} = 0.763$

$\cos\theta_1 = 0.763$을 $\cos\theta_2 = 0.9$로 개선하기 위한 콘덴서 용량

$$Q_C = 7{,}200\left[\frac{\sqrt{1-0.763^2}}{0.763} - \frac{\sqrt{1-0.9^2}}{0.9}\right] = 2{,}612.58[\text{kVA}]$$

답 2,612.58[kVA]

2 계산

7,500[kVA] 변압기에 7,200[kW] 역률 0.763 부하가 걸리면 과부하이므로 여기에 콘덴서를 설치하면 과부하를 방지할 수 있다.

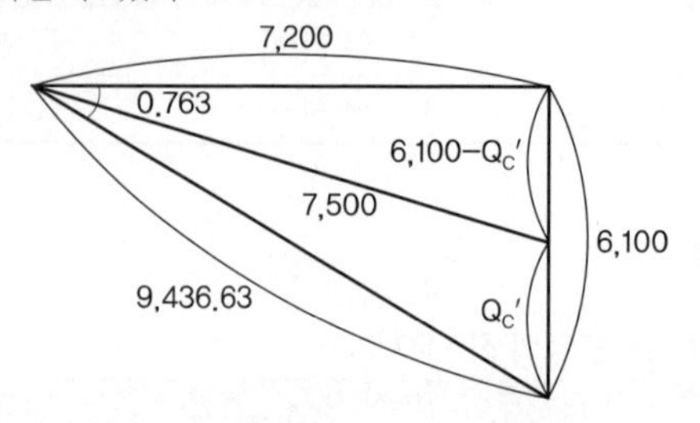

∴ 과부하를 방지하기 위한 콘덴서 용량 Q_c'는

$P_a = \sqrt{P^2 + (Q - Q_c')^2}$

$7,500^2 = 7,200^2 + (6,100 - Q_C')^2$에서 $Q_c' = 4,000$[kVA]

답 4,000[kVA]

TIP

① 부하가 2개 이상인 경우 각각 무효전력과 유효전력을 구한다.

② 피상전력 = $\sqrt{유^2 + 무^2}$

③ 무효전력 = $VI\sin\theta = P \cdot \tan\theta$[kVar]

여기서, P : 유효전력[kW]　VI : 피상전력[kVA]

09 ★☆☆☆☆ [5점]

그림은 3상 3선식 전력량계의 결선도(계기용 변압기 및 변류기를 시설하는 경우)를 나타낸 것이다. 미완성 부분의 결선도를 완성하시오.(단, 접지가 필요한 곳에는 접지 표시를 한다.)

※ KEC 규정에 따라 변경

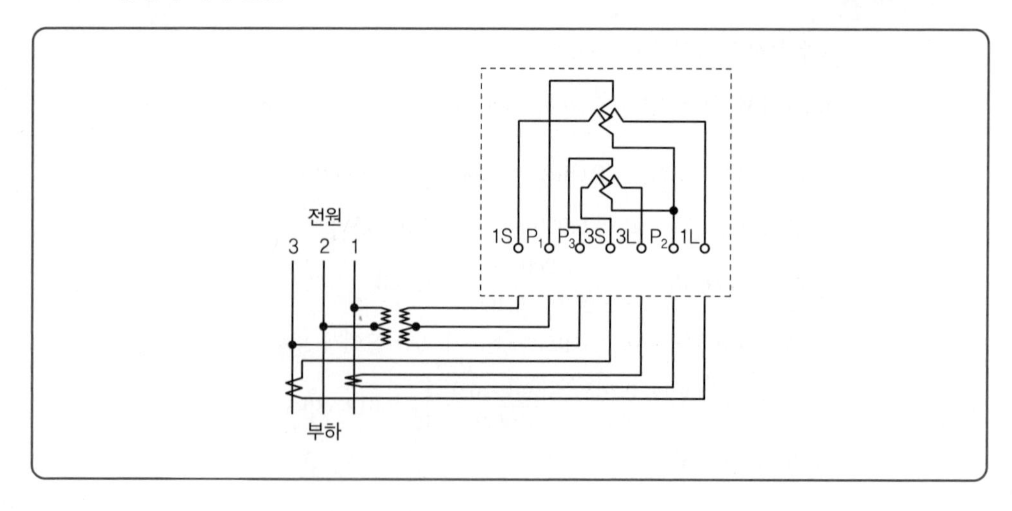

해답

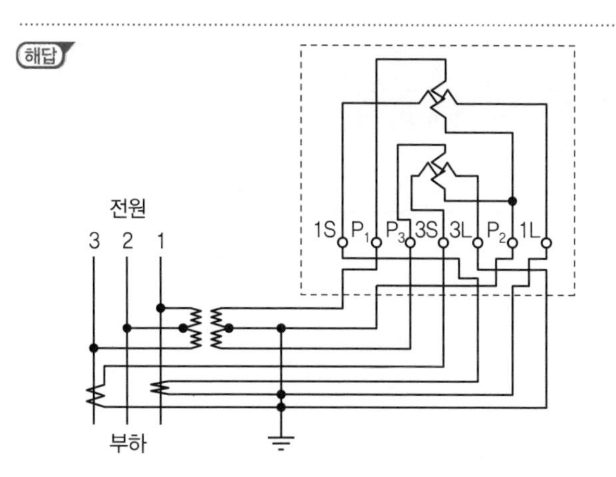

10 ★★★★★

[7점]

그림은 3상 유도전동기의 Y−△ 기동법을 나타내는 결선도이다. 다음 물음에 답하시오.

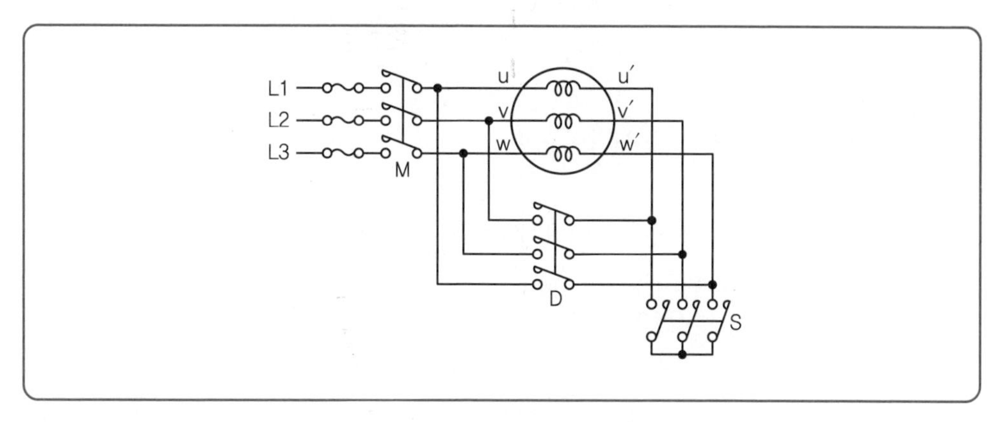

1 다음 표의 빈칸에 기동 시 및 운전 시의 전자개폐기 접점의 ON, OFF 상태 및 접속상태(Y결선, △결선)를 쓰시오.

구분	전자개폐기 접점상태(ON, OFF)			접속상태
	S	D	M	
기동 시				
운전 시				

2 전전압 기동과 비교하여 Y−△ 기동법의 기동 시 기동전압, 기동전류 및 기동토크는 각각 어떻게 되는가?

① 기동전압(선간전압)

② 기동전류

③ 기동토크

해답 **1**

구분	전자개폐기 접점상태(ON, OFF)			접속상태
	S	D	M	
기동 시	ON	OFF	ON	Y결선
운전 시	OFF	ON	ON	Δ결선

2 ① 기동전압(선간전압) : $\frac{1}{\sqrt{3}}$배

② 기동전류 : $\frac{1}{3}$배

③ 기동토크 : $\frac{1}{3}$배

TIP

① Y결선의 기동전류 $I_Y = \frac{\frac{V}{\sqrt{3}}}{Z} = \frac{V}{\sqrt{3}Z}$

② Δ결선의 기동전류 $I_\Delta = \sqrt{3}\frac{V}{Z}$

③ 기동전류 비교 $\frac{I_Y}{I_\Delta} = \frac{\frac{V}{\sqrt{3}Z}}{\frac{\sqrt{3}V}{Z}} = \frac{1}{3}$배

따라서 Y기동 시 기동전류가 Δ운전 시 전류의 $\frac{1}{3}$배가 된다.

기동토크 $T_S \propto V^2 \quad \therefore \left(\frac{1}{\sqrt{3}}\right) = \frac{1}{3}$배

11 ★★★☆☆ [5점]

부하율을 식으로 표시하고 부하율이 적다는 것은 무엇을 의미하는지 2가지만 쓰시오.

1 식

2 의미

해답 **1** 식 : 부하율 $= \frac{\text{평균 전력}}{\text{최대 전력}} \times 100[\%] = \frac{\text{전력량/시간}}{\text{최대 전력}} \times 100[\%]$

2 의미

① 공급 설비를 유용하게 사용하지 못한다.

② 부하 설비의 가동률이 저하된다.

12 ★★★★★ [6점]

평형 3상 회로에 그림과 같은 유도 전동기가 있다. 이 회로에 2개의 전력계와 전압계 및 전류계를 접속하였더니 그 지시값은 $W_1 = 6.24[kW]$, $W_2 = 3.77[kW]$, 전압계의 지시는 200[V], 전류계의 지시는 34[A]이었다. 이때 다음 각 물음에 답하시오.

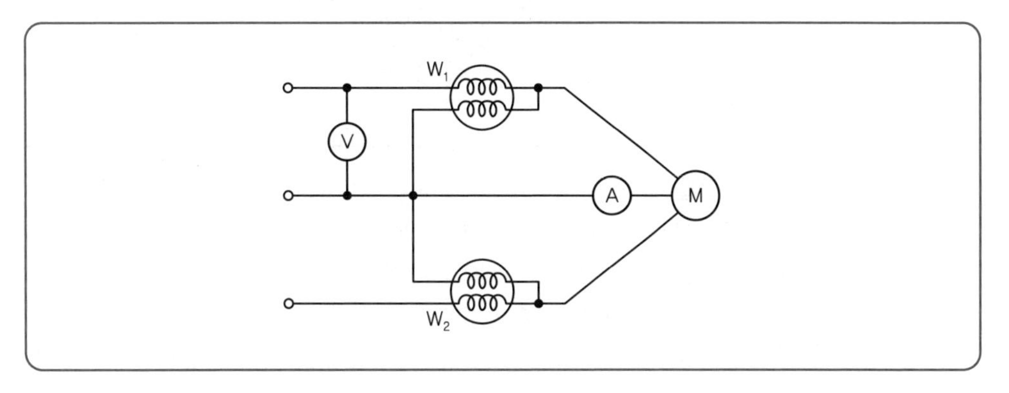

1 부하에 소비되는 전력을 구하시오.

2 부하의 피상전력을 구하시오.

3 이 유도 전동기의 역률은 몇 [%]인가?

해답 1 계산 : $P = W_1 + W_2 = 6.24 + 3.77 = 10.01[kW]$

답 10.01[kW]

2 계산 : $P_a = \sqrt{3}VI = \sqrt{3} \times 200 \times 34 \times 10^{-3} = 11.78[kVA]$

답 11.78[kVA]

3 계산 : $\cos\theta = \dfrac{W_1 + W_2}{\sqrt{3}VI} = \dfrac{10.01}{11.78} \times 100 = 84.97[\%]$

답 84.97[%]

TIP

2전력계법은 2개의 단상전력계로 3상전력을 측정하는 방법으로 각각의 전력 및 역률은 다음과 같다.

① 유효전력 : $P = W_1 + W_2[W]$

② 무효전력 : $P_r = \sqrt{3}(W_1 - W_2)[Var]$

③ 피상전력 : $P_a = 2\sqrt{W_1^2 + W_2^2 - W_1W_2}\,[VA]$

④ 역률 : $\cos\theta = \dfrac{W_1 + W_2}{2\sqrt{W_1^2 + W_2^2 - W_1W_2}}$

13 ★★★★☆

[10점]

그림과 같은 단상 변압기 3대가 있다. 이 변압기에 대해서 다음 각 물음에 답하시오.

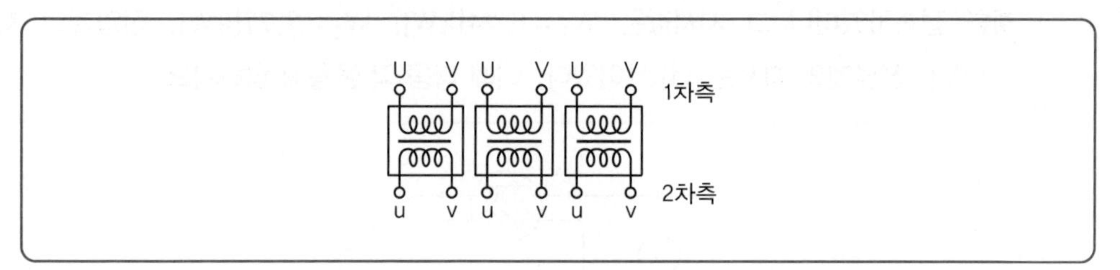

1 이 변압기의 결선을 △－△결선하시오.

2 △－△결선으로 운전하던 중 한 상의 변압기에 고장이 생겨 이것을 분리하고 나머지 2대로 3상 전력을 공급하고자 한다. 이때의 결선을 하고 이 결선의 명칭을 쓰시오.

3 2에서 변압기 1대의 이용률은 몇 [%]인가?

4 2와 같이 결선한 변압기 2대의 3상 출력은 △－△결선 시의 변압기 3대의 출력과 비교할 때 몇 [%] 정도인가?

5 △－△결선 시의 장점을 두 가지 쓰시오.

해답 1

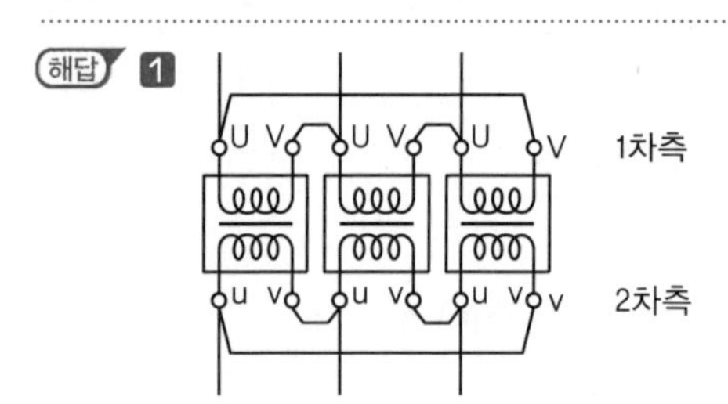

2 ① 결선도

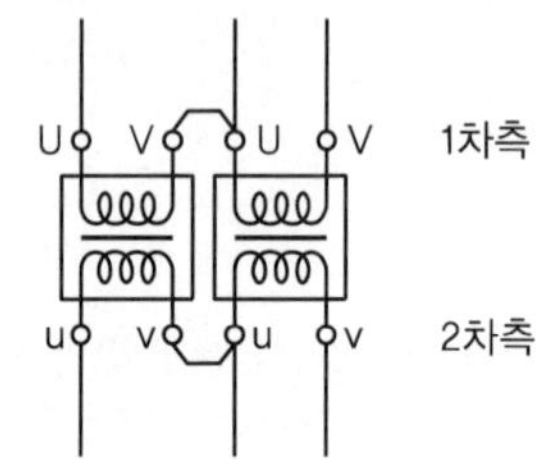

② 명칭 : V－V결선

3 $\frac{\sqrt{3}}{2} \times 100 = 86.6[\%]$ 답 86.6[%]

4 $\frac{\sqrt{3}}{3} \times 100 = 57.74[\%]$ 답 57.74[%]

5 ① 제3고조파를 제거한다.
② 1대 고장 시 V－V결선이 가능하다.

TIP

변압기 2차 측에 혼촉 방지용 접지를 할 것
단, 혼촉 방지판이 있는 경우(△－△)는 별도로 하지 않는다.

14 ★★★★★ [9점]

다음 시퀀스도를 보고 각 물음에 답하시오.

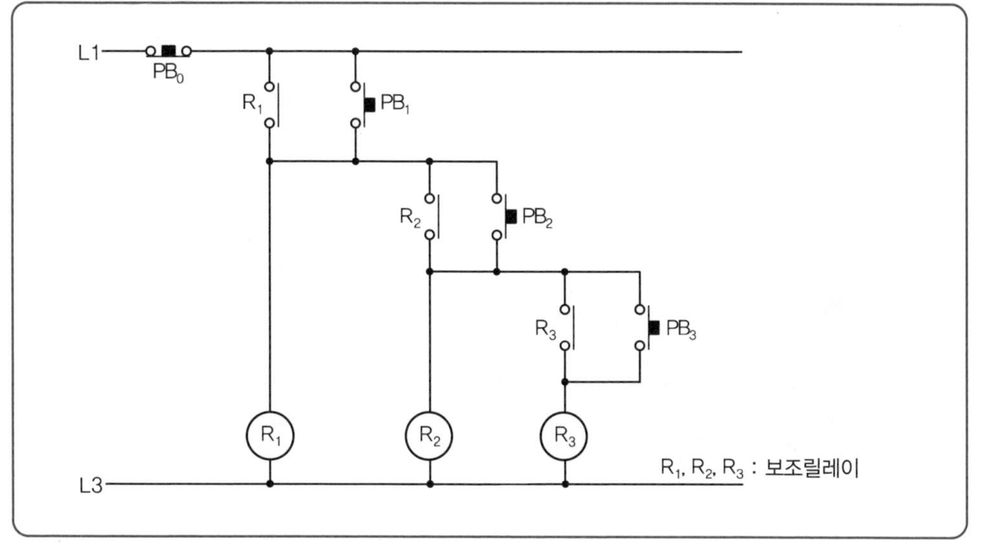

1. 전원 측에 가장 가까운 푸시버튼 PB_1으로 부터 PB_3, PB_0까지 'ON'으로 조작할 경우의 동작사항을 간단히 설명하시오.
2. 최초에 PB_2를 'ON'으로 조작한 경우에는 어떻게 되는가?
3. 타임차트의 푸시버튼 PB_1, PB_2, PB_3, PB_0와 같은 타이밍에 'ON'으로 조작하였을 경우 타임차트의 R_1, R_2, R_3를 완성하시오.

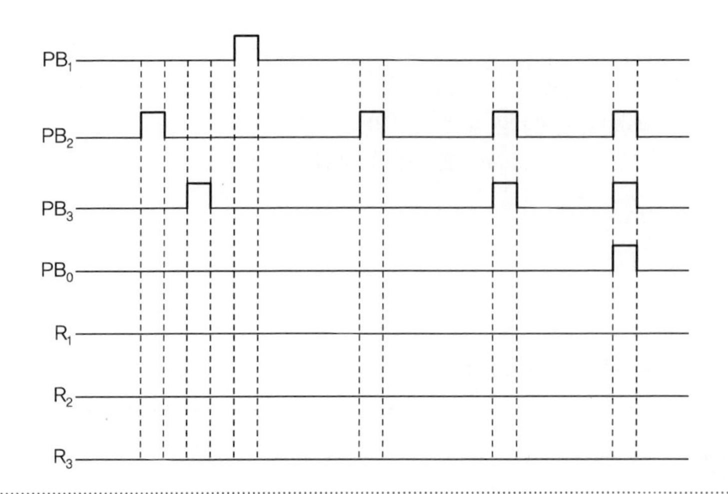

해답 1 $PB_1 \rightarrow PB_2 \rightarrow PB_3$ 순서로 'ON' 조작하면 릴레이 R_1 ⇒ R_2 ⇒ R_3 순서로 여자되고 PB_0을 누르면 릴레이는 동시에 모두 소자된다.

2 동작하지 않는다.

3

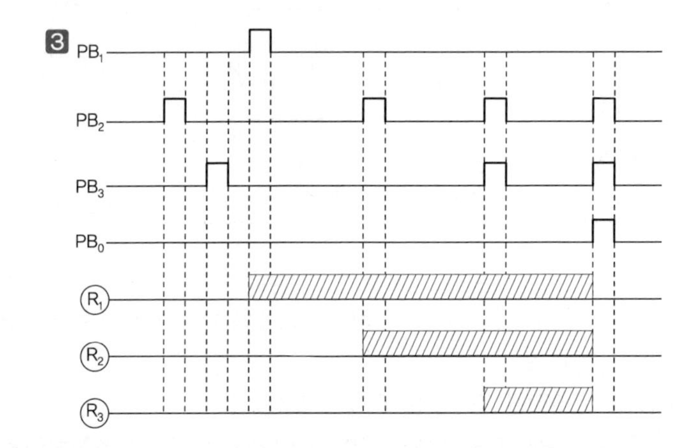

TIP

직렬우선회로에 대한 동작 특성을 이해하자!

15 ★★★★☆ [4점]

도로의 너비가 30[m]인 곳에 양쪽으로 30[m] 간격으로 지그재그 식으로 등주를 배치하여 도로 위의 평균조도를 6[lx]가 되도록 하려면 각 등주에 사용되는 수은등은 몇 [W]의 것을 사용하면 되는지를 주어진 표를 참조하여 답하시오.(단, 노면의 광속이용률은 32[%], 유지율은 80[%]로 한다.)

| 수은등의 광속 |

용량[W]	전광속[lm]
100	3,200~3,500
200	7,700~8,500
300	10,000~11,000
400	13,000~14,000
500	18,000~20,000

해답 계산 : $F = \dfrac{EAD}{U} = \dfrac{6 \times \dfrac{30}{2} \times 30 \times \dfrac{1}{0.8}}{0.32} = 10,546.88[\text{lm}]$

표에서 광속이 10,000~11,000[lm]인 300[W] 선정

답 300[W]

TIP

① 지그재그조명(양쪽 조명) $A = \dfrac{a \times b}{2}$ 여기서, a : 간격, b : 폭

② 중앙조명, 편측조명 $A = a \times b$

memo

INDUSTRIAL ENGINEER ELECTRICITY

2009년 과 년 도 문제풀이

2009년도 1회 시험

과년도 기출문제

회독 체크	□1회독	월 일	□2회독	월 일	□3회독	월 일

2002 2003 2004 2005 2006 2007 2008 2009 2010 2011

01

★★★★☆ [5점]

60[Hz]로 설계된 3상 유도전동기를 동일 전압으로 50[Hz]에 사용할 경우 다음 요소는 어떻게 변화하는지를 수치를 이용하여 설명하시오.

1. 무부하 전류
2. 온도 상승
3. 속도

해답
1. 6/5으로 증가
2. 6/5으로 증가
3. 5/6로 감소

TIP

① $I_o \propto \frac{1}{f}$ 여기서, I_o : 무부하전류

② $T \propto I_o$ 여기서, T : 온도

③ $N \propto f$ 여기서, N : 속도

02

★★★★☆ [6점]

3상 3선식 배전선로의 1선당 저항이 3[Ω], 리액턴스가 2[Ω]이고 수전단 전압이 6,000[V], 수전단에 용량 480[kW], 역률 0.8(지상)의 3상 평형 부하가 접속되어 있을 경우에 송전단 전압 V_s, 송전단 전력 P_s 및 송전단 역률 $\cos\theta_s$를 구하시오.

1. 송전단 전압
2. 송전단 전력
3. 송전단 역률

해답

1. 계산 : $V_s = V_r + \sqrt{3}I(R\cos\theta + X\sin\theta) = V_r + \frac{P_r}{V_r}(R + X\tan\theta)$

$$= 6{,}000 + \frac{480 \times 10^3}{6{,}000} \times \left(3 + 2 \times \frac{0.6}{0.8}\right) = 6{,}360[V]$$

답 6,360[V]

2. 계산 : $I = \frac{P_r}{\sqrt{3}V_r\cos\theta_r} = \frac{480{,}000}{\sqrt{3} \times 6{,}000 \times 0.8} = 57.74[A]$

$$P_s = P_r + 3I^2R = 480 + 3 \times 57.74^2 \times 3 \times 10^{-3} = 510.01[kW]$$

답 510.01[kW]

❸ 계산 : $\cos\theta_s = \frac{P_s}{P_a} = \frac{P_s}{\sqrt{3}V_sI}$ 에서

$$\cos\theta_s = \frac{510.01\times10^3}{\sqrt{3}\times6{,}360\times57.74} = 0.8018 = 80.18[\%]$$

답 80.18[%]

TIP

$$e = V_s - V_r = \sqrt{3}I(R\cos\theta + X\sin\theta) = \frac{P}{V}(R + X\tan\theta)$$

03 ★★☆☆☆ [5점]

가스 또는 먼지폭발위험장소에서 전기기계 · 기구를 사용하는 경우에는 그 증기 · 가스 또는 분진에 대하여 적합한 폭발방지 성능을 가진 폭발방지구조 전기기계 · 기구를 선정하여야 한다. 다음 각 폭발방지구조에 대하여 설명하시오.

※ KEC 규정에 따라 변경

❶ 압력 폭발방지구조
❷ 유입 폭발방지구조
❸ 안전증 폭발방지구조
❹ 본질안전 폭발방지구조

해답
❶ 용기 내부에 보호가스(신선한 공기 또는 불연성 가스)를 압입하여 내부압력을 유지함으로써 폭발성 가스 또는 증기가 용기 내부로 유입하지 않도록 된 구조를 말한다.
❷ 전기불꽃, 아크 또는 고온이 발생하는 부분을 기름 속에 넣고, 기름면 위에 존재하는 폭발성 가스 또는 증기에 인화되지 않도록 한 구조를 말한다.
❸ 정상운전 중에 폭발성 가스 또는 증기에 점화원이 될 전기불꽃, 아크 또는 고온 부분 등의 발생을 방지하기 위하여 기계적 · 전기적 구조상 또는 온도상승에 대해서 특히 안전도를 증가시킨 구조를 말한다.
❹ 정상 시 및 사고 시(단선, 단락, 지락 등)에 발생하는 전기불꽃, 아크 또는 고온에 의하여 폭발성 가스 또는 증기에 점화되지 않는 것이 점화시험, 기타에 의하여 확인된 구조를 말한다.

04 ★★☆☆☆ [5점]

그림과 같은 회로에서 최대전력이 전달되기 위한 권수비($N_1 : N_2$)는?

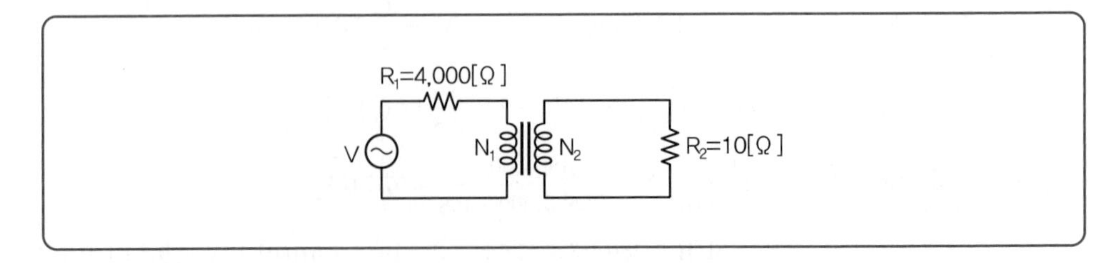

해답 계산 : 권수비 $n = a = \frac{N_1}{N_2} = \frac{V_1}{V_2} = \frac{I_2}{I_1} = \sqrt{\frac{R_1}{R_2}}$ 이므로

$$n = \frac{N_1}{N_2} = \sqrt{\frac{4,000}{10}} = 20$$

$$\therefore \frac{N_1}{N_2} = \frac{20}{1},\ N_1 : N_2 = 20 : 1$$

답 20 : 1

05

★☆☆☆☆ [5점]

버스덕트 배선은 옥내의 노출 장소 또는 점검 가능한 은폐장소의 건조한 장소에 한하여 시설할 수 있다. 버스덕트의 종류 5가지를 쓰시오.

해답 ① 피더 버스덕트
② 익스팬션 버스덕트
③ 탭붙이 버스덕트
④ 트랜스포지션 버스덕트
⑤ 플러그인 버스덕트

06

★★☆☆☆ [5점]

철주에 절연전선을 사용하여 접지 공사를 그림과 같이 노출 시공하고자 한다. 다음 각 물음에 답하시오.

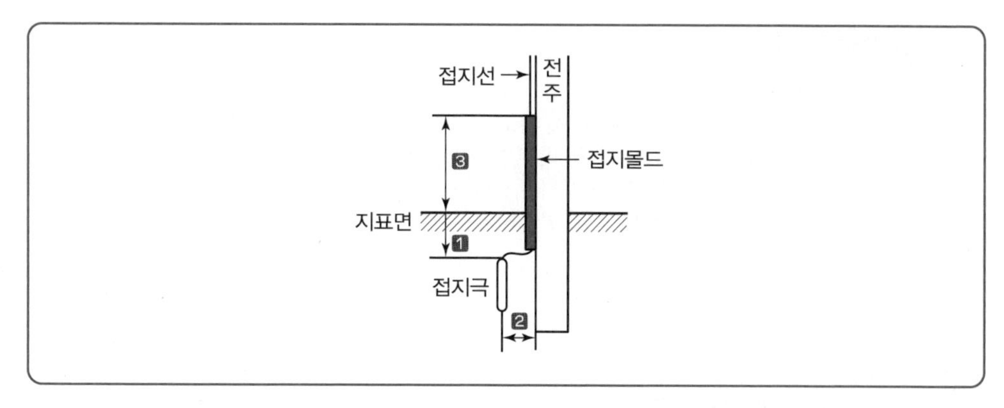

1 접지극의 지하 매설 깊이는 몇 [m] 이상이어야 하는가?
2 전주와 접지극의 이격 거리는 몇 [m] 이상이어야 하는가?
3 지표상 접지 몰드의 높이는 몇 [m]까지로 하여야 하는가?

해답 1 0.75[m]
2 1[m]
3 2[m]

07 ★★☆☆☆ [5점]

그림에서 피뢰기 시설이 의무화되어 있는 장소를 도면에 ⊗로 표시하시오.

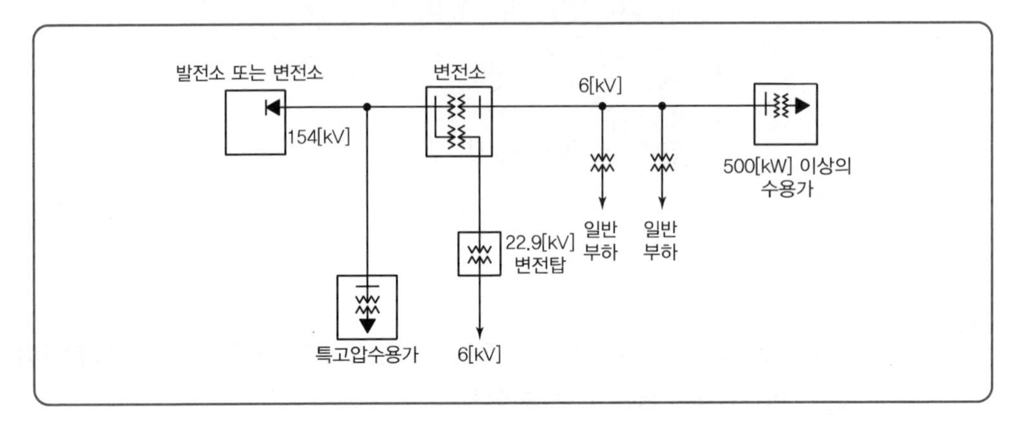

해답

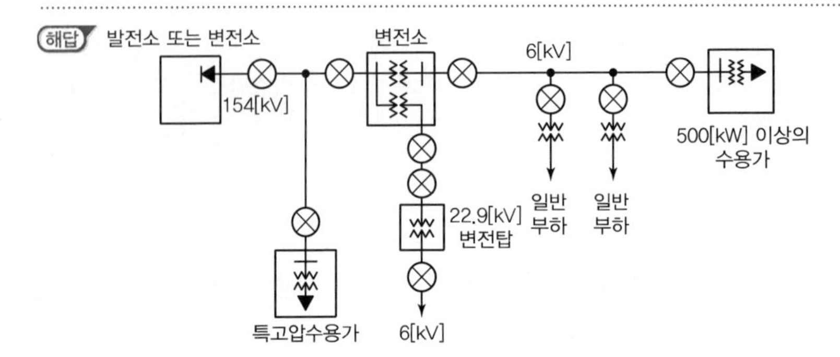

TIP

➤ 피뢰기 설치장소

① 발전소, 변전소 또는 이에 준하는 장소의 가공전선 인입구 및 인출구
② 가공전선로에 접속하는 배전용 변압기의 고압 측 및 특고압 측
③ 고압 및 특고압 가공전선로로부터 공급받는 수용장소의 인입구
④ 가공전선로와 지중전선로가 접속되는 곳

08 ★★★☆☆ [7점]

다음 각 물음에 답하시오.

1 22.9[kV−Y] 배전용 주상 변압기의 1차 측 탭 전압이 22,000[V]의 경우에 저압 측의 전압이 220[V]이다. 저압 측의 전압을 210[V]로 하자면 1차 측의 어느 탭전압에 접속해야 하는가?(단, 탭은 20,000[V], 21,000[V], 22,000[V], 23,000[V]가 있다.)

2 과거에는 유입변압기가 주로 사용되었으나 최근에는 건식 변압기가 많이 사용되고 있다. 특히 건식 변압기는 대형백화점이나 병원 등에서 주로 사용되는데, 같은 용량의 유입변압기를 사용할 때와 비교하여 이점을 4가지만 쓰시오.

3 구내 선로에서 발생할 수 있는 개폐서지, 순간과도전압 등으로 이상전압이 2차 기기에 악영향을 주는 것을 막기 위해 설치하는 것으로 변압기나 기기계통을 보호하는 것은 무엇인가?

해답 **1** 계산 : $V_1' = V_1 \times \dfrac{\text{현재의 탭 전압}}{\text{변경할 탭 전압}} = 22{,}000 \times \dfrac{220}{210} = 23{,}047$

답 23,000[V]

2 ① 화재 위험이 전혀 없다. ② 소형 · 경량화할 수 있다.
③ 보수 및 점검이 용이하다. ④ 큐비클 설비가 용이하다.

3 서지흡수기(SA)

09 ★★★★☆ [5점]

비접지 3상 △ 결선(6.6[kV] 계통)일 때 지락사고 시 지락보호에 대하여 답하시오.

1 지락보호에 사용되는 변성기 및 계전기의 명칭을 각 1개씩 쓰시오.
① 변성기
② 계전기

2 영상전압을 얻기 위하여 단상 PT 3대를 사용하는 경우 접속방법을 간단히 설명하시오.

해답 **1** ① 변성기 : 접지형 계기용 변압기(GPT) 또는 영상변류기(ZCT)
② 계전기 : 지락방향 계전기(DGR) 또는 지락과전압 계전기(OVGR)

2 1차 측을 Y결선하여 중성점을 직접 접지하고, 2차 측은 개방 △결선한다.

10 ★★★★★ [13점]

3층 사무실용 건물에 3상 3선식 6,000[V]를 수전하고 200[V]로 체강하여 사용하는 수전설비를 시설하였다. 각종 부하설비가 [표 1], [표 2]와 같을 때 다음 각 물음에 답하시오.

| 표 1. 동력부하설비 |

사용목적		용량[kW]	대수	상용 동력[kW]	하계 동력[kW]	동계 동력[kW]
난방설비	보일러 펌프	6.0	1			6.0
	오일기어펌프	0.4	1			0.4
	온수순환펌프	3.0	1			3.0
공기조화설비	1, 2, 3층 패키지 컴프레서	7.5	6		45.0	
	컴프레서 팬	5.5	3	16.5		
	냉각수 펌프	5.5	1		5.5	
	쿨링 타워	1.5	1		1.5	
급 · 배수설비	양수펌프	3.0	1	3.0		
기타	소화펌프	5.5	1	5.5		
	셔터	0.4	2	0.8		
합계				25.8	52.0	9.4

| 표 2. 조명 및 콘센트 부하설비 |

사용 목적		와트수 [W]	설치 수량	환산 용량 [VA]	총용량 [VA]	비고
전등 설비	수은등 A	200	4	260	1,040	200[V] 고역률
	수은등 B	100	8	140	1,120	100[V] 고역률
	형광등	40	820	55	45,100	200[V] 고역률
	백열전등	60	10	60	600	
콘센트 설비	일반 콘센트	1,500	80		12,000	2P 15[A]
	환기팬용 콘센트		8	150	440	
	히터용 콘센트		2	55	3,000	
	복사기용 콘센트		4		3,600	
	텔레타이프용 콘센트		2		2,400	
	룸 쿨러용 콘센트		6		7,200	
기타	전화교환용 정류기		1		800	
합계					77,300	

| 표 3. 변압기 용량 |

상별	제작회사에서 시판되는 표준용량[kVA]
단상 3상	5, 10, 15, 20, 30, 50, 75, 100, 150, 200, 250, 300

1 동계난방 때 온수순환펌프는 상시 운전하고, 보일러용과 오일기어펌프의 수용률이 55[%]일 때 난방동력 수용부하는 몇 [kW]인가?

2 동력부하의 역률이 전부 70[%]라고 한다면 피상전력은 각각 몇 [kVA]인가?

① 상용 동력

② 하계 동력

③ 동계 동력

3 총 전기설비 용량은 몇 [kVA]를 기준으로 하여야 하는가?

4 전등의 수용률을 60[%], 콘센트 설비의 수용률을 70[%]라고 한다면 몇 [kVA]의 단상변압기에 연결하여야 하는가?(단, 전화교환용 정류기는 100[%] 수용률로서 계산결과에 포함시키며, 변압기 예비율(여유율)은 무시한다.)

5 동력설비 부하의 수용률이 모두 65[%]라면 동력부하용 3상변압기의 용량은 몇 [kVA]인가?(단, 동력부하의 역률은 70[%]로 하며 변압기의 예비율은 무시한다.)

6 상기 물음 **4**, 물음 **5**에서 선정된 단상과 3상 변압기의 전류계용으로 사용되는 변류기의 1차 측 정격전류는 각각 몇 [A]인가?

① 단상

② 3상

해답 **1** 계산 : 수용부하 $= 3 + (6.0 + 0.4) \times 0.55 = 6.52$[kW]

답 6.52[kW]

2 ① 계산 : 상용 동력의 피상 전력 $= \dfrac{\text{설비용량[kW]}}{\text{역률}} = \dfrac{25.8}{0.7} = 36.86$[kVA]

답 36.86[kVA]

② 계산 : 하계 동력의 피상 전력 $= \dfrac{\text{설비용량[kW]}}{\text{역률}} = \dfrac{52.0}{0.7} = 74.29$[kVA]

답 74.29[kVA]

③ 계산 : 동계 동력의 피상 전력 $= \dfrac{\text{설비용량[kW]}}{\text{역률}} = \dfrac{9.4}{0.7} = 13.43$[kVA]

답 13.43[kVA]

3 계산 : $36.86 + 74.29 + 77.3 = 188.45$[kVA]

답 188.45[kVA]

4 계산 : 전등 관계 : $(1{,}040 + 1{,}120 + 45{,}100 + 600) \times 0.6 \times 10^{-3} = 28.72$[kVA]

콘센트 관계 : $(12{,}000 + 440 + 3{,}000 + 3{,}600 + 2{,}400 + 7{,}200) \times 0.7 \times 10^{-3}$
$= 20.05$[kVA]

기타 : $800 \times 1 \times 10^{-3} = 0.8$[kVA]

$28.72 + 20.05 + 0.8 = 49.57$[kVA]이므로

단상 변압기 용량은 50[kVA]가 된다.

답 50[kVA]

5 계산 : 동계 동력과 하계 동력 중 큰 부하를 기준으로 하고 상용 동력과 합산하여 계산하면

$T_R = \dfrac{\text{설비용량} \times \text{수용률}}{\text{역률}} = \dfrac{(25.8 + 52.0)}{0.7} \times 0.65 = 72.24$[kVA]이므로

3상 변압기 용량은 75[kVA]가 된다.

답 75[kVA]

6 계산 : ① 단상 변압기 1차 측 변류기

$I = \dfrac{P}{V} \times (1.25 \sim 1.5) = \dfrac{50 \times 10^3}{6 \times 10^3} \times (1.25 \sim 1.5) = 10.42 \sim 12.5$[A]

답 15[A] 선정

② 3상 변압기 1차 측 변류기

$I = \dfrac{P}{\sqrt{3}\,V} \times (1.25 \sim 1.5) = \dfrac{75 \times 10^3}{\sqrt{3} \times 6 \times 10^3} \times (1.25 \sim 1.5) = 9.02 \sim 10.83$[A]

답 10[A] 선정

11 ★★★☆☆ [14점]

다음 도면은 CB 1차 측에 PT를, CB 2차 측에 CT를 시설하는 경우에 대한 특고압 수전설비 결선도의 계통을 나타낸 미완성 도면이다. 이 도면을 이용하여 다음 각 물음에 답하시오.

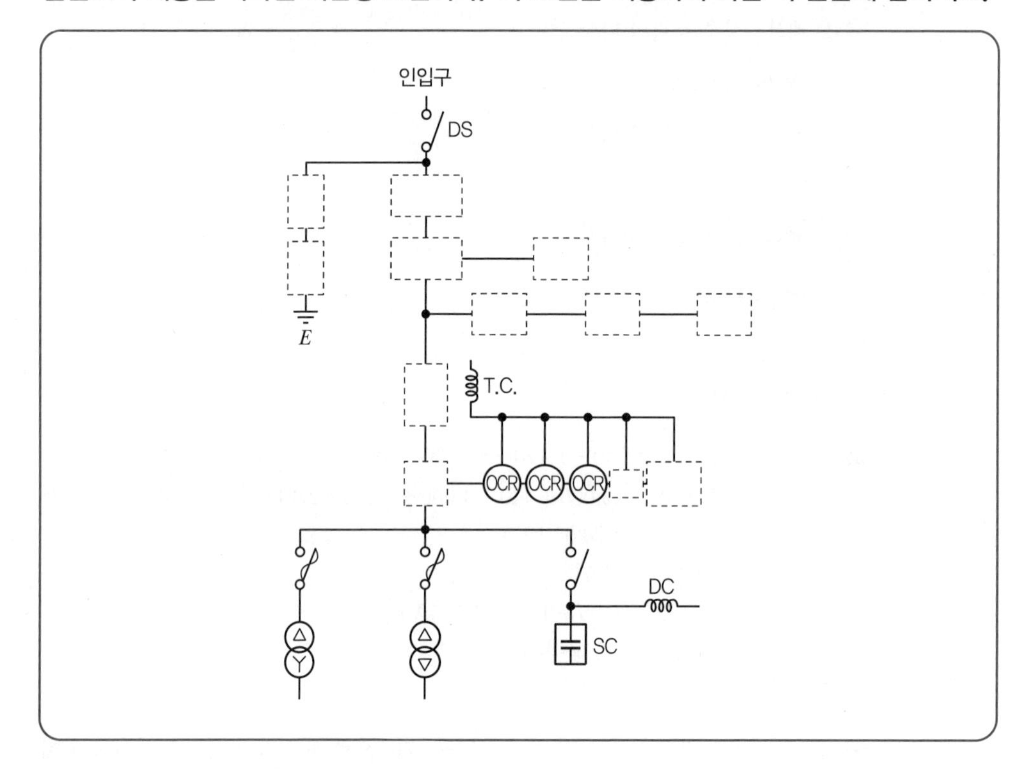

1 점선으로 표시된 [ ] 안에 들어갈 기계기구의 그림기호를 그리고, [ ] 옆에 기계기구에 해당되는 약호를 쓰시오.

2 도면에서 SC의 우리말 명칭을 쓰고 여기에 부착되어 있는 DC의 역할에 대하여 쓰시오.

- SC의 명칭 :
- DC의 역할 :

3 △-Y변압기의 결선도와 △-△변압기의 결선도를 그리시오.

- △-Y변압기 결선도
- △-△변압기 결선도

4 피뢰기(L.A)의 접지공사의 종류는?

※ KEC 규정에 따라 삭제

해답 1

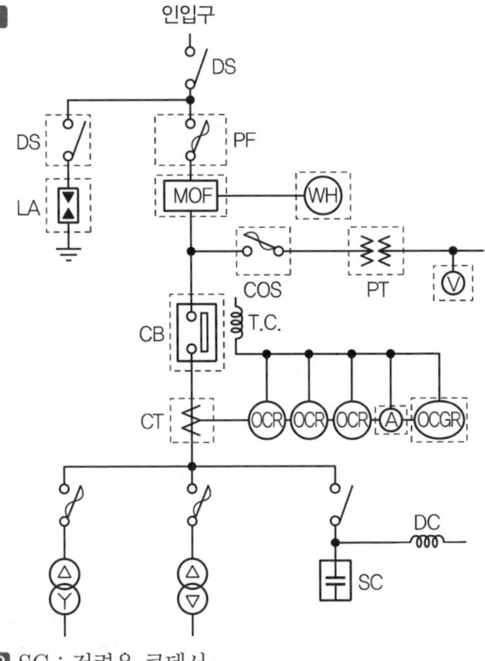

2 SC : 전력용 콘덴서

DC : 전원 개방 시 콘덴서에 축적된 잔류 전하 방전

3 $\Delta-Y$변압기 결선도 / $\Delta-\Delta$변압기 결선도

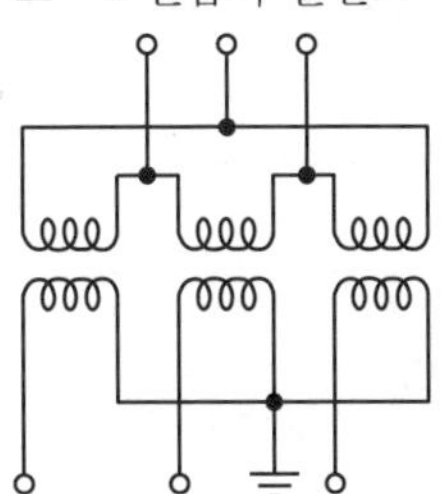

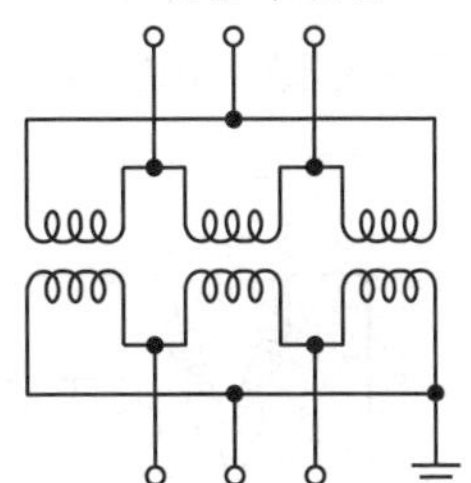

12 ★★☆☆☆ [5점]

3상 4선식 옥내 배선으로 전등, 동력공용방식에 의하여 전원을 공급하고자 한다. 이 경우 상별 부하전류가 평형으로 유지되도록 쉽게 결선하기 위하여 전압 측 전선을 상별로 구분할 수 있도록 색별전선을 사용하거나 색 테이프를 감아 표시하고자 한다. 이때 각 상 및 중성선의 색별 표시색을 쓰시오. ※ KEC 규정에 따라 변경

(1) L1상 : (2) L2상 :

(3) L3상 : (4) N상(중성선) :

해답 (1) L1상 : 갈색 (2) L2상 : 검정색

(3) L3상 : 회색 (4) N상 : 파란색

TIP

➤ 전선의 식별

1. 전선의 색상은 표에 따른다.

상(문자)	색상
L1	갈색
L2	검정색
L3	회색
N	파란색
보호도체	녹색-노란색

2. 색상 식별이 종단 및 연결 지점에서만 이루어지는 나도체 등은 전선 종단부에 색상이 반영구적으로 유지될 수 있는 도색, 밴드, 색 테이프 등의 방법으로 표시해야 한다.

13 ★☆☆☆☆ [5점]

전압 200[V]인 20[kVA]와 30[kVA]의 단상 변압기를 각 1대씩 갖는 변전설비가 있다. 이 변전설비에서 다음 그림과 같이 200[V], 30[kW], 역률 0.8인 3상 평형부하에 전력을 공급함과 동시에 30[kVA] 변압기에서 전등부하(역률 1.0)에 전력을 공급하고자 한다. 변압기가 과부하되지 않는 범위 내에서 60[W]의 전구를 몇 개까지 점등할 수 있는가?(단, $\cos^{-1}0.8 = 36.87°$, $\cos 66.87° = 0.39$, $\sin 66.87° = 0.92$)

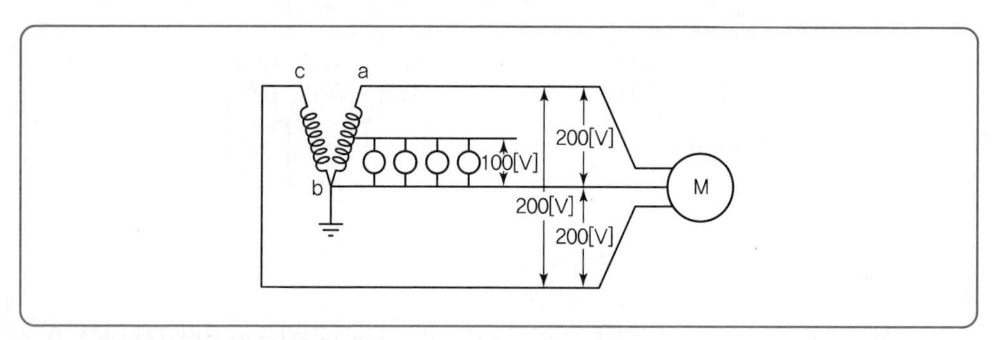

해답

- 30[kVA] 변압기의 정격전류 $I = \dfrac{P}{V} = \dfrac{30{,}000}{200} = 150[A]$
- 3상 부하에 흐르는 전류 $I_3 = \dfrac{P}{\sqrt{3}\,V\cos\theta}[A]$

$$I_3 = \frac{30{,}000}{\sqrt{3} \times 200 \times 0.8} = 108.25[A]$$

- 선전류 I_3의 위상 ϕ는 선간전압 V보다 $(30° + \theta)$만큼 늦으므로

  $\phi = -(30° + \cos^{-1}0.8) = -(30° + 36.87°) = -66.87°$

  따라서 $I_3 = 108.25\angle -66.87°[A]$

• 변압기에서 추가로 공급할 수 있는 전류를 I_1이라고 하면 I_1은 선간전압과 동상이므로

$$I = \sqrt{(I_3\cos\phi + I_1)^2 + (I_3\sin\phi)^2}$$

$$I_1 = \sqrt{I^2 - (I_3\sin\phi)^2} - I_3\cos\phi$$

$$= \sqrt{150^2 - (108.25\times\sin66.87)^2} - 108.25\times\cos66.87$$

$$= \sqrt{150^2 - (108.25\times0.92)^2} - 108.25\times0.39 = 69.95[A]$$

• 전등 1등당 전류 $I_0 = \frac{60}{100} = 0.6[A]$

• 전구 수 $n = \frac{I_1}{I_0} = \frac{69.95}{0.6} = 116.58[등]$

답 116[등]

TIP

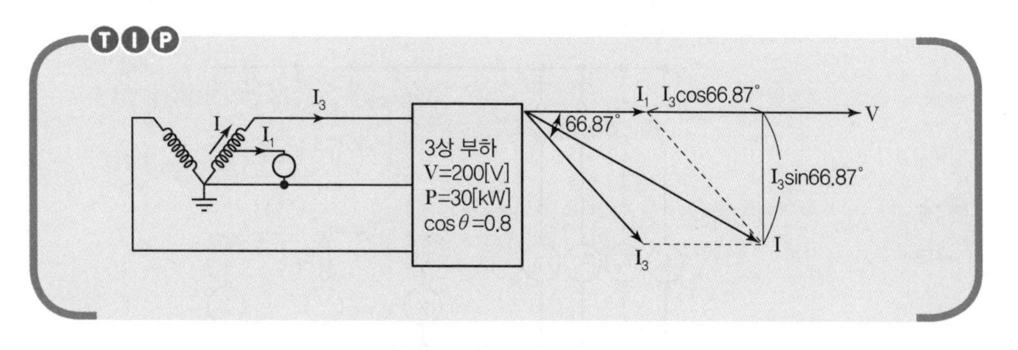

14 ★★★☆☆ [10점]

스위치 S_1, S_2, S_3, S_4에 의하여 직접 제어되는 계전기 A_1, A_2, A_3, A_4가 있다. 전등 X, Y, Z가 동작표와 같이 점등되었다고 할 때 다음 각 물음에 답하시오.

A_1	A_2	A_3	A_4	X	Y	Z
0	0	0	0	0	1	0
0	0	0	1	0	0	0
0	0	1	0	0	0	0
0	0	1	1	0	0	0
0	1	0	0	0	0	0
0	1	0	1	0	0	0
0	1	1	0	1	0	0
0	1	1	1	1	0	0
1	0	0	0	0	0	0
1	0	0	1	0	0	1
1	0	1	0	0	0	0
1	0	1	1	1	1	0
1	1	0	0	0	0	1
1	1	0	1	0	0	1
1	1	1	0	0	0	0
1	1	1	1	1	0	0

- 출력 램프 X에 대한 논리식

$$X = \overline{A_1}A_2A_3\overline{A_4} + \overline{A_1}A_2A_3A_4 + A_1A_2A_3A_4 + A_1\overline{A_2}A_3A_4$$
$$= A_3(\overline{A_1}A_2 + A_1A_4)$$

- 출력 램프 Y에 대한 논리식

$$Y = \overline{A_1}\,\overline{A_2}\,\overline{A_3}\,\overline{A_4} + A_1\overline{A_2}A_3A_4 = \overline{A_2}(\overline{A_1}\,\overline{A_3}\,\overline{A_4} + A_1A_3A_4)$$

- 출력 램프 Z에 대한 논리식

$$Z = A_1\overline{A_2}\,\overline{A_3}A_4 + A_1A_2\overline{A_3}\,\overline{A_4} + A_1\overline{A_2}\,\overline{A_3}A_4 = A_1\overline{A_3}(A_2 + A_4)$$

1 답란에 미완성 부분을 최소 접점수로 접점 표시를 하고 접점 기호를 써서 유접점 회로를 완성하시오.(예 : A_1 $\overline{A_1}$)

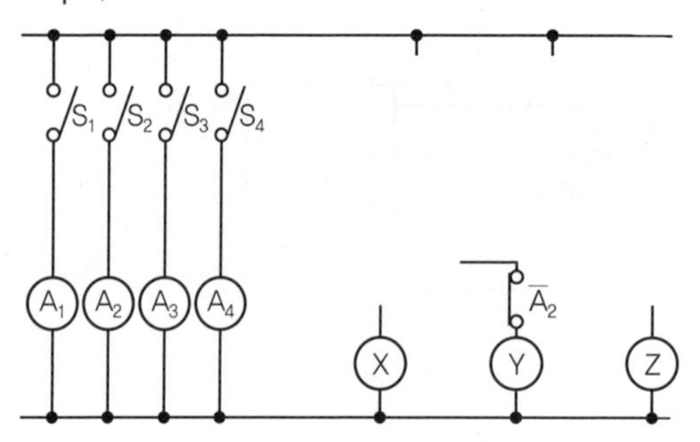

2 답란에 미완성 무접점 회로도를 완성하시오.

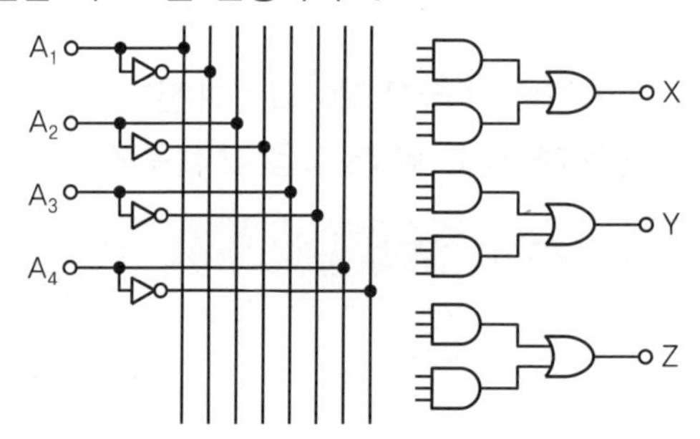

해답 **1**

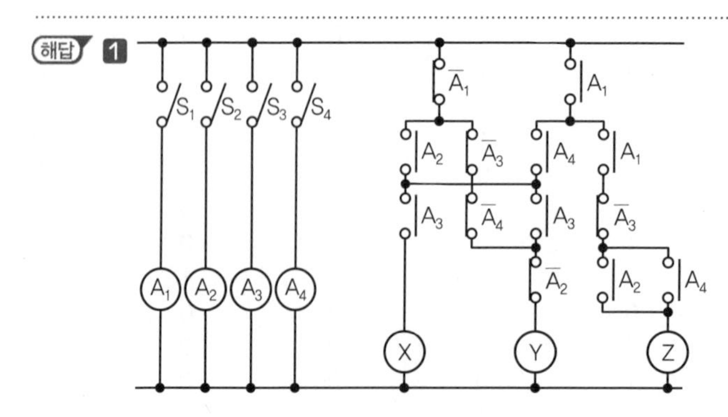

2

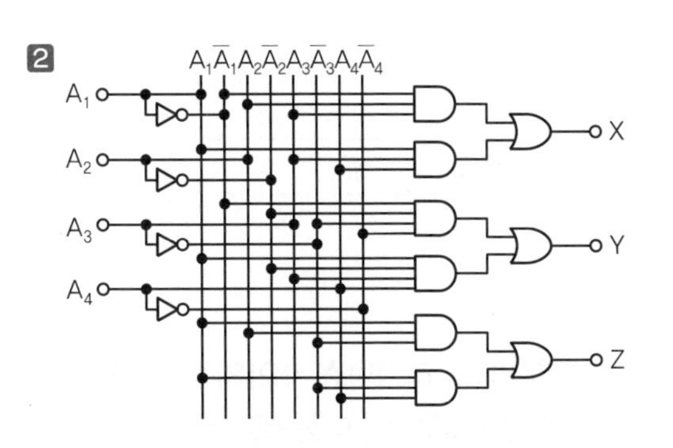

15 ★★★☆☆ [5점]

그림과 같은 단상 2선식 회로에서 공급점 A의 전압이 220[V]이고, A−B 사이의 1선마다의 저항이 0.02[Ω], B−C 사이의 1선마다의 저항이 0.04[Ω]이라 하면 40[A]를 소비하는 B점의 전압과 20[A]를 소비하는 C점의 전압 V_C를 구하시오.(단, 부하의 역률은 1이다.)

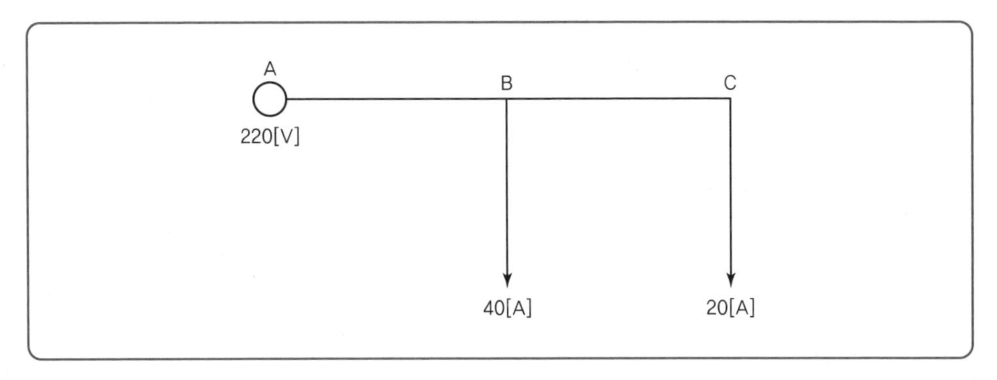

1 B점의 전압

2 C점의 전압

해답 1 B점의 전압

계산 : $V_B = V_A - 2IR$

$V_B = 220 - 2(40+20) \times 0.02 = 217.6$[V]

답 217.6[V]

2 C점의 전압

계산 : $V_C = V_B - 2IR$

$V_C = 217.6 - 2 \times 20 \times 0.04 = 216$[V]

답 216[V]

TIP

➤ 역률이 1일 때 전압강하

① 3상 4선식 : IR ② 3상 3선식 : $\sqrt{3}$IR ③ 단상 2선식 : 2IR

2002 2003 2004 2005 2006 2007 2008 2009 2010 2011

전기산업기사

2009년도 2회 시험

과년도 기출문제

회독 체크	□1회독	월 일	□2회독	월 일	□3회독	월 일

01 ★★★☆☆

[5점]

3상 3선식 6,600[V]인 변전소에서 저항 6[Ω], 리액턴스 8[Ω]의 송전선을 통하여 역률 0.8의 부하에 전력을 공급할 때 수전단 전압을 6,000[V] 이상으로 유지하기 위해서 걸 수 있는 부하는 최대 몇 [kW]까지 가능하겠는가?

해답 계산 : 전압강하 $e = \frac{P}{V}(R + X\tan\theta)$ 에서

$$6,600 - 6,000 = \frac{P}{6,000}\left(6 + 8 \times \frac{0.6}{0.8}\right)$$

$$P = 300[kW]$$

답 300[kW]

TIP

$$e = V_s - V_r = \sqrt{3}I(R\cos\theta + X\sin\theta) = \frac{P}{V_r}(R + X\tan\theta)$$

02 ★★★★★

[6점]

12×18[m]인 사무실의 조도를 200[lx]로 할 경우에 광속 4,600[lm]의 형광등 40[W] 2등용을 시설할 경우 사무실의 최소 분기 회로수는 얼마가 되는가?(단, 40[W] 2등용 형광등 기구 1개의 전류는 0.87[A]이고, 조명률 50[%], 감광보상률 1.3, 전기방식은 단상 2선식으로서 1회로의 전류는 최대 16[A]로 제한한다.)

해답 ① 전등수

계산 : $N = \frac{EAD}{FU} = \frac{200 \times 12 \times 18 \times 1.3}{4,600 \times 0.5} = 24.42$[등] ∴ 25(등) 선정

② 분기 회로수

계산 : $N = \frac{\text{등수} \times 1\text{개당 전류}}{\text{분기회로전류}} = \frac{25 \times 0.87}{16} = 1.36$[회로] 답 16[A] 분기 2회로 선정

TIP

40[W] 2등용 형광등의 전광속이 4,600[lm]이다.

2002
2003
2004
2005
2006
2007
2008
2009
2010
2011

03 ★★☆☆☆ [5점]

다음 전선(케이블)의 표시 약호에 대한 우리말 명칭을 쓰시오.

1 VV :
2 DV :
3 CV1 :
4 OW :
5 NV :

해답
1 0.6/1[kV] 비닐절연 비닐시즈케이블
2 인입용 비닐 절연 전선
3 0.6/1[kV] 가교 폴리에틸렌 절연 비닐시즈케이블
4 옥외용 비닐 절연 전선
5 비닐 절연 네온 전선

04 ★★★☆☆ [8점]

그림은 특고압 수변전설비 중 지락보호회로의 복선도의 일부분이다. ①~⑤까지에 해당되는 부분의 각 명칭을 쓰시오.

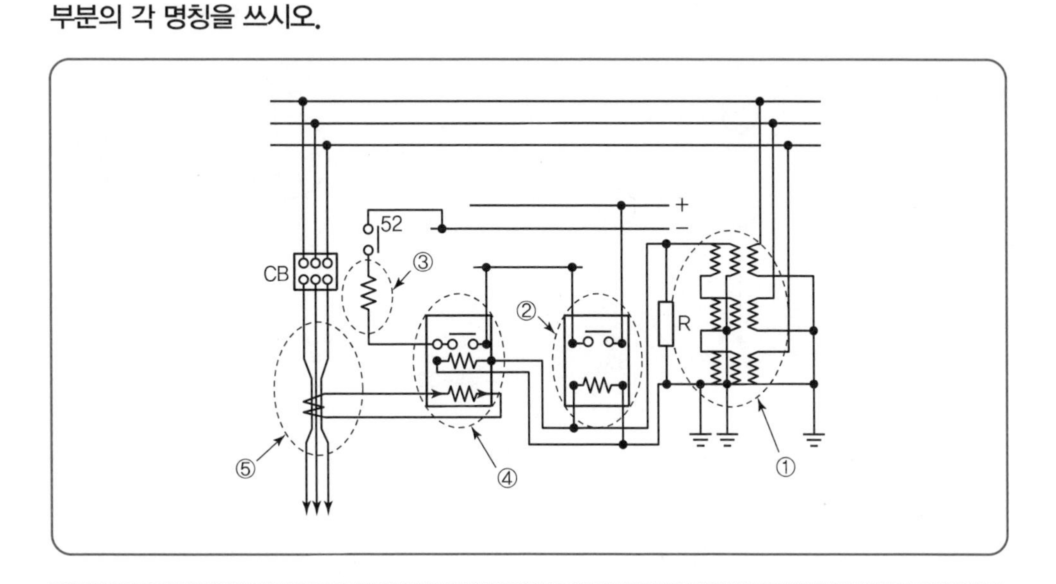

해답
① 접지형 계기용 변압기(GPT)
② 지락 과전압 계전기(OVGR)
③ 트립 코일(TC)
④ 선택 접지 계전기(SGR)
⑤ 영상 변류기(ZCT)

05 ★★★★☆ [6점]

전력계통에 일반적으로 사용되는 리액터에는 ① 병렬 리액터 ② 한류 리액터 ③ 직렬 리액터 ④ 소호 리액터 등이 있다. 이들 리액터의 설치 목적을 간단히 쓰시오.

해답 ① 병렬 리액터 : 페란티 현상 방지
② 한류 리액터 : 단락전류를 제한하여 차단기 용량을 줄임
③ 직렬 리액터 : 제5고조파를 제거하여 전압의 파형을 개선
④ 소호 리액터 : 아크를 소멸하고 이상전압 발생 방지

TIP

- 병렬 콘덴서 : 부하의 역률을 개선한다.
- 직렬 콘덴서 : 리액턴스를 작게 하여 전압강하를 작게 한다.

06 ★★☆☆☆ [6점]

3로스위치 4개를 사용한 3개소 점멸의 단선도를 참조하여 복선도를 완성하시오.

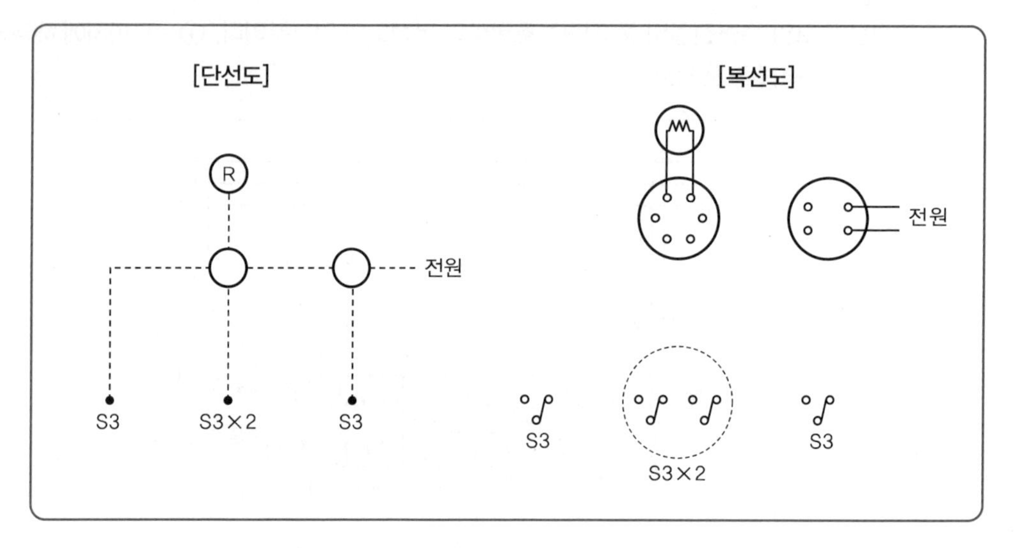

해답

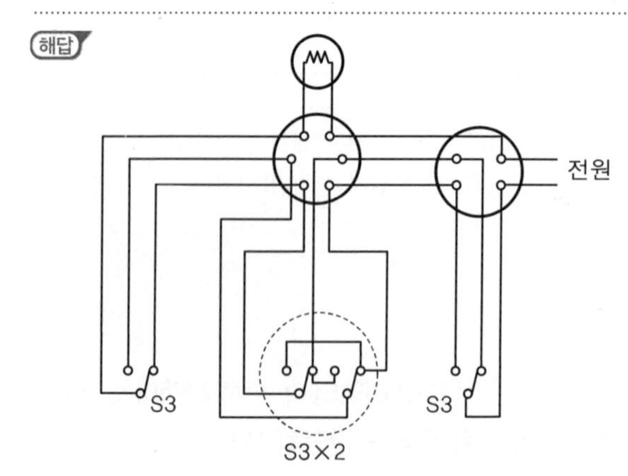

07 ★☆☆☆☆ [5점]

다음 ①~⑤ 안에 알맞은 내용을 쓰시오.

1. 6,600[V] 전로에 사용하는 다심케이블은 최대사용전압의 (①)배의 시험전압을 심선 상호 및 심선과 (②) 사이에 연속해서 (③)분간 가하여 절연내력을 시험했을 때 이에 견디어야 한다.
2. 비방향성의 고압지락 계전장치는 전류에 의하여 동작한다. 따라서 수용가 구내에 선로의 길이가 긴 고압케이블을 사용하고 대지와의 사이의 (④)이 크면 (⑤) 측 지락사고에 의해 불필요한 동작을 하는 경우가 있다.

해답 ① 1.5배 ② 대지 ③ 10 ④ 정전용량 ⑤ 저압

TIP

최대사용전압 7,000[V] 이하인 전로는 최대사용전압의 1.5배의 시험전압을 전로와 대지 간(심선 상호 간 및 심선과 대지 간)에 연속하여 10분간 가하여 절연내력을 시험하였을 때 이에 견디어야 한다.

08 ★★★★☆ [5점]

5[HP]의 전동기를 사용하여 지상 5[m], 용량 400[m³]의 저수조에 물을 채우려 한다. 펌프의 효율 70[%], K = 1.2라면 몇 분 후에 물이 가득 차겠는가?

해답 계산 : $P = \frac{HQ}{6.12\eta}K = \frac{KH\frac{V}{t}}{6.12\eta}$ 에서

$$t = \frac{KHV}{P \times 6.12\eta} = \frac{1.2 \times 5 \times 400}{5 \times 0.746 \times 6.12 \times 0.7} = 150.19[\text{분}]$$

답 150.19[분]

TIP

$$P = \frac{HQ}{6.12\eta}K$$

여기서, P : 전동기 용량[kW], H : 전 양정[m], Q : 양수량[m^3/min], η : 효율

09 ★★☆☆☆

[6점]

송전선로 연가의 주목적은 선로정수의 평형이다. 연가의 효과를 2가지만 쓰시오.

해답 ① 통신선에 대한 유도장해 경감
② 직렬공진에 의한 이상전압 방지
그 외
③ 임피던스 평형

10 ★☆☆☆☆

[5점]

차단기 트립회로 전원방식의 일종으로서 AC전원을 정류해서 콘덴서에 충전시켜 두었다가 AC전원 정전 시 차단기의 트립전원으로 사용하는 방식을 무엇이라 하는가?

해답 콘덴서 트립방식(CTD 방식)

TIP

➤ 차단기 트립방식
① 직류전원 트립방식(특고압)
② 부족전압 트립방식(특고압)
③ 콘덴서 트립방식(특고압)
④ 과전류 트립방식(고압)

11 ★★★★★

[6점]

어떤 수용가의 전기설비로 역률 0.8, 용량 200[kVA]인 3상 유도부하가 사용되고 있다. 이 부하에 병렬로 전력용 콘덴서를 설치하여 합성 역률을 0.95로 개선할 경우 다음 각 물음에 답하시오.

1 전력용 콘덴서의 용량은 몇 [kVA]가 필요한가?
2 전력용 콘덴서에 직렬리액터를 설치할 때 설치하는 이유와 용량은 이론상 몇 [kVA]를 설치하여야 하는지를 쓰시오.

해답 1 콘덴서 용량 $Q_c = P\left(\frac{\sin\theta_1}{\cos\theta_1} - \frac{\sin\theta_2}{\cos\theta_2}\right)$

계산 : $200 \times 0.8\left(\frac{0.6}{0.8} - \frac{\sqrt{1-0.95^2}}{0.95}\right) = 67.41[\text{kVA}]$

답 67.41[kVA]

2 이유 : 제5고조파의 제거
용량 : 이론상 콘덴서 용량의 4[%]이므로 67.41×0.04=2.7[kVA]

TIP

2 이론상 : 콘덴서 용량×4[%]
실제 : 콘덴서 용량×6[%]로 주파수 변동을 고려한다.

12 ★★★★☆ [5점]

그림은 154[kV] 계통의 절연협조를 위한 각 기기의 절연강도에 대한 비교 그림이다. 변압기, 선로애자, 개폐기 지지애자, 피뢰기 제한전압이 속해 있는 부분은 어느 곳인지 그림의 □ 안에 쓰시오.

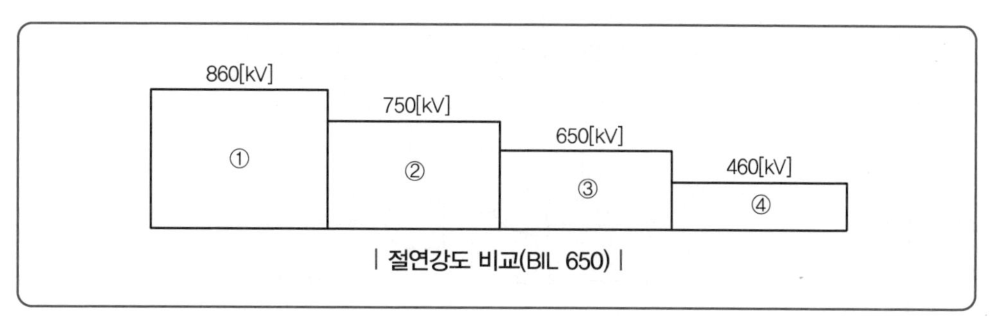

| 절연강도 비교(BIL 650) |

해답 ① 선로애자 ② 개폐기 지지애자 ③ 변압기 ④ 피뢰기 제한전압

TIP

피뢰기 제한전압이 가장 낮아 이상전압(뇌)으로부터 가장 먼저 동작한다.

13 ★★★★★ [5점]

표와 같이 어느 수용가 A, B, C에 공급하는 배전선로의 최대전력은 600[kW]이다. 이때 수용가의 부등률은 얼마인가?

수용가	설비용량[kW]	수용률[%]
A	400	70
B	400	60
C	500	60

해답 계산 : $\text{부등률} = \dfrac{\text{설비용량} \times \text{수용률}}{\text{합성최대전력}} = \dfrac{(400 \times 0.7) + (400 \times 0.6) + (500 \times 0.6)}{600} = 1.37$

답 1.37

TIP

① 최대전력＝합성최대전력　　② 부등률$=\dfrac{\text{개별 최대전력의 합}}{\text{합성최대전력}}\geq 1$

14 ★★★☆☆

[6점]

그림과 같은 무접점 논리회로의 래더 다이어그램(ladder diagram)의 미완성 부분(점선 부분)을 완성하시오.(단, 입·출력 번지의 할당은 다음과 같으며, GL은 녹색램프, RL은 적색램프이다.)

입력 : Pb_1(01), Pb_2(02), 출력 : GL(30), RL(31), 릴레이 : X(40)

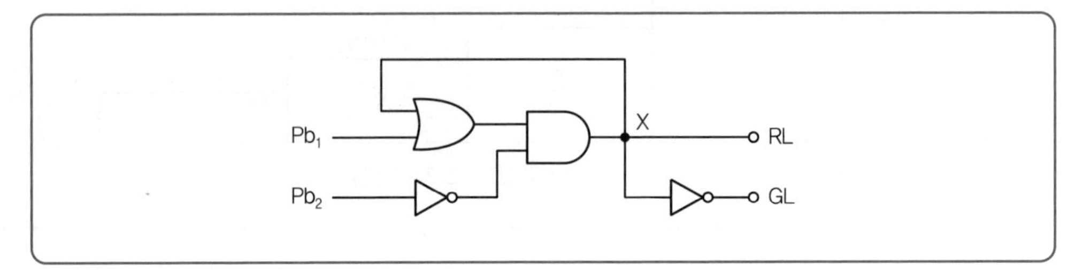

해답

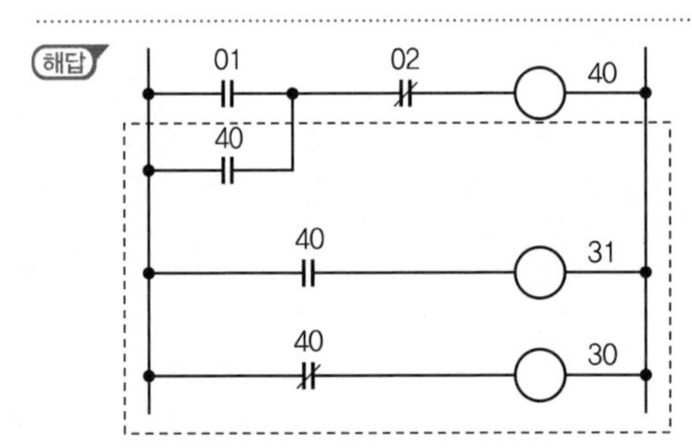

TIP

• Pb1(01)과 X(40)가 OR(병렬)이고 여기에 Pb2(02)가 직렬로 X(40) 회로가 된다.
• RL(31)은 X(40)로, GL(30)은 X(40)의 b접점으로 각각 출력이 생긴다.

15 ★★★☆☆ [5점]

2차 정격전압이 105[V], 1차 측은 6,750[V], 6,600[V], 6,450[V], 6,300[V] 및 6,150[V]의 탭이 있는 변압기가 있으며, 6,600[V]의 탭을 사용했을 때 무부하의 2차 측 전압이 97[V]이었다. 여기에서 탭을 6,150[V]로 변경하면 2차 전압은 몇 [V]이겠는가?

해답 계산 : $V_2' = \dfrac{\text{현재 탭 전압}}{\text{변경할 탭 전압}} \cdot V_2 = \dfrac{6,600}{6,150} \times 97 = 104.1[V]$

답 104.1[V]

16 ★★★★★ [11점]

수용가에 설치하는 특고압 수전설비 결선도이다. 다음 물음에 답하시오.

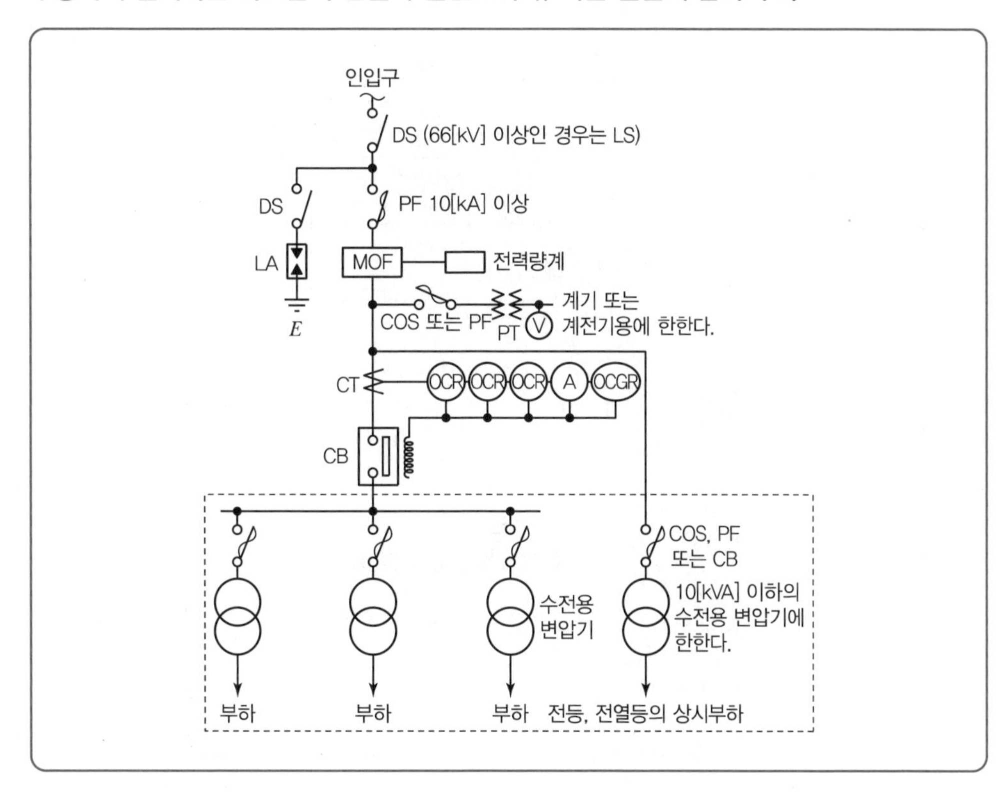

1 일반적으로 수전설비에서 LA의 공칭방전전류가 2,500[A]이면 정격전압 (①)[kV]가 사용되는데, 공칭방전전류가 5,000[A]이면 정격전압 (②)[kV]가 사용된다.
2 LA용 DS는 생략할 수 있으며, 22.9[kV−Y]용의 LA에는 (③) 또는 (④) 붙임형을 사용하여야 한다.
3 지중인입선의 경우 22.9[kV−Y]계통은 (⑤) 또는 (⑥)을 사용하여야 한다.
4 여기에 사용할 수 있는 CB종류 3가지를 약호와 명칭을 정확히 쓰시오.
5 MOF(PCT)의 역할에 대하여 쓰시오.

해답 **1** ① 18 ② 72
2 ③ 디스커넥터 ④ 아이솔레이터
3 ⑤ CNCV－W 케이블 ⑥ TR CNCV－W 케이블
4 VCB(진공차단기), GCB(가스차단기), OCB(유입차단기)
5 PT와 CT를 조합하여 사용전력량을 측정하게 한다.

TIP

➤ CB 1차 측에 CT와 PT를 시설하는 경우

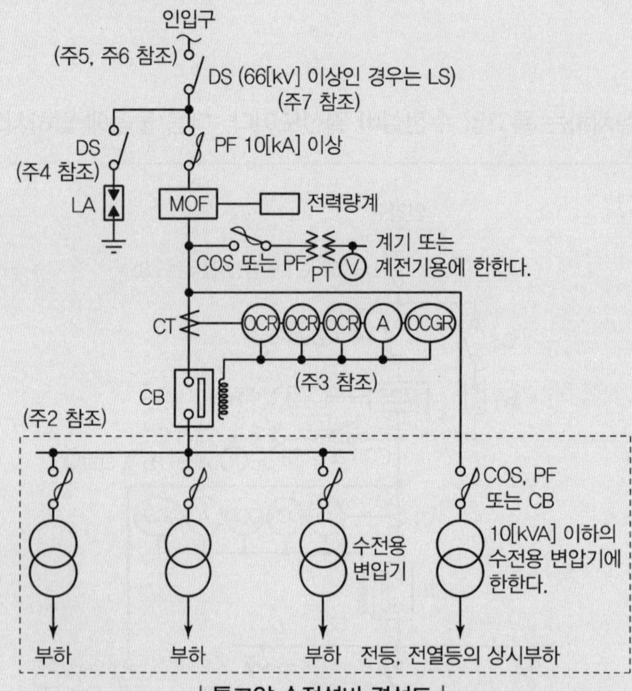

| 특고압 수전설비 결선도 |

[주1] 22.9[kV－Y], 1,000[kVA] 이하인 경우는 간이 수전설비를 할 수 있다.
[주2] 결선도 중 점선 내의 부분은 참고용 예시이다.
[주3] 차단기의 트립 전원은 직류(DC) 또는 콘덴서 방식(CTD)이 바람직하며 66[kV] 이상의 수전 설비에는 직류(DC)이어야 한다.
[주4] LA용 DS는 생략할 수 있으며 22.9[kV－Y]용의 LA는 Disconnector(또는 Isolator) 붙임형을 사용하여야 한다.
[주5] 인입선을 지중선으로 시설하는 경우에 공동주택 등 고장 시 정전피해가 큰 경우는 예비 지중선을 포함하여 2회선으로 시설하는 것이 바람직하다.
[주6] 지중인입선의 경우에 22.9[kV－Y] 계통은 CNCV－W 케이블(수밀형) 또는 TR CNCV－W(트리억제형)을 사용하여야 한다. 다만, 전력구 · 공동구 · 덕트 · 건물구내 등 화재의 우려가 있는 장소에서는 FR CNCO－W(난연) 케이블을 사용하는 것이 바람직하다.
[주7] DS 대신 자동고장구분 개폐기(7,000[kVA] 초과 시에는 Sectionalizer)를 사용할 수 있으며 66[kV] 이상의 경우는 LS를 사용하여야 한다.

17 ★★☆☆☆ [5점]

과도적인 과전압을 제한하고 서지(Surge)전류를 분류하는 목적으로 사용되는 서지보호장치(SPD : Surge Protective Device)를 기능에 따라 3가지로 분류하여 쓰시오.

해답
① 전압스위칭형
② 전압제한형
③ 복합형

TIP

➤ 구조별 종류
① 1포트 SPD
② 2포트 SPD

전기산업기사

2009년도 3회 시험 과년도 기출문제

회독 체크	□1회독	월 일	□2회독	월 일	□3회독	월 일

01 ★★★☆☆ [5점]

조명설계에서 전력을 절약하는 효율적인 방법에 대해서 5가지 쓰시오.

해답 ① 고효율 등기구를 사용한다.
② 고역률 등기구를 사용한다.
③ 적절한 조명기구를 선정 및 배치한다.
④ 등기구에 정격전압을 공급한다.
⑤ 자연광을 최대한 이용한다.
그 외
⑥ 적절한 점멸장치를 적당한 위치에 설치한다.
⑦ 조명률, 보수율을 향상시킨다.
⑧ 합리적인 유지관리를 한다.
⑨ 적절한 조광장치를 설치한다.

02 ★★★★☆ [6점]

주어진 조건과 동작 설명을 이용하여 다음 각 물음에 답하시오.

[조건]

- 누름버튼 스위치는 3개(BS_1, BS_2, BS_3)를 사용한다.
- 보조 릴레이는 3개(X_1, X_2, X_3)를 사용한다.

※ 보조 릴레이 접점의 개수는 최소로 사용할 것

[동작 설명]

BS_1에 의하여 X_1이 여자되어 동작하던 중 BS_3을 누르면 X_3가 여자되어 동작하고 X_1은 복귀, 또 BS_2를 누르면 X_2가 여자되어 동작하고 X_3는 복귀한다. 즉, 항상 새로운 신호만 동작한다.

1 선택 동작회로(신입신호 우선회로)의 시퀀스회로를 그리시오.

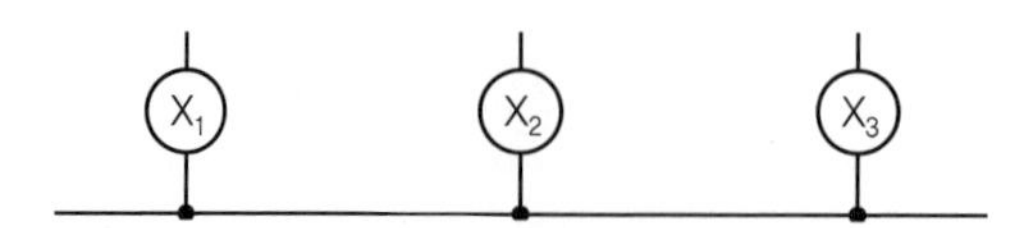

2002 2003 2004 2005 2006 2007 2008 2009 2010 2011

2 물음 1의 타임차트를 그리시오.

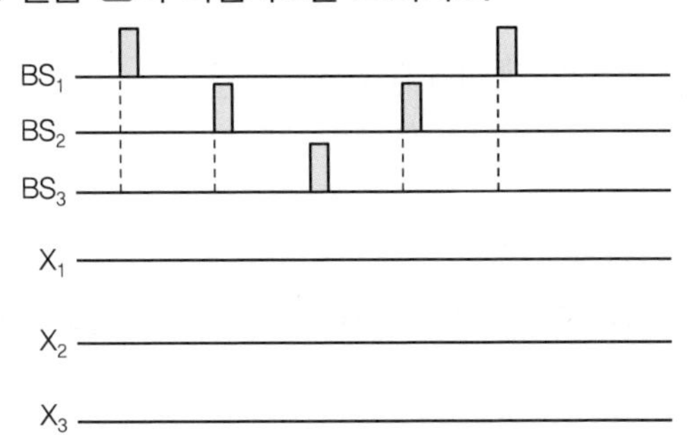

해답 1

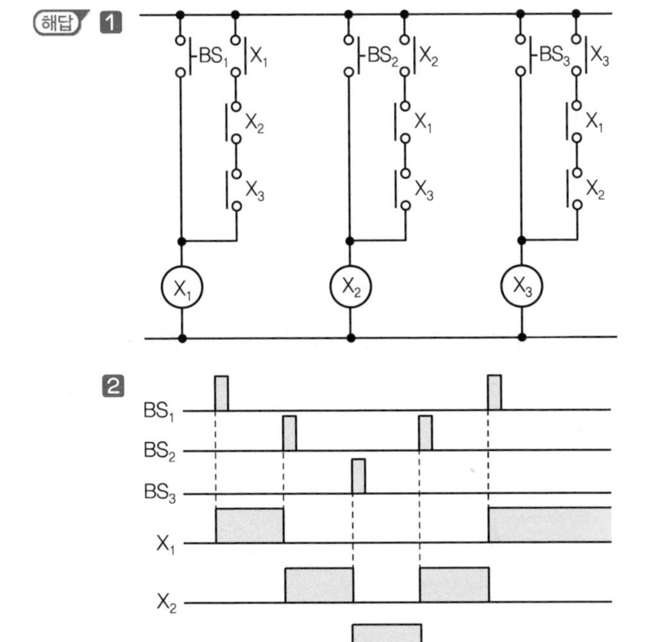

2

BS1
BS2
BS3
X1
X2
X3

TIP

➤ 선택 동작회로
유지회로를 끊어 복구시킨다. 이런 회로를 신입신호, 우선회로라고도 한다.

03 ★★★☆☆ [6점]

페란티 현상에 대한 다음 각 물음에 답하시오.

1 페란티 현상이란 무엇인지 쓰시오.

2 발생원인은 무엇인지 쓰시오.

3 발생 억제 대책에 대하여 쓰시오.

해답 ❶ 수전단 전압이 송전단 전압보다 높아지는 현상
❷ 송전선로에서 무부하 시 흐르는 충전전류에 의해 발생
❸ 분로리액터를 설치한다.

04 ★★☆☆☆ [5점]

집합형으로 콘덴서를 설치할 경우와 비교하여, 전동기 단자에 개별로 콘덴서를 설치할 경우 예상되는 장점 및 단점을 각 1가지씩만 쓰시오.

해답 장점 : 전력손실 경감효과가 크다.　단점 : 설치 및 유지보수 비용이 증가한다.

TIP
➤ 콘덴서를 고압에 설치할 경우 장단점
① 장점 : 관리가 용이하고, 신속 대응하여 경제적이다.　② 단점 : 역률개선 효과가 작다.

05 ★★★☆☆ [14점]

옥외의 간이 수변전설비에 대한 단선 결선도이다. 이 그림을 보고 다음 각 물음에 답하시오.

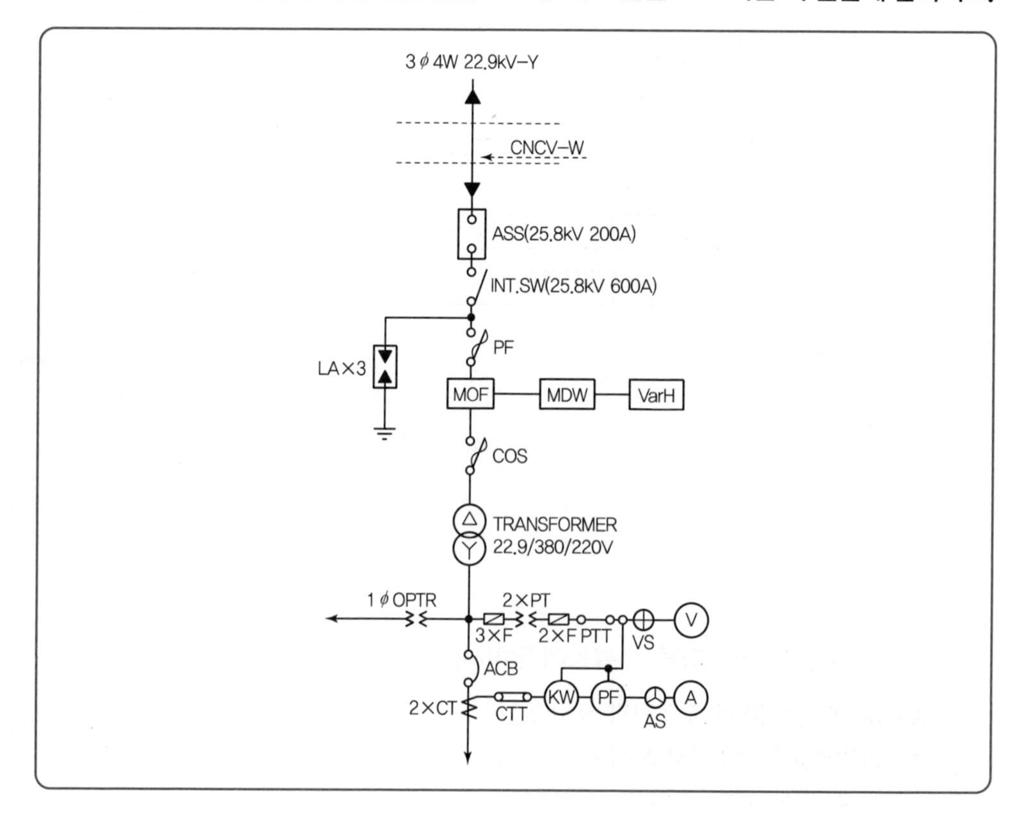

1 도면상의 ASS는 무엇인지 그 명칭을 쓰시오.(우리말 또는 영문원어로 답하시오.)
2 도면상의 MDW의 명칭은 무엇인가?(우리말 또는 영문원어로 답하시오.)
3 도면상의 CNCV-W에 대하여 정확한 명칭을 쓰시오.
4 22.9[kV-Y] 간이 수변전설비는 수전용량 몇 [kVA] 이하에 적용하는가?
5 LA의 공칭 방전전류는 몇 [A]를 적용하는가?
6 도면에서 PTT는 무엇인가?(우리말 또는 영문원어로 답하시오.)
7 도면에서 CTT는 무엇인가?(우리말 또는 영문원어로 답하시오.)
8 2차 측 주개폐기로 380[V]/220[V]를 사용하는 경우 중성선 측 개폐기의 표시는 어떤 색깔로 하여야 하는가? ※ KEC 규정에 따라 변경
9 도면상의 ⊕은 무엇인지 우리말로 답하시오.
10 도면상의 ⊗은 무엇인지 우리말로 답하시오.

해답
1 자동 고장 구분 개폐기(Automatic Section Switch)
2 최대 수요 전력량계(Maximum Demand Wattmeter)
3 동심 중성선 수밀형 전력케이블
4 1,000[kVA] 이하
5 2,500[A]
6 전압 시험 단자
7 전류 시험 단자
8 파란색
9 ⊕ : 전압계용 전환개폐기
10 ⊗ : 전류계용 전환개폐기

TIP

상(문자)	색상
L1	갈색
L2	검정색
L3	회색
N	파란색
보호도체	녹색-노란색

06 ★★☆☆☆ [5점]

%오차가 −4[%]인 전압계로 측정한 값이 100[V]라면 그 참값은 얼마인지 계산하시오.

해답 계산 : $\delta = \dfrac{M-T}{T} \times 100[\%]$

$$T = \dfrac{M}{1+\dfrac{\delta}{100}} = \dfrac{100}{1-\dfrac{4}{100}} = 104.17[V]$$

답 104.17[V]

07 ★★☆☆☆ [5점]

다음은 일반 옥내배선에서 전등 · 전력 · 통신 · 신호 · 재해방지 · 피뢰설비 등의 배선, 기기 및 부착위치, 부착방법을 표시하는 도면에 사용되는 기호이다. 각 기호의 명칭을 쓰시오.

1 ⊠ 2 ◩ 3 ⧓
4 ⊟ 5 ☰

해답 1 배전반 2 분전반 3 제어반
4 단자반 5 중간단자반

08 ★★★★★ [6점]

다음은 CT 2대를 V결선하고, OCR 3대를 그림과 같이 연결하였다. 그림을 보고 다음 각 물음에 답하시오.

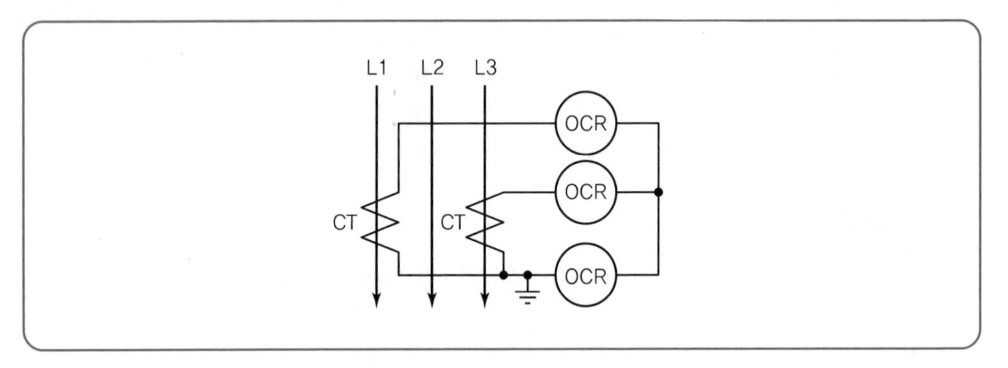

1 그림에서 CT의 변류비가 30/5이고 변류기 2차 측 전류를 측정하니 3[A]의 전류가 흘렀다면 수전 전력은 몇 [kW]인지 계산하시오.(단, 수전 전압은 22,900[V], 역률 90[%]이다.)
2 OCR는 주로 어떤 사고가 발생하였을 때 동작하는지 쓰시오.
3 통전 중에 있는 변류기 2차 측 기기를 교체하고자 할 때 가장 먼저 취하여야 할 조치는 무엇인지 쓰시오.

해답 1 계산 : $P = \sqrt{3}VI\cos\theta \times 10^{-3} = \sqrt{3} \times 22{,}900 \times \left(3 \times \frac{30}{5}\right) \times 0.9 \times 10^{-3} = 642.56[\text{kW}]$

답 642.56[kW]

2 단락사고
3 2차 측 단락

TIP

1차 전류 $I_1 = I_2 \times \text{CT}$비 $= 3 \times \frac{30}{5}$

09 ★☆☆☆☆ [5점]

풍력발전 시스템의 특징을 4가지만 쓰시오.

해답 ① 운전 및 유지비용이 절감된다. ② 무공해 청정에너지이다.
③ 설치면적이 작다. ④ 변환효율이 우수하다.

10 ★★★★★ [5점]

부하가 유도전동기이고, 기동용량이 150[kVA]이다. 기동 시 전압강하는 20[%]이며, 발전기의 과도리액턴스가 25[%]이다. 이 전동기를 운전할 수 있는 자가발전기의 최소 용량은 몇 [kVA]인지 계산하시오.

해답 계산 : $\left(\frac{1}{e}-1\right)\times x_d \times$ 기동용량 $=\left(\frac{1}{0.2}-1\right)\times 0.25\times 150=150[\text{kVA}]$

답 150[kVA]

TIP

발전기 정격용량 $=\left(\frac{1}{\text{허용 전압 강하}}-1\right)\times$ 기동 용량 $\times$ 과도 리액턴스[kVA]

11 ★★★☆☆ [6점]

PLC 프로그램을 보고 프로그램에 맞도록 주어진 PLC 접점 회로도를 완성하시오.

단, ① STR : 입력 A접점(신호) ② STRN : 입력 B접점(신호)
③ AND : AND A접점 ④ ANDN : AND B접점
⑤ OR : OR A접점 ⑥ ORN : OR B접점
⑦ OB : 병렬접속점 ⑧ OUT : 출력
⑨ END : 끝 ⑩ W : 각 번지 끝

어드레스	명령어	데이터	비고
01	STR	001	W
02	STR	003	W
03	ANDN	002	W
04	OB	–	W
05	OUT	100	W
06	STR	001	W
07	ANDN	002	W
08	STR	003	W
09	OB	–	W
10	OUT	200	W
11	END	–	W

• PLC 접점 회로도

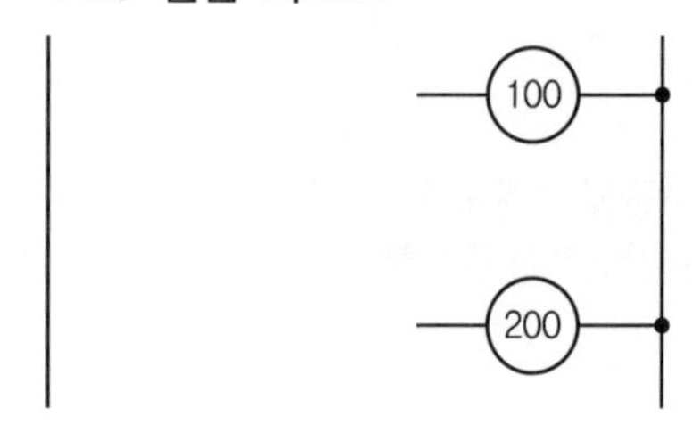

해답

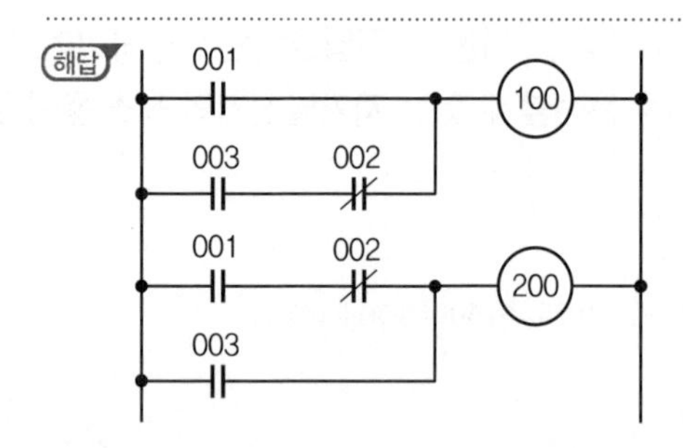

12 ★★★☆☆ [6점]

전력용 퓨즈(PF)를 다른 개폐기와 비교한 장 · 단점을 3가지씩 쓰시오.(단, 가격, 크기, 무게 등 기술 외적인 사항은 제외한다.)

해답 (1) 장점

① 고속도 차단이 가능하다.

② 소형으로 큰 차단용량을 갖는다.

③ 보수가 간단하다.

(2) 단점

① 동작 후 재투입이 불가하다.

② 과도전류에 용단되기 쉽다.

③ 고임피던스 접지계통은 보호할 수 없다.

13 ★★★★★ [6점]

송전선로에 전압을 154[kV]에서 345[kV]로 승압하여 공급할 때 다음 물음에 답하시오.

1 공급능력 증대는 몇 배인가?

2 손실 전력의 감소는 몇 [%]인가?

3 전압강하율의 감소는 몇 [%]인가?

해답 1 계산 : 공급능력 $P = \frac{345}{154} = 2.24$

답 2.24배

2 계산 : 손실 전력 $P_L = \frac{1}{V^2} = \left(\frac{154}{345}\right)^2 = 0.1993$

감소분은 $1 - 0.1993 = 0.8007$

답 80.07[%]

3 계산 : 전압강하율 $\delta = \frac{1}{V^2} = \left(\frac{154}{345}\right)^2 = 0.1993$

감소분은 $1 - 0.1993 = 0.8007$

답 80.07[%]

TIP

① $P_L \propto \frac{1}{V^2}$ (P_L : 손실) ② $A \propto \frac{1}{V^2}$ (A : 단면적) ③ $\delta \propto \frac{1}{V^2}$ (δ : 전압강하율)

④ $e \propto \frac{1}{V}$ (e : 전압강하) ⑤ $P \propto V^2$ (P : 전력)

⑥ 공급능력 $P = VI\cos\theta$에서 $P \propto V$(P : 공급능력)

공급능력 $P = VI\cos\theta$ $P \propto V = \frac{345}{154} = 2.24$배

14 ★★★☆☆ [5점]

그림과 같이 V결선과 Y결선된 변압기 한 상의 중심 O에서 110[V]를 인출하여 사용하고자 한다.

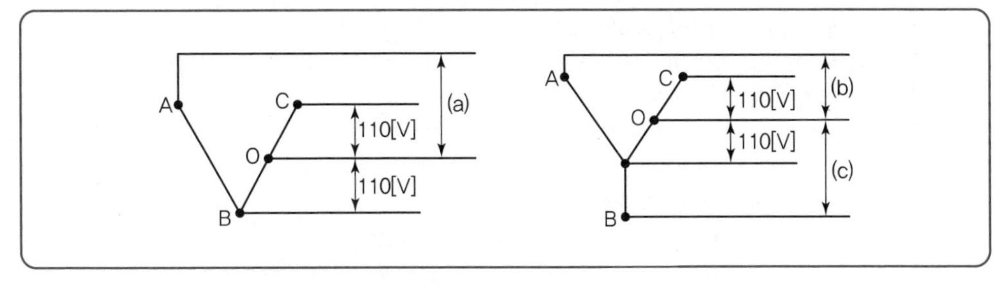

1 위 그림에서 (a)의 전압을 구하시오.

2 위 그림에서 (b)의 전압을 구하시오.

3 위 그림에서 (c)의 전압을 구하시오.

해답 **1** 계산 : $V_{AO} = V_{AB} + V_{BO} = V_A - V_B + V_B - V_O = V_A - V_O$

$= 220\angle 0° + 110\angle -120° = 220 + 110\left(-\frac{1}{2} - j\frac{\sqrt{3}}{2}\right)$

$= 165 - j55\sqrt{3}$

$\therefore \sqrt{165^2 + (55\sqrt{3})^2} = 190.53$[V]

답 190.53[V]

2 계산 : $V_{AO} = V_A - V_O = 220\angle 0° - 110\angle 120°$

$$= 220 - 110\left(-\frac{1}{2} + j\frac{\sqrt{3}}{2}\right) = 275 - j55\sqrt{3}$$

$$\therefore \sqrt{275^2 + (55\sqrt{3})^2} = 291.03[V]$$

답 291.03[V]

3 계산 : $V_{BO} = V_B - V_O = 220\angle -120° - 110\angle 120°$

$$= 220\left(-\frac{1}{2} - j\frac{\sqrt{3}}{2}\right) - 110\left(-\frac{1}{2} + j\frac{\sqrt{3}}{2}\right) = -55 - j165\sqrt{3}$$

$$\therefore \sqrt{55^2 + (165\sqrt{3})^2} = 291.03[V]$$

답 291.03[V]

15 ★★☆☆☆ [5점]

정격전류 15[A]인 유도전동기 1대와 정격전류 3[A]인 전열기 4대에 공급하는 저압 옥내간선을 보호할 과전류차단기의 정격전류의 최솟값[A]을 구하시오. ※ KEC 규정에 따라 변경

해답 계산 : 설계전류 $I_B = 15 + 3 \times 4 = 27[A]$

$I_B \le I_n \le I_Z$의 조건을 만족하는 과전류차단기의 정격전류 $I_n \ge I_B$, 즉 27[A] 이상이 되어야 한다.

답 27[A]

TIP

➤ 도체와 과부하 보호장치 사이의 협조(KEC 212.4.1)

과부하에 대해 케이블(전선)을 보호하는 장치의 동작특성은 다음의 조건을 충족해야 한다.

$I_B \le I_n \le I_Z \quad I_2 \le 1.45 \times I_Z$

여기서, I_B : 회로의 설계전류(선도체를 흐르는 설계전류 또는 함유율이 높은 영상분 고조파, 특히 제3고조파가 지속적으로 흐르는 경우 중성선에 흐르는 전류이다.)

I_Z : 케이블의 허용전류

I_n : 보호장치의 정격전류(사용현장에 적합하게 조정된 전류의 설정 값)

I_2 : 보호장치가 규약시간 이내에 유효하게 동작하는 것을 보장하는 전류

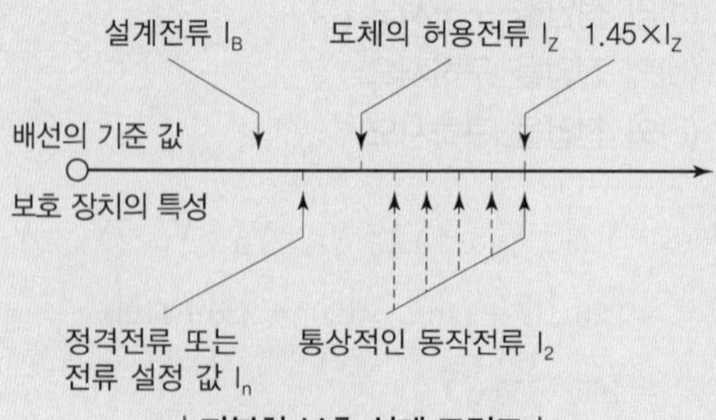

| 과부하 보호 설계 조건도 |

16 ★★★★☆

[5점]

어느 수용가건물에서 6.6[kV]의 고압을 수전하여 220[V]의 저압으로 감압하여 옥내 배전을 하고 있다. 설비부하는 역률 0.8인 동력부하가 160[kW], 역률 1인 전등이 40[kW], 역률 1인 전열기가 60[kW]이다. 부하의 수용률을 80[%]로 계산한다면, 변압기 용량은 최소 몇 [kVA] 이상이어야 하는지 계산하시오.

해답 계산 : 전등 및 전열기의 유효전력 : $40+60=100$[kW]

동력부하의 유효전력 : $Q=160$[kW]

동력부하의 무효전력 : $Q=P\tan\theta=160\times\dfrac{0.6}{0.8}=120[kVar]$

총 설비 용량$=\sqrt{P^2+Q^2}=\sqrt{(160+100)^2+120^2}=286.36$[kVA]

∴ 변압기 용량=부하 설비 용량×수용률$=286.36\times0.8=229.09$[kVA]

답 229.09[kVA]

TIP

무효전력 $Q=P\tan\theta=P\dfrac{\sin\theta}{\cos\theta}$

17 ★★★★★

[5점]

예비전원설비에 이용되는 연축전지와 알칼리축전지에 대하여 다음 각 물음에 답하시오,

1. 연축전지와 비교할 때 알칼리축전지의 장점과 단점을 1가지씩만 쓰시오.
   - 장점 :
   - 단점 :
2. 연축전지와 알칼리축전지의 공칭전압은 각각 몇 [V]인지 쓰시오.
   - 연축전지 :
   - 알칼리축전지 :
3. 축전지의 일상적인 충전방식 중 부동충전방식에 대하여 설명하시오.
4. 연축전지의 정격용량이 200[Ah]이고, 상시부하가 15[kW]이며, 표준전압이 100[V]인 부동충전방식 충전기의 2차 전류는 몇 [A]인지 구하시오.(단, 상시부하의 역률은 1로 간주한다).

해답 1 장점 : 과충 · 방전에 강하다.
단점 : 연축전지보다 공칭 전압이 낮다.

2 연축전지 : 2.0[V/cell]
알칼리축전지 : 1.2[V/cell]

3 축전지와 부하를 충전기에 병렬로 접속하여 사용하는 방식으로 축전지의 자기방전을 보충함과 동시에 일상적인 부하전류는 충전기가 공급하되, 충전기가 공급하기 어려운 일시적인 대전류 부하는 축전지가 공급하는 충전방식

4 계산 : $I = \frac{200}{10} + \frac{15,000}{100} = 170[A]$

답 170[A]

TIP

① 알칼리축전지
장점 : • 수명이 길다.
• 진동과 충격에 강하다.
• 과충 · 방전에 강하다.
• 방전 시 전압 변동이 작다.
• 사용 온도 범위가 넓다.
단점 : • 연축전지보다 공칭 전압이 낮다.
• 가격이 비싸다.

② • 충전기 2차 전류[A] $= \frac{\text{축전지 용량[Ah]}}{\text{정격방전율[h]}} + \frac{\text{상시 부하용량[VA]}}{\text{표준전압[V]}}$
• 연축전지의 정격방전율 : 10[h]

INDUSTRIAL ENGINEER ELECTRICITY

2010년 과 년 도 문제풀이

2010년도 1회 시험 과년도 기출문제

회독 체크	□1회독	월 일	□2회독	월 일	□3회독	월 일

2002 2003 2004 2005 2006 2007 2008 2009 2010 2011

01 ★★☆☆☆ [5점]

역률을 0.7에서 0.9로 개선하면 전력손실은 개선 전의 몇 [%]가 되겠는가?

해답 계산 : $P_L \propto \dfrac{1}{\cos^2\theta} = \dfrac{1}{\left(\dfrac{0.9}{0.7}\right)^2} = 0.6049 = 60.49[\%]$ 답 60.49[%]

TIP

① $P_L \propto \dfrac{1}{V^2}$ (P_L : 손실)
② $A \propto \dfrac{1}{V^2}$ (A : 단면적)
③ $\delta \propto \dfrac{1}{V^2}$ (δ : 전압강하율)
④ $e \propto \dfrac{1}{V}$ (e : 전압강하)
⑤ $P \propto V^2$ (P : 전력)

02 ★★★★★ [5점]

비상용 자가 발전기를 구입하고자 한다. 부하는 단일 부하로서 유도 전동기이며, 기동 용량이 2,000[kVA]이고, 기동 시 전압 강하는 20[%]까지 허용하며, 발전기의 과도 리액턴스는 25[%]로 본다면 자가 발전기의 용량은 이론(계산)상 몇 [kVA] 이상의 것을 선정하여야 하는가?

해답 계산 : $P = \left(\dfrac{1}{0.2} - 1\right) \times 2{,}000 \times 0.25 = 2{,}000[\text{kVA}]$ 답 2,000[kVA]

TIP

$\text{발전기 정격용량} = \left(\dfrac{1}{\text{허용 전압 강하}} - 1\right) \times \text{기동 용량} \times \text{과도 리액턴스}[\text{kVA}]$

03 ★★★★☆ [5점]

3상 3선식 송전선에서 한 선의 저항이 2.5[Ω], 리액턴스가 5[Ω]이고, 수전단의 선간 전압은 3[kV], 부하역률이 0.8인 경우, 전압 강하율을 10[%]라 하면 이 송전 선로는 몇 [kW]까지 수전할 수 있는가?

해답 계산 : 전압강하율 $\delta = \frac{P}{V_r^2}(R + X\tan\theta) \times 100[\%]$에서 $P = \frac{\delta V_r^2}{R + X\tan\theta} \times 10^{-3}[kW]$

$$\therefore P = \frac{0.1 \times (3 \times 10^3)^2}{\left(2.5 + 5 \times \frac{0.6}{0.8}\right)} \times 10^{-3} = 144[kW]$$

답 144[kW]

TIP

$$\delta = \frac{V_s - V_r}{V_r} \times 100 = \frac{\sqrt{3}I(R\cos\theta + X\sin\theta)}{V_r} \times 100 = \frac{P}{V_r^2}(R + X\tan\theta) \times 100$$

04 ★★★★★

[5점]

표와 같은 수용가 A, B, C, D에 공급하는 배전 선로의 최대전력이 700[kW]라고 할 때 다음 각 물음에 답하시오.

수용가	설비용량[kW]	수용률[%]
A	300	70
B	300	50
C	400	60
D	500	80

1 수용가의 부등률은 얼마인가?

2 부등률이 크다는 것은 어떤 것을 의미하는가?

3 수용률의 의미를 간단히 설명하시오.

해답 1 부등률 $= \frac{300 \times 0.7 + 300 \times 0.5 + 400 \times 0.6 + 500 \times 0.8}{700} = 1.43$

2 설비이용률이 높다.

3 수용설비를 동시에 사용하는 정도

TIP

① 부등률 $= \frac{\text{개별 최대 수용 전력의 합계}}{\text{합성 최대 수용 전력}} = \frac{\text{설비 용량} \times \text{수용률}}{\text{합성 최대 수용 전력}}$

② 수용률 의미 : 수용설비를 동시에 사용하는 정도

③ 부등률 정의 : 여러 전력 기기를 동시에 사용하는 정도를 시간, 계절별로 나타내는 지수

④ 부등률 식의 정의 : 합성 최대전력에 대한 개별 최대전력의 합의 비

05 ★☆☆☆☆ [6점]

각각의 타임차트를 완성하시오.

구분	명령어	타임차트
❶ T-ON(ON-Delay)	Increment	S 출력
❷ T-OFF(OFF-Delay)	Decrement	S 출력

해답 ❶

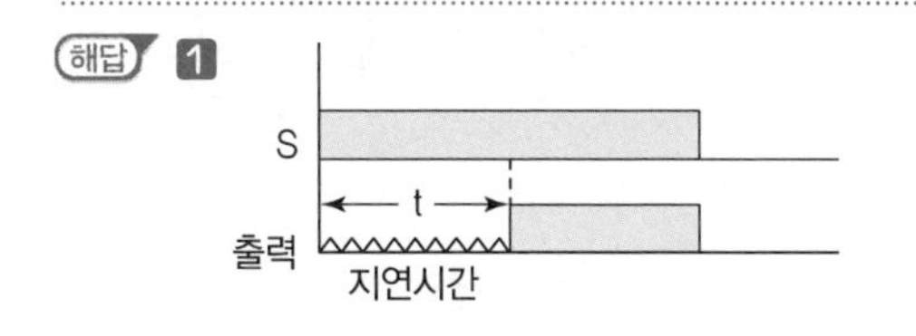

❷

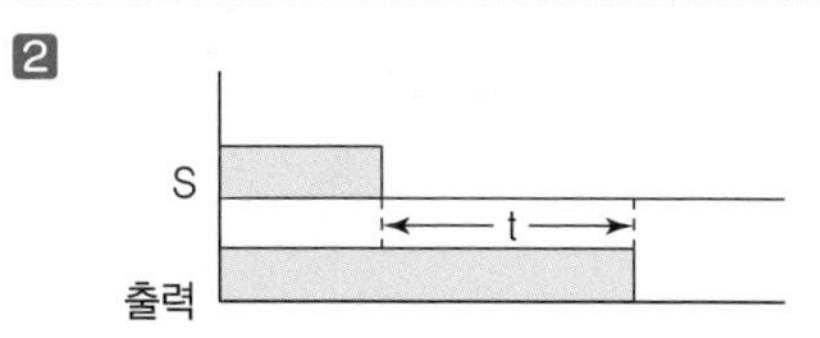

06 ★★★☆☆ [5점]

답안지의 그림은 고압 인입 케이블에 지락계전기를 설치하여 지락사고로부터 수전설비를 보호하고자 할 때에 케이블의 차폐를 접지하는 방법을 표시하려고 한다. 적당한 개소에 케이블의 접지표시를 도시하시오.

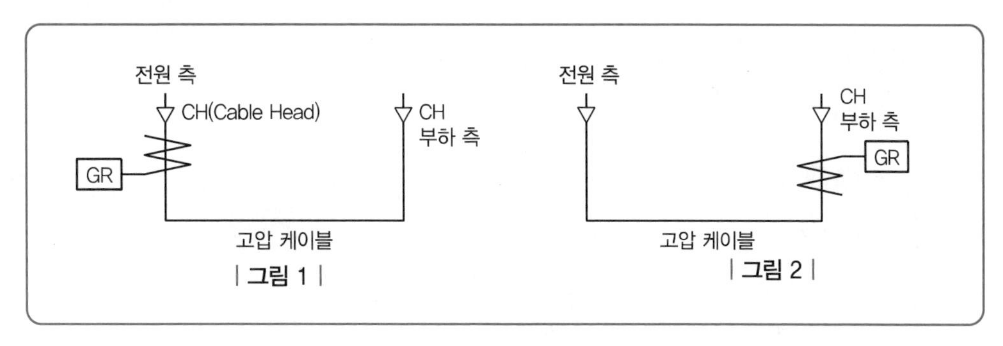

| 그림 1 |　　　　| 그림 2 |

해답

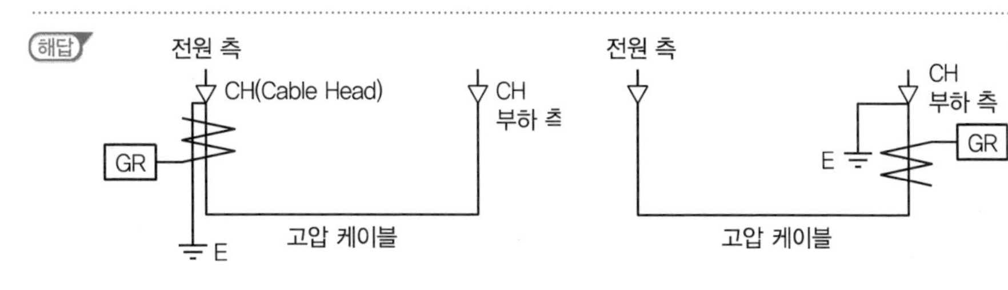

2002
2003
2004
2005
2006
2007
2008
2009
2010
2011

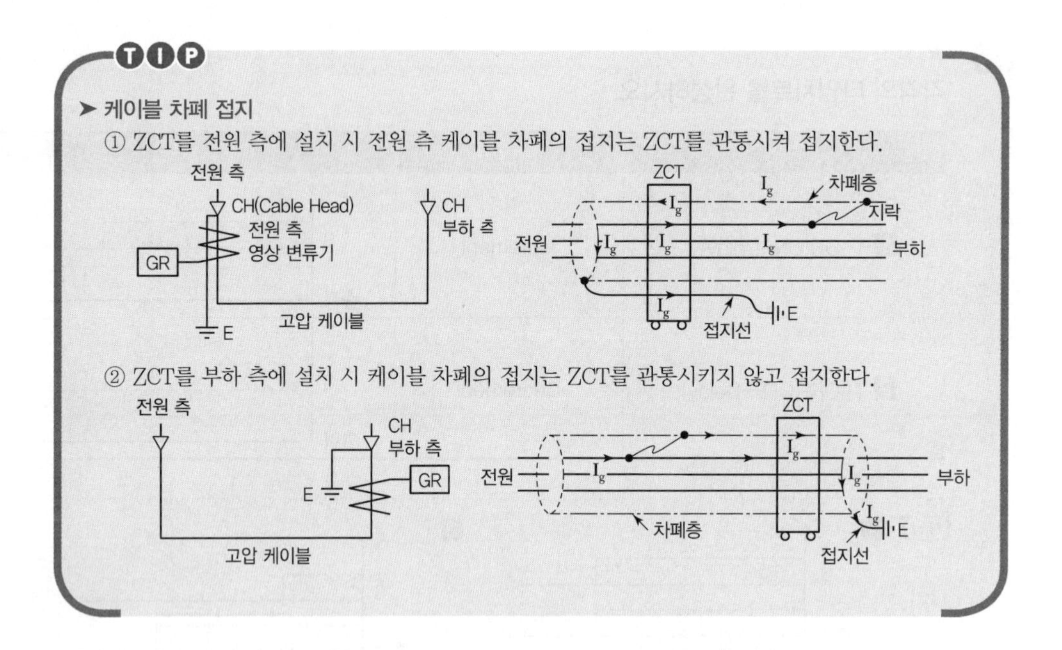

TIP
➤ 케이블 차폐 접지
① ZCT를 전원 측에 설치 시 전원 측 케이블 차폐의 접지는 ZCT를 관통시켜 접지한다.
전원 측
CH(Cable Head)
전원 측
영상 변류기
GR
CH
부하 측
고압 케이블
E
ZCT
Ig
차폐층
지락
전원
부하
접지선
E
② ZCT를 부하 측에 설치 시 케이블 차폐의 접지는 ZCT를 관통시키지 않고 접지한다.
전원 측
CH
부하 측
GR
E
고압 케이블
ZCT
전원
Ig
부하
차폐층
접지선
E

07 ★★★★☆

[5점]

폭 24[m]의 도로 양쪽에 20[m] 간격으로 가로등을 지그재그 식으로 배치하여 도로의 평균 조도를 7[lx]로 한다면 광속은 몇 [lm]인가?(단, 도로면에서의 광속이용률은 25[%], 감광보상률은 1이다.)

해답 계산 : $F = \dfrac{EAD}{UN} = \dfrac{7 \times (24 \times 20)\dfrac{1}{2} \times 1}{0.25 \times 1} = 6,720[\text{lm}]$

답 6,720[lm]

TIP

➤ A : 면적

① 양쪽 배열, 지그재그 배열 : (간격×폭)×$\dfrac{1}{2}$

② 편측 배열, 중앙 배열 : (간격×폭)

08 ★★☆☆☆ [5점]

%오차가 $-4[\%]$인 전압계로 측정한 값이 100[V]라면 그 참값은 얼마인지 계산하시오.

해답 계산 : $\delta = \dfrac{M-T}{T} \times 100[\%]$에서

$$T = \frac{M}{1+\dfrac{\delta}{100}} = \frac{100}{1-\dfrac{4}{100}} = 104.17[V]$$

답 104.17[V]

09 ★★★☆☆ [5점]

다음 도면을 보고 잘못된 부분을 수정하시오.

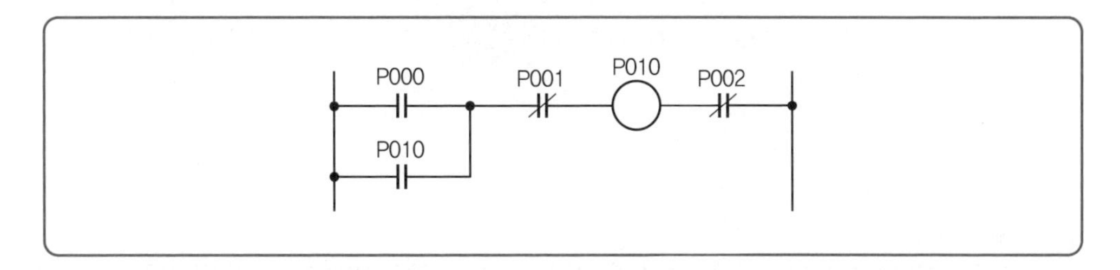

해답

P000 P001 P002 P010

P010

10 ★★★★☆ [9점]

어떤 건물의 연면적이 $420[m^2]$이다. 이 건물에 표준부하를 적용하여 전등, 일반 동력 및 냉방 동력 공급용 변압기 용량을 각각 다음 표를 이용하여 구하시오.(단, 전등은 단상 부하로서 역률은 1이며, 일반 동력, 냉방 동력은 3상 부하로서 각 역률은 0.95, 0.9이다.)

| 표준 부하 |

부하	표준부하[W/m²]	수용률[%]
전등	30	75
일반 동력	50	65
냉방 동력	35	70

| 변압기 용량 |

상별	용량[kVA]
단상	3, 5, 7.5, 10, 15, 20, 30, 50
3상	3, 5, 7.5, 10, 15, 20, 30, 50

해답 ❶ 전등 변압기 T_r = 표준부하$(W/m^2)\times$면적$(m^2)\times$수용률

$= 30\times420\times0.75\times10^{-3} = 9.45[kVA]$ 답 10[kVA]

❷ 일반 동력 변압기 $T_r = \dfrac{\text{표준부하}(W/m^2)\times\text{면적}(m^2)\times\text{수용률}}{\text{역률}}$

$= \dfrac{50\times420\times0.65\times10^{-3}}{0.95} = 14.37[kVA]$ 답 15[kVA]

❸ 냉방 동력 변압기 $T_r = \dfrac{\text{표준부하}(W/m^2)\times\text{면적}(m^2)\times\text{수용률}}{\text{역률}}$

$= \dfrac{35\times420\times0.7\times10^{-3}}{0.9} = 11.43[kVA]$ 답 15[kVA]

TIP

변압기 용량 ≥ 합성 최대수용전력 $= \dfrac{\text{설비용량}[kVA]\times\text{수용률}}{\text{부등률}} = \dfrac{\text{설비용량}[kW]\times\text{수용률}}{\text{부등률}\times\text{역률}}$

11 ★★★★★ [12점]

다음 그림은 환기 팬의 수동 운전 및 고장 표시등 회로의 일부이다. 이 회로를 이용하여 다음 각 물음에 답하시오.

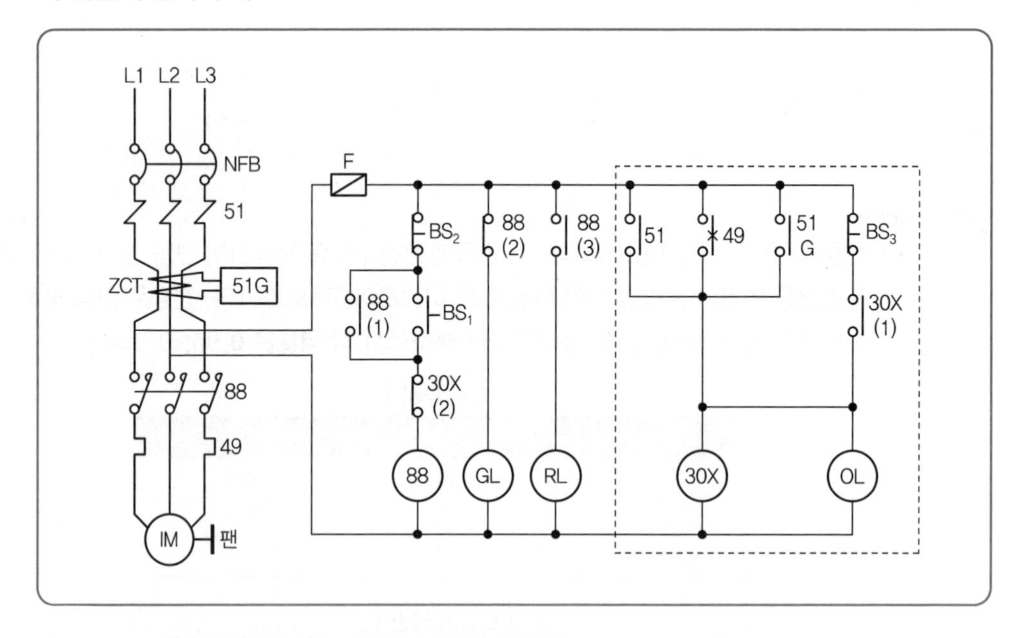

❶ 88은 MC로서 도면에서는 출력기구이다. 도면에 표시된 기구에 대하여 다음에 해당되는 명칭을 그 약호로 쓰시오.(단, 중복은 없고 NFB, ZCT, IM, 팬은 제외하며, 해당되는 기구가 여러 가지일 경우에는 모두 쓰도록 한다.)

2002 2003 2004 2005 2006 2007 2008 2009 2010 2011

① 고장표시기구 : ② 고장회복 확인기구 :
③ 기동기구 : ④ 정지기구 :
⑤ 운전표시램프 : ⑥ 정지표시램프 :
⑦ 고장표시램프 : ⑧ 고장검출기구 :

2 그림의 점선으로 표시된 회로를 AND, OR, NOT 회로를 사용하여 로직회로를 그리시오. (단, 로직소자는 3입력 이하로 한다.)

해답 **1** ① 30X ② BS_3
③ BS_1 ④ BS_2
⑤ RL ⑥ GL
⑦ OL ⑧ 51, 51G, 49

2

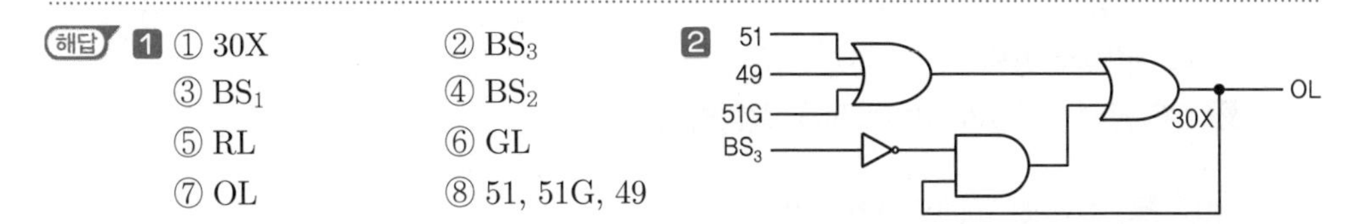

12 ★★★★☆ [12점]

그림은 고압 수전 설비 단선 결선도이다. 물음에 답하시오.

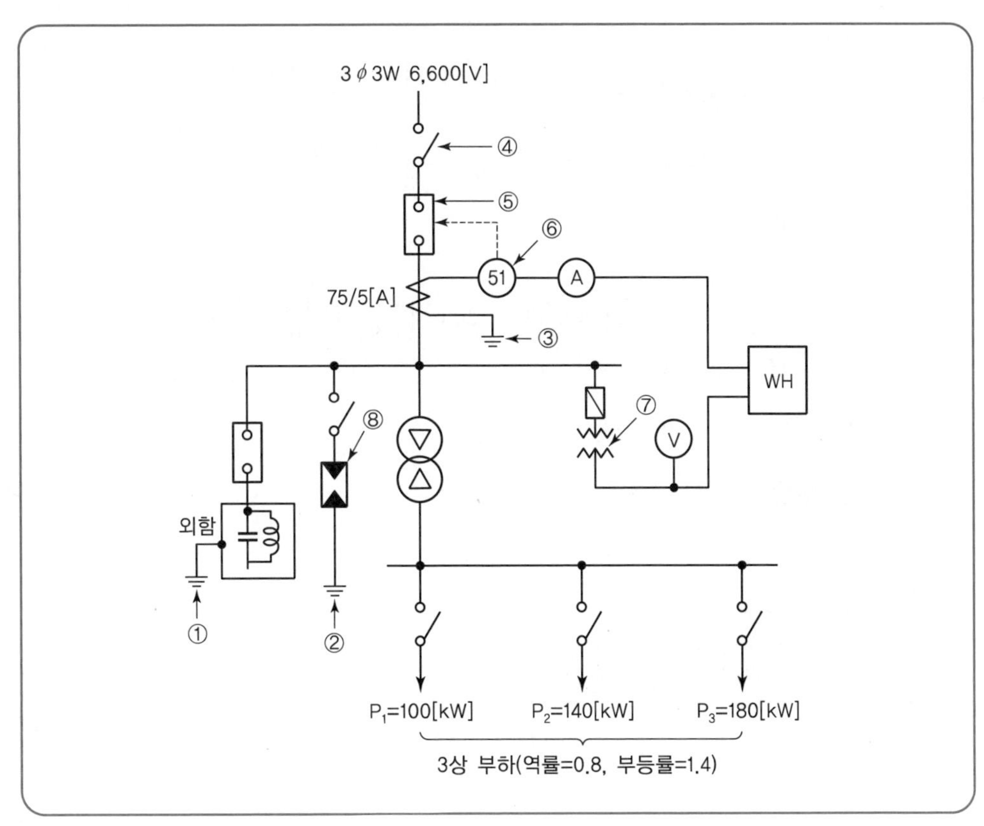

1 그림의 ①~③까지 해당되는 접지공사의 종류는 무엇이며, 접지저항값은 얼마인가?
※ KEC 규정에 따라 삭제

2 그림에서 ④~⑧의 명칭은 무엇인가?

3 각 부하의 최대전력이 그림과 같고 역률이 0.8, 부등률이 1.4일 때 변압기 1차 전류계 Ⓐ에 흐르는 전류의 최대치를 구하시오. 또 동일한 조건에서 합성 역률 0.92 이상으로 유지하기 위한 전력용 콘덴서의 최소용량은 몇 [kVA]인가?

① 전류 :

② 콘덴서 용량 :

4 DC(방전 코일)의 설치목적을 설명하시오.

해답 **1** ※ KEC 규정에 따라 삭제

2 ④ 단로기 ⑤ 차단기
⑥ 과전류 계전기 ⑦ 계기용 변압기
⑧ 피뢰기

3 ① 전류

계산 : 최대전력 $P = \frac{\text{개별최대전력의 합}}{\text{부등률}} = \frac{100+140+180}{1.4} = 300[\text{kW}]$

$$\text{전류계 Ⓐ} = I_1 = \times \frac{1}{\text{CT비}} = \frac{300 \times 10^3}{\sqrt{3} \times 6{,}600 \times 0.8} \times \frac{5}{75} = 2.19[\text{A}]$$

답 2.19[A]

② 콘덴서 용량

계산 : $Q = P(\tan\theta_1 - \tan\theta_2) = 300 \times \left(\frac{0.6}{0.8} - \frac{\sqrt{1-0.92^2}}{0.92}\right) = 97.2[\text{kVA}]$

답 97.2[kVA]

4 콘덴서 회로 개방 시 잔류 전하의 방전

TIP

① 합성최대전력 $= \frac{\text{설비용량} \times \text{수용률}}{\text{부등률}} = \frac{\text{최대전력의 합}}{\text{부등률}}$

② 방전코일 목적
- 개방 시 : 콘덴서의 잔류 전하 방전
- 투입 시 : 콘덴서에 걸리는 과전압 방지

13 ★★★☆☆

[5점]

수용가에서 사용하는 변압기의 고장원인 중 5가지만 쓰시오.

해답 ① 과부하 및 단락전류
② 이상전압의 내습
③ 절연유의 열화
④ 기계적 충격
⑤ 절연물 내부의 공극

TIP

➤ 변압기 고장의 종류
① 권선의 상간, 층간 단락
② 권선과 철심 간의 절연 파괴
③ 고 · 저압 혼촉
④ 권선의 단선
⑤ 부싱 및 리드선 절연 파괴

14 ★☆☆☆☆

[5점]

CL램프와 PL램프를 스위치 하나로 동시에 점등시키고자 한다. 다음의 미완성 도면을 완성하시오.

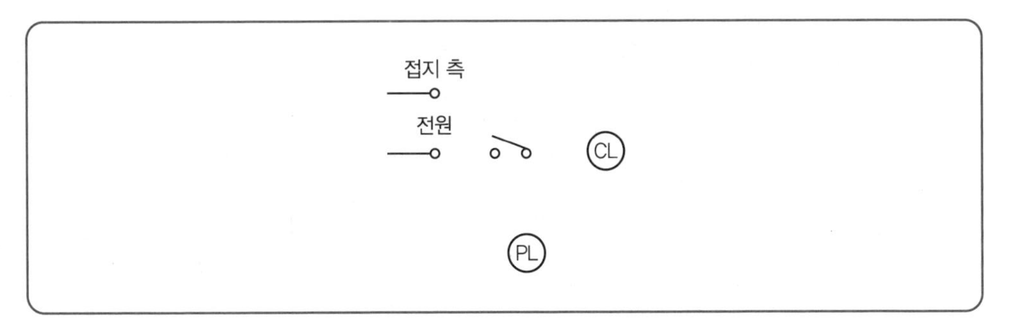

해답

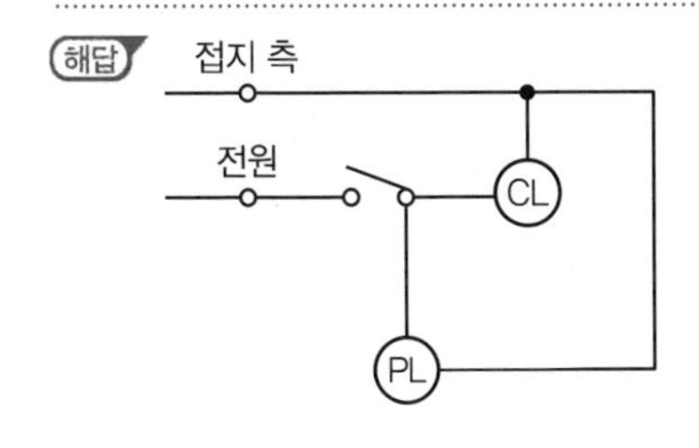

15 ★☆☆☆☆ [6점]

다음이 설명하고 있는 광원(램프)의 명칭을 쓰시오.

반도체의 P-N 접합구조를 이용하여 소수캐리어(전자 및 정공)를 만들어내고, 이들의 재결합에 의하여 발광시키는 원리를 이용한 광원(램프)으로 발광파장은 반도체에 첨가되는 불순물의 종류에 따라 다르다. 종래의 광원에 비해 소형이고 수명은 길며 전력소모가 적은 에너지 절감형 광원이다.

해답 LED 램프

16 ★★☆☆☆ [5점]

다음 그림은 사용이 편리하고 일반적인 접지저항을 측정하고자 할 때 널리 사용되는 전위차계법(전압강하법)의 미완성 접속도이다. 다음 각 물음에 답하시오.

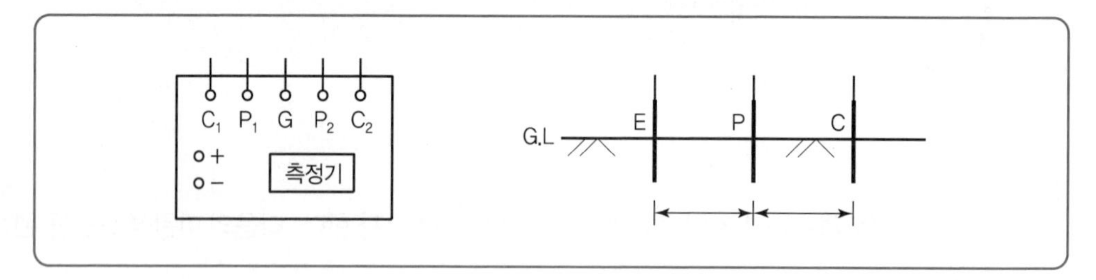

1. 미완성 접속도를 완성하시오.
2. 전극 간 거리는 몇 [m] 이상으로 하는가?

해답 1

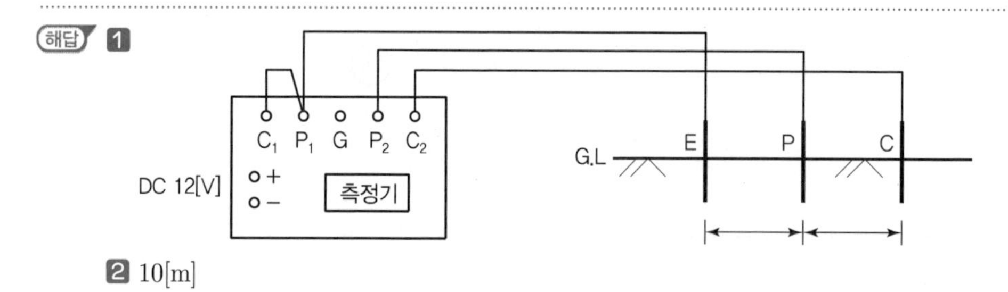

2 10[m]

2010년도 2회 시험 과년도 기출문제

회독 체크	□1회독	월 일	□2회독	월 일	□3회독	월 일

01 ★★★☆☆ [9점]

3상 154[kV] 시스템의 회로도와 조건을 이용하여 점 F에서 3상 단락고장이 발생하였을 때 단락전류 등을 154[kV], 100[MVA] 기준으로 계산하는 과정에 대한 다음 각 물음에 답하시오.

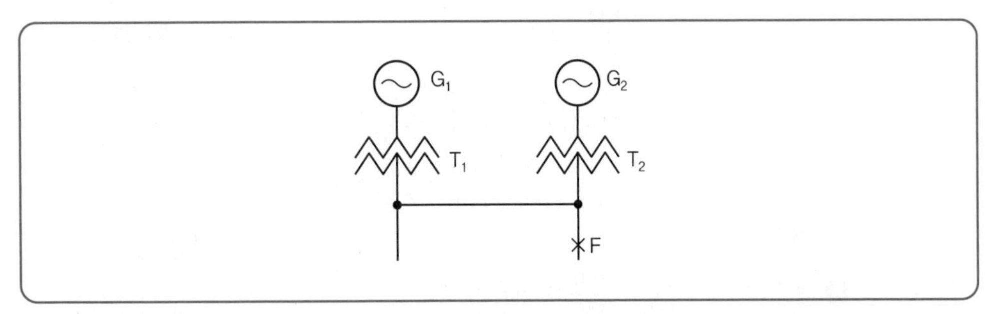

[조건]

① 발전기

G_1 : $S_{G1}=20$[MVA], $\%Z_{G1}=30$[%]

G_2 : $S_{G2}=5$[MVA], $\%Z_{G2}=30$[%]

② 변압기

T_1 : 전압 11/154[kV], 용량 : 20[MVA], $\%Z_{T1}=10$[%]

T_2 : 전압 6.6/154[kV], 용량 : 5[MVA], $\%Z_{T2}=10$[%]

③ 송전선로 : 전압 154[kVl, 용량 : 20[MVA], $\%Z_{TL}=5$[%]

1 정격전압과 정격용량을 각각 154[kV], 100[MVA]로 할 때 정격전류(I_n)를 구하시오.

2 발전기(G_1, G_2), 변압기(T_1, T_2) 및 송전선로의 %임피던스 $\%Z_{G1}$, $\%Z_{G2}$, $\%Z_{T1}$, $\%Z_{T2}$, $\%Z_{TL}$을 각각 구하시오.

① $\%Z_{G1}$

② $\%Z_{G2}$

③ $\%Z_{T1}$

④ $\%Z_{T2}$

⑤ $\%Z_{TL}$

3 점 F에서의 합성 %임피던스를 구하시오.

4 점 F에서의 3상 단락전류 I_s를 구하시오.

5 점 F에서 설치할 차단기의 용량을 구하시오.

해답 1 계산 : $I_n = \frac{P}{\sqrt{3}V} = \frac{100 \times 10^6}{\sqrt{3} \times 154 \times 10^3} = 374.9[A]$ 답 374.9[A]

2 ① $\%Z_{G1} = 30[\%] \times \frac{100}{20} = 150[\%]$ 답 150[%]

② $\%Z_{G2} = 30[\%] \times \frac{100}{5} = 600[\%]$ 답 600[%]

③ $\%Z_{T1} = 10[\%] \times \frac{100}{20} = 50[\%]$ 답 50[%]

④ $\%Z_{T2} = 10[\%] \times \frac{100}{5} = 200[\%]$ 답 200[%]

⑤ $\%Z_{TL} = 5[\%] \times \frac{100}{20} = 25[\%]$ 답 25[%]

3 계산 : $\%Z_{TL} + \frac{(\%Z_{G1} + \%Z_{T1}) \times (\%Z_{G2} + \%Z_{T2})}{(\%Z_{G1} + \%Z_{T1}) + (\%Z_{G2} + \%Z_{T2})}$

$= 25 + \frac{(150+50) \times (600+200)}{(150+50)+(600+200)} = 185[\%]$

답 185[%]

4 계산 : $I_s = \frac{100}{\%Z} I_n = \frac{100}{185} 374.9 = 202.65[A]$

답 202.65[A]

5 계산 : $P_s = \frac{100}{\%Z} P = \frac{100}{185} \times 100 = 54.05[MVA]$

답 54.05[MVA]

TIP

① $\%Z' = \%Z \times \frac{기준용량}{자기용량}$

② $I_s = \frac{100}{\%Z} I_n$

③ $P_s = \sqrt{3} \times 정격전압 \times 정격차단전류 \times 10^{-6}[MVA] = \frac{100}{\%Z} P$

02 ★★★☆☆ [5점]

차단기 명판(name plate)에 BIL 150[kV], 정격차단전류 20[kA]라고 기재되어 있다. 이 차단기의 정격전압[kV]을 구하시오.

해답 계산 : BIL = 절연계급 × 5 + 50[kV]에서 절연계급 = $\frac{BIL - 50}{5}$[kV]

∴ 절연계급 = $\frac{150-50}{5} = 20[kV]$

공칭전압=절연계급×1.1[kV]에서 공칭전압 =20×1.1=22[kV]

$\therefore$ 정격전압 $V_n = 22 \times \frac{1.2}{1.1} = 24[kV]$

답 24[kV]

TIP

BIL : 기준충격절연강도[kV]

03 ★☆☆☆☆ [13점]

다음은 수용가의 정전 시 조치사항이다. 점검방법에 따른 알맞은 점검절차를 보기에서 찾아 빈칸을 채우시오.

[보기]

- 수전용 차단기 개방
- 단로기 또는 전력퓨즈의 개방
- 수전용 차단기의 투입
- 보호계전기 시험
- 검전의 실시
- 투입금지 표시찰 취부
- 고압개폐기 또는 교류부하개폐기의 개방
- 잔류전하의 방전
- 단락접지용구의 취부
- 보호계전기 및 시험회로의 결선
- 저압개폐기의 개방
- 안전표지류의 취부
- 구분 또는 분기개폐기의 개방

점검순서	점검절차	점검방법
1		(1) 개방하기 전에 책임자와 충분한 협의를 실시하고 정전에 의하여 관계되는 기기의 장애가 없다는 것을 확인한다. (2) 동력개폐기를 개방한다. (3) 전등개폐기를 개방한다.
2		수동(자동)조작으로 수전용 차단기를 개방한다.
3		고압고무장갑을 착용하고, 고압검전기로 수전용 차단기의 부하 측 이후를 3상 모두 검전하고 무전압상태를 확인한다.
4		(책임분계점의 구분개폐기 개방의 경우) (1) 지락계전기가 있는 경우는 차단기와 연동시험을 실시한다. (2) 지락계전기가 없는 경우는 수동조작으로 확실히 개방한다. (3) 개방한 개폐기의 조작봉(끈)은 제3자가 조작하지 않도록 높은 장소에 확실히 매어(lock) 놓는다.
5		개방한 개폐기의 조작봉을 고정하는 위치에서 보이기 쉬운 개소에 취부한다.
6		원칙적으로 첫 번째 상부터 순서대로 확실하게 충분한 각도로 개방한다.
7		고압케이블 및 진상 콘덴서 등의 측정 후 잔류전하를 확실히 방전한다.
8		(1) 단락접지용구를 취부할 경우는 우선 먼저 접지금구를 접지선에 취부한다. (2) 다음에 단락접지 용구의 후크부를 개방한 DS 또는 LBS 전원 측 각 상에 취부한다.

		(3) 안전표지판을 취부하여 안전작업이 이루어지도록 한다.
9		공중이 들어가지 못하도록 위험구역에 안전네트(망) 또는 구획로프 등을 설치하여 위험표시를 한다.
10		(1) 릴레이 측과 CT 측을 회로시험기 등으로 확인한다. (2) 시험회로의 결선을 실시한다.
11		시험전원용 변압기 이외의 변압기 및 콘덴서 등의 개폐기를 개방한다.
12		수동(자동)조작으로 수전용 차단기를 투입한다.

해답 1. 저압개폐기의 개방
2. 수전용 차단기 개방
3. 검전의 실시
4. 구분 또는 분기 개폐기의 개방
5. 투입금지 표시찰 취부
6. 단로기 또는 전력퓨즈의 개방
7. 잔류전하의 방진
8. 단락접지용구의 취부
9. 안전표지류의 취부
10. 보호계전기 및 시험회로의 결선
11. 고압개폐기 또는 교류부하 개폐기의 개방
12. 수전용 차단기의 투입

04 ★★★☆☆ [5점]

송전용량 5,000[kVA]인 설비가 있을 때 공급 가능한 용량은 부하 역률 80[%]에서 4,000[kW]까지이다. 여기서, 부하 역률을 95[%]로 개선하는 경우 역률개선 전(80[%])에 비하여 공급 가능한 용량[kW]은 얼마나 증가되는지 구하시오.

해답 계산 : 역률 개선 후 공급전력 $P = P_a \cos\theta = 5,000 \times 0.95 = 4,750[kW]$

증가용량 $P_a = 4,750 - 4,000 = 750[kW]$

답 750[kW]

05 ★★★★★ [6점]

제5고조파 전류의 확대 방지 및 스위치 투입 시 돌입전류 억제를 목적으로 역률 개선용 콘덴서에 직렬 리액터를 설치하고자 한다. 콘덴서의 용량이 500[kVA]라고 할 때 다음 각 물음에 답하시오.

1 이론상 필요한 직렬 리액터의 용량[kVA]을 구하시오.

2 실제적으로 설치하는 직렬 리액터의 용량[kVA]과 이유를 답하시오.
- 리액터의 용량 :
- 이유 :

해답 1 계산 : $500 \times 0.04 = 20[kVA]$ 답 20[kVA]

2 • 리액터의 용량 : $500 \times 0.06 = 30[kVA]$
• 이유 : 주파수 변동을 고려

TIP

직렬 리액터의 용량은 이론상 콘덴서 용량의 4[%] 이상이 되면 되는데 주파수 변동 등의 여유를 봐서 실제로는 약 6[%]인 것이 사용된다.

06 ★★★☆☆ [6점]

그림은 갭형 피뢰기와 갭리스형 피뢰기 구조를 나타낸 것이다. 화살표로 표시된 각 부분의 명칭을 쓰시오.

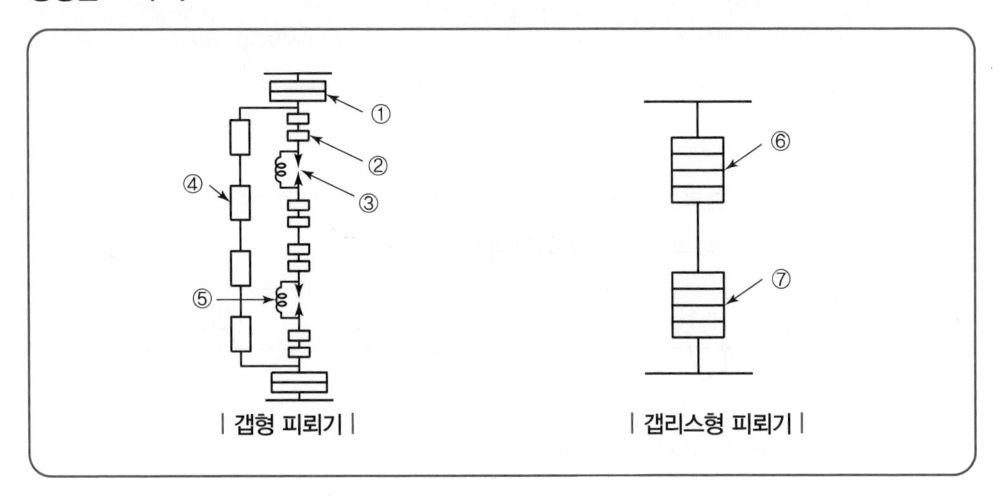

| 갭형 피뢰기 | | 갭리스형 피뢰기 |

해답

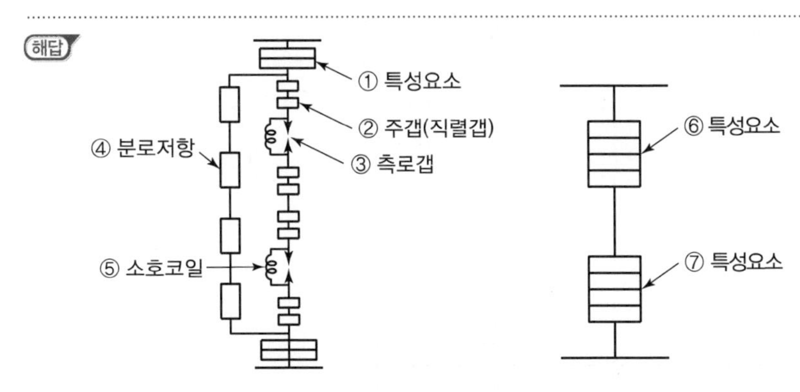

TIP

➤ 피뢰기의 구성
① 갭형 피뢰기의 구성 : 직렬갭과 특성요소
② 갭리스형 피뢰기의 구성 : 특성요소

07 ★★★★★

[5점]

다음은 콘센트의 그림기호이다. 각 콘센트의 종류 또는 형별 명칭을 답란에 쓰시오.

1 $_{LK}$ 2 $_{ET}$ 3 $_{EX}$ 4 $_{H}$ 5 $_{EL}$

※ KEC 규정에 따라 변경

• 답란 :

1	2	3	4	5

해답

1	2	3	4	5
빠짐방지형	접지단자붙이	폭발방지형	의료용	누전 차단기붙이

08 ★★☆☆☆

[5점]

다음 그림은 PLC 프로그램 명령어 중 반전 명령어(*, NOT)를 이용한 도면이다. 반전 명령어를 사용하지 않을 때의 래더 다이어그램을 작성하시오.

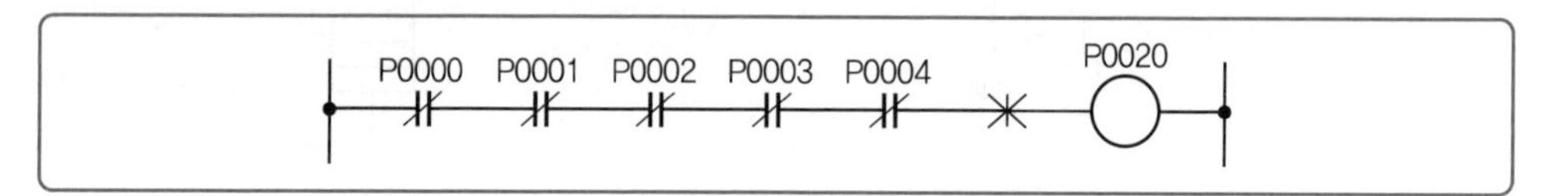

• 반전 명령어를 사용하지 않을 때의 래더 다이어그램

해답

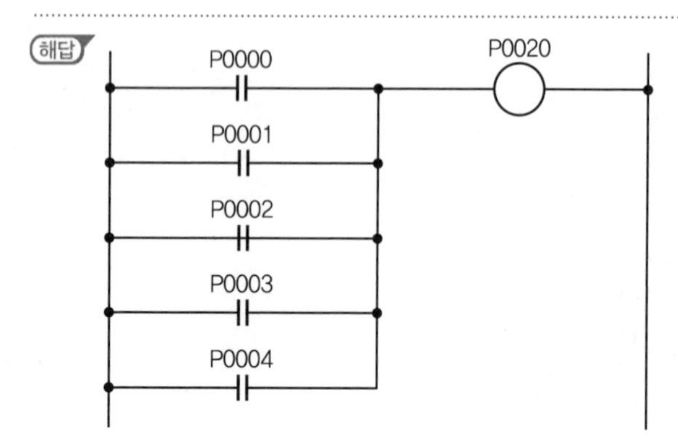

TIP

➤ 드모르간의 법칙

$\overline{\overline{P0000} \cdot \overline{P0001} \cdot \overline{P0002} \cdot \overline{P0003} \cdot \overline{P0004}} = \overline{\overline{P0000}} + \overline{\overline{P0001}} + \overline{\overline{P0002}} + \overline{\overline{P0003}} + \overline{\overline{P0004}}$

$= P0000 + P0001 + P0002 + P0003 + P0004$

09 ★★★☆☆ [5점]

주상변압기의 1차 측 사용 탭이 6,300[V]인 경우 2차 측 전압이 110[V]이었다. 2차 측 전압을 약 100[V]로 하기 위해서는 1차 측 사용 탭을 얼마로 하여야 되는지 실제 변압기의 사용 탭 중에서 선정하시오.

해답 계산 : $V_1' = V_1 \times \frac{현재의\ 탭\ 전압}{변경할\ 탭\ 전압} = 6{,}300 \times \frac{110}{100} = 6{,}930[V]$

답 6,900[V]

TIP

➤ 변압기 탭(Tap) 표준

5,700[V], 6,000[V], 6,300[V], 6,600[V], 6,900[V]

10 ★★★★☆ [7점]

다음 시퀀스도의 동작원리는 다음과 같다. 물음에 답하시오.

자동차 차고의 셔터에 라이트가 비치면 PHS에 의해 자동으로 열리고, 또한 PB_1를 조작해도 열린다. 셔터를 닫을 때는 PB_2를 조작하면 셔터는 닫힌다. 리미트 스위치 LS_1은 셔터의 상한이고, LS_2는 셔터의 하한이다.

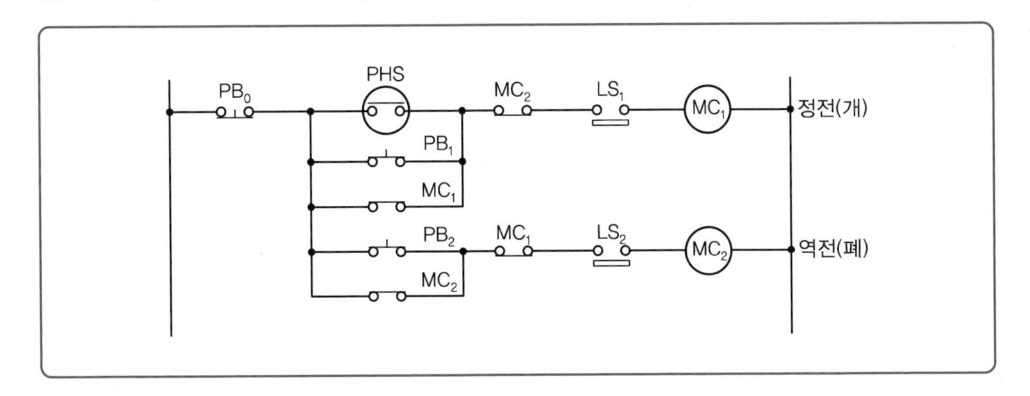

1 MC_1, MC_2의 a접점은 어떤 역할을 하는 접점인가?

2 MC_1, MC_2의 b접점은 어떤 역할을 하는가?

3 LS_1, LS_2는 어떤 역할을 하는가?

4 시퀀스도에서 PHS(또는 PB_1)과 PB_2를 타임차트와 같은 타이밍에 'ON'으로 조작하였을 때의 타임차트를 완성하시오.

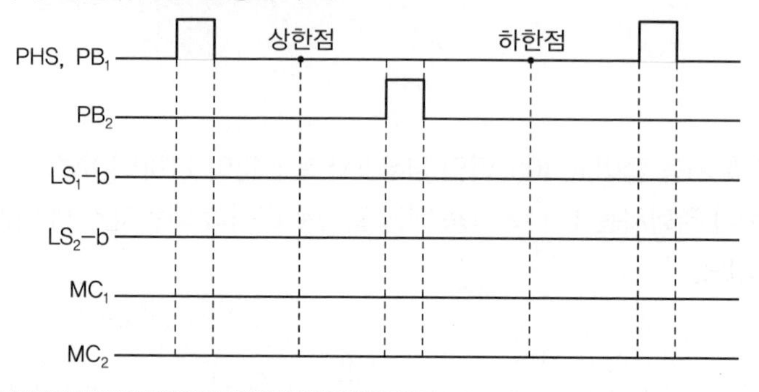

해답 1 자기유지

2 인터록(동시 투입 방지)

3 LS_1은 셔터의 상한 시 (MC_1)을 소자시켜 전동기를 정지시킨다.

LS_2는 셔터의 하한을 검지(검출)하여 (MC_2)를 소자시켜 전동기를 정지시킨다.

4

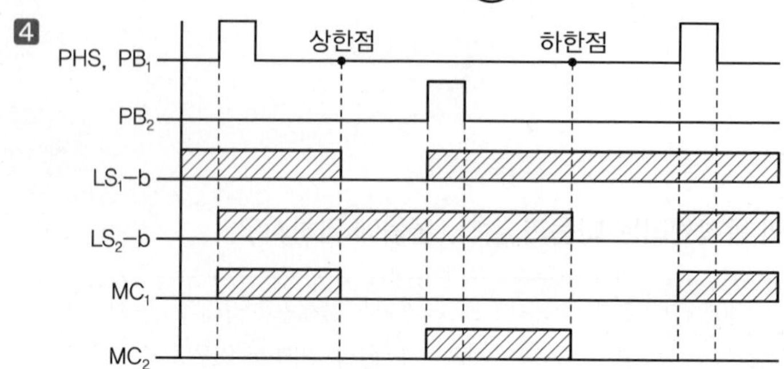

11 ★★☆☆☆ [5점]

역률이 나쁘면 기기의 효율이 떨어지므로 역률 개선용 콘덴서를 설치한다. 어느 기기의 역률이 0.9이었다면 이 기기의 무효율은 얼마나 되는지 구하시오.

해답 계산 : 무효율 $= \sqrt{1-\cos^2\theta} = \sqrt{1-0.9^2} = 0.44$

답 0.44

TIP

삼각함수 공식에서 $\cos^2\theta + \sin^2\theta = 1$이므로

$\therefore \sin\theta = \sqrt{1-\cos^2\theta}$

12 ★★★☆☆ [5점]

전력용 콘덴서의 개폐제어는 크게 나누어 수동조작과 자동조작이 있다. 자동조작방식을 제어요소에 따라 분류할 때 그 제어요소는 어떤 것이 있는지 5가지만 답란에 쓰시오.

• 답란 :

①	②	③	④	⑤

해답

①	②	③	④	⑤
수전점 무효전력에 의한 제어	모선 전압에 의한 제어	수전점 역률에 의한 제어	부하전류에 의한 제어	프로그램에 의한 제어

TIP

➤ 콘덴서 자동제어방식별 특징

제어방식	적용
수전점 무효전력에 의한 제어	모든 변동부하
수전점 역률에 의한 제어	모든 변동부하
모선전압에 의한 제어	전원 임피던스가 크고 전압 변동률이 큰 계통
프로그램에 의한 제어	하루 부하변동이 일정한 곳
부하전류에 의한 제어	전류의 크기와 무효전력의 관계가 일정한 곳
특정부하 개폐에 의한 제어	변동하는 특정부하 이외의 무효전력이 거의 일정한 곳

13 ★★★★★

[5점]

2,000[lm]을 복사하는 전등 30개를 100[m²]의 사무실에 설치하려고 한다. 조명률이 0.5, 감광보상률이 1.5(보수율 0.667)인 경우 이 사무실의 평균조도[lx]를 구하시오.

해답 계산 : $E = \frac{FUN}{AD} = \frac{2{,}000 \times 0.5 \times 30}{100 \times 1.5} = 200[lx]$

답 200[lx]

14 ★★★☆☆

[6점]

권선하중이 18톤이며, 매분 6.5[m]의 속도로 끌어올리는 권상용 전동기의 용량[kW]을 구하시오.(단, 전동기를 포함한 기중기의 효율은 73[%]이다.)

해답 계산 : $P = \frac{W \cdot V}{6.12\eta} = \frac{18 \times 6.5}{6.12 \times 0.73} = 26.19[kW]$

답 26.19[kW]

TIP

권상용 전동기의 출력 $P = \frac{W \cdot V}{6.12\eta}[kW]$

여기서, W : 권상 중량[ton], V : 권상 속도[m/min], η : 효율

15 ★★★★☆ [5점]

주어진 진리표는 3개의 리미트 스위치 LS_1, LS_2, LS_3에 입력을 주었을 때 출력 X와의 관계표이다. 이 표를 이용하여 다음 각 물음에 답하시오.

진리표			
LS_1	LS_2	LS_3	X
0	0	0	0
0	0	1	0
0	1	0	0
0	1	1	1
1	0	0	0
1	0	1	1
1	1	0	1
1	1	1	1

1. 진리표를 이용하여 다음과 같은 Karnaugh 도를 완성하시오.

LS_3 \ LS_1, LS_2	0 0	0 1	1 1	1 0
0				
1				

2. 물음 1에서의 Karnaugh 도에 대한 논리식을 쓰시오.
3. 진리값과 물음 2의 논리식을 이용하여 이것을 무접점 회로도로 표시하시오.

해답 1

LS_3 \ LS_1, LS_2	0 0	0 1	1 1	1 0
0	0	0	1	0
1	0	1	1	1

2. $X = LS_2LS_3 + LS_1LS_2 + LS_1LS_3$

3.
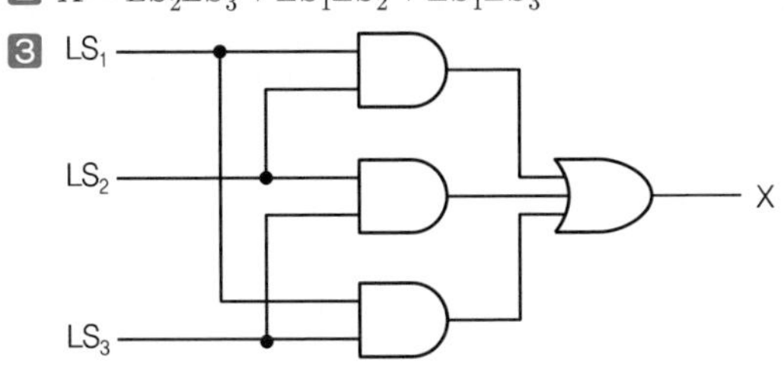

16 ★★★★☆ [8점]

그림과 같은 계통에서 측로 단로기 DS_3을 통하여 부하에 공급하고 차단기 CB를 점검하고자 할 때 다음 각 물음에 답하시오.(단, 평상시에 DS_3는 열려 있는 상태이다.)

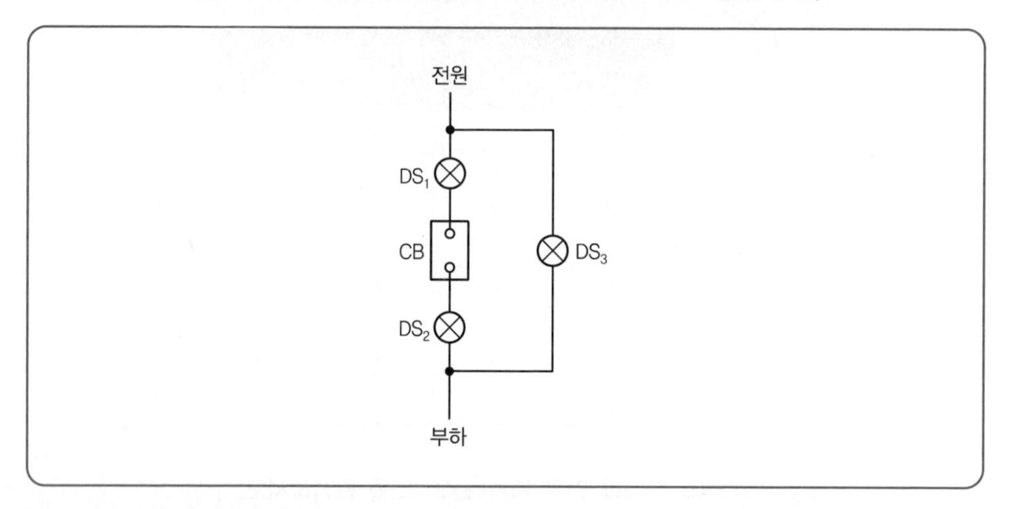

1 차단기 점검을 하기 위한 조작 순서를 쓰시오.

2 CB의 점검이 완료된 후 정상 상태로 전환 시의 조작 순서를 쓰시오.

3 도면과 같은 설비에서 차단기 CB의 점검 작업 중 발생할 수 있는 문제점을 설명하고 이러한 문제점을 해소하기 위한 방안을 설명하시오.

해답 1 DS_3(ON) → CB(OFF) → DS_2(OFF) → DS_1(OFF)

2 DS_2(ON) → DS_1(ON) → CB(ON) → DS_3(OFF)

3 • 발생할 수 있는 문제점 : 조작순서를 지키지 않을 경우 감전 및 화상 사고
• 해소방안 : 단로기(DS)와 차단기(CB) 간에 인터록장치를 한다.

TIP

DS_3 투입 시 등전위가 발생되어 전류가 흐르지 않는다.

회독 체크	□1회독	월 일	□2회독	월 일	□3회독	월 일

01 ★★★★★ [11점]

어떤 변전실에서 그림과 같은 일부하 곡선 A, B, C인 부하에 전기를 공급하고 있다. 이 변전실의 총 부하에 대한 다음 각 물음에 답하시오.(단, A, B, C의 역률은 시간에 관계없이 각각 80[%], 100[%] 및 60[%]이며, 그림에서 부하전력은 부하곡선의 수치에 10^3을 한다는 의미이다. 즉, 수직 측의 5는 5×10^3[kW]라는 의미이다.)

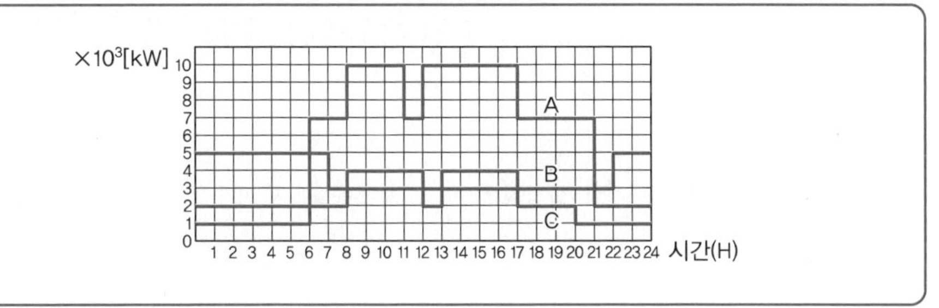

1. 합성 최대전력은 몇 [kW]인가?
2. A, B, C 각 부하에 대한 평균전력은 몇 [kW]인가?
3. 총 부하율은 몇 [%]인가?
4. 부등률은 얼마인가?
5. 최대부하일 때의 합성 총 역률은 몇 [%]인가?

(해답) **1** 계산 : 합성 최대전력은 도면에서 8~11시, 13~17시에 나타나며

$$P=(10+4+3)\times10^3=17\times10^3[\text{kW}]$$

답 17×10^3[kW]

2 계산 : 평균전력$=\dfrac{\text{사용전력량}}{\text{시간}}$이므로

$$A=\frac{\{(1\times6)+(7\times2)+(10\times3)+(7\times1)+(10\times5)+(7\times4)+(2\times3)\}\times10^3}{24}$$

$$=5.88\times10^3[\text{kW}]$$

$$B=\frac{\{(5\times7)+(3\times15)+(5\times2)\}\times10^3}{24}=3.75\times10^3[\text{kW}]$$

$$C=\frac{\{(2\times8)+(4\times4)+(2\times1)+(4\times4)+(2\times3)+(1\times4)\}\times10^3}{24}$$

$$=2.5\times10^3[\text{kW}]$$

답 A : 5.88×10^3[kW], B : 3.75×10^3[kW], C : 2.5×10^3[kW]

③ 계산 : 종합 부하율 $= \dfrac{\text{평균전력}}{\text{합성 최대전력}} \times 100$

$= \dfrac{\text{A, B, C 각 평균전력의 합계}}{\text{합성 최대전력}} \times 100$

$= \dfrac{(5.88+3.75+2.5)\times 10^3}{17\times 10^3} \times 100 = 71.35[\%]$ 　답 71.35[%]

④ 계산 : 부등률 $= \dfrac{\text{A, B, C 각 최대전력의 합계}}{\text{합성 최대전력}} = \dfrac{(10+5+4)\times 10^3}{17\times 10^3} = 1.12$

답 1.12

⑤ 계산 : 먼저 최대부하 시 무효전력($Q = P\tan\theta$)을 구해보면

$$Q = 10\times 10^3 \times \frac{0.6}{0.8} + 3\times 10^3 \times \frac{0}{1} + 4\times 10^3 \times \frac{0.8}{0.6} = 12{,}833.33[\text{kVar}]$$

$$\cos\theta = \frac{P}{\sqrt{P^2+Q^2}} = \frac{17{,}000}{\sqrt{17{,}000^2 + 12{,}833.33^2}} \times 100 = 79.81[\%]$$

답 79.81[%]

TIP

① 최대부하=최대전력=합성최대전력　② 부등률은 단위가 없다

02 ★★☆☆☆ [5점]

권수비가 33인 PT와 20인 CT를 그림과 같이 단상 고압 회로에 접속했을 때 전압계 Ⓥ와 전류계 Ⓐ 및 전력계 Ⓦ의 지시가 95[V], 4.5[A], 360[W]이었다면 고압 부하의 역률은 몇 [%]가 되겠는가?(단, PT의 2차 전압은 110[V], CT의 2차 전류는 5[A]이다.)

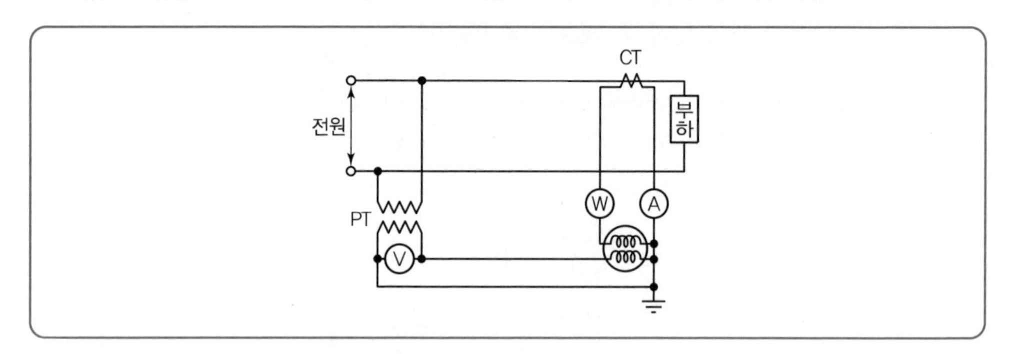

해답 계산 : 역률 $\cos\theta = \dfrac{P[W]}{VI[VA]} = \dfrac{360}{95\times 4.5} \times 100 = 84.21[\%]$

답 84.21[%]

TIP

단상으로 PT, CT를 1개 설치한다.

03 ★★★★★ [5점]

지표면상 20[m] 높이에 수조가 있다. 이 수조에 초당 0.2[m^3]의 물을 양수하려고 한다. 여기에 사용되는 펌프 모터에 3상 전력을 공급하기 위하여 단상 변압기 2대를 사용하였다. 펌프 효율이 65[%]이고, 펌프축 동력에 15[%]의 여유를 둔다면 변압기 1대의 용량은 몇 [kVA]이며, 이때 변압기를 어떠한 방법으로 결선하여야 하는가?(단, 펌프용 3상 농형 유도 전동기의 역률은 80[%]로 가정한다.)

해답 ① 변압기 1대의 용량

단상 변압기 2대를 V결선했을 경우의 출력 $P_V = \sqrt{3}\,VI[kVA]$

양수 펌프용 전동기 $P = \dfrac{9.8QHK}{\eta \times \cos\theta}[kVA]$

$= \dfrac{9.8 \times 0.2 \times 20 \times 1.15}{0.65 \times 0.8} = 86.69[kVA]$

변압기 1대 정격 용량 $VI = \dfrac{86.69}{\sqrt{3}} = 50.05[kVA]$

답 50.05[kVA]

② 결선 : V결선

04 ★★★☆☆ [5점]

LS, DS, CB가 그림과 같이 설치되었을 때의 조작 순서를 차례대로 쓰시오.

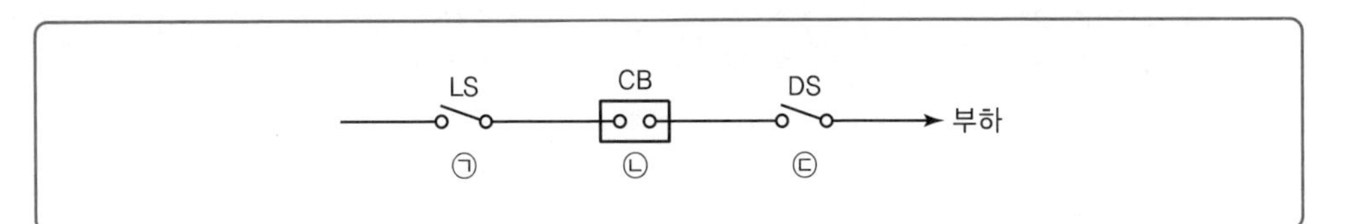

1 전원투입(ON) 시의 조작순서

2 전원차단(OFF) 시의 조작순서

해답 1 ㉢－㉠－㉡

2 ㉡－㉢－㉠

TIP

① 차단과 투입 시 ㉢, ㉠ 중 부하 측이 우선

② 번호를 주는 경우 번호로 답할 것

05 ★★★★☆ [6점]

몰드 변압기의 장점 4가지를 쓰시오.

해답 ① 절연물로 난연성 에폭시 수지를 사용하므로 화재의 우려가 없다.
② 소형 경량이다.
③ 전력손실이 감소한다.
④ 보수 및 점검이 용이하다.
그 외
⑤ 단시간 과부하 내량이 크다.
⑥ 저진동 및 저소음이다.

TIP

➤ 단점
① 가격이 비싸다.
② 충격파 내전압이 낮다.
③ 수치층에 차폐물이 없으므로 운전 중 코일 표면과 접촉하면 위험하다.

06 ★★★☆☆ [10점]

다음의 교류차단기의 약호와 소호원리에 대해 쓰시오.

명칭	약호	소호원리
가스차단기		
공기차단기		
유입차단기		
진공차단기		
자기차단기		
기중차단기		

해답

명칭	약호	소호원리
가스차단기	GCB	SF_6(육불화유황)가스를 흡수해서 차단
공기차단기	ABB	압축공기를 아크에 불어 넣어서 차단
유입차단기	OCB	아크에 의한 절연유를 이용하여 차단
진공차단기	VCB	고진공 속에서 전자의 고속도 확산을 이용하여 차단
자기차단기	MBB	전자력을 이용하여 아크를 소화실에서 냉각차단
기중차단기	ACB	대기 중에서 아크를 소호실에서 냉각차단

07 ★☆☆☆☆ [5점]

다음 그림을 보고 물음에 답하시오.

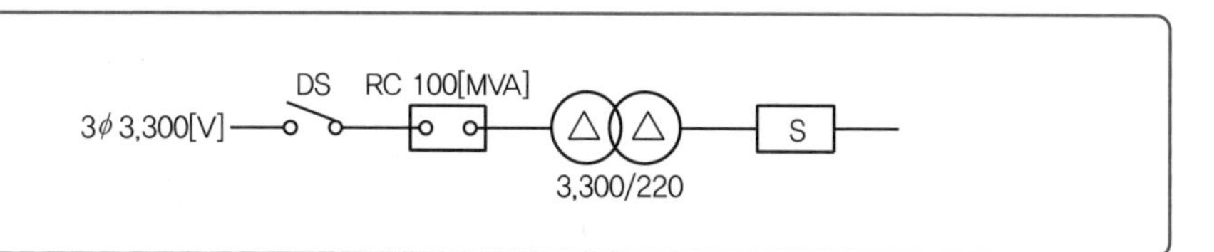

1 RC100[MVA]가 의미하는 것은?

2 [S]의 심벌의 명칭은?

3 단선도로 표시된 변압기 그림을 복선도로 그리시오.

해답 1 차단용량 100[MVA]

2 개폐기

3

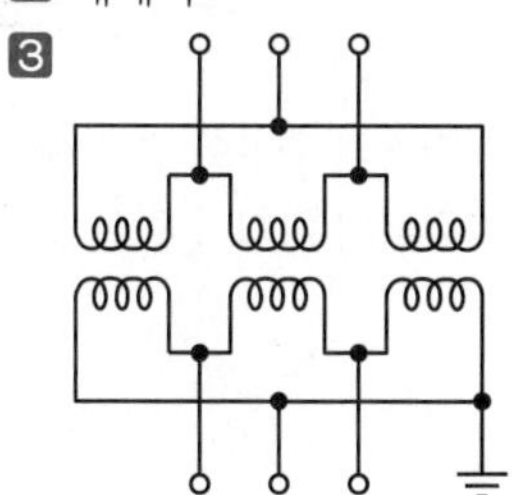

TIP

➤ 차단기 RC(Rupturing Capacity)
파열용량 또는 파괴용량, 즉 차단용량을 말한다.

08 ★★☆☆☆ [5점]

발전기에 대한 다음 각 물음에 답하시오.

1 발전기의 출력이 500[kVA]일 때 발전기용 차단기의 차단 용량을 산정하시오.(단, 변전소 회로 측의 차단 용량은 30[MVA]이며, 발전기 과도 리액턴스는 0.25로 한다.)

2 동기 발전기의 병렬 운전 조건 4가지를 쓰시오.

해답 1 계산 : ① 기준용량 $P_n = 30[MVA]$

• 변전소 측 $\%Z_s$

$$P_s = \frac{100}{\%Z_s} \times P_n \text{에서} \quad \%Z_s = \frac{P_n}{P_s} \times 100 = \frac{30}{30} \times 100 = 100[\%]$$

• 발전기 $\%Z_g$, $\%Z_g = \frac{30,000}{500} \times 25 = 1,500[\%]$

② 차단용량

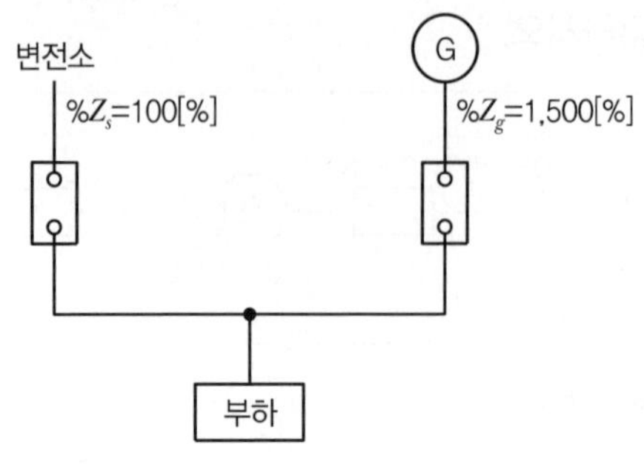

- 변전소의 단락용량 : $P_s = \dfrac{100}{\%Z_s} \times P_n = \dfrac{100}{100} \times 30 = 30[\text{MVA}]$
- 발전기의 단락용량 : $P_s = \dfrac{100}{\%Z_g} \times P_n = \dfrac{100}{1,500} \times 30 = 2[\text{MVA}]$

※ 차단기 용량은 큰 값을 기준으로 선정

답 30[MVA]

2 ① 기전력의 크기가 같을 것 ② 기전력의 위상이 같을 것
③ 기전력의 주파수가 같을 것 ④ 기전력의 파형이 같을 것

09 ★★★★★ [5점]

폭 5[m], 길이 7.5[m], 천장 높이 3.5[m]인 방에 형광등 40[W] 4등을 설치하니 평균 조도가 100[lx]가 되었다. 40[W] 형광등 1등의 전광속이 3,000[lm], 조명률 0.5일 때 감광보상률 D를 구하시오.

해답 계산 : $D = \dfrac{FUN}{EA} = \dfrac{3,000 \times 0.5 \times 4}{100 \times 5 \times 7.5} = 1.6$

답 1.6

10 ★★☆☆☆ [5점]

차단기 트립회로 전원방식의 일종으로서 AC전원을 정류해서 콘덴서에 충전시켜 두었다가 AC전원 정전 시 차단기의 트립전원으로 사용하는 방식을 무엇이라 하는가?

해답 콘덴서 트립방식(CTD 방식)

TIP

➤ 차단기 트립방식
① 직류전원 트립방식(특고압) ② 부족전압 트립방식(특고압)
③ 콘덴서 트립방식(특고압) ④ 과전류 트립방식(고압)

11 ★★★★☆

[5점]

변압기 탭전압 6,150[V], 6,250[V], 6,350[V], 6,450[V], 6,600[V]일 때 변압기 1차 측 사용 탭이 6,600[V]인 경우 2차 전압이 97[V]이었다. 1차 측 탭전압을 6,150[V]로 하면 2차 측 전압은 몇 [V]인가?

해답 계산 : 탭전압과 2차 측 전압은 반비례하므로 $\frac{6,600}{6,150}=\frac{V_2'}{97}$

$$V_2'=V_2\times\frac{\text{현재의 탭전압}}{\text{변경할 탭전압}}=97\times\frac{6,600}{6,150}=104.1[V]$$

답 104.1[V]

12 ★★★★★

[6점]

평면도와 같은 건물에 대한 전기배선을 설계하기 위하여, 전등 및 소형 전기기계기구의 부하용량을 상정하여 분기회로수를 결정하고자 한다. 주어진 평면도와 표준부하를 이용하여 최대부하용량을 상정하고 최소 분기회로수를 결정하시오.(단, 분기회로는 16[A] 분기회로이며 배전전압은 220[V]를 기준으로 하고, 적용 가능한 부하는 최댓값으로 상정할 것)

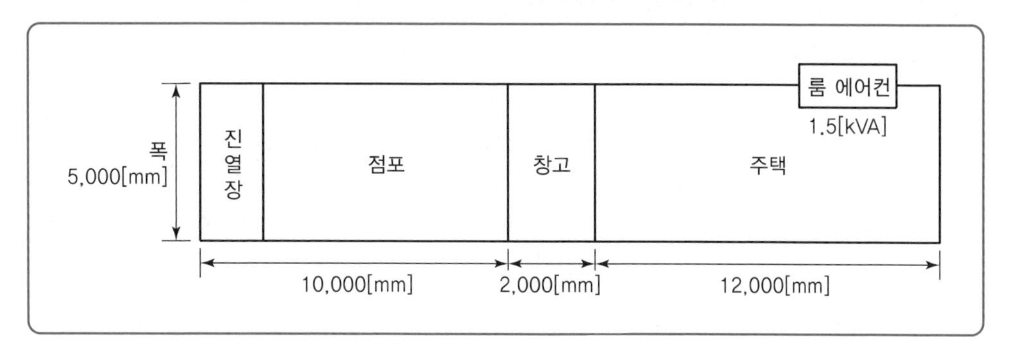

- 설비 부하 용량은 ① 및 ②에 표시하는 건물의 종류 및 그 부분에 해당하는 표준 부하에 바닥면적을 곱한 값과 ③에 표시하는 건물 등에 대응하는 표준부하[VA]를 합한 값으로 할 것

  ① 건물의 종류에 대응한 표준부하 ※ KEC 규정에 따라 변경된 표

건축물의 종류	표준부하[VA/m²]
공장, 공회당, 사원, 교회, 극장, 영화관, 연회장 등	10
기숙사, 여관, 호텔, 병원, 학교, 음식점, 다방, 대중목욕탕, 학교	20
사무실, 은행, 상점, 이발소, 미장원	30
주택, 아파트	40

[비고] 1. 건물이 음식점과 주택 부분의 2종류로 될 때에는 각각 그에 따른 표준부하를 사용할 것

2. 학교와 같이 건물의 일부분이 사용되는 경우에는 그 부분만을 적용한다.

② 건물(주택, 아파트를 제외) 중 별도 계산할 부분의 부분적인 표준부하

건축물의 부분	표준부하[VA/m²]
복도, 계단, 세면장, 창고, 다락	5
강당, 관람석	10

③ 표준부하에 따라 산출한 수치에 가산하여야 할 [VA] 수

- 주택, 아파트(1세대마다)에 대하여는 1,000~500[VA]
- 상점의 진열장에 대하여는 진열장의 폭 1[m]에 대하여 300[VA]
- 옥외의 광고등, 전광사인, 네온사인 등의 [VA] 수
- 극장, 댄스홀 등의 무대조명, 영화관 등의 특수 전등부하의 [VA] 수

④ 예상이 곤란한 콘센트, 틀어 끼우는 접속기, 소켓 등이 있을 경우에라도 이를 상정하지 않는다.

해답 ① 건물의 종류에 대응한 부하용량

- 점포 : $10 \times 5 \times 30 = 1,500$[VA]
- 주택 : $12 \times 5 \times 40 = 2,400$[VA]

② 건물 중 별도 계산할 부분의 부하용량

- 창고 : $2 \times 5 \times 5 = 50$[VA]

③ 표준부하에 따라 산출한 수치에 가산하여야 할 [VA] 수

- 주택 1세대 : 1,000[VA](적용 가능한 최대부하로 상정함)
- 진열장 : $5 \times 300 = 1,500$[VA]
- 룸 에어컨 : 1,500[VA]

∴ 최대 부하용량 $P = 1,500 + 2,400 + 50 + 1,000 + 1,500 + 1,500 = 7,950$[VA]

16[A] 분기회로수 $N = \dfrac{7,950}{16 \times 220} = 2.26$

답 최대 부하용량 7,950[VA], 분기회로수 : 16[A] 3분기 회로

TIP

➤ 분기회로수

220[V]에서 정격소비전력 3[kW](110[V]때 1.5[kW]) 이상인 냉방기기, 취사용 기기는 전용분기회로로 하여야 한다. 그러나 룸 에어컨은 1.5[kVA]이므로 단독 분기회로로 할 필요가 없다.

➤ 표준부하

주택, 아파트는 30[VA/m²] 또는 40[VA/m²]일 수 있다.

13 ★★★★☆ [5점]

다음과 같은 래더 다이어그램을 보고 PLC 프로그램을 완성하시오.(단, 타이머 설정시간 t는 0.1초 단위임)

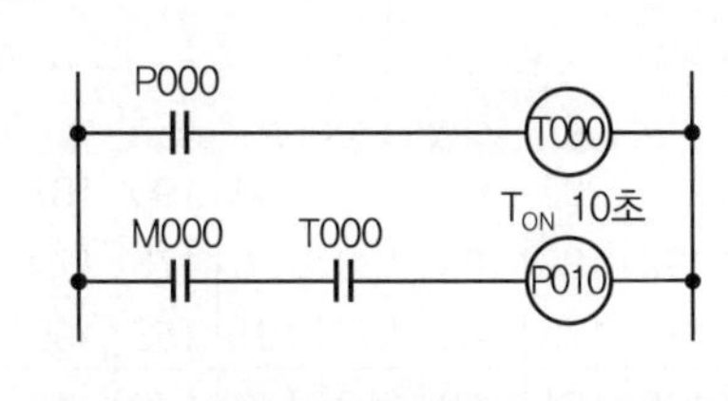

명령어	번지
LOAD	P000
TMR	(①)
DATA	(②)
(③)	M000
AND	(④)
(⑤)	P010

해답 ① T000
② 100
③ LOAD
④ T000
⑤ OUT

14 ★★★★☆ [5점]

정격출력 300[kVA], 역률 80[%]인 전동기 회로에 역률 개선용 콘덴서를 설치하여 역률 90[%]로 개선하기 위하여 다음 표를 이용하여 콘덴서 용량을 구하시오.

		개선 후의 역률														
		1.0	0.99	0.98	0.97	0.96	0.95	0.94	0.93	0.92	0.91	0.9	0.875	0.85	0.825	0.8
개선 전의 역률	0.4	230	216	210	205	201	197	194	190	187	184	182	175	168	161	155
	0.425	213	198	192	188	184	180	176	173	170	167	164	157	151	144	138
	0.45	198	183	177	173	168	165	161	158	155	152	149	143	136	129	123
	0.475	185	171	165	161	156	153	149	146	143	140	137	130	123	116	110
	0.5	173	159	153	148	144	140	137	134	130	128	125	118	111	104	93
	0.525	162	148	142	137	133	129	126	122	119	117	114	107	100	93	87
	0.55	152	138	132	127	123	119	116	112	109	106	104	97	90	83	77
	0.575	142	128	122	117	114	110	106	103	99	96	94	87	80	73	67
	0.6	133	119	113	108	104	101	97	94	91	88	85	78	71	65	58
	0.625	125	111	105	100	96	92	89	85	82	79	77	70	63	56	50
	0.65	116	103	97	92	88	84	81	77	74	71	69	62	55	48	42
	0.675	109	95	89	84	80	76	73	70	66	64	61	54	47	40	34
	0.7	102	88	81	77	73	69	66	62	59	56	54	46	40	33	27
	0.725	95	81	75	70	66	62	59	55	52	49	46	39	33	26	20
	0.75	88	74	67	63	58	55	52	49	45	43	40	33	26	19	13
	0.775	81	67	61	57	52	49	45	42	39	36	33	26	19	12	6.5
	0.8	75	61	54	50	46	42	39	35	32	29	27	19	13	6	
	0.825	69	54	48	44	40	36	32	29	26	23	21	14	7		
	0.85	62	48	42	37	33	29	26	22	19	16	14	7			
	0.875	55	41	35	30	26	23	19	16	13	10	7				
	0.9	48	34	28	23	19	16	12	9	6	2.8					

해답 계산 : 표에서 개선 전의 역률 0.8과 개선 후의 역률 0.9가 교차하는 곳의 K는 0.27이므로

∴ 콘덴서 용량 $Q_C = [\text{kW}] \times k = [\text{kVA}] \times$ 개선 전 역률 $\times k$

$= 300 \times 0.8 \times 0.27$

$= 64.8[\text{kVA}]$

답 64.8[kVA]

15 ★★★★☆ [5점]

그림의 회로는 먼저 ON 조작된 측의 램프가 점등하는 병렬 우선 회로(PB_1 ON 시 L_1이 점등된 상태에서 L_2가 점등되지 않고, PB_2 ON 시 L_2가 점등된 상태에서 L_1이 점등되지 않는 회로)로 변경하여 그리시오.(단, 계전기 R_1, R_2의 보조접점을 사용하되 최소수를 사용하여 그리도록 한다.)

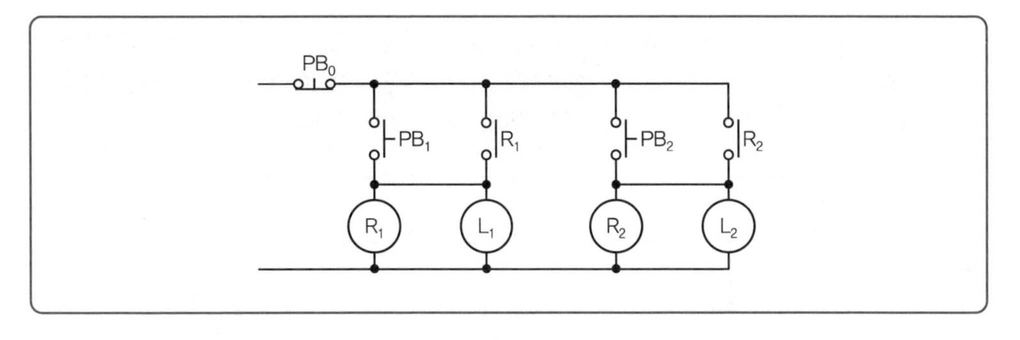

해답

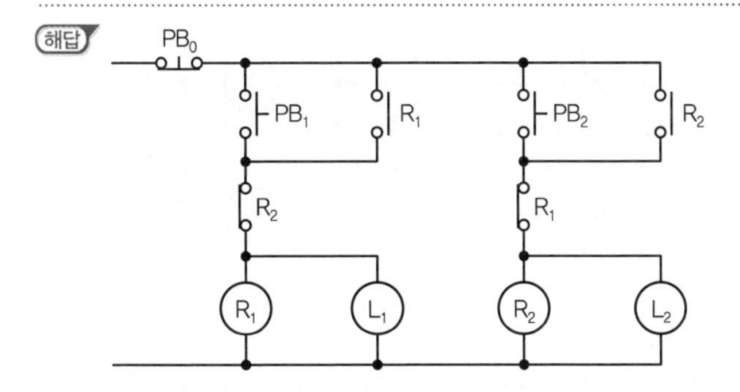

TIP

R_1, R_2의 b접점으로 각각 상대쪽의 동작을 금지하는 인터록(interlock) 회로이다.

16 ★★★★★ [12점]

어느 회사에서 한 부지 A, B, C에 세 공장을 세워 3대의 급수 펌프 P_1(소형), P_2(중형), P_3(대형)으로 다음 계획에 따라 급수 계획을 세웠다. 계획 내용을 잘 살펴보고 다음 물음에 답하시오.

> **계획**
> ① 모든 공장 A, B, C가 휴무일 때 또는 그중 한 공장만 가동할 때에는 펌프 P_1만 가동시킨다.
> ② 모든 공장 A, B, C 중 어느 것이나 두 개의 공장만 가동할 때에는 P_2만 가동시킨다.
> ③ 모든 공장 A, B, C가 모두 가동할 때에는 P_3만 가동시킨다.

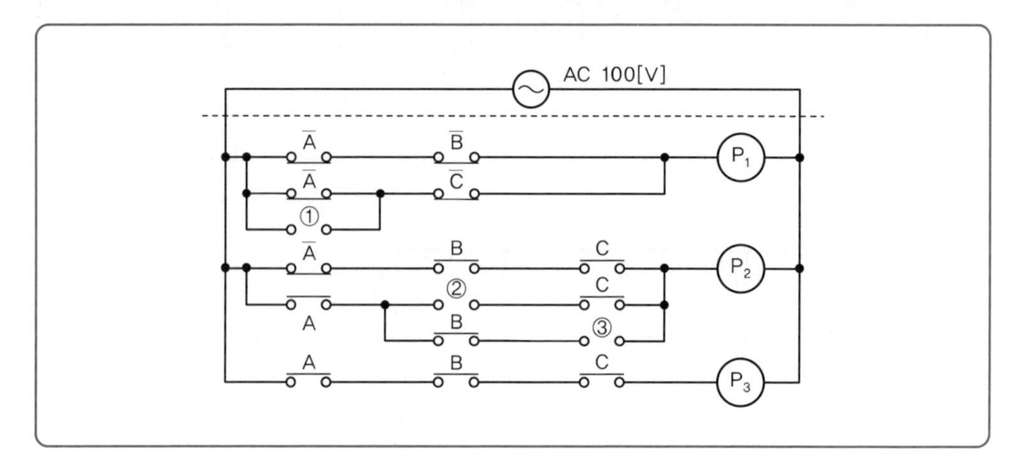

1 조건과 같은 진리표를 작성하시오.

2 ①~③번의 접점 기호를 그리고 알맞은 약호를 쓰시오.

3 P_1~P_3의 출력식을 각각 쓰시오.

※ 접점 심벌을 표시할 때는 A, B, C, $\overline{A}$, $\overline{B}$, $\overline{C}$ 등 문자 표시도 할 것

해답 **1**

A	B	C	P_1	P_2	P_3
0	0	0	1	0	0
0	0	1	1	0	0
0	1	0	1	0	0
0	1	1	0	1	0
1	0	0	1	0	0
1	0	1	0	1	0
1	1	0	0	1	0
1	1	1	0	0	1

2 ① $\overline{B}$ (b접점) ② $\overline{B}$ (b접점) ③ $\overline{C}$ (b접점)

3 $P_1 = \overline{A} \cdot \overline{B} \cdot \overline{C} + \overline{A} \cdot \overline{B} \cdot C + \overline{A} \cdot B \cdot \overline{C} + A \cdot \overline{B} \cdot \overline{C}$

$= \overline{A} \cdot \overline{B} + \overline{A} \cdot \overline{C} + \overline{B} \cdot \overline{C}$

$P_2 = \overline{A} \cdot B \cdot C + A \cdot \overline{B} \cdot C + A \cdot B \cdot \overline{C}$

$P_3 = A \cdot B \cdot C$

2002
2003
2004
2005
2006
2007
2008
2009
2010
2011

memo

INDUSTRIAL ENGINEER ELECTRICITY

2011년 과년도 문제풀이

2011년도 1회 시험 과년도 기출문제

회독 체크	□1회독	월 일	□2회독	월 일	□3회독	월 일

01 ★★★★☆ [10점]

그림은 최대 사용 전압 6,900[V]인 변압기의 절연 내력 시험을 위한 시험 회로도이다. 그림을 보고 다음 각 물음에 답하시오.

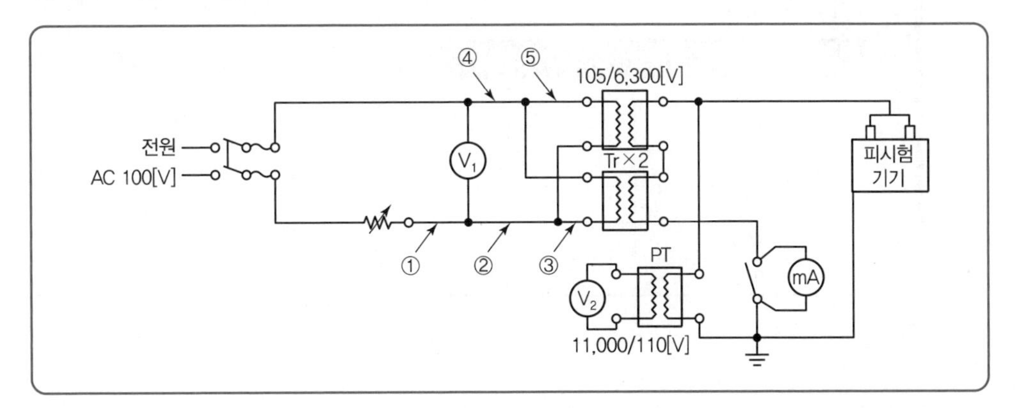

1. 전원 측 회로에 전류계 Ⓐ를 설치하고자 할 때 ①~⑤번 중 어느 곳이 적당한가?
2. 시험 시 전압계 V_1로 측정되는 전압은 몇 [V]인가?(단, 소수점 이하는 반올림할 것)
3. 시험 시 전압계 V_2로 측정되는 전압은 몇 [V]인가?
4. PT의 설치 목적은 무엇인가?
5. 전류계[mA]의 설치 목적은 어떤 전류를 측정하기 위함인가?

해답

1. ①
2. 계산 : 절연 내력 시험 전압 : $V = 6{,}900 \times 1.5 = 10{,}350[V]$

   전압계 : $V_1 = 10{,}350 \times \frac{1}{2} \times \frac{105}{6{,}300} = 86.25[V]$ 답 86[V]
3. 계산 : $V_2 = 6{,}900 \times 1.5 \times \frac{110}{11{,}000} = 103.5[V]$ 답 103.5[V]
4. 피시험기기의 절연 내력 시험 전압 측정
5. 누설 전류의 측정

TIP

① V_1 전압계 지시값은 2차 전압 10,350(V)는 변압기 2대 값이고, 1차 전압은 변압기가 병렬(전압이 일정)이므로 1대 값이 된다. 즉, 10,350(V)$\times\frac{1}{2}$가 된다.

② 7,000(V) 이하의 절연내력시험 전압 : 전압×1.5배

02 ★★★☆☆

[5점]

차단기 명판에 BIL 150[kV], 정격차단전류 20[kA], 공칭전압 22[kV]일 때 이 차단기의 정격용량[MVA]을 구하시오.

해답 계산 : $P_s = \sqrt{3} V_n I_s = \sqrt{3} \times 24 \times 20 = 831.38$[MVA]

답 831.38[MVA]

TIP

① 정격차단용량= $\sqrt{3}$×정격전압×정격차단전류×10^{-6}[MVA]

② 차단기 정격전압

공칭전압[kV]	정격전압[kV]
6.6	7.2
22	24
22.9	25.8
154	170
345	362
765	800

03 ★★★☆☆

[4점]

발전기를 병렬 운전하려고 한다. 병렬 운전이 가능한 조건 4가지를 쓰시오.

해답 ① 기전력의 크기가 같을 것

② 기전력의 위상이 같을 것

③ 기전력의 파형이 같을 것

④ 기전력의 주파수가 같을 것

04 ★★★☆☆

[5점]

절연저항 측정에 관한 다음 물음에 답하시오. ※ KEC 규정에 따라 변경

다음 표의 전로의 사용 전압의 구분에 따른 절연 저항값은 몇 [MΩ] 이상이어야 하는지 그 값을 표에 써 넣으시오.

전로의 사용전압[V]	절연저항[MΩ]	DC 시험전압[V]
SELV 및 PELV		
FELV, 500[V] 이하		
500[V] 초과		

해답

전로의 사용전압[V]	절연저항[MΩ]	DC 시험전압[V]
SELV 및 PELV	0.5	250
FELV, 500[V] 이하	1.0	500
500[V] 초과	1.0	1,000

TIP

➤ 저압전로의 절연성능

SPD 또는 기타 기기 등은 측정 전에 분리시켜야 하고, 부득이하게 분리가 어려운 경우에는 시험전압을 250[V] DC로 낮추어 측정한다.

전로의 사용전압[V]	DC 시험전압[V]	절연저항[MΩ]
SELV 및 PELV	250	0.5
FELV, 500[V] 이하	500	1.0
500[V] 초과	1,000	1.0

[주] 특별저압(Extra Low Voltage : 2차 전압이 AC 50[V], DC 120[V] 이하)으로 SELV(비접지회로 구성) 및 PELV(접지회로 구성)은 1차와 2차가 전기적으로 절연된 회로, FELV는 1차와 2차가 전기적으로 절연되지 않은 회로

05 ★★★★☆ [5점]

변류비가 $\frac{30}{5}$인 CT 2개를 그림과 같이 접속할 때 전류계에 4[A]가 흐른다면 CT 1차 측에 흐르는 전류는 몇 [A]인가?

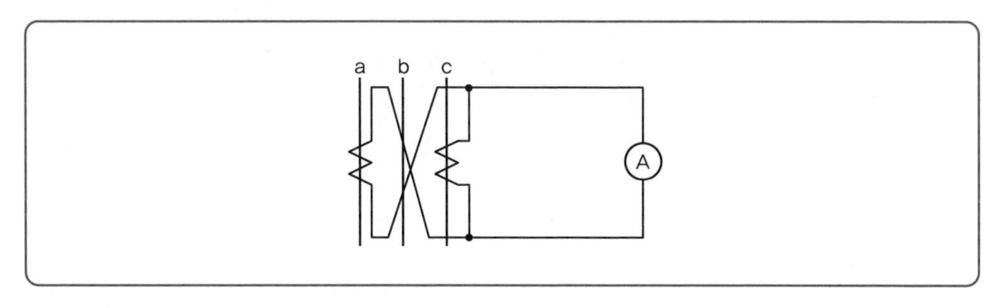

해답 $I_1 = Ⓐ \times \frac{1}{\sqrt{3}} \times$ 변류비

계산 : $4 \times \frac{1}{\sqrt{3}} \times \frac{30}{5} = 13.86$

답 13.86[A]

TIP

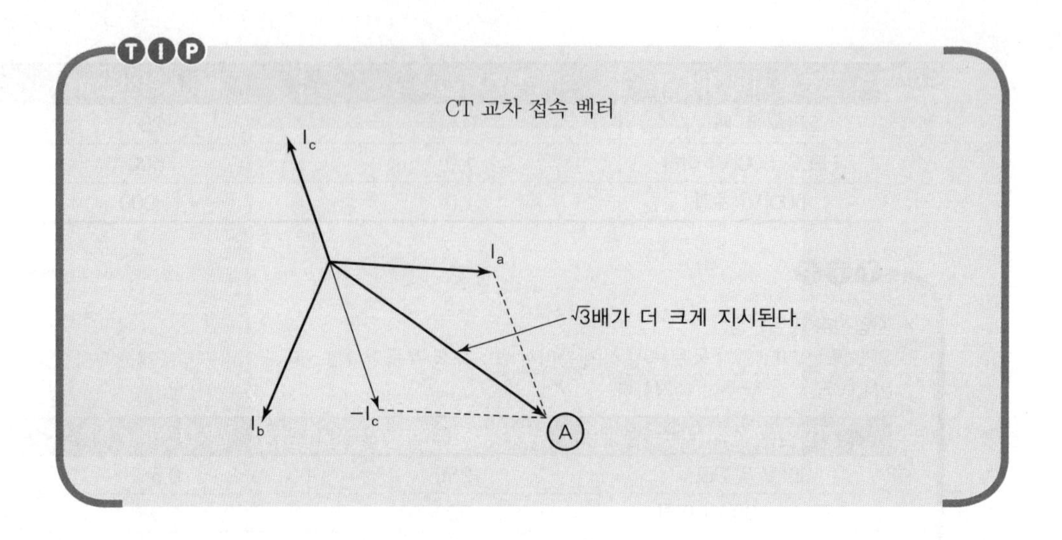

06 ★★★★☆ [6점]

그림과 같은 단상 3선식 선로에서 설비불평형률은 몇 [%]인가?

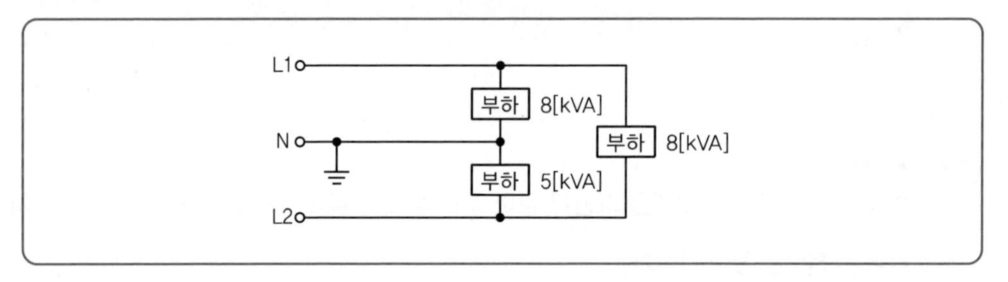

해답 계산 : 설비불평형률$= \dfrac{8-5}{(8+5+8)\times\dfrac{1}{2}}\times 100 = 28.57[\%]$

답 28.57[%]

TIP

➤ 단상 3선식에서 설비불평형률

① 설비불평형률$= \dfrac{\text{중성선과 각 전압 측 전선 간에 접속된 부하 설비용량의 차}}{\text{총 부하 설비용량의 } 1/2}\times 100[\%]$

② 40[%]를 초과할 수 없다.

2002 2003 2004 2005 2006 2007 2008 2009 2010 2011

07 ★★★★☆ [5점]

부하 전력이 480[kW], 역률 80[%]인 부하에 전력용 콘덴서 220[kVA]를 설치하면 역률은 몇 [%]가 되는가?

해답 계산 : 무효전력 $Q = 480 \times \frac{0.6}{0.8} = 360$[kVar]

콘덴서 설치 후 역률 $\cos\theta = \frac{480}{\sqrt{480^2 + (360-220)^2}} \times 100 = 96$[%]

답 96[%]

TIP

① 무효전력 $Q = P\tan\theta = P \cdot \frac{\sin\theta}{\cos\theta}$

② 콘덴서 설치 후 역률$= \frac{\text{유효전력}}{\sqrt{\text{유효전력}^2 + (\text{무효전력} - \text{콘덴서 용량})^2}}$

08 ★★★☆☆ [7점]

다음 전기 설비에서 사용하는 그림 기호의 명칭을 쓰시오. ※ KEC 규정에 따라 변경

1 LD
2 (☒)
3 ●R
4 EX
5 (◪)
6 MDF
7 (—)

해답
1 라이팅 덕트
2 풀박스 및 접속 상자
3 리모컨 스위치
4 폭발방지형 콘센트
5 분전반
6 본 배선반
7 단자반

09 ★☆☆☆☆ [5점]

다음 보기의 부하에 대한 간선의 허용 전류를 결정하시오. ※ KEC 규정에 따라 변경

- 전동기 : 40[A] 이하 1대, 20[A] 1대
- 히터 : 20[A]

수용률이 60[%]일 때 전류는 최소 몇 [A]인가?

해답 계산 : $I_B = (40+20+20) \times 0.6 = 48[A]$

$I_B \le I_n \le I_Z$의 조건을 만족하는 간선의 허용전류 $I_Z \ge 48$

답 48[A]

TIP

➤ 도체와 과부하 보호장치 사이의 협조(KEC 212.4.1)

과부하에 대해 케이블(전선)을 보호하는 장치의 동작특성은 다음의 조건을 충족해야 한다.

$I_B \le I_n \le I_Z$ $I_2 \le 1.45 \times I_Z$

여기서, I_B : 회로의 설계전류(선도체를 흐르는 설계전류 또는 함유율이 높은 영상분 고조파, 특히 제3고조파가 지속적으로 흐르는 경우 중성선에 흐르는 전류이다.)

I_Z : 케이블의 허용전류

I_n : 보호장치의 정격전류(사용현장에 적합하게 조정된 전류의 설정 값)

I_2 : 보호장치가 규약시간 이내에 유효하게 동작하는 것을 보장하는 전류

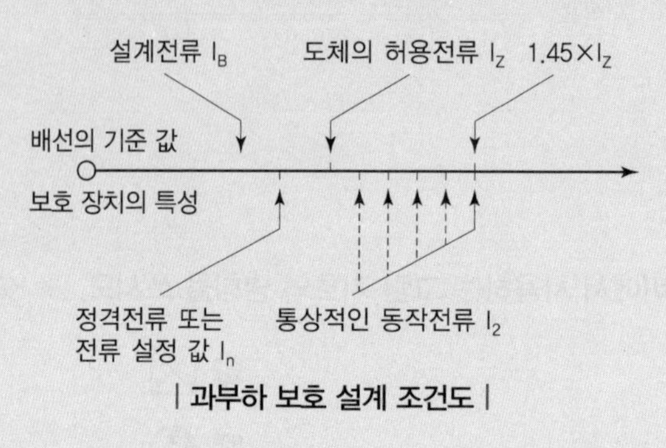

| 과부하 보호 설계 조건도 |

10 ★★★☆☆ [6점]

그림과 같은 부하곡선을 보고 다음 각 물음에 답하시오.

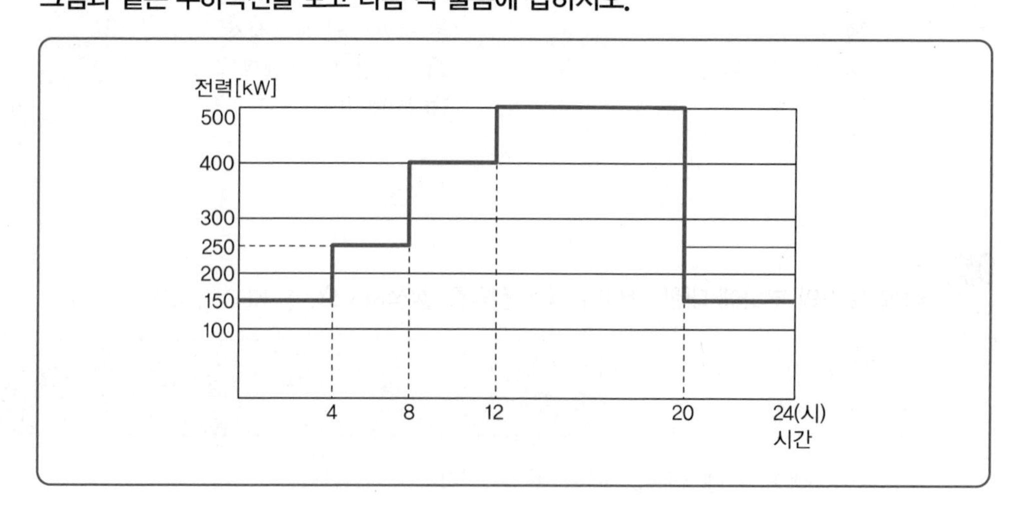

1 첨두부하는 몇 [kW]인가?
2 첨두부하가 지속되는 시간은 몇 시부터 몇 시까지인가?
3 일 공급전력량은 몇 [kWh]인가?
4 일부하율은 몇 [%]인가?

해답 1 500[kW] (첨두부하=최대전력)
2 12~20시
3 계산 : 전력량=전력×시간=150×8+250×4+400×4+500×8=7,800[kWh]
답 7,800[kWh]
4 계산 : 일부하율$=\dfrac{\text{전력량}/24}{\text{최대전력}}\times 100=\dfrac{7,800}{500\times 24}\times 100=65[\%]$
답 65[%]

TIP
① 부하율$=\dfrac{\text{평균 전력}}{\text{최대 전력}}\times 100=\dfrac{\text{전력량[kWh]}/\text{시간}}{\text{최대 전력}}$
② 전력량=사용 전력량[kWh]

11 ★★★★★ [6점]

송전단 전압 66[kV], 수전단 전압 61[kV]인 송전 선로에서 수전단의 부하를 끊은 경우의 수전단 전압이 63[kV]라 할 때 다음 각 물음에 답하시오.

1 전압 강하율을 구하시오.
2 전압 변동률을 구하시오.

해답 1 계산 : 전압 강하율 : $\delta=\dfrac{V_s-V_r}{V_r}\times 100=\dfrac{66-61}{61}\times 100=8.2[\%]$
답 8.2[%]
2 계산 : 전압 변동률 : $\varepsilon=\dfrac{V_{r0}-V_r}{V_r}\times 100=\dfrac{63-61}{61}\times 100=3.28[\%]$
답 3.28[%]

TIP
① 전압 강하율$=\dfrac{\text{송전단 전압}-\text{수전단 전압}}{\text{수전단 전압}}\times 100[\%]$
② 전압 변동률$=\dfrac{\text{무부하 상태에서의 수전단 전압}-\text{수전단 전압}}{\text{수전단 전압}}\times 100[\%]$

12 ★★★☆☆ [8점]

그림과 같은 사무실에 조명 시설을 하려고 한다. 다음 주어진 조건을 이용하여 다음 각 물음에 답하시오.

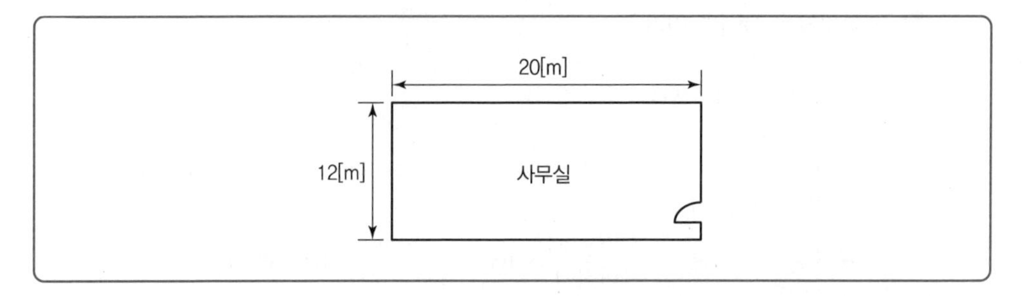

[조건]

- 천장고 : 3[m]
- 조명률 : 0.45
- 보수율 : 0.75
- 조명 기구 : FL 40[W]×2등용(이것을 1기구로 하고 이것의 광속은 5,000[lm])
- 분기 Breaker : 50 AF/30 AT

1. 조도 기준을 500[lx]로 할 때 설치해야 할 기구 수는?(단, 배치를 고려하여 산정할 것)
2. 분기 Breaker의 50 AF/30 AT에서 AF와 AT의 의미는 무엇인가?

해답 1 계산 : $N = \frac{EAD}{FU} = \frac{500 \times 12 \times 20 \times \frac{1}{0.75}}{5,000 \times 0.45} = 71.11$[등]

답 72[등]

2 AF : 차단기 프레임 전류, AT : 차단기 정격 전류

TIP

FUN = EAD

여기서, F : 광속[lm], N : 광원의 개수[등], E : 평균 조도[lx]

A : 방의 면적[m²], D : 감광보상률$\left(= \frac{1}{M}\right)$, M : 유지율(보수율), U : 조명률[%]

13 ★★★★☆ [5점]

어느 건물의 수용가가 자가용 디젤 발전기 설비를 설계하려고 한다. 발전기 용량을 산출하기 위하여 필요한 부하의 종류와 여러 가지 특성이 다음의 부하 및 특성표와 같을 때 전부하를 운전하는 데 필요한 수치값들을 주어진 표를 활용하여 수치표의 빈칸에 기록하면서 발전기의 용량[kVA]을 산정하시오.(단, 전동기 기동 시에 필요한 용량은 무시하고, 수용률의 적용은 최대 입력 전동기 한 대에 대하여 100[%], 기타의 전동기는 80[%]로 한다. 또한 전등 및 기타의 효율 및 역률은 100[%]로 한다.)

| 부하 및 특성표 |

부하의 종류	출력[kW]	극수[극]	대수[대]	적용 부하	기동 방법
전동기	30	8	1	소화전 펌프	리액터 기동
	11	6	3	배풍기	Y-△기동
전등 및 기타	60			비상조명	

| 표 1. 전동기 |

정격 출력 [kW]	극수	동기 속도 [rpm]	전부하 특성: 효율 η [%]	전부하 특성: 역률 pf [%]	기동전류 I_{st} 각 상의 평균값 [A]	비고: 무부하전류 I_0 각 상의 전류값 [A]	비고: 전부하전류 I 각 상의 평균값 [A]	비고: 전부하 슬립 S[%]
5.5	4	1,800	82.5 이상	79.5 이상	150 이하	12	23	5.5
7.5			83.5 이상	80.5 이상	190 이하	15	31	5.5
11			84.5 이상	81.5 이상	280 이하	22	44	5.5
15			85.5 이상	82.0 이상	370 이하	28	59	5.0
(19)			86.0 이상	82.5 이상	455 이하	33	74	5.0
22			86.5 이상	83.0 이상	540 이하	38	84	5.0
30			87.0 이상	83.5 이상	710 이하	49	113	5.0
37			87.5 이상	84.0 이상	875 이하	59	138	5.0
5.5	6	1,200	82.0 이상	74.5 이상	150 이하	15	25	5.5
7.5			83.0 이상	75.5 이상	185 이하	19	33	5.5
11			84.0 이상	77.0 이상	290 이하	25	47	5.5
15			85.0 이상	78.0 이상	380 이하	32	62	5.5
(19)			85.5 이상	78.5 이상	470 이하	37	78	5.0
22			86.0 이상	79.0 이상	555 이하	43	89	5.0
30			86.5 이상	80.0 이상	730 이하	54	119	5.0
37			87.0 이상	80.0 이상	900 이하	65	145	5.0
5.5	8	900	81.0 이상	72.0 이상	160 이하	16	26	6.0
7.5			82.0 이상	74.0 이상	210 이하	20	34	5.5
11			83.5 이상	75.5 이상	300 이하	26	48	5.5
15			84.0 이상	76.5 이상	405 이하	33	64	5.5
(19)			85.0 이상	77.0 이상	485 이하	39	80	5.5
22			85.5 이상	77.5 이상	575 이하	47	91	5.0
30			86.0 이상	78.5 이상	760 이하	56	121	5.0
37			87.5 이상	79.0 이상	940 이하	68	148	5.0

| 표 2. 자가용 디젤 발전기의 표준 출력 |

50	100	150	200	300	400

| 수치값 표 |

부하	출력 [kW]	효율 [%]	역률 [%]	입력 [kVA]	수용률 [%]	수용률 적용값 [kVA]
전동기	30×1					
전동기	11×3					
전등 및 기타	60					
계						
필요한 발전기 용량[kVA]						

※ 수치표의 빈칸을 채울 때, 계산이 필요한 것은 계산식을 반드시 기록하고 그 결과값을 표시하도록 한다.

해답 입력환산[kVA]$=\dfrac{\text{설비용량[kW]}}{\text{역률}\times\text{효율}}$[kVA]

부하	출력 [kW]	효율 [%]	역률 [%]	입력 [kVA]	수용률 [%]	수용률 적용값 [kVA]
전동기	30×1	86	78.5	$\dfrac{30}{0.86\times0.785}=44.44$	100	44.44
전동기	11×3	84	77	$\dfrac{11\times3}{0.84\times0.77}=51.02$	80	40.82
전등 및 기타	60	100	100	60	100	60
계						145.26
필요한 발전기 용량[kVA]						150

14 ★★★☆☆ [5점]

접지저항 저감법 4가지와 화학저감재의 구비조건 4가지를 쓰시오.

해답 접지저항 저감법

① 병렬 접속한다.
② 메쉬공법을 하는 경우 포설망을 크게, 접지 간격을 작게 한다.
③ 접지극을 깊게 매설한다.
④ 접지극의 치수를 크게 한다.
그 외
⑤ 화학저감재를 이용한다.

저감재 구비조건

① 저감효과가 클 것
② 접지극을 부식시키지 말 것
③ 지속성이 있을 것
④ 공해가 없을 것
그 외
⑤ 공법이 용이할 것

15 ★★★★★ [6점]

그림과 같은 무접점의 논리회로도를 보고 다음 각 물음에 답하시오.

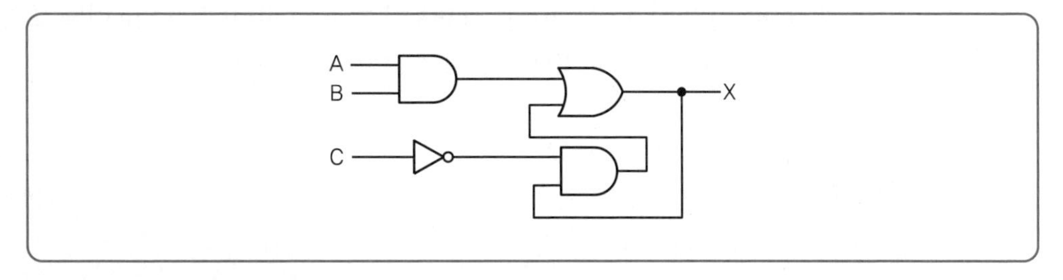

1. 출력식을 나타내시오.
2. 주어진 무접점 논리회로를 유접점 논리회로로 바꾸어 그리시오.
3. 주어진 타임차트를 완성하시오.

A
B
C
X

해답 1 $X = AB + \overline{C}X$

2

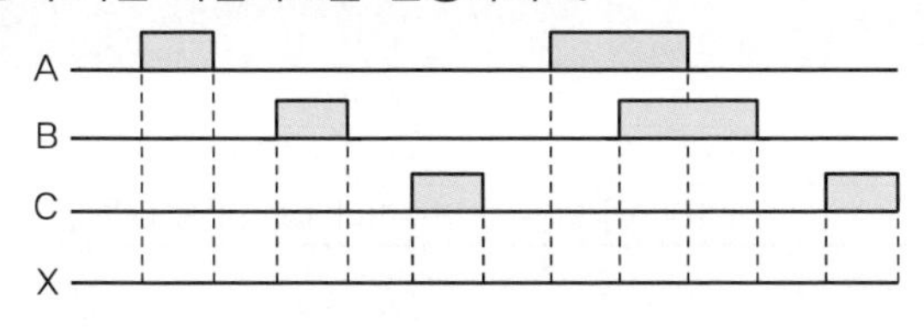

3

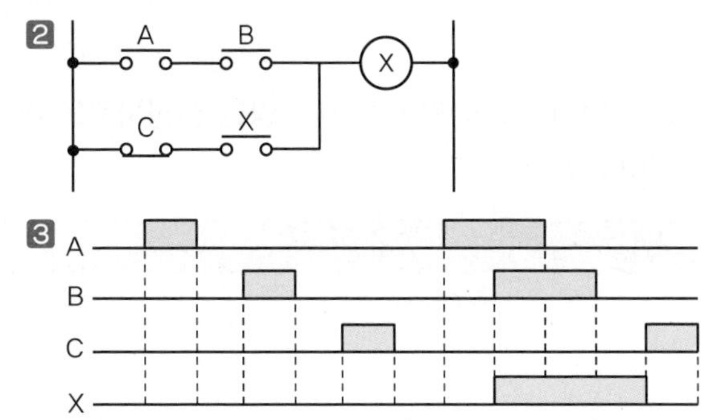

2002
2003
2004
2005
2006
2007
2008
2009
2010
2011

16 ★★☆☆☆

[3점]

울타리의 높이와 울타리로부터 충전 부분까지의 거리의 합계는 35[kV] 이하는 (①)[m], 35[kV] 초과 160[kV] 이하는 (②)[m], 160[kV] 초과 시 6[m]에 160[kV]를 초과하는 (③)[kV] 또는 그 단수마다 (④)[cm]를 더한 값 이상으로 한다.

해답 ① 5 ② 6 ③ 10 ④ 12

TIP

➤ 특고압용 기계기구의 시설(KEC)

1. 기계기구 주위의 규정에 준하여 울타리 · 담 등을 시설하는 경우
   - 울타리 · 담 등의 높이 : 2[m] 이상
   - 지표면과 울타리 · 담 등의 하단 사이의 간격 : 0.15[m] 이하
2.

사용 전압의 구분	울타리 · 담 등의 높이와 울타리 · 담 등으로부터 충전 부분까지의 거리의 합계
35[kV] 이하	5[m]
35[kV] 초과 160[kV] 이하	6[m]
160[kV] 초과	10[kV] 또는 그 단수마다 12[cm]를 더한 값

17 ★★★★★

[3점]

다음 표와 같은 부하설비가 있다. 여기에 공급할 변압기 용량을 선정하시오.(단, 부등률은 1.2, 부하의 종합역률은 80[%]이다.)

수용가	설비용량[kW]	수용률[%]
A	60	60
B	40	50
C	20	70
D	30	65

해답 계산 : $\text{변압기 용량} = \dfrac{\text{설비 용량} \times \text{수용률}}{\text{부등률} \times \text{역률}}$

$$= \frac{60 \times 0.6 + 40 \times 0.5 + 20 \times 0.7 + 30 \times 0.65}{1.2 \times 0.8} = 93.23[\text{kVA}]$$

답 100[kVA]

TIP

$$\text{변압기 용량} = \frac{\text{합성 최대전력[kW]}}{\cos\theta} = \frac{\text{설비용량} \times \text{수용률}}{\text{부등률} \times \cos\theta}$$

18 ★★★☆☆ [6점]

전원 측 전압이 380[V]인 3상 3선식 옥내 배선이 있다. 그림과 같이 250[m] 떨어진 곳에서부터 10[m] 간격으로 용량 5[kVA]의 3상 동력을 5대 설치하려고 한다. 부하 말단까지의 전압 강하를 5[%] 이하로 유지하려면 동력선의 굵기를 얼마로 선정하면 좋은지 표에서 산정하시오.(단, 전선으로는 도전율이 97[%]인 비닐 절연 동선을 사용하여 금속관 내에 설치하여 부하 말단까지 동일한 굵기의 전선을 사용한다.)

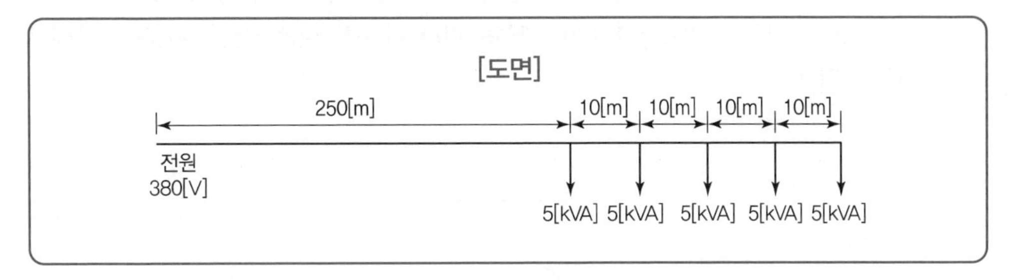

| 전선의 굵기 및 허용 전류 |

전선의 굵기[mm²]	10	16	25	35	50
전선의 허용 전류[A]	43	62	82	97	133

해답 부하의 중심 거리 $L = \dfrac{I_1 l_1 + I_2 l_2 + I_3 l_3 + I_4 l_4}{I_1 + I_2 + I_3 + I_4}$

$$= \frac{5\times250+5\times260+5\times270+5\times280+5\times290}{5+5+5+5+5} = 270[\text{m}]$$

전부하 전류 $I = \dfrac{P}{\sqrt{3}\,V} = \dfrac{5\times10^3\times5}{\sqrt{3}\times380} \fallingdotseq 38[\text{A}]$

전압 강하 $e = 380\times0.05 = 19[\text{V}]$

$A = \dfrac{30.8LI}{1{,}000e} = \dfrac{30.8\times270\times38}{1{,}000\times19} = 16.63[\text{mm}^2]$

답 25[mm²]

TIP

부하의 중심거리 $L = \dfrac{\Sigma I_i L_i}{\Sigma I_i}[\text{m}]$, $I_i = \dfrac{P_a}{\sqrt{3}\,V} = \dfrac{5\times10^3}{\sqrt{3}\times380}[\text{A}]$이므로

$$L = \frac{\frac{5\times10^3}{\sqrt{3}\times380}\times250+\frac{5\times10^3}{\sqrt{3}\times380}\times260+\frac{5\times10^3}{\sqrt{3}\times380}\times270+\frac{5\times10^3}{\sqrt{3}\times380}\times280+\frac{5\times10^3}{\sqrt{3}\times380}\times290}{\frac{5\times10^3}{\sqrt{3}\times380}+\frac{5\times10^3}{\sqrt{3}\times380}+\frac{5\times10^3}{\sqrt{3}\times380}+\frac{5\times10^3}{\sqrt{3}\times380}+\frac{5\times10^3}{\sqrt{3}\times380}}$$

$$= \frac{(5\times250+5\times260+5\times270+5\times280+5\times290)\times\frac{10^3}{\sqrt{3}\times380}}{(5+5+5+5+5)\times\frac{10^3}{\sqrt{3}\times380}}$$

$$= \frac{(5\times250+5\times260+5\times270+5\times280+5\times290)}{(5+5+5+5+5)} = 270[\text{m}]$$

전기산업기사

2011년도 2회 시험

과년도 기출문제

회독 체크	□1회독	월 일	□2회독	월 일	□3회독	월 일

01 ★★★★★ [5점]

그림과 같은 교류 100[V] 단상 2선식 분기 회로의 전선 굵기를 결정하되 표준 규격으로 결정하시오. (단, 전압강하는 2[V] 이하, 배선은 600[V] 고무 절연 전선을 사용하는 애자사용 공사로 한다.)

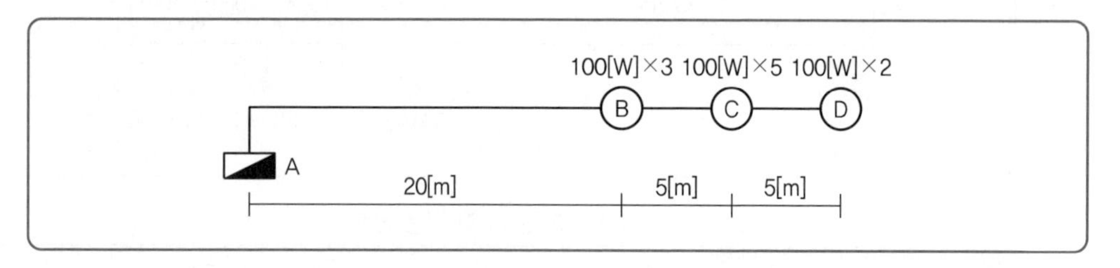

해답 계산 : 부하중심까지의 거리

$$I=\sum i=\frac{100\times 3}{100}+\frac{100\times 5}{100}+\frac{100\times 2}{100}=10[A]$$

$$L=\frac{\sum l\times i}{\sum i}=\frac{20\times\frac{100\times 3}{100}+25\times\frac{100\times 5}{100}+30\times\frac{100\times 2}{100}}{10}=24.5[m]$$

전선의 굵기 $A=\frac{35.6LI}{1,000e}=\frac{35.6\times 24.5\times 10}{1,000\times 2}=4.36[mm^2]$

답 $6[mm^2]$

TIP

➤ 전선규격(KSC IEC 기준)

1.5, 2.5, 4, 6, 10, 16, 25, 35, 50, 70, 95, 120, 150, 185, 240, 300, 400, 500, 630[mm²]

02 ★☆☆☆☆ [5점]

가스절연 개폐장치(GIS)의 구성품 4가지를 쓰시오.

해답 차단기, 단로기, 계기용 변압기, 변류기 외 모선, 피뢰기(L.A)

TIP

가스절연 개폐장치(GIS : Gas Insulated Switchgear)는 차단기, 단로기, 모선, 접지개폐기, 변성기 등을 금속체 함에 수납하고 충전부를 SF_6 가스로 절연시킨 개폐장치이다.

03 ★★☆☆☆ [5점]

대지 전압은 접지식 전로와 비접지식 전로에서 어떤 전압(어느 개소 간의 전압)인지를 설명하시오.

- 접지식 전로 :
- 비접지식 전로 :

해답
- 접지식 전로 : 전선과 대지 사이의 전압
- 비접지식 전로 : 전선과 그 전로 중의 임의의 다른 전선 사이의 전압

TIP

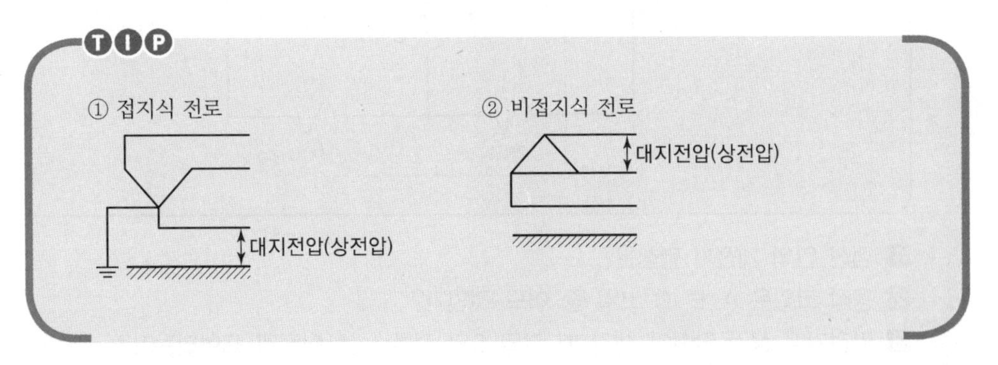

04 ★★★☆☆ [4점]

전력용 콘덴서 설치장소(2가지)와 전력용 콘덴서 및 직렬 리액터의 역할을 간단히 설명하시오.

1 전력용 콘덴서 설치장소

2 ① 전력용 콘덴서의 역할
② 직렬 리액터의 역할

해답 1 전력용 콘덴서 설치장소
① 부하 말단에 분산하여 설치
② 수전 측 모선에 집중하여 설치
그 외
③ 부하와 중앙에 분산 배치하여 설치

2 ① 콘덴서의 역할 : 부하의 역률 개선
② 직렬 리액터의 역할 : 제5고조파를 제거하여 파형 개선

05 ★★★★★

[5점]

그림은 발전기의 상간 단락 보호 계전 방식을 도면화한 것이다. 이 도면을 보고 다음 각 물음에 답하시오.

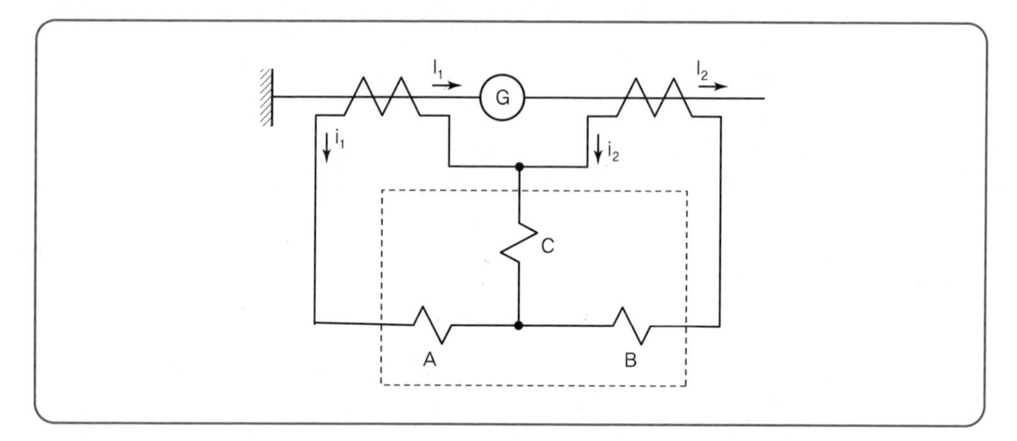

1. 점선 안의 계전기 명칭은?
2. 동작 코일은 A, B, C 코일 중 어느 것인가?
3. 발전기에 상간 단락이 생길 때 코일 C의 전류 i_d는 어떻게 표현되는가?
4. 동기 발전기의 병렬운전 조건을 3가지만 쓰시오.

해답

1. 비율 차동 계전기
2. C코일
3. $i_d = i_2 - i_1 \neq 0$
4. ① 기전력의 크기가 같을 것
   ② 기전력의 위상이 같을 것
   ③ 기전력의 파형이 같을 것
   그 외
   ④ 기전력의 주파수가 같을 것

TIP

2. C코일 : 동작 코일(차동 전류)
   A, B코일 : 억제 코일(부하 전류)
3. C코일(동작 코일)에 흐르는 전류는 A, B코일(억제 코일)에 흐르는 전류의 차전류가 흐른다.

06 ★★★★☆ [10점]

공장들의 일부하곡선이 그림과 같을 때 다음 각 물음에 답하시오.

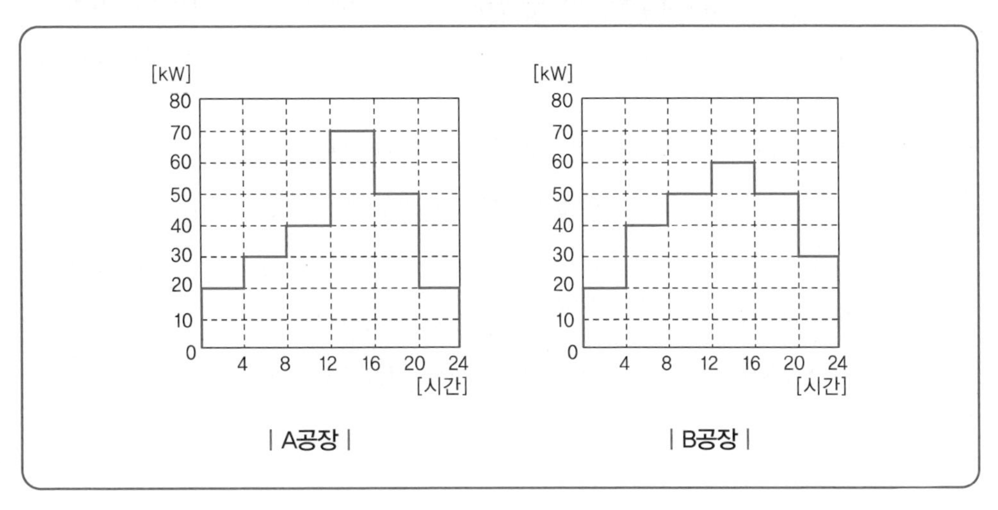

1 A공장의 평균전력은 몇 [kW]인가?

2 A공장의 첨두 부하가 지속되는 시간은 몇 시부터 몇 시까지인가?

3 A, B 각 공장의 수용률은 얼마인가?(단, 설비용량은 두 공장 모두 80[kW]이다.)

- A공장
- B공장

4 A, B 각 공장의 일부하율은 얼마인가?

- A공장
- B공장

5 A, B 각 공장 상호 간의 부등률을 계산하고 부등률의 정의를 간단히 쓰시오.

- 부등률 계산 :
- 부등률의 정의 :

해답 **1** A공장의 평균전력

계산 : $\text{평균전력} = \dfrac{\text{전력량}}{\text{시간}} = \dfrac{(20+30+40+70+50+20)\times 4}{24} = 38.33[\text{kW}]$

답 38.33[kW]

2 12~16시

3 ① A공장

계산 : $\text{수용률} = \dfrac{\text{최대(수요)전력}}{\text{설비용량}} \times 100 = \dfrac{70}{80} \times 100 = 87.5[\%]$ 답 87.5[%]

② B공장

계산 : $\text{수용률} = \dfrac{\text{최대(수요)전력}}{\text{설비용량}} \times 100 = \dfrac{60}{80} \times 100 = 75[\%]$ 답 75[%]

4 ① A공장

계산 : $\text{일부하율} = \dfrac{\text{평균전력(전력량/24)}}{\text{최대전력}} \times 100 = \dfrac{38.33}{70} \times 100 = 54.76[\%]$

답 54.76[%]

② B공장

계산 : $\text{일부하율} = \dfrac{\text{평균전력(전력량/24)}}{\text{최대전력}} \times 100$

$= \dfrac{(20+40+50+60+50+30) \times 4}{60 \times 24} \times 100 = 69.44[\%]$

답 69.44[%]

5 • 부등률 계산 : $\dfrac{\text{개별 최대전력의 합}}{\text{합성 최대전력}} = \dfrac{70+60}{70+60} = 1$

• 부등률의 정의 : 전력 소비 기기를 동시에 사용하는 정도

답 1

07 ★★★★★ [5점]

디젤 발전기를 운전할 때 연료 소비량이 250[L]이었다. 이 발전기의 정격출력은 500[kVA]일 때 발전기 운전시간[h]은?(단, 중유의 열량은 10,000[kcal/kg], 기관 효율, 발전기 효율 34.4[%], 1/2 부하이다.)

해답 계산 : 발전기의 출력 $P = \dfrac{mH\eta_g\eta_t}{860T\cos\theta}$[kVA]

$$T = \frac{250 \times 10{,}000 \times 0.344 \times 1}{860 \times 500 \times \frac{1}{2}} = 4[h]$$

답 4시간

TIP

$\text{효율}(\eta) = \dfrac{860PT}{mH}$

여기서, m : 질량[kg], H : 열량[kcal/kg]

P : 출력[kW], T : 시간

08 ★★★★☆ [5점]

어느 철강회사에서 천장크레인의 권상용 전동기에 의하여 권상중량 100[ton]을 권상속도 3[m/min]로 권상하려고 한다. 권상용 전동기의 소요 출력은 몇 [kW] 정도이어야 하는가?(단, 권상기의 기계효율은 80[%]이다.)

해답 계산 : $P = \frac{W \cdot V}{6.12\eta} = \frac{100 \times 3}{6.12 \times 0.8} = 61.27[kW]$

답 61.27[kW]

TIP

권상용 전동기의 출력 $P = \frac{W \cdot V}{6.12\eta}[kW]$

여기서, W : 권상중량[ton]

V : 권상속도[m/min]

η : 효율

09 ★★★★★

[5점]

그림과 같은 단상 3선식 100/200[V] 수전의 설비불평형률을 구하고 그림과 같은 설비가 양호하게 되었는지의 여부를 판단하시오.(단, Ⓗ는 전열기부하이고, Ⓜ은 전동기부하이다.)

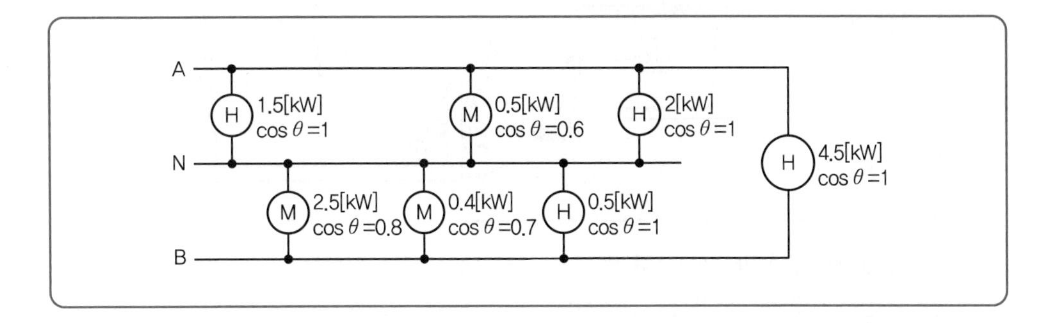

해답 계산 : $P_{AN} = 1.5 + \frac{0.5}{0.6} + 2 = 4.33[kVA]$

$P_{BN} = \frac{2.5}{0.8} + \frac{0.4}{0.7} + 0.5 = 4.2[kVA]$

$P_{AB} = 4.5[kVA]$

$\therefore$ 불평형률$= \frac{4.33 - 4.2}{(4.33 + 4.2 + 4.5) \times \frac{1}{2}} \times 100 = 2[\%]$

답 2[%], 양호하다.

TIP

➤ 단상 3선식에서 설비불평형률

① 설비불평형률$= \frac{\text{중성선과 각 전압 측 전선 간에 접속된 부하 설비용량의 차}}{\text{총 부하 설비용량의 1/2}} \times 100[\%]$

② 40[%]를 초과할 수 없다.

10 ★☆☆☆☆ [10점]

다음 도면은 단상 2선식 100[V]로 수전하는 철근콘크리트 구조로 된 주택의 전등, 콘센트 설비 평면도이다. 도면을 보고 물음에 답하시오.(단, 형광등 시설은 원형 노출 콘센트를 설치하여 사용할 수 있게 하고 분기회로 보호는 배선용 차단기를, 간선은 누전차단기를 사용하는 것으로 한다.)

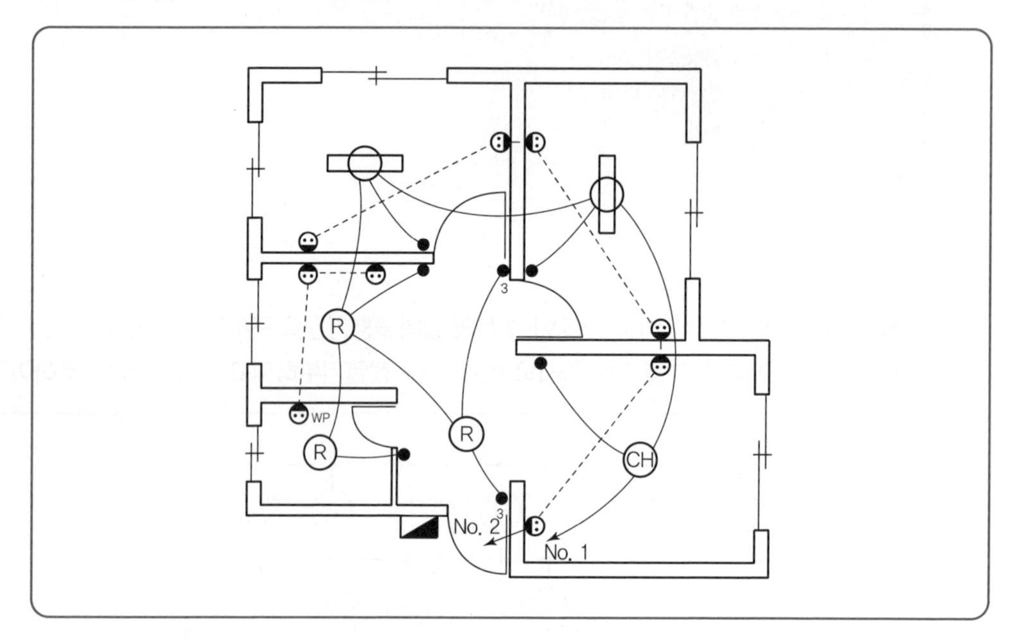

1. 도면에서 실선과 파선으로 배선 표시가 되어 있는 부분은 무슨 공사를 의미하는가?
2. 분전반의 단선 결선도를 그리시오.
3. 형광등은 40[W] 2램프용을 시설할 경우 그 기호를 나타내어 보시오.
4. 전선과 전선관을 제외한 전기 자재의 수량을 기재하시오.

명칭	수량	명칭	수량	명칭	수량
샹들리에		누전 차단기		배선용 차단기	
원형 노출 콘센트		형광등 2등용		백열등	
매입 콘센트(일반)		텀블러 스위치(단극)		텀블러 스위치(3로)	
8각 박스		매입 콘센트(방수용)		4각 박스	
스위치 박스		콘센트 플레이트		스위치 플레이트	

해답

1. 실선 : 천장 은폐 배선, 파선 : 바닥 은폐 배선
2. 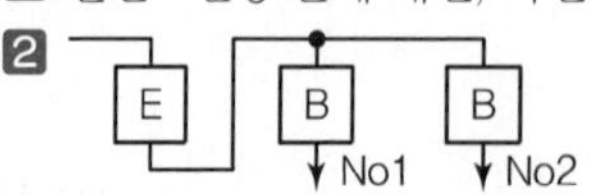

3. 

4

명칭	수량	명칭	수량	명칭	수량
샹들리에	1	누전 차단기	1	배선용 차단기	2
원형 노출 콘센트	2	형광등 2등용	2	백열등	3
매입 콘센트(일반)	8	텀블러 스위치(단극)	5	텀블러 스위치(3로)	2
8각 박스	5	매입 콘센트(방수용)	1	4각 박스	1
스위치 박스	16	콘센트 플레이트	9	스위치 플레이트	7

TIP

1 .... : 노출 배선
_ _ _ _ _ _ : 바닥 은폐 배선
도면에서 노출 배선인지 바닥 은폐 배선인지 구별이 곤란하다. 그러나 문제에 주어진 전기자재의 콘센트가 매입 콘센트로 주어졌으므로 바닥 은폐 배선이 타당하다.

11 ★★★★☆ [6점]

CT 및 PT에 대한 다음 각 물음에 답하시오.

1 CT는 운전 중에 개방하여서는 아니 된다. 그 이유는?

2 PT의 2차 측 정격 전압과 CT의 2차 측 정격 전류는 일반적으로 얼마로 하는가?

3 3상 간선의 전압 및 전류를 측정하기 위하여 PT×2와 CT×2를 설치할 때, 다음 그림의 결선도를 답안지에 완성하시오.(단, 접지가 필요한 곳에는 접지 표시를 하고, 퓨즈는

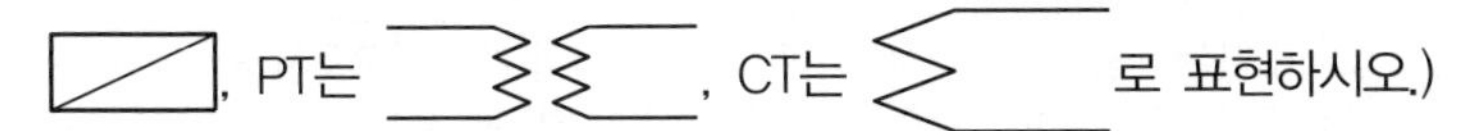

※ KEC 규정에 따라 변경

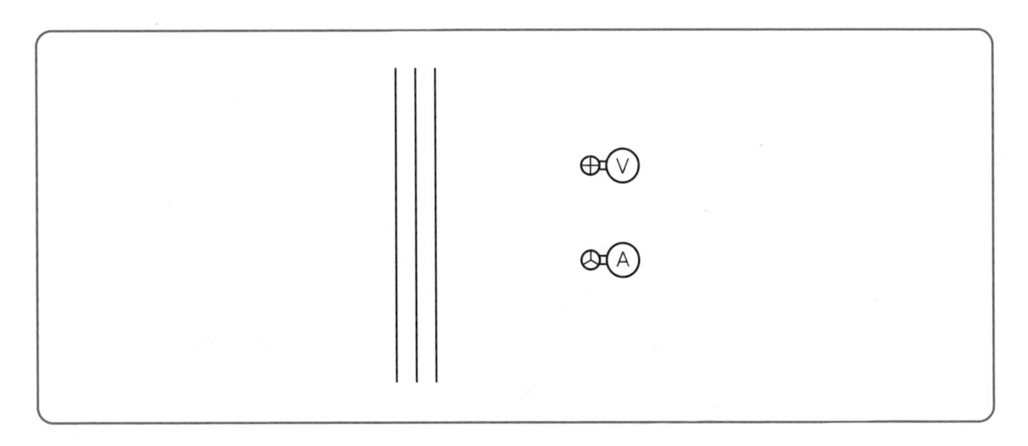

해답 1 과전압이 발생되어 절연소손

2 PT의 2차 정격 전압 : 110[V], CT의 2차 정격 전류 : 5[A]

3

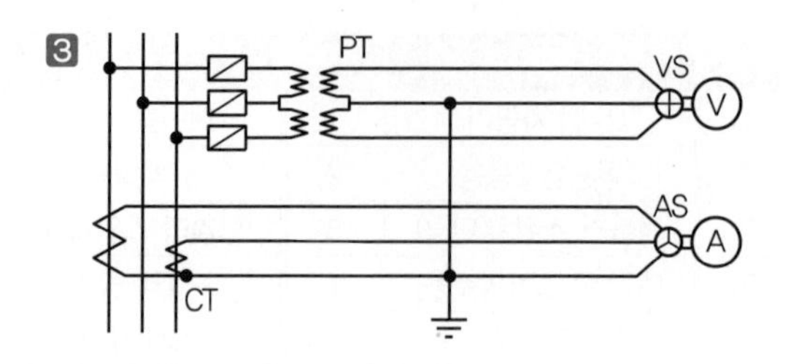

12 ★☆☆☆☆

[2점]

동작 시에 아크가 생기는 것은 목재의 벽 또는 천장, 기타의 가연성 물체로부터 얼마 이상 떼어놓아야 하는가?

- 고압용의 것 : (①) 이상
- 특고압용의 것 : (②) 이상

해답 ① 1[m] ② 2[m]

TIP

➤ 아크를 발생시키는 기구의 시설(KEC)

고압용 또는 특고압용의 개폐기 · 차단기 · 피뢰기 기타 이와 유사한 기구로서 동작 시에 아크가 생기는 것은 목재의 벽 또는 천장 기타의 가연성 물체로부터 표에서 정한 값 이상 이격하여 시설하여야 한다.

기구 등의 구분	이격거리
고압용의 것	1[m] 이상
특고압용의 것	2[m] 이상(사용전압 35[kV] 이하의 특고압용의 기구 등으로서 동작할 때에 생기는 아크의 방향과 길이를 화재가 발생할 우려가 없도록 제한하는 경우에는 1[m] 이상)

13 ★☆☆☆☆

[5점]

다음 각 물음에 답하시오. ※ KEC 규정에 따라 변경

1. 풀용 수중조명등에 전기를 공급하기 위해서는 1차 측 전로의 사용전압 및 2차 측 전로의 사용전압이 각각 (①) 이하 및 (②) 이하인 절연 변압기를 사용할 것
2. 절연 변압기는 그 2차 측 전로의 사용전압이 (③) 이하인 경우에는 1차 권선과 2차 권선 사이에 금속제의 혼촉방지판을 설치하여야 하며 규정에 준하여 접지공사를 하여야 한다.
3. 절연 변압기의 2차 측 전로의 사용전압이 (④)를 초과하는 경우에는 그 전로에 지락이 생겼을 때에 자동적으로 전로를 차단하는 장치를 할 것

해답 ① 400[V] ② 150[V] ③ 30[V] ④ 30[V]

2002 2003 2004 2005 2006 2007 2008 2009 2010 2011

14 ☆☆☆☆☆ [5점]

그림과 같이 간선에서 분기하는 경우 분기선의 허용 전류의 최솟값은 몇 [A]인가?

※ KEC 규정에 따라 삭제

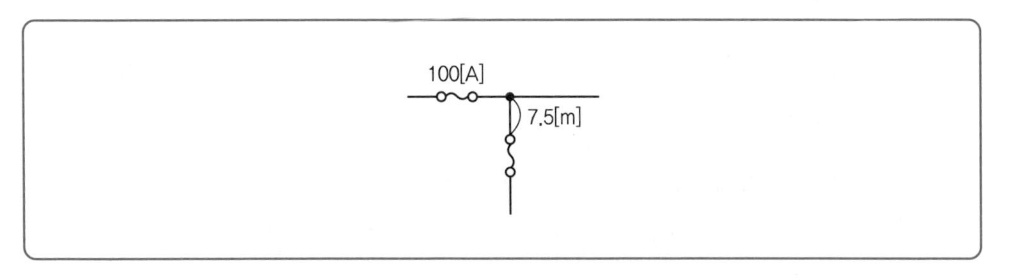

해답 계산 : $I = 100 \times 0.35 = 35$[A]

답 35[A]

15 ★★★★★ [6점]

비상용 조명으로 40[W] 120등, 60[W] 50등을 30분간 사용하려고 한다. 납 급방전형 축전지(HS형) 1.7[V/cell]을 사용하여 허용 최저 전압 90[V], 최저 축전지 온도를 5[℃]로 할 경우 참고 자료를 사용하여 물음에 답하시오.(단, 비상용 조명 부하의 전압은 100[V]로 한다.)

1. 비상용 조명 부하의 전류는?
2. HS형 납축전지의 셀 수는?(단, 1셀의 여유를 준다.)
3. HS형 납축전지의 용량[Ah]은?(단, 경년 용량 저하율은 0.8이다.)

| 납축전지 용량 환산 시간[K] |

형식	온도[℃]	10분			30분		
		1.6[V]	1.7[V]	1.8[V]	1.6[V]	1.7[V]	1.8[V]
CS	25	0.9 0.8	1.15 1.06	1.6 1.42	1.41 1.34	1.6 1.55	2.0 1.88
	5	1.15 1.1	1.35 1.25	2.0 1.8	1.75 1.75	1.85 1.8	2.45 2.35
	−5	1.35 1.25	1.6 1.5	2.65 2.25	2.05 2.05	2.2 2.2	3.1 3.0
HS	25	0.58	0.7	0.93	1.03	1.14	1.38
	5	0.62	0.74	1.05	1.11	1.22	1.54
	−5	0.68	0.82	1.15	1.2	1.35	1.68

상단은 900[Ah]를 넘는 것(2,000[Ah]까지), 하단은 900[Ah] 이하인 것

해답 **1** 계산 : $I = \frac{P}{V}$ 에서 $I = \frac{40 \times 120 + 60 \times 50}{100} = 78[A]$

답 78[A]

2 계산 : $n = \frac{90}{1.7} = 52.94$[cell] 따라서, 1셀의 여유를 주어 54[cell]로 정한다.

답 54[cell]

3 계산 : 표에서 용량 환산 시간 1.22 선정

축전지 용량 $C = \frac{1}{L}KI = \frac{1}{0.8} \times 1.22 \times 78 = 118.95[Ah]$

답 118.95[Ah]

TIP

2 $V = \frac{V_a + V_e}{n}$

여기서, V_a : 부하의 최저 허용 전압, V_e : 축전지와 부하 간의 전압 강하

n : 직렬로 접속된 cell 수

3 용량 환산 시간[K]은 HS형, 5[℃], 30[분], 1.7[V]의 표에서 1.22인 것을 알 수 있다.

16 ★★★★☆ [6점]

프로그램의 차례대로 PLC 시퀀스(래더 다이어그램)를 그리시오.(단, 여기서 시작 입력 LOAD, 출력 OUT, 타이머 TMR, 설정시간 DATA, 직렬 AND, 병렬 OR, 부정 NOT의 명령을 사용하며, P010~P012는 전자접촉기 MC를 각각 나타내며, P001과 P002는 버튼 스위치를 표시한 것이다.)

1

	명령	번지
생략	LOAD	P001
	OR	M001
	LOAD NOT	P002
	OR	M000
	AND LOAD	–
	OUT	P017

2

	명령	번지
생략	LOAD	P001
	AND	M001
	LOAD NOT	P002
	AND	M000
	OR LOAD	–
	OUT	P017

해답 1 2

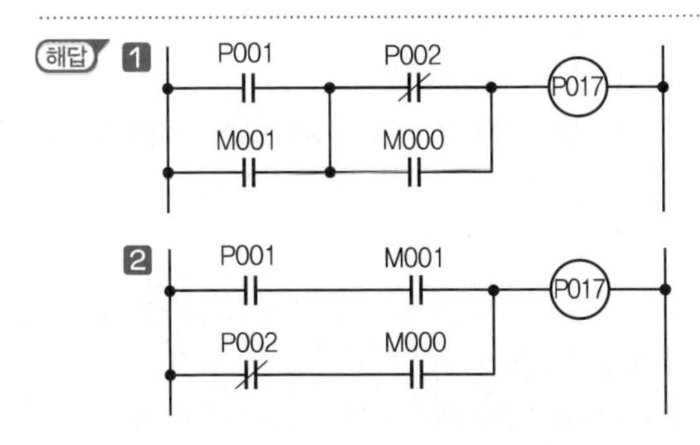

17 ☆☆☆☆☆ [5점]

3상 3선식 중성점 비접지식 6,600[V] 가공전선로가 있다. 이 전선로의 전선 연장이 350[km]이다. 이 전로에 접속된 주상변압기 100[V] 측 그 1단자에 제2종 접지공사를 할 때 접지 저항값은 얼마 이하로 유지하여야 하는가?(단, 이 전선로는 고저압 혼촉 시 2초 이내에 자동 차단하는 장치가 있다.) ※ KEC 규정에 따라 삭제

18 ★★★★★ [6점]

답안지의 도면은 유도 전동기 M의 정·역회전 회로의 미완성 도면이다. 이 도면을 이용하여 다음에 답하시오.(단, 주접점 및 보조접점을 그릴 때에는 해당되는 접점의 약호도 함께 쓰도록 한다.)

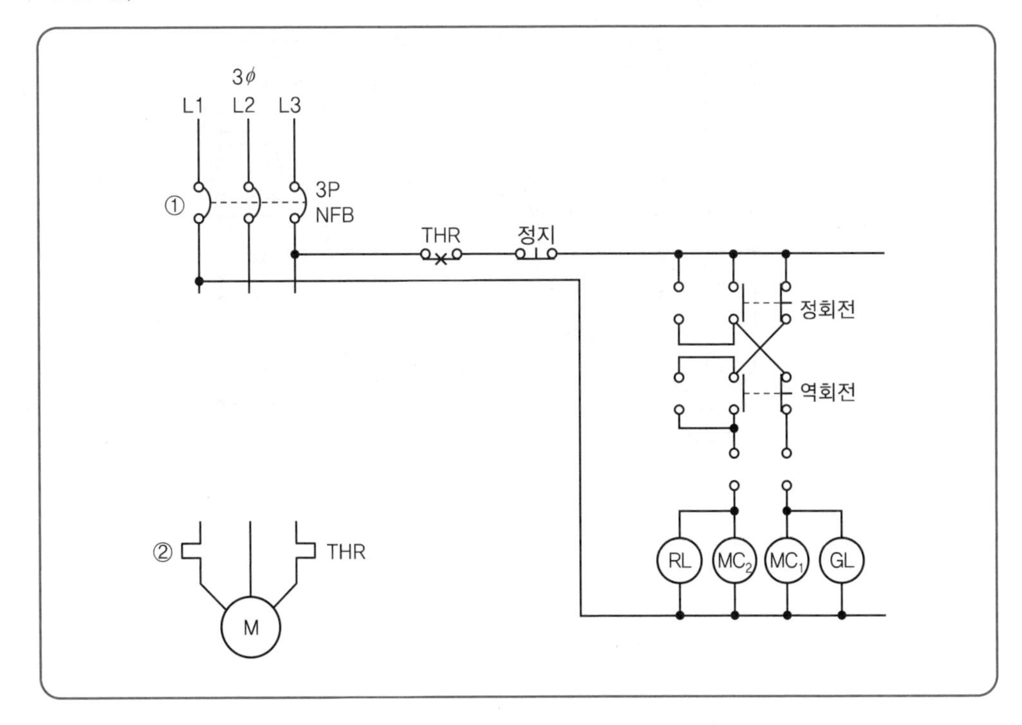

1 도면의 ①, ②에 대한 우리말 명칭(기능)은 무엇인가?

2 정회전과 역회전이 되도록 주회로의 미완성 부분을 완성하시오.

3 정회전과 역회전이 되도록 다음의 동작조건을 이용하여 미완성된 보조회로를 완성하시오.

[동작조건]

- NFB를 투입한 다음
- 정회전용 누름버튼 스위치를 누르면 전동기 M이 정회전하며, GL 램프가 점등된다.
- 정지용 누름버튼 스위치를 누르면 전동기 M은 정지한다.
- 역회전용 누름버튼 스위치를 누르면 전동기 M이 역회전하며, RL 램프가 점등된다.
- 과부하 시에는 —o×o— 접점이 떨어져서 전동기가 멈추게 된다.

※ 정회전 또는 역회전 중에 회전 방향을 바꾸려면 전동기를 정지시킨 다음 회전 방향을 바꾸어야 한다.

※ 누름버튼 스위치를 누르는 것은 눌렀다가 즉시 손을 떼는 것을 의미한다.

※ 정회전과 역회전의 방향은 임의로 결정하도록 한다.

해답 1 ① 배선용 차단기
② 열동계전기

2 3

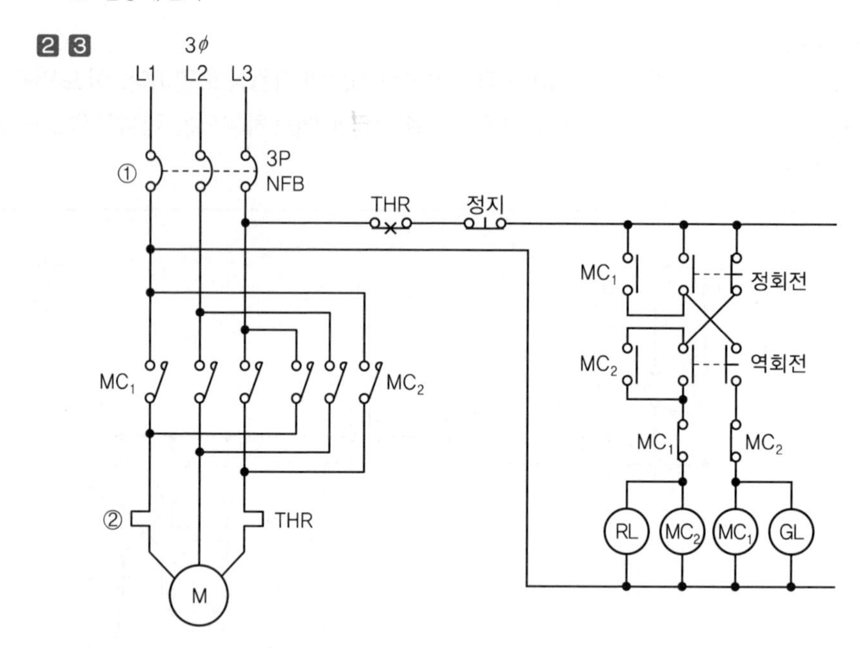

2011년도 3회 시험

과년도 기출문제

회독 체크	□1회독	월 일	□2회독	월 일	□3회독	월 일

2002 2003 2004 2005 2006 2007 2008 2009 2010 2011

01 ★★☆☆☆ [5점]

154[kV] 변압기가 설치된 옥외변전소에서 울타리를 시설하는 경우에 울타리로부터 충전부까지의 거리는 얼마 이상이 되어야 하는가?(단, 울타리의 높이는 2[m]이다.)

해답 계산 : 6[m] − 2[m] = 4[m]

답 4[m]

TIP

➤ 발전소 등의 울타리 · 담 등의 시설(KEC)

① 울타리 · 담 등의 높이는 2[m] 이상으로 하고 지표면과 울타리 · 담 등의 하단 사이의 간격은 0.15[m] 이하로 할 것

②

사용 전압의 구분	울타리 · 담 등의 높이와 울타리 · 담 등으로부터 충전 부분까지의 거리의 합계
35[kV] 이하	5[m]
35[kV] 초과 160[kV] 이하	6[m]
160[kV] 초과	10[kV] 또는 단수마다 12[cm]를 더한 값

02 ★☆☆☆☆ [5점]

금속덕트에 넣는 저압 전선의 단면적(전선의 피복 절연물을 포함)은 금속덕트 내부 단면적의 몇 [%] 이하가 되도록 해야 하는가?

해답 20[%]

TIP

➤ 금속덕트공사(KEC)

금속덕트에 넣은 전선의 단면적(절연피복의 단면적을 포함한다)의 합계

① 일반적인 경우 : 덕트 내부 단면적의 20[%] 이하일 것

② 전광표시장치 기타 이와 유사한 장치 또는 제어회로만의 배선만을 넣는 경우 : 50[%] 이하일 것

03 ☆☆☆☆☆

[4점]

전등전력용, 소세력회로용 및 출퇴표시등 회로용의 접지극 또는 접지선은 피뢰침용의 접지극 및 접지선에서 몇 [m] 이상 이격하여 시설하여야 하는가?(단, 건축물의 철골 등을 각각의 접지극 및 접지선에 사용하는 경우는 적용하지 않는다.) ※ KEC 규정에 따라 삭제

해답 2[m]

04 ★★☆☆☆

[5점]

철주에 절연전선을 사용하여 접지공사를 하는 경우, 접지극은 지하 75[cm] 이상의 깊이에 매설하고 지표상 2[m]까지의 부분에는 합성수지관 등으로 덮어야 한다. 그 이유는 무엇인가?

해답 접지도체에 감전을 방지하기 위하여

TIP

➤ 접지극의 매설

① 접지극은 동결깊이를 감안하여 접지극의 매설깊이는 지표면으로부터 0.75[m] 이상으로 한다.

② 접지도체를 철주 기타의 금속체를 따라서 시설하는 경우에는 접지극을 철주의 밑면으로부터 0.3[m] 이상의 깊이에 매설하는 경우 이외에는 접지극을 지중에서 그 금속체로부터 1[m] 이상 떼어 매설하여야 한다.

③ 접지도체는 지하 75[cm]로부터 지표상 2[m]까지 부분은 두께 2[mm] 이상의 합성수지관의 전선관 또는 가연성 콤바인덕트관 또는 이와 동등 이상의 절연회로 강도를 가지는 몰드로 덮는다.

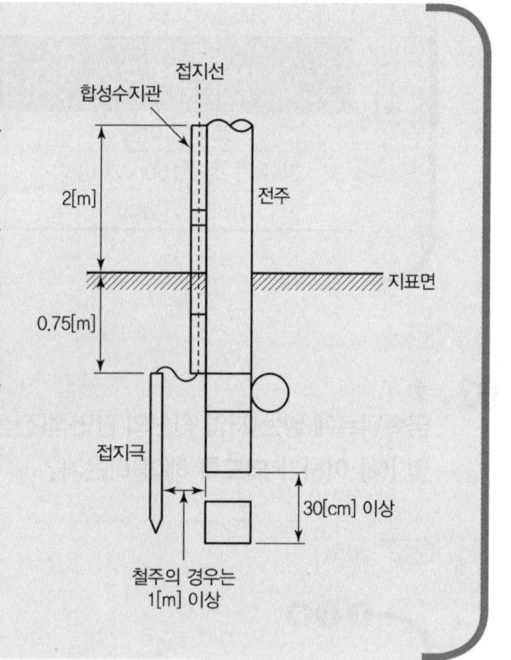

05 ☆☆☆☆☆

[4점]

다음 문제를 읽고 적합한 접지공사의 종류를 쓰시오. ※ KEC 규정에 따라 삭제

1 400[V] 미만의 저압용 기계 기구의 철대 또는 금속제 외함

2 고압 진상용 콘덴서의 외함

3 22.9[kV]를 넘는 특고압선과 접근 교차할 경우에 시설하는 보호망
4 고압 계기용 변성기의 2차 측 전로
5 고압에서 저압으로 변성하는 변압기 2차 측 1단자

2002 2003 2004 2005 2006 2007 2008 2009 2010 2011

06 ★★★★★ [5점]

방의 크기가 가로 12[m], 세로 24[m], 높이 4[m]이며, 6[m]마다 기둥이 있고, 기둥 사이에 보가 있으며, 이중천장으로 실내 마감되어 있다. 이 방의 평균조도를 500[lx]가 되도록 매입 개방형 형광등 조명을 하고자 할 때 다음 조건을 이용하여 이 방의 조명에 필요한 등수를 구하시오.

[조건]

- 천장반사율 : 75[%]
- 바닥반사율 : 30[%]
- 벽반사율 : 50[%]
- 창반사율 : 50[%]
- 조명률 : 70[%]
- 감광보상률 : 1.6
- 등의 보수상태 : 중간 정도
- 안정기 손실 : 개당 20[W]
- 등의 광속 : 2,200[lm]

해답 계산 : 등수 $N = \frac{EAD}{FU} = \frac{500 \times 12 \times 24 \times 1.6}{2{,}200 \times 0.7} = 149.61$[등]

답 150[등]

TIP

$$N = \frac{EAD}{FU}$$

여기서, F : 광속[lm], N : 광원의 개수[등], E : 평균 조도[lx]

A : 방의 면적[m^2], D : 감광보상률$\left(=\frac{1}{M}\right)$, M : 유지율(보수율), U : 조명률[%]

07 ★★★★☆ [5점]

3상 3선식 6[kV] 수전점에서 100/5[A] CT 2대, 6,600/110[V] PT 2대를 정확히 결선하여 CT 및 PT의 2차 측에서 측정한 전력이 300[W]라면 수전전력은 얼마이겠는가?

해답 계산 : 수전전력$(P_1) = P_2 \times$ PT 비 $\times$ CT 비 $\times 10^{-3}$

$$= 300 \times \frac{6{,}600}{110} \times \frac{100}{5} \times 10^{-3}$$

$$= 360[kW]$$

답 360[kW]

08 ★★★★★ [8점]

정격용량 500[kVA]의 변압기에서 배전선의 전력손실을 40[kW]로 유지하면서 부하 L_1, L_2에 전력을 공급하고 있다. 지금 그림과 같이 전력용 콘덴서를 기존 부하와 병렬로 연결하여 합성 역률을 90[%]로 개선하고 새로운 부하를 증설하려고 할 때 다음 물음에 답하시오.(단, 여기서 부하 L_1은 역률 60[%], 180[kW]이고, 부하 L_2의 전력은 120[kW], 160[kVar]이다.)

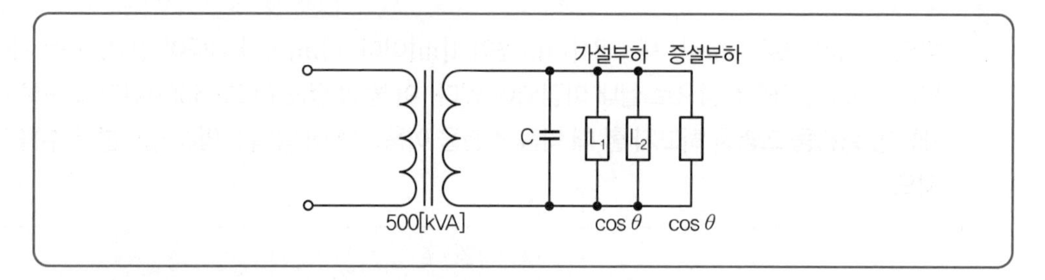

1 부하 L_1과 L_2의 합성용량[kVA]과 합성역률은?
① 합성용량
② 합성역률

2 역률 개선 시 변압기 용량의 한도까지 부하설비를 증설하고자 할 때 증설부하용량은 몇 [kW]인가?

해답 1 ① 합성용량

계산 : 유효전력 $P = P_1 + P_2 = 180 + 120 = 300[\text{kW}]$

무효전력 $Q = Q_1 + Q_2 = P_1 \tan\theta_1 + Q_2$

$= 180 \times \frac{0.8}{0.6} + 160 = 400[\text{kVar}]$

합성용량 $P_a = \sqrt{P^2 + Q^2} = \sqrt{300^2 + 400^2} = 500[\text{kVA}]$ 답 500[kVA]

② 합성역률

계산 : $\cos\theta = \frac{P}{P_a} \times 100 = \frac{300}{\sqrt{300^2 + 400^2}} \times 100 = 60[\%]$ 답 60[%]

2 계산 : 증설부하용량을 ΔP라 하면

역률 개선 후 총 유효전력 $P_o = P_a \cos\theta = 500 \times 0.9 = 450[\text{kW}]$

증설부하용량 $\Delta P = P_o - P_H = 450 - (180 + 120 + 40) = 110$

여기서, P_H : 역률 개선 전 전력 답 110[kW]

TIP

문제 조건에서 전력손실을 40(kW)로 유지한다고 했으므로 역률 개선 후에도 손실은 40(kW)가 된다.

09 ★★★★★ [5점]

그림과 같은 단상 3선식 100/200[V] 수전의 경우 설비불평형률을 구하고 그림과 같은 설비가 양호하게 되었는지의 여부를 판단하시오.(단, Ⓗ는 전열기 부하이고, Ⓜ은 전동기 부하이다.)

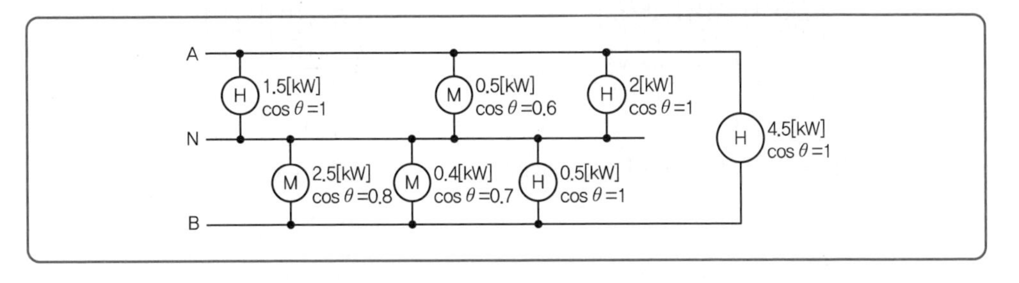

해답 계산 : $P_{AN} = 1.5 + \frac{0.5}{0.6} + 2 = 4.33[\text{kVA}]$

$P_{BN} = \frac{2.5}{0.8} + \frac{0.4}{0.7} + 0.5 = 4.2[\text{kVA}]$

$P_{AB} = 4.5[\text{kVA}]$

$\therefore$ 불평형률$= \frac{4.33 - 4.2}{(4.33 + 4.2 + 4.5) \times \frac{1}{2}} \times 100 = 2[\%]$

답 2[%], 양호하다.

TIP

➤ 단상 3선식에서 설비불평형률

① 설비불평형률$= \frac{\text{중성선과 각 전압 측 전선 간에 접속된 부하 설비용량의 차}}{\text{총 부하 설비용량의 } 1/2} \times 100[\%]$

② 40[%]를 초과할 수 없다.

10 ★★★★☆ [6점]

그림과 같은 단상변압기 3대가 있다. 이 변압기에 대하여 다음 각 물음에 답하시오.

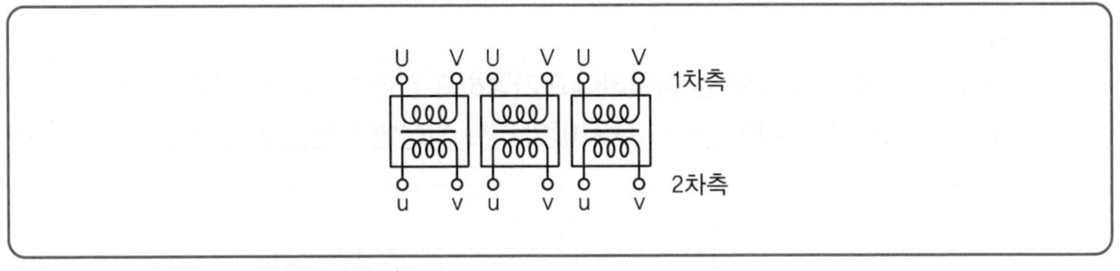

1 이 변압기를 $\Delta - \Delta$결선하시오.

2 $\Delta - \Delta$결선으로 운전하던 중 한 상의 변압기에 고장이 생겨 이것을 분리하고 나머지 2대로 3상 전력을 공급하고자 한다. 이때의 결선도를 그리고, 이 결선의 명칭을 쓰시오.

3 2에서와 같이 결선한 변압기의 출력비와 이용률은 몇 [%] 정도인가?

해답 **1**

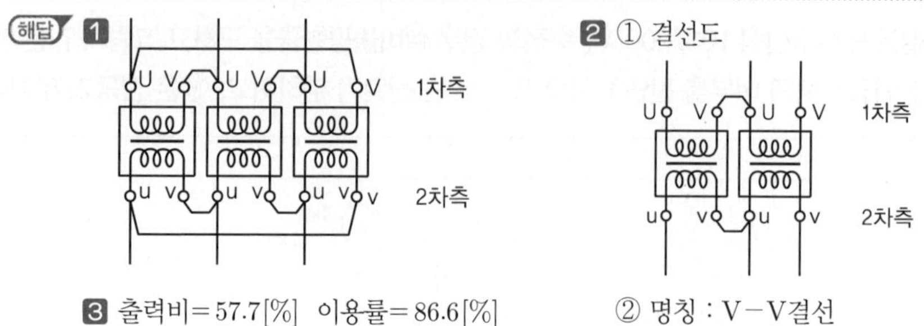

3 출력비 = 57.7[%] 이용률 = 86.6[%]

② 명칭 : V−V결선

11 ★★★★★

[5점]

분전반에서 30[m]인 거리에 5[kW]의 단상 교류 200[V]의 전열기용 아우트렛을 설치하여, 그 전압강하를 4[V] 이하가 되도록 하려고 한다. 배선방법을 금속관공사로 한다고 할 때 여기에 필요한 전선의 굵기를 계산하고, 실제 사용되는 전선의 굵기를 정하시오.

해답 계산 : $I = \frac{P}{V} = \frac{5{,}000}{200} = 25[\text{A}]$

$$A = \frac{35.6LI}{1{,}000e} = \frac{35.6 \times 30 \times 25}{1{,}000 \times 4} = 6.68[\text{mm}^2]$$

답 $10[\text{mm}^2]$

TIP

| KSC IEC 전선규격[mm²] |

1.5	2.5	4
6	10	16
25	35	50
70	95	120
150	185	240
300	400	500

| 전선의 단면적 |

구분	단면적
단상 2선식	$A = \frac{35.6LI}{1{,}000 \cdot e}$
3상 3선식	$A = \frac{30.8LI}{1{,}000 \cdot e}$
단상 3선식 3상 4선식	$A = \frac{17.8LI}{1{,}000 \cdot e}$

12 ★★★☆☆

[4점]

그림에서 각 지점 간의 저항을 동일하다고 가정하고 간선 AD 사이에 전원을 공급하려고 한다. 전력손실을 최소로 하려면 간선 AD 사이의 어느 지점에 전원을 공급하는 것이 가장 좋은가?

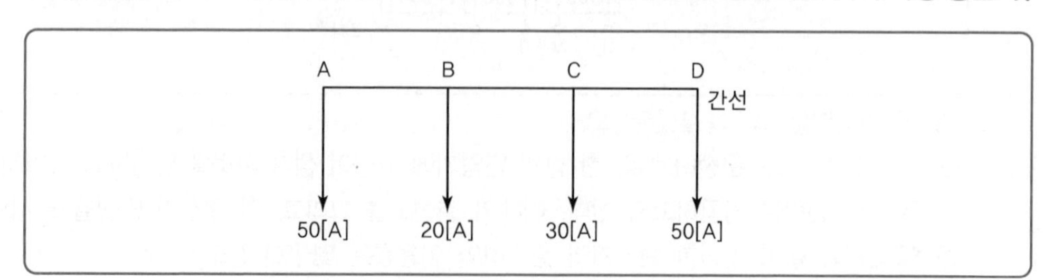

해답 저항값이 같으므로 AB, BC, CD의 저항을 r[Ω]이라고 하자. 전력손실(P_l)$=I^2r$이므로 각 점의 전력손실은 다음과 같다.

계산 :
- A점 : $100^2r+80^2r+50^2r=18,900r$
- B점 : $50^2r+80^2r+50^2r=11,400r$
- C점 : $50^2r+70^2r+50^2r=9,900r$
- D점 : $50^2r+70^2r+100^2r=17,400r$

그러므로 C점 공급 시 전력손실이 가장 적다.

답 C점

TIP

최대점 : A점

13 ★★★★★ [5점]

배전선로에 있어서 전압을 3[kV]에서 6[kV]로 상승시켰을 경우, 승압 전과 승압 후를 비교하여 장점과 단점을 설명하시오.(단, 수치비교가 가능한 부분을 수치를 적용시켜 비교 설명하시오.)

해답

장점	① 공급능력은 2배 증가 ② 전력손실 감소, $P_r \propto \frac{1}{V^2}=\frac{1}{2^2}=\frac{1}{4}$배 감소 ③ 전압강하 감소, $e \propto \frac{1}{V}=\frac{1}{2}$배 감소
단점	전압이 2배이므로 절연비가 비싸고 인축의 접지사고와 통신선의 유도장해가 많음

TIP

① $P_L \propto \frac{1}{V^2}$ (P_L : 손실)

② $A \propto \frac{1}{V^2}$ (A : 단면적)

③ $\delta \propto \frac{1}{V^2}$ (δ : 전압강하율)

④ $e \propto \frac{1}{V}$ (e : 전압강하)

⑤ $P \propto V^2$ (P : 전력)

⑥ 공급능력 $P=VI\cos\theta$에서 $P \propto V$(P : 공급능력)

14 ★★★☆☆

[10점]

그림은 유도 전동기와 2개의 전자접촉기 MS_1, MS_2를 사용하여 정회전 운전(MS_1)과 역회전 운전(MS_2)이 가능하도록 설계된 회로이다. 이 회로를 보고 다음 물음에 답하시오.

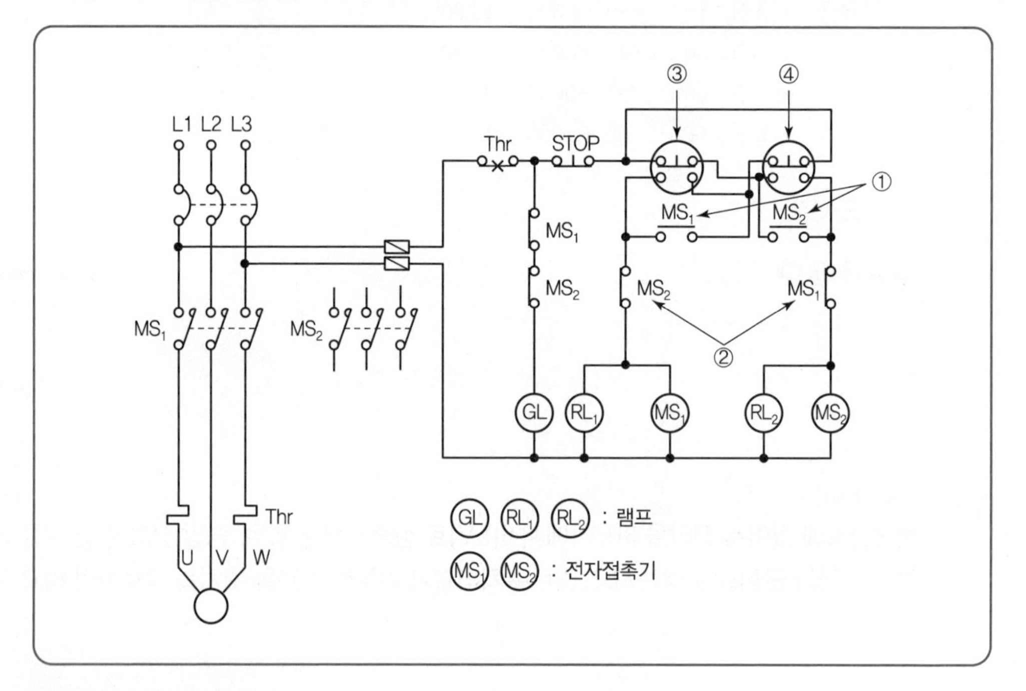

1 전동기 운전 중 누름버튼 스위치 STOP을 누르면 점등되는 표시등은?

2 ①번 접점과 ②번 접점의 역할은?(간단한 용어로 답할 것)

3 정회전 기동용 푸시 버튼 스위치의 번호는?

4 Thr의 명칭과 용도는?

5 주회로의 미완성 부분을 완성하시오.

해답 1 GL

2 ① 자기유지　　② 인터록

3 ③

4 명칭 : 열동 계전기

용도 : 과부하 시 동작하여 전동기 손상 방지

5

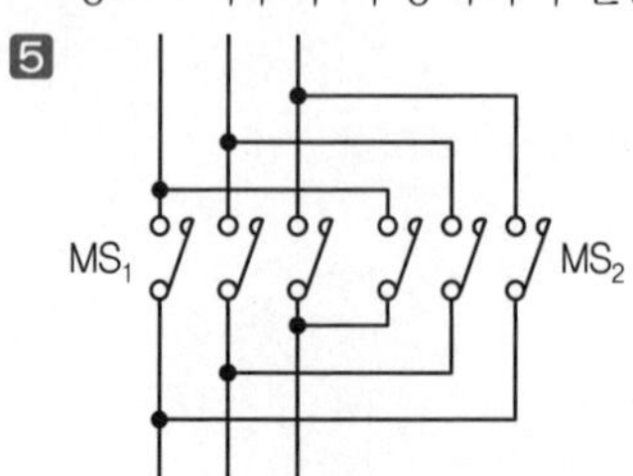

15 ★★★☆☆ [5점]

정격전압 6,000[V], 용량 6,000[kVA]인 3상 교류 발전기에서 여자전류가 300[A], 무부하 단자전압은 6,000[V], 단락전류 800[A]라고 한다. 이 발전기의 단락비는 얼마인가?

해답 계산 : $I_n = \dfrac{P_n}{\sqrt{3}\,V_n} = \dfrac{6{,}000 \times 10^3}{\sqrt{3} \times 6{,}000} = 577.35[A]$

$\therefore$ 단락비$(K_s) = \dfrac{I_s}{I_n} = \dfrac{800}{577.35} = 1.39$

답 1.39

TIP

단락비는 단위가 없다.

16 ★★★★☆ [8점]

그림과 같은 계통에서 측로 단로기 DS_3을 통하여 부하에 공급하고 차단기 CB를 점검하고자 할 때 다음 각 물음에 답하시오.(단, 평상시에 DS_3는 열려 있는 상태이다.)

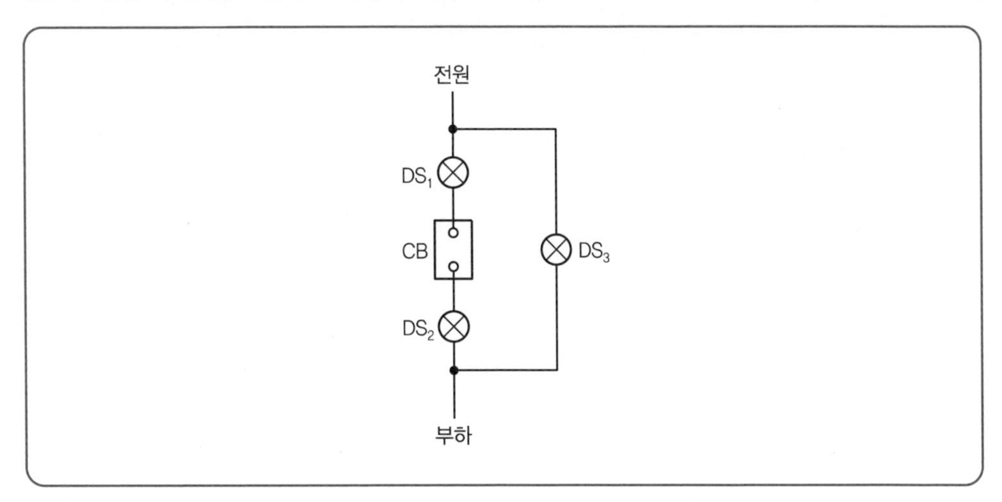

1. 차단기 점검을 하기 위한 조작 순서를 쓰시오.
2. CB의 점검이 완료된 후 정상 상태로 전환 시의 조작 순서를 쓰시오.
3. 도면과 같은 설비에서 차단기 CB의 점검 작업 중 발생할 수 있는 문제점을 설명하고 이러한 문제점을 해소하기 위한 방안을 설명하시오.

해답 1 DS_3(ON) → CB(OFF) → DS_2(OFF) → DS_1(OFF)

2 DS_2(ON) → DS_1(ON) → CB(ON) → DS_3(OFF)

3 • 발생할 수 있는 문제점 : 조작순서를 지키지 않을 경우 감전 및 화상 사고

• 해소방안 : 단로기(DS)와 차단기(CB) 간에 인터록장치를 한다.

TIP

DS_3 투입 시 등전위가 발생되어 전류가 흐르지 않는다.

17 ★★★★☆

[5점]

단상 2선식 200[V]의 옥내배선에서 소비전력 60[W], 역률 65[%]의 형광등을 100(등) 설치할 때 이 시설을 16[A]의 분기회로로 하려고 한다. 이때 필요한 분기회로는 최소 몇 회선이 필요한가?(단, 한 회로의 부하전류는 분기회로 용량의 80[%]로 하고 수용률은 100[%]로 한다.)

해답 계산 : $\text{분기회로수} = \dfrac{\dfrac{60}{0.65} \times 100}{200 \times 16 \times 0.8} = 3.61\,\text{회로}$

답 16[A] 분기 4회로

TIP

$\text{분기회로수} = \dfrac{\text{상정 부하설비의 합[VA]}}{\text{전압[V]} \times \text{분기회로 전류[A]}}$

18 ★☆☆☆☆ [6점]

그림은 직류식 전자식 차단기의 제어회로를 예시하고 있다. 문제의 시퀀스도를 잘 숙지하고 각 물음의 (   ) 안에 알맞은 말을 쓰시오.

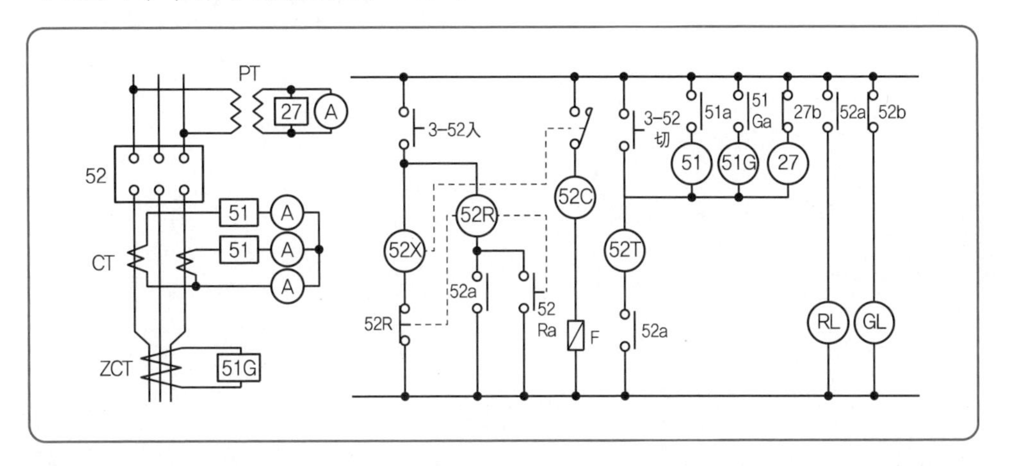

1. 도면에서 알 수 있듯이 3-52 스위치를 ON시키면 (①)이(가) 동작하여 52X의 접점이 CLOSE되고 (②)의 투입 코일에 전류가 통전되어 52의 차단기를 투입시키게 된다. 차단기 투입과 동시에 52a의 접점이 동작하여 52R가 통전(ON)되고 (③)의 코일을 개방시키게 된다.
2. 회로도에서 [27]의 기기 명칭을 (④), [51]의 기기 명칭을 (⑤), [51G]의 기기 명칭을 (⑥)라고 한다.
3. 차단기 개방 시 점등되는 램프는 어느 것인가?

해답
1. ① 52X ② 52C ③ 52X
2. ④ 부족 전압 계전기 ⑤ 과전류 계전기 ⑥ 지락 과전류 계전기
3. (GL)

memo

INDUSTRIAL ENGINEER ELECTRICITY

2012년 과년도 문제풀이

2012년도 1회 시험 과년도 기출문제

회독 체크	□1회독	월 일	□2회독	월 일	□3회독	월 일

01 ★★★☆☆ [14점]

그림은 자가용 수변전설비 주회로의 절연저항 측정시험에 대한 기기 배치도이다. 다음 질문에서 맞는 것을 선택하시오.

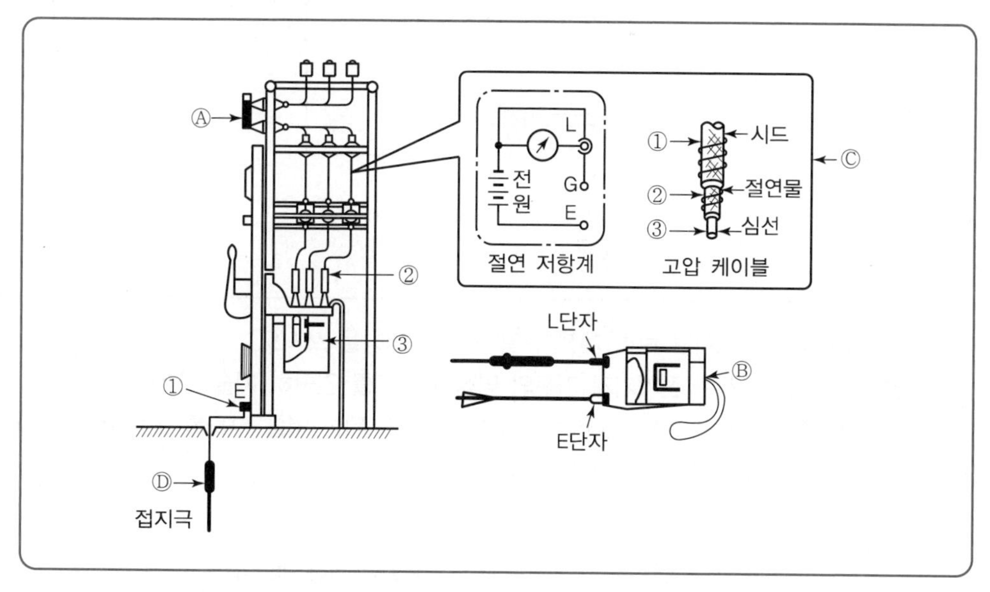

1. 절연저항 측정에서 기기 Ⓐ의 명칭과 개폐상태는?
2. 기기 Ⓑ의 명칭은?
3. 절연저항계의 L단자, E단자 접속에서 맞는 것은?
4. 절연저항계의 지시가 잘 안정되지 않을 때는?
5. Ⓒ의 고압케이블과 절연저항 단계의 접속에서 맞는 것은?
6. 접지극 Ⓓ의 접지공사의 종류는? ※ KEC 규정에 따라 삭제

해답
1. 명칭 : 단로기, 개폐상태 : 개방
2. 절연 저항계(메거)
3. L단자 : ②, E단자 : ①
4. 1분 후 재측정한다.
5. L단자 : ③, G단자 : ②, E단자 : ①
6. ※ KEC 규정에 따라 삭제

TIP

케이블의 절연저항은 시드(외장), 절연물, 심선 3곳을 접속하여 절연저항을 측정한다.

02 ★★★☆☆ [6점]

회로도는 펌프용 3.3[kV] 전동기 및 GPT 단선 결선도이다. 회로도를 보고 다음 물음에 답하시오.

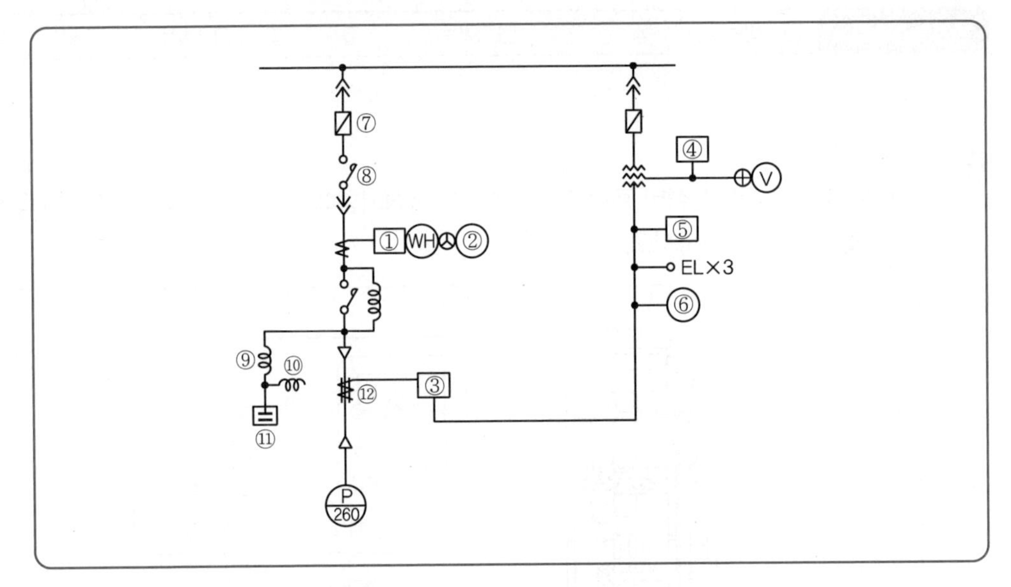

1 ①~⑥으로 표시된 보호 계전기 및 기기의 명칭을 쓰시오.

2 ⑦~⑫로 표시된 전기기계 기구의 명칭과 용도를 간단히 기술하시오.

3 펌프용 모터의 출력이 260[kW], 역률 85[%]인 뒤진 역률 부하를 95[%]로 개선하는 데 필요한 전력용 콘덴서의 용량을 계산하시오.

해답 **1**

① 과전류 계전기	② 전류계
③ 지락 방향 계전기	④ 부족 전압 계전기
⑤ 지락 과전압 계전기	⑥ 영상 전압계

2

⑦ 명칭 : 전력 퓨즈	용도 : 사고 전류차단 및 사고 확대 방지
⑧ 명칭 : 개폐기	용도 : 전동기의 전원개방 투입
⑨ 명칭 : 직렬 리액터	용도 : 제5고조파의 제거
⑩ 명칭 : 방전코일	용도 : 잔류 전하의 방전
⑪ 명칭 : 전력용 콘덴서	용도 : 전동기 역률 개선
⑫ 명칭 : 영상 변류기	용도 : 지락 사고 시 지락 전류를 검출

3 계산 : $Q_C = P(\tan\theta_1 - \tan\theta_2) = 260\left(\frac{\sqrt{1-0.85^2}}{0.85} - \frac{\sqrt{1-0.95^2}}{0.95}\right) = 75.68[\text{kVA}]$

답 75.68[kVA]

TIP

④번 앞에 있는 것은 GPT(접지계기용 변압기)
⑥번 앞에 있는 EL은 접지램프로서 ⑤번 ⑥번은 접지사고와 관련된 것으로 이해할 수 있다.

03 ★☆☆☆☆ [5점]

다음의 자가용 특고압 수변전 설비에 대한 그림을 보고 아래 물음에 답하시오.

정기점검을 행할 경우의 작업순서는 (①), (②)의 순서로 개방한 후 전력회사에 요구하여 (③)를 개방시키고, 정전에 의해 송전이 정지되었을 경우 단락접지용구를 설치한다.

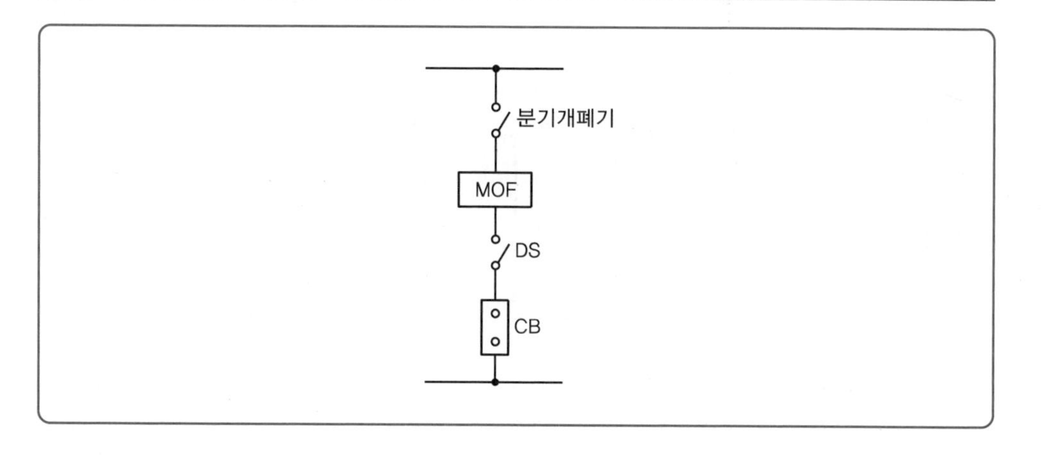

해답 ① CB ② DS ③ 분기개폐기

TIP

분기개폐기는 한전 측에 설치됨

04 ★★★★★ [5점]

유입 변압기와 비교한 몰드 변압기의 장점 5가지를 쓰시오.

해답 ① 난연성이 우수하다. ② 절연의 신뢰성 향상
③ 내진, 내습성이 좋다. ④ 소형, 경량화
⑤ 저손실, 고효율
그 외
⑥ 단시간 과부하 내량이 크다.

TIP

➤ 단점
① 가격이 고가이다. ② 옥외설치가 불가능하다.
③ 내전압의 성능이 낮다. ④ 대용량 제작이 곤란하다.

05 ★★★★☆

[6점]

500[kVA]의 변압기가 그림과 같은 부하로 운전되고 있다. 오전에는 역률 85[%]로, 오후에는 100[%]로 운전된다고 할 때 전일효율[%]을 구하시오.(단, 이 변압기의 철손은 6[kW], 전부하의 동손은 10[kW]라고 한다.)

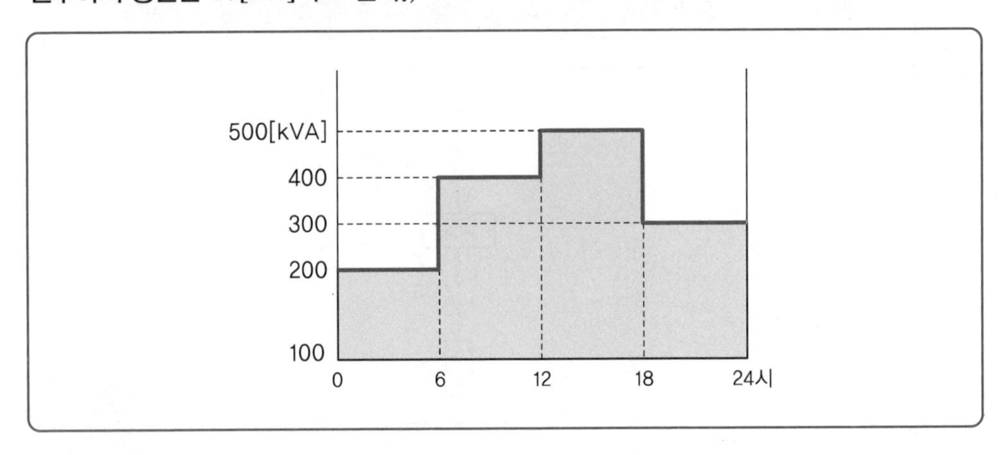

해답 계산

$$\text{전일효율}=\frac{(200\times6\times0.85+400\times6\times0.85+500\times6+300\times6)}{\left(\begin{array}{c}200\times6\times0.85+400\times6\times0.85\\+500\times6+300\times6\end{array}\right)+6\times24+10\times6\times\left\{\begin{array}{l}\left(\frac{200}{500}\right)^2+\left(\frac{400}{500}\right)^2\\+\left(\frac{500}{500}\right)^2+\left(\frac{300}{500}\right)^2\end{array}\right\}}$$

$$\times100[\%]=96.64[\%]$$

답 96.64[%]

TIP

① 전력량(출력) $P=$ 전력[kVA] × 시간 × 역률

철손 $P_i = P_i \times$ 시간　　동손 $P_c=\left(\frac{1}{m}\right)^2 P_c\times$ 시간

② 효율 $\eta=\frac{\text{전력량}}{\text{전력량}+\text{철손}+\text{동손}}\times100(\%)$

06 ★☆☆☆☆ [5점]

감전사고는 작업자 또는 일반인의 과실 등과 기계기구류 내의 전로의 절연불량 등에 의하여 발생되는 경우가 많이 있다. 저압에 사용되는 기계기구류 내의 전로의 절연불량 등으로 발생되는 감전사고를 방지하기 위한 기술적인 대책을 4가지만 써라.

해답 ① 기계, 기구 외함을 접지
② 누전경보기 설치
③ 2중 절연기기 사용
④ 누전 차단기 설치
그 외
⑤ 보호장비 착용

07 ★★★★☆ [4점]

이상전압이 2차기기에 악영향을 주는 것을 막기 위해 선로에 보호장치를 설치하는 회로이다. 그림 중 ①의 명칭을 쓰시오.

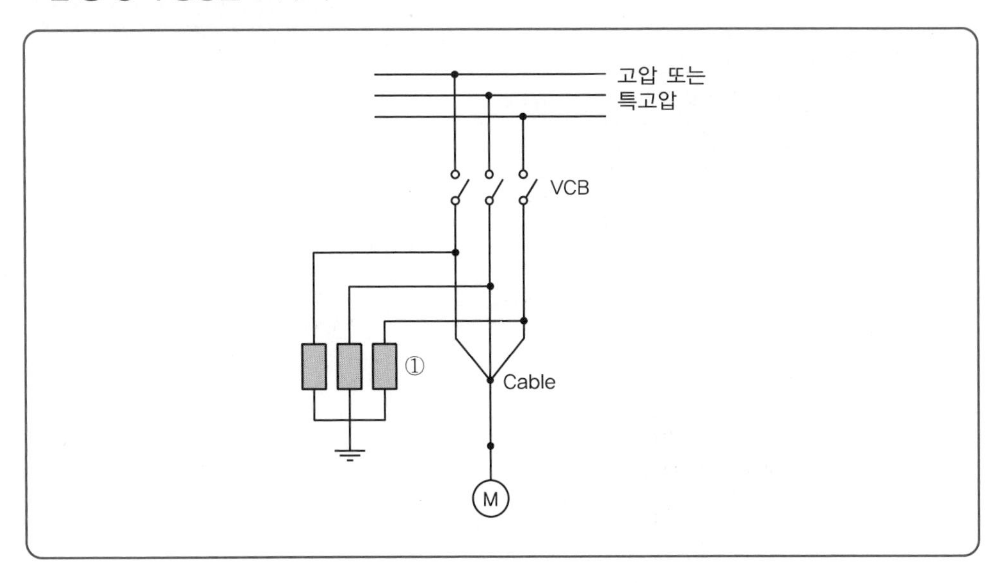

해답 서지 흡수기(SA)

TIP

전동기, 변압기(유입변압기 제외)를 개폐서지로부터 보호하기 위한 것이다.

08 ★★★★☆ [10점]

그림과 같은 단상 변압기 3대가 있다. 이 변압기에 대해서 다음 각 물음에 답하시오.

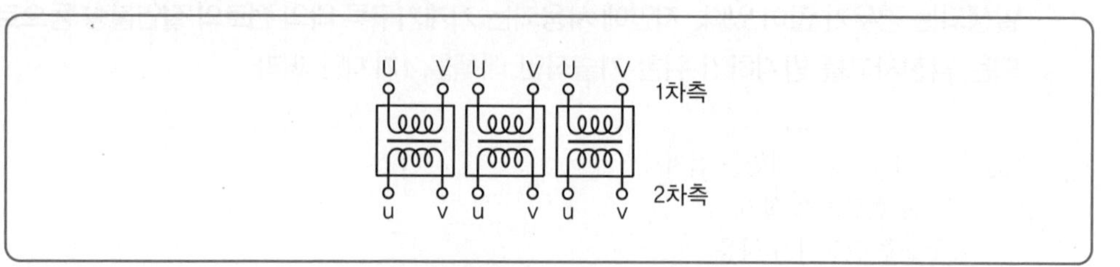

1 이 변압기의 결선을 △ - △결선하시오.

2 △ - △결선으로 운전하던 중 한 상의 변압기에 고장이 생겨 이것을 분리하고 나머지 2대로 3상 전력을 공급하고자 한다. 이때의 결선을 하고 이 결선의 명칭을 쓰시오.

3 2에서 변압기 1대의 이용률은 몇 [%]인가?

4 2와 같이 결선한 변압기 2대의 3상 출력은 △ - △결선 시의 변압기 3대의 출력과 비교할 때 몇 [%] 정도인가?

5 △ - △결선 시의 장점을 두 가지 쓰시오.

해답 1

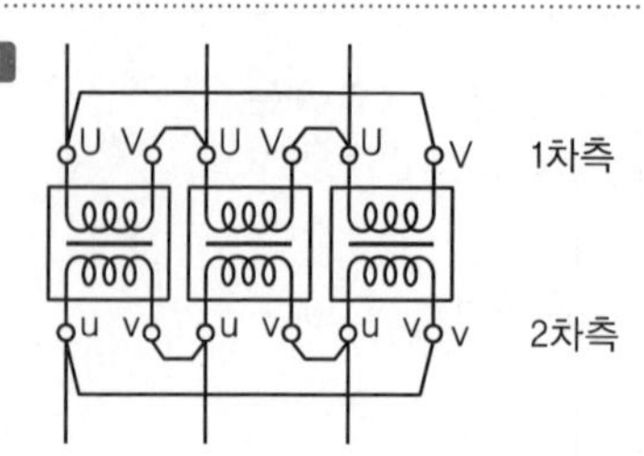

2 ① 결선도

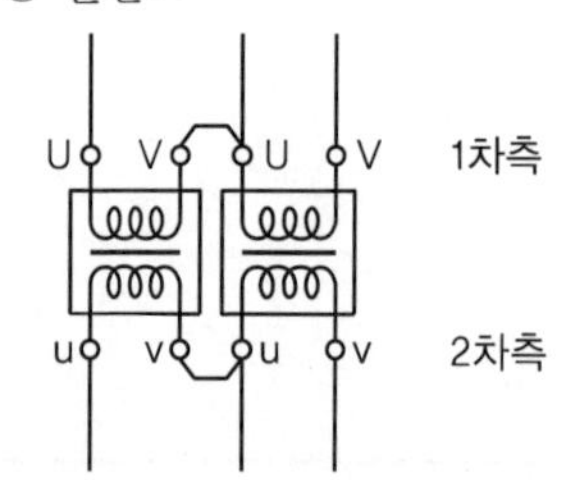

② 명칭 : V-V결선

3 $\frac{\sqrt{3}}{2} \times 100 = 86.6[\%]$ 답 86.6[%]

4 $\frac{\sqrt{3}}{3} \times 100 = 57.74[\%]$ 답 57.74[%]

5 ① 제3고조파를 제거한다.

② 1대 고장 시 V-V결선이 가능하다.

TIP

변압기 2차 측에 혼촉 방지용 접지를 할 것
단, 혼촉 방지판이 있는 경우(△－△)는 별도로 하지 않는다.

09 ★★★★☆ [5점]

수전 전압 6,600[V], 수전 전력 450[kW](역률 0.8)인 고압 수용가의 수전용 차단기에 사용하는 과전류 계전기의 사용탭은 몇 [A]인가?(단, CT의 변류비는 75/5로 하고 탭 설정값은 부하전류의 150[%]로 한다.)

해답 계산 : 정격 1차 전류 $I_1 = \dfrac{P}{\sqrt{3}\,V\cos\theta} = \dfrac{450 \times 10^3}{\sqrt{3} \times 6{,}600 \times 0.8} = 49.21[A]$

탭 설정값은 부하전류의 150[%]이므로

$I_1 \times \dfrac{1}{CT비} \times 1.5 = 49.21 \times 1.5 \times \dfrac{5}{75} = 4.92[A]$

답 5[A]

10 ★★★★★ [4점]

2전력계법에 의해 3상 전력을 측정한 결과 지시값이 $W_1 = 200[kW]$, $W_2 = 800[kW]$이었다. 이 부하의 역률은 몇 [%]인가?

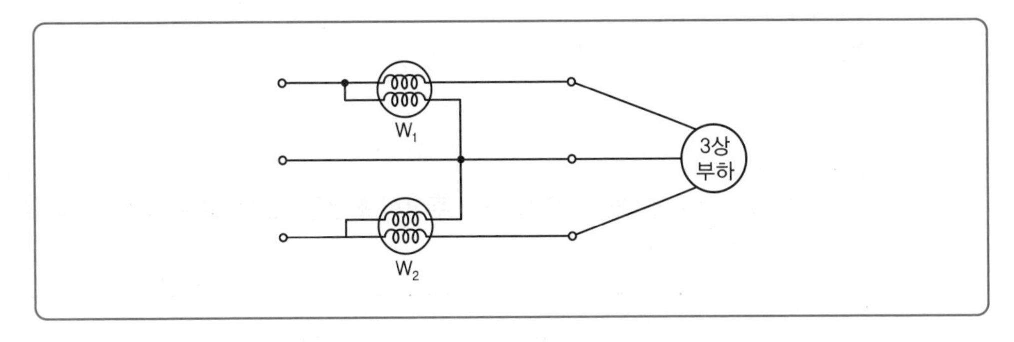

해답 $\cos\theta = \dfrac{W_1 + W_2}{2\sqrt{W_1^2 + W_2^2 - W_1W_2}} \times 100$

계산 : $\dfrac{200 + 800}{2\sqrt{200^2 + 800^2 - 200 \times 800}} \times 100 = 69.337[\%]$

답 69.34[%]

TIP

2전력계법은 2개의 단상전력계로 3상전력을 측정하는 방법으로 각각의 전력 및 역률은 다음과 같다.

① 유효전력 : $P = W_1 + W_2$[W]

② 무효전력 : $P_r = \sqrt{3}(W_1 - W_2)$[Var]

③ 피상전력 : $P_a = 2\sqrt{W_1^2 + W_2^2 - W_1W_2}$ [VA]

④ 역률 : $\cos\theta = \dfrac{W_1 + W_2}{2\sqrt{W_1^2 + W_2^2 - W_1W_2}}$

11 ★★★☆☆

[5점]

그림과 같은 심벌의 명칭을 구체적으로 쓰시오.

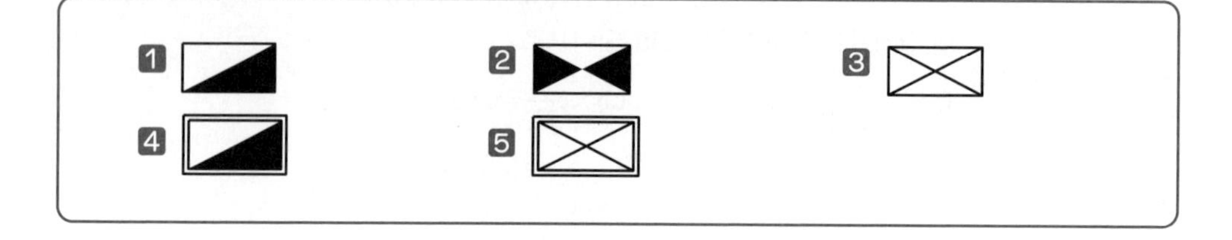

해답 1 분전반

2 제어반

3 배전반

4 재해 방지 전원회로용 분전반

5 재해 방지 전원회로용 배전반

12 ★★★★★

[6점]

아래의 그림과 같은 건물에 대한 도면을 보고 주어진 조건을 이용하여 분기회로 수를 결정하시오. ※ KEC 규정에 따라 변경

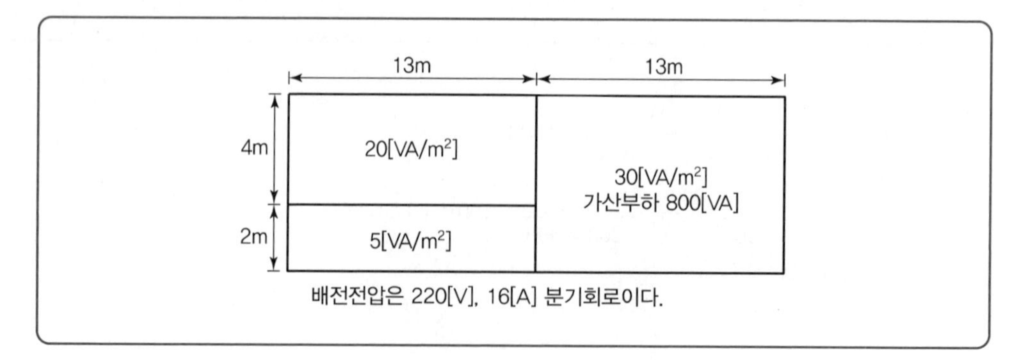

해답 계산 : $P=(13\times4\times20)+(13\times2\times5)+(13\times6\times30)+800=4{,}310[VA]$

$$N=\frac{4{,}310}{16\times220}=1.22\leq 2\text{회로}$$

답 16[A] 분기회로 2회로

TIP

① 표준부하(상정부하)= $\sum$(면적×면적부하)+ $\sum$(길이×길이부하)+가산부하

② 16[A] 분기회로 수= $\dfrac{\text{총설비용량}}{16[A]\times\text{정격전압}}$

13 ★★★★☆ [6점]

반도체의 스위칭 이론을 이용하여 표현된 무접점식인 논리기호는 다음과 같이 접점에 의하여 표시할 수 있다.

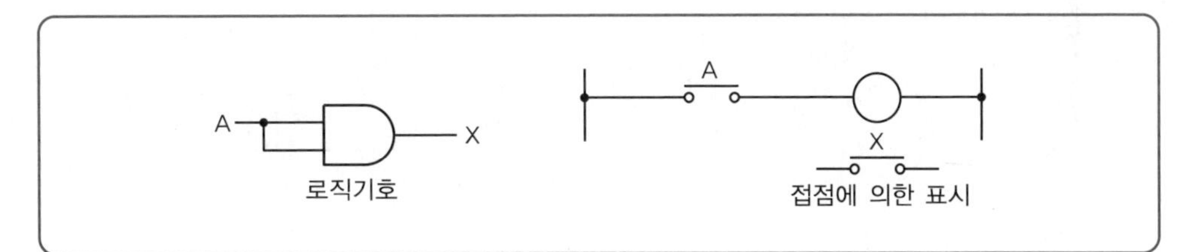

다음의 로직기호를 앞의 그림과 같이 유접점으로 표현하시오.

1 A B X

2 A B X

3 A B X

해답 1 A B X

2 A B X

3 A B X

14 ★★★★★

[5점]

지표면상 20[m] 높이의 수조가 있다. 이 수조에 15[m³/min] 물을 양수하는 데 필요한 펌프용 전동기의 소요 동력은 몇 [kW]인가?(단, 펌프의 효율은 70[%]로 하고, 여유계수는 1.2로 한다.)

해답 $P = \frac{9.8 \times Q \times H}{\eta} K$

계산 : $\frac{9.8 \times \frac{15}{60} \times 20 \times 1.2}{0.7} = 84[kW]$

답 84[kW]

TIP

$P = \frac{QHK}{6.12\eta}$

여기서, Q : 유량[m³/min]

H : 낙차[m]

η : 효율

15 ★★★★★

[5점]

평면이 12×24[m]인 사무실에 40[W], 전광속 2,400[lm]인 형광등을 사용하여 평균 조도를 120[lx]로 유지하도록 설계하고자 한다. 이 사무실에 필요한 형광등 수를 산정하시오. (단, 유지율은 0.8, 조명률은 50[%]이다.)

해답 계산 : $N = \frac{EDA}{FU} = \frac{EA}{FUM} = \frac{120 \times (12 \times 24)}{2{,}400 \times 0.5 \times 0.8} = 36$

답 36[등]

TIP

조명설계공식 FUN = EDA

여기서, F[lm] : 광속

U : 조명률

N : 등수

E[lx] : 조도

D : 감광보상률

A[m²] : 면적

16 ★★☆☆☆ [9점]

주어진 조건을 이용하여 다음의 시퀀스회로를 그리시오.

[조건]

- 푸시버튼스위치 4개(PBS_1, PBS_2, PBS_3, PBS_4)
- 보조릴레이 3개(X_1, X_2, X_3)
- 계전기의 보조 a접점 또는 보조 b접점을 추가 또는 삭제하여 작성하되 불필요한 접점을 사용하지 않도록 할 것이며 보조접점에는 접점의 명칭을 기입하도록 할 것

먼저 수신한 회로만을 동작시키고 그 다음 입력신호를 주어도 동작하지 않도록 회로를 구성하고 타임차트를 그리시오.

1

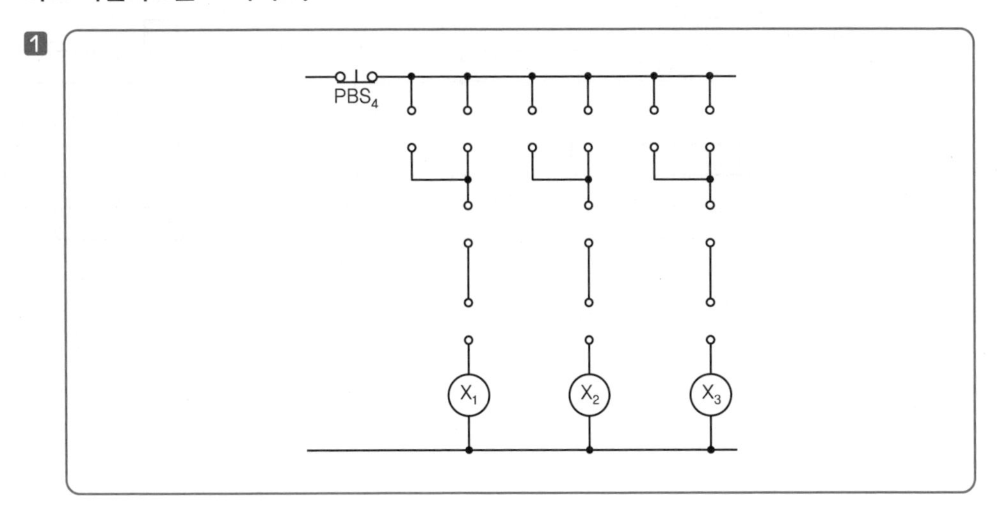

2

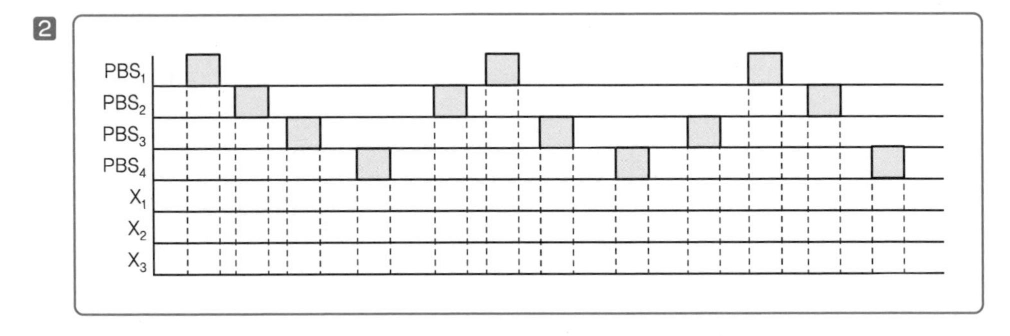

해답 1

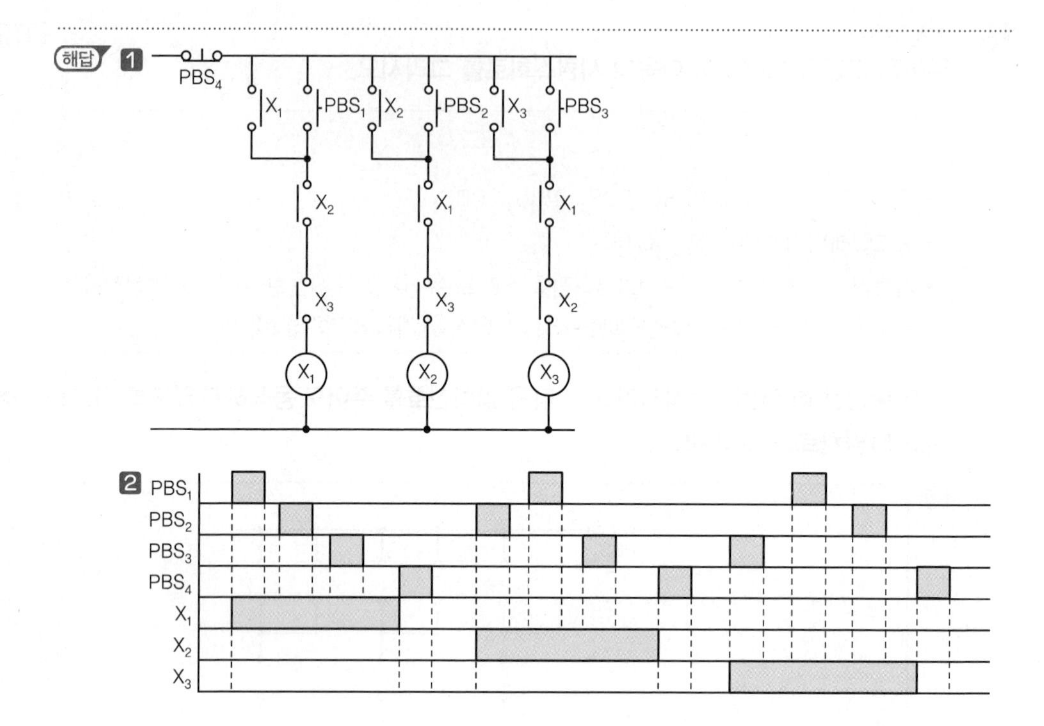
PBS4
X1
PBS1
X2
PBS2
X3
PBS3
X2
X1
X1
X3
X3
X2
X1
X2
X3
2
PBS1
PBS2
PBS3
PBS4
X1
X2
X3

↘ 전기산업기사

2012년도 2회 시험

과년도 기출문제

회독 체크	□1회독	월 일	□2회독	월 일	□3회독	월 일

01 ★★☆☆☆ [5점]

다음 사진은 유입변압기 절연유의 열화 방지를 위한 습기제거 장치로서 실리카겔(흡습제)과 절연유가 주입되는 2개의 용기로 이루어져 있다. 하부에 부착된 용기는 외부공기와 직접적인 접촉을 막아주기 위한 용기로, 표시된 눈금(용기의 2/3 정도)까지 절연유를 채워 관리해야 한다. 이것의 명칭을 쓰시오.

해답 흡습호흡기

TIP

➤ 흡습호흡기

변압기의 호흡작용으로 유입하는 공기 중의 습기를 흡수하는 장치를 말하며, 브리더(Breather)라고도 한다.

02 ★★★★★ [5점]

어떤 수용가의 전기설비로 역률 0.8, 용량 200[kVA]인 3상 유도부하가 사용되고 있다. 이 부하에 병렬로 전력용 콘덴서를 설치하여 합성 역률을 0.95로 개선할 경우 다음 각 물음에 답하시오.

1. 전력용 콘덴서의 용량은 몇 [kVA]가 필요한가?
2. 전력용 콘덴서에 직렬리액터를 설치할 때 설치하는 이유와 용량은 몇 [kVA]를 설치하여야 하는지를 쓰시오.

해답 1 콘덴서 용량 $Q_c = P\left(\frac{\sin\theta_1}{\cos\theta_1} - \frac{\sin\theta_2}{\cos\theta_2}\right)$

계산 : $200 \times 0.8\left(\frac{0.6}{0.8} - \frac{\sqrt{1-0.95^2}}{0.95}\right) = 67.41[\text{kVA}]$

답 $67.41[\text{kVA}]$

2 이유 : 제5고조파의 제거

용량 : 콘덴서 용량의 6[%]이므로 $67.41 \times 0.06 = 4.04[\text{kVA}]$

TIP

① 이론상 : 콘덴서 용량×4[%]

② 실제상 : 콘덴서 용량×6[%]로 주파수 변동을 고려한다.

03 ★★★★★

[6점]

비상 전원으로 이용되는 축전지에 대한 다음 각 물음에 답하시오.

1 그림과 같은 부하 특성을 갖는 연 축전지를 사용할 때 보수율이 0.8, 최저 축전지 온도, 5[℃], 허용 최저 전압 90[V]일 때 몇 [Ah] 이상인 축전지를 선정하여야 하는가?(단, $I_1 = 60$[A], $I_2 = 50$[A], $K_1 = 1.15$, $K_2 = 0.91$, 셀(Cell)당 전압은 1.06[V/Cell]이다.)

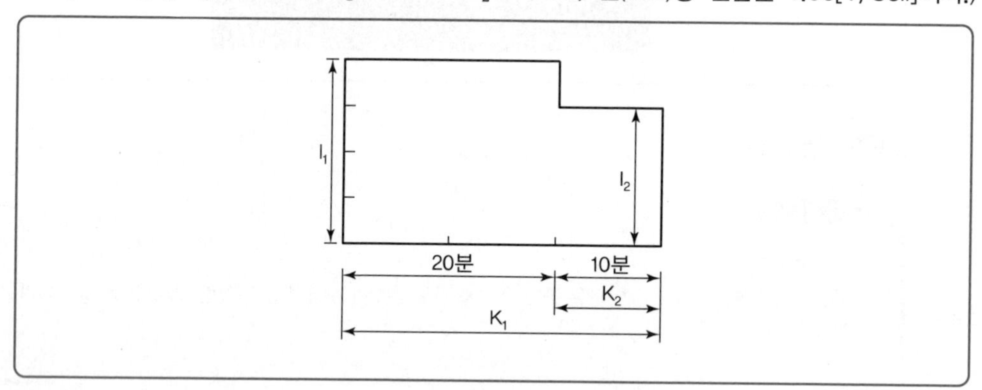

2 연축전지와 알칼리축전지의 공칭 전압은 각각 몇 [V]인가?

해답 1 계산 : $C = \frac{1}{L}[K_1 I_1 + K_2(I_2 - I_1)] = \frac{1}{0.8}[1.15 \times 60 + 0.91(50 - 60)] = 74.88$

답 $74.88[\text{Ah}]$

2 연축전지 : 2.0[V]

알칼리축전지 : 1.2[V]

04 ★★★★☆ [5점]

수전전압 22.9[kV], 변압기 용량 5,000[kVA]의 수전설비를 계획할 때 외부와 내부의 이상전압으로부터 계통의 기기를 보호하기 위해 설치해야 할 기기의 명칭과 그 설치위치를 설명하시오.(단, 변압기는 몰드형으로서 변압기 1차의 주차단기는 진공차단기를 사용하고자 한다.)

1. 뇌(낙뢰) 등 외부 이상전압
2. 개폐 이상전압 등 내부 이상전압

해답

1. 기기명 : 피뢰기
   설치위치 : 진공 차단기 1차 측
2. 기기명 : 서지 흡수기
   설치위치 : 진공 차단기 2차 측과 몰드형 변압기 1차 측 사이

TIP

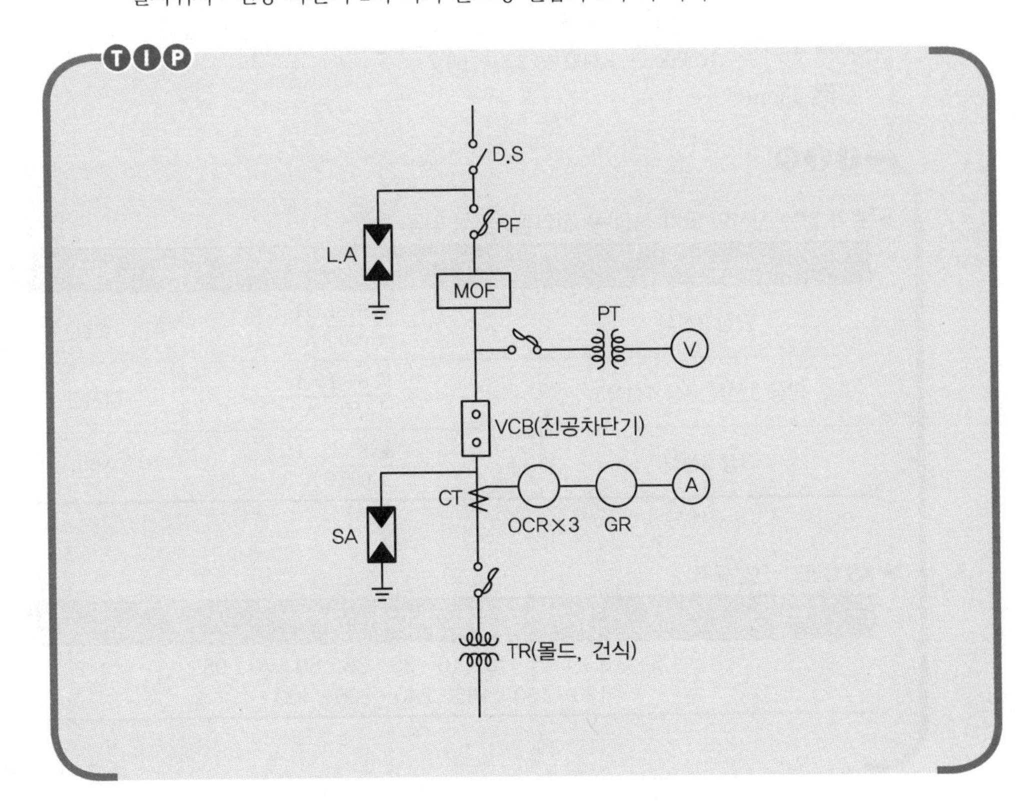

05 ★★★★★

[5점]

전원 측에서 30[m]의 거리에 2.5[kW]의 교류 단상 220[V] 전열용 BOX를 설치하여 전압강하를 2[%] 이내가 되도록 하고자 한다. 이곳의 배선방법을 금속관공사로 한다고 할 때, 다음 각 물음에 답하시오.

1. 전선의 굵기를 선정하고자 할 때 고려사항을 3가지만 쓰시오.
2. 전선은 450/750[V] 일반용 단심 비닐절연전선을 사용한다고 할 때 본문내용에 따른 전선의 굵기를 계산하고, 규격품의 굵기로 답하시오.

해답 1. 허용전류, 전압 강하, 기계적 강도

2. 정격전류 $I = \frac{P}{V} = \frac{2.5 \times 10^3}{220} = 11.36$

계산 : $A = \frac{35.6LI}{1,000e} = \frac{35.6 \times 30 \times 11.36}{1,000 \times (220 \times 0.02)} = 2.76 \le 4[mm^2]$

답 $4[mm^2]$

TIP

➤ 표가 없는 전선의 굵기 선정 ➡ 전압강하공식 이용

배전방식	전압강하	비고
단상 2선식	$e = \frac{35.6 \times L \times I}{1,000 \times A}$	선간
단상 3선식, 3상 4선식	$e = \frac{17.8 \times L \times I}{1,000 \times A}$	대지간
3상 3선식	$e = \frac{30.8 \times L \times I}{1,000 \times A}$	선간

여기서, A : 전선의 단면적$[mm^2]$

➤ KS C IEC 전선규격

전선의 공칭 단면적$[mm^2]$
1.5 · 2.5 · 4 · 6 · 10 · 16 · 25 · 35 · 50 · 70 · 95 120 · 150 · 185 · 240 · 300 · 400

06 ★★★☆☆ [10점]

특고압 가공 전선로(22.9[kV−Y])로부터 수전하는 어느 수용가의 특고압 수전 설비의 단선 결선도이다. 다음 각 물음에 답하시오.

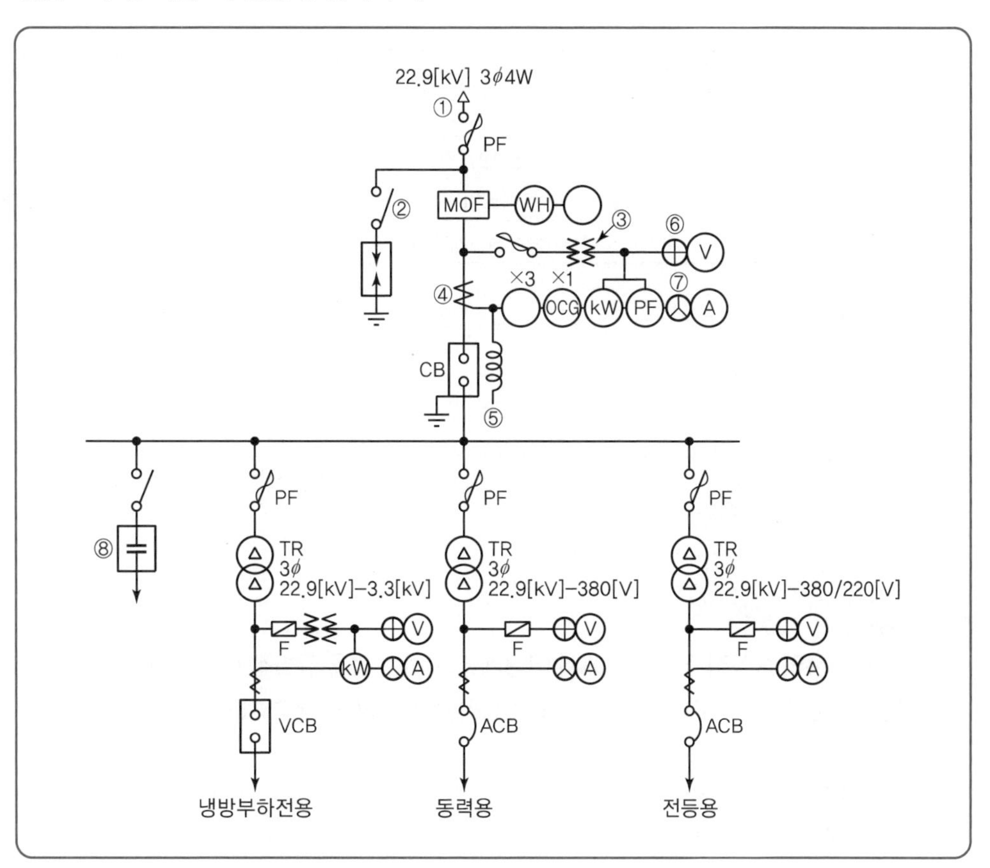

1 ①~⑧에 해당되는 것의 명칭과 약호를 쓰시오.

번호	약호	명칭	번호	약호	명칭
①			②		
③			④		
⑤			⑥		
⑦			⑧		

2 동력부하의 용량은 300[kW], 수용률은 0.6, 부하역률이 80[%], 효율이 85[%]일 때 이 동력용 3상 변압기의 용량은 몇 [kVA]인지를 계산하고, 주어진 변압기의 용량을 선정하시오.

| 변압기의 표준 정격 용량[kVA] |

200	300	400	500

3 냉방부하용 터보냉동기 1대를 설치하고자 한다. 냉동기에 설치된 전동기는 3상 농형 유도전동기로 정격전압 3.3[kV], 정격출력 200[kW], 전동기의 역률 85[%], 효율 90[%]일 때 정격운전 시 부하전류는 얼마인가?

해답 1

번호	약호	명칭	번호	약호	명칭
①	CH	케이블헤드	②	DS	단로기
③	PT	계기용 변압기	④	CT	변류기
⑤	TC	트립코일	⑥	VS	전압계용 전환개폐기
⑦	AS	전류계용 전환개폐기	⑧	SC	전력용 콘덴서

2 계산 : $P = \frac{\text{설비용량} \times \text{수용률}}{\text{역률} \times \text{효율}} = \frac{300 \times 0.6}{0.8 \times 0.85} = 264.71[\text{kVA}]$

답 표에서 300[kVA] 선정

3 계산 : 부하전류 $I = \frac{P}{\sqrt{3}\,V\cos\theta\eta} = \frac{200}{\sqrt{3} \times 3.3 \times 0.85 \times 0.9} = 45.74[\text{A}]$

답 45.74[A]

07 ★★☆☆☆ [5점]

송전 계통의 중성점 접지방식에서 어떻게 접지하는 것을 유효접지(Effective Grounding)라 하는지 설명하고, 유효접지의 가장 대표적인 접지방식 한 가지만 쓰시오.

해답 1 설명 : 1선 지락 시 건전상의 전위 상승이 상규대지전압의 1.3배 이하가 되도록 하는 접지

2 접지방식 : 직접 접지방식

TIP

➤ 중성점 접지 종류

① 비접지 ② 저항접지
③ 소호리액터 접지 ④ 직접 접지

08 ★★★★★ [7점]

다음은 어느 생산 공장의 수전 설비이다. 이것을 이용하여 다음 각 물음에 답하시오.

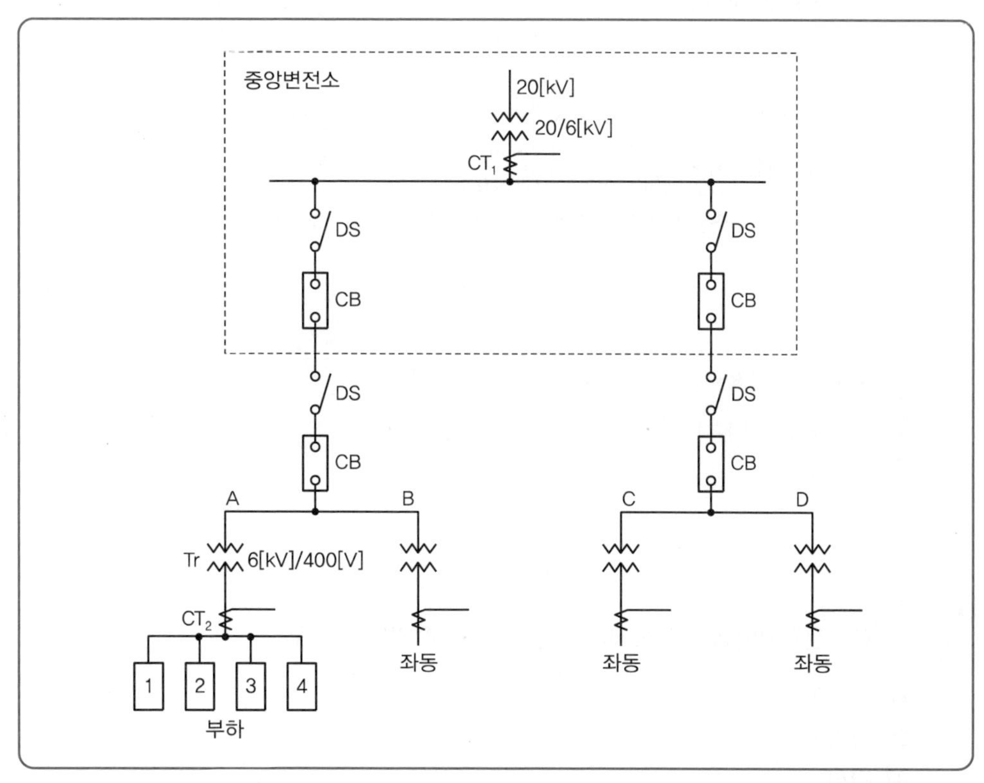

| 뱅크의 부하 용량표 |

피더	부하설비용량[kW]	수용률[%]
1	125	80
2	125	80
3	500	60
4	600	84

| 변류기 규격표 |

항목	변류기
정격 1차 전류[A]	5, 10, 15, 20, 30, 40, 50, 75, 100, 150, 200, 300, 400, 500, 600, 750, 1,000, 1,500, 2,000, 2,500
정격 2차 전류[A]	5

1 표와 같이 A, B, C, D 4개의 뱅크가 있으며, 각 뱅크는 부등률이 1.1이다. 이때 중앙 변전소의 변압기 용량을 산정하시오.(단, 각 부하의 역률은 0.8이며, 변압기 용량은 표준규격으로 답하도록 한다.)

2 변류기 $\mathrm{CT_1}$과 $\mathrm{CT_2}$의 변류비를 산정하시오.(단, 1차 수전 전압은 20,000/6,000[V], 2차 수전 전압은 6,000/400[V]이며, 변류비는 표준규격으로 답하도록 한다.)

해답 **1** 각 뱅크의 부하설비용량이 같으므로 1뱅크에 곱하기 4를 하면 된다.

$$\text{계산 : } \mathrm{T_r} \text{ 용량} = \frac{\text{개별최대전력의합(설비용량} \times \text{수용률)}}{\text{부등률} \times \text{역률}}$$

$$= \frac{(125 \times 0.8 + 125 \times 0.8 + 500 \times 0.6 + 600 \times 0.84) \times 4}{1.1 \times 0.8} = 4,563.64$$

답 5,000[kVA]

2 ① 계산 : $I_1 = \frac{P}{\sqrt{3} \times V} = \frac{4,563.64}{\sqrt{3} \times 6} = 439.14[A]$

CT 1차는 1.25배를 적용하여 $439.14 \times 1.25 = 548.93[A]$ 답 600/5

② 계산 : $I_1 = \frac{P}{\sqrt{3} \times V} = \frac{4,563.64/4}{\sqrt{3} \times 0.4} = 1,648.76[A]$

CT 1차는 1.25배를 적용하여 $1,648.76 \times 1.25 = 2,060.95[A]$ 답 2,500/5

TIP

1 최대수요전력 $= \dfrac{\dfrac{\text{부하설비 용량[kW]}}{\cos\theta} \times \text{수용률}}{\text{부등률}}$ [kVA]

2 변류기는 최대부하전류의 1.25~1.5배로 선정

09 ★★☆☆☆ [7점]

수용가 전기설비에서 사용되는 다음 용어의 정의를 쓰시오.

1 사용전압
2 단락전류
3 간선
4 분기회로

해답
1 사용전압 : 보통의 사용상태에서 그 회로에 가하여지는 선간전압을 말한다.
2 단락전류 : 전로의 선간이 임피던스가 적은 상태로 접촉되었을 경우에 그 부분을 통하여 흐르는 큰 전류를 말한다.
3 간선 : 인입구에서 분기과전류차단기에 이르는 배선으로서 분기회로의 분기점에서 전원측 부분을 말한다.
4 분기회로 : 간선에서 분기하여 분기과전류차단기를 거쳐서 부하에 이르는 사이의 배선을 말한다.

TIP

➤ KEC 따른 용어의 정의

① 과부하전류 : 정격용량을 초과한 부하설비를 운전하는 경우, 정격전류값을 초과하여 흐르는 전류를 말한다.

② 단락전류 : 회로 간에 단락이 발생한 경우, 선로에 흐르는 매우 큰 값의 전류를 말한다.

10 ★★★★★ [5점]

지표면상 15[m] 높이의 수조가 있다. 이 수조에 시간당 5,000[m³] 물을 양수하는 데 필요한 펌프용 전동기의 소요 동력은 몇 [kW]인가?(단, 펌프의 효율은 55[%]로 하고, 여유계수는 1.1로 한다.)

해답 계산 : $P = \dfrac{9.8QHK}{\eta} = \dfrac{9.8 \times \dfrac{5,000}{60 \times 60} \times 15 \times 1.1}{0.55} = 408.33[\text{kW}]$

여기서, Q : 유량[m³/sec]

H : 총양정(낙차)[m]

K : 계수

답 408.33[kW]

TIP

시간당 $Q = \dfrac{5,000[\text{m}^3]}{60\text{초} \times 60\text{분}}[\text{m}^3/\text{h}]$

11 ★★☆☆☆ [5점]

다음 그림에서 Ⓥ가 지시하는 것은 무엇인가?

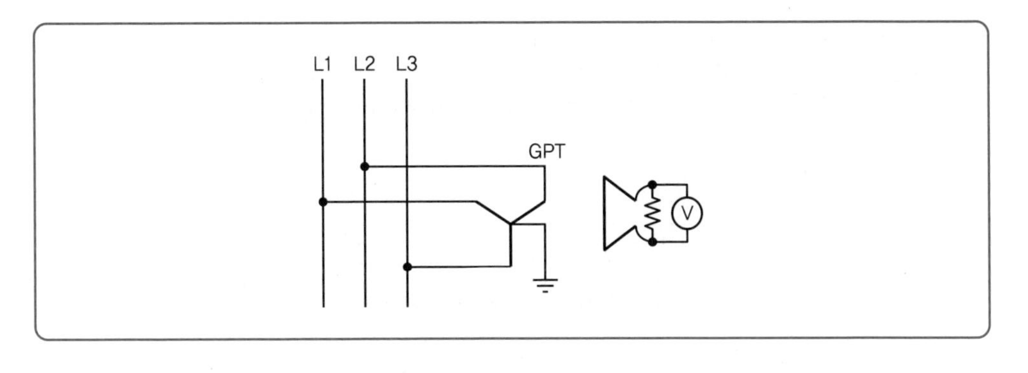

해답 영상전압

12 ★★★★★ [5점]

길이 20[m], 폭 10[m], 천장 높이 5[m], 유지율은 80[%], 조명률은 50[%]이다. 작업면의 평균 조도를 120[lx]로 할 때 소요 광속은 얼마인가?

해답 계산 : $F = \frac{EDA}{UN} = \frac{EA \times \frac{1}{M}}{UN} = \frac{120 \times (20 \times 10) \times \frac{1}{0.8}}{0.5 \times 1} = 60,000$

답 60,000[lm]

TIP

조명설계공식 $FUN = EDA = EA\frac{1}{M}$

여기서, F[lm] : 광속, U : 조명률, N : 등수, E[lx] : 조도
D : 감광보상률, A[m^2] : 면적, M : 유지율

13 ★☆☆☆☆ [5점]

고압회로의 지락보호를 위하여 검출기로 관통형 영상변류기를 사용할 경우 케이블의 실드 접지의 접지점은 원칙적으로 케이블 1회선에 대하여 1개소로 한다. 그러나, 케이블의 길이가 길게 되어 케이블 양단에 실드 접지를 하게 되는 경우 양끝의 접지는 다른 접지선과 접속하면 안 되는데, 그 이유는 무엇인가?

해답 접지극을 공용하면 기기 등 지락 시 지락전류가 케이블 실드에 흘러 케이블이 소손된다. 또한 지락계전기의 지락전류 감도 저하로 지락사고가 검출이 안 될 수도 있다.

TIP

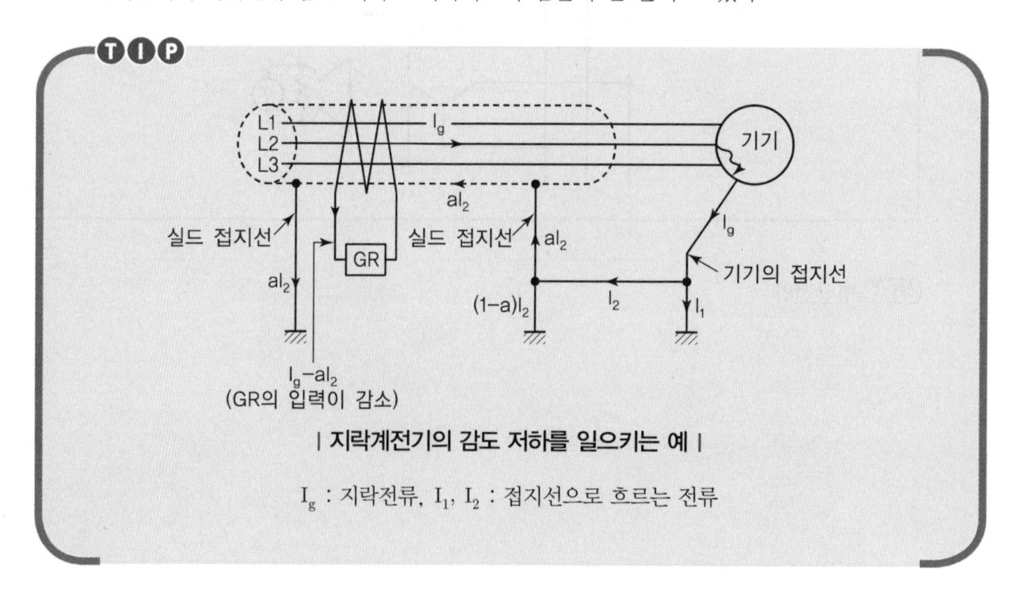

| 지락계전기의 감도 저하를 일으키는 예 |

I_g : 지락전류, I_1, I_2 : 접지선으로 흐르는 전류

14 ★★★★★ [7점]

그림은 전동기 5대가 동작할 수 있는 제어회로 설계도이다. 회로를 완전히 숙지한 다음 (　) 속에 알맞은 말을 넣어 완성하여라.

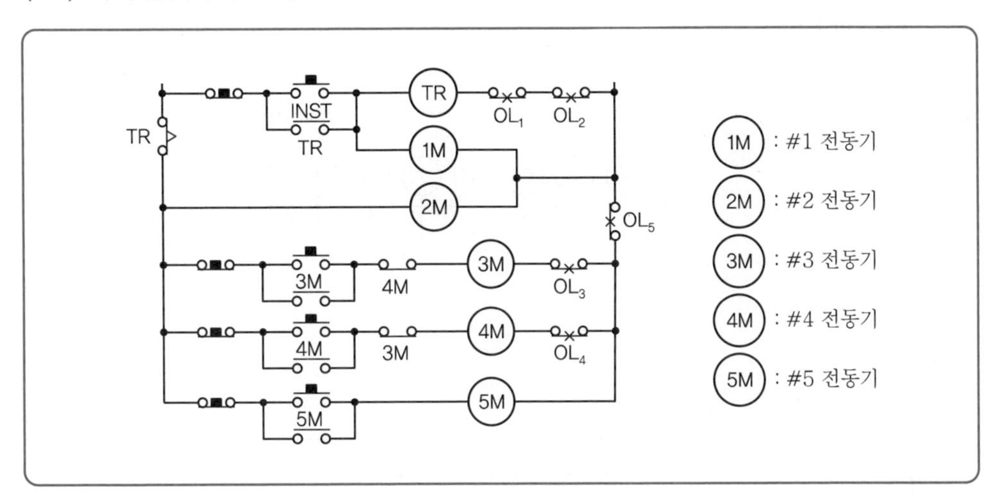

1. #1 전동기가 기동하면 일정시간 후에 (①) 전동기도 기동하고 #1 전동기가 운전 중에 있는 한 (②) 전동기도 동작한다.
2. #1, #2 전동기가 운전 중이 아니면 (①) 전동기는 기동할 수 없다.
3. #4 전동기가 운전 중일 때 (①) 전동기는 기동할 수 없으며 #3 전동기가 운전 중일 때 (②) 전동기는 기동할 수 없다.
4. #1 또는 #2 전동기의 과부하 계전기가 트립하면 (①) 전동기는 정지하여야 한다.
5. #5 전동기의 과부하 계전기가 트립하면 (①) 전동기가 정지한다.

해답
1. ① : #2　② : #2
2. ① : #3, #4, #5
3. ① : #3　② : #4
4. ① : #1, #2, #3, #4, #5
5. ① : #3, #4, #5

15 ★★☆☆☆ [5점]

MOF에 대하여 간략히 설명하시오.

해답 한 탱크에 PT와 CT를 조합하여 사용 전력량을 측정한다.

16 ★★★☆☆

[4점]

계기용 변압기(2개)와 변류기(2개)를 부속하는 3상 3선식 전력량계를 결선하시오.(단, 1, 2, 3은 상순을 표시하고, P1, P2, P3은 계기용 변압기에 1S, 1L, 3S, 3L은 변류기에 접속하는 단자이다.)

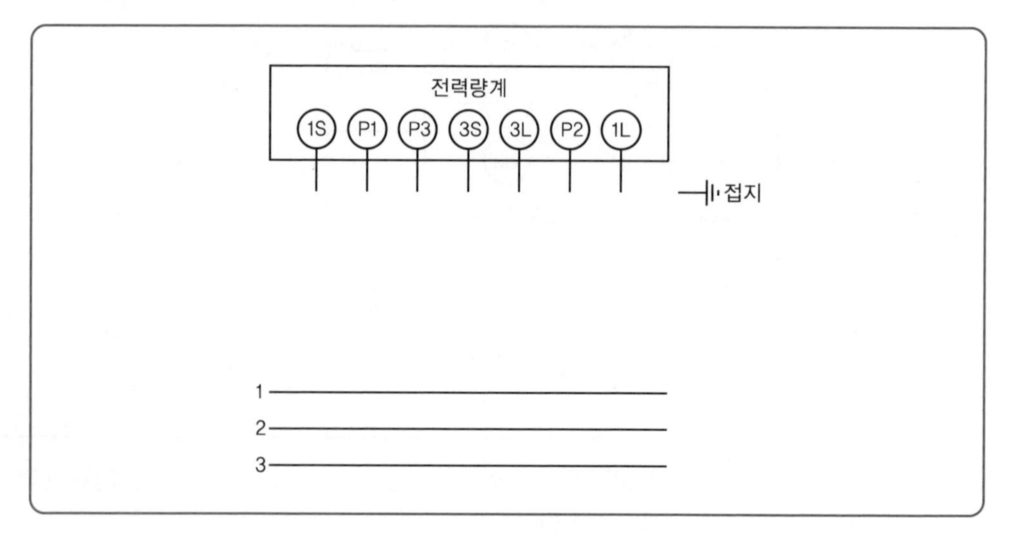

해답

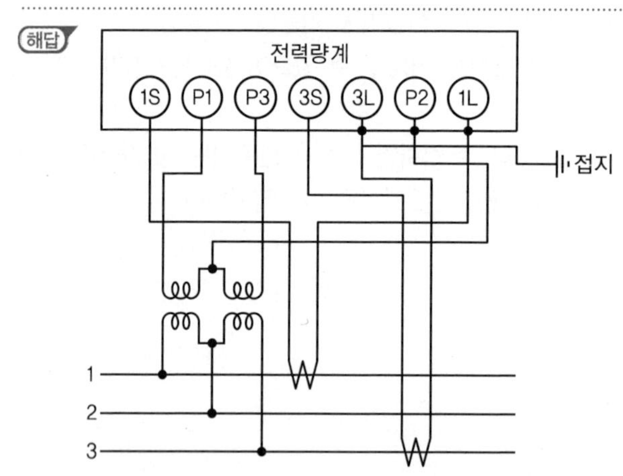

TIP

① CT가 1개만 있는 경우 비접지
② CT가 2, 3개가 있는 경우 접지를 한다.

17 ★★★★☆ [4점]

다음 논리회로의 출력을 논리식으로 나타내고 간략화하시오.

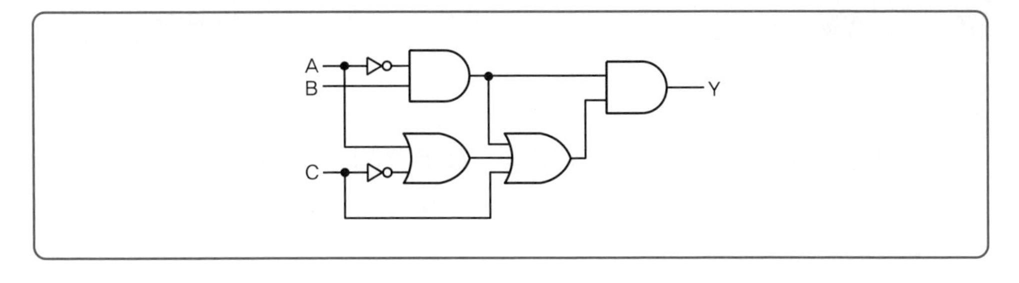

해답 $Y = (\overline{A}B)(\overline{A}B + A + \overline{C} + C)$

$= (\overline{A}B)(\overline{A}B + A + 1)$

$= \overline{A}B$

18 ★★★☆☆ [5점]

접지공사에서 접지저항을 저감시키는 방법을 5가지 쓰시오.

해답 ① 접지극의 치수를 크게 한다.

② 접지극을 병렬 접속한다.

③ 접지극을 깊게 매설한다.

④ 메쉬공법을 한 경우 포설 면적을 크게 한다.

⑤ 접지저항 저감제를 사용한다.

TIP

➤ 접지 저감제 구비조건

① 접지극 부식 방지

② 지속적일 것

③ 공해가 없을 것

④ 저감효과가 클 것

전기산업기사

2012년도 3회 시험

과년도 기출문제

회독 체크	□1회독	월 일	□2회독	월 일	□3회독	월 일

01 ★★★☆☆ [6점]

일반적으로 조명기구의 그림 기호에 문자와 숫자가 다음과 같이 방기되어 있다. 그 의미를 쓰시오.

1 H300
2 N100
3 F40
4 X200
5 M200

해답
1 300[W] 수은등
2 100[W] 나트륨등
3 40[W] 형광등
4 200[W] 크세논등
5 200[W] 메탈헬라이드등

TIP

H : 수은등　N : 나트륨등　F : 형광등　M : 메탈헬라이드등　X : 크세논등

02 ★★★☆☆ [5점]

수용률의 정의와 의미를 간단히 설명하시오.

1 정의
2 의미

해답
1 전력 수용 전력과 설비용량의 비를 백분율로 나타낸 것

$$식 = \frac{최대수용전력[kW]}{설비용량[kW]} \times 100\%$$

2 수용설비가 동시에 사용하는 정도를 말한다.

03 ★★★☆☆ [5점]

전력 계통에 설치되는 분로리액터는 무엇을 위하여 설치하는가?

해답 페란티 현상 방지

TIP

① 병렬 리액터 : 페란티 현상 방지
② 한류 리액터 : 단락전류를 제한하여 차단기 용량을 줄임
③ 직렬 리액터 : 5 고조파를 제거하여 전압의 파형을 개선
④ 소호 리액터 : 지락아크를 소멸하고 이상전압 발생을 방지

04 ★★★★☆ [7점]

다음 회로는 환기팬의 자동운전회로이다. 이 회로와 동작 개요를 보고 다음 각 물음에 답하시오.

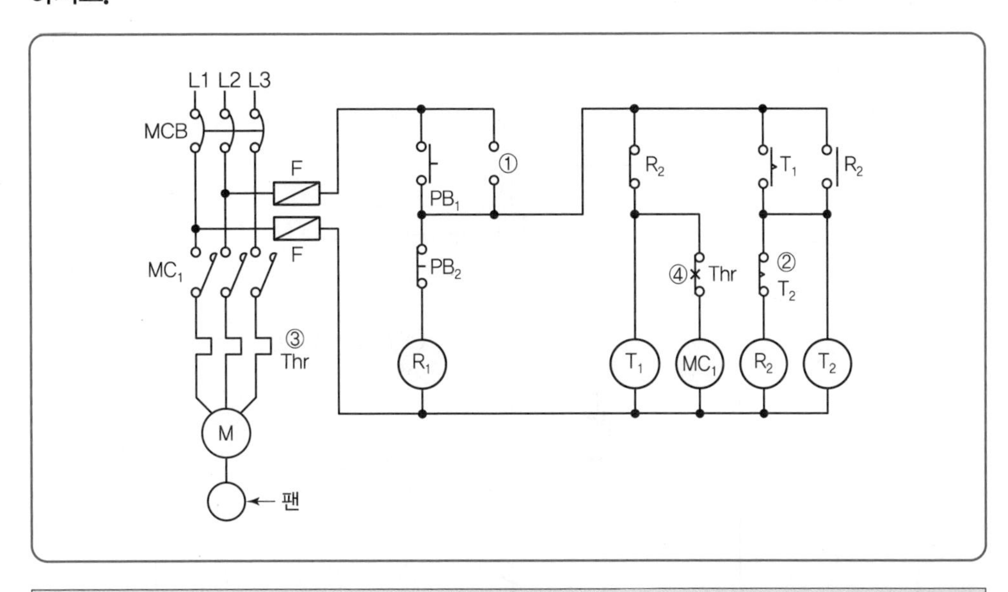

[동작 설명]

- 연속 운전을 할 필요가 없는 환기용 팬 등의 운전 회로에서 기동 버튼에 의하여 운전을 개시하면 그 다음에는 자동적으로 운전 정지를 반복하는 회로이다.
- 기동 버튼 PB_1을 "ON" 조작하면 타이머 T_1의 설정 시간만 환기팬이 운전하고 자동적으로 정지한다. 그리고 타이머 T_2의 설정 시간에만 정지하고 재차 자동적으로 운전을 개시한다.
- 운전 도중에 환기팬을 정지시키려고 할 경우에는 버튼스위치 PB_2를 "ON" 조작하여 행한다.

1 위 시퀀스도에서 릴레이 R_1에 의하여 자기 유지될 수 있도록 ①로 표시된 곳에 접점기호를 그려 넣으시오.

2 ②로 표시된 접점기호의 명칭과 동작을 간단히 설명하시오.

3 Thr로 표시된 ③, ④의 명칭과 동작을 간단히 설명하시오.

해답 **1**

2 명칭 : 한시동작 순시복귀 b접점

동작 : 타이머 T_2가 여자되면 일정 시간 후 개로되어 (R_2)와 (T_2)를 소자시킨다.

3 명칭 : ③ 열동 계전기, ④ 수동 복귀 b접점

동작 : 전동기에 과전류가 흐르면 전동기를 정지시키며 접점의 복귀는 수동으로 한다.

05 ★★★★☆ [10점]

도면은 154[kV]를 수전하는 어느 공장의 수전설비에 대한 단선도이다. 이 단선도를 보고 다음 각 물음에 답하시오.

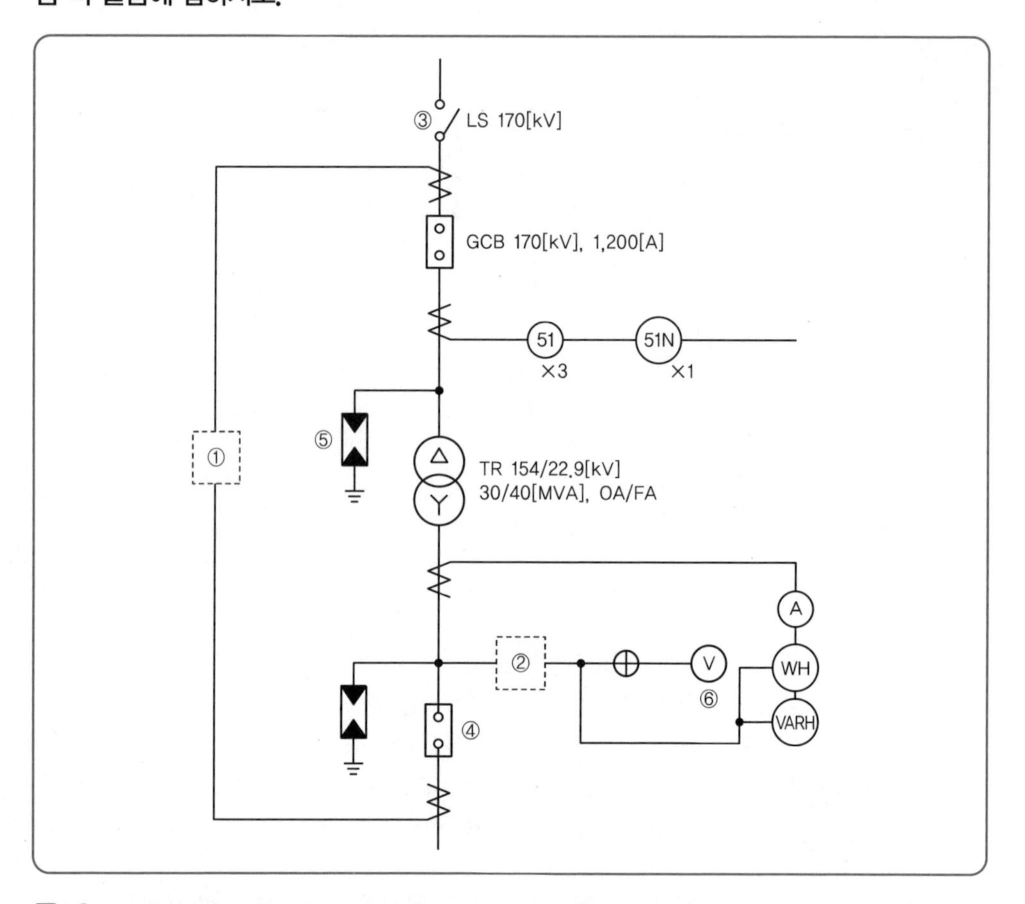

1. ①에 설치되어야 할 기기의 심벌을 그리고, 그 명칭을 쓰시오.
2. ②에 설치되어야 할 기기의 심벌을 그리고, 그 명칭을 쓰시오.
3. 51, 51N의 계전기번호의 명칭은?
4. GCB, VARH의 용어는?
5. ③~⑥에 해당하는 명칭을 쓰시오.

해답

1. 심벌 : (87T)

   명칭 : 주변압기 비율차동계전기

2. 심벌 :

   명칭 : 계기용 변압기

3 51 : 교류 과전류계전기, 51N : 중성점 과전류계전기
4 GCB : 가스차단기, VARH : 무효전력량계
5 ③ 선로개폐기, ④ 교류차단기, ⑤ 피뢰기, ⑥ 전압계

TIP

① LS에 DS를 쓰지 말 것
② 87 : 차동계전기(구) → 비율차동계전기로 사용(현)
87G : 발전기용 비율차동계전기
87B : 모선 보호용 비율차동계전기
87T : 주변압기 비율차동계전기

06 ★★★★☆ [6점]

다음 각 물음에 답하시오.

1 농형 유도 전동기의 기동법 4가지를 쓰시오.
2 유도 전동기의 1차 권선의 결선을 △에서 Y로 바꾸면 기동시 1차 전류는 △결선 시의 몇 배가 되는가?

해답 **1** 전전압 기동법, Y－△기동법, 리액터 기동법, 기동 보상기법
2 $\frac{1}{3}$배

07 ★★★★☆ [5점]

단상 2선식 220[V]로 공급되는 전동기가 절연열화로 인하여 외함에 전압이 인가될 때 사람이 접촉하였다. 이때의 접촉전압은 몇 [V]인가?(단, 변압기 2차 측 접지저항은 9[Ω], 전로의 저항은 1[Ω], 전동기 외함의 접지저항은 100[Ω]이다.)

해답 계산 : $I_g = \frac{V}{R} = \frac{V}{R_1 + R_2 + R_3} = \frac{220}{9+1+100} = 2[A]$

$V_g = I_g \cdot R = 2 \times 100 = 200[V]$

답 200[V]

TIP

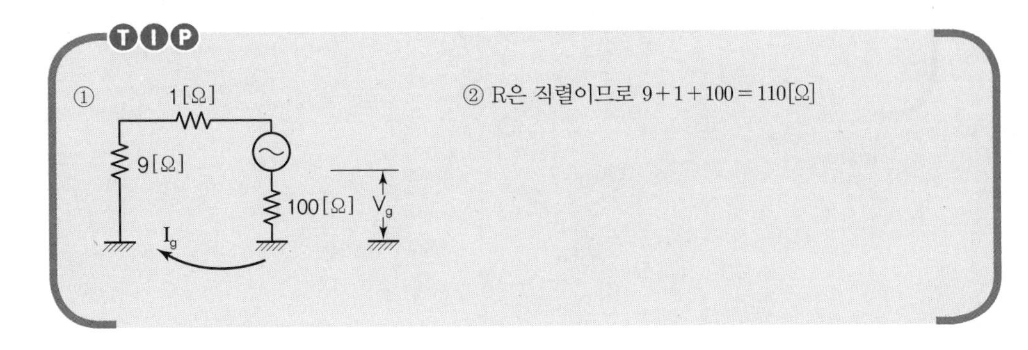

08 ★★★★☆ [6점]

계기용 변성기(PT)와 전위절환 개폐기(VS 혹은 VCS)로 모선전압을 측정하고자 한다.

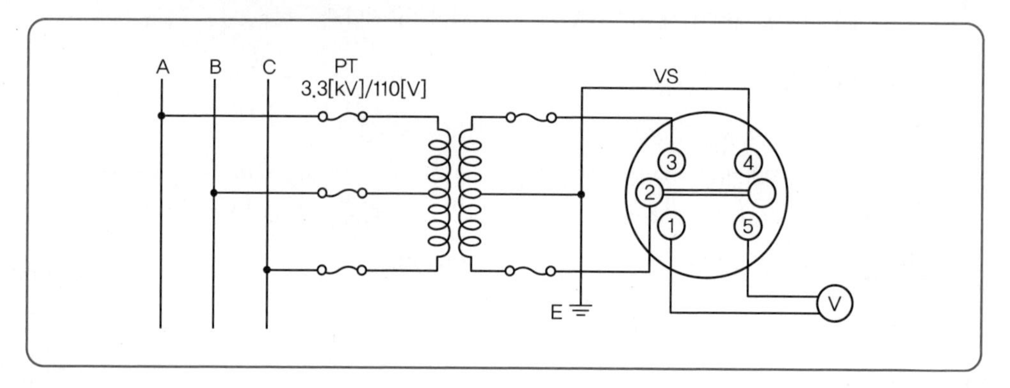

1. VAB 측정 시 VS 단자 중 단락되는 접점을 2가지 쓰시오.
2. VBC 측정 시 VS 단자 중 단락되는 접점을 2가지 쓰시오.
3. PT 2차 측을 접지하는 이유를 기술하시오. ※ KEC 규정에 따라 문항 변경
4. PT의 결선방법에서 모든 PT는 무엇을 원칙으로 하는가?
5. PT가 Y－△ 결선일 때에는 △가 Y에 대하여 몇 도 늦은 상변위가 되도록 결선을 하여야 하는가?

해답

1. ③－①, ④－⑤
2. ①－②, ④－⑤
3. 이유 : 혼촉에 의한 기기 손상 방지
4. 감극성
5. 30°

TIP

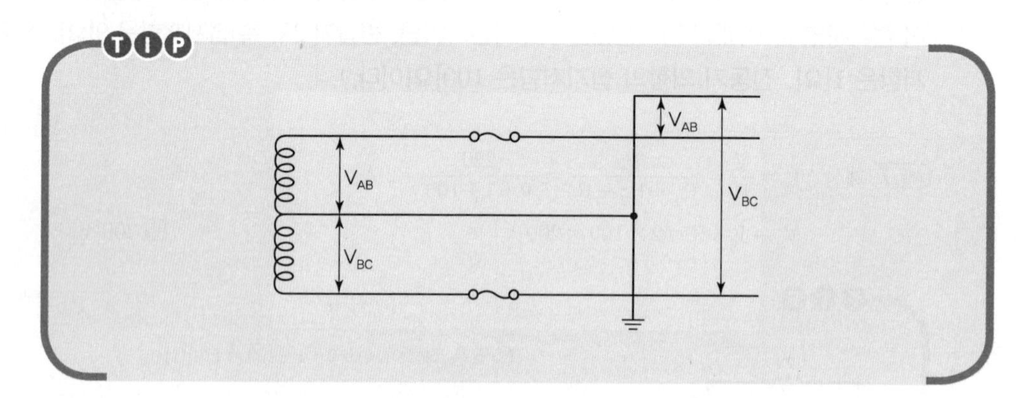

09 ★★★★★ [5점]

부하설비 및 수용률이 그림과 같은 경우 이곳에 공급할 변압기 Tr의 용량을 계산하여 표준 용량으로 결정하시오.(단, 부등률은, 1.1, 종합 역률은 80[%] 이하로 한다.)

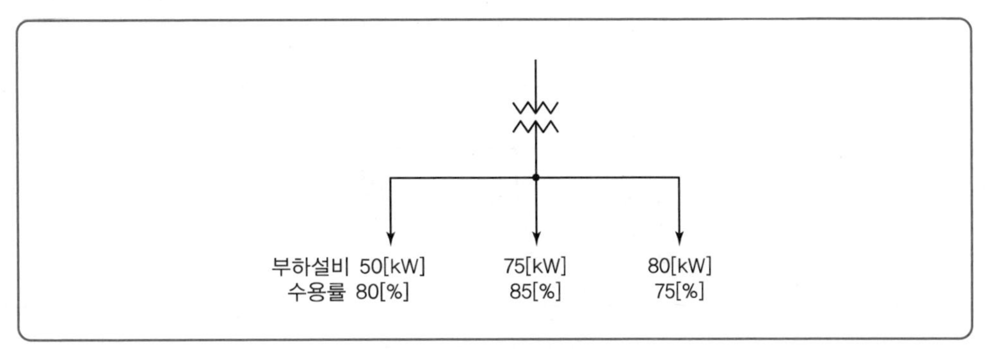

| 변압기 표준 용량[kVA] |

50	100	150	200	250	300	500

해답 계산 : 변압기 용량$=\dfrac{50\times0.8+75\times0.85+80\times0.75}{1.1\times0.8}=186.08$[kVA]

답 200[kVA]

TIP

① 변압기 용량[kVA] ≥ 합성 최대 전력[kVA] $=\dfrac{\text{설비 용량[kVA]}\times\text{수용률}}{\text{부등률}}$

② 변압기 용량[kVA] ≥ 합성 최대 전력[kW] $=\dfrac{\text{설비 용량[kW]}\times\text{수용률}}{\text{부등률}\times\text{역률}}$

10 ★★★★☆ [4점]

서지 흡수기(Surge Absorbor)의 기능을 쓰시오.

해답 개폐서지로부터 변압기, 전동기 등을 보호

TIP

① 피뢰기(LA) : 낙뢰로부터 기기를 보호
② 서지 흡수기(SA) : 개폐서지로부터 기기를 보호

11 ★★★★☆ [4점]

그림과 같은 3상 3선식 배전선로에서 불평형률을 구하시오.

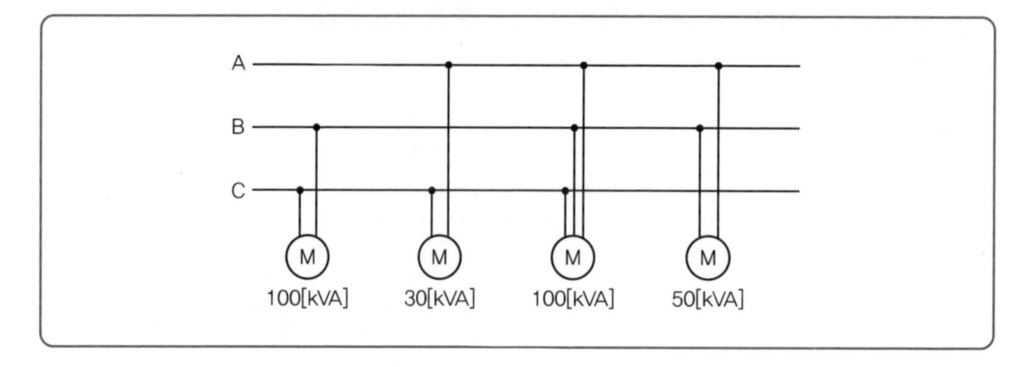

해답 계산 : 설비불평형률 $= \dfrac{100-30}{(100+30+100+50)\times\dfrac{1}{3}}\times 100 = 75[\%]$

답 75[%]

TIP

설비불평형률(3상) $= \dfrac{\text{단상부하의 최대}-\text{최소}}{\text{총설비용량(VA, kVA)}\times\dfrac{1}{3}}\times 100$

12 ★☆☆☆☆ [4점]

보호 계전기에 필요한 특성 4가지를 쓰시오.

해답 신뢰도, 선택성, 동작속도, 감도

TIP

① 신뢰도 : 동작이 필요한 경우에는 정확히 동작하고 동작이 필요하지 않은 경우에는 오동작하지 않도록 신뢰도가 확보되어야 한다.
② 선택성 : 보호계전장치에 의해 고장구간을 자동으로 분리할 경우에는 필요 최소한의 범위를 차단하여 건전한 전력계통의 정상적인 운전에 영향이 최소화되도록 하여야 한다.
③ 동작속도 : 보호장치의 동작시간은 선택성 및 신뢰성을 저해하지 않는 범위 내에서 계통의 안정도 유지 및 손상을 최소화할 수 있는 동작속도를 가져야 한다.
④ 감도 : 전력설비의 공급능력에 제약을 유발하지 않는 범위 내에서 계통의 최소 고장전류를 검출할 수 있는 양호한 검출감도를 갖추어야 한다.
⑤ 협조성 : 인접구간의 보호장치와 동작속도 및 보호구간이 협조되어야 한다.

13 ★★★★★ [7점]

주어진 진리표를 이용하여 다음 각 물음에 답하시오.

A	B	C	출력
0	0	0	X_1
0	0	1	X_1
0	1	0	X_1
0	1	1	X_2
1	0	0	X_1
1	0	1	X_2
1	1	0	X_2

1 X_1, X_2의 출력식을 각각 쓰시오.

2 로직시퀀스를 최소화하여 그리시오.

해답 1 $X_1 = \overline{A} \cdot \overline{B} \cdot \overline{C} + \overline{A} \cdot \overline{B} \cdot C + \overline{A} \cdot B \cdot \overline{C} + A \cdot \overline{B} \cdot \overline{C}$

$X_2 = \overline{A} \cdot B \cdot C + A \cdot \overline{B} \cdot C + A \cdot B \cdot \overline{C} = \overline{A}BC + A(\overline{B}C + B\overline{C})$

2

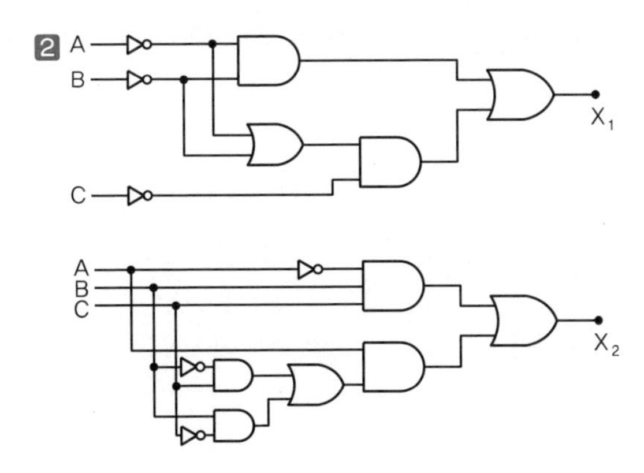

14 ★★★★★

[6점]

그림과 같은 부하 특성을 갖는 축전지를 사용할 때 보수율이 0.8, 최저 축전지 온도가 5[℃], 허용최저전압이 90[V]일 때 몇 [Ah] 이상인 축전지를 선정하여야 하는가?(단, $K_1 = 1.15$, $K_2 = 0.95$이고 셀당 전압은 1.06[V/cell]이다.)

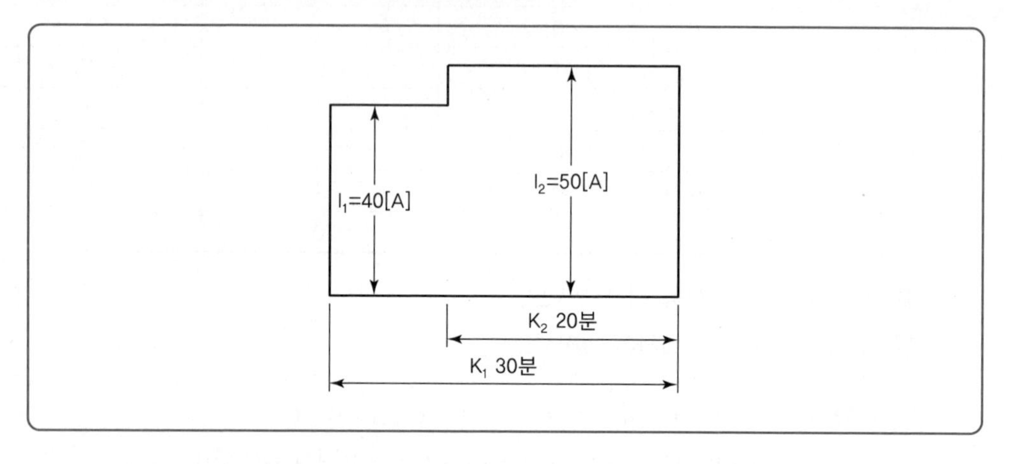

해답 계산 : $C = \frac{1}{L}[K_1 I_1 + K_2(I_2 - I_1)] = \frac{1}{0.8} \times [1.15 \times 40 + 0.95 \times (50-40)] = 69.38[Ah]$

답 69.38[Ah]

TIP

➤ 알칼리축전지

① 포켓식 : 납 합금의 격자체에 양극 물질을 충진한 것
- 설치면적이 작고, 값이 저렴

② 소결식 : 니켈을 주성분으로 다공성에 양극 물질을 소결해 가는 것
- 설치면적이 작고, 값이 고가
- 방전특성이 우수

15 ★★★★☆

[5점]

차단기에 비하여 전력용 퓨즈의 장점 5가지를 쓰시오.

해답
① 가격이 싸다.
② 소형, 경량이다.
③ 릴레이나 변성기가 필요 없다.
④ 한류형은 차단시 무음, 무방출이다.
⑤ 차단용량이 크다.
⑥ 보수가 간단하다.
⑦ 고속차단한다.
⑧ 현저한 차단특성을 갖는다.

TIP

➤ 단점

① 재투입을 할 수 없다.
② 과도전류로 용단되기 쉽다.
③ 한류형은 차단시 과전압을 발생한다.
④ 동작시간－전류특성을 계전기처럼 자유로이 조정할 수 없다.
⑤ 고임피던스 접지계통은 보호할 수 없다.
⑥ 한류퓨즈는 녹아도 차단하지 못하는 전류범위를 갖는 것이 있다.
⑦ 비보호 영역이 있으며 사용 중에 노화하여 동작하면 결상을 일으킬 염려가 있다.

16 ★★★★★ [5점]

정격전압 380[V] 농형 유도전동기의 출력이 30[kW]이다. 분기회로의 전선의 굵기와 과전류 차단기의 정격전류를 계산하시오.(단, 역률은 85[%]이고, 효율은 80[%]이며 전선의 허용전류는 다음 표와 같다.) ※ KEC 규정에 따라 문제 변경

동선의 단면적[mm²]	6	10	16	25	35
허용전류[A]	49	61	88	115	162

1 과전류 차단기의 정격전류
2 전선의 굵기

해답 1 계산 : $I_B = \dfrac{P}{\sqrt{3} \times V \times \cos\theta \times \eta} = \dfrac{30 \times 10^3}{\sqrt{3} \times 380 \times 0.85 \times 0.8} = 67.03[A]$

$I_B \le I_n \le I_Z$의 조건을 만족하는 정격전류 I_n은 표준품의 80[A] 선정

답 80[A]

2 계산 : 허용전류 $I_Z \ge$ 정격전류 I_n이므로, I_Z은 80[A] 이상인 88[A]를 선정하고 표에 따른 단면적 16[mm²]를 선정

답 16[mm²]

TIP

➤ 배선용 차단기의 정격전류[A]

6, 8, 10, 13, 16, 20, 25, 32, 40, 50, 63, 80, 100, 125, 160, 200, 250 등

17 ★★★★☆ [4점]

다음 도면을 보고 진리표를 완성하시오.

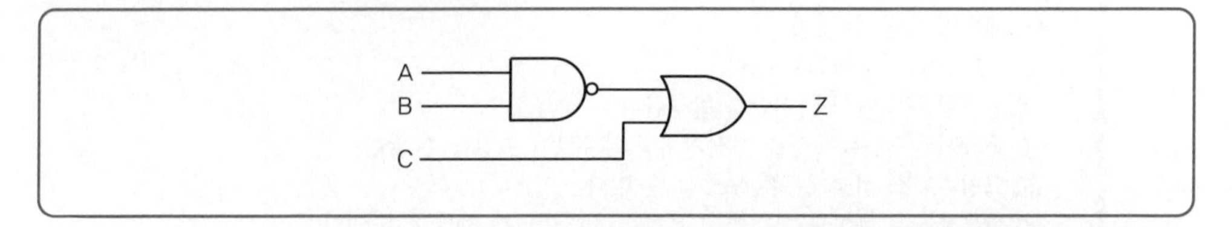

A	B	C	Z
0	0	0	
0	0	1	
0	1	1	
0	1	0	
1	1	1	

해답

A	B	C	Z
0	0	0	1
0	0	1	1
0	1	1	1
0	1	0	1
1	1	1	1

18 ★★★★★ [6점]

어떤 부하에 그림과 같이 접속된 전압계, 전류계 및 전력계의 지시가 각각 $V=220[V]$, $I=30[A]$, $W_1=5.8[kW]$ $W_2=3.5[kW]$이다. 이 부하에서 다음 각 물음에 답하시오.

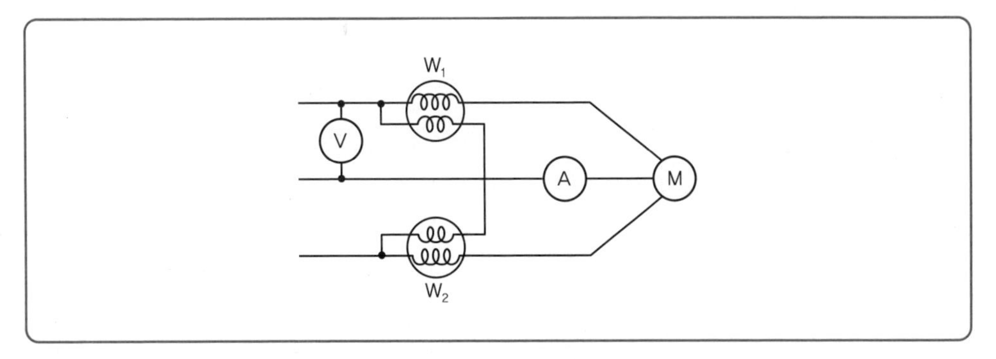

1. 이 유도전동기의 역률은 몇 [%]인가?
2. 역률을 90[%]로 개선시키려면 몇 [kVA] 용량의 콘덴서가 필요한가?
3. 이 전동기로 만일 매분 20[m]의 속도로 물체를 권상한다면 몇 [ton]까지 가능한가? (단, 종합효율은 80[%]로 한다.)

해답 1 계산 : 전력 $P=W_1+W_2=5.8+3.5=9.3[kW]$

피상전력 $P_a=\sqrt{3}VI=\sqrt{3}\times220\times30\times10^{-3}=11.43[kVA]$

역률 $\cos\theta=\dfrac{9.3}{11.43}\times100=81.36[\%]$

답 81.36[%]

2 계산 : $Q_c=P(\tan\theta_1-\tan\theta_2)$

$$=9.3\times\left(\frac{\sqrt{1-0.8136^2}}{0.8136}-\frac{\sqrt{1-0.9^2}}{0.9}\right)=2.14[kVA]$$

답 2.14[kVA]

계산 : 권상용 전동기의 용량 $P=\dfrac{W\cdot V}{6.12\eta}[kW]$

$\therefore$ 물체의 중량 $W=\dfrac{6.12\eta P}{V}=\dfrac{6.12\times0.8\times9.3}{20}=2.28[ton]$

답 2.28[ton]

TIP

➤ **권상기 용량**

$P=\dfrac{W\cdot V}{6.12\eta}$

여기서, W : 무게[ton], V : 속도[m/min], η : 효율

memo

INDUSTRIAL ENGINEER ELECTRICITY

2013년 과 년 도 문제풀이

전기산업기사

2013년도 1회 시험

과년도 기출문제

회독 체크	□1회독	월 일	□2회독	월 일	□3회독	월 일

2012 2013 2014 2015 2016 2017 2018 2019 2020 2021

01 ★☆☆☆☆ [5점]

수용가에서 변압기 보호를 위하여 과전류계전기의 탭(Tap)과 레버(Lever)를 정정하였다고 한다. 과전류 계전기에서 탭(Tap)과 레버(Lever)는 각각 어떠한 것을 정정하는지를 쓰시오.

해답 탭 : 과전류 계전기의 동작전류를 정정
레버 : 과전류 계전기의 동작시간을 정정

TIP

한시정정은 탭과 레버, 순시정정은 레버로 구분된다.

02 ★★★★☆ [5점]

조명 설계 시 에너지 절약대책을 4가지 쓰시오.

해답 ① 고효율 등기구 채용
② 고조도 저휘도 반사갓 채용
③ 슬림라인 형광등 및 전구식 형광등 채용
④ 창측 조명기구 개별 점등
그 외
⑤ 재실감지기 및 카드키 채용
⑥ 적절한 조광제어 실시
⑦ 전반조명과 국부조명의 적절한 병용(TAL 조명)
⑧ 고역률 등기구 채용
⑨ 등기구의 격등제어회로 구성
⑩ 등기구의 보수 및 유지관리

03 ★★★★★

[6점]

수용가에 공급전압을 220[V]에서 380[V]로 승압하여 공급할 경우 저압간선에 나타나는 효과로서 다음 각 물음에 답하시오.

1. 공급능력 증대는 몇 배인가?
2. 전력손실의 감소는 몇 [%]인가?
3. 전압강하율의 감소는 몇 [%]인가?

해답 1 계산 : $P = VI\cos\theta$[W]

$$P = \frac{380}{220} = 1.732$$

답 1.73배

2 계산 : $P_L \propto \frac{1}{V^2} = \frac{1}{\left(\frac{380}{220}\right)^2} = 0.3352$

감소 값은 $1 - 0.3352 = 0.6648$

답 66.48(%)

3 $\delta \propto \frac{1}{V^2} = \frac{1}{\left(\frac{380}{220}\right)^2} = 0.3352$

감소 값은 $1 - 0.3352 = 0.6648$

답 66.48(%)

TIP

① $P_L \propto \frac{1}{V^2}$ (P_L : 손실) ② $A \propto \frac{1}{V^2}$ (A : 단면적) ③ $\delta \propto \frac{1}{V^2}$ (δ : 전압강하율)

④ $e \propto \frac{1}{V}$ (e : 전압강하) ⑤ $P \propto V^2$ (P : 전력)

⑥ 공급능력 $P = VI\cos\theta$에서 $P \propto V$ (P : 공급능력)

04 ★★★☆☆

[5점]

차단기와 단로기의 기능을 설명하시오.

해답 차단기 : 부하전류 및 사고전류를 차단한다.

단로기 : 무부하 시 회로를 개폐한다.

05 ★★★★☆

[6점]

도면은 어느 수용가의 옥외 간이 수전 설비이다. 다음 물음에 답하시오.

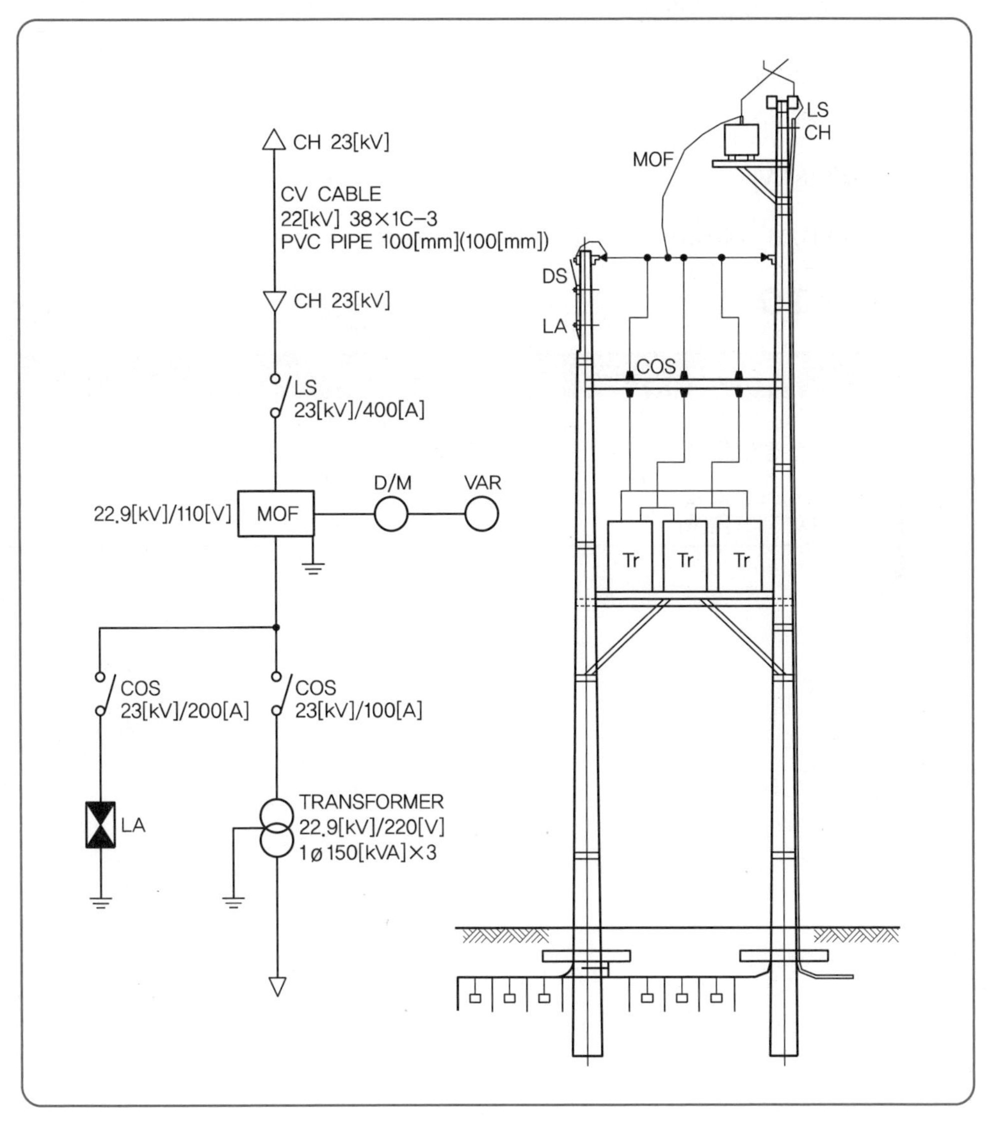

1. MOF에서 부하 용량에 적당한 CT 비를 산출하시오.(단, CT 1차 측 전류의 여유율은 1.25배로 한다.)
2. LA의 정격 전압은 얼마인가?
3. 도면에서 D/M, VAR은 무엇인지 쓰시오.

해답 1 1ϕ 3대이므로 3ϕ 용량은 $150 \times 3 = 450$[kVA]이다.

계산 : $I_1 = \dfrac{P}{\sqrt{3}V} = \dfrac{450}{\sqrt{3} \times 22.9} = 11.35$[A]

1.25배이므로 CT 1차$= I_1 \times 1.25 = 11.35 \times 1.25 = 14.19$

답 15/5

2 18[kV]

3 D/M : 최대수용전력량계, VAR : 무효전력계

TIP

CT의 정격	
1차 정격전류[A]	5, 10, 15, 20, 30, 40, 50 75, 100, 150, 200, 300, 400, 500, 600, 750
2차 정격전류[A]	5

06 ★★☆☆☆ [5점]

다음 그림은 배전반에서 측정하기 위한 계기용 변성기이다. 아래 사진을 보고 명칭, 심벌, 역할에 알맞은 내용을 쓰시오.

구분	(1)	(2)
명칭		
심벌		
역할		

해답

구분	(1)	(2)
명칭	계전기용 변류기	계기용 변압기
심벌		
역할	대전류를 소전류로 변성	고압을 저압으로 변성

07 ★★★☆☆ [5점]

최대사용전력이 730[kW]인 공장의 시설용량은 950[kW]이다. 이 공장의 수용률을 계산하시오.

해답 계산 : $\text{수용률} = \frac{\text{최대전력}}{\text{설비용량}} \times 100 = \frac{730}{950} \times 100 = 76.84[\%]$

답 76.84[%]

TIP

최대전력 ≒ 최대수용전력 ≒ 최대사용전력

08 ★★★★☆

[5점]

변류비 $\frac{30}{5}$ 인 CT 2개를 그림과 같이 접속할 때 전류계에 4[A]가 흐른다면 CT 1차 측에 흐르는 전류는 몇 [A]인가?

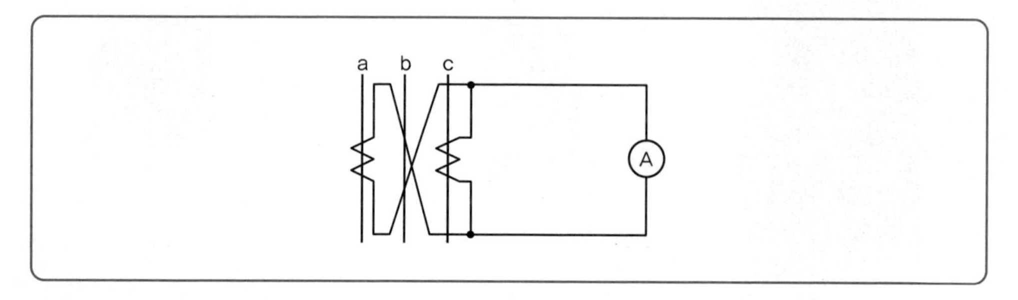

해답 $I_1 = Ⓐ \times \frac{1}{\sqrt{3}} \times$ 변류비

계산 : $4 \times \frac{1}{\sqrt{3}} \times \frac{30}{5} = 13.86$

답 13.86[A]

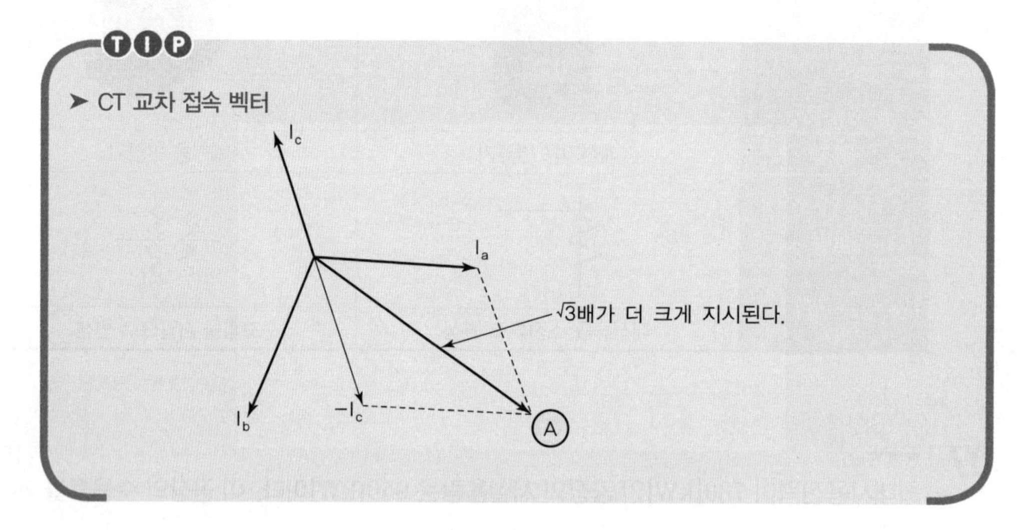

09 ★★☆☆☆ [5점]

간접조명방식에서 천장 아래의 휘도를 균일하게 하기 위하여 등기구 사이의 간격과 천장과 등기구의 거리는 얼마로 하는게 적합한가?(단, 작업면에서 천장까지의 거리는 2.0[m]이다.)

1 등기구 사이의 간격
2 천장과 등기구의 거리

해답 1 계산 : $S_1 = 1.5 \times H = 3.0$[m]
답 3[m] 이하

2 계산 : $S_2 = \frac{1}{5}S_1 = \frac{1}{5} \times 3 = 0.6$[m]
답 0.6[m] 이하

TIP
1) 등기구~등기구 : $S \leq 1.5H$(직접, 전반조명의 경우)
2) 등기구~천장 : ① 간접조명 $= \frac{1}{5} \times$ 등간격(S)
② 직접조명 $= \frac{2}{3} \times H$
여기서, H : 작업면과 천장거리

2012 2013 2014 2015 2016 2017 2018 2019 2020 2021

10 ★★★★★ [6점]

시퀀스도를 보고 다음 각 물음에 답하시오.

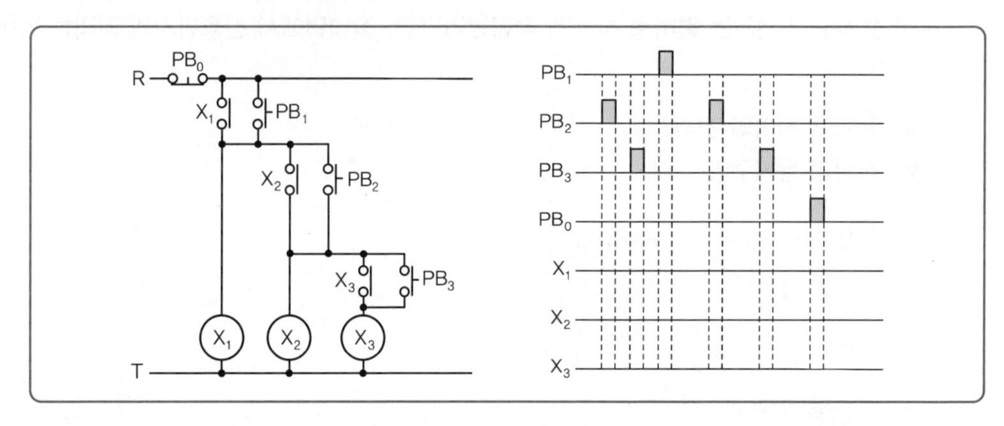

1 전원 측에 가장 가까운 푸시버튼 PB_1으로부터 PB_3, PB_0까지 "ON" 조작할 경우의 동작사항을 간단히 설명하시오.

2 최초에 PB_2를 "ON" 조작한 경우에는 어떻게 되는가?

3 타임차트를 푸시버튼 PB_1, PB_2, PB_3, PB_0와 같이 타이밍으로 "ON" 조작하였을 때의 타임차트의 X_1, X_2, X_3를 완성하시오.

해답 1 $PB_1 \rightarrow PB_2 \rightarrow PB_3$ 순서로 'ON' 조작하면 릴레이 $(X_1) \Rightarrow (X_2) \Rightarrow (X_3)$ 순서로 여자되고 PB_0을 누르면 릴레이는 동시에 모두 소자된다.

2 동작하지 않는다.

3

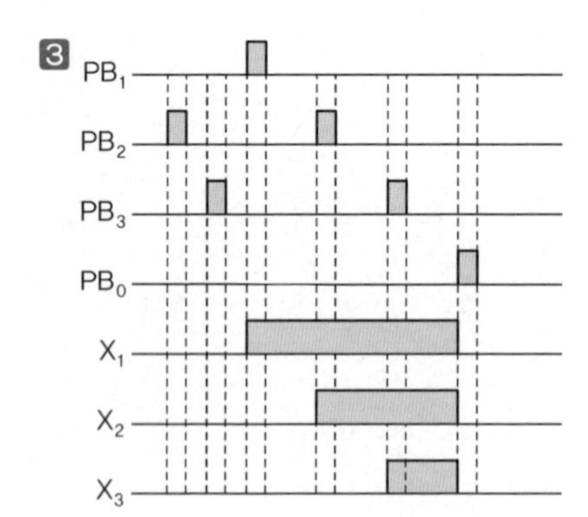

11 ★★★★★ [8점]

부하에 전력용 콘덴서를 설치하고자 한다. 다음 조건을 참고하여 각 물음에 답하시오.

[조건]

P_1부하는 역률이 60[%]이고, 유효전력은 180[kW], P_2부하는 유효전력 120[kW]이고, 무효전력이 160[kVar]이며, 전력손실은 40[kW]이다.

1. P_1과 P_2의 합성 용량은 몇 [kVA]인가?
2. P_1과 P_2의 합성 역률은 몇 $\cos\theta$인가?
3. 합성 역률을 90[%]로 개선하는 데 필요한 콘덴서 용량은 몇 [kVA]인가?
4. 역률 개선 시 전력손실은 몇 [kW]인가?

해답

1 계산 : 유효전력 $P = P_1 + P_2 = 180 + 120 = 300[\text{kW}]$

무효전력 $Q = Q_1 + Q_2 = P_1 \cdot \tan\theta + Q_2 = 180 \times \dfrac{0.8}{0.6} + 160 = 400[\text{kVar}]$

합성용량 $P_a = \sqrt{P^2 + Q^2} = \sqrt{300^2 + 400^2} = 500[\text{kVA}]$

답 500[kVA]

2 계산 : $\cos\theta = \dfrac{P}{P_a} \times 100 = \dfrac{300}{500} \times 100 = 60[\%]$

답 60[%]

3 계산 : $Q_c = P(\tan\theta_1 - \tan\theta_2)$

$= (180 + 120)\left(\dfrac{0.8}{0.6} - \dfrac{\sqrt{1 - 0.9^2}}{0.9}\right) = 254.7[\text{kVA}]$

답 254.7[kVA]

4 계산 : 전력손실 $P_L \propto \dfrac{1}{\cos^2\theta}$ 이므로

전력손실 $P_L' = \left(\dfrac{0.6}{0.9}\right)^2 P_L = \left(\dfrac{0.6}{0.9}\right)^2 \times 40 = 17.78[\text{kW}]$

답 17.78[kW]

12 ★★★★☆

[5점]

△ - △ 결선으로 운전하던 중 한 변압기에 고장이 발생하여 이것을 분리하고 나머지 2대로 3상 전력을 공급하고자 한다. 다음 각 물음에 답하시오.

1 결선의 명칭을 쓰시오.
2 이용률은 몇 [%]인가?
3 변압기 2대의 3상 출력은 △ - △ 결선 시의 변압기 3대의 출력과 비교할 때 몇 [%] 정도인가?

해답 1 V-V 결선

2 $이용률 = \frac{3상\ 출력}{설비용량} = \frac{\sqrt{3}}{2} \times 100 = 86.6[\%]$

답 86.6[%]

3 $출력의\ 비 = \frac{V결선\ 출력}{3상\ 출력} = \frac{\sqrt{3}}{3} \times 100 = 57.74[\%]$

답 57.74[%]

TIP

1 V 결선이라 쓰지 말고 V-V 결선이라고 쓸 것
2 3 식으로도 표현하여 문제가 출제됨
예 $이용률\ 식 = \frac{\sqrt{3}}{2}$

13 ★☆☆☆☆

[5점]

냉방부하 동력부하 설비로 많이 사용되는 전동기를 합리적으로 선정하기 위하여 고려할 사항 4가지를 쓰시오.

해답 ① 부하의 토크 및 속도 특성에 적합할 것
② 운전형식에 적당한 정격, 냉각방식일 것
③ 용도에 알맞은 기계적 형식일 것
④ 고장이 적고 신뢰도가 높으며 운전비가 저렴할 것
그 외
⑤ 사용장소의 상황에 알맞은 보호방식일 것
⑥ 가급적 정격출력일 것

14 ★★★★★

[5점]

가로 12[m], 세로 18[m], 방바닥에서 천장까지의 높이 3.8[m]인 방에서 조명기구를 천장에 직접 설치하고자 한다. 이 방의 실지수를 구하시오.(단, 작업이 책상 위에서 행하여지며, 작업면은 방바닥에서 0.85[m]이다.)

해답 계산 : 실지수 $K=\dfrac{X \cdot Y}{H(X+Y)}=\dfrac{12\times 18}{(3.8-0.85)(12+18)}=2.44$

답 2.44

TIP

➤ H 등고 계산

① 이중 천장

H=천장에서 바닥까지의 거리－이중천장높이－작업면의 높이

② 이중 천장이 아닌 경우

H=천장에서 바닥까지의 거리－작업면의 높이

③ 엘리베이터를 다운라이트 방식 및 철공공장

H=광원으로부터 바닥까지의 거리

15 ★★★★☆

[5점]

다음 물음에 답하시오.

1 전력퓨즈는 과전류 중 어떤 전류의 차단을 목적으로 하는가?

2 전력퓨즈의 단점을 보완하기 위한 대책을 3가지만 쓰시오.

해답 1 단락전류

2 ① 용도를 제한한다.

② 절연 강도의 협조

③ 동작 시 전체상을 교체한다.

그 외

④ 과도전류는 안전 통전 특성 이내의 정격전류 선정

⑤ 과소 정격의 배제

TIP

➤ 전력 fuse 기능(역할)

① 부하전류를 안전하게 통전시킨다.

② 사고전류를 차단하여 기기, 전로를 보호한다.

16 ★★★★★

[8점]

그림과 같이 부하설비 및 수용률이 각각 A, B, C에 설치될 경우, 이곳에 공급할 변압기 TR의 용량을 계산하여 표준용량으로 결정하시오.(단, 부등률은 1.1, 종합 역률은 80[%]로 한다.)

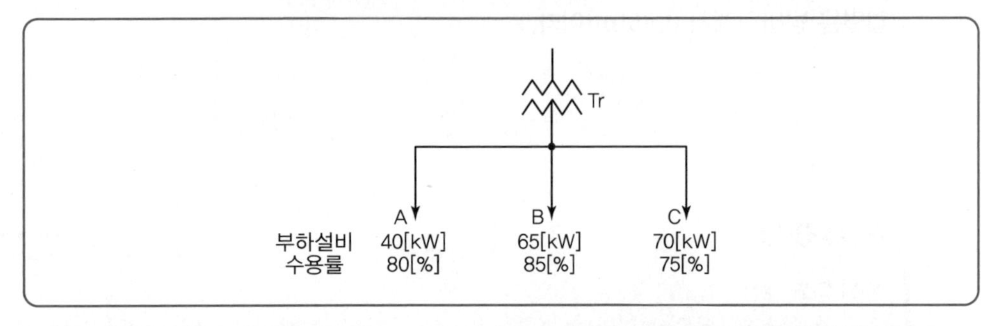

변압기 표준 용량표[kVA]						
50	100	150	200	250	300	500

해답 계산 : $\text{TR 용량} = \dfrac{40 \times 0.8 + 65 \times 0.85 + 70 \times 0.75}{1.1 \times 0.8} = 158.8[\text{kVA}]$

답 200[kVA]

TIP

$\text{TR용량} = \dfrac{\text{합성최대전력[kW]}}{\cos\theta \times \eta} = \dfrac{\text{최대전력} \times \text{수용률}}{\text{부등률} \times \cos\theta \times \eta}$

17 ★★★★☆

[5점]

3상 4선식 22.9[kV] 다중 접지계통에서 수전변압기를 단상 2부싱 변압기로 Y－△ 결선하는 경우에는 1차 측 중성점은 접지하지 않는데, 그 이유에 대하여 설명하시오.

해답 1대 고장(결상) 시 나머지 2대가 역 V 결선이 걸려 변압기가 과부하 소손된다.

TIP

3상 운전 중 1대(결상)가 고장 시 나머지 2대가 3상 용량의 부하가 걸린다.
따라서 과부하에 의해 소손된다.

① 3상 용량 $= 3 \times VI$ ② V 결선 용량 $= \sqrt{3} \times VI$

18 ☆☆☆☆☆

[6점]

다음 분기선의 설치된 과전류 차단기의 용량[A]은 얼마 이상으로 하여야 하는가?

※ KEC 규정에 따라 삭제

전기산업기사

2013년도 2회 시험 과년도 기출문제

회독 체크	□1회독	월 일	□2회독	월 일	□3회독	월 일

2012 2013 2014 2015 2016 2017 2018 2019 2020 2021

01 ★★★★★ [6점]

폭 12[m], 길이 18[m], 천장 높이 3.1[m], 작업면(책상 위) 높이 0.85[m]인 사무실이 있다. 실내 조도는 500[lx], 조명기구는 40[W] 2등용(H형) 펜던트를 설치하고자 한다. 이때 다음 조건을 이용하여 각 물음의 설계를 하시오.

[조건]

- 천장의 반사율은 50[%], 벽의 반사율은 30[%]로서 H형 펜던트의 기구를 사용할 때 조명률은 0.61로 한다.
- H형 펜던트 기구의 보수율은 0.75로 한다.
- H형 펜던트의 길이는 0.5[m]이다.
- 램프의 광속은 40[W] 1등당 3,300[lm]으로 한다.
- 조명기구의 배치는 5열로 배치하고, 1열당 등수는 동일하게 한다.

1 광원의 높이는 몇 [m]인가?

2 이 사무실의 실지수는 얼마인가?

3 이 사무실에는 40[W] 2등용(H형) 펜던트의 조명기구를 몇 조 설치하여야 하는가?

해답

1 계산 : $H = 3.1 - 0.85 - 0.5 = 1.75[m]$

답 1.75[m]

2 계산 : 실지수$= \dfrac{XY}{H(X+Y)} = \dfrac{12 \times 18}{1.75(12+18)} = 4.11$

답 4.11

3 계산 : $N = \dfrac{EA}{FUM} = \dfrac{500 \times (12 \times 18)}{3{,}300 \times 2 \times 0.61 \times 0.75} = 35.77[조]$

답 40[조]

TIP

H = 천장 높이 − 작업면 높이 − 펜던트 길이

02 ★★☆☆☆

[6점]

그림은 22.9[kV-Y] 1,000[kVA] 이하에 적용 가능한 특고압 간이 수전 설비 표준 결선도이다. 그림에서 표시된 ①~③까지의 명칭을 쓰시오.

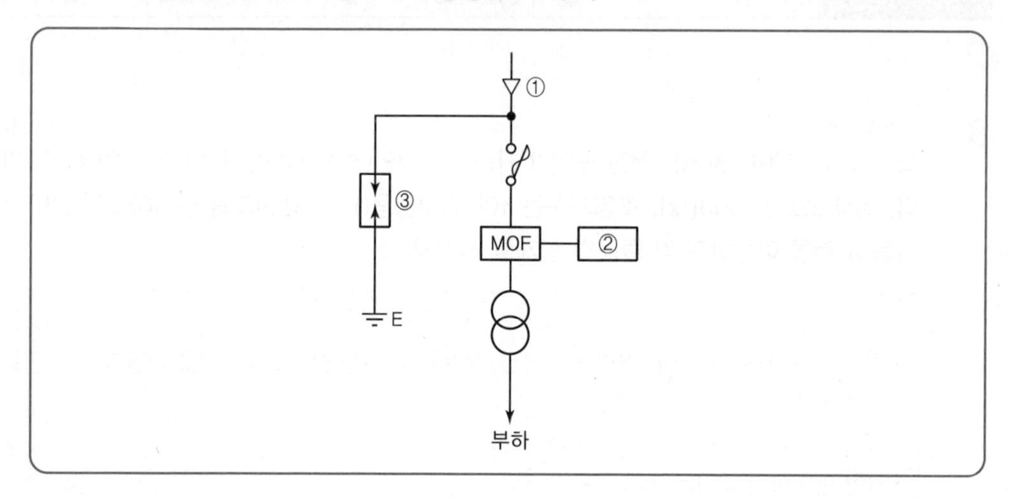

해답 ① 케이블헤드
② 전력량계
③ 피뢰기

03 ★★☆☆☆

[5점]

CT와 AS와 전류계 결선도를 그리고 필요한 곳에 접지하시오.

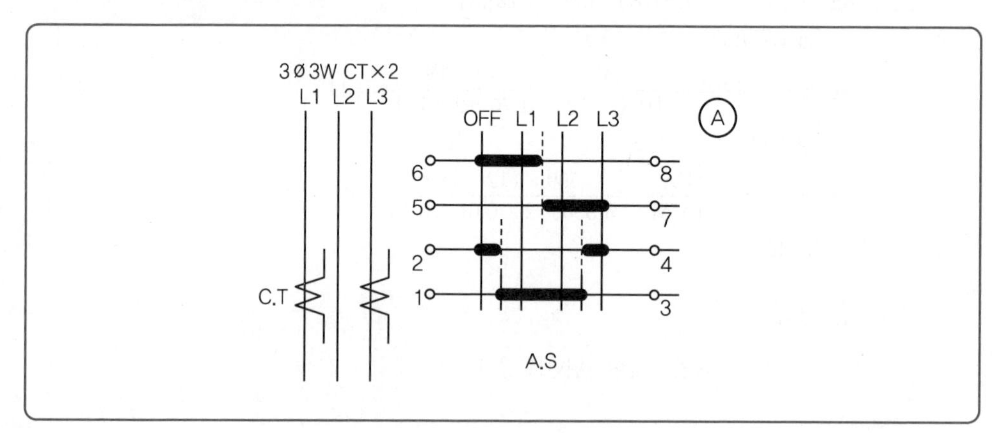

해답 3∅3W CT×2

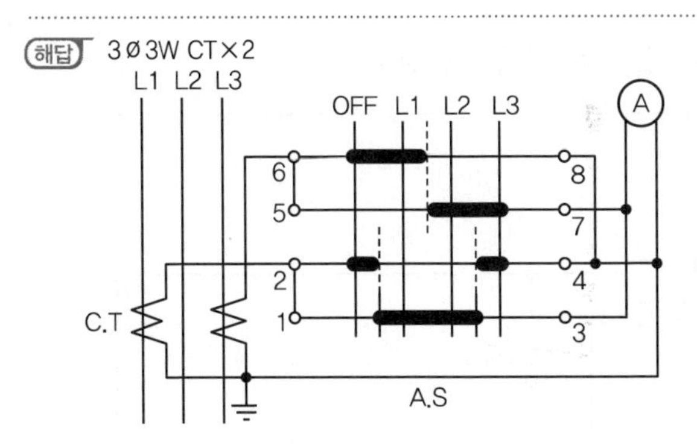

04 ★★★☆☆ [5점]

전부하에서 동손 100[W], 철손 50[W]인 변압기에서 최대 효율을 나타내는 부하는 몇 [%]인가?

해답 $m^2P_c = P_i$

여기서, P_c : 동손

P_i : 철손

계산 : $m = \sqrt{\dfrac{50}{100}} \times 100 = 70.71[\%]$

답 70.71[%]

TIP

최대 효율은 동손과 철손이 같을 때 일어난다.

05 ☆☆☆☆☆ [5점]

정격전류가 50[A]인 농형 유도전동기가 있다. 이것을 시설한 분기회로 전선의 허용전류는 몇 [A] 이상이어야 하는가? ※ KEC 규정에 따라 변경

해답 계산 : 설계전류 $I_B = 50[A]$이므로

$I_B \le I_n \le I_Z$의 조건을 만족하는 허용전류 $I_Z \ge 50[A]$이다.

답 50[A]

06 ★★★★★

[7점]

3상 유도 전동기의 정역 회로도이다. 다음 물음에 답하시오.

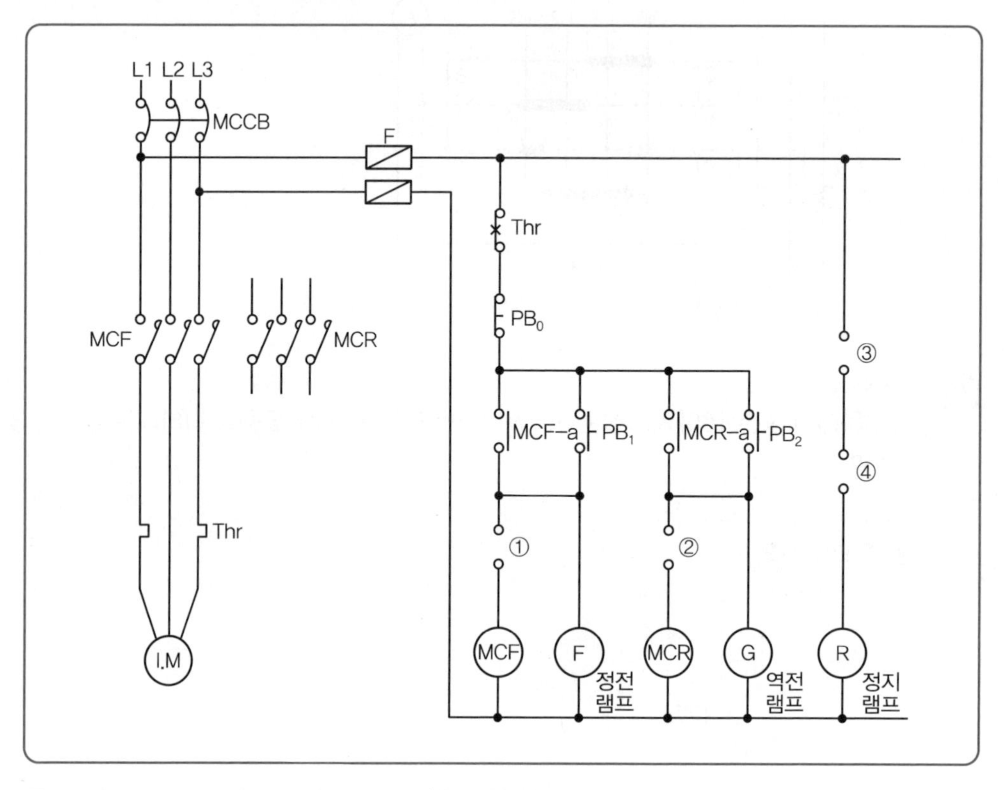

1 주회로 및 보조회로의 미완성 부분(①~④)을 완성하시오.

2 타임차트를 완성하시오.

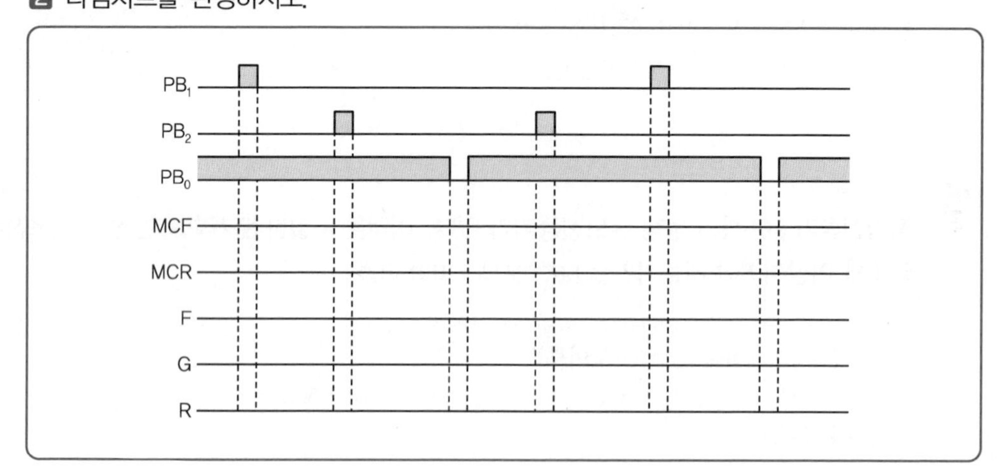

해답 1

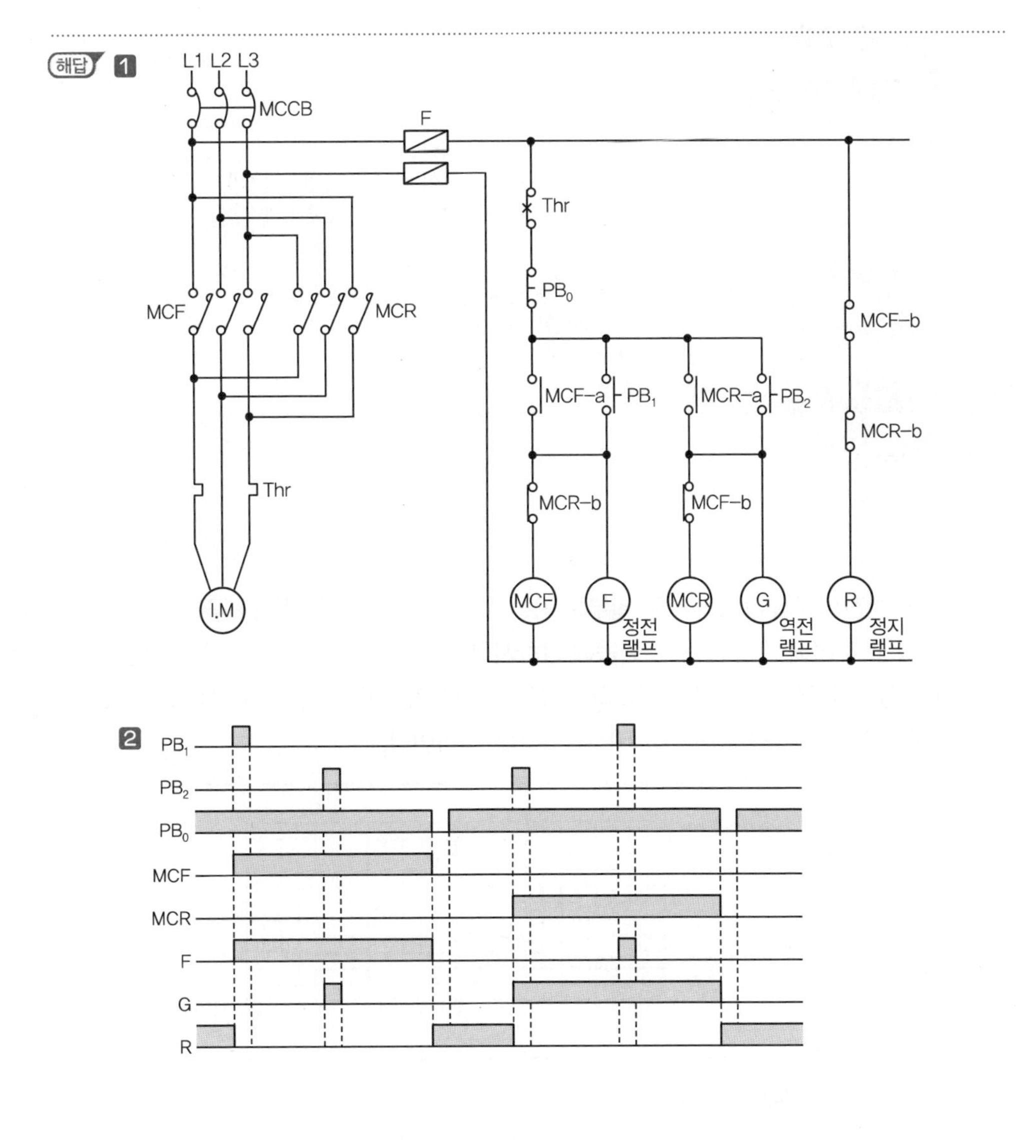

07 ★☆☆☆☆ [4점]

다음 전선의 약호에 대한 명칭을 쓰시오.

1 NRI(70)

2 NFI(90)

해답 1 300/500[V] 기기 배선용 단심 비닐절연전선(70[℃])

2 300/500[V] 기기 배선용 유연성 단심 비닐절연전선(90[℃])

TIP

MI	미네랄 인슐레이션 케이블
NF NFI(70) NFI(90) NR	450/750[V] 일반용 유연성 단심 비닐절연전선 300/500[V] 기기 배선용 유연성 단심 비닐절연전선(70[℃]) 300/500[V] 기기 배선용 유연성 단심 비닐절연전선(90[℃]) 450/750[V] 일반용 단심 비닐절연전선
NRI(70) NRI(90) NRV NV	300/500[V] 기기 배선용 단심 비닐절연전선(70[℃]) 300/500[V] 기기 배선용 단심 비닐절연전선(90[℃]) 고무절연 비닐 시스 네온전선 비닐절연 네온전선

08 ★★★★★

[9점]

어떤 변전실에서 그림과 같은 일부하 곡선 A, B, C인 부하에 전기를 공급하고 있다. 이 변전실의 총 부하에 대한 다음 각 물음에 답하시오.(단, A, B, C의 역률은 시간에 관계없이 각각 80[%], 100[%] 및 60[%]이며, 그림에서 부하전력은 부하곡선의 수치에 10^3을 한다는 의미이다. 즉, 수직 축의 5는 5×10^3[kW]라는 의미이다.)

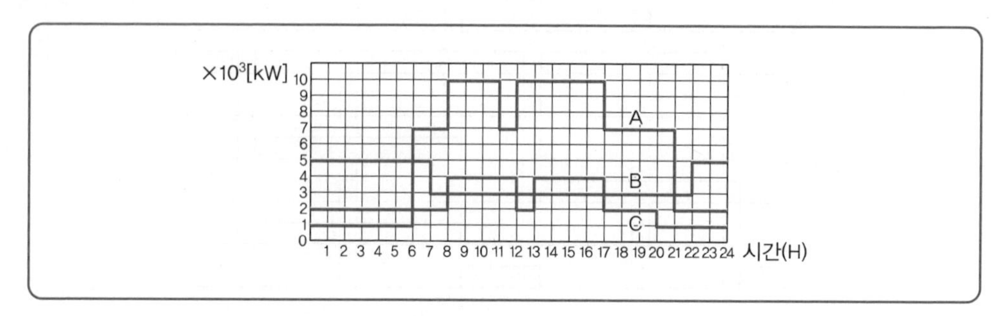

1. 합성 최대전력은 몇 [kW]인가?
2. A, B, C 각 부하에 대한 평균전력은 몇 [kW]인가?
3. 총 부하율은 몇 [%]인가?
4. 부등률은 얼마인가?
5. 최대부하일 때의 합성 총 역률은 몇 [%]인가?

해답 1 계산 : 합성 최대 전력은 도면에서 8~11시, 13~17시에 나타내며

$P = (10+4+3) \times 10^3 = 17 \times 10^3$[kW]

답 17×10^3[kW]

2 계산 : 평균전력$=\dfrac{\text{사용전력량}}{\text{시간}}$ 이므로

$$A=\frac{\{(1\times6)+(7\times2)+(10\times3)+(7\times1)+(10\times5)+(7\times4)+(2\times3)\}\times10^3}{24}$$

$$=5.88\times10^3[\text{kW}]$$

$$B=\frac{\{(5\times7)+(3\times15)+(5\times2)\}\times10^3}{24}=3.75\times10^3[\text{kW}]$$

$$C=\frac{\{(2\times8)+(4\times4)+(2\times1)+(4\times4)+(2\times3)+(1\times4)\}\times10^3}{24}$$

$$=2.5\times10^3[\text{kW}]$$

답 A : 5.88×10^3[kW], B : 3.75×10^3[kW], C : 2.5×10^3[kW]

3 계산 : 종합 부하율$=\dfrac{\text{평균전력}}{\text{합성최대전력}}\times100$

$$=\frac{\text{A, B, C 각 평균전력의 합계}}{\text{합성 최대전력}}\times100$$

$$=\frac{(5.88+3.75+2.5)\times10^3}{17\times10^3}\times100=71.35[\%]$$

답 71.35[%]

4 계산 : 부등률$=\dfrac{\text{A, B, C 각 최대전력의 합계}}{\text{합성최대전력}}=\dfrac{(10+5+4)\times10^3}{17\times10^3}=1.12$

답 1.12

5 계산 : 먼저 최대부하 시 무효전력($Q=P\tan\theta$)을 구해보면

$$Q=10\times10^3\times\frac{0.6}{0.8}+3\times10^3\times\frac{0}{1}+4\times10^3\times\frac{0.8}{0.6}=12{,}833.33[\text{kVar}]$$

$$\cos\theta=\frac{P}{\sqrt{P^2+Q^2}}=\frac{17{,}000}{\sqrt{17{,}000^2+12{,}833.33^2}}\times100=79.81[\%]$$

답 79.81[%]

TIP

① 최대부하=최대전력=합성최대전력 ② 부등률은 단위가 없다.

09 ★☆☆☆☆ [5점]

피뢰기 설치 시 점검사항 3가지를 쓰시오.

해답 ① 피뢰기 애자 부분 손상여부 점검
② 피뢰기 1, 2차 측 단자 및 단자볼트 이상유무 점검
③ 피뢰기 절연저항 측정

10 ★★★★★

[5점]

다음은 어느 생산 공장의 수전 설비이다. 이것을 이용하여 다음 각 물음에 답하시오.

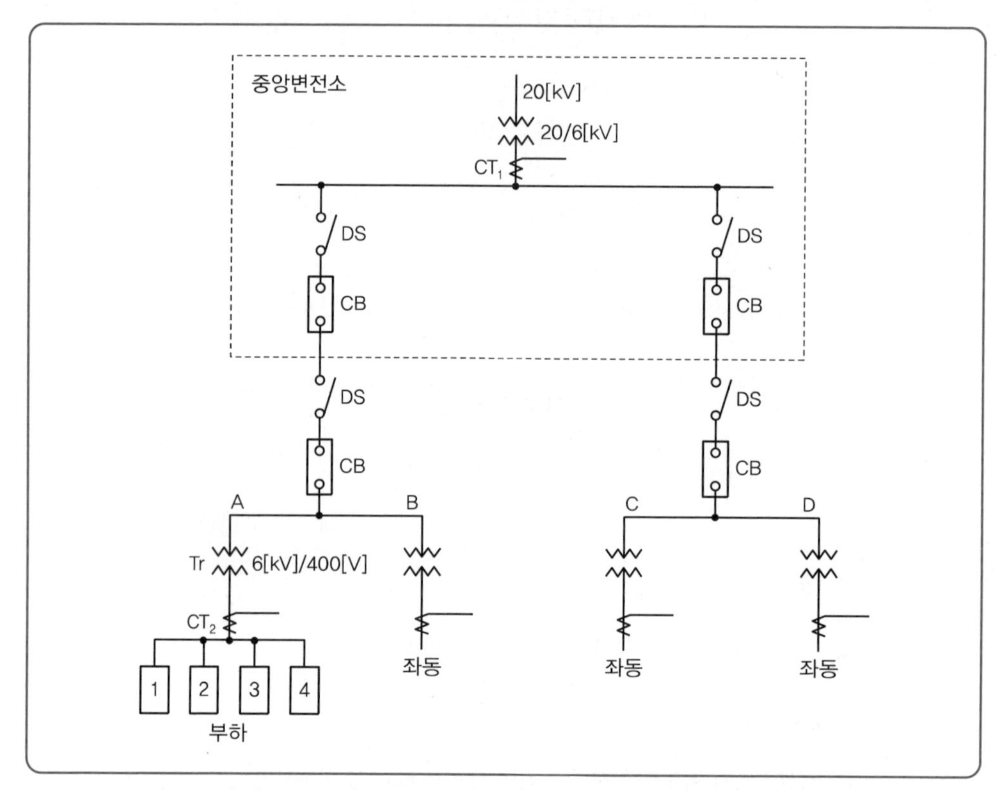

| 뱅크의 부하 용량표 |

피더	부하설비용량[kW]	수용률[%]
1	125	80
2	125	80
3	500	60
4	600	84

| 변류기 규격표 |

항목	변류기
정격 1차 전류[A]	5, 10, 15, 20, 30, 40, 50, 75, 100, 150, 200, 300, 400, 500, 600, 750, 1,000, 1,500, 2,000, 2,500
정격 2차 전류[A]	5

1 표와 같이 A, B, C, D 4개의 뱅크가 있으며, 각 뱅크는 부등률이 1.1이다. 이때 중앙 변전소의 변압기 용량을 산정하시오.(단, 각 부하의 역률은 0.8이며, 변압기 용량은 표준규격으로 답하도록 한다.)

2 변류기 $\mathrm{CT_1}$과 $\mathrm{CT_2}$의 변류비를 산정하시오.(단, 1차 수전 전압은 20,000/6,000[V], 2차 수전 전압은 6,000/400[V]이며, 변류비는 표준규격으로 답하도록 한다.)

해답 1 각 뱅크의 부하설비용량이 같으므로 1뱅크에 곱하기 4를 하면 된다.

계산 : $\mathrm{T_r}$ 용량 $= \dfrac{\text{개별최대전력의합(설비용량} \times \text{수용률)}}{\text{부등률} \times \text{역률}}$

$$= \frac{(125 \times 0.8 + 125 \times 0.8 + 500 \times 0.6 + 600 \times 0.84) \times 4}{1.1 \times 0.8} = 4{,}563.64$$

답 5,000[kVA]

2 ① 계산 : $I_1 = \frac{P}{\sqrt{3} \times V} = \frac{4{,}563.64}{\sqrt{3} \times 6} = 439.14[A]$

CT 1차는 1.25배를 적용하여 $439.14 \times 1.25 = 548.93[A]$ 답 600/5

② 계산 : $I_1 = \frac{P}{\sqrt{3} \times V} = \frac{4{,}563.64/4}{\sqrt{3} \times 0.4} = 1{,}648.76[A]$

CT 1차는 1.25배를 적용하여 $1{,}648.76 \times 1.25 = 2{,}060.95[A]$ 답 2,500/5

TIP

1 최대수요전력 $= \dfrac{\dfrac{\text{부하설비 용량[kW]}}{\cos\theta} \times \text{수용률}}{\text{부등률}}$ [kVA]

2 변류기는 최대부하전류의 1.25~1.5배로 선정

11 ★★★★☆ [5점]

1,000[kVA] 단상 변압기 3대를 △－△ 결선의 1뱅크로 하여 사용하고 있는 변전소가 있다. 지금 부하의 증가로 동일한 용량의 단상 변압기 1대를 추가하여 운전하려고 할 때, 다음 물음에 답하시오.

1 3상의 최대 부하에 대응할 수 있는 결선법은 무엇인가?

2 최대 몇 [kVA]의 3상 부하에 대응할 수 있겠는가?

해답 1 V－V 결선 2뱅크

2 계산 : $P = P_V \times 2\text{뱅크} = \sqrt{3} \times 1{,}000 \times 2 = 3464.1[kVA]$ 답 3464.1[kVA]

TIP

3상이면 단상 3대 변압기에 단상 변압기 1대를 추가하면 총 4대가 된다. 따라서 V－V 결선 2개가 운전된다.

12 ★★★★☆ [6점]

수변전 설비에 설치하고자 하는 파워 퓨즈(전력용 퓨즈)는 사용 장소, 정격차단용량, 정격전류 등을 고려하여 구입하여야 하는데, 이외에 고려하여야 할 주요 특성을 3가지만 쓰시오.

해답 ① 정격전압 ② 전류－시간특성 ③ 최소 차단 전류

TIP

➤ 전력용 퓨즈 구입 시 고려사항 6가지
사용장소, 정격전압, 정격전류, 정격차단용량, 최소차단 전류, 전류-시간 특성

13 ★★★★★ [5점]

비상용 조명 부하 110[V]용 100[W] 58등, 60[W] 50등이 있다. 방전 시간 30분, 축전지 HS형 54[cell], 허용 최저 전압 100[V], 최저 축전지 온도 5[℃]일 때 축전지 용량은 몇 [Ah]인가?(단, 용량 환산 시간 : K=1.2이다.)

해답 계산 : 부하전류(조명) $I=\frac{P}{V}=\frac{(100\times58)+(60\times50)}{110}=80[A]$

축전지 용량 $C=\frac{1}{L}KI=\frac{1.2\times80}{0.8}=120[Ah]$

답 120[Ah]

TIP

경년 용량 저하율이 없는 경우 0.8을 적용한다.

14 ★★★☆☆ [5점]

차단기의 정격전압이 7.2[kV]이고 3상 정격차단전류가 20[kA]인 수용가의 수전용 차단기의 차단용량은 몇 [MVA]인가?(단, 여유율은 고려하지 않는다.)

해답 계산 : 차단용량$=\sqrt{3}\times$정격전압$\times$정격차단전류

$=\sqrt{3}\times7.2\times20=249.42[MVA]$

답 249.42[MVA]

TIP

➤ 차단용량

① $P_s=\frac{100}{\%Z}P$

② $P_s=\sqrt{3}\times$정격전압$\times$정격차단전류

15 ★★★★★ [5점]

정격용량 22[kVA]인 변압기에서 지상역률 60[%]의 부하에 22[kVA]를 공급하고 있다. 역률을 90[%]로 개선하여 변압기의 전용량까지 부하에 공급하고자 한다. 여기에 소요되는 전력용 콘덴서의 용량과 증가시킬 수 있는 유효전력[역률 90[%](지상)]을 구하시오.

해답

- 전력용 콘덴서 용량

계산 : $Q_C = (VI\sin\theta_1 - VI\sin\theta_2) = (P_a\sin\theta_1 - P_a\sin\theta_2)$

$= (22 \times 0.8 - 22 \times \sqrt{1-0.9^2})$

$= 8.01[kVA]$

답 8.01[kVA]

- 유효전력

계산 : $\cos\theta_1 = 0.6$일 때 유효전력 : $P_1 = 22 \times 0.6 = 13.2[kW]$

$\cos\theta_2 = 0.9$일 때 유효전력 : $P_2 = 22 \times 0.9 = 19.8[kW]$

증가시킬 수 있는 유효전력 : $P = P_2 - P_1 = 19.8 - 13.2 = 6.6[kW]$

답 6.6[kW]

16 ☆☆☆☆☆ [7점]

다음 각 경우에 따라 제 몇 종 접지공사를 하여야 하는지 쓰시오. ※ KEC 규정에 따라 삭제

1. 400[V] 이상의 합성 수지관 배선에 사용하는 풀박스 또한 분진 방폭형 플렉시블 휘팅
2. 400[V] 이상의 금속 배관선에 사용하는 가요관
3. 풀장 부분용 수중 조명 등을 넣는 용기 및 방호장치의 금속제 부분
4. 고압 계기용 변성기의 2차 측 전로
5. 400[V] 미만의 저압용 기계 기구의 철대 또는 금속제 외함
6. 고압 가공 전선의 교류 전차선 등의 위에서 교차하여 시설될 경우의 고압 가공 전선로의 완금류
7. 특별 고압 계기용 변성기의 2차 측 전로
8. 전극식 온천용 승온기 차폐장치의 전극
9. 특별고압가공전선이 가공약전류전선 등과 접지 또는 교차 시의 보호망
10. 다심형 전선을 사용하는 경우의 중성선 또는 접지측 전선용으로서 절연물로 피복하지 아니한 도체

해답 ※ KEC 규정에 따라 삭제

17 ★☆☆☆☆ [5점]

허용 가능한 단독접지 이격거리를 결정하게 되는 세 가지 요소는 무엇인가?

해답 ① 대지 저항률
② 접지 전류의 최댓값
③ 전위 상승의 허용값

TIP

➤ 단독접지(독립접지)

두 개의 접지극이 25[m] 이상 이격되어야 접지효과를 볼 수 있다.

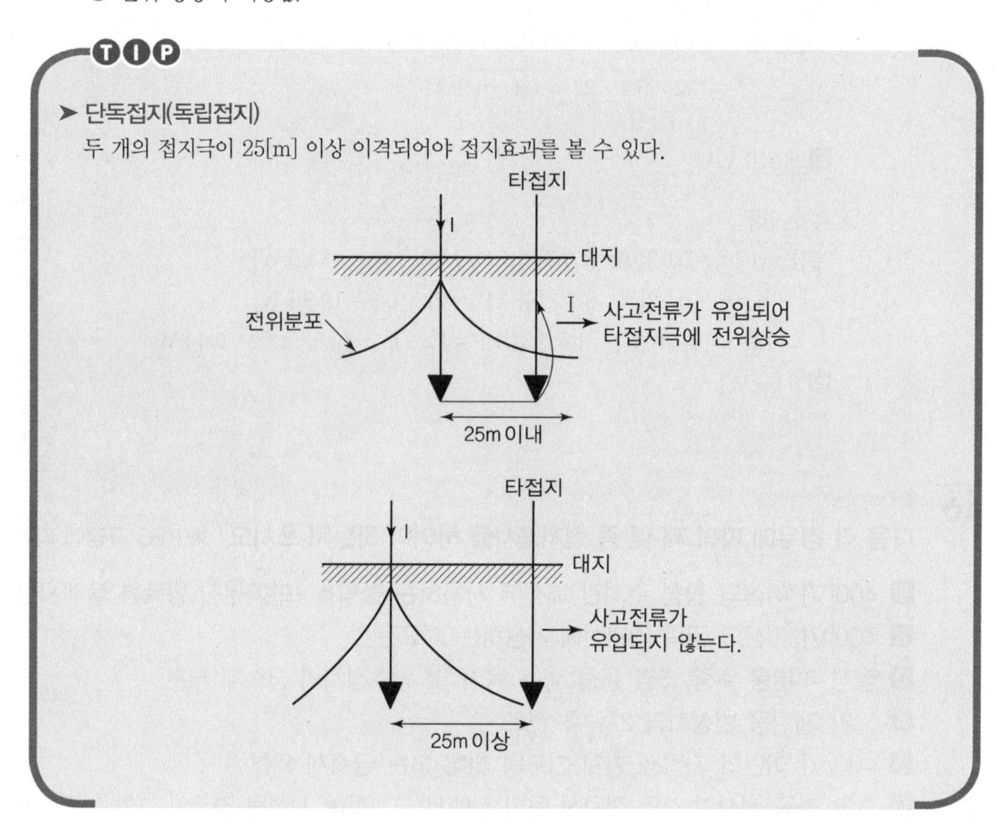

18 ★☆☆☆☆ [5점]

다음 기기의 사용용도에 대하여 설명하시오.

1 점멸기(S/W)
2 단로기(DS)
3 차단기(CB)
4 전자개폐기(MC)

해답 1 램프 ON, OFF로 이용된다.
2 무부하 시 회로를 개폐한다(고장 수리점검 등).
3 부하전류, 사고전류 차단
4 전동기 등 동력부하 기동, 정지 등에 사용된다.
또한 열동계전기는 전동기 과부하 운전 방지 계전기로 사용된다.

전기산업기사

2013년도 3회 시험 과년도 기출문제

회독 체크	□1회독	월 일	□2회독	월 일	□3회독	월 일

01 ★★★★☆ [8점]

그림은 플로트리스(플로트 스위치가 없는) 액면 릴레이를 사용한 급수제어의 시퀀스도이다. 다음 각 물음에 답하시오.

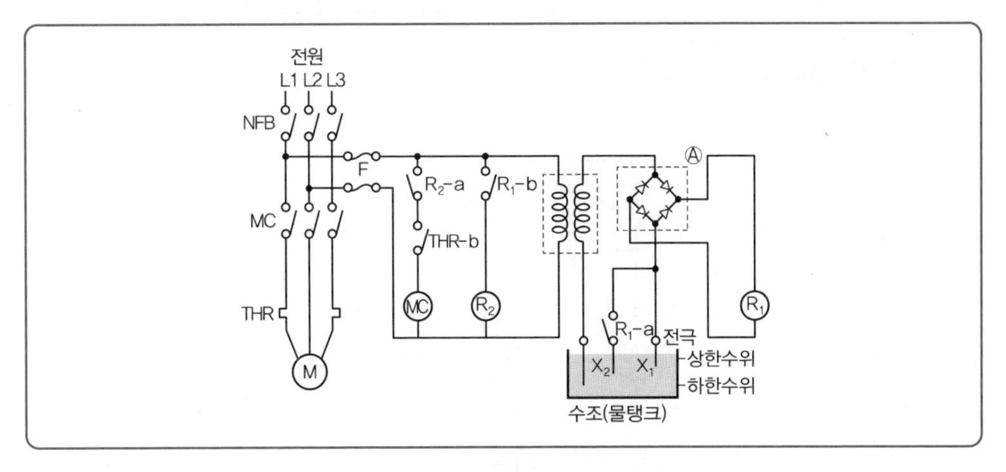

1 도면에서 기기 Ⓐ의 명칭을 쓰고 그 기능을 설명하시오.

2 수조의 수위가 전극보다 올라갔을 때 전동펌프는 어떤 상태로 되는가?

3 수조의 수위가 전극 X_1보다 내려갔을 때 전동 펌프는 어떤 상태로 되는가?

4 수조의 수위가 전극 X_2보다 내려갔을 때 전동 펌프는 어떤 상태로 되는가?

해답 1 명칭 : 브리지 정류회로

기능 : 교류전원을 직류로 변환하여 R_1 릴레이에 공급함

2 정지 3 정지 4 운전

02 ★★★★☆ [5점]

아래 회로도를 보고 물음에 답하시오.

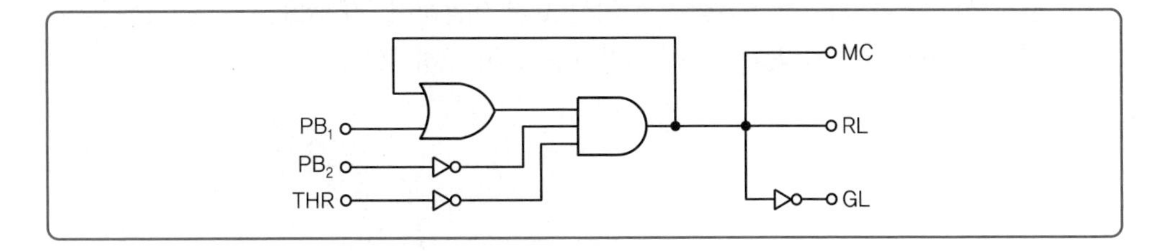

1 시퀀스 회로도를 완성하시오.

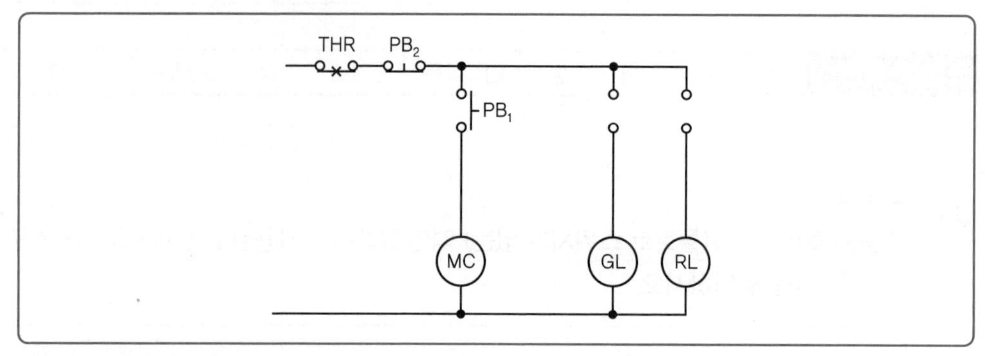

2 MC 출력식을 쓰시오.

해답 1

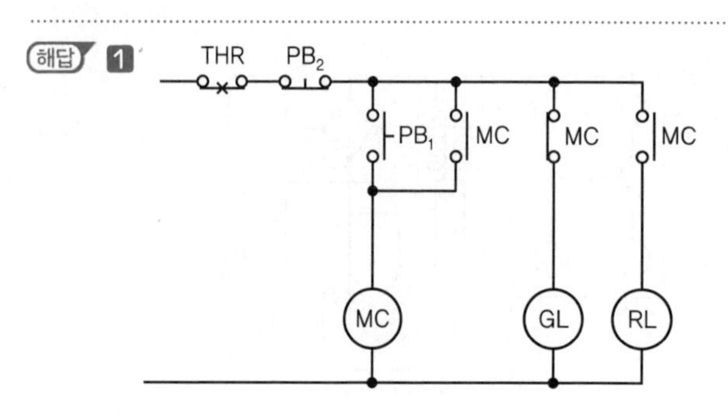

2 $MC = (PB_1 + MC) \cdot \overline{PB_2} \cdot \overline{THR}$

03 ★★★☆☆ [6점]

정격 전압 200[V]인 3상 유도 전동기를 간선에 연결하려고 한다. 주어진 표를 이용하여 다음 물음에 답하시오.(단, 공사방법 B1, XLPE 절연전선을 사용하는 경우이다.)

- 3.7[kW] 1대 : 직입 기동
- 7.5[kW] 1대 : 직입 기동
- 15[kW] 1대 : 기동 보상기 사용

1 간선에 흐르는 전체전류는 몇 [A]인가?

2 간선의 굵기는 몇 [mm²]인가?

3 간선 과전류 차단기의 용량을 주어진 표를 이용하여 구하시오.

4 간선 개폐기의 용량을 주어진 표를 이용하여 구하시오.

| 표 1. 전동기 공사에서 간선의 전선 굵기 · 개폐기 용량 및 적정 퓨즈(200[V], B종 퓨즈) |

정격출력 [kW]수의 총계 ① [kW] 이하	전 부하 전류 [A]①' [A] 이하	배선정류에 의한 간선의 최소 굵기[mm²]						직입기동 전동기 중 최대용량의 것(동선)											
		공사방법 A1 3개선		공사방법 B1 3개선		공사방법 C 3개선		0.75 이하	1.5	2.2	3.7	5.5	7.5	11	15	18.5	22	30	37" 55
								기동기 사용 전동기 중 최대용량의 것(동선)											
								–	–	–	5.5	7.5	11 15	18.5 22	–	30 37	–	45	55
		PVC	XLPE, EPR	PVC	XLPE, EPR	PVC	XLPE, EPR	과전류차단기[A] (칸 위 숫자) ③ 개 폐 기 용 량[A] (칸 아래 숫자) ④											
3	15	2.5	2.5	2.5	2.5	2.5	2.5	15 30	20 30	30 30	–	–	–	–	–	–	–	–	–
4.5	20	4	2.5	2.5	2.5	2.5	2.5	20 30	20 30	30 30	50 60	–	–	–	–	–	–	–	–
6.3	30	6	4	6	4	4	2.5	30 30	30 30	50 60	50 60	75 100	–	–	–	–	–	–	–
8.2	40	10	6	10	6	6	4	50 60	50 60	50 60	75 100	75 100	100 100	–	–	–	–	–	–
12	50	16	10	10	10	10	6	50 60	50 60	50 60	75 100	75 100	100 100	150 200	–	–	–	–	–
15.7	75	35	25	25	16	16	16	75 100	75 100	75 100	75 100	100 100	100 100	150 200	–	–	–	–	–
19.5	90	50	25	35	25	25	16	100 100	100 100	100 100	100 100	100 100	150 200	150 200	200 200	–	–	–	–
23.2	100	50	35	35	25	35	25	100 100	100 100	100 100	100 100	100 100	150 200	150 200	200 200	200 200	–	–	–
30	125	70	50	50	35	50	35	150 200	150 200	150 200	150 200	150 200	150 200	150 200	200 200	200 200	200 200	–	–
37.5	150	95	70	70	50	70	50	150 200	150 200	150 200	150 200	150 200	150 200	150 200	200 200	300 300	300 300	300 300	–
45	175	120	70	95	50	70	50	200 200	200 200	200 200	200 200	200 200	200 200	200 200	200 200	300 300	300 300	300 300	300 300
52.5	200	150	95	95	70	95	70	200 200	200 200	200 200	200 200	200 200	200 200	200 200	200 200	300 300	300 300	400 400	400 400
63.7	25	240	150	–	95	120	95	300 300	300 300	300 300	300 300	300 300	300 300	300 300	300 300	300 300	400 400	400 400	500 600
78	300	300	185	–	120	185	120	300 300	300 300	300 300	300 300	300 300	300 300	300 300	300 300	300 300	400 400	400 400	500 600
86.2	350	–	240	–	–	240	150	400 400	400 400	400 400	400 400	400 400	400 400	400 400	400 400	400 400	400 400	400 400	600 600

※ 단, 공사방법 A1은 벽 내의 전선관에 공사한 절연전선 또는 단심케이블, 공사방법 B1은 벽면의 전선관에 공사한 절연전선 또는 단심케이블, 공사방법 C는 벽면에 공사한 단심 또는 다심케이블을 시설하는 경우의 전선 굵기를 표시하였다.

| 표 2. 3상 유도 전동기의 규약 전류값 |

출력		전류[A]		출력		전류[A]	
[kW]	환산[HP]	200[V]용	400[V]용	[kW]	환산[HP]	200[V]용	400[V]용
0.2	1/4	1.8	0.8	18.5	25	79	38
0.4	1/2	3.2	1.6	22	30	93	46
075	1	4.8	4.0	30	40	124	62
1.5	2	8.0	4.0	37	50	151	75
2.2	3	11.1	5.5	45	60	180	90
3.7	5	17.4	8.9	55	75	225	110
5.5	7.5	26	13	75	100	300	150
7.5	10	34	17	110	150	435	220
11	15	49	24	150	200	580	285
15	20	65	32				

※ 사용하는 회로의 표준 전압이 220[V]나 440[V]이면 200[V] 또는 400[V]일 때의 각각 0.9배로 한다.

해답 1 표 2를 이용하여
3.7[kW]→17.4[A], 7.5[kW]→34[A], 15[kW] → 65[A]
간선의 전체 전류 $I = 17.4 + 34 + 65 = 116.4$[A]
답 116.4[A]

2 표 1에서 116.4[A]보다 큰 125[A]를 선정하고 공사방법(B1, XLPE)의 전선 굵기를 선택한다.
답 35[mm^2]

3 150[A]
4 200[A]

TIP

소문제 3, 4는 표 1에서 116.4[A]보다 큰 125[A]를 선정하고 직입기동 7.5[kW]와 기동기 사용 15[kW]의 과전류 차단기와 개폐기를 선택한다.

04 ☆☆☆☆☆ [4점]

전로의 사용전압이 다음 표와 같이 구분되는 저압전로의 절연저항 값은 몇 [MΩ] 이상이어야 하는가? ※ KEC 규정에 따라 삭제

사용전압에 따른 전로의 구분		절연저항값[MΩ]
400[V]	대지전압이 150[V] 이하인 경우	1
	대지전압이 150[V]를 넘고 300[V] 이하인 경우	2
	사용전압이 300[V]를 넘고 400[V] 미만인 것	3
400[V] 이상		4

해답 1 2 3 4 ※ KEC 규정에 따라 삭제

TIP

➤ 기술기준 제52조(저압전로의 절연 성능)

전로의 사용전압[V]	DC시험전압[V]	절연저항[MΩ]
SELV 및 PELV	250	0.5
FELV, 500[V] 이하	500	1.0
500[V] 초과	1,000	1.0

05 ★★★★☆ [8점]

그림과 같은 교류 단상 3선식 선로를 보고 다음 각 물음에 답하시오.

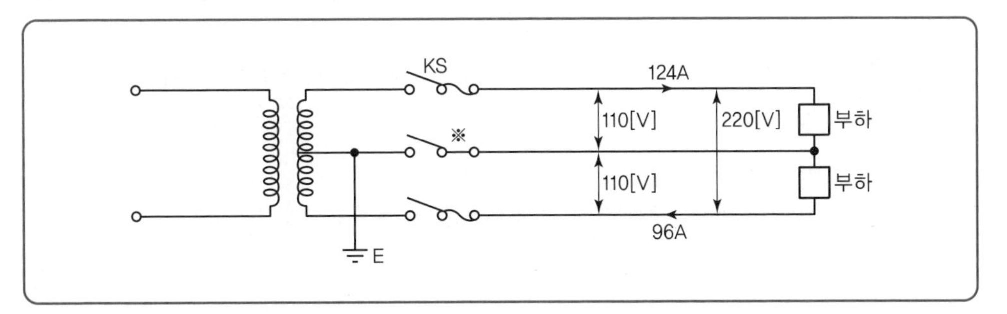

1 도면의 잘못된 부분을 고쳐서 그리고 잘못된 부분에 대한 이유를 설명하시오.

2 부하불평형률은 몇 [%]인가?

3 도면에서 ※부분에 퓨즈를 넣지 않고 동선을 연결하였다. 옳은 방법인지의 여부를 구분하고 그 이유를 설명하시오.

해답 **1**

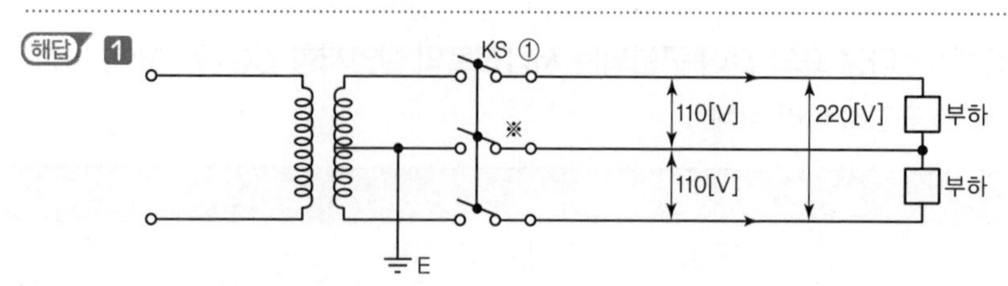

① 동시 동작형 개폐기를 설치한다.
이유 : 동시에 개폐되지 않을 경우 전압불평형이 나타날 수 있다.

2 설비불평형률 $= \dfrac{\text{중성선과 각 전압 측 전선 간에 접속되는 부하설비용량[VA]의 차}}{\text{총 부하설비용량[VA]의 } 1/2} \times 100[\%]$

$$= \frac{(110\times124)-(110\times96)}{[(110\times124)+(110\times96)]\dfrac{1}{2}}\times100=25.45[\%]$$

답 25.45[%]

3 옳다.
이유 : 퓨즈가 용단되는 경우에는 경부하 측의 전위가 상승되어 전압불평형이 발생

TIP

① 단상 3선식의 불평형은 40[%]를 초과할 수 없으므로 설비는 양호이다.
② 3상 3선식 설비불평형률 $= \dfrac{\text{각 선 간에 접속되는 단상 부하의 최대와 최소의 차}}{\text{총 부하 설비용량의 } 1/3} \times 100[\%]$

06 ★★★☆☆ [5점]

"부하율"에 대하여 설명하고 부하율이 적다는 것은 무엇을 의미하는지 2가지만 쓰시오.

해답 (1) 부하율 : 어떤 기간 중의 평균수용전력과 최대수용전력과의 비를 나타낸다.
즉, 부하율 $= \dfrac{\text{평균전력}}{\text{최대전력}} \times 100[\%]$

(2) 부하율이 적다는 의미
① 실가동률이 저하된다. ② 전력공급설비를 유효하게 사용하지 못한다.

07 ★☆☆☆☆ [5점]

전압비가 3,300/220[V]인 단권 변압기 2대를 V결선으로 해서 부하에 전력을 공급하고자 한다. 공급할 수 있는 최대용량은 자기용량의 몇 배인가?

해답 계산 : $\dfrac{\text{자기용량}}{\text{부하용량}} = \dfrac{2}{\sqrt{3}} \times \dfrac{V_h - V_\ell}{V_h}$

$$\therefore \text{ 부하용량} = \text{자기용량} \times \frac{\sqrt{3}}{2} \times \frac{V_h}{V_h - V_\ell}$$

$$= \text{자기용량} \times \frac{\sqrt{3}}{2} \times \frac{3{,}520}{3{,}520 - 3{,}300} = \text{자기용량} \times 13.86\text{배}$$

답 13.86배

2012 2013 2014 2015 2016 2017 2018 2019 2020 2021

08 ★★★☆☆ [8점]

다음 미완성 도면의 Y−Y 변압기 결선도와 △−△ 변압기 결선도를 완성하시오. 단, 필요한 곳에는 접지를 포함하여 완성시키도록 한다.

1 Y−Y

2 △−△

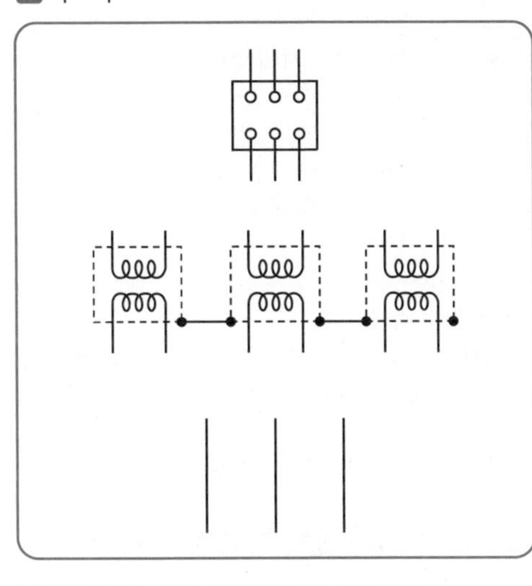

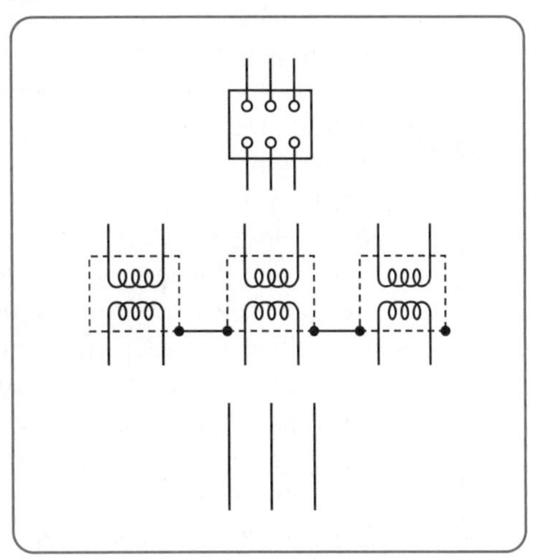

해답 1 Y−Y

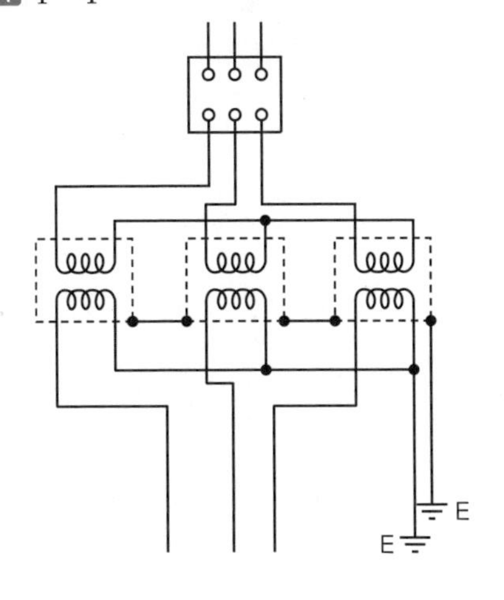

2 △−△

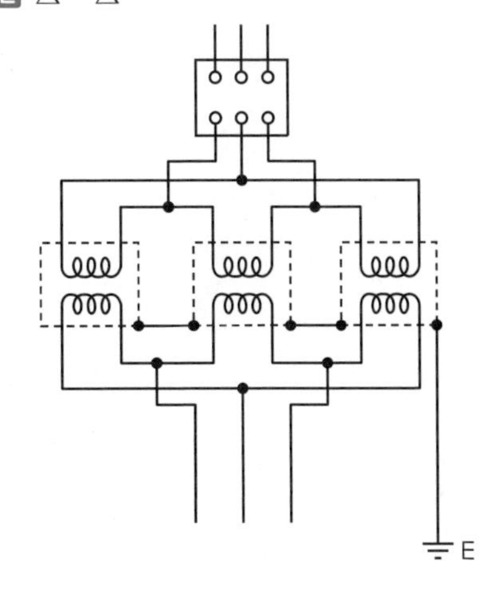

09 ★★☆☆☆ [5점]

목적에 따른 접지의 분류에서 계통접지와 기기접지에 대한 접지목적을 쓰시오.

1 계통접지 목적

2 기기접지 목적

해답 1 계통접지 : 고압과 저압의 혼촉 방지하여 저압측 수용가 전위상승 억제

2 기기접지 : 기기 외함을 접지하여 인체 감전사고 방지, 기기 보호, 화재 방지

TIP

➤ 목적에 따른 접지 종류

① 계통접지 : 고압 및 저압회로 혼촉사고 등에 의해 발생하는 2차 측 이상전압을 억제하기 위하여 시행하는 접지이다.

② 지락검출용 접지 : 송전선, 배전선, 고저압 모선 등의 지락사고 시에 발변전소 등의 보호계전기가 신속하고 확실하게 동작하도록 하는 접지이다.

③ 기기접지 : 낙뢰, 전기설비의 사고 등의 경우에 전기기기의 절연이 열화되거나 손상되는 경우, 누전에 의한 감전사고 및 화재사고를 방지하기 위한 접지이다.

④ 뇌해방지 접지 : 뇌격전류를 대지로 방류하기 위한 접지로 뇌격전류에는 직격뢰에 의한 것과 유도뢰에 의한 것이 있다.

⑤ 전자유도장해 방지 접지 : 송전선, 전차선 등의 전력선에서의 전자유도에 의한 장해를 경감하기 위한 수단으로 설치되는 차폐선, 차폐 케이블 등의 접지이다.

⑥ 통신장해 방지 접지 : 외래 잡음의 침입에 의해서 컴퓨터, 정보통신 등 전자장치의 오동작, 통신품질의 감소를 방지하거나 또는 전자장치에서 발생하는 고조파 에너지가 외부로 누설되어 다른 기기에 장해를 주지 않도록 시행하는 접지이다.

⑦ 회로기능 접지 : 전기회로의 기술상 또는 측정 기술상, 대지를 회로의 일부로 사용하는 경우에 필요한 접지이다.

⑧ 정전기 장해 방지 접지 : 마찰 등에 의해 정전기가 발생하는 장치 또는 물체를 취급하는 장소에서 정전기 장해를 방지하기 위하여 시행하는 접지이다.

10 ★★★★★ [6점]

평형 3상 회로에 그림과 같은 유도 전동기가 있다. 이 회로에 2개의 전력계와 전압계 및 전류계를 접속하였더니 그 지시값은 $W_1 = 6.24$[kW], $W_2 = 3.77$[kW], 전압계의 지시는 200[V], 전류계의 지시는 34[A]이었다. 이때 다음 각 물음에 답하시오.

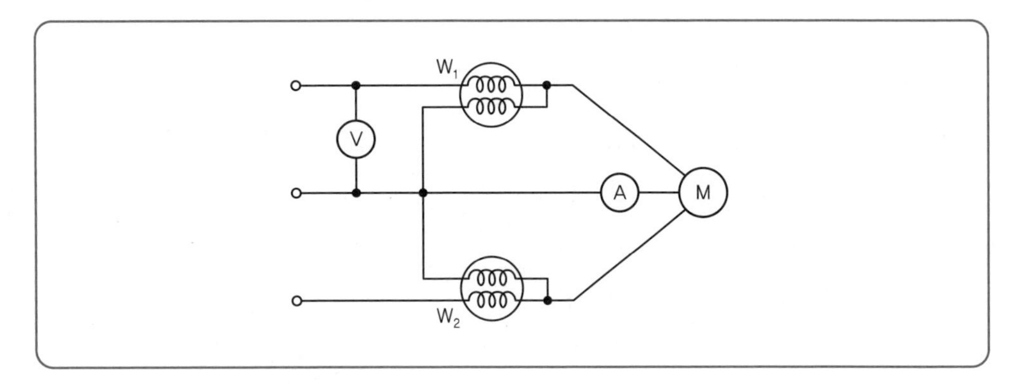

1 부하에 소비되는 전력을 구하시오.

2 부하의 피상전력을 구하시오.

3 이 유도 전동기의 역률은 몇 [%]인가?

해답 1 계산 : $P = W_1 + W_2 = 6.24 + 3.77 = 10.01$[kW]

답 10.01[kW]

2 계산 : $P_a = \sqrt{3}VI = \sqrt{3} \times 200 \times 34 \times 10^{-3} = 11.78$[kVA]

답 11.78[kVA]

3 계산 : $\cos\theta = \dfrac{W_1 + W_2}{\sqrt{3}VI} = \dfrac{10.01}{11.78} \times 100 = 84.97$ [%]

답 84.97[%]

TIP

➤ 2전력계법

① $P = W_1 + W_2$[W]

② $P_r = \sqrt{3}(W_1 - W_2)$[Var]

③ $P_a = 2\sqrt{(W_1^2 + W_2^2 - W_1W_2)}$[VA]

④ $\cos\theta = \dfrac{P}{P_a} = \dfrac{W_1 + W_2}{2\sqrt{W_1^2 + W_2^2 - W_1W_2}}$

11 ★★★★☆

[5점]

3상 4선식 22.9[kV] 수전 설비의 부하 전류가 30[A]이다. 60/5[A]의 변류기를 통하여 과부하 계전기를 시설하였다. 120[%]의 과부하에서 차단기를 동작시키려면 과부하 트립 전류값은 몇 [A]로 설정해야 하는가?

해답 OCR 탭(트립) $=$ 부하전류 $\times \frac{1}{\text{CT비}} \times (1.25 \sim 1.5)$

계산 : $30 \times \frac{5}{60} \times 1.2 = 3$[A]

답 3[A]

TIP

① 전류계 지시값 Ⓐ $= \mathrm{I} \times \frac{1}{\text{CT비}}$

② OCR 탭(Trip) $= \mathrm{I} \times \frac{1}{\text{CT비}} \times (1.25 \sim 1.5)$

③ I(부하전류) $=$ Ⓐ $\times$ CT비

④ Tap(탭) 표준값 : 2, 3, 4, 5, 6, 7, 8, 9, 10[A]

⑤ 문제 조건이 먼저이므로 1.2배를 적용한다.

12 ★★★☆☆

[4점]

가정용 100[V] 전압을 200[V]로 승압할 경우 손실전력의 감소는 몇 [%]가 되는가?

해답 계산 : $P_L \propto \frac{1}{V^2}$ 이므로 $\frac{1}{4} = 0.25P_L$

$\therefore$ 감소는 $1 - 0.25 = 0.75$

답 75[%]

TIP

① $P_L \propto \frac{1}{V^2}$ (P_L : 손실) ② $A \propto \frac{1}{V^2}$ (A : 단면적) ③ $\delta \propto \frac{1}{V^2}$ (δ : 전압강하율)

④ $e \propto \frac{1}{V}$ (e : 전압강하) ⑤ $P \propto V^2$ (P : 전력)

⑥ 공급능력 $P = VI\cos\theta$에서 $P \propto V$(P : 공급능력)

공급능력 $P = VI\cos\theta$[W] $P \propto V = \frac{200}{100} = 2$배

13 ★★★★★ [6점]

어떤 작업실에 실내에 조명설비를 하고자 한다. 조명설비의 설계에 필요한 다음 각 물음에 답하시오.

- 방바닥에서 0.8[m] 높이의 작업대에서 작업을 하고자 한다.
- 작업실의 면적은 가로 15[m]×세로 20[m]이다.
- 방바닥에서 천장까지 높이는 3.8[m]이다.
- 이 작업장의 평균조도는 150[lx]이다.
- 등기구는 40[W] 형광등이며 형광등 1개의 전광속은 3,000[lm]이다.
- 조명률은 0.7, 감광률은 1.4로 한다.

1 이 작업장의 실지수는 얼마인가?

2 이 작업장에 필요한 평균조도를 얻으려면 형광등은 몇 [등]이 필요한가?

3 일반적인 경우 공장에 시설하는 전체조명용 전등은 부분 조명이 가능하도록 하는데 점멸이 가능한 최대 등수는? ※ KEC 규정에 따라 삭제

해답 1 계산 : H=3.8−0.8=3[m]

$$\text{실지수} = \frac{X \cdot Y}{H(X+Y)} = \frac{15 \times 20}{3(15+20)} = 2.857$$

답 2.86

2 계산 : $N = \frac{AED}{FU} = \frac{150 \times 15 \times 20 \times 1.4}{3,000 \times 0.7} = 30$[등]

답 30[등]

3 6[등]

TIP

① 실지수는 단위가 없다.
② 점멸기는 1개당 6[등]까지 점멸할 수 있으나 현 KEC에서는 부분 점멸 또는 전등군마다 점멸이 가능하게 한다고 규정됨

14 ★★★★★

[5점]

주변압기의 용량이 1,300[kVA], 전압 22,900/3,300[V] 3상 3선식 전로의 2차 측에 설치하는 단로기의 단락 강도는 몇 [kA] 이상이어야 하는가?(단, 주변압기의 %임피던스는 3[%]이다.)

해답 계산 : 2차 정격전류 $I_{2n} = \dfrac{P_n}{\sqrt{3} \cdot V_{2n}} = \dfrac{1{,}300 \times 10^3}{\sqrt{3} \times 3{,}300} = 227.44[A]$

$\therefore$ 단락 강도 $I_s = \dfrac{100}{\%Z} I_n = \dfrac{100}{3} \times 227.44 \times 10^{-3} = 7.58[kA]$

답 7.58[kA]

TIP

① 3상과 단상을 구분할 것(정격전류 계산 시)
② 1차 측인지 2차 측인지 구분할 것(전압 선정 시)
③ 단위환산 확인 10^{-3}[kA]

15 ★★★★★

[5점]

그림과 같은 분기회로 전선의 단면적을 산출하여 적당한 굵기를 선정하시오.

- 배전방식은 단상 2선식 교류 200[V]로 한다.
- 사용 전선은 450/750[V] 일반용 단심 비닐절연전선이다.
- 사용 전선관은 후강전선관으로 하며, 전압 강하는 최원단에서 2[%]로 보고 계산한다.

20m 15m 15m 15m 15m 15m
400[W] 400[W] 400[W] 400[W] 400[W] 400[W]

해답 계산 : ① 배전선 길이 $L' = L + \dfrac{l \times N}{2} = 20 + \dfrac{15 \times 5}{2} = 57.5[m]$

② 부하전류 $I = \dfrac{\Sigma P}{V} = \dfrac{400 \times 6}{200} = 12[A]$

③ 전선의 굵기 $A = \dfrac{35.6LI}{1{,}000e} = \dfrac{35.6 \times 57.5 \times 12}{1{,}000 \times 4} = 6.14 \le 10[mm^2]$

답 $10[mm^2]$

16 ★★☆☆☆ [5점]

어떤 발전소의 발전기가 13.2[kV], 용량 93,000[kVA], %임피던스 95[%]일 때, 임피던스는 몇 [Ω]인가?

해답 계산 : $\%Z = \frac{P \cdot Z}{10V^2}$ 이므로

$$\therefore Z = \frac{\%Z \cdot 10V^2}{P} = \frac{95 \times 10 \times 13.2^2}{93,000} = 1.78[\Omega]$$

답 1.78[Ω]

TIP

$$\%Z = \frac{P \cdot Z}{10V^2}$$

여기서, P : 용량으로 기준단위[kVA]
V : 선간전압[kV]

17 ★★★★☆ [5점]

최대사용전압이 22,900[V]인 중성점 다중접지방식의 절연내력시험전압은 몇 [V]이며, 이 시험전압을 몇 분간 가하여 이에 견디어야 하는가?

해답 1 계산 : $22,900 \times 0.92 = 21,068[V]$
답 21,068[V]

2 연속 10분간

TIP

① 최대사용전압 : 7[kV] 이하 V×1.5배, 최저 500[V]
② 비접지 : 7[kV] 초과 V×1.25배
③ 중성점 다중접지 : V×0.92배

2012 2013 2014 2015 2016 2017 2018 2019 2020 2021

18 ★★★☆☆ [5점]

옥내에 시설되는 단상전동기에 과부하보호장치를 하지 않아도 되는 전동기의 용량은 몇 [kW] 이하인가?

해답 0.2[kW] 이하

TIP

① 전동기 자체에 유효한 과부하소손방지장치가 있는 경우
② 전동기의 출력이 0.2[kW] 이하일 경우
③ 부하의 성질상 전동기가 과부하될 우려가 없을 경우
그 외
④ 공작기계용 전동기 또는 호이스트 등과 같이 취급자가 상주하여 운전할 경우
⑤ 단상 전동기로 16[A] 분기회로(배선용 차단기는 20[A])에서 사용할 경우
⑥ 전동기 권선의 임피던스가 높고 기동 불능 시에도 전동기가 소손될 우려가 없을 경우
⑦ 전동기의 출력이 4[kW] 이하이고, 그 운전상태를 취급자가 전류계 등으로 상시 감시할 수 있을 경우

INDUSTRIAL ENGINEER ELECTRICITY

2014년 과 년 도 문제풀이

↘ 전기산업기사

2014년도 1회 시험 과년도 기출문제

회독 체크	□1회독	월 일	□2회독	월 일	□3회독	월 일

2012 2013 2014 2015 2016 2017 2018 2019 2020 2021

01

★★★☆☆ [5점]

계기 정수가 1,200[Rev/kWh], 승률 1인 전력량계의 원판이 12회전하는 데 60초가 걸렸다. 이때 부하의 전력은 몇 [kW]인가?

해답 계산 : $P_1 = P_2 \times \text{PT비} \times \text{CT비} = \dfrac{3{,}600n}{TK} \times \text{승률} = \dfrac{3{,}600 \times 12}{60 \times 1{,}200} \times 1 = 0.6$

답 0.6[kW]

TIP

① 승률 = PT비 × CT비

② 계량기의 전력(P_2) $= \dfrac{3{,}600n}{TK}$[kW]

02

★★☆☆☆ [5점]

수전단 상전압 22,000[V], 전류 400[A], 선로의 저항 R = 3[Ω], 리액턴스 X = 5[Ω]일 때, 전압 강하율은 몇 [%]인가?(단, 수전단 역률은 0.8이라 한다.)

해답 계산 : 전압 강하율 $\delta = \dfrac{e}{E_R} \times 100 = \dfrac{I(R\cos\theta + X\sin\theta)}{E_r} \times 100$

$$= \frac{400 \times (3 \times 0.8 + 5 \times 0.6)}{22{,}000} \times 100 = 9.82[\%]$$

여기서, E : 상전압

e : 전압강하

답 9.82[%]

TIP

$3\phi 3W$ 기준으로 $e = I(R\cos\theta + X\sin\theta)$(상전압)

$e = \sqrt{3}I(R\cos\theta + X\sin\theta)$(선간전압)

03 ★★★★★

[5점]

어떤 건축물 옥상의 수조에 분당 2[m³/min]씩 물을 올리려 한다. 저수조에서 옥상수조까지의 양정이 60[m]일 경우 전동기 용량은 몇 [kW] 이상으로 하여야 하는지 계산하시오.(단, 배관의 손실은 양정의 20[%]로 하며, 펌프 및 전동기 종합효율은 80[%], 여유계수는 1.1로 한다.)

해답 계산 : $P=\frac{9.8\times Q\times H}{\eta}K=\frac{9.8\times 2\times 60\times 1.2}{0.8\times 60}\times 1.1=32.34$

답 32.34[kW]

TIP

$P=\frac{QH}{6.12\eta}K$ 여기서, $Q[m^3/min]$, $H[m]$

04 ★★★☆☆

[5점]

차단기(Circuit Breaker)와 단로기(Disconnecting Switch)의 차이점을 설명하시오.

해답
- 차단기 : 부하전류 개폐 및 사고전류 차단
- 단로기 : 무부하 시 회로를 개폐하여 기기 등을 수리한다.

TIP

① LBS : 부하전류 개폐 및 결상사고 방지 ② ASS : 부하전류 개폐 및 과부하 보호기능

05 ★★★★☆

[5점]

3상 4선식 교류 380[V], 20[kVA] 3상 부하가 전기실 배전반 전용 변압기에서 190[m] 떨어져 설치되어 있다. 이 경우 다음 표를 보고 간선의 최소 굵기를 계산하고 케이블을 선정하시오.(단, 전선의 규격은 IEC에 의한다.) ※ KEC 규정에 따라 변경

| 수용가 설비의 인입구로부터 기기까지의 전압강하는 표의 값 이하이어야 함 |

설비의 유형	조명[%]	기타[%]
A－저압으로 수전하는 경우	3	5
B *－고압 이상으로 수전하는 경우	6	8

* 가능한 한 최종회로 내의 전압강하가 A유형을 넘지 않도록 하는 것이 바람직하다. 사용자의 배선설비가 100[m] 넘는 부분의 전압강하는 미터당 0.005[%] 증가할 수 있으나 이러한 증가분은 0.5[%]를 넘지 않도록 한다.

해답 계산 : $I=\frac{20\times 10^3}{\sqrt{3}\times 380}=30.39$, $A=\frac{17.8LI}{1{,}000e}=\frac{17.8\times 190\times 30.39}{1{,}000\times 220\times 0.0545}=8.57[mm^2]$

$(\because$ 전압강하$[\%]=5+(190-100)\times 0.005=5.45[\%])$

답 10[mm²]

TIP

① KSC IEC 전선규격[mm^2]

1.5	2.5	4
6	10	16
25	35	50
70	95	120
150	185	240
300	400	500

② 전선의 단면적

단상 2선식	$A = \frac{35.6LI}{1,000 \cdot e}$
3상 3선식	$A = \frac{30.8LI}{1,000 \cdot e}$
단상 3선식 3상 4선식	$A = \frac{17.8LI}{1,000 \cdot e}$

③ 3상 4선식 e ≒ 상전압 × 전압강하율 = 220 × 0.06
220 : 상전압, 380 : 선간전압

06 ★★★★☆ [14점]

다음 도면은 구 변전설비 단선 계통도이다. 도면을 보고 물음에 답하시오.

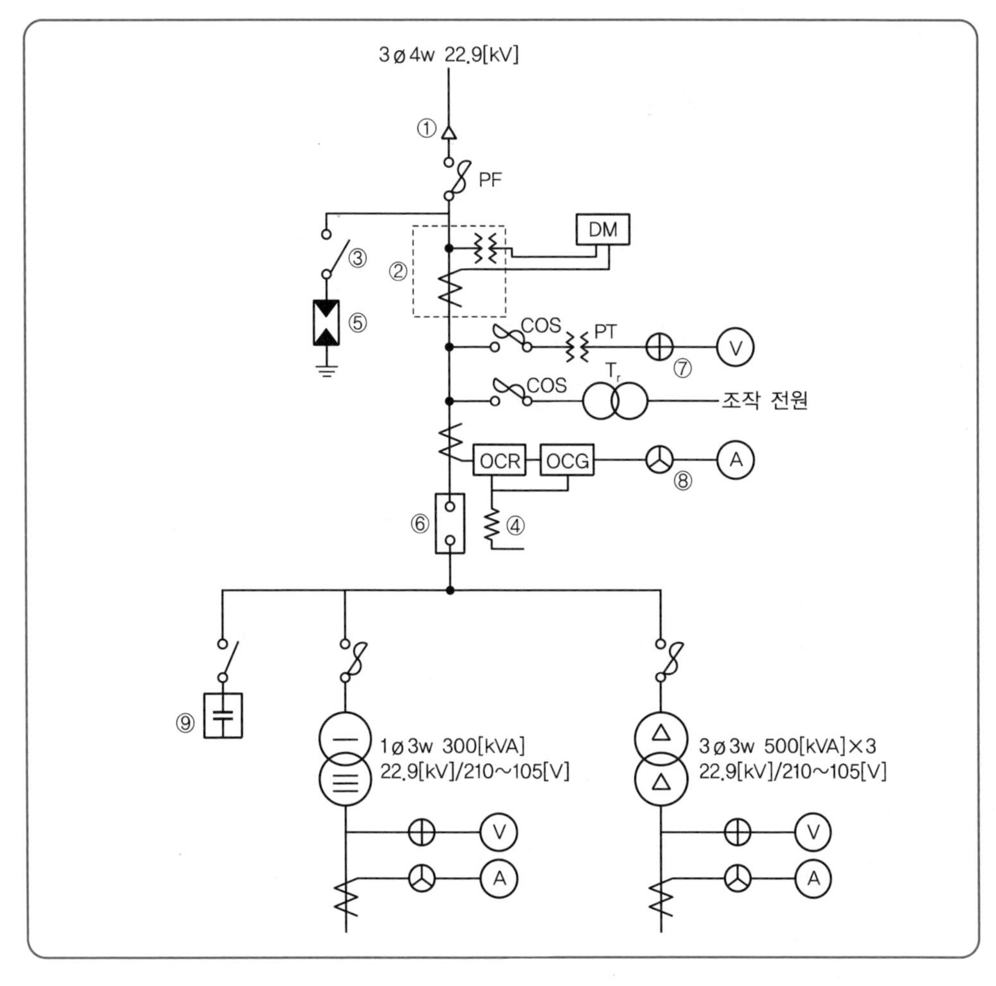

1 도면에서 ①~⑨번의 약호와 명칭을 쓰시오.
2 ⑨번을 방전코일 직렬리액터가 연결된 결선도를 그리시오.
3 변압기 $\Delta - \Delta$ 결선의 복선도를 그리시오.
4 도면에서 제1종 접지공사 4개소만 열거하시오. ※ KEC 규정에 따라 삭제

해답 1

번호	약호	명칭	번호	약호	명칭
①	CH	케이블 헤드	⑥	CB	교류차단기
②	MOF	전력 수급용 계기용 변성기	⑦	VS	전압계용 전환 개폐기
③	DS	단로기	⑧	AS	전류계용 전환 개폐기
④	TC	트립코일	⑨	SC	전력용 콘덴서
⑤	LA	피뢰기			

2

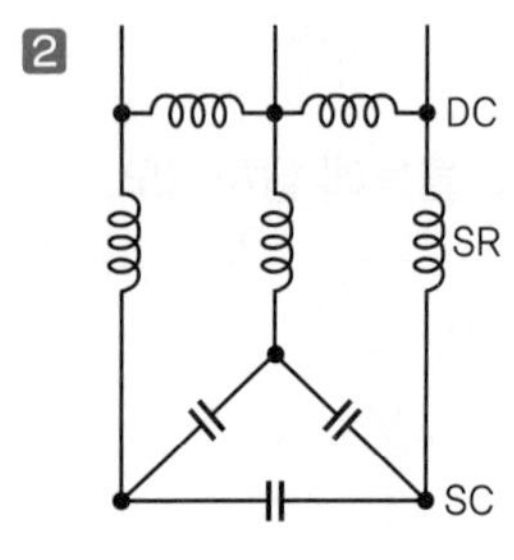

3

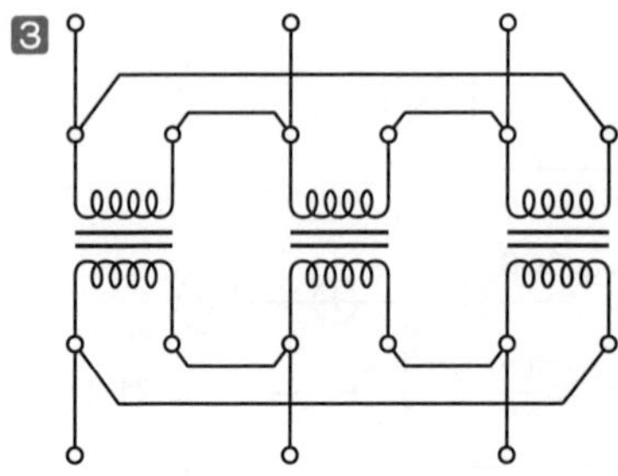

4 ※ KEC 규정에 따라 삭제

TIP

① 변압기의 혼촉 방지판이 부착되어 있으므로 저압 측에 접지를 하지 않는다.
② 위부터 방전코일, 직렬리액터, 전력용 콘덴서 순서대로 결선도를 그린다.

07 ★★☆☆☆ [4점]

직렬 콘덴서의 설치목적에 대하여 쓰시오.

해답 리액턴스(X_L)를 작게 하여 전압 변동률을 작게 하고 안정도를 증진한다.

TIP

병렬 콘덴서 : 부하의 역률 개선

08 ★★★★☆

[6점]

그림과 같은 계통의 기기의 A점에서 완전 지락이 발생하였다. 그림을 이용하여 다음 각 물음에 답하시오.

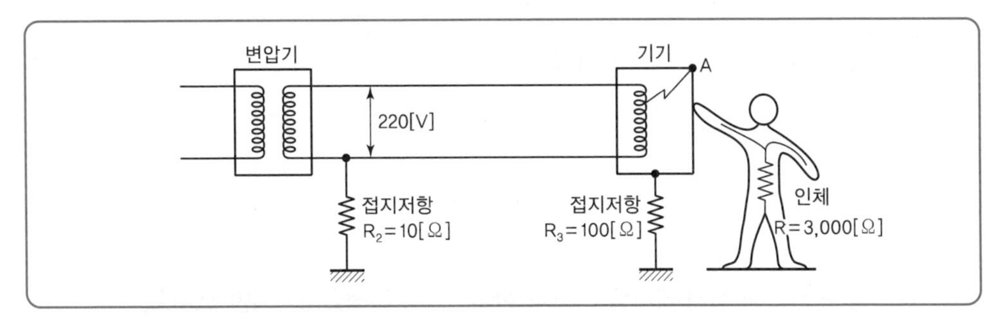

1 이 기기의 외함에 인체가 접촉하고 있지 않을 경우 대지전압을 구하시오.

2 이 기기의 외함에 인체가 접촉한 경우 인체를 통해서 흐르는 전류를 구하시오.(단, 인체의 저항은 3,000[Ω]으로 한다.)

해답 1 계산

대지전압 : $e=\dfrac{R_3}{R_2+R_3}\times V=\dfrac{100}{10+100}\times 220=200[V]$

답 200[V]

2 계산

인체에 흐르는 전류 : $I=\dfrac{V}{R_2+\dfrac{R_3\cdot R}{R_3+R}}\times\dfrac{R_3}{R_3+R}=\dfrac{220}{10+\dfrac{100\times 3,000}{100+3,000}}\times\dfrac{100}{100+3,000}$

$=0.06647[A]=66.47[mA]$

답 66.47[mA]

TIP

① 인체에 비접촉한 경우

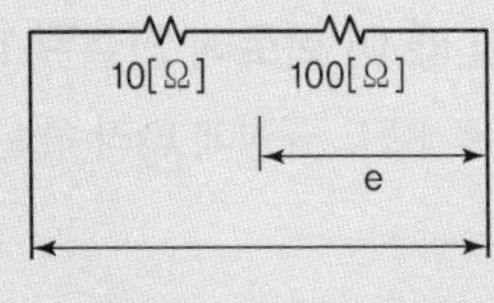

e : 인체에 인가되는 대지전압

② 인체가 접촉한 경우

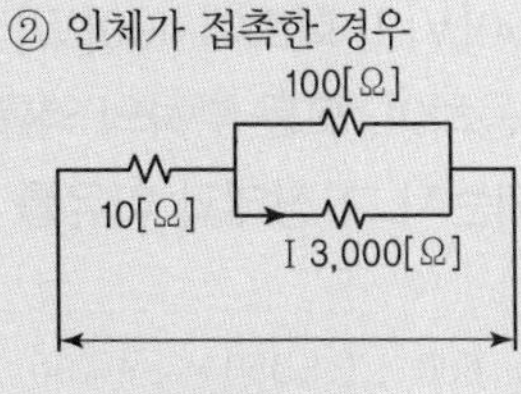

I : 인체에 흐르는 전류

③ 제2종 접지공사 ⇒ 혼촉방지(계통)접지

④ 제3종 접지공사 ⇒ 저압보호접지

09 ★★★★☆

[5점]

그림과 같은 무접점의 논리 회로도를 유접점 회로로 바꾸어 그리시오.

해답

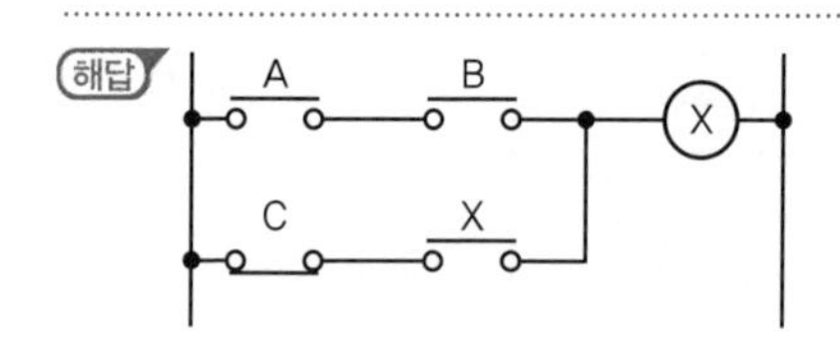

10 ★★★☆☆

[6점]

배전용 변전소에 접지 공사를 하고자 한다. 접지 목적을 3가지만 쓰시오.

해답 접지 목적

① 기기보호 및 감전사고 방지

② 보호계전기 동작 확실

③ 1선 지락 시 전위 상승을 억제하여 기계기구의 절연 보호

TIP

➤ 접지개소

① 일반 기기 및 제어반 외함 접지

② 피뢰기 및 피뢰침 접지

③ 옥외 철구 및 경계책 접지

④ 계기용 변성기 2차 측 접지

11 ★★★☆☆

[5점]

전원전압이 100[V]인 회로에 600[W] 전기솥 1개, 350[W] 전기다리미 1개, 150[W] 텔레비전 1개를 사용하여, 모든 부하의 역률은 1이라고 할 때 이 회로에 연결된 10[A]의 고리 퓨즈는 어떻게 되는지 그 상태와 이유를 설명하시오. ※ KEC 규정에 따라 해설 변경

해답 계산 : $I = \dfrac{600 \times 1 + 350 \times 1 + 150 \times 1}{100} = 11[A]$

답 • 상태 : 용단되지 않는다.

• 이유 : 1.5배 이하이므로

TIP

정격전류	시간	정격전류배수	
		불용단전류	용단전류
4[A] 이하	60분	1.5배	2.1배
4[A] 초과 ~ 16[A] 미만	60분	1.5배	1.9배
16[A] 이상 ~ 63[A] 이하	60분	1.25배	1.6배
63[A] 초과 ~ 160[A] 이하	120분	1.25배	1.6배
160[A] 초과 ~ 400[A] 이하	180분	1.25배	1.6배
400[A] 초과	240분	1.25배	1.6배

12 ★★★★★ [5점]

방의 넓이가 24[m²]이고, 이 방의 천장 높이는 3[m]이다. 조명률 50[%], 감광보상률 1.3, 작업면의 평균 조도를 150[lx]로 할 때 소요광속은 몇 [lm]이면 되는가?

해답 계산 : FUN = DEA

$$F = \frac{24 \times 150 \times 1.3}{0.5 \times 1} = 9{,}360$$

답 9,360[lm]

13 ★★★★☆ [5점]

3상 3선식 6.6[kV]로 수전하는 수용가의 수전점에서 100/5[A], CT 2대와 6,600/110[V] PT 2대를 사용하여 CT 및 PT의 2차 측에서 측정한 전력이 200[W]이었다면 수전 전력은 몇 [kW]인지 계산하시오.

해답 계산 : 수전 전력=측정 전력(전력계의 지시값)×CT비×PT비

$$\therefore\ P = 200 \times \frac{100}{5} \times \frac{6{,}600}{110} \times 10^{-3} = 240[\text{kW}]$$

답 240[kW]

14 ★★☆☆☆ [5점]

LED 램프의 특성 5가지만 쓰시오.

해답 ① 응답속도가 빠르다.
② 수명이 길다.
③ 전력소모가 적다.
④ 내구성이 우수하다.
⑤ 친환경적이다.

15 ★☆☆☆☆

[3점]

전기설비의 보수 점검작업 점검 후 전원 투입 전 실시하는 유의사항 3가지만 쓰시오.

해답 ① 작업자 인원 점검
② 접지선 등 안전장치 제거
③ 작업자에게 위험이 없는지 확인

TIP

➤ 정전작업 시 조치사항

단계조치	협의사항	실무사항
작업 전	① 작업지휘자의 임명 ② 정전범위, 조작순서 ③ 개폐기 위치 ④ 단락접지개소 ⑤ 계획변경에 대한 조치 ⑥ 송전 시의 안전 확인	① 작업지휘자에 의한 작업내용의 주지 철저 ② 개로개폐기의 시건 또는 표시 ③ 잔류전하의 방전 ④ 검전기에 의한 정전 확인 ⑤ 단락접지 ⑥ 일부 정전작업 시 정전선로 및 활선선로의 표시 ⑦ 근접활선에 대한 방호
작업 중	–	① 작업지휘자에 의한 지휘 ② 개폐기의 관리 ③ 단락접지의 수시 확인 ④ 근접활선에 대한 방호상태의 관리
작업 종료 시	–	① 단락접지기구의 철거 ② 표지의 철거 ③ 작업자에 대한 위험이 없는 것을 확인 ④ 개폐기를 투입해서 송전재개

16 ★★★★★

[6점]

용량 30[kVA]의 단상 주상 변압기가 있다. 이 변압기의 어느 날의 부하가 30[kW]로 4시간, 24[kW]로 8시간 및 8[kW]로 10시간이었다고 할 경우, 이 변압기의 일부하율 및 전일효율을 계산하시오.(단, 부하의 역률은 100[%], 변압기의 전부하 동손은 500[W], 철손은 300[W]이다.)

해답 **1** 일부하율

계산 : $\text{일부하율} = \dfrac{\text{평균 전력}}{\text{최대 전력}} \times 100[\%]$에서

$$\text{부하율} = \frac{(30\times4+24\times8+8\times10)/24}{30}\times100 = 54.44[\%]$$

답 54.44[%]

2 전일효율

계산 : 출력 $P=\text{전력}\times\text{시간}=30\times4+24\times8+8\times10=392[\text{kWh}]$

철손 $P_i = P_i \times \text{시간} = 0.3\times24 = 7.2[\text{kWh}]$

동손 $P_c = \left(\frac{1}{m}\right)^2 P_c \times \text{시간} = 0.5\times\left\{\left(\frac{30}{30}\right)^2\times4+\left(\frac{24}{30}\right)^2\times8+\left(\frac{8}{30}\right)^2\times10\right\}$

$= 4.92[\text{kWh}]$

전일효율 $\eta = \frac{392}{392+7.2+4.92}\times100 = 97(\%)$

답 97[%]

TIP

① 철손(무부하손) : 전원이 공급되면 발생되는 손실(P_i)

② 동손(부하손) : 부하 크기에 따라 발생되는 손실(P_c)

③ $\eta = \frac{\text{출력}}{\text{출력}+\text{동손}+\text{철손}}\times100(\%)$

17 ★★★☆☆ [6점]

축전지에 대한 다음 각 물음에 답하시오.

1 연축전지의 고장으로 전 셀의 전압이 불균형이 크고 비중이 낮았을 때 원인은?

2 연축전지와 알칼리축전지의 1셀당 기전력은 약 몇 [V]인가?

3 알칼리축전지에 불순물이 혼입되었다면 어떤 현상이 나타나는가?

해답 1 충전 부족, 불순물 혼입

2 연축전지 : 2.05~2.08[V]

알칼리축전지 : 1.32[V]

3 용량 감소

TIP

① 연축전지 공칭전압 및 기전력 : 2.0[V], 2.05~2.08[V/셀]

② 알칼리 공칭전압 및 기전력 : 1.2[V], 1.32[V/셀]

18 ★★☆☆☆ [5점]

다음 회로에서 전원전압이 공급될 때 최대 전류계의 측정 범위가 500[A]인 전류계로 전 전류값이 1,500[A]인 전류를 측정하려고 한다. 전류계와 병렬로 몇 [Ω]의 저항을 연결하면 측정이 가능한지 계산하시오.(단, 전류계의 내부저항은 100[Ω]이다.)

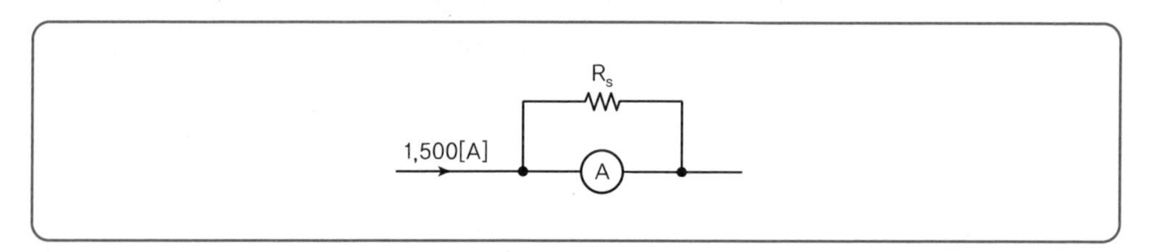

해답 계산 : $I_a = \frac{R_s}{r_a + R_s} I$

$$m = \frac{I}{I_a} = \frac{r_a + R_s}{R_s} = \frac{r_a}{R_s} + 1$$

$$\therefore \frac{I}{I_a} = \frac{r_a}{R_s} + 1$$

$$R_s = \frac{r_a}{\frac{I}{I_a} - 1} = \frac{100}{\frac{1,500}{500} - 1} = 50[\Omega]$$

여기서, I_a : 측정한도의 전류값

I : 측정하고자 하는 전류값

r_a : 전류계의 내부 저항

R_s : 병렬로 설치하는 분류기 저항값

답 50[Ω]

TIP

➤ **배율기**

전류계의 측정 범위를 확대하기 위해 저항을 병렬로 추가한 것

$$m = \frac{I}{I_a} = \frac{r_a}{R_s} + 1$$

여기서, I : 측정하고자 하는 전류값

I_a : 측정한도의 전류값

r_a : 전류계의 내부 저항

R_s : 병렬로 설치하는 분류기 저항값

회독 체크	□1회독	월 일	□2회독	월 일	□3회독	월 일

01 ★★★☆☆ [15점]

아래 도면은 어느 수전설비의 단선 결선도이다. 물음에 답하시오.

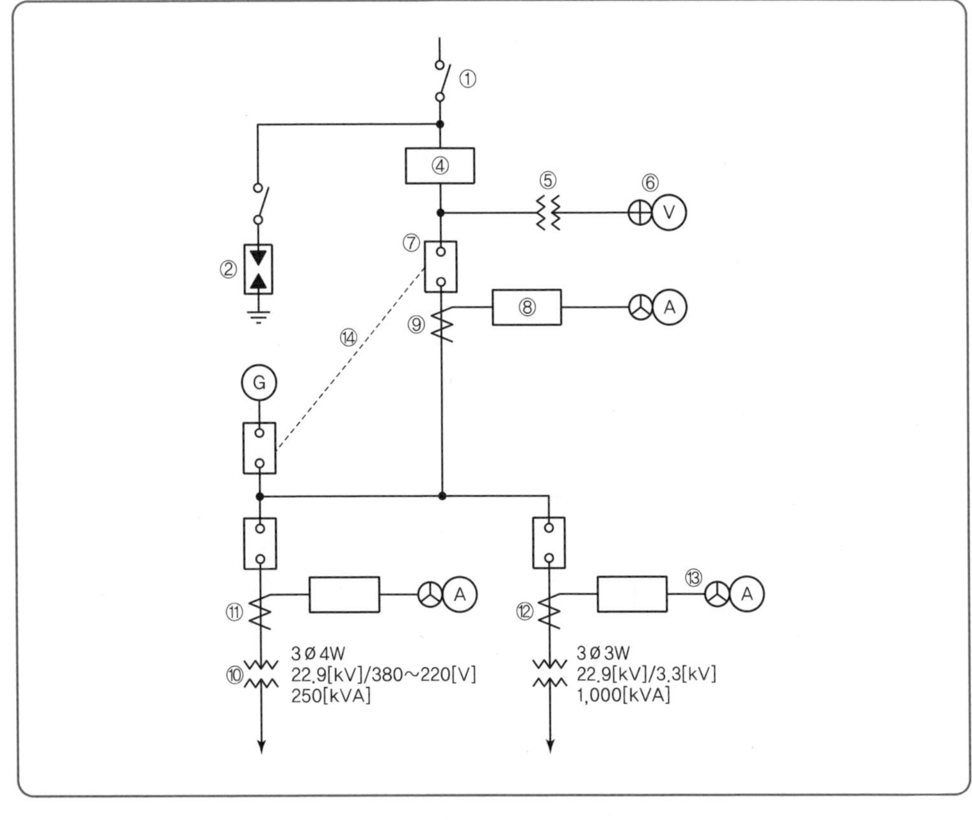

1 ①~②, ④~⑨, ⑬에 해당되는 부분의 명칭과 용도를 쓰시오.

2 ⑤의 1차, 2차 전압은?

3 ⑩의 2차 측 결선방법은?

4 ⑪, ⑫의 1 · 2차 전류는?(단, CT 정격 전류는 부하 정격 전류의 1.5배로 한다.)

5 ⑭의 목적은?

해답 **1** ① 명칭 : 단로기
용도 : 무부하 시 전로 개폐
② 명칭 : 피뢰기
용도 : 이상전압 내습 시 대지로 방전시키고 속류를 차단

④ 명칭 : 전력수급용 계기용 변성기
용도 : 전력량을 산출하기 위해서 PT와 CT를 하나의 함에 내장한 것
⑤ 명칭 : 계기용 변압기
용도 : 고전압을 저전압으로 변성시킴
⑥ 명칭 : 전압계용 절환 개폐기
용도 : 하나의 전압계로 3상의 선간전압을 측정하는 전환 개폐기
⑦ 명칭 : 차단기
용도 : 고장전류 차단 및 부하전류 개폐
⑧ 명칭 : 과전류 계전기
용도 : 과부하 및 단락사고 시 차단기 개방
⑨ 명칭 : 변류기
용도 : 대전류를 소전류로 변류시킴
⑬ 명칭 : 전류계용 절환 개폐기
용도 : 하나의 전류계로 3상의 선간전류를 측정하는 전환 개폐기

2 1차 전압 : 13,200[V]
2차 전압 : 110[V]

3 Y결선

4 ⑪ 계산

$$I_1 = \frac{P}{\sqrt{3}\,V} = \frac{250}{\sqrt{3} \times 22.9} = 6.3[A]$$ 답 6.3[A]

6.3×1.5=9.45[A]이므로 변류비 10/5 선정

$$I_2 = I_1 \times \frac{1}{CT비} = \frac{250}{\sqrt{3} \times 22.9} \times \frac{5}{10} = 3.15[A]$$ 답 3.15[A]

⑫ 계산

$$I_1 = \frac{P}{\sqrt{3}\,V} = \frac{1,000}{\sqrt{3} \times 22.9} = 25.21[A]$$ 답 25.21[A]

25.21×1.5=37.82[A]이므로 변류비 40/5 선정

$$I_2 = I_1 \times \frac{1}{CT비} = \frac{1,000}{\sqrt{3} \times 22.9} \times \frac{5}{40} = 3.15[A]$$ 답 3.15[A]

5 상용 전원과 예비 전원의 동시 투입을 방지한다.(인터록)

TIP

➤ Y결선
2차 측 전압이 380/220 나오는 결선

02 ★★★★☆ [5점]

단상 400[kVA] 변압기 3대로 $\Delta-\Delta$ 결선으로 하였을 경우, 저압 측에 설치하는 차단기의 차단용량[MVA]을 계산하시오.(단, 변압기의 임피던스는 5.0[%]이다.)

해답 계산 : $P_s = \frac{100}{\%Z} P_n = \frac{100}{5} \times 400 \times 3 = 24[MVA]$

답 24[MVA]

TIP

3상 변압기=단상×3대

03 ★★★★☆ [5점]

500[kVA]의 변압기에 역률 60[%]의 부하 500[kVA]가 접속되어 있다. 이 부하와 병렬로 콘덴서를 접속해서 합성 역률을 90[%]로 개선하면 부하는 몇 [kW] 증가시킬 수 있는가?

해답 계산 : 500[kVA] 역률 60[%]의 유효전력 $P_1 = 500 \times 0.6 = 300[kW]$

500[kVA] 역률 90[%]의 유효전력 $P_2 = 500 \times 0.9 = 450[kW]$

따라서, 증가시킬 수 있는 유효전력 $P = P_2 - P_1 = 450 - 300 = 150[kW]$

답 150[kW]

TIP

$P = P_a \times \cos\theta = VI\cos\theta[W]$

04 ★★★★★ [5점]

전등, 콘센트만 사용하는 220[V], 총 부하산정용량 12,000[VA]의 부하가 있다. 이 부하의 분기회로수를 구하시오.(단, 16[A] 분기회로로 한다.)

해답 계산 : $\text{분기회로수} = \frac{\text{총 부하산정용량}}{\text{전압} \times \text{분기회로 전류}} = \frac{12{,}000}{220 \times 16} = 3.41\text{회로}$

답 16[A] 분기 4회로

TIP

① 분기회로수를 구할 때 소수점 이하는 절상한다.
② 분기회로란 과전류차단기 개수를 말한다.

05 ☆☆☆☆☆ [5점]

다음 내용을 읽고 접지공사의 종류를 답하시오. ※ KEC 규정에 따라 삭제

1. 400[V]를 초과하는 저압용 기계기구의 외함
2. 특고압 가공전선과 가공 약전류 전선의 접근 또는 교차 시의 보호망
3. 변압기에서 고압권선과 저압권선 사이에 시설하는 금속제 혼촉방지판
4. 특고압 가공전선로의 케이블을 조가할 때 조가용선
5. 특고압 계기용 변성기의 2차 측

해답 ※ KEC 규정에 따라 삭제

06 ★★★☆☆ [5점]

다음 주어진 조건을 이용하여 X점에 대한 법선 조도와 수평면 조도를 계산하시오.(단, 전등의 전광속은 20,000[lm]이며, 광도의 θ는 그래프 상에서 값을 읽는다.)

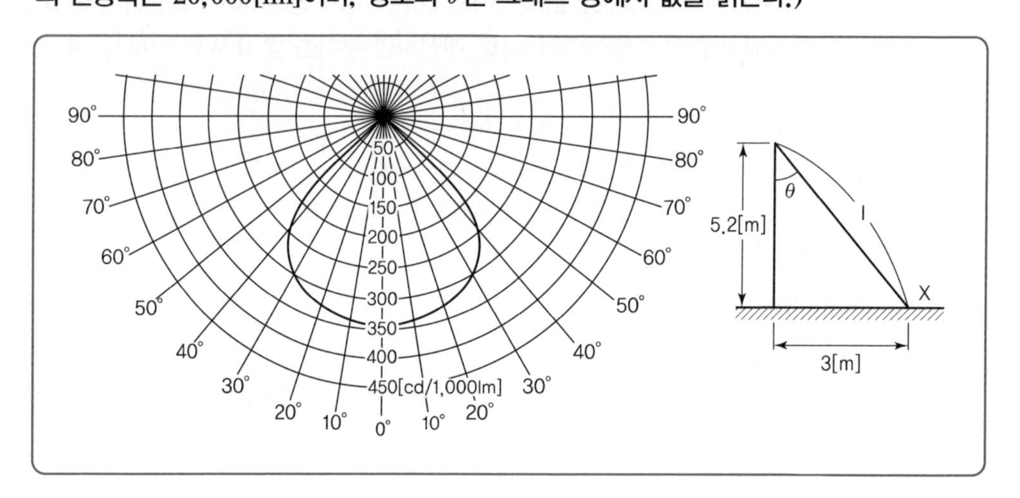

해답 계산 : $\cos\theta = \dfrac{h}{\sqrt{h^2+a^2}} = \dfrac{5.2}{\sqrt{5.2^2+3^2}} = 0.866$

$\therefore\ \theta = \cos^{-1}0.866 = 30°$

표에서 각도 30°에서의 광도값은 300[cd/1,000lm]이므로

전등의 광도 $I = \dfrac{300}{1,000} \times 20,000 = 6,000[cd]$이다.

$\therefore$ 법선 조도 $E_n = \dfrac{I}{l^2} = \dfrac{6,000}{(\sqrt{5.2^2+3^2})^2} = 166.48[lx]$

수평면 조도 $E_h = \dfrac{I}{l^2}\cos\theta = \dfrac{6,000}{(\sqrt{5.2^2+3^2})^2} \times 0.866 = 144.17[lx]$

답 법선 조도 : 166.48[lx], 수평면 조도 : 144.17[lx]

TIP

$\cos\theta = \frac{\text{높이}}{\text{빗변}}$ (기준 각도가 위에 존재), $\sin\theta = \frac{\text{밑변}}{\text{빗변}}$

거리(빗변) $l = \sqrt{\text{높이}^2 + \text{밑변}^2}$

07 ★★★☆☆

[5점]

단상 110[V], 20[kVA]의 변압기의 정격전압에서 철손은 10[W], 전부하에서 동손은 160[W]이면 효율이 가장 우수할 때 몇 [%] 부하일 때인가?

해답 계산 : $m = \sqrt{\frac{P_i}{P_c}} \times 100 = \sqrt{\frac{10}{160}} \times 100 = 25[\%]$

답 25[%]

TIP

최대효율은 동손과 철손이 같을 때 발생하므로

$P_i = m^2 P_c$에서 $m = \sqrt{\frac{P_i}{P_c}}$ 여기서, m : 부하율

08 ★★☆☆☆

[5점]

200[kVA], 22.9[kV]/380－220[V], %저항 4[%], %리액턴스 3[%]인 변압기의 정격전압에서 변압기 2차 측 단락전류는 정격전류의 몇 배인가?(단, 전원 측의 임피던스는 무시한다.)

해답 계산 : 단락전류 $I_s = \frac{100}{\%Z} I_n = \frac{100}{\sqrt{3^2 + 4^2}} I_n = 20 I_n [A]$

답 20배

TIP

① 단력전류 $I_s = \frac{100}{\%Z} \times I_n$ (정격전류)

② $\%Z = \sqrt{\%R^2 + \%X^2}$

09 ★☆☆☆☆ [4점]

변전소의 주요 기능 4가지를 쓰시오.

해답 ① 전압의 승압 및 강압
② 전력의 집중과 연계
③ 전력 조류의 제어
④ 송배전선로 및 변전소의 보호

10 ★★★☆☆ [4점]

수용률(Demand Factor)을 식으로 나타내고 설명하시오.

해답 • 수용률$=\dfrac{\text{최대 수용 전력}[\text{kW}]}{\text{부하 설비 용량}[\text{kW}]}\times 100[\%]$
• 수용가의 부하설비용량에 대한 최대수용전력의 비를 말한다.

11 ★★★★☆ [9점]

그림을 보고 단상변압기 3대를 $\Delta-\Delta$ 결선하고 이 결선방식의 장점과 단점을 3가지씩 설명하시오.

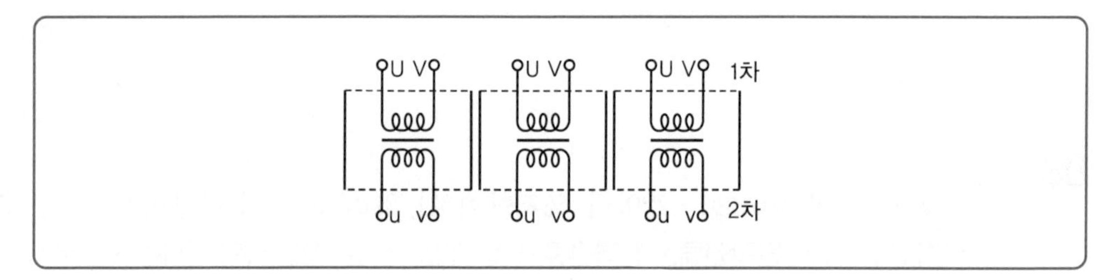

해답 (1) $\Delta-\Delta$ 결선방식

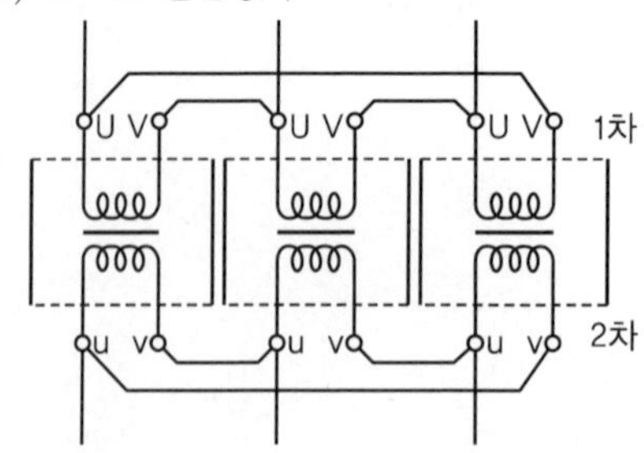

(2) 장점 3가지
① 제3고조파 전류가 Δ결선 내를 순환하므로 정현파 교류 전압을 유기하여 기전력의 파형이 왜곡되지 않는다.

② 1대가 고장이 나면 나머지 2대로 V결선하여 사용할 수 있다.

③ 각 변압기의 상전류가 선전류의 $\frac{1}{\sqrt{3}}$ 이 되어 대전류에 적합하다.

(3) 단점 3가지

① 중성점을 접지할 수 없으므로 지락사고의 검출이 곤란하다.

② 권수비가 다른 변압기를 결산하면 순환전류가 흐른다.

③ 각 상의 임피던스가 다를 경우 변압기의 불평형 전류가 흐른다.

12 ★☆☆☆☆

[5점]

3상 송전선의 각 선의 전류가 $I_a = 220 + j50$[A], $I_b = -150 - j300$[A], $I_c = -50 + j150$[A]일 때 이것과 병행으로 가설된 통신선에 유기되는 전자 유기 전압의 크기는 약 몇 [V]인가? (단, 송전선과 통신선 사이의 상호 임피던스는 15[Ω]이다.)

해답 계산 : $E = \omega Ml\,(I_a + I_b + I_c)$

$= 15\sqrt{(220-150-50)^2 + (50-300+150)^2} = 1{,}529.705$[V]

답 1,529.71[V]

TIP

① $E = \omega Ml(I_a + I_b + I_c) = \omega Ml(3I_o)$

② 크기 $= \sqrt{a^2 + b^2}$

여기서, a : 실수, b : 허수

13 ★★★☆☆

[5점]

대지전압이란 무엇과 무엇 사이의 전압을 말하는지 접지식 전로와 비접지식 전로를 구분하여 답하시오.

해답 • 접지식 전로 : 전선과 대지 사이의 전압

• 비접지식 전로 : 전선과 그 전로 중 임의의 다른 전선 사이의 전압

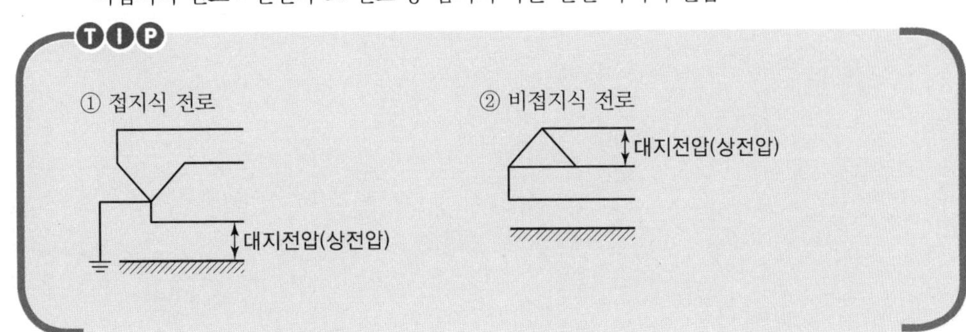

14 ★★★☆☆ [6점]

변전실 등의 시설과 관련하여 변압기, 배전반 등 수전설비는 계측기 판독 보수 점검에 필요한 공간 및 방화상 유효한 공간을 유지하기 위하여 주요 부분이 유지하여야 할 거리를 정하고 있다. 다음 표에 기기별 최소유지거리를 쓰시오.

기기별 \ 위치별	앞면 또는 조작 · 계측면	뒷면 또는 점검면	열상호 간(점검하는 면)
특별고압 배전반	[m]	[m]	[m]
저압 배전반	[m]	[m]	[m]

해답

기기별 \ 위치별	앞면 또는 조작 · 계측면	뒷면 또는 점검면	열상호 간(점검하는 면)
특별고압 배전반	1.7[m]	0.8[m]	1.4[m]
저압 배전반	1.5[m]	0.6[m]	1.2[m]

TIP

➤ 수전설비의 배전반 등의 최소유지거리

기기별 \ 위치별	앞면 또는 조작 · 계측면	뒷면 또는 점검면	열상호 간 (점검하는 면)	기타의 면
특별고압 배전반	1.7	0.8	1.4	–
고압 배전반	1.5	0.6	1.2	–
저압 배전반	1.5	0.6	1.2	–
변압기 등	0.6	0.6	1.2	0.3

[비고]
앞면 또는 조작계측 면은 배전반 앞에서 계측기를 판독할 수 있거나 필요조작을 할 수 있는 최소거리임

15 ★★★★☆ [5점]

그림과 같이 20[kW], 30[kW], 20[kW]의 부하설비의 수용률이 각각 50[%], 70[%], 65[%]로 되어 있는 경우, 이것에 공급할 합성최대전력을 계산하시오.(단, 부등률은 1.1, 종합 부하의 역률은 80[%]로 한다.)

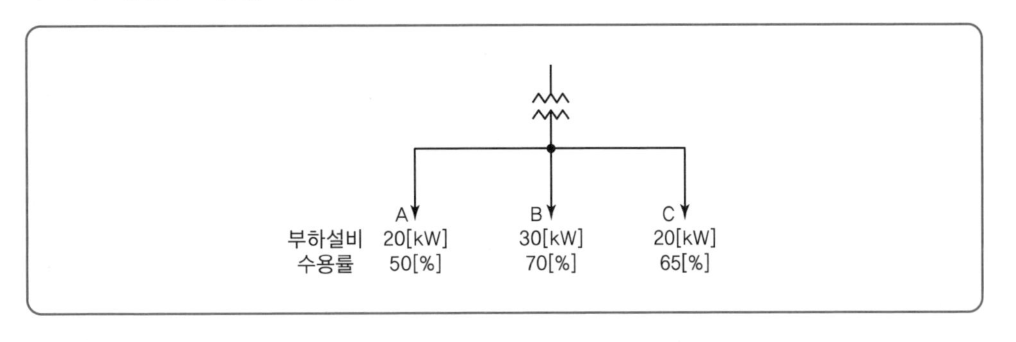

해답 계산 : 합성최대전력$=\dfrac{\text{설비용량}\times\text{수용률}}{\text{부등률}}=\dfrac{20\times0.5+30\times0.7+20\times0.65}{1.1}=40$

답 40[kW]

TIP

부등률$=\dfrac{\text{최대 수용 전력의 합}}{\text{합성 최대 전력}}=\dfrac{\text{설비용량}\times\text{수용률}}{\text{합 최대 전력}}$

16 ★★☆☆☆ [5점]

부하의 역률을 개선하는 원리를 간단히 쓰시오.

해답 부하의 병렬로 접속하여 앞선 무효전류(전력)을 공급함으로써 역률을 개선한다.

17 ★★★★☆ [3점]

다음 PLC에 대한 내용으로 아래 그림의 기능을 간단하게 쓰시오.

명칭	기호	기능
NOT	—×—	

해답 입력과 출력의 상태가 반대로 되는 회로

TIP

입력이 1이면 출력이 0이고, 입력이 0이면 출력 1이 되는 회로

18 ★★★★★ [4점]

다음 불대수 논리식을 간단히 하시오.

$$AB+A(B+C)+B(B+C)$$

해답 $AB+A(B+C)+B(B+C)=AB+AB+AC+BB+BC$
$=AB+AC+B+BC=AC+B(A+1+C)$
$=AC+B$

TIP

① $A+1=1$ ② $A\cdot 1=A$
③ $A+B+1=1$ ④ $A\cdot A=A$

전기산업기사

2014년도 3회 시험 과년도 기출문제

회독 체크	□1회독	월 일	□2회독	월 일	□3회독	월 일

2012 2013 2014 2015 2016 2017 2018 2019 2020 2021

01

★★★★☆ [5점]

그림과 같은 계통에서 측로 단로기 DS_3을 통하여 부하에 공급하고 차단기 CB를 점검을 하기 위한 조작순서를 쓰시오.(단, 평상시에 DS_3은 개방 상태임)

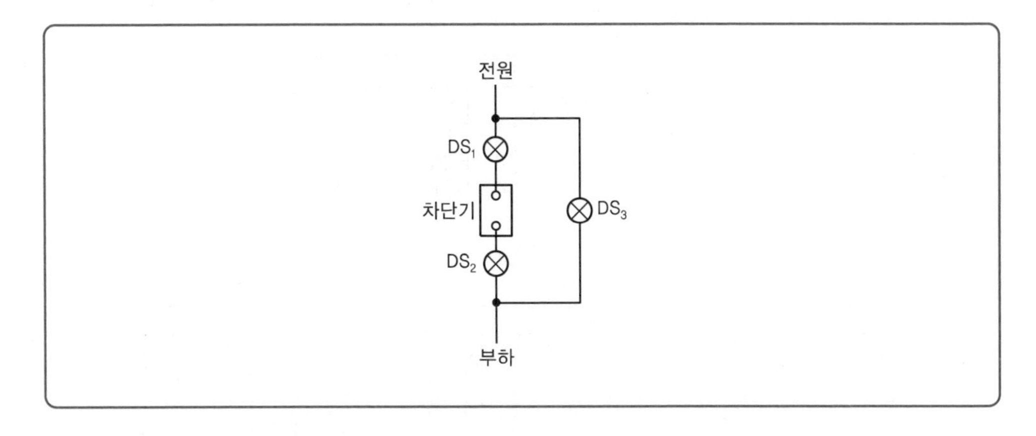

해답 DS_3ON－차단기 OFF－DS_2OFF－DS_1OFF

TIP

DS_3는 바이패스 단로기로 무정전 상태에서 점검을 하기 위한 방법

02

★☆☆☆☆ [4점]

금속관 배선의 교류 회로에서 1회로의 전선 전부를 동일관 내에 넣는 것을 원칙으로 하는데 그 이유는 무엇인가?

해답 전자적 불평형을 방지하기 위하여

TIP

전선 전부를 넣게 되면 자속방향이 반대가 되어 서로 상쇄된다.

03 ★★★★☆

[8점]

그림의 적산 전력계에서 간선 개폐기까지의 거리는 10[m]이고, 간선 개폐기에서 전동기, 전열기, 전등까지의 분기 회로의 거리를 각각 20[m]라 한다. 간선과 분기선의 전압 강하를 각각 2[V]로 할 때 부하 전류를 계산하고, 표를 이용하여 전선의 굵기를 구하시오.(단, 모든 역률은 1로 가정한다.)

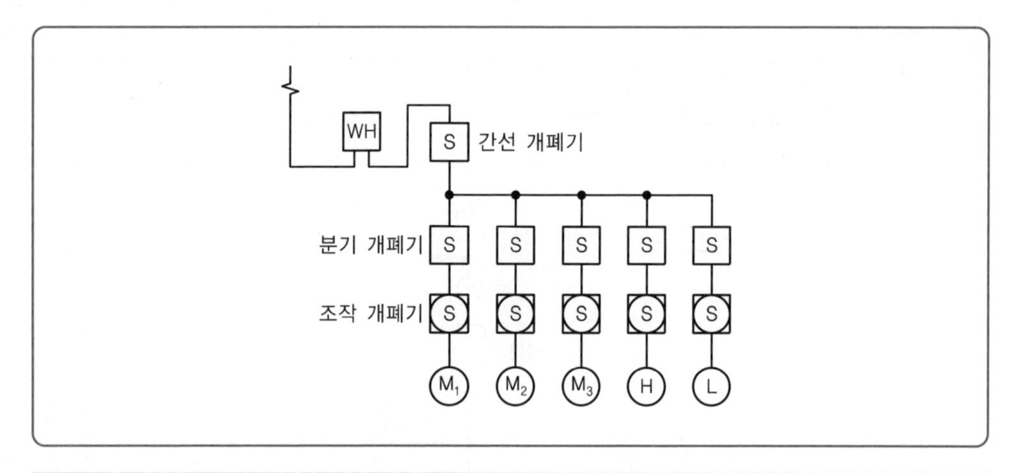

[조건]

- M_1 : 380[V] 3상 전동기 10[kW]
- M_2 : 380[V] 3상 전동기 15[kW]
- M_3 : 380[V] 3상 전동기 20[kW]
- H : 220[V] 단상 전열기 3[kW]
- L : 220[V] 형광등 40[W]×2등용, 10개

| 전선 최대 길이(3상 4선식, 전압강하 3.8[V]) |

전류 [A]	전선의 굵기[mm²]												
	2.5	4	6	10	16	25	35	50	95	150	185	240	300
	전선 최대 길이[m]												
1	534	854	1,281	2,135	3,416	5,337	7,472	10,674	20,281	32,022	39,494	51,236	64,045
2	267	427	640	1,067	1,708	2,669	3,736	5,337	10,140	16,011	19,747	25,618	32,022
3	178	285	427	712	1,139	1,779	2,491	3,558	6,760	10,674	13,165	17,079	21,348
4	133	213	320	534	854	1,334	1,868	2,669	5,070	8,006	9,874	12,809	16,011
5	107	171	256	427	683	1,067	1,494	2,135	4,056	6,404	7,899	10,247	12,809
6	89	142	213	356	569	890	1,245	1,779	3,380	5,337	6,582	8,539	10,674
7	76	122	183	305	488	762	1,067	1,525	2,897	4,575	5,642	7,319	9,149
8	67	107	160	267	427	667	934	1,335	2,535	4,003	4,937	6,404	8,006
9	59	95	142	237	380	593	830	1,186	2,253	3,558	4,388	5,693	7,116
12	44	71	107	178	285	445	623	890	1,690	2,669	3,291	4,270	5,337
14	38	61	91	152	244	381	534	762	1,449	2,287	2,821	3,660	4,575
15	36	57	85	142	228	356	498	712	1,352	2,135	2,633	3,416	4,270
16	33	53	80	133	213	334	467	667	1,268	2,001	2,468	3,202	4,003
18	30	47	71	119	190	297	415	593	1,127	1,779	2,194	2,846	3,558
25	21	34	51	85	137	213	299	427	811	1,281	1,580	2,049	2,562
35	15	24	37	61	98	152	213	305	579	915	1,128	1,464	1,830
45	12	19	28	47	76	119	166	237	451	712	878	1,139	1,423

[비고]

1. 전압강하가 2[%] 또는 3[%]의 경우, 전선길이는 각각 이 표의 2배 또는 3배가 된다. 다른 경우에도 이 예에 따른다.
2. 전류가 20[A] 또는 200[A] 경우의 전선길이는 각각 이 표의 전류 2[A] 경우의 1/10 또는 1/100이 된다. 다른 경우에도 이 예에 따른다.
3. 이 표는 평형부하의 경우에 대한 것이다.
4. 이 표는 역률 1로 하여 계산한 것이다.

해답 ① 각 부하 전류

$\left(3\text{상전류 } I_3 = \dfrac{P}{\sqrt{3}\,V\cos\theta}\right.$, $\left.\text{단상전류 } I_1 = \dfrac{P}{V\cos\theta}\right)$

계산

- $I_{M1} = \dfrac{10}{\sqrt{3}\times 0.38} = 15.19[A]$ 답 15.19[A]
- $I_{M2} = \dfrac{15}{\sqrt{3}\times 0.38} = 22.79[A]$ 답 22.79[A]
- $I_{M3} = \dfrac{20}{\sqrt{3}\times 0.38} = 30.39[A]$ 답 30.39[A]
- $I_H = \dfrac{3{,}000}{220} = 13.64[A]$ 답 13.64[A]
- $I_L = \dfrac{(40\times 2)\times 10}{220} = 3.64[A]$ 답 3.64[A]

② 간선에 흐르는 전류

계산 : (15.19+22.79+30.39)+13.64+3.64=85.65[A]

답 85.65[A]

③ 간선의 전선 굵기

$$\text{계산 : } L = \frac{\text{배선 설계의 긍장} \times \dfrac{\text{부하의 최대 사용전류}}{\text{표의 전류}}}{\dfrac{\text{배선 설계의 전압강하}}{\text{표의 전압강하}}}$$

$$= \frac{10 \times \dfrac{85.65}{1}}{\dfrac{2}{3.8}} = 1,627.35[\text{m}]$$

답 표에 의하여 10[mm²]

④ 분기 회로의 전선 굵기

계산

- $Ⓜ_1 = \dfrac{20 \times \dfrac{15.19}{1}}{\dfrac{2}{3.8}} = 577.22[\text{m}]$ 답 4[mm²]
- $Ⓜ_2 = \dfrac{20 \times \dfrac{22.79}{1}}{\dfrac{2}{3.8}} = 866.02[\text{m}]$ 답 6[mm²]
- $Ⓜ_3 = \dfrac{20 \times \dfrac{30.39}{1}}{\dfrac{2}{3.8}} = 1,154.82[\text{m}]$ 답 6[mm²]
- $Ⓗ = \dfrac{20 \times \dfrac{13.64}{1}}{\dfrac{2}{3.8}} = 518.32[\text{m}]$ 답 2.5[mm²]
- $Ⓛ = \dfrac{20 \times \dfrac{3.64}{1}}{\dfrac{2}{3.8}} = 138.32[\text{m}]$ 답 2.5[mm²]

TIP

$$\text{전선의 최대길이} = \frac{\text{배선 설계의 길이}[\text{m}] \times \dfrac{\text{부하의 최대사용전류}[\text{A}]}{\text{표의 전류}[\text{A}]}}{\dfrac{\text{배선 설계의 전압강하}[\text{V}]}{\text{표의 전압강하}[\text{V}]}}[\text{m}]$$

04 ★★★★★ [8점]

그림과 같이 수용가의 각각 1대씩의 변압기를 통해서 전력을 공급받고 있다. 각 군 수용가의 총 설비용량은 각각 30[kW] 및 50[kW]라고 한다. 각 군 수용가의 최대전력를 구하시오. 또한 고압 간선에 걸리는 최대 전력[kW]은 얼마인지 계산하시오.(단, 변압기 상호 간의 부등률은 1.2라고 한다.)

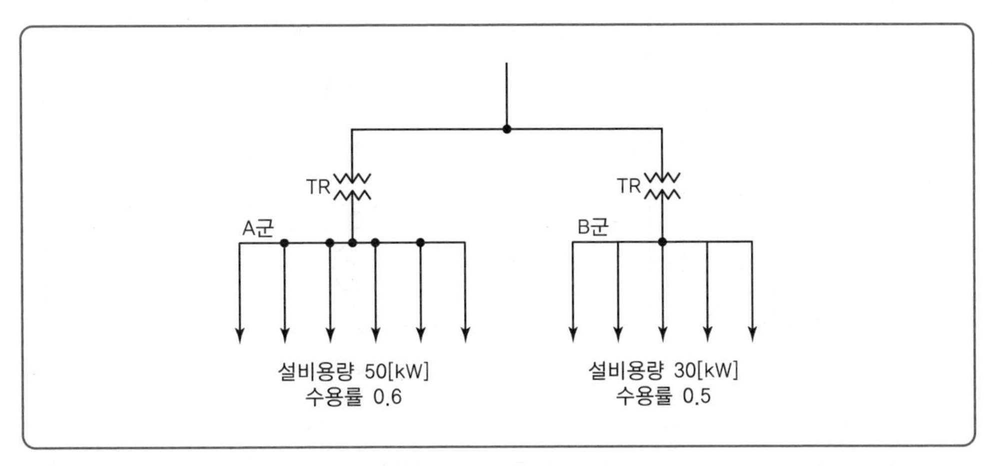

1. A군의 최대전력
2. B군의 최대전력
3. 간선에 걸리는 최대전력

해답 **1** A군의 최대전력

계산 : P_A = 설비용량 × 수용률 = 50×0.6 = 30[kW]

답 30[kW]

2 B군의 최대전력

계산 : P_B = 설비용량 × 수용률 = 30×0.5 = 15[kW]

답 15[kW]

3 간선에 걸리는 최대전력

계산 : 최대전력 $= \frac{P_A + P_B}{\text{부등률}} = \frac{30+15}{1.2} = 37.5$[kW]

답 37.5[kW]

TIP

- 수용률 $= \frac{\text{최대수용전력[kW]}}{\text{부하설비용량[kW]}} \times 100$
- 부등률 $= \frac{\text{개별 최대전력의 합[kW]}}{\text{합성최대전력[kW]}}$

05 ★★★★☆ [8점]

그림과 같은 3상 유도 전동기의 미완성 시퀀스 회로도를 보고 다음 각 물음에 답하시오.

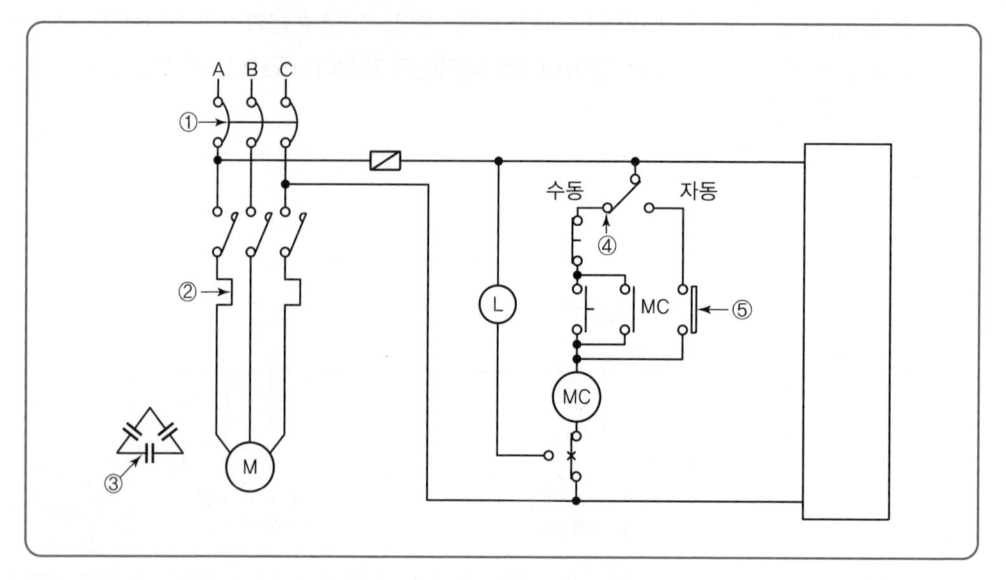

1 도면에 표시된 ①~⑤의 약호와 명칭을 쓰시오.

2 도면에 그려져 있는 Ⓛ등은 어떤 역할을 하는 등인가?

3 전동기가 정지하고 있을 때는 녹색등 Ⓖ가 점등되고, 전동기가 운전 중일 때는 녹색등 Ⓖ가 소등되고 적색등 Ⓡ이 점등되도록 표시등 Ⓖ, Ⓡ을 회로의 □ 내에 설치하시오.

4 ③의 결선도를 완성하고 역할을 쓰시오.

해답 **1** ① 약호 : MCCB
명칭 : 배선용 차단기
② 약호 : Thr
명칭 : 열동계전기
③ 약호 : SC
명칭 : 전력용 콘덴서
④ 약호 : SS
명칭 : 셀렉터 스위치
⑤ 약호 : LS
명칭 : 리밋 스위치

2 전동기 과부하 운전 표시램프

3

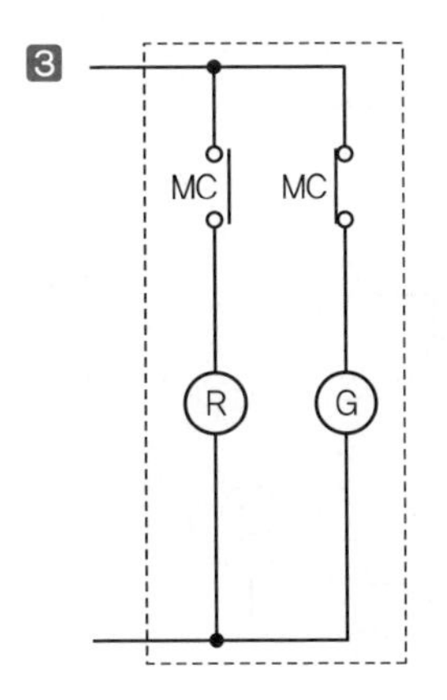

4 • 결선도

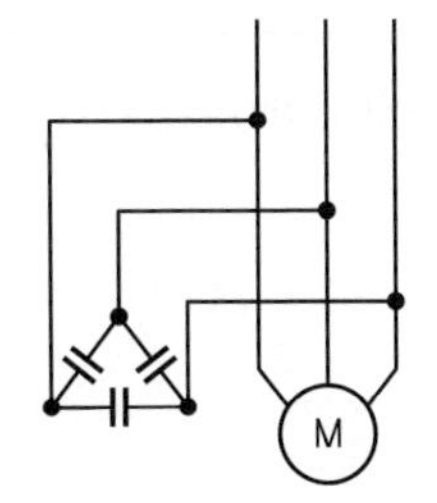

• 역할 : 전동기의 역률을 개선한다.

06 ★★★★☆ [12점]

다음 그림은 수변전 결선도이다. 물음에 답하시오.

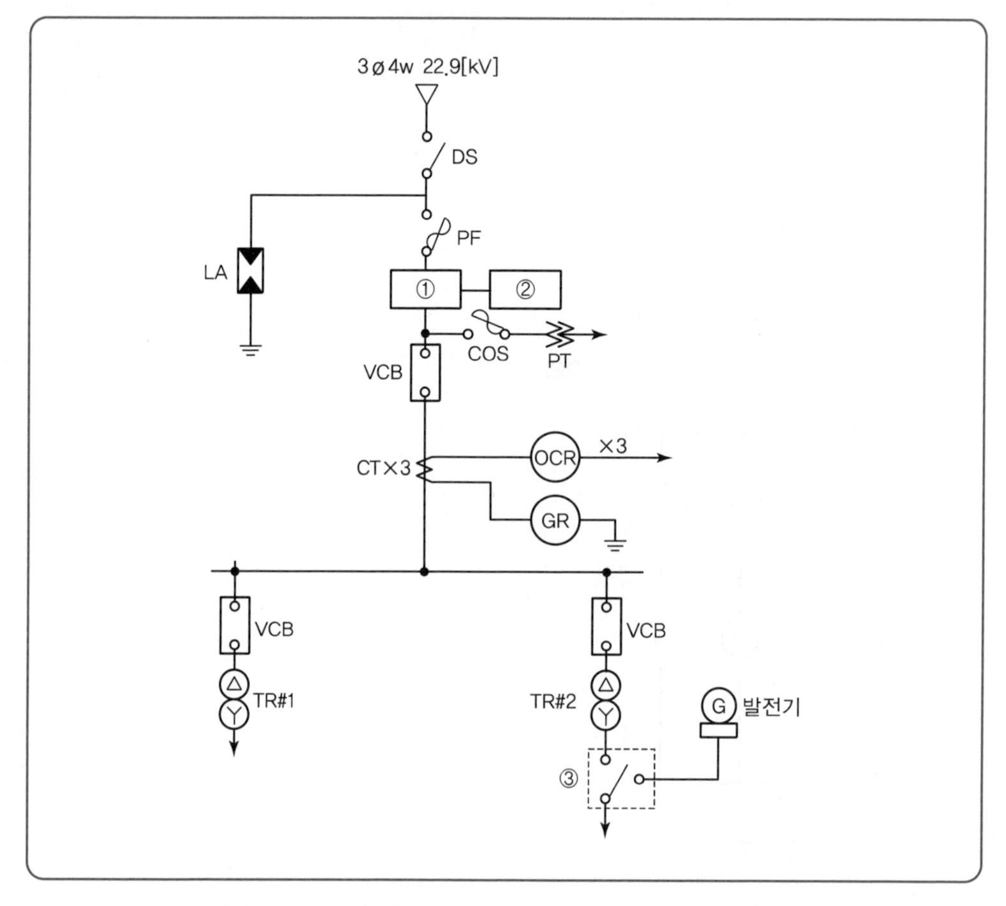

1. 22.9[kV−Y] 계통에서는 수전설비 지중 인입선으로 어떤 케이블을 사용하여야 하는가?
2. ①, ②의 약호는?
3. ③의 ALTS 기능은 무엇인가?
4. $\Delta-\mathrm{Y}$ 변압기의 결선도를 그리시오.
5. DS 대신 사용할 수 있는 기기는?
6. 전력용 퓨즈의 가장 큰 단점은 무엇인가?

해답 1. TR CNCV−W 케이블(트리억제형)

2. ① MOF
   ② WH

3. 상용전원 정전 시 발전기 전원으로 자동으로 전환시킨다.

4

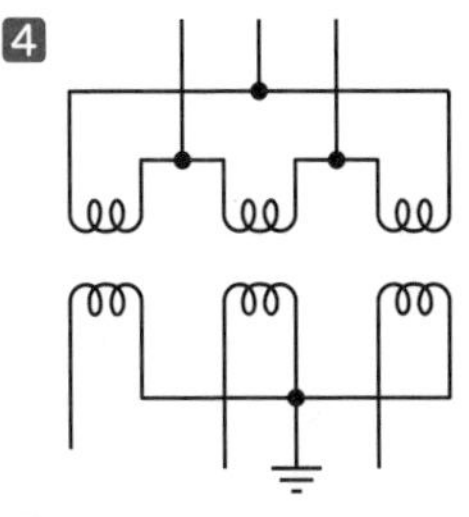

5 자동고장 구분개폐기

6 재투입이 불가능하다.

TIP

① ATS : 자동전환개폐기
② ALTS : 자동부하전환개폐기

07 ★★★★★ [6점]

3상 3선식 송전선에서 한 선의 저항이 10[Ω], 리액턴스가 20[Ω]이고, 송전단 전압이 6,600[V], 수전단 전압이 6,100[V]이었다. 수전단의 부하가 끊어진 경우 수전단 전압이 6,300[V], 부하 역률이 0.8일 때 다음 각 물음에 답하시오.

1 전압강하율을 구하시오.

2 전압변동률을 구하시오.

3 이 송전선로의 수전 전력[kW]을 구하시오.

해답 1 계산 : 전압강하율 $\delta = \frac{V_s - V_r}{V_r} \times 100 = \frac{6,600 - 6,100}{6,100} \times 100 = 8.2[\%]$

답 8.2[%]

2 계산 : 전압변동률 $\delta = \frac{V_{r0} - V_r}{V_r} \times 100 = \frac{6,300 - 6,100}{6,100} \times 100 = 3.28[\%]$

답 3.28[%]

3 계산 : 전압강하 $e = V_s - V_r = 6,600 - 6,100 = 500[V]$

$$e = \frac{P}{V}(R + X\tan\theta)$$

$$500 = \frac{P}{6,100}\left(10 + 20 \times \frac{0.6}{0.8}\right)$$

$$P = 122[kW]$$

답 122[kW]

TIP

① 전압강하율 $=\dfrac{\text{송전단 전압}-\text{수전단 전압}}{\text{수전단 전압}}\times 100[\%]$

② 전압변동률 $=\dfrac{\text{무부하 시 수전단 전압}-\text{수전단 전압}}{\text{수전단 전압}}\times 100[\%]$

③ 전압강하 $=V_S-V_R$

$=\sqrt{3}I(R\cos\theta+X\sin\theta)$

$=\dfrac{P}{V}(R+X\tan\theta)$

08 ★★★★★

[5점]

매분 12[m³]의 물을 높이 15[m]인 탱크에 양수하는 데 필요한 전력을 V결선한 변압기로 공급한다면, 여기에 필요한 단상 변압기 1대의 용량은 몇 [kVA]인가?(단, 펌프와 전동기의 합성 효율은 65[%]이고, 전동기의 전부하 역률은 80[%]이며 펌프의 축동력은 15[%]의 여유를 본다고 한다.)

해답 계산 : $P=\dfrac{9.8QH}{\eta}K=\dfrac{9.8\times\dfrac{12}{60}\times 15}{0.65}\times 1.15=\dfrac{52.015[\text{kW}]}{0.8}=65.02[\text{kVA}]$

$P_V=\sqrt{3}VI$

$VI=\dfrac{65.02}{\sqrt{3}}=37.539[\text{kVA}]$

답 37.54[kVA]

TIP

① $P_V=\sqrt{3}\times VI$(변압기 1대 용량)

② $\dfrac{kW}{\cos\theta}=kVA$

③ $Q[m^3/sec]$: 유량

09 ★★★★★ [5점]

최대 눈금 300[V]인 전압계 V_1, V_2를 직렬로 접속하여 측정하면 몇 [V]까지 측정할 수 있는가?(단, 전압계 내부 저항 V_1은 15[kΩ], V_2는 18[kΩ]으로 한다.)

해답 계산 : 각 전압계의 정격전류 $I_1 = \frac{V}{R_1} = \frac{300}{15\times10^3} = \frac{1}{50}$[A],

$$I_2 = \frac{V}{R_2} = \frac{300}{18\times10^3} = \frac{1}{60}\text{[A]}$$

직렬 접속 시 전류의 크기는 동일하므로 작은 전류 I_2를 기준하면

$V_1 = I_2R = \frac{1}{60}\times15\times10^3 = 250$[V], $V_2 = I_2R = \frac{1}{60}\times18\times10^3 = 300$[V]

결국 $V_1 + V_2 = 550$[V]

답 550[V]

TIP

① I_1과 I_2 전류는 소수점 셋째 자리에서 반올림하면 같은 크기가 되므로 주의한다.
② 직렬 접속 시는 전류가 일정하다.

10 ★★★☆☆ [4점]

22.9[kV]인 3상 4선식의 다중 접지방식에서 피뢰기의 정격전압을 구분하여 쓰시오.

1 배전선로
2 변전소

해답 1 18[kV]
2 21[kV]

TIP

➤ 피뢰기의 정격전압

전력 계통		피뢰기의 정격전압[kV]	
전압[kV]	중성점 접지방식	변전소	배전선로
345	유효 접지	288	
154	유효 접지	144	
66	PC 접지 또는 비접지	72	
22	PC 접지 또는 비접지	24	
22.9	3상 4선식 다중접지	21	18

[주] 전압 22.9[kV−Y] 이하의 배전선로에서 수전하는 설비의 피뢰기 정격전압[kV]은 배전선로용을 적용한다.

11 ★★★★☆ [5점]

어떤 콘덴서 3개를 선간 전압 3,300[V], 주파수 60[Hz]의 선로에 Δ로 접속하여 60[kVA]가 되도록 하려면 콘덴서 1개의 정전 용량[μF]은 약 얼마로 하여야 하는가?

해답 $Q_\Delta = 3WCV^2$[kVA]

계산 : $C = \dfrac{60 \times 10^3}{3 \times 2\pi \times 60 \times 3,300^2} \times 10^6 [\mu F] = 4.872$

답 4.87[μF]

TIP

① △결선 $Q_\Delta = 3WCE^2 = 3WCV^2 \quad C = \dfrac{Q_\Delta}{3WV^2}$

② Y결선 $Q_Y = 3WCE^2 = 3WC(\dfrac{V}{\sqrt{3}})^2 = WCV^2 \quad C = \dfrac{Q_Y}{WV^2}$

여기서, E : 상전압
V : 선간전압
W : $2\pi f$
C : 정전용량
Q : 충전용량(콘덴서용량)

12 ☆☆☆☆☆

400[V] 이상의 저압용 기계기구의 철대 또는 금속제 외함의 접지공사의 종류 및 저항값을 쓰시오. ※ KEC 규정에 따라 삭제

2012 2013 2014 2015 2016 2017 2018 2019 2020 2021

13 ★☆☆☆☆

[5점]

피뢰기와 피뢰침에 대하여 간단히 쓰시오. ※ KEC 규정에 따라 변경

항목	피뢰기(Lightning Arrester)	피뢰침(Lightning Rod)
사용목적		
설치위치		

해답

항목	피뢰기(Lightning Arrester)	피뢰침(Lightning Rod)
사용목적	이상전압으로부터 기기를 보호	낙뢰로부터 건물, 인체보호
설치위치	• 발전소 · 변전소 또는 이에 준하는 장소의 가공전선 인입구 및 인출구 • 가공전선로에 접속하는 배전용 변압기의 고압 측 및 특고압 측 • 고압 또는 특고압 가공전선로로부터 공급을 받는 수용장소의 인입구 • 가공전선로와 지중전선로가 접속되는 곳	• 전기전자설비가 설치된 건축물 · 구조물로서 낙뢰로부터 보호가 필요한 것 또는 지상으로부터 높이가 20[m] 이상인 것 • 전기설비 및 전자설비 중 낙뢰로부터 보호가 필요한 설비

TIP

구 규정에서는 접지공사를 물어봄(둘 다 제1종 접지공사)

14 ★★☆☆☆

[5점]

가공전선로의 처짐정도가 작거나 클 때 전선로에 미치는 영향을 4가지만 쓰시오.

해답 ① 처짐정도의 대소는 지지물의 높이를 좌우한다.

② 처짐정도가 너무 크면 전선은 그만큼 좌우로 크게 진동해서 다른 상의 전선에 접촉하거나 수목에 접촉해서 위험을 준다.

③ 처짐정도가 크면 약전선, 건축물과의 접촉이 발생될 수 있다.

④ 처짐정도가 너무 작으면 그와 반비례해서 전선의 장력이 증가하여 심할 경우에는 전선이 단선되기도 한다.

15 ★★★★☆

[5점]

변류비 30/5인 CT 2개를 그림과 같이 접속할 때 전류계에 2[A]가 흐른다면 CT 1차 측에 흐르는 전류는 몇 [A]인가?

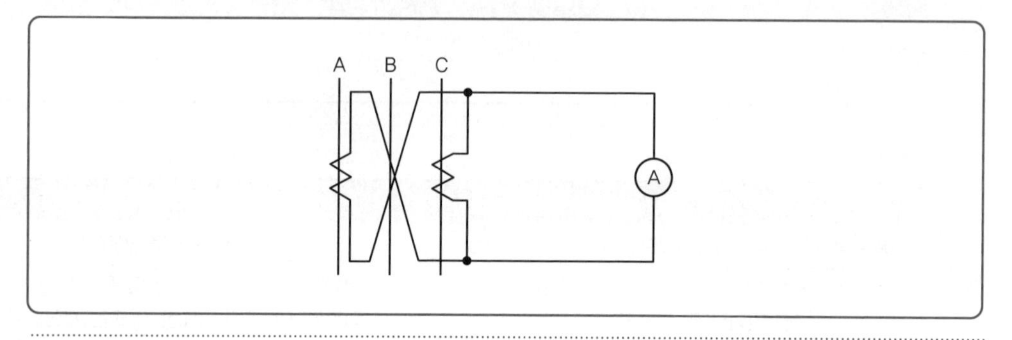

해답 계산 : CT 1차 측 전류$=\dfrac{\text{전류계 지시값}}{\sqrt{3}}\times$변류비$=\dfrac{2}{\sqrt{3}}\times\dfrac{30}{5}=6.93$[A]

답 6.93[A]

TIP

CT가 차동 접속되어 있으므로 CT 1차 측 전류는 전류계 지시값의 $\dfrac{1}{\sqrt{3}}$이 된다.

16 ★★★★★

[5점]

다음과 같은 부하 특성의 알칼리 축전지의 용량 저하율 L은 0.8이고, 최저 축전지 온도는 5[℃], 허용 최저전압은 1.06[V/cell]일 때 축전지 용량은 몇 [Ah]인가?(단, 여기서 용량 환산시간 $K_1=1.22$, $K_2=0.98$, $K_3=0.52$이다.)

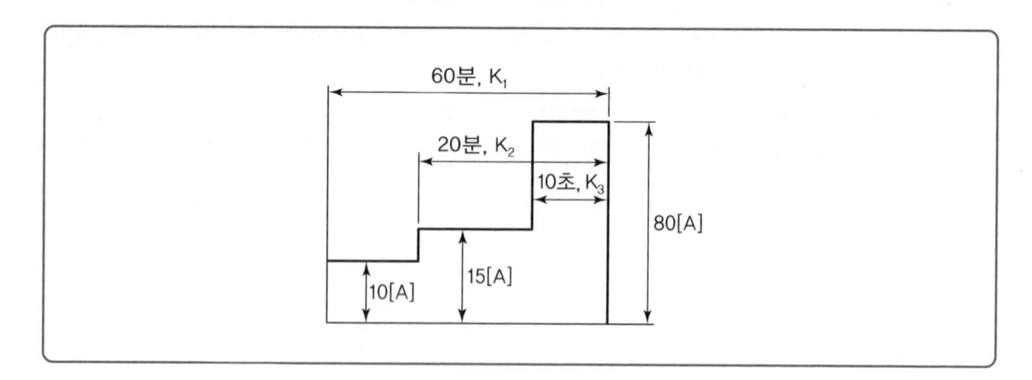

해답 계산 : $C = \frac{1}{L}\{K_1I_1 + K_2(I_2 - I_1) + K_3(I_3 - I_2)\}$

$= \frac{1}{0.8}\{1.22 \times 10 + 0.98(15-10) + 0.52(80-15)\} = 63.625[\text{Ah}]$

답 63.63[Ah]

TIP

① 전류가 증가한다는 것은 부하가 증가하는 것으로 용량 계산 시 합산할 것
② 경년용량저하율=보수율=0.8

17 ★★☆☆☆ [4점]

다음 효율에 대해 설명하시오.

1 전등효율
2 발광효율

해답 1 전등효율 : 소비전력 P에 대한 전발산광속 F의 비율

$\eta = \frac{F}{P}[\text{lm/W}]$

2 발광효율 : 방사속 ϕ에 대한 광속 F의 비율

$\delta = \frac{F}{\phi}[\text{lm/W}]$

18 ★★★★☆ [6점]

그림 (a)와 같은 PLC 시퀀스(래더 다이어그램)가 있다. 물음에 답하시오.

1 PC 프로그램에서의 신호 흐름은 단방향이므로 시퀀스를 수정해야 한다. 문제의 도면을 바르게 작성하시오.

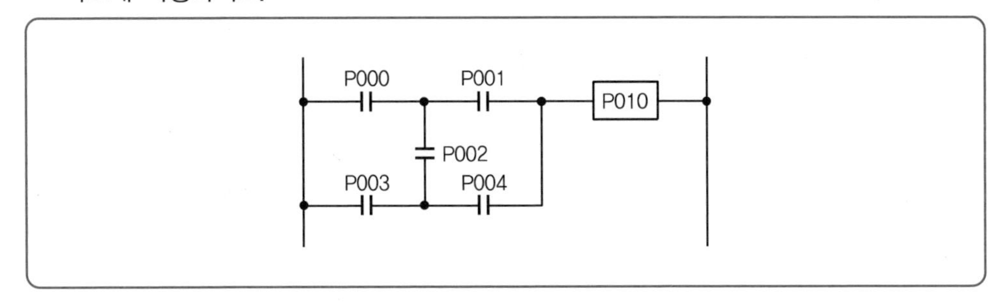

2 PLC 프로그램을 표의 ①~⑩에 완성하시오.(명령어는 LOAD, AND, OR, NOT, OUT를 사용한다.)

주소	명령	번지	주소	명령	번지
0	LOAD	P000	7	AND	P002
1	AND	P001	8	⑤	⑥
2	①	②	9	OR LOAD	
3	AND	P002	10	⑦	⑧
4	AND	P004	11	AND	P004
5	OR LOAD		12	OR LOAD	
6	③	④	13	OUT	P010

해답 1

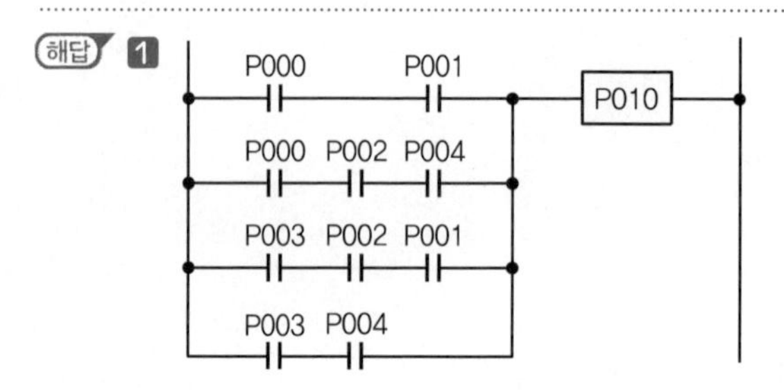

2 ① LOAD
② P000
③ LOAD
④ P003
⑤ AND
⑥ P001
⑦ LOAD
⑧ P003

INDUSTRIAL ENGINEER ELECTRICITY

2015년 과년도 문제풀이

전기산업기사

2015년도 1회 시험

과년도 기출문제

회독 체크	□1회독	월 일	□2회독	월 일	□3회독	월 일

01 ★★★★★ [4점]

길이 24[m], 폭 12[m], 천장높이 5.5[m], 조명률 50[%]의 어떤 사무실에서 전광속 6,000[lm]의 32[W]×2등용 형광등을 사용하여 평균조도가 300[lx]가 되려면, 이 사무실에 필요한 형광등 수량을 구하시오.(단, 유지율은 80[%]로 계산한다.)

해답 계산 : $N = \dfrac{EAD}{FU} = \dfrac{300 \times 24 \times 12 \times \dfrac{1}{0.8}}{6,000 \times 0.5} = 36[등]$

답 36[등]

TIP

감광보상률(D)= $\dfrac{1}{M}$ 여기서, M : 유지율

02 ★★★★☆ [6점]

그림과 같은 3상 22[kV] 선로의 F점에서 3상 단락고장이 발생하였을 경우 단락전류[A]를 구하시오.

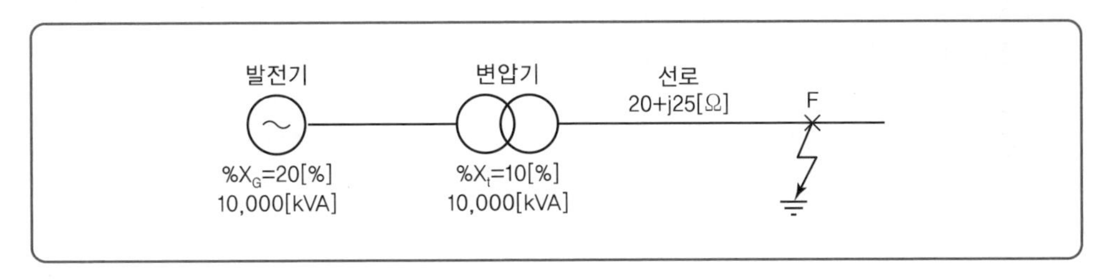

해답 계산 : ① 선로 $\%R = \dfrac{R \cdot P}{10V^2} = \dfrac{20 \times 10,000}{10 \times 22^2} = 41.32[\%]$

선로 $\%X = \dfrac{X_l \cdot P}{10V^2} = \dfrac{25 \times 10,000}{10 \times 22^2} = 51.65[\%]$

고장점까지의 합성 $\%Z = \sqrt{\%R^2 + (\%X_g + \%X_t + \%X)^2}$

$= \sqrt{41.32^2 + (20+10+51.65)^2} = 91.51[\%]$

② 단락전류 $I_s = \dfrac{100}{\%Z} \times I_n = \dfrac{100}{91.51} \times \dfrac{10,000}{\sqrt{3} \times 22} = 286.7879[A]$

답 286.79[A]

TIP

① $Z = R + jX = 20 + j25$ ② $\%Z = \frac{P \cdot Z}{10V^2}$ $\%R = \frac{P \cdot R}{10V^2}$ $\%X = \frac{P \cdot X}{10V^2}$ ③ $\%Z = \sqrt{\%R^2 + \%X^2}$

03 ★★★★★

[6점]

그림은 어느 공장 하루의 전력부하곡선이다. 이 그림을 보고 다음 각 물음에 답하시오.(단, 이 공장의 부하설비용량은 80[kW]라고 한다.)

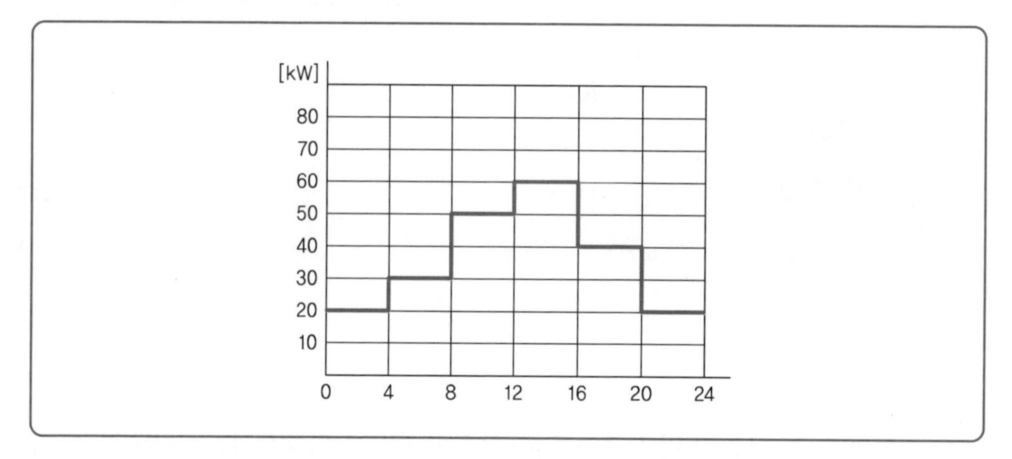

1 이 공장의 부하 평균전력은 몇 [kW]인가?

2 이 공장의 일 부하율은 얼마인가?

3 이 공장의 수용률은 얼마인가?

해답 1 계산 : $\text{평균전력} = \frac{\text{사용전력량}}{\text{시간}} = P = \frac{20 \times 4 + 30 \times 4 + 50 \times 4 + 60 \times 4 + 40 \times 4 + 20 \times 4}{24}$

$= 36.67[\text{kW}]$

답 36.67[kW]

2 계산 : $\text{일 부하율} = \frac{\text{평균전력}}{\text{최대전력}} \times 100 = \frac{36.67}{60} \times 100 = 61.12[\%]$

답 61.12[%]

3 계산 : $\text{수용률} = \frac{\text{최대전력}}{\text{설비용량}} \times 100 = \frac{60}{80} \times 100 = 75[\%]$

답 75[%]

04 ★★★☆☆

[5점]

그림과 같은 심벌의 명칭을 구체적으로 쓰시오.

1 2 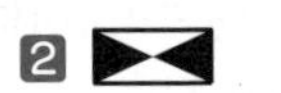 3  4  5 

해답 1 배전반
2 제어반
3 분전반
4 재해방지 전원회로용 분전반
5 재해방지 전원회로용 배전반

05 ★★★☆☆

[5점]

그림과 같은 교류 3상 3선식 전로에 연결된 3상 평형 부하가 있다. 이때 C상의 P점이 단선된 경우, 이 부하의 소비 전력은 단선 전 소비 전력의 몇 배가 되는가?

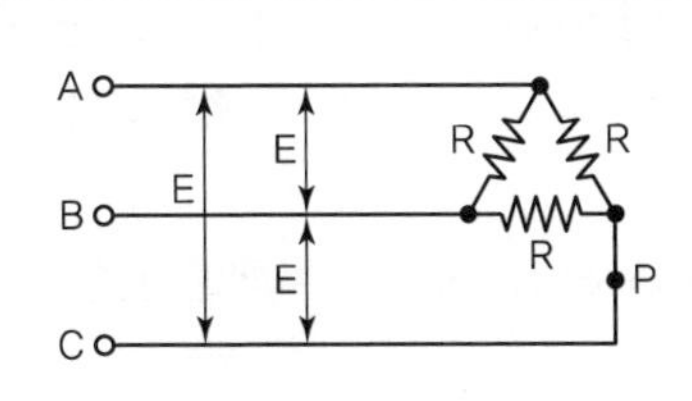

해답 계산 : 단선 전 소비 전력 $[P_1] = 3 \cdot \dfrac{E^2}{R}$

단선 후 소비전력 $[P_2] = \dfrac{E^2}{R'} = \dfrac{E^2}{\dfrac{R \cdot 2R}{R+2R}} = 3 \cdot \dfrac{E^2}{2R}$

$$= \frac{\text{단선 후 전력}}{\text{단선 전 전력}} = \frac{\frac{3}{2} \cdot \frac{E^2}{R}}{3\frac{E^2}{R}} = \frac{1}{2} \text{ 이 되므로,}$$

$\therefore P_2 = \dfrac{1}{2} P_1$

답 단선 전 $\dfrac{1}{2}$ 배가 된다.

TIP

➤ 단선 후 등가 회로

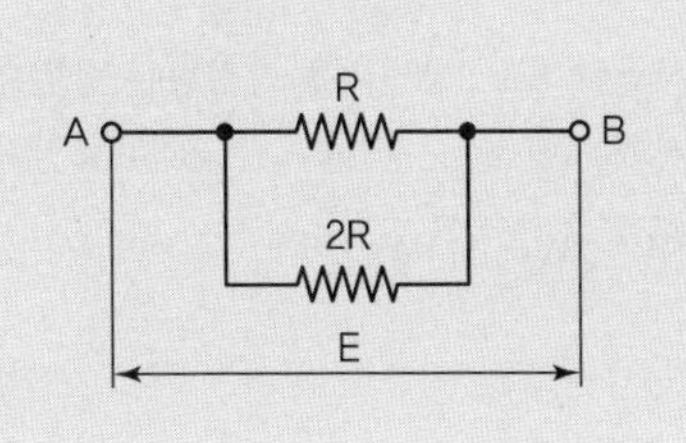

06 ★★★★★

[8점]

그림과 같은 평형 3상 회로에서 운전되는 유도전동기에 전력계, 전압계, 전류계를 접속하고, 각 계기의 지시를 측정하니 전력계 $W_1 = 6.57[kW]$, $W_2 = 4.38[kW]$, 전압계 $V = 220[V]$, 전류계 $I = 30.41[A]$이었을 때, 다음 각 물음에 답하시오.(단, 전압계와 전류계는 정상 상태로 연결되어 있다고 한다.)

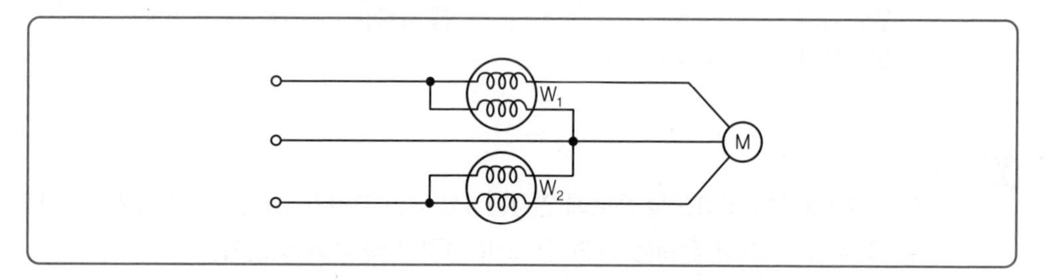

1 전압계와 전류계를 적당한 위치에 부착하여 도면을 작성하시오.

2 유효전력은 몇 [kW]인가?

3 피상전력은 몇 [kVA]인가?

4 역률은 몇 [%]인가?

5 이 유도전동기로 30[m/min]의 속도로 물체를 권상한다면 몇 [kg]까지 가능하겠는가?(단, 종합 효율은 85[%]이다.)

해답 1

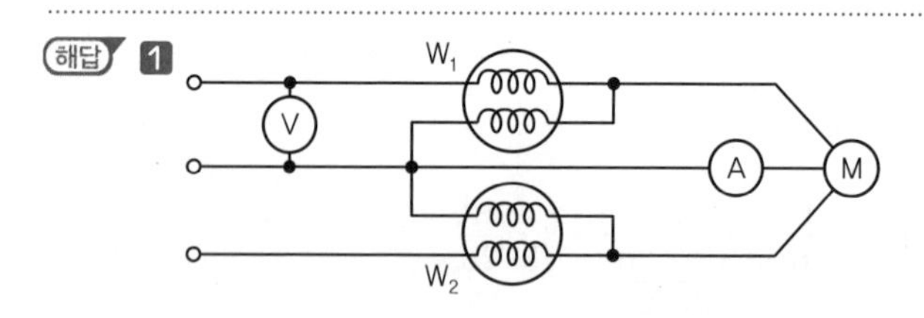

2 계산 : 유효전력 $P = W_1 + W_2 = 6.57 + 4.38 = 10.95[kW]$ 답 $10.95[kW]$

3 계산 : 피상전력 $P_a = \sqrt{3}VI = \sqrt{3} \times 220 \times 30.41 \times 10^{-3} = 11.59[kVA]$

답 $11.59[kVA]$

4 계산 : 역률 $\cos\theta = \frac{P}{P_a} \times 100 = \frac{10.95}{11.59} \times 100 = 94.48[\%]$ 답 $94.48[\%]$

5 계산 : 권상기 용량 $P = \frac{WV}{6.12\eta}[kW]$이므로

$$W = \frac{P \times 6.12\eta}{V} = \frac{(10.95 \times 10^3) \times 6.12 \times 0.85}{30} = 1{,}898.73[kg]$$ 답 $1{,}898.73[kg]$

TIP

2전력계법은 2개의 단상전력계로 3상전력을 측정하는 방법으로 각각의 전력 및 역률은 다음과 같다.

① 유효전력 : $P = W_1 + W_2[W]$

② 무효전력 : $P_r = \sqrt{3}(W_1 - W_2)[Var]$

③ 피상전력 : $P_a = 2\sqrt{W_1^2 + W_2^2 - W_1W_2}\,[VA]$

④ 역률 : $\cos\theta = \frac{W_1 + W_2}{2\sqrt{W_1^2 + W_2^2 - W_1W_2}}$

07 ★☆☆☆☆ [6점]

다음 그림은 3상 유도전동기의 직입기동 제어회로의 미완성 부분이다. 주어진 동작설명과 보기의 명칭 및 접점수를 준수하여 회로를 완성하시오.

[동작 설명]

- PB_2(기동)를 누른 후 놓으면, MC는 자기유지되며, MC에 의하여 전동기가 운전된다.
- PB_1(정지)을 누르면, MC는 소자되며, 운전 중인 전동기는 정지된다.
- 과부하에 의하여 전자식 과전류계전기(EOCR)가 작동되면, 운전 중인 전동기는 동작을 멈추며, X_1 릴레이가 여자되고, X_1 릴레이 접점에 의하여 경보벨이 동작한다.
- 경보벨 동작 중 PB_3을 눌렀다 놓으면, X_2 릴레이가 여자되어 경보벨의 동작은 멈추지만 전동기는 기동되지 않는다.
- 전자식 과전류계전기(EOCR)가 복귀되면 X_1, X_2 릴레이가 소자된다.
- 전동기가 운전 중이면 RL(적색), 정지되면 GL(녹색)램프가 점등된다.

[보기]

약호	명칭	약호	명칭
MCCB	배선용 차단기(3P)	PB_1	누름버튼스위치 (전동기 정지용, 1b)
MC	전자개폐기 (주접점 3a, 보조접점 2a1b)	PB_2	누름버튼스위치 (전동기 기동용, 1a)
EOCR	전자식 과전류계전기 (보조접점 1a1b)	PB_3	누름버튼스위치 (경보벨 정지용, 1a)
X_1	경보 릴레이(1a)	RL	적색 표시등
X_2	경보 정지 릴레이(1a1b)	GL	녹색 표시등
M	3상 유도전동기	B( )	경보벨

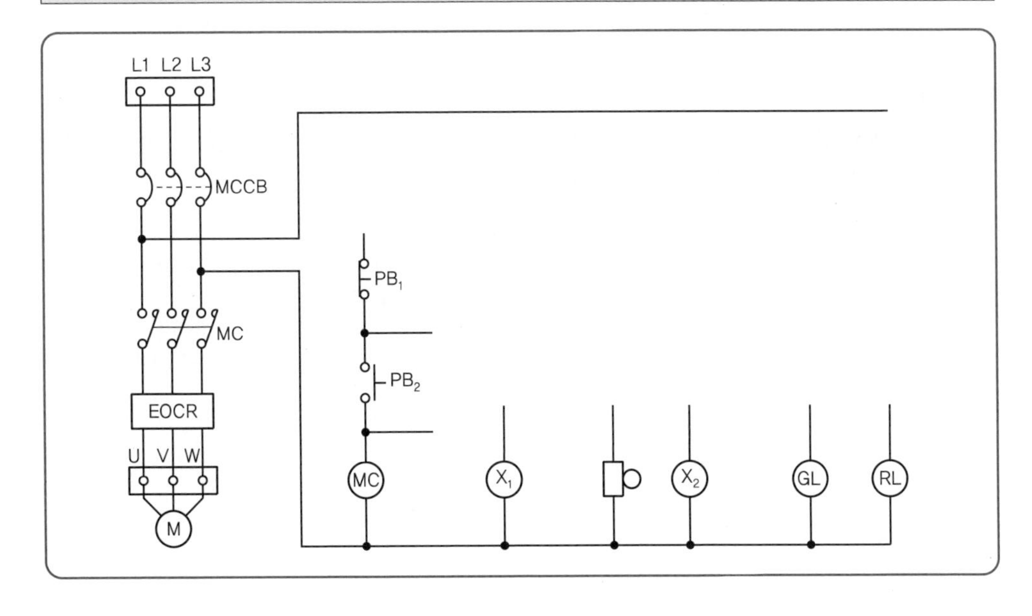

해답

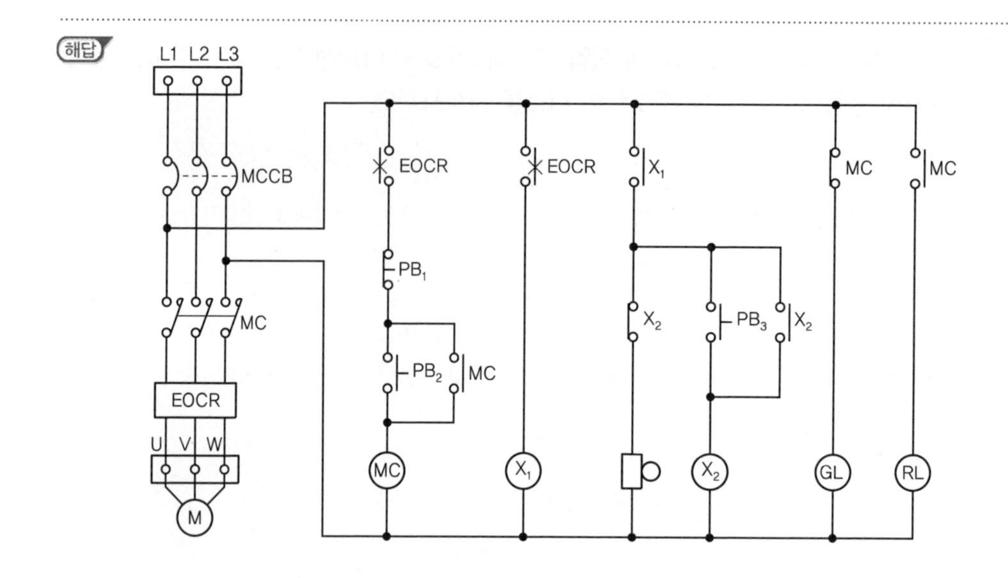

08 ★★★☆☆

[4점]

피뢰기의 속류와 제한전압에 대하여 설명하시오.

해답 1 속류 : 방전 이후 피뢰기가 뇌전류를 계속해서 흐르는 전류

2 제한전압 : 피뢰기 방전 중 단자전압의 파고치, 뇌전류 방전 시 직렬갭에 나타나는 전압

TIP

정격전압(L.A) : 속류가 차단이 되는 교류의 최고 전압

09 ★★★★☆

[5점]

200[kVA]의 단상변압기가 있다. 철손은 1.5[kW]이고 전 부하 동손은 2.5[kW]이다. 역률 80[%]에서의 최대효율을 계산하시오.

해답 계산 : 최대효율이 발생되는 부하율 $m = \sqrt{\dfrac{P_i}{P_c}} = \sqrt{\dfrac{1.5}{2.5}} = 0.7746$

최대효율 $\eta_m = \dfrac{0.7746 \times 200 \times 0.8}{0.7746 \times 200 \times 0.8 + 1.5 + 0.7746^2 \times 2.5} \times 100 = 97.64[\%]$

답 97.64[%]

TIP

① 최대효율조건 $P_i = m^2 P_c$에서 $m = \sqrt{\frac{P_i}{P_c}}$

② 효율 $\eta = \frac{mVI\cos\theta}{mVI\cos\theta + P_i + m^2 P_c} \times 100[\%]$

여기서, P_i : 철손(무부하손), P_c : 동손(부하손)

10 ★★★☆☆ [11점]

주어진 도면을 보고 다음 각 물음에 답하시오.(단, 변압기의 2차 측은 고압이다.)

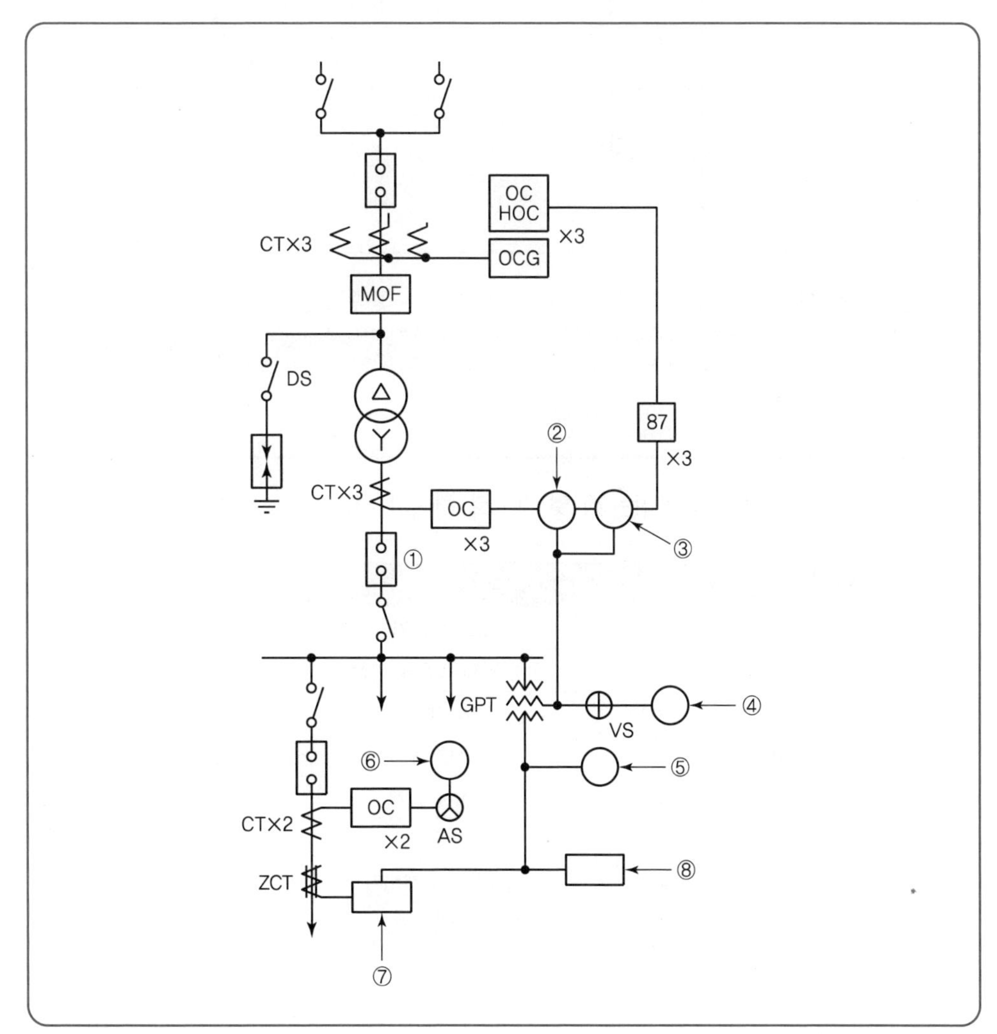

1 도면에서 ①~⑧까지의 약호와 우리말 명칭을 쓰시오.

2 87계전기의 3상 결선도를 주어진 답란에 완성하여라.

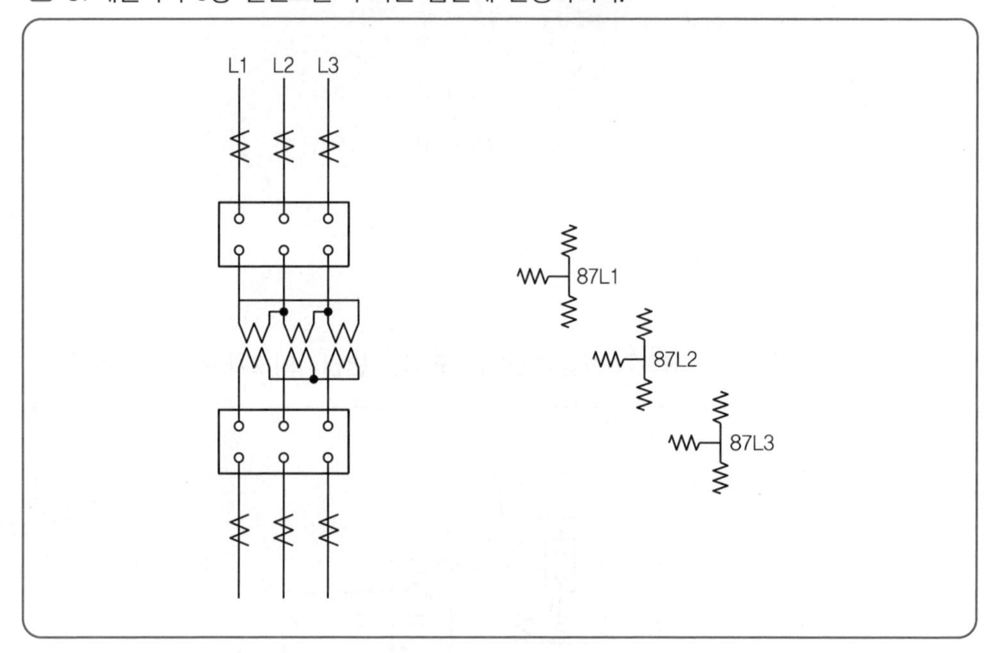

3 도면 상의 약호 중 약호는 그대로 하고 명칭 및 용도를 간단히 설명하시오.

약호	명칭	용도
AS		
VS		

4 피뢰기(LA)의 접지공사는 제 몇 종으로 하여야 하는가? ※ KEC 규정에 따라 삭제

해답 **1**

번호	약호	명칭
①	CB	교류차단기
②	51V	전압 억제 과전류 계전기
③	TLR(TC)	한시 계전기
④	V	전압계
⑤	Vo	영상 전압계
⑥	A	전류계
⑦	SGR	선택 지락 계전기
⑧	OVGR	지락 과전압 계전기

2 L1 L2 L3

87L1

87L2

87L3

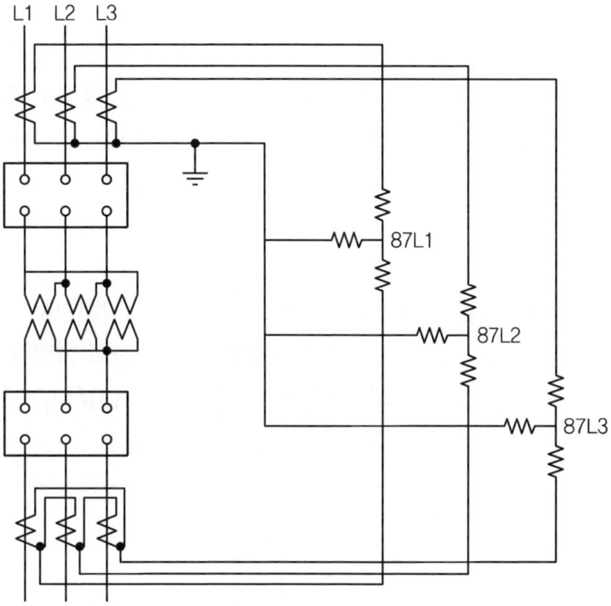

3

약호	명칭	용도
AS	전류계용 전환개폐기	전류계 1대로 3상의 전류를 측정하기 위한 전환개폐기
VS	전압계용 전환개폐기	전압계 1대로 3상의 전압을 측정하기 위한 전환개폐기

4 ※ KEC 규정에 따라 삭제

TIP

① (51V) : 정상 시와 사고 시 구분하여 동작

② (TLR) : 순시동작이 아닌 동작시간을 조정함

③ [OC HOC] : 고정정 과전류 계전기로 설정(Tap)값을 크게 잡는 경우 사용

④ 비율차동계전기에 사용되는 CT는 변압기 결선과 반대로 하여 위상차 보상
- 변압기결선 : $\Delta - Y$
- CT결선 : $Y - \Delta$

11 ☆☆☆☆☆ [5점]

굵기가 10[mm²]이고 60[A]의 과전류 차단기로 보호되어 있는 옥내 간선에서 분기한 분기 회로의 전선 굵기가 4[mm²]일 때, 분기개폐기의 시설위치는 분기점에서 최대한 몇 m인가? (단, 4[mm²]의 연동선의 허용전류는 27[A]로 한다.) ※ KEC 규정에 따라 삭제됨

12 ★★★★★ [6점]

정격용량 500[kVA]의 변압기에서 배전선의 전력손실을 40[kW]로 유지하면서 부하 L_1, L_2에 전력을 공급하고 있다. 지금 그림과 같이 전력용 콘덴서를 기존 부하와 병렬로 연결하여 합성 역률을 90[%]로 개선하려고 할 때 다음 각 물음에 답하시오.(단, 여기서 부하 L_1은 역률 60[%], 180[kW]이고, 부하 L_2의 전력은 120[kW], 160[kVar]이다.)

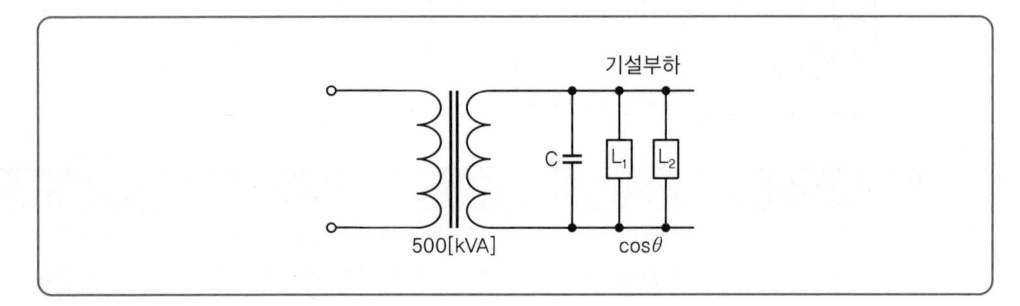

1. 부하 L_1과 L_2의 합성용량 [kVA]을 구하시오.
2. 부하 L_1과 L_2의 합성 역률을 구하시오.
3. 합성 역률을 90[%]로 개선하는 데 필요한 콘덴서 용량(Q_c)은 몇 [kVA]인가?

해답 1 계산 : 유효전력 $P = P_1 + P_2 = 180 + 120 = 300[kW]$

무효전력 $Q = Q_1 + Q_2 = P_1 \tan\theta + Q_2 = 180 \times \frac{0.8}{0.6} + 160 = 400[kVar]$

합성용량 $P_a = \sqrt{P^2 + Q^2} = \sqrt{300^2 + 400^2} = 500[kVA]$

답 500[kVA]

2 계산 : $\cos\theta = \frac{P}{P_a} \times 100 = \frac{300}{500} \times 100 = 60[\%]$

답 60[%]

3 계산 : $Q_c = P(\tan\theta_1 - \tan\theta_2) = (180 + 120)\left(\frac{0.8}{0.6} - \frac{\sqrt{1 - 0.9^2}}{0.9}\right) = 254.7[kVA]$

답 254.7[kVA]

13 ★★★☆☆ [9점]

다음 각 물음에 답하시오.

❶ 다음 표의 전로의 사용전압 구분에 따른 절연저항값은 몇 [MΩ] 이상이어야 하는지 그 값을 표에 쓰시오. ※ KEC 규정에 따라 삭제

전로의 사용전압 구분		절연저항값[MΩ]
400[V] 미만의 것	대지전압이 150[V] 이하인 경우	[MΩ] 이상
	대지전압이 150[V]를 넘고 300[V] 이하인 경우 (전압 측 전선과 중성선 또는 대지 간의 절연저항)	[MΩ] 이상
	사용전압이 300[V]를 넘고 400[V] 미만인 경우	[MΩ] 이상
400[V] 이상인 것		[MΩ] 이상

❷ 대지전압의 정의를 접지식 전로와 비접지식 전로로 구분하여 설명하시오.

❸ 사용전압이 200[V]이고 최대 공급전류가 20[A]인 단상 2선식 저압가공 전선로에서 누설전류[mA]와 절연저항값[MΩ]은?

해답 ❶ ※ KEC 규정에 따라 삭제

❷ 접지식 전로 : 전선과 대지 사이의 전압

비접지식 전로 : 전선과 그 전로 중 임의의 다른 전선 사이의 전압

❸ 계산 : 누설전류 $I_\ell = I_m \times \frac{1}{1,000} = 20 \times \frac{1}{1,000} \times 10^3 = 20[\text{mA}]$

절연저항 $R = \frac{V}{I_\ell} = \frac{200}{20 \times 10^{-3}} \times 10^{-6} = 0.01[\text{M}\Omega]$

답 누설전류 : 20[mA], 절연저항 : 0.01[MΩ]

14 ★★★☆☆ [5점]

여러 설비의 접지를 함께 묶는 것을 공통접지방식이라 한다. 공통접지의 장점 5가지를 쓰시오.

해답 ① 병렬접지효과로 낮은 접지저항을 얻을 수 있다.

② 접지전극 및 접지선의 일부 불량 시에도 접지 신뢰도가 유지된다.

③ 접지계통이 단순하여 보수 및 점검 등 유지보수에 용이하다.

④ 전원 측 및 부하 측 접지의 공통으로 지락보호 및 부하기기에 대한 접촉전압 관점에서 시스템적으로 안전하다.

⑤ 건축구조물을 이용한 자연접지에 용이하다.

TIP

➤ 단점

① 계통 상호 간 간섭 및 고장 시 파급효과 우려

② 계통 일부 문제 시 건전기기의 기능 상실 또는 오작동 우려

15 ★★★★★ [5점]

비상용 조명 부하 110[V]용 100[W] 18등, 60[W] 25등이 있다. 방전시간 30분, 축전지 HS형 54[cell], 허용최저전압 100[V], 최저축전지 온도 5[℃]일 때 축전지 용량은 몇 [Ah]인가?(단, 경년 용량 저하율 0.8, 용량 환산시간 : K = 1.2이다.)

해답 계산 : 부하전류 $I = \frac{P}{V} = \frac{100 \times 18 + 60 \times 25}{110} = 30[A]$

$\therefore$ 축전지 용량 : $C = \frac{1}{L}KI = \frac{1}{0.8} \times 1.2 \times 30 = 45[Ah]$

답 45[Ah]

16 ★★★★☆ [5점]

다음 X, Y, Z에 대한 논리식을 쓰시오.(단, 입력은 A, B, C, D로 표현하시오.)

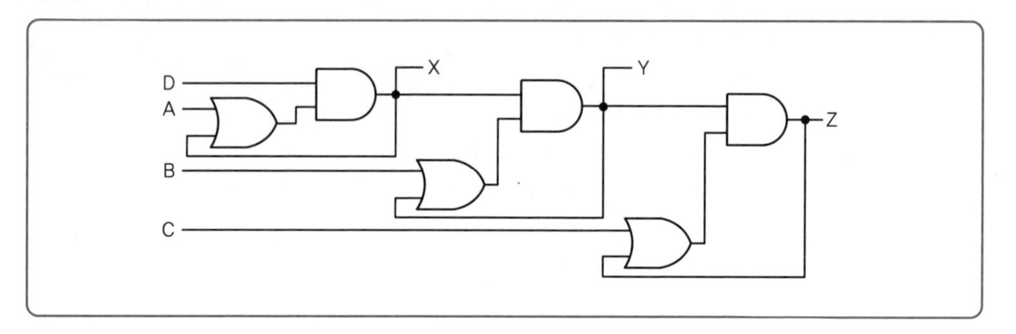

해답 $X = (A + X) \cdot D$

$Y = (B + Y) \cdot X$

$Z = (C + Z) \cdot Y$

만일 Z만 표현할 경우 $Z = (C + Z) \cdot (B + Y) \cdot (A + X) \cdot D$

17 ★★★★★

[5점]

3개의 접지판 상호 간의 저항을 측정한 값이 그림과 같다면 G_3의 접지저항은 몇 [Ω]이 되겠는가?

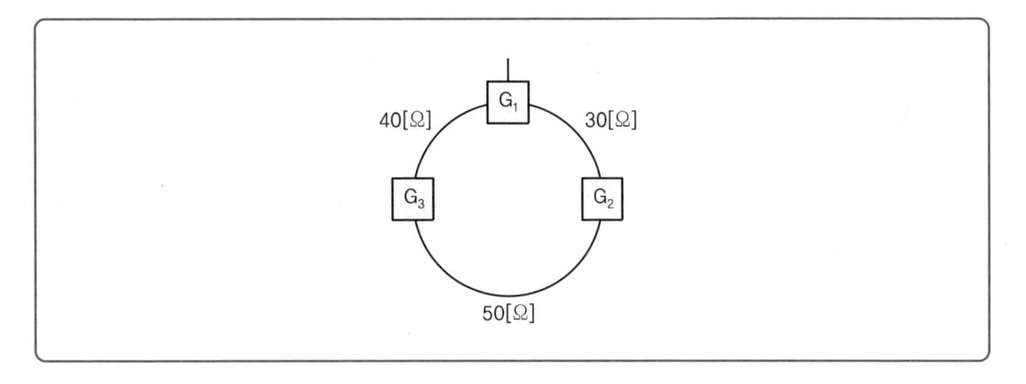

해답 계산 : $R_{G_3} = \frac{1}{2}\left(R_{G_{31}} + R_{G_{32}} - R_{G_{12}}\right)$

$= \frac{1}{2}(40 + 50 - 30) = 30[\Omega]$

답 30[Ω]

TIP

연립방정식을 하지 말고 주접지(G_3)와 연결된 것은 합하고 주접지와 연결되지 않은 것은 빼주면 된다.

과년도 기출문제

회독 체크	□1회독	월 일	□2회독	월 일	□3회독	월 일

01 ★★★★★ [5점]

그림은 22.9[kV－Y]의 시설을 하는 경우 특별고압 간이수전설비 결선도이다. ①~⑤ 내용을 알맞게 쓰시오.

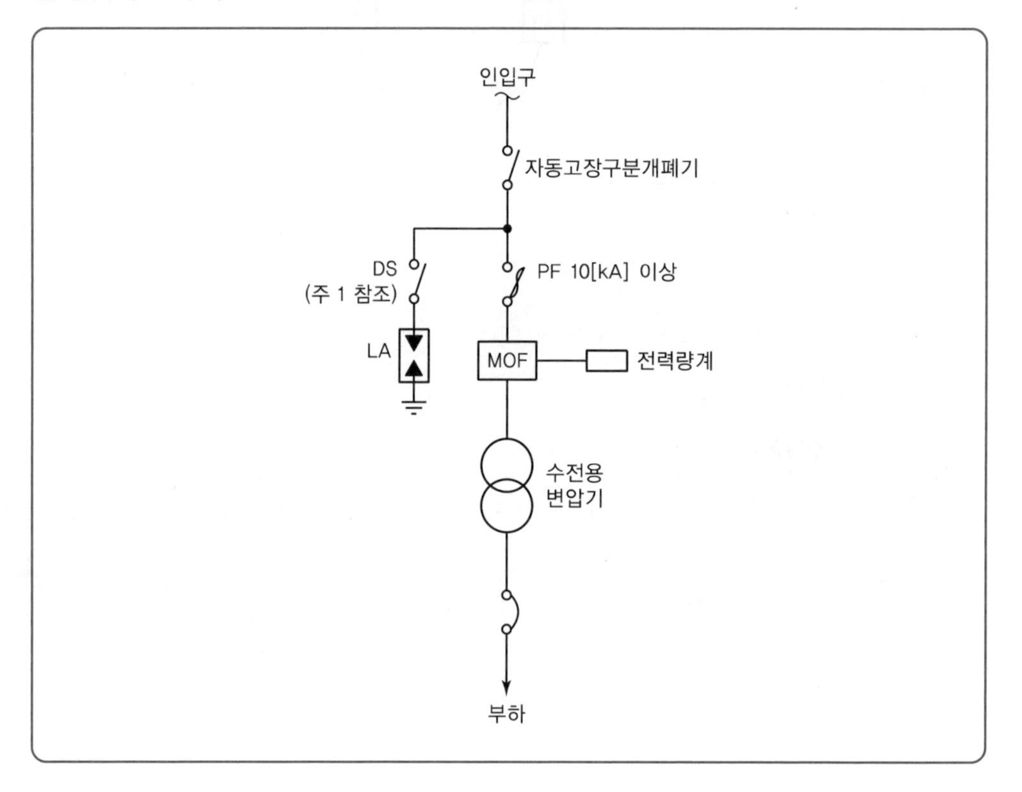

[비고]

1. LA용 DS는 생략할 수 있으며 22.9[kV－Y]용 LA는 (①)(또는 Isolator) 붙임형을 사용하여야 한다.
2. 인입선을 지중선으로 시설하는 경우로 공동주택 등 고장 시 정전피해가 큰 경우는 예비 지중선을 포함하여 (②)으로 시설하는 것이 바람직하다.
3. 지중 인입선의 경우에 22.9[kV－Y] 계통은 CNCV－W 케이블(수밀형) 또는 TR CNCV－W(트리억제형)을 사용하여야 한다. 다만, 전력구 · 공동구 · 덕트 · 건물구 내 등 화재 우려가 있는 장소에서는 (③)을 사용하는 것이 바람직하다.
4. 300[kVA] 이하인 경우는 PF 대신 (④)을 사용할 수 있다.
5. 특별고압 간이수전설비는 PF의 용단 등의 결상사고에 대한 대책이 없으므로 변압기 2차 측에 설치되는 주 차단기에는 (⑤)등을 설치하여 결상사고에 대한 보호능력이 있도록 함이 바람직하다.

해답 ① 디스콘넥터

② 2회선

③ FR CNCO－W(난연)

④ COS(비대칭 차단전류 10kA 이상)

⑤ 결상계전기

TIP

➤ 특고압 간이수전설비

① LA용 DS는 생략할 수 있으며 22.9[kV－Y]용 LA는 Disconnector (또는 Isolator) 붙임형을 사용하여야 한다.

② 인입선을 지중선으로 시설하는 경우로 공동주택 등 고장 시 정전피해가 큰 경우는 예비지중선을 포함하여 2회선으로 시설하는 것이 바람직하다.

③ 지중인입선의 경우에 22.9[kV－Y] 계통은 CNCV－W 케이블(수밀형) 또는 TR CNCV－W(트리억제형)을 사용하여야 한다. 다만, 전력구 · 공동구 · 덕트 · 건물구 내 등 화재 우려가 있는 장소에서는 FR CNCO－W(난연) 케이블을 사용하는 것이 바람직하다.

④ 300[kVA] 이하인 경우는 PF 대신 COS(비대칭 차단전류 10[kA] 이상의 것)을 사용할 수 있다.

⑤ 특별고압 간이수전설비는 PF의 용단 등의 결상사고에 대한 대책이 없으므로 변압기 2차 측에 설치되는 주차단기에는 결상계전기 등을 설치하여 결상사고에 대한 보호능력이 있도록 함이 바람직하다.

02 ★☆☆☆☆ [5점]

다음 ①, ②, ③의 내용을 쓰시오.

변압기 자기포화 등 회로에 전압파형에 왜곡되며 (①)에 투입했을 때 더욱 고조파가 발생하게 되며, 전원 투입 시 돌입전류와 함께 LC 공진에 의한 고조파 확대현상이 생기고, 전압 및 전류의 파형을 왜곡시키고 각종 기기의 오동작, 전원 변압기의 과열, 과소음, 각종 지시계기의 오차 등 많은 문제점이 발생하게 된다. 이에 대한 대비책으로서 (①)에 (②)로 (③)를 설치하여 부하에 대한 고조파의 악영향을 제거한다.

해답 ① 전력용 콘덴서(SC)　　② 직렬　　③ 리액터

03 ★★★★★ [6점]

1,000[lm]을 복사하는 전등 10개를 가로 10[m] × 세로 10[m]의 사무실에 설치하고 있다. 그 조명률을 0.5라 하고 감광보상률을 1.5라 하면 그 사무실의 평균조도는 얼마인가?

해답 계산 : $E = \dfrac{FUN}{AD} = \dfrac{1,000 \times 0.5 \times 10}{100 \times 1.5} = 33.33[lx]$

답 33.33[lx]

04 ★★★★☆ [6점]

수전전압 6,600[V], 가공 배전 전선로의 %임피던스가 60.5[%]일 때 수전점의 3상 단락 전류가 7,000[A]인 경우 기준 용량을 구하고 수전용 차단기의 차단 용량을 선정하시오.

| 차단기의 정격 용량[MVA] |

10	20	30	50	75	100	150	250	300	400	500

1 기준용량을 구하시오.

2 1번의 기준용량을 이용하여 차단용량을 구하시오.

해답 1 계산 : $I_s = \frac{100}{\%Z} I_n$

$$I_n = \frac{I_s \%Z}{100} = \frac{60.5}{100} \times 7{,}000 = 4{,}235[A]$$

$$P = \sqrt{3} VI_n = \sqrt{3} \times 6{,}600 \times 4{,}235 \times 10^{-6} = 48.412[MVA]$$

답 48.41[MVA]

2 계산 : $P_s = \frac{100}{\%Z} \times P = \frac{100}{60.5} \times 48.41 = 80.02[MVA]$

답 100[MVA]

TIP

① 차단기 용량(P_s)$= \frac{100}{\%Z}$P(기준 용량)

② 차단기 용량(P_s)$= \sqrt{3}$ × 정격전압 × 단락전류(정격차단전류)

05 ★★★★☆ [6점]

다음 그림은 3상 유도전동기의 무접점 회로도이다. 다음 각 물음에 답하시오.

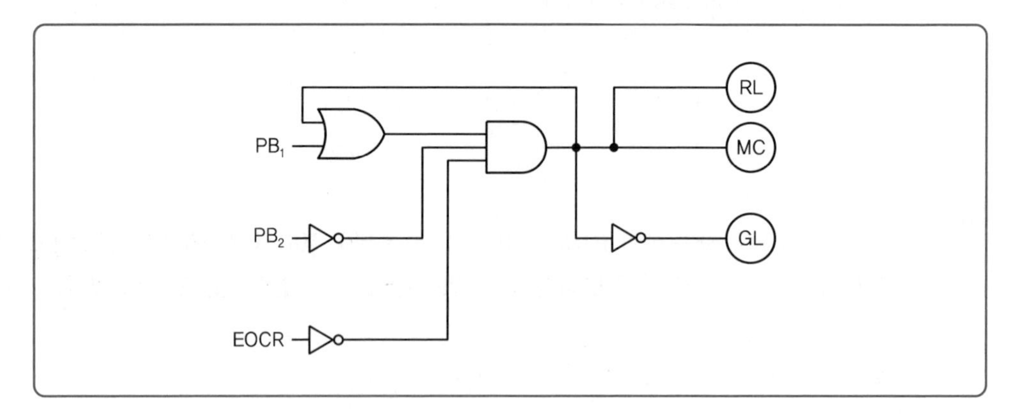

1 유접점 회로를 완성하시오.

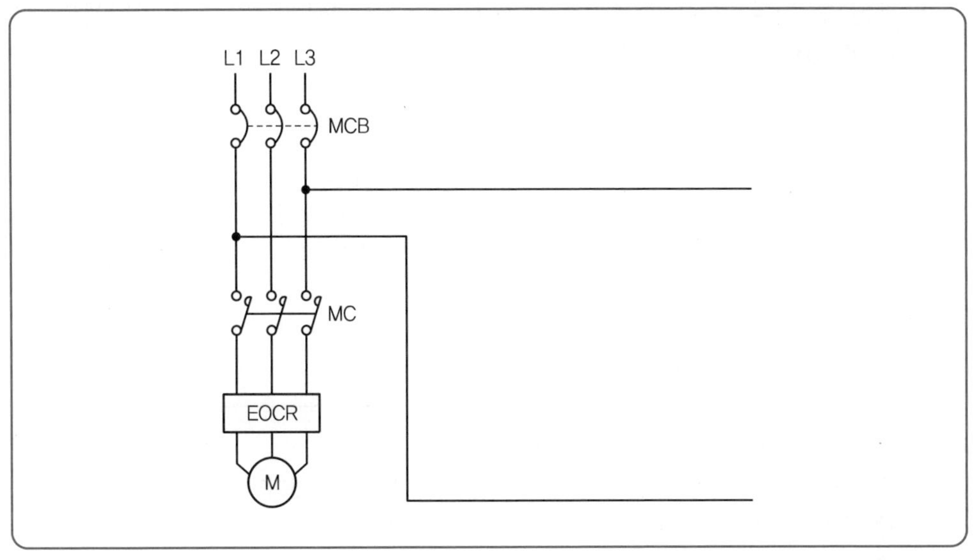

2 (MC), (RL), (GL)의 출력식을 쓰시오.

(해답) **1**

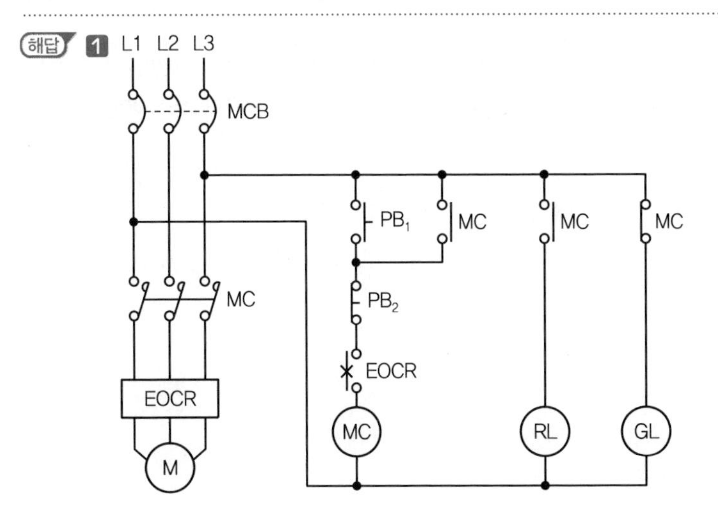

2 (MC) $= (PB_1 + MC) \cdot \overline{PB_2} \cdot \overline{EOCR}$

(RL) $= MC$

(GL) $= \overline{MC}$

06 ★★★★★

[8점]

계전기용 변류기(CT) 2대를 V결선하여 OCR 3대를 그림과 같이 연결하여 사용할 경우 다음 각 물음에 답하시오.

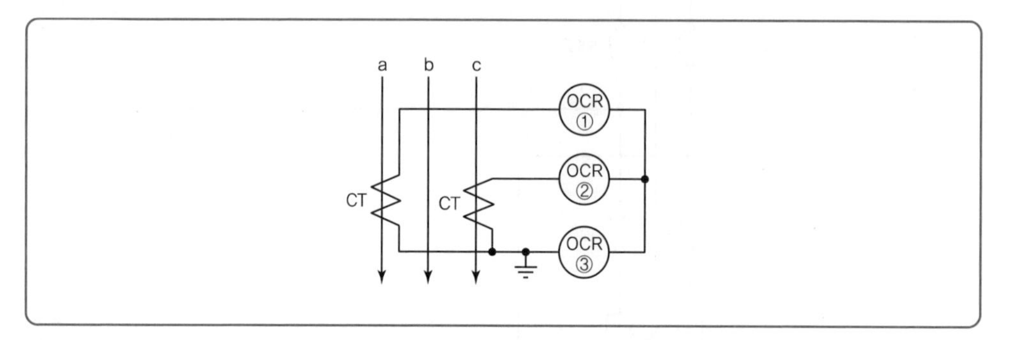

1 우리나라에서 사용하는 변류기(CT)의 극성은 어떤 극성을 사용하는가?
2 변류기 2차 측에 접속하는 외부 부하 임피던스를 무엇이라고 하는가?
3 ③번 OCR에 흐르는 전류는 어떤 상의 전류인가?
4 OCR은 주로 어떤 사고가 발생하였을 때 동작하는가?
5 이 전로는 어떤 배전 방식을 취하고 있는가?(단, 배전방식 및 접지식, 비접지식 등을 구분하여 구체적으로 쓰도록 한다.)
6 그림에서 CT의 변류비가 30/5이고, 변류기 2차 측 전류를 측정하였더니 3[A]이었다면 수전전력은 약 몇 [kW]인가?(단, 수전전압은 22,900[V]이고, 역률은 90[%]이다.)

해답 1 감극성 2 2차 부담 3 b상 전류
4 단락사고, 과부하 5 3상 3선식, 비접지 방식
6 계산 : $P=\sqrt{3}VI\cos\theta=\sqrt{3}\times 22{,}900\times 3\times\frac{30}{5}\times 0.9\times 10^{-3}=642.56[\text{kW}]$

답 642.56[kW]

TIP

① I_1 =Ⓐ×CT비 여기서, I_1 : 부하전류, Ⓐ : 전류계 지시값
② CT가 2대이므로 3상 3선식

07 ★★★☆☆

[6점]

고압차단기의 종류 3가지와 각각의 소호매체를 답란에 쓰시오.

고압차단기	소호매체

해답

고압차단기	소호매체
공기차단기	압축공기
가스차단기	SF_6가스
진공차단기	고진공

TIP

➤ 고압차단기의 소호매질

종류	진공차단기 (VCB)	유입차단기 (OCB)	가스차단기 (GCB)	자기차단기 (MBB)	공기차단기 (ABB)
소호매질	고진공	절연유	SF_6가스	전자력	압축공기

2012 2013 2014 2015 2016 2017 2018 2019 2020 2021

08 ★★☆☆☆ [5점]

변압기의 임피던스 전압에 대하여 간단히 설명하시오.

해답 변압기의 정격전류가 흐를 때 인가하는 전압

09 ★★★☆☆ [6점]

농형 유도전동기의 일반적인 속도 제어방법 3가지를 쓰시오.

해답 ① 극수 변환법
② 주파수 변환법
③ 전압 제어법
④ VVVF법

TIP

➤ 권선형 유도전동기의 속도 제어법
① 2차 저항제어
② 2차 여자제어

10 ★★★★☆ [5점]

권선하중이 3[ton]이며, 매분 25[m]의 속도로 끌어 올리는 권상용 전동기의 용량[kW]을 구하시오.(단, 전동기를 포함한 권상기의 효율은 80[%], 여유계수는 1.2이다.)

해답 계산 : $P = \frac{KWV}{6.12\eta} = \frac{1.2 \times 3 \times 25}{6.12 \times 0.8} = 18.382[kW]$

답 18.38[kW]

TIP

➤ 권상용 전동기의 출력

$P = \frac{KWV}{6.12\eta}[kW]$

여기서, K : 여유계수

W : 권상중량[ton]

V : 권상속도[m/min]

η : 효율

11 ★★★★★ [5점]

어느 수용가의 총설비 부하 용량은 전등 부하가 600[kW], 동력 부하가 1,200[kW]라고 한다. 각 수용가의 수용률은 각각 60[%]이고, 각 수용가 간의 부등률은 전등 1.2, 동력 1.6, 전등과 동력 상호 간은 1.4라고 하면 여기에 공급되는 변전시설용량은 몇 [kVA]인가?(단, 전력손실은 5[%]로 하며, 역률은 1로 계산한다.)

해답 계산 : $\text{Tr 용량} = \frac{\text{설비 용량} \times \text{수용률}}{\text{부등률} \times \text{역률}}$

$$= \frac{\frac{600 \times 0.6}{1.2} + \frac{1,200 \times 0.6}{1.6}}{1.4 \times 1} \times (1 + 0.05) = 562.5[kVA]$$

답 562.5[kVA]

TIP

① 전력손실까지 공급하므로 (1+0.05)를 합산한다.

② 최대전력이므로 변압기 용량값(정격)을 쓰지 않는다.

12 ★★★★☆

[4점]

역률 개선에 대한 효과를 4가지 쓰시오.

해답 ① 전력 손실 경감
② 전압 강하의 감소
③ 설비 용량의 여유 증가
④ 전기 요금의 감소

TIP

① 전력 손실 $P_L \propto \frac{1}{\cos^2\theta}$

② 전압 강하 감소 $e = \sqrt{3}I(R\cos\theta + X\sin\theta)$

$X = X_L - X_C$(콘덴서)

2012
2013
2014
2015
2016
2017
2018
2019
2020
2021

13 ★★★★☆

[5점]

실부하 6,000[kW], 역률 85[%]로 운전하는 공장에서 역률을 95[%]로 개선하는 데 필요한 콘덴서 용량을 구하시오.

해답 계산 : $Q_c = 6{,}000 \times \left(\frac{\sqrt{1-0.85^2}}{0.85} - \frac{\sqrt{1-0.95^2}}{0.95}\right) = 1{,}746.36$[kVA]

답 1,746.36[kVA]

TIP

$$Q_c = P(\tan\theta_1 - \tan\theta_2) = P\left(\frac{\sqrt{1-\cos\theta_1{}^2}}{\cos\theta_1} - \frac{\sqrt{1-\cos\theta_2{}^2}}{\cos\theta_2}\right)[\text{kVA}]$$

여기서, P : 유효전력[kW]
$\cos\theta_1$: 설치 전 역률
$\cos\theta_2$: 설치 후 역률

14 ★★★★☆ [6점]

그림과 같은 단상변압기 3대가 있다. 이 변압기에 대하여 다음 각 물음에 답하시오.

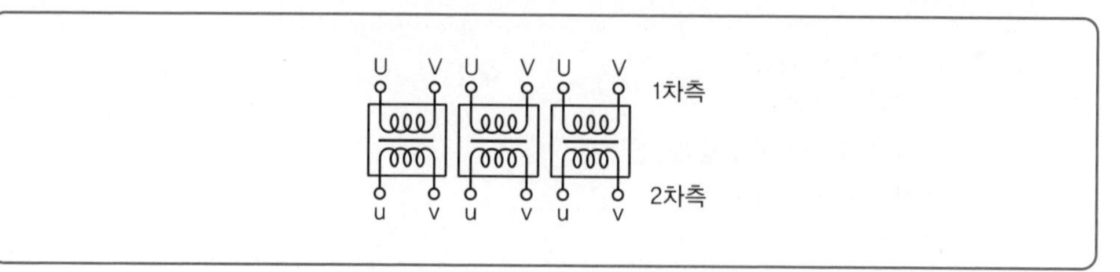

1 이 변압기를 $\Delta-\Delta$결선하시오.

2 $\Delta-\Delta$결선으로 운전하던 중 한 상의 변압기에 고장이 생겨 이것을 분리하고 나머지 2대로 3상 전력을 공급하고자 한다. 이때의 결선도를 그리고, 이 결선의 명칭을 쓰시오.

3 2에서와 같이 결선한 변압기의 출력비와 이용률은 몇 [%] 정도인가?

해답 1

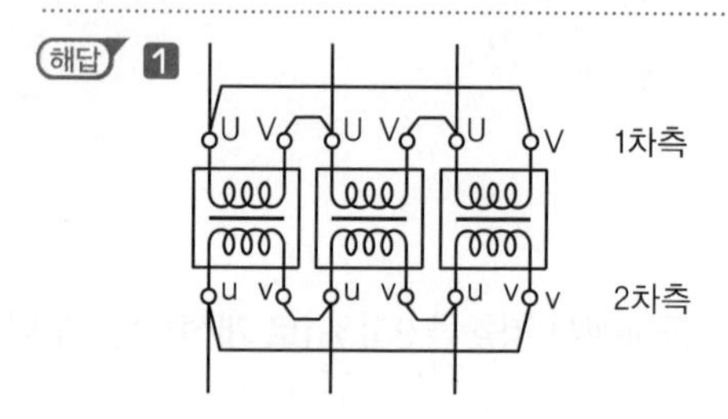

2 ① 결선도

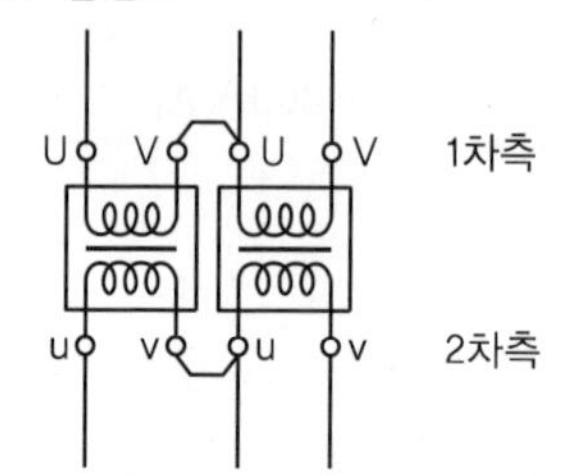

② 명칭 : V－V결선

3 출력비＝57.7[%]

이용률＝86.6[%]

15 ★★☆☆☆

[6점]

그림과 같은 탭(Tab) 전압 1차 측이 3,150[V], 2차 측이 210[V]인 단상 변압기에서 전압 V_1을 V_2로 승압하고자 한다. 이때 다음 각 물음에 답하시오.

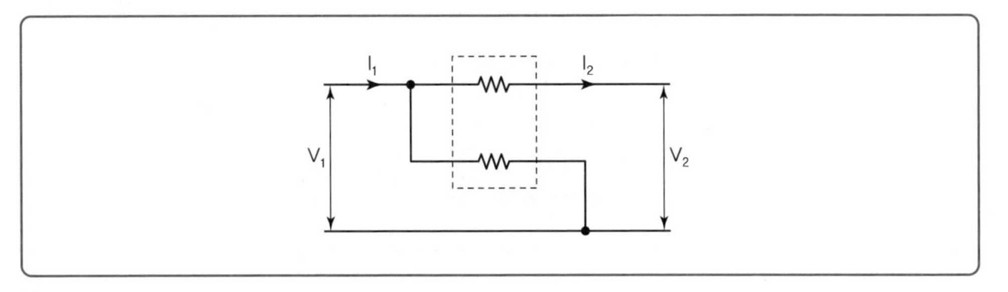

1. V_1이 3,000[V]인 경우, V_2는 몇 [V]가 되는가?
2. I_1이 25[A]인 경우 I_2는 몇 [A]가 되는가?(단, 변압기의 임피던스, 여자전류 및 손실은 무시한다.)

해답 1 계산 : $V_2 = V_1\left(1+\frac{e_2}{e_1}\right) = 3{,}000\left(1+\frac{210}{3{,}150}\right) = 3{,}200[V]$

답 3,200[V]

2 계산 : 입력 $P_1 = V_1 I_1 = 3{,}000 \times 25 = 75{,}000[VA]$

출력 $P_2 = V_2 I_2$에서 $I_2 = \frac{P_2}{V_2} = \frac{75{,}000}{3{,}200} = 23.44[A]$

답 23.44[A]

TIP

손실이 없으면 입력과 출력이 같게 된다.

① (입력) $P_1 = 7{,}500$

② (출력) $P_2 = 7{,}500$

16 ★★★★☆

[5점]

3상 3선식 380[V] 회로에 그림과 같이 부하가 연결되어 있다. 간선의 허용전류[A]를 구하시오.(단, 전동기의 평균 역률은 80[%]이다.) ※ KEC 규정에 따라 변경

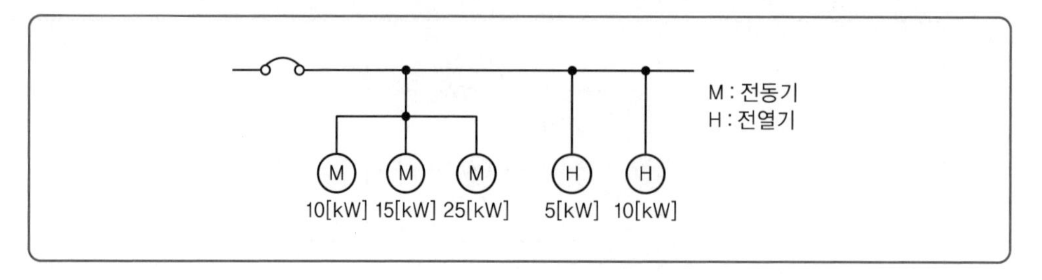

해답 계산 : 전동기 $I_M = \dfrac{(10+15+25)\times 10^3}{\sqrt{3}\times 380\times 0.8} = 94.96[A]$

전동기 유효전류 $I = 94.96\times 0.8 = 75.97[A]$

전동기 무효전류 $I_r = 94.96\times\sqrt{1-0.8^2} = 56.98[A]$

전열기 $I_H = \dfrac{(5+10)\times 10^3}{\sqrt{3}\times 380\times 1} = 22.79[A]$

설계전류 $I_B = \sqrt{(75.97+22.79)^2+56.98^2} = 114.02[A]$이고

$I_B \le I_n \le I_Z$이므로 허용전류 $I_Z \ge I_B = 114.02[A]$

답 114.02[A]

17 ★★☆☆☆

[5점]

수용가에서 사용하는 변압기의 고장원인 중 5가지만 쓰시오.

해답 ① 과부하 및 단락전류
② 이상전압의 내습
③ 절연유의 열화
④ 기계적 충격
⑤ 절연물 내부의 공극

TIP

➤ 변압기 고장의 종류
① 권선의 상간, 층간단락
② 권선과 철심 간의 절연 파괴
③ 고 · 저압 혼촉
④ 권선의 단선
⑤ 부싱 및 리드선 절연 파괴

18 ★★★★★

[6점]

보조접지극 A, B와 접지극 E 상호 간에 접지저항을 측정한 결과 그림과 같은 저항값을 얻었다. E의 접지저항은 몇 [Ω]인가?

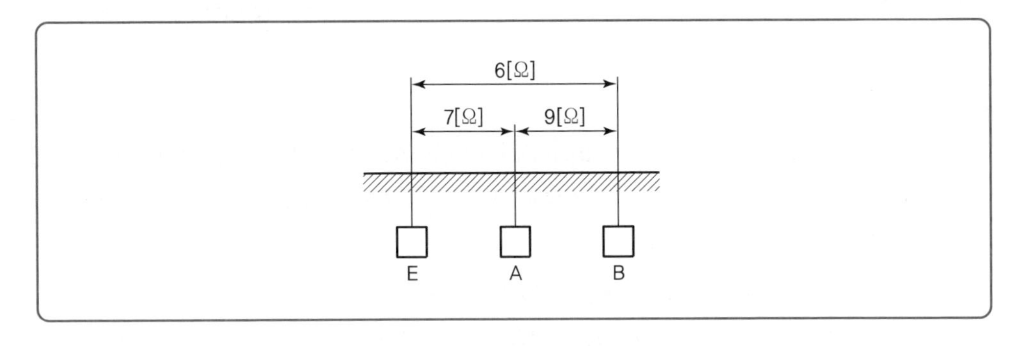

해답 계산 : $R_E = \frac{1}{2}(R_{EA} + R_{EB} - R_{AB}) = \frac{1}{2}(7+6-9) = 2[\Omega]$

답 2[Ω]

TIP

연립방정식을 하지 말고 주접지와 연결된 저항값은 더하고 보조접지 저항값은 빼줄 것

전기산업기사

2015년도 3회 시험 과년도 기출문제

회독 체크	□1회독	월 일	□2회독	월 일	□3회독	월 일

01 ★★★★★ [6점]

자가용 수전설비에서 역률 0.8, 최대부하 200[kVA]인 3상 평형 유도부하가 사용되고 있다. 이 부하에 병렬로 진상 콘덴서를 설치하여 합성역률을 0.95로 개선할 경우 다음 각 물음에 답하시오.

1 전력용 콘덴서의 용량은 몇 [kVA]가 필요한가?

2 전력용 콘덴서에 직렬리액터를 설치할 때 용량은 몇 [kVA]를 설치하여야 하는지 구하시오.

해답 1 계산 : $Q_c = P(\tan\theta_1 - \tan\theta_2) = 200 \times 0.8\left(\frac{0.6}{0.8} - \frac{\sqrt{1-0.95^2}}{0.95}\right) = 67.41[kVA]$

답 67.41[kVA]

2 계산 : $67.41 \times 6[\%] = 4.04$

답 4.04[kVA]

TIP

① 이론상 직렬리액터 용량 : 콘덴서 용량×4[%]
② 실제상 직렬리액터 용량 : 콘덴서 용량×6[%]

02 ★★★★☆ [5점]

변압기의 주요 사양은 다음과 같다. 변압기 2차 측 단락전류는 몇 [kA]인가?(단, 전원 측 %Z는 무시한다.)

• 상수 : 단상	• 용량 : 75[kVA]
• 전압 : 3.3[kV]/220[V]	• %임피던스 : 5[%]

해답 계산 : $I_s = \frac{100}{5} \times \frac{75 \times 10^3}{220} \times 10^{-3} = 6.818[kA]$

답 6.82[kA]

TIP

$I_s = \frac{100}{\%Z} I_n$ $I_n = \frac{P}{V}$

여기서, I_n : 정격전류

P : 용량

V : 2차 전압

03 ★★★☆☆ [5점]

출력 50[kW], 역률 0.8, 효율 0.82인 3상 유도전동기가 있다. 변압기를 V결선하여 전원을 공급하고자 한다면 변압기 1대의 용량은 몇 [kVA]이어야 하는가?

해답 계산 : $P_1 = \frac{P_V[kVA]}{\sqrt{3}} = \frac{P[kW]}{\sqrt{3} \times \cos\theta \times \eta} = \frac{50}{\sqrt{3} \times 0.8 \times 0.82} = 44[kVA]$

답 44[kVA]

TIP

① $P_V = \sqrt{3} P_1$ 여기서, P_1 : 1대 용량

② V결선은 변압기 2대 용량

04 ★★★☆☆ [4점]

LS, DS, CB가 그림과 같이 설치되었을 때의 조작 순서를 차례대로 쓰시오.

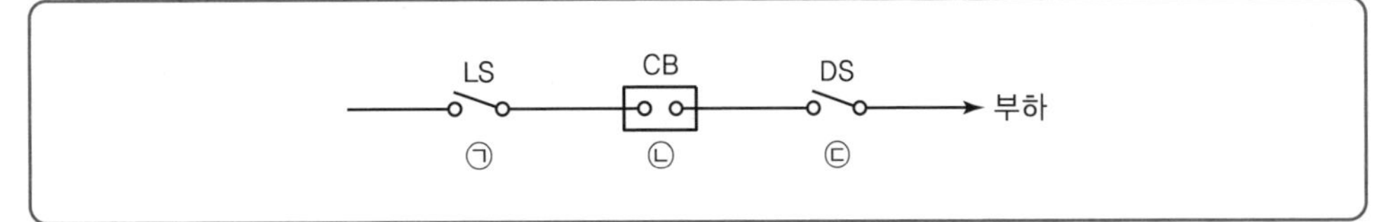

1 전원투입(ON) 시의 조작순서

2 전원차단(OFF) 시의 조작순서

해답 1 ㉢-㉠-㉡ 2 ㉡-㉢-㉠

TIP

① 차단과 투입 시 ㉢, ㉠ 중 부하 측이 우선

② 번호를 주는 경우 번호로 답할 것

05 ☆☆☆☆☆

[4점]

400[V] 미만 옥내배선 공사에서 은폐된 장소로 점검이 불가능 경우 건조한 장소 및 습기(수분)가 있는 장소에 가능한 배선방법을 4가지 이상 쓰시오. ※ KEC 규정에 따라 삭제

06 ★★☆☆☆

[5점]

화장실, 욕실 등 물을 사용하는 장소에 콘센트를 시설하는 경우에 설치해야 하는 인체감전보호용 누전차단기의 정격감도전류와 동작시간은 얼마 이하를 사용하여야 하는가?

해답 ① 정격감도전류 : 15[mA] 이하
② 동작시간 : 0.03[sec] 이하

TIP

➤ 콘센트의 시설

욕실 등 인체가 물에 젖어 있는 상태에서 물을 사용하는 장소에 콘센트를 시설하는 경우에는 전기용품안전관리법의 적용을 받는 인체감전보호용 누전차단기(전기용품안전기준 또는 KS C 4613의 규정에 적합한 정격감도전류 15[mA] 이하, 동작시간 0.03초 이하의 전류동작형의 것에 한한다.) 또는 절연변압기(정격용량 3[kVA] 이하인 것에 한한다)로 보호된 전로에 접속하거나, 인체감전보호용 누전차단기가 부착된 콘센트를 시설하여야 한다.

07 ★★★★★ [6점]

다음 그림과 같은 사무실이 있다. 이 사무실의 평균조도를 150[lx]로 하고자 할 때 다음 각 물음에 답하시오.

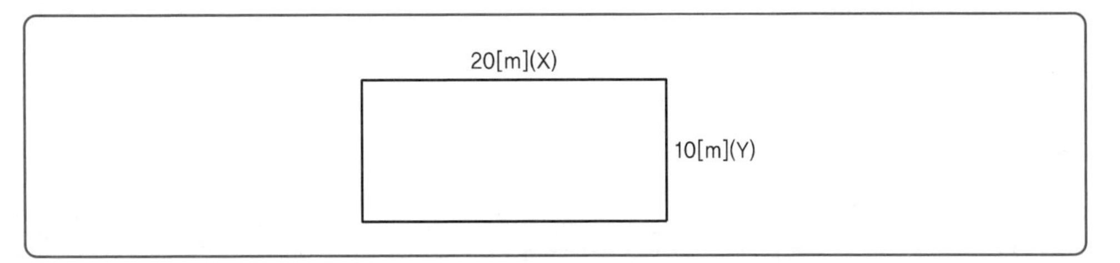

[조건]

- 형광등은 32[W]를 사용하고, 형광등의 광속은 2,900[lm]으로 한다.
- 조명률은 0.6, 감광보상률은 1.2로 한다.
- 건물 천장 높이는 3.85[lm], 작업면은 0.85[lm]로 한다.
- 가장 경제적인 설계로 한다.

1. 이 사무실에 필요한 형광등의 수를 구하시오.
2. 실지수를 구하시오.
3. 양호한 전반 조명이라면 등간격은 등높이의 몇 배 이하로 해야 하는가?

해답

1. 계산 : $N = \frac{EAD}{FU} = \frac{150 \times 20 \times 10 \times 1.2}{2900 \times 0.6} = 20.69$[등] 답 21[등]
2. 계산 : 실지수 $= \frac{XY}{H(X+Y)} = \frac{20 \times 10}{(3.85 - 0.85) \times (20 + 10)} = 2.22$ 답 2.22
3. 1.5배

TIP

➤ **조명기구 간격 및 배치**

① 기구의 최대간격 $S \leq 1.5H$

② 광원과 벽면거리 $S_0 \leq \frac{H}{2}$ (벽측을 사용하지 않을 경우)

$S_0 \leq \frac{H}{3}$ (벽측을 사용할 경우)(단, H : 작업면 상의 광원의 높이[m])

08 ★★★★★

[6점]

다음은 컨베이어시스템 제어회로의 도면이다. 3대의 컨베이어가 A → B → C 순서로 기동하며, C → B → A 순서로 정지한다고 할 때, 타임차트도를 보고 PLC 프로그램 입력 ①~⑤를 답안지에 완성하시오.

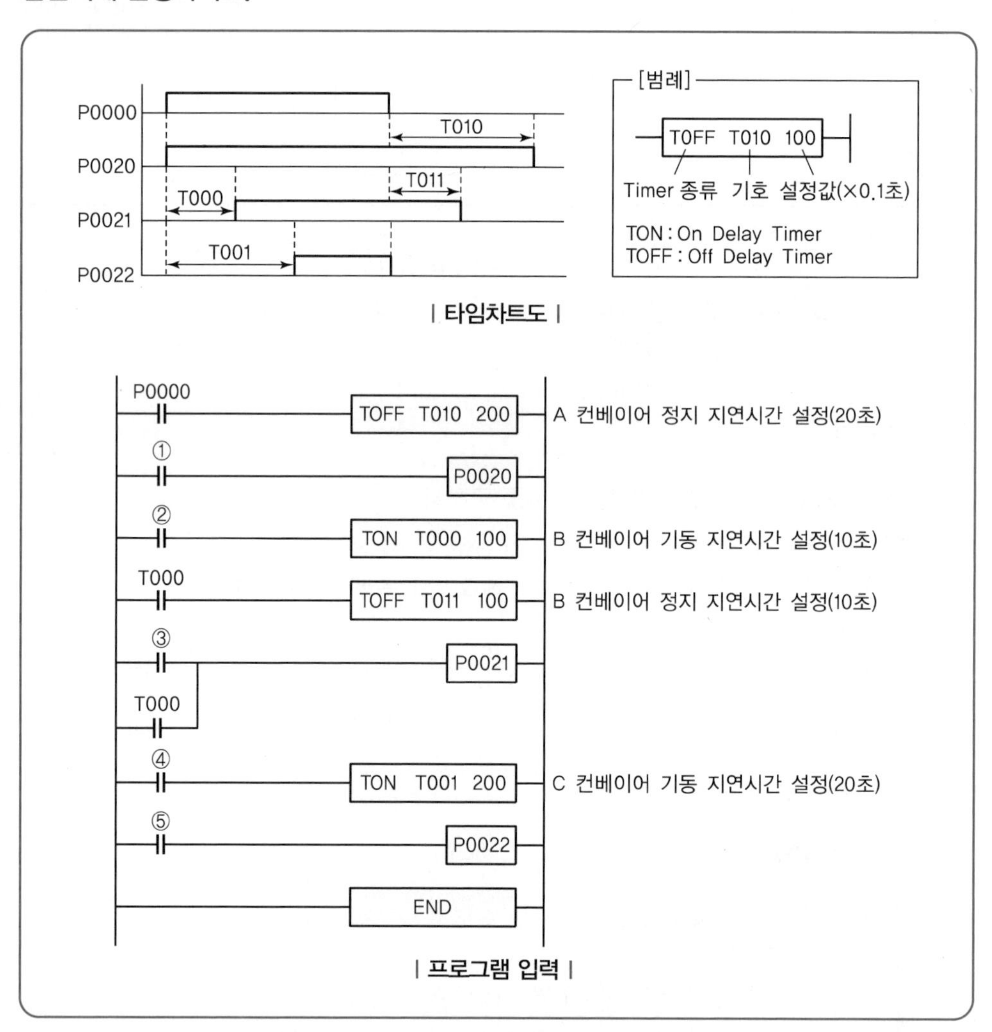

해답

①	②	③	④	⑤
T010	P0000	T011	P0000	T001

09 ★★★☆☆ [11점]

어느 공장에서 예비전원을 얻기 위한 전기시동방식 수동제어장치의 디젤엔진 3상 교류 발전기를 시설하게 되었다. 발전기는 사이리스터식 정지 자여자 방식을 채택하고 전압은 자동과 수동으로 조정 가능하게 하였을 경우, 다음 각 물음에 답하시오.

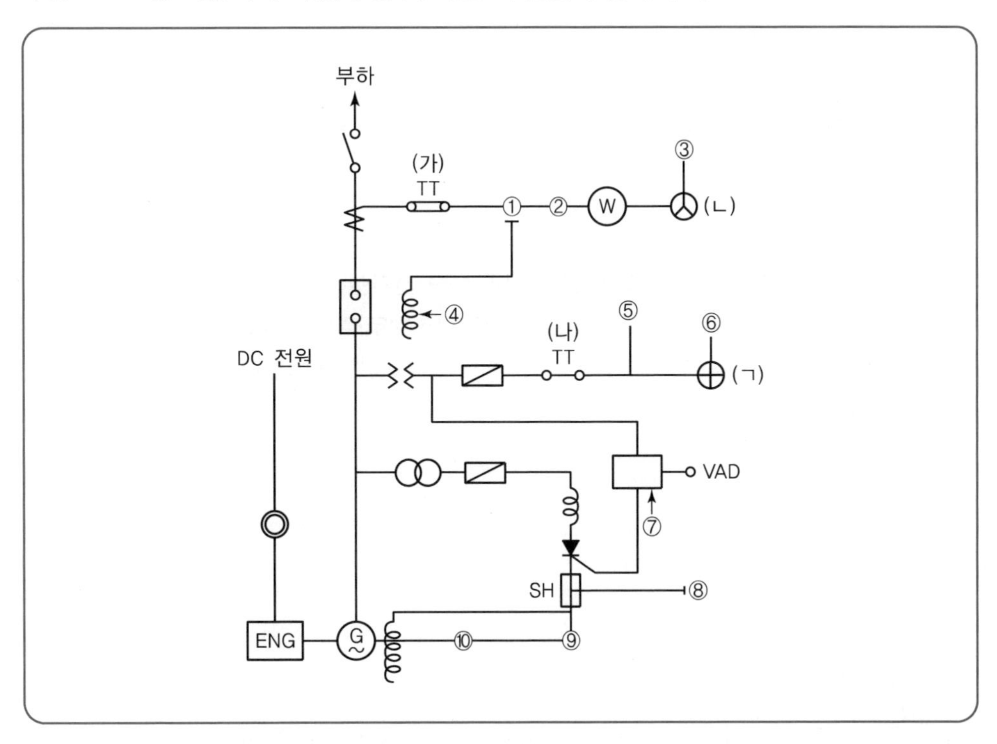

[약호]

• ENG : 전기기동식 디젤엔진	• G : 정지여자식 교류발전기	• TG : 타코제너레이터
• AVR : 자동전압 조정기	• VAD : 전압 조정기	• AV : 교류 전압계
• CR : 사이리스터 정류기	• SR : 가포화리액터	• AA : 교류 전류계
• CT : 변류기	• PT : 계기용 변압기	• W : 지시 전력계
• Fuse : 퓨즈	• F : 주파수계	• TrE : 여자용 변압기
• RPM : 회전수계	• CB : 차단기	• DA : 직류전류계
• TC : 트립코일	• OC : 과전류 계전기	• DS : 단로기
• Wh : 전력량계	• SH : 분류기	

※ ◎ 엔진기동용 푸시 버튼

1. 도면에서 ①~⑩에 해당되는 부분의 명칭을 주어진 약호로 답하시오.
2. 도면에서 (가) TT 와 (나) TT 는 무엇을 의미하는가?
3. 도면에서 (ㄱ)과 (ㄴ)는 무엇을 의미하는가?

해답 **1** ① OC ② WH
③ AA ④ TC
⑤ F ⑥ AV
⑦ AVR ⑧ DA
⑨ RPM ⑩ TG

2 (가) 전류 시험단자, (나) 전압 시험단자

3 (ㄱ) 전압계용 전환 개폐기, (ㄴ) 전류계용 전환 개폐기

10 ★★★★★

[5점]

연면적이 250[m²]의 주택에 다음 조건과 같은 전기설비를 시설하고자 할 때 세대 분전반에 사용할 20[A]와 30[A]의 분기회로수는 각각 몇 회로로 하여야 하는지를 결정하시오.(단, 분전반의 공급전압은 단상 220[V]이며, 전등 및 전열의 분기회로는 20[A], 에어컨은 30[A] 분기회로이다.)

[조건]

- 전등과 전열용 부하는 30[VA/m²]
- 2,500[VA] 용량의 에어컨 2대
- 예비부하는 3,500[VA]

해답 ① 전등 및 전열용 부하

계산 : 상정부하=바닥면적×부하밀도+가산부하=(250×30)+3,500=11,000[VA]

$$20[A]\ 분기회로수\ N = \frac{부하용량}{정격전압 \times 분기회로전류} = \frac{11,000}{220 \times 20} = 2.5$$

답 20[A] 분기 3회로

② 에어컨

계산 : $30[A]\ 분기회로수\ N = \frac{부하용량}{정격전압 \times 분기회로전류} = \frac{2,500 \times 2}{220 \times 30} = 0.76회로$

답 30[A] 분기 1회로

TIP

① 분기회로수 산정 시 소수가 발생되면 무조건 절상하여 산출한다.
② 220[V]에서 3[kW](110[V] 때는 1.5[kW]) 이상인 경우에는 단독분기회로를 사용하여야 한다. (에어컨 등)

11 ★★☆☆☆

[3점]

다음 사진은 유입변압기 절연유의 열화 방지를 위한 습기제거 장치로서 실리카겔(흡습제)과 절연유가 주입되는 2개의 용기로 이루어져 있다. 하부에 부착된 용기는 외부공기와 직접적인 접촉을 막아주기 위한 용기로, 표시된 눈금(용기의 2/3 정도)까지 절연유를 채워 관리해야 한다. 이것의 명칭을 쓰시오.

해답 흡습호흡기

TIP

➤ 흡습호흡기

변압기의 호흡작용으로 유입하는 공기 중의 습기를 흡수하는 장치를 말하며, 브리더(Breather)라고도 한다.

12 ★☆☆☆☆

[5점]

소세력 회로의 정의와 최대 사용전압 및 최대 사용전류를 구분하여 간단하게 쓰시오.

해답 ① 소세력 회로

정의 : 원격제어, 신호 등의 회로로서 최대 사용전압이 60[V] 이하

② 최대 사용전압 및 최대 사용전류

최대 사용전압의 구분	최대 사용전류
15[V] 이하	5[A] 이하
15[V]를 넘어 30[V] 이하	3[A] 이하
30[V]를 넘어 60[V] 이하	1.5[A] 이하

13 ★★★★★

[6점]

어떤 변전소의 공급구역 내의 총 부하용량은 전등 600[kW], 동력 800[kW]이다. 각 수용가의 수용률은 전등 60[%], 동력 80[%], 각 수용가 간의 부등률은 전등 1.2, 동력 1.6이며, 또한 변전소에서 전등부하와 동력부하 간의 부등률을 1.4라 하고, 배전선(주상변압기 포함)의 전력손실을 전등부하, 동력부하 각각 10[%]라 할 때 다음 각 물음에 답하시오.

1 전등의 종합 최대수용전력은 몇 [kW]인가?
2 동력의 종합 최대수용전력은 몇 [kW]인가?
3 변전소에 공급하는 최대전력은 몇 [kW]인가?

해답 1 계산 : $P = \frac{\text{설비용량} \times \text{수용률}}{\text{부등률}} = \frac{600 \times 0.6}{1.2} = 300[\text{kW}]$ 답 300[kW]

2 계산 : $P = \frac{\text{설비용량} \times \text{수용률}}{\text{부등률}} = \frac{800 \times 0.8}{1.6} = 400[\text{kW}]$ 답 400[kW]

3 계산 : $P = \frac{\text{최대전력의 합}}{\text{부등률}} \times \text{손실} = \frac{300+400}{1.4} \times (1+0.1) = 550[\text{kW}]$ 답 550[kW]

TIP

① 합성 최대전력 $= \frac{\text{개별 최대전력의 합}}{\text{부등률}}$
② 합성 최대전력 = 종합 최대수용전력
③ 전력손실 10[%]은 공급 측에서 보상

14 ★★★★★

[10점]

피뢰기에 대한 다음 각 물음에 답하시오.

1 현재 사용되고 있는 교류용 피뢰기의 주요 구조는 무엇과 무엇으로 구성되어 있는가?
2 피뢰기의 정격전압이라고 하는 것은 어떤 전압을 말하는가?
3 피뢰기의 제한전압은 어떤 전압을 말하는가?
4 피뢰기의 기능상 필요한 구비조건을 4가지만 쓰시오.

해답 1 직렬 갭과 특성요소

2 속류를 차단할 수 있는 최고의 교류전압

3 피뢰기 방전 중 단자에 남게 되는 충격전압(뇌전류 방전 시 직렬 갭에 나타나는 전압)

4 ① 충격방전 개시 전압이 낮을 것
② 상용주파 방전개시 전압이 높을 것
③ 방전내량이 크면서 제한 전압이 낮을 것
④ 속류차단 능력이 충분할 것

15 ★★★★☆ [4점]

다음 리액터의 설치 목적을 간단하게 쓰시오.

명칭	설치 목적
직렬 리액터	
분로(병렬) 리액터	
소호 리액터	
한류 리액터	

해답

명칭	설치 목적
직렬 리액터	제5고조파의 제거
분로(병렬) 리액터	페란티 현상의 방지
소호 리액터	1선 지락 시 지락전류를 억제
한류 리액터	단락 전류의 제한

TIP

① 병렬 콘덴서 : 부하의 역률 개선
② 직렬 콘덴서 : 전압강하를 작게 하여 안정도 증진

16 ★★★☆☆ [5점]

셀의 전압불평등으로 인한 전위차를 보정하기 위하여 충전하는 종류로 충전방식의 명칭과 그 충전방식에 대하여 설명하시오.

해답 ① 충전방식의 명칭 : 균등 충전
② 충전방식의 설명 : 각 전해조에서 일어나는 전위차를 보정하기 위하여 1~3개월마다 1회씩 정전압으로 10~12시간 충전하여 각 전해조의 용량을 균일하게 하는 충전방식

17 ★★★★☆ [5점]

다음과 같은 값을 측정하는 데 가장 적당한 것은?

1 전선의 굵기(단선)
2 옥내전등선의 절연저항
3 접지저항

해답 1 와이어 게이지
2 절연 저항계(메거)
3 접지저항 측정기(어스테스터기)

TIP

① DC 500[V] 절연저항계 : 400[V] 이하 절연저항 측정
② 콜라우시 브리지 : 접지저항을 측정할 수 있는 브리지

18 ★★☆☆☆ [5점]

지중전선로의 지중함 시설기준을 3가지만 쓰시오.

해답 ① 지중함은 견고하고 차량 기타 중량물의 압력에 견디는 구조일 것
② 지중함은 그 안의 고인 물을 제거할 수 있는 구조로 되어 있을 것
③ 지중함의 뚜껑은 시설자 이외의 자가 쉽게 열 수 없도록 시설할 것

TIP

➤ 지중함의 시설

지중전선로에 사용하는 지중함은 다음 각 호에 따라 시설하여야 한다.
① 지중함은 견고하고 차량 기타 중량물의 압력에 견디는 구조일 것
② 지중함은 그 안의 고인 물을 제거할 수 있는 구조로 되어 있을 것
③ 폭발성 또는 연소성의 가스가 침입할 우려가 있는 곳에 시설하는 지중함으로서 그 크기가 1[m^3] 이상인 것에는 통풍장치 기타 가스를 방산시키기 위한 적당한 장치를 시설할 것
④ 지중함의 뚜껑은 시설자 이외의 자가 쉽게 열 수 없도록 시설할 것

INDUSTRIAL ENGINEER ELECTRICITY

2016년 과년도 문제풀이

전기산업기사

2016년도 1회 시험 과년도 기출문제

회독 체크	□1회독	월 일	□2회독	월 일	□3회독	월 일

01 ★★★★★ [5점]

폭 24[m]의 도로 양쪽에 30[m] 간격으로 지그재그식으로 가로등을 배열하여 조명률 35[%], 감광보상률 1.2, 평균조도를 5[lx]로 한다면 이때 가로등의 광속은 얼마인지 구하시오.

해답 계산 : $F = \frac{DEA}{UN} = \frac{1.2 \times 5 \times \left(24 \times 30 \times \frac{1}{2}\right)}{0.35 \times 1} = 6,171.428[\text{lm}]$

답 6,171.43[lm]

TIP

① 지그재그조명(양쪽 조명) $A = \frac{a \times b}{2}$ 여기서, a : 간격, b : 폭

② 중앙조명, 편측조명 $A = a \times b$

02 ★★★★☆ [5점]

변압기 2차 측 단락전류의 억제대책을 고압회로와 저압회로로 나누어서 간략하게 쓰시오.

1 고압회로의 억제대책(2가지)

2 저압회로의 억제대책(3가지)

해답 1 고압회로 억제대책

① 계통의 분리

② 한류퓨즈 백업 차단

2 저압회로 억제대책

① 한류리액터 사용

② 계통 연계기 사용

③ 고임피던스 기기 사용

03 ★☆☆☆☆

[5점]

PLC프로그램 작도 시 주의사항 중 출력 뒤에 접점을 사용할 수 없다. 문제의 도면을 바르게 고쳐 그리시오.

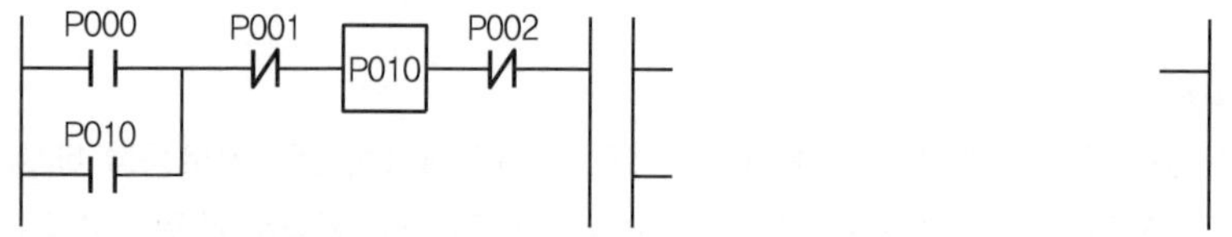

P000 P001 P010 P002 P010

해답 P000 P001 P002 P010 P010

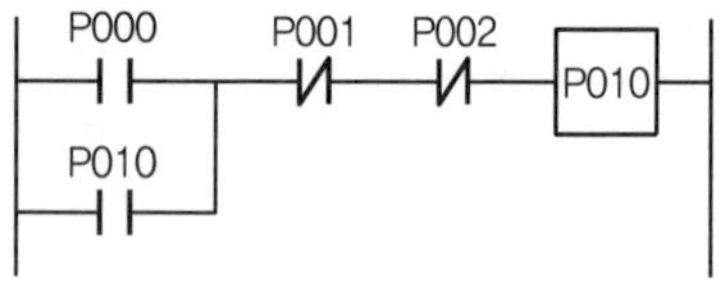

04 ★★★☆☆

[6점]

어느 공장의 수전설비에서 100[kVA] 단상 변압기 3대를 △ 결선하여 273[kW] 부하에 전력을 공급하고 있다. 단상 변압기 1대가 고장이 발생하여 단상 변압기 2대로 V결선하여 전력을 공급할 경우 다음 물음에 답하시오.(단, 부하역률은 1로 계산한다.)

1. V결선으로 하여 공급할 수 있는 최대 전력[kW]을 구하시오.
2. V결선된 상태에서 273[kW] 부하 전체를 연결할 경우 과부하율[%]을 구하시오.

해답 1 계산 : $P_V = \sqrt{3}P_1\cos\theta = \sqrt{3}\times 100\times 1 = 173.21\,[\text{kW}]$ 답 173.21[kW]

2 계산 : 과부하율$= \dfrac{\text{부하용량}}{\text{공급용량}}\times 100 = \dfrac{273}{173.21}\times 100 = 157.61\,[\%]$ 답 157.61[%]

05 ★☆☆☆☆

[5점]

공사 시작 전 설계도서의 현장시공을 주안으로 한 감리원의 검토내용 5가지를 쓰시오.

해답 ① 현장조건에 부합 여부
② 시공의 실제 가능 여부
③ 다른 사업 또는 다른 공정과의 상호부합 여부
④ 설계도면, 설계설명서, 기술계산서, 산출내역서 등의 내용에 대한 상호일치 여부
⑤ 설계도서의 누락, 오류 등 불명확한 부분의 존재 여부
그 외
⑥ 발주자가 제공한 물량 내역서와 공사업자가 제출한 산출내역서의 수량 일치 여부
⑦ 시공상의 예상 문제점 및 대책 등

06 ★★★★☆

[5점]

아래 그림과 같은 3상 교류회로에서 차단기 A, B, C의 차단용량을 각각 구하시오.

[조건]

- %리액턴스 : 발전기 10[%], 변압기 7[%]
- 발전기 용량 : $G_1 - 18,000$[kVA], $G_2 - 30,000$[kVA]
- 변압기 T는 40,000[kVA]이다.

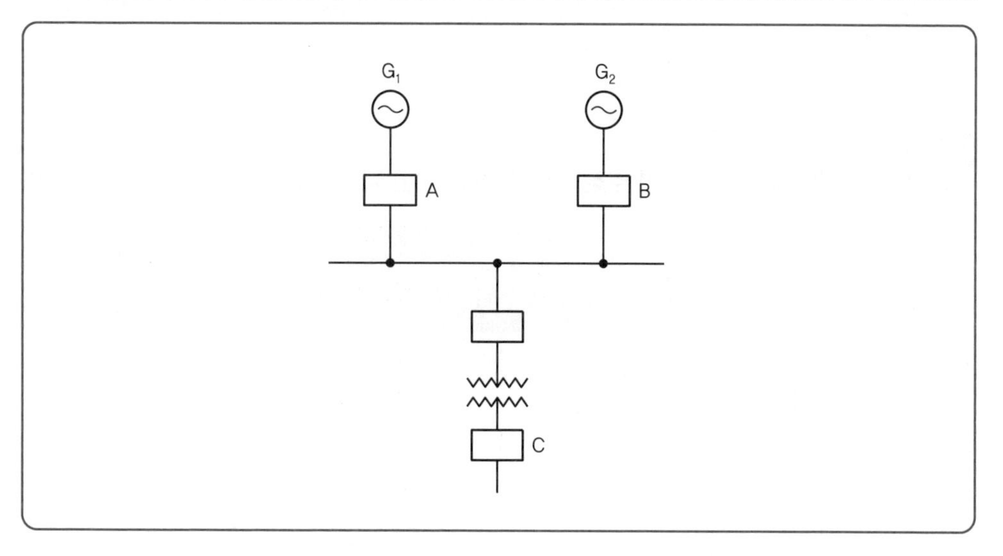

1. 차단기 A의 차단용량[MVA]을 구하시오.
2. 차단기 B의 차단용량[MVA]을 구하시오.
3. 차단기 C의 차단용량[MVA]을 구하시오.

해답

1. 계산 : $P_A = \dfrac{100}{\%Z}P_n = \dfrac{100}{10} \times 18 = 180$[MVA]

   답 180[MVA]

2. 계산 : $P_B = \dfrac{100}{\%Z}P = \dfrac{100}{10} \times 30 = 300$[MVA]

   답 300[MVA]

3. 계산 : 기준 용량을 18[MVA]로 하여 환산하면

   $\%X_{G_2} = \dfrac{18}{30} \times 10 = 6[\%]$

   $\%X_T = \dfrac{18}{40} \times 7 = 3.15[\%]$

   합성 리액턴스

   $\%X = \dfrac{\%X_{G_1} \times \%X_{G_2}}{\%X_{G_1} + \%X_{G_2}} + \%X_T = \dfrac{10 \times 6}{10+6} + 3.15 = 6.9[\%]$

   따라서 C 차단기의 차단 용량 P_C는

$$P_C = \frac{100}{\%Z}P = \frac{100}{6.9} \times 18 = 260.87[\text{MVA}]$$

답 260.87[MVA]

TIP

➤ 차단기 용량

① $\sqrt{3}$×정격전압×정격차단 전류

② $P_s = \frac{100}{\%Z}P$　　　여기서, P : 기준용량

07 ★★★★☆ [10점]

인텔리전트 빌딩의 등급별 추정 전원 용량에 대한 다음 표를 이용하여 각 물음에 답하시오.

| 등급별 추정 전원 용량[VA/m²] |

내용 \ 등급별	0등급	1등급	2등급	3등급
조명	32	22	22	29
콘센트	–	13	5	5
사무자동화(OA) 기기	–	–	34	36
일반동력	38	45	45	45
냉방동력	40	43	43	43
사무자동화(OA) 동력	–	2	8	8
합계	110	125	157	166

1 연면적 10,000[m²]인 인텔리전트 2등급인 사무실 빌딩의 전력 설비용량을 상기 '등급별 추정 전원 용량[VA/m²]'을 이용하여 빈칸에 계산과정과 답을 쓰시오.

부하 내용	면적을 적용한 부하용량[kVA]
조명	
콘센트	
OA 기기	
일반동력	
냉방동력	
OA 동력	
합계	

2 물음 **1**에서 조명, 콘센트, 사무자동화기기의 적정 수용률은 0.8, 일반동력 및 사무자동화 동력의 적정 수용률은 0.5, 냉방동력의 적정 수용률은 0.8이고, 주 변압기 부등률은 1.2로 적용한다. 이때 전압방식을 2단 강압방식으로 채택할 경우 변압기의 용량에 따른 변전설비

의 용량을 산출하시오.(단, 조명, 콘센트, 사무자동화기기를 3상 변압기 1대로, 일반동력 및 사무자동화 동력을 3상 변압기 1대로, 냉방동력을 3상 변압기 1대로 구성하고 상기 부하에 대한 주 변압기 1대를 사용하도록 하며, 변압기 용량은 일반 규격 용량으로 정하도록 한다.)

① 조명, 콘센트, 사무자동화기기에 필요한 변압기 용량 산정

② 일반동력, 사무자동화 동력에 필요한 변압기 용량 산정

③ 냉방동력에 필요한 변압기 용량 산정

④ 주 변압기 용량 산정

3 수전 설비의 단선 계통도를 간단하게 그리시오.

해답 **1**

부하 내용	면적을 적용한 부하용량[kVA]
조명	$22 \times 10{,}000 \times 10^{-3} = 220$
콘센트	$5 \times 10{,}000 \times 10^{-3} = 50$
OA 기기	$34 \times 10{,}000 \times 10^{-3} = 340$
일반동력	$45 \times 10{,}000 \times 10^{-3} = 450$
냉방동력	$43 \times 10{,}000 \times 10^{-3} = 430$
OA 동력	$8 \times 10{,}000 \times 10^{-3} = 80$
합계	$157 \times 10{,}000 \times 10^{-3} = 1{,}570$

2 ① 계산 : TR_1 = 설비용량(부하용량) × 수용률 = $(220+50+340) \times 0.8 = 488$

답 500[kVA]

② 계산 : TR_2 = 설비용량(부하용량) × 수용률 = $(450+80) \times 0.5 = 265$ 답 300[kVA]

③ 계산 : TR_3 = 설비용량(부하용량) × 수용률 = $430 \times 0.8 = 344$ 답 500[kVA]

④ 계산 : 주 변압기 용량 $= \dfrac{\text{개별 최대전력의 합}}{\text{부등률}} = \dfrac{488+265+344}{1.2} = 914.17$

답 1,000[kVA]

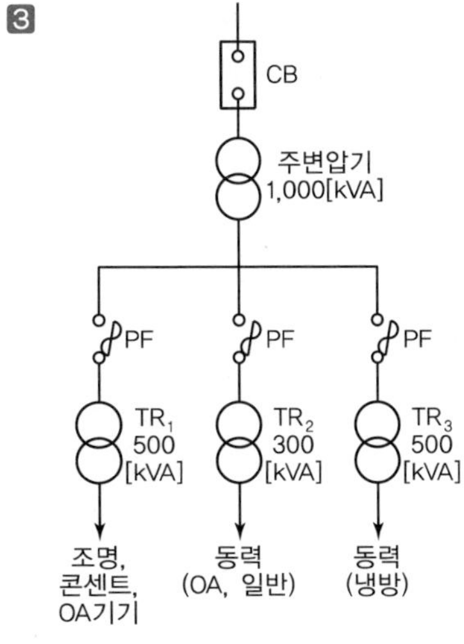

08 ★★☆☆☆

[6점]

폐쇄형 수배전반(Metal Clad Switchgear)의 특징과 장점을 3가지만 쓰시오.

- **특징**
- **개방형 수배전반과 비교할 때 폐쇄형 수배전반의 장점(3가지)**

해답
- 특징

  수전설비를 구성하는 기기를 단위폐쇄 배전반이라 불리는 금속제 외함(函)에 넣어서 제작하는 것으로 안전성, 증설, 보수가 용이하다.

- 장점

  ① 유지보수 및 점검 용이
  ② 증설, 확장의 유연성
  ③ 내부 아크사고의 파급을 효과적으로 방지
  그 외
  ④ 특별고압, 고압, 저압부를 별도 수납하여 신뢰성과 안전성 우수
  ⑤ 충분한 수변전실 면적 확보 시 설치 적합

09 ★★★☆☆

[3점]

전기설비로 유입되는 뇌서지를 피보호물의 절연내력 이하로 제한함으로써 기기를 안전하게 보호하기 위해서 전기기기 전단에 설치되며, 과도적인 과전압을 제한하고 서지전류를 분류하는 것을 목적으로 설치하는 장치를 쓰시오.

해답 서지보호장치(SPD)

TIP

① 피뢰기(LA) : 차단기 1차 측에 설치하며 뇌서지를 억제하여 기기를 보호한다.
② 서지흡수기(SA) : 진공차단기 2차 측에 설치하여 개폐서지를 억제한다.

10 ★★★★☆

[5점]

5[HP]의 전동기를 사용하여 지상 5[m], 용량 400[m³]의 저수조에 물을 채우려 한다. 펌프의 효율 70[%], K = 1.2라면 몇 분 후에 물이 가득 차겠는가?

해답 계산 : $P = \frac{HQ}{6.12\eta}K = \frac{KH\frac{V}{t}}{6.12\eta}$ 에서

$$t = \frac{KHV}{P \times 6.12\eta} = \frac{1.2 \times 5 \times 400}{5 \times 0.746 \times 6.12 \times 0.7} = 150.19[\text{분}]$$

답 150.19[분]

TIP

$$P = \frac{HQ}{6.12\eta}K$$

여기서, P : 전동기 용량[kW], H : 전 양정[m], Q : 양수량[m³/min], η : 효율

11 ★★☆☆☆

[3점]

다음과 같은 수전설비에서 변압기나 각종 설비에서 사고가 발생하였을 때 가장 먼저 개방해야 하는 기구의 명칭을 쓰시오.

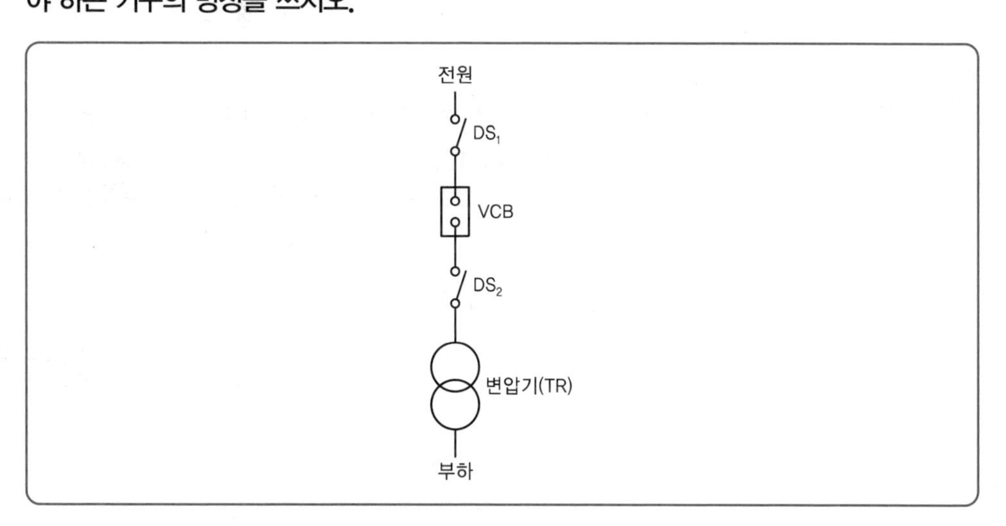

해답 진공차단기(VCB)

TIP

개방순서 : $VCB - DS_2 - DS_1$ 　　투입순서 : $DS_2 - DS_1 - VCB$

12 ★★☆☆☆ [5점]

3상 전원에 접속된 △ 결선의 콘덴서를 성형(Y)결선으로 바꾸면 진상 용량은 어떻게 되는지 관계식을 나타내어 설명하시오.

해답 △ 결선의 진상용량 $Q_{\triangle} = 3 \times 2\pi fCV^2$

Y결선의 진상용량 $Q_Y = 3 \times 2\pi fC\left(\frac{V}{\sqrt{3}}\right)^2 = 2\pi fCV^2$

답 $Q_Y = \frac{1}{3}Q_{\triangle}$

TIP

① △결선 $Q_{\Delta} = 3WCE^2 = 3WCV^2 \quad C = \frac{Q_{\Delta}}{3WV^2}$

② Y결선 $Q_Y = 3WCE^2 = 3WC(\frac{V}{\sqrt{3}})^2 = WCV^2 \quad C = \frac{Q_Y}{WV^2}$

여기서, E : 상전압
V : 선간전압
W : $2\pi f$
C : 정전용량
Q : 충전용량(콘덴서용량)

13 ★★★★★ [5점]

다음 그림의 축전지 용량을 구하시오.(단, 보수율 0.8, 축전지 온도 5[℃], 허용최저전압 90[V], 셀당 전압 1.06[V/cell], $K_1 = 1.15$, $K_2 = 0.92$)

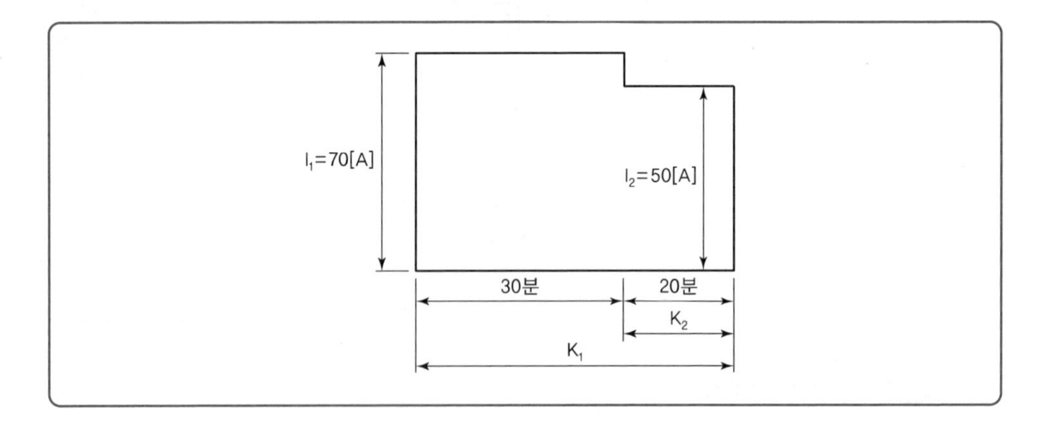

해답 계산 : $C = \frac{1}{L}[K_1I_1 + K_2(I_2 - I_1)] = \frac{1}{0.8} \times [(1.15 \times 70) + 0.92(50 - 70)] = 77.625[Ah]$

답 77.63[Ah]

14 ★☆☆☆☆ [7점]

그림과 같은 직류 분권 전동기가 있다. 단자전압 220[V], 보극을 포함한 전기자 회로 저항이 0.06[Ω], 계자 회로 저항이 180[Ω], 무부하 공급전류가 4[A], 전부하 시 공급전류가 40[A], 무부하 시 회전속도가 1,800[rpm]이라고 한다. 이 전동기에 대하여 다음 각 물음에 답하시오.

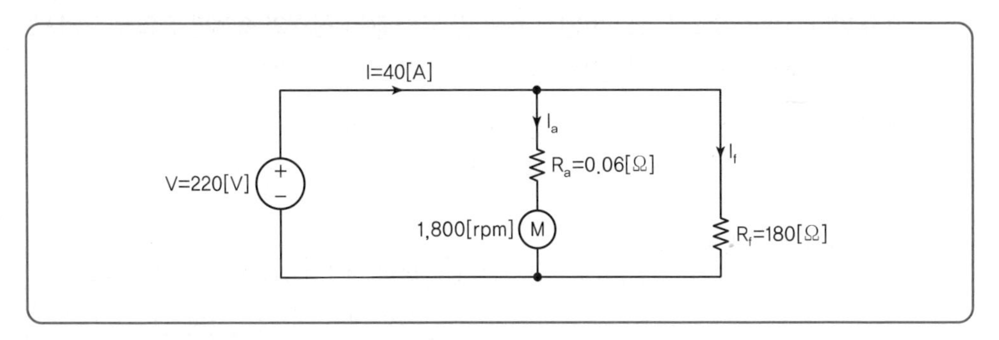

1. 전부하 시의 출력은 몇 [kW]인지 구하시오.
2. 전부하 시 효율[%]을 구하시오.
3. 전부하 시 회전속도[rpm]를 구하시오.
4. 전부하 시 토크[N · m]를 구하시오.

해답 1 계산 : 계자전류 $I_f = \dfrac{V}{R_f} = \dfrac{220}{180} = 1.22[A]$

전기자 전류 $I_a = I - I_f = 40 - 1.22 = 38.78[A]$

역기전력 $E_c = V - I_a R_a = 220 - 38.78 \times 0.06 = 217.67[V]$

따라서 전부하 시의 출력 $P = E_c I_a = 217.67 \times 38.78 \times 10^{-3} = 8.44[kW]$

답 8.44[kW]

2 계산 : $\eta = \dfrac{\text{출력}}{\text{입력}} \times 100 = \dfrac{8.44 \times 10^3}{220 \times 40} \times 100 = 95.91[\%]$

답 95.91[%]

3 계산 : ① 무부하 시 전기자 전류 $I_a' = I_0 - I_f = 4 - 1.22 = 2.78[A]$

무부하 시 역기전력 $E_0 = V - I_a' R_a = 220 - 2.78 \times 0.06 = 219.83[V]$

② 무부하 시의 회전속도를 N_0, 부하 시의 회전속도를 N이라고 하면,

회전속도(N)는 역기전력(E_c)에 비례하므로

$\therefore N = \dfrac{E_c}{E_0} N_0 = \dfrac{217.67}{219.83} \times 1{,}800 = 1{,}782.31[rpm]$

답 1,782.31[rpm]

4 계산 : $\tau = 0.975 \dfrac{P}{N} \times 9.8 = 0.975 \times \dfrac{8.44 \times 10^3}{1{,}782.31} \times 9.8 = 45.25[N \cdot m]$

답 45.25[N · m]

15 ★★★★☆ [5점]

수전단 전압이 3,000[V]인 3상 3선식 배전선로의 수전단에 역률이 0.8(지상)되는 520[kW]의 부하가 접속되어 있다. 이 부하에 동일 역률의 부하 80[kW]를 추가하여 600[kW]로 증가시키되 부하와 병렬 콘덴서를 설치하여 수전단 전압 및 선로전류 일정하게 불변으로 유지하고자 한다. 이때 필요한 소요 콘덴서 용량 및 부하 증가 전후의 송전단 전압을 구하시오.(단, 전선의 1선당 저항 및 리액턴스는 각각 1.78[Ω], 1.17[Ω]이다.)

1 이 경우 필요한 전력용 콘덴서 용량은 몇 [kVA]인가?

2 부하 증가 전의 송전단 전압은 몇 [V]인가?

해답 1 소요 콘덴서 용량

계산 : 520[kW](역률 0.8) 부하 시와 600[kW](역률 0.8) 부하 시의 선로 전류 및

수전단 전압이 일정하므로 $I = \dfrac{520 \times 10^3}{\sqrt{3} \times 3{,}000 \times 0.8} = \dfrac{600 \times 10^3}{\sqrt{3} \times 3{,}000 \times x}$

$\therefore\ x = \dfrac{600}{520} \times 0.8 = 0.923$

소요 콘덴서 용량 $Q_C = 600 \times \left(\dfrac{0.6}{0.8} - \dfrac{\sqrt{1-0.923^2}}{0.923}\right) = 199.859[\text{kVA}]$

답 199.86[kVA]

2 부하 증가 전의 송전단 전압

계산 : 선로 전류 $I = \dfrac{P}{\sqrt{3}\,V_R \cos\theta} = \dfrac{520 \times 10^3}{\sqrt{3} \times 3{,}000 \times 0.8} = 125.09[\text{A}]$

전선의 저항 및 리액턴스는 $R = 1.78[\Omega]$, $X = 1.17[\Omega]$

또한 $\cos\theta = 0.8$이므로, $\sin\theta = 0.6$이다.

따라서, 송전단 전압 $V_S = V_R + \sqrt{3}\,I(R\cos\theta + X\sin\theta)$

$= 3{,}000 + \sqrt{3} \times 125.09 \times (1.78 \times 0.8 + 1.17 \times 0.6)$

$= 3{,}460.62[\text{V}]$

답 3,460.62[V]

16 ★★★★☆ [12점]

3상 유도전동기의 Y－Δ 기동회로이다. 다음 각 물음에 답하시오.

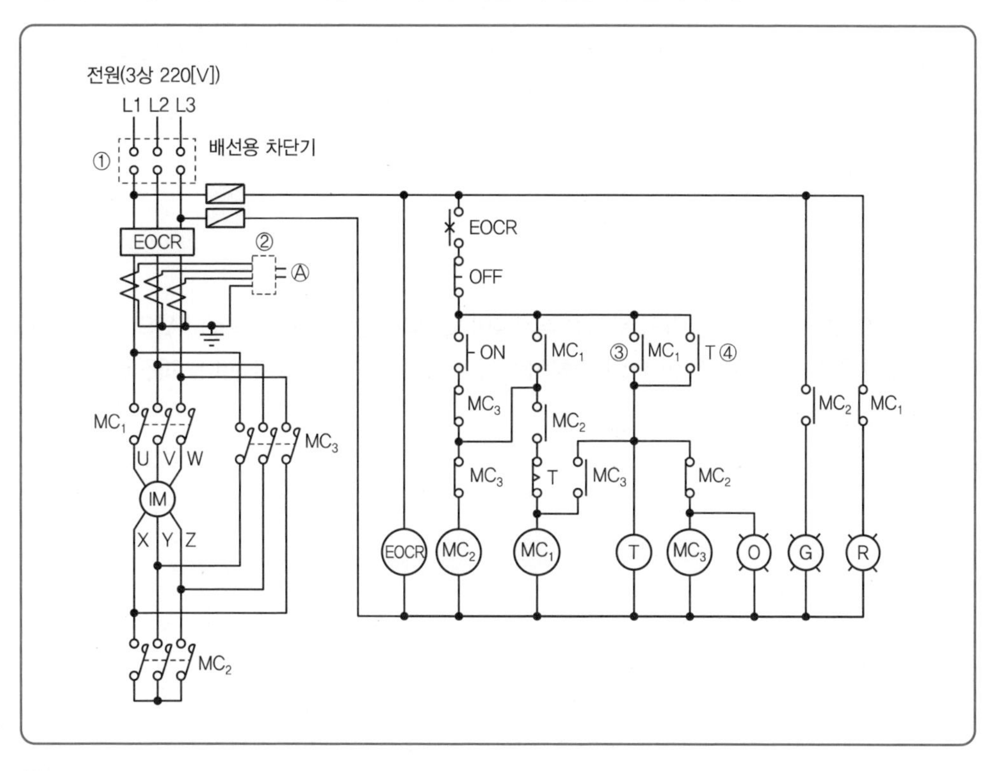

1. Y－Δ 기동법을 사용하는 이유를 쓰시오.
2. 회로에서 ①의 배선용 차단기 그림기호를 3상 복선도용으로 나타내시오.
3. 회로에서 ②의 명칭과 단선도 심벌을 그리시오.
4. EOCR의 명칭과 기능을 쓰시오.
5. 회로에서 표시등 O, G, R의 용도를 쓰시오.

해답

1. 전전압 기동법에 비해 기동전류를 1/3로 줄여 기동 시 부하 부담을 줄이고자 함이다.
2. 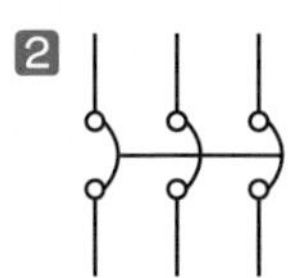
3. 명칭 : 전류계용 전환 개폐기

   심벌 : Ⓐ(전환 개폐기 심벌)
4. 명칭 : 전자식 과전류 계전기

   기능 : 3상 유도전동기(IM)에 과전류가 흐르면 개로하여 전동기 보호
5. O : 운전표시등, G : 기동표시등, R : 정지표시등

17 ★☆☆☆☆ [3점]

다음 ( ) 안의 내용을 쓰시오.

저압 옥내인입구장치를 설치해야 할 장소에서 개폐기의 합계가 ( )개 이하이고 또한 이들 개폐기를 집합하여 시설하는 경우에는 전용의 인입개폐기를 생략할 수 있다.

해답 6

18 ★★★★☆ [5점]

22.9[kV－Y] 수전설비의 부하전류가 40[A]이다. 변류기(CT) 60/5[A]의 2차 측에 과전류 계전기를 시설하여 120[%]의 과부하에서 부하를 차단시키고자 한다. 과전류 계전기의 전류 탭 설정값을 구하시오.

해답 계산 : 탭 설정값은 부하전류의 120[%]이므로

$$40 \times \frac{5}{60} \times 1.2 = 4[\mathrm{A}]$$

답 4[A]

TIP

① 과전류 계전기의 전류 탭(I_t) = 부하전류(I) × $\frac{1}{\text{변류비}}$ × 과부하 배수

② OCR(과전류 계전기)의 탭 전류
2[A], 3[A], 4[A], 5[A], 6[A], 7[A], 8[A], 10[A], 12[A]

과년도 기출문제

회독 체크	□1회독	월 일	□2회독	월 일	□3회독	월 일

01 ★★★★☆ [5점]

접지공사에서 접지저항을 저감시키는 방법을 5가지만 쓰시오.

해답 ① 접지극의 치수를 크게 한다.
② 접지극을 병렬접속한다.
③ 접지극 주변에 토양개발을 한다.
④ 접지저항 저감제를 사용한다.
⑤ 접지봉의 매설깊이를 깊게 한다.

02 ★★★☆☆ [5점]

변전실의 위치를 선정할 때 고려하여야 할 사항을 5가지 쓰시오.

해답 ① 전력손실, 전압강하 및 배선비를 최소화하기 위해서 가능한 한 부하 중심의 가까운 곳에 위치를 선정한다.
② 기기 반출입에 지장이 없고 유지보수가 용이한 곳이어야 한다.
③ 외부로부터 인입선의 배선이 용이해야 한다.
④ 지반이 견고하고 침수, 기타 재해의 우려가 적은 곳이어야 한다.
⑤ 염진해, 유독가스 등의 발생 우려가 없는 장소이어야 한다.
그 외
⑥ 주위에 화재, 폭발 등의 위험이 없어야 한다.
⑦ 곤충 또는 설치류 등의 침입이 불가능한 장소여야 한다.
⑧ 발전기실, 축전지실 등과의 관련성을 고려하여 서로 인접한 장소여야 한다.

03 ★☆☆☆☆ [4점]

콘덴서 회로에 직렬리액터를 반드시 넣어야 하는 경우를 2가지 쓰고, 그 효과를 설명하시오.

해답

직렬리액터를 설치하여야 하는 경우	효과
고조파가 존재하는 경우	5고조파에 의한 전압 파형의 찌그러짐 방지
콘덴서 투입 시 발생하는 돌입전류에 의해 악영향을 미칠 우려가 있는 경우	콘덴서 투입 시 돌입전류 방지

TIP

➤ 직렬 리액터 설치 목적

① 고조파 억제 ② 콘덴서 투입 시 돌입전류 억제
③ 계전기 오작동 방지 ④ 콘덴서 개방 시 과전압 억제

04 ★★☆☆☆

[5점]

어느 건축물이 계약전력 3,000[kW], 월 기본요금 750[원/kW], 월 평균역률 95[%]라 할 때 1개월의 기본요금을 구하시오. 또한 1개월간의 사용 전력량이 54만 [kWh], 전력량요금이 90[원/kWh]라 할 때 총 전력요금은 얼마인가를 계산하시오.

해답 1 계산

기본요금 : $3,000 \times 750 \times (1-0.05 \times 0.2) = 2,227,500$[원]

답 2,227,500[원]

2 계산

1개월간 요금(기본+사용) : $2,227,500 + 540,000 \times 90 = 50,827,500$[원]

답 50,827,500[원]

TIP

① 평균역률이 90[%]를 초과하는 경우 역률 95[%]까지 초과하는 매 1[%]당 기본요금의 0.2[%]를 감액한다.

② 기본요금 : 계약전력 × 월기본요금 × $\left(1 + \frac{90 - \text{역률}}{100} \times 0.2\%\right)$

05 ★★★☆☆

[5점]

그림에서 각 지점 간의 저항을 동일하다고 가정하고 간선 AD 사이에 전원을 공급하려고 한다. 전력손실을 최소로 하려면 간선 AD 사이의 어느 지점에 전원을 공급하는 것이 가장 좋은가?

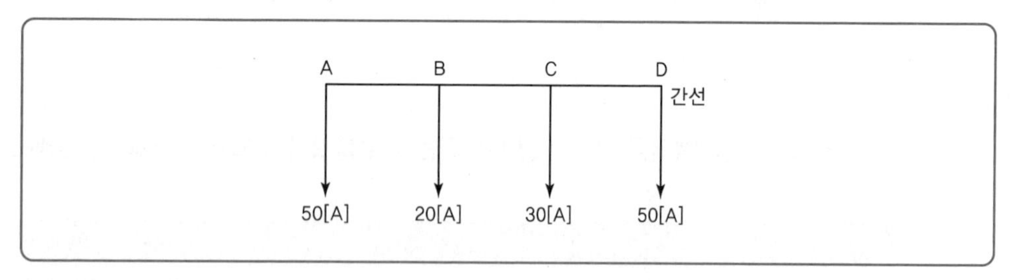

해답 저항값이 같으므로 AB, BC, CD의 저항을 r[Ω]이라고 하자. 전력손실(P_l) = I^2r이므로 각 점의 전력손실은 다음과 같다.

계산 : • A점 : $100^2r + 80^2r + 50^2r = 18,900r$

• B점 : $50^2r + 80^2r + 50^2r = 11,400r$

- C점 : $50^2r + 70^2r + 50^2r = 9{,}900r$
- D점 : $50^2r + 70^2r + 100^2r = 17{,}400r$

그러므로 C점 공급 시 전력손실이 가장 적다.

답 C점

TIP

최대점 : A점

06 ★★☆☆☆ [5점]

도면은 농형 유도 전동기의 직류 여자 방식 제어 기기의 접속도이다. 그림 및 동작 설명을 참고하여 다음 물음에 답하시오.

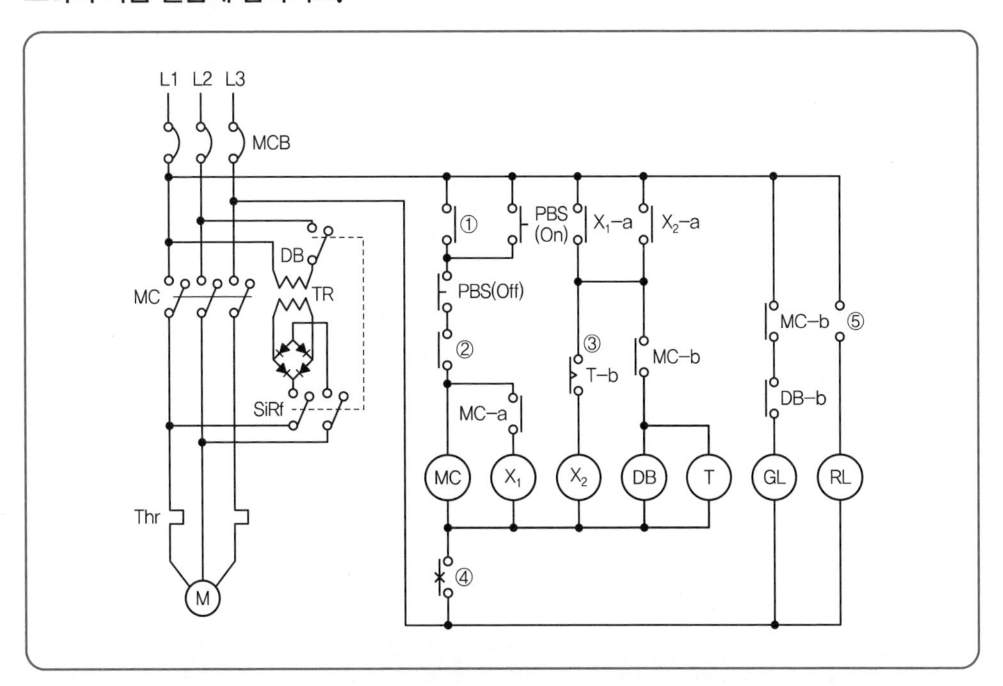

[범 례]		
• MCB : 배선용 차단기	• Thr : 열동형 과전류계전기	• MC : 주전자 접촉기
• TR : 정류 전원 변압기	• SiRf : 실리콘 정류기	• X_1, X_2 : 보조 계전기
• T : 타이머	• DB : 제동용 전자 접촉기	• PBS(ON) : 운전용 푸시버튼
• PBS(OFF) : 정지용 푸시버튼	• GL : 정지램프	• RL : 운전램프

[동작 설명]

운전용 푸시버튼 스위치 PBS(ON)를 눌렀다 놓으면 MC가 동작하여 주전자 접촉기 MC가 투입되어 전동기는 가동하기 시작하며 운전을 계속한다. 운전을 마치기 위하여 정지용 푸시버튼 스위치 PBS(OFF)를 누르면 MC가 복귀되어 주전자 접촉기 MC가 끊어지고 직류 제동용 전자 접촉기 DB가 투입되며 전동기에는 직류가 흐른다.

타이머 T에 세트한 시간만큼 직류 제동 전류가 흐른 후 직류가 차단되고 각 접점은 운전 전의 상태로 복귀되고 전동기는 정지하게 된다.

1. ①번 심벌의 약호를 써 넣으시오.
2. ②번 심벌의 약호를 써 넣으시오.
3. 정지용 푸시버튼 PBS(OFF)를 누르면 타이머 T에 통전하여 설정(set)한 시간만큼 타이머 T가 동작하여 직류 제어용 직류 전원을 차단하게 된다. 타이머 T에 의해 조작받는 계전기 혹은 전자 접촉기의 심벌 2가지를 도면 중에서 선택하여 그리시오.
4. ④번 심벌의 약호를 써 넣으시오.
5. (RL)은 운전 중 점등하는 램프이다. ⑤는 어느 보조 계전기의 어느 접점을 사용하는가? 운전 중의 상태를 직접 표시하시오.

07 ★★☆☆☆ [5점]

다음 그림기호의 정확한 명칭을 쓰시오.

그림기호	명칭(구체적으로 기록)
CT	
TS	
⊥ (콘덴서 기호)	
⊣⊢	
Wh	

해답

그림기호	명칭(구체적으로 기록)
CT	변류기(상자)
TS	타임스위치
≑	콘덴서
⊣⊢	축전지
Wh	전력량계(상자들이 또는 후드붙이)

08 ★★★☆☆ [5점]

서지 흡수기(SA)의 역할을 쓰시오.

해답 개폐서지를 억제하여 변압기 등을 보호한다.

TIP

① 피뢰기(LA) : 낙뢰로부터 기기를 보호
② 서지 흡수기(SA) : 개폐서지로부터 기기를 보호

09 ★★★★☆ [7점]

물음에 답하시오.

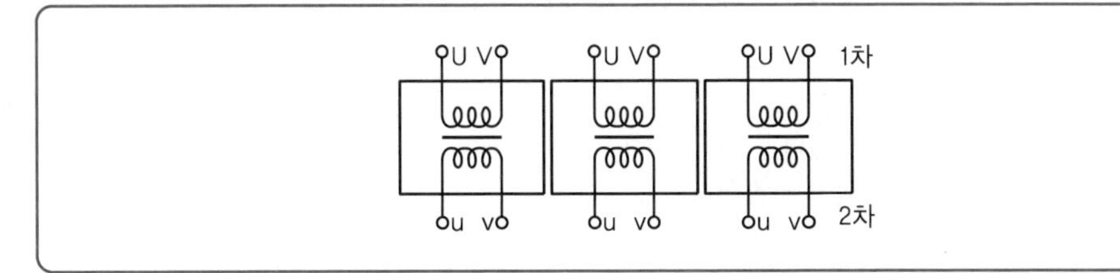

1 $\Delta - \Delta$ 결선도를 그리시오.

2 $\Delta - \Delta$ 결선으로 운전할 시 장점과 단점을 각각 2가지만 쓰시오.

 1

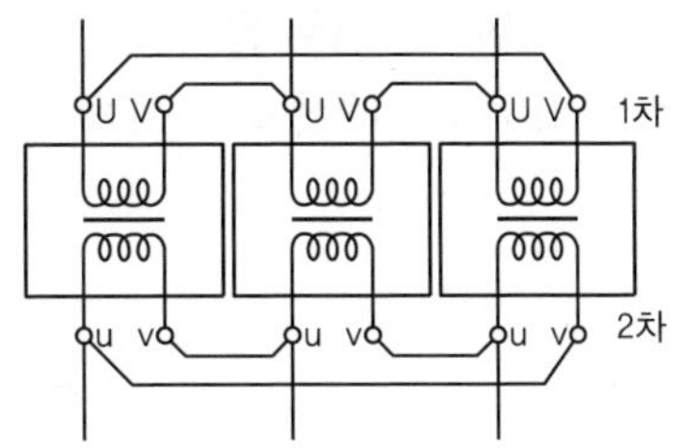

2012
2013
2014
2015
2016
2017
2018
2019
2020
2021

2 (1) 장점
① 1대 고장 시 V－V 결선이 가능하다.
② 3고조파가 제거된다.
그 외
③ 유도장해가 작다.

(2) 단점
① 지락사고 시 검출이 어렵다.
② 순환전류가 있어 권선이 가열된다.
그 외
③ 지락 시 전위상승이 높다.

10 ★★☆☆☆

[6점]

경간이 200[m]이고 전선 무게가 2[kg/m], 인장하중이 4,000[kg]일 때 1 처짐정도와 2 실제 길이를 구하시오.(단, 안전율은 2.2이다.)

해답 1 계산 : 처짐정도$=\frac{WS^2}{8T}=\frac{2\times 200^2}{8\times\frac{4,000}{2.2}}=5.5[m]$ 답 5.5[m]

2 계산 : 실제 길이$=S+\frac{8D^2}{3S}=200+\frac{8\times 5.5^2}{3\times 200}=200.40[m]$ 답 200.40[m]

11 ★★★★☆

[5점]

변류기 2차 측을 개방할 경우 발생하는 문제점 2가지 및 대책을 쓰시오.

해답 (1) 문제점
① 과전압이 발생된다.
② 절연이 파괴되고 소손된다.

(2) 대책 : 2차 측을 단락

12 ★★★★★

[5점]

바닥 면적이 400[m²]인 사무실의 조도를 300[lx]로 할 경우 광속 2,400[lm], 램프 전류 0.4[A], 36[W]인 형광 램프를 사용할 경우 이 사무실에 대한 최소 전등수를 구하시오.(단, 감광보상률은 1.2, 조명률은 70[%]이다.)

해답 계산 : $N=\frac{AED}{FU}=\frac{400\times 300\times 1.2}{2,400\times 0.7}=85.71$[등] 답 86[등]

2012
2013
2014
2015
2016
2017
2018
2019
2020
2021

13 ★★★★★ [6점]

지표면상 5[m] 높이에 수조가 있다. 이 수조에 초당 1[m³]의 물을 양수하는 데 펌프 효율이 70[%]이고, 펌프 축동력에 20[%]의 여유를 줄 경우 펌프용 전동기의 용량[kW]을 구하시오.(단, 펌프용 3상 농형 유도전동기의 역률은 100[%]로 한다.)

해답 계산 : $P = \dfrac{9.8QHK}{\eta} = \dfrac{9.8 \times 1 \times 5 \times 1.2}{0.7} = 84[\text{kW}]$

답 84[kW]

TIP

$P = \dfrac{9.8QH}{\eta}K$ 여기서, $Q[\text{m}^3/\text{s}]$: 유량(초당)

$H[\text{m}]$: 낙차(양정)

14 ★★★★☆ [5점]

조명 설계 시 에너지 절약대책을 4가지 쓰시오.

해답 ① 고효율 등기구 채용
② 고조도 저휘도 반사갓 채용
③ 슬림라인 형광등 및 전구식 형광등 채용
④ 창측 조명기구 개별 점등
그 외
⑤ 재실감지기 및 카드키 채용
⑥ 적절한 조광제어 실시
⑦ 전반조명과 국부조명의 적절한 병용(TAL 조명)
⑧ 고역률 등기구 채용
⑨ 등기구의 격등제어회로 구성
⑩ 등기구의 보수 및 유지관리

15 ★☆☆☆☆ [6점]

4극 60[Hz] 벌류트 펌프 전동기를 회전계로 측정한 결과 1,710[rpm]이었다. 이 전동기의 슬립은 몇 [%]인지 구하시오.

해답 계산 : $N_s = \frac{120f}{P} = \frac{120 \times 60}{4} = 1{,}800[\text{rpm}]$

$\therefore\ s = \frac{N_s - N}{N_s} = \frac{1{,}800 - 1{,}710}{1{,}800} = 0.05 = 5[\%]$

답 5[%]

TIP

① 동기속도

$N_s = \frac{120f}{p}[\text{rpm}]$

f : 주파수[Hz], p : 극수

② 슬립(Slip)

슬립 $s = \frac{N_s - N}{N_s} \times 100[\%]$

N_s : 회전자계의 속도(동기속도)[rpm]

N : 전동기의 실제 회전 속도[rpm]

16 ★☆☆☆☆ [4점]

전력시설물의 현장적용 적합성 및 생애주기비용 등을 검토하는 것은?

해답 설계의 경제성 검토(Value Engineering)

17 ★★☆☆☆ [5점]

LBS의 역할을 쓰시오.

해답 ① 부하 전류를 차단한다.

② PF 용단 시 결상을 방지한다.

18 ★★★☆☆ [9점]

도면은 고압 수전 설비의 단선 결선도이다. 도면을 보고 다음 각 물음에 알맞은 답을 작성하시오.

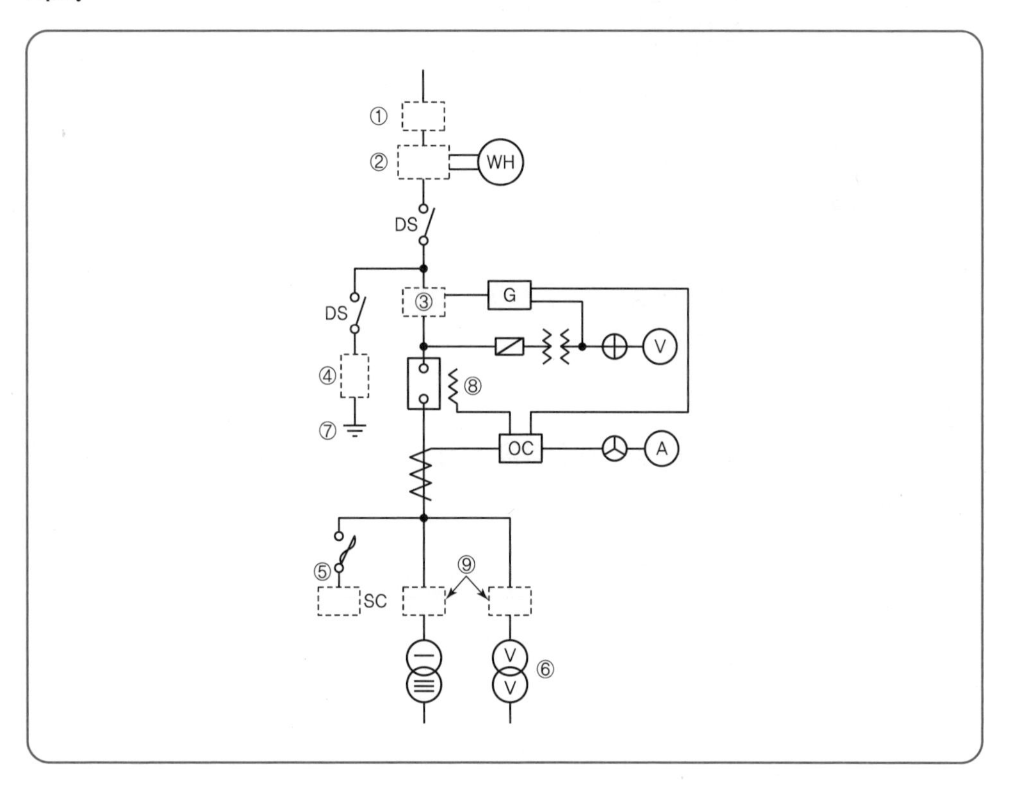

1 ①~③까지의 도기호를 단선도로 그리고 그 도기호에 대한 우리말 명칭을 쓰시오.

2 ④~⑥까지의 도기호를 복선도로 그리고 그 도기호에 대한 우리말 명칭을 쓰시오.

3 ⑦에 해야 할 접지종별은? ※ KEC 규정에 따라 삭제

4 장치 ⑧의 약호와 이것을 설치하는 목적을 쓰시오.

5 ⑨에 사용되는 보호장치로 가장 적당한 것은?

(해답) **1**

① 케이블 헤드	② 전력수급용 계기용 변성기	③ 영상변류기

2
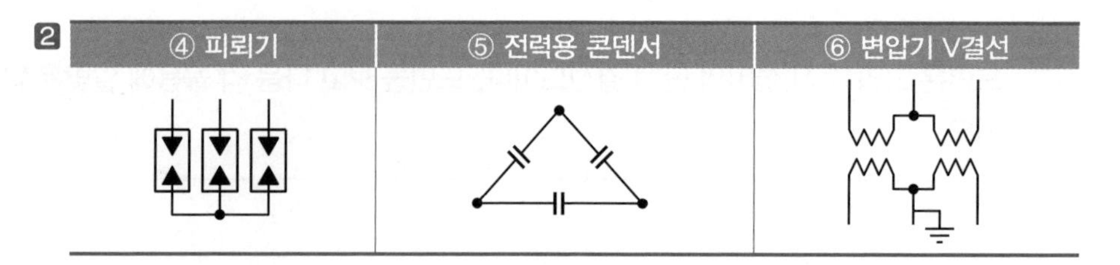

3 ※ KEC 규정에 따라 삭제

4 약호 : TC
목적 : 사고 시에 전류가 흘러서 차단기를 개방

5 컷아웃 스위치(COS)

19 ★★★★☆

[3점]

설비용량이 300[kW]인 변압기 용량을 산정하시오.(단, 역률은 85[%]이고 수용률은 70[%]이다.)

해답 계산 : $\text{변압기 용량} = \dfrac{\text{설비 용량} \times \text{수용량}}{\text{역률}} = \dfrac{300 \times 0.7}{0.85} = 247.0588$

답 300[kVA]

↘ 전기산업기사

2016년도 3회 시험

과년도 기출문제

회독 체크	□1회독	월 일	□2회독	월 일	□3회독	월 일

2012 2013 2014 2015 2016 2017 2018 2019 2020 2021

01 ★☆☆☆☆ [4점]

다음 ( ) 안에 공통으로 들어갈 내용을 답란에 쓰시오.

> 감리원은 공사업자로부터 ( )을(를) 사전에 제출받아 다음 각 호의 사항을 고려하여 공사업자가 제출한 날부터 7일 이내에 검토 · 확인하여 승인한 후 시공할 수 있도록 하여야 한다. 다만, 7일 이내에 검토 · 확인이 불가능한 때에는 사유 등을 명시하여 통보하고, 통보사항이 없는 때에는 승인한 것으로 본다.
> ① 설계도면, 설계설명서 또는 관계 규정에 일치하는지 여부
> ② 현장의 시공기술자가 명확하게 이해할 수 있는지 여부
> ③ 실제 시공 가능 여부
> ④ 안정성의 확보 여부
> ⑤ 계산의 정확성
> ⑥ 제도의 품질 및 선명성, 도면작성 표준에 일치 여부
> ⑦ 도면으로 표시하기 곤란한 내용은 시공 시 유의사항으로 작성되었는지 등의 검토

해답 시공상세도

02 ★★★☆☆ [5점]

송전계통의 중성점을 접지하는 목적을 3가지만 쓰시오.

해답 ① 이상전압을 억제하여 기기의 손상 방지, ② 단절연이 가능
③ 보호계전기의 확실한 동작, 그 외 ④ 지락아크를 방지하고 이상전압 억제

TIP

➤ 중성점 접지 종류
① 비접지
② 저항접지
③ 소호리액터 접지
④ 직접 접지

03 ★★☆☆☆ [5점]

다음 전선 약호의 명칭을 쓰시오.

약호	명칭
ACSR	
CN-CV-W	
FR CNCO-W	
LPS	
VCT	

해답

약호	명칭
ACSR	강심알루미늄 연선
CN-CV-W	동심중성선 수밀형 전력케이블
FR CNCO-W	동심중성선 수밀형 저독성 난연전력케이블
LPS	300/500[V] 연질비닐시스케이블
VCT	0.6/1[kV] 비닐절연 비닐캡타이어케이블

04 ★★★☆☆ [5점]

다음 그림은 TN 계통의 TN-C 방식 저압 접지계통이다. 중성선(N), 보호선(PE) 등의 범례 기호를 활용하여 노출 도전성 부분의 접지계통 결선도를 완성하시오.

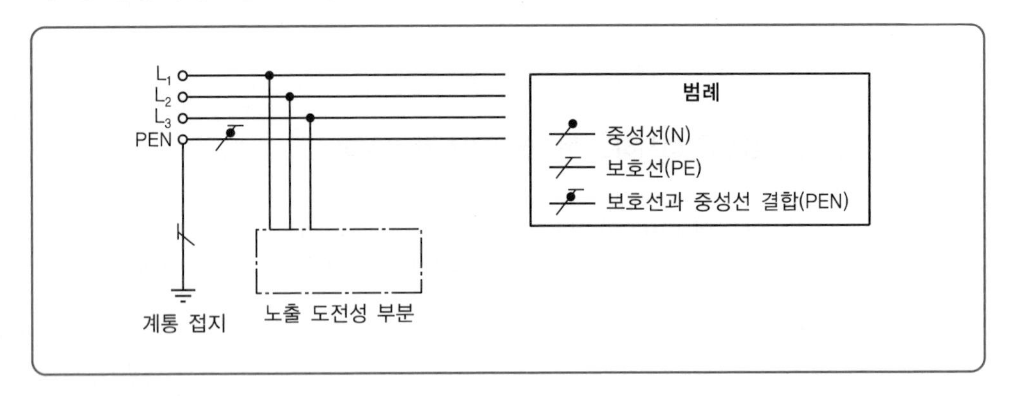

해답

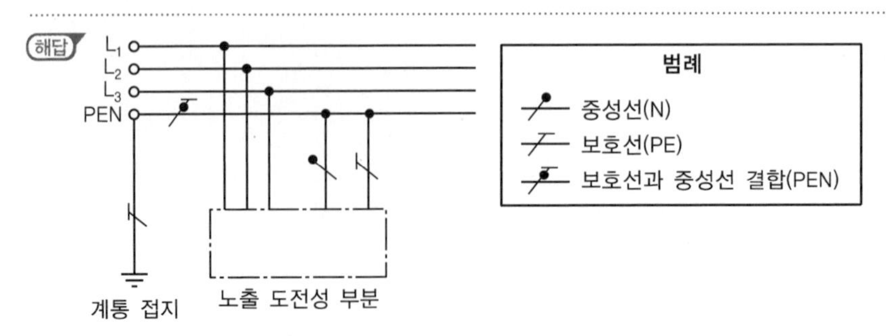

05 ★★★★☆ [12점]

그림은 고압 수전 결선도이다. 다음 각 물음에 답하시오.

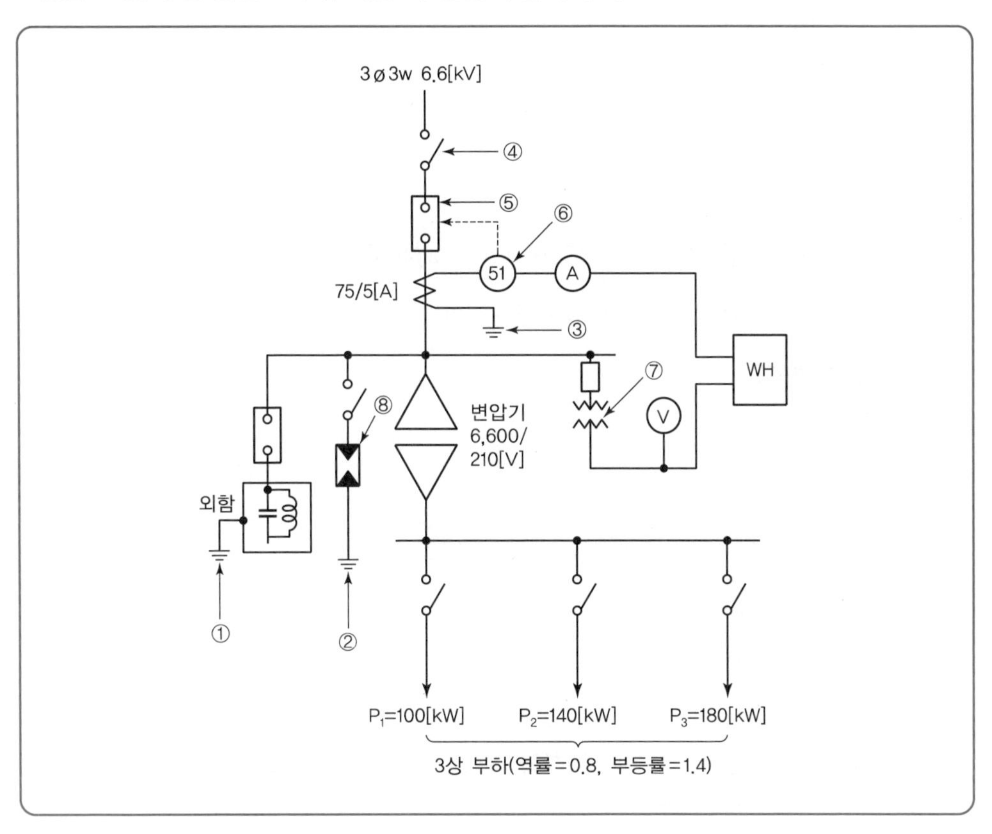

1 그림의 ①~③까지에 해당되는 접지공사의 종류와 접지저항값의 기준을 쓰시오.

※ KEC 규정에 따라 삭제

2 그림에서 ④~⑧의 명칭을 한글로 쓰시오.

3 각 부하의 최대전력이 그림과 같을 때 역률 0.8, 부등률 1.4일 때 변압기 1차 측의 전류계 Ⓐ에 흐르는 전류의 최댓값과 동일한 조건에서 합성역률을 0.92 이상으로 유지하기 위한 전력용 콘덴서의 최소용량[kVA]을 구하시오.

4 피뢰기 정격전압과 방전전류는 얼마인지 쓰시오.

5 DC(방전코일)의 설치 목적을 간단하게 쓰시오.

해답 **1** ※ KEC 규정에 따라 삭제

2

④	⑤	⑥	⑦	⑧
단로기	차단기	과전류계전기	계기용 변압기	피뢰기

3 Ⓐ에 흐르는 전류의 최댓값

계산 : 최대전력 $P = \dfrac{\text{개별 최대전력의 합}}{\text{부등률}} = \dfrac{100+140+180}{1.4} = 300[\text{kW}]$

전류계 Ⓐ $= I_1 \times \dfrac{1}{\text{CT비}} = \dfrac{300 \times 10^3}{\sqrt{3} \times 6{,}600 \times 0.8} \times \dfrac{5}{75} = 2.186[\text{A}]$

답 2.19[A]

전력용 콘덴서의 최소용량

계산 : $Q = P(\tan\theta_1 - \tan\theta_2) = 300 \times \left(\dfrac{0.6}{0.8} - \dfrac{\sqrt{1-0.92^2}}{0.92}\right) = 97.2[\text{kVA}]$

답 97.2[kVA]

4 피뢰기 정격전압 : 7.5[kV], 방전전류 : 2.5[kA]

5 잔류전하를 방전시켜 인체 감전사고 방지

TIP

① Ⓐ $= I_1 \times \dfrac{1}{\text{CT비}}$

여기서, I_1 : 부하전류

② 합성최대전력 $= \dfrac{\text{설비용량} \times \text{수용률}}{\text{부등률}} = \dfrac{\text{최대전력의 합}}{\text{부등률}}$

06 ★☆☆☆☆

[6점]

그림과 같은 저압 배전방식의 명칭과 특징을 4가지만 쓰시오.

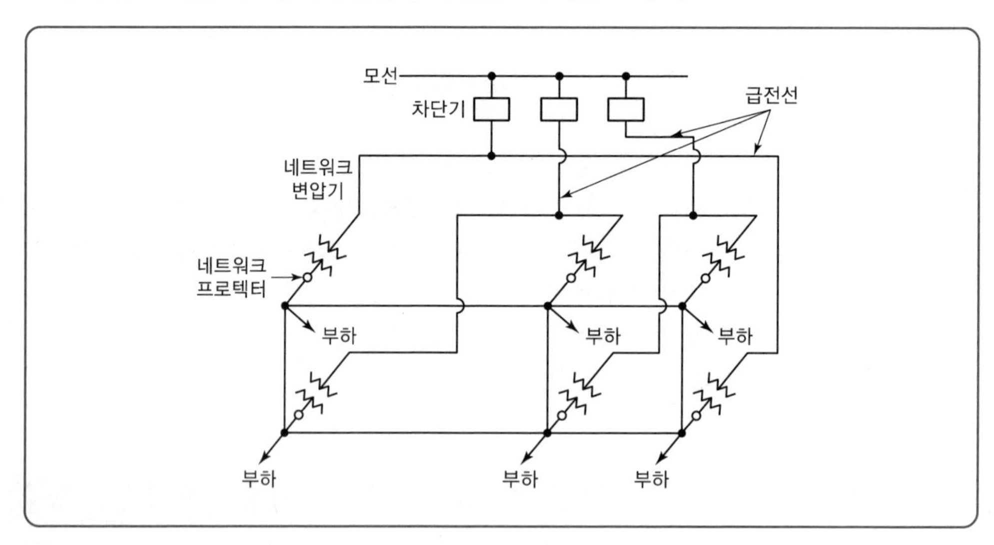

1 명칭

2 특징(4가지)

해답 **1** 명칭 : 저압 네트워크 방식

2 특징

① 배전의 신뢰도가 가장 높다. ② 전압 변동이 적다.

③ 전력손실이 감소된다. ④ 기기의 이용률이 향상된다.

그 외

⑤ 부하 증가에 대한 적응성이 좋다. ⑥ 변전소의 수를 줄일 수 있다.

07 ★★★☆☆ [5점]

최대전력 600[kW], 3상 4선식 380[V]인 수용가의 CT비를 구하시오.(단, 역률은 0.9, 배수는 1.25배로 한다.)

| 변류기의 정격 |

1차 정격전류[A]	400	500	600	750	1,000	1,500	2,000	2,500
2차 정격전류[A]	5							

해답 계산 : $I_1 = \dfrac{P}{\sqrt{3}\,V\cos\theta} \times (1.25 \sim 1.5) = \dfrac{600 \times 10^3}{\sqrt{3} \times 380 \times 0.9} \times 1.25 = 1{,}266.156[A]$

답 1,500/5

TIP

CT비 $= I_1 \times (1.25 \sim 1.5)$

08 ★★★★☆ [5점]

단상 2선식 220[V]의 옥내배선에서 소비전력 40[W], 역률 80[%]의 형광등 85등을 설치할 때 16[A]의 분기회로 수는 최소 몇 회로인지 구하시오.(단, 한 회선의 부하전류는 분기회로 용량의 80[%]로 한다.)

해답 계산 : 분기회로 수$= \dfrac{\dfrac{40}{0.8} \times 85}{220 \times 16 \times 0.8} = 1.51$

답 16[A] 분기 2회로

TIP

분기회로 수$= \dfrac{\text{설비부하용량[VA]}}{\text{사용전압[V]} \times \text{분기회로 전류[A]}}$

09 ★★★★☆ [8점]

10[kVar]의 전력용 콘덴서를 설치하고자 할 때 필요한 콘덴서의 정전용량[μF]을 각각 구하시오.(단, 사용전압은 380[V]이고, 주파수는 60[Hz]이다.)

1 단상 콘덴서 3대를 Y결선할 때 콘덴서의 정전용량[μF]
2 단상 콘덴서 3대를 △결선할 때 콘덴서의 정전용량[μF]
3 콘덴서는 어떤 결선으로 하는 것이 유리한지 설명하시오.

해답 1 계산 : $C_s = \dfrac{Q}{2\pi f E^2} = \dfrac{10\times 10^3}{2\pi \times 60 \times 380^2} \times 10^6 = 183.70[\mu F]$

답 183.70[μF]

2 계산 : $C_d = \dfrac{Q}{6\pi f E^2} = \dfrac{10\times 10^3}{6\pi \times 60 \times 380^2} \times 10^6 = 61.23[\mu F]$

답 61.23[μF]

3 △결선으로 하면 Y결선보다 정전용량[μF]을 $\dfrac{1}{3}$로 작게 할 수 있다.

TIP

① △결선 $Q_\Delta = 3WCE^2 = 3WCV^2$ $C = \dfrac{Q_\Delta}{3WV^2}$

② Y결선 $Q_Y = 3WCE^2 = 3WC(\dfrac{V}{\sqrt{3}})^2 = WCV^2$ $C = \dfrac{Q_Y}{WV^2}$

여기서, E : 상전압
V : 선간전압
W : 2πf
C : 정전용량
Q : 충전용량(콘덴서용량)

10 ★★★★★ [5점]

폭 8[m]의 2차선 도로에 가로등을 도로 한쪽 배열로 50[m] 간격으로 설치하고자 한다. 도로면의 평균조도를 5[lx]로 설계할 경우 가로등 1등당 필요한 광속을 구하시오.(단, 감광보상률은 1.5, 조명률은 0.43으로 한다.)

해답 계산 : $F = \dfrac{AED}{UN} = \dfrac{8\times 50 \times 5 \times 1.5}{0.43 \times 1} = 6{,}976.74[lm]$

답 6,976.74[lm]

2012 2013 2014 2015 2016 2017 2018 2019 2020 2021

11 ★★★★★ [6점]

그림과 같은 분기회로의 전선 굵기를 표준 공칭 단면적으로 산정하여 쓰시오.(단, 전압강하는 2[V] 이하이고, 배선방식은 단상 교류 220[V], 단상 2선식이며, 후강전선관 공사로 한다.)

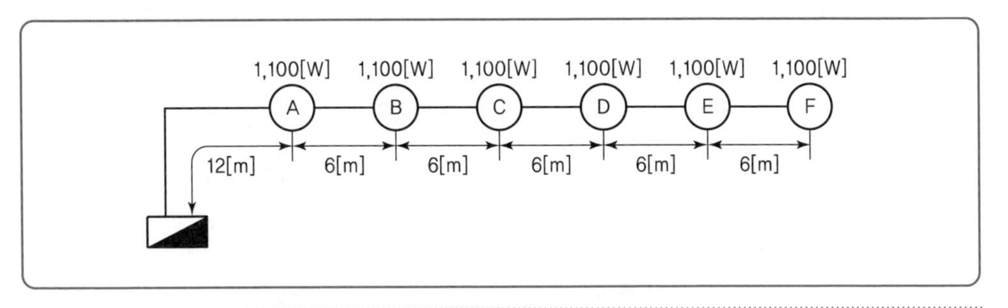

해답 계산

$$L = \frac{(1,100 \times 12)+(1,100 \times 18)+(1,100 \times 24)+(1,100 \times 30)+(1,100 \times 36)+(1,100 \times 42)}{1,100 \times 6}$$

$$= 27[\text{m}]$$

$$I = \frac{1,100 \times 6}{220} = 30[\text{A}]$$

$$A = \frac{35.6 \times 27 \times 30}{1,000 \times 2} = 14.42[\text{mm}^2]$$

답 $16[\text{mm}^2]$ 선정

TIP

① 부하 중심까지의 거리 $L = \frac{\Sigma(\text{각 부하전력} \times \text{부하까지 거리})}{\Sigma\text{전력}}$

② 배전선로가 수십 [m]인 단상 2선식인 경우 전선의 굵기 $A = \frac{35.6LI}{1,000e}[\text{mm}^2]$

12 ★★★★☆ [4점]

다음 진리표는 어떤 논리회로를 나타낸 것인지 명칭과 논리기호로 나타내시오.

입력		출력
A	B	
0	0	0
0	1	0
1	0	0
1	1	1

해답 • 명칭 : AND 회로(논리곱)

• 기호 : A, B → 출력

13 ★★★★☆

[6점]

그림과 같은 전등부하 계통에 전력을 공급하고 있다. 다음 각 물음에 답하시오.(단, 부하의 역률은 1이라고 한다.)

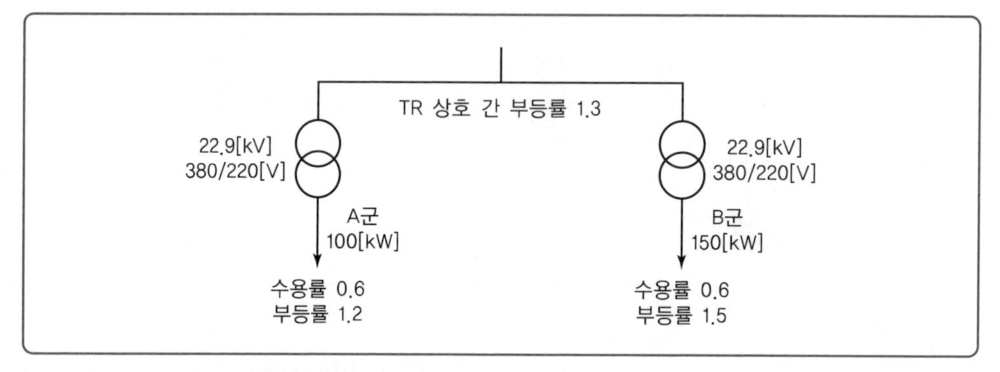

1 수용가의 변압기 용량[kVA]을 각각 구하시오.

① A군 수용가

② B군 수용가

2 고압간선에 걸리는 최대부하[kW]를 구하시오.

해답 **1** ① A군 수용가

계산 : $TR_A = \dfrac{\text{설비용량} \times \text{수용률}}{\text{부등률} \times \text{역률}} = \dfrac{100 \times 0.6}{1.2 \times 1} = 50[\text{kVA}]$

답 50[kVA]

② B군 수용가

계산 : $TR_B = \dfrac{\text{설비용량} \times \text{수용률}}{\text{부등률} \times \text{역률}} = \dfrac{150 \times 0.6}{1.5 \times 1} = 60[\text{kVA}]$

답 60[kVA]

2 계산 : 최대부하$= \dfrac{\text{각각(개별) 최대전력의 합[kW]}}{\text{부등률}}$

$$= \dfrac{\dfrac{100 \times 0.6}{1.2} + \dfrac{150 \times 0.6}{1.5}}{1.3} = 84.62[\text{kW}]$$

답 84.62[kW]

TIP

최대부하=최대전력=합성 최대전력

14 ★★☆☆☆ [5점]

그림과 같은 시퀀스 회로에서 접점 "PB"를 눌러서 폐회로가 될 때 표시등 L의 동작사항을 설명하시오.(단, X는 보조릴레이, $T_1 \sim T_2$는 타이머이며 설정시간은 3초이다.)

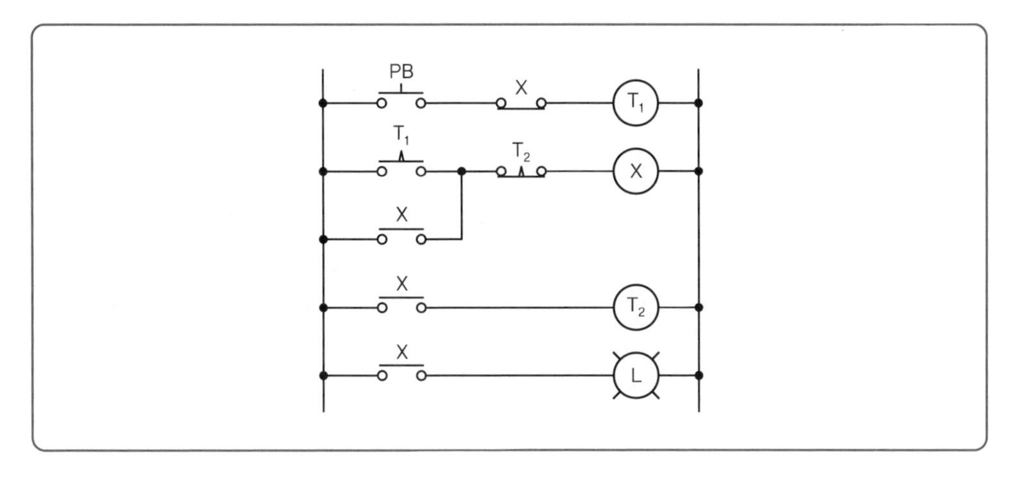

해답 PB를 누르면 (T_1)이 여자되고, 설정시간 3초 후 (X), (T_2)가 여자되어 (L)이 점등된다.

(T_2)의 설정시간 3초 후 (X)가 소자되고 (L)은 소등된다.

이상의 동작은 PB가 눌러져 폐회로가 되어 있는 동안 반복한다.

15 ★★☆☆☆ [5점]

광원으로 이용되는 할로겐 램프의 장점(3가지)과 사용용도(2가지)를 각각 쓰시오.

해답 **1** 장점

① 휘도가 높다.
② 초소형, 경량화가 가능하다.
③ 광속이 크다.
그 외
④ 수명이 길다.
⑤ 온도가 높다.

2 용도

① 자동차전조등
② 디스플레이용
그 외
③ 광학용
④ 복사기용

16 ★★★☆☆ [5점]

부하의 허용 최저전압이 DC 115[V]이고, 축전지와 부하 간의 전선에 의한 전압강하가 5[V]이다. 직렬로 접속한 축전지가 55셀일 때 축전지 셀당 허용 최저전압을 구하시오.

해답 계산 : 허용 최저전압$=\frac{115+5}{55}=2.18$

답 2.18[V/cell]

TIP

축전지 허용 최저전압 $V=\frac{V_a+V_e}{n}$[V/cell]

여기서, V_a : 부하의 허용 최저전압, V_e : 축전지와 부하 사이의 전압강하

n : 축전지 직렬접속 셀 수

17 ★★☆☆☆ [5점]

다음은 수용률, 부등률 및 부하율의 산정식을 나타낸 것이다. ( ) 안의 알맞은 내용을 답란에 쓰시오.

1 수용률$=\frac{\text{최대수용전력}}{(\ ①\ )}\times 100\%$

2 부등률$=\frac{(\ ②\ )}{\text{합성최대수용전력}}$

3 부하율$=\frac{\text{부하의 평균수용전력}}{(\ ③\ )}\times 100\%$

해답

①	②	③
부하설비용량	개별(각각) 최대수요전력의 합	최대수요전력

TIP

최대수요전력＝최대수용전력＝최대전력

18 ★★★☆☆ [4점]

축전지를 사용 중 충전하는 방식을 4가지만 쓰시오.

해답 ① 보통충전방식 ② 부동충전방식

③ 균등충전방식 ④ 급속충전방식

그 외

⑤ 세류충전방식

INDUSTRIAL ENGINEER ELECTRICITY

2017년 과년도 문제풀이

회독 체크	□1회독	월 일	□2회독	월 일	□3회독	월 일

01 ★★★★☆ [12점]

주어진 도면을 보고 다음 각 물음에 답하시오.

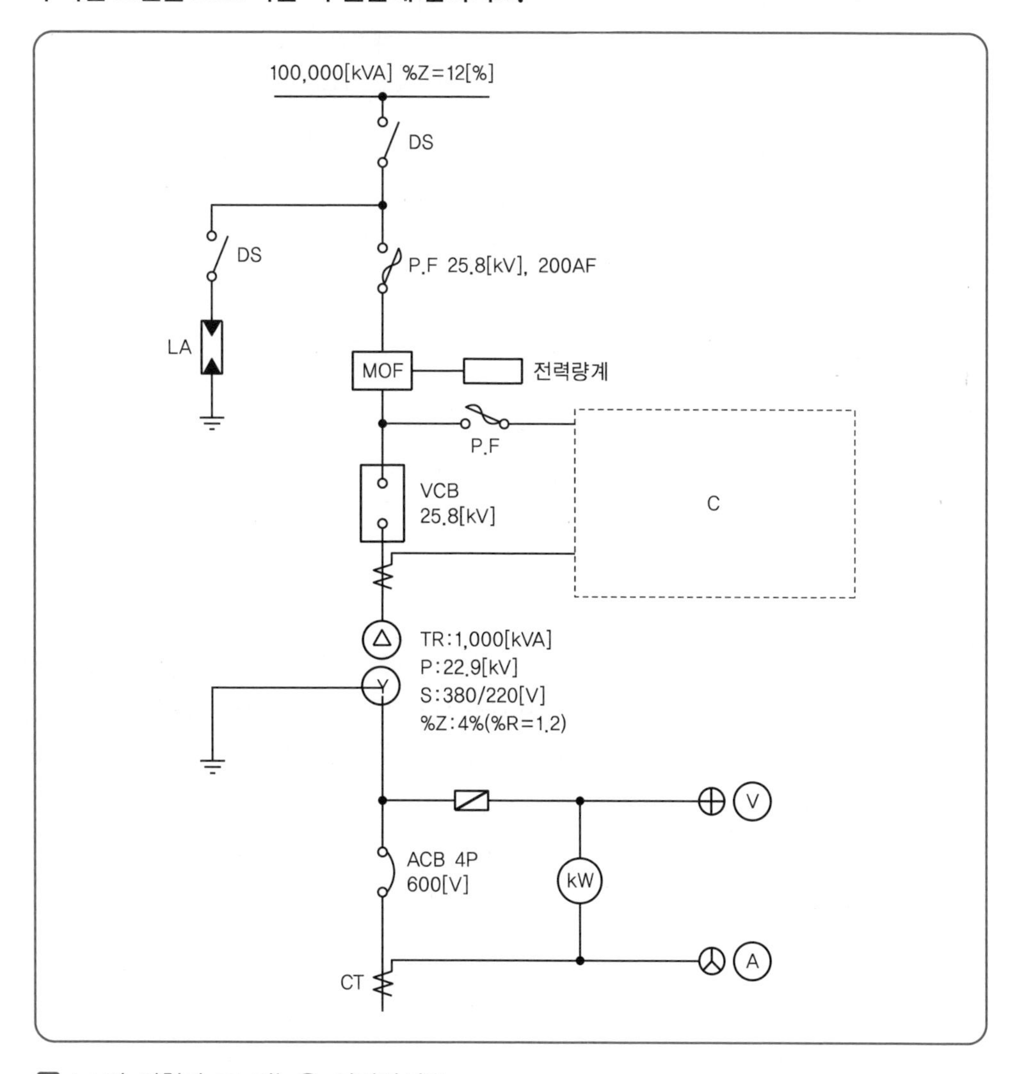

1. LA의 명칭과 그 기능을 설명하시오.
2. VCB에 필요한 최소 차단용량[MVA]을 구하시오.
3. 도면 C 부분의 계통도에 그려져야 할 것들 중에서 종류를 5가지만 쓰시오.
4. ACB의 최소 차단전류[kA]를 구하시오.
5. 최대 부하 800[kVA], 역률 80[%]인 경우 변압기에 의한 전압 변동률[%]을 구하시오.

해답 1 • 명칭 : 피뢰기
• 기능 : 뇌전류를 대지로 방전하고 속류를 차단

2 계산 : $P_S = \frac{100}{\%Z}P = \frac{100}{12} \times 100,000 = 833,333.33[kVA] \times 10^{-3} = 833.333[MVA]$

답 833.33[MVA]

3 • 계기용 변압기
• 전압계
• 전류계
• 과전류계전기
• 지락과전류계전기
• 전압계용 전환개폐기

4 계산 : 변압기 %Z를 100[MVA]으로 환산한 $\%Z = \frac{100}{1} \times 4 = 400[\%]$

차단전류 $I_s = \frac{100}{\%Z}I_n = \frac{100}{412} \times \frac{100}{\sqrt{3} \times 380} \times 10^3 = 36.88[kA]$

답 36.88[kA]

5 계산 : $\%R = \frac{800}{1,000} \times 1.2 = 0.96[\%]$

$\%X = \frac{800}{1,000} \times \sqrt{4^2 - 1.2^2} = 3.05[\%]$

$\varepsilon = (\%R \times \cos\theta + \%X \times \sin\theta)(0.96 \times 0.8 + 3.05 \times 0.6) = 2.6[\%]$

답 2.6[%]

02 ★★★☆☆ [6점]

단상 2선식 220[V]의 전원을 사용하는 간선에 전등 부하의 전류 합계가 8[A], 정격 전류 5[A]의 전열기가 2대 그리고 정격 24[A]인 전동기 1대를 접속하는 부하설비가 있다. 다음 물음에 답하시오.(단, 전동기의 기동 계급은 고려하지 않는다.) ※ KEC 규정에 따라 변경

1 전원을 공급하는 간선의 굵기를 선정하기 위한 전류의 최솟값은 몇 [A]인가?

2 이 간선에 설치하여야 하는 과전류 차단기를 다음 규격에 의하여 선정하시오.

차단기 규격	50A, 75A, 100A, 125A, 175A, 200A

해답 1 계산 : 설계전류 $I_B = 8 + 5 \times 2 + 24 = 42[A]$이고

$I_B \le I_n \le I_Z$이므로, 허용전류 $I_Z \ge I_B = 42[A]$

답 42[A]

2 계산 : 1번 계산식에서 $I_B \le I_n \le I_Z$이므로,

과전류 차단기 정격전류 $I_n \ge 42[A]$이다. 그러므로 표에서 $I_n = 50[A]$ 선정

답 50[A] 선정

03 ★★★★★

[5점]

분전반에서 30[m]인 거리에 5[kW]의 단상교류(2선식) 200[V]의 전열기용 아웃렛을 설치하여 그 전압강하를 4[V] 이하가 되도록 하려고 한다. 배선방법을 금속관 공사로 한다고 할 때 필요한 전선의 굵기를 계산하고 실제 사용되는 전선의 굵기(실제 사용규격)를 선정하시오.

해답 계산 : $I = \frac{P}{V} = \frac{5 \times 10^3}{200} = 25[A]$

$1\phi 2W$식 $A = \frac{35.6LI}{1,000e} = \frac{35.6 \times 30 \times 25}{1,000 \times 4} = 6.68(mm^2)$

답 공칭 단면적 10[mm²] 선정

04 ★★★★☆

[5점]

그림과 같은 논리회로를 유접점 회로로 변환하여 그리시오.

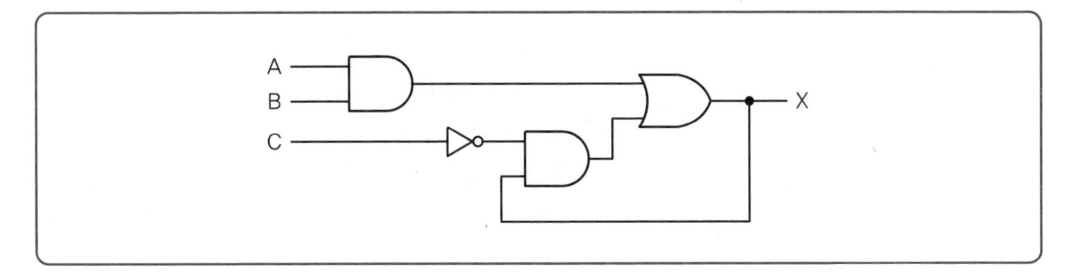

해답

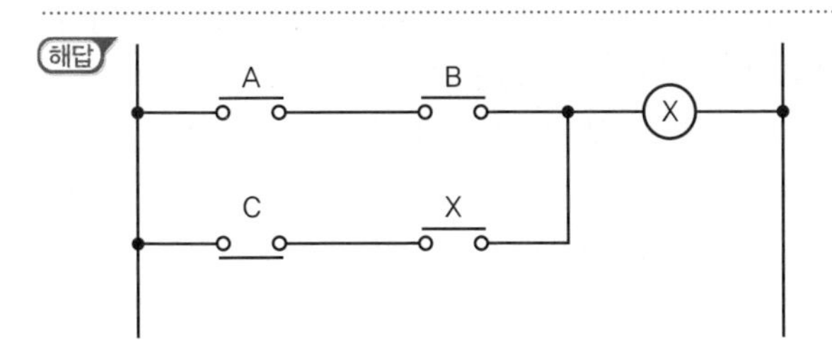

05 ★☆☆☆☆

[6점]

피뢰기의 정기점검 항목을 4가지만 쓰시오.

해답 ① 피뢰기 애자 부분의 손상 유무
② 피뢰기 절연저항
③ 피뢰기 접지저항
④ 피뢰기 접지선의 접속상태

TIP

⑤ 디스콘넥터 상태 확인
⑥ 주회로(1차, 2차) 단자 조임 상태

06 ★★★★★

[5점]

다음에 주어진 전동기의 정 · 역 운전회로에서 주회로에 알맞은 제어회로를 주어진 설명과 같은 시퀀스도로 완성하시오.

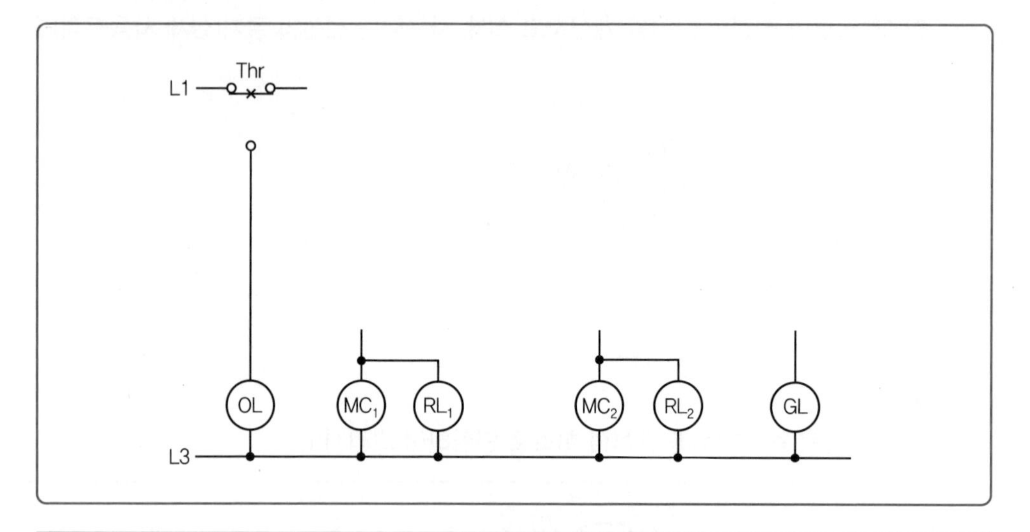

[제어회로 동작 설명]

1. 제어회로에 전원이 인가되면 GL 램프가 점등된다.
2. 푸시버튼(BS_1)을 누르면 MC_1이 여자되고 회로가 자기유지되며, RL_1 램프가 점등된다.
3. MC_1의 동작에 따라 전동기는 정회전을 하고 GL 램프는 소등된다.
4. 푸시버튼(BS_3)을 누르면 전동기가 정지하고 GL 램프는 점등된다.
5. 푸시버튼(BS_2)을 누르면 MC_2가 여자되고 회로가 자기유지되며, RL_2 램프가 점등된다.
6. MC_2의 동작에 따라 전동기는 역회전을 하고 GL 램프는 소등된다.
7. 푸시버튼(BS_3)을 누르면 전동기가 정지하고 GL 램프는 점등된다.
8. MC_1, MC_2는 동시 작동하지 않도록 MC b접점을 이용하여 상호 인터록 회로로 구성되어 있다.
9. 과전류가 흘러 열동형 계전기가 작동하면, 제어회로에 전원이 차단되고 OL 램프가 점등된다.

해답

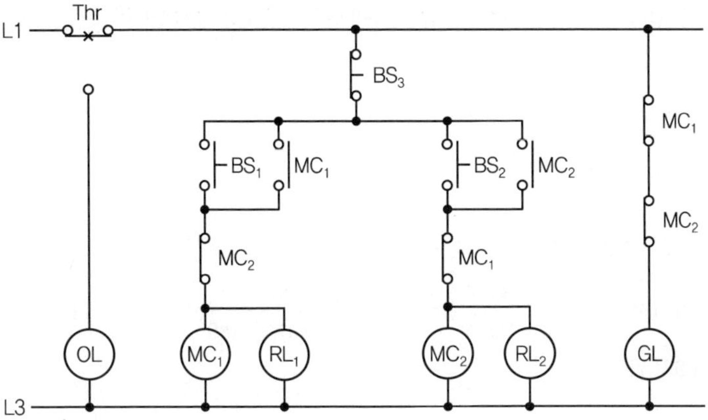

07 ★★★★★

역률 과보상 시 발생하는 현상 3가지를 쓰시오. [5점]

해답 ① 모선 전압 상승
② 전력손실 증가
③ 계전기 오동작
그 외
④ 고조파 증대
⑤ 설비용량 감소

08 ★★★★★

[6점]

40[kVA], 3상 380[V], 60[Hz]용 전력용 콘덴서의 결선방식에 따른 용량을 [μF]으로 구하시오.

1 △결선인 경우 $C_1(\mu F)$

2 Y결선인 경우 $C_2(\mu F)$

해답 1 계산 : $Q_\triangle = 3WC_1V^2$

$$\text{여기서, } C_1 = \frac{Q}{3\times 2\pi f V^2} = \frac{40\times 10^3}{3\times 2\times \pi\times 60\times 380^2}\times 10^6 = 244.929[\mu F]$$

답 244.93[μF]

2 계산 : $Q_y = WC_2V^2$

$$\text{여기서, } C_2 = \frac{Q}{2\pi f V^2} = \frac{40\times 10^3}{2\times \pi\times 60\times 380^2}\times 10^6 = 734.787[\mu F]$$

답 734.79[μF]

TIP

① △결선 $Q_\Delta = 3WCE^2 = 3WCV^2 \quad C = \frac{Q_\Delta}{3WV^2}$

② Y결선 $Q_Y = 3WCE^2 = 3WC(\frac{V}{\sqrt{3}})^2 = WCV^2 \quad C = \frac{Q_Y}{WV^2}$

여기서, E : 상전압

V : 선간전압

W : $2\pi f$

C : 정전용량

Q : 충전용량(콘덴서용량)

09 ★★★★★

[6점]

지상 7[m]에 있는 300[m³]의 저수조에 양수하는 데 30[kW]의 전동기를 사용할 경우 저수조에 물을 가득 채우는 데 소요되는 시간(분)을 구하시오.(단, 펌프의 효율은 80[%], k=1.2)

해답 계산 : $P = \frac{9.8QH}{n}k$

$$30 = \frac{9.8\times 300/s \times 7}{0.8}\times 1.2$$

$s = 1{,}029$초

$$\text{분} = \frac{1{,}029}{60\text{초}} = 17.15[\text{분}]$$

답 17.15[분]

TIP

$P = \frac{QH}{6.12\eta}K$　　여기서, $Q[m^3/min]$: 유량(분당), $H[m]$: 낙차

$30 = \frac{300/t \times 7}{6.12 \times 0.8} \times 1.2$

$t = 17.15$

10 ★★★★☆ [5점]

다음 조건에 맞는 콘센트의 그림기호를 그리시오.

① 벽붙이용	② 천장에 부착하는 경우	③ 바닥에 부착하는 경우

④ 방수형	⑤ 2구용

해답

① 벽붙이용	② 천장에 부착하는 경우	③ 바닥에 부착하는 경우

④ 방수형	⑤ 2구용
WP	2

11 ★☆☆☆☆ [6점]

전력시설물 공사감리업무 수행 시 비상주 감리원의 업무를 5가지만 쓰시오.

해답 ① 설계도서 등의 검토
② 중요한 설계 변경에 대한 기술 검토
③ 기성 및 준공검사
④ 감리업무 추진에 필요한 기술지원 업무
⑤ 공사와 관련하여 발주자가 요구한 기술적 사항 등에 대한 검토
그 외
⑥ 설계 변경 및 계약금액 조정의 심사

12 ★★★☆☆ [5점]

500[kVA]의 변압기가 그림과 같은 부하로 운전되고 있다. 오전에는 역률 85[%]로, 오후에는 100[%]로 운전된다고 할 때 전일효율[%]을 구하시오.(단, 이 변압기의 철손은 6[kW], 전부하의 동손은 10[kW]라고 한다.)

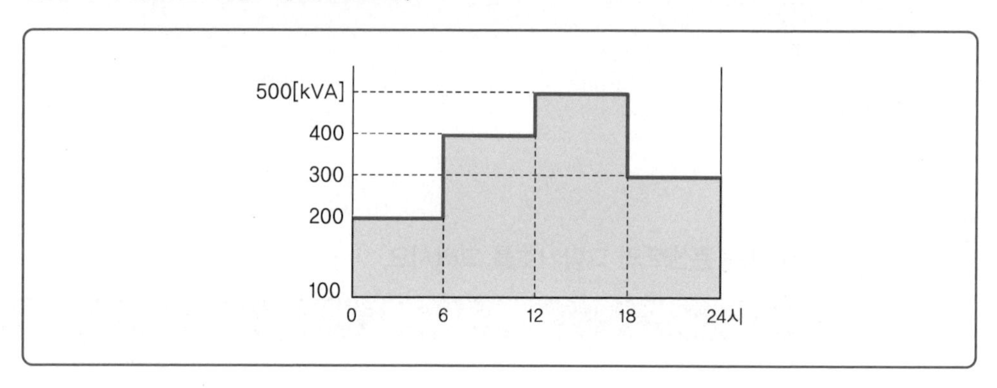

해답 계산

$$전일효율=\frac{(200\times6\times0.85+400\times6\times0.85+500\times6+300\times6)}{\begin{pmatrix}200\times6\times0.85+400\times6\times0.85\\+500\times6+300\times6\end{pmatrix}+6\times24+10\times6\times\left\{\begin{matrix}\left(\frac{200}{500}\right)^2+\left(\frac{400}{500}\right)^2\\+\left(\frac{500}{500}\right)^2+\left(\frac{300}{500}\right)^2\end{matrix}\right\}}\times100[\%]=96.64[\%]$$

답 96.64[%]

TIP

① 전력량(출력) $P=$ 전력[kVA] × 시간 × 역률

철손 $P_i=P_i\times$시간　　동손 $P_c=\left(\frac{1}{m}\right)^2P_c\times$시간

② 효율 $\eta=\frac{전력량}{전력량+철손+동손}\times100(\%)$

13 ★★★☆☆ [4점]

부하율을 식으로 표현하고 부하율이 높다는 말의 의미에 대해 설명하시오.

1 부하율 식

2 부하율이 높다는 말의 의미

해답 1 $부하율=\frac{평균수용전력}{최대수용전력}\times100\%=\frac{전력량/시간}{최대수용전력}\times100[\%]$

2 부하율이 클수록 전기설비를 유효하게 사용한다는 뜻이다.

14 ★★☆☆☆ [3점]

전기사용장소의 사용전압이 300[V] 초과 400[V] 미만인 경우, 전로의 전선 상호 간 및 전로와 대지 간의 절연저항은 개폐기 또는 과전류 차단기로 구분할 수 있는 전로마다 얼마 이상을 유지하여야 하는지 쓰시오. ※ KEC 규정에 따라 해답 변경

해답 1[MΩ]

15 ★★★★☆ [5점]

변류비 30/5[A]인 CT 2개를 그림과 같이 접속하였을 때 전류계에 2[A]가 흐른다고 하면, CT 1차 측에 흐르는 전류는 몇 [A]인지 구하시오.

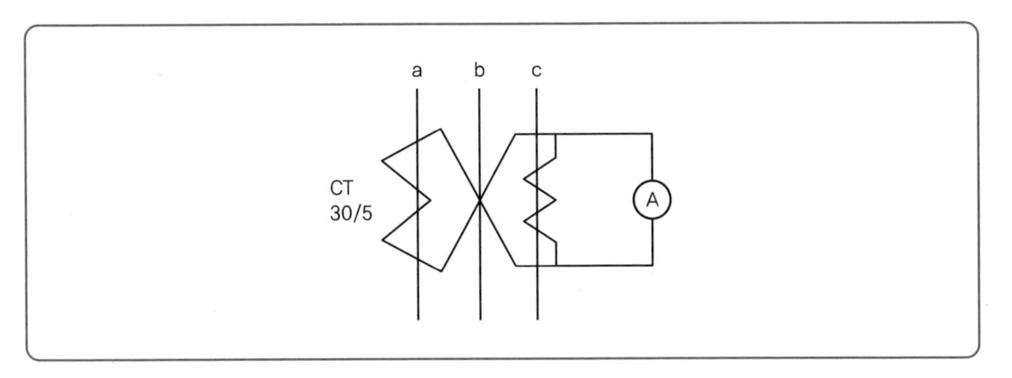

해답 계산 : $I_1 = \text{CT비} \times \dfrac{\text{전류계지시값}}{\sqrt{3}} = \dfrac{30}{5} \times \dfrac{2}{\sqrt{3}} = 6.928$

답 6.93[A]

TIP

차동접속으로 전류계가 $\sqrt{3}$배 더 지시한다.

16 ★★★★☆ [5점]

단상 2선식 220[V] 배전선로에 소비전력 40[W], 역률 80[%]의 형광등 180개를 설치할 때 16[A] 분기회로의 최소 회로수를 구하시오.(단, 한 회로의 부하전류는 분기회로의 80[%]로 한다.) ※ KEC 규정에 따라 변경

해답 계산 : 분기회로수 $N = \dfrac{\text{부하용량}}{\text{정격전압} \times \text{분기회로전류} \times \text{용량}} = \dfrac{\frac{40}{0.8} \times 180}{220 \times 16 \times 0.8} = 3.2$

답 16[A] 4분기회로

17 ★★☆☆☆

[5점]

전기사업자는 그가 공급하는 전기의 품질(표준전압, 표준주파수)을 허용오차 범위 안에서 유지하도록 전기사업법에 규정되어 있다. 다음 표의 괄호 안에 알맞은 표준전압 또는 표준주파수에 대한 허용오차를 정확하게 쓰시오.

표준전압 또는 표준주파수	허용 오차
110볼트	110볼트의 상하로 (1)볼트 이내
220볼트	220볼트의 상하로 (2)볼트 이내
380볼트	380볼트의 상하로 (3)볼트 이내
60헤르츠	60헤르츠 상하로 (4)헤르츠 이내

해답 1 6
2 13
3 38
4 0.2

18 ★☆☆☆☆

[6점]

수전 전압 6,000[V], 역률 0.8의 부하에 지름 5[mm]의 경동선으로 20[km]의 거리에 10[%] 이내의 손실률로 보낼 수 있는 3상 전력[kW]을 구하시오.

해답 계산 : $K=\frac{P_C}{P}\times 100=\frac{\frac{P^2\rho l}{V^2\cos^2\theta A}}{P}\times 100$

$K=\frac{P\rho l}{V^2\cos^2\theta A}$

$0.1=\frac{P\times\frac{1}{55}\times 10^{-6}\times 20\times 10^3}{6{,}000^2\times 0.8^2\times\pi(2.5\times 10^{-3})^2}$

$P=124.41[kW]$

답 124.41[kW]

TIP

① $R=\rho\frac{l}{A}$ [Ω]

② $A=\pi r^2[mm^2]$

여기서, r : 반지름, ρ : 고유저항

③ 연동선 고유저항 : 1/58(Ω • mm^2/m)

경동선 고유저항 : 1/55(Ω • mm^2/m)

전기산업기사

2017년도 2회 시험

과년도 기출문제

회독 체크	□1회독	월 일	□2회독	월 일	□3회독	월 일

01

★☆☆☆☆ [5점]

고압 가공 인입선의 지표 상 높이가 몇 [m]인지 다음 표를 완성하시오.

구분	높이
도로횡단	(1) 이상
철도 또는 궤도횡단	(2) 이상
횡단보도교	(3) 이상
일반도로	(4) 이상
구내도로(위험표지가 있는 경우)	(5) 이상

해답 1 6m
2 6.5m
3 3.5m
4 5m
5 3.5m

02

★★★★☆ [4점]

부하설비의 역률이 저하하는 경우, 수용가가 볼 수 있는 손해 4가지를 쓰시오.

해답 ① 전력손실이 커진다.
② 전기요금이 증가한다.
③ 전압강하가 커진다.
④ 설비 이용률이 감소한다.

03

★★★★★ [5점]

비상용 조명 부하 110[V]용 100[W] 58등, 60[W] 50등이 있다. 방전시간 30분, 축전지 HS형 54[cell], 허용 최저 전압 100[V], 최저 축전지 온도 5[℃]일 때 축전지 용량은 몇 [Ah]인가?(단, 경년 용량 저하율 0.8, 용량 환산 시간 K = 1.2이다.)

해답 계산 : 부하 전류 $I = \frac{P}{V} = \frac{100 \times 58 + 60 \times 50}{110} = 80[A]$

$\therefore$ 축전지 용량 : $C = \frac{1}{L} KI = \frac{1}{0.8} \times 1.2 \times 80 = 120[Ah]$

답 120[Ah]

04 ★★★★☆

[12점]

그림은 154[kV]를 수전하는 어느 공장의 수전설비 도면의 일부분이다. 이 도면을 보고 각 물음에 답하시오.

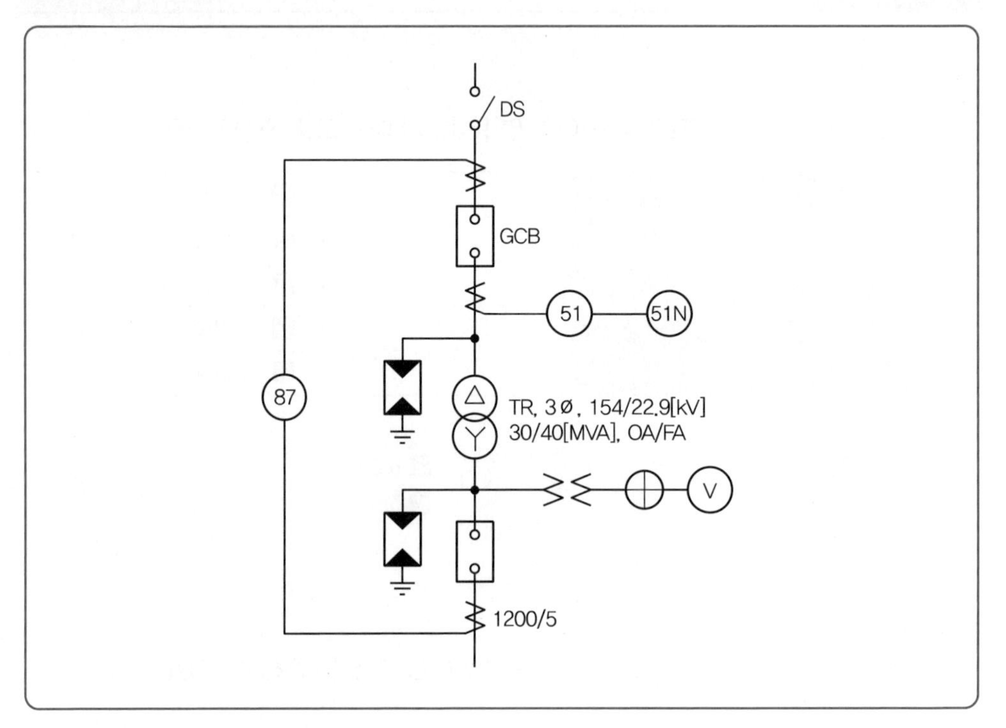

1 그림에서 87과 51N의 명칭은 무엇인가?

① 87

② 51N

2 154/22.9[kV] 변압기에서 FA 용량기준으로 154[kV] 측의 전류와 22.9[kV] 측의 전류는 몇 [A]인가?

① 154[kV] 측

② 22.9[kV] 측

3 GCB에는 주로 어떤 절연재료를 사용하는가?

4 △-Y 변압기의 복선도를 그리시오.

해답 **1** ① 비율차동계전기

② 중성점 과전류계전기

2 ① 계산 : $I = \frac{P}{\sqrt{3}V_1} = \frac{40,000}{\sqrt{3} \times 154} = 149.96[A]$

답 149.96[A]

② 계산 : $I = \frac{P}{\sqrt{3}V_2} = \frac{40,000}{\sqrt{3} \times 22.9} = 1,008.47[A]$

답 1,008.47[A]

3 SF_6(육불화유황) 가스

4

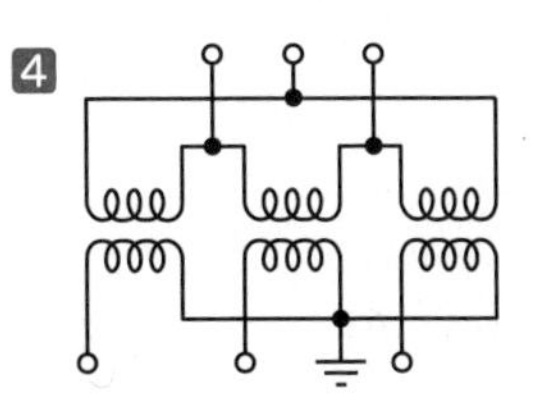

TIP

① FA : 유입풍냉식, OA : 유입자냉식
② 40[MVA] 기준
③ Y결선은 중성점을 접지할 것

05 ★★★★★ [5점]

표와 같이 어느 수용가 A, B, C에 공급하는 배전선로의 최대전력은 600[kW]이다. 이때 수용가의 부등률은 얼마인가?

수용가	설비용량[kW]	수용률[%]
A	400	70
B	400	60
C	500	60

해답 계산 : $부등률 = \frac{설비용량 \times 수용률}{합성최대전력} = \frac{(400 \times 0.7) + (400 \times 0.6) + (500 \times 0.6)}{600} = 1.37$

답 1.37

TIP

① 최대전력 = 합성최대전력
② $부등률 = \frac{개별\ 최대전력의\ 합}{합성최대전력} \geq 1$

06 ★★★★☆

[5점]

전력 계통에 이용되는 리액터 측에 대하여 그 설치 목적을 간단히 설명하시오.

1 분로(병렬) 리액터
2 직렬 리액터
3 소호 리액터
4 한류 리액터

해답 1 페란티 현상의 방지
2 제5고조파의 제거
3 지락 전류의 제한
4 단락 전류의 제한

07 ★★★★★

[4점]

단상 변압기의 병렬 운전 조건 4가지를 쓰시오.

해답 ① 극성이 같을 것
② 정격 전압(권수비)이 같은 것
③ %임피던스가 같을 것
④ 내부저항과 누설 리액턴스의 비가 같을 것

TIP

3상인 경우 ⑤ 상회전 방향이 같을 것
⑥ 각 변위가 같을 것

08 ★★★★★

[6점]

3상 4선식 송전선에서 한 선의 저항이 10[Ω], 리액턴스가 20[Ω]이고, 송전단 전압이 6,600[V], 수전단 전압이 6,100[V]이었다. 수전단 부하를 끊은 경우 수전단 전압이 6,300[V], 부하 역률이 0.8일 때 다음 물음에 답하시오.

1 전압 강하율을 구하시오.
2 전압 변동률을 구하시오.
3 이 송전선로의 수전 가능한 전력은 몇 [kW]인가?

해답 1 계산 : 전압강하율 $\delta = \frac{V_s - V_r}{V_r} \times 100 = \frac{6,600 - 6,100}{6,100} \times 100 = 8.2[\%]$

답 8.2[%]

2 계산 : 전압변동률 $\varepsilon = \frac{V_{r0} - V_r}{V_r} \times 100 = \frac{6,300 - 6,100}{6,100} \times 100 = 3.28[\%]$

답 3.28[%]

❸ 계산 : 전압강하 $e = V_s - V_r = 6,600 - 6,100 = 500[V]$

$$e = \frac{P(R + X\tan\theta)}{V_r} \text{에서}$$

$$P = \frac{eV_r}{R + X\tan\theta} = \frac{500 \times 6,100}{10 + 20 \times \frac{0.6}{0.8}} \times 10^{-3} = 122[kW]$$

답 122[kW]

09 ★★★☆☆ [5점]

200[kW]의 전기설비 용량을 가진 공장이 수용률 80[%], 부하율 70[%]라 하면 1개월(30일) 사이의 사용 전력량은 몇 [kWh]인가?

해답 계산 : 사용 전력량=설비 용량×수용률×부하율×시간[kWh]

$$W = 200 \times 0.8 \times 0.7 \times (30 \times 24) = 80,640$$

답 80,640[kWh]

TIP

$$\text{부하율} = \frac{\text{평균전력}}{\text{최대전력}} \times 100 \frac{\text{사용전력량/시간}}{\text{최대전력}} \times 100$$

10 ★★★★★ [7점]

다음 시퀀스도를 보고 각 물음에 답하시오.

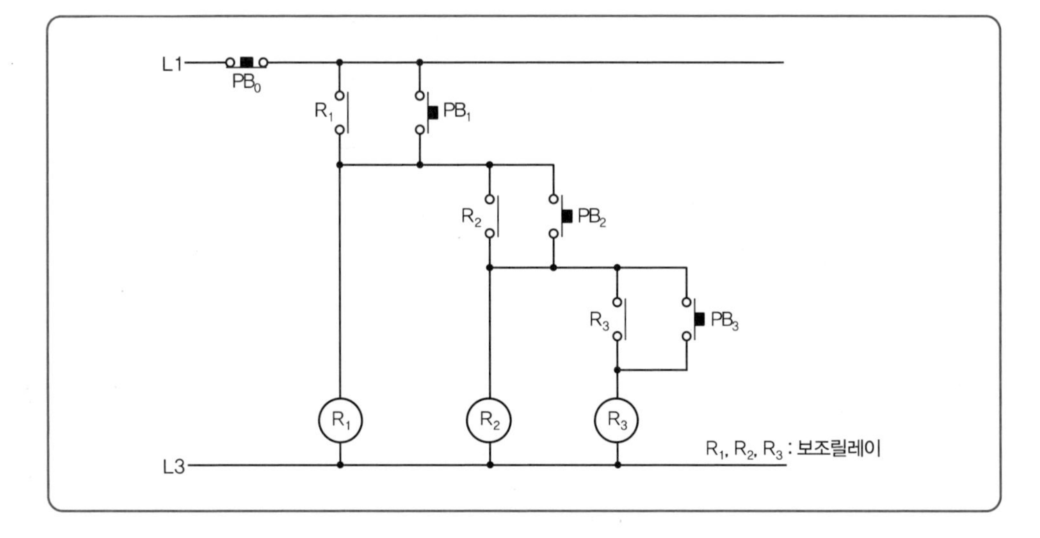

1 전원 측에 가장 가까운 푸시버튼 PB_1으로부터 PB_3, PB_0까지 'ON'으로 조작할 경우의 동작사항을 간단히 설명하시오.

2 최초에 PB_2를 'ON'으로 조작한 경우에는 어떻게 되는가?

3 타임차트의 푸시버튼 PB_1, PB_2, PB_3, PB_0와 같은 타이밍에 'ON'으로 조작하였을 경우 타임차트의 R_1, R_2, R_3를 완성하시오.

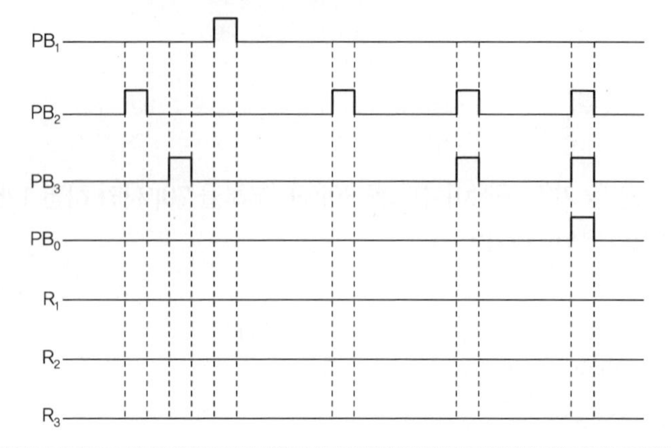

해답 1 $PB_1 \rightarrow PB_2 \rightarrow PB_3$ 순서로 'ON' 조작하면 릴레이 (R_1) ⇒ (R_2) ⇒ (R_3) 순서로 여자되고 PB_0을 누르면 릴레이는 동시에 모두 소자된다.

2 동작하지 않는다.

3

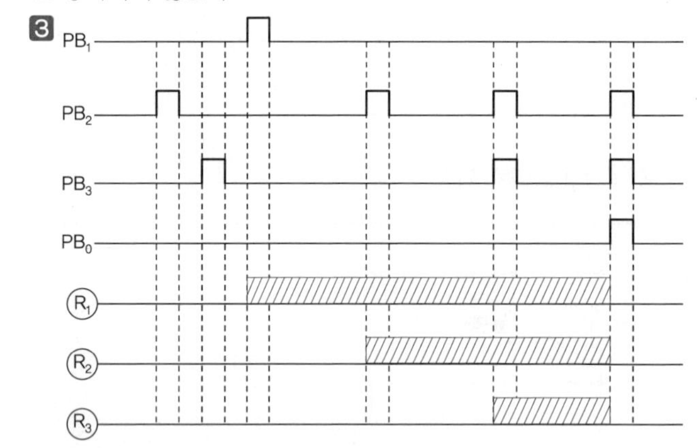

TIP

직렬우선회로에 대한 동작 특성을 이해하자!

11 ★☆☆☆☆

[5점]

50[Hz]로 사용하던 역률개선용 콘덴서를 같은 전압의 60[Hz]로 사용하면 전류는 어떻게 되는지 전류비를 구하시오.

해답 계산 : $\frac{I_c'}{I_c} = \frac{60}{50} = \frac{6}{5}$

답 $\frac{I_c'}{I_c} = \frac{6}{5}$

TIP

콘덴서 충전전류 $I_c = \omega CE = 2\pi fCE$

12 ★★★★★

[5점]

폭 5[m], 길이 7.5[m], 천장 높이 3.5[m]의 방에 40[W] 형광등 4등을 설치하니 평균 조도가 100[lx]가 되었다. 40[W] 형광등 1등의 전광속이 3,000[lm], 조명률 0.5일 때 감광보상률을 구하시오.

해답 계산 : $D = \frac{FUN}{EA} = \frac{3{,}000 \times 0.5 \times 4}{100 \times 5 \times 7.5} = 1.6$

답 1.6

13 ★★★★☆

[5점]

다음은 특고압 수전설비 중 지락보호회로의 복선도이다. ①~⑤번까지의 명칭을 쓰시오.

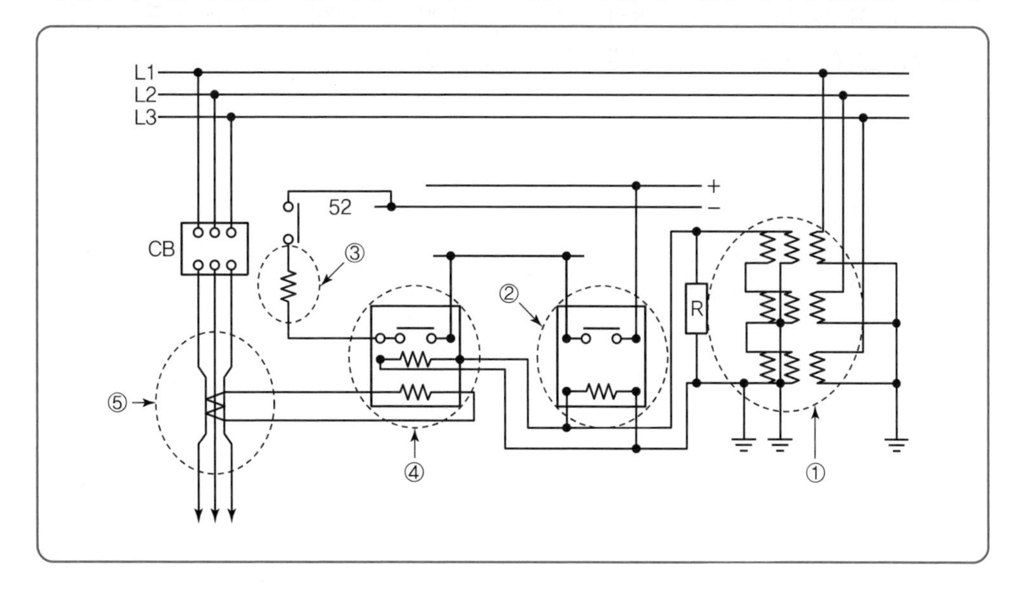

해답 ① 접지형 계기용 변압기(GPT)
② 지락 과전압 계전기(OVGR)
③ 트립 코일(TC)
④ 선택 접지 계전기(SGR)
⑤ 영상 변류기(ZCT)

14 ★★★★☆ [5점]

충전방식에 대해 3가지를 쓰고 각각에 대하여 간단히 설명하시오.

해답 ① 보통 충전 : 필요할 때마다 표준 시간율로 소정의 충전을 하는 방식
② 세류 충전 : 축전지의 자기 방전을 보충하기 위하여 부하를 off한 상태에서 미소 전류로 항상 충전하는 방식
③ 균등 충전 : 각 전해조에서 일어나는 전위차를 보정하기 위하여 1~3개월마다 1회 정전압을 충전하여 각 전해조의 용량을 균일화하기 위하여 행하는 충전방식

TIP
④ 부동 충전 : 축전지의 자기 방전을 보충함과 동시에 사용 부하에 대한 전력공급은 충전기가 부담하도록 하되 충전기가 부담하기 어려운 일시적인 대전류의 부하는 축전지가 부담하도록 하는 방식
⑤ 급속 충전 : 짧은 시간에 보통 충전 전류의 2~3배의 전류로 충전하는 방식

15 ★☆☆☆☆ [5점]

책임 설계감리원이 설계감리의 기성 및 준공을 처리할 때에는 준공서류를 구비하여 발주자에게 제출하여야 한다. 감리기록 서류 5가지를 쓰시오.

해답 ① 설계감리일지
② 설계감리지시부
③ 설계감리기록부
④ 설계감리요청서
⑤ 설계자와의 협의사항 기록부

16 ★★☆☆☆ [6점]

그림은 고압 배전선로에 접속되어 있는 2대 이상의 배전용 변압기를 이용한 배전방식이다. 다음 그림에 해당하는 배전방식의 명칭과 특징 4가지를 쓰시오.(단, 특징은 단상변압기 1대와 저압선로가 연결된 형태와 비교하여 작성하시오.)

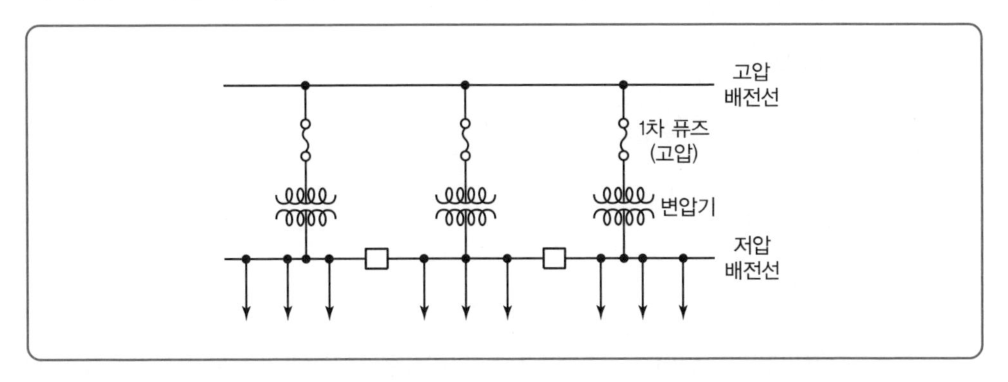

1 명칭

2 특징 4가지

해답 1 저압 뱅킹 방식

2 ① 변압기의 공급 전력을 서로 융통시킴으로써 변압기 용량을 저감할 수 있다.
② 전압 변동 및 전력 손실이 경감된다.
③ 부하의 증가에 대응할 수 있는 탄력성이 향상된다.
④ 고장보호방식이 적당할 때 공급 신뢰도는 향상된다(정전의 감소).
그 외
⑤ 케스 케이딩 현상이 발생된다.

17 ★★★☆☆ [6점]

전압 2,300[V], 전류 43.5[A], 저항 0.66[Ω], 무부하손 1,000[W]인 변압기에서 다음 조건일 때 효율을 구하시오.

1 전부하 시 역률 100[%]

2 전부하 시 역률 80[%]

해답 1 계산 : $\eta = \dfrac{\mathrm{VI}\cos\theta}{\mathrm{VI}\cos\theta + \mathrm{P_i} + \mathrm{P_c}} \times 100$

$$= \frac{2{,}300 \times 43.5 \times 1}{2{,}300 \times 43.5 \times 1 + 1{,}000 + 43.5^2 \times 0.66} \times 100 = 97.8[\%]$$

답 97.8[%]

2 계산 : $\eta = \dfrac{P\cos\theta}{P\cos\theta + P_i + P_c} \times 100$

$= \dfrac{2{,}300 \times 43.5 \times 0.8}{2{,}300 \times 43.5 \times 0.8 + 1{,}000 + 43.5^2 \times 0.66} \times 100 = 97.267[\%]$

답 97.27[%]

TIP

① 전력 = $VI\cos\theta[W]$
② 동손 : $I^2R[W]$

18 ★★★☆☆ [5점]

부하 용량이 300[kW]이고, 전압이 3상 380[V]인 전기 설비의 계기용 변류기 1차 전류는 몇 [A]용을 사용하는 것이 적절하겠는가?

[조건]
- 수용가의 인입 회로나 전력용 변압기의 1차 측에 설치하는 것임
- 실제 사용하는 정도의 1차 전류 용량을 산정할 것
- 부하 역률은 1로 계산할 것
- 변류기 1차 정격전류 : 400, 600, 800, 1,000

해답 계산 : $I_1 = \dfrac{P}{\sqrt{3}\,V\cos\theta} \times (1.25 \sim 1.5) = \dfrac{300 \times 10^3}{\sqrt{3} \times 380 \times 1} \times (1.25 \sim 1.5) = 569.75 \sim 683.7$

CT비 : 600/5

답 600[A]

TIP

CT 1차전류 : $I \times (1.25 \sim 1.5)$

전기산업기사

2017년도 3회 시험 과년도 기출문제

회독 체크	□1회독	월 일	□2회독	월 일	□3회독	월 일

01 ★★★★☆ [5점]

변전소에서 200[Ah]의 연축전지가 55개 설치되어 있다. 다음 각 물음에 답하시오.

1. 묽은 황산의 농도는 표준이고, 액면이 저하하여 극판이 노출되어 있다. 어떤 조치를 하여야 하는가?
2. 부동 충전 시에 알맞은 전압은?
3. 충전 시에 발생하는 가스의 종류는?
4. 충전이 부족할 때 극판에 발생하는 현상을 무엇이라고 하는가?

해답
1. 증류수를 보충한다.
2. 계산 : 2.15×55
   답 118.25[V]
3. 수소(H_2) 가스
4. 설페이션 현상

TIP

① 연축전지 공칭전압 및 기전력 : 2.0[V], 2.05~2.08[V/셀]
② 알칼리축전지 공칭전압 및 기전력 : 1.2[V], 1.32[V/셀]

2012 2013 2014 2015 2016 2017 2018 2019 2020 2021

02 ★★★★★

[10점]

다음은 어느 생산 공장의 수전 설비이다. 이것을 이용하여 다음 각 물음에 답하시오.

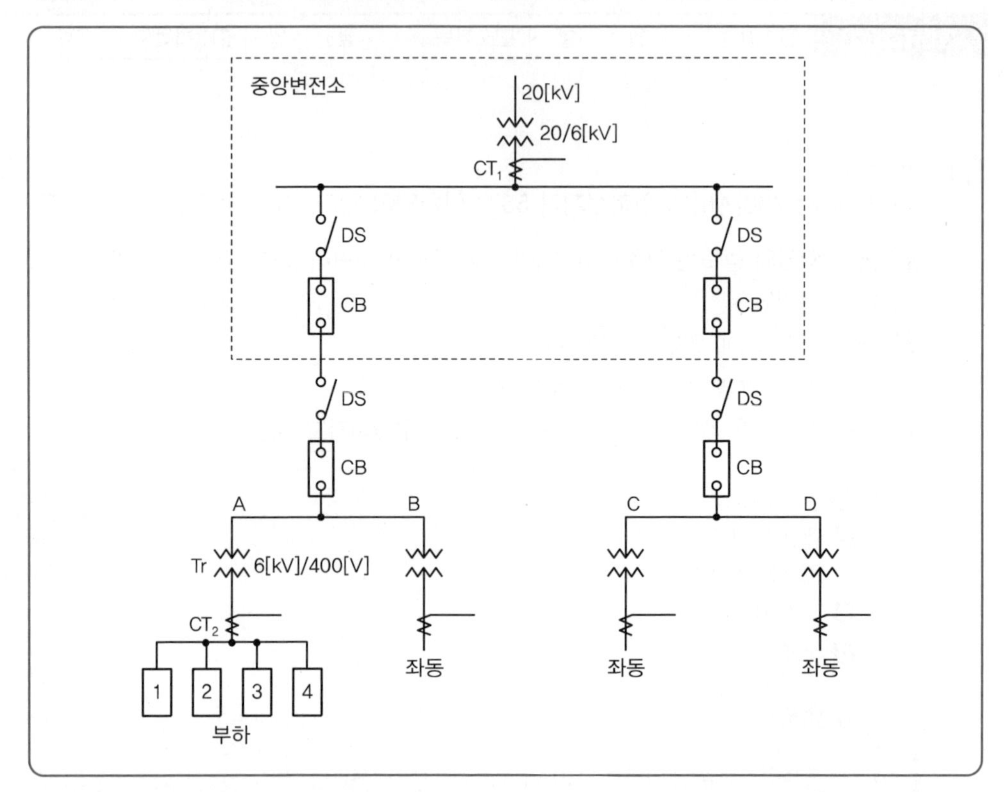

| 뱅크의 부하 용량표 |

피더	부하설비용량[kW]	수용률[%]
1	125	80
2	125	80
3	500	60
4	600	84

| 변류기 규격표 |

항목	변류기
정격 1차 전류[A]	5, 10, 15, 20, 30, 40, 50, 75, 100, 150, 200, 300, 400, 500, 600, 750, 1,000, 1,500, 2,000, 2,500
정격 2차 전류[A]	5

1 표와 같이 A, B, C, D 4개의 뱅크가 있으며, 각 뱅크는 부등률이 1.1이다. 이때 중앙 변전소의 변압기 용량을 산정하시오.(단, 각 부하의 역률은 0.8이며, 변압기 용량은 표준규격으로 답하도록 한다.)

2 변류기 CT_1과 CT_2의 변류비를 산정하시오.(단, 1차 수전 전압은 20,000/6,000[V], 2차 수전 전압은 6,000/400[V]이며, 변류비는 표준규격으로 답하도록 한다.)

해답 **1** 각 뱅크의 부하설비용량이 같으므로 1뱅크에 곱하기 4를 하면 된다.

계산 : T_r 용량 $= \dfrac{\text{개별최대전력의합(설비용량} \times \text{수용률)}}{\text{부등률} \times \text{역률}}$

$= \dfrac{(125 \times 0.8 + 125 \times 0.8 + 500 \times 0.6 + 600 \times 0.84) \times 4}{1.1 \times 0.8} = 4{,}563.64$

답 5,000[kVA]

2 ① 계산 : $I_1 = \dfrac{P}{\sqrt{3} \times V} = \dfrac{4{,}563.64}{\sqrt{3} \times 6} = 439.14[A]$

CT 1차는 1.25배를 적용하여 $439.14 \times 1.25 = 548.93[A]$

답 600/5

② 계산 : $I_1 = \dfrac{P}{\sqrt{3} \times V} = \dfrac{4{,}563.64/4}{\sqrt{3} \times 0.4} = 1{,}648.76[A]$

CT 1차는 1.25배를 적용하여 $1{,}648.76 \times 1.25 = 2{,}060.95[A]$

답 2,500/5

TIP

➤ 단상변압기 표준용량[kVA]

1	15	150	1,500	15,000
2	20	200	2,000	20,000
3	30	300	3,000	30,000
5	50	500	5,000	50,000
7.5	75	750	7,500	
10	100	1,000	10,000	

➤ 3상 변압기 표준용량[kVA]

	15	150	1,500	15,000	150,000
	20	200	2,000	20,000	200,000
3	30	300	3,000	30,000	250,000
			4,500	45,000	300,000
5	50	500		(50,000)	
			6,000	60,000	
7.5	75	750	7,500		
				90,000	
10	100	1,000	10,000	100,000	

03 ★★★★☆ [7점]

옥내 배선용 그림 기호에 대한 다음 각 물음에 답하시오.

1. 일반적인 콘센트의 그림 기호는 ◐ 이다. 어떤 경우에 사용되는가?
2. 점멸기의 그림 기호로 $●_{2P}$, $●_{3}$의 의미는 무엇인가?
3. 배선용 차단기, 누전 차단기의 그림 기호를 그리시오.
4. HID등으로서 M400, N400의 의미는 무엇인가?

해답
1. 벽에 부착
2. 2극 점멸기, 3로 점멸기
3. 배선용 차단기 : B, 누전차단기 : E
4. M400 : 메탈 할라이트등 400[W]
   N400 : 나트륨등 400[W]

04 ★★★★★ [5점]

작업장의 크기가 12[m]×24[m]이다. 이 작업장의 평균조도를 150[lx] 이상으로 하고자 한다. 작업장에 시설하여야 할 최소등기구는 몇 [개]인가?(단, 형광등 40[W]의 전광속은 2450[lm], 기구의 조명률은 0.7, 감광보상률은 1.4로 한다.)

해답 계산 : $N = \frac{EAD}{FU} = \frac{150 \times (12 \times 24) \times 1.4}{2450 \times 0.7} = 35.27$[개]

답 36[개]

05 ★★☆☆☆ [6점]

다음 용어의 정의를 쓰시오.

1. 변전소
2. 개폐소
3. 급전소

해답
1. 변전소 : 밖으로부터 전송받은 전기를 변전소 안에 시설한 변압기, 전동발전기, 회전변류기, 정류기, 그 밖의 기계·기구에 의하여 변성하는 곳
2. 개폐소 : 개폐기 및 기타 장치에 의하여 전로를 개폐하는 곳
3. 급전소 : 전력계통의 운용에 관한 지시 및 급전조작을 하는 곳

TIP

① 전동발전기 : 전동기와 발전기를 기계적으로 연결하여 주파수, 전압, 위상을 변환
② 회전 변류기 : 기계적인 정류장치

06 ★☆☆☆☆ [4점]

선임된 전기안전관리자의 자격 및 직무에서 공사의 감리업무 중 공사의 종류 2가지만 쓰시오.

해답 ① 비상용 예비발전설비의 설치·변경공사로서 총 공사비가 1억 원 미만인 공사
② 전기수용설비의 증설 또는 변경공사로서 총 공사비가 5천만 원 미만인 공사

TIP

➤ **전기사업법 시행규칙 제44조(전기안전관리자의 자격 및 직무)**

① 전기설비의 공사·유지 및 운용에 관한 업무 및 이에 종사하는 사람에 대한 안전교육
② 전기설비의 안전관리를 위한 확인·점검 및 이에 대한 업무의 감독
③ 전기설비의 운전·조작 또는 이에 대한 업무의 감독
④ 법 제73조의3 제3항에 따른 전기설비의 안전관리에 관한 기록의 작성·보존 및 비치
⑤ 공사계획의 인가신청 또는 신고에 필요한 서류의 검토
⑥ 다음 각 목의 어느 하나에 해당하는 공사의 감리업무
가. 비상용 예비발전설비의 설치·변경공사로서 총 공사비가 1억 원 미만인 공사
나. 전기수용설비의 증설 또는 변경공사로서 총 공사비가 5천만 원 미만인 공사
⑦ 전기설비의 일상점검·정기점검·정밀점검의 절차, 방법 및 기준에 대한 안전관리규정의 작성
⑧ 전기재해의 발생을 예방하거나 그 피해를 줄이기 위하여 필요한 응급조치

07 ★★★★★ [6점]

어느 수용가가 당초 역률(지상) 80[%]로 60[kW]의 부하를 사용하고 있었는데 새로이 역률(지상) 60[%]로 40[kW]의 부하를 증가해서 사용하게 되었다. 이때 콘덴서로 합성역률을 90[%]로 개선하려고 할 경우 콘덴서의 소요 용량은 몇 [kVA]인가?

해답 계산 : 60[kW]의 무효전력 $Q_1 = P_1 \tan\theta_1 = 60 \times \dfrac{0.6}{0.8} = 45[\text{kVAR}]$

40[kW]의 무효전력 $Q_2 = P_2 \tan\theta_2 = 40 \times \dfrac{0.8}{0.6} = 53.33[\text{kVAR}]$

합성유효분 $= 60 + 40 = 100[\text{kW}]$

합성무효분 $= 45 + 53.33 = 98.33[\text{kVAR}]$

합성 역률 : $\cos\theta_1 = \dfrac{P}{\sqrt{P^2 + Q^2}} \times 100 = \dfrac{100}{\sqrt{100^2 + 98.33^2}} = 0.713$

$\cos\theta_2 = 0.9$로 계산하기 위한 콘덴서 용량

$$Q_C = 100\left[\frac{\sqrt{1-0.713^2}}{0.713} - \frac{\sqrt{1-0.9^2}}{0.9}\right] = 49.908[\text{kVA}]$$

답 49.91[kVA]

TIP

① $\cos\theta = \dfrac{P}{\sqrt{P^2+Q^2}} \times 100$ 여기서, P : 유효전력, Q : 무효전력

② 콘덴서 용량 $Q_c = P(\tan\theta_1 - \tan\theta_2)[kVA]$

08 ★★★★★ [5점]

매분 12[m³]의 물을 높이 15[m]인 탱크에 양수하는 데 필요한 전력을 V결선한 변압기로 공급한다면, 여기에 필요한 단상 변압기 1대의 용량은 몇 [kVA]인가?(단, 펌프와 전동기의 합성 효율은 65[%]이고, 전동기의 전부하 역률은 80[%]이며, 펌프의 축동력은 15[%]의 여유를 본다고 한다.)

해답 계산 : $P = \dfrac{9.8QH}{\eta\cos\theta}K = \dfrac{9.8 \times 12/60 \times 15}{0.8 \times 0.65} \times 1.15 = 65.02[kVA]$

1대 용량$= \dfrac{P_V}{\sqrt{3}} = \dfrac{65.02[kVA]}{\sqrt{3}} = 37.54[kVA]$

답 37.54[kVA]

TIP

$P = \dfrac{9.8QH}{\eta}K[kW]$ 여기서, $Q[m^3/s]$: 유량(초당), $H[m]$: 낙차(양정)

09 ★★★☆☆ [6점]

다음의 결선도는 PT 및 CT의 미완성 결선도이다. 그림기호를 그리고 약호를 표시하여 결선도를 완성하시오.

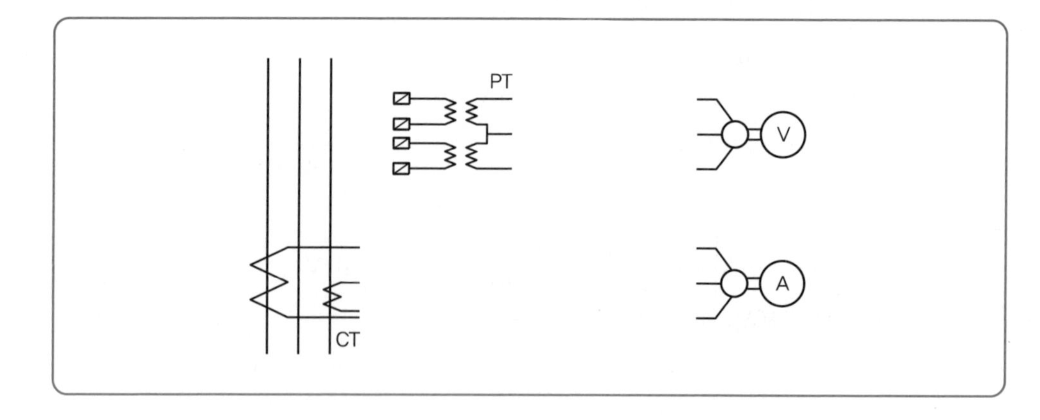

해답

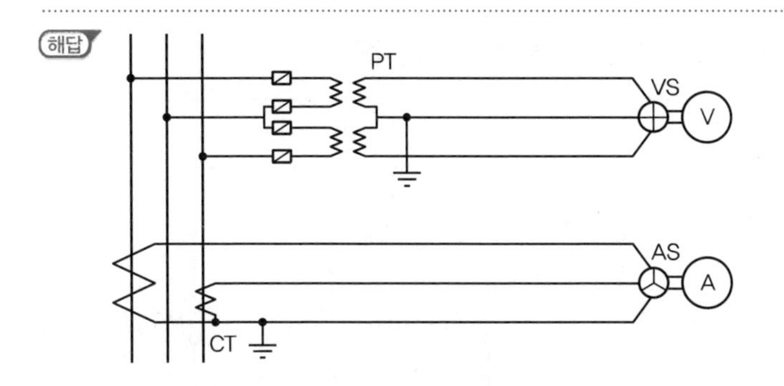

10 ★★★★☆ [4점]

차단기와 비교한 전력용 퓨즈의 장점 4가지를 쓰시오.

해답 ① 가격이 저렴하다.
② 소형 경량이다.
③ 릴레이나 변성기가 필요 없다.
④ 차단 용량이 크다.

TIP

⑤ 고속 차단한다.
⑥ 보수가 간단하다.
⑦ 한류형은 차단 시 무음, 무방출이다.

11 ★☆☆☆☆ [4점]

몰드변압기의 열화원인 4가지를 쓰시오.

해답 ① 열적 열화
② 전계 열화
③ 응력 열화
④ 환경 열화

12 ★★★★☆ [10점]

주어진 도면과 동작 설명을 보고 다음 각 물음에 답하시오.

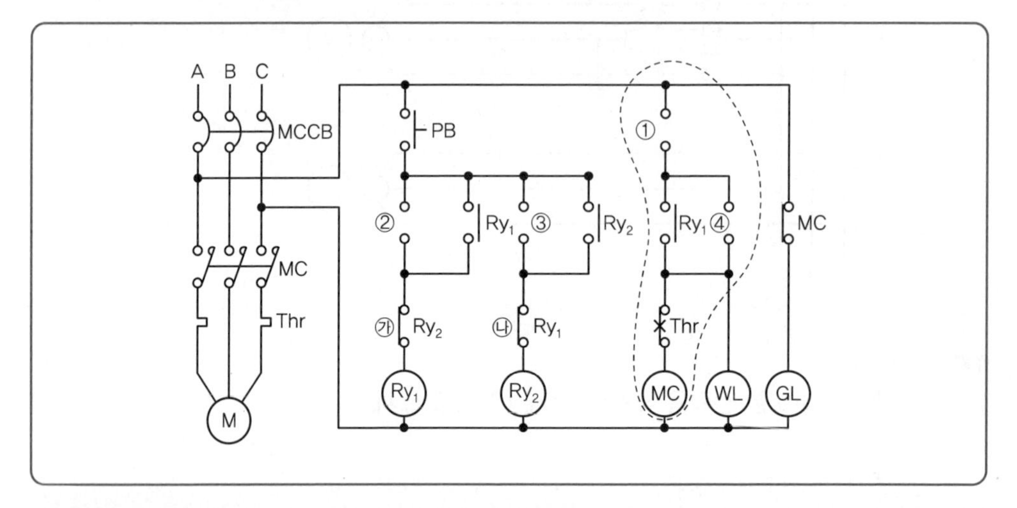

[동작 설명]

① 누름버튼 스위치 PB를 누르면 릴레이 Ry_1이 여자되어 MC를 여자시켜 전동기가 기동되며 PB에서 손을 떼어도 전동기는 계속 운전된다.

② 다시 PB를 누르면 릴레이 Ry_2가 여자되어 MC는 소자되며 전동기는 정지한다.

③ 다시 PB를 누름에 따라서 ①과 ②의 동작을 반복하게 된다.

1 ①~④ 접점을 그리고 기호를 적으시오.

2 ㉮, ㉯의 릴레이 b접점이 서로 작용하는 역할에 대하여 이것을 무슨 접점이라 하는가?

3 운전 중에 과전류로 인하여 Thr이 작동되면 점등되는 램프는 어떤 램프인가?

4 그림의 점선 부분을 논리식(출력식)과 무접점 논리회로로 표시하시오.

- 논리식 :
- 논리회로 :

5 동작에 관한 타임차트를 완성하시오.

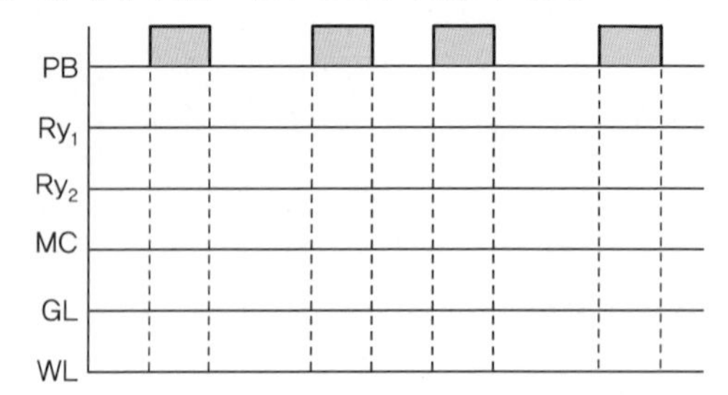

해답 **1** 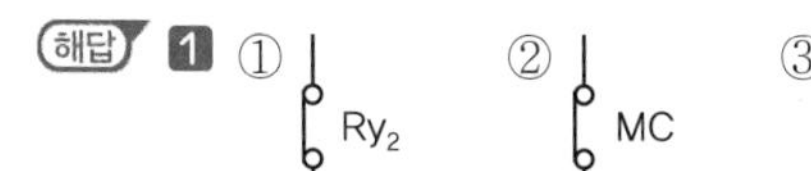

2 인터록 접점(Ry_1, Ry_2 동시 투입 방지)

3 GL 램프

4 논리식 : $MC = \overline{Ry_2}(Ry_1 + MC) \cdot \overline{Thr}$

논리회로 :

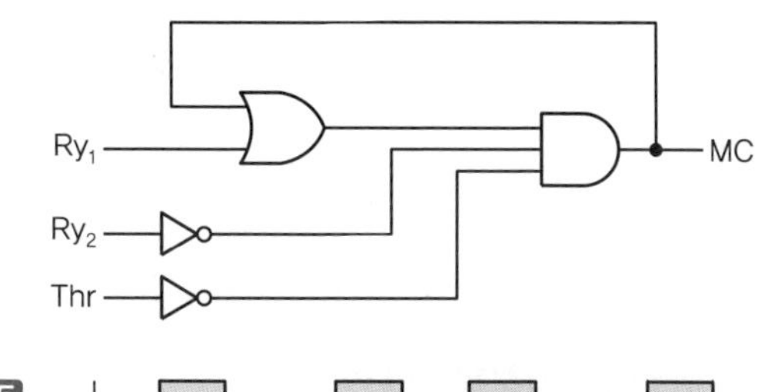

5

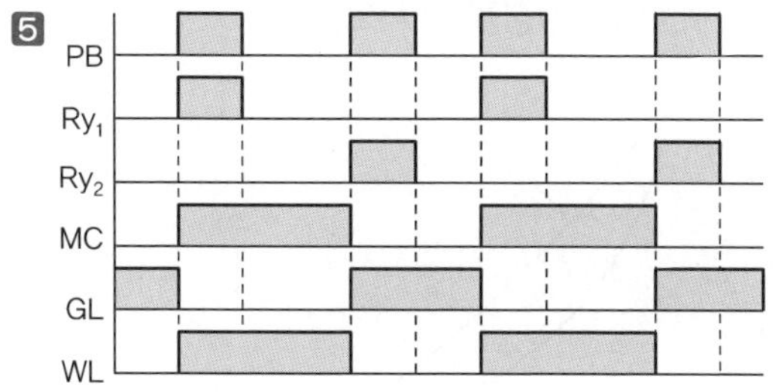

13 ★★★★★

[6점]

그림은 발전기의 상간 단락보호 계전방식을 도면화한 것이다. 이 도면을 보고 다음 각 물음에 답하시오.

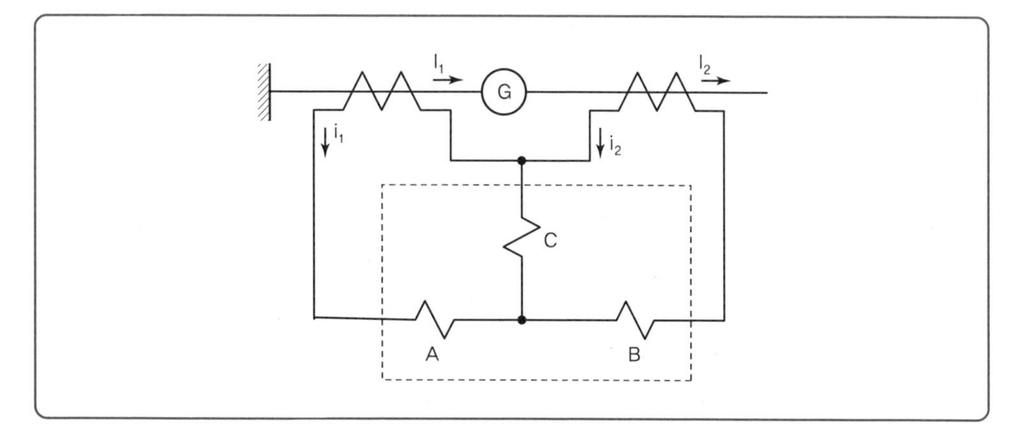

1 점선 안의 계전기 명칭은?

2 동작 코일은 A, B, C 코일 중 어느 것인가?

3 발전기에 상간 단락이 생길 때 코일 C의 전류 i_d는 어떻게 표현되는가?
4 동기 발전기의 병렬운전 조건을 3가지만 쓰시오.

해답
1 비율 차동 계전기
2 C 코일
3 $i_d = i_2 - i_1 \neq 0$
4 ① 기전력의 크기가 같을 것
② 기전력의 위상이 같을 것
③ 기전력의 주파수가 같을 것
그 외
④ 기전력에 파형이 같을 것

14 ★☆☆☆☆ [4점]

다음과 같은 그래프 특성을 갖는 계전기의 명칭을 쓰시오.

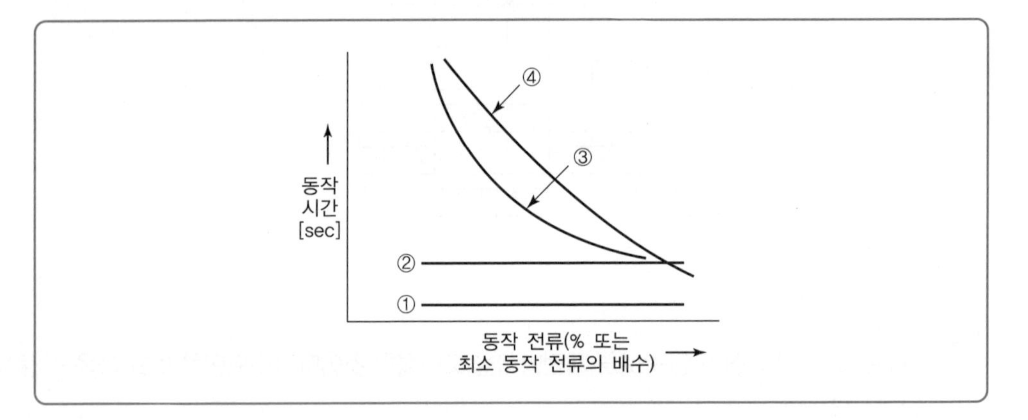

해답
① 순한시 계전기
② 정한시 계전기
③ 반한시성 정한시 계전기
④ 반한시 계전기

15 ★★★★★ [6점]

그림은 최대 사용 전압 6,900[V]인 변압기의 절연 내력 시험을 위한 시험 회로도이다. 그림을 보고 다음 각 물음에 답하시오.

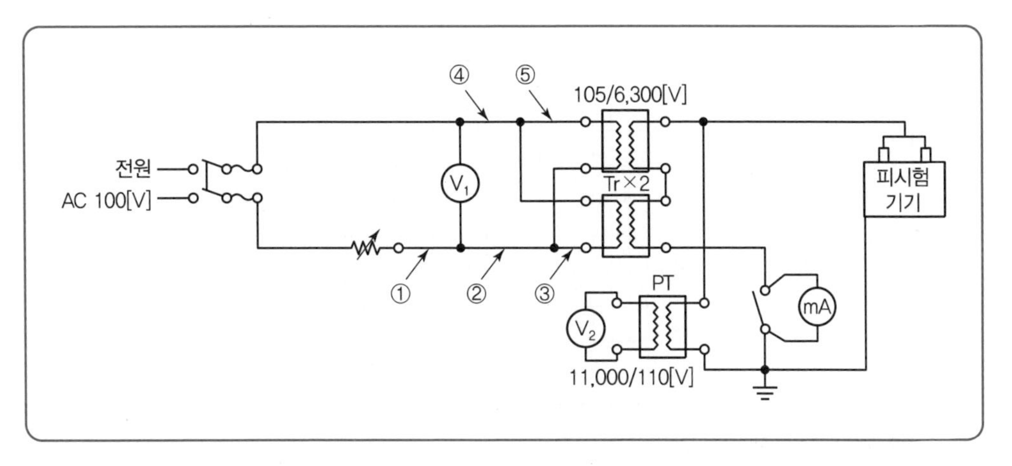

1. 전원 측 회로에 전류계 Ⓐ를 설치하고자 할 때 ①~⑤번 중 어느 곳이 적당한가?
2. 시험 시 전압계 V_1로 측정되는 전압은 몇 [V]인가?(단, 소수점 이하는 반올림할 것)
3. 시험 시 전압계 V_2로 측정되는 전압은 몇 [V]인가?
4. PT의 설치 목적은 무엇인가?
5. 전류계[mA]의 설치 목적은 어떤 전류를 측정하기 위함인가?

해답 1 ①

2 계산 : 절연 내력 시험 전압 : $V = 6{,}900 \times 1.5 = 10{,}350[V]$

전압계 : $V_1 = 10{,}350 \times \frac{1}{2} \times \frac{105}{6{,}300} = 86.25[V]$

답 86[V]

3 계산 : $V_2 = 6{,}900 \times 1.5 \times \frac{110}{11{,}000} = 103.5[V]$

답 103.5[V]

4 피시험기기의 절연 내력 시험 전압 측정

5 누설 전류의 측정

TIP

① V_1 전압계 지시값은 2차 전압 10,350(V)는 변압기 2대 값이고, 1차 전압은 변압기가 병렬(전압이 일정)이므로 1대 값이 된다. 즉, 10,350(V)$\times \frac{1}{2}$가 된다.

② 7,000(V) 이하의 절연내력시험 전압 : 전압×1.5배

16 ★★★★★ [4점]

그림과 같은 부하 곡선을 보고 다음 각 물음에 답하시오.

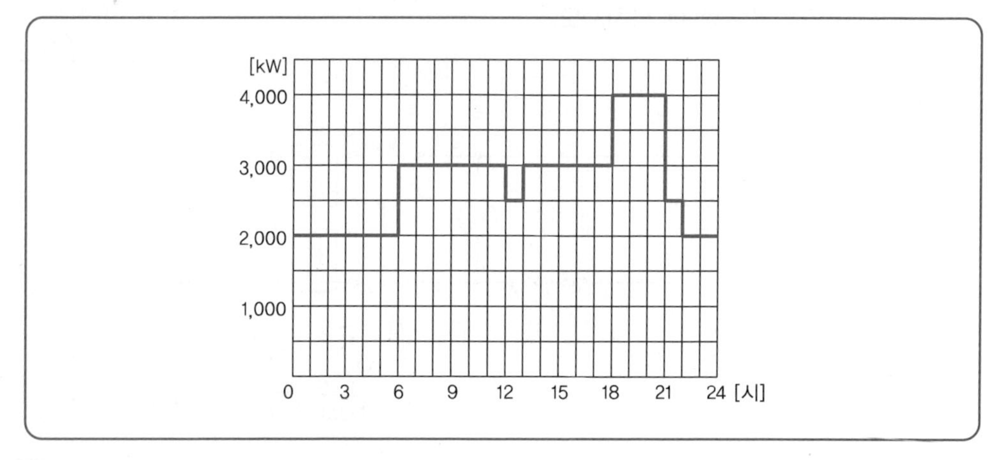

❶ 일공급 전력량은 몇 [kWh]인가?

❷ 일부하율은 몇 [%]인가?

해답 ❶ 계산 : 전력량=전력×시간$=2{,}000\times(6+2)+3{,}000\times(6+5)+4{,}000\times3+2{,}500\times2$
$=66{,}000[\text{kWh}]$

답 66,000[kWh]

❷ 계산 : $\text{일부하율}=\dfrac{\text{전력량}/24}{\text{최대전력}}\times100=\dfrac{66{,}000}{24\times4{,}000}\times100=68.75[\%]$

답 68.75[%]

17 ★☆☆☆☆ [3점]

특고압 가공전선과 저고압 가공전선 등의 접근 또는 교차에 관한 내용이다. 다음 (   )에 들어갈 내용을 쓰시오.

특별고압 가공전선이 삭도와 제1차 접근 상태로 시설되는 경우 특고압 가공전선로는 (❶) 특별고압 보안공사에 의할 것.
특별고압 가공전선과 삭도 또는 이들의 지지물이나 지주 사이의 이격거리는 (❷)이며, 사용전압이 60[kV] 초과 시 10[kV] 또는 그 단 수마다 (❸)[cm]를 더한 값이다.

해답 ❶ 제3종
❷ 2m
❸ 12cm

18 ★☆☆☆☆

[5점]

다음은 제어계의 조절부 동작에 의한 분류이다. 다음 ( ) 안에 들어갈 용어를 쓰시오.

- (1) 제어 : 설정값과 제어결과, 즉 검출값 편차의 크기에 비례하여 조작부를 제어하는 것으로 정상 오차를 수반한다. 사이클링은 없으나 잔류편차가 생기는 결점이 있다.
- (2) 제어 : 제어계 오차가 검출될 때 오차가 변화하는 속도에 비례하여 조작량을 가 · 감산하도록 하는 동작으로 오차가 커지는 것을 미리 방지하는 데 있다.
- (3) 제어 : 오차의 크기와 오차가 발생하고 있는 시간에 대해 둘러싸고 있는 면적을 말하고, 적분값의 크기에 비례하여 조작부를 제어하는 것으로, 잔류 오차가 없도록 제어할 수 있는 장점이 있다.
- (4) 제어 : 제어 결과에 빨리 도달하도록 미분 동작을 부가한 것이다. 응답 속응성의 개선에 사용된다.
- (5) 제어 : 이 동작은 PI 동작에 미분 동작(D 동작)을 하나 더 추가한 것으로, 미분 동작에 의해 응답의 오버슈트를 감소시키고, 정정 시간을 적게 하는 효과가 있으며, 적분 동작에 의해 잔류 편차를 없애는 작용도 있으므로 연속 선형 제어로서는 가장 고급의 장점을 갖는 제어방식이다.

해답 1 비례
2 미분동작
3 적분동작
4 비례 미분
5 비례 적분 미분

TIP

구분		특징
P	비례제어	• 정상오차 수반 • 잔류편차(off-set) 발생
I	적분제어	• 잔류편차 제거 및 개선
D	미분제어	• 속응성 개선 및 오차가 커지는 것을 사전에 예방
PI	비례적분제어	• 잔류편차 제거 • 제어결과가 진동적으로 될 수 있음
PD	비례미분제어	• 응답속도(속응성) 개선
PID	비례적분미분제어	• 잔류편차 제거 • 오버슈트 감소 • 속응성 개선 • 가장 완벽한 제어

memo

INDUSTRIAL ENGINEER ELECTRICITY

2018년
과년도
문제풀이

과년도 기출문제

회독 체크	□1회독	월 일	□2회독	월 일	□3회독	월 일

2012 2013 2014 2015 2016 2017 2018 2019 2020 2021

01 ★★☆☆☆ [5점]

다음 (   ) 안에 알맞은 내용을 쓰시오.

임의의 면에서 한 점의 조도는 광원의 광도 및 입사각의 코사인에 비례하고 거리의 제곱에 반비례한다. 이와 같이 입사각의 코사인에 비례하는 것을 Lambert의 코사인 법칙이라 한다. 또 광선과 피조면의 위치에 따라 조도를 (❶)조도, (❷)조도, (❸)조도 등으로 분류할 수 있다.

해답 ❶ 법선
❷ 수직면
❸ 수평면

02 ★★★★☆ [9점]

다음 조건을 이용하여 점 F에서 3상 단락고장이 발생하였을 때 단락전류 등을 154[kV], 100[MVA] 기준으로 계산하는 과정에 대한 다음 각 물음에 답하시오.

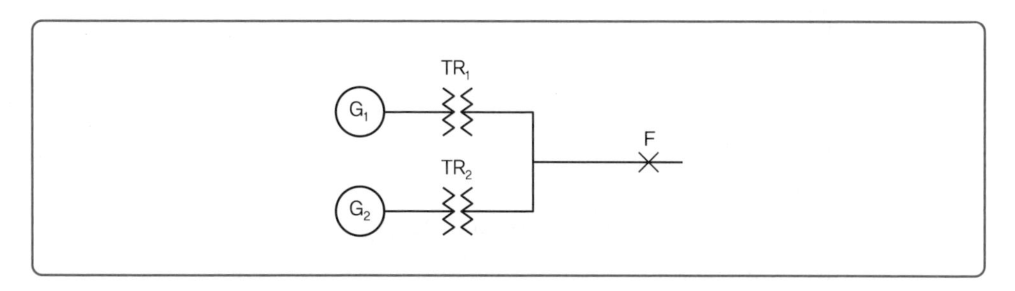

[조건]

① 발전기 G_1 : $P_{G1}=20[MVA]$, $\%Z_{G1}=30[\%]$
G_2 : $P_{G2}=5[MVA]$, $\%Z_{G2}=30[\%]$
② 변압기 TR_1 : 전압 11/154[kV], 용량 : 20[MVA], $\%Z_{T1}=10[\%]$
TR_2 : 전압 6.6/154[kV], 용량 : 5[MVA], $\%Z_{T2}=10[\%]$
③ 송전선로 : 전압 154[kV], 용량 : 20[MVA], $\%Z_{TL}=5[\%]$

❶ 정격전압 154[kV], 기준용량을 100[MVA]로 할 때 정격전류(I_n)를 구하시오.

❷ 발전기(G_1, G_2), 변압기(T_1, T_2) 및 송전선로의 %임피던스 $\%Z_{G1}$, $\%Z_{G2}$, $\%Z_{T1}$, $\%Z_{T2}$, $\%Z_{TL}$을 각각 구하시오.

3 점 F에서의 합성%임피던스를 구하시오.

4 점 F에서의 3상 단락전류 I_s를 구하시오.

5 점 F에서 설치할 차단기의 용량을 구하시오.

해답 **1** 계산 : $I_n = \dfrac{P}{\sqrt{3}\,V} = \dfrac{100 \times 10^6}{\sqrt{3} \times 154 \times 10^3} = 374.9[A]$

답 374.9[A]

2 ① 계산 : $\%Z_{G1} = 30[\%] \times \dfrac{100}{20} = 150[\%]$ 답 150[%]

② 계산 : $\%Z_{G2} = 30[\%] \times \dfrac{100}{5} = 600[\%]$ 답 600[%]

③ 계산 : $\%Z_{T1} = 10[\%] \times \dfrac{100}{20} = 50[\%]$ 답 50[%]

④ 계산 : $\%Z_{T2} = 10[\%] \times \dfrac{100}{5} = 200[\%]$ 답 200[%]

⑤ 계산 : $\%Z_{TL} = 5[\%] \times \dfrac{100}{20} = 25[\%]$ 답 25[%]

3 계산 :

$\%Z = \dfrac{(150+50) \times (600+200)}{(150+50)+(600+200)} + 25 = 185[\%]$

답 185[%]

4 계산 : $I_s = \dfrac{100}{\%Z} I_n = \dfrac{100}{185} \times 374.9 = 202.65[A]$

답 202.65[A]

5 계산 : $P_s = \dfrac{100}{\%Z} P = \dfrac{100}{185} \times 100 = 54.05[MVA]$

답 54.05[MVA]

TIP

① $I_s = \dfrac{100}{\%Z} I_n$

② $P_s = \dfrac{100}{\%Z} P$

③ G_1와 TR_1은 직렬 ┐
G_2와 TR_2은 직렬 ┘ 둘과는 병렬

03 ★★★★★ [5점]

제5고조파 전류의 확대 방지 및 파형의 일그러짐을 방지하기 위하여 콘덴서에 직렬 리액터를 설치하고자 한다. 콘덴서의 용량이 500[kVA]라고 할 때 다음 각 물음에 답하시오.

1 이론상 필요한 직렬 리액터의 용량[kVA]을 구하시오.

2 실제적으로 설치하는 직렬 리액터의 용량[kVA]과 이유를 간단히 쓰시오.

① 직렬 리액터의 용량

② 이유

해답 1 계산 : $500 \times 0.04 = 20[\text{kVA}]$

답 20[kVA]

2 ① 직렬 리액터의 용량 : $500 \times 0.06 = 30[\text{kVA}]$

② 이유 : 주파수 변동 등을 고려하여 6%를 선정한다.

TIP

직렬 리액터 용량(실제) = 콘덴서 용량 × 5~6%
(주파수 변동 고려)

04 ★★★★★ [5점]

단상 2선식 220[V]의 옥내배선에서 소비전력 40[W], 역률 80[%]의 형광등을 180[등] 설치할 때 이 시설을 16[A]의 분기회로로 하려고 한다. 이때 필요한 분기선은 최소 몇 회선이 필요한가?(단, 한 회로의 부하전류는 분기회로 용량의 80[%]로 하고 수용률은 1로 한다.)

해답 계산 : 분기회로수 $= \dfrac{\dfrac{40}{0.8} \times 180}{220 \times 16 \times 0.8} = 3.2$[회로]

답 16[A] 분기 4회로

TIP

$$\text{분기회로수} = \frac{\text{총설비용량[VA]}}{\text{분기설비용량[VA]}} = \frac{\text{상정부하설비의 합[VA]}}{\text{전압[V]} \times \text{분기회로전류[A]}}$$

05 ★★★★★

[5점]

지상역률 80[%]인 100[kW] 부하에 지상역률 60[%]인 70[kW] 부하를 연결하였다. 두 부하의 합성역률을 90[%]로 개선하는 데 필요한 진상 콘덴서 용량은 몇 [kVA]인가?

해답 계산 : $P = 100 + 70 = 170[kW]$

$$Q = P\tan\theta_1 + P\tan\theta_2 = 100 \times \frac{0.6}{0.8} + 70 \times \frac{0.8}{0.6} = 168.33[kVar]$$

$$\therefore \cos\theta_1 = \frac{P}{\sqrt{P^2 + Q^2}} \times 100 = \frac{170}{\sqrt{170^2 + 168.33^2}} \times 100 = 71.06[\%]$$

$$\therefore Q_c = P(\tan\theta_1 - \tan\theta_2) = 170 \times \left(\frac{\sqrt{1-0.7106^2}}{0.7106} - \frac{\sqrt{1-0.9^2}}{0.9}\right) = 85.99[kVA]$$

답 85.99[kVA]

TIP

$$Q = P \times \tan\theta = P \times \frac{\sin\theta}{\cos\theta}$$

여기서, Q : 무효전력

P : 유효전력

06 ★★★★☆

[12점]

그림은 3상 4선식 22.9[kV] 수전설비 단선결선도이다.

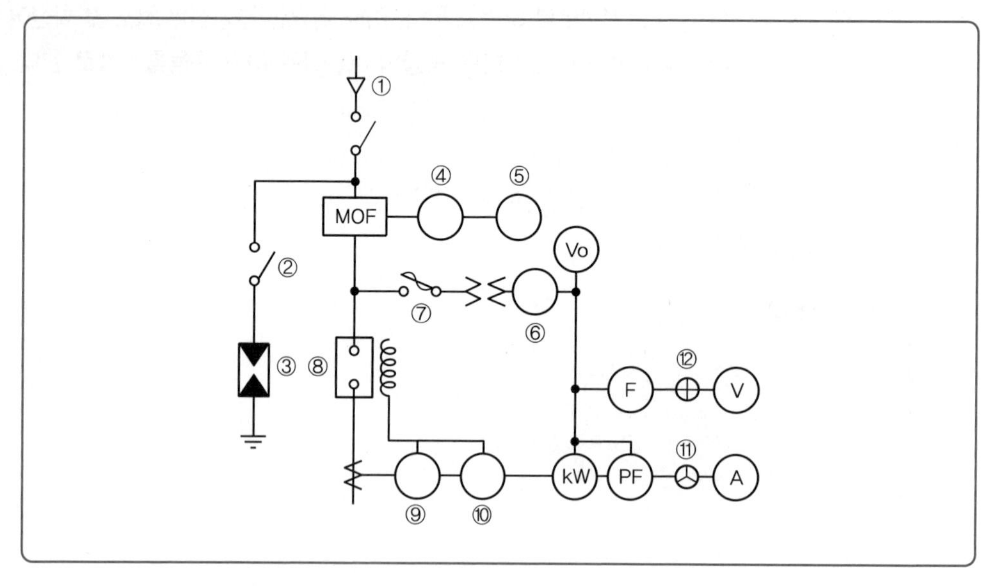

1 ①의 심벌의 용도를 쓰시오.

2 ②의 심벌의 명칭과 용도를 쓰시오.

3 ③의 심벌의 명칭과 용도를 쓰시오.
4 ④부터 ⑫까지의 심벌의 명칭을 쓰시오.

해답 1 용도 : 케이블의 단말처리
2 • 명칭 : 단로기
• 용도 : 피뢰기 전원개방
3 • 명칭 : 피뢰기
• 용도 : 뇌전류를 대지로 방전시키고 속류를 차단
4 ④ 최대수요전력량계 ⑤ 무효전력량계
⑥ 지락과전압계전기 ⑦ 전력퓨즈 또는 컷아웃스위치
⑧ 교류차단기 ⑨ 과전류계전기
⑩ 지락과전류계전기 ⑪ 전류계용 전환개폐기
⑫ 전압계용 전환개폐기

07 ★★★★★ [14점]

3층 사무실용 건물에 3상 3선식의 6,000[V]를 200[V]로 강압하여 수전하는 설비가 있다. 각종 부하 설비가 표와 같을 때 참고자료를 이용하여 다음 물음에 답하시오.

| 표1. 동력 부하 설비 |

사용 목적	용량 [kW]	대수	상용동력 [kW]	하계동력 [kW]	동계동력 [kW]
난방 관계					
• 보일러 펌프	6.7	1			6.7
• 오일 기어 펌프	0.4	1			0.4
• 온수 순환 펌프	3.7	1			3.7
공기조화관계					
• 1, 2, 3층 패키지 콤프레셔	7.5	6		45.0	
• 콤프레셔 팬	5.5	3	16.5		
• 냉각수 펌프	5.5	1		5.5	
• 쿨링 타워	1.5	1		1.5	
급수 · 배수 관계					
• 양수 펌프	3.7	1	3.7		
기타					
• 소화 펌프	5.5	1	5.5		
• 셔터	0.4	2	0.8		
합계			26.5	52.0	10.8

| 표 2. 조명 및 콘센트 부하 설비 |

사용 목적	와트수 [W]	설치 수량	환산용량 [VA]	총용량 [VA]	비고
전등관계					
• 수은등 A	200	2	260	520	200[V] 고역률
• 수은등 B	100	8	140	1,120	100[V] 고역률
• 형광등	40	820	55	45,100	200[V] 고역률
• 백열전등	60	20	60	1,200	
콘센트 관계					
• 일반 콘센트		70	150	10,500	2P 15[A]
• 환기팬용 콘센트		8	55	440	
• 히터용 콘센트	1,500	2		3,000	
• 복사기용 콘센트		4		3,600	
• 텔레타이프용 콘센트		2		2,400	
• 룸 쿨러용 콘센트		6		7,200	
기타					
• 전화교환용 정류기		1		800	
합계				75,880	

[조건]

1. 동력부하의 역률은 모두 70[%]이며, 기타는 100[%]로 간주한다.
2. 조명 및 콘센트 부하설비의 수용률은 다음과 같다.
   - 전등설비 : 60[%]
   - 콘센트 설비 : 70[%]
   - 전화교환용 정류기 : 100[%]
3. 변압기 용량 산출 시 예비율(여유율)은 고려하지 않으며 용량은 표준규격으로 답하도록 한다.
4. 변압기 용량 산정 시 필요한 동력부하설비의 수용률은 전체 평균 65[%]로 한다.

1 동계 난방 때 온수 순환 펌프는 상시 운전하고, 보일러용과 오일 기어 펌프의 수용률이 55[%]일 때 난방동력 수용부하는 몇 [kW]인가?

2 상용동력, 하계동력, 동계동력에 대한 피상전력은 몇 [kVA]가 되겠는가?
① 상용동력, ② 하계동력, ③ 동계동력

3 이 건물의 총 전기설비 용량은 몇 [kVA]를 기준으로 하여야 하는가?

4 조명 및 콘센트 부하설비에 대한 단상변압기의 용량은 최소 몇 [kVA]가 되어야 하는가?

5 동력부하용 3상 변압기의 용량은 몇 [kVA]가 되겠는가?

6 단상과 3상 변압기의 전류계용으로 사용되는 변류기의 1차 측 정격전류는 각각 몇 [A]인가?
① 단상, ② 3상

7 역률개선을 위하여 각 부하마다 전력용 콘덴서를 설치하려고 할 때 보일러 펌프의 역률을 95[%]로 개선하려면 몇 [kVA]의 전력용 콘덴서가 필요한가?

해답 **1** 계산 : 수용부하 $=3.7+(6.7+0.4)\times0.55=7.61$[kW]

답 7.61[kW]

2 ① 계산 : 상용동력의 피상전력 $=\dfrac{\text{설비용량[kW]}}{\text{역률}}=\dfrac{26.5}{0.7}=37.86$[kVA]

답 37.86[kVA]

② 계산 : 하계동력의 피상전력 $=\dfrac{\text{설비용량[kW]}}{\text{역률}}=\dfrac{52.0}{0.7}=74.29$[kVA]

답 74.29[kVA]

③ 계산 : 동계동력의 피상전력 $=\dfrac{\text{설비용량[kW]}}{\text{역률}}=\dfrac{10.8}{0.7}=15.43$[kVA]

답 15.43[kVA]

3 계산 : $37.86+74.29+75.88=188.03$[kVA]

답 188.03[kVA]

4 계산 : 전등 관계 : $(520+1{,}120+45{,}100+1{,}200)\times0.6\times10^{-3}=28.76$[kVA]

콘센트 관계 : $(10{,}500+440+3{,}000+3{,}600+2{,}400+7{,}200)\times0.7\times10^{-3}$

$=19$[kVA]

기타 : $800\times1\times10^{-3}=0.8$[kVA]

$28.76+19+0.8=48.56$[kVA]이므로

단상 변압기 용량은 50[kVA]가 된다.

답 50[kVA]

5 계산 : 동계 동력과 하계 동력 중 큰 부하를 기준으로 하고 상용 동력과 합산하여 계산하면

$T_R=\dfrac{\text{설비용량}\times\text{수용률}}{\text{역률}}=\dfrac{(26.5+52.0)}{0.7}\times0.65=72.89$[kVA]이므로

3상 변압기 용량은 75[kVA]가 된다.

답 75[kVA]

6 계산 : ① 단상 변압기 1차 측 변류기

$$I=\frac{P}{V}\times(1.25\sim1.5)=\frac{50\times10^3}{6\times10^3}\times(1.25\sim1.5)=10.42\sim12.5\text{[A]}$$

답 15[A] 선정

② 3상 변압기 1차 측 변류기

$$I=\frac{P}{\sqrt{3}\,V}\times(1.25\sim1.5)=\frac{75\times10^3}{\sqrt{3}\times6\times10^3}\times(1.25\sim1.5)=9.02\sim10.83\text{[A]}$$

답 10[A] 선정

7 계산 : $Q_c=P(\tan\theta_1-\tan\theta_2)=6.7\left(\dfrac{\sqrt{1-0.7^2}}{0.7}-\dfrac{\sqrt{1-0.95^2}}{0.95}\right)=4.63$[kVA]

답 4.63[kVA]

08 ★★★☆☆

[6점]

고압차단기의 종류 3가지와 각각의 소호매체를 답란에 쓰시오.

고압차단기	소호매체

해답

고압차단기	소호매체
공기차단기	압축공기
가스차단기	SF_6가스
진공차단기	고진공

TIP

➤ 고압차단기의 소호매질

종류	진공차단기 (VCB)	유입차단기 (OCB)	가스차단기 (GCB)	자기차단기 (MBB)	공기차단기 (ABB)
소호매질	고진공	절연유	SF_6가스	전자력	압축공기

09 ★★★★★

[5점]

25[m]의 거리에 있는 분전함에서 4[kW]의 교류 단상 200[V] 전열기를 설치하였다. 배선 방법을 금속관 공사로 하고 전압 강하를 1[%] 이하로 하기 위해서 전선의 굵기를 얼마로 선정하는 것이 적당한가?(단, 전선규격은 1.5, 2.5, 4, 6, 10, 16, 25, 35에서 선정한다.)

해답 계산 : $I = \dfrac{P}{V} = \dfrac{4 \times 10^3}{200} = 20[A]$

$e = 200 \times 0.01 = 2[V]$

$A = \dfrac{35.6LI}{1{,}000 \cdot e} = \dfrac{35.6 \times 25 \times 20}{1{,}000 \times 2} = 8.9[mm^2]$

답 $10[mm^2]$

10 ★★★★★ [8점]

축전지설비에서 이용되는 연축전지와 알칼리축전지에 대하여 다음 각 물음에 답하시오.

1. 연축전지와 비교할 때 알칼리축전지의 장점과 단점을 1가지씩만 쓰시오.
2. 연축전지와 알칼리축전지의 공칭전압은 각각 몇 [V]인지 쓰시오.
3. 축전지의 일상적인 충전방식 중 부동충전방식에 대하여 설명하시오.
4. 연축전지의 정격용량이 250[Ah]이고, 상시부하가 15[kW]이며, 표준전압이 100[V]인 부동충전방식 충전기의 2차 전류는 몇 [A]인지 구하시오.(단, 상시부하의 역률은 1로 간주한다.)

해답
1. • 장점 : 과충전, 과방전에 강하다. • 단점 : 연축전지보다 공칭전압이 낮다.
2. • 연축전지 : 2.0[V/cell] • 알칼리축전지 : 1.2[V/cell]
3. 축전지와 부하를 충전기에 병렬로 접속하여 사용하는 방식으로 축전지의 자기방전을 보충함과 동시에 일상적인 부하전류는 충전기가 공급하되, 충전기가 공급하기 어려운 일시적인 대전류 부하는 축전지가 공급하는 충전방식
4. 계산 : $I = \frac{정격용량}{방전율} + \frac{P}{V} = \frac{250}{10} + \frac{15,000}{100} = 175[A]$

   답 175[A]

TIP

➤ 축전지 방전율

① 연축전지 : 10[h] ② 알칼리 : 5[h]

11 ★★★☆☆ [6점]

50[Hz]로 설계된 3상 유도전동기를 동일 전압으로 60[Hz]에 사용할 경우 다음 요소는 어떻게 변화하는지를 수치를 이용하여 설명하시오.

1. 무부하 전류
2. 온도 상승
3. 속도

해답 1. 5/6으로 감소 2. 5/6으로 감소 3. 6/5로 증가

TIP

① $I_o \propto \frac{1}{f}$ 여기서, I_o : 무부하전류

② $T \propto I_o$ 여기서, T : 온도

③ $N \propto f$ 여기서, N : 속도

12 ★★☆☆☆

[4점]

지중전선로에서 케이블의 매설깊이는 관로식인 경우와 직접매설식(차량 및 기타 중량물의 압력을 받을 우려가 있는 경우임)인 경우에 각각 얼마 이상으로 하여야 하는가?

시설장소	매설깊이[m]
관로식	1
직접매설식	2

해답 1 1.0[m] 이상

2 1.0[m] 이상(※ KEC 규정에 따라 해답 변경)

13 ★★★★★

[5점]

지표면상 15[m] 높이의 수조가 있다. 이 수조에서 시간당 5,000[m^3]의 물을 양수하는 데 필요한 펌프용 전동기의 소요 출력은 몇 [kW]인가?(단, 펌프의 효율은 55[%]로 하고, 여유계수는 1.1로 한다.)

해답 계산 : $P = \frac{9.8QH}{\eta}K = \frac{9.8 \times 5{,}000/3{,}600 \times 15}{0.55} \times 1.1 = 408.33$

답 408.33[kW]

14 ★★★★★

[6점]

다음 논리식에 대한 물음에 답하시오.

$X = \overline{A}B + C$

1 논리회로를 그리시오.

2 1번을 2입력 NAND만으로 그리시오.

해답

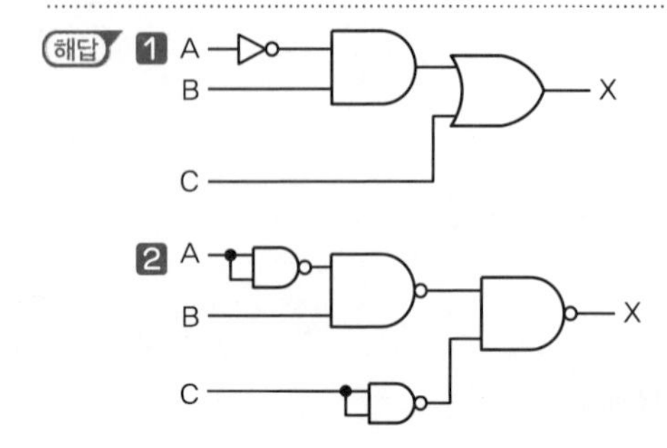

15 ★☆☆☆☆ **[5점]**

태양광모듈 1장의 출력이 300[W], 변환효율이 20[%]일 때, 발전용량 12[kW]인 태양광발전소의 최소 설치 필요 면적은 몇 [m²]인지 구하시오.(단, 일사량은 1,000[W/m²], 이격거리는 고려하지 않는다고 한다.)

해답 ① 태양전지모듈 변환효율 $\eta = \frac{P_{mpp}}{A \times 일사량[W/m^2]} \times 100[\%]$이므로

모듈면적 $A = \frac{P_{mpp}}{\eta \times 일사량[W/m^2]} \times 100 = \frac{300}{20 \times 1,000} \times 100 = 1.5[m^2]$

② 발전용량은 12[kW], 모듈 1장의 출력은 300[W]이므로,

태양전지모듈 수 $N = \frac{12,000}{300} = 40$[개]

따라서 태양광발전소의 최소 설치 필요 면적 $= 40 \times 1.5 = 60[m^2]$

2012 2013 2014 2015 2016 2017 2018 2019 2020 2021

↘ 전기산업기사

2018년도 2회 시험 과년도 기출문제

회독 체크	□1회독	월 일	□2회독	월 일	□3회독	월 일

01 ★★★★☆ [4점]

그림은 어느 수용가의 일부하 곡선이다. 이 수용가의 일부하율은 몇 [%]인가?

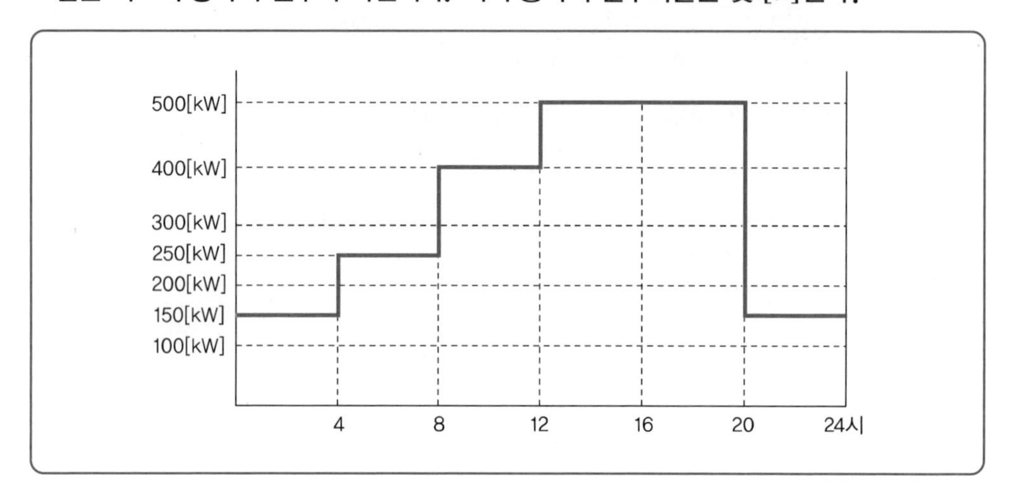

해답 계산 : $\text{부하율} = \dfrac{\text{평균전력}}{\text{최대전력}} \times 100 = \dfrac{\text{사용전력량}/24}{\text{최대전력}} \times 100$

$$= \frac{(150 \times 4 + 250 \times 4 + 400 \times 4 + 500 \times 8 + 150 \times 4)/24}{500} \times 100 = 65[\%]$$

답 65[%]

02 ★★★★☆ [5점]

3상 3선식 6[kV] 수전점에서 100/5[A] CT 2대, 6,600/110[V] PT 2대를 정확히 결선하여 CT 및 PT의 2차 측에서 측정한 전력이 300[W]라면 수전전력은 얼마이겠는가?

해답 계산 : $\text{수전전력}(P_1) = P_2 \times \text{PT 비} \times \text{CT 비} \times 10^{-3}$

$$= 300 \times \frac{6,600}{110} \times \frac{100}{5} \times 10^{-3}$$

$$= 360[\text{kW}]$$

답 360[kW]

03 ★★★☆☆ [5점]

송전선로에 대한 다음 물음에 답하시오.

1 송전선로에서 사용하는 중성점 접지방식의 종류 4가지를 쓰시오.
2 우리나라 송전선로에서 사용하는 중성점 접지방식을 쓰시오.
3 유효접지의 배수는?

해답 1 ① 직접접지방식 ② 소호리액터 접지방식
③ 저항접지방식 ④ 비접지방식
2 직접접지방식
3 1.3배

TIP
유효접지배수 : 1선 지락 시 전위 상승값

04 ★★☆☆☆ [6점]

SPD(서지흡수기)에 대한 다음 물음에 답하시오.

1 기능별 종류 3가지를 쓰시오.
2 구조별 종류 2가지를 쓰시오.

해답 1 ① 전압스위치형 SPD
② 복합형 SPD
③ 전압제한형 SPD
2 ① 1포트 SPD
② 2포트 SPD

05 ★★☆☆☆ [5점]

전압 13.2[kV], 용량 100[MVA], %Z=95[%]일 때 Z는 몇 [Ω]인지 계산하시오.

해답 계산 : $\%Z = \frac{P \cdot Z}{10V^2}$

$$Z = \frac{\%Z \cdot 10V^2}{P}[\Omega] = \frac{95 \times 10 \times 13.2^2}{100 \times 10^3} = 1.655$$

답 1.66[Ω]

06 ★★★★★

[5점]

시동용량이 2,000[kVA]이고, 기동 시 전압강하는 20[%]까지 허용되며, 발전기의 과도리액턴스가 25[%]일 때 자가발전기 최소용량을 계산하시오.

해답 계산 : $P_G = \left(\frac{1}{0.2} - 1\right) \times 2{,}000 \times 0.25 = 2{,}000$[kVA]

답 2,000[kVA]

TIP

$$P_G = \left(\frac{1}{e} - 1\right) \times X_d \times P_o$$

여기서, e : 전압강하, X_d : 리액턴스, P_o : 시동(기동) 용량

07 ★★★★☆

[5점]

다음 각 항목을 측정하는 데 가장 알맞은 계측기 또는 측정기를 쓰시오.

1 변압기의 절연저항
2 검류계의 내부저항
3 전해액의 저항
4 배전선의 전류
5 접지극의 접지저항

해답 1 절연저항계(메거)
2 휘스톤 브리지
3 콜라우시 브리지
4 후크온 미터
5 접지저항계

08 ★★★★☆ [5점]

단상 변압기의 병렬운전조건 3가지를 쓰시오.

해답 ① 각 변압기의 극성이 같을 것
② 권수비가 같을 것
③ %임피던스 강하가 같을 것
그 외
④ 내부저항과 누설 리액턴스의 비가 같을 것

TIP
⑤ 상회전 방향이 같을 것(3상)
⑥ 각 변위가 같을 것(3상)

09 ★★★★☆ [5점]

몰드 변압기의 장점 4가지를 쓰시오.

해답 ① 절연물로 난연성 에폭시 수지를 사용하므로 화재의 우려가 없다.
② 소형 경량이다.
③ 전력손실이 감소한다.
④ 보수 및 점검이 용이하다.
그 외
⑤ 단시간 과부하 내량이 크다.
⑥ 저진동 및 저소음

TIP
➤ 단점
① 가격이 비싸다.
② 충격파 내전압이 낮다.
③ 수지층에 차폐물이 없으므로 운전 중 코일 표면과 접촉하면 위험하다.

10 ★★★☆☆ [12점]

도면은 어느 수용가의 수전설비 결선도이다. 이 결선도를 보고 다음 각 물음에 답하시오.

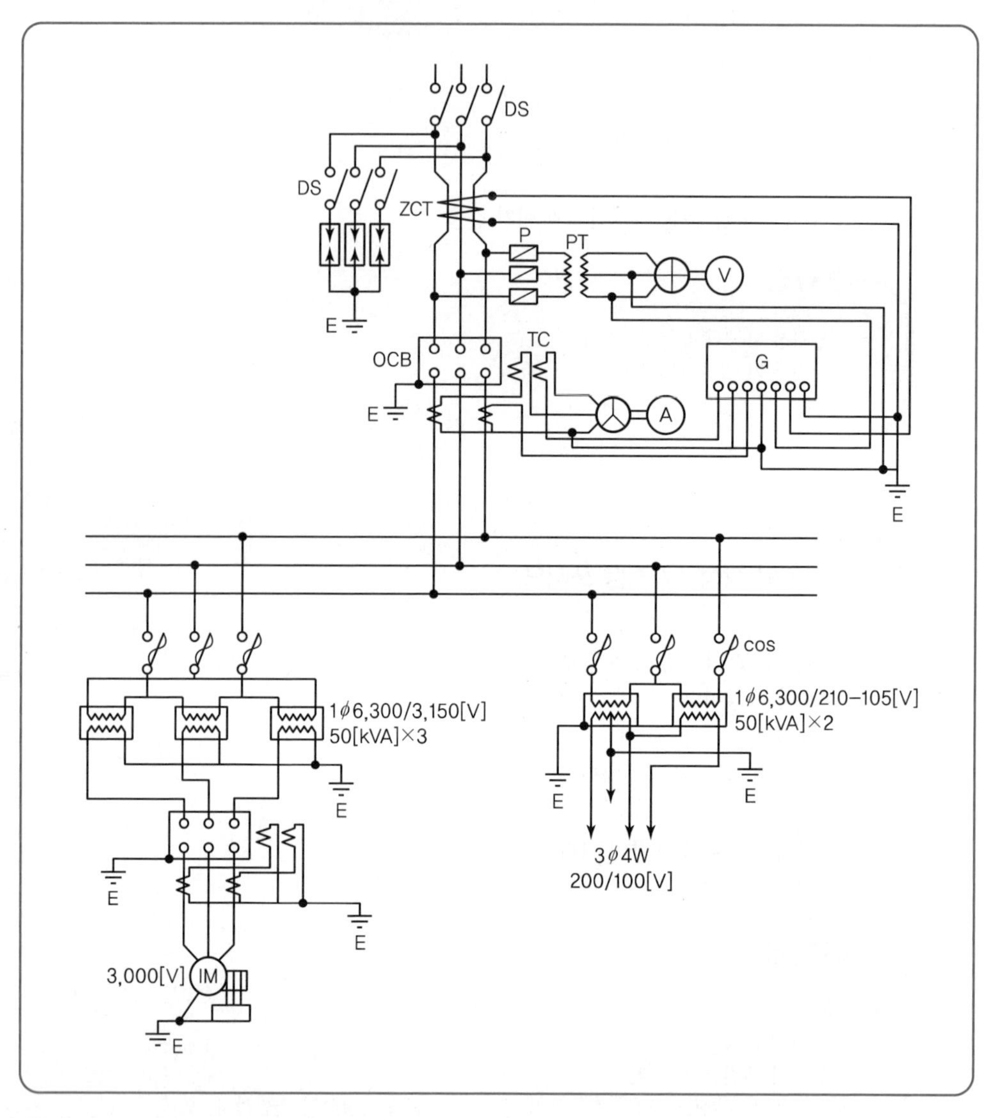

1. ZCT의 명칭과 역할을 쓰시오.
2. 도면에서 ⊕은 무엇을 나타내는지 쓰시오.
3. 도면에서 Ⓧ은 무엇을 나타내는지 쓰시오.
4. 6,300/3,150[V] 단상 변압기 3대의 2차 측 결선이 잘못되어 있다. 이 부분을 올바르게 고쳐서 그리시오.
5. 도면에서 TC는 무엇을 나타내는지 쓰시오.

해답 1 명칭 : 영상변류기
역할 : 지락사고 시 영상전류(지락전류) 검출

2 ⊕ : 전압계용 전환 개폐기

3 ⊗ : 전류계용 전환 개폐기

4
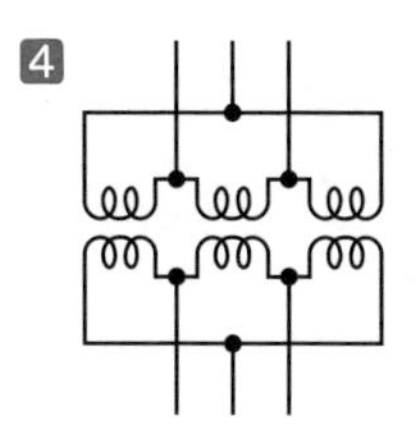

5 트립코일

11 ★★★★☆ [14점]

그림과 같이 인입변대에 22.9[kV] 수전설비를 설치하여 380/220[V]를 사용하고자 한다. 다음 각 물음에 답하시오.

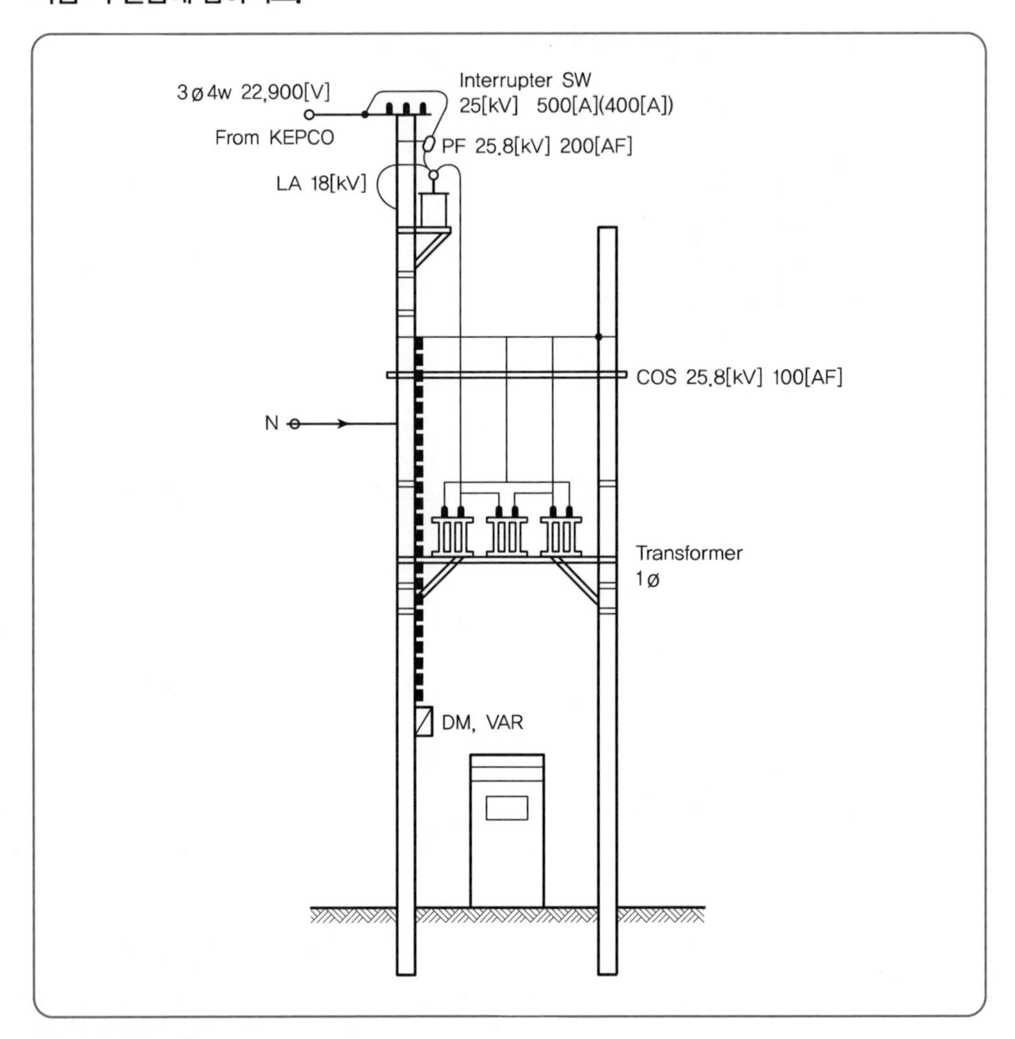

1. DM 및 VAR의 명칭을 쓰시오.
2. 도면에 사용된 LA의 수량은 몇 개이며 정격전압은 몇 [kV]인가?
3. 22.9[kV-Y] 계통에 사용하는 것은 주로 어떤 케이블인가?
4. 변압기 2차 측 중성점 접지공사의 종류를 쓰시오. ※ KEC 규정에 따라 삭제
5. 주어진 도면을 단선도로 그리시오.

해답 1 • DM : 최대수요 전력계
• VAR : 무효전력계

2 • LA 수량 : 3개
• 정격전압 : 18[kV]

3 CNCV－W(수밀형) 케이블

4 ※ KEC 규정에 따라 삭제

5

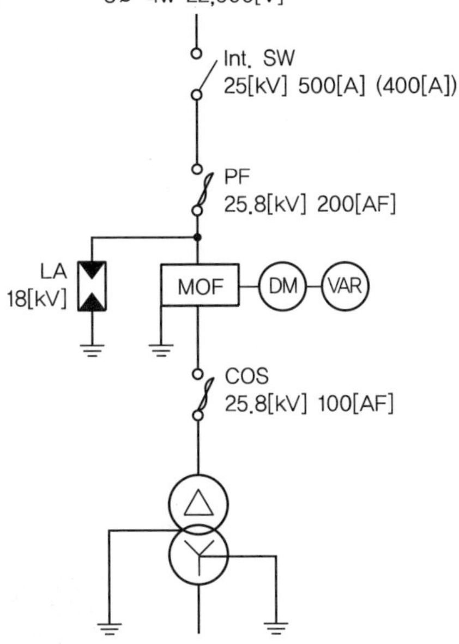

12 ★★★☆☆ [6점]

변전실(수전실) 등의 시설과 관련하여 변압기, 배전반 등 수전설비는 보수 점검에 필요한 공간 및 방화상 유효한 공간을 유지하기 위하여 주요 부분이 유지하여야 할 거리를 정하고 있다. 다음 표에 기기별 최소유지거리를 쓰시오.

위치별 / 기기별	앞면 또는 조작 · 계측면	뒷면 또는 점검면	열상호간 (점검하는 면)
특고압 배전반			
저압 배전반			

해답

위치별 / 기기별	앞면 또는 조작 · 계측면	뒷면 또는 점검면	열상호간 (점검하는 면)
특고압 배전반	1.7[m]	0.8[m]	1.4[m]
저압 배전반	1.5[m]	0.6[m]	1.2[m]

13 ★★☆☆☆ [5점]

다음 그림은 배전반에서 계측을 하기 위한 계기용 변성기이다. 아래 그림을 보고 명칭, 약호, 심벌, 역할에 알맞은 내용을 쓰시오.

구분		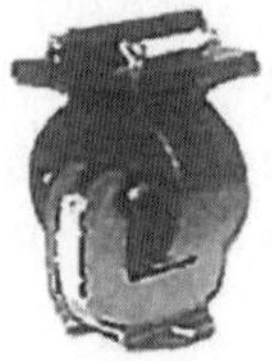
명칭		
약호		
심벌		
역할		

해답

구분	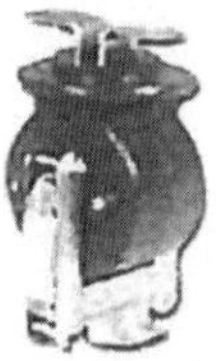	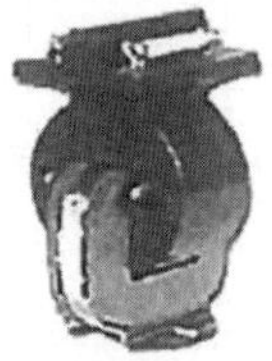
명칭	변류기	계기용 변압기
약호	CT	PT
심벌	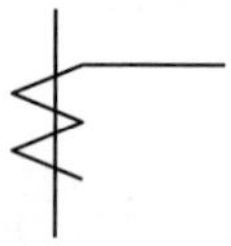	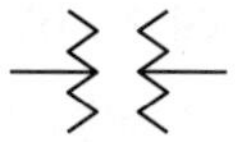
역할	대전류를 소전류로 변성하여 계측기 및 계전기 등에 전류를 공급한다.	고전압을 저전압으로 변성하여 계측기 및 계전기 등에 전압을 공급한다.

14 ★★☆☆☆ [8점]

3로스위치 4개를 사용한 3개소 점멸의 단선도를 참조하여 복선도를 완성하시오.

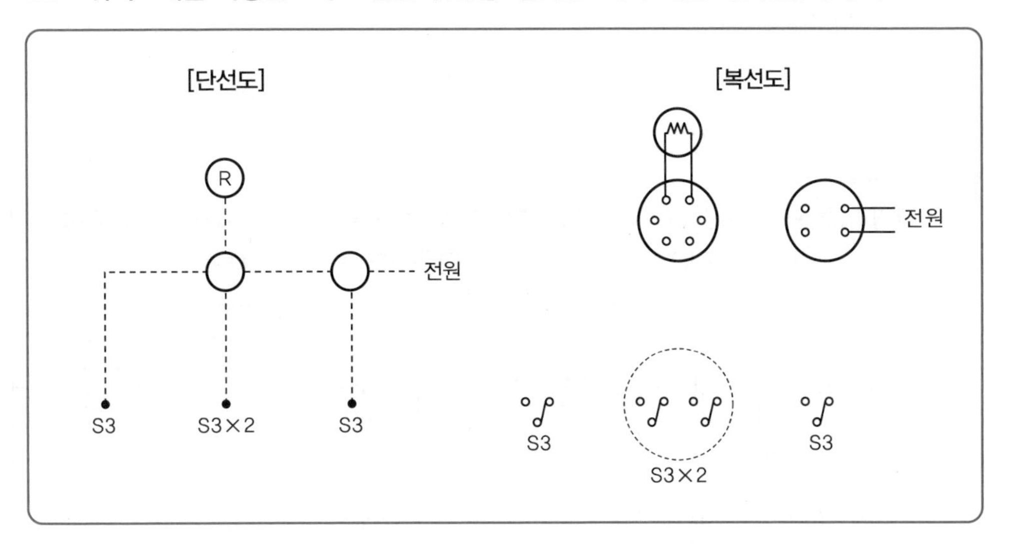

해답

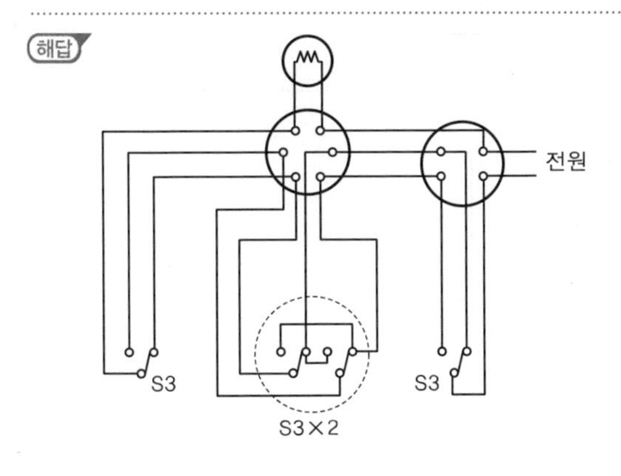

15 ★★★★☆ [5점]

다음 유접점에 대한 논리식을 쓰시오.

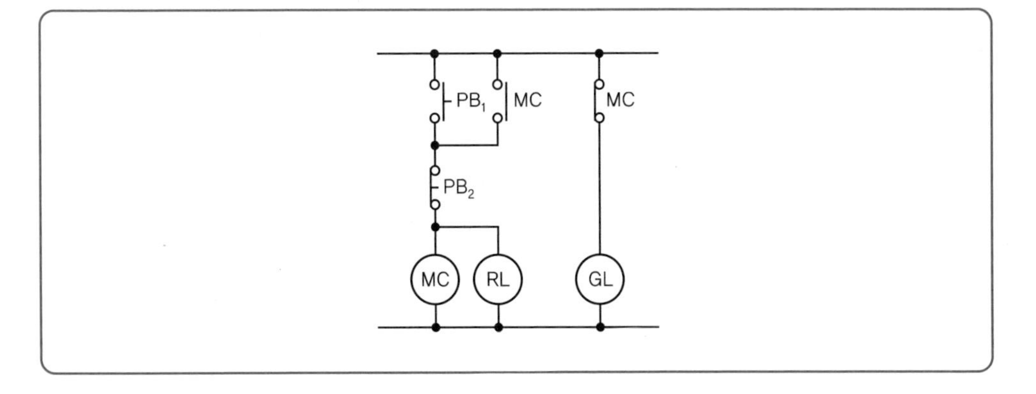

해답 $MC = (PB_1 + MC)\overline{PB_2}$

$RL = MC$

$GL = \overline{MC}$

16 ★★★★☆ [5점]

그림과 같은 PLC시퀀스(래더 다이어그램)가 있다. PLC 프로그램에서의 신호 흐름은 단방향이므로 시퀀스를 수정해야 한다. 문제의 도면을 바르게 작성하시오.

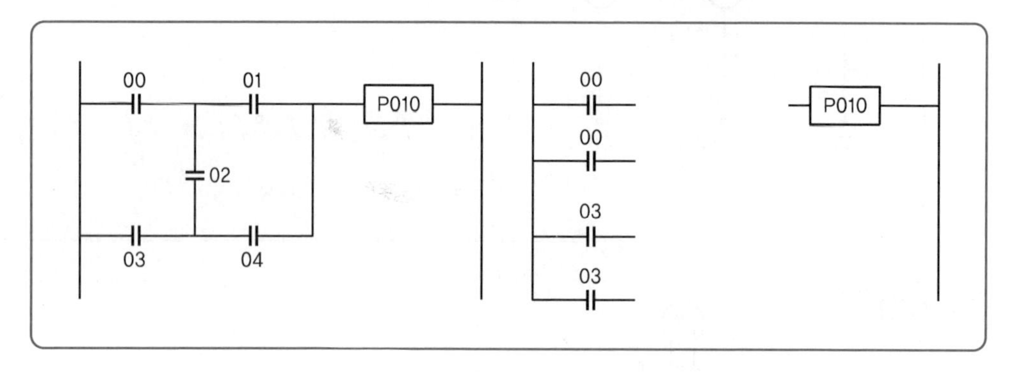

해답

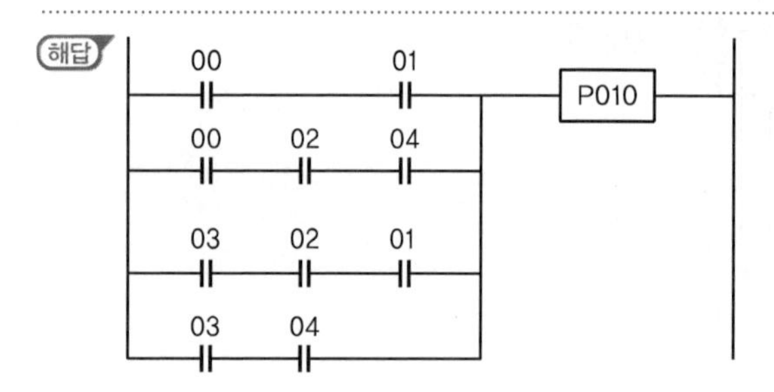

과년도 기출문제

회독 체크	□1회독	월 일	□2회독	월 일	□3회독	월 일

01

★★★★☆ [6점]

진리값(참값) 표는 3개의 리미트 스위치 LS_1, LS_2, LS_3에 입력을 주었을 때 출력 X와의 관계표이다. 정확히 이해하고 다음 물음에 답하시오.

| 진리값(참값) 표 |

LS_1	LS_2	LS_3	X
0	0	0	0
0	0	1	0
0	1	0	0
0	1	1	1
1	0	0	0
1	0	1	1
1	1	0	1
1	1	1	1

1. 진리값(참값) 표를 보고 Karnaugh 도표를 완성하시오.

LS_3 \ $LS_1 LS_2$	0 0	0 1	1 1	1 0
0				
1				

2. Karnaugh 도표를 보고 논리식을 쓰시오.
3. 진리값(참값)과 논리식을 보고 무접점 회로도로 표시하시오.

해답 1

LS_3 \ $LS_1 LS_2$	0 0	0 1	1 1	1 0
0	0	0	1	0
1	0	1	1	1

2 $X = LS_2 LS_3 + LS_1 LS_3 + LS_1 LS_2$

3

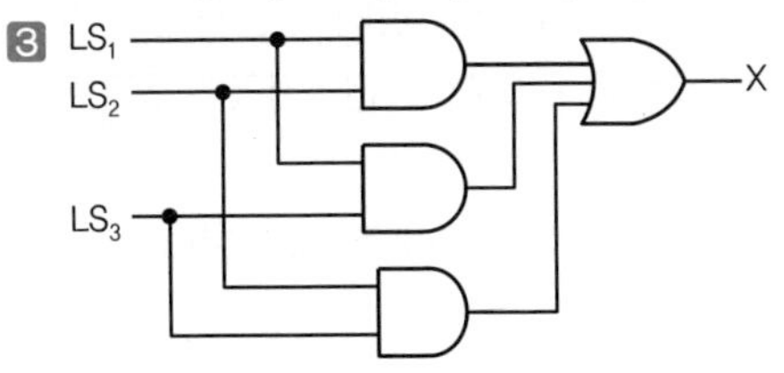

02 ★★★★★

[7점]

다음은 어느 생산공장의 수전설비이다. 이것을 이용하여 각 물음에 답하시오.

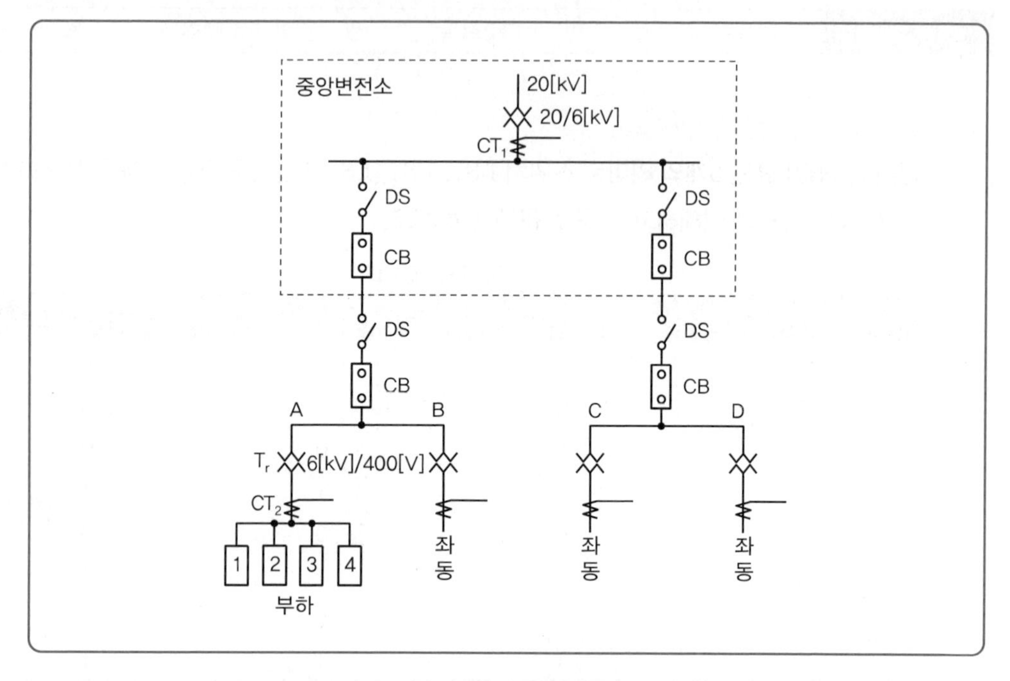

| 표 1. 뱅크의 부하용량표 |

피더	부하설비용량[kW]	수용률[%]
1	125	80
2	125	80
3	500	70
4	600	84

| 표 2. 변류기 규격표 |

항목	변류기
정격 1차 전류[A]	5, 10, 15, 20, 30, 40 50, 75, 100, 150, 200 300, 400, 500, 600, 750 1000, 1500, 2000, 2500
정격 2차 전류[A]	5

1 A, B, C, D 뱅크에 같은 부하가 걸려 있으며, 각 뱅크 간의 부등률은 1.3이고, 전부하 합성역률은 0.8이다. 중앙변전소 변압기 용량을 구하시오.(단, 변압기 용량은 표준규격으로 답하도록 한다.)

2 변류기 CT_1의 변류비를 산정하시오.(단, 변류비는 1.2배로 결정한다.)

3 A뱅크 변압기의 용량을 선정하고 CT_2의 변류비를 구하시오.(단, 변류비는 1.15배로 결정한다.)

① A뱅크 변압기 용량

② CT_2 변류비

(해답) **1** 계산 : A뱅크의 최대 수요 전력

$$T_r \text{ 용량} = \frac{\text{개별최대전력의 합(설비용량}\times\text{수용률)}}{\text{부등률}\times\text{역률}}$$

$$\frac{(125\times0.8)+(125\times0.8)+(500\times0.7)+(600\times0.84)}{1.3\times0.8}\times4 = 4{,}053.85[\text{kVA}]$$

답 4,500[kVA]

2 계산 : $CT_1 \quad I_1 = \frac{P}{\sqrt{3}\,V}\times1.2 = \frac{4{,}500}{\sqrt{3}\times6}\times1.2 = 519.62[\text{A}]$ $\therefore$ 600/5 선정

답 600/5

3 ① A뱅크 변압기용량 $= \frac{4{,}053.85}{4} = 1{,}013.46[\text{kVA}]$

답 1,500[kVA]

② CT_2 변류비

계산 : $CT_2 \quad I_1 = \frac{P}{\sqrt{3}\,V}\times1.15 = \frac{1{,}500}{\sqrt{3}\times0.4}\times1.15 = 2{,}489.82[\text{A}]$ $\therefore$ 2,500/5 선정

답 CT_2 : 2,500/5

TIP

➤ 단상변압기 표준용량[kVA]

1	15	150	1,500	15,000
2	20	200	2,000	20,000
3	30	300	3,000	30,000
5	50	500	5,000	50,000
7.5	75	750	7,500	
10	100	1,000	10,000	

➤ 3상 변압기 표준용량[kVA]

	15	150	1,500	15,000	150,000
	20	200	2,000	20,000	200,000
3	30	300	3,000	30,000	250,000
			4,500	45,000	300,000
5	50	500		(50,000)	
			6,000	60,000	
7.5	75	750	7,500		
				90,000	
10	100	1,000	10,000	100,000	

03 ★★★★★

[12점]

어느 회사에서 한 부지 A, B, C에 세 공장을 세워 3대의 급수 펌프 P_1(소형), P_2(중형), P_3(대형)으로 다음 계획에 따라 급수 계획을 세웠다. 계획 내용을 잘 살펴보고 다음 물음에 답하시오.

[계획]

① 모든 공장 A, B, C가 휴무일 때 또는 그중 한 공장만 가동할 때에는 펌프 P_1만 가동시킨다.

② 모든 공장 A, B, C 중 어느 것이나 두 개의 공장만 가동할 때에는 P_2만 가동시킨다.

③ 모든 공장 A, B, C가 모두 가동할 때에는 P_3만 가동시킨다.

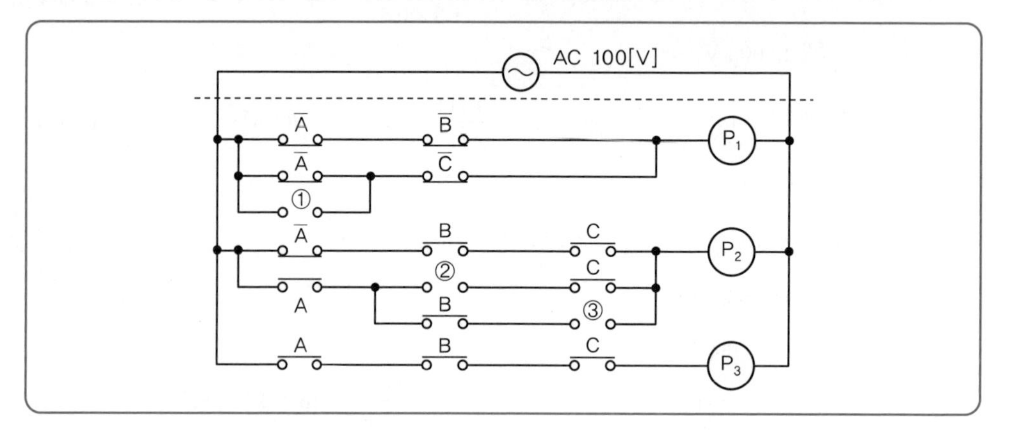

1 조건과 같은 진리표를 작성하시오.

2 ①~③의 접점 기호를 그리고 알맞은 약호를 쓰시오.

3 P_1~P_3의 출력식을 각각 쓰시오.

※ 접점 심벌을 표시할 때는 A, B, C, $\overline{A}$, $\overline{B}$, $\overline{C}$ 등 문자 표시도 할 것

해답 1

A	B	C	P_1	P_2	P_3
0	0	0	1	0	0
0	0	1	1	0	0
0	1	0	1	0	0
0	1	1	0	1	0
1	0	0	1	0	0
1	0	1	0	1	0
1	1	0	0	1	0
1	1	1	0	0	1

2 ① $\overline{B}$ 접점 ② $\overline{B}$ 접점 ③ $\overline{C}$ 접점

3 $P_1=\overline{A}\cdot\overline{B}\cdot\overline{C}+\overline{A}\cdot\overline{B}\cdot C+\overline{A}\cdot B\cdot\overline{C}+A\cdot\overline{B}\cdot\overline{C}=\overline{A}\cdot\overline{B}+\overline{A}\cdot\overline{C}+\overline{B}\cdot\overline{C}$

$P_2=\overline{A}\cdot B\cdot C+A\cdot\overline{B}\cdot C+A\cdot B\cdot\overline{C}$

$P_3=A\cdot B\cdot C$

04 ★★★★★

[13점]

3층 사무실용 건물에 3상 3선식의 6,000[V]를 수전하여 200[V]로 체강하여 수전하는 설비를 하였다. 각종 부하 설비가 다음의 표와 같을 때 각 물음에 답하시오.

| 표 1. 동력 부하 설비 |

사용 목적	용량 [kW]	대수	상용동력 [kW]	하계동력 [kW]	동계동력 [kW]
난방관계					
• 보일러 펌프	6.0	1			6.0
• 오일 기어 펌프	0.4	1			0.4
• 온수 순환 펌프	3.0	1			3.0
공기조화관계					
• 1, 2, 3층 패키지 콤프레셔	7.5	6		45.0	
• 콤프레셔 팬	5.5	3	16.5		
• 냉각수 펌프	5.5	1		5.5	
• 쿨링 타워	1.5	1		1.5	
급수 · 배수 관계					
• 양수 펌프	3.0	1	3.0		
기타					
• 소화 펌프	5.5	1	5.5		
• 셔터	0.4	2	0.8		
합계			25.8	52.0	9.4

| 표 2. 조명 및 콘센트 부하 설비 |

사용 목적	와트수 [W]	설치 수량	환산용량 [VA]	총 용량 [VA]	계동력 [kW]
전등관계					
• 수은등 A	200	4	260	1,040	200[V] 고역률
• 수은등 B	100	8	140	1,120	100[V] 고역률
• 형광등	40	820	55	45,100	200[V] 고역률
• 백열전등	60	10	60	600	
콘센트 관계					
• 일반 콘센트		80	150	12,000	2P 15A
• 환기팬용 콘센트		8	55	440	
• 히터용 콘센트	1,500	2		3,000	
• 복사기용 콘센트		4		3,600	
• 텔레타이프용 콘센트		2		2,400	
• 룸 쿨러용 콘센트		6		7,200	
기타					
• 전화교환용 정류기		1		800	
합계				77,300	

[주] 변압기 용량(제작 회사에서 시판)
단상, 3상 표준 5, 10, 15, 20, 30, 50, 75, 100, 150[kVA]

1 동계 난방 때 온수 순환 펌프는 상시 운전하고 보일러용과 오일 기어 펌프의 수용률이 50[%]일 때 난방동력 수용부하는 몇 [kW]인가?

2 동력부하의 역률이 전부 70[%]라고 한다면 피상전력은 각각 몇 [kVA]인가?(단, 상용동력, 하계동력, 동계동력별로 각각 계산하시오.)

3 총 전기설비 용량은 몇 [kVA]를 기준으로 하여야 하는가?

4 전등의 수용률은 60[%], 콘센트 설비의 수용률은 70[%]라고 한다면 몇 [kVA]의 단상변압기에 연결하여야 하는가?(단, 전화교환용 정류기는 100[%] 수용률로서 계산 결과에 포함시키며, 변압기 예비율(여유율)은 무시한다.)

5 동력설비부하의 수용률이 모두 65[%]라면 동력부하용 3상 변압기의 용량은 몇 [kVA]인가?(단, 동력부하의 역률은 70[%]로 하며 변압기의 예비율은 무시한다.)

6 단상과 3상 변압기의 전류계용으로 사용되는 변류기의 1차 측 정격 전류는 각각 몇 [A]인가?

7 선정된 동력용 변압기 용량에서 역률을 95[%]로 올리려면 콘덴서 용량은 몇 [kVA]인가?

해답 1 계산 : 표 1에서

난방동력 수용부하=온수+((보일러+오일기어)×수용률)

$=3.0+((6.0+0.4)\times0.5)=6.2[\text{kW}]$

답 6.2[kW]

2 계산 : 표 1에서

$$\text{상용동력}=\frac{\text{설비용량[kW]}}{\text{역률}}=\frac{25.8}{0.7}=36.86[\text{kVA}]$$

$$\text{하계동력}=\frac{\text{설비용량[kW]}}{\text{역률}}=\frac{52}{0.7}=74.29[\text{kVA}]$$

$$\text{동계동력}=\frac{\text{설비용량[kW]}}{\text{역률}}=\frac{9.4}{0.7}=13.43[\text{kVA}]$$

답 36.86[kVA], 74.29[kVA], 13.43[kVA]

3 계산 : 표 1과 표 2에서

설비용량$=36.86[\text{kVA}]+74.29[\text{kVA}]+77.3[\text{kVA}]$

$=188.45[\text{kVA}]$

답 188.45[kVA]

4 계산 : 표 2에서

수용부하=전등×수용률+콘센트×수용률+기타

$=(1.04+1.12+45.1+0.6)\times0.6$

$+(12+0.44+3+3.6+2.4+7.2)\times0.7+0.8$

$=49.564[\text{kVA}]\leq50[\text{kVA}]$

답 50[kVA]

5 계산 : 변압기 용량=동시 사용 최대동력설비용량×수용률

$$T_R=\frac{\text{설비용량}\times\text{수용률}}{\text{역률}}=\frac{25.8+52}{0.7}\times0.65$$

$=72.25[\text{kVA}]\leq75[\text{kVA}]$

답 75[kVA]

6 계산 : ① 단상 변압기 1차 측 변류기

$$I=\frac{P}{V}\times(1.25\sim1.5)=\frac{50\times10^3}{6\times10^3}\times(1.25\sim1.5)=10.42\sim12.5[A]$$

답 15[A] 선정

② 3상 변압기 1차 측 변류기

$$I=\frac{P}{\sqrt{3}V}\times(1.25\sim1.5)=\frac{75\times10^3}{\sqrt{3}\times6\times10^3}\times(1.25\sim1.5)=9.02\sim10.83[A]$$

답 10[A] 선정

7 계산 : 동력용 콘덴서 용량

$$Q=P_n\times\cos\theta_1\times\left(\frac{\sin\theta}{\cos\theta_1}-\frac{\sin\theta_2}{\cos\theta_2}\right)$$

$$=75\times0.7\times\left(\frac{\sqrt{1-0.7^2}}{0.7}-\frac{\sqrt{1-0.95^2}}{0.95}\right)=36.3[kVA]$$

답 36.3[kVA]

05 ★★★☆☆ [4점]

단상 변압기 3대를 △-Y 결선하려고 한다. 미완성된 부분을 그리시오.

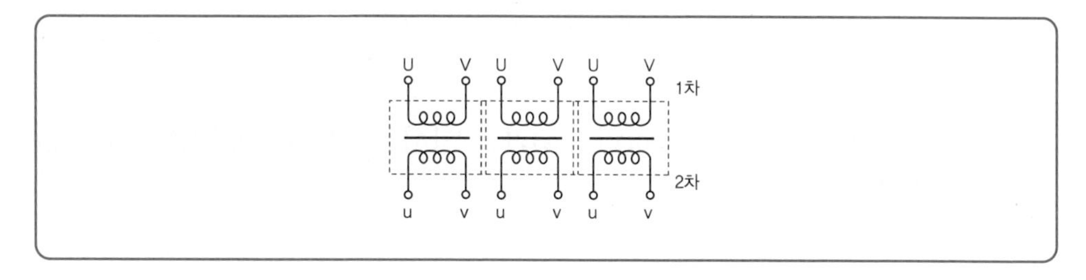

해답

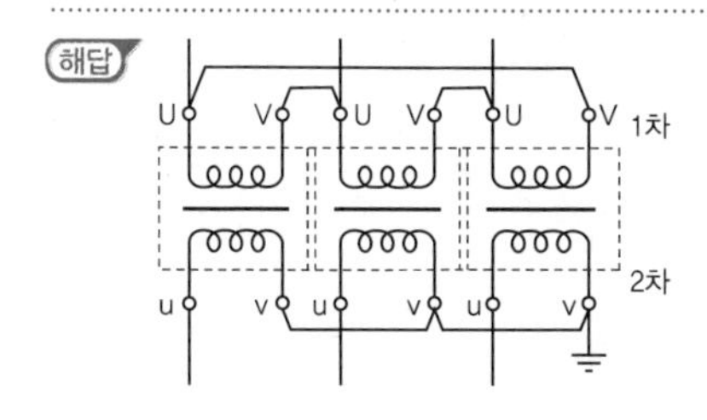

06 ★★★★☆ [6점]

전력퓨즈(Power Fuse)는 고압, 특고압 기기의 단락전류의 차단을 목적으로 사용되며, 소호방식에 따라 한류형(PF)과 비한류형(COS)이 있다. 다른 개폐기와 비교한 퓨즈의 장점과 단점을 각각 3가지씩만 쓰시오.(단, 가격, 크기, 무게 등 기술 외적인 사항은 제외한다.)

해답 (1) 장점
① 고속도 차단이 가능하다.
② 소형으로 큰 차단용량을 갖는다.
③ 릴레이나 변성기가 필요 없다.

(2) 단점
① 동작 후 재투입을 할 수 없다.
② 차단전류－동작시간특성의 조정이 불가능하다.
③ 과도전류에 용단되기 쉽다.

TIP

(1) 장점
① 소형이라 경량이다.
② 가격이 싸다.
③ 고속으로 차단이 가능하다.
그 외
④ 보수가 간단하다.
⑤ 차단용량이 크다.

(2) 단점
① 제투입할 수 없다.
② 과도전류로 용단하기 쉽다.
③ 차단 시 이상전압이 발생한다.
그 외
④ 동작시간, 전류특성을 계전기처럼 자유로이 조정할 수가 없다.

07 ★★☆☆☆ [6점]

FL－20W 형광등의 전압이 100[V], 전류가 0.35[A]일 때 역률은 몇 [%]인가?(단, 안정기의 손실은 5[W])

해답 계산 : $\cos\theta = \frac{P}{VI} \times 100 = \frac{25}{100 \times 0.35} = 0.71428$

답 71.43[%]

TIP

전력(P)＝20[W]＋손실(5[W])＝25[W]

08 ★★★★★ [5점]

바닥면적이 100[m^2]인 강당에 전광속 2,500[lm]의 32[W] 형광등을 설치하려고 한다. 조도를 300[lx]로 하고 조명률은 50[%], 감광보상률은 1.25일 때 소요 등수는?

해답 계산 : 등수 $N = \frac{DEA}{FU} = \frac{300 \times 100 \times 1.25}{0.5 \times 2{,}500} = 30$ 답 30등

TIP

$$N = \frac{EAD}{FU}$$

여기서, F : 광속[lm], N : 광원의 개수[등], E : 평균 조도[lx]

A : 방의 면적[m^2], D : 감광보상률$\left(=\frac{1}{M}\right)$, M : 유지율(보수율), U : 조명률[%]

09 ★★★★★ [6점]

송전선로에 전압을 154[kV]에서 345[kV]로 승압하여 공급할 때 다음 물음에 답하시오.

1 공급능력 증대는 몇 배인가?

2 손실 전력의 감소는 몇 [%]인가?

3 전압강하율의 감소는 몇 [%]인가?

해답 1 계산 : 공급능력 $P = \frac{345}{154} = 2.24$ 답 2.24

2 계산 : 손실 전력 $P_L = \frac{1}{V^2} = \left(\frac{154}{345}\right)^2 = 0.1993$

감소분은 $1 - 0.1993 = 0.8007$ 답 80.07[%]

3 계산 : 전압강하율 $\delta = \frac{1}{V^2} = \left(\frac{154}{345}\right)^2 = 0.1993$

감소분은 $1 - 0.1993 = 0.8007$ 답 80.07[%]

TIP

① $P_L \propto \frac{1}{V^2}$ (P_L : 손실) ② $A \propto \frac{1}{V^2}$ (A : 단면적) ③ $\delta \propto \frac{1}{V^2}$ (δ : 전압강하율)

④ $e \propto \frac{1}{V}$ (e : 전압강하) ⑤ $P \propto V^2$ (P : 전력)

⑥ 공급능력 $P = VI\cos\theta$에서 $P \propto V$(P : 공급능력)

공급능력 $P = VI\cos\theta$

$P \propto V = \frac{345}{154} = 2.24$배

10 ★☆☆☆☆ [6점]

책임감리원은 감리기간 종료 후 14일 이내에 발주자에게 최종감리보고서를 제출해야 하는데, 서류 사항 중 안전관리 실적 3가지를 쓰시오.

해답 안전관리조직, 교육실적, 안전점검실적, 안전관리비 사용실적

11 ★★★☆☆ [4점]

다음 그림은 PLC기호이다. 심벌 명칭과 용도를 쓰시오.

명령어	Loader 상의 Symbol
LOAD	─┤├─
LOAD NOT	─┤/├─

해답 ① LOAD
- 명칭 : 시작입력 a접점
- 용도 : 논리연산의 a접점 시작

② LOAD NOT
- 명칭 : 시작입력 b접점
- 용도 : 논리연산의 b접점 시작

12 ★★★☆☆ [6점]

매입 방법에 따른 건축화 조명 방식의 분류 3가지만 쓰시오.

해답 매입 형광등 조명, 다운 라이트 조명, 코퍼 조명

TIP

종류	분류	내용
천장 매입방법	매입 형광등	하면 개방형, 하면 확산판 설치형, 반매입형 등이 있다.
	down light	천장에 작은 구멍을 뚫고 조명기구를 매입하여 빛의 빔방향을 아래로 유효하게 조명하는 방식
	pin hole light	down－light의 일종으로 아래로 조사되는 구멍을 적게 하거나 렌즈를 달아 복도에 집중 조사되도록 하는 방식
	coffer light	대형의 down light라고도 볼 수 있으며 천장면을 둥글게 또는 사각으로 파내어 내부에 조명기구를 배치하여 조명하는 방식
	line light	매입 형광등 방식의 일종으로 형광등을 연속으로 배치하는 조명방식
천장면 이용방법	광천장 조명	• 방의 천장 전체를 조명기구화하는 방식 • 천장 조명 확산 판넬로서 유백색의 플라스틱판이 사용된다.
	루버 조명	• 방의 천장면을 조명기구화하는 방식 • 천장면 재료로 루버를 사용하여 보호각을 증가시킨다.
	cove 조명	• 광원으로 천장이나 벽면 상부를 조명함으로써 천장면이나 벽에서 반사되는 반사광을 이용하는 간접 조명방식 • 효율은 대단히 나쁘지만 부드럽고 안정된 조명을 시행할 수 있다.

13 ★★★★☆ [4점]

어느 수용가의 3상 전력이 30[kW]일 때 역률이 65[%]이다. 이 부하의 역률을 90[%]로 개선하려면 진상 콘덴서의 용량은?

해답 계산 : $Q_c = 30\left(\frac{\sqrt{1-0.65^2}}{0.65} - \frac{\sqrt{1-0.9^2}}{0.9}\right) = 20.54$

답 20.54[kVA]

TIP

$Q_c = P(\tan\theta_1 - \tan\theta_2) = P\left(\frac{\sin\theta_1}{\cos\theta_1} - \frac{\sin\theta_2}{\cos\theta_2}\right)$[kVA] 여기서, P : 유효전력[kW]

14 ★☆☆☆☆ [4점]

그림과 같이 높이가 같은 전선주가 같은 거리에 가설되어 있다. 지금 지지물 B에서 전선이 지지점에서 떨어졌다고 하면, 전선의 처짐정도 D_2는 전선이 떨어지기 전 D_1의 몇 배가 되겠는가? ※ KEC 규정에 따라 변경

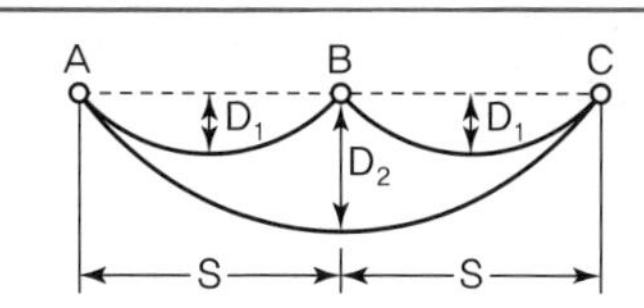

해답 계산 : 전선의 실제 길이 $L = S + \frac{8D^2}{3S}$ 에서

$$2L_1 = L_2$$

$$2\left(S + \frac{8D_1^2}{3S}\right) = 2S + \frac{8D_2^2}{3\times 2S}$$

$$2S + \frac{2\times 8D_1^2}{3S} = 2S + \frac{8D_2^2}{3\times 2S}$$

$$\frac{8D_2^2}{3\times 2S} = \frac{2\times 8D_1^2}{3S}$$

$$D_2^2 = \frac{2\times 8D_1^2}{3S} \times \frac{3\times 2S}{8}$$

$$\therefore D_2 = \sqrt{4D_1^2} = 2D_1$$

답 2배

TIP

$L = S + \frac{8D^2}{3S}$ 여기서, L : 실제 거리[m], S : 경간[m], D : 처짐정도[m]

15 ★☆☆☆☆

[6점]

전력회사로부터 전력을 공급받을 경우에는 수용가의 사용전력을 추정하여 용량에 따라 저압, 고압, 특고압을 수전한다. 1회선 수전방식의 특징을 쓰시오.

해답 ① 소규모 부하에 널리 사용된다.
② 가장 간단하고 경제적이다.
③ 정전시간이 길고, 정전범위가 넓다.

16 ★★★★★

[5점]

다음 표와 같이 일반 수용가 A, B, C에 공급하는 특고압배전선로의 최대전력은 700[kW]이다. 이때 수용가의 부등률은 얼마인가?

수용가	설비용량[kW]	수용률[%]
A	500	60
B	700	50
C	700	50

해답 계산 : $\text{부등률} = \dfrac{\text{설비용량} \times \text{수용률}}{\text{합성최대전력}} = \dfrac{(500 \times 0.6) + (700 \times 0.5) + (700 \times 0.5)}{700} = 1.43$

답 1.43

TIP

① $\text{부등률} = \dfrac{\text{개별 최대의 합}}{\text{합성최대전력}} \geq 1$

② $\text{합성최대전력} = \dfrac{\text{최대전력(설비용량} \times \text{수용률)}}{\text{부등률}}$

INDUSTRIAL ENGINEER ELECTRICITY

2019년 과년도 문제풀이

2019년도 1회 시험 과년도 기출문제

회독 체크	□1회독	월 일	□2회독	월 일	□3회독	월 일

2012 2013 2014 2015 2016 2017 2018 2019 2020 2021

01 ★★☆☆☆ [5점]

큐비클의 종류 3가지를 쓰시오.

해답 ① PF－S형
② PF－CB형
③ CB형

TIP
① 간이 수전설비 : PF－S형
② 정식 수전설비 : PF－CB형
③ 정식 수전설비 : CB형

02 ★★★★☆ [6점]

신설공장의 부하설비가 표와 같을 때 다음 각 물음에 답하시오.

변압기군	부하의 종류	설비용량[kW]	수용률[%]	부등률	역률[%]
A	플라스틱압축기(전동기)	50	60	1.3	80
	일반동력전동기	85	40	1.3	80
B	전등조명	60	80	1.1	90
C	플라스틱압출기	100	60	1.3	80

1 각 변압기군의 최대 수용전력은 몇 [kW]인가?
① 변압기 A의 최대 수용전력
② 변압기 B의 최대 수용전력
③ 변압기 C의 최대 수용전력

2 변압기 효율을 98[%]로 할 때 각 변압기의 최소 용량은 몇 [kVA]인가?
① 변압기 A의 용량
② 변압기 B의 용량
③ 변압기 C의 용량

해답 **1** 최대 수용전력 $= \dfrac{\text{개별 최대 수용전력(설비용량} \times \text{수용률)의 합}}{\text{부등률}}$ [kW]

① 계산 : 변압기 A의 최대 수용전력 $= \dfrac{(50 \times 0.6) + 85 \times 0.4}{1.3} = 49.23$[kW]

답 49.23[kW]

② 계산 : 변압기 B의 최대 수용전력 $= \dfrac{60 \times 0.8}{1.1} = 43.64$[kW]

답 43.64[kW]

③ 계산 : 변압기 C의 최대 수용전력 $= \dfrac{100 \times 0.6}{1.3} = 46.15$[kW]

답 46.15[kW]

2 변압기 용량 $= \dfrac{\text{최대 수용전력[kW]}}{\text{효율} \times \text{역률}}$ [kVA]

① 계산 : 변압기 A의 용량 $= \dfrac{49.23}{0.98 \times 0.8} = 62.79$[kVA]

답 62.79[kVA]

② 계산 : 변압기 B의 용량 $= \dfrac{43.64}{0.98 \times 0.9} = 49.48$[kVA]

답 49.48[kVA]

③ 계산 : 변압기 C의 용량 $= \dfrac{46.15}{0.98 \times 0.8} = 58.86$[kVA]

답 58.86[kVA]

03 ★★★★★

[5점]

어떤 변전소의 공급구역 내 총 부하용량은 전등 600[kW], 동력 800[kW]이다. 각 수용가의 수용률은 전등 60[%], 동력 80[%], 각 수용가 간의 부등률은 전등 1.2, 동력 1.6이며, 변전소에서 전등부하와 동력부하 간의 부등률을 1.4라 하고, 배전선(주상변압기 포함)의 전력 손실을 전등부하, 동력부하 각각 10[%]라 할 때 다음 각 물음에 답하시오.

1 전등의 종합 최대 수용전력은 몇 [kW]인가?
2 동력의 종합 최대 수용전력은 몇 [kW]인가?
3 변전소의 종합 최대 수용전력은 몇 [kW]인가?

해답 **1** 계산 : $P = \dfrac{\text{설비용량} \times \text{수용률}}{\text{부등률}} = \dfrac{600 \times 0.6}{1.2} = 300$[kW] 답 300[kW]

2 계산 : $P = \dfrac{\text{설비용량} \times \text{수용률}}{\text{부등률}} = \dfrac{800 \times 0.8}{1.6} = 400$[kW] 답 400[kW]

3 계산 : $P = \dfrac{\text{최대전력의 합}}{\text{부등률}} \times \text{손실} = \dfrac{300 + 400}{1.4} \times (1 + 0.1) = 550$[kW] 답 550[kW]

TIP

① 합성 최대전력 = $\dfrac{\text{개별 최대전력의 합}}{\text{부등률}}$

② 합성 최대전력 = 종합 최대수용전력

③ 전력손실 10[%]은 공급 측에서 보상

04 ★★★★☆ [11점]

그림은 22.9[kV] 특별고압 수전설비의 단선도이다. 이 도면을 보고 다음 각 물음에 답하시오.

1 도면에 표시되어 있는 다음 약호의 명칭을 우리말로 쓰시오.

① ASS :

② LA :

③ VCB :

④ DM :

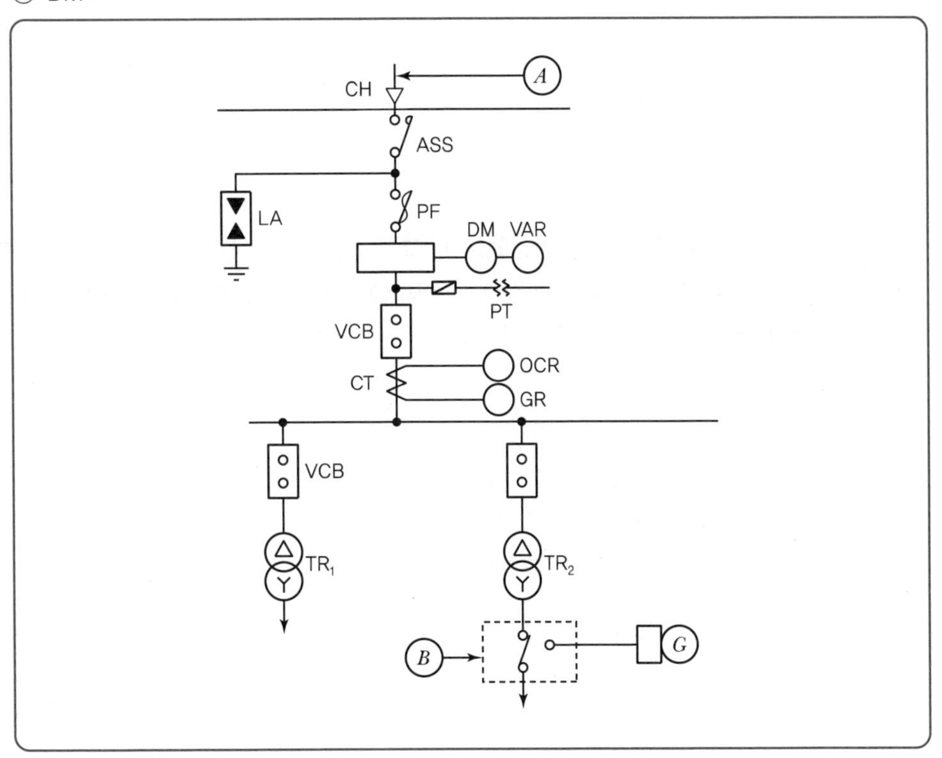

2 TR_1 쪽의 부하용량의 합이 300[kW]이고, 역률 및 효율이 각각 0.8, 수용률이 0.6이라면 TR_1 변압기의 용량은 몇 [kVA]가 적당한지를 계산하고 표준용량으로 답하시오.

3 Ⓐ에는 어떤 종류의 케이블이 사용되는가?

4 Ⓑ의 명칭은 무엇인가?

5 변압기의 결선도를 복선도로 그리시오.

해답 1 ① ASS : 자동고장구분 개폐기

② LA : 피뢰기

③ VCB : 진공 차단기

④ DM : 최대 수요전력량계

2 계산 : $TR_1 = \dfrac{\text{설비용량} \times \text{수용률}}{\text{역률} \times \text{효율}} = \dfrac{300 \times 0.6}{0.8 \times 0.8} = 281.25[\text{kVA}]$

답 300[kVA]

3 CNCV−W 케이블(수밀형) 또는 TR CNCV−W(트리억제형)

4 자동전환 개폐기

5

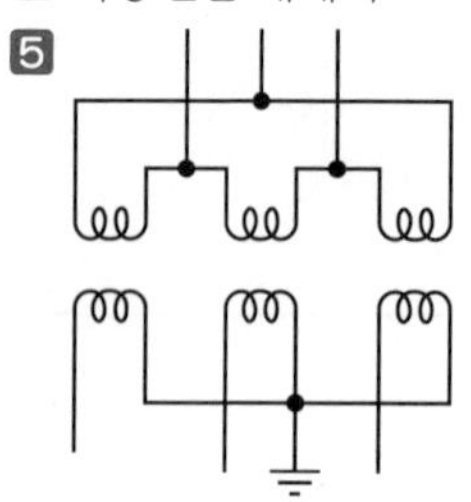

05 ★★★★★ [8점]

피뢰기는 이상전압이 기기에 침입했을 때 그 파고값을 저감시키기 위하여 뇌전류를 대지 방전시켜 절연파괴를 방지하며, 방전에 의하여 생기는 속류를 차단하여 원래 상태로 회복시키는 장치이다. 다음 각 물음에 답하시오.

1 피뢰기의 구성요소를 쓰시오.

2 피뢰기의 구비 조건 4가지를 쓰시오.

3 피뢰기의 제한전압이란 무엇인가?

4 피뢰기의 정격전압이란 무엇인가?

5 충격방전 개시전압이란 무엇인가?

해답 1 직렬 갭과 특성요소

2 ① 충격파의 방전 개시 전압이 낮을 것

② 상용주파의 방전 개시 전압이 높을 것

③ 제한전압이 낮을 것

④ 속류 차단능력이 클 것

3 피뢰기 동작 중 단자전압의 파고치

4 속류를 차단할 수 있는 최고의 교류전압

5 피뢰기 단자 간에 충격전압이 내습 시 방전을 개시하는 전압

06 ★★★★★

[6점]

비상용 조명으로 40[W] 120등, 60[W] 50등을 30분간 사용하려고 한다. 급방전형 축전지(HS형) 1.7[V/셀]를 사용하여 허용 최저 전압 90[V], 최저 축전지 온도를 5[℃]로 할 경우 참고자료를 사용하여 물음에 답하시오.(단, 비상용 조명 부하의 전압은 100[V]로 한다.)

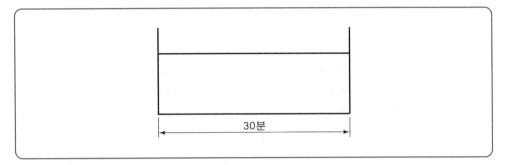

| 납 축전지 용량 환산시간(K) |

형식	온도[℃]	10분			30분		
		1.6[V]	1.7[V]	1.8[V]	1.6[V]	1.7[V]	1.8[V]
CS	25	0.9 0.8	1.15 1.06	1.6 1.42	1.41 1.34	1.6 1.55	2.0 1.88
	5	1.15 1.1	1.35 1.25	2.0 1.8	1.75 1.75	1.85 1.8	2.45 2.35
	−5	1.35 1.25	1.6 1.5	2.65 2.25	2.05 2.05	2.2 2.2	3.1 3.0
HS	25	0.58	0.7	0.93	1.03	1.14	1.38
	5	0.62	0.74	1.05	1.11	1.22	1.54
	−5	0.68	0.82	1.15	1.2	1.35	1.68

1 비상용 조명부하의 전류는?

2 HS형 납축전지의 셀 수는?(단, 1셀의 여유를 준다.)

3 HS형 납축전지의 용량[Ah]은?(단, 경년용량 저하율은 0.8이다.)

해답 1 계산 : $I = \frac{P}{V} = \frac{40 \times 120 + 60 \times 50}{100} = 78[A]$ 답 78[A]

2 계산 : $N = \frac{V}{V_c} = \frac{90[V]}{1.7[V/분]} = 52.94[셀] + 1[셀] = 53.94[셀]$ 답 54[셀]

3 계산 : $C = \frac{1}{L} KI[Ah]$(K는 표에서 1.22)

$= \frac{1}{0.8} \times 1.22 \times 78 = 118.95[Ah]$

답 118.95[Ah]

TIP

① 축전지 셀 수는 짝수를 기본으로 한다.
② 셀 수는 소수점 이하 절상한다.

07 ★★★★★

[5점]

단상 2선식 200[V]인 옥내 배선에서 소비 전력이 60[W], 역률이 65[%]인 형광등을 100개 설치할 때 16[A] 분기회로의 최소 분기 회로수를 구하시오.(단, 회로의 부하 전류는 분기 회로 용량의 80[%]로 한다.)

해답 계산 : 분기 회로수 $N = \frac{\text{부하용량}}{\text{정격전압} \times \text{분기회로전류} \times \text{용량}} = \frac{\frac{60 \times 100}{0.65}}{200 \times 16 \times 0.8} = 3.61$회로

답 16[A] 분기 4회로

08 ★★★★☆

[14점]

회로도는 펌프용 3.3[kV] 전동기 및 GPT 단선 결선도이다. 회로도를 보고 다음 물음에 답하시오.

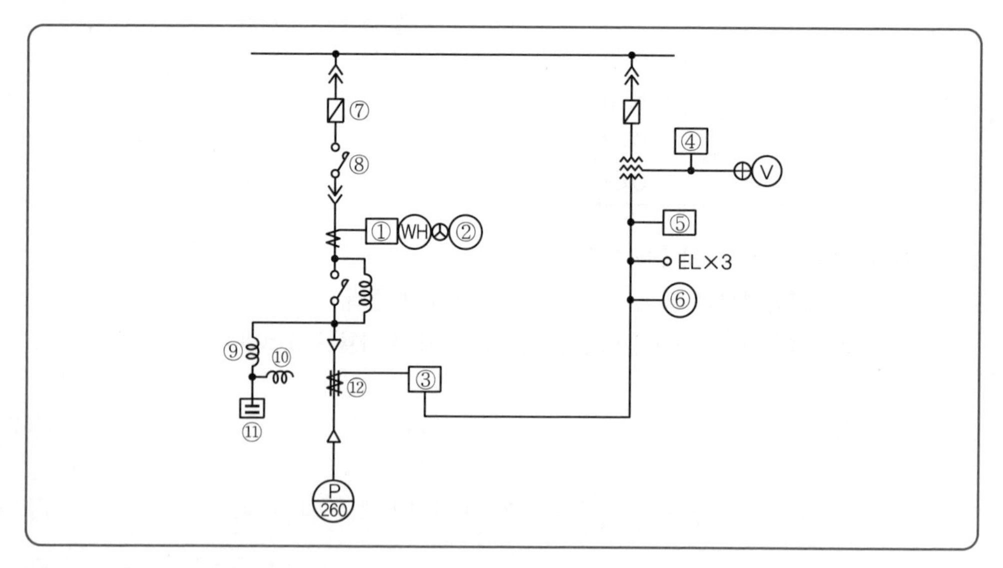

1 ①~⑥으로 표시된 보호 계전기 및 기기의 명칭을 쓰시오.

2 ⑦~⑫로 표시된 전기기계 기구의 명칭과 용도를 간단히 기술하시오.

3 펌프용 모터의 출력이 260[kW], 역률이 85[%]인 뒤진 역률 부하를 95[%]로 개선하는 데 필요한 전력용 콘덴서의 용량을 계산하시오.

해답 **1** ① 과전류 계전기　② 전류계
③ 지락 방향 계전기　④ 부족 전압 계전기
⑤ 지락 과전압 계전기　⑥ 영상 전압계

2 ⑦ 명칭 : 고압 퓨즈　용도 : 사고전류 차단 및 사고확대 방지
⑧ 명칭 : 개폐기　용도 : 전동기의 전원개방 투입
⑨ 명칭 : 직렬 리액터　용도 : 제5고조파의 제거
⑩ 명칭 : 방전코일　용도 : 잔류 전하의 방전
⑪ 명칭 : 전력용 콘덴서　용도 : 전동기 역률 개선
⑫ 명칭 : 영상 변류기　용도 : 지락사고 시 지락전류 검출

3 계산 : $Q_C = P(\tan\theta_1 - \tan\theta_2) = 260\left(\frac{\sqrt{1-0.85^2}}{0.85} - \frac{\sqrt{1-0.95^2}}{0.95}\right) = 75.68[\text{kVA}]$

답 75.68[kVA]

TIP

④번 앞에 있는 것은 GPT(접지계기용 변압기)
⑥번 앞에 있는 EL은 접지램프로서 ⑤, ⑥번은 접지사고와 관련된 것으로 이해할 수 있다.

09 ★★★★☆ [6점]

용량 30[kVA]인 단상 주상 변압기가 있다. 이 변압기의 어느 날의 부하가 30[kW]로 4시간, 24[kW]로 8시간 및 8[kW]로 10시간이었다고 할 경우, 이 변압기의 일부하율 및 전일효율을 계산하시오.(단, 부하의 역률은 100[%], 변압기의 전부하 동손은 500[W], 철손은 300[W]이다.)

해답 **1** 일부하율

계산 : 일부하율$=\frac{\text{평균 전력}}{\text{최대 전력}}\times 100[\%]$에서

부하율$=\frac{(30\times4+24\times8+8\times10)/24}{30}\times100 = 54.44[\%]$　답 54.44[%]

2 전일효율

계산 : 출력(전력량) P = 전력 × 시간 $=30\times4+24\times8+8\times10=392[\text{kWh}]$

철손 $P_i = P_i \times$ 시간 $= 0.3\times24 = 7.2[\text{kWh}]$

동손 $P_c = (\frac{1}{m})^2 P_c \times$ 시간 $= 0.5\times\left\{\left(\frac{30}{30}\right)^2\times4+\left(\frac{24}{30}\right)^2\times8+\left(\frac{8}{30}\right)^2\times10\right\}$

$= 4.92[\text{kWh}]$

전일효율 $\eta = \frac{392}{392+7.2+4.92}\times100 = 97[\%]$　답 97[%]

TIP

전일효율 $\eta = \dfrac{\text{전력량}}{\text{전력량} + \text{동손} + \text{철손}} \times 100[\%]$

10 ★★☆☆☆ [4점]

한시성 보호 계전기의 종류를 4가지 쓰시오.

해답 ① 순한시 계전기 ② 반한시 계전기 ③ 정한시 계전기 ④ 반한시성 정한시 계전기

TIP

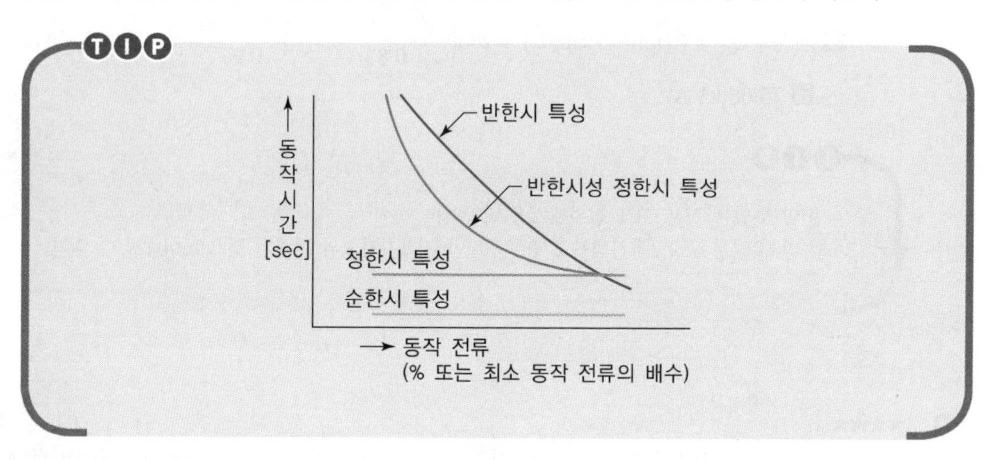

11 ★★★☆☆ [5점]

다음 변류기(C.T)에 대한 물음에 답하시오.

1 변류기의 역할을 쓰시오.

2 정격부담이란?

해답 1 정상운전 시 대전류를 소전류로 변성시킨다.

2 변류기의 권선당 부담을 나타내며, 변류기의 2차단자 간에 접속되는 부하가 정격 주파수의 2차전류를 소비하는 피상전력이다.

12 ★★☆☆☆ [6점]

조명에서 사용되는 다음 용어를 설명하고, 그 단위를 쓰시오.

1 광속

2 조도

3 광도

해답 1 광속[lm] : 방사속(단위시간당 방사되는 에너지의 양) 중 빛으로 느끼는 부분
2 조도[lx] : 어떤 면의 단위 면적당의 입사 광속
3 광도[cd] : 광원에서 어떤 방향에 대한 단위 입체각으로 발산되는 광속

13 ★★☆☆☆ [4점]

교류 차단기에서 52T, 52C의 각 명칭을 쓰시오.

해답 • 52T : 차단기 트립코일 • 52C : 차단기 투입코일

TIP

C : close(투입) T : Trip(트립)

14 ★★★★☆ [5점]

최대 사용전압이 22.9[kV]인 중성점 다중접지 방식의 절연내력 시험전압은 몇 [V]이며, 이 시험전압을 몇 분간 가하여 이에 견디어야 하는가?

1 절연내력 시험전압
2 시험전압을 가하는 시간

해답 1 계산 : 22,900×0.92=21,068[V] 답 21,068[V]
2 연속하여 10분

TIP

➤ 전로의 종류 및 시험전압

전로의 종류	시험전압
1. 최대사용전압 7[kV] 이하인 전로	최대사용전압의 1.5배 전압
2. 최대사용전압 7[kV] 초과 25[kV] 이하인 중성점 접지식 전로(중성선을 가지는 것으로서 그 중성선을 다중접지 하는 것에 한한다.)	최대사용전압의 0.92배 전압
3. 최대사용전압 7[kV] 초과 60[kV] 이하인 전로(2란의 것을 제외한다.)	최대사용전압의 1.25배 전압 (10.5[kV] 미만으로 되는 경우는 10.5[kV])
4. 최대사용전압 60[kV] 초과 중성점 비접지식 전로(전위 변성기를 사용하여 접지하는 것을 포함한다.)	최대사용전압의 1.25배 전압
5. 최대사용전압 60[kV] 초과 중성점 접지식 전로(전위 변성기를 사용하여 접지하는 것 및 6란과 7란의 것을 제외한다.)	최대사용전압의 1.1배 전압 (75[kV] 미만으로 되는 경우는 75[kV])

2012 2013 2014 2015 2016 2017 2018 2019 2020 2021

6. 최대사용전압 60[kV] 초과 중성점 직접 접지식 전로(7란의 것을 제외한다.)	최대사용전압의 0.72배 전압
7. 최대사용전압이 170[kV] 초과 중성점 직접 접지식 전로로서 그 중성점이 직접 접지되어 있는 발전소 또는 변전소 혹은 이에 준하는 장소에 시설하는 것	최대사용전압의 0.64배 전압

15 ★★★☆☆

[5점]

바닥에서 3[m] 떨어진 높이에 300[cd] 광원이 있다. 그 광원 밑에서 수평으로 4[m] 떨어진 지점의 수평면 조도를 구하시오.

해답 계산 : $E_h = \frac{I}{r^2}\cos\theta = \frac{300}{3^2+4^2} \times \frac{3}{\sqrt{3^2+4^2}} = 7.20[lx]$

답 7.2[lx]

TIP

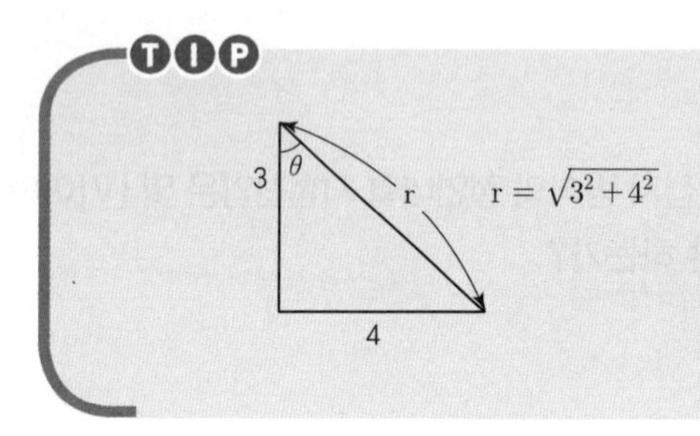

16 ★★★★☆

[5점]

사용전압은 3상 380[V]이고, 주파수는 60[Hz]의 1[kVA]의 전력용 콘덴서를 설치하고자 할 때 필요한 콘덴서의 정전용량[μF]을 선정하시오.(단, 표준용량은 10, 15, 20, 30, 50[μF]이다.)

해답 계산 : $Q_c = \omega CV^2 = 2\pi fCV^2$

$C = \frac{Q_c \times 10^3}{2\pi fV^2} = \frac{1 \times 10^3}{2\pi \times 60 \times 380^2} \times 10^6 = 18.37[\mu F]$

답 20[μF]

TIP

① △결선 $Q_\Delta = 3WCE^2 = 3WCV^2$ $C = \frac{Q_\Delta}{3WV^2}$

② Y결선 $Q_Y = 3WCE^2 = 3WC(\frac{V}{\sqrt{3}})^2 = WCV^2$ $C = \frac{Q_Y}{WV^2}$

여기서, E : 상전압 V : 선간전압 W : $2\pi f$ C : 정전용량 Q : 충전용량(콘덴서용량)

↘ 전기산업기사

2019년도 2회 시험

과년도 기출문제

회독 체크	□1회독	월 일	□2회독	월 일	□3회독	월 일

01 ★★★☆☆ [5점]

변압기와 고압 전동기에 서지 흡수기를 설치하고자 한다. 각각의 경우에 대하여 서지 흡수기를 도면에 그려 넣고, 각각의 서지 흡수기의 정격전압[kV] 및 공칭방전전류[kA]를 쓰시오.

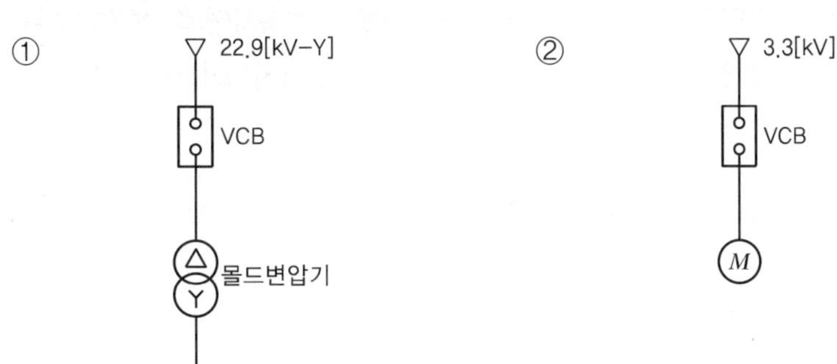

해답

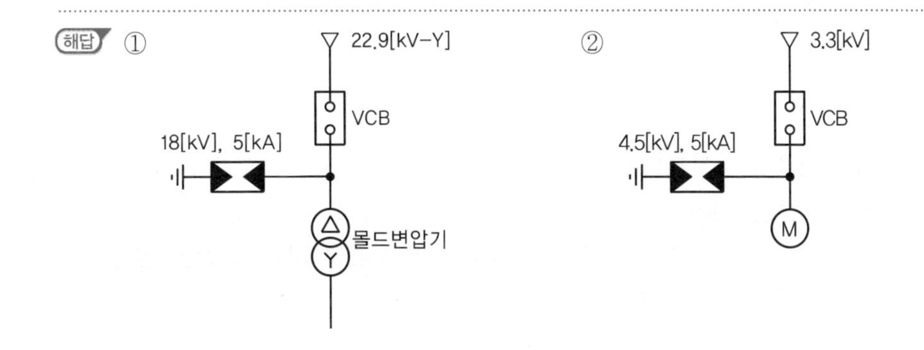

02 ★★★☆☆ [5점]

거리 계전기의 설치점에서 고장점까지의 임피던스를 70[Ω]이라고 하면 계전기 측에서 본 임피던스는 몇 [Ω]인가?(단, PT의 변압비는 154,000/110[V]이고, CT의 변류비는 500/5이다.)

해답 계산 : 거리 계전기 측에서 본 임피던스(Z_R)= 선로 임피던스$(Z) \times \frac{1}{\text{PT 비}} \times$CT 비[Ω]

$$\therefore Z_R = 70 \times \frac{110}{154,000} \times \frac{500}{5} = 5[\Omega]$$

답 5[Ω]

TIP

$$Z_R = \frac{V_2}{I_2} = \frac{\frac{1}{PT비} \times V_1}{\frac{1}{CT비} \times I_1} = \frac{CT비}{PT비} \times \frac{V_1}{I_1} = \frac{CT비}{PT비} \times Z_1 = \frac{1}{PT비} \times CT비 \times Z_1$$

03 ★★★★★

[5점]

최대 눈금 250[V]인 전압계 V_1, V_2 전압계를 직렬로 접속하여 측정하면 몇 [V]까지 측정할 수 있는가?(단, 전압계 내부저항 V_1은 15[kΩ], V_2는 18[kΩ]으로 한다.)

해답 계산 : $I_1 = \frac{V_1}{R_1} = \frac{250}{15 \times 10^3} = \frac{1}{60}[A]$, $I_2 = \frac{V_2}{R_2} = \frac{250}{18 \times 10^3} = \frac{1}{72}[A]$

$I_1 > I_2$이므로 I_2 기준으로 전압계 전압 측정

$V_1 = I_2 R_1 = \frac{1}{72} \times 15 \times 10^3 = 208.33[V]$, $V_2 = 250[V]$

$\therefore V = V_1 + V_2 = 208.33 + 250 = 458.33[V]$

답 458.33[V]

04 ★★★★☆

[6점]

PLC 프로그램을 보고 프로그램에 맞도록 주어진 PLC 접점 회로도를 완성하시오.(단, ① STR : 입력 A 접점(신호) ② STRN : 입력 A 접점(신호) ③ AND : AND A 접점 ④ ANDN : AND B 접점 ⑤ OR : OR A 접점 ⑥ ORN : OR B 접점 ⑦ OB : 병렬접속점 ⑧ OUT : 출력 ⑨ END : 끝 ⑩ W : 각 번지 끝이다.)

어드레스	명령어	데이터	비고
01	STR	001	W
02	STR	003	W
03	ANDN	002	W
04	OB	–	W
05	OUT	100	W
06	STR	001	W
07	ANDN	002	W
08	STR	003	W
09	OB	–	W
10	OUT	200	W
11	END	–	W

• PLC 접점 회로도

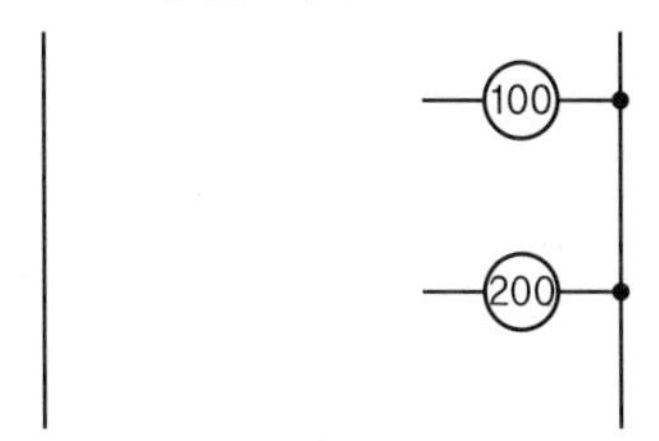

해답

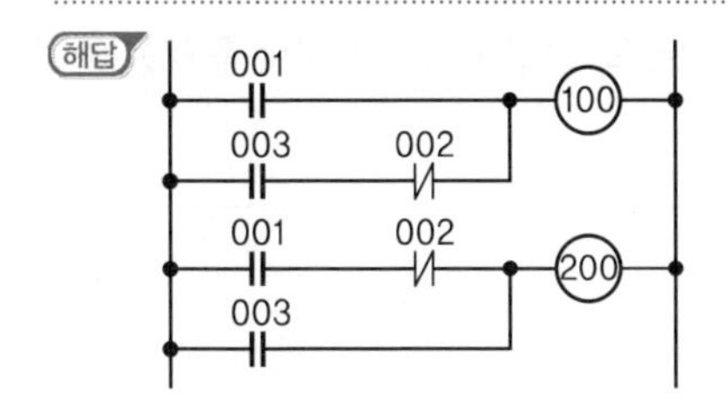

05 ★★★★☆

[6점]

그림과 같은 무접점의 논리 회로도를 보고 각 물음에 답하시오.

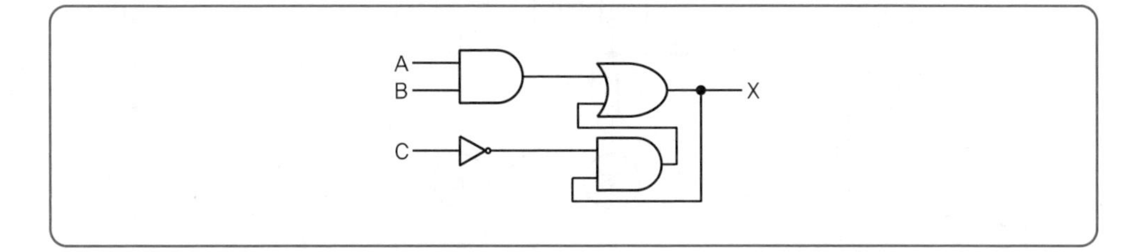

1 출력식을 나타내시오.

2 주어진 무접점 논리회로를 유접점 논리회로로 바꾸어 그리시오.

3 주어진 타임차트를 완성하시오.

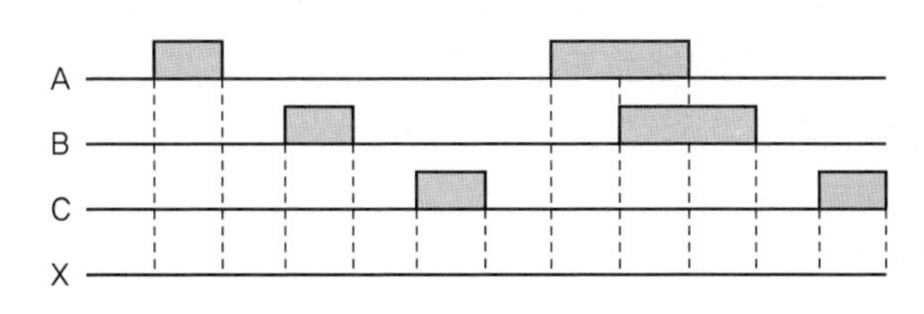

해답 1 $X = AB + \overline{C}X$

2

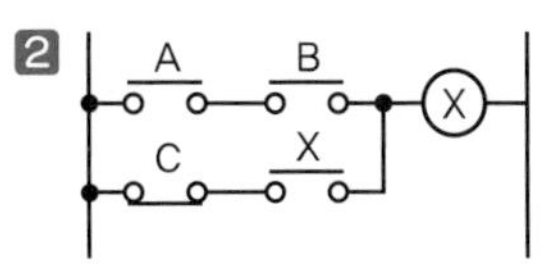

2012
2013
2014
2015
2016
2017
2018
2019
2020
2021

3

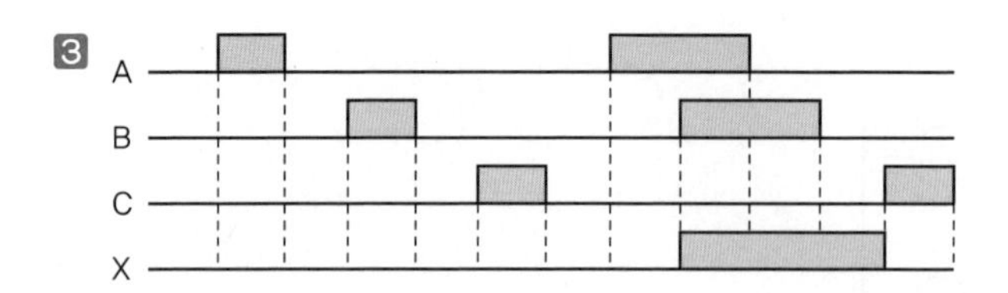

06 ★★★★★

[12점]

다음 그림은 환기 팬의 수동 운전 및 고장 표시등 회로의 일부이다. 이 회로를 이용하여 다음 각 물음에 답하시오.

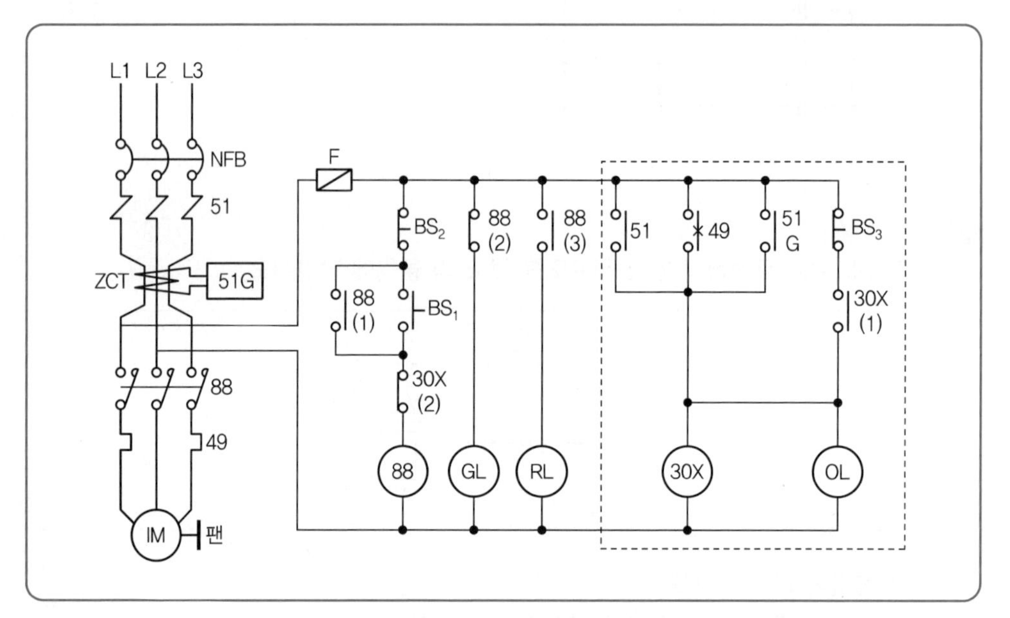

1 88은 MC로서 도면에서는 출력기구이다. 도면에 표시된 기구에 대하여 다음에 해당되는 명칭을 그 약호로 쓰시오.(단, 중복은 없고 NFB, ZCT, IM, 팬은 제외하며, 해당되는 기구가 여러 가지일 경우에는 모두 쓰도록 한다.)

① 고장표시기구 :

② 고장회복 확인기구 :

③ 기동기구 :

④ 정지기구 :

⑤ 운전표시램프 :

⑥ 정지표시램프 :

⑦ 고장표시램프 :

⑧ 고장검출기구 :

2 그림의 점선으로 표시된 회로를 AND, OR, NOT 회로를 사용하여 로직회로를 그리시오. (단, 로직소자는 3입력 이하로 한다.)

해답 **1** ① 30X ② BS_3
③ BS_1 ④ BS_2
⑤ RL ⑥ GL
⑦ OL ⑧ 51, 51G, 49

2

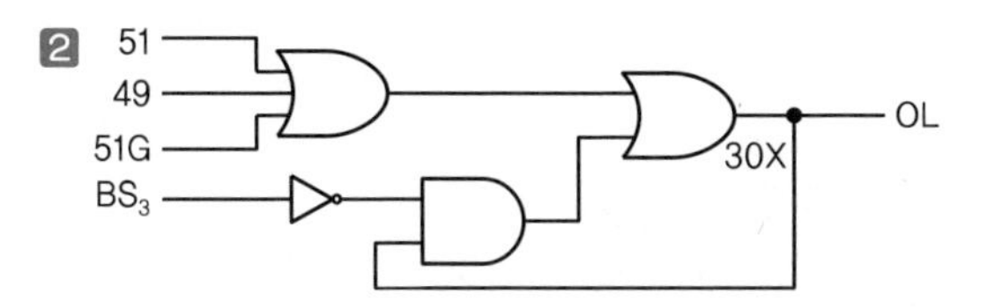

07 ★★★★☆ [6점]

3상 3선식 송전선로의 1선당 저항이 3[Ω], 리액턴스가 4[Ω]이고 수전단 전압이 6,000[V], 수전단에 용량 480[kW] 역률 0.8(지상)인 3상 평형 부하가 접속되어 있을 경우에 송전단 전압 V_s, 송전단 전력 P_s 및 송전단 역률 $\cos\theta_s$를 구하시오.

1 송전단 전압
2 송전단 전력
3 송전단 역률

해답 **1** 계산 : $V_s = V_r + \frac{P_r}{V_r}(R + X\tan\theta)$

$$= 6{,}000 + \frac{480 \times 10^3}{6{,}000} \times \left(3 + 4 \times \frac{0.6}{0.8}\right) = 6{,}480[V]$$

답 6,480[V]

2 계산 : $I = \frac{P_r}{\sqrt{3}V_r\cos\theta_r} = \frac{480{,}000}{\sqrt{3} \times 6{,}000 \times 0.8} = 57.74[A]$

$$P_s = P_r + 3I^2R = 480 + 3 \times 57.74^2 \times 3 \times 10^{-3} = 510[kW]$$

답 510[kW]

3 계산 : $\cos\theta = \frac{P_s}{P} = \frac{P_s}{\sqrt{3}V_sI} \times 100$

$$= \frac{510 \times 10^3}{\sqrt{3} \times 6{,}480 \times 57.74} \times 100 = 78.699[\%]$$

답 78.7[%]

TIP

$$e = V_s - V_r = \sqrt{3}I(R\cos\theta + X\sin\theta) = \frac{P}{V}(R + X\tan\theta)$$

08 ★★★☆☆ [5점]

송전 계통의 중성점 접지방식에서 유효접지(Effective grounding)에 대하여 설명하고, 유효접지의 가장 대표적인 접지방식 한가지만 쓰시오.

해답 1 유효접지 : 1선 지락 사고 시 건전상의 전압상승이 상규 대지전압의 1.3배를 넘지 않도록 접지 임피던스를 조절해서 접지하는 것
2 접지방식 : 직접 접지방식

TIP
➤ 중성점 접지 종류
① 비접지 ② 저항접지
③ 소호리액터 접지 ④ 직접 접지

09 ★★★★☆ [6점]

다음 전동기의 회전방향을 반대로 하려면 어떻게 해야 하는지 각각 설명하시오.

1 직류 직권 전동기
2 3상 유도 전동기
3 단상 유도 전동기 분상기동법

해답 1 전기자 권선 또는 계자 권선의 접속을 반대로 한다.
2 전원 3선 중 2선의 접속을 반대로 한다.
3 기동권선의 접속을 반대로 한다.

10 ★☆☆☆☆ [5점]

한국전기설비규정(KEC)에 의한 저압에 사용 가능한 케이블의 종류를 3가지만 쓰시오.

※ KEC 규정에 따라 문항 변경

해답 ① 0.6/1kV 연피 케이블, ② 클로로프렌 외장 케이블, ③ 무기물 절연 케이블
그 외
④ 금속 외장 케이블

11 ★★★★☆ [5점]

축전지 설비에 대하여 다음 각 물음에 답하시오.

1 연(鉛)축전지의 전해액이 변색되며, 충전하지 않고 방치된 상태에서도 다량으로 가스가 발생되고 있다. 어떤 원인의 고장으로 추정되는가?

2 거치용 축전설비에서 가장 많이 사용되는 충전 방식으로 자기방전을 보충함과 동시에 상용부하에 대한 전력공급은 충전기가 부담하도록 하되 충전기가 부담하기 어려운 일시적인 대전류 부하는 축전지로 하여금 부담하게 하는 충전 방식은?

3 연(鉛)축전지와 알칼리축전지의 공칭전압은 몇 [V/셀]인가?

① 연(鉛)축전지 :

② 알칼리축전지 :

4 축전기 용량을 구하는 식 $C_B = \frac{1}{L}[K_1I_1 + K_2(I_2 - I_1) + K_3(I_3 - I_2) \cdots\cdots + K_n(I_n - I_{n-1})]$[Ah]에서 L은 무엇을 나타내는가?

해답 1 전해액 불순물의 혼입

2 부동충전방식

3 ① 연(鉛)축전지 : 2.0[V/cell]　② 알칼리축전지 : 1.2[V/cell]

4 보수율

12 ★★★★★ [6점]

어떤 변전소의 공급구역 내 총부하 용량은 전등 600[kW], 동력 800[kW]이다. 각 수용가의 수용률은 전등 60[%], 동력 80[%], 각 수용가 간의 부등률은 전등 1.2, 동력 1.6이며, 또한 변전소에서 전등부하와 동력부하 간의 부등률을 1.4라 하고, 배전선(주상변압기 포함)의 전력손실을 전등부하, 동력부하 각각 10[%]라 할 때 다음 각 물음에 답하시오.

1 전등의 종합 최대 수용전력은 몇 [kW]인가?

2 동력의 종합 최대 수용전력은 몇 [kW]인가?

3 변전소에 공급하는 최대 전력은 몇 [kW]인가?

해답 1 계산 : $P = \frac{\text{설비용량} \times \text{수용률}}{\text{부등률}} = \frac{600 \times 0.6}{1.2} = 300$[kW]　답 300[kW]

2 계산 : $P = \frac{\text{설비용량} \times \text{수용률}}{\text{부등률}} = \frac{800 \times 0.8}{1.6} = 400$[kW]　답 400[kW]

3 계산 : $P = \frac{\text{최대전력의 합}}{\text{부등률}} \times \text{손실} = \frac{300 + 400}{1.4} \times (1 + 0.1) = 550$[kW]　답 550[kW]

TIP

① 합성 최대전력 $= \frac{\text{개별 최대전력의 합}}{\text{부등률}}$

② 합성 최대전력 = 종합 최대수용전력

③ 전력손실 10[%]은 공급 측에서 보상

13 ★★★★★

[4점]

12×24[m]인 사무실의 조도를 300[lx]로 할 경우에 광속 6,000[lm]의 형광등 40[W] 2등용을 시설한다면 등 수는 몇 등이 되는가?(단, 40[W] 2등용 형광등의 조명률은 50[%], 보수율은 80[%]이다.)

해답 계산 : $N = \dfrac{EAD}{FU} = \dfrac{300 \times 12 \times 24 \times \dfrac{1}{0.8}}{6{,}000 \times 0.5} = 36[\text{등}]$

답 36[등]

TIP

$\text{감광보상률}(D) = \dfrac{1}{\text{보수율(유지율)}}$

14 ★★★★☆

[7점]

다음 부하관계용어에 대한 물음에 답하시오.

1 다음 관계식을 쓰시오.

① 수용률

② 부등률

③ 부하율

2 부하율은 수용률 및 부등률과 어떤 관계인지 비례, 반비례를 사용하여 답하시오.

해답 1 ① $\text{수용률} = \dfrac{\text{최대 수용전력}}{\text{설비용량}} \times 100[\%]$

② $\text{부등률} = \dfrac{\text{개별 최대 수용전력의 합}}{\text{합성 최대 수용전력}}$

③ $\text{부하율} = \dfrac{\text{평균 수용전력}}{\text{최대 수용전력}} \times 100[\%]$

2 부하율은 부등률에 비례하고 수용률에 반비례한다.

TIP

$\text{부하율} = \dfrac{\text{평균 수용전력}}{\text{최대 수용전력}} \times 100$

$= \dfrac{\text{평균전력}}{\dfrac{\text{각 최대전력의 합}}{\text{부등률}}} \times 100 = \dfrac{\text{평균전력}}{\text{설비용량} \times \text{수용률}} \times 100$

15 ★★★★★ [12점]

다음은 간이수변전설비의 단선도 일부이다. 각 물음에 답하시오.

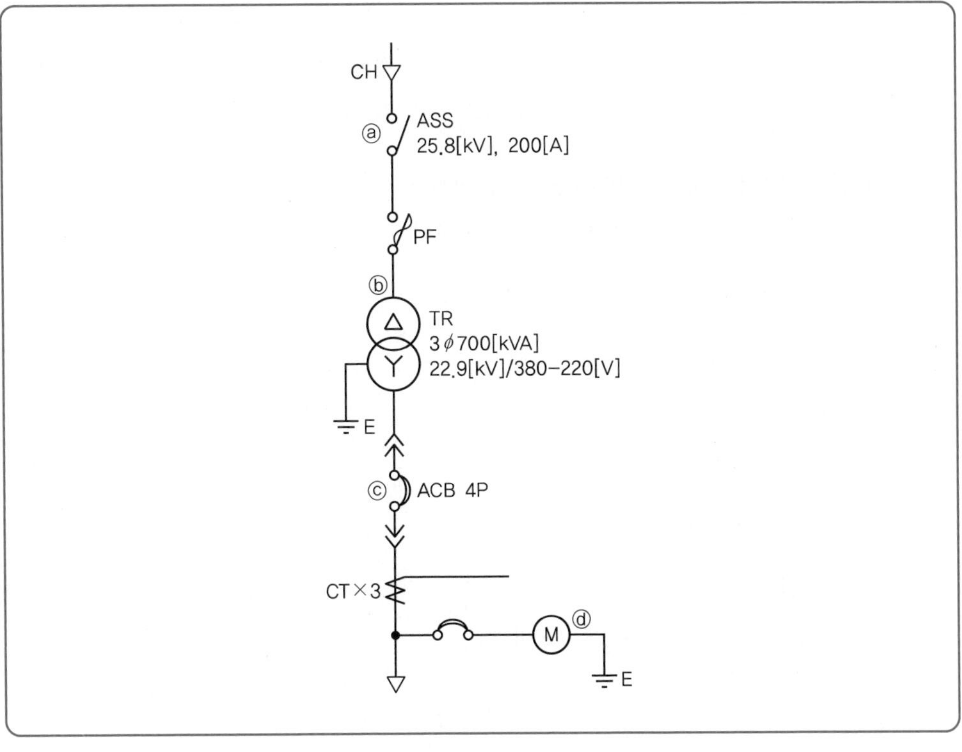

1 간이수변전설비의 단선도에서 ⓐ는 인입구 개폐기인 자동고장구분개폐기이다. 다음 (   )에 들어갈 내용을 답란에 쓰시오.

> 22.9[kV-Y] (①)[kVA] 이하에 적용이 가능하며 300[kVA] 이하의 경우에는 자동고장구분개폐기 대신에 (②)를 사용할 수 있다.

2 간이수변전설비의 단선도에서 ⓑ에 설치된 변압기에 대하여 다음 (   )에 들어갈 내용을 답란에 쓰시오.

> 과전류강도는 최대부하전류의 (①)배 전류를 (②)초 동안 흘릴 수 있어야 한다.

3 간이수변전설비의 단선도에서 ⓒ는 기중차단기(ACB)이다. 보호요소를 3가지만 쓰시오.

4 간이수변전설비의 단선도에서 ⓓ에 설치된 저압기기에 대하여 다음 (　　)에 들어갈 내용을 답란에 쓰시오.

> 접지선의 굵기를 결정하기 위한 계산 조건에서 접지선에 흐르는 고장전류의 값은 전원 측 과전류 차단기 정격전류의 (①)배인 고장전류로 과전류 차단기가 최대 (②)초 이하에서 차단 완료했을 때 접지선의 허용온도는 최대 (③)[℃] 이하로 보호되어야 한다.

5 단선도에서 변류기의 변류비를 선정하시오.(단, CT의 정격전류는 부하전류의 125[%]로 하며 CT 1차 정격 : 1,000, 1,200, 1,500, 2,000, 2차 전류는 5[A]를 사용한다.)

해답 **1** ① 1,000　② 인터럽트 스위치

2 ① 25　② 2

3 ① 과전류　② 부족전압　③ 과전압

4 ① 20　② 0.1　③ 160

5 계산 : CT $I_1 = \frac{P}{\sqrt{3}\,V} \times 1.25 = \frac{700 \times 10^3}{\sqrt{3} \times 380} \times 1.25 = 1{,}329.42[A]$　∴ 1,500/5 선정

답 1,500/5

TIP

① 인터럽터 스위치(기중 부하 개폐기)
② CT 1차 정격 : $I_1 \times (1.25 \sim 1.5)$

16 ★☆☆☆☆ [5점]

다음 괄호 안에 들어갈 내용을 완성하시오.

> 전기방식설비의 전원장치는 (**1**), (**2**), (**3**), (**4**) 4가지로 구성되어 있으며 최대 사용전압은 직류 (**5**)[V] 이하이다.

해답 **1** 절연변압기

2 정류기

3 개폐기

4 과전류차단기

5 60[V]

전기산업기사

2019년도 3회 시험 과년도 기출문제

회독 체크	□1회독	월 일	□2회독	월 일	□3회독	월 일

01 ★★★★☆ [6점]

유입 변압기와 비교하여 몰드 변압기에 대한 장점 3가지와 단점 3가지를 쓰시오.

해답 (1) 장점

① 단시간 과부하 내량이 크다.
② 저진동 및 저소음이다.
③ 소형 경량화할 수 있다.
그 외
④ 보수 및 점검이 용이하다.
⑤ 전력손실이 감소한다.

(2) 단점

① 가격이 비싸다.
② 옥외 설치 및 대용량 제작이 곤란하다.
③ 충격파의 내전압이 낮다.

02 ★★★★★ [5점]

어떤 공장의 1일 사용전력량이 100[kWh]이며, 1일의 최대전력이 7[kW]이고, 최대전력일 때의 전류값이 20[A]이었을 경우 다음 각 물음에 답하시오(단, 이 공장은 220[V], 11[kVA]인 3상 유도전동기를 사용한다고 한다.)

1 일 부하율은 몇 [%]인가?
2 최대전력일 때의 역률은 몇 [%]인가?

해답 1 계산 : $\text{부하율} = \dfrac{\text{평균수용전력}}{\text{최대수용전력}} \times 100[\%] = \dfrac{\text{사용전력량/시간}}{\text{최대수용전력}} \times 100(\%)$

$$= \frac{100/24}{7} \times 100(\%) = 59.52[\%]$$

답 59.52[%]

2 계산 : $\cos\theta = \dfrac{P}{\sqrt{3}\,VI} = \dfrac{7 \times 10^3}{\sqrt{3} \times 220 \times 20} \times 100 = 91.85[\%]$

답 91.85[%]

03 ★★★☆☆

[4점]

다음 그림과 같은 단상 3선식 선로에서 설비불평형률은 몇 [%]인가?

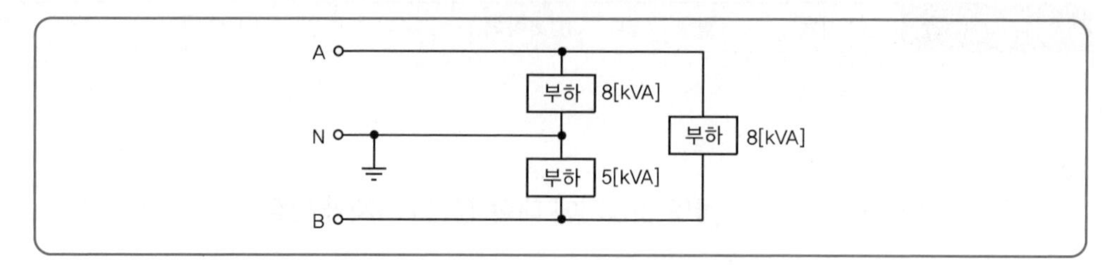

해답 계산 : 설비불평형률

$$= \frac{\text{중성선과 각 전압 측 전선 간에 접속되는 부하설비용량[kVA]의 차}}{\text{총 부하설비용량[kVA]의 1/2}} \times 100[\%]$$

$$= \frac{8-5}{(8+5+8)\times\frac{1}{2}} \times 100 = 28.57[\%]$$

답 28.57[%]

TIP

$$\text{3상 3선식 설비불평형률} = \frac{\text{각 선 간에 접속되는 단상 부하의 최대와 최소의 차}}{\text{총 부하 설비용량의 1/3}} \times 100[\%]$$

04 ★★★☆☆

[13점]

스위치 S_1, S_2, S_3, S_4에 의하여 직접 제어되는 계전기 A_1, A_2, A_3, A_4가 있다. 전등 X, Y, Z가 동작표와 같이 점등되었다고 할 때 다음 각 물음에 답하시오.

A_1	A_2	A_3	A_4	X	Y	Z
0	0	0	0	0	1	0
0	0	0	1	0	0	0
0	0	1	0	0	0	0
0	0	1	1	0	0	0
0	1	0	0	0	0	0
0	1	0	1	0	0	0
0	1	1	0	1	0	0
0	1	1	1	1	0	0
1	0	0	0	0	0	0
1	0	0	1	0	0	1
1	0	1	0	0	0	0
1	0	1	1	1	1	0
1	1	0	0	0	0	1
1	1	0	1	0	0	1
1	1	1	0	0	0	0
1	1	1	1	1	0	0

• 출력 램프 X에 대한 논리식

$X = \overline{A_1}A_2A_3\overline{A_4} + \overline{A_1}A_2A_3A_4 + A_1A_2A_3A_4 + A_1\overline{A_2}A_3A_4$

$= A_3(\overline{A_1}A_2 + A_1A_4)$

• 출력 램프 Y에 대한 논리식

$Y = \overline{A_1}\,\overline{A_2}\,\overline{A_3}\,\overline{A_4} + A_1\overline{A_2}A_3A_4$

$= \overline{A_2}(\overline{A_1}\,\overline{A_3}\,\overline{A_4} + A_1A_3A_4)$

• 출력 램프 Z에 대한 논리식

$Z = A_1\overline{A_2}\,\overline{A_3}A_4 + A_1A_2\overline{A_3}\,\overline{A_4} + A_1A_2\overline{A_3}A_4$

$= A_1\overline{A_3}(A_2 + A_4)$

1 답란에 미완성 부분을 최소 접점수로 접점 표시를 하고 접점 기호를 써서 유접점 회로를 완성하시오.(예 : A_1 $\overline{A_1}$)

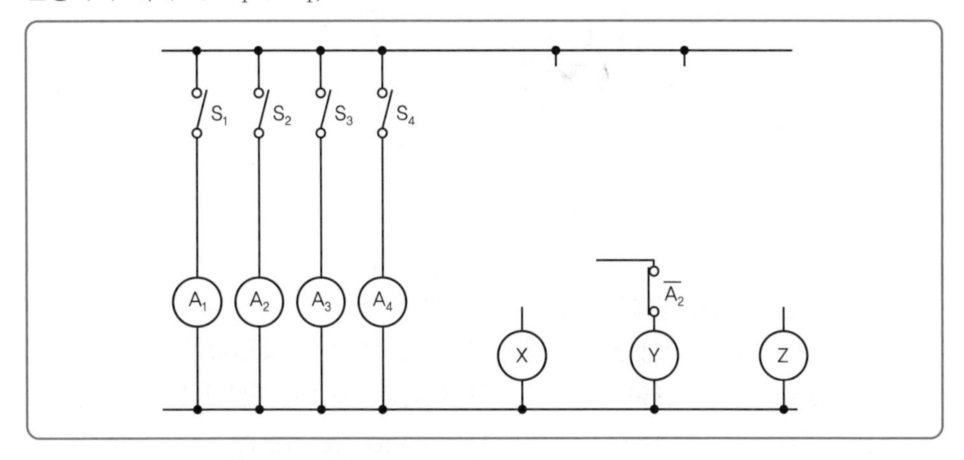

2 답란에 미완성 무접점 회로도를 완성하시오.

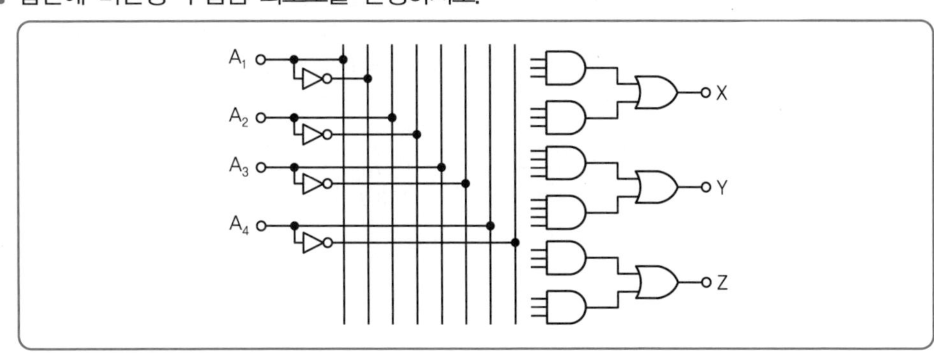

해답 1

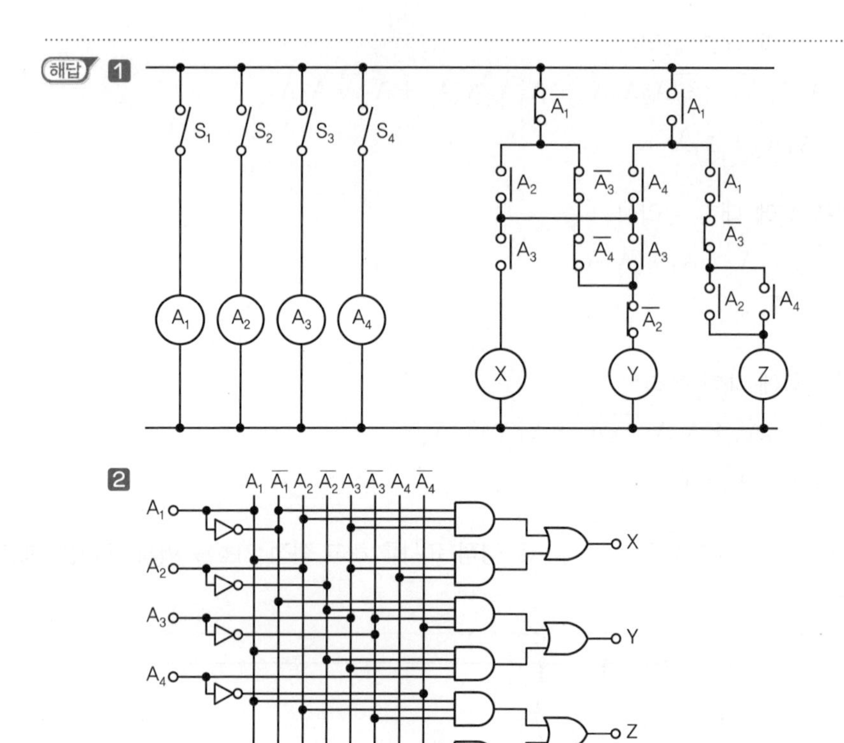

2

05 ★★★☆☆ [6점]

어느 공장의 수전설비에서 100[kVA] 단상 변압기 3대를 △ 결선하여 273[kW] 부하에 전력을 공급하고 있다. 단상 변압기 1대가 고장이 발생하여 단상 변압기 2대로 V결선하여 전력을 공급할 경우 다음 물음에 답하시오.(단, 부하역률은 1로 계산한다.)

1 V결선으로 하여 공급할 수 있는 최대 전력[kW]을 구하시오.

2 V결선된 상태에서 273[kW] 부하 전체를 연결할 경우 과부하율[%]을 구하시오.

해답 1 계산 : $P_V = \sqrt{3}\,P_1\cos\theta = \sqrt{3} \times 100 \times 1 = 173.21\,[\mathrm{kW}]$

답 173.21[kW]

2 계산 : $\text{과부하율} = \dfrac{\text{부하용량}}{\text{공급용량}} \times 100 = \dfrac{273}{173.21} \times 100 = 157.61\,[\%]$

답 157.61[%]

06 ★★☆☆☆

[5점]

3상 3선식 비접지식 6,600[V] 고압 가공전선로가 있다. 실측한 결과 지락전류가 5A일 때 이 전로에 접속된 주상변압기 110[V] 측 1단자에 혼촉방지 접지를 할 때 접지 저항값은 얼마 이하인가?(단, 이 전선로는 고저압 혼촉 시 2초 이내에 자동 차단하는 장치가 없다.)

※ KEC 규정에 따라 문항 변경

해답 $R = \frac{150}{5} = 30[\Omega]$

답 $30[\Omega]$

TIP

$R = \frac{150,\ 300,\ 600}{I_g}[\Omega]$

여기서, 300 : 2초 이내 차단, 600 : 1초 이내 차단

07 ★★★☆☆

[15점]

아래 도면은 어느 수전설비의 단선 결선도이다. 도면을 보고 다음의 물음에 답하시오.

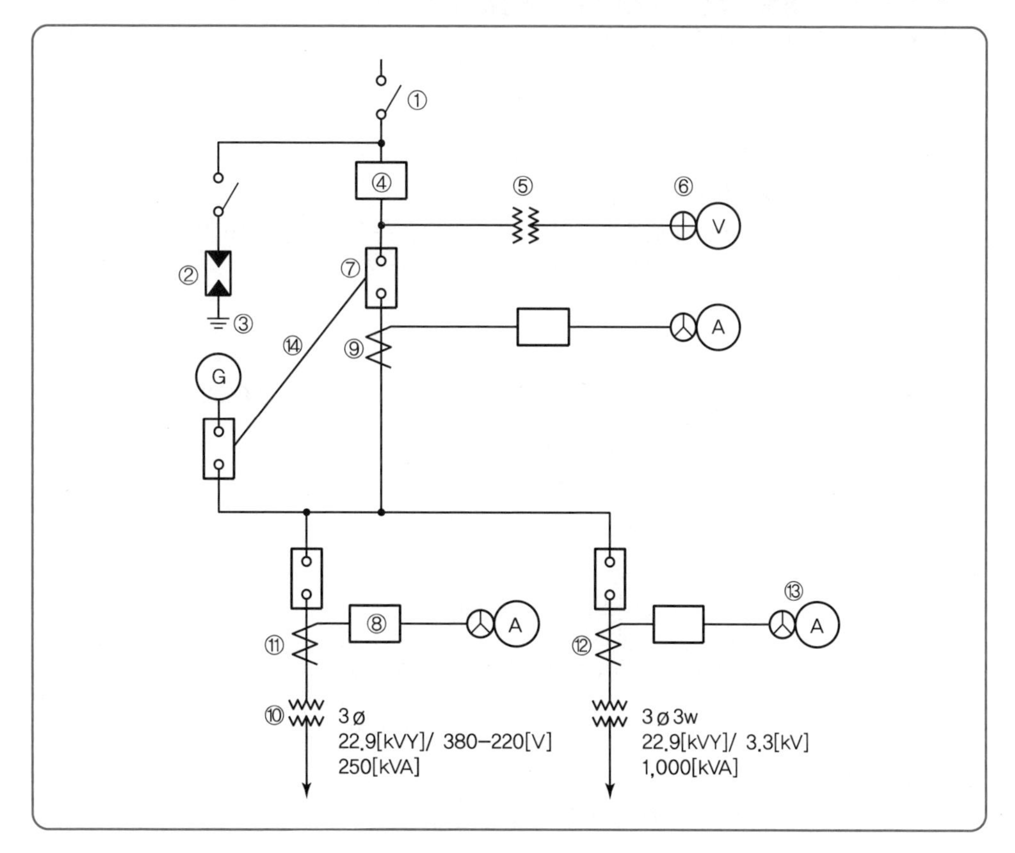

1 ①~⑨ 그리고 ⑬에 해당되는 부분의 명칭과 용도를 쓰시오.

2 ⑤의 1, 2차 전압은?

3 ⑩의 2차 측 결선방법은?

4 ⑪, ⑫의 1, 2차 전류는?(단, CT 정격 전류는 부하 정격 전류의 1.5배로 한다.)

5 ⑭의 명칭 및 용도는?

해답 **1** ① 명칭 : 단로기
용도 : 무부하 시 전로 개폐

② 명칭 : 피뢰기
용도 : 이상전압 내습 시 대지로 방전시키고 속류를 차단

③ ※ KEC 규정에 따라 삭제

④ 명칭 : 전력수급용 계기용 변성기
용도 : 전력량을 산출하기 위해서 PT와 CT를 하나의 함에 내장한 것

⑤ 명칭 : 계기용 변압기
용도 : 고전압을 저전압으로 변성시킴

⑥ 명칭 : 전압계용 절환 개폐기
용도 : 하나의 전압계로 3상의 선간전압을 측정하는 전환 개폐기

⑦ 명칭 : 차단기
용도 : 고장전류 차단 및 부하전류 개폐

⑧ 명칭 : 과전류 계전기
용도 : 과부하 및 단락사고 시 차단기 개방

⑨ 명칭 : 계기용 변류기
용도 : 대전류를 소전류로 변류시킴

⑬ 명칭 : 전류계용 절환 개폐기
용도 : 하나의 전류계로 3상의 선간전류를 측정하는 절환 개폐기

2 1차 전압 : 13,200[V], 2차 전압 : 110[V]

3 Y결선

4 ⑪ 계산

$$I_1 = \frac{P}{\sqrt{3}\,V} = \frac{250}{\sqrt{3} \times 22.9} = 6.3[A]$$ 답 6.3[A]

6.3×1.5=9.45[A]이므로 변류비 10/5 선정

$$I_2 = I_1 \times \frac{1}{\text{CT비}} = \frac{250}{\sqrt{3} \times 22.9} \times \frac{5}{10} = 3.15[A]$$ 답 3.15[A]

⑫ 계산

$$I_1 = \frac{P}{\sqrt{3}\,V} = \frac{1,000}{\sqrt{3} \times 22.9} = 25.21[A]$$ 답 25.21[A]

25.21×1.5=37.82[A]이므로 변류비 40/5 선정

$$I_2 = I_1 \times \frac{1}{\text{CT비}} = \frac{1,000}{\sqrt{3} \times 22.9} \times \frac{5}{40} = 3.15[A]$$ 답 3.15[A]

5 명칭 : 인터록
용도 : 상시전원, 예비전원 동시 투입 방지

TIP

3 변압기에서 220(상전압), 380(선간전압)이 나오는 결선 : Y

4 CT 비 $= \dfrac{\text{용량}}{\sqrt{3}\times 1\text{차 전압}} \times$ 배수(1.25 ~ 1.5)

단, 문제에 조건이 주어지면 조건으로 할 것

08 ★★★☆☆ [5점]

그림과 같은 교류 3상 3선식 전로에 연결된 3상 평형 부하가 있다. 이때 L3상의 P점이 단선된 경우, 이 부하의 소비전력은 단선 전 소비전력에 비하여 어떻게 되는지 계산식을 이용하여 설명하시오.(단, 선간 전압은 E[V]이며, 부하의 저항은 R[Ω]이다.)

해답 계산 : 단선 전 소비전력 $[P_1] = 3 \cdot \dfrac{E^2}{R}$

단선 후 소비전력 $[P_2] = \dfrac{E^2}{R'} = \dfrac{E^2}{\dfrac{R \cdot 2R}{R+2R}}$

$= 3 \cdot \dfrac{E^2}{2R} = \dfrac{\text{단선 후 전력}}{\text{단선 전 전력}} = \dfrac{\dfrac{3}{2} \cdot \dfrac{E^2}{R}}{3\dfrac{E^2}{R}} = \dfrac{1}{2}$ 이 되므로

$\therefore\ P_2 = \dfrac{1}{2} P_1$

답 소비전력이 $\dfrac{1}{2}$로 감소한다.

TIP

➤ 단선 후 등가 회로

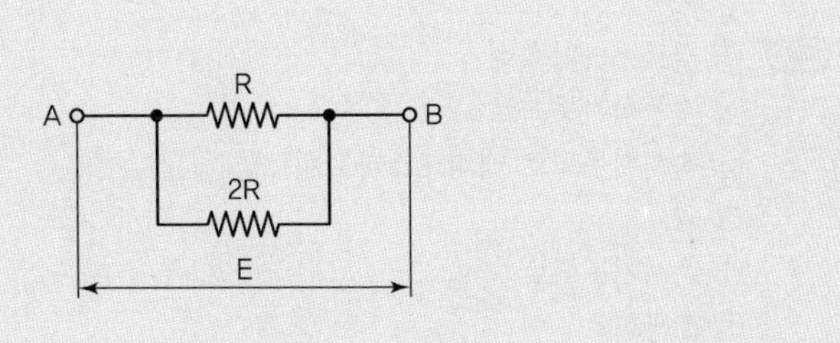

09 ★★★★★

[6점]

다음 그림과 같은 단상 2선식 분기회로의 전선 굵기를 표준 단면적으로 산정하시오.(단, 전압강하는 2[V] 이하이고, 배선방식은 교류 220[V] 후강전선관 공사로 한다고 한다.)

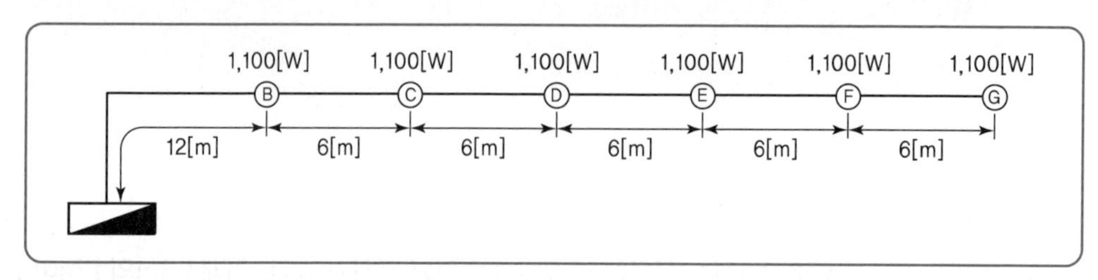

해답 계산 : 부하 중심점 $L = \dfrac{I_1 l_1 + I_2 l_2 + I_3 l_3 + \cdots + I_n l_n}{I_1 + I_2 + I_3 + \cdots + I_n}$

$$L = \frac{5 \times 12 + 5 \times 18 + 5 \times 24 + 5 \times 30 + 5 \times 36 + 5 \times 42}{5+5+5+5+5+5} = 27[\text{m}]$$

부하 전류 $I = \dfrac{1{,}100 \times 6}{220} = 30[\text{A}]$

∴ 전선의 굵기 $A = \dfrac{35.6LI}{1{,}000e} = \dfrac{35.6 \times 27 \times 30}{1{,}000 \times 2} = 14.42[\text{mm}^2]$

그러므로, 공칭 단면적 $16[\text{mm}^2]$로 결정

답 $16[\text{mm}^2]$

10 ★★★☆☆

[5점]

서지 흡수기(Surge Absorber)의 역할(기능)과 어느 개소에 설치하는지 그 위치를 쓰시오.

해답
- 역할(기능) : 개폐 서지를 억제하여 기기 보호
- 설치위치 : 개폐 서지를 발생하는 차단기 2차 측과 부하 측의 1차 측 사이

11 ★☆☆☆☆

[3점]

형광방전램프의 점등방법에서 점등회로의 종류 3가지를 쓰시오.

해답 ① 글로스타터회로
② 수동식기동회로
③ 속시기동회로(래피드스타트회로)
그 외
④ 순시기동회로
⑤ 조광회로

12 ★★★★☆ [5점]

3상 3선식 380[V] 회로에 그림과 같이 2.2[kW], 7.5[kW], 50[kW]의 전동기와 5[kW]의 전열기가 접속되어 있다. 간선의 허용전류[A]를 구하여라.(단, 전동기의 평균 역률은 75[%]이다.) ※ KEC 규정에 따라 문항 변경

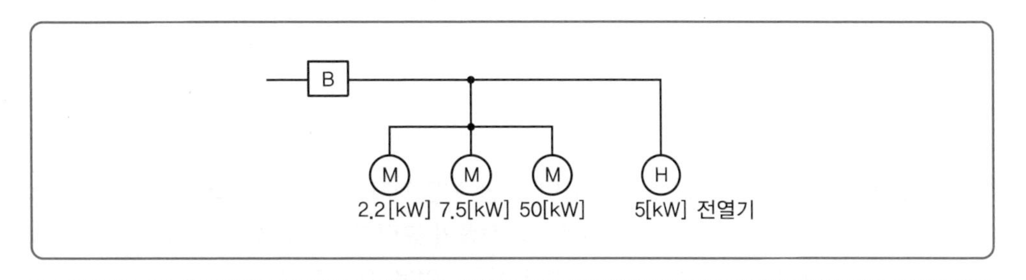

해답 계산 : $\Sigma I_M = \dfrac{\text{전동기 용량의 합[kW]}}{\sqrt{3} \times V \times \cos\theta} = \dfrac{(2.2+7.5+50) \times 10^3}{\sqrt{3} \times 380 \times 0.75} = 120.94[A]$

전동기 유효전류 $I_1 = I_M \times \cos\theta = 120.94 \times 0.75 = 90.71[A]$

전동기 무효전류 $I_2 = I_M \times \sin\theta = 120.94 \times \sqrt{1-0.75^2} = 79.99[A]$

$\Sigma I_H = \dfrac{\text{전열기 용량[kW]}}{\sqrt{3} \times V} = \dfrac{5 \times 10^3}{\sqrt{3} \times 380} = 7.6[A]$

$\therefore I_B = \sqrt{(90.71+7.6)^2 + 79.99^2} = 126.74[A]$

$\therefore$ 허용전류 $I_Z \geq 126.74[A]$

답 126.74[A]

13 ★★★★★ [7점]

전력 퓨즈에서 다음 각 물음에 답하시오.

1 퓨즈의 역할을 크게 2가지로 구분하여 간단하게 설명하시오.

2 퓨즈의 가장 큰 단점은 무엇인가?

3 주어진 표는 개폐장치(기구)의 동작 가능한 곳에 ○표를 한 것이다. ①~③은 어떤 개폐장치이겠는가?

능력 / 기능	회로 분리		사고 차단	
	무부하	부하	과부하	단락
퓨즈	○			○
①	○	○	○	○
②	○	○	○	
③	○			

4 큐비클의 종류 중 PF-S형 큐비클은 주 차단장치로서 어떤 것들을 조합하여 사용하는 것을 말하는가?

해답 1 • 부하 전류를 안전하게 흐르게 한다.
• 과전류를 차단하여 전로나 기기를 보호한다.

2 재투입할 수 없다.

3 ① 차단기 ② 자동고장구분개폐기(ASS) ③ 단로기

4 전력 퓨즈와 고압 개폐기

14 ★☆☆☆☆

[5점]

60[Hz] 6,600/210[V] 50[kVA]의 단상 변압기가 있다. 저압 측이 단락하고 1차 측에 170[V]의 전압을 가하니 1차 측에 정격전류가 흘렀다. 이때 변압기에 입력이 700[W]라고 한다. 이 변압기에 역률 0.8의 정격부하를 걸었을 때의 전압변동률을 구하시오.

해답 계산 : $\%Z = \dfrac{V_o}{V_1} \times 100 = \dfrac{170}{6{,}600} \times 100 = 2.58[\%]$

$$p = \frac{P_o}{V_{1n} I_{1n}} \times 100 = \frac{700}{50 \times 10^3} \times 100 = 1.4[\%]$$

$$q = \sqrt{z^2 - p^2} = \sqrt{2.58^2 - 1.4^2} = 2.17[\%]$$

$$\therefore\ \varepsilon = p\cos\theta + q\sin\theta = 1.4 \times 0.8 + 2.17 \times 0.6 = 2.422[\%]$$

답 2.42[%]

15 ★★★☆☆

[5점]

설비용량이 350[kW], 수용률이 0.6일 때 변압기 용량을 구하시오.(단, 역률은 0.7이다.)

해답 계산 : $TR = \dfrac{350 \times 0.6}{0.7} = 300[kVA]$

답 300[kVA]

TIP

변압기 용량 $=$ 최대전력 $= \dfrac{\text{설비용량} \times \text{수용률}}{\text{역률}}[kVA]$

16 ★★☆☆☆ [5점]

단상 2선식 분기회로에 3[kW] 부하가 연결되어 있다. 부하단의 수전전압이 220[V]인 경우, 간선에서 분기된 분기점에서 부하까지 한 선당 저항이 0.03[Ω]일 때 분기점에서의 전압은 얼마여야 하는가?

해답 계산 : 전압강하 $e = 2IR = 0.03 \times 2 \times \frac{3,000}{220} = 0.82[V]$

분기점 전압 $V_s = V_r + e = 220 + 0.82 = 220.82[V]$

답 220.82[V]

2012 2013 2014 2015 2016 2017 2018 2019 2020 2021

memo

INDUSTRIAL ENGINEER ELECTRICITY

2020년 과년도 문제풀이

2020년도 1회 시험 과년도 기출문제

회독 체크	□1회독	월 일	□2회독	월 일	□3회독	월 일

01

★★★☆☆ [14점]

주어진 도면은 어떤 수용가의 수전설비의 단선 결선도이다. 도면과 참고표를 이용하여 물음에 답하시오.

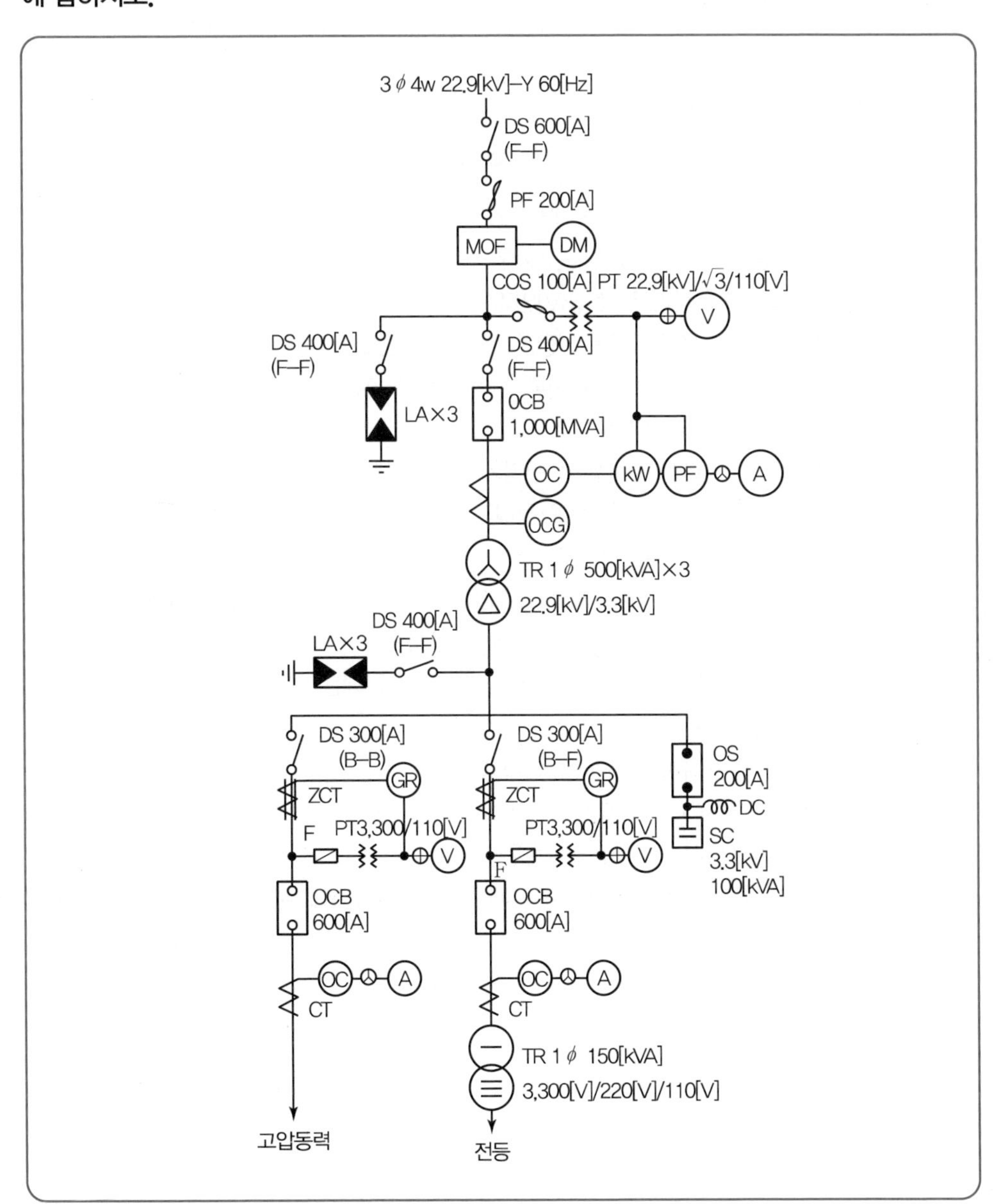

| 계기용 변압 변류기 정격(일반 고압용) |

종별		정격
PT	1차 정격 전압[V]	3,300, 6,000
	2차 정격 전압[V] 정격 부담[VA]	110 50, 100, 200, 400
CT	1차 정격 전류[A]	10, 15, 20, 30, 40, 50, 75, 100, 150, 200, 300, 400, 500, 600
	2차 정격 전류[A] 정격 부담[VA]	5 15, 40, 100 일반적으로 고압 회로는 40[VA] 이하, 저압회로는 15[VA] 이상

1 22.9[kV] 측에 대하여 다음 각 물음에 답하시오.

① MOF에 연결되어 있는 (DM)은 무엇인가?

② DS의 정격 전압은 몇 [kV]인가?

③ LA의 정격 전압은 몇 [kV]인가?

④ OCB의 정격 전압은 몇 [kV]인가?

⑤ OCB의 정격 차단 용량 선정은 무엇을 기준으로 하는가?

⑥ CT의 변류비는?(단, 1차 전류의 여유는 25[%]로 한다.)

⑦ DS에 표시된 F–F의 뜻은?

⑧ 그림과 같은 결선에서 단상 변압기가 2부싱형 변압기이면 1차 중성점의 접지는 어떻게 해야 하는가?(단, "접지를 한다", "접지를 하지 않는다."로 답하되 접지를 하게 되면 접지 종별을 쓰도록 하시오.)

⑨ OCB의 차단 용량이 1,000[MVA]일 때 정격 차단 전류는 몇 [A]인가?

2 3.3[kV] 측에 대하여 다음 각 물음에 답하시오.

① 애자 사용 배선에 의한 옥내 배선인 경우 간선에는 몇 [mm^2] 이상의 전선을 사용하는 것이 바람직한가?

② 옥내용 PT는 주로 어떤 형을 사용하는가?

③ 고압 동력용 OCB에 표시된 600[A]는 무엇을 의미하는가?

④ 콘덴서에 내장된 DC의 역할은?

⑤ 전등 부하의 수용률이 70[%]일 때 전등용 변압기에 걸 수 있는 부하 용량은 몇 [kW]인가?

해답 **1** ① 최대 수요 전력량계

② 25.8[kV]

③ 18[kV]

④ 25.8[kV]

⑤ 전원 측 단락 용량 또는 단락 전류

⑥ 계산 : $I_1 = \frac{P}{\sqrt{3}V} \times 1.25 = \frac{500 \times 3}{\sqrt{3} \times 22.9} \times 1.25 = 47.27[A]$

답 50/5

⑦ 표면-표면 접속

⑧ 접지를 하지 않는다.

⑨ 계산 : $I_s = \frac{P_s}{\sqrt{3}V} = \frac{1{,}000 \times 10^3}{\sqrt{3} \times 25.8} = 22{,}377.92[A]$

답 22,377.92[A]

2 ① 25[mm^2]

② 몰드형

③ 정격 전류

④ 콘덴서에 축적된 잔류 전하 방전

⑤ 계산 : 부하 용량$= \frac{\text{최대전력}}{\text{수용률}} = \frac{150}{0.7} = 214.29[kW]$

답 214.29[kW]

TIP

$P_s = \sqrt{3} \times V \times I_s$

여기서, V : 정격 전압, I_s : 단락 전류

02 ★★☆☆☆ [5점]

3상 3선식 6,600[V]인 변전소에서 저항 6[Ω], 리액턴스 8[Ω]의 송전선을 통하여 역률 0.8의 부하에 전력을 공급할 때 수전단 전압을 6,000[V] 이상으로 유지하기 위해서 걸 수 있는 부하는 최대 몇 [kW]까지 가능하겠는가?

해답 계산 : 전압강하 $e = \frac{P}{V}(R + X\tan\theta)$ 에서

$$6{,}600 - 6{,}000 = \frac{P}{6{,}000}\left(6 + 8 \times \frac{0.6}{0.8}\right)$$

$$P = 300[kW]$$

답 300[kW]

TIP

$e = V_s - V_r = \sqrt{3}I(R\cos\theta + X\sin\theta) = \frac{P}{V_r}(R + X\tan\theta)$

03 ★★★★★

[7점]

그림은 3상 유도전동기의 Y－△ 기동법을 나타내는 결선도이다. 다음 물음에 답하시오.

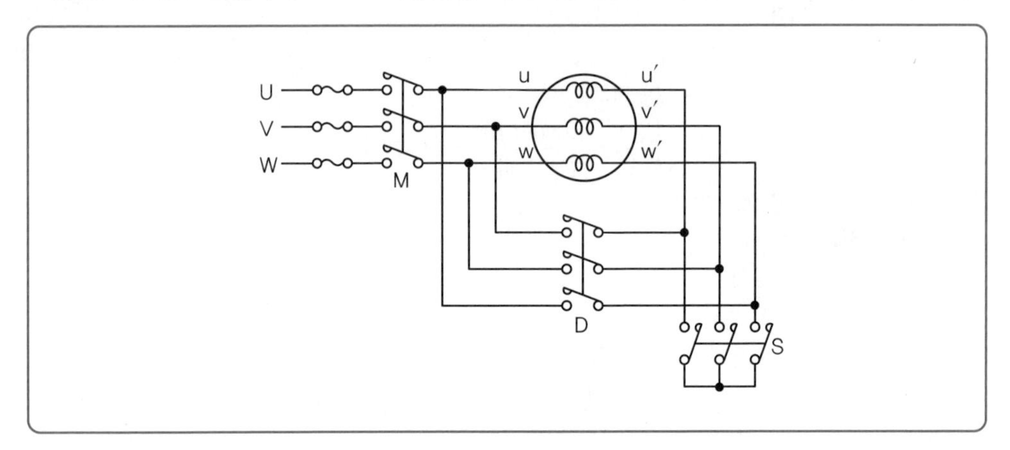

1 다음 표의 빈칸에 기동 시 및 운전 시의 전자개폐기 접점의 ON, OFF 상태 및 접속상태(Y결선, △결선)를 쓰시오.

구분	전자개폐기 접점상태(ON, OFF)			접속상태
	S	D	M	
기동 시				
운전 시				

2 전전압 기동과 비교하여 Y－△ 기동법의 기동 시 기동전압, 기동전류 및 기동토크는 각각 어떻게 되는가?

① 기동전압(선간전압)

② 기동전류

③ 기동토크

해답 **1**

구분	전자개폐기 접점상태(ON, OFF)			접속상태
	S	D	M	
기동 시	ON	OFF	ON	Y결선
운전 시	OFF	ON	ON	△결선

2 ① 기동전압(선간전압) : $\frac{1}{\sqrt{3}}$배

② 기동전류 : $\frac{1}{3}$배

③ 기동토크 : $\frac{1}{3}$배

04 ★★★★☆ [7점]

배전용 변전소의 각종 전기시설에는 접지를 하고 있다. 그 접지 목적을 3가지로 요약하여 쓰고, 고압측 접지 개소를 3개소만 쓰시오. ※ KEC 규정에 따라 문항 변경

1 접지목적

2 접지개소

해답 1 접지목적

① 감전 방지
② 이상전압 억제
③ 보호 계전기의 확실한 동작

2 접지개소

① 일반 기기 및 제어반 외함 접지
② 피뢰기 및 피뢰침 접지
③ 옥외 철구 및 경계책 접지
④ 계기용 변성기 2차 측 접지

05 ★★★★★ [5점]

건축물의 연면적 350[m²]의 일반주택에 다음 조건과 같은 전기설비를 시설하고자 할 때 분전반에 사용할 20[A]와 30[A]의 분기회로수는 몇 회로로 하여야 하는지 총 분기회로수를 결정하시오.(단, 분전반의 전압은 220[V] 단상이고 전등 및 전열 분기회로는 20[A], 에어컨은 30[A] 분기회로이다.)

[조건]

- 전등과 전열용 부하는 25[VA/m²]
- 2,500[VA] 용량의 에어컨 2대
- 예비부하 3,500[VA]

해답 계산 : ① 전등 및 전열

$$20[A]\ 분기회로수\ N = \frac{부하용량}{정격전압 \times 분기회로전류} = \frac{25 \times 350 + 3{,}500}{20 \times 220} = 2.78회로$$

∴ 3회로

② 에어컨

$$30[A]\ 분기회로수\ N = \frac{부하용량}{정격전압 \times 분기회로전류} = \frac{2{,}500 \times 2}{30 \times 220} = 0.76회로$$

∴ 1회로

∴ 총 분기회로수=4회로

답 4회로

06 ★★☆☆☆

[6점]

경간 200[m]인 가공 송전선로가 있다. 전선 1[m]당 무게는 2.0[kg]이고 풍압 하중이 없다고 한다. 인장강도 4,000[kg]의 전선을 사용할 때 처짐정도(Dip)와 전선의 실제 길이를 구하시오.(단, 안전율은 2.2로 한다.) ※ KEC 규정에 따라 변경

해답 계산 : ① 처짐정도

$$D = \frac{WS^2}{8T} = \frac{2.0 \times 200^2}{8 \times 4,000/2.2} = 5.5[\text{m}]$$

② 전선의 실제 길이

$$L = S + \frac{8D^2}{3S} = 200 + \frac{8 \times 5.5^2}{3 \times 200} = 200.4[\text{m}]$$

답 이도 : 5.5[m], 전선의 실제 길이 : 200.4[m]

07 ★★★★★

[6점]

200[V], 15[kVA]인 3상 유도전동기를 부하로 사용하는 공장이 있다. 이 공장이 어느 날 1일 사용전력량이 90[kWh]이고, 1일 최대전력이 10[kW]일 경우 다음 각 물음에 답하시오.(단, 최대전력일 때의 전류값은 43.3[A]라고 한다.)

1 일 부하율은 몇 [%]인가?

2 최대전력일 때의 역률은 몇 [%]인가?

해답 1 계산 : 일 부하율$= \dfrac{90/24}{10} \times 100 = 37.5[\%]$

답 37.5[%]

2 계산 : $\cos\theta = \dfrac{P}{\sqrt{3}VI} = \dfrac{10 \times 10^3}{\sqrt{3} \times 200 \times 43.3} \times 100 = 66.67[\%]$

답 66.67[%]

TIP

$$\text{부하율} = \frac{\text{평균전력}}{\text{최대전력}} \times 100 = \frac{\text{사용전력량/시간}}{\text{최대전력}} \times 100$$

08 ★★★★★ [6점]

예비전원으로 이용되는 축전지에 대한 다음 각 물음에 답하시오.

1 그림과 같은 부하 특성을 갖는 축전지를 사용할 때 보수율이 0.8, 최저 축전지 온도 5[℃], 허용 최저 전압 90[V]일 때 몇 [Ah] 이상인 축전지를 선정하여야 하는가?(단, $I_1 = 60$[A], $I_2 = 50$[A], $K_1 = 1.15$, $K_2 = 0.91$, 셀(cell)당 전압은 1.06[V/cell]이다.)

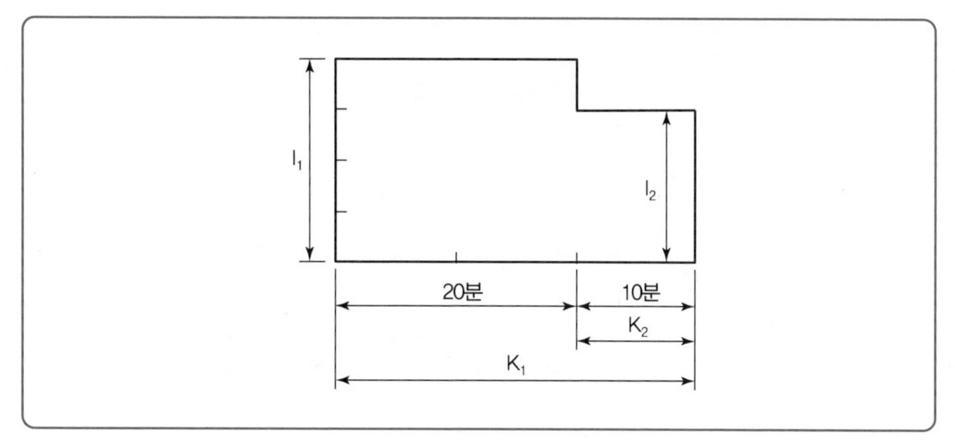

2 연축전지와 알칼리축전지의 공칭 전압은 각각 몇 [V]인가?

① 연축전지

② 알칼리축전지

해답 **1** 계산 : $C = \frac{1}{L}[K_1I_1 + K_2(I_2 - I_1)]$

$= \frac{1}{0.8}[1.15 \times 60 + 0.91(50 - 60)]$

$= 74.88$[Ah]

답 74.88[Ah]

2 ① 연축전지 : 2[V]

② 알칼리축전지 : 1.2[V]

TIP

① 연축전지 공칭전압 및 기전력 : 2.0[V], 2.05~2.08[V/셀]

② 알칼리축전지 공칭전압 및 기전력 : 1.2[V], 1.32[V/셀]

09 ★☆☆☆☆ [10점]

도면은 사무실 일부의 조명 및 전열 도면이다. 주어진 조건을 이용하여 다음 각 물음에 답하시오.

[도면]

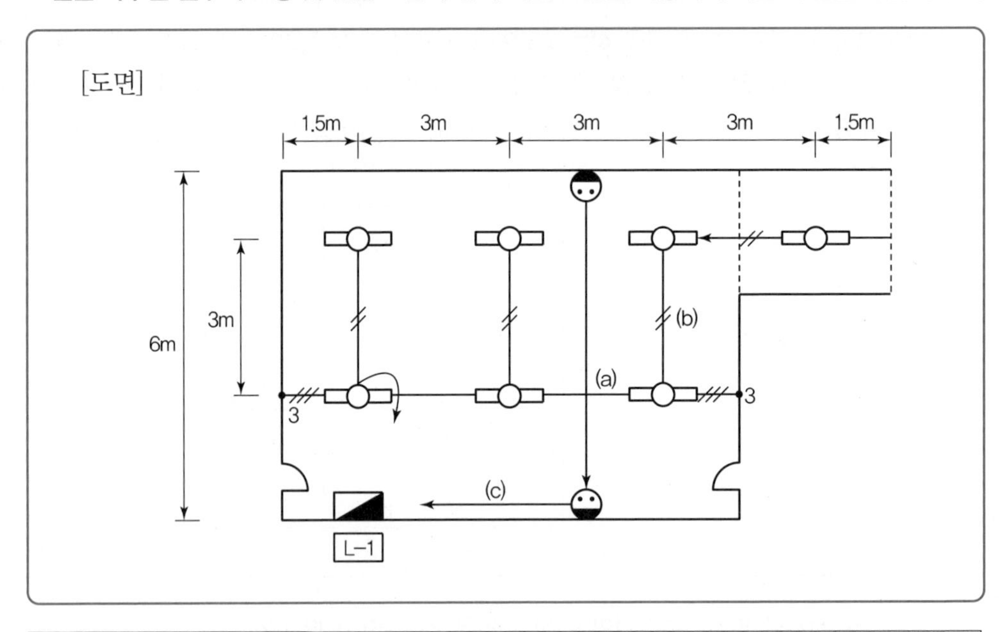

[조건]

- 층고 : 3.6[m] 2중 천장
- 2중 천장과 천장 사이 : 1[m]
- 조명 기구 : FL40×2 매입형
- 전선관 : 금속 전선관
- 콘크리트 슬래브 및 미장 마감

1 전등과 전열에 사용할 수 있는 전선의 최소 굵기는 얼마인가?(단, 접지선은 제외한다.)
   ① 전등
   ② 전열
2 (a)와 (b)에 배선되는 전선수는 최소 몇 본이 필요한가?
3 (c)에 사용될 전선의 종류와 전선의 굵기 및 전선 가닥수를 쓰시오.(단, 접지선은 제외한다.)
4 도면에서 박스(4각 박스+8각 박스)는 몇 개가 필요한가?
5 30AF/20AT에서 AF와 AT의 의미는 무엇인가?

해답
1 ① 전등 2.5[mm^2]
   ② 전열 2.5[mm^2]
2 (a) 6가닥
   (b) 4가닥
3 NR(HFIX) 굵기 : 2.5[mm^2], 4가닥
4 11개
5 AF : 프레임 전류, AT : 정격전류

TIP

2 3로 S/W 2개를 이용하여 2개소 점멸

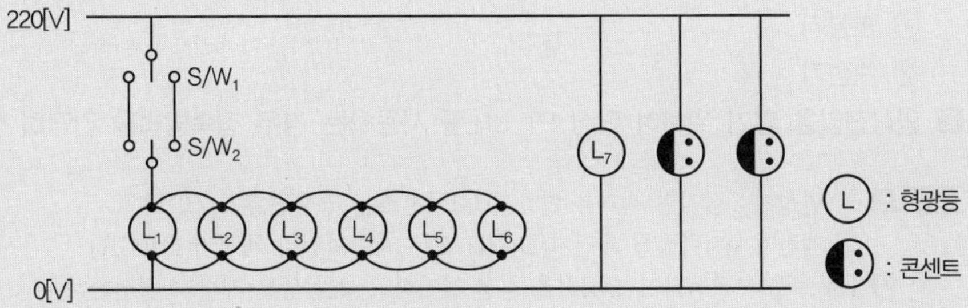

⇓

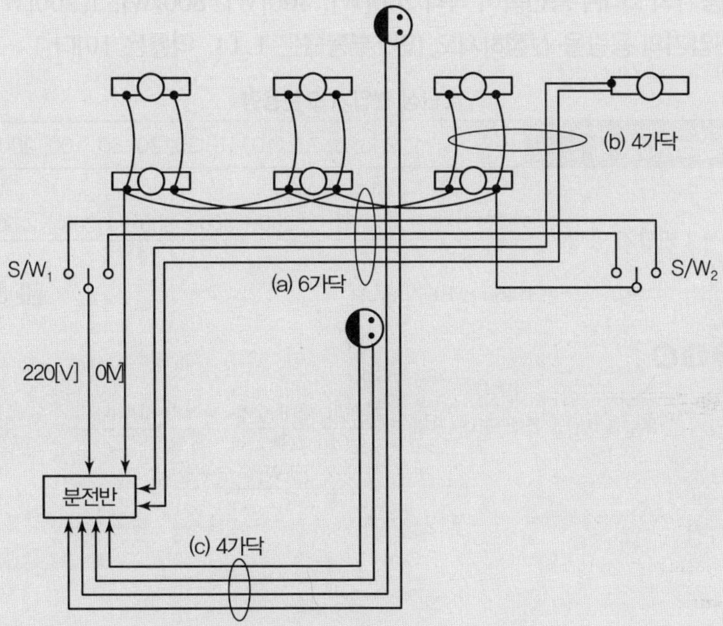

※ 도면에서 ← 는 분전반에서 분기한다는 표기

4 형광등 7개, 3로 S/W 2개, 콘센트 2개로 총 11개
단, 4각, 8각 구분하지 말 것

2012
2013
2014
2015
2016
2017
2018
2019
2020
2021

10 ★★★★☆ [5점]

비접지 3상 △결선(6.6[kV] 계통)일 때 지락사고 시 지락보호에 대하여 답하시오.

1 지락보호에 사용되는 변성기 및 계전기의 명칭을 각 1개씩 쓰시오.
  ① 변성기
  ② 계전기

2 영상전압을 얻기 위하여 단상 PT 3대를 사용하는 경우 접속방법을 간단히 설명하시오.

해답 1 ① 변성기 : 접지형 계기용 변압기(GPT) 또는 영상변류기(ZCT)
  ② 계전기 : 지락방향 계전기(DGR) 또는 지락과전압 계전기(OVGR)
2 1차 측을 Y결선하여 중성점을 직접 접지하고, 2차 측은 개방 △결선한다.

11 ★★★★★ [5점]

어떤 수용가의 최대수용전력이 각각 200[W], 300[W], 800[W], 1,200[W] 및 2,500[W]일 때 변압기의 용량을 선정하시오.(단, 부등률은 1.14, 역률은 1이다.)

| 단상 변압기 표준용량 |

표준용량[kVA]	1, 2, 3, 5, 7.5, 10, 15, 20, 30, 50, 100, 200, 300

해답 계산 : $\text{변압기 용량} = \dfrac{\text{개별 최대전력의 합}}{\text{부등률} \times \text{역률}} = \dfrac{200+300+800+1{,}200+2{,}500}{1.14 \times 1}$

$= 4{,}385 \times 10^{-3}[\text{kVA}]$

답 5[kVA]

TIP

$$\text{변압기의 용량[kVA]} \geq \text{합성 최대 전력} = \frac{\text{개개의 최대 수용 전력의 합계[kW]}}{\text{부등률} \times \text{역률}} = \frac{\text{설비 용량[kW]} \times \text{수용률}}{\text{부등률} \times \text{역률}}$$

12 ★★★★☆ [5점]

단상 유도전동기의 기동방법을 3가지 쓰시오.

해답 ① 반발 기동형
② 콘덴서 기동형
③ 분상 기동형
그 외
④ 셰이딩 코일형

TIP

단상에서는 회전자계를 얻을 수 없으므로 기동장치를 이용하여 기동토크를 얻기 위해

13 ★☆☆☆☆ [5점]

옥내의 네온 방전등 공사를 하는 경우 전선과 조영재 사이의 이격거리는 전개된 곳에서 다음 표와 같다. 표를 완성하시오.

사용전압의 구분	이격거리
6,000[V] 이하	
6,000[V] 초과 9,000[V] 이하	
9,000[V] 초과	

해답

사용전압의 구분	이격거리
6,000[V] 이하	2[cm]
6,000[V] 초과 9,000[V] 이하	3[cm]
9,000[V] 초과	4[cm]

14 ★★★☆☆ [5점]

조명방식 중 기구배치에 따른 조명방식의 종류 3가지를 쓰시오.

해답 ① 전반조명 방식
② 국부조명 방식
③ 전반국부조명 방식

15 ★★★☆☆ [4점]

다음 표를 보고 통상적으로 사용하는 차단기(CB)에 대한 정격전압을 작성하시오.

공칭전압[kV]	정격전압[kV]
22.9	
154	
345	
765	

해답

공칭전압[kV]	정격전압[kV]
22.9	25.8
154	170
345	362
765	800

16 ★☆☆☆☆ [5점]

전기기술인협회의 종합설계업으로 등록기준에 따른 기술인력 등록요건을 3가지 쓰시오.

해답 ① 전기분야 기술사 2명
② 설계사 2명
③ 설계보조자 2명

TIP

➤ 설계업의 종류 및 종류별 등록 기준

종류		등록 기준	
		기술인력	자본금
종합설계업		전기분야 기술사 2명 설계사 2명 설계보조자 2명	1억 원 이상
전문설계업	1종	전기분야 기술사 1명 설계사 1명 설계보조자 1명	3천만 원 이상
	2종	설계사 1명 설계보조자 1명	1천만 원 이상

2020년도 2회 시험

과년도 기출문제

회독 체크	□1회독	월 일	□2회독	월 일	□3회독	월 일

01 ★★★☆☆ [5점]

대형 건축물 내에 설치된 고압 · 저압 접지를 공통으로 묶어서 사용하는 접지를 공통접지라 한다. 공통접지의 장점 5가지를 쓰시오.

해답 ① 공사비가 경제적이다.
② 접지계통이 단순해지기 때문에 보수점검이 용이하다.
③ 병렬접지 효과로 낮은 접지저항을 얻는다.
④ 접지의 신뢰도가 향상된다.
⑤ 작은 면적으로 시공할 수 있다.
그 외
⑥ 자연접지(구조체) 이용

TIP

➤ 단점
① 계통 상호 간 간섭 및 고장 시 파급효과 우려
② 계통 일부 문제 시 건전기기의 기능 상실 또는 오작동 우려

02 ★★★★☆ [4점]

그림과 같은 계통에서 측로 단로기 DS_3을 통하여 부하에 공급하고 차단기 CB를 점검하고자 한다. 차단기 점검을 하기 위한 조작 순서를 쓰시오.(단, 평상시에 DS_3는 열려 있는 상태이다.)

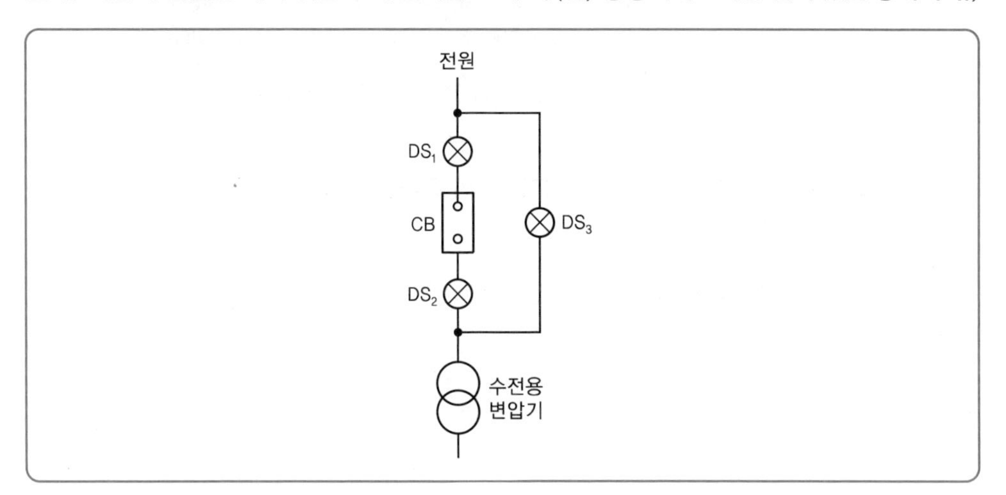

해답 $DS_3(ON) \rightarrow CB(OFF) \rightarrow DS_2(OFF) \rightarrow DS_1(OFF)$

TIP

DS_3를 투입해도 등전위가 발생되어 전류가 흐르지 않는다.

03 ★★★★☆ [10점]

그림은 고압 수전 설비 단선 결선도이다. 물음에 답하시오.

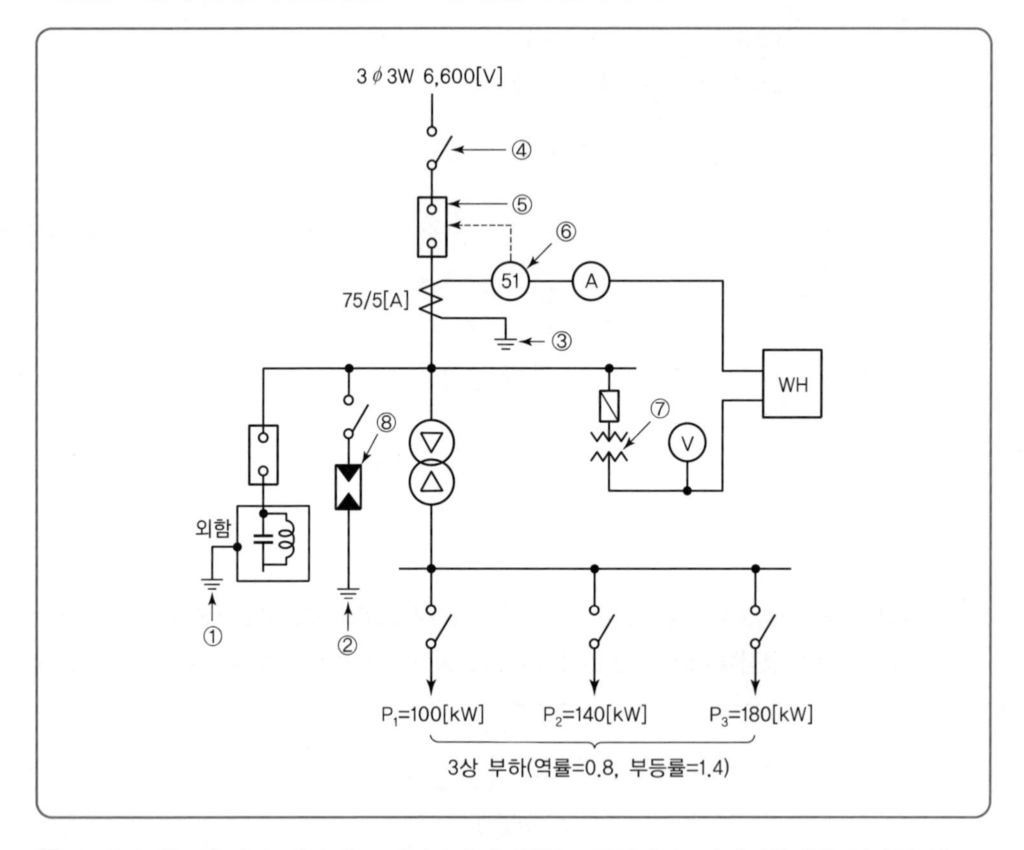

1 그림의 ①~③까지 해당되는 접지공사의 종류는 무엇이며, 접지저항값은 얼마인가?
※ KEC 규정에 따라 삭제

2 그림에서 ④~⑧의 명칭은 무엇인가?

2012 2013 2014 2015 2016 2017 2018 2019 2020 2021

3 각 부하의 최대전력이 그림과 같고 역률이 0.8, 부등률이 1.4일 때 변압기 1차 전류계 Ⓐ에 흐르는 전류의 최대치를 구하시오. 또 동일한 조건에서 합성 역률 0.92 이상으로 유지하기 위한 전력용 콘덴서의 최소용량은 몇 [kVA]인가?

① 전류 :

② 콘덴서 용량 :

4 DC(방전 코일)의 설치목적을 설명하시오.

해답 **1** ※ KEC 규정에 따라 삭제

2 ④ 단로기
⑤ 차단기
⑥ 과전류 계전기
⑦ 계기용 변압기
⑧ 피뢰기

3 ① 전류

계산 : 최대전력 $P = \dfrac{\text{개별 최대전력의 합}}{\text{부등률}} = \dfrac{100+140+180}{1.4} = 300[\text{kW}]$

$$Ⓐ = I_1 \times \frac{1}{\text{CT비}} = \frac{P}{\sqrt{3}\,V\cos\theta} \times \frac{1}{\text{CT비}}$$

$$= \frac{300\times10^3}{\sqrt{3}\times6{,}600\times0.8} \times \frac{5}{75} = 2.19[\text{A}]$$

답 2.19[A]

② 콘덴서 용량

계산 : $Q = P(\tan\theta_1 - \tan\theta_2) = 300 \times \left(\dfrac{0.6}{0.8} - \dfrac{\sqrt{1-0.92^2}}{0.92}\right) = 97.2[\text{kVA}]$

답 97.2[kVA]

4 콘덴서 회로 개방 시 잔류 전하의 방전

TIP

➤ 방전코일 목적
① 개방 시 : 콘덴서의 잔류 전하 방전
② 투입 시 : 콘덴서에 걸리는 과전압 방지

04 ★★★★☆ [4점]

주변압기 단상 22,900/380[V], 단상 500[kVA] 3대를 △-Y 결선으로 하여 사용하고자 하는 경우 2차 측에 설치해야 할 차단기 용량은 몇 [MVA]로 하면 되는가?(단, 변압기의 %Z는 3[%]로 계산하며, 그 외 임피던스는 고려하지 않는다.)

해답 계산 : 차단기 용량 $P = \frac{100}{\%Z}P = \frac{100}{3} \times 500 \times 3 \times 10^{-3} = 50[\text{MVA}]$

답 50[MVA]

TIP

단상 변압기가 3대이므로 기준용량은 500×3대가 된다.

05 ★★★☆☆ [5점]

사고를 차단하는 고압용 차단기의 종류 5가지와 각각의 소호매체를 답란에 쓰시오.

고압차단기	소호매체

해답

고압차단기	소호매체
가스차단기	SF_6가스
유입차단기	절연유
공기차단기	압축공기
자기차단기	자계(전자력)
진공차단기	진공

06 ★★★★☆

[5점]

다음과 같은 값을 측정하는 데 가장 적당한 것은?

1 단선인 전선의 굵기

2 옥내전등선의 절연저항

3 접지저항(단, 브리지로 답하시오.)

해답 1 와이어 게이지

2 메거

3 콜라우시 브리지

TIP

① 접지저항 측정 : 접지저항계, 콜라우시 브리지

② 절연저항 측정 : 절연저항계(메거)

07 ★★★★★

[10점]

어떤 변전실에서 그림과 같은 일부하 곡선 A, B, C인 부하에 전기를 공급하고 있다. 이 변전실의 총 부하에 대한 다음 각 물음에 답하시오.(단, A, B, C의 역률은 시간에 관계없이 각각 80[%], 100[%] 및 60[%]이며, 그림에서 부하전력은 부하곡선의 수치에 10^3을 한다는 의미이다. 즉, 수직 측의 5는 5×10^3[kW]라는 의미이다.)

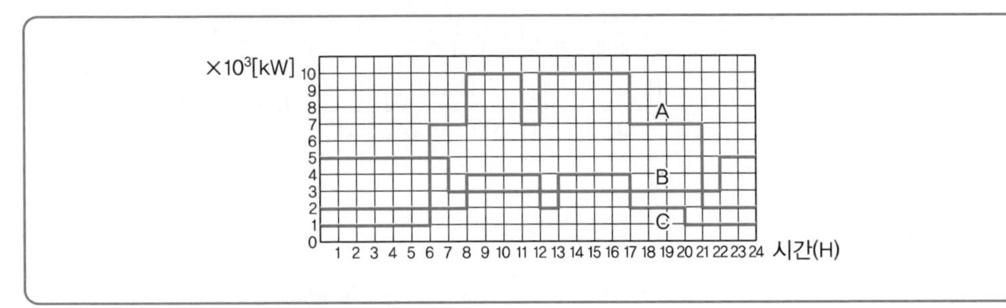

1 합성최대전력은 몇 [kW]인가?

2 A, B, C 각 부하에 대한 평균전력은 몇 [kW]인가?

3 총 부하율은 몇 [%]인가?

4 부등률은 얼마인가?

5 최대부하일 때의 합성 총 역률은 몇 [%]인가?

해답 1 계산 : 합성 최대 전력은 도면에서 8~11시, 13~17시에 나타내며

$P = (10+4+3) \times 10^3 = 17 \times 10^3$[kW]

답 17×10^3[kW]

2 계산 : 평균전력$=\dfrac{\text{사용전력량}}{\text{시간}}$이므로

$$A=\frac{\{(1\times6)+(7\times2)+(10\times3)+(7\times1)+(10\times5)+(7\times4)+(2\times3)\}\times10^3}{24}$$

$$=5.88\times10^3[\text{kW}]$$

$$B=\frac{\{(5\times7)+(3\times15)+(5\times2)\}\times10^3}{24}=3.75\times10^3[\text{kW}]$$

$$C=\frac{\{(2\times8)+(4\times4)+(2\times1)+(4\times4)+(2\times3)+(1\times4)\}\times10^3}{24}$$

$$=2.5\times10^3[\text{kW}]$$

답 A : 5.88×10^3[kW], B : 3.75×10^3[kW], C : 2.5×10^3[kW]

3 계산 : 종합 부하율$=\dfrac{\text{평균전력}}{\text{합성최대전력}}\times100$

$$=\frac{\text{A, B, C 각 평균전력의 합계}}{\text{합성 최대전력}}\times100$$

$$=\frac{(5.88+3.75+2.5)\times10^3}{17\times10^3}\times100=71.35[\%]$$

답 71.35[%]

4 계산 : 부등률$=\dfrac{\text{A, B, C 각 최대전력의 합계}}{\text{합성최대전력}}=\dfrac{(10+5+4)\times10^3}{17\times10^3}=1.12$

답 1.12

5 계산 : 먼저 최대부하 시 무효전력($Q=P\tan\theta$)을 구해보면

$$Q=10\times10^3\times\frac{0.6}{0.8}+3\times10^3\times\frac{0}{1}+4\times10^3\times\frac{0.8}{0.6}=12{,}833.33[\text{kVar}]$$

$$\cos\theta=\frac{P}{\sqrt{P^2+Q^2}}=\frac{17{,}000}{\sqrt{17{,}000^2+12{,}833.33^2}}\times100=79.81[\%]$$

답 79.81[%]

TIP

① 최대부하=최대전력=합성최대전력 ② 부등률은 단위가 없다.

08 ★★★★★

[9점]

가정용 110[V] 전압을 220[V]로 승압할 경우 저압간선에 나타나는 효과로서 다음 각 물음에 답하시오.

1 공급능력 증대는 몇 배인가?

2 전력손실의 감소는 몇 [%]인가?

3 전압강하율의 감소는 몇 [%]인가?

해답 1 2배

2 계산 : $P_L \propto \frac{1}{V^2}$ 이므로 $\frac{1}{4} = 0.25P_L$ ∴ 감소는 $1 - 0.25 = 0.75$ 답 75[%]

3 계산 : $\delta \propto \frac{1}{V^2}$ 이므로 $\frac{1}{4} = 0.25P_L$ ∴ 감소는 $1 - 0.25 = 0.75$ 답 75[%]

TIP

① $P_L \propto \frac{1}{V^2}$ (P_L : 손실) ② $A \propto \frac{1}{V^2}$ (A : 단면적) ③ $\delta \propto \frac{1}{V^2}$ (δ : 전압강하율)

④ $e \propto \frac{1}{V}$ (e : 전압강하) ⑤ $P \propto V^2$ (P : 전력)

⑥ 공급능력 $P = VI\cos\theta$에서 $P \propto V$(P : 공급능력)

공급능력 $P = VI\cos\theta$[W] $P \propto V = \frac{220}{110} = 2$배

09 ★★★★★ [5점]

비상용 자가 발전기를 구입하고자 한다. 부하는 단일 부하로서 유도 전동기이며, 기동 용량이 2,000[kVA]이고, 기동 시 전압강하는 20[%]까지 허용하며, 발전기의 과도 리액턴스는 25[%]로 본다면 자가발전기의 용량은 이론(계산)상 몇 [kVA] 이상의 것을 선정하여야 하는가?

해답 계산 : $P = \left(\frac{1}{0.2} - 1\right) \times 2{,}000 \times 0.25 = 2{,}000$[kVA] 답 2,000[kVA]

TIP

$P = \left(\frac{1}{e} - 1\right) \times$기동용량$\times$과도리액턴스[kVA]

여기서, e : 전압강하

10 ★★☆☆☆ [5점]

그림과 같은 저항과 직렬 커패시터를 연결한 배전선에서 부하전류가 15[A], 부하역률이 0.6(지상), 1선당 선로저항 R = 3[Ω], 용량 리액턴스 X_c = 4[Ω]인 경우, 부하의 단자전압을 220[V]로 하기 위해 전원단 ab에 가해지는 전압 E_s는 몇 [V]인지 구하시오.(단, 선로의 유도 리액턴스는 무시한다.)

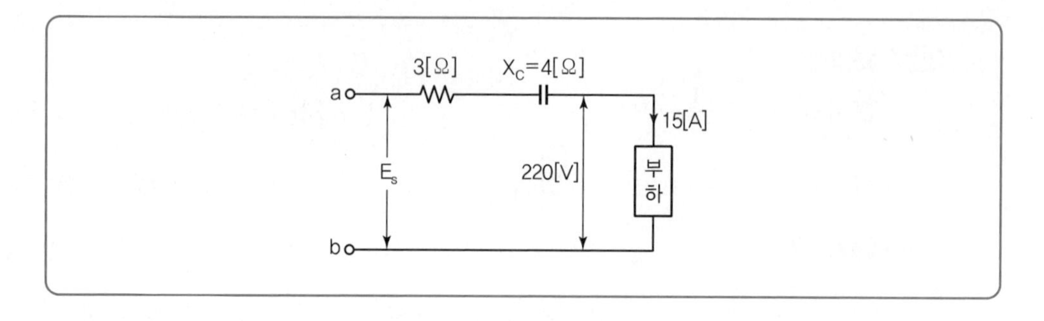

해답 계산 : 단상 2선식 $E_s = E_r + 2I(R\cos\theta - X\sin\theta)$

$= 220 + 2 \times 15 \times (3 \times 0.6 - 4 \times 0.8) = 178[V]$ 답 178[V]

11 ★★☆☆☆ [7점]

건축화 조명은 건축물의 천장이나 벽을 조명기구 겸용디자인으로 마무리하는 것으로서 조명기구의 배치방식에 의하면 거의 전반조명방식에 해당되며, 조명기구 독립설치방식에 의해 글레어의 제어나 빛의 공간배분 및 미관상 뛰어난 조명효과가 창출된다. 다음 천정면을 이용하는 건축화 조명의 종류를 4가지 쓰시오.

해답 ① 매입 형광등 방식 ② 다운 라이트 방식 ③ pin hole light ④ coffer light

그 외

⑤ line light ⑥ 광천정 조명 ⑦ 루버 조명

12 ★★★★☆ [8점]

그림과 같은 유도 전동기의 미완성 시퀀스 회로도를 보고 다음 각 물음에 답하시오.

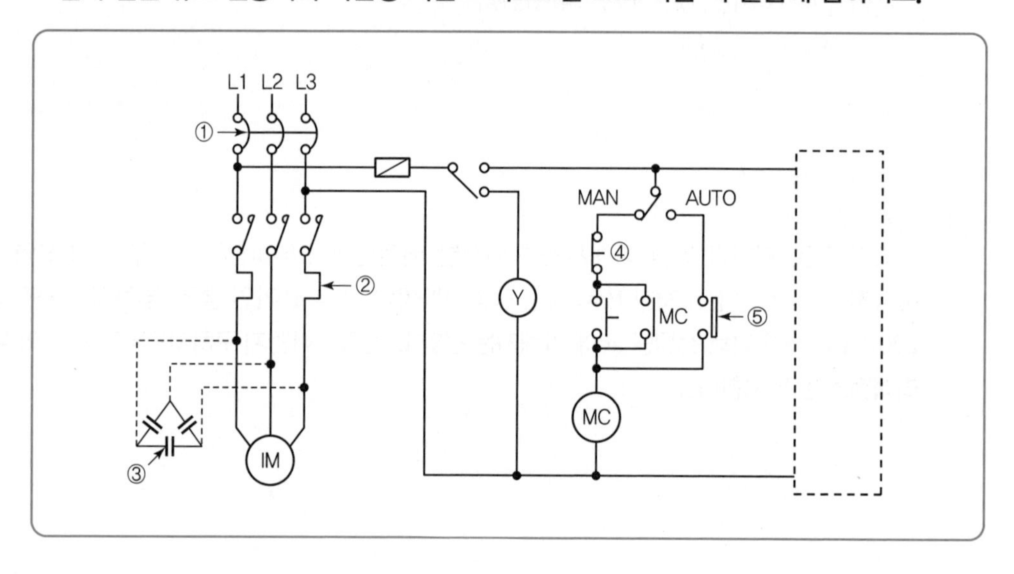

1. 도면에 표시된 ①~⑤의 명칭을 쓰시오.
2. 도면에 그려져 있는 Ⓨ등은 어떤 역할을 하는 등인가?
3. 전동기가 정지하고 있을 때는 녹색등 Ⓖ가 점등되고, 전동기가 운전 중일 때는 녹색등 Ⓖ가 소등되고 적색등 Ⓡ이 점등되도록 표시등 Ⓖ, Ⓡ을 회로의 [ ] 내에 설치하시오.

해답

1. ① 배선용 차단기
   ② 열동 계전기
   ③ 전력용 콘덴서
   ④ 수동조작 자동복귀 b접점
   ⑤ 리밋 스위치 a접점

2. 과부하 동작 표시 램프

3.

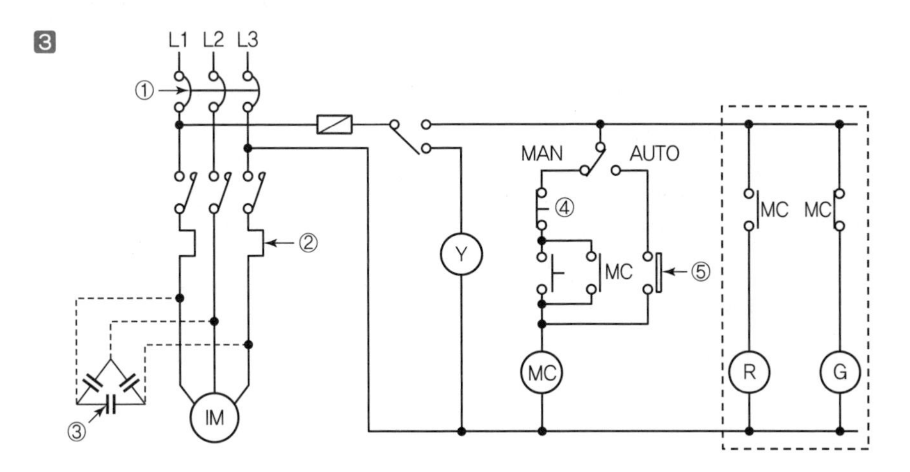

13 ★★★☆☆ [4점]

다음의 무접점 논리회로(무접점 시퀀스 회로)를 유접점 시퀀스 회로로 바꾸시오.

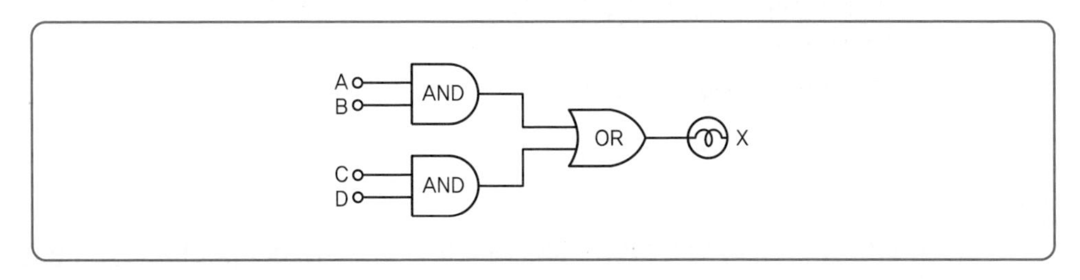

해답

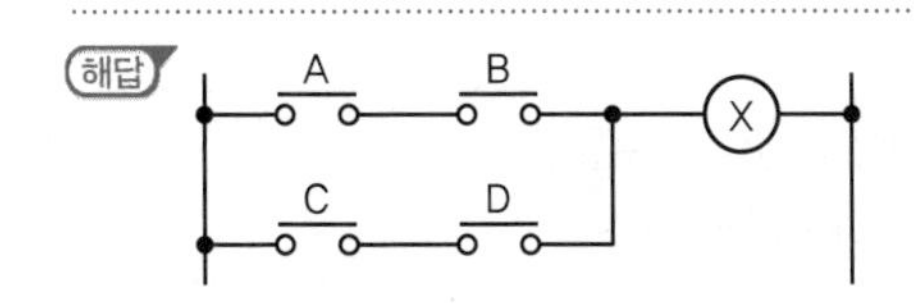

14 ★★★★☆ [7점]

다음 조건을 참조하여 다음 각 물음에 답하시오.

[조건]

차단기 명판(name plate)에 BIL 150[kV], 정격 차단전류 20[kA], 차단시간 8 사이클, 솔레노이드(solenoid)형이라고 기재되어 있다. 단, BIL은 절연계급 20호 이상 비유효 접지계에서 계산하는 것으로 한다.

1 BIL이란 무엇인가?
2 이 차단기의 정격전압은 25.8[kV]이다. 이 차단기의 정격차단용량은 몇 [MVA]인가?
3 차단기의 트립방식 3가지를 쓰시오.

해답 1 기준충격절연강도

2 계산 : $P_s = \sqrt{3}V_nI_s = \sqrt{3} \times 25.8 \times 20 = 893.74[MVA]$
답 893.74[MVA]

3 ① 직류전압 트립 방식
② 콘덴서 트립 방식
③ 부족 전압 트립 방식
그 외
④ 과전류 트립 방식

15 ★★★★☆ [5점]

역률 개선용 콘덴서와 직렬로 연결하여 사용하는 직렬 리액터의 사용 목적 4가지를 쓰시오.

해답 ① 고조파를 제거하여 파형 개선
② 콘덴서 투입 시 돌입전류 억제
③ 콘덴서 개방 시 모선의 과전압 억제
④ 고조파에 의한 계전 오동작 방지

16 ★★★★★ [7점]

점포가 붙어 있는 일반주택이 그림과 같을 때 주어진 참고 자료를 이용하여 다음 문항에 답하시오.(단, 사용 전압은 220[V]라고 한다.)

- RC는 220[V]에서 3[kW](110[V], 1.5[kW]) 전용분기회로를 사용한다.
- 주어진 참고자료의 수치 적용은 최댓값을 적용하도록 한다.

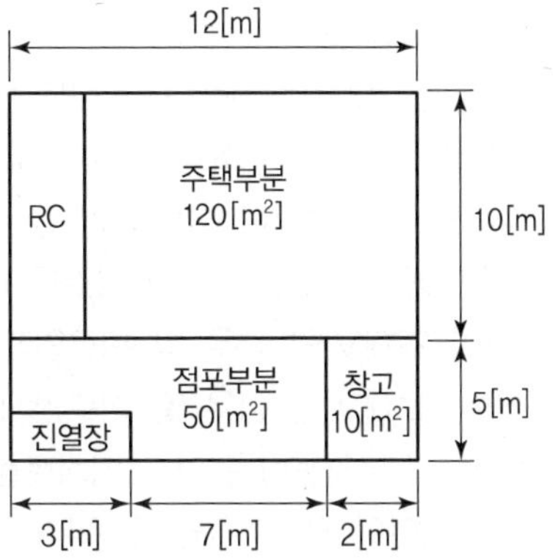

[참고자료]

가. 설비부하용량은 다만 "가" 및 "나"에 표시하는 종류 및 그 부분에 해당하는 표준부하에 바닥 면적을 곱한 값에 "다"에 표시하는 건물 등에 대응하는 표준부하 [VA]를 가한 값으로 할 것

| 표 1. 표준부하 |

건축물의 종류	표준부하[VA/m²]
공장, 공회당, 사원, 교회, 극장, 영화관, 연회장 등	10
기숙사, 여관, 호텔, 병원, 학교, 음식점, 다방, 대중목욕탕	20
주택, 아파트, 사무실, 은행, 상점, 이발소, 미장원	30

[비고] 건물이 음식점과 주택 부분의 2 종류로 될 때에는 각각 그에 따른 표준부하를 사용할 것
학교와 같이 건물의 일부분이 사용되는 경우에는 그 부분만을 적용한다.

나. 건물(주택, 아파트 제외) 중 별도 계산할 부분의 표준부하

| 표 2. 부분적인 표준부하 |

건축물의 종류	표준부하[VA/m²]
복도, 계단, 세면장, 창고, 다락	5
강당, 관람석	10

다. 표준부하에 따라 산출한 수치에 가산하여야 할 [VA] 수

① 주택, 아파트(1세대마다)에 대하여는 1,000~500[VA]

② 상점의 진열장에 대하여는 진열장 폭 1[m]에 대하여 300[VA]

③ 옥외의 광고등, 전광 사인등의 [VA] 수

④ 극장, 댄스홀 등의 무대조명, 영화관 등의 특수 전등부하의 [VA] 수

1 배선을 설계하기 위한 전등 및 소형전기기계기구의 설비용량을 계산하시오.

2 다음 괄호 안에 들어갈 내용을 완성하시오.
사용 전압 220[V]의 15[A], 20[A](배선용 차단기에 한한다) 분기회로수는 "부하의 상정"에 따라 상정한 설비부하용량(전등 및 소형 전기 기계 기구에 한한다)을 (①)[VA]로 나눈 값을 원칙으로 한다. 단, 사용전압이 110[V]인 경우에는 (②)[VA]로 나눈 값을 분기회로수로 한다. 이 경우 계산 결과에 단수가 생겼을 때에는 절상한다.

3 분기회로수를 사용전압이 220[V]인 경우 몇 회로인지 구하시오.

4 분기회로수를 사용전압이 110[V]인 경우 몇 회로인지 구하시오.

5 연속부하가 있는 분기회로의 부하용량은 그 분기회로를 보호하는 과전류차단기의 정격전류의 몇 [%]를 초과하지 않아야 하는가?(단, 연속부하는 상시 3시간 이상 연속하여 사용하는 것을 말한다.)

해답

1 계산 : $P = (120 \times 30) + (50 \times 30) + (3 \times 300) + (10 \times 5) + 1{,}000$
$= 7{,}050[\text{VA}]$

답 7,050[VA]

2 ① 3,300
② 1,650

3 사용전압이 220[V]인 경우 : $\dfrac{7{,}050}{3{,}300} = 2.14$

∴ 3회로+RC 1회로 총 4회로

답 4회로

4 사용전압이 110[V]인 경우 : $\dfrac{7{,}050}{1{,}650} = 4.27$

∴ 5회로+RC 1회로 총 6회로

답 6회로

5 80[%]

전기산업기사

2020년도 3회 시험

과년도 기출문제

회독 체크	□1회독	월 일	□2회독	월 일	□3회독	월 일

01

★☆☆☆☆ [5점]

단상 주상 변압기의 2차 측(105[V] 단자)에 1[Ω]의 저항을 접속하고 1차 측에 1[A]의 전류가 흘렀을 때 1차 단자전압이 900[V]였다. 1차 측 탭전압[V]과 2차 전류[A]는 얼마인가? (단, 변압기는 2상 변압기, V_T는 1차 탭 전압, I_2는 2차 전류이다.)

1 1차 측 탭전압

2 2차 측 전류

해답 1 계산 : $R_1 = a^2R_2 = a^2 \times 1 = a^2[\Omega]$

$$I_1 = \frac{V_1}{R_1} = \frac{900}{a^2} = 1[A]$$

$\therefore\ a = 30$

$V_T = aV_2 = 30 \times 105 = 3,150[V]$

답 3,150[V]

2 계산 : $I_2 = aI_1 = 30 \times 1 = 30[A]$

답 30[A]

TIP

1 계산 : $R_1 = \frac{V_1}{I_1} = \frac{900}{1} = 900[\Omega]$

권수비 $a = \frac{V_1}{V_2} = \frac{I_2}{I_1} = \sqrt{\frac{R_1}{R_2}} = \sqrt{\frac{900}{1}} = 30$

따라서 $V_1 = aV_2 = 30 \times 105 = 3,150[V]$

답 3,150[V]

2 계산 : 2차 전류 $I_2 = aI_1 = 30 \times 1 = 30[A]$

답 30[A]

02 ★★★★★

[5점]

50[kW]의 전동기를 사용하여 지상 10[m], 300[m³]의 저수조에 물을 채우려 한다. 펌프의 효율 85[%], K = 1.2라면 몇 분 후에 물이 가득 차겠는가?

해답 계산 : $P = \frac{KHQ}{6.12\eta} = \frac{KH\frac{V}{t}}{6.12\eta}$ 에서

$$t = \frac{KHV}{P \times 6.12\eta} = \frac{1.2 \times 10 \times 300}{50 \times 6.12 \times 0.85} = 13.84[\text{분}]$$

답 13.84[분]

TIP

① $P = \frac{9.8QH}{\eta}K$

여기서, Q[m³/s] : 유량(초당), H[m] : 낙차(양정), η : 효율, K : 계수

② $P = \frac{QH}{6.12\eta}K$

여기서, Q[m³/s] : 유량(분당), H[m] : 낙차(양정), η : 효율, K : 계수

03 ★★★★★

[7점]

다음 주어진 릴레이 시퀀스도를 논리회로로 표현하고 타임차트를 완성하시오.

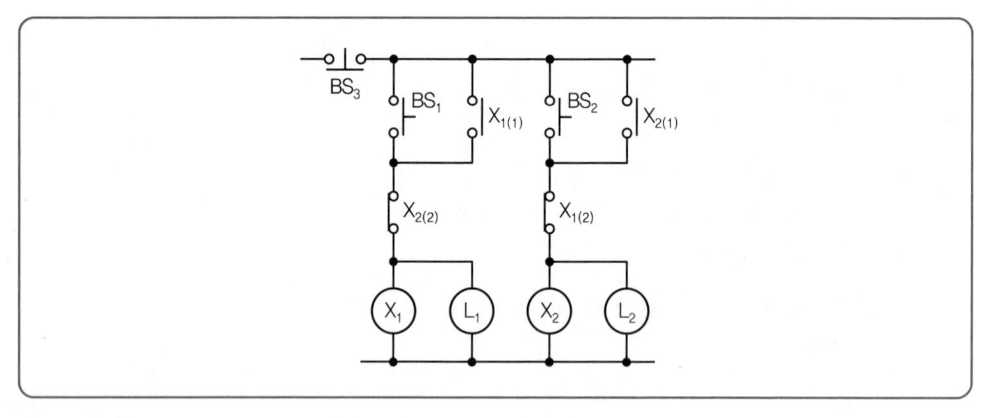

1 무접점 논리회로를 그리시오.(단, OR(2입력 1출력), AND(3입력 1출력), NOT만을 사용하여 그리시오.)

2 주어진 타임차트를 완성하시오.

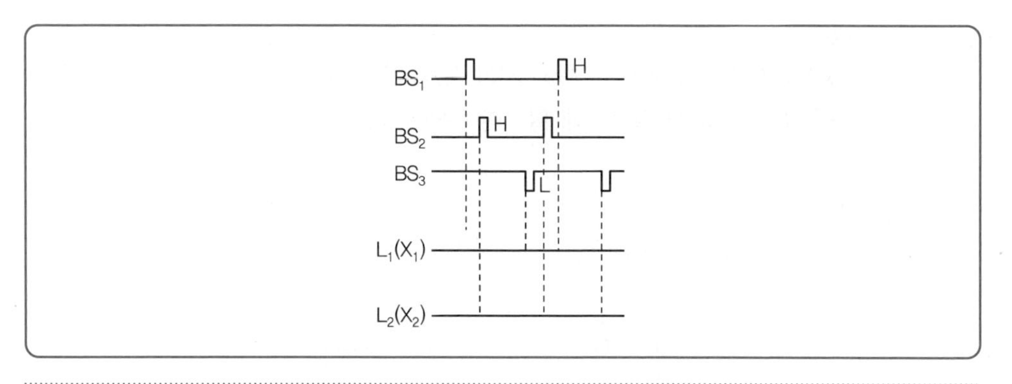

해답 1 2

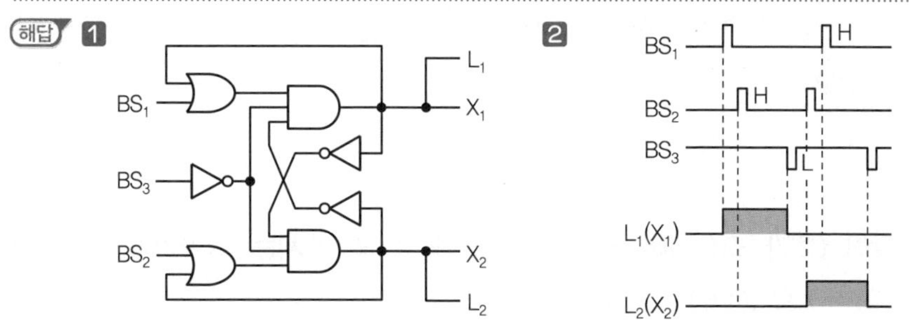

04 ★★★★★ [5점]

다음은 어느 계전기 회로의 논리식이다. 이 논리식을 이용하여 다음 각 물음에 답하시오. 단, 여기서 A, B, C는 입력이고 X는 출력이다.

논리식 : $X = \overline{A}B + C$

1 이 논리식을 무접점 시퀀스도(논리회로)로 나타내시오.

2 물음 1에서 무접점 시퀀스도로 표현된 것을 2입력 NAND gate만으로 등가 변환하시오.

해답 1 2

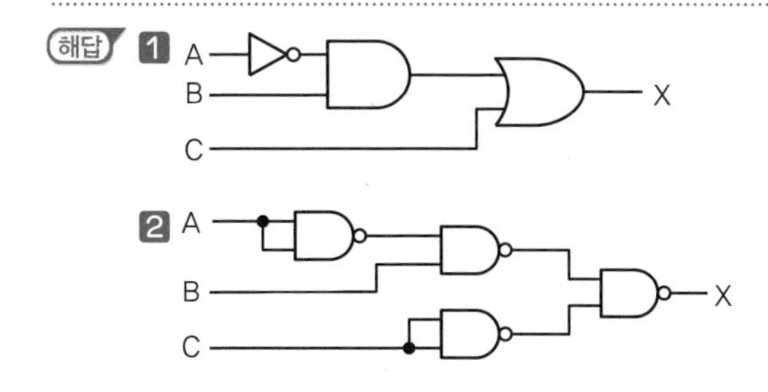

05 ★★★★★ [5점]

지상역률 80[%]인 100[kW] 부하에 지상역률 60[%]의 70[kW] 부하를 연결하였다. 이때 합성역률을 90[%]로 개선하는 데 필요한 콘덴서 용량은 몇 [kVA]인가?

해답 계산 : $P = 100 + 70 = 170[kW]$

$$Q = P\tan\theta_1 + P\tan\theta_2 = 100 \times \frac{0.6}{0.8} + 70 \times \frac{0.8}{0.6} = 168.33[kVar]$$

$$\therefore \cos\theta = \frac{P}{\sqrt{P^2+Q^2}} \times 100 = \frac{170}{\sqrt{170^2+168.33^2}} \times 100 = 71.06[\%]$$

$$\therefore Q_c = P(\tan\theta_1 - \tan\theta_2) = 170 \times \left(\frac{\sqrt{1-0.7106^2}}{0.7106} - \frac{\sqrt{1-0.9^2}}{0.9}\right) = 85.99[kVA]$$

답 85.99[kVA]

06 ★★★★☆ [5점]

그림과 같이 CT가 결선되어 있을 때 전류계 A_3의 지시는 얼마인가?(단, 부하전류 $I_1 = I_2 = I_3 = I$ 로 한다.)

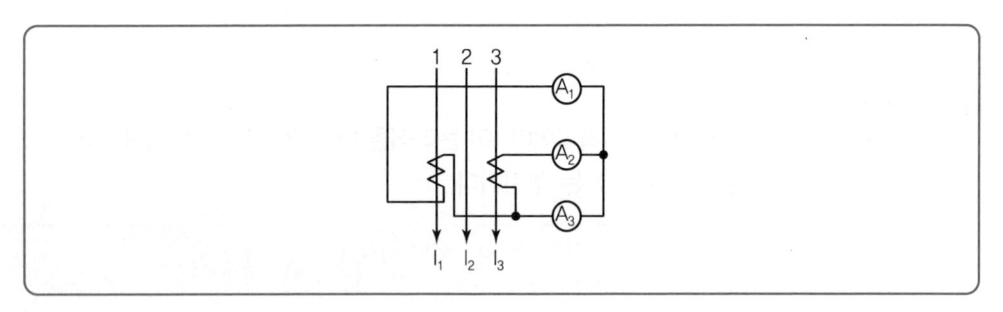

해답

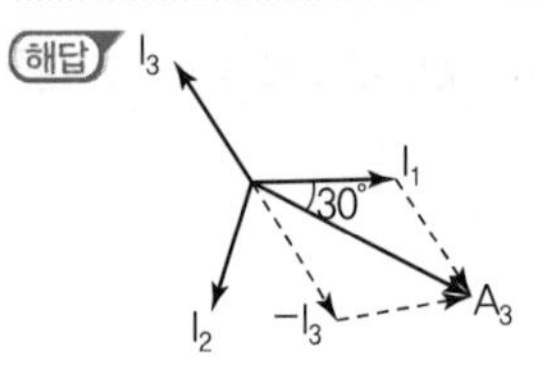

계산 : $A_3 = 2I_1\cos 30° = 2 \times I_1 \times \frac{\sqrt{3}}{2} = \sqrt{3}I_1 = \sqrt{3}I$ 답 $\sqrt{3}I$

TIP

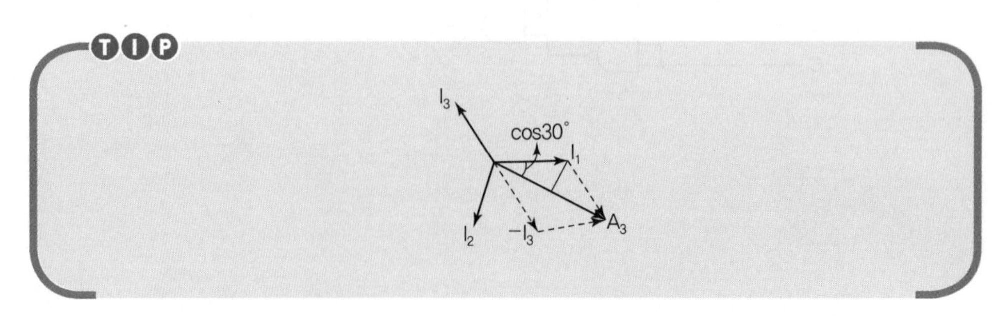

07 ★★★★☆ [14점]

그림은 인입변대에 22.9[kV] 수전 설비를 설치하여 380/220[V]를 사용하고자 한다. 다음 각 물음에 답하시오.

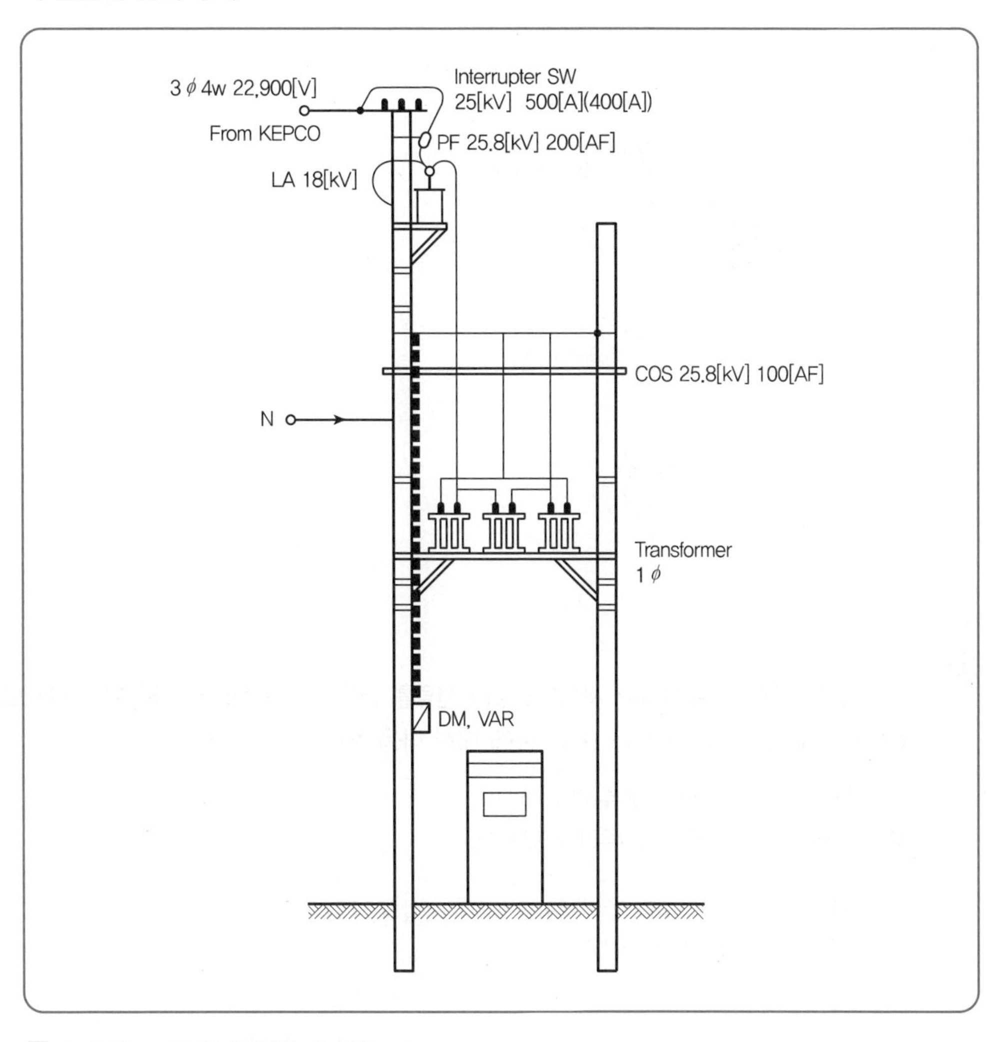

1. DM 및 VAR의 명칭을 쓰시오.
2. 도면에 사용된 LA의 수량은 몇 개이며 정격전압은 몇 [kV]인가?
3. 22.9[kV–Y] 계통에 사용하는 것은 주로 어떤 케이블이 사용되는가?
4. ※ KEC 규정에 따라 삭제
5. 주어진 도면의 단선도를 그리시오.

해답

1. • DM : 최대 수요 전력량계
   • VAR : 무효 전력계
2. • LA의 수량 : 3개
   • 정격전압 : 18[kV]

3 CNCV-W 케이블(수밀형) 또는 TR CNCV-W(트리억제형)

4 ※ KEC 규정에 따라 삭제

5

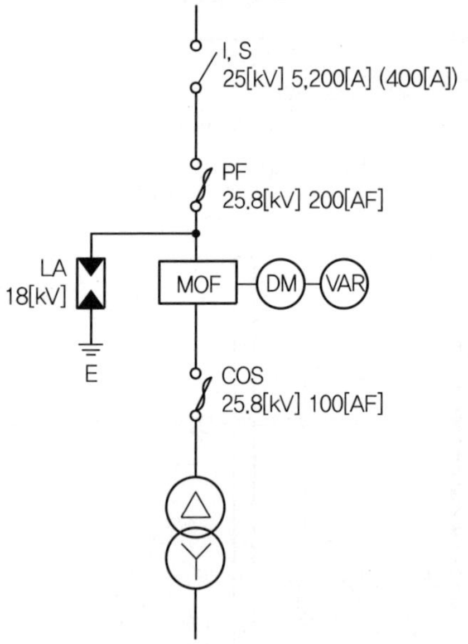

3 ϕ 4w 22,900[V]
I, S
25[kV] 5,200[A] (400[A])
PF
25.8[kV] 200[AF]
LA
18[kV]
E
MOF
DM
VAR
COS
25.8[kV] 100[AF]

08 ★★☆☆☆ [5점]

과도적인 과전압을 제한하고 서지(Surge) 전류를 분류하는 목적으로 사용되는 서지보호장치(SPD : Surge Protective Device)에 대한 다음 물음에 답하시오.

1 기능에 따라 3가지로 분류하여 쓰시오.

2 구조에 따라 2가지로 분류하여 쓰시오.

해답 1 전압스위칭형 SPD, 전압제한형 SPD, 복합형 SPD

2 1포트 SPD, 2포트 SPD

09 ★★★★☆ [4점]

단상 변압기 병렬운전 조건 4가지를 쓰시오.

해답 ① 극성이 같을 것
② 권수비 및 1차, 2차 정격전압이 같을 것
③ %임피던스 강하가 같을 것
④ 저항과 누설리액턴스 비가 같을 것

TIP

3상인 경우 ⑤ 각 변위가 같을 것
⑥ 상회전 방향이 같을 것

10 ★★★★★

[5점]

폭 24[m]의 도로 양쪽에 30[m] 간격으로 양쪽배열로 가로등을 배치하여 노면의 평균조도를 5[lx]로 한다면 각 등주상에 몇 [lm]의 전구가 필요한가?(단, 도로면에서의 광속이용률은 35[%], 감광보상률은 1.3이다.)

해답 계산 : $F = \dfrac{\frac{1}{2}AED}{U} = \dfrac{\frac{1}{2} \times 24 \times 30 \times 5 \times 1.3}{0.35} = 6,685.71[lm]$

답 6,685.71[lm]

TIP

➤ A : 면적

① 양쪽 배열, 지그재그 배열 : (간격×폭)× $\frac{1}{2}$

② 편측 배열, 중앙 배열 : (간격×폭)

11 ★★★★★

[5점]

다음과 같은 특성의 축전지 용량 C를 구하시오.(단, 축전지 사용 시의 $I_1 = 70[A]$, $I_2 = 50[A]$ 보수율 0.8, 축전지 온도 5[℃], 셀당 전압 1.06[V/cell], $K_1 = 1.15$, $K_2 = 0.92$이다.)

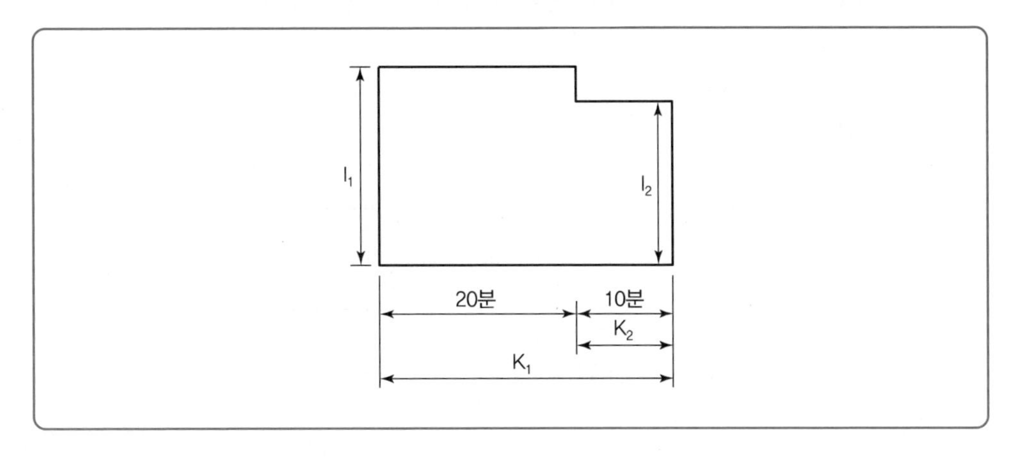

해답 계산 : $C = \dfrac{1}{L}[K_1 I_1 + K_2(I_2 - I_1)] = \dfrac{1}{0.8} \times [(1.15 \times 70) + 0.92 \times (50 - 70)] = 77.625[Ah]$

답 77.63[Ah]

12 ★★★★★

[5점]

200[V], 10[kVA]인 3상 유도전동기가 있다. 이곳의 어느 날 부하실적이 1일 사용전력량 60[kWh], 1일 최대전력 8[kW], 최대전류일 때의 전륫값이 30[A]이었을 경우, 다음 각 물음에 답하시오.

1 1일 부하율은 얼마인가?

2 최대공급전력일 때의 역률은 얼마인가?

해답 1 계산 : $부하율 = \frac{평균수용전력}{최대수용전력} \times 100[\%] = \frac{\frac{60}{24}}{8} \times 100 = 31.25[\%]$

답 31.25[%]

2 계산 : $\cos\theta = \frac{P}{\sqrt{3}VI} = \frac{8 \times 10^3}{\sqrt{3} \times 200 \times 30} \times 100 = 76.98[\%]$

답 76.98[%]

13 ★★★☆☆

[5점]

100[kVA] 단상변압기 3대를 Y-△ 결선한 경우 2차 측 1상에 접속할 수 있는 전등부하는 최대 몇 [kVA]인가?(단, 변압기는 과부하되지 않아야 한다.)

해답 1 계산 : $P' = P \times \frac{3}{2} = 100 \times \frac{3}{2} = 150[kVA]$

답 150[kVA]

TIP

$\frac{1}{2}I + 1I = \frac{3}{2}I$

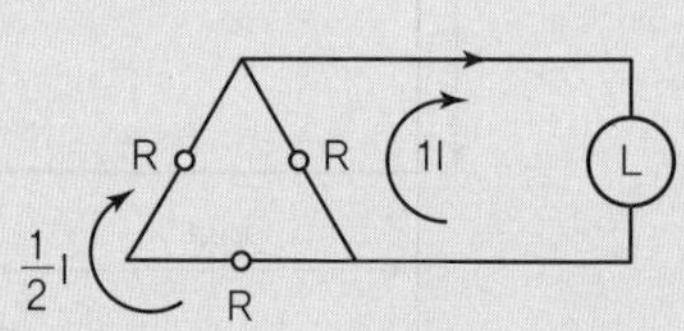

$\therefore$ 3ϕ 변압기에 단상부하를 걸면 1ϕ 변압기 1대 용량의 $\frac{3}{2}$배

14 ★★☆☆☆ [5점]

계약전력이 3,000[kW], 기본요금이 4,054[원/kW], 100[원/kWh]인 경우 1개월간 사용전력량이 540[MWh]이고 무효전력량이 350[MVarh]인 경우 1개월간의 총 전력요금을 구하시오. 역률이 90[%] 기준으로 역률 60[%]까지 역률 1[%] 부족 시 기본요금의 0.2[%]를 할증하며, 90[%]를 초과하는 경우 1[%] 초과 시 기본요금의 0.2[%]를 할인한다.(단, 원 이하는 무시한다.)

해답 계산 : 기본요금+사용요금

역률 : $\cos\theta = \frac{540}{\sqrt{540^2+350^2}} = 0.84$

총 전력요금 $= 3,000 \times 4,054 \times (1+0.06 \times 0.2) + 540 \times 10^3 \times 100 = 66,307,944$[원]

답 66,307,944[원]

TIP

기본요금 : 계약전력 × 월기본요금 × $(1+\frac{90-\text{역률}}{100} \times 0.2\%)$

15 ★★☆☆☆ [5점]

22,900/220-380[V] 30[kVA] 변압기를 사용 저압전로의 최대누설전류와 전기설비 기술기준에 의한 최소절연저항의 값을 구하시오.

1 최대누설전류[mA]

2 최소절연저항

해답 1 계산 : $I = \frac{P}{\sqrt{3}V} \times \frac{1}{2,000} = \frac{30 \times 10^3}{\sqrt{3} \times 380} \times \frac{1}{2,000} = 0.02279$[A]   답 22.79[mA]

2 500[V] 이하이므로 1[MΩ] 이상

TIP

➤ 기술기준 제52조(저압전로의 절연 성능)

①

전로의 사용전압[V]	DC시험전압[V]	절연저항[MΩ]
SELV 및 PELV	250	0.5
FELV, 500[V] 이하	500	1.0
500[V] 초과	1,000	1.0

② 단상 2선식 $I = \frac{P}{V} \times \frac{1}{1,000}$

16 ★★☆☆☆

[10점]

자가용 전기설비의 수 · 변전설비 단선도 일부이다. 과전류 계전기와 관련된 다음 각 물음에 답하시오.

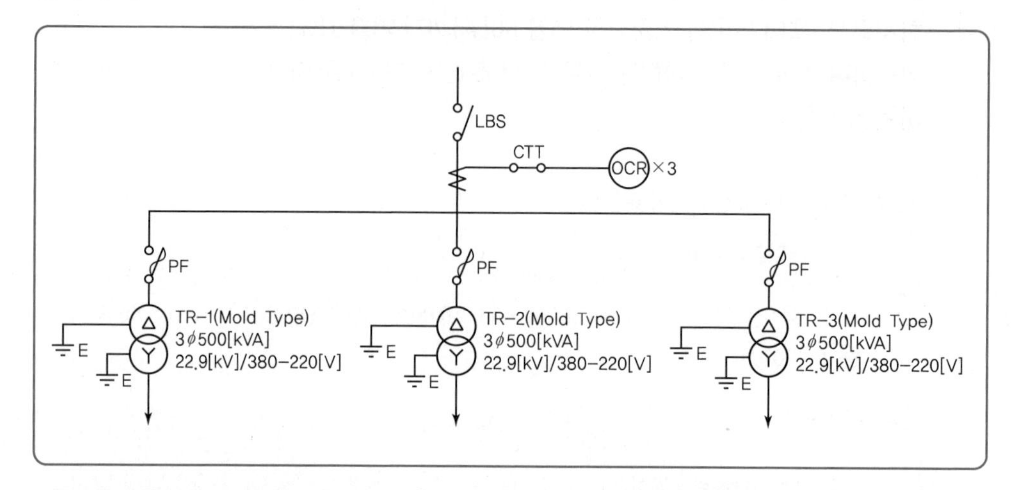

[과전류 계전기 규격]

- 계전기 Type : 유도원판형
- 동작특성 : 반한시
- Tap Range : 한시 3～9[A](3, 4, 5, 6, 7, 8, 9)
- Lever : 1～10

| 계기용 변류기 정격 |

1차 정격전류[A]	20, 25, 30, 40, 50, 75
2차 정격전류[A]	5

1. OCR의 한시 Tap을 선정하시오.(단, CT비는 최대부하전류의 125[%], 정정기준은 변압기 정격전류의 150[%]이다.)
2. OCR의 순시 Tap을 선정하시오.(단, 정정기준은 변압기 1차 측 단락사고에 동작하고, 변압기 2차 측 단락사고 및 여자돌입전류에는 동작하지 않도록 변압기 2차 3상 단락전류의 150[%] 설정, 변압기 2차 3상 단락전류는 20,087[A]이다.)
3. 유도원판형 계전기의 Lever는 무슨 의미인지 쓰시오.
4. OCR의 동작특성 중 반한시 특성이란 무엇인지 쓰시오.

해답 1 계산 : • CT 1차 측 전류 $I=\frac{P}{\sqrt{3}V}\times 1.25=\frac{1,500}{\sqrt{3}\times 22.9}\times 1.25=47.27[A]$

따라서, CT는 50/5 선정

• OCR의 한시 Tap 설정 전류값 $I_1=\frac{P}{\sqrt{3}V}\times 1.5=\frac{1,500}{\sqrt{3}\times 22.9}\times 1.5=56.73$

따라서, OCR 설정 전류 $Tap=I_1\times\frac{1}{CT비}=56.73\times\frac{5}{50}=5.67[A]$

답 6[A]

2 계산 : • 변압기 1차 측 단락전류$=20,087\times 1.5\times\frac{380}{22,900}=499.98[A]$

• OCR의 순시 $Tap=I_1\times\frac{1}{CT비}=499.98\times\frac{5}{50}=50[A]$

답 50[A]

3 과전류 계전기의 동작시간을 정정하는 요소

4 고장전류의 크기에 반비례하여 동작하는 특성

17 ★☆☆☆☆ [5점]

전로의 절연저항에 대하여 다음 각 물음에 답하시오.

1 사용전압이 저압인 전로에서 정전이 어려운 경우 등 절연저항 측정이 곤란한 경우에는 누설전류는 얼마 이하로 유지하여야 하는가?

2 다음 표의 전로의 사용 전압의 구분에 따른 절연저항값은 몇 [MΩ] 이상이어야 하는지 그 값을 표에 써 넣으시오. ※ KEC 규정에 따라 삭제

전로의 사용전압의 구분		절연저항값
400[V] 미만의 것	대지전압이 150[V] 이하인 경우	
	대지전압이 150[V]를 넘고 300[V] 이하인 경우	
	사용전압이 300[V]를 넘고 400[V] 미만인 경우	
400[V] 이상인 것		

해답 1 1[mA] 이하

2 ※ KEC 규정에 따라 삭제

전기산업기사

2020년도 통합 4 · 5회 시험 과년도 기출문제

회독 체크	□1회독	월　일	□2회독	월　일	□3회독	월　일

01 ★☆☆☆☆ [6점]

그림은 전동기의 정 · 역 운전이 가능한 미완성 시퀀스 회로도이다. 이 회로도를 보고 다음 각 물음에 답하시오.(단, 전동기는 가동 중 정 · 역을 곧바로 바꾸면 과전류와 기계적 손상이 발생되기 때문에 지연 타이머로 지연시간을 주도록 하였다.)

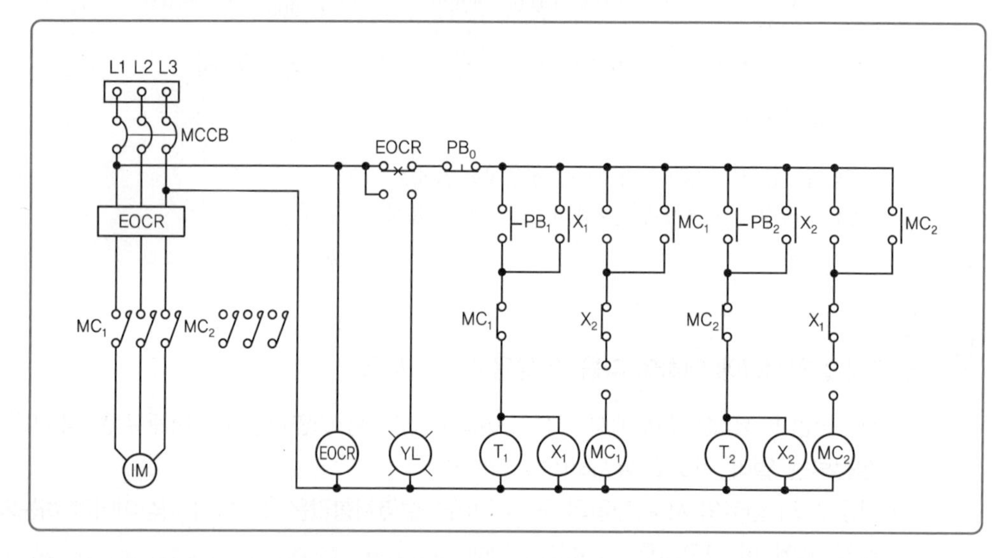

1 정 · 역 운전이 가능하도록 주어진 회로에서 주회로의 미완성 부분을 완성하시오.

2 정 · 역 운전이 가능하도록 주어진 회로에서 보조(제어)회로의 미완성 부분을 완성하시오. (단, 접점에는 접점 명칭을 반드시 기록하도록 하시오.)

3 주회로 도면에서 과부하 및 결상을 보호할 수 있는 계전기의 명칭을 쓰시오.

해답 1

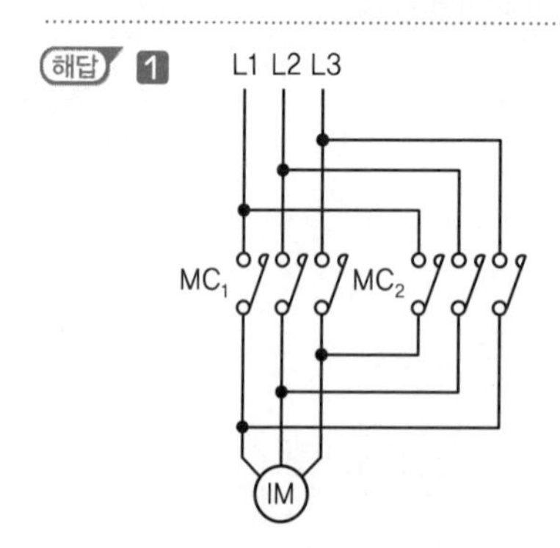

2

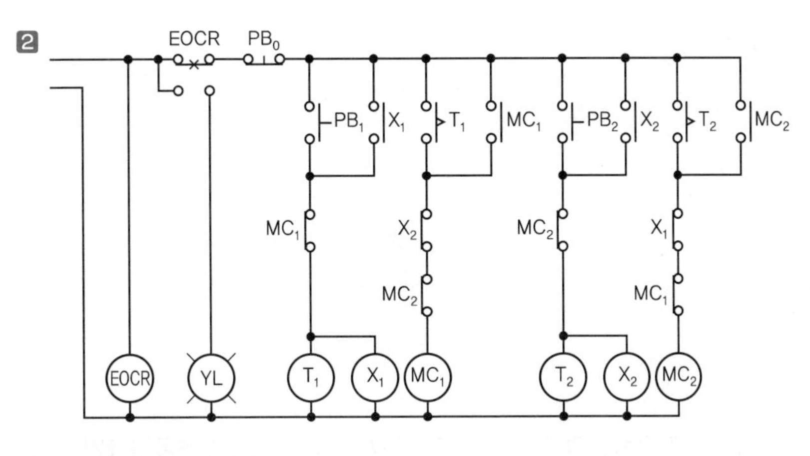

3 전자식 과전류 계전기

02 ★★☆☆☆ [5점]

다음 미완성 그림은 어느 수용가의 3로 스위치를 이용한 것으로 2개소 점멸이 가능하도록 결선을 완성하시오.

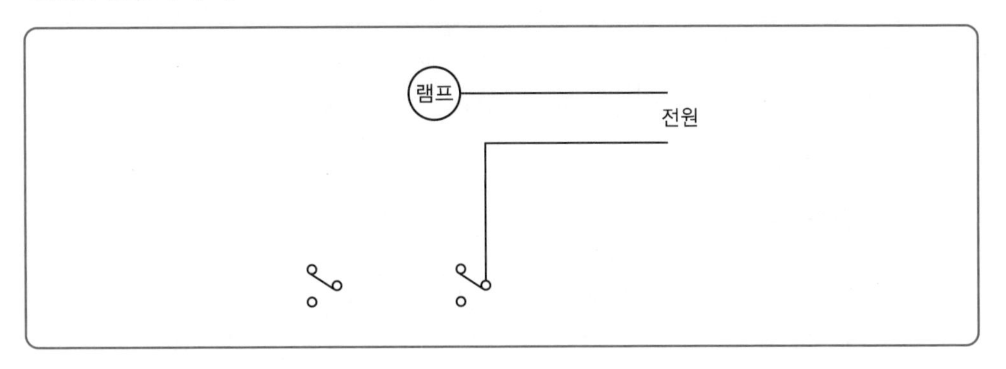

해답

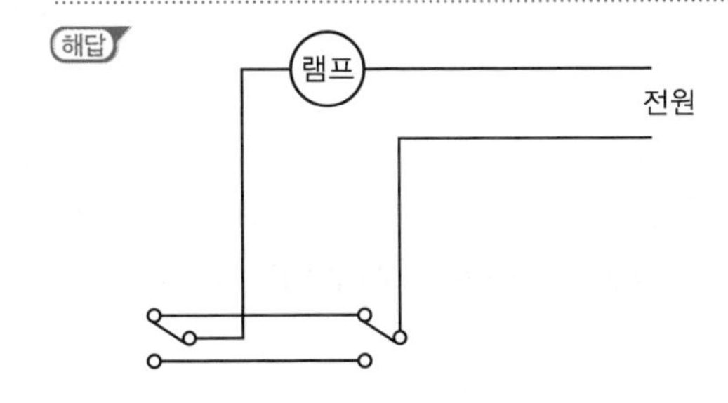

TIP

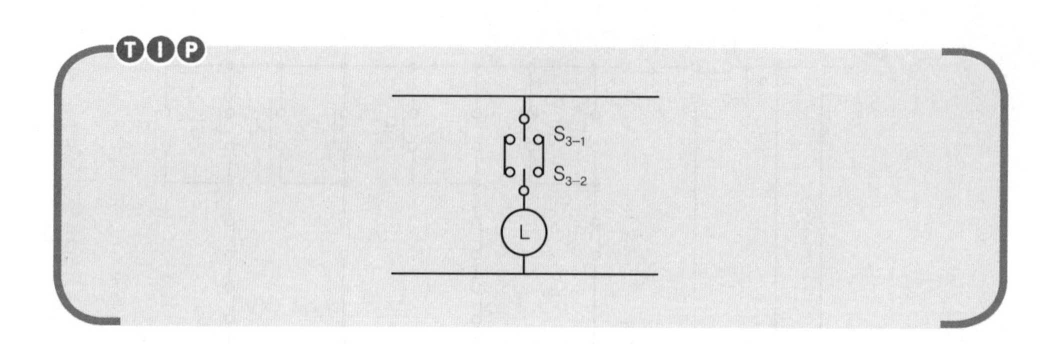

03 ★★★☆☆

[5점]

다음 도면을 보고 단락점의 단락용량을 구하시오.(단, 발전기 %Z가 12[%], 변압기 %Z가 3[%], 송전선로 %Z가 4[%]일 때 기준용량은 10[MVA]이다.)

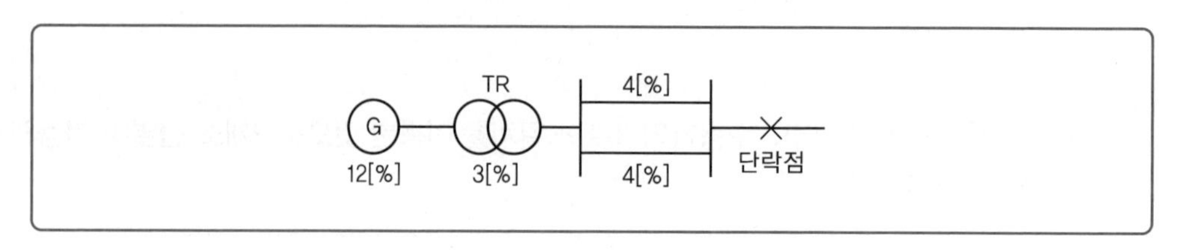

해답 계산 : $P_S = \frac{100}{\%Z}P = \frac{100}{17} \times 10 = 58.823$

답 58.82MVA

TIP

선로는 병렬 운전이므로 $\frac{4\%}{2} = 2\%$

$\%Z = 12 + 3 + 2 = 17\%$

04 ★★★★★

[5점]

지표면상 20[m] 높이의 수조가 있다. 이 수조에 15[m³/min] 물을 양수하는 데 필요한 펌프용 전동기의 소요 동력은 몇 [kW]인가?(단, 펌프의 효율은 70[%]로 하고, 여유계수는 1.2로 한다.)

해답 계산 : $P = \frac{9.8 \times Q \times H}{\eta}K$

$= \frac{9.8 \times \frac{15}{60} \times 20 \times 1.2}{0.7} = 84[kW]$

답 84[kW]

TIP

① $P = \frac{9.8QH}{\eta}K$ 여기서, $Q[m^3/s]$: 유량(초당), $H[m]$: 낙차(양정), η : 효율, K : 계수

② $P = \frac{QH}{6.12\eta}K$ 여기서, $Q[m^3/s]$: 유량(분당), $H[m]$: 낙차(양정), η : 효율, K : 계수

05 ★☆☆☆☆ [4점]

정전기가 발생되는 대전의 종류 3가지를 쓰고 방지대책 2가지를 쓰시오.

해답 1 종류
- 마찰대전
- 박리대전
- 유동대전

그 외 분출대전, 충돌대전, 유도대전, 비말대전

2 방지대책
- 접지를 한다.
- 제전기를 시설한다.

그 외 습도를 60% 이상 유지, 대전방지제 사용

06 ★★☆☆☆ [5점]

전원 전압이 100[V]인 회로에서 600[W]의 전기솥 1대, 350[W]의 다리미 1대, 150[W]의 텔레비전 1대를 사용할 때 10[A]의 고리 퓨즈는 어떻게 되겠는지 그 상태와 그 이유를 설명하시오. ※ KEC 규정에 따라 해설 변경

1 상태

2 이유

해답 계산 : $I = \frac{600 \times 1 + 350 \times 1 + 150 \times 1}{100} = 11[A]$

답 • 상태 : 용단되지 않는다.
• 이유 : 1.5배 이하이므로

TIP

정격전류	시간	정격전류배수	
		불용단전류	용단전류
4[A] 이하	60분	1.5배	2.1배
4[A] 초과 ~ 16[A] 미만	60분	1.5배	1.9배
16[A] 이상 ~ 63[A] 이하	60분	1.25배	1.6배
63[A] 초과 ~ 160[A] 이하	120분	1.25배	1.6배
160[A] 초과 ~ 400[A] 이하	180분	1.25배	1.6배
400[A] 초과	240분	1.25배	1.6배

07 ★☆☆☆☆ [4점]

검측결과 불합격인 경우 그 불합격된 내용을 시공자가 명확히 이해할 수 있도록 상세하게 첨부하여 통보하고 보완 시공 후 재검측 받도록 조치한 후 감리보고서에 반드시 기록하고 시공자가 재검측 요청을 할 때에는 잘못 시공한 기능공의 서명을 받아 그 명단을 첨부토록 조치를 해야 한다. 다음 빈칸에 들어갈 내용을 쓰시오.

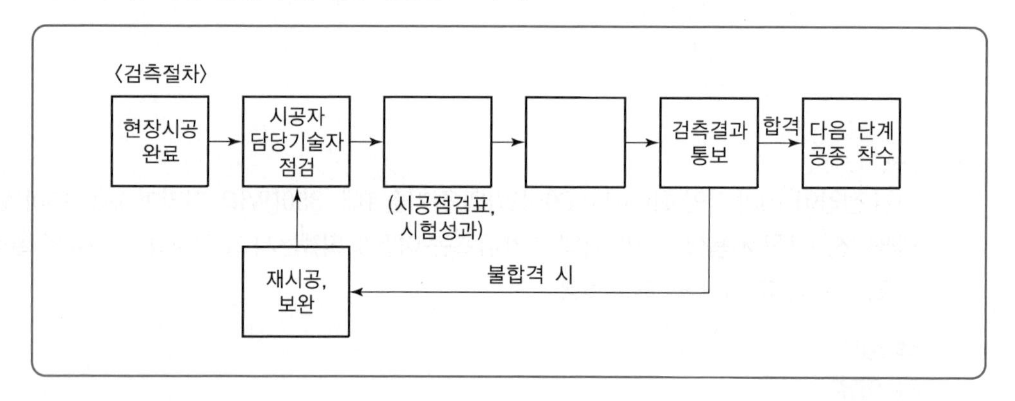

해답 〈검측절차〉

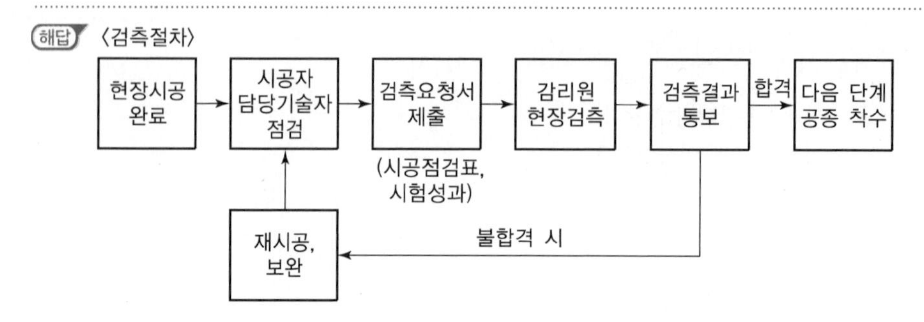

08 ★☆☆☆☆ [5점]

저압 수용가의 누전점을 HOOK-ON 미터로 탐지하려고 한다. 다음 각 물음에 답하시오.

1 저압 3상 4선식 선로의 합성전류를 HOOK－ON 미터로 그림과 같이 측정하였다. 부하 측에서 누전이 없는 경우 HOOK－ON 미터 지시값은 몇 [A]를 지시하는지 쓰시오.

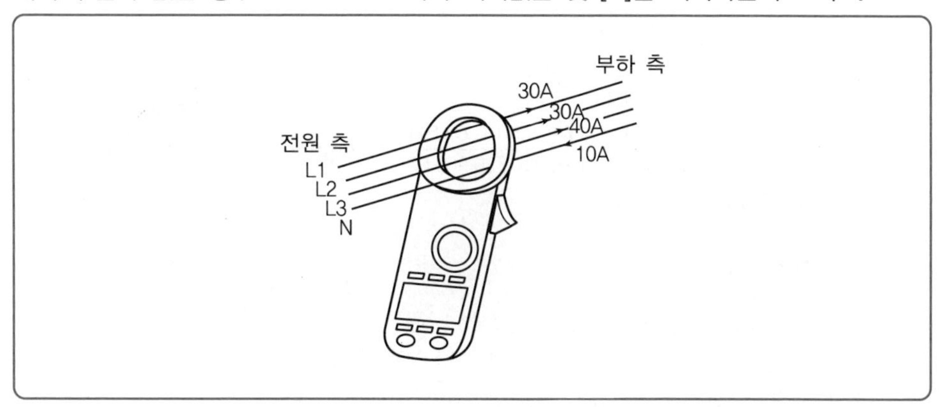

2 다른 곳에는 누전이 없고 "①"지점에서 3[A]가 누전되면 "②"지점에서 HOOK－ON 미터 검출 전류는 몇 [A]가 검출되고, "③"지점에서 HOOK－ON 미터 검출전류는 몇 [A]가 검출되는지 쓰시오.

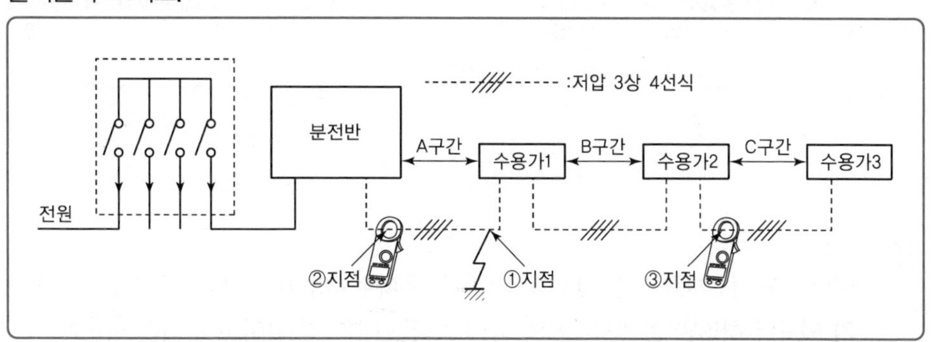

- "②"지점에서의 검출전류 :
- "③"지점에서의 검출전류 :

해답 1 "0"을 지시한다.

2 • "②"지점에서의 검출전류 : 3[A]
• "③"지점에서의 검출전류 : 0[A]

TIP

③지점은 누전이 되는 ①지점보다 부하 측이 되므로 "0"을 지시한다.

09 ★★★★★

[5점]

3상 4선식 교류 380[V], 10[kVA] 3상 부하가 전기실 배전반 전용 변압기에서 50[m] 떨어져 설치되어 있다. 이 경우 다음 표를 보고 전선의 최소 굵기를 계산하고 전선을 선정하시오.(단, 전선의 규격은 IEC에 의한다.)

해답 계산 : $I = \dfrac{10 \times 10^3}{\sqrt{3} \times 380} = 15.194$

$$A = \frac{17.8LI}{1{,}000e} = \frac{17.8 \times 50 \times 15.194}{1{,}000 \times 220 \times 0.05} = 1.23[mm^2] \qquad \therefore\ 1.5[mm^2]$$

답 $2.5[mm^2]$

TIP

KEC 231.3.1 저압 옥내배선의 사용전선

1. 저압 옥내배선의 전선은 단면적 $2.5[mm^2]$ 이상의 연동선 또는 이와 동등 이상의 강도 및 굵기의 것

KEC 232.3.9 수용가 설비에서의 전압강하

1. 다른 조건을 고려하지 않는다면 수용가 설비의 인입구로부터 기기까지의 전압강하는 표 232.3－1의 값 이하이어야 한다.

| 표 232.3－1 수용가설비의 전압강하 |

설비의 유형	조명(%)	기타(%)
A－저압으로 수전하는 경우	3	5
B－고압 이상으로 수전하는 경우	6	8

10 ★★★★☆

[5점]

어떤 콘덴서 3개를 선간 전압 3,300[V], 주파수 60[Hz]의 선로에 Δ로 접속하여 60[kVA]가 되도록 하려면 콘덴서 1개의 정전 용량[μF]은 약 얼마로 하여야 하는가?

해답 계산 : $Q_\Delta = 3WCV^2[kVA]$

$$C = \frac{60 \times 10^3}{3 \times 2\pi \times 60 \times 3{,}300^2} \times 10^6[\mu F] = 4.872$$

답 $4.87[\mu F]$

TIP

① △결선 $Q_\Delta = 3WCE^2 = 3WCV^2 \quad C = \dfrac{Q_\Delta}{3WV^2}$

② Y결선 $Q_Y = 3WCE^2 = 3WC(\dfrac{V}{\sqrt{3}})^2 = WCV^2 \quad C = \dfrac{Q_Y}{WV^2}$

여기서, E : 상전압 V : 선간전압 W : $2\pi f$ C : 정전용량 Q : 충전용량(콘덴서용량)

11 ★★★★☆ [6점]

50[Hz]로 설계된 3상 유도전동기를 동일 전압으로 60[Hz]에 사용할 경우 다음 요소는 어떻게 변화하는지 수치를 이용하여 설명하시오.

1 무부하 전류
2 온도 상승
3 속도

해답 1 5/6으로 감소 2 5/6으로 감소 3 6/5로 증가

TIP

① $I_o \propto \frac{1}{f}$
② $T \propto I_o$ 여기서, I_o : 무부하전류, T : 온도, N : 속도, f : 주파수
③ $N \propto f$

12 ★★★☆☆ [5점]

송전용량 5,000[kVA]인 설비가 있을 때 공급 가능한 용량은 부하 역률 80[%]에서 4,000[kW]까지이다. 여기서, 부하 역률을 95[%]로 개선하는 경우 역률개선 전(80[%])에 비하여 공급 가능한 용량[kW]은 얼마나 증가되는지 구하시오.

해답 계산 : 역률 개선 후 공급전력 $P = P_a \cos\theta = 5,000 \times 0.95 = 4,750$[kW]
증가용량 $P_a = 4,750 - 4,000 = 750$[kW]
답 750[kW]

13 ★★★☆☆ [6점]

다음 (   ) 안에 알맞은 내용을 쓰시오.

> 임의의 면에서 한 점의 조도는 광원의 광도 및 입사각의 코사인에 비례하고 거리의 제곱에 반비례한다. 이와 같이 입사각의 코사인에 비례하는 것을 Lambert의 코사인 법칙이라 한다. 또 광선과 피조면의 위치에 따라 조도를 (1)조도, (2)조도, (3)조도 등으로 분류할 수 있다.

해답 1 법선
2 수직면
3 수평면

14 ★☆☆☆☆ [8점]

어느 회사에서 한 부지에 A, B, C의 세 공장을 세워 3대의 급수 펌프 P_1(소형), P_2(중형), P_3(대형)으로 다음 계획에 따라 급수 계획을 세웠다. 조건과 미완성 시퀀스 도면을 보고 다음 각 물음에 답하시오.

[조건]

① 공장 A, B, C가 휴무일 때 또는 그중 한 공장만 가동할 때에는 펌프 P_1만 가동시킨다.
② 공장 A, B, C 중 어느 것이나 두 개의 공장만 가동할 때에는 P_2만 가동시킨다.
③ 공장 A, B, C가 모두 가동할 때에는 P_3만 가동시킨다.

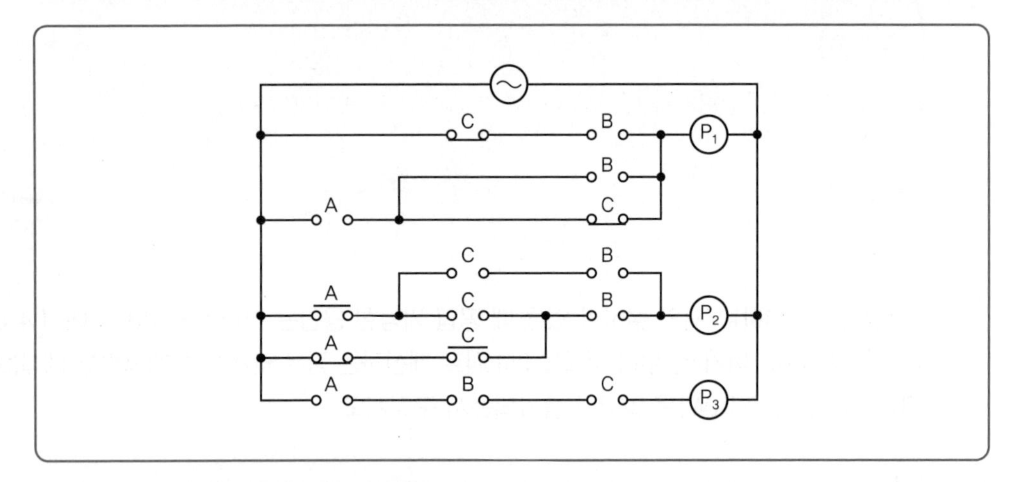

1 위의 조건에 대한 진리표를 작성하시오.

A	B	C	P_1	P_2	P_3
0	0	0			
1	0	0			
0	1	0			
0	0	1			
1	1	0			
1	0	1			
0	1	1			
1	1	1			

2 주어진 미완성 시퀀스 도면에 접점과 그 기호를 삽입하여 도면을 완성하시오.

3 P_1, P_2, P_3의 출력식을 가장 간단한 식으로 표현하시오.

해답 1

A	B	C	P_1	P_2	P_3
0	0	0	1	0	0
1	0	0	1	0	0
0	1	0	1	0	0
0	0	1	1	0	0
1	1	0	0	1	0
1	0	1	0	1	0
0	1	1	0	1	0
1	1	1	0	0	1

2

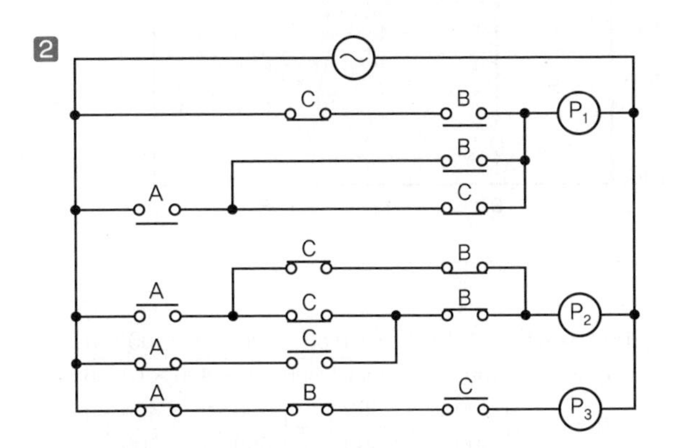

3 $P_1=\overline{A}\,\overline{B}\,\overline{C}+\overline{A}\,\overline{B}\,C+\overline{A}\,B\,\overline{C}+A\,\overline{B}\,\overline{C}$

$=\overline{A}\,\overline{B}\,\overline{C}+\overline{A}\,\overline{B}\,C+\overline{A}\,B\,\overline{C}+A\,\overline{B}\,\overline{C}+\overline{A}\,\overline{B}\,\overline{C}+\overline{A}\,B\,\overline{C}$

$=\overline{A}\,\overline{B}\,(C+\overline{C})+\overline{A}\,\overline{C}(B+\overline{B})+\overline{B}\,\overline{C}(A+\overline{A})$

$=\overline{A}\,(\overline{B}+\overline{C})+\overline{B}\,\overline{C}$

$P_2=\overline{A}\,B\,C+A\,\overline{B}\,C+A\,B\,\overline{C}=\overline{A}\,B\,C+A(\overline{B}\,C+B\,\overline{C})$

$P_3=A\,B\,C$

15 ★★★☆☆

[7점]

500[kVA]의 변압기가 그림과 같은 부하로 운전되고 있다. 오전에는 역률 85[%]로, 오후에는 100[%]로 운전된다고 할 때 전일효율[%]을 구하시오.(단, 이 변압기의 철손은 6[kW], 전부하의 동손은 10[kW]라고 한다.)

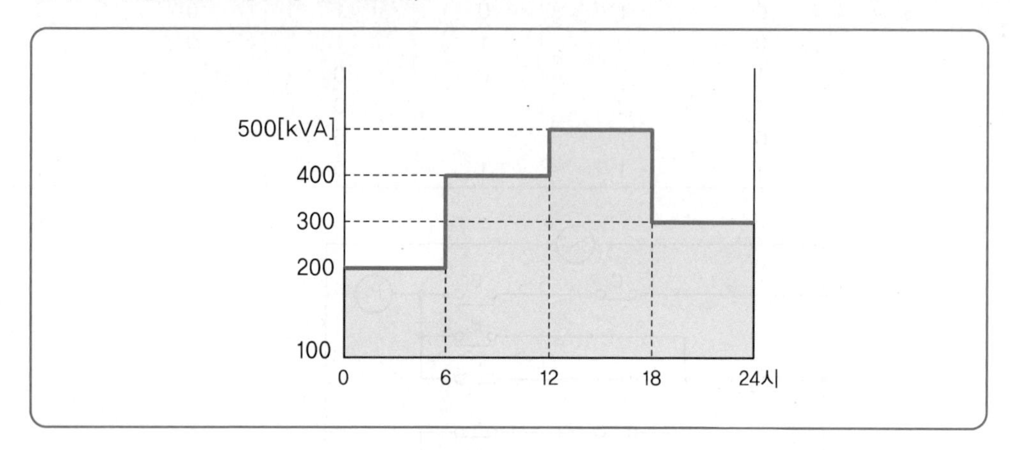

해답 계산 : 전일효율 $= \dfrac{(200\times6\times0.85+400\times6\times0.85+500\times6+300\times6)}{(200\times6\times0.85+400\times6\times0.85+500\times6+300\times6)+6\times24+10\times6\times\left\{\left(\frac{200}{500}\right)^2+\left(\frac{400}{500}\right)^2+\left(\frac{500}{500}\right)^2+\left(\frac{300}{500}\right)^2\right\}}\times100[\%]$

$= 96.64[\%]$

답 96.64[%]

TIP

① 전력량(출력)P = 전력[kVA] × 시간 × 역률

철손 $P_i = P_i \times$ 시간　　동손 $P_c = \left(\dfrac{1}{m}\right)^2 P_c \times$ 시간

② 효율 $\eta = \dfrac{\text{전력량}}{\text{전력량}+\text{철손}+\text{동손}}\times100(\%)$

16 ★★★★☆ [5점]

아래의 논리회로를 참고하여 다음 각 물음에 답하시오.

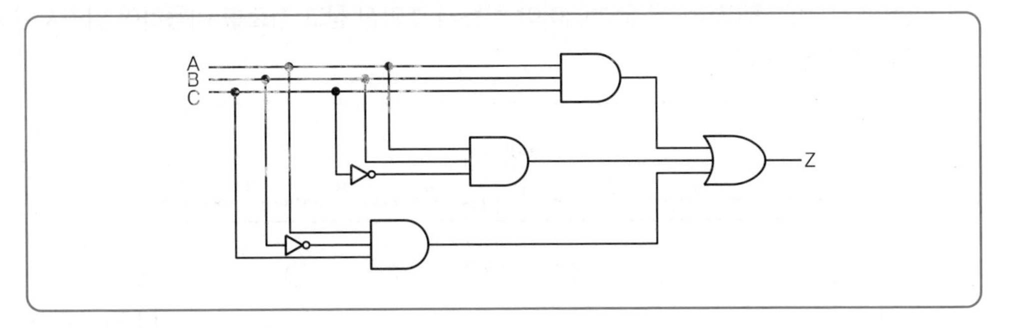

1 출력식 Z를 간소화하시오.

- 간소화 과정
- Z

2 1항에서 간소화한 출력식 Z에 따른 시퀀스회로를 완성하시오.

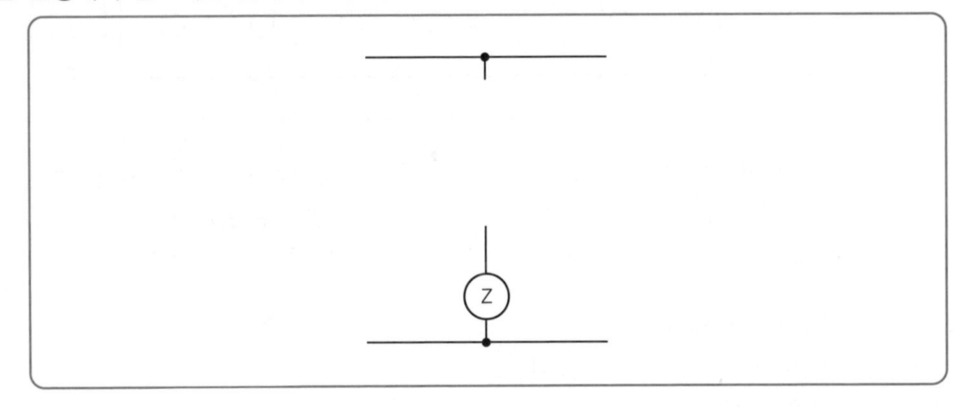

해답 1 • 간소화 과정

$Z = ABC + AB\overline{C} + A\overline{B}C = AB(C + \overline{C}) + AC(B + \overline{B}) = AB + AC = A(B + C)$

- $Z = A(B + C)$

2

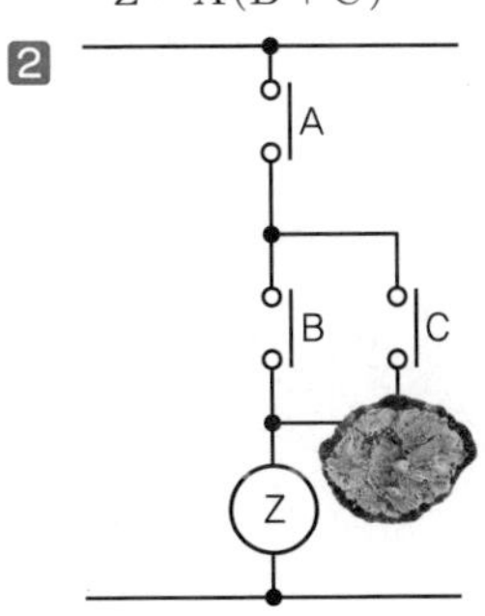

17 ★★★★☆ [14점]

다음과 같은 철골 공장에 백열전등 전반 조명 시 작업면의 평균조도를 200[lx]로 얻기 위한 광원의 소비전력[Watt]은 얼마이어야 하는지 주어진 참고 자료를 이용하여 답안지 순서에 의하여 계산하시오.

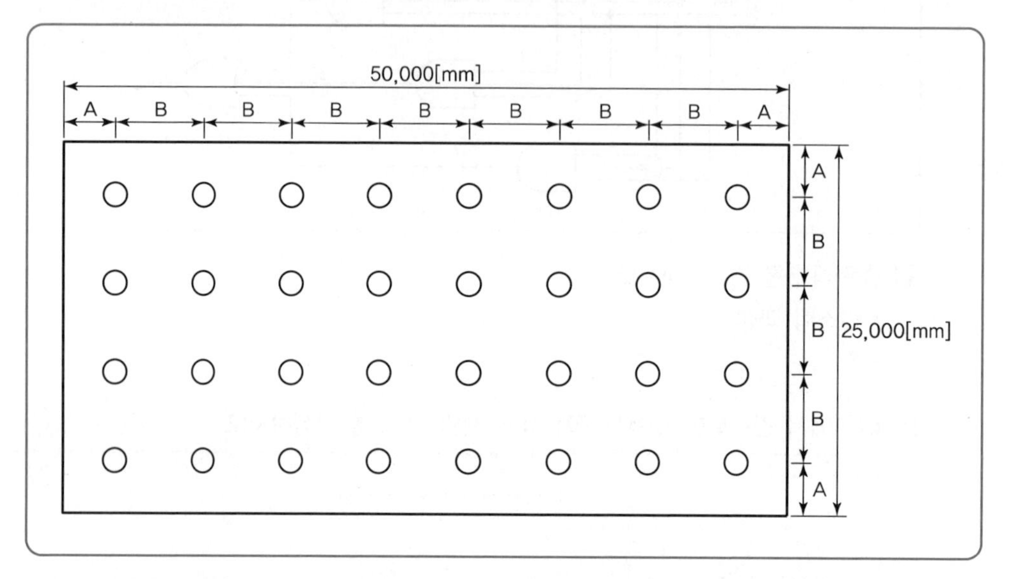

• 천장 및 벽면의 반사율 30[%]	• 조명기구는 금속 반사갓 직부형
• 광원은 천장면하 1[m]에 부착한다.	• 천장고는 9[m]이다.
• 감광보상률은 보수상태 양으로 적용한다.	• 배광은 직접조명으로 한다.

1 광원의 높이[m]를 구하시오.

2 실지수 기호와 실지수를 구하시오.

3 조명률을 선정하시오.

4 감광보상률을 선정하시오.

5 총소요 광속(lm)을 구하시오.

6 1등당 광속(lm)을 구하시오.

7 백열전구의 크기(W) 및 소비전력(W)을 구하시오.

| 표 1. 조명률, 감광보상률 및 설치 간격 |

번호	배광 / 설치 간격	조명 기구	감광보상률 (D) / 보수상태 양중부	반사율 ρ 천장 / 벽 / 실지수	0.75 / 0.5	0.75 / 0.3	0.75 / 0.1	0.50 / 0.5	0.50 / 0.3	0.50 / 0.1	0.3 / 0.3	0.3 / 0.1
(1)	간 접		전 구	J0.6	16	13	11	12	10	08	06	05
				I0.8	20	16	15	15	13	11	08	07
	0.80		1.5 1.7 2.0	H1.0	23	20	17	17	14	13	10	08
				G1.25	26	23	20	20	17	15	11	10
				F1.5	29	26	22	22	19	17	12	11
			형 광 등	E2.0	32	29	26	24	21	19	13	12
	0			D2.5	36	32	30	26	24	22	15	14
				C3.0	38	35	32	28	25	24	16	15
			1.7 2.0 2.5	B4.0	42	39	36	30	29	27	18	17
	S ≤1.2H			A5.0	44	41	39	33	30	29	19	18
(2)	반 간 접		전 구	J0.6	18	14	12	14	11	09	08	07
	0.70			I0.8	22	19	17	17	15	13	10	09
			1.4 1.5 1.7	H1.0	26	22	19	20	17	15	12	10
				G1.25	29	25	22	22	19	17	14	12
				F1.5	32	28	25	24	21	19	15	14
	0.10		형 광 등	E2.0	35	32	29	27	24	21	17	15
				D2.5	39	35	32	29	26	24	19	18
				C3.0	42	38	35	31	28	27	20	19
			1.7 2.0 2.5	B4.0	46	42	39	34	31	29	22	21
	S ≤1.2H			A5.0	48	44	42	36	33	31	23	22
(3)	전반확산		전 구	J0.6	27	19	16	22	18	15	16	14
	0.40			I0.8	29	25	22	27	23	20	21	19
			1.3 1.4 1.5	H1.0	33	28	26	30	26	24	24	21
				G1.25	37	32	29	33	29	26	26	24
				F1.5	40	36	31	36	31	29	29	26
	0.40		형 광 등	E2.0	45	40	36	40	36	33	32	29
				D2.5	48	43	39	43	39	36	34	33
				C3.0	51	46	42	45	40	38	37	34
			1.4 1.7 2.0	B4.0	55	50	47	49	45	42	40	37
	S ≤1.2H			A5.0	57	53	49	51	47	44	41	40

번호	배광	조명 기구	감광보상률 (D)	반사율 ρ 천장	0.75			0.50			0.3	
				벽	0.5	0.3	0.1	0.5	0.3	0.1	0.3	0.1
	설치 간격		보수상태 양중부	실지수	조명률 U[%]							
(4)	반직접		전 구	J0.6	26	22	19	24	21	18	19	17
	0.25			I0.8	33	28	26	30	26	24	25	23
				H1.0	36	32	30	33	30	28	28	26
			1.3 1.4 1.5	G1.25	40	36	33	36	33	30	30	29
				F1.5	43	39	35	39	35	33	33	31
			형광등	E2.0	47	44	40	43	39	36	36	34
	0.05			D2.5	51	47	43	46	42	40	39	37
				C3.0	54	49	45	48	44	42	42	38
			1.6 1.7 1.8	B4.0	57	53	50	51	47	45	43	41
	S≤H			A5.0	59	55	52	53	49	47	47	43
(5)	직접		전 구	J0.6	24	29	26	32	29	27	29	27
	0			I0.8	43	38	35	39	36	35	36	34
				H1.0	47	43	40	41	40	38	40	38
			1.3 1.4 1.5	G1.25	50	47	44	44	43	41	42	41
				F1.5	52	50	47	46	44	43	44	43
			형광등	E2.0	58	55	52	49	48	46	47	46
	0.75			D2.5	62	58	56	52	51	49	50	49
				C3.0	64	61	58	54	52	51	51	50
			1.4 1.7 2.0	B4.0	67	64	62	55	53	52	52	52
	S≤1.3H			A5.0	68	66	64	56	54	53	54	52

| 표 2. 실지수 기호 |

기 호	A	B	C	D	E	F	G	H	I	J
실지수	5.0	4.0	3.0	2.5	2.0	1.5	1.25	1.0	0.8	0.6
범 위	4.5 이상	4.5 ~ 3.5	3.5 ~ 2.75	2.75 ~ 2.25	2.25 ~ 1.75	1.75 ~ 1.38	1.38 ~ 1.12	1.12 ~ 0.9	0.9 ~ 0.7	0.7 이하

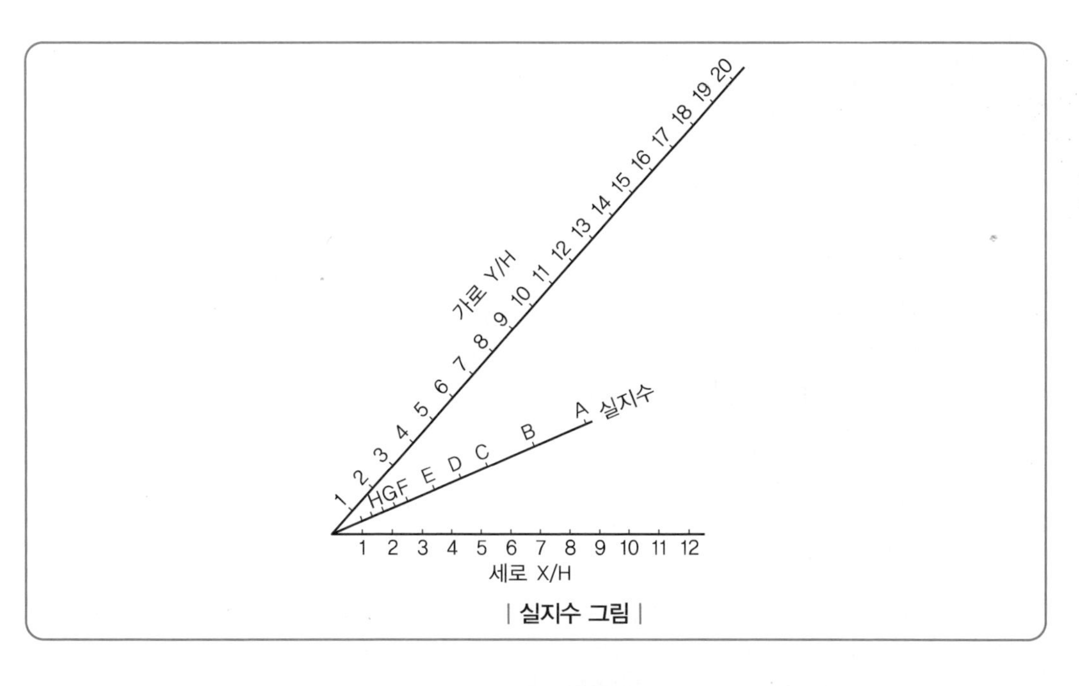

| 실지수 그림 |

| 표 3. 각종 백열전등의 특성 |

형식	종별	유리구의 지름(표준치) [mm]	길이 [mm]	메이스	초기특성			50[%] 수명에서의 효율 [lm/W]	수명 [h]
					소비전력 [W]	광속 [lm]	효율 [lm/W]		
L100V 10W	진공 단코일	55	101 이하	E26/25	10±0.5	76±8	7.6±0.6	6.5 이상	1500
L100V 20W	진공 단코일	55	101 이하	E26/25	20±1.0	175±20	8.7±0.7	7.3 이상	1500
L100V 30W	가스입단코일	55	108 이하	E26/25	80±1.5	290±30	9.7±0.8	8.8 이상	1000
L100V 40W	가스입단코일	55	108 이하	E26/25	40±2.0	440±45	11.0±0.9	10.0 이상	1000
L100V 60W	가스입단코일	50	114 이하	E26/25	60±3.0	760±75	12.6±1.0	11.5 이상	1000
L100V 100W	가스입단코일	70	140 이하	E26/25	100±5.0	1500±150	15.0±1.2	13.5 이상	1000
L100V 150W	가스단일코일	80	170 이하	E26/25	150±7.5	2450±250	16.4±1.3	14.8 이상	1000
L100V 200W	가스입단코일	80	180 이하	E26/25	200±10	3450±350	17.3±1.4	15.3 이상	1000
L100V 300W	가스입단코일	95	220 이하	E39/41	300±15	5550±550	18.3±1.5	15.8 이상	1000
L100V 500W	가스입단코일	110	240 이하	E39/41	500±25	9900±990	19.7±1.6	16.9 이상	1000
L100V 1000W	가스입단코일	165	332 이하	E39/41	1000±50	21000±2100	21.0±1.7	17.4 이상	1000
Ld100V 30W	가스입이중코일	55	108 이하	E26/25	30±1.5	30±35	11.1±0.9	10.1 이상	1000
Ld100V 40W	가스입이중코일	55	108 이하	E26/25	40±2.0	500±50	12.4±1.0	11.3 이상	1000
Ld100V 50W	가스입이중코일	60	114 이하	E26/25	50±2.5	660±65	13.2±1.1	12.0 이상	1000
Ld100V 60W	가스입이중코일	60	114 이하	E26/25	60±3.0	830±85	13.0±1.1	12.7 이상	1000
Ld100V 75W	가스입이중코일	60	117 이하	E26/25	75±4.0	1100±110	14.7±1.2	13.2 이상	1000
Ld100V 100W	가스입이중코일	65 또는 67	128 이하	E26/25	100±5.0	1570±160	15.7±1.3	14.1 이상	1000

해답 1 계산 : H=9−1=8[m]

답 8[m]

2 계산 : $K=\dfrac{50\times25}{8(50+25)}$

$=2.08$

답 E, 2.0

3 47[%]

4 1.3

5 계산 : $NF=\dfrac{DEA}{U}=\dfrac{1.3\times200\times(50\times25)}{0.47}=691,489.36[\text{lm}]$

답 691,489.36[lm]

6 계산 : 1등당 광속 $=\dfrac{\text{전광속}}{\text{등수}}=\dfrac{691,489.36}{(4\times8)}=21,609[\text{lm}]$

답 21,609[lm]

7 백열전구의 크기 : 표 3 '각종 백열전등의 특성'에서 21,000±2,100[lm]인 1,000[W] 선정

소비 전력 : 1,000×32=32,000[W]

답 1,000[W]

답 32,000[W]

INDUSTRIAL ENGINEER ELECTRICITY

2021년 과 년 도 문제풀이

전기산업기사

2021년도 1회 시험

과년도 기출문제

회독 체크	□1회독	월 일	□2회독	월 일	□3회독	월 일

2012 2013 2014 2015 2016 2017 2018 2019 2020 2021

01 ★★☆☆☆ [5점]

15[L]의 물을 5[℃]에서 60[℃]까지 1시간 가열하고자 한다면 이때 전열기의 용량[kW]은?(단, 전열기의 효율은 0.76이다.)

해답 계산 : $P = \dfrac{Cm\theta}{860\eta t} = \dfrac{1 \times 15 \times (60-5)}{860 \times 0.76 \times 1} = 1.26[kW]$

답 1.26[kW]

TIP

$860Pt\eta = Cm\theta$

여기서, θ : 온도변화$(T_2 - T_1)$

02 ★★★★★ [14점]

3층 사무실용 건물에 3상 3선식의 6,000[V]를 200[V]로 강압하여 수전하는 설비가 있다. 각종 부하 설비가 표와 같을 때 참고자료를 이용하여 다음 물음에 답하시오.

| 표1. 동력 부하 설비 |

사용 목적	용량 [kW]	대수	상용동력 [kW]	하계동력 [kW]	동계동력 [kW]
난방 관계					
• 보일러 펌프	6.7	1			6.7
• 오일 기어 펌프	0.4	1			0.4
• 온수 순환 펌프	3.7	1			3.7
공기조화관계					
• 1, 2, 3층 패키지 컴프레서	7.5	6		45.0	
• 컴프레서 팬	5.5	3	16.5		
• 냉각수 펌프	5.5	1		5.5	
• 쿨링 타워	1.5	1		1.5	
급수 · 배수 관계					
• 양수 펌프	3.7	1	3.7		
기타					
• 소화 펌프	5.5	1	5.5		
• 셔터	0.4	2	0.8		
합계			26.5	52.0	10.8

| 표 2. 조명 및 콘센트 부하 설비 |

사용 목적	와트수 [W]	설치 수량	환산용량 [VA]	총용량 [VA]	비고
전등관계					
• 수은등 A	200	2	260	520	200[V] 고역률
• 수은등 B	100	8	140	1,120	100[V] 고역률
• 형광등	40	820	55	45,100	200[V] 고역률
• 백열전등	60	20	60	1,200	
콘센트 관계					
• 일반 콘센트		70	150	10,500	2P 15[A]
• 환기팬용 콘센트		8	55	440	
• 히터용 콘센트	1,500	2		3,000	
• 복사기용 콘센트		4		3,600	
• 텔레타이프용 콘센트		2		2,400	
• 룸 쿨러용 콘센트		6		7,200	
기타					
• 전화교환용 정류기		1		800	
합계				75,880	

[조건]

1. 동력부하의 역률은 모두 70[%]이며, 기타는 100[%]로 간주한다.
2. 조명 및 콘센트 부하설비의 수용률은 다음과 같다.
   - 전등 설비 : 60[%]
   - 콘센트 설비 : 70[%]
   - 전화교환용 정류기 : 100[%]
3. 변압기 용량 산출 시 예비율(여유율)은 고려하지 않으며 용량은 표준규격으로 답하도록 한다.
4. 변압기 용량 산정 시 필요한 동력부하설비의 수용률은 전체 평균 65[%]로 한다.

1 동계 난방 때 온수 순환 펌프는 상시 운전하고, 보일러용과 오일 기어 펌프의 수용률이 55[%]일 때 난방동력 수용부하는 몇 [kW]인가?

2 상용동력, 하계동력, 동계동력에 대한 피상전력은 몇 [kVA]가 되겠는가?
① 상용동력, ② 하계동력, ③ 동계동력

3 이 건물의 총 전기 설비 용량은 몇 [kVA]를 기준으로 하여야 하는가?

4 조명 및 콘센트 부하 설비에 대한 단상변압기의 용량은 최소 몇 [kVA]가 되어야 하는가?

5 동력부하용 3상 변압기의 용량은 몇 [kVA]가 되겠는가?

6 단상과 3상 변압기의 전류계용으로 사용되는 변류기의 1차 측 정격전류는 각각 몇 [A]인가?
① 단상, ② 3상

7 역률개선을 위하여 각 부하마다 전력용 콘덴서를 설치하려고 할 때 보일러 펌프의 역률을 95[%]로 개선하려면 몇 [kVA]의 전력용 콘덴서가 필요한가?

해답 **1** 계산 : 수용부하 $=3.7+(6.7+0.4)\times0.55=7.61$[kW]

답 7.61[kW]

2 ① 계산 : 상용동력의 피상전력 $=\dfrac{\text{설비용량[kW]}}{\text{역률}}=\dfrac{26.5}{0.7}=37.86$[kVA]

답 37.86[kVA]

② 계산 : 하계동력의 피상전력 $=\dfrac{\text{설비용량[kW]}}{\text{역률}}=\dfrac{52.0}{0.7}=74.29$[kVA]

답 74.29[kVA]

③ 계산 : 동계동력의 피상전력 $=\dfrac{\text{설비용량[kW]}}{\text{역률}}=\dfrac{10.8}{0.7}=15.43$[kVA]

답 15.43[kVA]

3 계산 : 총 전기설비용량 = 상용동력[kVA] + 하계동력[kVA] + 기타설비용량[kVA]

$=37.86+74.29+75.88=188.03$[kVA]

답 188.03[kVA]

4 계산 : 전등 관계 : $(520+1{,}120+45{,}100+1{,}200)\times0.6\times10^{-3}=28.76$[kVA]

콘센트 관계 : $(10{,}500+440+3{,}000+3{,}600+2{,}400+7{,}200)\times0.7\times10^{-3}$

$=19$[kVA]

기타 : $800\times1\times10^{-3}=0.8$[kVA]

$28.76+19+0.8=48.56$[kVA]이므로

단상 변압기 용량은 50[kVA]가 된다.

답 50[kVA]

5 계산 : 동계 동력과 하계 동력 중 큰 부하를 기준으로 하고 상용 동력과 합산하여 계산하면

$T_R=\dfrac{\text{설비용량}\times\text{수용률}}{\text{역률}}=\dfrac{(26.5+52.0)}{0.7}\times0.65=72.89$[kVA]이므로

3상 변압기 용량은 75[kVA]가 된다.

답 75[kVA]

6 계산 : ① 단상 변압기 1차 측 변류기

$$I=\frac{P}{V}\times(1.25\sim1.5)=\frac{50\times10^3}{6\times10^3}\times(1.25\sim1.5)=10.42\sim12.5[A]$$

답 15[A] 선정

② 3상 변압기 1차 측 변류기

$$I=\frac{P}{\sqrt{3}V}\times(1.25\sim1.5)=\frac{75\times10^3}{\sqrt{3}\times6\times10^3}\times(1.25\sim1.5)=9.02\sim10.83[A]$$

답 10[A] 선정

7 계산 : $Q_c=P(\tan\theta_1-\tan\theta_2)=6.7\left(\dfrac{\sqrt{1-0.7^2}}{0.7}-\dfrac{\sqrt{1-0.95^2}}{0.95}\right)=4.63$[kVA]

답 4.63[kVA]

03 ★☆☆☆☆

[4점]

감리원은 공사 진도율이 계획공정 대비 월간 공정실적이 ( )% 이상 지연되거나, 누계 공정실적이 ( )% 이상 지연될 때에는 공사업자에게 부진사유 분석, 만회대책 및 만회공정표를 수립하여 제출하도록 지시하여야 한다. 빈칸에 알맞은 것은?

월간 공정실적	누계 공정실적

해답

월간 공정실적	누계 공정실적
10	5

04 ★★★★★

[8점]

축전지설비에서 이용되는 연축전지와 알칼리축전지에 대하여 다음 각 물음에 답하시오.

1 연축전지와 비교할 때 알칼리축전지의 장점과 단점을 1가지씩만 쓰시오.

2 연축전지와 알칼리축전지의 공칭전압은 각각 몇 [V]인지 쓰시오.

3 축전지의 일상적인 충전방식 중 부동충전방식에 대하여 설명하시오.

4 연축전지의 정격용량이 250[Ah]이고, 상시부하가 15[kW]이며, 표준전압이 100[V]인 부동충전방식 충전기의 2차 전류는 몇 [A]인지 구하시오.(단, 상시부하의 역률은 1로 간주한다.)

해답 1 • 장점 : 과충전, 과방전에 강하다.
• 단점 : 연축전지보다 공칭전압이 낮다.

2 • 연축전지 : 2.0[V/cell]
• 알칼리축전지 : 1.2[V/cell]

3 축전지와 부하를 충전기에 병렬로 접속하여 사용하는 방식으로 축전지의 자기방전을 보충함과 동시에 일상적인 부하전류는 충전기가 공급하되, 충전기가 공급하기 어려운 일시적인 대전류 부하는 축전지가 공급하는 충전방식

4 계산 : $I = \frac{\text{정격용량}}{\text{방전율}} + \frac{P}{V} = \frac{250}{10} + \frac{15{,}000}{100} = 175[A]$

답 175[A]

TIP

➤ 축전지 방전율
① 연축전지 : 10[h] ② 알칼리 : 5[h]

05 ★★★☆☆ [6점]

건축화조명방식에서 천장면을 이용한 조명방식 3가지와 벽면을 이용하는 조명방식 3가지를 쓰시오.

1 천장면　　　　2 벽면

해답 1 천장면
① 다운라이트
② 코퍼(Coffer)라이트
③ 핀홀라이트
그 외
④ 라인라이트
⑤ 광천장조명
⑥ 매입형광등

2 벽면
① 밸런스(Valance) 조명
② 코니스(Cornice) 조명
③ 광창조명

06 ☆☆☆☆☆ [5점]

사용전압이 400[V] 이상인 저압옥내배선의 기능 여부를 시설장소에 따라 답안지 표의 빈칸에 O, X로 표시하시오.(단, O는 시설 가능 장소, X는 시설 불가능 장소를 의미한다.)

※ KEC 규정에 따라 삭제

배선방법	노출장소		은폐장소				옥측 배선	
			점검 가능		점검 불가능			
	건조한 장소	습기가 많은 장소	건조한 장소	습기가 많은 장소	건조한 장소	습기가 많은 장소	우선 내	우선 외
합성수지관공사			O	O			O	

해답

배선방법	노출장소		은폐장소				옥측 배선	
			점검 가능		점검 불가능			
	건조한 장소	습기가 많은 장소	건조한 장소	습기가 많은 장소	건조한 장소	습기가 많은 장소	우선 내	우선 외
합성수지관공사	O	O	O	O	O	O	O	O

TIP

본 문항은 KEC 규정에 없는 내용으로 구(舊) 규정에 따른 것이다.

07 ★★☆☆☆

[5점]

단상 부하가 a상 20[kVA], b상 25[kVA], c상 33[kVA] 및 3상 부하가 20[kVA]가 있다. 최소 3상 변압기 용량을 구하시오.

해답 단상의 최대부하 $P_1 = 단상최대부하 + \frac{3상부하}{3} = 33 + \frac{20}{3} = 39.67[kVA]$

3상 변압기 용량(동일 용량)

$\therefore P_3 = 단상최대부하 \times 3대 = 39.67 \times 3 = 119.01[kVA]$

답 119.01[kVA]

TIP

3상 변압기의 경우 모두 동일용량이 되어야 한다.

08 ★☆☆☆☆

[5점]

공동주택에 전력량계 1φ2W용 35개를 신설, 3φ4W용 7개를 사용이 종료되어 신품으로 교체하였다. 이때 소요되는 공구손료 등을 제외한 직접노무비를 계산하시오.(단, 인공계산은 소수 셋째 자리까지 구하며, 내선전공의 노임은 95,000원이다.)

| 전력량계 및 부속장치 설치 |

(단위 : 대)

종별	내선전공
전력량계 1φ2W용	0.14
전력량계 1φ3W용 및 3φ3W용	0.21
전력량계 3φ4W용	0.32
CT(저고압)	0.40
PT(저고압)	0.40
ZCT(영상변류기)	0.40
현수용 MOF(고압 · 특고압)	3.00
거치용 MOF(고압 · 특고압)	2.00
계기함	0.30
특수계기함	0.45
변성기함(저압 · 고압)	0.60

[해설]

① 폭발방지 200[%]

② 아파트 등 공동주택 및 기타 이와 유사한 동일 장소 내에서 10대를 초과하는 전력량계 설치 시 추가 1대당 해당품의 70[%]

③ 특수계기함은 3종 계기함, 농사용 계기함, 집합 계기함 및 저압 변류기용 계기함 등임

④ 고압변성기함, 현수용 MOF 및 거치용 MOF(설치대 조립품 포함)를 주상설치 시 배전전공 적용

⑤ 철거 30[%], 재사용 철거 50[%]

해답 계산

① 전력량계 1φ2W용 기본 10대까지의 신설 : $10 \times 0.14 = 1.4$

② 전력량계 1φ2W용 기본 10대를 초과하는 25대의 신설 : $(35 - 10) \times 0.14 \times 0.7 = 2.45$

③ 전력량계 3ϕ4W용 7대 교체 : $7 \times 0.32(0.3+1) = 2.912$
여기서, 교체는 "철거+신설"을 적용한다. 철거 시 사용이 종료된 계기이므로 재사용 철거는 적용하지 않는다.
내선전공$= 10 \times 0.14 + (35-10) \times 0.14 \times 0.7 + 7 \times 0.32(0.3+1) = 6.762$[인]
직접노무비$= 6.762 \times 95,000 = 642,390$[원]

답 642,390[원]

09 ★★★☆☆ [6점]

그림과 같이 V결선과 Y결선된 변압기 한 상의 중심 O에서 110[V]를 인출하여 사용하고자 한다. 다음 각 물음에 답하시오.

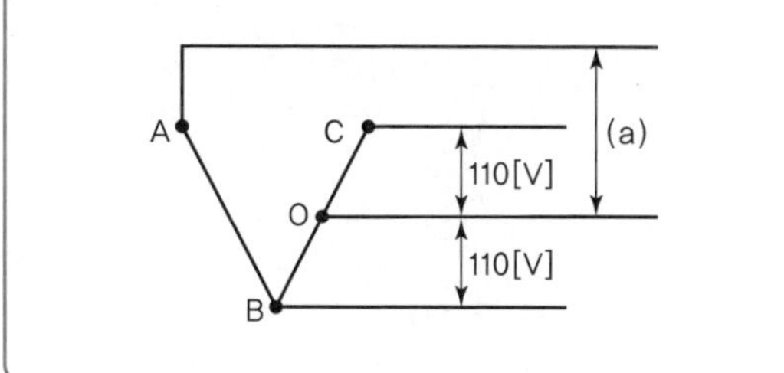

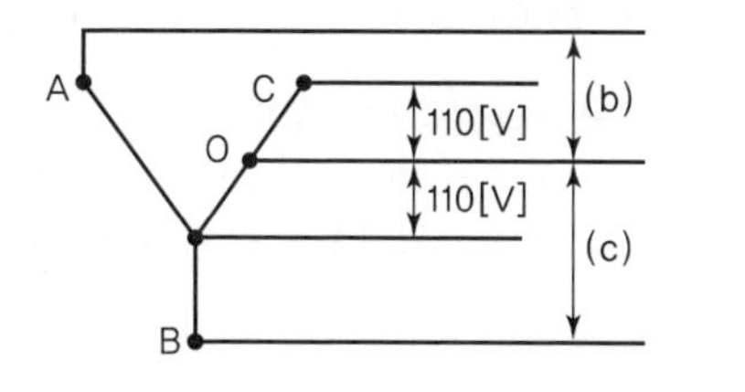

1 위 그림에서 (a)의 전압을 구하시오.
2 위 그림에서 (b)의 전압을 구하시오.
3 위 그림에서 (c)의 전압을 구하시오.

해답 1 계산

$$V_{AO} = 220\angle 0° + 110\angle -120°$$
$$= 220 + (-55 - j55\sqrt{3}) = 165 - j55\sqrt{3}$$
$$= \sqrt{165^2 + (55\sqrt{3})^2} = 190.53[V]$$

답 190.53[V]

2 계산

$$V_{AO} = V_A - V_O = 220\angle 0° - 110\angle 120°$$
$$= 220 - 110\left(-\frac{1}{2} + j\frac{\sqrt{3}}{2}\right) = 275 - j55\sqrt{3}$$
$$= \sqrt{275^2 + (55\sqrt{3})^2} = 291.03[V]$$

답 291.03[V]

3 계산

$$V_{BO} = V_B - V_O = 220\angle -120° - 110\angle 120°$$
$$= 220\left(-\frac{1}{2} - j\frac{\sqrt{3}}{2}\right) - 110\left(-\frac{1}{2} + j\frac{\sqrt{3}}{2}\right) = -55 - j165\sqrt{3}$$
$$= \sqrt{55^2 + (165\sqrt{3})^2} = 291.03[V]$$

답 291.03[V]

10 ★★★☆☆ [4점]

지중 전선로는 케이블을 사용하여 관로식, 암거식, 직접매설식에 의하여 시설하여야 한다. 다음 각 물음에 답하시오.

1 관로식에 의하여 차량 및 기타 중량물의 압력을 받을 우려가 있는 경우 매설깊이는 얼마인가?

2 직접매설식에 의하여 차량 및 기타 중량물의 압력을 받을 우려가 있는 경우 매설깊이는 얼마인가?

해답 1 1[m]

2 1[m]

TIP

➤ 직접매설식 매설깊이

① 하중을 받는 경우 : 1[m](구 규정 : 1.2[m])

② 하중을 받지 않는 경우 : 0.6[m]

11 ★★☆☆☆ [3점]

다음 그림에서 변압기 2차 측 내부고장 시 가장 먼저 개방되어야 할 기기의 명칭을 쓰시오.

전원 — VCB — TR — ACB — MCCB — 부하

해답 진공차단기(VCB)

TIP

변압기 내부 고장으로 고장전류가 전원 측에서 부하 측으로 흐른다.

12 ★★☆☆☆ [5점]

38[mm²]의 경동연선을 사용해서 높이가 같고 경간이 100[m]인 철탑에 가선하는 경우 처짐 정도는 얼마인가?(단, 이 경동연선의 인장하중은 1,480[kg], 안전율은 2.2이고 전선 자체의 무게는 0.334[kg/m], 수평풍압하중은 0.608[kg/m]라고 한다.) ※ KEC 규정에 따라 변경

해답 계산 : $D = \dfrac{\sqrt{0.334^2 + 0.608^2} \times 100^2}{8 \times \dfrac{1,480}{2.2}} = 1.29[\text{m}]$

답 1.29[m]

TIP

합성하중 $W=\sqrt{W_i^2+W_p^2}$

여기서, W_i : 전선자중, W_p : 풍압하중

$$D=\frac{WS^2}{8T}$$

여기서, D : 처짐정도, T : 수평장력 $=\frac{\text{인장하중}}{\text{안전율}}$

13 ★★☆☆☆ [5점]

그림과 같은 무접점 릴레이 회로의 출력식 Z를 구하고 이것의 타임차트를 그리시오.

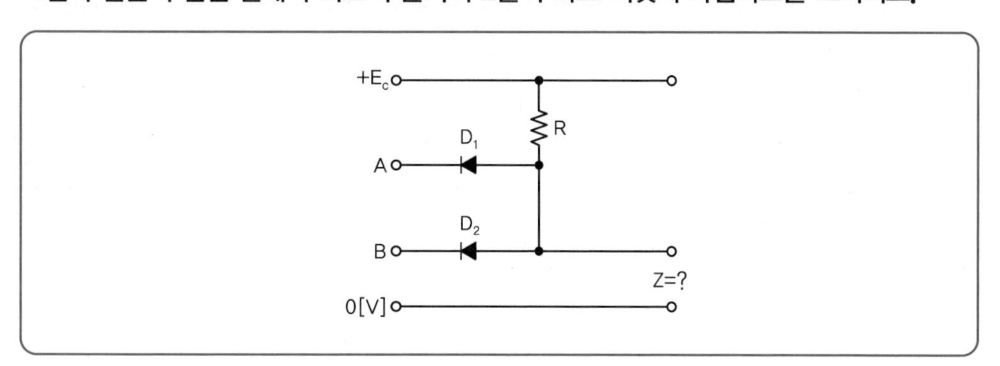

해답 • 출력식 : Z = A · B

• 타임차트

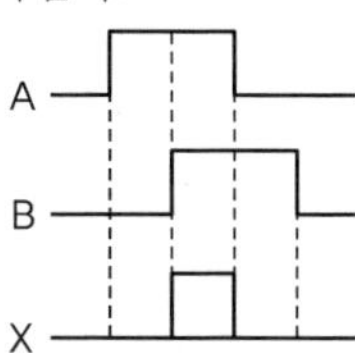

14 ★★★★☆ [4점]

1차 측 탭 전압이 22,900[V]이고 2차 측이 380/220[V]일 때 2차 측 전압이 370[V]로 측정되었다. 2차 측 전압을 상승시키기 위해서 탭 전압을 21,900[V]로 할 때 2차 측 전압을 구하시오.

해답 계산 : $V_2\times\frac{\text{현재의 탭 전압}}{\text{변경할 탭 전압}}=370\times\frac{22,900}{21,900}=386.89[V]$

답 386.89[V]

TIP

권수비 $a=\frac{N_1}{N_2}=\frac{V_1}{V_2}$에서 $V_1=aV_2$

변압기 1차 측 공급전압은 변함이 없으므로 탭 변경 시 새로운 권수비 a′는

$a'=\frac{N_1'}{N_2}=\frac{V_1}{V_2'}$에서 $V_2'=\frac{V_1}{a'}=\frac{a}{a'}V_2'=\frac{N_1/N_2}{N_1'/N_2}=\frac{N_1}{N_1'}V_2$

15 ★★★☆☆

[5점]

수용가 인입구의 전압이 22.9[kV], 주차단기의 차단용량이 200[MVA]이다. 10[MVA], 22.9/3.3[kV] 변압기의 임피던스가 4.5[%]일 때, 변압기 2차 측에 필요한 차단기 용량을 다음 표에서 산정하시오.

| 차단기 정격용량[MVA] |

10	20	30	50	75	100	150	250	300	400	500	750	1000

해답 계산 : 기준용량을 10[MVA]로 하면

전원 측 $\%Z=\frac{P_n}{P_s}\times 100=\frac{10}{200}\times 100=5[\%]$

변압기 $\%Z_t=4.5[\%]$

합성 $\%Z=5+4.5=9.5[\%]$

변압기 2차 측 단락용량 $P_s=\frac{100}{9.5}\times 10=105.26[\text{MVA}]$

답 150[MVA]

TIP

$P_s=\frac{100}{\%Z}P$ 여기서, P : 기준용량

16 ★★★★☆

[6점]

진리값(참값) 표는 3개의 리미트 스위치 LS_1, LS_2, LS_3에 입력을 주었을 때 출력 X와의 관계표이다. 정확히 이해하고 다음 물음에 답하시오.

| 진리값(참값) 표 |

LS_1	LS_2	LS_3	X
0	0	0	0
0	0	1	0
0	1	0	0
0	1	1	1
1	0	0	0
1	0	1	1
1	1	0	1
1	1	1	1

1 진리값(참값) 표를 보고 Karnaugh 도표를 완성하시오.

LS_3 \ LS_1LS_2	0 0	0 1	1 1	1 0
0				
1				

2 Karnaugh 도표를 보고 논리식을 쓰시오.

3 진리값(참값)과 논리식을 보고 무접점 회로도로 표시하시오.

해답 1

LS_3 \ LS_1LS_2	0 0	0 1	1 1	1 0
0	0	0	1	0
1	0	1	1	1

2 $X = LS_2LS_3 + LS_1LS_3 + LS_1LS_2$

3

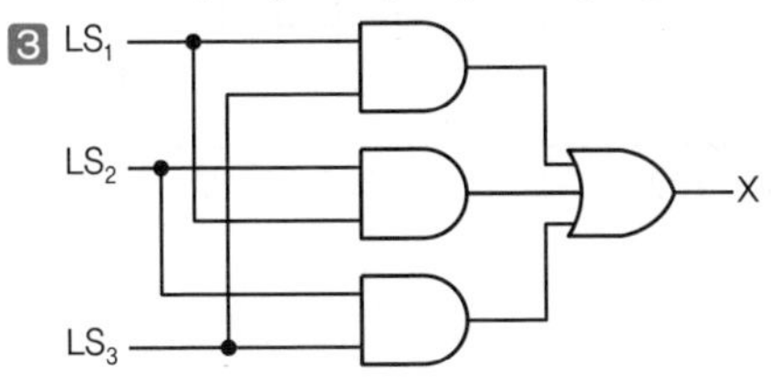

17 ★★★☆☆

[5점]

다음 그림은 TN계통의 TN－C방식 저압배전선로 접지계통이다. 중성선(N), 보호선(PE) 등의 범례기호를 활용하여 노출 도전성 부분의 접지계통 결선도를 완성하시오.

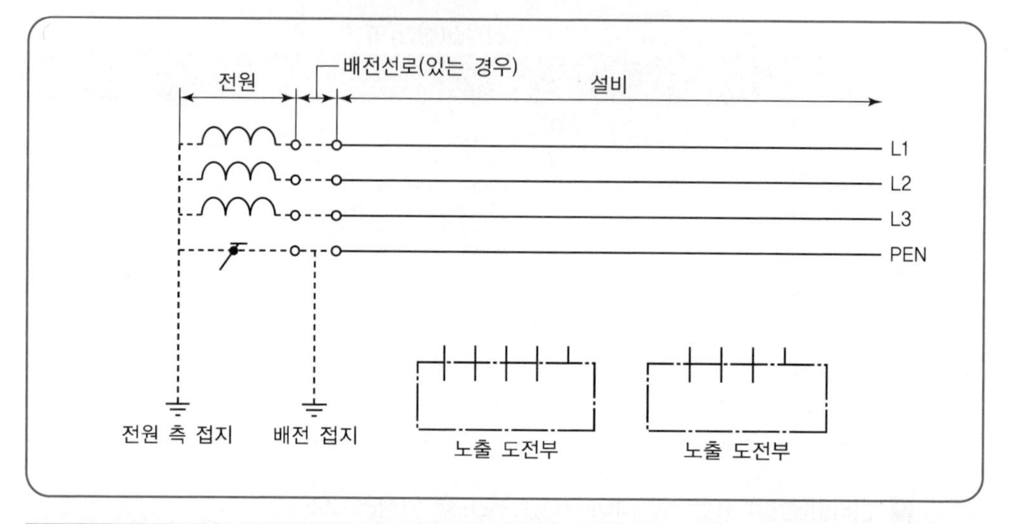

기호설명	
(기호)	중성선(N)
(기호)	보호선(PE)
(기호)	보호선과 중성선 결합(PEN)

해답

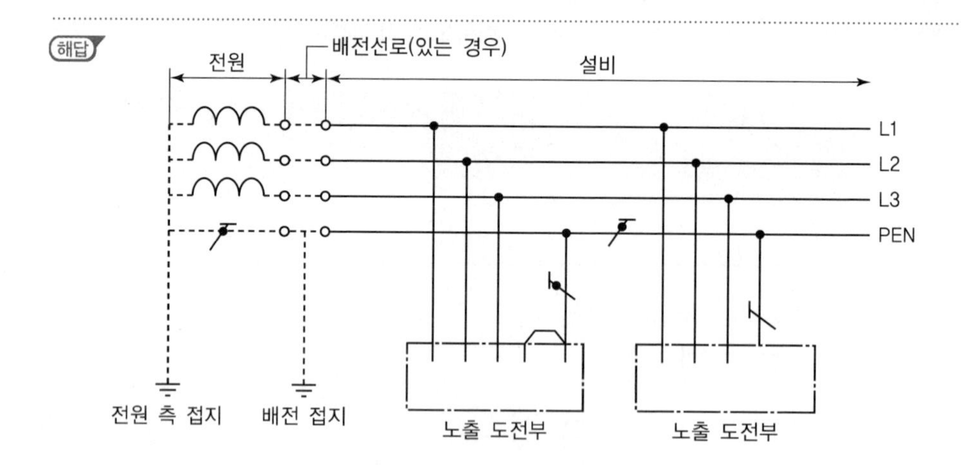

18 ★★★★★ [5점]

단상 2선식 220[V]의 옥내배선에서 소비전력 40[W], 역률 85[%]의 LED형광등 85등을 설치할 때 16[A] 분기회로수는 최소 몇 회로인지 구하시오.(단, 한 회선의 부하전류는 분기회로 용량의 80[%]로 하고 수용률은 100[%]로 한다.)

해답 $\text{부하용량[VA]} = \dfrac{P[W]}{\text{역률}} = \dfrac{40 \times 85}{0.85} = 4{,}000[VA]$

$\text{분기회로수 } N = \dfrac{\text{부하용량}}{\text{정격전압} \times \text{분기회로전류} \times \text{용량}} = \dfrac{4{,}000}{220 \times 16 \times 0.8} = 1.42[\text{회로}]$

답 16[A] 분기 2회로

TIP

$\text{분기회로수} = \dfrac{\text{부하용량[VA]}}{\text{정격전압} \times \text{분기회로전류}}$

2012 2013 2014 2015 2016 2017 2018 2019 2020 2021

전기산업기사

2021년도 2회 시험 과년도 기출문제

회독 체크	□1회독	월 일	□2회독	월 일	□3회독	월 일

01 ★★★☆☆ [10점]

다음은 $3\phi 4W$ 22.9[kV] 수전설비 단선결선도이다. 다음 각 물음에 답하시오.

[조건]

- TR－1, TR－2 효율 : 90[%], TR－2 여유율 : 15[%]
- TR－1(수용률과 역률을 적용한) 부하설비용량(전등전열부하) : 390.42[kVA]
- TR－2(수용률과 역률을 적용한) 부하설비용량(일반동력설비) : 110.3[kVA]
- TR－2(수용률과 역률을 적용한) 부하설비용량(비상동력설비) : 75.5[kVA]
- 변압기 표준용량[kVA] : 200, 300, 400, 500, 600

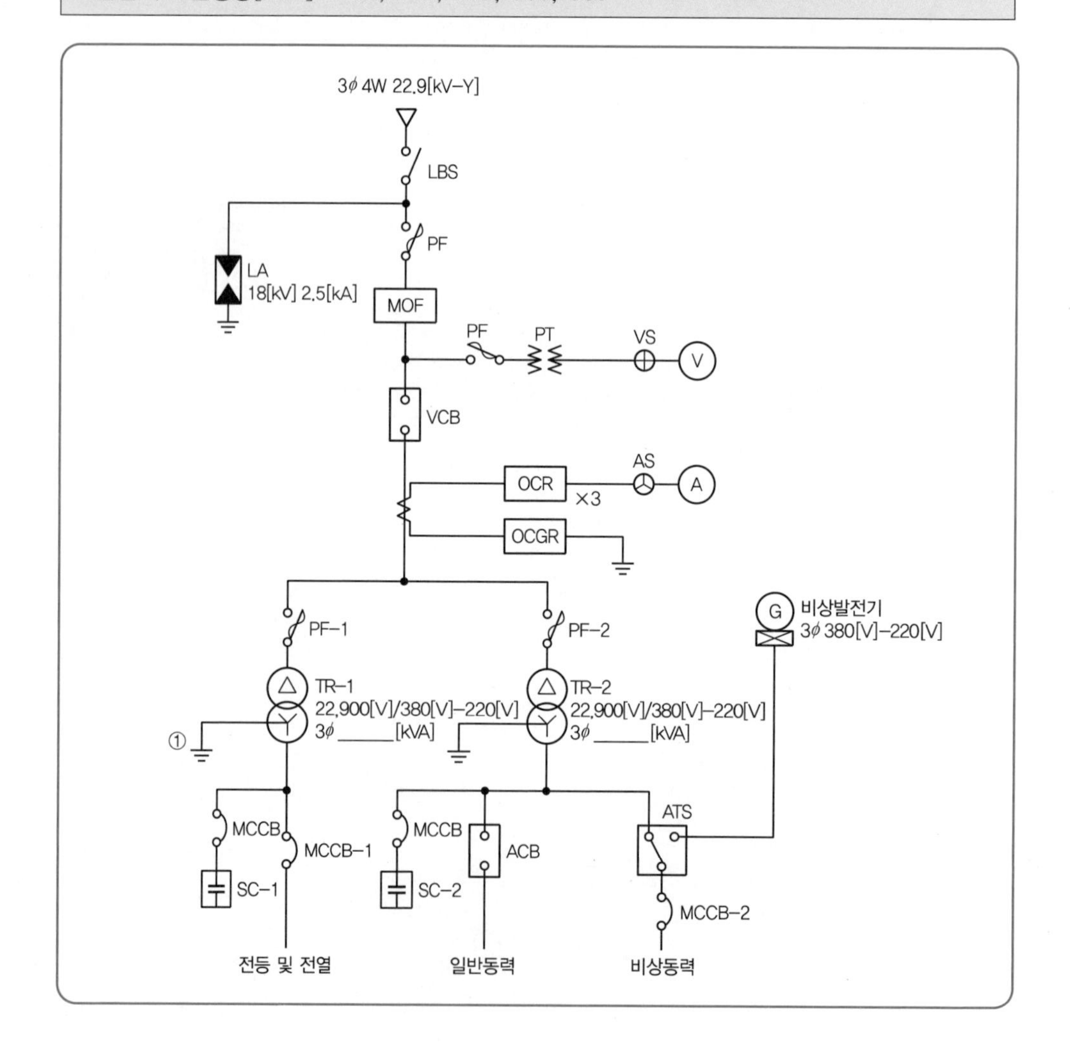

1 TR－1 변압기 용량을 선정하시오.
2 TR－2 변압기 용량을 선정하시오.
3 TR－1 변압기 2차 정격전류를 구하시오.
4 ATS는 무엇을 위한 목적으로 사용되는지 쓰시오.
5 TR－1 변압기 ①의 2차 측 중성점을 접지하는 목적이 무엇인지 쓰시오.

해답 1 계산 : $\text{TR}-1 = \dfrac{\text{최대전력[kVA]}}{\text{효율}} = \dfrac{390.42}{0.9} = 433.8\text{[kVA]}$

∴ 500[kVA] 선정

답 500[kVA]

2 계산 : $\text{TR}-2 = \dfrac{\text{최대전력[kVA]}}{\text{효율}} \times \text{여유율} = \dfrac{110.3+75.5}{0.9} \times 1.15 = 237.41\text{[kVA]}$

∴ 300[kVA] 선정

답 300[kVA]

3 계산 : 2차 정격전류 $I_2 = \dfrac{P}{\sqrt{3}\,V} = \dfrac{500 \times 10^3}{\sqrt{3} \times 380} = 759.67\text{[A]}$

답 759.67[A]

4 상용전원 정전 시 예비전원(발전기)으로 전환시키는 개폐기

5 고저압 혼촉에 의한 저압 측 전위상승을 억제하여 저압 측에 연결된 기계기구의 절연을 보호한다.

02 ★★☆☆☆ [5점]

FL－40[W] 형광등 정격전압이 220[V], 전류가 0.25[A], 안정기 손실이 5[W]일 때 형광등의 역률을 구하시오.

해답 계산 : 40[W] 형광등의 전체 소비전력 P=40+5=45[W]

역률 $\cos\theta = \dfrac{P}{VI} \times \dfrac{45}{220 \times 0.25} \times 100 = 81.82[\%]$

답 81.82[%]

03 ★★★★★ [5점]

폭 8[m]의 왕복 2차선 도로에 가로등을 도로 한 쪽 배열로 50[m] 간격으로 설치하고자 한다. 도로면의 평균조도를 5[lx]로 설계할 경우 가로등 1등당 필요한 광속을 구하시오.(단, 감광보상률은 1.5, 조명률은 0.43으로 한다.)

해답 계산 : $F = \dfrac{EAD}{U} = \dfrac{5 \times 8 \times 50 \times 1.5}{0.43} = 6{,}976.744\text{[lm]}$

답 6,976.74[lm]

04 ★★★★★

[5점]

다음은 컨베이어시스템 제어회로의 도면이다. 3대의 컨베이어가 A → B → C 순서로 기동하며, C → B → A 순서로 정지한다고 할 때, 타임차트도를 보고 PLC 프로그램 입력 ①~⑤를 답안지에 완성하시오.

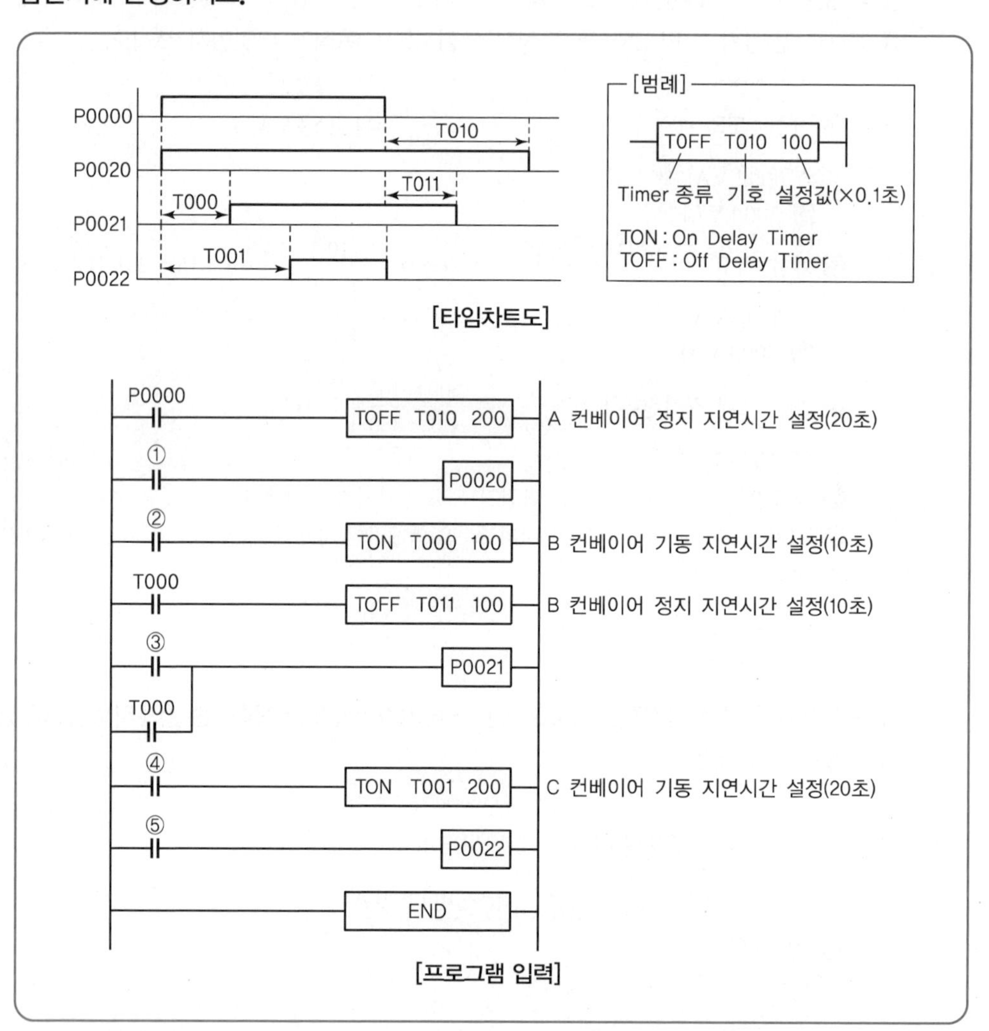

해답

①	②	③	④	⑤
T010	P0000	T011	P0000	T001

2012 2013 2014 2015 2016 2017 2018 2019 2020 2021

05 ★★★☆☆ [5점]

어느 발전소의 발전기가 13.2[kV], 용량 93,000[kVA], %임피던스 95[%]일 때, 임피던스는 몇 [Ω]인가?

해답 계산 : $\%Z = \frac{PZ}{10V^2}$ 에서 $Z = \frac{\%Z \times 10V^2}{P} = \frac{95 \times 10 \times 13.2^2}{93,000} = 1.78[\Omega]$ 답 1.78[Ω]

06 ★★★★★ [5점]

표와 같이 어느 수용가 A, B, C에 공급하는 배전선로의 최대전력은 700[kW]이다. 이때 수용가의 부등률은 얼마인가?

수용가	설비용량[kW]	수용률[%]
A	500	60
B	700	50
C	700	50

해답 계산 : $\text{부등률} = \frac{\text{개별 최대전력의 합}}{\text{합성 최대전력}} = \frac{(500 \times 0.6) + (700 \times 0.5) + (700 \times 0.5)}{700} = 1.43$

답 1.43

TIP

① $\text{부등률} = \frac{\text{개별 최대 전력의 합}}{\text{합성 최대 전력}} = \frac{\text{설비용량} \times \text{수용률}}{\text{합성 최대 전력}}$

② 부등률은 단위가 없다.

07 ★★★★★ [8점]

CT 2대를 V결선하여 OCR 3대를 그림과 같이 연결하여 사용할 경우 다음 각 물음에 답하시오.

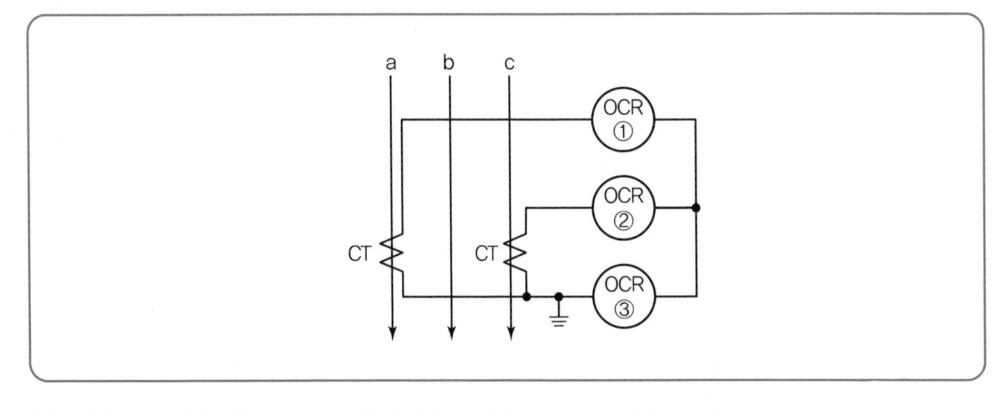

1 국내에서 사용되는 CT는 일반적으로 어떤 극성을 사용하는가?

2 도면에서 사용된 CT의 변류비가 40/5이고 변류가 2차 측 전류를 측정하니 3[A]의 전류가 흘렀다면, 수전전력은 몇[kW]인가?(단, 수전전압은 22,900[V]이고, 역률은 90[%]이다.)
3 OCR 중에서 ③번 OCR에 흐르는 전류는 어떤 상의 전류인가?
4 OCR은 어떤 경우에 동작하는지 원인을 쓰시오.
5 통전 중에 있는 변류기 2차 측 기기를 교체하고자 할 때 가장 먼저 취하여야 할 조치는 무엇인지를 설명하시오.

해답 1 감극성

2 계산 : $P = \sqrt{3}VI\cos\theta$

$$= \sqrt{3} \times 22{,}900 \times 3 \times \frac{40}{5} \times 0.9 \times 10^{-3} = 856.74[\text{kW}]$$

답 856.74[kW]

3 b상 전류

4 단락 사고 또는 과부하

5 2차 측 단락

TIP

I_1 =Ⓐ×CT비 여기서, I_1 : 부하전류, Ⓐ : 전류계 지시값

08 ★☆☆☆☆ [5점]

실무적으로 사용되는 계측장비를 주기적으로 교정하고 또한 안전장구의 성능을 적정하게 유지할 수 있도록 시험하여야 한다. 다음 표의 권장 교정 및 시험주기는 몇 년인가?

구분	주기[년]
전열저항 측정기	
계전기 시험기	
접지저항 측정기	
절연저항계	
클램프미터	
절연내력 시험기	

해답

구분	주기[년]
전열저항 측정기	1
계전기 시험기	1
접지저항 측정기	1
절연저항계	1
클램프미터	1
절연내력 시험기	1

TIP

➤ 전기 안전관리 규정

구분		권장 교정 및 시험주기[년]
계측장비 교정	계전기 시험기	1
	절연내력 시험기	1
	절연유 내압 시험기	1
	적외선 열화상 카메라	1
	전원품질분석기	1
	절연저항 측정기(1,000[V], 2,000[MΩ])	1
	절연저항 측정기(500[V], 100[MΩ])	1
	회로시험기	1
	접지저항 측정기	1
	클램프미터	1
안전장구 시험	특고압 COS 조작봉	1
	저압검전기	1
	고압 · 특고압 검전기	1
	고압절연장갑	1
	절연장화	1
	절연안전모	1

2012 2013 2014 2015 2016 2017 2018 2019 2020 2021

09 ★★★★★ [8점]

부하에 전력용 콘덴서를 설치하고자 한다. 다음 조건을 참고하여 각 물음에 답하시오.

[조건]

P_1 부하는 역률이 60[%]이고, 유효전력은 180[kW], P_2 부하는 유효전력이 120[kW]이고, 무효전력이 160[kVar]이며, 전력손실은 40[kW]이다.

1. P_1과 P_2의 합성 용량은 몇 [kVA]인가?
2. P_1과 P_2의 합성 역률은 몇 $\cos\theta$인가?
3. 합성 역률을 90[%]로 개선하는 데 필요한 콘덴서 용량은 몇 [kVA]인가?
4. 역률 개선 시 전력손실은 몇 [kW]인가?

해답 **1** 계산 : 유효전력 $P = P_1 + P_2 = 180 + 120 = 300[kW]$

무효전력 $Q = Q_1 + Q_2 = P_1 \cdot \tan\theta + Q_2 = 180 \times \frac{0.8}{0.6} + 160 = 400[kVar]$

합성용량 $P_a = \sqrt{P^2 + Q^2} = \sqrt{300^2 + 400^2} = 500[kVA]$ 답 500[kVA]

2 계산 : $\cos\theta = \frac{P}{P_a} \times 100 = \frac{300}{500} \times 100 = 60[\%]$ 답 60[%]

3 계산 : $Q_c = P(\tan\theta_1 - \tan\theta_2)$

$$= (180 + 120)\left(\frac{0.8}{0.6} - \frac{\sqrt{1 - 0.9^2}}{0.9}\right) = 254.7[kVA]$$

답 254.7[kVA]

4 계산 : 전력손실 $P_L \propto \frac{1}{\cos^2\theta}$ 이므로

$$P_L' = \left(\frac{0.6}{0.9}\right)^2 P_L = \left(\frac{0.6}{0.9}\right)^2 \times 40 = 17.78[kW]$$ 답 17.78[kW]

10 ★★★★☆ [6점]

40[kVA], 3상 380[V], 60[Hz]용 전력용 콘덴서의 결선방식에 따른 용량을 [μF]으로 구하시오.

1 △결선인 경우 $C_1(\mu F)$

2 Y결선인 경우 $C_2(\mu F)$

해답 **1** 계산 : $Q_\triangle = 3WCV^2$

$$C_1 = \frac{Q}{3 \times 2\pi f V^2} = \frac{40 \times 10^3}{3 \times 2 \times 3.14 \times 60 \times 380^2} \times 10^6 = 245.053[\mu F]$$

답 245.05[μF]

2 계산 : $Q_Y = WCV^2$

$$C_2 = \frac{Q}{2\pi f V^2} = \frac{40 \times 10^3}{2 \times 3.14 \times 60 \times 380^2} \times 10^6 = 735.16[\mu F]$$

답 735.16[μF]

TIP

① △결선 $Q_\Delta = 3WCE^2 = 3WCV^2$ $C = \frac{Q_\Delta}{3WV^2}$

② Y결선 $Q_Y = 3WCE^2 = 3WC(\frac{V}{\sqrt{3}})^2 = WCV^2$ $C = \frac{Q_Y}{WV^2}$

여기서, E : 상전압 V : 선간전압 W : 2πf C : 정전용량 Q : 충전용량(콘덴서용량)

11 ★★★★☆

[6점]

다음 논리회로를 보고 물음에 답하시오.

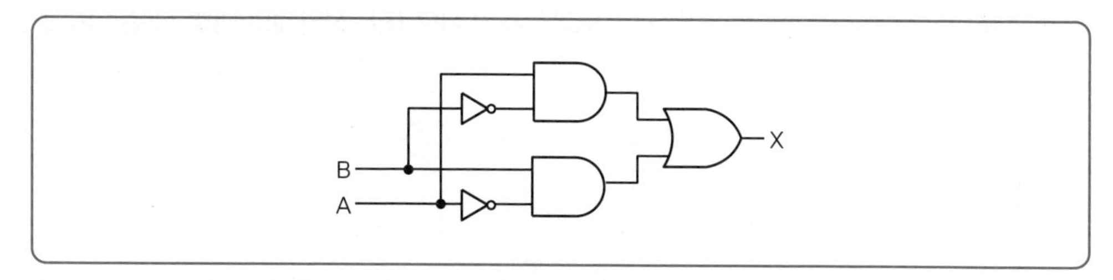

1 유접점 회로의 미완성된 부분을 완성하여 그리시오.

2 타임차트를 완성하시오.

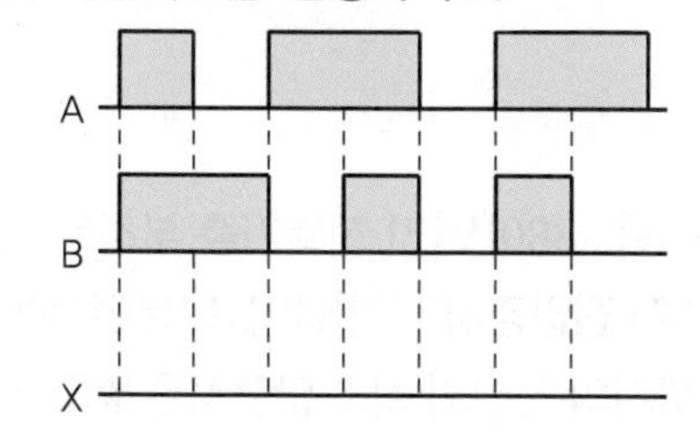

 **1**

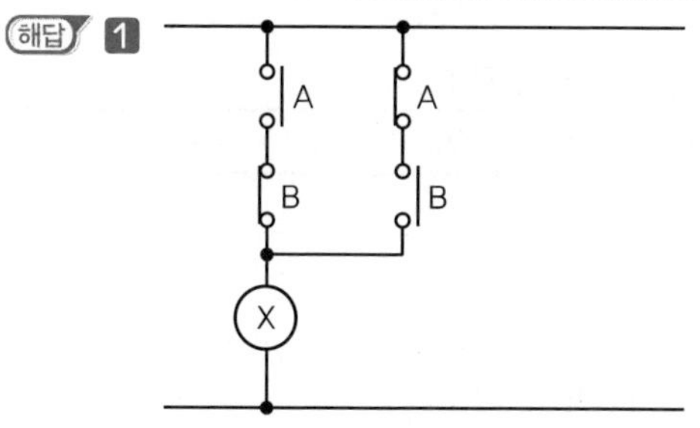

2

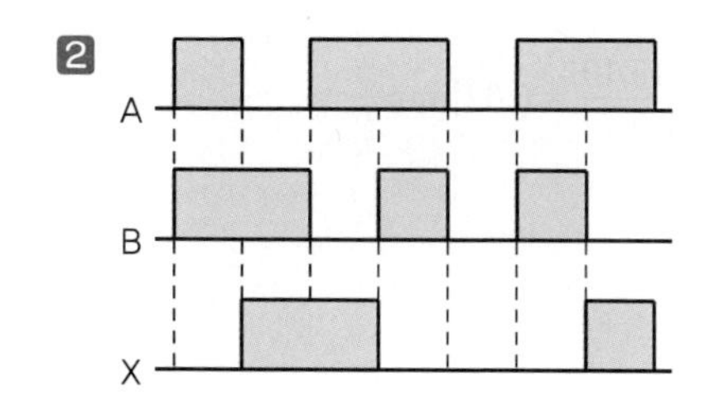

12 ★★★★★

[4점]

그림과 같은 회로에서 단자전압이 V_0일 때 전압계의 눈금 V로 측정하기 위해서는 배율기의 저항 R_m은 얼마로 하여야 하는지 유도과정을 쓰시오.(단, 전압계의 내부 저항은 R_0로 한다.)

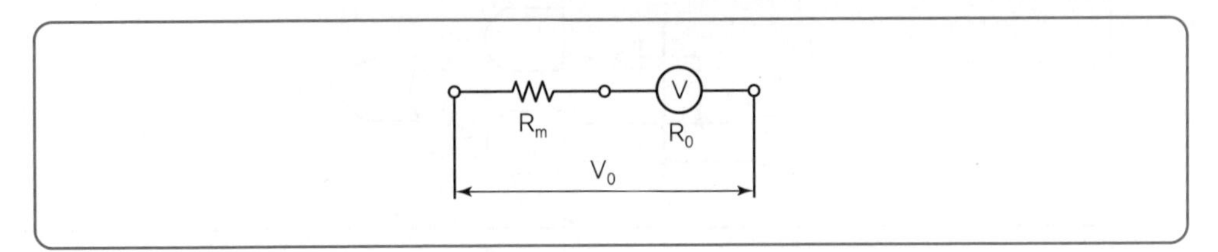

해답 전압계 전압 $V=\frac{R_0}{R_m+R_0}V_0$이므로

배율 $m=\frac{V_0}{V}=\frac{R_m+R_0}{R_0}=\frac{R_m}{R_0}+1$

$\therefore \frac{R_m}{R_0}=\frac{V_0}{V}-1$

$\therefore R_m=\left(\frac{V_0}{V}-1\right)\cdot R_0$

13 ★★★★☆

[5점]

어느 수용가의 3상 3선식 저압전로에 3상, 10[kW], 380[V]인 전열기를 부하로 사용하고 있다. 이때 수용가 설비의 인입구로부터 분전반까지 전압강하가 3[%]이고, 분전반에서 전열기까지 거리가 10[m]인 경우 분전반에서 전열기까지의 전선의 최소 단면적은 몇 [mm²]인지 선정하시오.

| 전선규격[mm²] |

2.5	4	6	10	16	25	35	50	70	95	120	150

해답
- 부하전류 $I=\frac{P}{\sqrt{3}V}=\frac{10\times10^3}{\sqrt{3}\times380}=15.19[A]$
- 분전반에서 전열기까지의 전압강하=5[%]−3[%]=2[%]

  전압강하 $e=380\times0.02=7.6[V]$

  $\therefore$ 단면적 $A=\frac{30.8LI}{1,000e}=\frac{30.8\times10\times15.19}{1,000\times7.6}=0.62[mm^2]$

  공칭단면적 2.5[mm²] 선정

답 2.5[mm²]

TIP

1 KEC 규정에 따른 수용가 설비에서의 전압강하

다른 조건을 고려하지 않는다면 수용가 설비의 인입구로부터 기기까지의 전압강하는 아래 표의 값 이하이어야 한다.

설비의 유형	조명[%]	기타[%]
A : 저압으로 수전하는 경우	3	5
B : 고압 이상으로 수전하는 경우*	6	8

* 가능한 한 최종회로 내의 전압강하가 A형의 값을 넘지 않도록 하는 것이 바람직하다. 사용자의 배선설비가 100[m]를 넘는 부분의 전압강하는 미터당 0.005[%] 증가할 수 있으나 이러한 증가분은 0.5[%]를 넘지 않아야 한다.

2 분전반까지의 전압강하를 주고 분전반에서 전열기까지의 전선 단면적을 계산하는 문제이므로 전압강하를 적용할 때 주의가 필요하다.

저압수전 시 조명부하를 제외한 경우 인입구로부터 기기까지의 전압강하는 5[%] 이하가 되어야 하고 분전반까지가 3[%]이므로 분전반에서 전열기까지는 전압강하가 2[%]이다.

14 ★★★☆☆ [8점]

그림은 3ϕ4W Line에 WHM를 접속하여 전력량을 적산시키기 위한 결선도이다. 다음 물음을 보고 주어진 답안지에 계산식과 답을 쓰시오.

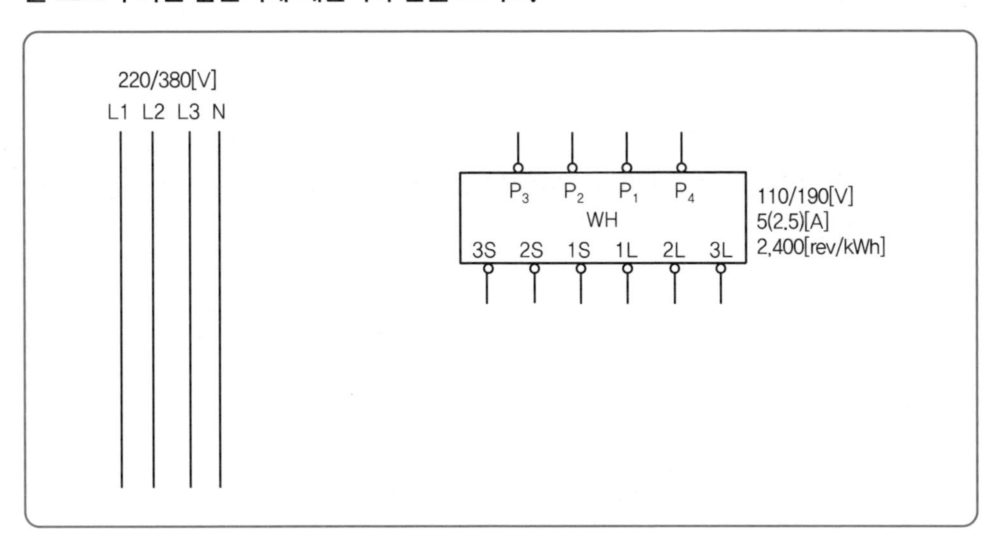

1 WHM가 정상적으로 적산이 가능하도록 변성기를 추가하여 결선도를 완성하시오.

2 다음이 의미하는 것을 쓰시오.

① 5[A]

② 2.5[A]

3 PT비는 220/110, CT비는 300/5라 한다. 전력량계의 승률은 얼마인가?

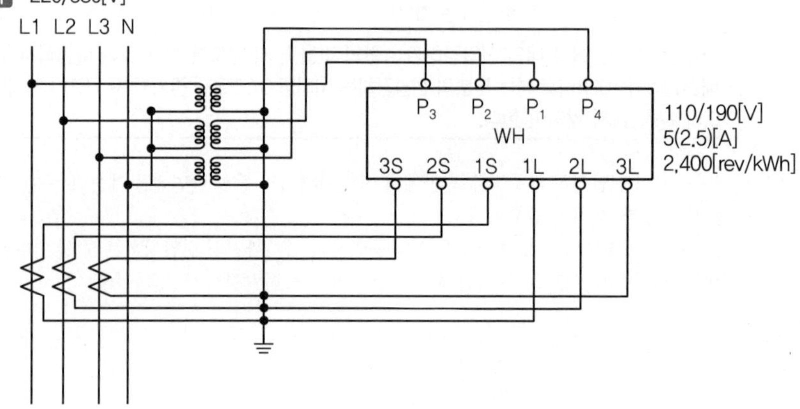

2 ① 5[A] : 정격전류 5[A]는 최대전류를 적용한다.

② 2.5[A] : 기준전류로 정상적인 동작 및 시험에 따른 전류를 의미한다.

3 계산 : 승률=CT비×PT비 $=\dfrac{300}{5}\times\dfrac{220}{110}=120$

답 120

15 ★☆☆☆☆ [5점]

WHM의 계기 정수는 2,400[rev/kWh]이고 소비전력이 500[W]이다. 전력량계 원판의 1분간 회전수는?

해답 계산 : 회전수=계기정수×전력=2,400×$\dfrac{0.5}{60}$=20[rpm]

답 20[rpm]

TIP

$P=\dfrac{3,600\eta}{TK}$ $\eta=\dfrac{60\times 2,400\times 0.5}{3,600}=20$

16 ★★☆☆☆ **[5점]**

대지 고유저항률 500[Ω · m], 직경 20[mm], 길이 1,800[mm]인 봉형 접지전극을 설치하였다. 접지저항(대지저항) 값은 얼마인가?

해답 계산 : $\rho = \dfrac{2\pi l R}{\ln \dfrac{2l}{a}}$

$$R = \frac{\rho}{2\pi l}\ln\frac{2l}{a} = \frac{500}{2\pi \times 1.8}\ln\frac{2\times 1.8}{\dfrac{20\times 10^{-3}}{2}} = 260.342$$

여기서, ρ : 고유저항률, l : 길이(접지봉), a : 반지름

답 260.34[Ω]

17 ★☆☆☆☆ **[5점]**

송전전압 66[kV]의 3상 3선식 송전선에서 1선 지락사고로 영상전류 50[A]가 흐를 때 통신선에 유기되는 전자유도전압[V]을 구하시오.(단, 상호인덕턴스는 0.06[mH/km], 병행거리는 50[km], 주파수는 60[Hz]이다.)

해답 계산 : $E_s = \omega Ml(3I_o) = 2\pi \times 60 \times 0.06 \times 10^{-3} \times 50 \times 3 \times 50 = 169.646$[V]

답 169.65[V]

TIP

$E_s = -j\omega Ml(I_a + I_b + I_c) = -j\omega Ml(3I_0)$ $\quad \because I_o = \dfrac{1}{3}(I_a + I_b + I_c)$

2012 2013 2014 2015 2016 2017 2018 2019 2020 2021

전기산업기사

2021년도 3회 시험

과년도 기출문제

회독 체크	□1회독	월 일	□2회독	월 일	□3회독	월 일

01 ★★★★☆ [11점]

그림은 22.9[kV] 특별고압 수전설비의 단선도이다. 이 도면을 보고 다음 각 물음에 답하시오.

1 도면에 표시되어 있는 다음 약호의 명칭을 우리말로 쓰시오.

① ASS : ② LA :

③ VCB : ④ DM :

2 TR_1 쪽의 부하 용량의 합이 300[kW]이고, 역률 및 효율이 각각 0.8, 수용률이 0.6이라면 TR_1 변압기의 용량은 몇 [kVA]가 적당한지를 계산하고 규격용량으로 답하시오.

3 Ⓐ에는 어떤 종류의 케이블이 사용되는가?

4 Ⓑ의 명칭은 무엇인가?

5 변압기의 결선도를 복선도로 그리시오.

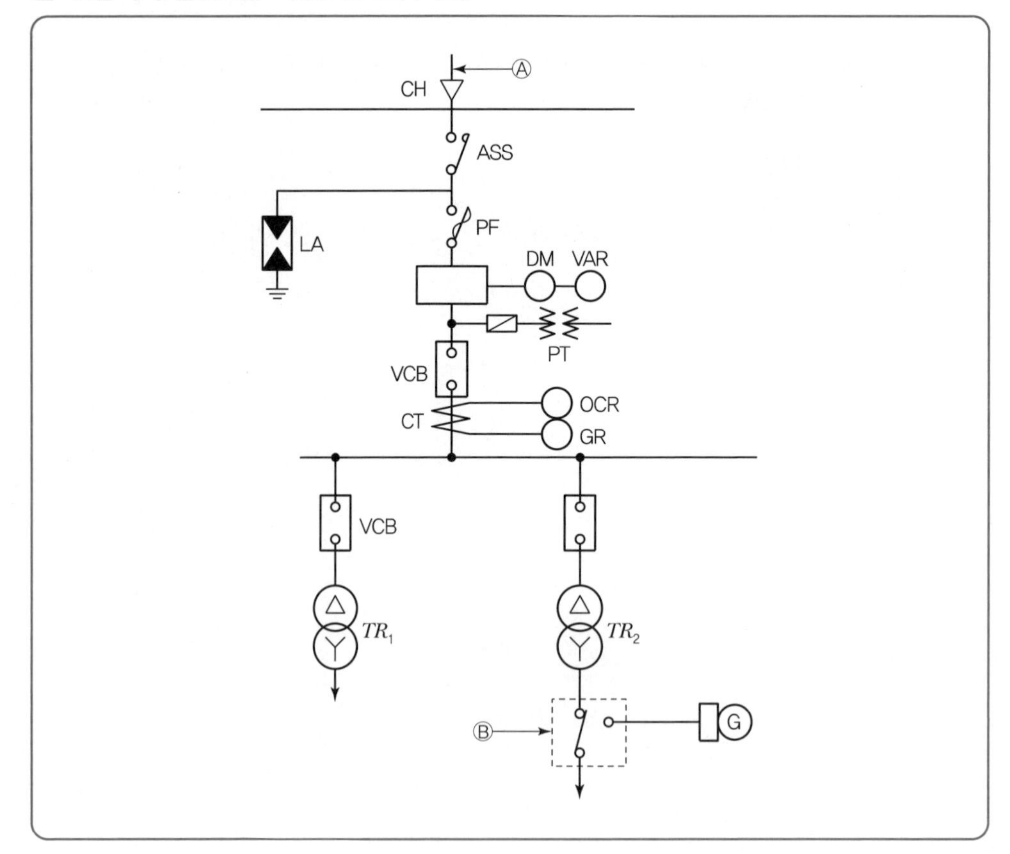

해답 **1** ① ASS : 자동고장 구분개폐기 ② LA : 피뢰기
③ VCB : 진공 차단기 ④ DM : 최대 수요전력량계

2 계산 : $TR_1 = \frac{\text{설비용량} \times \text{수용률}}{\text{효율} \times \text{역률}} = \frac{300 \times 0.6}{0.8 \times 0.8} = 281.25[\text{kVA}]$

답 300[kVA] 선정

3 CNCV−W 케이블(수밀형)

4 자동절체개폐기(ATS)

5

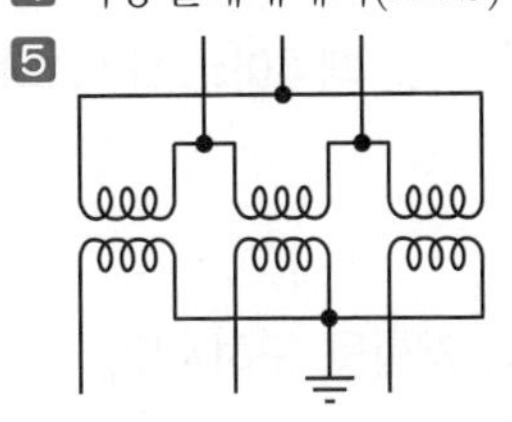

TIP

$\text{변압기 용량[kVA]} = \frac{\text{설비용량[kVA]} \times \text{수용률}}{\text{효율}} = \frac{\text{설비용량[kW]} \times \text{수용률}}{\text{효율} \times \text{역률}}$

02 ★★★★★ [5점]

도로의 폭이 25[m]인 곳에 양쪽으로 30[m] 간격으로 지그재그식으로 등주를 배치하여 도로 위의 평균조도를 5[lx]가 되도록 하려면 각 등주에 사용되는 수은등은 몇 [W]의 것을 사용하면 되는지를 주어진 표를 참조하여 답하시오.(단, 노면의 광속이용률은 30[%], 유지율은 75[%]로 한다.)

| 수은등의 광속 |

용량[W]	전광속[lm]
100	3,200~3,500
200	7,700~8,500
300	10,000~11,000
400	13,000~14,000
500	18,000~20,000

해답 계산 : $F = \frac{EAD}{U} = \frac{5 \times \frac{25}{2} \times 30 \times \frac{1}{0.75}}{0.3} = 8,333.33[\text{lm}]$

답 표에서 광속이 7,700~8,500[lm]인 200[W] 선정

TIP

① 지그재그조명(양쪽 조명) $A = \frac{a \times b}{2}$ 여기서, a : 간격, b : 폭

② 중앙조명, 편측조명 $A = a \times b$

03 ★★★★★

[5점]

가동 코일형의 전압계가 있다. 여기에 45[mV]의 전압을 가할 때 30[mA]가 흐를 경우 다음 물음에 답하시오.

1 전압계의 내부저항을 구하시오.

2 이것을 100[V]의 전압계로 만들려고 할 때 배율기의 저항을 구하시오.

해답 1 계산 : $r_a = \frac{V}{I} = \frac{45 \times 10^{-3}}{30 \times 10^{-3}} = 1.5[\Omega]$ 답 1.5[Ω]

2 계산 : $m = \frac{V}{V_a} = \frac{R_s}{r_a} + 1$

$$R_s = r_a\left(\frac{V}{V_a} - 1\right) = 1.5\left(\frac{100}{45 \times 10^{-3}} - 1\right) = 3{,}331.83[\Omega]$$

답 3,331.83[Ω]

04 ★★★★★

[5점]

다음 그림과 같은 교류 100[V] 단상 2선식 분기 회로에서 전력선의 부하 중심점 거리[m]를 구하시오.

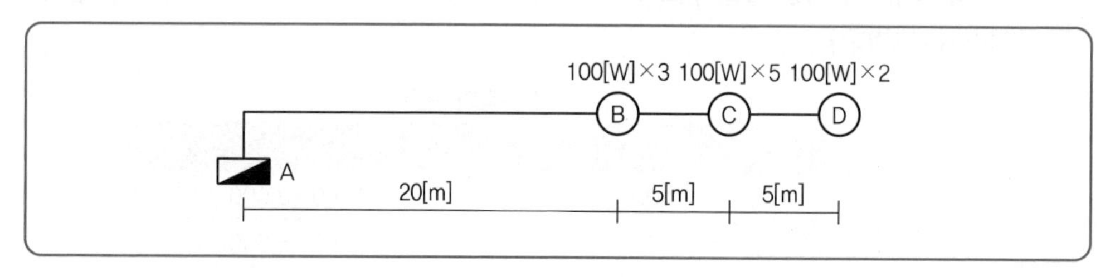

해답 계산 : $I = \frac{100 \times 3}{100} + \frac{100 \times 5}{100} + \frac{100 \times 2}{100} = 10[A]$

$$L = \frac{3 \times 20 + 5 \times 25 + 2 \times 30}{10} = 24.5[m]$$

답 24.5[m]

TIP

불균일한 경우 배선 설계의 길이 : $L = \frac{\sum(\text{각 부하전류} \times \text{배전반으로부터 각 부하까지 거리})}{\sum \text{각 부하전류}}$

2012 2013 2014 2015 2016 2017 2018 2019 2020 2021

05 ★★★☆☆

[5점]

3상 3선식 배전선로의 저항이 2.5[Ω], 리액턴스가 5[Ω]이고, 수전단의 선간 전압은 3[kV], 전압 강하율을 10[%]라 하면 최대 3상 전력[kW]을 구하시오.(단, 부하역률은 0.8(지상)이다.)

해답 계산 : 전압강하율 $\delta = \dfrac{P}{V_R^2}(R + X\tan\theta) \times 100[\%]$

$$P = \frac{\delta V_R^2}{R + X\tan\theta} \times 10^{-3}[kW]$$

$$\therefore\ P = \frac{0.1 \times (3 \times 10^3)^2}{2.5 + 5 \times \dfrac{0.6}{0.8}} \times 10^{-3} = 144[kW]$$

답 144[kW]

06 ★☆☆☆☆

[5점]

선간전압 22.9[kV], 주파수 60[Hz], 작용 정전용량 0.03[μF/km], 유전체 역률 0.003의 경우 유전체 손실[W/km]을 구하시오.

해답 계산 : $P = 2\pi f C V^2 \tan\delta = 2\pi \times 60 \times 0.03 \times 10^{-6} \times 22{,}900^2 \times 0.003 = 17.79[W/km]$

답 17.79[W/km]

07 ★★★☆☆

[5점]

특고압용 변압기의 내부고장 검출방법을 3가지만 쓰시오.

해답 ① 비율차동계전기를 이용하는 방식

② 부흐홀쯔계전기를 이용하는 방식

③ 충격압력계전기를 이용하는 방식

그 외

④ 온도계전기를 이용하는 방식

08 ★★★☆☆

[6점]

다음 조건에 따른 차단기에 대한 물음에 답하시오.(단, 역률, 효율은 고려하지 않는다.)

[조건]

- 용량 : 30[kW]
- 전압 및 부하의 종류 : 3상 380[V] 전동기
- 과전류 차단기 동작시간 10초의 차단배율 : 5배
- 전동기 기동전류 : 8배
- 전동기 기동방식 : 직입기동

과전류 차단기의 정격전류[A]												
20	32	40	50	63	80	100	125	150	200	225	300	400

1 부하의 정격전류를 구하시오.

2 과전류 차단기의 정격전류를 선정하시오.

해답 1 계산 : $I = \frac{P}{\sqrt{3}V} = \frac{30 \times 10^3}{\sqrt{3} \times 380} = 45.58[A]$

답 45.58[A]

2 계산

① 최대 기동전류에 트립되지 않는 과전류 차단기 정격

전동기의 기동전류는 $I_m = 45.58 \times 8 = 364.64[A]$

$I_n = \frac{I_m}{b} = \frac{364.64}{5} = 72.928[A]$

∴ 80[A] 선정

② 전동기 기동돌입전류로 트립되지 않는 과전류 차단기 정격

기동돌입전류는 기동전류의 1.5배를 적용하면 $I_o = 364.64 \times 1.5 = 546.96[A]$

과전류 차단기 80[A] 선정 시 차단기의 순시차단배율은 225[A] 이하의 경우 8배를 적용하면

$I_t = 800 \times 8 = 640[A]$

∴ $I_n > I_m \times 1.5 \times \frac{1}{8}$을 만족해야 한다.

∴ ①과 ②의 조건을 만족하는 80[A] 선정

답 80[A]

09 ★☆☆☆☆ [6점]

피뢰시스템의 수뢰부시스템에 대하여 다음 물음에 답하시오.

※ KEC 규정에 따라 변경

1 수뢰부시스템의 구성요소 3가지를 쓰시오.

2 피뢰시스템의 배치방법 3가지를 쓰시오.

해답 1 돌침, 수평도체, 그물망도체

2 보호각법, 회전구체법, 그물망법

10 ★★★★★ [5점]

거리계전기의 설치점에서 고장점까지의 임피던스를 70[Ω]이라고 하면 계전기 측에서 본 임피던스는 몇 [Ω]인가?(단, PT의 비는 154,000/110[V], CT의 변류비는 500/5[A]이다.)

해답 계산 : $Z_{Rs} = Z_1 \times \frac{CT비}{PT비} = 70 \times \frac{500}{5} \times \frac{110}{154,000} = 5[\Omega]$

답 5[Ω]

TIP

$$Z_{Rs} = \frac{V_2}{I_2} = \frac{V_1 \times \frac{1}{PT비}}{I_1 \times \frac{1}{CT비}} = \frac{V_2}{I_2} \times \frac{CT비}{PT비} = Z_1 \times \frac{CT비}{PT비}$$

11 ★★★★★ [6점]

제5고조파 전류의 확대 방지 및 스위치 투입 시 돌입전류 억제를 목적으로 3상 전력용 콘덴서에 직렬 리액터를 설치하고자 한다. 3상 전력용 콘덴서의 용량이 500[kVA]라고 할 때 다음 각 물음에 답하시오.

1. 이론상 필요한 직렬 리액터의 용량은 몇 [kVA]인가?
2. 실제적으로 설치하는 진상 콘덴서용 직렬 리액터의 용량 및 사유를 쓰시오.
   - 리액터의 용량
   - 사유

해답 1. 계산 : $500 \times 0.04 = 20[kVA]$ 답 $20[kVA]$

2. • 리액터의 용량 : $500 \times 0.06 = 30[kVA]$
   • 사유 : 주파수 변동 등을 고려하여 6[%]를 선정한다.

TIP

➤ 직렬 리액터 용량
① 이론상 : 4[%] ② 실제상 : 6[%]

12 ★★☆☆☆ [4점]

방의 가로 6[m], 세로 8[m], 높이 4.1[m]에 천장직부형으로 형광등을 시설하려고 한다. 작업면의 높이가 0.8[m]인 경우 등과 벽 사이 이격거리[m]를 구하시오.

1. 벽면을 이용하지 않는 경우
2. 벽면을 이용하는 경우

해답 1. 계산 : $S_0 = \frac{1}{2}H = \frac{1}{2} \times 3.3 = 1.65[m]$
$H = 4.1 - 0.8 = 3.3[m]$ 답 $1.65[m]$

2. 계산 : $S_0 = \frac{1}{3}H = \frac{1}{3} \times 3.3 = 1.099[m]$ 답 $1.1[m]$

13 ★★★☆☆ [8점]

송전계통의 변압기 중성점 접지에 대한 다음 물음에 답하시오.

1 중성점 접지방식을 4가지만 쓰시오.

2 우리나라의 154[kV], 345[kV] 송전계통에 적용되는 중성점 접지방식을 쓰시오.

3 유효접지는 1선지락 사고 시 건전상 전위상승이 상규 대지전압의 몇 배를 넘지 않도록 접지 임피던스를 조절하여야 하는지 쓰시오.

해답 1 비접지방식, 저항 접지방식, 소호리액터 접지방식, 직접 접지방식

2 직접 접지(유효 접지)

3 1.3배

TIP

➤ 중성점 접지방식의 비교

구분	비접지	직접접지	고저항접지	소호리액터접지
1선지락 고장 시 건전상의 대지전압 (상전압의 배수)	$\sqrt{3}$ 배	1.3배 이하	$\sqrt{3}$ 배 이상	$\sqrt{3}$ 배 이상
피뢰기	1.4E	1.04~1.06E	1.4E	1.4E
기기절연 수준	최고	최저 단절연이 가능	비접지보다 약간 낮은 수준	고저항 접지와 비슷
다중고장에의 확대가능성	길이가 길수록 가능성이 큼	거의 없음	비접지보다 가능성이 적음	고저항 접지와 비슷
1선지락전류의 크기	소	최대	100~150[A]	최소
보호계전기동작	지락계전기의 적용이 곤란	확실, 신속, 신뢰도 최대	소세력 지락계전기	선택지락계전기 적용이 곤란
전자유도장해	적음	큼 (고속차단에 의해 고장시간을 단축)	적음	적음
1선지락 시 과도안정도	큼	최소 (고속도 재폐로에 의해 개선)	중	최대
접지장치 가격	적음	최소	저항기 값이 큼	리액터 값이 큼
지락사고의 제거	곤란	용이	비교적 용이	자연소호
국내 상황	3.3, 6.6, 22[kV]	154, 345[kV]	배전선로가 긴 공장의 수변전설비	66[kV]

14 ★★★★★ [6점]

누름버튼 스위치 PB_1, PB_2, PB_3에 의하여 직접 제어되는 계전기 X_1, X_2, X_3가 있다. 이 계전기 3개가 모두 소자(복귀)되어 있을 때만 출력램프 L_1이 점등되고, 그 이외에는 출력램프 L_2가 점등되도록 계전기를 사용한 시퀀스 제어회로를 설계하려고 한다. 이때 다음 각 물음에 답하시오.

1 본문 요구조건과 같은 진리표를 작성하시오.

입력			출력	
X_1	X_2	X_3	L_1	L_2
0	0	0		
0	0	1		
0	1	0		
0	1	1		
1	0	0		
1	0	1		
1	1	0		
1	1	1		

2 최소 접점수를 갖는 논리식을 쓰시오.

- L_1
- L_2

3 논리식에 대응되는 계전기 시퀀스 제어회로(유접점 회로)를 그리시오.

해답 1

입력			출력	
X_1	X_2	X_3	L_1	L_2
0	0	0	1	0
0	0	1	0	1
0	1	0	0	1
0	1	1	0	1
1	0	0	0	1
1	0	1	0	1
1	1	0	0	1
1	1	1	0	1

2 $L_1 = \overline{X_1} \cdot \overline{X_2} \cdot \overline{X_3}$

$$L_2 = \overline{X_1} \cdot \overline{X_2} \cdot X_3 + \overline{X_1} \cdot X_2 \cdot \overline{X_3} + \overline{X_1} \cdot X_2 \cdot X_3 + X_1 \cdot \overline{X_2} \cdot \overline{X_3} + X_1 \cdot \overline{X_2} \cdot X_3 + X_1 \cdot X_2 \cdot \overline{X_3} + X_1 \cdot X_2 \cdot X_3$$

$$= X_1 + X_2 + X_3$$

3

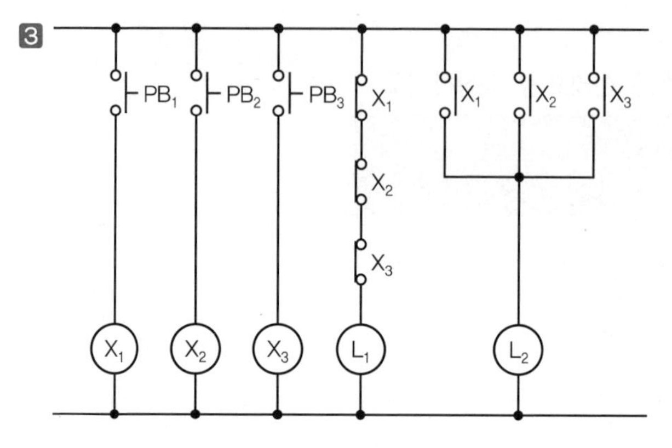

15 ★★★★★

[5점]

10[m] 높이에 있는 수조에 초당 1[m³]의 물을 양수하는데 펌프용 전동기에 3상 전력을 공급하기 위해서 단상 변압기 2대를 V결선하였다. 펌프 효율이 70[%]이고, 펌프 축동력에 25[%] 여유를 두는 경우 펌프용 전동기의 용량[kW]을 구하시오.(단, 펌프용 3상 농형 유도전동기의 역률을 100[%]로 한다.)

해답 계산 : $P = \dfrac{9.8QHK}{\eta}$[kW]에서

$$P = \frac{9.8 \times 1 \times 10 \times 1.25}{0.7} = 175\,[\text{kW}]$$

답 175[kW]

TIP

$P = \dfrac{9.8QH}{\eta}K$ 　　 여기서, $Q[\text{m}^3/\text{s}]$: 유량(초당)

$H[\text{m}]$: 낙차(양정)

16 ★★★★★ [4점]

그림과 같은 논리회로의 출력을 가장 간단한 식으로 표현하시오.

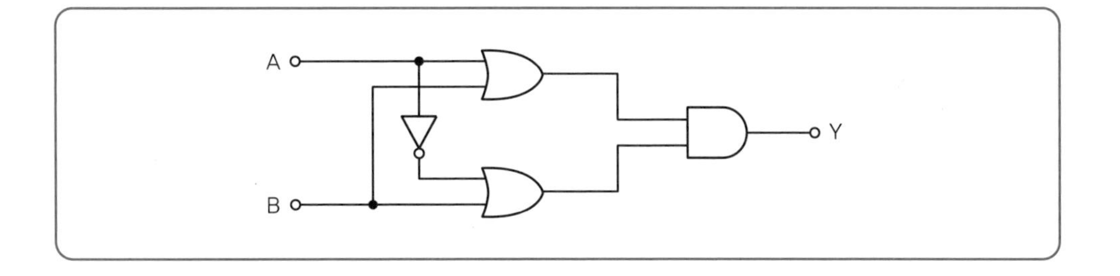

해답 $Y=(A+B)(\overline{A}+B)=A\overline{A}+\overline{A}B+AB+BB$
$=\overline{A}B+AB+B=B(\overline{A}+A+1)=B$

17 ★★★★★ [5점]

단상 2선식 220[V]의 저압배전에서 소비전력 40[W], 역률 80[%]의 형광등을 180[등] 설치할 때 이 시설을 16[A]의 분기회로로 하려고 한다. 이때 필요한 분기회로는 최소 몇 회선이 필요한가?(단, 한 회로의 부하전류는 분기회로 용량의 80[%]로 한다.)

해답 계산 : 분기회로수 $N=\dfrac{\text{부하용량}}{\text{정격전압}\times\text{분기회로전류}}=\dfrac{\dfrac{40}{0.8}\times 180}{220\times 16\times 0.8}=3.2$[회로]

답 16[A] 4분기회로

18 ★★★★☆ [4점]

한국전기설비 규정에 따라 수용가 설비에서의 전압 강하는 다음 표에 따라야 한다. 다음 (　)에 알맞은 내용을 답란에 쓰시오.

설비의 유형	조명[%]	기타[%]
A-저압으로 수전하는 경우	(①)	(②)
B-고압 이상으로 수전하는 경우[a]	(③)	(④)

a : 가능한 한 최종회로 내의 전압강하가 A 유형의 값을 넘지 않도록 하는 것이 바람직하다. 사용자의 배선설비가 100[m]를 넘는 부분의 전압강하는 미터당 0.005[%] 증가할 수 있으나 이러한 증가분은 0.5[%]를 넘지 않아야 한다.

해답

①	②	③	④
3	5	6	8

memo

INDUSTRIAL ENGINEER ELECTRICITY

2022년 과년도 문제풀이

과년도 기출문제

회독 체크	□1회독	월 일	□2회독	월 일	□3회독	월 일

01 ★★★★☆ [5점]

500[kVA] 단상변압기 3대를 3상 △-△결선으로 사용하고 있었는데 부하 증가로 500[kVA] 예비 변압기 1대를 추가하여 공급한다면 몇 [kVA]로 공급할 수 있는가?

해답 계산 : 동일 변압기가 4대이므로 V-V 2뱅크 운전이 된다.

$P_v = 2\sqrt{3}P = 2\sqrt{3} \times 500 = 1{,}732.05$[kVA]

답 1,732.05[kVA]

02 ★★★★★ [6점]

평형 3상 회로에 그림과 같은 유도 전동기가 있다. 이 회로에 2개의 전력계와 전압계 및 전류계를 접속하였더니 그 지시값은 $W_1 = 6.24$[kW], $W_2 = 3.77$[kW], 전압계의 지시는 200[V], 전류계의 지시는 34[A]이었다. 이때 다음 각 물음에 답하시오.

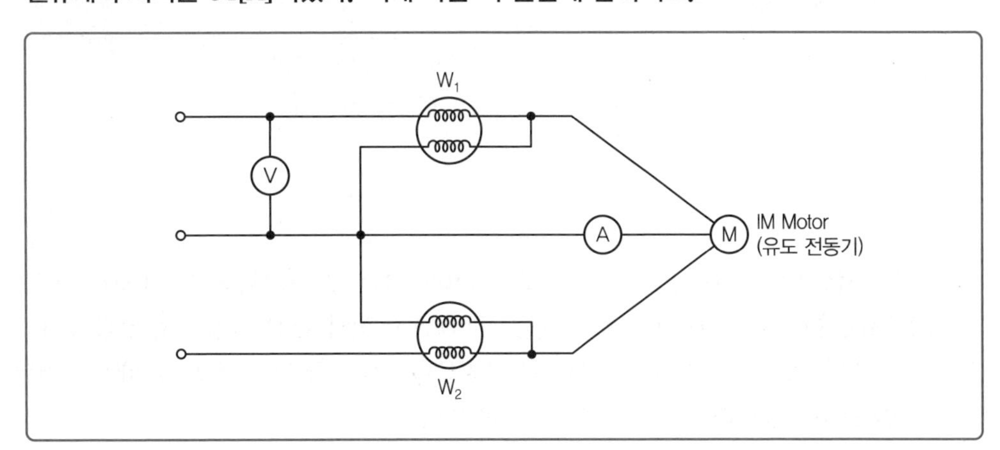

1 부하에 소비되는 전력을 구하시오.
2 부하의 피상전력을 구하시오.
3 이 유도 전동기의 역률은 몇 [%]인가?

해답 1 계산 : $P = W_1 + W_2 = 6.24 + 3.77 = 10.01$[kW] 답 10.01[kW]

2 계산 : $P_a = \sqrt{3}VI = \sqrt{3} \times 200 \times 34 \times 10^{-3} = 11.777$[kVA] 답 11.78[kVA]

3 계산 : $\cos\theta = \frac{P}{P_a} \times 100 = \frac{10.01}{11.78} \times 100 = 84.974$[%] 답 84.97[%]

TIP

2전력계법은 2개의 단상전력계로 3상전력을 측정하는 방법으로 각각의 전력 및 역률은 다음과 같다.

① 유효전력 : $P = W_1 + W_2[W]$

② 무효전력 : $P_r = \sqrt{3}(W_1 - W_2)[Var]$

③ 피상전력 : $P_a = 2\sqrt{W_1^2 + W_2^2 - W_1 W_2}\,[VA]$

④ 역률 : $\cos\theta = \dfrac{W_1 + W_2}{2\sqrt{W_1^2 + W_2^2 - W_1 W_2}}$

03 ★★★☆☆ [5점]

다음 저항을 측정하는 데 가장 적당한 계측기 또는 적당한 방법은?

1 변압기의 절연저항
2 검류계의 내부저항
3 전해액의 저항
4 배전선의 전류
5 접지극의 접지저항

해답
1 절연저항계(Megger)
2 휘트스톤 브리지
3 콜라우시 브리지
4 후크온 미터
5 접지저항계

04 ★★★★☆ [5점]

프로그램의 차례대로 PLC 시퀀스(래더 다이어그램)를 그리시오.(단, 여기서 시작 입력 LOAD, 출력 OUT, 타이머 TMR, 설정시간 DATA, 직렬 AND, 병렬 OR, 부정 NOT의 명령을 사용하며, P010~P012는 전자접촉기 MC를 각각 나타내며, P001과 P002는 버튼 스위치를 표시한 것이다. "┿ ┼"의 구분을 한다.)

1

	명령	번지
생략	LOAD	P001
	OR	M001
	LOAD NOT	P002
	OR	M000
	AND LOAD	–
	OUT	P017

2

	명령	번지
생략	LOAD	P001
	AND	M001
	LOAD NOT	P002
	AND	M000
	OR LOAD	–
	OUT	P017

해답 1

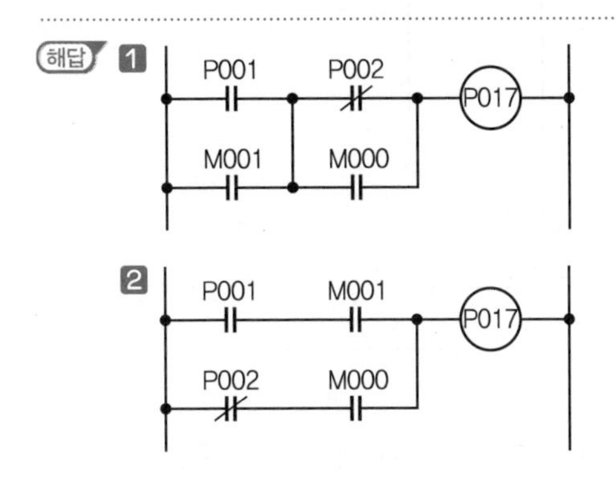

05 ★★★☆☆ [5점]

150[kVA], 22.9[kV]/380−220[V], %저항 3[%], %리액턴스 4[%]인 정격전압에서 단락전류는 정격전류의 몇 배인가?(단, 전원 측의 임피던스는 무시한다.)

해답 계산 : $\%Z = \sqrt{3^2 + 4^2} = 5[\%]$

$I_s = \dfrac{100}{\%Z} \times I_n$ 이므로, $I_s = \dfrac{100}{5} \times I_n = 20I_n$

답 20배

06 ★★☆☆☆ [5점]

3상 송전선의 각 선의 전류가 $I_a = 220 + j50$, $I_b = -150 - j300$, $I_c = -50 + j150$일 때 이것과 병행으로 가설된 통신선에 유기되는 전자유도 전압의 크기는 약 몇 [V]인가?(단, 송전선과 통신선 사이의 상호 임피던스는 15[Ω]이다.)

해답 계산 : $I_a + I_b + I_c = 220 + j50 - 150 - j300 - 50 + j150 = 20 - j100[A]$

$|I_a + I_b + I_c| = \sqrt{20^2 + 100^2}[A]$

$\therefore E_m = j\omega M\ell \times (I_a + I_b + I_c) = 15 \times \sqrt{20^2 + 100^2} = 1{,}529.705[V]$

답 1,529.71[V]

07 ★★★★☆

[6점]

접지저항을 측정하기 위하여 보조접지극 A, B와 접지극 E 상호 간에 접지저항을 측정한 결과 그림과 같은 저항값을 얻었다. E의 접지저항은 몇 [Ω]인지 구하시오.

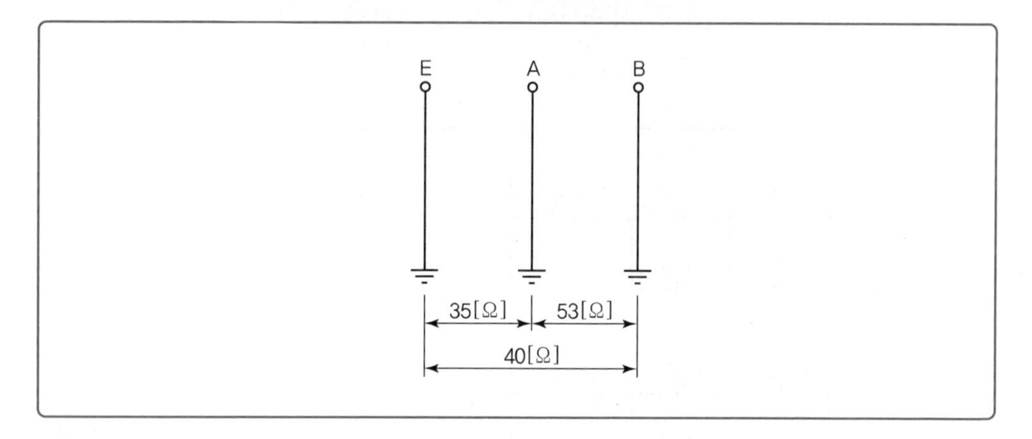

해답 계산 : $R_E = \frac{1}{2}(R_{EA} + R_{EB} - R_{AB}) = \frac{1}{2}(40 + 35 - 53) = 11[\Omega]$ 답 11[Ω]

08 ★★★★☆

[5점]

고압 수전설비의 부하 전류가 40[A]일 때 변류기(CT) 60/5[A]의 2차 측에 과전류 계전기를 시설하여 120[%]의 과부하에서 부하를 차단시키고자 한다. 과전류 계전기의 탭 설정값을 구하시오.

해답 계산 : $I_{tap} = I_1 \times \frac{1}{\text{CT비}} \times 1.2 = 40 \times \frac{5}{60} \times 1.2 = 4[A]$ ∴ 4[A] 선정 답 4[A]

TIP

과전류 계전기의 과부하 배수는 1.25~1.5배를 주지만 문제 조건에 따라 다르다.

09 ★☆☆☆☆

[5점]

책임 설계감리원이 설계감리의 기성 및 준공을 처리한 때에는 어떠한 준공서류를 구비하여 발주자에게 제출하여야 하는지 쓰시오.(단, 설계감리업무 수행지침에 따른다.)

해답 ① 설계감리일지 ② 설계감리지시부
③ 설계감리기록부 ④ 설계감리요청서
⑤ 설계자와 협의사항 기록부

10 ★★☆☆☆ [4점]

교류 차단기에서 52T, 52C의 각 명칭을 쓰시오.

해답
- 52T : 차단기 트립코일
- 52C : 차단기 투입코일

TIP

C : close(투입) T : Trip(트립)

11 ★★★★☆ [5점]

연축전지 용량이 100[Ah]이고 직류 상시 최대 부하전류가 80[A]인 경우 부동충전방식에 의한 충전기 2차 전류는 몇 [A]인가?

해답 계산 : $\text{충전기 2차 전류[A]} = \dfrac{\text{축전지 용량[Ah]}}{\text{정격방전율[h]}} + \dfrac{\text{상시 부하용량[VA]}}{\text{표준전압[V]}}$

$\therefore\ I = \dfrac{100}{10} + 80 = 90[A]$

답 90[A]

12 ★★★☆☆ [5점]

다음 그림과 같은 점광원으로부터 원추 밑면까지의 거리가 8[m]이고, 밑면의 지름이 12[m]인 원형 면을 광속이 1,570[lm] 통과하고 있을 때 이 점광원의 평균 광도[cd]는?(단, π는 3.14로 계산할 것)

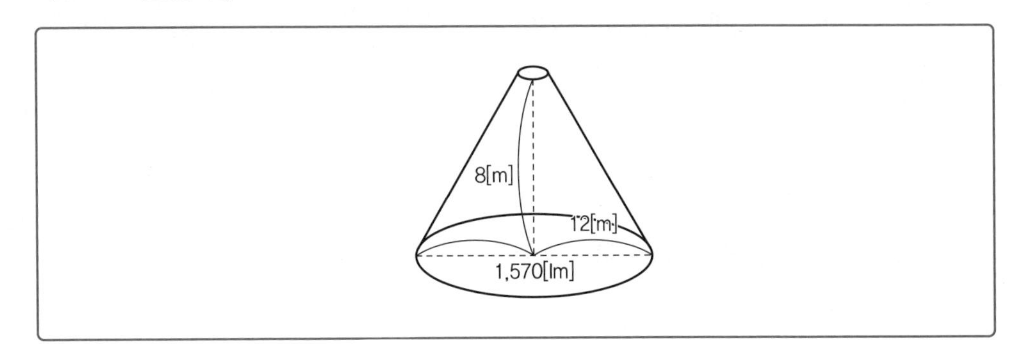

해답 계산 : $\cos\theta = \dfrac{8}{\sqrt{8^2+6^2}} = \dfrac{8}{10} = 0.8$

$I = \dfrac{F}{\omega}$ $\quad F = \omega I = 2\pi(1-\cos\theta)I$

$\therefore\ I = \dfrac{1,570}{2\times 3.14(1-0.8)} = 1,250[cd]$

답 1,250[cd]

13 ★★☆☆☆

[5점]

공칭 변류비가 150/5[A]이다. 1차 측에 400[A]를 흘렸을 때 2차에 10[A]가 흘렀을 경우 비오차[%]는?

해답 계산 : 비오차 $= \dfrac{\text{공칭변류비} - \text{측정변류비}}{\text{측정변류비}} \times 100[\%]$

$= \dfrac{150/5 - 400/10}{400/10} \times 100 = -25[\%]$

답 $-25[\%]$

14 ★★☆☆☆

[4점]

지름 30[cm]인 완전 확산성 반구형 전구를 사용하여 평균 휘도가 0.3[cd/cm²]인 천장등을 가설하려고 한다. 기구효율을 0.75라 하면, 이 전구의 광속은 몇 [lm]인지 구하시오.(단, 광속발산도는 0.94[lm/cm²]라 한다.)

해답 계산 : 광속 $F = R \cdot S = R \times \dfrac{\pi d^2}{2} = 0.94 \times \dfrac{\pi \times 30^2}{2} = 1{,}328.894[\text{lm}]$

기구효율이 0.75이므로 $\dfrac{F}{\eta} = \dfrac{1{,}328.894}{0.75} = 1{,}771.86[\text{lm}]$

답 1,771.86[lm]

TIP

광속 발산도 $R = \dfrac{F}{S} \cdot \eta[\text{lm}]$

$F = \dfrac{R \cdot S}{\eta}[\text{lm}]$

여기서, F : 광속[lm]

S : 면적[cm²]

η : 효율

15 ★★☆☆☆

[4점]

다음 전선의 명칭을 작성하시오.

1. 450/750V HFIO
2. 0.6/1kV PNCT

해답 1. 450/750V 저독성 난연 폴리올레핀 절연전선
2. 0.6/1kV 고무절연 캡타이어 케이블

16 ★★☆☆☆

[4점]

다음 표의 빈칸을 채우시오.

전선관공사	합성수지관공사, 금속관공사, 가요전선관공사
케이블트렁킹	(　①　), (　②　), 금속트렁킹공사
케이블덕트	플로어덕트공사, 셀룰러덕트공사, 금속덕트공사

해답 ① 합성수지몰드공사
② 금속몰드공사

TIP

종류	공사방법
전선관시스템	합성수지관공사, 금속관공사, 가요전선관공사
케이블트렁킹시스템	합성수지몰드공사, 금속몰드공사, 금속트렁킹공사 [a]
케이블덕팅시스템	플로어덕트공사, 셀룰러덕트공사, 금속덕트공사 [b]
애자공사	애자공사
케이블트레이시스템(래더, 브래킷 포함)	케이블트레이공사
케이블공사	고정하지 않는 방법, 직접 고정하는 방법, 지지선 방법

a 금속본체와 커버가 별도로 구성되어 커버를 개폐할 수 있는 금속덕트공사를 말한다.
b 본체와 커버 구분 없이 하나로 구성된 금속덕트공사를 말한다.

17 ★★★★★

[5점]

다음 논리식에 대한 물음에 답하시오.(단, A, B, C는 입력이고 X는 출력이다.)

$$X = (A + B)\overline{C}$$

1 논리식을 로직 시퀀스로 나타내시오.
2 2입력 NOR Gate를 최소로 사용하여 동일한 출력이 되도록 회로를 변환하시오.

해답 1

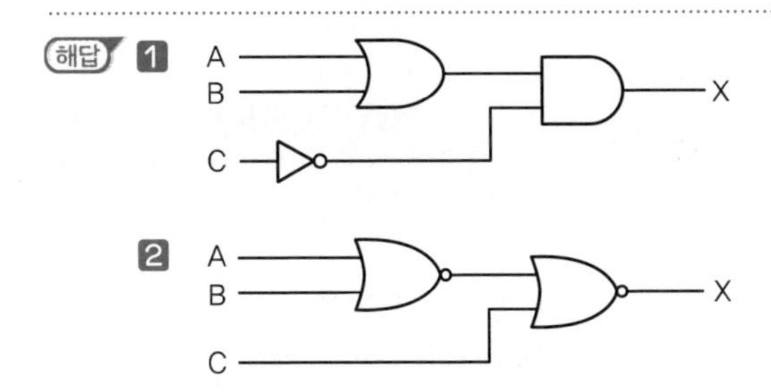

18 ★★★★☆ [12점]

다음 그림은 자가용 수변전설비의 단선결선도의 일부이다. 다음 물음에 답하시오.

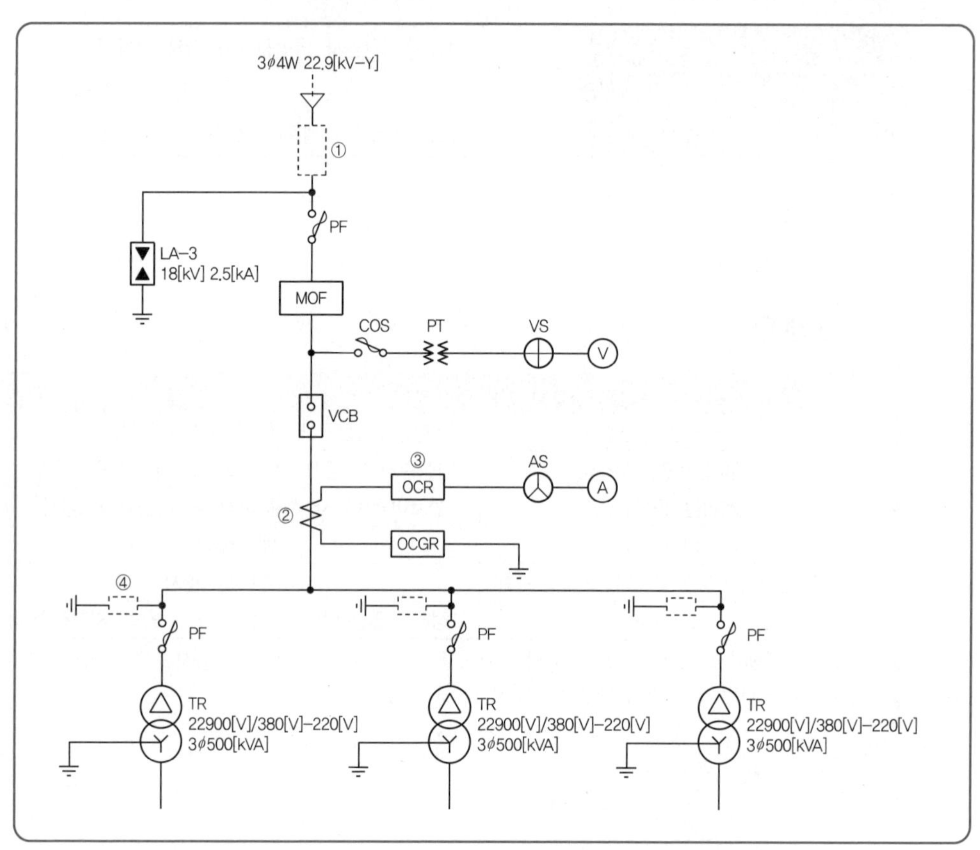

1. 수변전 설비의 인입구 개폐기로 사용되며, 부하전류를 개폐할 수 있으나, 정상 상태에서 소정의 전류를 투입, 차단, 통전하고 그 전로의 단락상태에서 이상전류까지 투입 가능하며, 고장전류를 차단할 수 없으므로 한류퓨즈와 직렬로 사용하는 기기는 무엇인가?
2. 도면에서 CT비를 구하시오.(단, 여유율은 1.25배를 적용한다.)
3. OCR의 탭을 선정하시오.(단, 변압기 전부하전류의 1.5배를 적용한다.)
4. 개폐서지 또는 순간과도전압 등 이상전압으로부터 2차 측 기기를 보호하는 장치는 무엇인지 쓰시오.

| 과전류계전기 규격 |

항목	탭전류
계전기타입	유도 원판형
동작특성	반한시
한시탭	3, 4, 5, 6, 7, 8, 9
순시탭	20, 30, 40, 50, 60, 70, 80

| 변류기 규격 |

항목	변류기
1차 전류	5, 10, 15, 20, 30, 40, 50, 75, 100, 150, 200, 300, 400, 500, 600, 750, 1000, 1500, 2000, 2500
2차 전류	5

해답 1 부하개폐기(LBS)

2 계산 : $I_1 = \frac{P}{\sqrt{3}\,V} \times 1.25 = \frac{500 \times 3}{\sqrt{3} \times 22.9} \times 1.25 = 47.27[A]$

답 50/5

3 계산 : $I_t = \frac{P}{\sqrt{3}\,V} \times \frac{1}{CT비} \times 1.5 = \frac{500 \times 3}{\sqrt{3} \times 22.9} \times \frac{5}{50} \times 1.5 = 5.672[A]$

$\therefore$ 6[A] 선정

답 6[A]

4 서지흡수기(S.A)

19 ★★★★★ [5점]

3상 200[V], 60[Hz], 20[kW]의 부하의 역률은 60[%](지상)이다. 전력용 콘덴서를 △ 결선 후 병렬로 설치하여 역률 80[%]로 개선하고자 한다. 다음 물음에 답하시오.

1 3상 전력용 콘덴서의 용량[kVA]을 구하시오.

2 전력용 콘덴서의 정전용량[μF]을 구하시오.

해답 1 계산 : $Q_c = P(\tan\theta_1 - \tan\theta_2) = 20\left(\frac{0.8}{0.6} - \frac{0.6}{0.8}\right) = 11.666[kVA]$

답 11.67[kVA]

2 계산 : $Q_c = 3\omega CV^2$

$$C = \frac{Q_c}{3 \times 2\pi \times 60 \times V^2} = \frac{11.67 \times 10^3}{6\pi \times 60 \times 200^2} \times 10^6[\mu F]$$

$= 257.963[\mu F]$

답 257.96[μF]

TIP

① △결선 $Q_\Delta = 3WCE^2 = 3WCV^2$ $C = \frac{Q_\Delta}{3WV^2}$

② Y결선 $Q_Y = 3WCE^2 = 3WC(\frac{V}{\sqrt{3}})^2 = WCV^2$ $C = \frac{Q_Y}{WV^2}$

여기서, E : 상전압 V : 선간전압 W : $2\pi f$ C : 정전용량 Q : 충전용량(콘덴서용량)

↘ 전기산업기사

2022년도 2회 시험 과년도 기출문제

회독 체크	□1회독	월 일	□2회독	월 일	□3회독	월 일

01 ★★★☆☆ [6점]

주어진 조건에 의하여 1년 이내 최대 전력 3,000[kW], 월 기본요금 6,490[원/kW], 월간 평균역률이 95[%]일 때 1개월의 기본요금을 구하시오. 또한 1개월의 사용 전력량이 54만[kWh], 전력요금 89[원/kWh]라 할 때 1개월의 총전력요금은 얼마인지를 계산하시오.

[조건]

역률의 값에 따라 전력요금은 할인 또는 할증되며, 역률 90[%]를 기준으로 하여 역률이 1[%] 늘 때마다 기본요금 또는 수요전력요금이 1[%] 할인되며, 1[%] 나빠질 때마다 1[%]의 할증요금을 지불해야 한다.

해답 **1** 기본요금

계산 : $3,000 \times 6,490 \times (1-0.05) = 18,496,500$[원] 답 18,496,500[원]

2 1개월의 총전력요금

계산 : $18,496,500 + 540,000 \times 89 = 66,556,500$[원] 답 66,556,500[원]

TIP

기본요금 : 계약전력 × 월기본요금 × $(1 + \frac{90 - \text{역률}}{100})$

02 ★★★★★ [6점]

평형 3상 회로에 그림과 같은 유도전동기가 있다. 이 회로에 2개의 전력계와 전압계 및 전류계를 접속하였더니 그 지시값은 $W_1 = 6.24$[kW], $W_2 = 3.77$[kW], 전압계의 지시는 200[V], 전류계의 지시는 34[A]이었다. 이때 다음 각 물음에 답하시오.

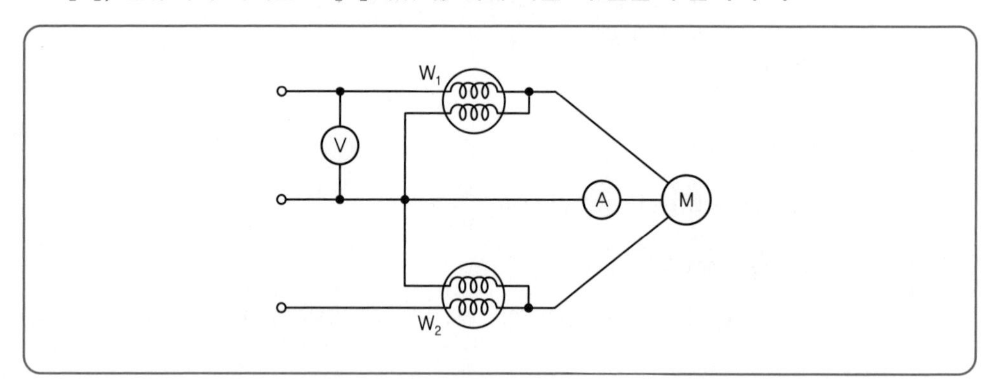

1 부하에 소비되는 전력을 구하시오.
2 부하의 피상전력을 구하시오.
3 이 유도전동기의 역률은 몇 [%]인가?

해답 1 계산 : $P = W_1 + W_2 = 6.24 + 3.77 = 10.01$[kW]　　답 10.01[kW]

2 계산 : $P_a = \sqrt{3}VI = \sqrt{3} \times 200 \times 34 \times 10^{-3} = 11.78$[kVA]　　답 11.78[kVA]

3 계산 : $\cos\theta = \dfrac{W_1 + W_2}{\sqrt{3}VI} = \dfrac{10.01}{11.78} \times 100 = 84.97$ [%]　　답 84.97[%]

TIP

2전력계법은 2개의 단상전력계로 3상전력을 측정하는 방법으로 각각의 전력 및 역률은 다음과 같다.

① 유효전력 : $P = W_1 + W_2$[W]
② 무효전력 : $P_r = \sqrt{3}(W_1 - W_2)$[Var]
③ 피상전력 : $P_a = 2\sqrt{W_1^2 + W_2^2 - W_1W_2}$ [VA]
④ 역률 : $\cos\theta = \dfrac{W_1 + W_2}{2\sqrt{W_1^2 + W_2^2 - W_1W_2}}$

03 ★★☆☆☆ [4점]

전기사업자는 그가 공급하는 전기의 품질(표준전압, 표준주파수)을 허용오차 범위 안에서 유지하도록 전기사업법에 규정되어 있다. 다음 표의 괄호 안에 표준전압 또는 표준주파수에 대한 허용오차를 정확하게 쓰시오.

표준전압 또는 표준주파수	허용오차
110볼트	110볼트의 상하로 (①)볼트 이내
220볼트	220볼트의 상하로 (②)볼트 이내
380볼트	380볼트의 상하로 (③)볼트 이내
60헤르츠	60헤르츠의 상하로 (④)헤르츠 이내

해답 ① 6　② 13　③ 38　④ 0.2

04 ★★★★★ [5점]

다음 조건에 있는 콘센트의 그림기호를 그리시오.

1 벽붙이용
2 천장에 부착하는 경우

3 바닥에 부착하는 경우
4 방수형
5 2구용

해답 1 (콘센트 기호)　2 (콘센트 기호)
3 (콘센트 기호, 바닥 부착)　4 (콘센트 기호)WP
5 (콘센트 기호)2

TIP
① (콘센트 기호)WP : 방수형　② (콘센트 기호)E : 접지극 붙이
③ (콘센트 기호)ET : 접지 단자 붙이　④ (콘센트 기호)EL : 누전차단기 붙이

05 ★★★★☆ [6점]

△－△ 결선으로 운전하던 중 한 변압기에 고장이 발생하여 이것을 분리하고 나머지 2대로 3상 전력을 공급하고자 한다. 다음 각 물음에 답하시오.

1 결선의 명칭을 쓰시오.
2 이용률은 몇 [%]인가?
3 변압기 2대의 3상 출력은 △－△ 결선 시의 변압기 3대의 출력과 비교할 때 몇 [%] 정도인가?

해답 1 V－V 결선

2 계산 : $\text{이용률} = \dfrac{\text{3상 출력}}{\text{설비용량}} = \dfrac{\sqrt{3}}{2} \times 100 = 86.6[\%]$

답 86.6[%]

3 계산 : $\text{출력의 비} = \dfrac{\text{V결선 출력}}{\text{3상 출력}} = \dfrac{\sqrt{3}}{3} \times 100 = 57.74[\%]$

답 57.74[%]

TIP
1 V 결선이라 쓰지 말고 V－V 결선이라고 쓸 것
2 3 식으로도 표현하여 문제가 출제됨
예 $\text{이용률 식} = \dfrac{\sqrt{3}}{2}$

06 ★★★★★

[4점]

3개의 접지판 상호 간의 저항을 측정한 값이 그림과 같다면 G_3의 접지 저항값은 몇 [Ω]이 되겠는가?

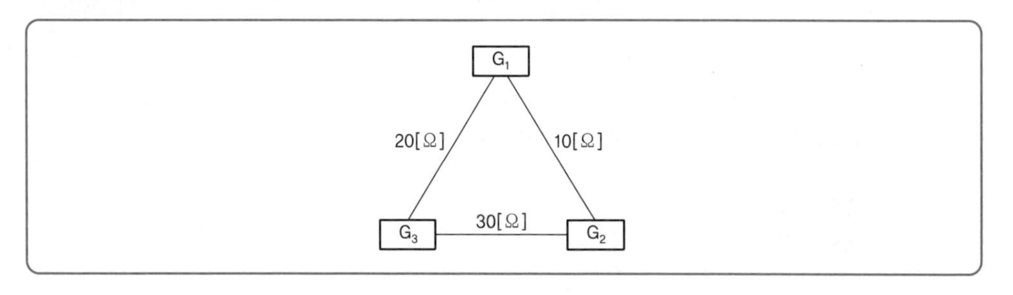

해답 계산 : G_3의 접지 저항값$=\frac{1}{2}(R_{G13}+R_{G23}-R_{G12})=\frac{1}{2}\times(20+30-10)=20[\Omega]$ 답 20[Ω]

TIP

G_3와 연결된 두 개의 저항값은 더하고 나머지 하나는 빼준다.

07 ★★★★☆

[6점]

그림과 같이 각각 1대씩의 변압기를 통해서 전력을 공급받고 있다. 각 수용가의 총설비용량이 각각 50[kW], 40[kW]일 때, 다음 각 물음에 답하시오.(단, 변압기 상호 간 부등률은 1.2이다.)

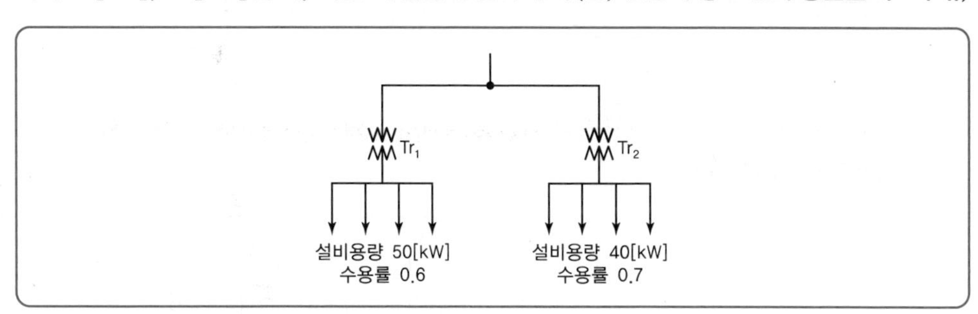

1. Tr_1의 최대 부하[kW]를 구하시오.
2. Tr_2의 최대 부하[kW]를 구하시오.
3. 합성최대수요전력[kW]을 구하시오.

해답
1. 계산 : T_{r1} = 설비용량 × 수용률 = 50 × 0.6 = 30[kW] 답 30[kW]
2. 계산 : Tr_2 = 설비용량 × 수용률 = 40 × 0.7 = 28[kW] 답 28[kW]
3. 계산 : $P=\frac{\text{개별 최대전력의 합}}{\text{부등률}}=\frac{30+28}{1.2}=48.33[kW]$ 답 48.33[kW]

08 ★☆☆☆☆ [4점]

다음 표에 주어진 전동기 기동방식을 이용하여 물음에 답하시오.

기동방법			
직입기동	Y－△기동	리액터 기동	콘돌퍼기동

1 기동전류가 가장 큰 기동법을 고르시오.
2 기동토크가 가장 큰 기동법을 고르시오.

해답 1 직입기동
2 직입기동

09 ★★★★★ [5점]

폭 5[m], 길이 7.5[m], 천장 높이 3.5[m]인 방에 형광등 40[W] 4등을 설치하니 평균조도가 100[lx]가 되었다. 조명률 0.5, 40[W] 형광등 1등의 전광속이 3,000[lm]일 때 감광보상률 D를 구하시오.

해답 계산 : $D=\dfrac{FUN}{EA}=\dfrac{3,000\times0.5\times4}{100\times5\times7.5}=1.60$ 답 1.6

TIP
감광보상률은 단위가 없다.

10 ★★★☆☆ [5점]

다음 그림과 같은 단상 3선식 회로에서 중성선이 ×점에서 단선되었다면 부하 A 및 B의 단자 전압은 몇 [V]인가?

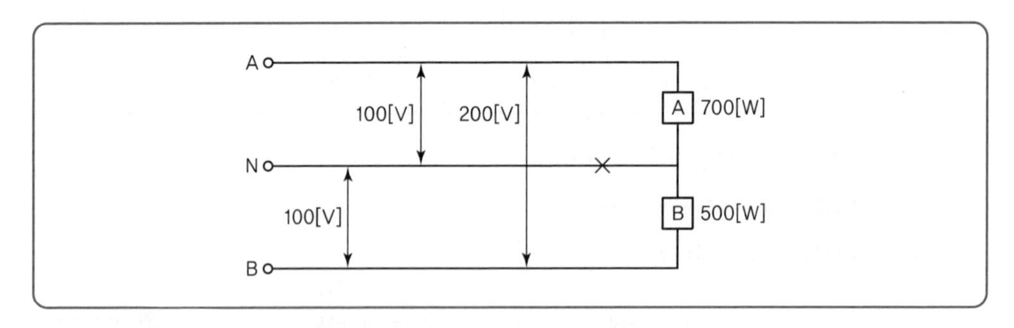

해답 계산 : $R_A=\dfrac{V_1^2}{P_A}=\dfrac{100^2}{700}=14.29[\Omega]$, $R_B=\dfrac{V_1^2}{P_B}=\dfrac{100^2}{500}=20[\Omega]$

$$V_A = \frac{R_A}{R_A + R_B} \times V = \frac{14.29}{14.29 + 20} \times 200 = 83.35[V],$$

$$V_B = \frac{R_B}{R_A + R_B} \times V = \frac{20}{14.29 + 20} \times 200 = 116.65$$

답 $V_A = 83.35[V]$, $V_B = 116.65[V]$

11 ★☆☆☆☆ [4점]

다음 빈칸에 알맞은 수치를 넣으시오.

옥내에 시설하는 전동기(정격 출력이 0.2[kW] 이하인 것을 제외한다. 이하 여기에서 같다)에는 전동기가 손상될 우려가 있는 과전류가 생겼을 때에 자동적으로 이를 저지하거나 이를 경보하는 장치를 하여야 한다. 다만, 다음의 어느 하나에 해당하는 경우에는 그러하지 아니하다.
가. 전동기를 운전 중 상시 취급자가 감시할 수 있는 위치에 시설하는 경우
나. 전동기의 구조나 부하의 성질로 보아 전동기가 손상될 수 있는 과전류가 생길 우려가 없는 경우
다. 단상전동기[KS C 4204(2013)의 표준정격의 것을 말한다]로서 그 전원 측 전로에 시설하는 과전류 차단기의 정격전류가 (①)[A](배선차단기는 (②)[A] 이하인 경우)

해답 ① 16 ② 20

12 ★★★★☆ [5점]

전동기를 제작하는 어떤 공장에 700[kVA]의 변압기가 설치되어 있다. 이 변압기에 역률 65[%]의 부하 700[kVA]가 접속되어 있다고 할 때, 이 부하와 병렬로 전력용 콘덴서를 접속하여 합성 역률을 90[%]로 유지하려고 한다. 다음 각 물음에 답하시오.

1 전력용 콘덴서의 용량은 몇 [kVA]가 필요한가?
2 이 변압기에 부하는 몇 [kW] 증가시켜 접속할 수 있는가?

해답 1 계산 : $Q_c = P_{kVA} \times \cos\theta_1 (\tan\theta_1 - \tan\theta_2)$

$$= 700 \times 0.65 \left(\frac{\sqrt{1-0.65^2}}{0.65} - \frac{\sqrt{1-0.9^2}}{0.9} \right) = 311.59[kVA]$$

답 311.59[kVA]

2 $P_1 = P_a \cos\theta_1 = 700 \times 0.65 = 455[kW]$

$P_2 = P_a \cos\theta_2 = 700 \times 0.9 = 630[kW]$

$\Delta P = 630 - 455 = 175[kW]$

답 175[kW]

TIP

$$Q_c = P(\tan\theta_1 - \tan\theta_2) = P\left(\frac{\sqrt{1-\cos\theta_1^2}}{\cos\theta_1} - \frac{\sqrt{1-\cos\theta_2^2}}{\cos\theta_2}\right)[\text{kVA}]$$

13 ★★☆☆☆ [6점]

조명설비에 관한 용어이다. 아래의 빈칸을 채우시오.

휘도		광도		조도		광속발산도	
기호	단위	기호	단위	기호	단위	기호	단위

해답

휘도		광도		조도		광속발산도	
기호	단위	기호	단위	기호	단위	기호	단위
B	[nt] [sb]	I	[cd]	E	[lx]	R	[rlx]

14 ★★★★★ [5점]

어느 건물의 부하는 하루에 240[kW]로 5시간, 100[kW]로 8시간, 75[kW]로 나머지 시간을 사용한다. 이에 따른 수전설비를 450[kVA]로 하였을 때 이 건물의 일부하율[%]을 구하시오.

해답 계산 : $\text{일부하율} = \dfrac{\text{사용전력량[kWh]}/24[\text{h}]}{\text{최대전력[kW]}} \times 100$

$$= \frac{240\times5+100\times8+75\times11/24}{240}\times100 = 49.05[\%]$$

답 49.05[%]

15 ★★★☆☆ [4점]

피뢰기의 종류를 4가지 쓰시오.

해답 ① 저항형 피뢰기
② 밸브형 피뢰기
③ 밸브 저항형 피뢰기
④ 갭레스 피뢰기

16 ★★☆☆☆

[5점]

송전거리 40[km], 송전전력 10,000[kW]일 때의 Still 식에 의한 송전전압은 몇 [kV]인가?

해답 계산 : $V_s = 5.5 \times \sqrt{0.6 \times l[\text{km}] + \dfrac{P[\text{kW}]}{100}}\ [\text{kV}]$

$= 5.5 \times \sqrt{0.6 \times 40 + \dfrac{10,000}{100}} = 61.25[\text{kV}]$

답 61.25[kV]

17 ★☆☆☆☆

[5점]

그림과 같은 시퀀스 회로에서 접점 "A"가 닫혀서 폐회로가 될 때 표시등 PL의 동작사항을 설명하시오. [단, X는 보조릴레이, $T_1 - T_2$는 타이머(On Delay)이며 설정시간은 1초이다.]

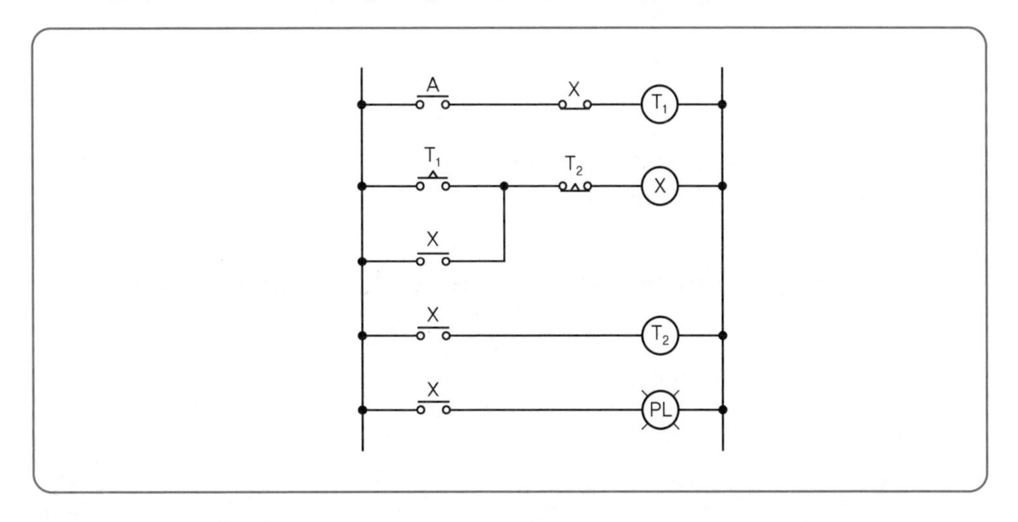

해답 A가 닫혀 폐회로가 되면 1초 간격으로 (PL)은 점등과 소등을 반복한다.

18 ★★★★☆

[6점]

변압기에 30[kW], 역률 0.8인 전동기와 25[kW] 전열기가 연결되어 있다. 이 변압기 용량은 몇 [kVA]인지 아래 표에서 선정하시오.

변압기 표준용량[kVA]								
5	10	15	20	40	50	75	100	150

해답 계산 : 합성 유효전력 $P = 30 + 25 = 55[\text{kW}]$

합성 무효전력 $Q = P\tan\theta = 30 \times \dfrac{\sqrt{1-0.8^2}}{0.8} + 25 \times 0 = 22.5[\text{kVar}]$

$P_a = \sqrt{P^2 + Q^2} = \sqrt{55^2 + 22.5^2} = 59.42[\text{kVA}]$

답 75[kVA] 선정

19 ★★☆☆☆ [9점]

아래의 그림과 같이 클램프미터로 전류를 측정하려고 한다. 주어진 조건을 참고하여 다음 각 물음에 답하시오.

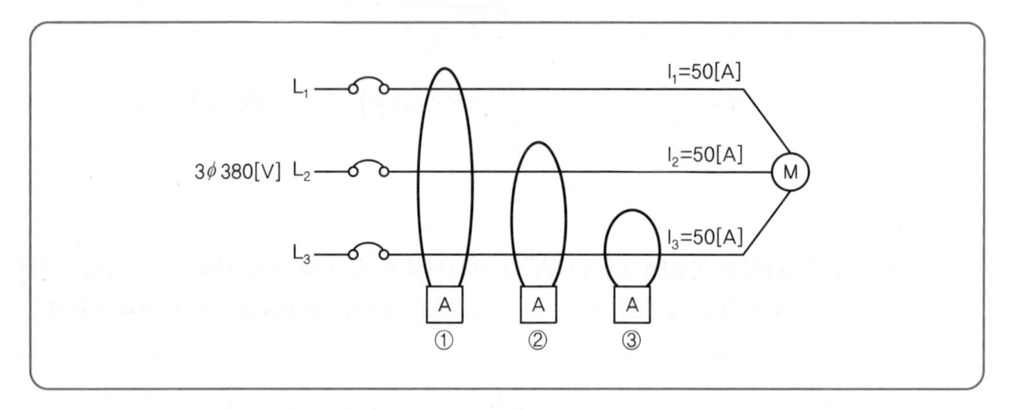

[조건]

3상, 정격전류 50A, 공사방법 B2, XLPE 절연전선, 허용전압강하 2%, 주위온도 40℃, 분전반으로부터 전동기까지의 길이 70m

[참고자료]

| 표 1. 허용전류를 구하기 위해 사용하는 표준 공사방법의 허용전류[A] |

XLPE 또는 EPR 절연, 3개 부하 도체, 구리 또는 알루미늄

도체온도 : 90[℃], 주위온도 : 기중 30[℃], 지중 20[℃]

도체의 공칭 단면적 [mm^2]	공사방법									
	A1		A2		B1		B2		C	
	단열벽 속의 전선관에 설치한 절연전선		단열벽 속의 전선관에 설치한 절연전선		목재 벽면의 전선관에 설치한 절연도체		목재 벽면의 전선관에 설치한 다심케이블		목재 벽면의 단심 또는 다심케이블	
1	2		3		4		5		6	
	단상	3상	단상	3상	단상	3상	단상	3상	단상	3상
동										
1.5	19	17	18.5	16.5	23	20	22	19.5	24	22
2.5	26	23	25	22	31	28	30	26	33	30
4	35	31	33	30	42	37	40	35	45	40
6	45	40	42	38	54	48	51	44	58	52
10	61	54	57	51	75	66	69	60	80	71
16	81	73	76	68	100	88	91	80	107	96
25	106	95	99	89	133	117	119	105	138	119
35	131	117	121	109	164	144	146	128	171	147

| 표 2. 기중케이블의 허용전류에 적용되는 기중주위온도가 30℃ 이외인 경우의 보정계수 |

주위온도[℃]	절연체	
	PVC	XLPE 또는 EPR
10	1.22	1.15
15	1.17	1.12
20	1.12	1.08
25	1.06	1.04
30	1.00	1.00
35	0.94	0.96
40	0.87	0.91
45	0.79	0.87
50	0.71	0.82
55	0.61	0.76
60	0.50	0.71

1 공사방법과 주위온도를 고려하여 도체의 굵기를 선정하시오.(단, 허용전압강하는 무시한다.)

2 허용전압강하를 고려한 도체의 굵기를 계산하고, 상기 조건을 만족하는 규격 굵기를 선정하시오.

3 3상 평형이고 전동기가 정상 운전할 때 ①, ②, ③ 클램프미터에 표시되는 값을 다음 표에 적으시오.

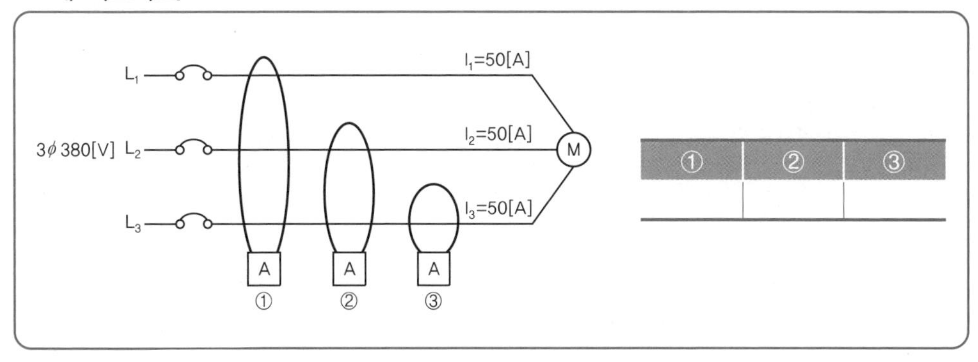

①	②	③

해답 **1** 설계전류(I_B)×보정계수=정격전류(I_n)

$$\therefore I_B = \frac{\text{정격전류}(I_n)}{\text{보정계수(표 2)}} = \frac{50}{0.91} = 54.95[A]$$

결국, 표 1의 공사방법 B2, 3상 XLPE 칸의 54.95[A] 이상의 60[A]란의 공칭단면적 10[mm²]를 선정한다.

2 $A = \frac{30.8LI}{1,000e} = \frac{30.8 \times 70 \times 50}{1,000 \times 380 \times 0.02} = 14.18[mm^2]$이므로 공칭단면적 16[mm²]가 된다.

그러나 문제조건을 고려하면 **1**번 해답의 10[mm²]와 비교하여 큰 값을 선택해야 하므로 결국 16[mm²]를 선정하면 된다.

3 ① $|I_1+I_2+I_3|=50\angle 0°+50\angle -120°+50\angle 120°=0[A]$
② $|I_2+I_3|=50\angle -120°+50\angle 120°=50[A]$
③ $|I_3|=50\angle 120°=50[A]$

과년도 기출문제

회독 체크	□1회독	월 일	□2회독	월 일	□3회독	월 일

01

★★★★★ [7점]

어느 회사에서 한 부지 A, B, C에 세 공장을 세워 3대의 급수 펌프 P_1(소형), P_2(중형), P_3(대형)으로 다음 계획에 따라 급수 계획을 세웠다. 계획 내용을 잘 살펴보고 다음 물음에 답하시오.

[계획]

① 모든 공장 A, B, C가 휴무일 때 또는 그중 한 공장만 가동할 때에는 펌프 P_1만 가동시킨다.
② 모든 공장 A, B, C 중 어느 것이나 두 개의 공장만 가동할 때에는 P_2만 가동시킨다.
③ 모든 공장 A, B, C가 모두 가동할 때에는 P_3만 가동시킨다.

1. 조건과 같은 진리표를 작성하시오.
2. $P_1 \sim P_3$의 출력식을 간단히 하시오.
3. 2번 문항에서 구한 출력식을 바탕으로 미완성 무접점회로도를 완성하시오.

해답 1

A	B	C	P_1	P_2	P_3
0	0	0	1	0	0
0	0	1	1	0	0
0	1	0	1	0	0
0	1	1	0	1	0
1	0	0	1	0	0
1	0	1	0	1	0
1	1	0	0	1	0
1	1	1	0	0	1

2

$$P_1 = \overline{A}\,\overline{B}\,\overline{C} + \overline{A}\,\overline{B}\,C + \overline{A}\,B\,\overline{C} + A\,\overline{B}\,\overline{C}$$
$$= \overline{A}\,\overline{B} + \overline{A}\,\overline{C} + \overline{B}\,\overline{C}$$
$$= \overline{A}\,\overline{B} + (\overline{A} + \overline{B})\,\overline{C}$$

$$P_2 = \overline{A}\,B\,C + A\,\overline{B}\,C + A\,B\,\overline{C}$$
$$= (\overline{A}\,B + A\,\overline{B})\,C + A\,B\,\overline{C}$$

$$P_3 = A\,B\,C$$

3

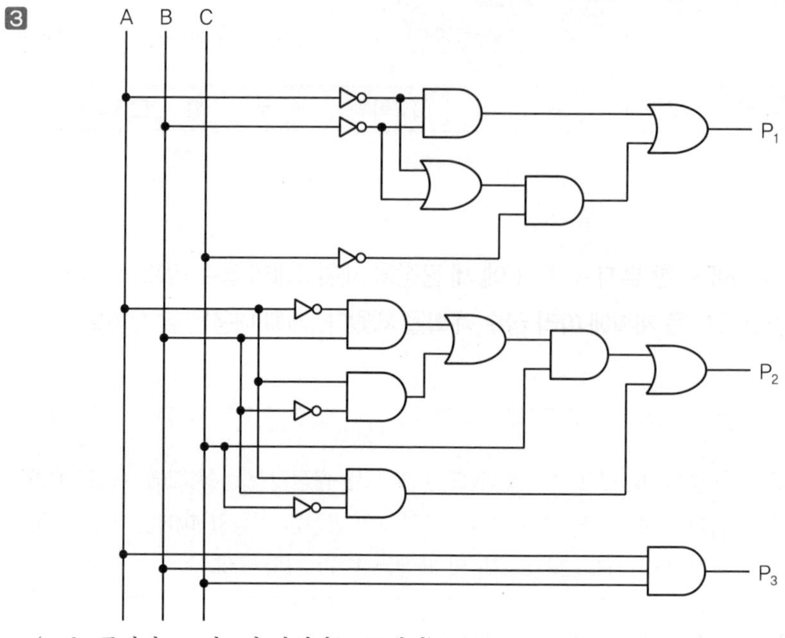

(P_3는 주어지고 1과 2만 작성하는 문제임)

02 ★★★☆☆

[4점]

주어진 논리회로의 출력식을 적고 간략화하시오.

해답 계산 : $Y = (\overline{A}B + A + \overline{C} + C) \cdot \overline{A}B$

$= \overline{A}\,\overline{A}BB + A\overline{A}B + \overline{A}B\overline{C} + \overline{A}BC$

$= \overline{A}B + \overline{A}B(\overline{C} + C)$

$= \overline{A}B + \overline{A}B = \overline{A}B$

03 ★★★☆☆

[6점]

그림과 같은 평면도의 2층 건물에 대한 배선설계를 하기 위하여 주어진 조건을 이용하여 1층 및 2층을 분리하여 분기회로수를 결정하고자 한다. 다음 각 물음에 답하시오.(단, 룸 에어컨은 별도로 한다.)

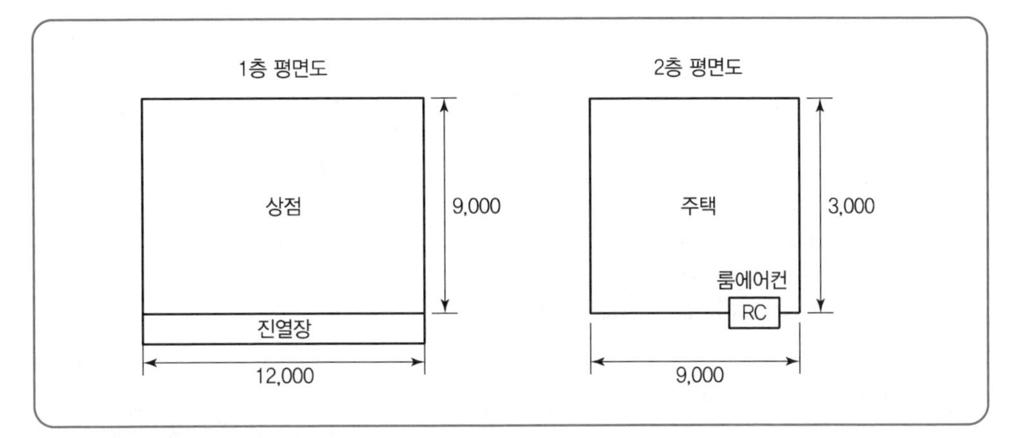

[조건]

- 분기회로는 15[A] 분기회로로 하고 80[%]의 정격이 되도록 한다.
- 배전 전압은 220[V]를 기준으로 하여 적용 가능한 최대 부하를 상정한다.
- 주택의 표준 부하는 40[VA/m²], 상점의 표준부하는 30[VA/m²]로 하되 1층, 2층 분리하여 분기회로수를 결정하고 상점과 주거용에 각각 1,000[VA]를 가산하여 적용한다.
- 상점의 진열장에 대해서는 길이 1[m]당 300[VA]를 적용한다.
- 옥외광고등 500[VA]짜리 1등이 상점에 있는 것으로 한다.
- 예상이 곤란한 콘센트, 틀어끼우는 접속기, 소켓 등이 있을 경우에라도 이를 상정하지 않는다.

1 상점의 분기회로수를 구하시오.

2 주택의 분기회로수를 구하시오.

해답 **1**

- 부하용량 $P = (9 \times 12 \times 30) + 12 \times 300 + 500 + 1{,}000 = 8{,}340[\text{VA}]$
- 분기회로수 $N = \dfrac{\text{부하용량}}{\text{정격전압} \times \text{분기회로전류} \times \text{용량}} = \dfrac{8{,}340}{220 \times 15 \times 0.8} = 3.16$

∴ 15[A] 분기 4회로(옥외광고등 1회로 포함)

2

- 부하용량 $P = (3 \times 9 \times 40) + 1{,}000 = 2{,}080[\text{VA}]$
- 분기회로수 $N = \dfrac{\text{부하용량}}{\text{정격전압} \times \text{분기회로전류} \times \text{용량}} = \dfrac{2{,}080}{220 \times 15 \times 0.8} = 0.79$

∴ 15[A] 분기 2회로(RC 1회로 포함)

04 ★★★☆☆

[5점]

그림과 같은 교류 3상 3선식 전로에 연결된 3상 평형 부하가 있다. 이때 c상의 P점이 단선된 경우, 이 부하의 소비 전력은 단선 전 소비 전력에 비하여 어떻게 되는지 계산식을 이용하여 설명하시오.(단, 선간 전압은 E[V]이며, 부하의 저항은 R[Ω]이다.)

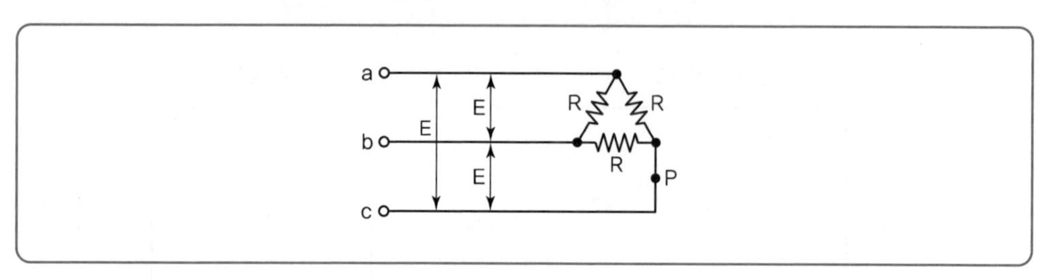

해답 계산 : 단선 전 소비 전력 $[P_1] = 3 \cdot \dfrac{E^2}{R}$

단선 후 소비전력 $[P_2] = \dfrac{E^2}{R'} = \dfrac{E^2}{\dfrac{R \cdot 2R}{R+2R}}$

$$= 3 \cdot \frac{E^2}{2R} = \frac{\text{단선 후 전력}}{\text{단선 전 전력}} = \frac{\dfrac{3}{2} \cdot \dfrac{E^2}{R}}{3\dfrac{E^2}{R}} = \frac{1}{2} \text{이 되므로,}$$

$\therefore P_2 = \dfrac{1}{2} P_1$

답 단선 전 $\dfrac{1}{2}$배가 된다.

TIP

➤ 단선 후 등가 회로

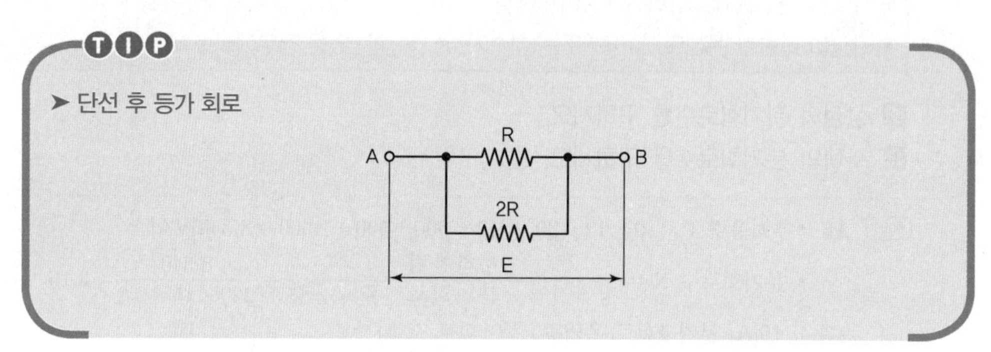

05 ★★★★☆ [5점]

부하설비 용량이 30[kW], 20[kW], 25[kW]일 때 각 수용률은 60[%], 50[%], 65[%]이다. 부등률이 1.1이고 종합역률이 0.85일 때 변압기 용량을 선정하시오.

변압기 표준용량[kVA] : 30, 50, 75, 100, 150, 500[kVA]

해답 계산 : $\text{변압기 용량} = \dfrac{\text{합성최대수용전력}}{\text{역률}} = \dfrac{\text{설비용량} \times \text{수용률}}{\text{부등률} \times \text{역률}}$

$$= \frac{30 \times 0.6 + 20 \times 0.5 + 25 \times 0.65}{1.1 \times 0.85} = 47.33[\text{kVA}]$$

답 50[kVA] 선정

06 ★★★☆☆ [9점]

다음 도면의 선간전압은 154[kV], 기준용량이 10[MVA]일 때 다음 그림을 보고 3상 단락전류를 구하시오.

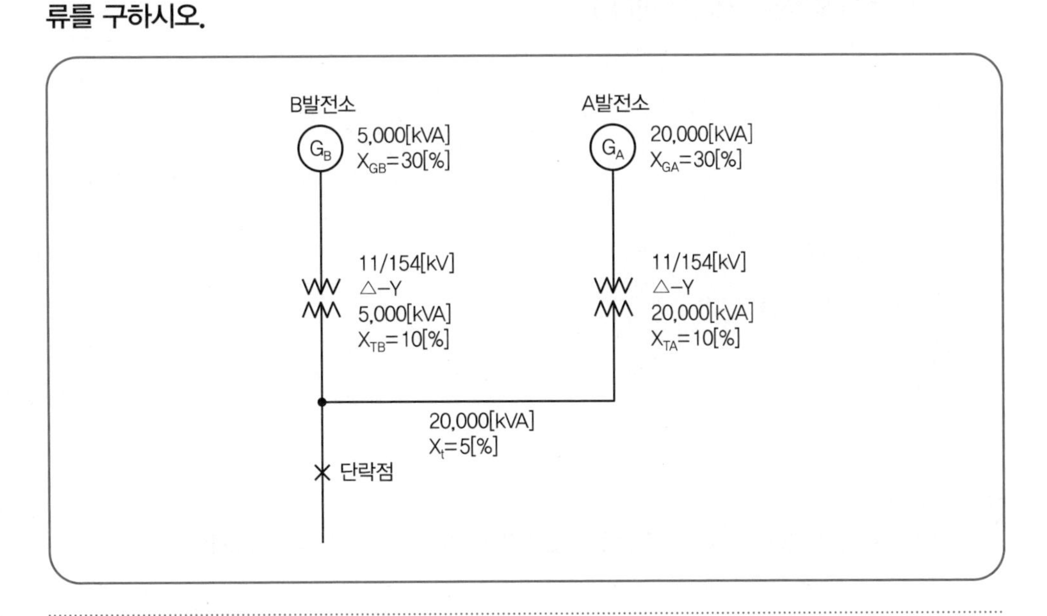

해답 계산 : 10[MVA] 기준

B발전소 $X_{GB} = 30 \times \dfrac{10}{5} = 60[\%]$

$X_{TB} = 10 \times \dfrac{10}{5} = 20[\%]$ $\quad\quad \therefore\ 60 + 20 = 80[\%]$

$$\text{A발전소 } X_{GA} = 30 \times \frac{10}{20} = 15[\%]$$

$$X_{TA} = 10 \times \frac{10}{20} = 5[\%]$$

$$X_t = 5 \times \frac{10}{20} = 2.5[\%] \qquad \therefore\ 15 + 5 + 2.5 = 22.5[\%]$$

$$\text{합성 } \%X = \frac{80 \times 22.5}{80 + 22.5} = 17.56[\%]$$

$$I_s = \frac{100}{\%Z} I_n = \frac{100}{17.56} \times \frac{10 \times 10^3}{\sqrt{3} \times 154} = 213.498$$

답 213.50[A]

07 ★★★★★

[5점]

연축전지의 정격용량이 200[Ah]이고, 상시부하가 22[kW]이며, 표준전압이 220[V]인 부동충전방식 충전기의 2차 전류는 몇 [A]인가?(단, 연축전지의 정격방전율은 10[h]이고, 상시부하의 역률은 1로 간주한다.)

해답 계산 : $\text{2차 충전 전류}(I_2) = \frac{\text{정격용량}}{\text{방전율}} + \frac{\text{상시부하용량}}{\text{표준전압}}[A]$

$$\therefore\ I_2 = \frac{200}{10} + \frac{22 \times 10^3}{220} = 120[A]$$

답 120[A]

TIP

➤ 축전지 방전율

① 연축전지 : 10[h] ② 알칼리 : 5[h]

08 ★★★☆☆

[4점]

단상 변압기 3대를 △-Y 결선하려고 한다. 미완성된 부분을 그리시오.

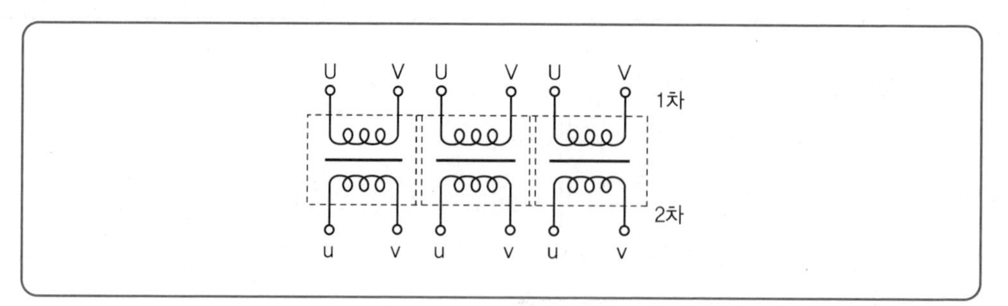

해답

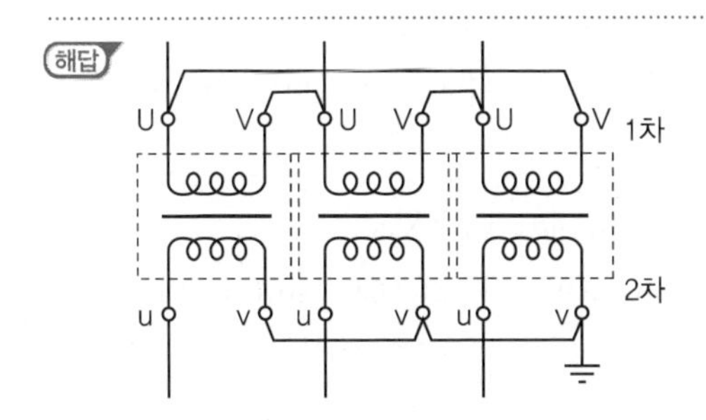

09 ★★★★☆ [10점]

그림과 같은 3상 배전선이 있다. 변전소(A점)의 전압은 3,300[V], 중간(B점) 지점의 부하는 60[A], 역률 0.8(지상), 밑단(C점)의 부하는 40[A], 역률 0.8이다. AB 사이의 길이는 3[km], BC 사이의 길이는 2[km]이고, 선로의 km당 임피던스 저항 0.9[Ω], 리액턴스 0.4[Ω]이다. 물음에 답하시오.

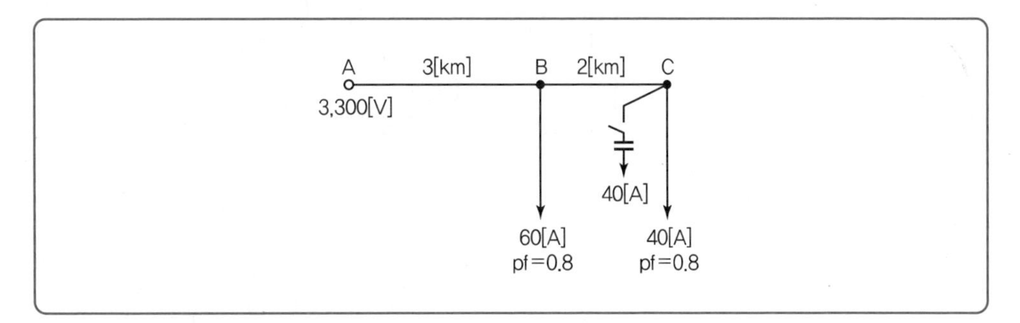

1 C점에 전력용 콘덴서가 없는 경우 B점, C점의 전압은?

① B점 전압

② C점 전압

2 C점에 전력용 콘덴서를 설치하여 진상전류 40[A]를 흘릴 때 B점, C점의 전압은?

① B점 전압

② C점 전압

해답 **1** ① 계산 : $V_B = V_A - \sqrt{3} I_1 (R_1 \cos\theta + X_1 \sin\theta)$

$= 3{,}300 - \sqrt{3} \times 100(0.9 \times 3 \times 0.8 + 0.4 \times 3 \times 0.6) = 2{,}801.17[V]$

답 2,801.17[V]

② 계산 : $V_C = V_B - \sqrt{3} I_2 (R_2 \cos\theta + X_2 \sin\theta)$

$= 2{,}801.17 - \sqrt{3} \times 40(0.9 \times 2 \times 0.8 + 0.4 \times 2 \times 0.6) = 2{,}668.15[V]$

답 2,668.15[V]

2 ① 계산 : $V_B = V_A - \sqrt{3}[I_1\cos\theta \cdot R_1 + (I_1\sin\theta - I_c) \times X_1]$

$= 3,300 - \sqrt{3}[100 \times 0.8 \times 0.9 \times 3 + (100 \times 0.6 - 40)0.4 \times 3] = 2,884.31[V]$

답 2,884.31[V]

② 계산 : $V_C = V_B - \sqrt{3}[I_2\cos\theta \cdot R_2 + (I_2\sin\theta - I_c) \times X_2]$

$= 2,884.31 - \sqrt{3}[40 \times 0.8 \times 0.9 \times 2 + (40 \times 0.6 - 40)0.4 \times 2] = 2,806.71[V]$

답 2,806.71[V]

10 ★★☆☆☆

[5점]

다음 그림과 같이 두 개의 조명탑을 10[m] 간격을 두고 시설할 때 P점의 수평면 조도를 구하시오.(단, P점에서 광원으로 향하는 광도는 각각 1,000[cd]이다.)

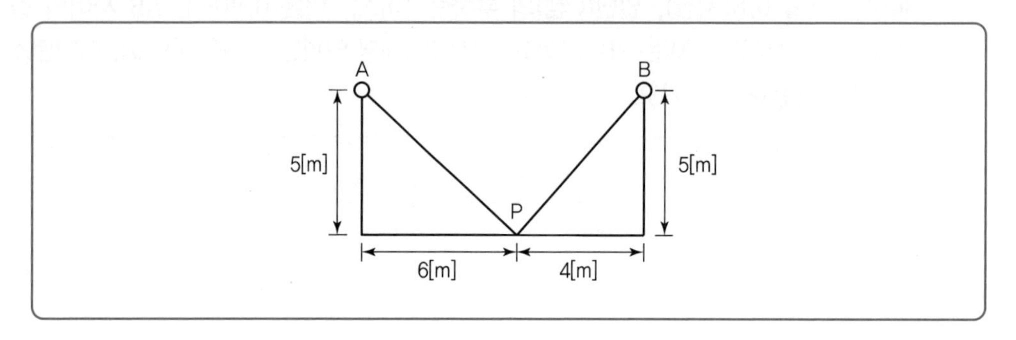

해답 계산 : $E_h = \frac{I}{r^2}\cos\theta_1 + \frac{I}{r^2}\cos\theta_2 = \frac{1,000}{5^2+6^2} \times \frac{5}{\sqrt{5^2+6^2}} + \frac{1,000}{4^2+5^2} \times \frac{5}{\sqrt{4^2+5^2}}$

$= 29.54[lx]$

답 29.54[lx]

TIP

P점 방향으로 수평면 조도가 2개 발생된다.

11 ★★☆☆☆

[5점]

계기용 변류기(CT : Current Transformer)의 목적과 정격부담에 대하여 설명하시오.

1 계기용 변류기의 목적

2 정격부담

해답 1 대전류를 소전류로 변류시켜 계기, 계전기에 공급한다.

2 변류기에 정격 2차 전류를 흘렸을 때 부하 임피던스에서 소비하는 피상전력[VA]

12 ★★☆☆☆ [6점]

다음은 절연내력 시험의 예이다. 각 질문에 답하시오.

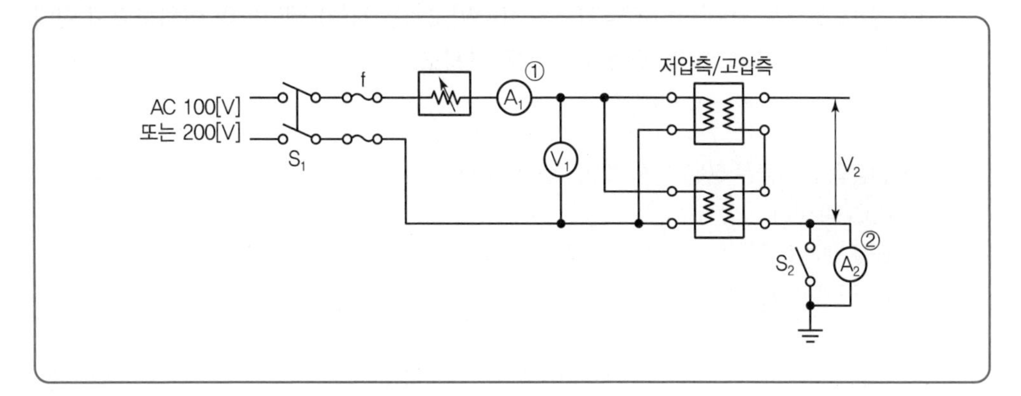

1. ①의 전류계는 어떤 전류를 측정하는지 적으시오.
2. ②의 전류계는 어떤 전류를 측정하는지 적으시오.
3. 최대 사용전압이 6[kV]일 때 절연내력시험 전압의 시험전압[V]을 구하시오.

해답
1. 절연내력시험 전류
2. 누설 전류
3. $6,000 \times 1.5 = 9,000[\text{V}]$

TIP

➤ 전로의 종류 및 시험전압

전로의 종류	시험전압
1. 최대사용전압 7[kV] 이하인 전로	최대사용전압의 1.5배 전압
2. 최대사용전압 7[kV] 초과 25[kV] 이하인 중성점 접지식 전로(중성선을 가지는 것으로서 그 중성선을 다중접지 하는 것에 한한다.)	최대사용전압의 0.92배 전압
3. 최대사용전압 7[kV] 초과 60[kV] 이하인 전로(2란의 것을 제외한다.)	최대사용전압의 1.25배 전압 (10.5[kV] 미만으로 되는 경우는 10.5[kV])
4. 최대사용전압 60[kV] 초과 중성점 비접지식 전로(전위 변성기를 사용하여 접지하는 것을 포함한다.)	최대사용전압의 1.25배 전압
5. 최대사용전압 60[kV] 초과 중성점 접지식 전로(전위 변성기를 사용하여 접지하는 것 및 6란과 7란의 것을 제외한다.)	최대사용전압의 1.1배 전압 (75[kV] 미만으로 되는 경우는 75[kV])
6. 최대사용전압 60[kV] 초과 중성점 직접 접지식 전로(7란의 것을 제외한다.)	최대사용전압의 0.72배 전압
7. 최대사용전압이 170[kV] 초과 중성점 직접 접지식 전로로서 그 중성점이 직접 접지되어 있는 발전소 또는 변전소 혹은 이에 준하는 장소에 시설하는 것	최대사용전압의 0.64배 전압

13 ★★★★★

[6점]

폭 12[m], 길이 18[m], 천장 높이 3.1[m], 작업면(책상 위) 높이 0.85[m]인 사무실이 있다. 실내 조도는 500[lx], 조명기구는 40[W] 2등용(H형) 펜던트를 설치하고자 한다. 이때 다음 조건을 이용하여 각 물음의 설계를 하시오.

[조건]

- 천장의 반사율은 50[%], 벽의 반사율은 30[%]로서 H형 펜던트의 기구를 사용할 때 조명률은 0.61로 한다.
- H형 펜던트 기구의 보수율은 0.75로 한다.
- H형 펜던트의 길이는 0.5[m]이다.
- 램프의 광속은 40[W] 1등당 3,300[lm]으로 한다.
- 조명기구의 배치는 5열로 배치하고, 1열당 등수는 동일하게 한다.

1 광원의 높이는 몇 [m]인가?
2 이 사무실의 실지수는 얼마인가?
3 이 사무실에는 40[W] 2등용(H형) 펜던트의 조명기구를 몇 조 설치하여야 하는가?

해답 1 계산 : $H = 3.1 - 0.85 - 0.5 = 1.75[m]$

답 1.75[m]

2 계산 : $실지수 = \frac{XY}{H(X+Y)} = \frac{12 \times 18}{1.75(12+18)} = 4.11$

답 4.11

3 계산 : $N = \frac{EA}{FUM} = \frac{500 \times (12 \times 18)}{3{,}300 \times 2 \times 0.61 \times 0.75} = 35.77[조]$

답 40[조]

TIP

① H = 천장 높이 − 작업면 높이 − 펜던트 길이

② $감광보상률(D) = \frac{1}{M}$, 여기서 M은 보수율

14 ★★★★★

[6점]

수용가에 공급전압을 220[V]에서 380[V]로 승압하여 공급할 경우 저압간선에 나타나는 효과로서 다음 각 물음에 답하시오.

1 공급능력 증대는 몇 배인가?
2 전력손실의 감소는 몇 [%]인가?

해답 **1** 계산 : $P = VI\cos\theta[W]$

$$P = \frac{380}{220} = 1.732$$

답 1.73배

2 계산 : $P_L \propto \frac{1}{V^2} = \frac{1}{\left(\frac{380}{220}\right)^2} = 0.3352$

감소 값은 $1 - 0.3352 = 0.6648$

답 66.48(%)

TIP

① $P_L \propto \frac{1}{V^2}$ (P_L : 손실) ② $A \propto \frac{1}{V^2}$ (A : 단면적) ③ $\delta \propto \frac{1}{V^2}$ (δ : 전압강하율)

④ $e \propto \frac{1}{V}$ (e : 전압강하) ⑤ $P \propto V^2$ (P : 전력)

⑥ 공급능력 $P = VI\cos\theta$에서 $P \propto V$(P : 공급능력)

15 ★★★★☆ [5점]

다음 조건에 있는 심벌의 명칭을 쓰시오.

[조건]

(1)	(2)	(3)	(4)	(5)
●WP	●T	(:)2	(:)WP	(:)E

해답 (1) 방수형 점멸기
(2) 타이머 붙이 점멸기
(3) 2구 콘센트
(4) 방수형 콘센트
(5) 접지극 붙이 콘센트

16 ★★★★★ [4점]

권상 하중이 90[ton]이며, 매분 3[m]의 속도로 끌어 올리는 권상용 전동기의 용량[kW]을 구하시오.(단, 전동기를 포함한 기중기의 효율은 70[%]이다.)

해답 계산 : $P = \frac{W \cdot V}{6.12\eta} = \frac{90 \times 3}{6.12 \times 0.7} = 63.03[kW]$

답 63.03[kW]

TIP

➤ 권상기 용량

$$P = \frac{W \cdot V}{6.12\eta}$$

여기서, W : 무게[ton], V : 속도[m/min], η : 효율

17 ★★★☆☆ [4점]

부하율을 식으로 표현하고 부하율이 높다는 말의 의미에 대해 설명하시오.

1 부하율 식

2 부하율이 높다는 말의 의미

해답 1 $\text{부하율} = \frac{\text{평균수용전력}}{\text{최대수용전력}} \times 100\% = \frac{\text{전력량/시간}}{\text{최대수용전력}} \times 100[\%]$

2 부하율이 클수록 전기설비를 유효하게 사용한다는 뜻이다.

18 ★★☆☆☆ [4점]

300[kVA], 22.9[kV]/380-220[V], %저항은 1.05[%], %리액턴스는 4.92[%]일 때 정격 전압에서 단락 전류는 정격전류의 몇 배인가?(단, 전원 측의 임피던스는 무시한다.)

해답 계산 : $\%Z = \sqrt{\%R^2 + \%X^2} = \sqrt{1.05^2 + 4.92^2} = 5.03[\%]$

$I_s = \frac{100}{\%Z} \times I_n$ 이므로, $I_s = \frac{100}{5.03} \times I_n = 19.88 I_n$

답 19.88배

INDUSTRIAL ENGINEER ELECTRICITY

2023년 과년도 문제풀이

2023년도 1회 시험

과년도 기출문제

회독 체크	□1회독	월 일	□2회독	월 일	□3회독	월 일

01 ★★★☆☆ [4점]

아래 그림은 154[kV] 계통절연협조를 위한 각 기기의 절연강도 비교표이다. 변압기, 선로애자, 개폐기 지지애자, 피뢰기 제한전압이 속해 있는 부분은 어느 곳인가? □ 안에 써 넣으시오.

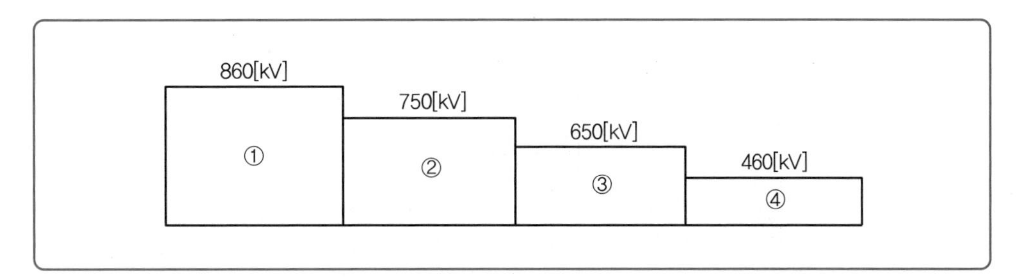

해답 ① 선로애자
② 개폐기 지지애자
③ 변압기
④ 피뢰기 제한전압

TIP

피뢰기 제한전압의 절연강도가 가장 낮아 이상전압(뇌)으로부터 변압기를 보호한다.

02 ★★★★★

[5점]

그림과 같은 방전 특성을 갖는 부하에 대한 각 물음에 답하시오.
(단, 방전 전류[A] $I_1=500$, $I_2=300$, $I_3=80$, $I_4=100$
방전 시간(분) $T_1=120$, $T_2=119$, $T_3=50$, $T_4=1$
용량 환산 시간 $K_1=2.49$, $K_2=2.49$, $K_3=1.46$, $K_4=0.57$
보수율은 0.8을 적용한다.)

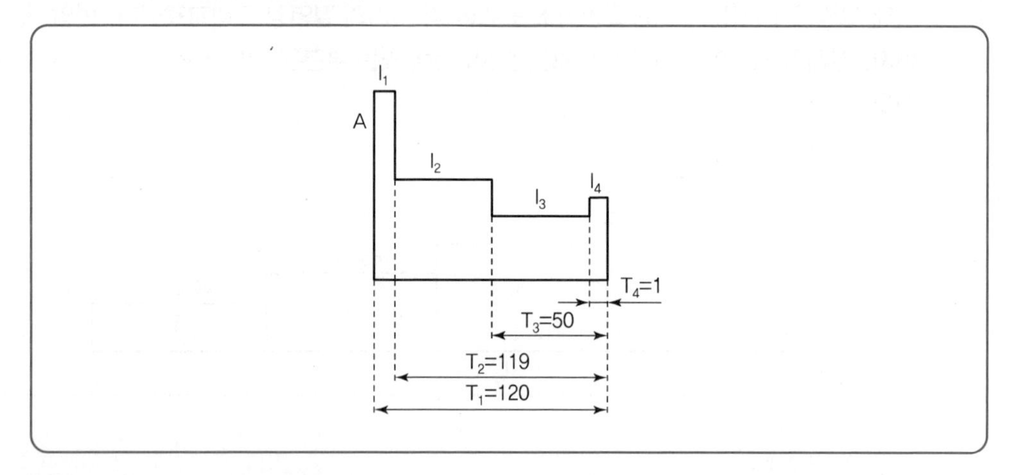

1 이와 같은 방전 특성을 갖는 축전지 용량은 몇 [Ah]인가?
2 납축전지의 정격방전율은 몇 시간으로 하는가?
3 축전지의 전압은 납축전지에서는 1단위당 몇 [V]인가?
4 예비전원으로 시설되는 축전지로부터 부하에 이르는 전로에는 개폐기와 또 무엇을 설치하는가?

해답 1 계산 : $C=\frac{1}{L}[K_1I_1+K_2(I_2-I_1)+K_3(I_3-I_2)+K_4(I_4-I_3)]$ [Ah]

$$=\frac{1}{0.8}[2.49\times500+2.49(300-500)+1.46(80-300)+0.57(100-80)]$$

$$=546.5[\mathrm{Ah}]$$

답 546.5[Ah]

2 10시간율

3 2.0[V/cell]

4 과전류 차단기

TIP

➤ 정격방전율
① 납축전지 : 10[h] ② 알칼리축전지 : 5[h]

03 ★★★★★

[6점]

다음은 CT 2대를 V결선하고, OCR 3대를 그림과 같이 연결하였다. 그림을 보고 다음 각 물음에 답하시오.

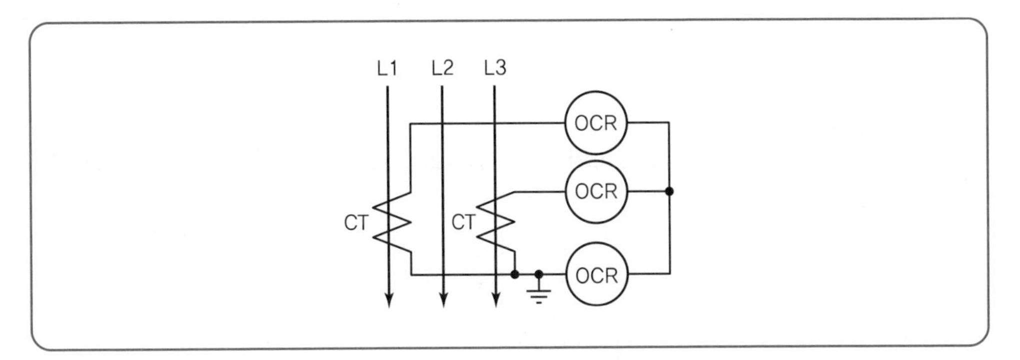

1 그림에서 CT의 변류비가 30/5이고 변류기 2차 측 전류를 측정하니 3[A]의 전류가 흘렀다면 수전 전력은 몇 [kW]인지 계산하시오.(단, 수전 전압은 22,900[V], 역률 90[%]이다.)

2 OCR는 주로 어떤 사고가 발생하였을 때 동작하는지 쓰시오.

3 통전 중에 있는 변류기 2차 측 기기를 교체하고자 할 때 가장 먼저 취하여야 할 조치는 무엇인지 쓰시오.

해답 1 계산 : $P = \sqrt{3}\,VI\cos\theta \times 10^{-3} = \sqrt{3} \times 22{,}900 \times \left(3 \times \frac{30}{5}\right) \times 0.9 \times 10^{-3} = 642.56[\mathrm{kW}]$

답 642.56[kW]

2 단락사고

3 2차 측 단락

TIP

1차 전류 $I_1 = I_2 \times CT비 = 3 \times \frac{30}{5}$

04 ★☆☆☆☆

[3점]

변압기 또는 선로의 사고에 의해서 뱅킹 내의 건전한 변압기의 일부 또는 전부가 연쇄적으로 회로로부터 차단되는 현상을 일컫는 말은?

해답 캐스케이딩

TIP

캐스케이딩현상 대책 : 구분퓨즈를 설치한다.

05 ★★★☆☆

[4점]

서지 흡수기(Surge Absorber)의 역할(기능)과 어느 개소에 설치하는지 그 위치를 쓰시오.

해답 ① 역할(기능) : 개폐 서지를 억제하여 기기 보호
② 설치위치 : 개폐 서지를 발생하는 차단기 2차 측과 부하 측의 1차 측 사이

06 ★★★★☆

[6점]

특고압 5,000[kVA] 이상 변압기에서 내부에 고장이 생겼을 경우에 보호하는 장치를 시설하여야 한다. 변압기의 내부고장을 보호하기 위한 장치를 ( ) 안에 알맞게 적으시오.

1 전기적 보호장치 : (   )
2 기계적 보호장치 : (   ), (   )

해답 1 비율차동계전기
2 부흐홀쯔 계전기, 충격압력계전기

07 ★★★☆☆

[6점]

조명에서 사용되는 다음 용어를 설명하시오.

1 광속
2 조도
3 광도

해답 1 광속[lm] : 방사속(단위시간당 방사되는 에너지의 양) 중 빛으로 느끼는 부분
2 조도[lx] : 어떤 면의 단위 면적당의 입사 광속
3 광도[cd] : 광원에서 어떤 방향에 대한 단위 입체각으로 발산되는 광속

08 ★★★★☆ [5점]

어느 수용가의 부하용량이 1,000[kW], 수용률이 70[%], 역률이 85[%]일 때, 수전설비용량 [kVA]은 몇 [kVA]인가?

해답 계산 : 수전설비 용량 $P_a = \frac{\text{설비용량} \times \text{수용률}}{\text{역률}} = \frac{1,000 \times 0.7}{0.85} = 823.53[\text{kVA}]$

답 823.53[kVA]

09 ★☆☆☆☆ [6점]

전력보안통신설비란, 전력의 수급에 필요한 급전 · 운전 · 보수 등의 업무에 사용되는 전화 및 원격지에 있는 설비의 감시 · 제어 · 계측 · 계통보호를 위해 전기적 · 광학적으로 신호를 송 · 수신하는 제어장치 · 전송로 설비 및 전원설비 등을 말한다. 이를 시설하는 장소 3가지를 쓰시오.

해답 ① 22.9[kV] 계통 배전선로 구간(가공, 지중, 해저)
② 22.9[kV] 계통에 연결되는 분산전원형 발전소
③ 동일 수계에 속하고 안전상 긴급 연락의 필요가 있는 수력발전소 상호 간

TIP

➤ 전력보안통신설비의 시설 장소

가. 송전선로
① 66[kV], 154[kV], 345[kV], 765[kV] 계통 송전선로 구간(가공, 지중, 해저) 및 안전상 특히 필요한 경우에 전선로의 적당한 곳
② 고압 및 특고압 지중전선로가 시설되어 있는 전력구내에서 안전상 특히 필요한 경우의 적당한 곳
③ 직류 계통 송전선로 구간 및 안전상 특히 필요한 경우의 적당한 곳

나. 배전선로
① 22.9[kV] 계통 배전선로 구간(가공, 지중, 해저)
② 22.9[kV] 계통에 연결되는 분산전원형 발전소
③ 폐회로 배전 등 신 배전방식 도입 개소
④ 원격검침, 부하감시 등의 및 스마트그리드 구현을 위해 필요한 구간

다. 발전소, 변전소 및 변환소
① 원격감시제어가 되지 아니하는 발전소 · 원격 감시제어가 되지 아니하는 변전소(이에 준하는 곳으로서 특고압의 전기를 변성하기 위한 곳을 포함한다) · 개폐소, 전선로 및 이를 운용하는 급전소 및 급전분소 간
② 2 이상의 급전소(분소) 상호 간과 이들을 통합 운용하는 급전소(분소) 간
③ 수력설비 중 필요한 곳, 수력설비의 안전상 필요한 양수소(量水所)및 강수량 관측소와 수력발전소 간
④ 동일 수계에 속하고 안전상 긴급 연락의 필요가 있는 수력발전소 상호 간
⑤ 동일 전력계통에 속하고 또한 안전상 긴급연락의 필요가 있는 발전소 · 변전소(이에 준하는 곳으로서 특고압의 전기를 변성하기 위한 곳을 포함한다)및 개폐소 상호 간

⑥ 발전소 · 변전소 및 개폐소와 기술원 주재소 간. 다만, 다음 어느 항목에 적합하고 또한 휴대용 또는 이동용 전력보안통신 전화설비에 의하여 연락이 확보된 경우에는 그러하지 아니하다.
㉠ 발전소로서 전기의 공급에 지장을 미치지 않는 것
㉡ 상주감시를 하지 않는 변전소(사용전압이 35[kV] 이하의 것에 한한다.)로서 그 변전소에 접속되는 전선로가 동일 기술원 주재소에 의하여 운용되는 곳
⑦ 발전소 · 변전소(이에 준하는 곳으로서 특고압의 전기를 변성하기 위한 곳을 포함한다.) · 개폐소 · 급전소 및 기술원 주재소와 전기설비의 안전상 긴급 연락의 필요가 있는 기상대 · 측후소 · 소방서 및 방사선 감시계측 시설물 등의 사이

라. 배전지능화 주장치가 시설되어 있는 배전센터, 전력수급조절을 총괄하는 중앙급전사령실
마. 전력보안통신 데이터를 중계하거나, 교환시키는 정보통신실

10 ★★★★☆

[4점]

표와 같이 어느 수용가 A, B, C에 공급하는 배선선로의 최대전력은 9,300[kW]이다. 이때 수용가의 부등률을 구하시오.

수용가	설비용량[kW]	수용률[%]
A	4,500	80
B	5,000	60
C	7,000	50

해답 계산 : $\text{부등률} = \dfrac{\text{설비용량} \times \text{수용률}}{\text{합성최대전력}} = \dfrac{(4,500 \times 0.8) + (5,000 \times 0.6) + (7,000 \times 0.5)}{9,300} = 1.09$

답 1.09

TIP

부등률은 단위가 없다.

11 ★☆☆☆☆

[5점]

6극 50[Hz]의 전부하 회전수 950[rpm]의 3상 권선형 유도전동기의 1상의 저항이 r일 때, 상회전 방향을 반대로 바꿔 역전제동을 하는 경우 제동토크를 전부하토크와 같게 하기 위한 회전자 삽입저항 R은 r의 몇 배인가?

해답 계산 : 동기속도 $N_s = \frac{120f}{P} = \frac{120 \times 50}{6} = 1{,}000[rpm]$

전부하슬립 $S = \frac{N_s - N}{N_s} \times 100 = \frac{1{,}000 - 950}{1{,}000} \times 100 = 5[\%]$

역회전슬립 $S' = \frac{N_s - (-N)}{N_s} \times 100 = \frac{1{,}000 - (-950)}{1{,}000} \times 100 = 195[\%]$

비례추이 원리 $\frac{r}{S} = \frac{r+R}{S'}$에서 슬립을 대입하면 $\frac{r}{0.05} = \frac{r+R}{1.95}$

$0.05(r+R) = 1.95r \quad 0.05R = 1.95r - 0.05r$

$R = \frac{1.9}{0.05}r$

$R = 38r$

답 38배

12 ★★★★☆ [5점]

정격용량 300[kVA]인 변압기에서 역률 70[%]의 부하에 300[kVA]를 공급하고 있다. 합성 역률을 95[%]로 바꾸고자 전력용콘덴서를 설치했을 때, 유효전력은 몇 kW 증가하는가?

해답 계산 : 300[kVA] 역률 60[%]의 유효전력 $P_1 = 300 \times 0.7 = 210[kW]$

300[kVA] 역률 95[%]의 유효전력 $P_1 = 300 \times 0.95 = 285[kW]$

증가분 $P = 285 - 210 = 75[kW]$

답 75[kW]

13 ★★★★☆ [4점]

수용률(Demand Factor)을 식으로 표시하고, 수용률의 의미에 대하여 설명하시오.

1 식
2 의미

해답 1 수용률 $= \frac{\text{최대수용전력}}{\text{부하설비용량}} \times 100\%$

2 의미 : 수용설비(부하설비)를 동시에 사용하는 정도를 말한다.

TIP

➤ 수용률의 정의
부하설비용량에 대한 최대수용전력의 비를 백분율로 나타낸 것이다.

14 ★★★☆☆ [6점]

그림과 같은 회로에서 중성선의 P점에서 단선되었다면, 부하 A의 단자전압 V_A와 부하 B의 단 전압은 V_B은 몇 [V]인가?

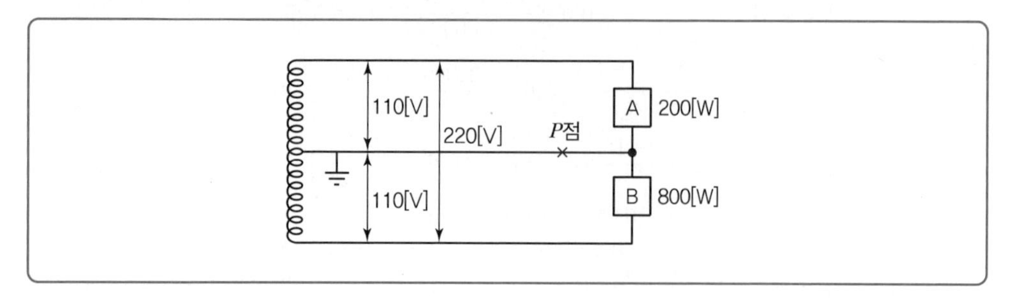

해답 계산 : $R_A = \frac{V^2}{P_A} = \frac{110^2}{200} = 60.5[\Omega]$ $R_B = \frac{V^2}{P_B} = \frac{110^2}{800} = 15.13[\Omega]$

$$V_A = \frac{R_A}{R_A + R_B} V = \frac{60.5}{60.5 + 15.13} \times 220 = 175.99[V]$$

$$V_B = \frac{R_B}{R_A + R_B} V = \frac{15.13}{60.5 + 15.13} \times 220 = 44.01[V]$$

답 $V_A = 175.99[V]$, $V_B = 44.01[V]$

15 ★★★☆☆ [5점]

소비전력이 400[kW], 무효전력이 300[kVar]일 때, 역률[%]을 구하시오.

해답 계산 : $\cos\theta = \frac{P}{\sqrt{P^2 + Q^2}} \times 100\% = \frac{400}{\sqrt{400^2 + 300^2}} \times 100\% = 80[\%]$

답 80[%]

16 ★★★★☆ [6점]

역률 개선에 대한 효과를 3가지만 쓰시오.

해답 ① 전력손실이 감소한다.
② 전압강하가 감소한다.
③ 전기요금이 감소한다.
그 외
④ 설비이용률이 향상된다.

17 ★★★★☆ [8점]

다음 동작설명을 보고 미완성 시퀀스 회로도를 완성하시오.

[동작 설명]

- PB1을 누르면 MC가 여자되어 전동기가 운전하고, RL이 점등된다.
- PB2를 누르면 MC가 소자되어 전동기가 정지하고, GL이 소등된다.
- 전원 투입 시 확인을 위해 파일럿램프(PL)를 추가하시오.

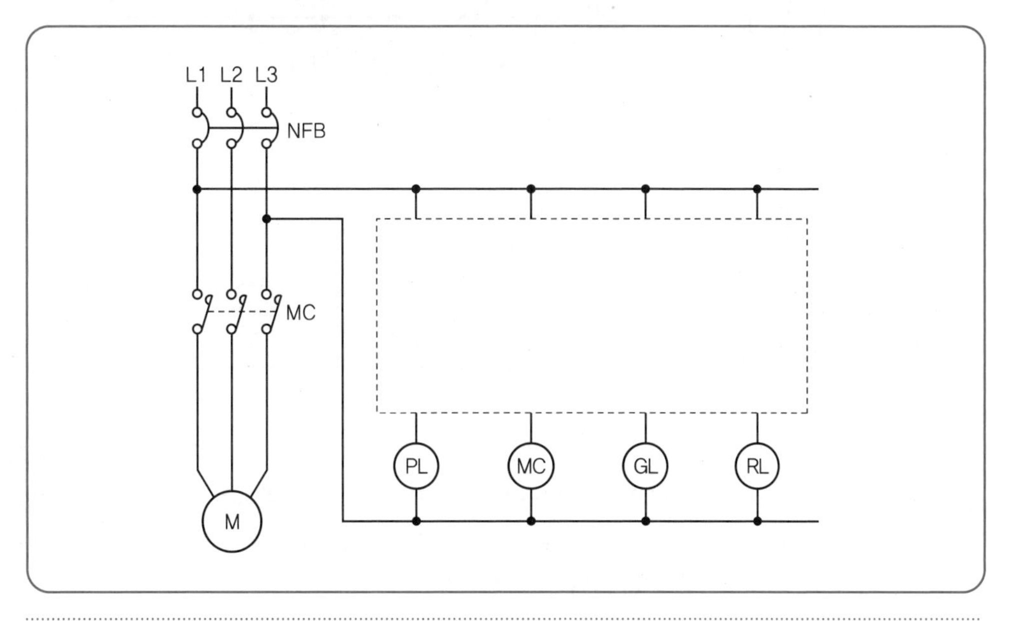

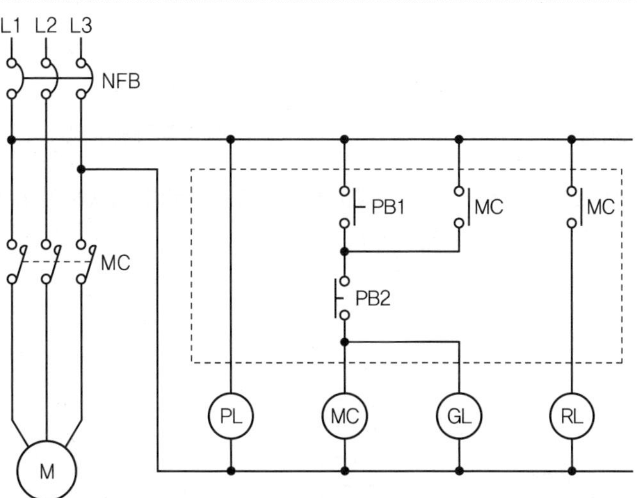

18 ★★★★★ [12점]

다음 그림은 환기팬의 수동 운전 및 고장 표시등 회로의 일부이다. 이 회로를 이용하여 다음 각 물음에 답하시오.

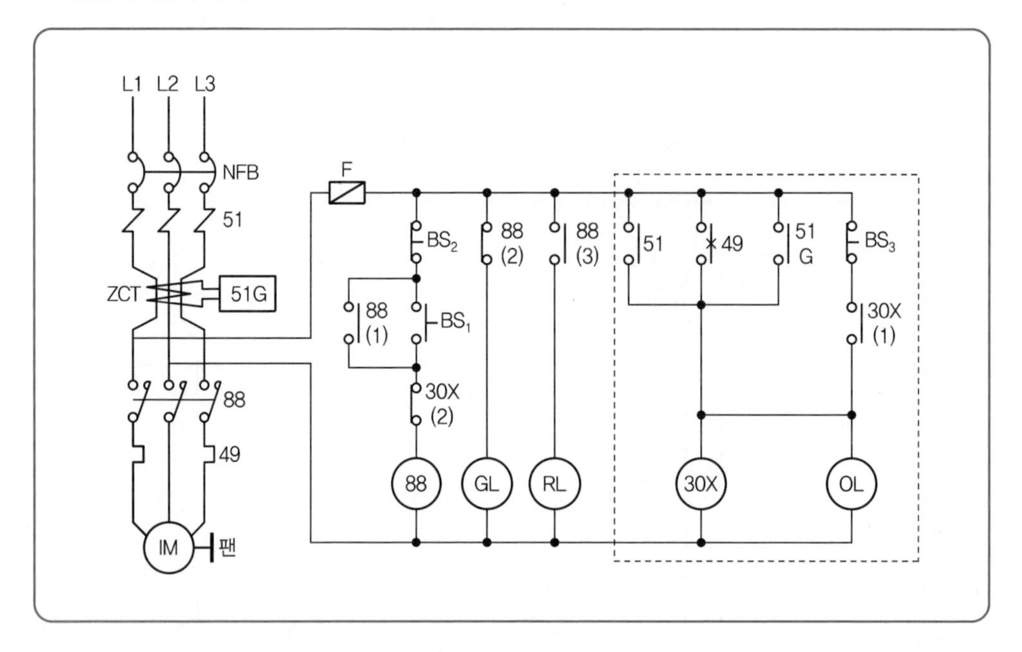

1 88은 MC로서 도면에서는 출력기구이다. 도면에 표시된 기구에 대하여 다음에 해당되는 명칭을 그 약호로 쓰시오.(단, 중복은 없고 NFB, ZCT, IM, 팬은 제외하며, 해당되는 기구가 여러 가지일 경우에는 모두 쓰도록 한다.)

① 고장표시기구 : ② 고장회복 확인기구 :
③ 기동기구 : ④ 정지기구 :
⑤ 운전표시램프 : ⑥ 정지표시램프 :
⑦ 고장표시램프 : ⑧ 고장검출기구 :

2 그림의 점선으로 표시된 회로를 AND, OR, NOT 회로를 사용하여 로직회로를 그리시오.(단, 로직소자는 3입력 이하로 한다.)

해답 **1** ① 30X ② BS_3
③ BS_1 ④ BS_2
⑤ RL ⑥ GL
⑦ OL ⑧ 51, 51G, 49

2

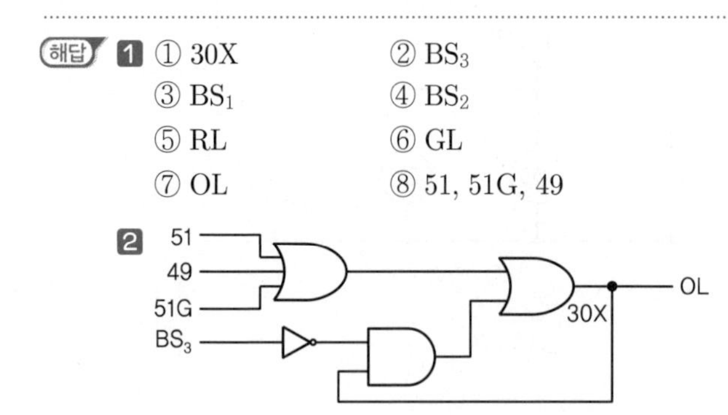

전기산업기사

2023년도 2회 시험 과년도 기출문제

회독 체크	□1회독	월 일	□2회독	월 일	□3회독	월 일

01 ★★★★★ [6점]

가로 10[m], 세로 20[m]인 사무실에 평균 조도를 250[lx]를 얻고자 할 때 40[W] 형광등의 광속이 2,400[lm]이라면 필요한 등수는 몇 등이 필요한가?(단, 조명률은 50[%], 감광보상률 1.2로 하여 계산한다.)

해답 계산 : FUN = DEA

$$N = \frac{1.2 \times 250 \times 10 \times 20}{2,400 \times 0.5} = 50[\text{등}]$$

답 50[등]

TIP

FUN = EAD

여기서, F : 광속[lm], N : 광원의 개수[등], E : 평균 조도[lx]

A : 방의 면적[m^2], D : 감광보상률$\left(=\frac{1}{M}\right)$, M : 유지율(보수율), U : 조명률[%]

02 ★★★★★ [5점]

어느 공장에서 천장크레인의 권상용 전동기에 의하여 하중 60[ton]을 권상속도 3[m/min]로 권상하려 한다. 권상용 전동기의 소요출력은 몇 [kW] 정도 되는가?(단, 권상기의 기계효율은 80[%]이다.)

해답 계산 : $P = \frac{WV}{6.12\eta} = \frac{60 \times 3}{6.12 \times 0.8} = 36.76[\text{kW}]$

답 36.76[kW]

03 ★★☆☆☆ [6점]

그림과 같은 저압 배선방식의 명칭과 특징을 4가지만 쓰시오.

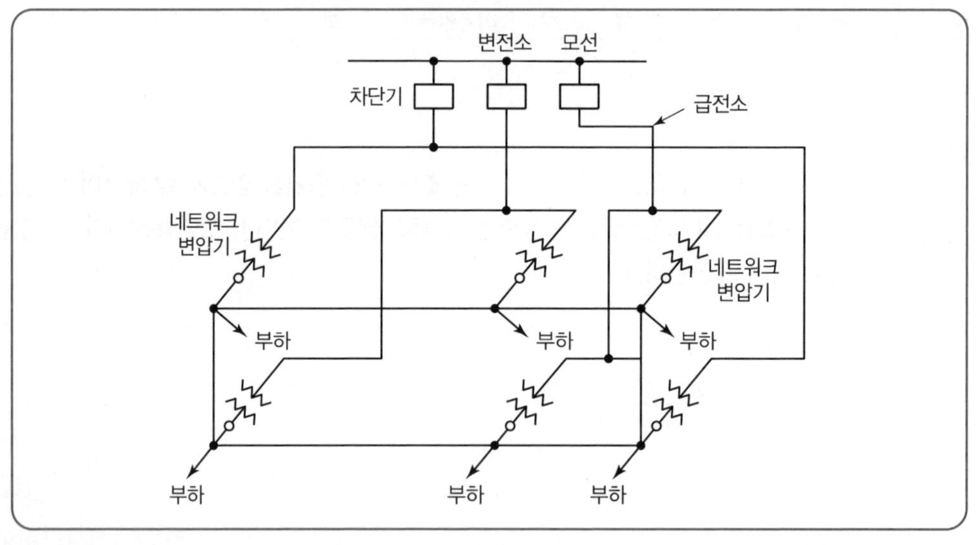

1 배선방식 2 특징

해답 1 저압 네트워크 방식

2 특징 4가지

① 무정전 공급이 가능하여 배전의 신뢰도가 가장 높다.

② 플리커 및 전압변동이 적다.

③ 전력손실이 감소된다.

④ 기기의 이용률이 향상된다.

그 외

⑤ 부하 증가에 대한 적응성이 좋다.

⑥ 변전소의 수를 줄일 수 있다.

⑦ 특별한 보호장치가 필요하다.

04 ★★★☆☆ [5점]

그림과 같이 V결선과 Y결선된 변압기 한 상의 중심 O에서 110[V]를 인출하여 사용하고자 한다. 다음 각 물음에 답하시오.

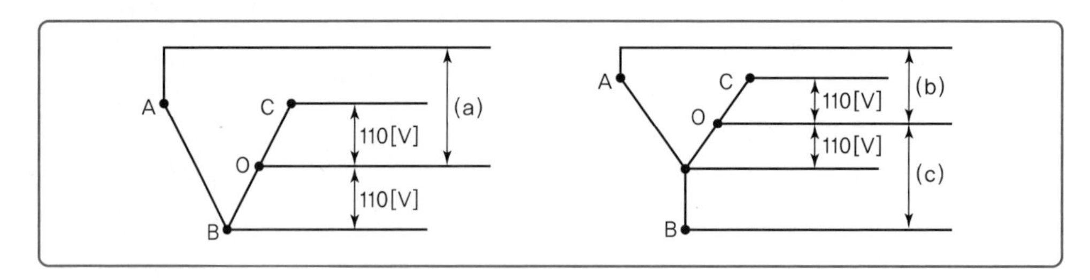

❶ 위 그림에서 (a)의 전압을 구하시오.
❷ 위 그림에서 (b)의 전압을 구하시오.
❸ 위 그림에서 (c)의 전압을 구하시오.

해답 ❶ 계산 : $V_{AO} = 220\angle 0° + 110\angle -120°$

$= 220 + (-55 - j55\sqrt{3}) = 165 - j55\sqrt{3}$

$= \sqrt{165^2 + (55\sqrt{3})^2} = 190.53[V]$

답 190.53[V]

❷ 계산 : $V_{AO} = V_A - V_O = 220\angle 0° - 110\angle 120°$

$= 220 - 110\left(-\frac{1}{2} + j\frac{\sqrt{3}}{2}\right) = 275 - j55\sqrt{3}$

$= \sqrt{275^2 + (55\sqrt{3})^2} = 291.03[V]$

답 291.03[V]

❸ 계산 : $V_{BO} = V_B - V_O = 220\angle -120° - 110\angle 120°$

$= 220\left(-\frac{1}{2} - j\frac{\sqrt{3}}{2}\right) - 110\left(-\frac{1}{2} + j\frac{\sqrt{3}}{2}\right) = -55 - j165\sqrt{3}$

$= \sqrt{55^2 + (165\sqrt{3})^2} = 291.03[V]$

답 291.03[V]

05 ★★★★★ [4점]

변류비 60/5인 CT 2대를 그림과 같이 접속할 때 전류계에 2[A]가 흐른다면 CT 1차 측에 흐르는 전류는 몇 [A]인가?

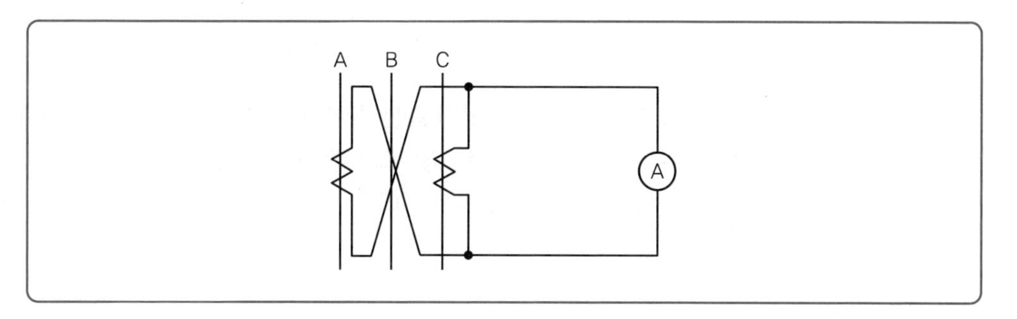

해답 계산 : $I_1 = Ⓐ \times \frac{1}{\sqrt{3}} \times$ 변류비

$= \frac{2}{\sqrt{3}} \times \frac{60}{5} = 13.86[A]$

답 13.86[A]

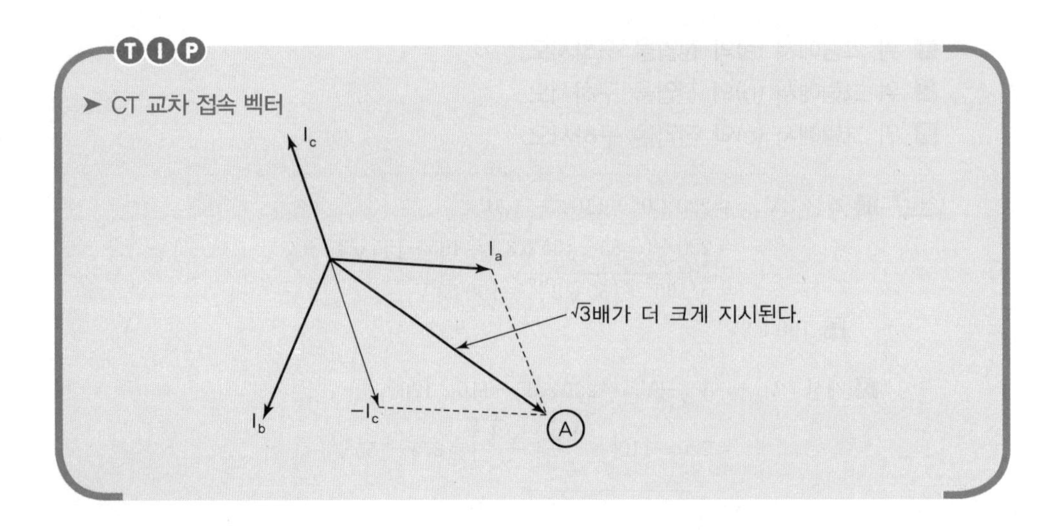

06 ★★★★★ [5점]

비상용 조명 부하 110[V]용 100[W] 58등, 60[W] 50등이 있다. 방전시간 30분, 축전지 HS형 54[cell], 허용 최저전압 100[V], 최저축전지온도 5[℃]일 때 축전지 용량은 몇 [Ah]인가?(단, 경년용량저하율 0.8, 용량환산시간계수 K = 1.2이다.)

해답 계산 : 부하전류 $I = \frac{P}{V} = \frac{100 \times 58 + 60 \times 50}{110} = 80[A]$

축전지 용량 $C = \frac{1}{L}KI = \frac{1}{0.8} \times 1.2 \times 80 = 120[Ah]$

답 120[Ah]

07 ★★★★★ [4점]

1선당 저항이 10[Ω]이고 리액턴스가 20[Ω]인 송전선로에서 송전단 전압이 6,600[V], 수전단 전압이 6,200[V], 수전단의 부하를 끊은 경우의 수전단 전압이 6,300[V]라 할 때 다음 각 물음에 답하시오.(단, 수전단의 역률은 0.8이다.)

1 전압강하율을 구하시오.

2 전압변동률을 구하시오.

해답 1 계산 : $\delta = \frac{\text{송전단 전압} - \text{수전단 전압}}{\text{수전단 전압}} \times 100 = \frac{6,600 - 6,200}{6,200} \times 100 = 6.45[\%]$

답 6.45[%]

2 계산 : $\varepsilon = \frac{\text{무부하 수전단 전압} - \text{수전단 전압}}{\text{수전단 전압}} \times 100 = \frac{6,300 - 6,200}{6,200} \times 100 = 1.61[\%]$

답 1.61[%]

08 ★★★★★ [8점]

10[kVar]의 전력용 콘덴서를 설치하고자 할 때 다음 물음에 답하시오.(단, 사용전압은 380[V]이고 주파수는 60[Hz]이다.)

1 Y결선에 대한 콘덴서 용량은 몇 [μF]인가?
2 Δ결선에 대한 콘덴서 용량은 몇 [μF]인가?
3 두 결선 중 어느 것이 유리한가?

해답 1 Y결선

계산 : $C_Y = \frac{Q_Y}{WCV^2} = \frac{10\times10^3}{2\pi\times60\times380^2}\times10^6 = 183.7\,[\mu F]$

답 183.7[μF]

2 Δ결선

계산 : $C_\Delta = \frac{Q_\Delta}{3WCV^2} = \frac{10\times10^3}{3\times2\pi\times60\times380^2}\times10^6 = 61.23\,[\mu F]$

답 61.23[μF]

3 Δ결선

TIP

① △결선 $Q_\Delta = 3WCE^2 = 3WCV^2 \quad C = \frac{Q_\Delta}{3WV^2}$

② Y결선 $Q_Y = 3WCE^2 = 3WC(\frac{V}{\sqrt{3}})^2 = WCV^2 \quad C = \frac{Q_Y}{WV^2}$

여기서, E : 상전압
V : 선간전압
W : $2\pi f$
C : 정전용량
Q : 충전용량(콘덴서용량)

09 ★★★☆☆ [5점]

배전선에 접속된 부하분포가 아래 그림과 같을 때 급전점을 A점으로 하고 급전전압을 105[V]로 하여 B, C점 및 D점의 전압을 구하면 각각 몇 [V]인가?(단, 배전선의 귀항은 위치에 관계없이 1,000[m]당 0.25[Ω]으로 계산할 것)

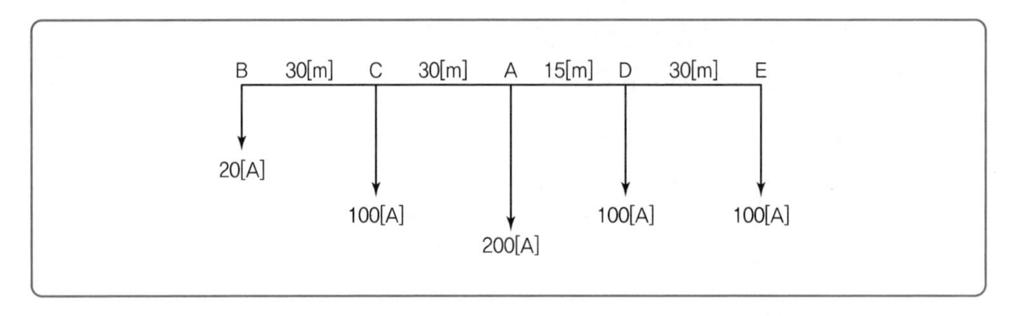

해답 계산 : 저항 $R=0.25\times10^{-3}[\Omega/m]$

$$V_B = V_A - IR$$
$$= 105-((100+20)\times0.25\times10^{-3}\times30+20\times0.25\times10^{-3}\times30)$$
$$= 103.95[V]$$
$$V_C = V_A - IR = 105-((100+20)\times0.25\times10^{-3}\times30) = 104.1[V]$$
$$V_D = V_A - IR = 105-((100+100)\times0.25\times10^{-3}\times15) = 104.25[V]$$

답 $V_B = 103.95[V]$, $V_C = 104.1[V]$, $V_D = 104.25[V]$

10 ★★☆☆☆ [4점]

다음 곡선의 계전기 명칭을 쓰시오.

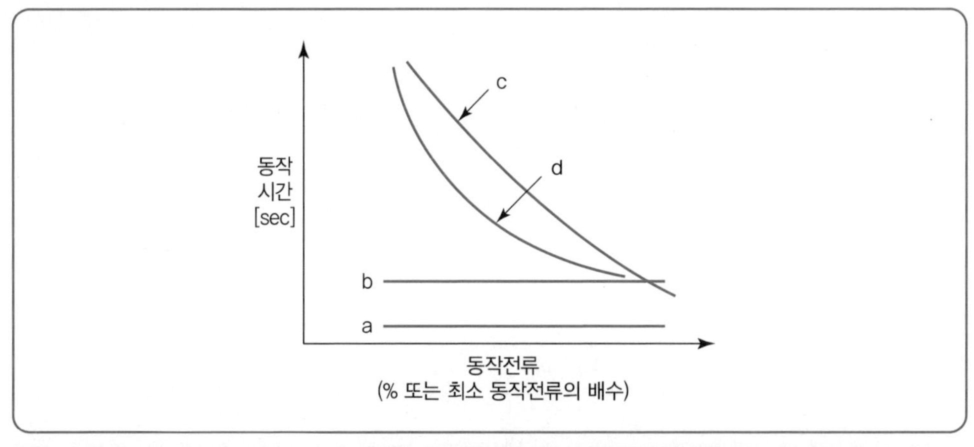

구분	a	b	c	d
명칭				

해답

구분	a	b	c	d
명칭	순한시 계전기	정한시 계전기	반한시 계전기	반한시성 정한시 계전기

11 ★★☆☆☆ [5점]

그림과 같이 높이가 같은 전선주가 같은 거리에 가설되어 있다. 지금 지지물 B에서 전선이 지지점에서 떨어졌다고 하면, 전선의 처짐정도 D_2는 전선이 떨어지기 전 D_1의 몇 배가 되겠는가? ※ KEC 규정에 따라 변경

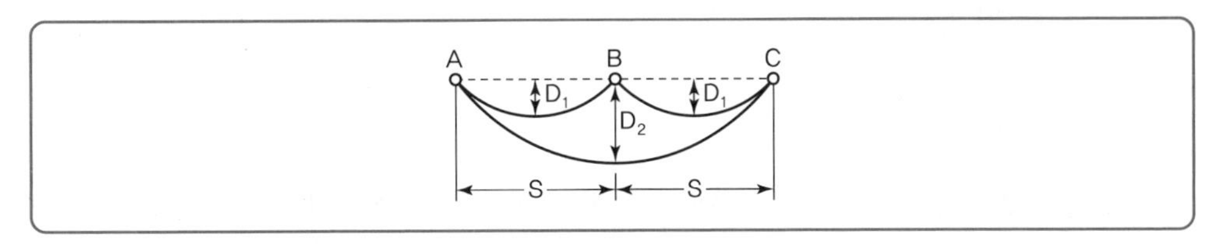

해답 계산 : 전선의 실제 길이 $L=S+\frac{8D^2}{3S}$ 에서

$$2L_1=L_2$$

$$2\left(S+\frac{8D_1^2}{3S}\right)=2S+\frac{8D_2^2}{3\times 2S}$$

$$2S+\frac{2\times 8D_1^2}{3S}=2S+\frac{8D_2^2}{3\times 2S}$$

$$\frac{8D_2^2}{3\times 2S}=\frac{2\times 8D_1^2}{3S}$$

$$D_2^2=\frac{2\times 8D_1^2}{3S}\times\frac{3\times 2S}{8}$$

$$\therefore\ D_2=\sqrt{4D_1^2}=2D_1$$

답 2배

TIP

$$L=S+\frac{8D^2}{3S}$$

여기서, L : 전선의 실제 길이[m]
S : 경간[m]
D : 처짐정도[m]

12 ★★★★★

[4점]

100[kVA]의 변압기가 운전 중일 때 하루 중 절반은 무부하로 운전하고 나머지의 절반은 50[%]의 부하로 운전하고 나머지 시간 동안은 전부하로 운전된다고 하면 전일 효율은 몇 [%] 인가?(단, 철손은 400[W], 동손은 1,300[W]이다.)

해답 계산 : 전력량 $P = mVI\cos\theta \times T = 0.5 \times 100 \times 6 + 1 \times 100 \times 6 = 900[kWh]$

동손 $P_C = m^2 P_C \times T = (0.5^2 \times 1{,}300 \times 6 + 1^2 \times 1{,}300 \times 6) \times 10^{-3} = 9.75[kWh]$

철손 $P_i = P_i \times 24 = (400 \times 24) \times 10^{-3} = 9.6[kWh]$

효율 $\eta = \dfrac{출력}{출력 + 동손 + 철손} \times 100 = \dfrac{900}{900 + 9.75 + 9.6} \times 100 = 97.895[\%]$

답 97.9[%]

13 ★★★★☆

[4점]

변압기 2차 측 부하용량과 수용률이 아래 표와 같을 때 변압기 용량은 몇 [kVA]인가?(단, 부하 간 부등률은 1.3으로 적용할 것)

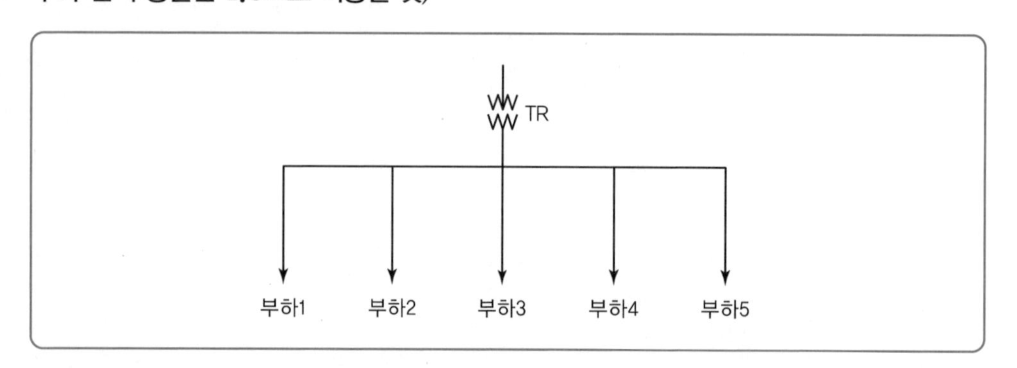

구분	부하1	부하2	부하3	부하4	부하5
부하용량[kW]	3	4.5	5.5	12	17
수용률[%]	65	45	70	50	50

해답 계산 : 변압기 용량[kVA] $= \dfrac{개별\ 최대전력의\ 합[kW]}{부등률 \times 역률}$

$= \dfrac{3 \times 0.65 + 4.5 \times 0.45 + 5.5 \times 0.7 + 12 \times 0.5 + 17 \times 0.5}{1.3 \times 1}$

$= 17.17[kVA]$

답 17.17[kVA]

14 ★★★★★ [4점]

분전반에서 25[m] 떨어진 곳에 4[kW]의 단상 2선식 200[V] 전열기용 아웃렛을 설치하여 그 전압강하를 1[%] 이하가 되도록 하기 위한 굵기를 선정하시오.

[조건]

공칭 단면적

1.5 2.5 4 6 10 16 25 35 50

해답 계산 : 전류 $I = \frac{P}{V} = \frac{4 \times 10^3}{200} = 20[A]$

$$A = \frac{35.6LI}{1,000e} = \frac{35.6 \times 25 \times 20}{1,000 \times 200 \times 0.01} = 8.9[mm^2]$$

답 $10[mm^2]$

TIP

| KS C IEC 전선규격[mm²] |

1.5	2.5	4
6	10	16
25	35	50
70	95	120
150	185	240
300	400	500

| 전선의 단면적 |

단상 2선식	$A = \frac{35.6LI}{1,000 \cdot e}$
3상 3선식	$A = \frac{30.8LI}{1,000 \cdot e}$
단상 3선식 3상 4선식	$A = \frac{17.8LI}{1,000 \cdot e}$

15 ★★☆☆☆ [5점]

다음 회로에서 전원전압이 공급될 때 최대 전류계의 측정 범위가 500[A]의 전류계로 전 전류값이 2,000[A]인 전류를 측정하려고 한다. 전류계와 병렬로 몇 [Ω]의 저항을 연결하면 측정이 가능한지 계산하시오.(단, 전류계의 내부저항은 90[Ω]이다.)

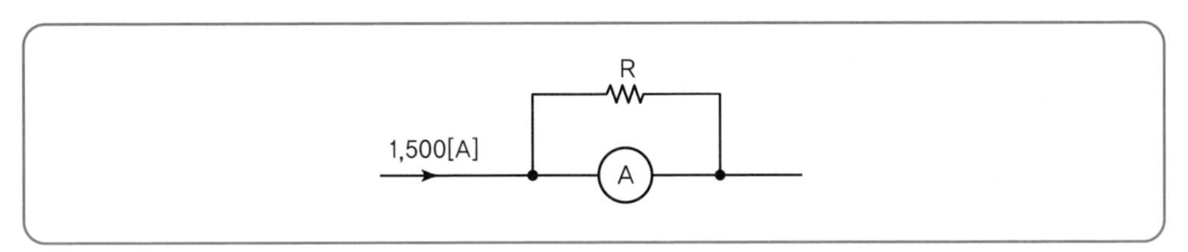

해답 계산 : 분류기 $m=\frac{I}{I_a}=\frac{r_a}{R_s}+1$이므로

$$\frac{2,000}{500}=\frac{90}{R_s}+1,\quad 3=\frac{90}{R_s}$$

$$\therefore R_s=\frac{90}{3}=30[\Omega]$$

답 30[Ω]

TIP

① 분배전류 $I_a=\frac{R_s}{r_a+R_s}\cdot I$

② 분류기 $m=\frac{I}{I_a}\cdot\frac{r_a+R_s}{R_s}=\frac{r_a}{R_s}+1$

여기서, R_s : 분류기저항, r_a : 내부저항, I_a : 측정한도, I : 측정하려는 전류값

16 ★★☆☆☆ [5점]

입력 A, B, C, D로 제어되는 다음 논리회로의 출력 Z에 대한 식을 쓰시오.(단, 출력식은 입력 A, B, C, D의 기호를 포함해야 한다.)

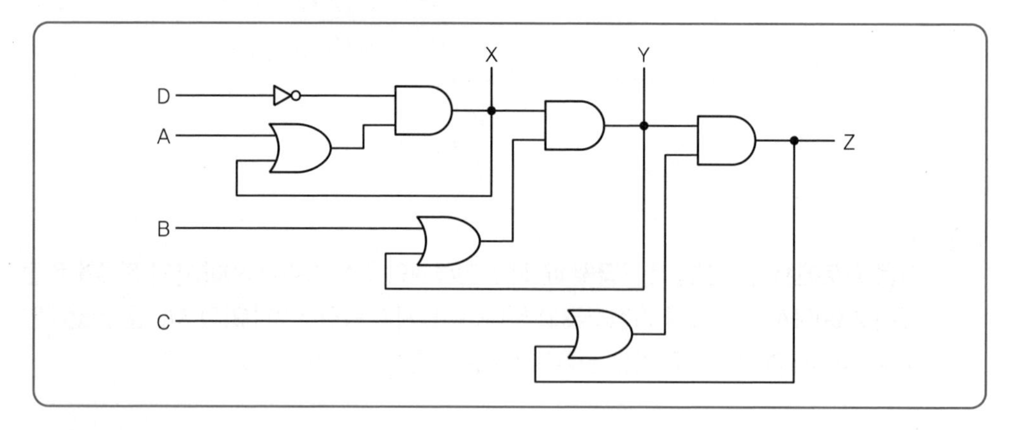

해답 $Z=\overline{D}(A+X)(B+Y)(C+Z)$

TIP

- $X=\overline{D}(A+X)$
- $Y=X(B+Y)$
- $Z=Y(C+Z)$

$\therefore Z=\overline{D}(A+X)(B+Y)(C+Z)$

17 ★☆☆☆☆ [7점]

그림과 같은 PLC 시퀀스의 미완성 프로그램을 주어진 명령어를 이용하여 완성하시오.

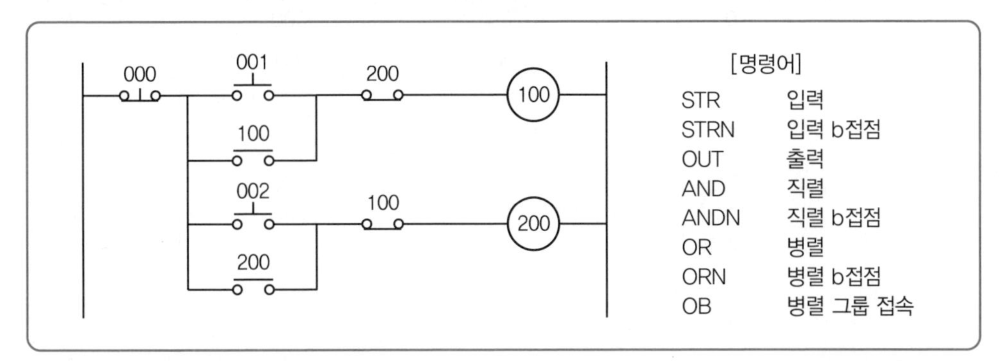

차례	명령어	번지	비고
0	STRN	000	W
1	AND	001	W
2			W
3			W
4			W
5			W
6			W
7			W
8			W
9			W
10			W
11			W
12			W
13			W
14	OB		W
15	OUT	200	W
16	END		

해답

차례	명령어	번지	비고
0	STRN	000	W
1	AND	001	W
2	ANDN	200	W
3	STRN	000	W
4	AND	100	W
5	ANDN	200	W
6	OB		W
7	OUT	100	W
8	STRN	000	W
9	AND	002	W
10	ANDN	100	W
11	STRN	000	W
12	AND	200	W
13	ANDN	100	W
14	OB		W
15	OUT	200	W
16	END		

18 ★★★★★ [14점]

3층 사무실용 건물에 3상 3선식의 6,000[V]를 200[V]로 강압하여 수전하는 설비가 있다. 각종 부하 설비가 표와 같을 때 참고자료를 이용하여 다음 물음에 답하시오.

| 표 1. 동력 부하 설비 |

사용 목적	용량 [kW]	대수	상용동력 [kW]	하계동력 [kW]	동계동력 [kW]
난방 관계					
• 보일러 펌프	6.7	1			6.7
• 오일 기어 펌프	0.4	1			0.4
• 온수 순환 펌프	3.7	1			3.7
공기조화관계					
• 1, 2, 3층 패키지 컴프레서	7.5	6		45.0	
• 컴프레서 팬	5.5	3	16.5		
• 냉각수 펌프	5.5	1		5.5	
• 쿨링 타워	1.5	1		1.5	
급수 · 배수 관계					
• 양수 펌프	3.7	1	3.7		
기타					
• 소화 펌프	5.5	1	5.5		
• 셔터	0.4	2	0.8		
합계			26.5	52.0	10.8

| 표 2. 조명 및 콘센트 부하 설비 |

사용 목적	와트수 [W]	설치 수량	환산용량 [VA]	총용량 [VA]	비고
전등관계					
• 수은등 A	200	2	260	520	200[V] 고역률
• 수은등 B	100	8	140	1,120	100[V] 고역률
• 형광등	40	820	55	45,100	200[V] 고역률
• 백열전등	60	20	60	1,200	
콘센트 관계					
• 일반 콘센트		70	150	10,500	2P 15[A]
• 환기팬용 콘센트		8	55	440	
• 히터용 콘센트	1,500	2		3,000	
• 복사기용 콘센트		4		3,600	
• 텔레타이프용 콘센트		2		2,400	
• 룸 쿨러용 콘센트		6		7,200	
기타					
• 전화교환용 정류기		1		800	
합계				75,880	

[조건]

1. 동력부하의 역률은 모두 70[%]이며, 기타는 100[%]로 간주한다.
2. 조명 및 콘센트 부하설비의 수용률은 다음과 같다.
   - 전등 설비 : 60[%]
   - 콘센트 설비 : 70[%]
   - 전화교환용 정류기 : 100[%]
3. 변압기 용량 산출 시 예비율(여유율)은 고려하지 않으며 용량은 표준규격으로 답하도록 한다.
4. 변압기 용량 산정 시 필요한 동력부하설비의 수용률은 전체 평균 65[%]로 한다.

1 동계 난방 때 온수 순환 펌프는 상시 운전하고, 보일러용과 오일 기어 펌프의 수용률이 55[%]일 때 난방동력 수용부하는 몇 [kW]인가?

2 상용동력, 하계동력, 동계동력에 대한 피상전력은 몇 [kVA]가 되겠는가?
① 상용동력, ② 하계동력, ③ 동계동력

3 이 건물의 총 전기 설비 용량은 몇 [kVA]를 기준으로 하여야 하는가?

4 조명 및 콘센트 부하 설비에 대한 단상 변압기의 용량은 최소 몇 [kVA]가 되어야 하는가?

5 동력부하용 3상 변압기의 용량은 몇 [kVA]가 되겠는가?

6 단상과 3상 변압기의 전류계용으로 사용되는 변류기의 1차 측 정격전류는 각각 몇 [A]인가?
① 단상, ② 3상

7 역률개선을 위하여 각 부하마다 전력용 콘덴서를 설치하려고 할 때 보일러 펌프의 역률을 95[%]로 개선하려면 몇 [kVA]의 전력용 콘덴서가 필요한가?

해답 1 계산 : 수용부하=3.7+(6.7+0.4)×0.55=7.61[kW]

답 7.61[kW]

2 ① 계산 : 상용동력의 피상전력$=\frac{\text{설비용량[kW]}}{\text{역률}}=\frac{26.5}{0.7}=37.86$[kVA]

답 37.86[kVA]

② 계산 : 하계동력의 피상전력$=\frac{\text{설비용량[kW]}}{\text{역률}}=\frac{52.0}{0.7}=74.29$[kVA]

답 74.29[kVA]

③ 계산 : 동계동력의 피상전력$=\frac{\text{설비용량[kW]}}{\text{역률}}=\frac{10.8}{0.7}=15.43$[kVA]

답 15.43[kVA]

3 계산 : 총 전기설비용량=상용동력[kVA]+하계동력[kVA]+기타설비용량[kVA]
=37.86+74.29+75.88=188.03[kVA]

답 188.03[kVA]

4 계산 : 전등 관계 : $(520+1,120+45,100+1,200)\times 0.6\times 10^{-3}=28.76$[kVA]
콘센트 관계 : $(10,500+440+3,000+3,600+2,400+7,200)\times 0.7\times 10^{-3}$
$=19$[kVA]
기타 : $800\times 1\times 10^{-3}=0.8$[kVA]
28.76+19+0.8=48.56[kVA]이므로 단상 변압기 용량은 50[kVA]가 된다.

답 50[kVA]

5 계산 : 동계동력과 하계동력 중 큰 부하를 기준으로 하고 상용동력과 합산하여 계산하면
$T_R=\frac{\text{설비용량}\times\text{수용률}}{\text{역률}}=\frac{(26.5+52.0)}{0.7}\times 0.65=72.89$[kVA]이므로
3상 변압기 용량은 75[kVA]가 된다.

답 75[kVA]

6 ① 계산 : 단상 변압기 1차 측 변류기

$$I=\frac{P}{V}\times(1.25\sim1.5)=\frac{50\times10^3}{6\times10^3}\times(1.25\sim1.5)=10.42\sim12.5[A]$$

답 15[A] 선정

② 계산 : 3상 변압기 1차 측 변류기

$$I=\frac{P}{\sqrt{3}V}\times(1.25\sim1.5)=\frac{75\times10^3}{\sqrt{3}\times6\times10^3}\times(1.25\sim1.5)=9.02\sim10.83[A]$$

답 10[A] 선정

7 계산 : $Q_c=P(\tan\theta_1-\tan\theta_2)=6.7\left(\frac{\sqrt{1-0.7^2}}{0.7}-\frac{\sqrt{1-0.95^2}}{0.95}\right)=4.63$[kVA]

답 4.63[kVA]

2023년도 3회 시험 과년도 기출문제

회독 체크	□1회독	월 일	□2회독	월 일	□3회독	월 일

01 ★★★★☆ [5점]

피뢰기의 구비조건 3가지를 쓰시오.

해답 ① 충격파의 방전개시전압이 낮을 것
② 상용주파의 방전개시전압이 높을 것
③ 제한전압이 낮을 것
그 외
④ 속류 차단능력이 클 것

TIP
➤ 피뢰기
① 구성 : 직렬 갭과 특성요소
② 제한전압 : 피뢰기 동작 중 단자전압의 파고치
③ 정격전압 : 속류를 차단할 수 있는 최고의 교류전압

02 ★★★☆☆ [6점]

유효전력 60[kW], 역률 80[%]인 부하에 유효전력 40[kW], 역률 60[%]인 부하를 새로 추가한 후, 콘덴서로 합성한 유효전력과 무효전력을 구하시오.

해답 계산 : 유효전력 $P = P_1 + P_2 = 60 + 40 = 100[kW]$

무효전력 $Q = P_1 \tan\theta_1 + P_2 \tan\theta_2$

$$= 60 \times \frac{0.6}{0.8} + 40 \times \frac{0.8}{0.6} = 98.33[kVar]$$

답 유효전력 : 100[kW], 무효전력 : 98.33[kVar]

03 ★★★★★

[5점]

정격 출력 37[kW], 역률 0.8, 효율 0.82인 3상 유도전동기가 있다. 이에 변압기를 V결선하여 전원을 공급하고자 할 때, 변압기 1대의 용량[kVA]을 선정하시오.

변압기 정격용량[kVA]						
10	15	20	30	50	75	100

해답 계산 : $P_V = \sqrt{3} P_1$[kVA]

$$P_1 = \frac{37[kW]}{\sqrt{3} \times 0.8 \times 0.82} = 32.563[kVA]$$

답 50[kVA]

04 ★★★★★

[5점]

그림과 같은 단상 3선식 110/220[V] 수전의 경우 설비 불평형률을 구하시오.

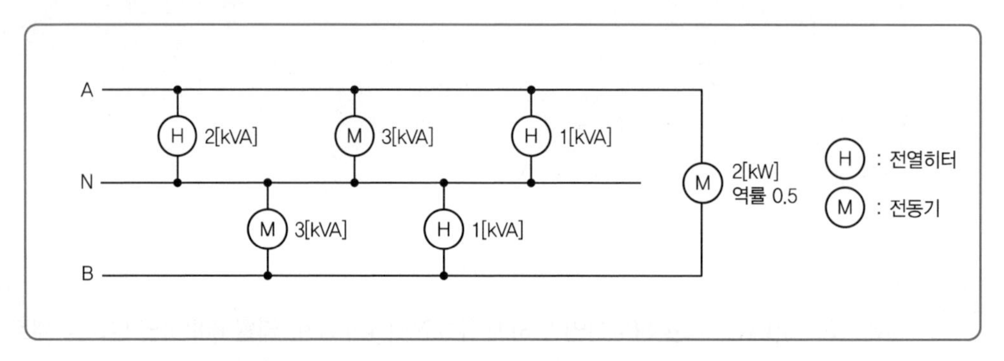

해답 $$\text{설비불평형률} = \frac{\text{중성선과 각 전압 측 전선 간에 접속된 부하 설비용량의 차}}{\text{총 부하 설비용량의 } 1/2} \times 100[\%]$$

계산 : $$\text{설비불평형률} = \frac{(2+3+1)-(3+1)}{\left(2+3+1+3+1+\frac{2}{0.5}\right) \times \frac{1}{2}} \times 100 = 28.57[\%]$$

답 28.57[%]

05 ★☆☆☆☆

[5점]

다음은 유도장해의 종류 및 구분에 관한 내용이다. 알맞은 용어를 쓰시오.

1. 전력선과 통신선과의 상호 인덕턴스에 의해 발생하는 것
2. 전력선과 통신선과의 상호 정전용량에 의해 발생하는 것
3. 양자에 의한 영향도 있지만, 상용주파수보다 높은 고조파의 유도에 의한 잡음 장해

해답 1 전자유도장해
2 정전유도장해
3 고조파유도장해

06 ★☆☆☆☆

[5점]

그림과 같이 지지선을 가설하여 전주에 가해진 수평장력 880[kg]을 지지하고자 한다. 4[mm] 철선을 지지선으로 사용한다면 몇 가닥으로 하면 되는지 구하시오.(단, 4[mm] 철선 1가닥의 인장하중은 440[kg]으로 하고, 안전율은 2.5이다.)

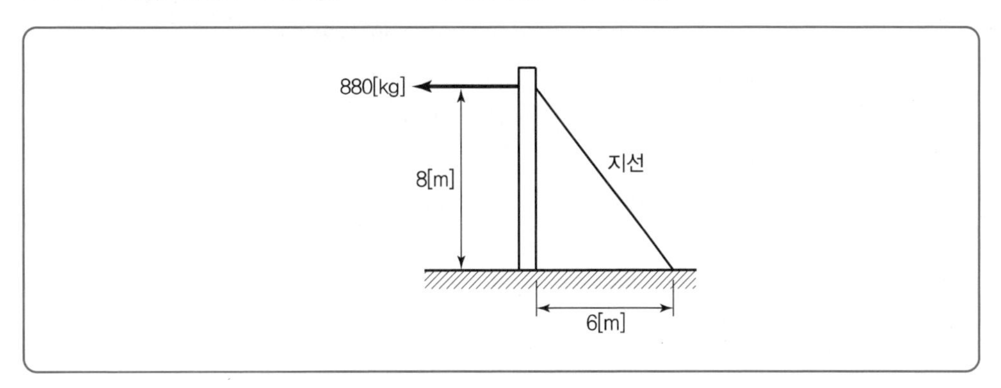

해답 계산 : 전주장력 $T = T_0 \cos\theta$ 여기서, T_0 : 지지선장력

$$T_0 = \frac{T}{\cos\theta} = \frac{880}{\frac{6}{\sqrt{8^2+6^2}}} = 1{,}466.67$$

$$T_0 = \frac{\text{소선의 인장하중} \times \text{가닥 수}(n)}{\text{안전율}}$$

$$\text{가닥 수}(n) = \frac{1466.67 \times 2.5}{440} = 8.33$$

답 9가닥

07 ★★★☆☆

[5점]

다음 단상회로에서 A, B, C, D점 중에서 전원을 공급하려고 할 때, 전력손실이 최소가 되는 지점을 구하시오.(단, AB, BC, CD의 저항은 1[Ω]으로 하고, 주어지지 않은 조건은 무시한다.)

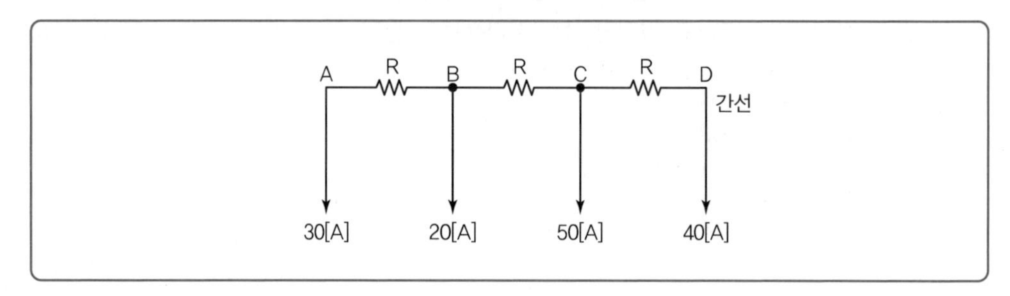

해답 계산 : 저항값이 1이므로 AB, BC, CD의 전력손실(P_L)$=I^2R=I^2\times 1$을 이용하여 각 점의 전력손실을 구하면 다음과 같다.

① 급전점 A

$P_{A\ell}=(20+40+50)^2+(50+40)^2+40^2=21,800$

② 급전점 B

$P_{B\ell}=30^2+(50+40)^2+40^2=10,600$

③ 급전점 C

$P_{C\ell}=30^2+(30+20)^2+40^2=5,000$

④ 급전점 D

$P_{D\ell}=(30+20+50)^2+(30+20)^2+30^2=13,400$

답 C점

TIP

최대점 : A점

08 ★☆☆☆☆

[5점]

다음은 전압의 종류 및 구분에 관한 내용이다. 알맞은 용어를 쓰시오.

1 전선로를 대표하는 선간전압을 말하고, 그 계통의 송전전압을 나타낸다.

2 전선로에 통상 발생하는 최고의 선간전압으로서 염해 대책, 1선지락 고장 시 등 내부이상전압, 코로나 현상, 전자유도전압의 표준이 되는 전압이다.

해답 1 공칭전압

2 계통최고전압

TIP

➤ 전압의 종류

① 공칭전압 : 전선로를 대표하는 선간전압, 계통의 송배전/변전 전압
② 계통최고전압 : 선로의 이상상태(1선지락, 정전유도, 코로나 등)를 고려한 최고선간전압
③ 정격전압 : 전기기계기구, 선로 등에서 표준적인(정상적인) 동작 상태를 유지할 수 있는 전압으로 어떠한 기기가 이상상태에서도 정상적인 동작상태를 유지하게 하기 위한 전압이므로 이상상태를 고려한 계통최고전압보다 높아야 함

09 ★★★☆☆ [5점]

조명에서 사용되는 용어 중 광원에서 나오는 복사속을 눈으로 보아 빛으로 느껴지는 크기를 나타낸 것으로서, 빛의 양을 나타내는 용어와 단위를 쓰시오.

해답
- 용어 : 광속
- 단위 : [lm]

TIP

① 광속 : F[lm]
복사 에너지를 눈으로 보아 빛으로 느끼는 크기로서 광원으로부터 발산되는 빛의 양이다.(빛의 양이라고도 하며, 단위는 루멘)
② 광도 : I[cd]
광원에서 어떤 방향에 대한 단위입체각당 발산되는 광속으로서 광원의 능력을 나타낸다.(빛의 세기라고도 하며, 단위는 칸델라)
③ 조도 : E[lx]
어떤 면의 단위면적당의 입사광속으로서 피조면의 밝기를 나타낸다.(피조면의 밝기라고도 하며, 단위는 럭스)

10 ★★★☆☆ [5점]

10[MVA]를 기준으로 전원 측 %임피던스가 25[%]일 때, 수전점 단락용량[MVA]을 구하시오.

해답 계산 : $P_S = \frac{100}{\%Z}P = \frac{100}{25} \times 10 = 40\,[\text{MVA}]$

답 40[MVA]

11 ★★★☆☆

[5점]

다음은 저압 가공인입선의 시설에 관한 내용이다. 각 물음에 답하시오.

1 도로를 횡단하는 경우에 노면상 높이는 몇 [m] 이상인가?(단, 기술상 부득이한 경우에 교통에 지장이 없을 때는 제외한다.)

2 철도 또는 궤도 횡단하는 경우에 노면상 높이는 몇 [m] 이상인가?

해답 1 5[m]

2 6.5[m]

TIP

| 가공인입선 높이 규정 |

구분	저압[m]	고압[m]	특고압[m]
도로 횡단 시(일반)	5	6	6
도로 횡단 시 (기술상 부득이하고, 교통에 지장이 없을 경우)	3	3.5	4
철도 횡단 시	6.5	6.5	6.5
횡단보도교 위	3	3.5	5

12 ★★★☆☆

[5점]

그림과 같은 분기회로의 전선굵기를 표준 공칭 단면적[mm²]으로 선정하시오.(단, 전압강하는 2[V] 이하, 배선방식은 교류 220[V] 단상 2선식이며, 후강전선관 공사로 한다.)

전선의 단면적[mm²]
1.5, 2.5, 4, 6, 10, 16, 25, 35, 50, 70, 95

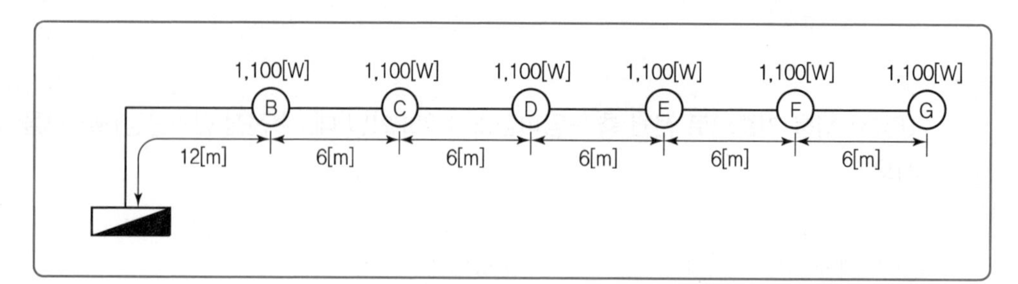

해답 계산 : 부하 중심점 $L = \frac{I_1 l_1 + I_2 l_2 + I_3 l_3 + \cdots + I_n l_n}{I_1 + I_2 + I_3 + \cdots + I_n}$

$$L = \frac{5 \times 12 + 5 \times 18 + 5 \times 24 + 5 \times 30 + 5 \times 36 + 5 \times 42}{5+5+5+5+5+5} = 27[\text{m}]$$

부하전류 $I = \frac{1,100 \times 6}{220} = 30[\text{A}]$

$\therefore$ 전선의 굵기 $A = \frac{35.6LI}{1,000e} = \frac{35.6 \times 27 \times 30}{1,000 \times 2} = 14.42[\text{mm}^2]$

그러므로, 공칭 단면적 $16[\text{mm}^2]$로 결정

답 $16[\text{mm}^2]$

13 ★★★☆☆ [5점]

다음은 농형 유도전동기의 직입 기동에 관한 시퀀스도이다. 주어진 접점만을 활용하여 미완성 시퀀스도를 완성하시오.

[조건]

1. 전원 투입 시 GL램프가 점등된다.
2. ON을 누르면 전동기가 동작하고 자기유지되며, RL램프가 점등되고 GL램프가 소등된다.
3. THR이 동작하면 전동기가 정지하고 RL램프가 소등된다.
4. OFF를 누르면 전동기가 정지하고 GL램프가 점등된다.

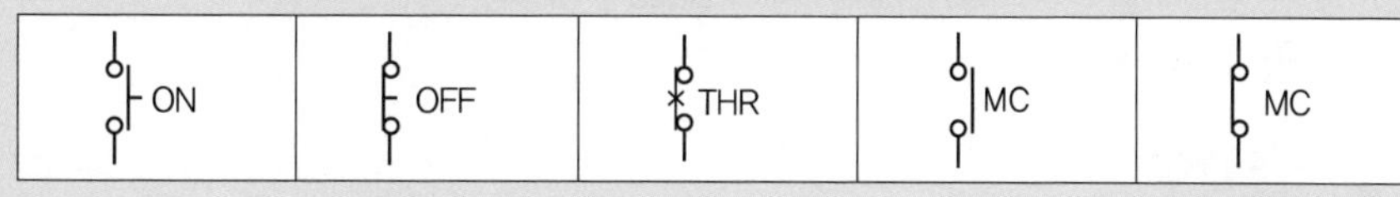

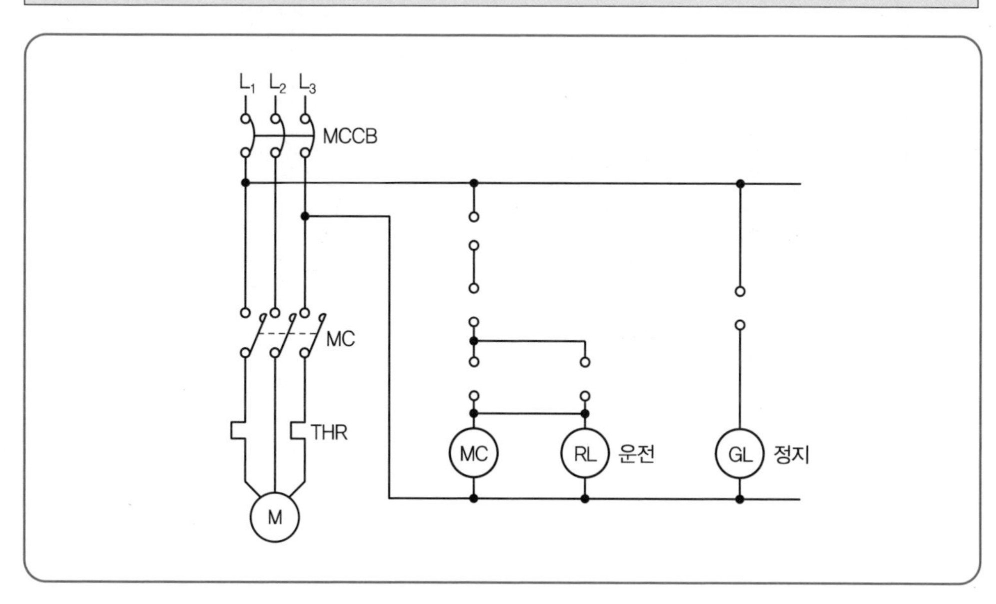

해답

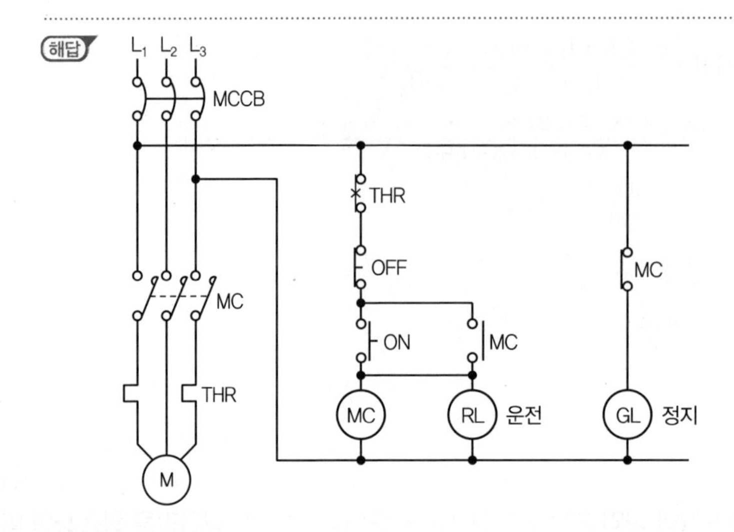

14 ★★★★☆ [5점]

모든 각도로 발산하는 광도 400[cd]의 광원의 책상 중심에서 높이 2[m]에 위치하고 있다. 책상의 지름은 4[m]일 때, 책상에서의 수평면 조도[lx]를 구하시오.

해답 계산 : 수평면 조도 $E_h = \frac{I}{l^2}\cos\theta = \frac{360}{2.828^2} \times \frac{2}{2.828} = 35.37[lx]$

답 35.37[lx]

TIP

①

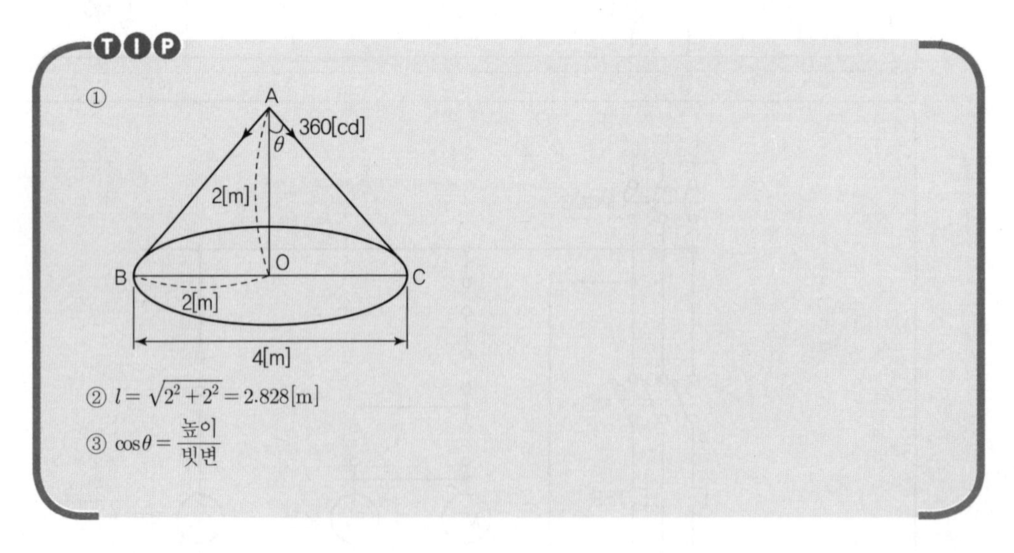

② $l = \sqrt{2^2 + 2^2} = 2.828[m]$

③ $\cos\theta = \frac{높이}{빗변}$

15 ★★★★★ [14점]

다음은 22.9[kV-Y] 1,000[kVA] 이하를 시설하는 경우의 특고압 간이수전설비 결선도이다. 다음 각 물음에 답하시오.

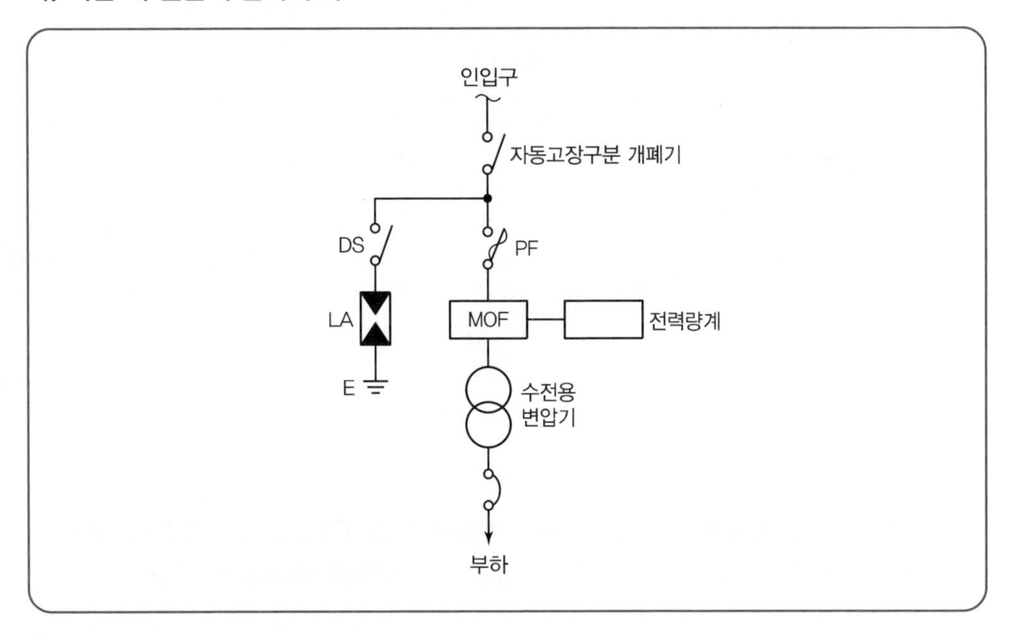

1. 자동고장구분 개폐기의 약호는?
2. 위의 결선도에서 생략 가능한 것은?
3. 22.9[kV-Y]용의 LA는 (　　) 붙임형을 사용하여야 한다. 빈칸에 알맞은 내용은?
4. 인입선을 지중선으로 시설하는 경우로 공동주택 등 고장 시 정전피해가 큰 경우에는 예비 지중선을 포함하여 몇 회선으로 시설하는 것이 바람직한가?
5. 지중 인입선의 경우에 22.9[kV-Y] 계통은 어떤 케이블을 사용하는가?
6. 화재의 우려가 있는 장소에서는 어떤 케이블을 사용하는가?
7. PF 대신 COS로 바뀌었을 경우 비대칭 차단전류는 몇 [kA] 이상의 것을 사용해야 하는가?

해답

1. ASS
2. 피뢰기에 단로기
3. 디스커넥터(Disconnector)
4. 2회선
5. CNCV-W 케이블(수밀형) 또는 TR CNCV-W(트리억제형)
6. FR CNCO-W(난연) 케이블
7. 10[kA] 이상

TIP

➤ 특고압 간이수전설비

① LA용 DS는 생략할 수 있으며 22.9[kV－Y]용 LA는 Disconnector (또는 Isolator) 붙임형을 사용하여야 한다.

② 인입선을 지중선으로 시설하는 경우로 공동주택 등 고장 시 정전피해가 큰 경우에는 예비지중선을 포함하여 2회선으로 시설하는 것이 바람직하다.

③ 지중인입선의 경우에 22.9[kV－Y] 계통은 CNCV－W 케이블(수밀형) 또는 TR CNCV－W(트리억제형)을 사용하여야 한다. 다만, 전력구 · 공동구 · 덕트 · 건물구 내 등 화재 우려가 있는 장소에서는 FR CNCO－W(난연) 케이블을 사용하는 것이 바람직하다.

④ 300[kVA] 이하인 경우는 PF 대신 COS(비대칭 차단전류 10[kA] 이상의 것)을 사용할 수 있다.

⑤ 특별고압 간이수전설비는 PF의 용단 등의 결상사고에 대한 대책이 없으므로 변압기 2차 측에 설치되는 주차단기에는 결상계전기 등을 설치하여 결상사고에 대한 보호능력이 있도록 함이 바람직하다.

16 ★★★★★

[5점]

어떤 콘덴서 3개를 선간전압 3,300[V], 주파수 60[Hz]의 선로에 △로 접속하여 60[kVA]가 되도록 하려면 콘덴서 1개의 정전용량[μF]은 약 얼마로 하여야 하는가?

해답 계산 : $Q_\Delta = 3WCV^2[kVA]$

$$C = \frac{60\times10^3}{3\times2\pi\times60\times3{,}300^2}\times10^6[\mu F] = 4.873$$

답 4.87[μF]

TIP

① △결선 $Q_\Delta = 3WCE^2 = 3WCV^2$ $\quad C = \dfrac{Q_\Delta}{3WV^2}$

② Y결선 $Q_Y = 3WCE^2 = 3WC(\dfrac{V}{\sqrt{3}})^2 = WCV^2$ $\quad C = \dfrac{Q_Y}{WV^2}$

여기서, E : 상전압, V : 선간전압, W : $2\pi f$

C : 정전용량, Q : 충전용량(콘덴서용량)

17 ★★★★★ [5점]

2,000[lm]을 복사하는 전등 30개를 100[m²]의 사무실에 설치하려고 한다. 조명률 0.5, 감광보상률 1.5(보수율 0.667)인 경우 이 사무실의 평균조도[lx]를 구하시오.

해답 계산 : FUN = DAE에서

$$E = \frac{FUN}{DA} = \frac{2{,}000 \times 0.5 \times 30}{1.5 \times 100} = 200\,[lx]$$

답 200[lx]

18 ★★★★☆ [5점]

100[kW] 설비용량 수용가의 부하율이 60[%], 수용률이 80[%]일 때, 1개월간 사용전력량[kWh]을 구하시오.(단, 1개월은 30일이다.)

해답 계산 : $\text{부하율} = \frac{\text{평균전력}}{\text{최대전력}} \times 100 = \frac{\text{사용전력량/시간}}{\text{최대전력}} \times 100$

$$\text{사용전력량} = \text{최대전력} \times \text{부하율} \times \text{시간}$$
$$= 100 \times 0.8 \times 0.6 \times 30 \times 24 = 34{,}560\,[kWh]$$

답 35,560[kWh]

memo

내가 뽑은 원픽!

최신 출제경향에 맞춘 최고의 수험서

2024

전기산업기사 실기 +무료동영상

핵심요약 핸드북

강준희 · 주진열 저

CONTENTS

Chapter 01 수변전설비

회독 체크	□1회독	월 일	□2회독	월 일	□3회독	월 일

1 개폐장치

1) 단로기(DS)

(1) 목적 및 무부하 전류 종류 (동영상)

① 목적 : 무부하 전로 개폐(기기 고장 점검 시 회로 분리)

② 무부하 전류 종류 : 변압기의 여자전류, 콘덴서의 충전전류

대표유형문제

(2014년 3회 1번)

(2) 단로기 정격전압 : 공칭전압 $\times \dfrac{1.2}{1.1}$

공칭전압[kV]	정격전압[kV]
6.6	7.2
22.9	25.8
66	72.5
154	170

(3) 단로기와 전로(설비) 접속방법

① F : 표면 접속(프레임 Type)

② B : 이면 접속(큐비클 Type)

(4) 개폐기와 차단기의 조작

예

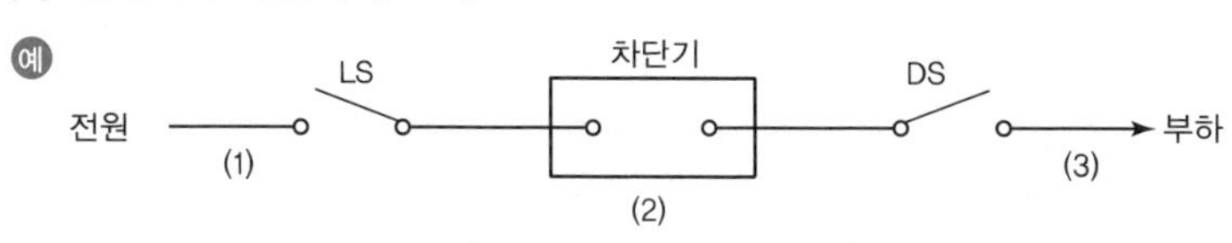

• 차단 순서 : (2) → (3) → (1)

• 투입 순서 : (3) → (1) → (2)

예

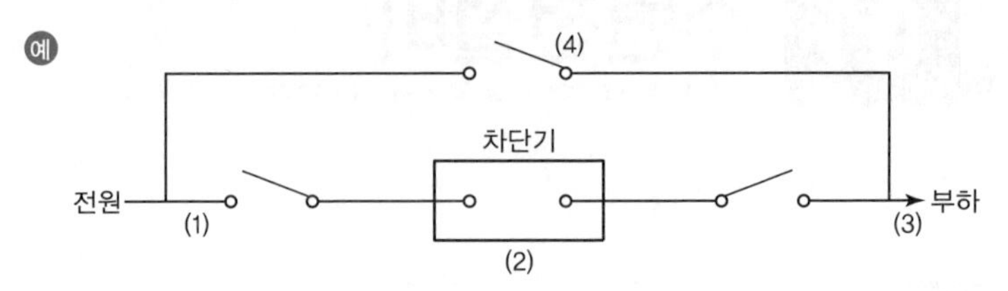

- 차단 순서 : (4) → (2) → (3) → (1)
- 투입 순서 : (3) → (1) → (2) → (4) 개로
  ('바이패스')를 개로하고, (1), (2), (3) 폐로할 때

대표유형문제

(2014년 1회 4번)

2) 차단기(CB) 동영상

고장 전류(단락, 과부하, 지락) 차단 및 부하개폐의 역할을 한다.

(1) 차단기의 종류

① OCB(유입차단기) : 소호실 내의 아크에 의한 절연유의 분해가스로 소호시킨다.
② MBB(자기차단기) : 대기 중의 전자력을 이용하여 아크를 소호실 내로 흡수시켜 소호시킨다.
③ VCB(진공차단기) : 진공 중의 절연내력을 이용하여 소호시킨다.
④ ABB(공기차단기) : 압축된 공기로 분사하여 소호시킨다.
⑤ GCB(가스차단기) : SF_6 가스를 이용하여 소호시킨다.
⑥ 저압용 차단기 : 기중차단기(ACB), 누전차단기(ELB), 배선용 차단기(MCCB)

(2) 차단기 정격전압 선정

공칭전압[kV]	정격전압[kV]	차단시간(C/S)
6.6	7.2	5
22.9	25.8	5
66	72.5	5
154	170	3
345	362	3
765	800	2

(3) 차단기 용량 선정 동영상

대표유형문제
(2015년 2회 4번)

① 퍼센트 임피던스(%Z)가 주어졌을 경우

$$P_s = \frac{100}{\%Z} \times P_n \text{(자기용량, 기준용량)}$$

② 정격 차단전류[kA]가 주어졌을 경우

$$P_s = \sqrt{3} \times \text{정격전압[kV]} \times \text{정격차단전류[kA]} = \text{[MVA]}$$

(4) 단락전류 동영상

대표유형문제
(2010년 2회 1번)

① 퍼센트 임피던스(%Z)가 주어졌을 경우

$$I_S = \frac{100}{\%Z} I_n \text{(A)}$$

② 임피던스(Z)가 주어졌을 경우

$$I_S = \frac{E}{Z} = \frac{\frac{V}{\sqrt{3}}}{Z} \text{(A)}$$

(5) 단락전류 억제 대책 암기 : 한변계계캐

① 한류리액터 설치(저압)
② 변압기 임피던스 조정(저압)
③ 계통연계기 설치(저압)
④ 계통을 분리
⑤ 캐스케이딩 방식 채용

(6) 차단기의 용어해설

① 정격전압 = 공칭 × $\frac{1.2}{1.1}$ [kV](규정한 조건에 따라 그 차단기에 인가될 수 있는 사용회로 전압의 상한치를 말함)

② 정격차단 시간 : 개극 시간과 아크 시간(Arc가 소호되는 순시까지의 시간)의 합 암기 : 개아

(7) 가스차단기(Gas Circuit Breaker ; GCB)

① 장점

㉠ 전기적 성질이 우수하다.

㉡ 소호능력이 대단히 크다.

㉢ 회복능력이 빨라 고전압 · 대전류 차단에 적합하다.

㉣ 소음공해가 전혀 없다.

ⓜ 변압기의 여자전류 등 소전류의 안정된 차단이 가능하다.
ⓗ 개폐 시 과전압 발생이 적고, 근거리 선로고장, 탈조 차단, 이상지락 등 가혹한 조건에도 강하다.
ⓢ 절연내력은 공기의 2~3배 정도 높다.

② SF_6 가스의 특징
㉠ 열전도성이 뛰어나다.
㉡ 화학적으로 불활성이므로 화재위험이 없다.
㉢ 무색, 무취, 무해하다.(독성이 없다.)
㉣ 안정성이 뛰어나다.
㉤ 절연내력이 높다.
㉥ 소호능력이 뛰어나다.
㉦ 절연회복이 빠르다.

(8) 차단기 트립방식 4가지

① 직류전압 트립방식(DC) : 고장 발생 시 보호계전기가 동작하면 직류전원으로 트립코일이 여자되어 차단하는 방식 – 특고압용
② 콘덴서 트립방식 : 고장 발생 시 계전기가 동작하면 콘덴서 충전전하가 방전되어 트립되는 방식 – 특고압용
③ 과전류 트립방식 : 고장 발생 시 보호계전기가 동작하면 CT 2차 전류가 트립코일을 여자시켜 차단하는 방식 – 고압용
④ 부족전압 트립방식 : 고장 발생 시 부족전압계전기와 CT 2차 전류로 트립시키는 방식

(9) 기타 개폐장치

고압부하개폐기	LBS	인입구 개폐기로 부하전류 차단 및 결상 사고 차단
선로개폐기 (기중부하개폐기)	LS (IS)	인입구 개폐기로 사용되며 소전류 및 충전 전류 개폐 가능
자동고장구분 개폐기	ASS	① 사고 시 전기사업자 측(리클리우저, CB)과 협조하여 파급 사고 방지 ② 부하전류차단 ③ 과부하 보호기능
자동절체개폐기	ATS	정전 시 상용전원에서 발전기로 절체되어 전원공급을 하는 개폐기
자동부하전환 개폐기	ALTS	주회선 고장 시 예비선로로 전환되는 전원공급을 하는 개폐기

2 변성기

1) 계기용 변압기(PT) 동영상

★★★ 대표유형문제

(2011년 2회 11번)

고전압을 저전압으로 변성하여 계측기 전원공급 및 전압계 측정의 역할을 한다.

(1) PT비

① 6,600[V]인 경우 : $\frac{6,600}{110}$　② 22,900[V]인 경우 : $\frac{13,200}{110}$

(2) PT의 결선방법

① 고압

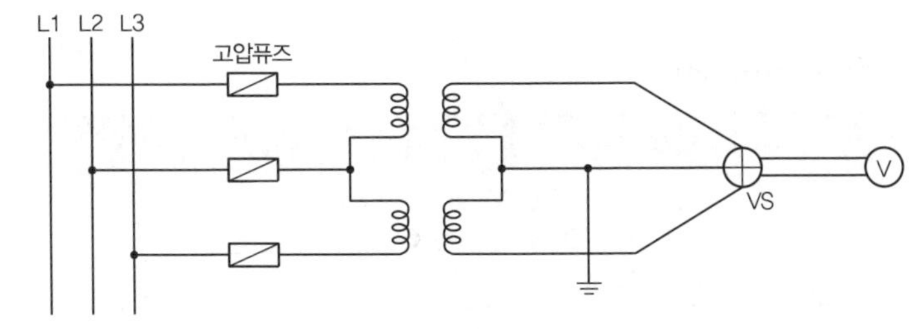

② 특고압(22,900)

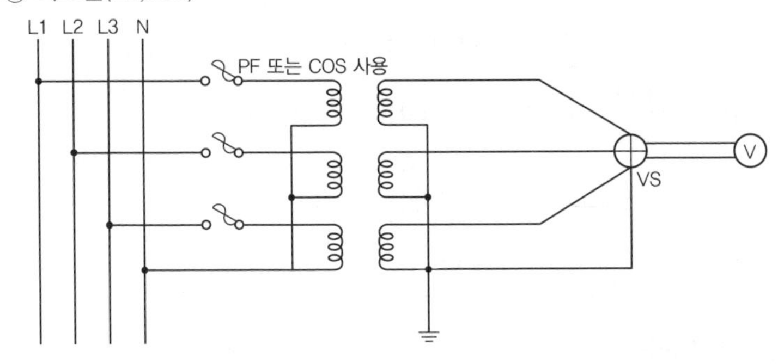

(3) PT 2차 측 접지 이유

혼촉사고 시 지락전류 검출하여 보호 계전기를 동작시키기 위함

(4) PT 1차 측 Fuse 설치

PT의 고장이 선로에 파급을 방지하기 위함

(5) PT 2차 측 Fuse 설치

오접속, 부하의 고장 등으로 인한 2차 측의 단락 발생 시 PT를 보호하기 위함

(6) 계기용 변성기(PT, CT)의 결선

감극성을 표준으로 함

(7) 계기용 변성기의 1차, 2차 간의 결선

Y−Y, V−V 같은(동위상) 결선으로 하여야 함

2) 변류기(CT)

대전류를 소전류로 변류하여 과전류 계전기의 동작 및 전류계를 측정하는 역할을 한다.

(1) 변류기 표준정격

	정격 1차 전류[A]	정격 2차 전류[A]
CT	5, 10, 15, 20, 30, 40, 50, 75 100, 150, 200, 300, 400, 500, 600, 750, 1000, 1500, 2000, 2500	5

대표유형문제

(2013년 3회 11번)

(2) CT비 1차 정격 전류 (동영상)

① 배수가 1.25인 경우 : 계산치보다 큰 것 선택

예 $\frac{450}{\sqrt{3}\times 22.9}\times 1.25 = 14.18$ ∴ 15/5 사용

② 배수가 1.5인 경우 : 계산치의 근삿값 사용

예 $\frac{450}{\sqrt{3}\times 22.9}\times 1.5 = 17.01$ ∴ 15/5 사용

(3) CT에 전류

① I_1(1차 측)$=I_2\times$CT비

② I_2(2차 측)$=I_1\times\frac{1}{\text{CT비}}$

③ OCR(Trip)$=I_1\times\frac{1}{\text{CT비}}\times$배수(1.25~1.5)

(4) 변류기 결선도(복선도)

① 3상 3선식(CT×2, OCR×2)

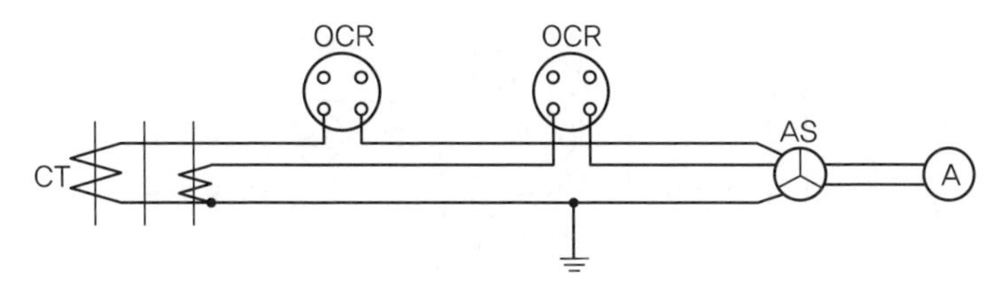

② 3상 4선식(OCR×3, CT×3, OCGR×1)

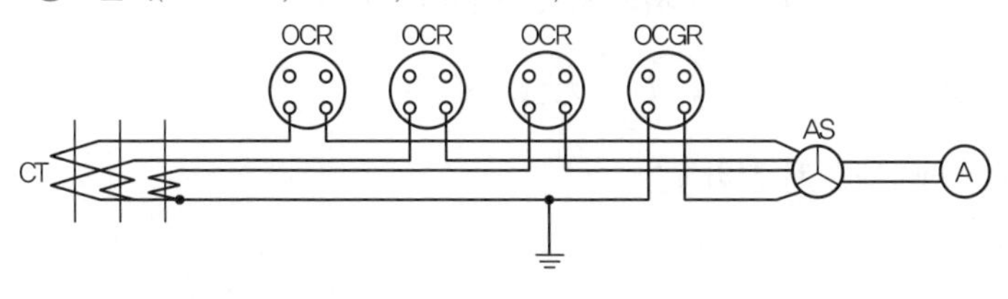

③ 차동접속(전류계 지시값이 $\sqrt{3}$ 배 커짐) 동영상

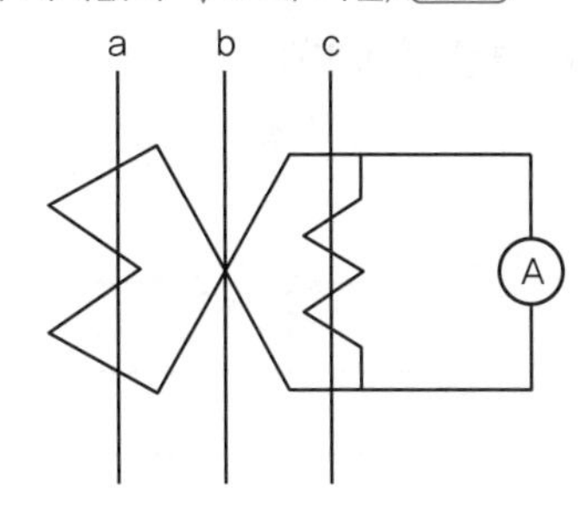

(2014년 3회 15번)

(5) 변류기 교체작업 시

2차를 개방한 상태에서 1차 전류를 보내면 2차 단자에 고전압이 발생하여 2차 회로가 절연 파괴될 염려가 있고 철손 증대로 인한 과열의 원인이 되므로 단락 후에 교체한다.

대표유형문제

(2009년 1회 9번)

3) 접지 계기용 변압기(GPT) 동영상

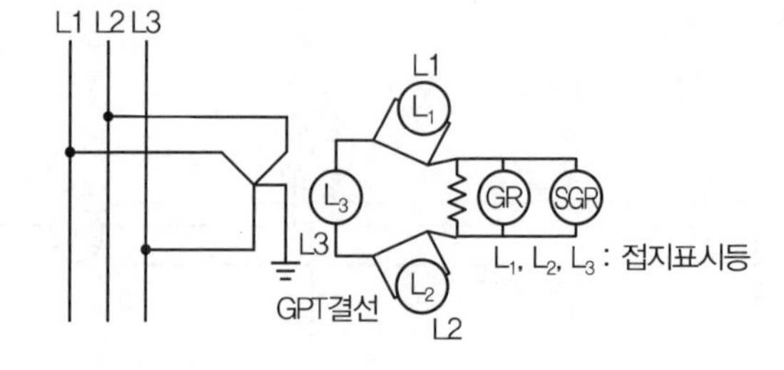

(1) L1상 고장 시(완전 지락 시) 2차 접지 표시등

L_1은 소등(어둡다), L_2, L_3는 점등(더욱 밝다)

(2) 지락사고 시 전위상승

① 1, 2차 측 : $\sqrt{3}$ 배

② 개방단 : 3배

대표유형문제

(2002년 2회 9번)

4) 전력수급용 계기용 변성기(MOF) 동영상

PT와 CT를 조합하여 사용전력량을 측정하기 위한 기기

(1) 단선도

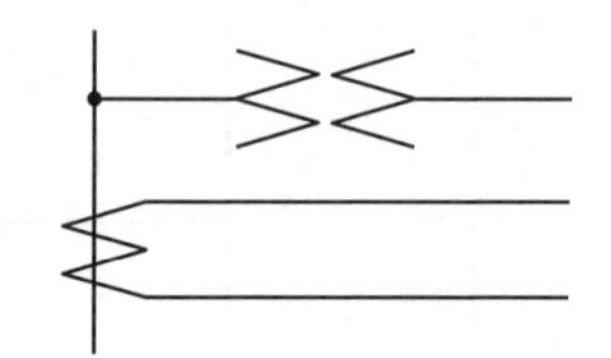

(2) WH 전력량 계산

$$P_2 = \frac{3,600 \times 1,000 \times n}{k \cdot T}[W] \text{ 또는 } \frac{3,600 \times n}{k \cdot T}[kW]$$

여기서, n : 회전수, T : 시간(sec), k : 계기정수

(3) MOF 승률(비율, 배율)

PT비×CT비

(4) P_1 = 승률(PT비×CT비)×$P_2 \times 10^{-3}$[kWH]

여기서, P_1 : 1차 전력량(사용전력량)

P_2 : 2차 전력량(측정전력량)

3 피뢰기(LA) 동영상

★★★ 대표유형문제

(2004년 3회 5번)

설치 목적 : 이상 전압 발생 시(낙뢰) 대지로 방류시키고 그 속류 차단

1) 피뢰기 구성 및 전압의 정의

(1) 구성요소 : 직렬캡과 특성요소로 구성

(2) 피뢰기 정격전압 : 속류를 차단할 수 있는 최고의 교류전압

암기 : 정속최고

(3) 피뢰기 제한전압 : 피뢰기 동작 중 단자전압의 파고치

암기 : 제동단

2) 피뢰기 정격전압(내선규정)

공칭전압	중성점 접지상태	피뢰기 정격전압		이격거리[m] 이내
		변전소	선로	
345	유효접지	288	–	85
154	유효접지	144	–	65
22.9	3상 4선식 다중접지	21	18	20
6.6	비접지	7.5	7.5	20

3) 피뢰기 공칭방전전류

공칭방전전류	설치장소	적용조건
10,000[A]	발전소	전 발전소
–	변전소	① 154[kV] 이상의 계통 ② 66[kV] 및 그 이하에서 Bank 용량이 3,000[kVA]를 초과하거나 중요한 곳 ③ 장거리 송전선, 케이블 및 정전 축전기 Bank를 개폐하는 곳
5,000[A]	변전소	66[kV] 및 그 이하에서 3,000[kVA] 이하
2,500[A]	선로변전소	22.9[kV] 이하의 배전선로 및 배전선로 피더 인출 측

4) 피뢰기 종류

갭리스형 피뢰기, 저항형 피뢰기, 밸브형 피뢰기, 밸브 저항형 피뢰기

5) 피뢰기 설치장소

(1) 발전소, 변전소 또는 이에 준하는 장소의 가공전선 인입구와 인출구
(2) 가공전선로에 접속하는 특고압 배전용 변압기의 고압 측 및 특별고압 측
(3) 고압 또는 특별고압 가공전선로로부터 공급을 받는 수용장소의 인입구
(4) 가공전선로와 지중전선로가 접속되는 곳

6) 피뢰기의 구비조건

(1) 방전내량이 클 것
(2) 충격 방전개시 전압이 낮을 것
(3) 제한전압이 낮을 것
(4) 상용주파 방전개시 전압이 높을 것
(5) 속류를 차단하는 능력이 있을 것

대표유형문제

(2007년 1회 8번)

4 전력용 콘덴서 (동영상)

앞선 무효전력을 공급하여 부하 측 역률개선의 역할을 한다.

1) 콘덴서의 역률개선 시 효과

(1) 변압기, 배전선의 손실 저감(전력손실 저감)
(2) 설비용량의 여유 증가(설비 이용률 증가)
(3) 전압강하 경감
(4) 전기요금 절감

2) 콘덴서 용량 계산식[kVA]

$$Q = P \times (\tan\theta_1 - \tan\theta_2)$$

여기서, $\tan\theta_1$: 개선 전 역률, $\tan\theta_2$: 개선 후 역률

$$= P\,[\text{kW}] \times \left(\frac{\sqrt{1-\cos^2\theta_1}}{\cos\theta_1} - \frac{\sqrt{1-\cos^2\theta_2}}{\cos\theta_2} \right) [\text{kVA}]$$

3) SC 뱅크 수 결정

(1) 300[kVA] 이하 : 1개군 설치
(2) 300[kVA] 초과~600[kVA] 이하 : 2개군 설치
(3) 600[kVA] 초과 : 3개군 설치

4) 콘덴서 보호장치

(1) OCR(과전류계전기) : 콘덴서의 단락사고 보호
(2) OVR(과전압계전기) : 선로의 과전압 시 보호
(3) UVR(부족전압계전기) : 선로의 부족전압(상시전원 정전 시) 보호

5) 콘덴서 과보상 시 암기 : 고모역전계

(1) 고조파 왜곡 증대
(2) 모선전압의 상승
(3) 역률 저하
(4) 전력손실 증가
(5) 계전기 오동작

6) 역률 유지 및 할증

(1) 부하 역률을 기준으로 90[%] 이상으로 유지하여야 한다.
(2) 수용가는 90[%] 초과 역률에 대하여 95[%]까지는 초과하는 매 1[%]에 대하여 기본요금의 0.2[%] 씩을 감액한다. 수용가의 역률이 90[%]에 미달하는 경우에는 미달하는 매 1[%]에 대하여 기본요금의 0.2[%] 씩을 전기요금으로 추가한다.

7) 콘덴서 제어방식의 종류 암기 : 부모특수수프

(1) 부하전류에 의한 제어
(2) 수전점 역률에 의한 제어
(3) 모선 전압에 의한 제어
(4) 프로그램에 의한 제어
(5) 특성부하 개폐 신호에 의한 제어
(6) 수전점 무효전력에 의한 제어

8) 콘덴서 회로의 부속 기기별 역할 동영상

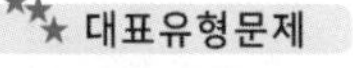

(2002년 2회 2번)

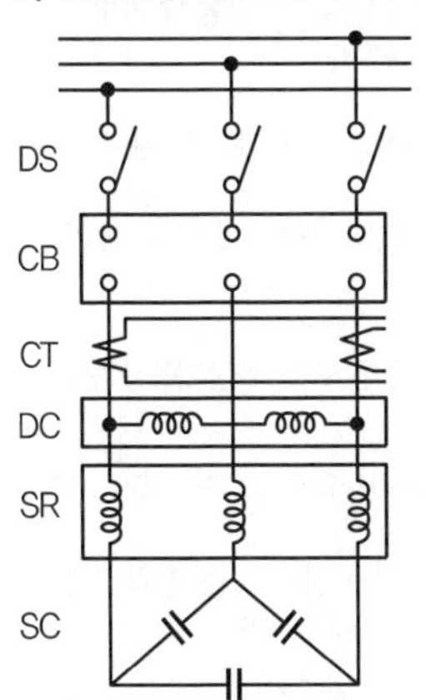

- DS(단로기) : 유지 · 보수 시 무전압 선로에서 선로개폐
- CB(차단기) : 고장전류, 부하전류 차단
- CT(변류기) : 대전류를 소전류로 변성
- DC(방전 코일) : 잔류전하 방전
- SR(직렬 리액터) : 제5고조파 제거
- SC(고압 전력용 콘덴서) : 부하의 역률 개선

9) 직렬리액터(SR)

(1) **용도** : 파형 개선

(2) **설치 목적**

① 제5고조파에 의한 전압 파형의 찌그러짐 방지
② 콘덴서 투입 시 돌입전류 방지
③ 개폐 시 계통의 과전압 억제
④ 고조파에 의한 계전기 오동작 방지

(3) **직렬리액터 용량** : 이론상으로는 콘덴서 용량의 4[%], 실제는 주파수 변동을 고려하여 콘덴서 용량의 6[%]

10) 절연협조

계통전압	선로애자	결합콘덴서	변압기	피뢰기
154[kV]	860	750	650	460
345[kV]	1,367	1,175	1,050	725

5 보호계전기

1) 계전기 번호 및 기능

기구 번호	명칭	기능
27	교류 부족전압 계전기 (Under Voltage Relay)	상시전원 정전 시 또는 부족전압 시 동작
51	교류 과전류 계전기 (Over Current Relay)	단락이나 과부하 시 동작하여 차단기를 개방
	지락 과전류 계전기 (Over Current Ground Relay)	지락 과전류로 차단기를 개방
52	교류차단기(Circuit Breakers)	고장전류를 차단하고 부하전류를 개폐
59	교류 과전압 계전기 (Over Voltage Relay)	교류 과전압으로 차단기를 개방
64	지락 과전압 계전기 (Over Voltage Ground Relay)	지락 시 과전압으로부터 차단기 개방
67	지락방향 계전기 (Directional Ground Relay)	회로의 전력 방향 또는 지락 방향에 의하여 차단기 개방
87	비율 차동계전기 (Ratio Differential Relay)	변압기 1차와 2차의 전류차에 의해 동작 변압기 내부고장 보호

2) 비율차동계전기 (동영상)

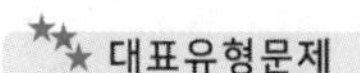

(2004년 3회 10번)

(1) 목적

변압기 내부사고(단락, 지락) 시 차전류에 의해 동작하는 것

(2) 비율차동계전기의 결선 및 부분 명칭과 기능

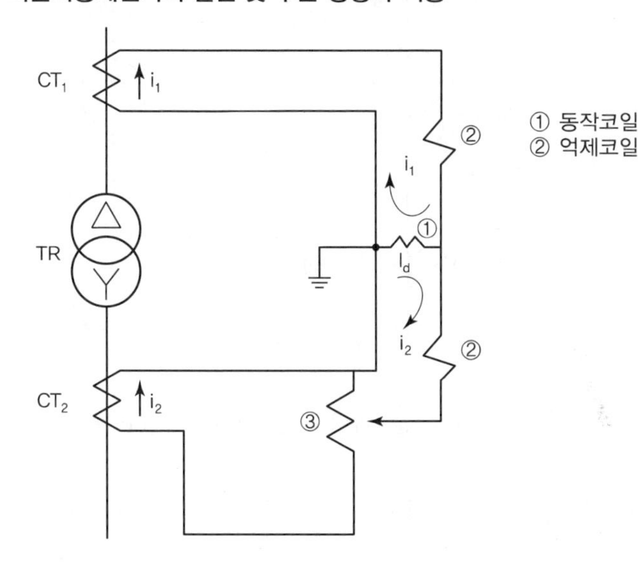

① 정상 시 $I_d = i_1 - i_2 = 0$

② 고장 시 $I_d = i_2 - i_1 \neq 0$

(3) 보상변류기

보상 CT를 설치하여 1차와 2차의 전류차를 보상한다.

(4) 오동작 억제대책

① 감도저하법

② Trip Lock법

③ 고조파 억제법

(5) 비율차동계전기의 탭 설정

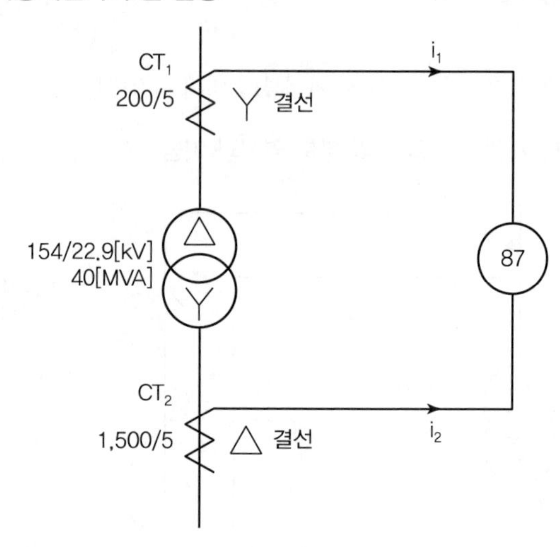

$$CT_1 = \frac{40 \times 10^3}{\sqrt{3} \times 154} \times 1.5 \text{ 여유} = 224.95 \quad \therefore 200/5$$

$$CT_2 = \frac{40 \times 10^3}{\sqrt{3} \times 22.9} \times 1.5 = 1,512.75 \quad \therefore 1,500/5$$

$$i_1 = \frac{40 \times 10^3}{\sqrt{3} \times 154} \times \frac{5}{200} = 3.75[A]$$

$$i_2 = \frac{40 \times 10^3}{\sqrt{3} \times 22.9} \times \frac{5}{1,500} \times \sqrt{3} = 5.82[A]$$

(6) 종류

① 87B : 모선보호 비율차동계전기
② 87G : 발전기용 비율차동계전기
③ 87T : 주변압기 비율차동계전기

3) 계전기의 한시 특성

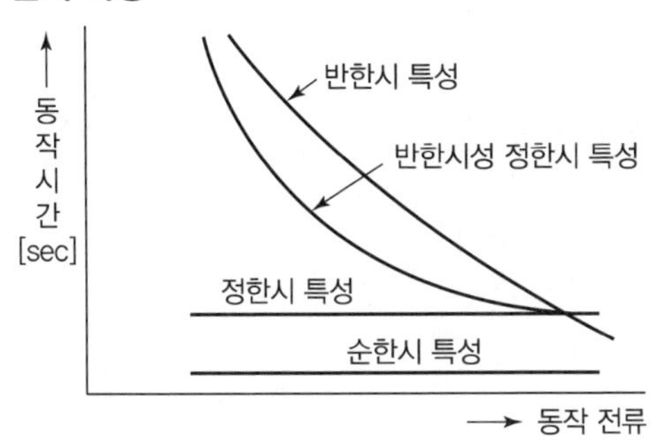

4) 보호계전기의 4요소 암기 : 전전전전

단일전압요소, 단일전류요소, 전압전류요소, 2전류요소

5) 변압기 내부보호 계전기

(1) 전기적 계전기 암기 : 비과차

비율차동계전기, 과전류계전기, 차동계전기

(2) 기계적 계전기 암기 : 부온충

부흐홀쯔계전기, 온도계전기, 충격압력계전기

6 전력용 퓨즈 (동영상)

(2006년 3회 1번)

1) 기능 및 특성

(1) 기능

① 부하 전류를 안전하게 통전시킨다.
② 일정치 이상의 과전류를 차단하여 전로나 기기를 보호한다.

(2) 특성 암기 : 단용전

① 단시간 허용 특성
② 용단 특성
③ 전차단 특성

2) 장단점

(1) 장점

① 소형이라 경량이다.
② 가격이 싸다.
③ 고속으로 차단이 가능하다.
④ 보수가 간단하다.
⑤ 차단용량이 크다.

(2) 단점

① 재투입할 수 없다.(큰 단점)
② 과도전류로 용단하기 쉽다.
③ 차단 시 이상전압이 발생한다.
④ 고임피던스 접지계통은 보호할 수 없다.
⑤ 동작시간, 전류특성을 계전기처럼 자유롭게 조정할 수가 없다.

3) 전력 퓨즈 구입 시 고려 사항 암기 : 정정정사

(1) 정격전압
(2) 정격차단전류
(3) 정격차단용량
(4) 사용장소

4) 개폐기 기능

구분	회로 분리		사고 차단	
	무부하	부하	과부하	단락
퓨즈	○			○
차단기	○	○	○	○
개폐기	○	○	○	
단로기	○			
전자개폐기	○	○	○	

7 수전설비결선도

1) 특고압 간이수전설비(PF－ASS) 동영상

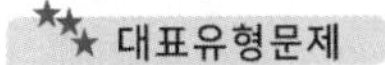

(2015년 2회 1번)

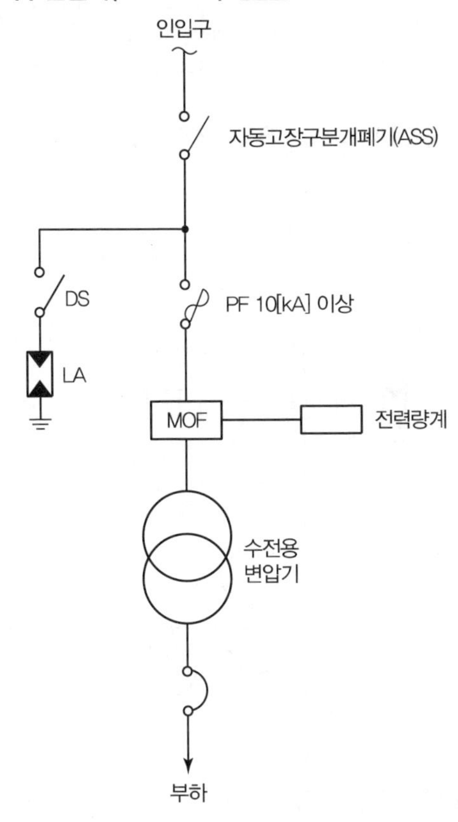

| 특고압 수전설비 종류(PF－ASS형 간이수전설비) |

(1) 주의사항

① LA용 DS는 생략할 수 있으며 22.9[kVY]용의 LA는 Disconnector(또는 Isolator) 붙임형을 사용하여야 한다.

② 인입선을 지중선으로 시설하는 경우로 공동주택 등 고장 시 정전피해가 큰 때에는 예비 지중선을 포함하여 2회선으로 시설하는 것이 바람직하다.

③ 지중인입선의 경우 22.9[kVY] 계통은 CNCV－W 케이블(수밀형) 또는 TR CNCV－W(트리억제형)을 사용하여야 한다. 다만, 전력구, 공동구, 덕트, 건물구 내 등 화재의 우려가 있는 장소에서는 FR CNCO－W(난연) 케이블을 사용하는 것이 바람직하다.

④ 300[kVA] 이하인 경우는 PF 대신 COS(비대칭 차단전류 10[kA] 이상의 것)를 사용할 수 있다.

⑤ 특고압 간이수전설비는 PF의 용단 등의 결상사고에 대한 대책이 없으므로 변압기 2차 측에 설치되는 주차단기에는 결상계전기 등을 설치하여 결상사고에 대한 보호능력을 갖추는 것이 바람직하다.

대표유형문제

(2018년 1회 6번)

2) 특고압 정식수전설비(CT를 CB 2차 측에 시설하는 경우) 동영상

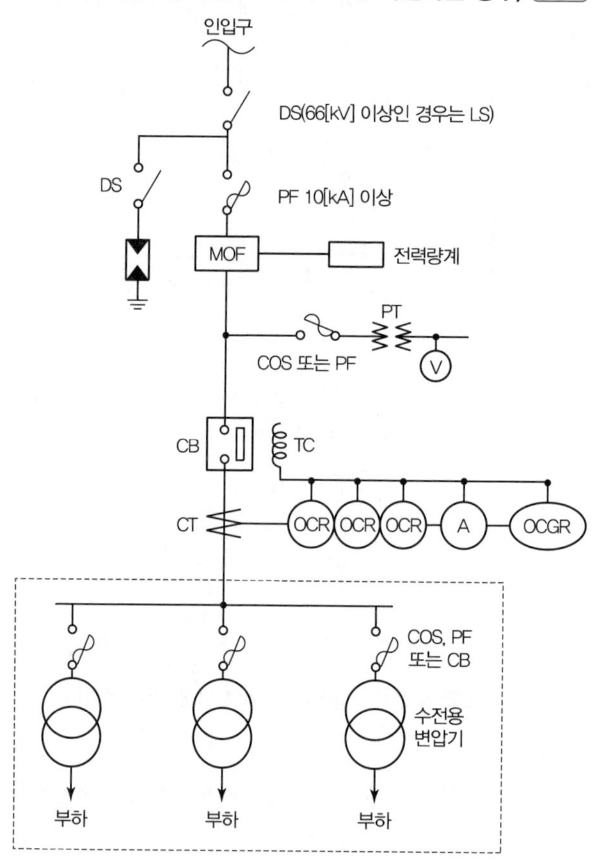

| 특고압 수전설비 종류(PF–CB형 정식수전설비) |

(1) 주의사항

① 위의 결선도 중 점선 내의 부분은 참고용 예시이다.

② 차단기의 트립전원은 직류(DC) 또는 콘덴서방식(CTD)이 바람직하며, 66[kV] 이상의 수전설비는 직류(DC)이어야 한다.

③ LA용 DS는 생략할 수 있으며, 22.9[kVY]용의 LA는 Disconnector(또는 Isolator) 붙임형을 사용하여야 한다.
④ 인입선을 지중선으로 시설하는 경우에 공동주택 등 고장 시 정전피해가 큰 경우는 예비 지중선을 포함하여 2회선으로 시설하는 것이 바람직하다.
⑤ 지중인입선의 경우에 22.9[kVY] 계통은 CNCV−W 케이블(수밀형) 또는 TR CNCV−W(트리억제형)을 사용하여야 한다. 다만, 전력구 · 공동구 · 덕트 · 건물구 내 등 화재의 우려가 있는 장소에는 FR CNCO−W(난연) 케이블을 사용하는 것이 바람직하다.
⑥ DS 대신 자동고장구분개폐기(7,000[kVA] 초과 시는 Sectionalizer)를 사용할 수 있으며, 66[kV] 이상의 경우는 LS를 사용하여야 한다.

3) 주요기기의 명칭 및 기능 (동영상)

★★★ 대표유형문제

(2002년 1회 1번)

명 칭	문자 기호	기능 및 용도
케이블헤드	CH	케이블 단말처리하고 절연열화 방지
전력수급용 계기용 변성기	MOF	전력량계 산출을 위해 PT와 CT를 하나의 함 속에 넣은 것
단로기	DS	무부하 시 회로 개폐
피뢰기	LA	이상전압 발생 시 대지로 방전시키고 속류 차단
영상변류기	ZCT	지락 영상전류 검출
지락계전기	GR	전로가 지락 시 지락전류를 동작하여 차단기를 개방
계기용 변압기	PT	고저압을 저전압으로 변압하여 계전기나 계측기에 전원 공급
전압계용 전환개폐기	VS	전압계 하나로 3상의 선간전압을 측정하기 위한 전환 개폐기
유입차단기	OCB	부하전류 개폐 및 고장전류 차단
트립코일	TC	사고 시 전류가 흘러 여자되어 차단기를 개로시킴
변류기	CT	대전류를 소전류로 변류하여 계전기나 계측기에 전원을 공급
과전류계전기	OCR	과전류로부터 차단기 개방
전류계용 전환개폐기	AS	하나의 전류계로 3상의 선전류를 측정하기 위한 전환 개폐기
전력용 퓨즈	PF	사고파급 방지 및 고장전류 차단(단락보호)
수전용 변압기	Tr	고전압을 저전압으로 변압하여 부하에 전원 공급
전력용 콘덴서	SC	무효전력을 공급하여 부하의 역률을 개선

Chapter 02 전기설비설계

1 송배전

1) 통신선의 전자 유도장해 경감 대책

(1) 근본 대책 : 전력선과 통신선의 이격거리를 충분히 둔다.

(2) 전력선 측 대책 암기 : 연차고소지상

① 연가 실시
② 차폐선 시설
③ 고장 회선을 고속도로 차단
④ 소호 리액터 채용
⑤ 지중 케이블화
⑥ 상호인덕턴스를 작게

(3) 통신선 측 대책 암기 : 피수연절배

① 피뢰기 설치
② 수직교차
③ 연피 케이블화
④ 절연강화
⑤ 배류코일 사용

2) 코로나 발생

(1) 코로나 발생 시 나쁜 영향

① 전파 장해
② 전선 부식
③ 통신선에 유도장해 발생
④ 송전용량 감소

(2) 코로나 발생 시 방지 대책

① 전선을 굵게 한다.
② 복도체 또는 다도체를 사용한다.
③ 가선금구를 개량한다.

(3) 코로나 발생 방지 대책의 이유 : 코로나 임계전압을 크게 하기 위해

3) 복도체방식

(1) 장단점

① 장점 암기 : 안정송코인

㉠ 안정도 증가

㉡ 정전용량 증가

㉢ 송전용량 증가

㉣ 코로나 방지

㉤ 인덕턴스 감소

② 단점

㉠ 페란티 현상 증가

㉡ 풍, 빙설 등에 의한 전선의 진동 발생 증가

㉢ 소도체 간의 정전 흡인력에 의한 도체 상호 간의 충돌 발생 증가

4) 송전선로로서 지중전선로를 채택하는 이유

(1) 도시의 미관을 중요시하는 경우

(2) 수용밀도가 높은 지역에 공급하는 경우

(3) 뇌 · 풍수해 등으로 인해 발생하는 사고에 대한 높은 신뢰도가 요구되는 경우

(4) 보안상의 제한 조건 등으로 가공선로를 건설할 수 없는 경우

5) 케이블 매설방식 암기 : 직관암

(1) 직접매설식(하중을 받으면 1m, 받지 않으면 0.6m 이상)

(2) 관로식(하중을 받으면 1m, 받지 않으면 0.6m 이상)

(3) 암거식

6) 송전선로의 안정도 증진방법

(1) 계통을 연계

(2) 중간조상방식을 채택

(3) 직렬 리액턴스를 작게(직렬 콘덴서 설치)

(4) 고장전류를 신속하게 제거(재폐로방식 채용)

(5) 전압 변동을 작게(속응여자방식, 단락비 크게)

(6) 고장 시 발전기 입출력의 불평형을 작게

대표유형문제

(2007년 1회 6번)

7) 리액터 (동영상)

(1) 직렬 리액터 : 제5고조파를 제거하여 기전력의 파형을 개선한다.

(2) 소호 리액터 : 1선 지락 시 아크를 제거하고 이상전압 억제

(3) 한류 리액터 : 단락전류를 제한한다.

(4) 분로 리액터 : 페란티 현상 방지

대표유형문제

(2006년 2회 13번)

8) 송전단 전압 및 전압강하 (동영상)

$$V_S \fallingdotseq V_R + \sqrt{3}\,I(R\cos\theta + X\sin\theta)[V]$$

(1) 전압강하(e)

① $e = V_S - V_R$

② $e \fallingdotseq \sqrt{3}\,I(R \cdot \cos\theta + X \cdot \sin\theta)$

③ $e \fallingdotseq \sqrt{3} \cdot \dfrac{P}{\sqrt{3}\,V\cos\theta}(R \cdot \cos\theta + X \cdot \sin\theta)$

$= \dfrac{P}{V}(R + X\tan\theta)$

(2) 전압강하율(δ)

$$\delta = \frac{e}{V_R} \times 100$$

① $\delta = \dfrac{V_S - V_R}{V_R} \times 100$

② $\delta = \dfrac{\sqrt{3}\,I(R\cos\theta + X\sin\theta)}{V_R} \times 100$

③ $\delta = \dfrac{P}{{V_R}^2}(R + X\tan\theta) \times 100$

(3) 전압 변동률(ε)

$$\varepsilon = \frac{V_{R_0} - V_R}{V_R}$$

여기서, V_{R_0} : 무부하 시 수전단 전압

V_R : 부하 시 수전단 전압

(4) 전력 손실(선로 손실)

$$P_L = 3I^2R = 3\left(\frac{P}{\sqrt{3}\,V\cos\theta}\right)^2 \cdot R[W]$$

$$= \frac{P^2}{V^2\cos^2\theta} \cdot R\,[W]$$

① 전압강하 감소 : 전압에 반비례$\left(e \propto \frac{1}{V}\right)$

② 전압강하율 감소 : 전압의 제곱에 반비례$\left(\delta \propto \frac{1}{V^2}\right)$

③ 손실 감소 : 전압의 제곱에 반비례$\left(P_C \propto \frac{1}{V^2}\right)$

④ 송전전력 증가 : 전압의 제곱에 비례$\left(P \propto V^2\right)$

⑤ 전선의 단면적(비중) 감소 : 전압의 제곱에 반비례$\left(A \propto \frac{1}{V^2}\right)$

(5) 송전전압(Still 식)

$$V_s = 5.5\sqrt{0.6\,l + \frac{P}{100}}\,[kV]$$

여기서, l : 송전거리[km], P : 송전용량[kW]

2 한국전기설비규정(KEC)

대표유형문제

(2005년 3회 2번)

1) 전압범위 동영상

(1) 저압 : 교류는 1[kV] 이하, 직류는 1.5[kV] 이하인 것

(2) 고압 : 교류는 1[kV], 직류는 1.5[kV]를 초과하고, 7[kV] 이하인 것

(3) 특고압 : 7[kV]를 초과하는 것

2) 전선의 식별

상(문자)	색상
L1	갈색
L2	검정색
L3	회색
N	파란색
보호도체	녹색－노란색

대표유형문제

(2011년 1회 4번)

3) 절연저항 측정 동영상

(1) 절연저항값

전로의 사용전압[V]	DC시험전압[V]	절연저항[MΩ]
SELV 및 PELV	250	0.5
FELV, 500[V] 이하	500	1.0
500[V] 초과	1,000	1.0

[주] 특별저압(Extra Low Voltage : 2차 전압이 AC 50[V], DC 120[V] 이하)으로 SELV(비접지회로 구성) 및 PELV(접지회로 구성)는 1차와 2차가 전기적으로 절연된 회로, FELV는 1차와 2차가 전기적으로 절연되지 않은 회로

SPD 또는 기타 기기 등은 측정 전에 분리시켜야 하고, 부득이하게 분리가 어려운 경우에는 시험전압을 250[V] DC로 낮추어 측정할 수 있지만 절연저항값은 1[MΩ] 이상이어야 한다.

(2) 누설전류의 제한

사용전압이 저압인 전로에서 정전이 어려운 경우 등 절연저항 측정이 곤란한 경우에는 저항성 누설전류를 1[mA] 이하로 유지하여야 한다.

4) 절연내력시험

(1) 변압기, 전로, 전동기의 절연내력시험

전로와 대지 간(다심케이블은 심선 상호 간 및 심선과 대지 간)에 연속하여 10분간 가하여 절연내력을 시험하였을 때 이에 견뎌야 한다.

구분		배수	최저전압
최대사용전압 (비접지식)	7,000[V] 이하	최대사용전압×1.5배	500[V]
	7,000[V] 초과	최대사용전압×1.25배	10,500[V]
중성점 비접지식	60,000[V] 초과	최대사용전압×1.25배	×
중성점 다중접지	25,000[V] 이하	최대사용전압×0.92배	×
중성점 접지식	60,000[V] 초과	최대사용전압×1.1배	75,000[V]
중성점 직접접지식	170,000[V] 이하	최대사용전압×0.72배	×
	170,000[V] 초과	피뢰기가 설치되어 있는 경우 최대사용전압×0.72배	×
		피뢰기가 설치되어 있지 않은 경우 최대사용전압×0.64배	

5) 피뢰시스템

(1) 적용범위

① 전기전자설비가 설치된 건축물 · 구조물로서 낙뢰로부터 보호가 필요한 것 또는 지상으로부터 높이가 20[m] 이상인 것

② 전기설비 및 전자설비 중 낙뢰로부터 보호가 필요한 설비

(2) 수뢰부시스템

① 수뢰부는 돌침, 수평도체, 그물망도체의 요소 중에 한 가지 또는 이를 조합한 형식으로 시설

② 수뢰부시스템의 배치는 보호각법, 회전구체법, 그물망법 중 하나 또는 조합된 방법으로 배치

(3) 인하도선 최대 간격

피뢰시스템의 등급	간격(m)
I	10
II	10
III	15
IV	20

(4) 건축물 피뢰설비 보호능력 4등급 암기 : 완간보증

① 완전보호 : 금속체로 CAGE를 구성하는 완전보호방식

② 간이보호

③ 보통보호

④ 증강보호

6) 울타리 높이와 거리

사용전압의 구분	울타리의 높이와 울타리로부터 충전부분까지의 거리의 합계 또는 지표상의 높이
35,000[V] 이하	5[m]
35,000[V] 초과 160,000[V] 이하	6[m]
160,000[V] 초과	6[m]에 160,000[V]를 초과하는 10,000[V] 또는 단수마다 12[cm]를 더한 값 6m+[(X−16)×0.12] (여기서, X : 160,000[V]를 초과하는 전압) 소수점 첫째 자리에서 절상한다.

7) 과전류차단기로 저압전로에 사용하는 퓨즈

정격전류의 구분	시간	정격전류의 배수	
		불용단전류	용단전류
4[A] 이하	60분	1.5배	2.1배
4[A] 초과 16[A] 미만	60분	1.5배	1.9배
16[A] 이상 63[A] 이하	60분	1.25배	1.6배
63[A] 초과 160[A] 이하	120분	1.25배	1.6배
160[A] 초과 400[A] 이하	180분	1.25배	1.6배
400[A] 초과	240분	1.25배	1.6배

8) 옥내에 시설하는 전동기의 과부하장치 생략조건

(1) 정격 출력이 0.2[kW] 이하인 경우

(2) 전동기 운전 중 상시 취급자가 감시할 수 있는 위치에 시설하는 경우

(3) 전동기의 구조나 부하의 성질로 보아 전동기가 소손할 수 있는 과전류가 생길 우려가 없는 경우

(4) 단상 전동기를 그 전원 측 전로에 시설하는 과전류 차단기의 정격전류가 16[A] 또는 배선용 차단기는 20[A] 이하인 경우

9) 수용가 설비에서의 전압강하

(1) 수용가 설비의 인입구로부터 기기까지의 전압강하

설비의 유형	조명[%]	기타[%]
A – 저압으로 수전하는 경우	3	5
B – 고압 이상으로 수전하는 경우*	6	8

* 가능한 한 최종회로 내의 전압강하가 A유형의 값을 넘지 않도록 하는 것이 바람직하다. 사용자의 배선설비가 100[m]를 넘는 부분의 전압강하는 미터당 0.005[%] 증가할 수 있으나 이러한 증가분은 0.5[%]를 넘지 않아야 한다.

(2) 다음의 경우에는 위의 표보다 더 큰 전압강하를 허용할 수 있다.

① 기동시간 중의 전동기

② 돌입전류가 큰 기타 기기

10) 열 영향에 대한 주변의 보호

가연성 재료의 등기구 최소 거리

정격용량[W]	최소거리[m]
100[W] 이하	0.5
100[W] 초과~300[W] 이하	0.8
300[W] 초과~500[W] 이하	1
500[W] 초과	1 초과

3 전원공급장치

대표유형문제 ★★★

(2006년 2회 14번)

1) UPS 동영상

(1) UPS 블록다이어그램

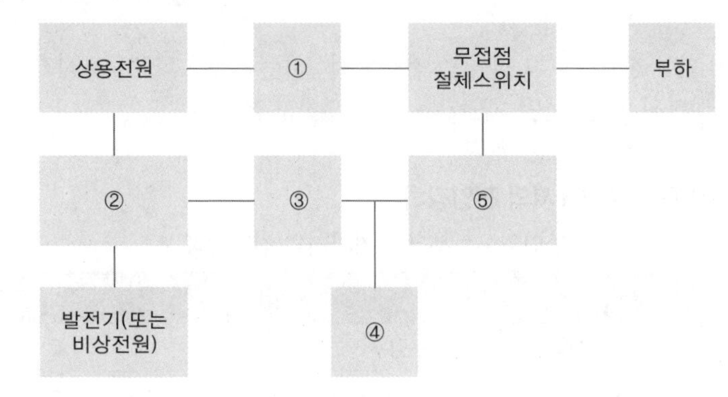

① 자동전압조정장치(AVR)
② 무접점 절체스위치
③ 컨버터(Converter) : AC → DC
④ 축전지
⑤ 인버터(Inverter) : DC → AC

(2) 용어의 정의

① CVCF : 정전압 정주파수 전원공급 장치
② UPS : 무정전 전원공급 장치
  ㉠ 평상시에는 정전압 정주파수로 전원을 공급하는 장치이다.
  ㉡ 정전시에는 무정전으로 전원을 공급하는 장치이다.

4 변전설비

1) 변압기 (동영상)

★★★ 대표유형문제
(2007년 1회 11번)

★★★ 대표유형문제
(2010년 3회 1번)

(1) 변압기 결선

구분	Δ－Δ결선	Y－Y결선
장점	• 제3고조파가 없다. • 유도장해가 없다. • 1대 고장 시 V결선이 가능하다.	• 중성점 접지가 가능하다. • 순환전류가 없다.
단점	• 중성점 접지가 불가능하다. • 순환전류가 있어 권선이 가열된다.	• 제3고조파가 발생한다. • V－V결선이 불가능하다.
구분	Y－Δ결선	V－V결선
장점	• Δ결선 제3고조파가 없다. • 중성점 접지가 가능하다.	• 출력 : $\sqrt{3}$ ×1대 용량 • 이용률 : 86.6[%] • 출력비 : 57.7[%]
단점	• V－V결선이 불가능하다. • 1차와 2차 권선 간에 30° 의 위상차가 발생한다.	

① Δ－Y결선

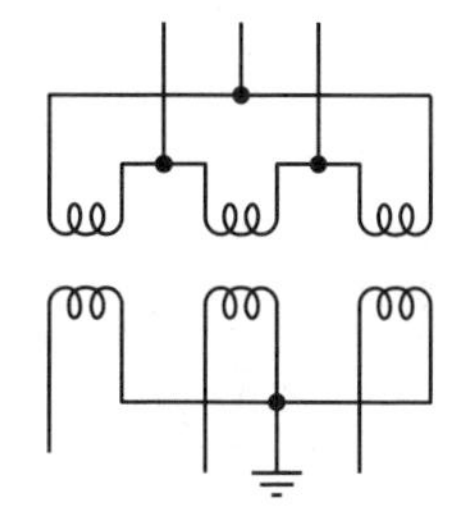

② Y－Δ결선

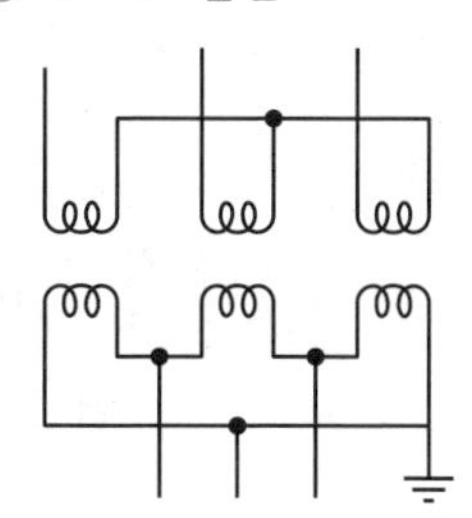

(2) 단상 변압기의 병렬운전 조건 암기 : 극권각임

① 극성이 같을 것
② 권수비가 같을 것
③ 각 변압기의 저항과 누설리액턴스가 같을 것
④ %임피던스가 같을 것

(3) 3상 변압기의 병렬운전 조건 암기 : 극권각임변상

① 극성이 같을 것

② 권수비가 같을 것
③ 각 변압기의 저항과 누설리액턴스가 같을 것
④ %임피던스가 같을 것
⑤ 각 변위가 같을 것
⑥ 상회전 방향이 같을 것

(4) 변압기의 효율이 떨어지는 이유 암기 : 무주역

① 무부하 운전 ② 주위 온도 상승 ③ 역률 저하

(5) 변압기로 과부하운전할 수 있는 조건 암기 : 주단각온

① 주위 온도 저하
② 단시간 사용
③ 각종 조건 중복
④ 온도상승 시험 기록에 비하여 미달인 경우

(6) 변압기 명판 암기 : 상정정정접%

① 상수
② 정격 주파수
③ 정격전류
④ 정격용량
⑤ 접속도 및 단자 기호 표시
⑥ %임피던스 전압

(7) 수용률

① $\text{수용률} = \dfrac{\text{최대전력}}{\text{설비용량}} \times 100[\%]$ 암기 : 수최설

② $\text{변압기 용량[kVA]} = \dfrac{\text{최대전력}}{\cos\theta} = \dfrac{\text{설비용량} \times \text{수용률}}{\cos\theta}$

(8) 부등률 : 전력소비기기를 동시에 사용하는 정도

① $\text{부등률} = \dfrac{\text{개별 최대전력의 합}}{\text{합성 최대전력}} \geq 1$ 암기 : 부개합

② $\text{합성 최대전력} = \dfrac{\text{개별 수용 최대전력의 합}}{\text{부등률}}$

③ 변압기 용량[kVA]

$$= \frac{\text{합성 최대전력}}{\cos\theta} = \frac{\text{개별 수용 최대전력의 합}}{\text{부등률} \cdot \cos\theta}$$

(9) 부하율 : 전력 변동 상태

① 부하율[F]

$$= \frac{\text{평균전력}}{\text{최대전력}} \times 100 = \frac{\text{사용전력량(kWh)/시간}}{\text{최대전력}} \times 100$$

암기 : 부평최

② 손실계수[H]

$$= \frac{\text{평균전력손실}}{\text{최대전력}} \times 100 = \frac{\text{전력손실량/시간}}{\text{최대전력}} \times 100$$

(10) 몰드변압기 장단점

① 장점

㉠ 절연물로 난연성 에폭시 수지를 사용하므로 화재의 우려가 없다.

㉡ 소형, 경량이다.

㉢ 전력손실이 감소한다.

㉣ 보수 및 점검이 용이하다.

㉤ 단시간 과부하 내량이 크다.

㉥ 저진동 및 저소음

② 단점

㉠ 가격이 비싸다.

㉡ 충격파 내전압이 낮다.

㉢ 수지층에 차폐물이 없으므로 운전 중 코일 표면과 접촉하면 위험하다.

(11) 변압기 효율 (동영상)

대표유형문제

(2004년 1회 6번)

① 전부하 효율

$$\eta = \frac{P[W]}{P[W] + P_i[W] + P_c[W]} \times 100$$

여기서, P : 전부하 출력, P_i : 철손, P_c : 전부하 동손

② $\frac{1}{m}$ 부하 시 효율

$$\eta = \frac{\frac{1}{m}P[W]}{\frac{1}{m}P[W] + P_i[W] + \left(\frac{1}{m}\right)^2 P_c[W]} \times 100$$

- $P_i = \left(\frac{1}{m}\right)^2 P_c$ ⇒ 최대효율 조건

(12) 단권 변압기

$$\frac{\text{자기용량}[P_{1n}]}{\text{부하용량}[P]} = \frac{V_H - V_L}{V_H}$$

(13) 변전실 위치

① 부하 중심일 것
② 외부로부터 송전선 유입이 쉬울 것
③ 기기의 반 · 출입에 지장이 없을 것
④ 지반이 튼튼하고 침수, 기타 재해가 일어날 염려가 적을 것
⑤ 주위에 화재, 폭발 등의 위험성이 적을 것
⑥ 염해, 유독가스 등의 발생이 적을 것

(14) 자가용 전기설비의 중요 검사항목 암기 : 접절절외계계보

① 접지저항 측정
② 절연저항 측정
③ 절연내력
④ 시험외관검사
⑤ 계전기 동작 시험
⑥ 계측장치 동작 시험
⑦ 보호장치 동작 시험

(15) 절연유의 열화 원인

① 수분의 흡수 및 산화 작용
② 금속의 접촉작용
③ 절연재료의 영향
④ 광선의 영향
⑤ 이종절연유의 혼합

2) 고조파

(1) 고조파 원인

① 변압기 여자전류
② 용접기, 아크로
③ SCR 교류위상제어
④ AC/DC 정류기
⑤ 컴퓨터 등 단상 정류장치
⑥ 안정기(고조파 전류발생량 실측 예)
⑦ 인버터(Inverter)

(2) 고조파 영향

① 전기설비 과열로 소손(콘덴서, 변압기, 발전기, 케이블)
② 공진(직렬, 병렬공진)
③ 중성선에 미치는 영향(중성선에 과전류 흐름, 변압기 과열, 유도장해, 중성점 전위 상승)
④ 전압왜곡(Notching Voltage)
⑤ 역률저하, 전력손실
⑥ 변압기 소음, 진동, Flat－Topping

(3) 고조파 억제 대책

① 변압기의 다펄스화
② 단락용량 증대
③ 콘덴서용 직렬리액터 설치
④ 수동 Filter(Passive Filter) 설치
⑤ 능동 Filter(Active Filter) 설치
⑥ 리액터(ACL, DCL) 설치
⑦ Notching Voltage 개선(Line Reactor 설치)

3) 폭발방지구조의 종류 암기 : 내유압안본

(1) 내압 폭발방지구조

폭발방지 전기기기의 용기 내부에서 가연성 가스의 폭발이 발생할 경우 그 용기가 폭발압력에 견디고, 접합면 · 개구부 등을 통하여 외부의 가연성 가스에 인화되지 아니하도록 한 구조(표시 d)

(2) 유입 폭발방지구조

용기 내부에 기름을 주입하여 불꽃 · 아크 또는 고온발생 부분이 기름 속에 잠기게 함으로써 기름면 위에 존재하는 가연성 가스에 인화되지 아니하도록 한 구조(표시 o)

(3) 압력 폭발방지구조

용기 내부에 보호가스(신선한 공기 또는 불활성 가스)를 압입하여 내부압력을 유지함으로써 가연성 가스가 용기 내부로 유입되지 아니하도록 한 구조(표시 p)

(4) 안전증 폭발방지구조

정상운전 중에 가연성 가스의 점화원이 될 전기불꽃 · 아크 또는 고온부분의 발생을 방지하기 위하여 기계적 · 전기적 구조상 또는 온도 상승에 대하여 특히 안전도를 증가시킨 구조(표시 e)

(5) 본질안전(本質安全) 폭발방지구조

정상 시 및 사고 시(단선, 단락, 지락 등)에 발생하는 전기불꽃 · 아크 또는 고온 부분에 의하여 가연성 가스가 점화되지 아니하는 것이 점화시험, 기타 방법에 의하여 확인된 구조(표시 ia)

4) 케이블의 트리(Tree) 암기 : 수전화기생

(1) 수트리(Water Tree)

케이블절연체 내에 잔유 수분이 존재하는 경우 수분이 표면장력으로 스며들어 점차 성장 발전하여 절연파괴되며 2차적으로 전기트리로 성장하는 경우가 많음

(2) 전기적 트리(Electrical Tree)

(3) 화학적 트리(Chemical Tree)

(4) 기계적 트리

(5) 생물적 트리

대표유형문제

(2002년 1회 3번)

5) 2중 모선 방식 동영상

평상시에 No.1 T/L은 A모선에서 No.2 T/L은 B모선에서 공급하고 모선 연락용 CB는 개방되어 있는 경우

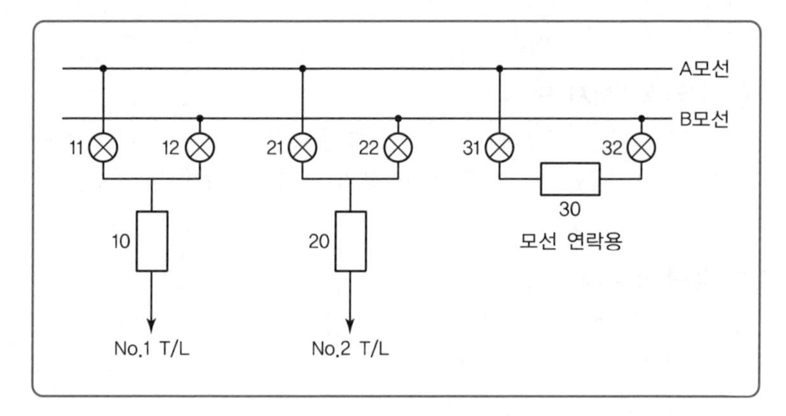

(1) A모선을 점검하기 위하여 절체하는 순서

31(on) → 32(on) → 30(on) → 12(on) → 11(off) → 30(off) → 32(off) → 31(off)

(2) A모선 점검 후 원상 복귀하는 조작 순서

31(on) → 32(on) → 30(on) → 11(on) → 12(off) → 30(off) → 32(off) → 31(off)

(3) 10, 20, 30에 대한 기기의 명칭

차단기

(4) 11, 21에 대한 기기의 명칭

단로기

(5) 2중 모선의 장점

모선 점검 시 무정전 전원 공급

5 동력설비

1) 전동기

(1) 농형 3상 전동기가 기동되지 않는 원인

① 1선 단선에 의한 단상 기동일 경우
② 기동 토크가 작은 경우
③ 클로우링 현상이 일어나는 경우
④ 게르게스 현상이 일어나는 경우
⑤ 베어링이 축에 붙은 경우
⑥ 오접속 결선인 경우
⑦ 공극이 불균형일 경우

(2) 전동기 3E 계전기 보호 방식 암기 : 과단역

① 과부하운전 방지
② 단상운전 방지
③ 역상운전 방지

(3) 단상 유도 전동기 기동법 암기 : 반콘분셰

기동 토크를 얻고자 한다.

① 반발기동형 ② 콘덴서기동형

③ 분상기동형 ④ 셰이딩코일형

6 접지설비

1) 배전용 변전소의 접지목적

(1) 목적

① 지락 시 전위상승에 따른 인체감전 사고 방지

② 이상전압 억제

③ 보호계전기에 동작 확보

(2) 중요접지 개소

① 피뢰기 및 피뢰침 접지

② 일반 기기 및 제어반 외함 접지

③ 옥외 철구 및 경계책 접지

④ 계기용변성기 2차 측 접지

⑤ CT, PT의 2차 측 전로

2) 접지도체 · 보호도체

(1) 접지도체

① 접지도체의 선정

㉠ 접지도체의 단면적은 큰 고장전류가 접지도체를 통하여 흐르지 않을 경우

• 구리 : 6[mm²] 이상 • 철 : 50[mm²] 이상

㉡ 접지도체에 피뢰시스템이 접속되는 경우

• 구리 : 16[mm²] 이상 • 철 : 50[mm²] 이상

② 접지도체는 지하 0.75[m]부터 지표상 2[m]까지 부분은 합성수지관(두께 2[mm] 이상의 합성수지관 또는 몰드)을 사용하며 접지도체의 지표상 0.6[m]까지 절연전선을 사용한다.

(2) 보호도체

선도체의 단면적 S (mm^2, 구리)	보호도체의 최소 단면적(mm^2, 구리)	
	보호도체의 재질	
	선도체와 같은 경우	선도체와 다른 경우
$S \leq 16$	S	$(k_1/k_2) \times S$
$16 < S \leq 35$	16(a)	$(k_1/k_2) \times 16$
$S > 35$	S(a)/2	$(k_1/k_2) \times (S/2)$

3) 공통접지 및 통합접지

(1) 공통접지

저압 전기설비의 접지극이 고압 및 특고압 접지극의 접지저항 형성영역에 완전히 포함되어 있는 경우 공통접지를 할 수 있다.

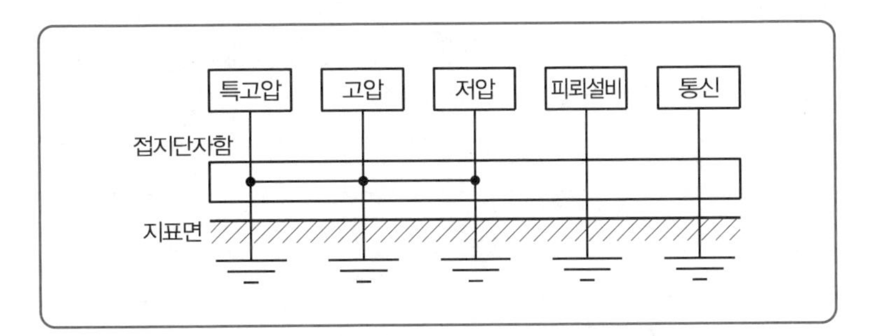

(2) 통합접지

전기설비의 접지설비 · 건축물의 피뢰설비 · 전자통신설비 등의 접지극을 공용하는 통합 접지시스템으로 하는 경우를 말한다.

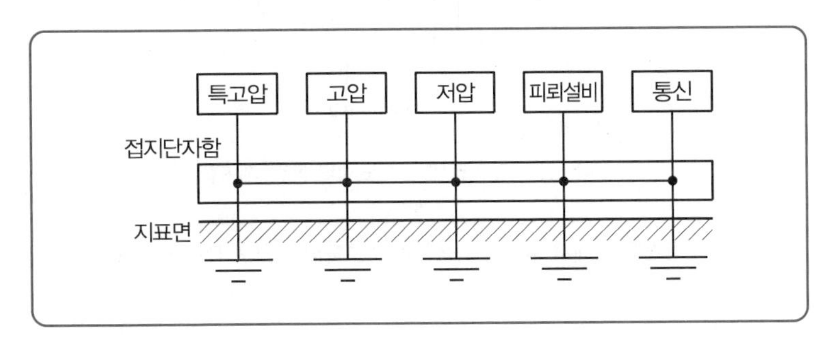

대표유형문제

(2016년 3회 4번)

4) 저압 계통접지 동영상

(1) 계통접지 구성

① 종류

㉠ TN 계통

㉡ TT 계통

㉢ IT 계통

② 각 계통에서 나타내는 그림의 기호

기호	명칭
	중성선(N), 중간도체(M)
	보호도체(PE)
	중성선과 보호도체 겸용(PEN)

(2) TN 계통

전원 측의 한 점을 직접 접지하고 설비의 노출도전부를 보호도체로 접속시키는 방식이다.

① TN-S 계통은 계통 전체에 대해 별도의 중성선 또는 PE 도체를 사용한다.

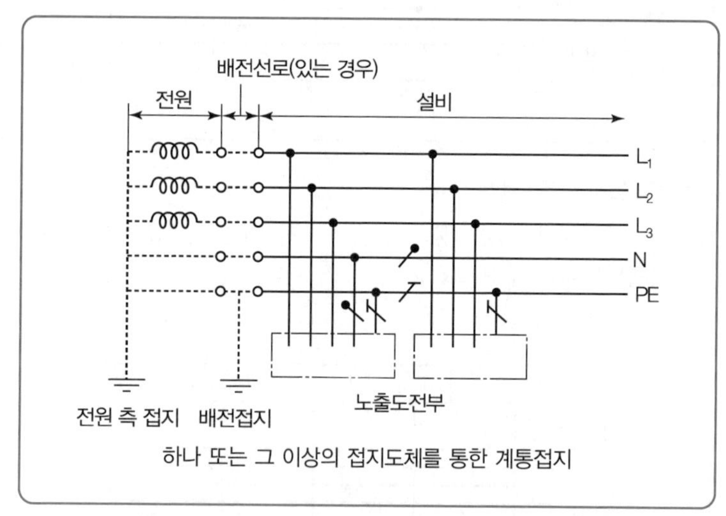

| 계통 내에서 별도의 중성선과 보호도체가 있는 TN-S 계통 |

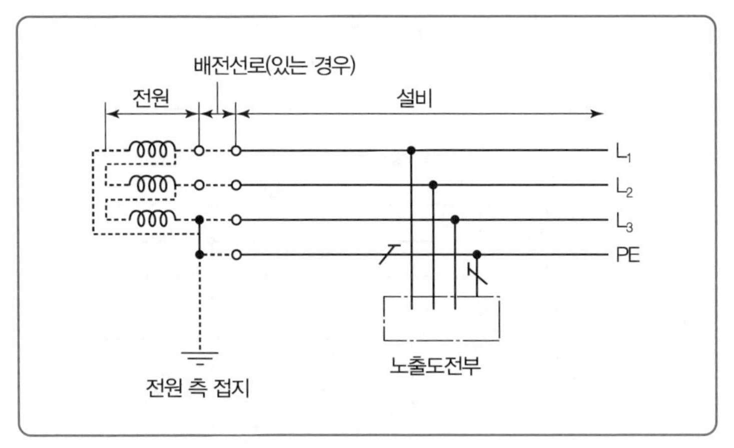

| 계통 내에서 별도의 접지된 선도체와 보호도체가 있는 TN-S 계통 |

② TN-C 계통은 그 계통 전체에 대해 중성선과 보호도체의 기능을 동일도체로 겸용한 PEN 도체를 사용한다.

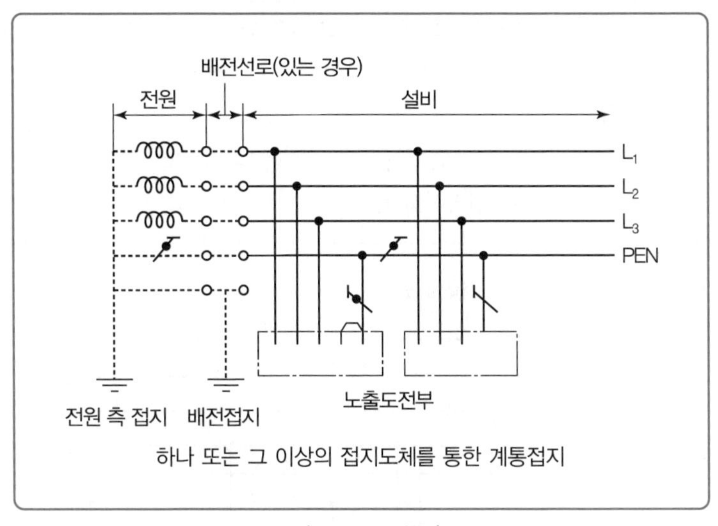

| TN-C 계통 |

③ TN－C－S계통은 계통의 일부분에서 PEN 도체를 사용하거나, 중성선과 별도의 PE 도체를 사용하는 방식이 있다.

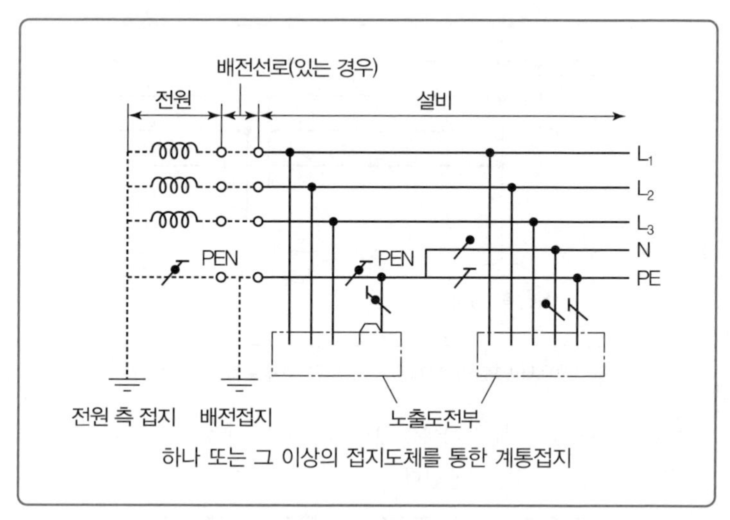

| 설비의 어느 곳에서 PEN이 PE와 N으로 분리된 3상 4선식 TN－C－S 계통 |

(3) TT 계통

전원의 한 점을 직접 접지하고 설비의 노출도전부는 전원의 접지전극과 전기적으로 독립적인 접지극에 접속시킨다.

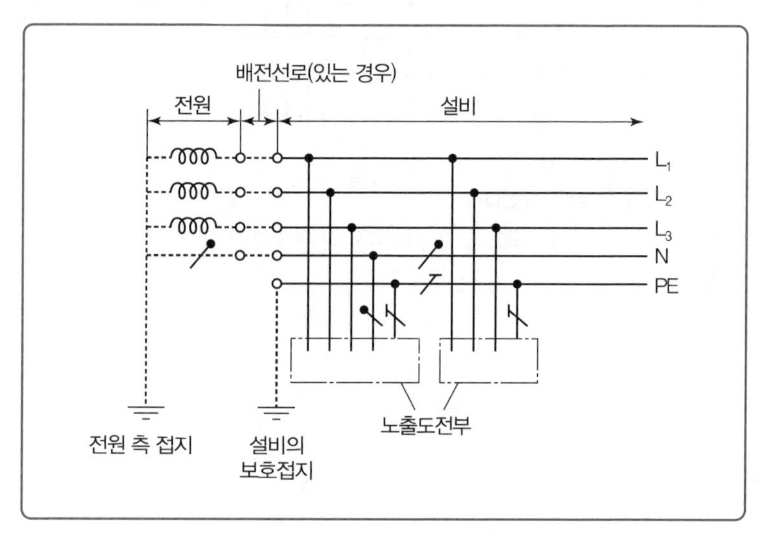

(4) IT 계통

충전부 전체를 대지로부터 절연시키거나, 한 점을 임피던스를 통해 대지에 접속시킨다.

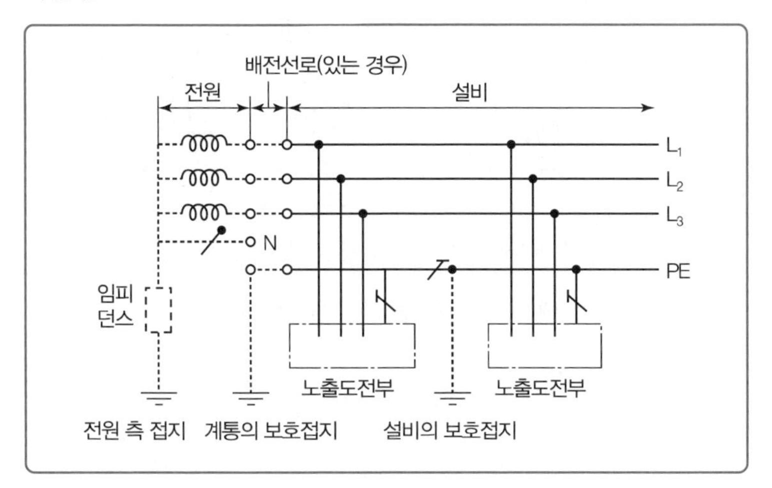

5) 접지저항에 영향을 주는 요인 암기 : 접수온토

접지망의 시공방법, 수분의 함량, 온도, 토양의 종류

6) 접지저항을 작게 하는 방법

(1) 접지극의 치수를 크게 한다.
(2) 접지극을 병렬접속한다.
(3) 심타공법 등을 한다.
(4) 접지저항 저감제를 사용한다.
(5) 접지봉의 매설깊이를 깊게 한다.

7) 접지저항 화학적 저감법 구비조건

(1) 저감효과 영구적
(2) 접지극 부식이 없을 것
(3) 공해가 없을 것
(4) 공법이 용이할 것

8) 접지판 상호 간의 저항을 측정한 G_3의 접지저항

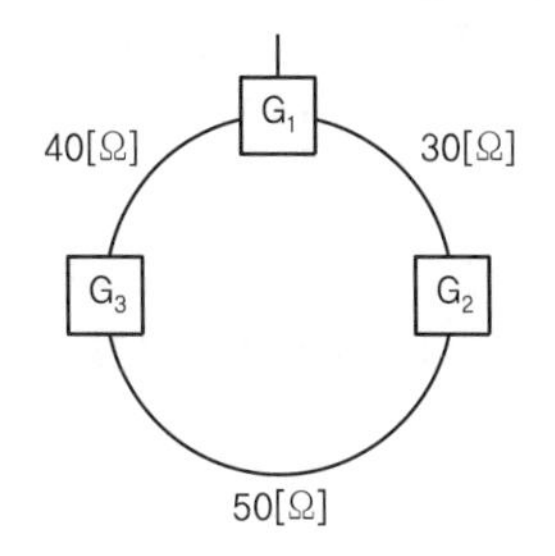

계산 : $R_{G_3} = \frac{1}{2}\left(R_{G_{31}} + R_{G_{32}} - R_{G_{12}}\right)$

$= \frac{1}{2}(40 + 50 - 30) = 30[\Omega]$

대표유형문제

(2003년 1회 3번)

9) 지락 시 인체에 흐르는 전류 (동영상)

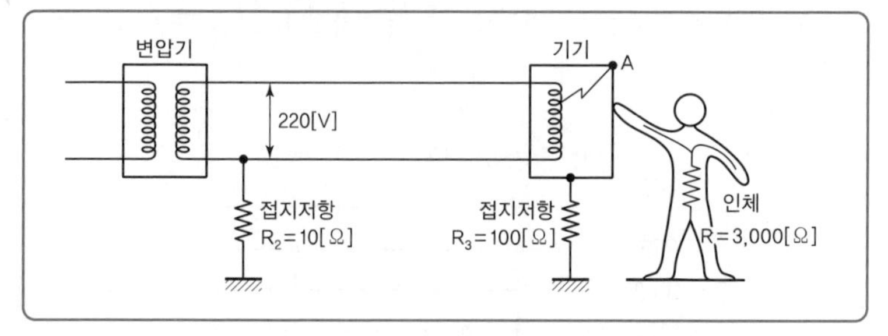

(1) 외함에 인체가 접촉하고 있지 않을 경우 대지전압 : $e = \dfrac{R_3}{R_2 + R_3} \times V$

(2) 이 기기의 외함에 인체가 접촉한 경우 인체에 흐르는 전류 :

$$I = \dfrac{V}{R_2 + \dfrac{R_3 \cdot R}{R_3 + R}} \times \dfrac{R_3}{R_3 + R}$$

대표유형문제

(2010년 1회 6번)

10) 케이블의 차폐 접지 (동영상)

(1) ZCT를 전원 측에 설치 시 전원 측 케이블 차폐의 접지는 ZCT를 관통시켜 접지한다.

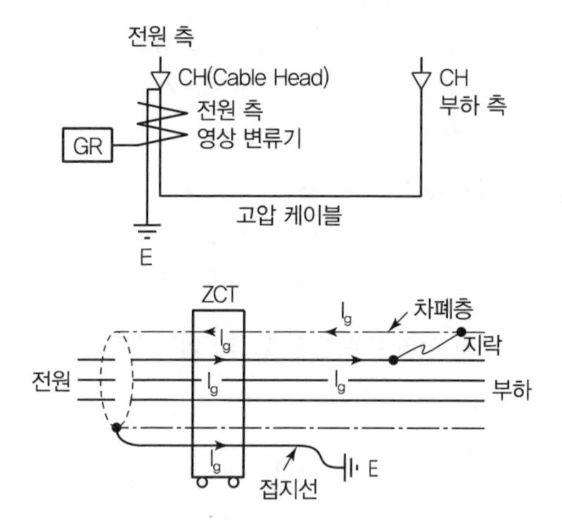

접지선을 ZCT 내로 관통시켜야만 ZCT는 지락전류 I_g를 검출할 수 있다.

$$I_g - I_g + I_g = I_g$$

(2) ZCT를 부하 측에 설치 시 케이블 차폐의 접지는 ZCT를 관통시키지 않고 접지한다.

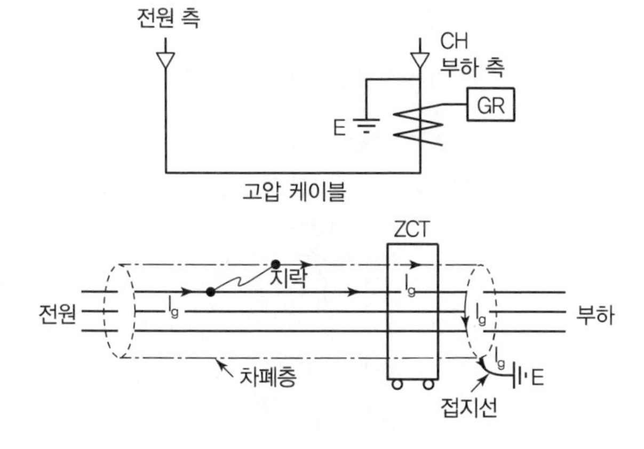

접지선을 ZCT 내로 관통시키지 않아야 지락전류 I_g를 검출할 수 있다.

7 예비전원

1) 발전기

(1) 동기발전기 병렬운전 조건

① 기전력의 파형이 같을 것
② 기전력의 크기가 같을 것
③ 기전력의 주파수가 같을 것
④ 기전력의 위상이 같을 것
⑤ 기전력의 상회전이 같을 것

(2) 발전기 용량 동영상

① 단순부하의 경우

$$P = \frac{\text{부하의 총계} \times \text{수용률}}{\text{역률}} \text{[kVA]}$$

② 기동용량이 큰 부하가 있는 경우의 발전기 용량

$$P \geq \left(\frac{1}{\text{전압강하}} - 1\right) \times \text{과도리액턴스} \times \text{기동용량}$$

대표유형문제

(2009년 3회 10번)

③ 발전기 용량 선정법

$$GP \geq [\Sigma P + (\Sigma Pm - PL) \times a + (PL \times a \times c)] \times k\ [kVA]$$

여기서, ΣP : 전동기 이외 부하의 입력용량 합계[kVA]

가. 입력용량(고조파 발생부하 제외)

$$P = \frac{부하용량[kW]}{부하\ 효율 \times 역률}$$

나. 고조파 발생부하의 입력용량 합계[kVA]

㉮ UPS의 입력용량

$$P = \left(\frac{UPS\ 출력[kVA]}{UPS\ 효율} \times \lambda\right) + 축전지\ 충전용량$$

(※ 축전지충전용량은 UPS용량의 6~10% 적용)

㉯ 입력용량(UPS 제외)

$$P = \left[\frac{부하용량(kW)}{효율 \times 역률}\right] \times \lambda$$

(※ λ(THD 가중치)는 KS C IEC 61000-3-6의 표 6을 참고한다. 다만, 고조파 저감장치를 설치할 경우에는 가중치 1.25를 적용할 수 있다.

ΣPm : 전동기 부하용량 합계[kW]

PL : 전동기 부하 중 기동용량이 가장 큰 전동기 부하용량[kW], 다만, 동시에 기동될 경우에는 이들을 더한 용량으로 한다.

a : 전동기의 kW당 입력용량 계수
(※ a의 추천값은 고효율 1.38, 표준형 1.45이다. 다만, 전동기 입력용량은 각 전동기별 효율, 역률을 적용하여 입력용량을 환산할 수 있다.)

c : 전동기의 기동계수

㉮ 직입 기동 : 추천값 6(범위 5~7)
㉯ Y-Δ 기동 : 추천값 2(범위 2~3)
㉰ VVVF(인버터) 기동 : 추천값 1.5(범위 1~1.5)
㉱ 리액터 기동방식의 추천 값

구 분	탭(Tap)		
	50%	65%	80%
기동계수(c)	3	3.9	4.8

k : 발전기 허용전압강하 계수

(3) 발전기실의 넓이

$$A \geq 1.7\sqrt{P}$$

여기서, P : 발전기의 출력[PS]

3) 축전지

(1) 축전지 설비의 구성 4가지 암기 : 제보충축

① 제어장치 ② 보안장치 ③ 충전장치 ④ 축전지

(2) 축전지의 충전방식 암기 : 부균보급세회

① 부동충전 : 축전지의 자기방전을 보충함과 동시에 상용부하에 대한 전력공급은 충전기가 부담하도록 하되 충전기가 부담하기 어려운 일시적인 대전류 부하는 축전지로 부담하는 방식
② 균등충전 : 각 전해조에서 일어나는 전위차를 보정하기 위해 1~3개월마다 1회 정전압으로 10~12시간 충전하는 방식
③ 보통충전 : 필요할 때마다 시간율로 소정의 충전을 하는 방식
④ 급속충전 : 비교적 단시간(보통충전의 2~3배)에 충전하는 방식
⑤ 세류충전 : 자기 방전량만을 충전하는 방식
⑥ 회복충전 : 과방전 및 설치상태 설페이션 현상이 발생했을 때 기능을 회복시키려 충전하는 방식

(3) 알칼리축전지 장단점

① 장점
㉠ 수명이 길다.
㉡ 진동충격에 강하다.
㉢ 사용온도 범위가 넓다.
㉣ 방전 시 전압변동이 적다.
㉤ 과충 · 방전 특성이 양호하다.

② 단점
㉠ 중량이 무겁다.
㉡ 가격이 비싸다.
㉢ 셀(cell)당 전압이 낮다.

(4) 축전지 공칭전압

① 연축전지 : 2.0(V)
② 알칼리전지 : 1.2(V)

대표유형문제

(2011년 2회 15번)

(5) 축전지 용량 (동영상)

$$C = \frac{1}{L} \times K \times I$$

여기서, L : 보수율(경년용량 저하율), K : 용량환산시간,
I : 방전전류

7 계측설비 및 기타

1) 저항 측정방법

(1) 굵은 나전선의 저항, 길이 1m의 연동선 : 캘빈더블 브리지
(2) 수천 옴의 가는 전선의 저항(검류계 내부저항) : 휘스톤 브리지
(3) 전해액의 저항, 황산구리 용액 : 코올라시 브리지
(4) 옥내 전등선의 절연저항 : 메거

2) 전력량계 결선도

(1) 변성기 사용 계기(변류기만을 부속하는 경우)

① 단상 2선식

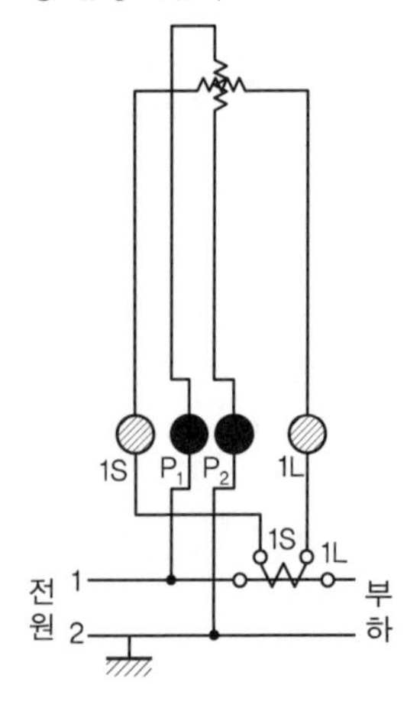

② 3상 3선식, 단상 3선식

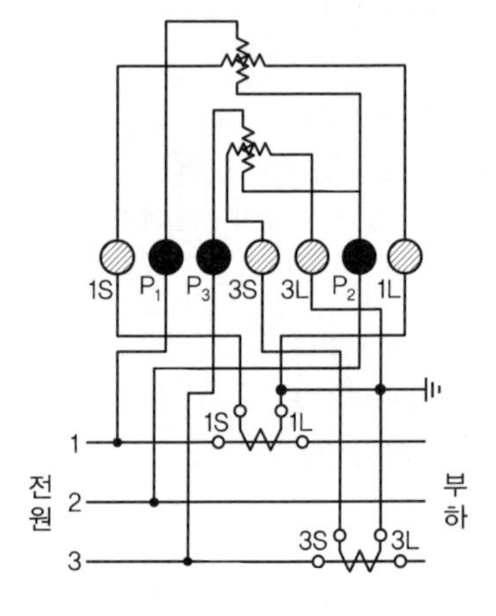

③ 3상 4선식

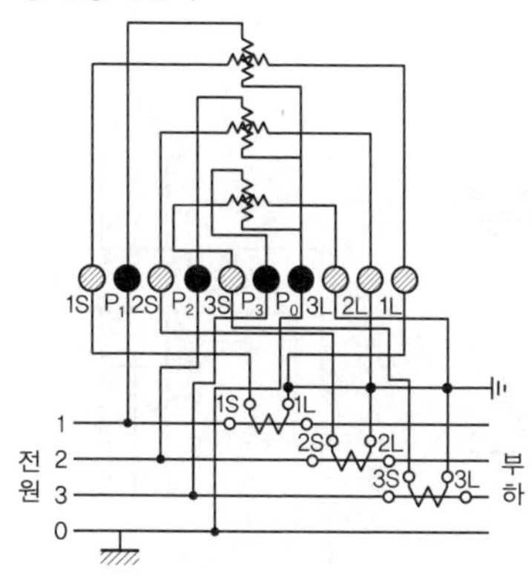

(2) 변성기 사용 계기(계기용 변압기 및 변류기를 부속하는 경우)

① 단상 2선식

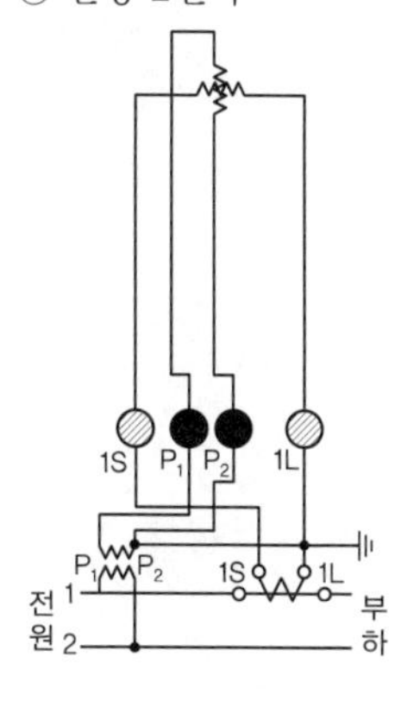

② 3상 3선식, 단상 3선식

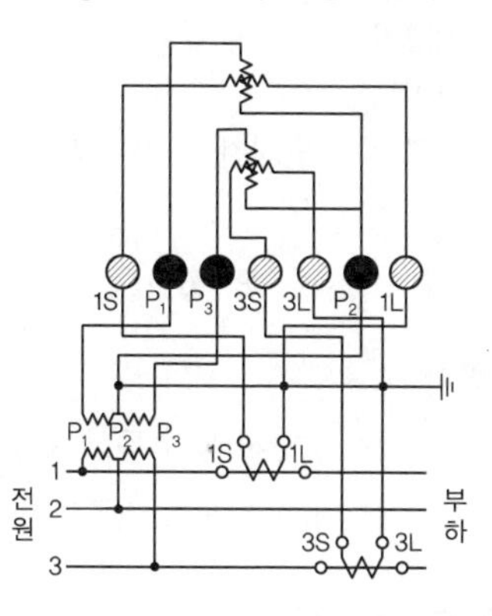

③ 3상 4선식

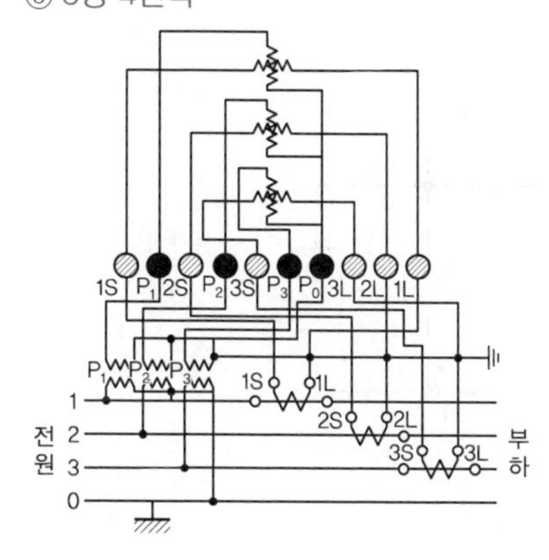

3) 과전류 계전기 동작 시험

(1) 실제 배선도

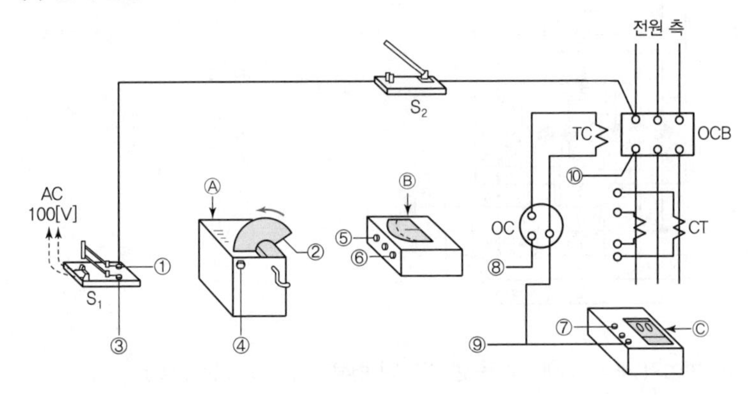

① 기기 명칭

Ⓐ : 수저항기

Ⓑ : 전류계

Ⓒ : 사이클 카운터(계전기 시험 장치)

② 결선방법

①－④, ②－⑤, ⑥－⑧, ⑩－⑦

(2) 측정방법

① S_2 투입 : 계전기 한시 동작 특성 시험

② S_2 개방 : 계전기 최소 동작 전류 시험

4) 전력의 측정 및 오차

(1) 3전압계법

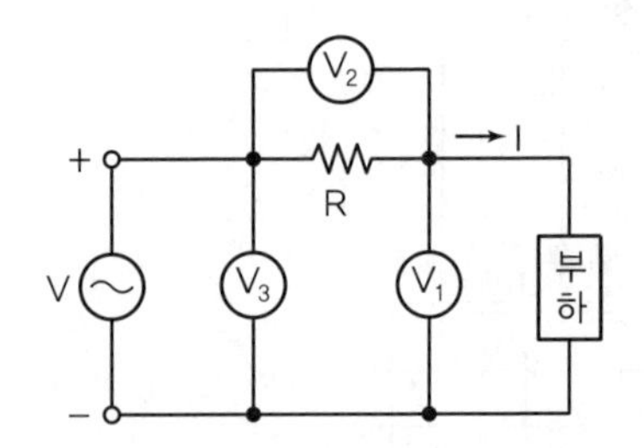

$$P = \frac{1}{2R}\left(V_3^2 - V_2^2 - V_1^2\right)[W]$$

(2) 3전류계법

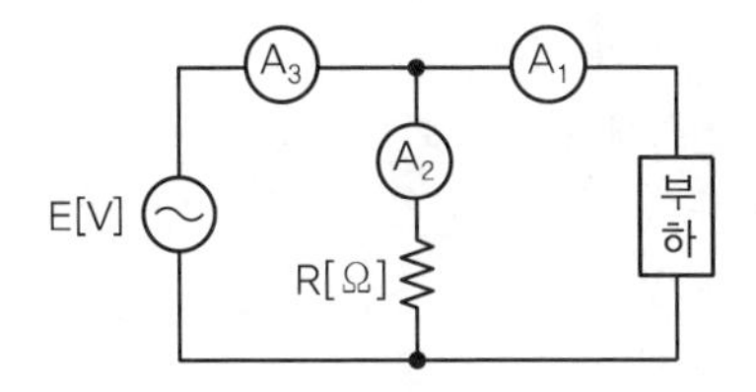

$$P = \frac{R}{2}(A_3^2 - A_2^2 - A_1^2)[W]$$

(3) 2전력계법

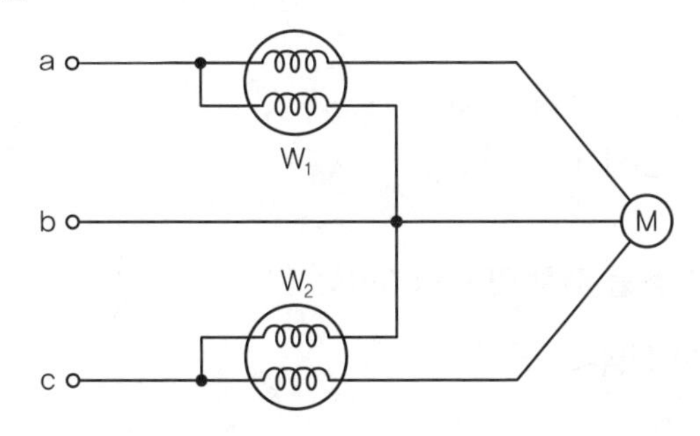

① 유효전력 : $P = W_1 + W_2[W]$

② 무효전력 : $P_r = \sqrt{3}(W_1 - W_2)[Var]$

③ 피상전력 : $P_a = 2\sqrt{(W_1^{\ 2} + W_2^{\ 2} - W_1W_2)}\,[VA]$

④ 역률 : $\cos\theta = \dfrac{W_1 + W_2}{2\sqrt{W_1^{\ 2} + W_2^{\ 2} - W_1W_2}}$

(4) 적산전력계의 측정값

$$P = \frac{3,600 \cdot n}{t \cdot k} \times CT비 \times PT비\ [kW]$$

여기서, n : 회전수[회], t : 시간[sec], k : 계기정수[rev/kWh]

(5) 오차

$$\epsilon = \frac{M - T}{T} \times 100[\%]$$

여기서, M : 측정값, T : 참값

(6) 적산전력계의 구비 조건

① 옥내 및 옥외에 설치가 적당한 것

② 온도나 주파수 변화에 보상이 되도록 할 것

③ 기계적 강도가 클 것

④ 부하 특성이 좋을 것

⑤ 과부하 내량이 클 것

(7) 적산전력계의 잠동

① 잠동 현상 : 무부하 상태에서 정격 주파수 및 정격 전압의 110(%)를 인가하여 전력계 계기의 원판이 1회전 이상 회전하는 현상

② 방지 대책

㉠ 원판에 작은 구멍을 뚫는다.

㉡ 원판에 소철편을 붙인다.

5) 설비 불평형률 제한 및 단상 3선식

대표유형문제

(2011년 3회 9번)

(1) 설비 불평형률 동영상

① 단상 3선식 설비 불평형률

$$= \frac{\text{중심선과 각 전압 측 전선 간에 접촉되는 부하설비 용량[kVA]의 차}}{\text{총 부하설비 용량[kVA]의 } 1/2} \times 100[\%]$$

설비 불평형률은 40[%] 이하여야 한다.

② 3상 3선식 설비 불평형률

$$= \frac{\text{각 선간에 접속되는 단상부하 총 부하설비 용량[kVA]의 최대와 최소의 차}}{\text{총 부하설비 용량[kVA]의 } 1/3} \times 100[\%]$$

설비 불평형률은 30[%] 이하여야 한다.

③ 설비 불평형률 예외 규정

㉠ 저압 수전에서 전용 변압기를 사용하는 경우

㉡ 고압 및 특고압 수전에서 100[kVA] 이하의 단상 부하의 경우

㉢ 고압 및 특고압 수전에서 단상 부하 용량의 최대와 최소의 차가 100[kVA] 이하인 경우

㉣ 특고압 수전에서 100[kVA] 이하의 단상 변압기 2대를 역V결선하는 경우

(2) 단상 3선식

① 결선 조건(3가지)

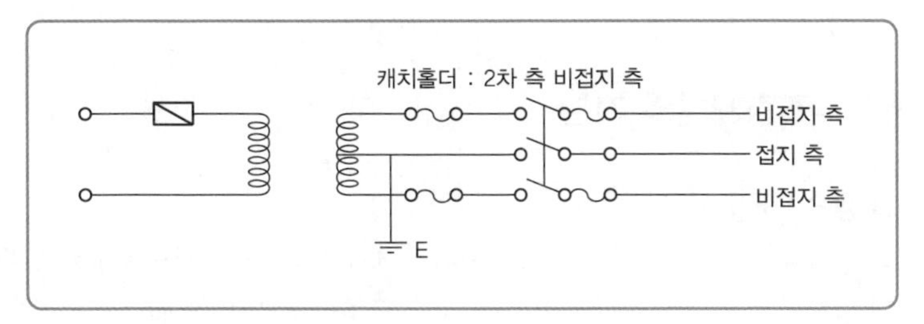

㉠ 2차 측에 중성점 접지를 한다.

㉡ 동시 동작형 개폐기를 설치한다.

㉢ 중성선에 퓨즈를 넣지 말고 동선으로 직결시킨다.

② 중성선 단선 시 전압의 불평형

㉠ $V_1 = R_1 I = V\dfrac{R_1}{R_1 + R_2}[V]$

㉡ $V_2 = R_2 I = V\dfrac{R_2}{R_1 + R_2}[V]$

(3) 펌프 전동기의 출력

$$P = \frac{9.8QH}{\eta}K$$

여기서, $Q[m^3/s]$: 유량(초당), $H[m]$: 낙차(양정)
η : 효율, K : 계수

대표유형문제

(2010년 3회 3번)

Chapter 03 조명설계

1 조명계산의 기본

1) 광속 : F[lm]

복사 에너지를 눈으로 보아 빛으로 느끼는 크기로서 나타낸 것으로 광원으로부터 발산되는 빛의 양이다.(빛의 양이라고도 하며 단위는 루멘)

2) 광도 : I[cd]

광원에서 어떤 방향에 대한 단위 입체각 당 발산되는 광속으로서 광원의 능력을 나타낸다.(빛의 세기라고도 하며 단위는 칸델라)

$$I = \frac{F}{\omega} = \frac{F}{2\pi(1-\cos\theta)}[cd]$$

대표유형문제

(2006년 1회 12번)

3) 조도 : E[lx] (동영상)

어떤 면의 단위 면적당의 입사 광속으로서 피조면의 밝기를 나타낸다.
(피조면의 밝기라고도 하며 단위는 럭스)

(1) 조도의 구분

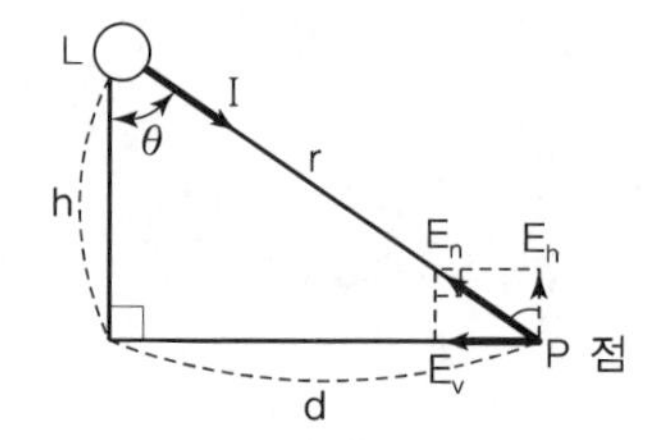

① 법선조도 : $E_n = \frac{I}{r^2}$

② 수평면 조도 : $E_h = E_n\cos\theta = \frac{I}{r^2}\cos\theta = \frac{I}{h^2}\cos^3\theta$

③ 수직면 조도 : $E_v = E_n\sin\theta = \frac{I}{r^2}\sin\theta = \frac{I}{d^2}\sin^3\theta$

4) 램프의 효율

$$효율[lm/W] = \frac{광속[lm]}{소비\ 전력[W]}$$

2 조명설계 동영상

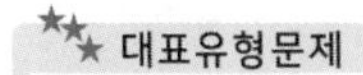

(2015년 3회 7번)

1) 옥내 조명 설계

(1) 조명기구 배광에 의한 분류 암기 : 직반전반간

① 직접조명 ② 반직접조명
③ 전반확산조명 ④ 반간접조명
⑤ 간접조명

(2) 조명기구 배치에 의한 분류 암기 : 전국전

① 전반조명 ② 국부조명 ③ 전반국부조명

(3) 조명 기구의 배치 결정

① 광원의 높이
㉠ 직접조명 시 : H = 피조면에서 광원까지
㉡ 반간접조명 시 : H_0 = 피조면에서 천장까지

② 등기구의 간격
㉠ 등기구~등기구 : $S \leq 1.5H$ (직접, 전반조명의 경우)
㉡ 등기구~벽면 : $S_0 \leq \frac{1}{2}H$ (벽면을 사용하지 않을 경우)

(4) 실지수(Room Index)의 결정

$$K = \frac{X \cdot Y}{H(X+Y)}$$

여기서, H : 등고[m], X : 방의 가로 길이[m]
Y : 방의 세로 길이[m]

(5) 광속법에 의한 조명 설계식

$$NFU = EAD$$

여기서, N : 광원의 수, F : 광속, E : 조도
D : 감광보상률, U : 조명률, M : 유지율

$$M = \frac{1}{D}$$

여기서, D : 감광보상률

(6) 조명 설비에서 에너지 절약 방안

① 고효율 등기구 채용
② 고조도, 저휘도 반사갓 채용
③ 슬림라인 형광등 및 전구식 형광등 채용
④ 창측 조명기구 개별 점등
⑤ 재실감지기 및 카드키 채용
⑥ 적절한 조광제어 실시
⑦ 고역률 등기구 채용

2) 도로조명 설계

(1) 도로조명의 목적

야간 도로이용자의 시환경을 개선하여 안전하고 원활하며 쾌적한 도로 교통을 확보하는 것

(2) 도로조명 설계 시 고려사항

① 노면 전체를 평균 휘도로 조명
② 알맞은 조도
③ 눈부심의 정도가 적을 것
④ 정연한 배치 및 배열
⑤ 광속의 연색성이 적절한 것
⑥ 주변 풍경과 조화

(3) 조명기구의 배치방법에 의한 면적

① 도로 중앙 배열 $S = a \cdot b[m^2]$
② 도로 편측 배열 $S = a \cdot b[m^2]$
③ 도로 양측으로 대칭 배열 $S = \frac{1}{2}a \cdot b[m^2]$
④ 도로 양측으로 지그재그 배열 $S = \frac{1}{2}a \cdot b[m^2]$

3 광원의 종류

1) HID(High Intensity Discharge Lamp)의 종류 암기 : 수나메크

(1) 고압수은등
(2) 고압나트륨등
(3) 메탈할라이드등
(4) 초고압수은등
(5) 고압크세논방전등

2) 형광등이 백열등에 비하여 우수한 점

(1) 효율이 높다.
(2) 수명이 길다.
(3) 열방사가 적다.
(4) 필요로 하는 광색을 쉽게 얻을 수 있다.

3) 백열전구의 필라멘트 구비 조건

(1) 융해점이 높을 것
(2) 고유 저항이 클 것
(3) 선팽창 계수가 적을 것
(4) 온도 계수가 정확할 것
(5) 가공이 용이할 것
(6) 높은 온도에서 증발(승화)이 적을 것
(7) 고온에서 기계적 강도가 감소하지 않을 것

4) 형광등

(1) 광색에 의한 형광등의 분류

광색의 종류	기호	비고(I E C)
주광색 주백색 백색 온백색 전구색	D N W WW L	• D : Daylight • CW : Cool White • W : White • WW : Warm White

(2) 형광등 장단점

① 장점

㉠ 형광체의 혼합에 의하여 주광색, 백색 등 필요로 하는 광색을 얻을 수 있다.
㉡ 휘도가 낮다.
㉢ 효율이 높다.
㉣ 열방사가 적다(백열전구의 $\frac{1}{4}$).
㉤ 수명이 길다.

㉥ 전압변동에 대하여 광속변동이 작다.

② 단점
㉠ 점등시간이 길다.
㉡ 부속장치(글로우램프 안정기 콘덴서)가 필요하여 가격이 비싸다.
㉢ 온도의 영향을 받는다.
㉣ 역률이 낮다.
㉤ 깜박거림과 빛의 어른거림이 발생한다.
㉥ 라디오장해 발생(고조파)이 우려된다.

4 건축화 조명

1) 천장 매입방법 암기 : 매코핀다라

(1) 매입형광등 : 하면개방형, 반매입형, 하면확산판 설치형이 있음
(2) 코퍼라이트 : 대형의 다운라이트 방식으로 천장면을 둥글게 또는 사각으로 파내어 내부에 조명기구를 배치하는 방식
(3) 핀홀라이트 : 다운라이트의 일종으로 아래로 조사되는 구멍을 작게 하거나 렌즈를 달아 복도에 집중 조사하는 방식
(4) 다운라이트 : 천장에 작은 구멍을 뚫고 조명기구를 매입하여 빛의 방향을 아래로 유효하게 조명하는 방법
(5) 라인라이트 : 매입 방식의 일종으로 형광등을 연속으로 배치하는 방식

2) 천장면 이용방법 암기 : 코광루

(1) 코브 조명 : 광원으로 천장이나 벽면 상부를 조명함으로써 천장면이나 벽에 반사되는 반사광을 이용하는 간접조명방식
(2) 광천장 조명 : 실의 천장 전체를 조명기구화하는 방식으로 천장 조명 확산 판넬로 유백색의 아크릴판이 사용
(3) 루버 조명 : 실의 천장면을 조명기구화 하는 방식으로 천장면 재료로 루버를 사용하여 보호각을 증가시킴

3) 벽면 이용방법 암기 : 코코밸광

① 코너 조명 ② 코니스 조명 ③ 밸런스 ④ 광창 조명

Chapter 04 심벌 및 감리

Section 01 심벌

1 콘센트 (동영상)

★★★ 대표유형문제

(2003년 2회 3번)

명칭	그림기호	적용
콘센트	(콘센트 기호)	① 그림기호는 벽붙이를 표시하고 벽 옆을 칠한다. ② 그림기호 (기호)는 (기호)로 표시하여도 좋다. ③ 천장에 부착하는 경우는 다음과 같다. (기호) ④ 바닥에 부착하는 경우는 다음과 같다. (기호) ⑤ 용량의 표시방법은 다음과 같다. a. 15A는 표기하지 않는다. b. 20A 이상은 암페어 수를 표기한다. (기호) 20A ⑥ 2구 이상인 경우는 구수를 표기한다. (기호) 2 ⑦ 3극 이상인 것은 극수를 표기한다. (기호) 3P ⑧ 종류를 표시하는 경우는 다음과 같다. • 빠짐 방지형 : (기호) LK • 걸림형 : (기호) T • 접지극붙이 : (기호) E • 접지단자붙이 : (기호) ET • 누전차단기붙이 : (기호) EL ⑨ 방수형은 WP를 표기한다. (기호) WP ⑩ 폭발방지형은 EX를 표기한다. (기호) EX ⑪ 타이머붙이, 덮개붙이 등 특수한 것은 표기한다. ⑫ 의료용은 H를 표기한다. (기호) H ⑬ 전원종별을 명확히 하고 싶은 경우는 그 뜻을 표기한다.
비상콘센트 (소방법에 따르는 것)	(비상콘센트 기호)	

대표유형문제 ★★★

(2002년 3회 2번)

2 점멸기

명칭	그림기호	적용
점멸기	●	① 용량의 표시방법은 다음과 같다. a. 10A는 표기하지 않는다. b. 15A 이상은 전류치를 표기한다. ●15A ② 극수의 표시방법은 다음과 같다. a. 단극은 표기하지 않는다. b. 2극 또는 3, 4로는 각각 2P 또는 3, 4의 숫자를 표기한다. ●2P ●3 ③ 플라스틱은 P를 표기한다. ●P ④ 파일럿 램프를 내장하는 것은 L을 표기한다. ●L ⑤ 따로 놓인 파일럿 램프는 ○로 표시한다. ○● ⑥ 방수형은 WP를 표기한다. ●WP ⑦ 폭발방지형은 EX를 표기한다. ●EX ⑧ 타이머붙이는 T를 표기한다. ●T ⑨ 지동형, 덮개붙이 등 특수한 것은 표기한다. ⑩ 옥외등 등에 사용하는 자동 점멸기는 A 및 용량을 표기한다. ●A(3A)

3 배전반 · 분전반 · 제어반

명칭	그림기호	적용
배전반, 분전반 및 제어반	□	① 종류를 구별하는 경우는 다음과 같다. 배전반 ⊠ 분전반 ◢ 제어반 ⧓ ② 직류용은 그 뜻을 표기한다. ③ 재해방지 전원회로용 배전반 등인 경우는 2중 틀로 하고 필요에 따라 종별을 표기한다. ⊠ 1종 ◢ 2종

Section 02 감리

1 감리원의 업무

1) 상주감리원의 업무

① 현장 조사 · 분석
② 공사 단계별 기성(旣成) 확인
③ 행정지원업무
④ 현장 시공상태의 평가 및 기술지도
⑤ 공사감리업무에 관련되는 각종 일지 작성 및 부대 업무
⑥ 그 밖에 사업을 성공적으로 수행하기 위해 필요한 지원 등

2) 비상주감리원의 업무

① 설계도서 등의 검토
② 상주감리원이 수행하지 못하는 현장 조사분석 및 시공상의 문제점에 대한 기술검토와 민원사항에 대한 현지조사 및 해결방안 검토
③ 중요한 설계변경에 대한 기술검토
④ 설계변경 및 계약금액 조정의 심사
⑤ 기성 및 준공검사
⑥ 정기적(분기 또는 월별)으로 현장 시공상태를 종합적으로 점검 · 확인 · 평가하고 기술지도
⑦ 공사와 관련하여 발주자(지원업무수행자 포함)가 요구한 기술적 사항 등에 대한 검토
⑧ 그 밖에 감리업무 추진에 필요한 기술지원 업무

3) 설계도서 등의 검토

감리원은 설계도서 등에 대하여 공사계약문서 상호 간의 모순되는 사항, 현장 실정과의 부합 여부 등 현장 시공을 주안으로 하여 해당 공사 시작 전에 검토하여야 하며 검토내용에는 다음 각 호의 사항 등이 포함되어야 한다.
① 현장조건에 부합 여부
② 시공의 실제 가능 여부
③ 다른 사업 또는 다른 공정과의 상호부합 여부

④ 설계도면, 설계설명서, 기술계산서, 산출내역서 등의 내용에 대한 상호일치 여부
⑤ 설계도서의 누락, 오류 등 불명확한 부분의 존재 여부
⑥ 발주자가 제공한 물량 내역서와 공사업자가 제출한 산출내역서의 수량일치 여부
⑦ 시공상의 예상 문제점 및 대책 등

4) 감리업자는 감리용역 착수 시 다음 각 호의 서류를 첨부한 착수신고서를 제출하여 발주자의 승인을 받아야 한다.

① 감리업무 수행계획서
② 감리비 산출내역서
③ 상주, 비상주 감리원 배치계획서와 감리원의 경력확인서
④ 감리원 조직 구성내용과 감리원별 투입기간 및 담당업무

5) 착공신고서 검토 및 보고

감리원은 공사가 시작된 경우에는 공사업자로부터 다음 각 호의 서류가 포함된 착공신고서를 제출받아 적정성 여부를 검토하여 7일 이내에 발주자에게 보고하여야 한다.

① 시공관리책임자 지정통지서(현장관리조직, 안전관리자)
② 공사 예정공정표
③ 품질관리계획서
④ 공사도급 계약서 사본 및 산출내역서
⑤ 공사 시작 전 사진
⑥ 현장기술자 경력사항 확인서 및 자격증 사본
⑦ 안전관리 계획서
⑧ 작업인원 및 장비투입 계획서
⑨ 그 밖에 발주자가 지정한 사항

6) 감리원은 다음 각 호의 서식 중 해당 감리현장에서 감리업무 수행상 필요한 서식을 비치하고 기록 · 보관하여야 한다.

① 감리업무일지
② 근무상황판
③ 지원업무수행 기록부
④ 착수 신고서
⑤ 회의 및 협의내용 관리대장
⑥ 문서접수대장
⑦ 문서발송대장
⑧ 교육실적 기록부

⑨ 민원처리부
⑩ 지시부
⑪ 발주자 지시사항 처리부
⑫ 품질관리 검사 · 확인대장
⑬ 설계변경 현황
⑭ 검사 요청서
⑮ 검사 체크리스트
⑯ 시공기술자 설명부
⑰ 검사결과 통보서
⑱ 기술검토 의견서
⑲ 주요 기자재 검수 및 수불부
⑳ 기성부분 감리조서
㉑ 발생품(잉여자재) 정리부
㉒ 기성부분 검사조서
㉓ 기성부분 검사원
㉔ 준공 검사원
㉕ 기성공정 내역서
㉖ 기성부분 내역서
㉗ 준공검사조서
㉘ 준공감리조서
㉙ 안전관리 점검표
㉚ 사고보고서
㉛ 재해발생 관리부
㉜ 사후환경영향조사 결과보고서

7) 시공계획서의 검토 · 확인

감리원은 공사업자가 작성 · 제출한 시공계획서를 공사 시작일부터 30일 이내에 제출받아 이를 검토 · 확인하여 7일 이내에 승인하여 시공하도록 하여야 하고, 시공계획서의 보완이 필요한 경우에는 그 내용과 사유를 문서로서 공사업자에게 통보하여야 한다. 시공계획서에는 시공계획서의 작성기준과 함께 다음 각 호의 내용이 포함되어야 한다.

① 현장 조직표
② 공사 세부공정표
③ 주요 공정의 시공 절차 및 방법
④ 시공일정
⑤ 주요 장비 동원계획
⑥ 주요 기자재 및 인력투입계획
⑦ 주요 설비
⑧ 품질 · 안전 · 환경관리 대책 등

8) 감리보고 등

(1) 책임감리원은 다음 각 호의 사항에 포함된 분기보고서를 작성하여 발주자에게 제출하여야 한다. 보고서는 매 분기 말 다음 달 5일 이내로 제출한다.
① 공사추진 현황(공사계획의 개요와 공사추진계획 및 실적, 공정 현황, 감리용역 현황, 감리조직, 감리원 조치내역 등)
② 감리원 업무일지
③ 품질검사 및 관리 현황
④ 검사요청 및 결과통보내용

⑤ 주요 기자재 검사 및 수불내용(주요 기자재 검사 및 입 · 출고가 명시된 수불 현황)
⑥ 설계변경 현황
⑦ 그 밖에 책임감리원이 감리에 관하여 중요하다고 인정하는 사항

(2) 감리원은 다음 각 호의 사항이 포함된 최종감리보고서를 감리기간 종료 후 14일 이내에 발주자에게 제출하여야 한다.
① 공사 및 감리용역 개요 등(사업목적, 공사개요, 감리용역 개요, 설계용역 개요)
② 공사추진 실적 현황(기성 및 준공검사 현황, 공종별 추진실적, 설계변경 현황, 공사현장 실정보고 및 처리 현황, 지시사항 처리, 주요인력 및 장비 투입 현황, 하도급 현황, 감리원 투입 현황)
③ 품질관리 실적(검사요청 및 결과통보 현황, 각종 측정기록 및 조사표, 시험장비 사용 현황, 품질관리 및 측정자 현황, 기술검토실적 현황 등)
④ 주요 기자재 사용실적(기자재 공급원 승인 현황, 주요 기자재 투입 현황, 사용자재 투입 현황)
⑤ 안전관리 실적(안전관리조직, 교육실적, 안전점검실적, 안전관리비 사용실적)
⑥ 환경관리 실적(폐기물 발생 및 처리실적)
⑦ 종합분석

9) 제3자의 손해 방지

감리원은 다음 각 호의 공사현장 인근상황을 공사업자에게 충분히 조사하도록 함으로써 시공과 관련하여 제3자에게 손해를 주지 않도록 공사업자에게 대책을 강구하게 하여야 한다.

① 지하매설물
② 인근의 도로
③ 교통시설물
④ 인접건조물
⑤ 농경지, 산림 등

2 승인 및 시공

1) 시공상세도 승인

감리원은 공사업자로부터 시공상세도를 사전에 제출받아 다음 각 호의 사항을 고려하여 공사업자가 제출한 날부터 7일 이내에 검토 · 확인하여 승인한 후 시공할 수 있도록 하여야 한다.

① 설계도면, 설계설명서 또는 관계 규정에 일치하는지 여부
② 현장의 시공기술자가 명확하게 이해할 수 있는지 여부
③ 실제 시공 가능 여부
④ 안정성의 확보 여부
⑤ 계산의 정확성
⑥ 제도의 품질 및 선명성, 도면작성 표준에 일치 여부
⑦ 도면으로 표시 곤란한 내용은 시공 시 유의사항으로 작성되었는지 등의 검토

2) 시공기술자 등의 교체

(1) 감리원은 공사업자의 시공기술자 등이 아래 ②에 해당되어 해당 공사현장에 적합하지 않다고 인정되는 경우에는 공사업자 및 시공기술자에게 문서로 시정을 요구하고, 이에 불응하는 때에는 발주자에게 그 실정을 보고하여야 한다.

(2) 감리원으로부터 시공기술자의 실정보고를 받은 발주자는 지원업무 담당자에게 실정 등을 조사 · 검토하게 하여 교체사유가 인정될 경우에는 공사업자에게 시공기술자의 교체를 요구하여야 한다. 이 경우 교체 요구를 받은 공사업자는 특별한 사유가 없으면 신속히 교체에 응하여야 한다.

① 시공기술자 및 안전관리자가 관계 법령에 따른 배치기준, 겸직금지, 보수교육 이수 및 품질관리 등의 법규를 위반하였을 때
② 시공관리책임자가 감리원과 발주자의 사전 승낙을 받지 아니하고 정당한 사유 없이 해당 공사현장을 이탈한 때
③ 시공관리책임자가 고의 또는 과실로 공사를 조잡하게 시공하거나 부실시공을 하여 일반인에게 위해를 끼친 때
④ 시공관리 책임자가 계약에 따른 시공 및 기술능력이 부족하다고 인정되거나 정당한 사유 없이 기성 공정이 예정공정에 현격히 미달한 때
⑤ 시공관리책임자가 불법 하도급을 하거나 이를 방치하였을 때

⑥ 시공기술자의 기술능력이 부족하여 기공에 차질을 초래하거나 감리원의 정당한 지시에 응하지 아니할 때
⑦ 시공관리책임자가 감리원의 검사 · 확인 등 승인을 받지 아니하고 후속공정을 진행하거나 정당한 사유 없이 공사를 중단할 때

3) 공사 중지 및 재시공 지시 등의 적용한계는 다음 각 호와 같다.

(1) 재시공

시공된 공사가 품질확보 미흡 또는 위해를 발생시킬 우려가 있다고 판단되거나, 감리원의 확인 · 검사에 대한 승인을 받지 아니하고 후속 공정을 진행한 경우와 관계 규정에 맞지 아니하게 시공한 경우

(2) 공사 중지

시공된 공사가 품질확보 미흡 또는 중대한 위해를 발생시킬 우려가 있다고 판단되거나, 안전상 중대한 위험이 발견된 경우에는 공사 중지를 지시할 수 있으며 공사 중지는 부분중지와 전면중지로 구분한다.

① 부분중지
㉠ 재시공 지시가 이행되지 않은 상태에서는 다음 단계의 공정이 진행됨으로써 하자발생이 될 수 있다고 판단될 때
㉡ 안전시공상 중대한 위험이 예상되어 물적 · 인적 중대한 피해가 예견될 때
㉢ 동일 공정에 있어 3회 이상 시정지시가 이행되지 않을 때
㉣ 동일 공정에 있어 2회 이상 경고가 있었음에도 이행되지 않을 때

② 전면중지
㉠ 공사업자가 고의로 공사의 추진을 지연시키거나, 공사의 부실 발생 우려가 짙은 상황에서 적절한 조치를 취하지 않은 채 공사를 계속 진행하는 경우
㉡ 부분중지가 이행되지 않음으로써 전체 공정에 영향을 끼칠 것으로 판단될 때
㉢ 지진 · 해일 · 폭풍 등 불가항력적인 사태가 발생하여 시공을 계속할 수 없다고 판단될 때
㉤ 천재지변 등으로 발주자의 지시가 있을 때

»Chapter 05 테이블 스펙(T-S)

1 전압강하

1) KEC 규정에 따른 수용가 설비에서의 전압강하 (동영상)

★★ 대표유형문제

(2014년 1회 5번)

다른 조건을 고려하지 않는다면 수용가 설비의 인입구로부터 기기까지의 전압강하는 아래 표의 값 이하이어야 한다.

설비의 유형	조명(%)	기타(%)
A : 저압으로 수전하는 경우	3	5
B : 고압 이상으로 수전하는 경우 *	6	8

* 가능한 한 최종회로 내의 전압강하가 A유형의 값을 넘지 않도록 하는 것이 바람직하다. 사용자의 배선설비가 100m를 넘는 부분의 전압강하는 미터 당 0.005% 증가할 수 있으나 이러한 증가분은 0.5%를 넘지 않아야 한다.

2) 전압강하 계산식 (동영상)

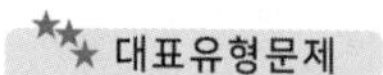

(2017년 1회 3번)

옥내배선 등 비교적 배선의 길이가 짧고, 전선이 가능 경우에서 표피효과나 근접효과 등에 한 도체 저항값의 증가분이나 리액턴스분을 무시해도 지장이 없을 경우 아래 계산식으로 전압강하 및 도체단면적을 계산할 수 있다.

배전방식	전압강하	단면적	비고
단상 2선식	$e = \frac{35.6LI}{1,000A}$	$A = \frac{35.6LI}{1,000e}$	선 간
단상 3선식 3상 4선식	$e = \frac{17.8LI}{1,000A}$	$A = \frac{17.8LI}{1,000e}$ 주의 다선식의 경우 e는 상기준(작은 값)	대지 간
3상 3선식	$e = \frac{30.8LI}{1,000A}$	$A = \frac{30.8LI}{1,000e}$	선 간

여기서, e : 전압강하[V], I : 부하전류[A]

L : 선로의 길이(전선 1본의 길이)[m]

A : 사용전선의 단면적[mm^2]

3) 전압강하식 계산

전선의 도전율이 97%이고 각상 부하는 평형상태이며, 역률이 100%일 경우 전압강하식은 아래와 같이 유도할 수 있다.

① 단상 3선식

$$e = IR = I \cdot \rho \frac{l}{A} = I \times \frac{1}{58} \times \frac{100}{97} \times \frac{l}{A} = 0.0178 I \frac{l}{A} = \frac{17.8 LI}{1,000A}$$

② 단상 2선식

$$e = 2IR = 2I \cdot \rho \frac{l}{A} = 2I \times \frac{1}{58} \times \frac{100}{97} \times \frac{l}{A} = \frac{35.6 LI}{1,000A}$$

③ 3상 3선식

$$e = \sqrt{3} IR = \sqrt{3} I \cdot \rho \frac{l}{A} = \sqrt{3} I \times \frac{1}{58} \times \frac{100}{97} \times \frac{l}{A} = \frac{30.8 LI}{1,000A}$$

참고 1 배전방식에 따른 계수

배전방식	계수(K)	비고
단상 2선식	2	선간
단상 3선식 3상 4선식	1	대지간
3상 3선식	$\sqrt{3}$	선간

참고 2 KSC IEC 규격에 따른 전선의 공칭단면적

전선의 공칭단면적[mm^2]									
	1.5	2.5	4	6	10	16	25	35	50
	70	95	120	150	185	240	300	400	500

대표유형문제

(2019년 3회 9번)

4) 전선 최대길이표가 주어진 경우의 단면적 계산 (동영상)

① 최대긍장$= \dfrac{\text{배선 설계 긍장} \times \dfrac{\text{최대 부하전류}}{\text{임의의 표 전류}}}{\dfrac{\text{배전 설계 전압강하}}{\text{표의 전압강하}}}$

② 배선설계 긍장 계산

- 균일 분포 부하

배선설계의 길이 $L = \text{처음 부하까지의 길이} + \dfrac{\text{부하 간 간격} \times \text{부하 간 간격의 갯수}}{2}$ [m]

$\therefore L = \text{분전반 첫 번째 부하까지의 거리} + \dfrac{l \cdot N}{2}$ [m]

• 불균일 분포 부하

배선설계의 길이 L

$$= \frac{\sum(\text{각 부하전류} \times \text{배전반으로부터 각 부하까지의 거리})}{\sum \text{각 부하전류}} [\mathrm{m}]$$

$$\therefore \mathrm{L} = \frac{l_1 \mathrm{i}_1 + l_2 \mathrm{i}_2 + \cdots + l_n \mathrm{i}_n}{\mathrm{i}_1 + \mathrm{i}_2 + \cdots + \mathrm{i}_n} [\mathrm{m}]$$

2 부하상정 및 분기회로 수

1) 표준부하 (동영상)

★★★ 대표유형문제

(2020년 2회 16번)

(1) 건축물의 종류에 따른 표준부하

건축물의 종류	표준부하[VA/m²]
공장, 공회당, 사원, 교회, 극장, 영화관 등	10[VA/m²]
기숙사, 여관, 호텔, 병원, 음식점, 다방, 학교, 대중목욕탕 등	20[VA/m²]
주택, 아파트, 사무실, 은행, 상점, 이발소 등	30[VA/m²]

주의 주택, 아파트는 별도로 40[VA/m²](한국전기설비규정 핸드북 수록)로 변경 가능

(2) 건축물 중 별도 계산할 구역의 표준 부하

건축물의 부분(구역)	표준부하[VA/m²]
창고, 세면장, 계단, 복도, 다락	5[VA/m²]
강당, 관람석	10[VA/m²]

(3) 가산할 [VA]수

① 주택, 아파트 : 세대당 500~1,000[VA]

② 상점, 진열장 : 폭(길이) 1[m]마다 300[VA]

③ 옥외 광고등, 전광사인, 무대조명, 네온사인등 : 해당 부하[VA]

2) 부하상정

배선을 설계하기 위한 전등 및 소형 전기 기계 기구의 부하 상정은 아래의 표준 부하표에 제시된 부하밀도에 바닥 면적을 곱하고 여기에 가산할 [VA] 값을 더한 것으로 한다.

$$\text{부하설비용량 } P_s = PA + QB + C[VA]$$

여기서, P : 건축물의 바닥면적 [m^2]

Q : 별도 계산할 건축물 구역(부분)의 바닥면적 [m^2]

A : 표준부하 밀도 [VA/m^2]

B : 부분부하 밀도 [VA/m^2]

C : 가산부하 [VA]

대표유형문제

(2020년1회 5번)

대표유형문제

(2018년 1회 4번)

대표유형문제

(2012년 3회 16번)

3) 분기회로 수(N) (동영상)

$$\frac{\text{총 설비 용량}[VA]}{\text{분기설비 용량}[VA]} = \frac{\text{표준 부하 밀도}[VA/m^2] \times \text{바닥 면적}[m^2]}{\text{전압}[V] \times \text{분기 회로의 전류}[A]}$$

주의
- 분기회로 수 계산 시 소수가 발생하면 절상한다.
- 220[V]에서 3[kW], 110[V]에서 1.5[kW] 이상인 냉방기기, 취사용 기기 등 대형 기계기구는 단독 회로를 사용한다.
- 부하설비 용량의 사용전압이 220[V]인 경우는 15[A]를 곱한 3,300[VA]를 나눈 값
- 부하설비 용량의 사용전압이 110[V]인 경우는 15[A]를 곱한 1,650[VA]를 나눈 값을 원칙으로 하되 변경된 규정에 의해 16[A]를 곱하도록 문제에 주어질 수도 있다.

3 과전류에 대한 보호 (동영상)

1) 과부하 전류 전용 보호 장치

과부하 전류 전용 보호장치는 아래(KEC 212.4)의 요구 사항을 충족하여야 하며, 차단용량은 그 설치 점에서의 예상 단락전류 값 미만으로 할 수 있다.

(1) 도체와 과부하 보호장치 사이의 협조

과부하에 대해 케이블(전선)을 보호하는 장치의 동작 특성은 다음의 조건을 충족해야 한다.

① $I_B \leq I_n \leq I_z$ .... Ⓐ

② $I_2 \leq 1.45 I_z$ .... Ⓑ

여기서, I_B : 회로의 설계전류

I_Z : 케이블의 허용전류

I_n : 보호장치의 정격전류

I_2 : 보호장치가 규약시간 이내에 유효하게 동작하는 것을 보장하는 전류

㉠ 조정할 수 있게 설계 및 제작된 보호장치의 경우 정격전류 I_n 은 사용현장에 적합하게 조정된 저류의 설정 값이다.

㉡ 보호장치의 유효한 동작을 보장하는 전류 I_2는 제조자로부터 제공되거나 제품 표준에 제시되어야 한다.

㉢ 식 Ⓑ에 따른 보호는 조건에 따라서는 보호가 불확실한 경우가 발생할 수 있다. 이러한 경우에는 식 Ⓑ에 따라 선정된 케이블보다 단면적이 큰 케이블을 선정해야 한다.

㉣ I_B는 선도체를 흐르는 설계전류이거나, 함유율이 높은 영상분 고조파(특히 제3고조파)가 지속적으로 흐르는 경우 중성선에 흐르는 전류이다.

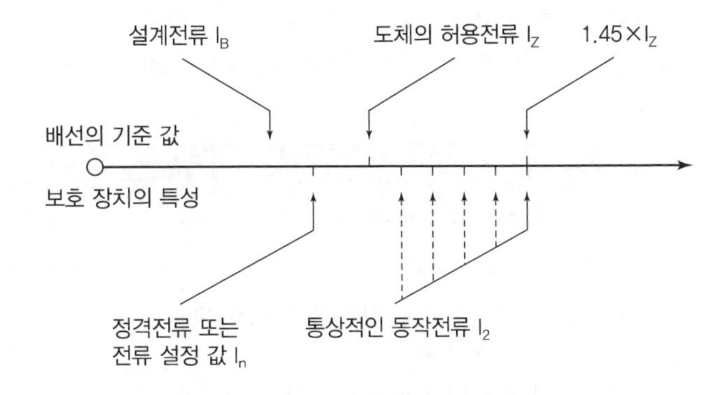

도체를 보호하여야 하는 과부하 보호장치는 부하최대전류 또는 부하의 설계전류를 도체에 연속하여 안전하게 흐르게 하여야 하며, 설계전류 이상의 과부하전류가 흐르게 되면 도체를 보호하기 위하여 도체의 과부하 보호점($1.45I_Z$)이 보호 될 수 있도록 하는 것이다. 보호장치의 설치 목적은 일반적으로 회로에 과부하전류가 흘러 도체의 절연체 및 피복에 온도상승으로 인한 열적손상이 일어나기 전에 과부하 전류를 차단하기 위함이다. 회로의 설계전류(I_B)는 분기회로인 경우에는 부하의 효율과 역률 및 부하율이 고려된 부하 최대전류를 의미하며, 고조파발생부하인 경우에는 고조파전류에 의한 선전류 증가분이 고려되어야 한다. 간선의 경우에는 추가로 수용률, 부하불평형률, 장래 부하증가에 대한 여유 등이 고려되어야 한다. 회로의 설계전류는 다음 식으로 계산하여 적용하면 된다.

$$I_B = \frac{\sum P_i}{K \cdot V} \times \alpha \times h \times k$$

여기서, I_B : 회로의 설계전류[A]
P_i : 단상 또는 3상 부하의 입력[VA]
K : 상 계수(3상 : $\sqrt{3}$, 단상 : 1)
V : 부하의 정격전압[V], α : 수용률
h : 고조파 발생부하의 증가계수
k : 부하의 불평형에 따른 선전류 증가 계수

케이블의 허용전류(I_Z)는 도체가 정상상태에서 온도가 지정된 수치(절연물의 종류에 대한 최고허용온도)를 초과하지 않는 범위 이내에서 연속적으로 흘릴 수 있는 최대전류이다. 절연물의 종류에 따른 최고 허용온도는 아래와 같다.

절연물	최고허용온도[℃]
열가소성 물질 [폴리염화비닐] PVC	70[℃]
열경화성 물질 [가교폴리에틸렌] XLPE	90[℃]
무기물(열가소성 물질 피복 또는 나도체로 사람이 접촉할 우려가 있는 것)	70[℃]
무기물(사람의 접촉에 노출되지 않고, 가연성 물질과 접촉할 우려가 없는 나도체)	105[℃]

보호장치의 정격전류(I_n)는 대기 중에 노출된 상태에서 규정된 온도상승한도를 초과하지 않는 한도 이내에서 연속하여 최대로 흘릴 수 있는 전류값으로 정하고 있다. 보호장치 정격전류의 표준값은 KSC IEC 60059(표준정격전류)에서 정하고 있다. 단, 정격전류를 조정할 수 있도록 설계 및 제작된 경우에는 조정된 전류값이 보호장치의 정격전류가 된다.
보호장치의 규약동작전류(I_2)는 보호장치가 규약시간(60분 또는 120분) 이내에 유효한 동작을 보장하는 전류로 I_2는 제조사가 기술사항서에 공시하여 제공하거나, 제품 표준에 제시되어야 한다. 다음은 표준에서 규정하고 있는 보호장치의 동작특성이다.

표 1. 과전류트립 동작시간 및 특성(산업용 배선용 차단기)

정격전류의 구분	시간	정격전류의 배수	
		부동작 전류	동작 전류
63[A] 이하	60분	1.05배	1.3배
63[A] 초과	120분	1.05배	1.3배

표 2. 순시트립에 따른 구분(주택용 배선용 차단기)

형	순시트립 범위
B	$3I_n$ 초과 ~ $5I_n$ 이하
C	$5I_n$ 초과 ~ $10I_n$ 이하
D	$10I_n$ 초과 ~ $20I_n$ 이하

비고 1. B, C, D 순시트립전류에 따른 차단기 분류
2. I_n 차단기 정격전류

표 3. 과전류트립 동작시간 및 특성(주택용 배선용 차단기)

정격전류의 구분	시간	정격전류의 배수	
		부동작 전류	동작 전류
63[A] 이하	60분	1.13배	1.45배
63[A] 초과	120분	1.13배	1.45배

표 4. 퓨즈의 용단특성

정격전류의 구분	시간	정격전류의 배수	
		불용단 전류	용단 전류
4[A] 이하	60분	1.5배	2.1배
4[A] 초과 16[A] 미만	60분	1.5배	1.9배
16[A] 이상 63[A] 이하	60분	1.25배	1.6배
63[A] 초과 160[A] 이하	120분	1.25배	1.6배
160[A] 초과 400[A] 이하	180분	1.25배	1.6배
400[A] 초과	240분	1.25배	1.6배

케이블(도체)의 과부하 보호점($1.45I_Z$)은 I_2의 동작전류를 결정하는 범위의 한계값으로 케이블허용전류의 1.45배가 된다. 따라서 I_2는 케이블 허용전류의 1.45배(과부하 보호점) 이내에서 선정하여야 한다. 보호협조 방법은 $I_B \leq I_n \leq I_z$, $I_2 \leq 1.45I_z$의 요구조건이 충족되도록 하여야 한다. 과전류차단기의 정격전류 또는 설정값(I_n)은 회로 설계전류(I_B) 이상이 되어야 한다.

과전류 차단기의 정격전류(I_n)는 정상운전 시 흐르는 최대사용전류와 비정상 조건에서 흐를 수 있는 전류 및 이 전류가 흐를 것으로 예상되는 시간을 고려하여 선정하여야 한다.

따라서 전동기 등과 같이 기동전류가 큰 부하의 경우에는 전동기 등의 기동 시 과전류 보호장치가 전동기의 기동 전류에 동작되지 않도록 선정하여야 할 필요가 있다.

케이블의 허용전류(I_z)는 과전류차단기의 정격전류 또는 설정값(I_n) 이상이 되어야 한다. 케이블 허용전류의 크기와 단면적의 크기는 비궤적 함수관계에 있으므로 케이블 단면적의 선정은 다음의 사항을 고려하여 결정하도록 한다.

① 도체의 연속사용온도 및 단시간 허용온도(열적강도)
② 부하의 운전 시 허용전압강하 및 전동기부하의 기동 시 허용전압강하
③ 고장전류에 의해 발생할 수 있는 전자기력에 의한 기계적 강도
④ 도체가 받을 수 있는 그 외의 응력
⑤ 고장저류에 대한 보호기능과 관련한 최대 임피던스
⑥ 설치방법

$I_2 \leq 1.45I_z$의 요구조건은 과전류 보호장치의 규약동작전류(I_2)를 케이블 허용전류(I_Z)의 1.45배 이하가 되도록 설정하여야 한다. $1.45I_Z$는 케이블에 허용전류의 1.45배의 전류가 60분간 지속할 때 연속사용온도에 도달하는 지점이다. 이 점을 케이블의 과부하 보호점이라고 하며 과부하보호의 보호대상이 된다. 과부하전류의 크기가 도체의 허용전류(I_Z)보다 크고, I_2 미만의 전류가 지속적으로 흐르는 경우에는 도체가 과전류 보호장치에 의하여 보호되지 않을 수도 있다. 이러한 경우에는 도체의 단면적을 더욱 크게 선정하여야 하며, 이러한 과부하전류에 의하여 도체가 장시간에 걸쳐 열적 손상에 의한 피해를 방지하기 위하여 가능한 도체의 허용전류 선정은 과부

하차단기 정격전류의 1.25배 이상이 되도록 선정하는 것이 바람직하다.

2) 과부하 보호장치의 생략

(1) 과부하 보호장치의 생략

아래와 같은 경우에는 과부하 보호장치를 생략할 수 있다. 다만, 화재 또는 폭발 위험성이 있는 장소에 설치되는 설비 또는 특수설비 및 특수 장소의 요구사항들을 별도로 규정하는 경우에는 과부하 보호장치를 생략할 수 없다.

가. 일반사항

다음의 어느 하나에 해당하는 경우에는 과부하 보호장치 생략이 가능하다.

① 분기회로의 전원 측에 설치된 보호장치에 의하여 분기회로에서 발생하는 과부하에 대해 유효하게 보호되고 있는 분기회로

② 분기점 이후의 분기회로에 다른 분기회로 및 콘센트가 접속되지 않는 분기회로 중 부하에 설치된 과부하 보호장치가 유효하게 동작하여 과부하전류가 분기회로에 전달되지 않도록 조치를 하는 경우

③ 통신회로용, 제어회로용, 신호회로용 및 이와 유사한 설비

나. 안전을 위해 과부하 보호장치를 생략할 수 있는 경우

사용 중 예상치 못한 회로의 개방이 위험 또는 큰 손상을 초래할 수 있는 다음과 같은 부하에 전원을 공급하는 회로에 대해서는 과부하 보호장치를 생략할 수 있다.

① 회전기의 여자회로

② 전자석 크레인의 전원회로

③ 전류변성기의 2차회로

④ 소방설비의 전원회로

⑤ 안전설비(주거침입경보, 가스누출경보 등)의 전원회로

(2) 저압전로 중의 전동기 보호용 과전류 보호장치의 시설제한

옥내에 시설하는 전동기에는 전동기가 손상될 우려가 있는 과전류가 발생했을 때 이를 자동적으로 차단하거나 경보하는 장치를 설치해야만 한다. 다만, 아래와 같은 경우에는 이러한 장치를 생략할 수 있다.

① 전동기 운전 중 상시 취급자가 감시할 수 있는 위치에 시설된 경우

② 전동기의 구조나 부하의 성질로 보아 전동기가 손상될 수 있는 과전류가 생길 우려가 없는 경우

③ 단상전동기로 그 전원 측 전로에 시설하는 과전류 차단기의 정격전류가 16[A](배선용 차단기 20[A]) 이하인 경우

④ 정격 출력이 0.2[kW] 이하인 경우

3) 단락 보호장치의 설치위치

(1) 단락전류 보호장치는 분기점(O)에 설치해야 한다. 다만, 아래 그림과 같이 분기회로의 단락보호장치 설치점(B)과 분기점(O) 사이에 다른 분기회로 또는 콘센트의 접속이 없고 단락, 화재 및 인체에 대한 위험이 최소화될 경우 분기회로의 단락 보호장치는 P_2는 분기점(O)으로부터 3m까지 이동하여 설치할 수 있다.

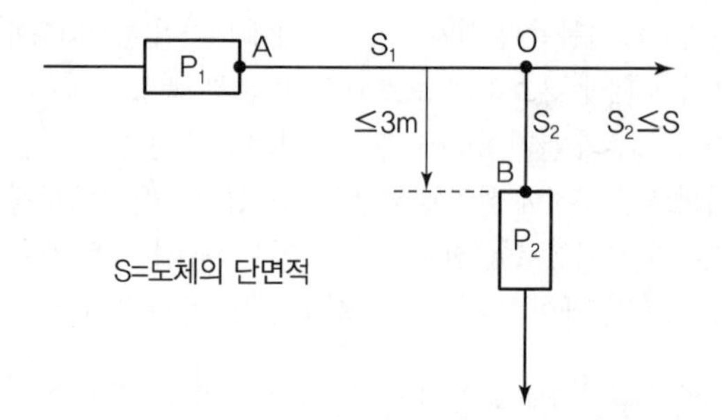

(2) 도체의 단면적이 줄어들거나 다른 변경이 이루어진 분기회로의 시작점(O)과 이 분기회로의 단락보호장치(P_2) 사이에 있는 도체가 전원 측에 설치되는 보호장치(P_1)에 의해 단락보호가 되는 경우 P_2의 설치위치는 분기점(O)로부터 거리제한 없이 설치할 수 있다.

»Chapter 06 시퀀스 및 PLC

1 시퀀스 제어의 기초정리

1) 유접점 회로

(1) 유접점 회로

릴레이 시퀀스라고 하며, 임의의 시퀀스 제어회로를 계전기, 즉 릴레이, 타이머, 전자접촉기 등의 내부 접점을 이용하여 각각의 동작사항을 구성하는 기계적 제어

출제 유형 : ① 동작설명 ② 타임차트
③ 논리식(간소화=부울대수, 카르노맵)

(2) a, b접점의 구분

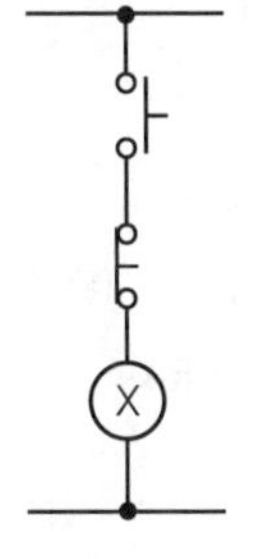

a접점	• 평상시 : OFF 상태 • 조작시 : ON 상태	• 접점의 명칭 : 수동조작 자동복귀(a, b) 접점
b접점	• 평상시 : ON상태 • 조작시 : OFF 상태	
계전기	구조 : 2a, 2b	

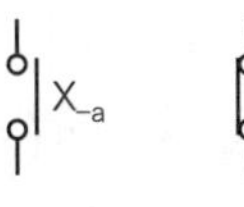

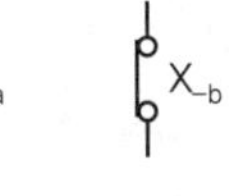

a접점 b접점

• 접점의 명칭 : 순시동작 순시복귀 (a, b) 접점

① a접점의 용도(기동 & 자기유지)

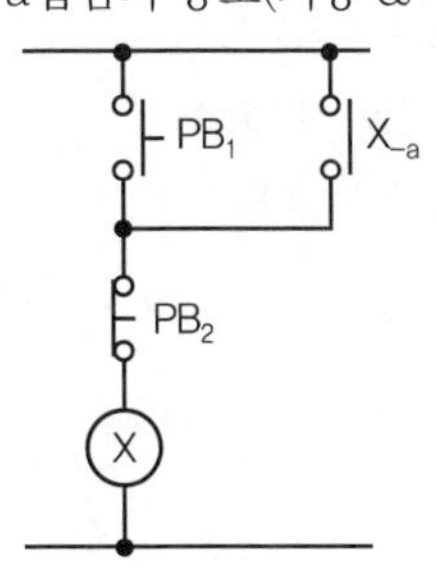

| 동작설명 |

PB_1을 ON 하면 계전기 Ⓧ가 여자되어 X_{-a} 접점이 폐로된다. 이때, PB_1이 OFF되어도 X_{-a} 접점이 계속 폐로되어 있어 Ⓧ는 계속 여자된다.(=자기유지) 이때 PB_2를 ON 하면 계전기 Ⓧ는 소자된다.

② b접점의 용도(정지 & 인터록)

㉠ 동시투입방지(인터록)

회로명칭 : 선입력 우선회로, 병렬우선회로

입력이 두 개 있을 때 둘 중에 먼저 입력한 회로의 출력만 발생한다.

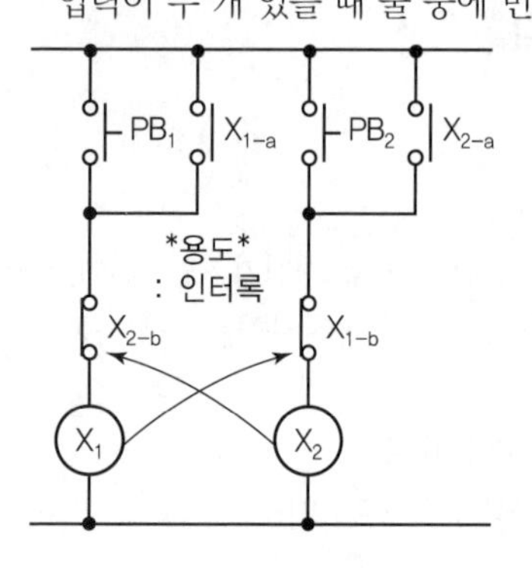

| 동작설명 |

- 먼저 PB1을 ON 하면 (X1)이 여자

  예 X1-a : 접점 폐로(자기유지)
  X1-b : 접점 개로
  이때, PB2를 ON 해도
  (X2)는 여자될 수 없다.

- 먼저 PB2를 ON 하면 (X2)가 여자

  예 X2-a : 접점 폐로(자기유지)
  X2-b : 접점 개로
  이때, PB1을 ON 해도
  (X1)은 여자될 수 없다.

㉡ 정지용

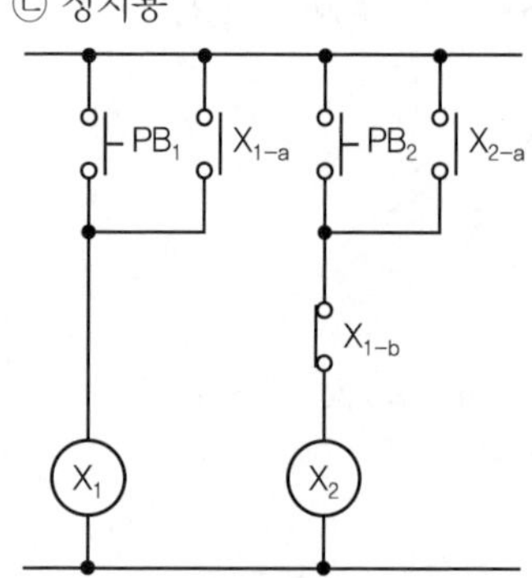

X1-b 접점 용도 : 정지용

| 동작설명 |

- 먼저 PB1 ON 하면 (X1)이 여자된다.

  예 X1-a : 접점 폐로(자기유지)
  X1-b : 접점 개로
  이때, PB2를 ON 해도
  (X2) 여자될 수 없다.

- 먼저 PB2를 ON 하면 (X2)가 여자

  예 X2-a : 접점 폐로(자기유지)
  이때 PB1을 ON 하면
  (X1)는 여자되고,
  X1-b 접점이 개로되고
  (X2)는 소자된다.

(3) 자기유지회로의 구분

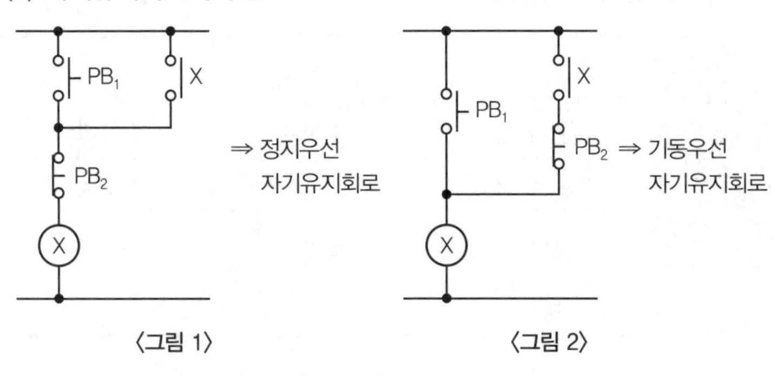

〈그림 1〉 〈그림 2〉

① 신입력 우선회로, 후입력 우선회로

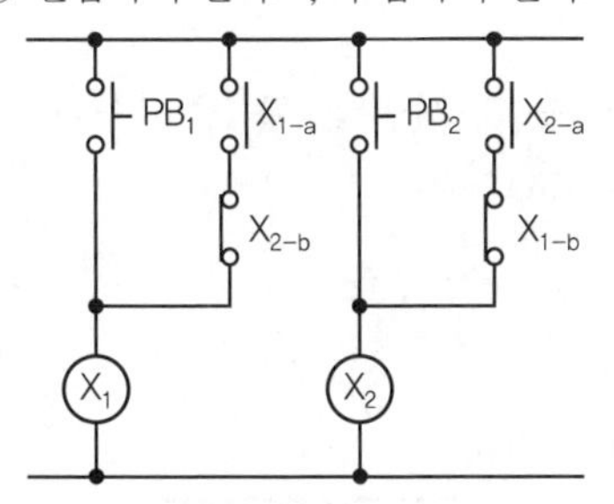

최종적으로 수신한 신호 회로만을 동작시키고 먼저 동작하고 있던 회로는 취소시켜 상태변환된 것을 우선시키는 구성

② 직렬 우선회로($PB_1 \rightarrow PB_2 \rightarrow PB_3$ 순차회로) 동영상

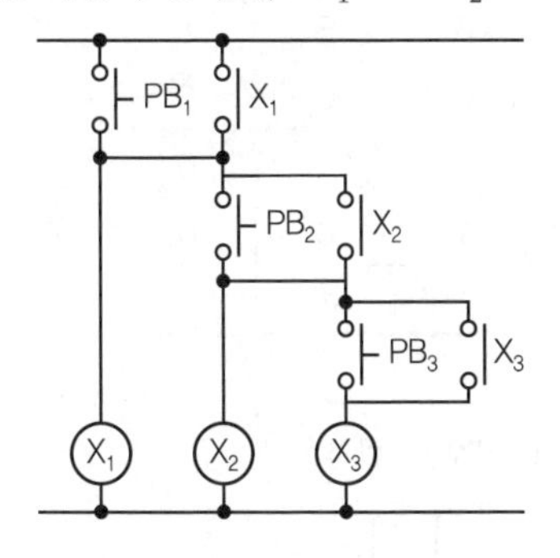

$PB_1 \rightarrow PB_2 \rightarrow PB_3$ 순서대로 조작하면 릴레이 $X_1 \rightarrow X_2 \rightarrow X_3$ 순으로 동작한다. 이때 PB_0를 조작하면 릴레이가 동시에 정지된다.

대표유형문제

(2017년 2회 10번)

2) 무접점 회로

(1) 무접점 회로

기계적 접점을 가지지 않는 반도체 스위칭 소자를 이용하여 구성하는 회로를 의미하며 보통 로직시퀀스 또는 논리회로라 한다.

출제 유형 : ① 논리식 ② Diode 동작 해설

(2) 무접점 회로의 기초정리

논리기호 (심벌)	AND 회로	OR 회로	NOT 회로
논리식	X = A · B	X = A + B	X = $\overline{A}$
유접점 관계	직렬	병렬	b접점
부호	곱(·)	합(+)	바아(‾)

대표유형문제

(2021년 1회 13번)

(3) AND 회로 동영상

입력 A, B가 동시 동작 시 출력 X가 생기는 회로(논리곱 회로, 직렬 논리 회로)

① 논리기호

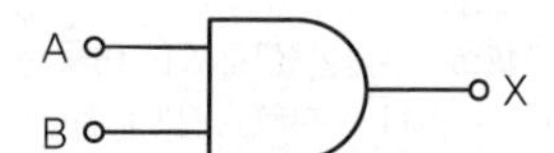

② 논리식

$$X = A \cdot B$$

③ 유접점 회로(릴레이 시퀀스)

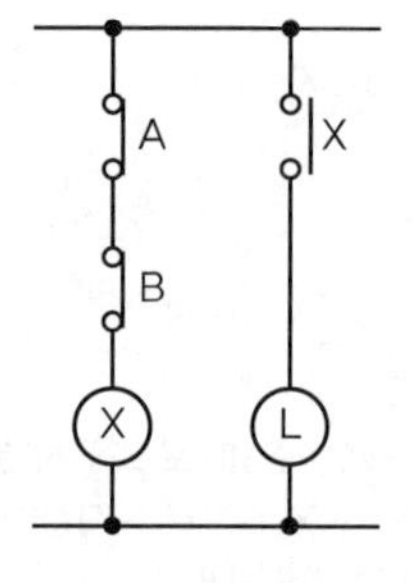

④ 진리표

입력		출력
A	B	X
0	0	0
0	1	0
1	0	0
1	1	1

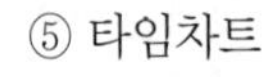

⑤ 타임차트

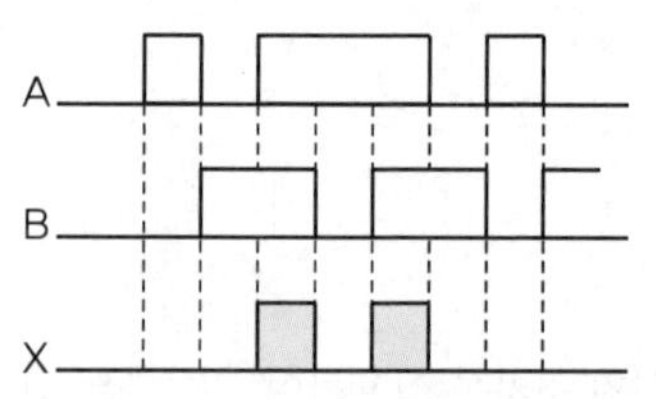

⑥ 다이오드 회로

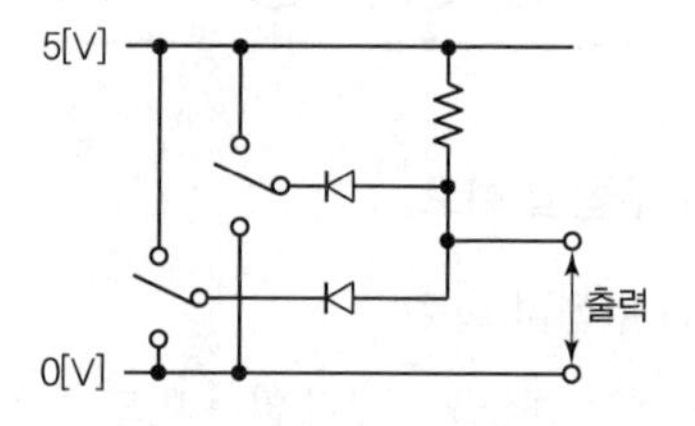

(4) OR 회로

입력 A, B 중 어느 하나라도 동작 시 출력 X가 생기는 회로(논리합 회로, 병렬 논리회로)

① 논리기호

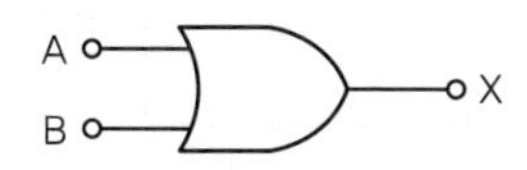

② 논리식

$$X = A + B$$

③ 유접점 회로(릴레이 시퀀스)

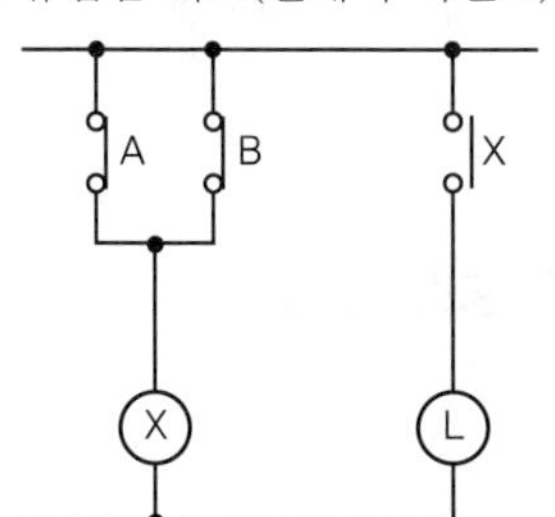

④ 진리표

입력		출력
A	B	X
0	0	0
0	1	1
1	0	1
1	1	1

⑤ 타임차트

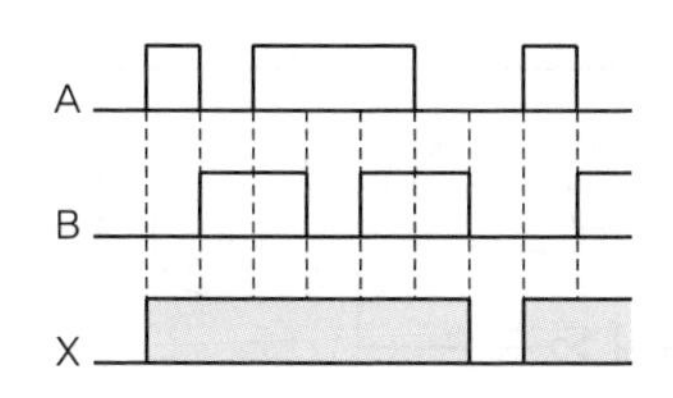

⑥ 다이오드 회로

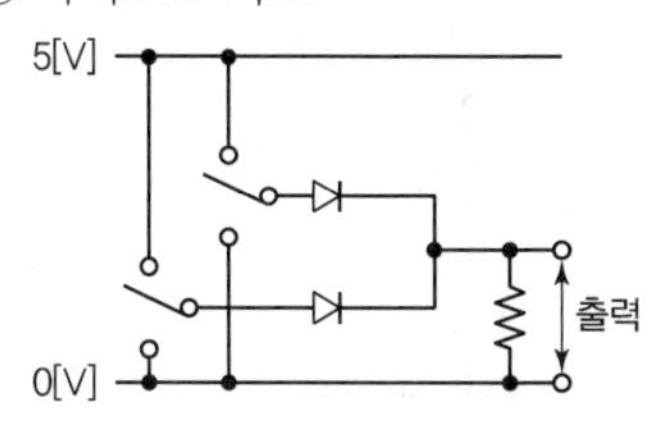

(5) NOT 회로

출력이 입력의 반대가 되는 회로로써 입력이 1이면 출력이 0이고, 입력이 0이면 출력이 1이 되는 반전(부정)회로이다.

① 논리기호

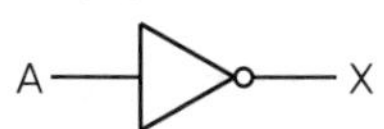

② 논리식

$$X = \overline{A}$$

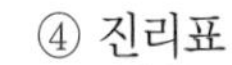

③ 유접점 회로(릴레이 시퀀스)

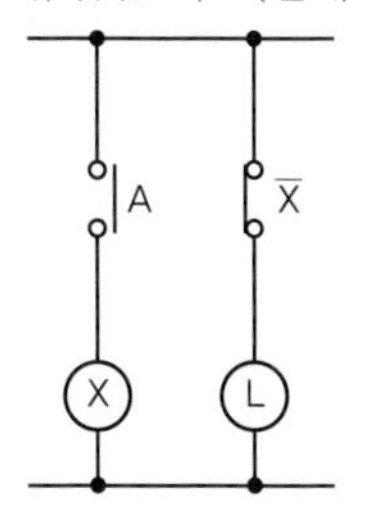

④ 진리표

입력	출력
A	X
0	1
1	0

⑤ 타임차트

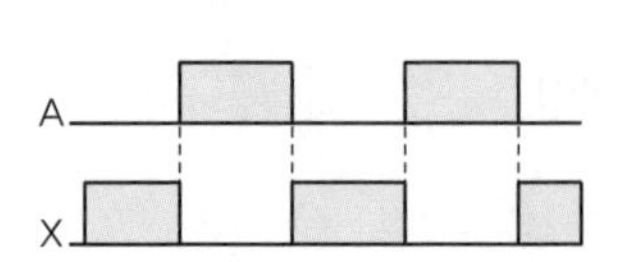

⑥ 다이오드 회로

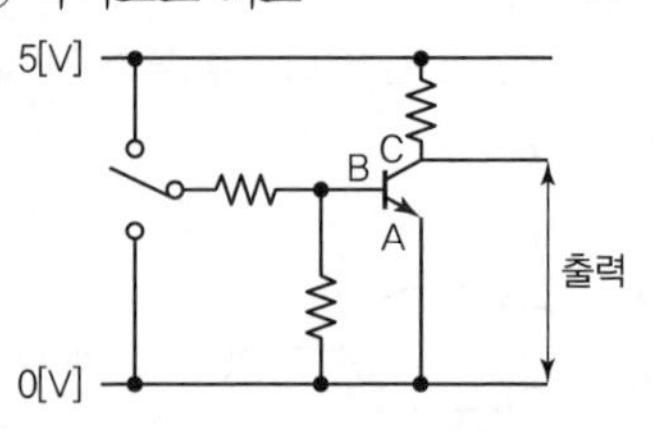

NPN 트랜지스터 : Base에 전류가 흘러야 콜렉터에서 에미터로 전류가 흐른다.

2 유접점 회로 및 무접점 회로의 상호 관계

1) 정지 우선회로

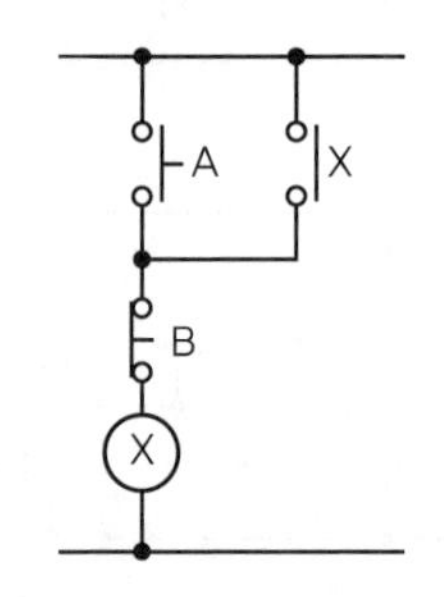

논리식 : $X = (A + X) \cdot \overline{B}$

무접점 회로

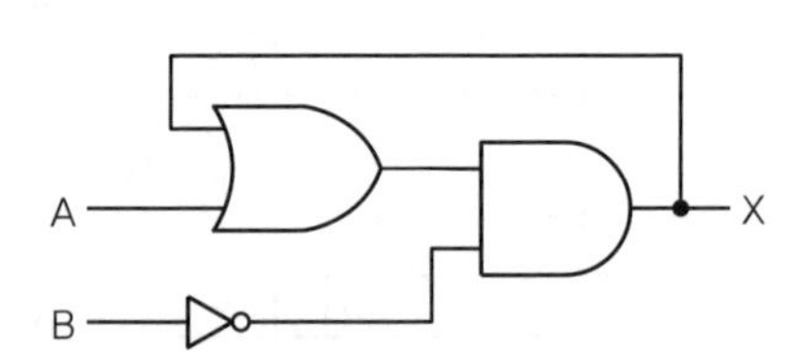

2) 선입력 우선회로 (동영상)

대표유형문제

(2020년 3회 3번)

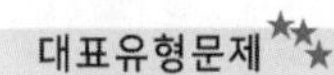

대표유형문제

(2012년 1회 16번)

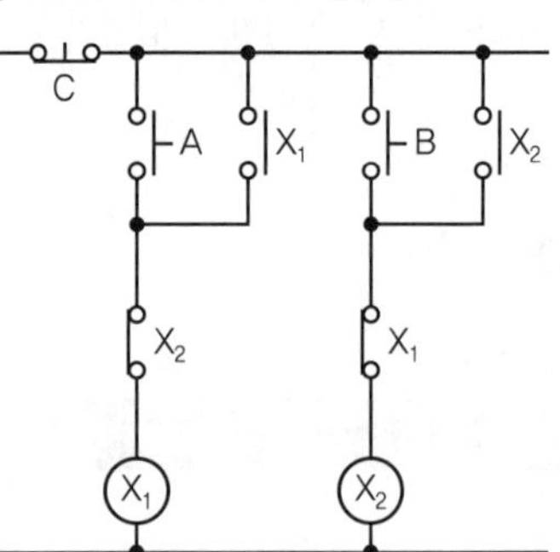

논리식 : $X_1 = \overline{C} \cdot (A + X_1) \cdot \overline{X_2}$

$X_2 = \overline{C} \cdot (B + X_2) \cdot \overline{X_1}$

무접점 회로

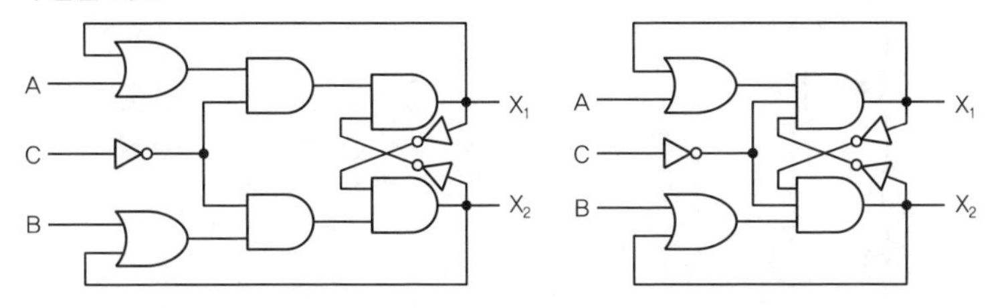

※ 두 그림은 동일한 그림으로 입력 개수 제한이 없을 경우 함께 사용할 수 있다.

3) 직렬 우선회로

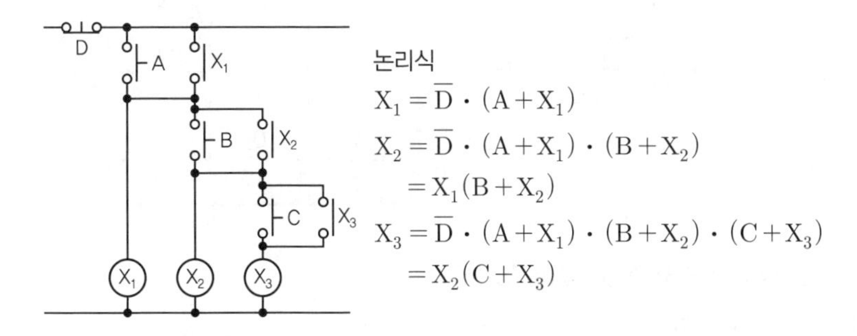

논리식

$X_1 = \overline{D} \cdot (A + X_1)$

$X_2 = \overline{D} \cdot (A + X_1) \cdot (B + X_2)$
$= X_1(B + X_2)$

$X_3 = \overline{D} \cdot (A + X_1) \cdot (B + X_2) \cdot (C + X_3)$
$= X_2(C + X_3)$

무접점 회로

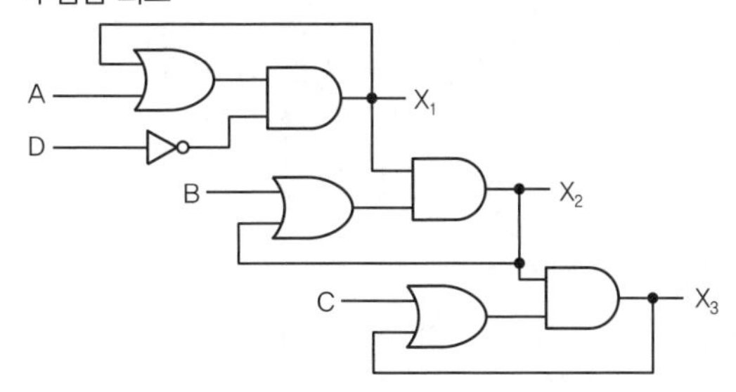

4) 부정논리곱 NAND 회로 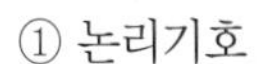

기능 : AND 회로와 반대로 동작하는 회로(AND + NOT)

① 논리기호

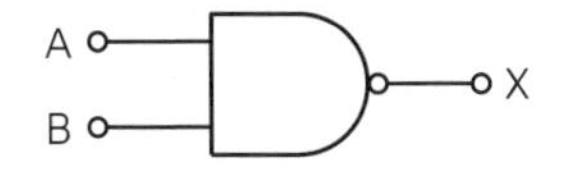

② 논리식(출력식)

$$X = \overline{A \cdot B} = \overline{A} + \overline{B}$$

대표유형문제

(2020년 3회 4번)

③ 유접점 회로

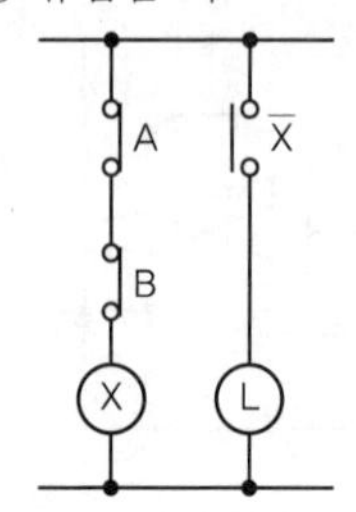

④ 타임차트

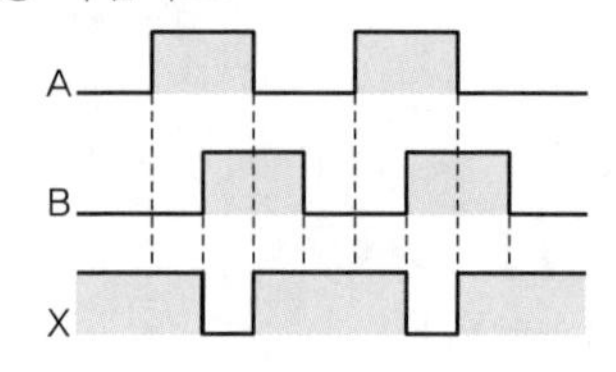

⑤ 진리표(출력표)

입력		출력
A	B	X
0	0	1
0	1	1
1	0	1
1	1	0

대표유형문제

(2012년 1회 13번)

5) 부정 논리합 NOR 회로 동영상

기능 : OR 회로와 반대로 출력이 생기는 회로

① 논리기호

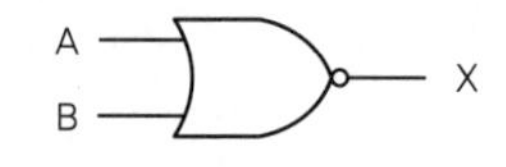

② 논리식(출력식)

$$ⓧ = \overline{A + B} = \overline{A} \cdot \overline{B}$$

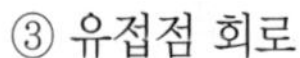

③ 유접점 회로

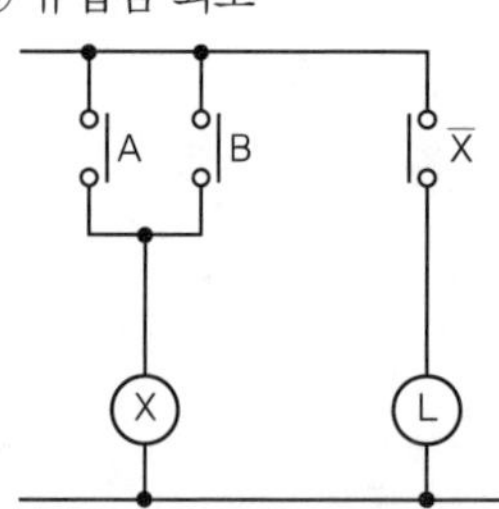

④ 타임차트

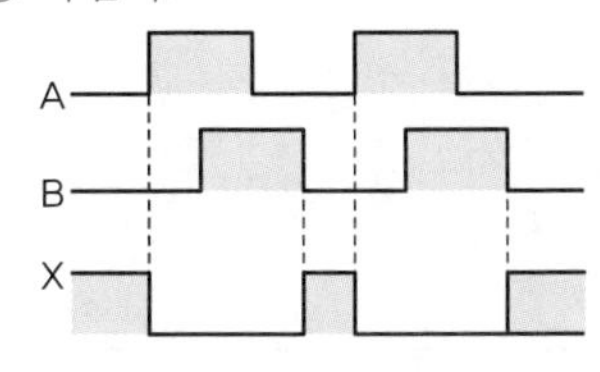

⑤ 진리표

입력		출력
A	B	X
0	0	1
0	1	0
1	0	0
1	1	0

6) 배타적 논리합 XOR 회로(Exclusive OR Gate)

기능 : A, B 입력상태가 서로 다를 경우 출력이 생기는 회로

① 논리회로

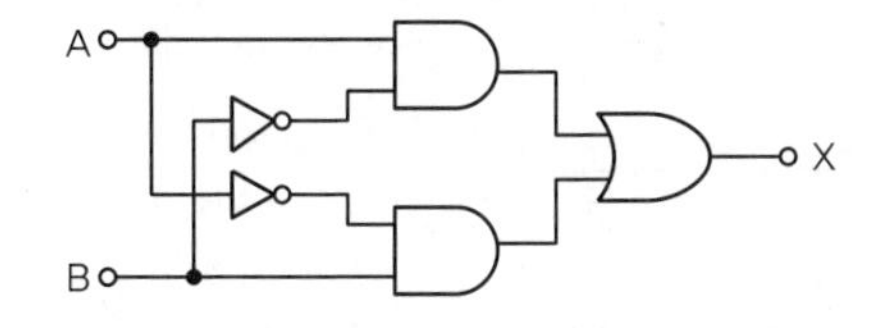

② 논리식

$$X = A\overline{B} + \overline{A}B$$
$$= A \oplus B$$

③ 유접점 회로

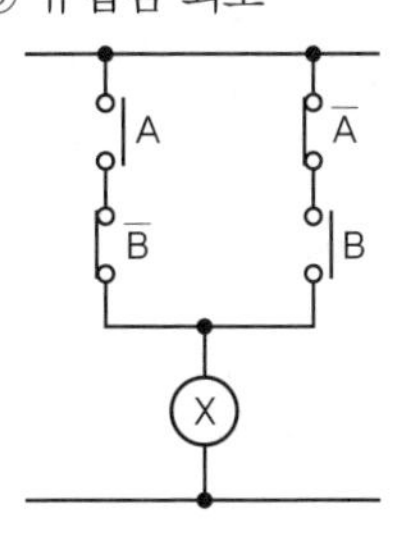

④ 논리심벌(논리기호)

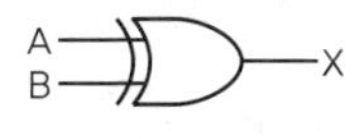

⑤ 타임차트

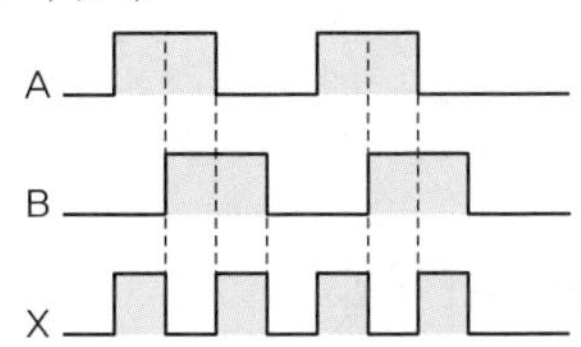

⑥ 진리표

입력		출력
A	B	X
0	0	0
0	1	1
1	0	1
1	1	0

대표유형문제

(2014년 2회 18번)

대표유형문제

(2012년 2회 17번)

3 논리식의 간소화 (동영상)

1) 부울대수

(1) 부울대수 기본연산 정의

$1+1=1$	$0+1=1$	$0+0=0$
$1 \cdot 1=1$	$1 \cdot 0=0$	$0 \cdot 0=0$

(2) 부울대수 법칙

① 교환법칙 $A+B=B+A$

② 분배법칙 $A+(B \cdot C)=(A+B) \cdot (A+C)$

③ $A \cdot (B+C)=A \cdot B+A \cdot C$

(3) 부울대수 정리

$A+0=A$	$A+A=A$	$A+1=1$	$A \cdot 0=0$
$A \cdot 1=A$	$A \cdot A=A$	$A+\overline{A}=1$	$A \cdot \overline{A}=0$

(4) 드모르간의 정리

① 제1정리는 논리합을 논리곱으로 바꾸는 정리

$\overline{A+B}=\overline{A} \cdot \overline{B}$

② 제2정리는 논리곱을 논리합으로 바꾸는 정리

㉠ $\overline{A \cdot B}=\overline{A}+\overline{B}$

㉡ $\overline{\overline{A \cdot B}}=A \cdot B$

㉢ $\overline{\overline{A+B}}=A+B$

대표유형문제

(2021년 1회 16번)

2) 카르노 맵 (동영상)

그래프(도표)를 사용하여 간소화를 쉽게 해결하는 방법

- 3변수 카르노 맵의 작성

  임의의 3변수 A, B, C가 있을 때 이에 대한 카르노 맵의 작성법은 아래와 같다. 변수가 3개일 때는 $2^3 = 8\ (2^n)$가지 상태가 존재하며 진리표는 다음과 같다.

3변수의 예

A	B	C	Y
0	0	0	0
0	0	1	0
0	1	0	1
0	1	1	1
1	0	0	0
1	0	1	0
1	1	0	1
1	1	1	1

(1) 카르노 맵 작성법

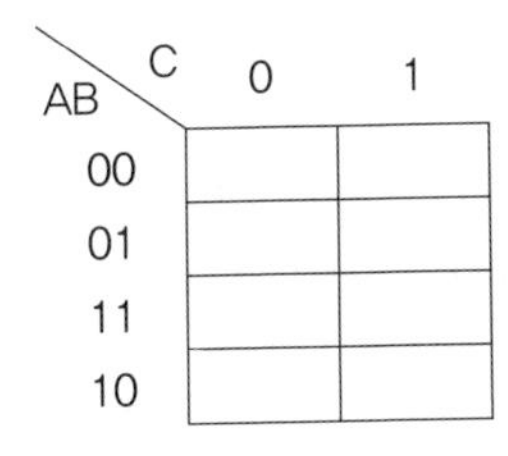

그림과 같이 세로(가로)에 2개의 변수와 그의 보수를 가로(세로)에는 1개의 변수와 그의 보수를 배열한다.(가로와 세로의 가지 수는 변경 가능)
이때 세로(가로)에 써 넣을 2변수의 배열 순서에 유의할 필요가 있다.
2변수가 AB라면 (00) (01) (11) (10) 순서를 따라야 한다.
진리표에서 출력 Y가 1이 되는 곳을 찾아 넣는다.

(2) 카르노 맵 해석법

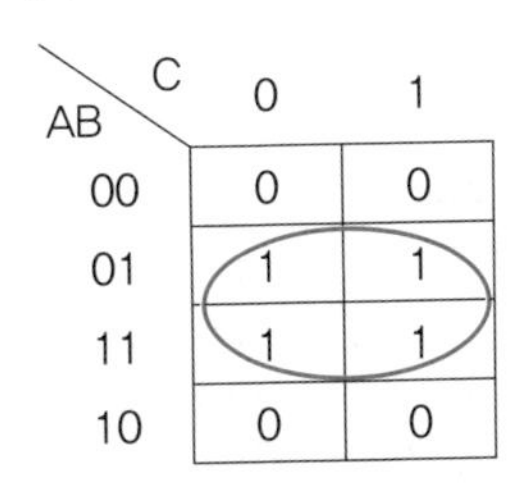

나머지 빈칸은 모두 0으로 넣는다. 인접한 1을 수평 수직으로 (1, 2, 4, 8 ..) 2^n 개수로 묶어준다. 이때 최대한 크게 묶어 준다. 묶음원에서 변하지 않는 변수를 찾는다. 이 도표에서는 B 하나뿐이다. 그래서 간소화된 논리식은 Y = B가 된다.

(3) 부울대수를 통한 간소화

$$Y = \overline{A}\,B\,\overline{C} + A\,B\,\overline{C} + \overline{A}\,B\,C + A\,B\,C$$
$$= B\,\overline{C}\cdot(\overline{A} + A) + B\,C\cdot(\overline{A} + A)$$
$$= B\,\overline{C} + B\,C = B\cdot(\overline{C} + C) = B$$

4 전동기 제어 회로

대표유형문제

(2020년 통합 4·5회 1번)

1) 전동기 정 · 역 운전 회로 (동영상)

셔터의 개폐 및 컨베이어의 회전, 리프트의 상승, 하강 등 회전 방향을 바꾸거나 이송 방향을 바꿈에 있어 전동기의 회전 방향을 바꿈으로써 제어하는 방법으로 전동기의 회전 방향을 정방향에서 역방향으로 또는 역방향에서 정방향으로 절환하여 운전을 제어하는 회로를 의미한다. 이때 전동기의 회전 방향은 특별한 지정이 없을 경우 시계 방향을 정방향으로, 반시계 방향을 역방향으로 정할 수 있다.

(1) 전동기의 정 · 역 주회로 결선방법

① 3상 전동기 : 전원의 3단자 중 2단자의 접속을 변경한다.
② 단상 전동기 : 기동권선의 접속을 바꾼다.

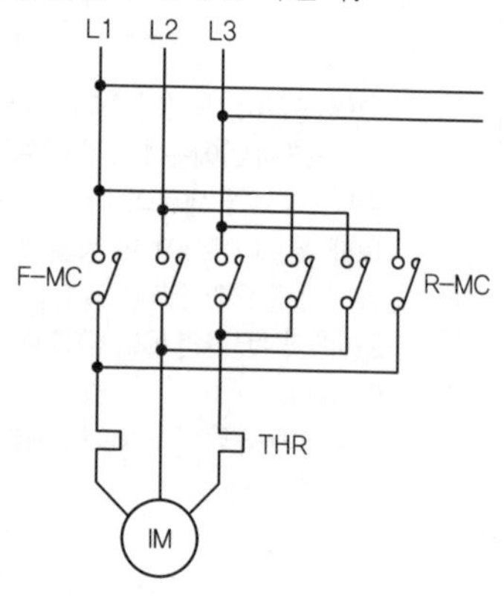

(2) 전동기의 정 · 역 보조회로

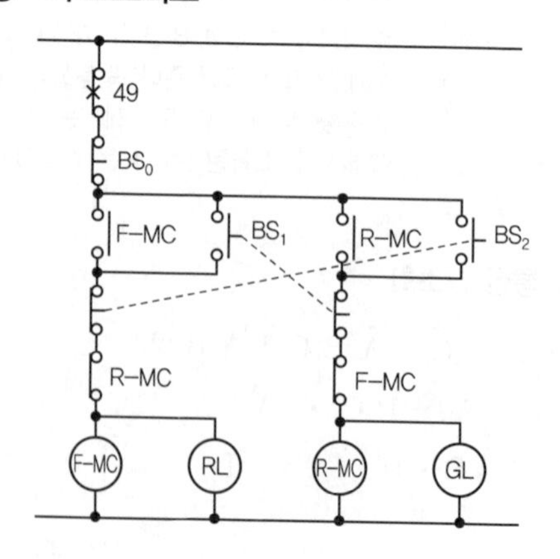

(3) 정지표시등 OL 추가 시 로직회로

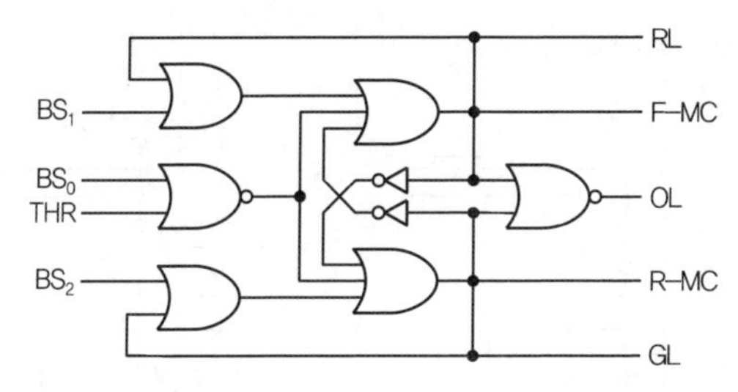

2) 전동기 Y − Δ 기동회로 (동영상)

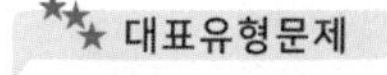

(2020년 1회 3번)

기존 사용하던 Y − Δ 회로의 결선은 Y 결선 시의 U·X 권선의 유도 기전력의 위상은 $L_1 - L_2$상 간의 전압보다 약 30° 뒤져 있다. 또 Y 결선 시에 Δ 결선으로 전환하는 때에 기동 회로가 열려 전동기 회전자의 속도가 늦어져 슬립이 발생한다. 이 슬립 때문에 전압의 위상차는 30° 보다 더욱 커진 상태에서 Δ 결선이 된다. 따라서 전동기의 권선이 Δ 접속이 되었을 때에 큰 돌입 전류가 흐른다.

한편 개선된 Y − Δ 회로의 결선은 전동기의 U·X 권선의 유도 기전력의 위상은 L_1, L_3상 간의 전압보다 대략 30° 앞서 있다. 따라서 전동기의 권선을 Y 결선에 Δ 결선으로 전환할 때에 기동 회로가 열려 전동기 회전자의 속도가 늦어져 슬립이 발생해도 전압의 위상차는 30° 보다도 작아지는 방향으로 변환한다. 이로 인해 Y 결선에서 Δ 결선으로 전환 시 개로 시간이 현저하게 길지 않고, 또 그간의 부하에 의한 전동기의 속도 감속이 현저하게 크지 않는 한 Y 결선에서 Δ 결선으로 전환한 직후의 과도 전류 및 과도 토크의 크기는 종래의 방식에 의해 작은 것이 예상된다. 또 이들의 기동 회로에 대해서는 실측 데이터에 의해서도 돌입 전류가 낮아지는 것이 나타나고 있어 개선된 Y − Δ 회로의 결선을 사용하는 것을 권장하고 있다.

(1) 개선 전후 주회로 결선도

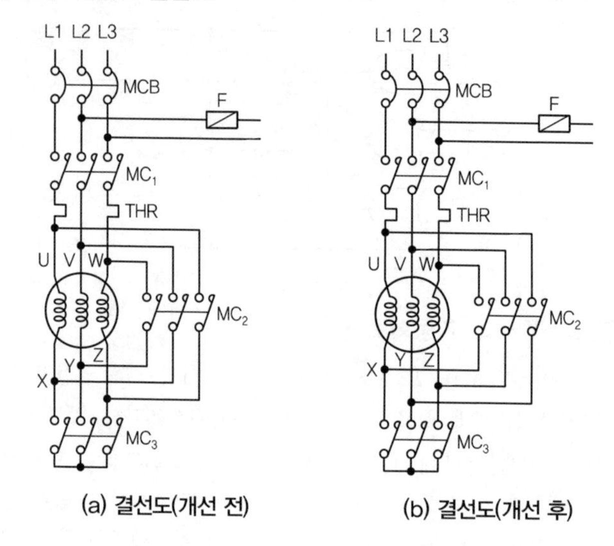

(a) 결선도(개선 전)　　(b) 결선도(개선 후)

(2) 회로의 특징

① 전전압 기동 시 기동 전류는 정격 전류의 6~7배 정도이다.

② $Y-\Delta$ 기동 시 전전압 기동 전류의 $\frac{1}{3}$배

③ 전압은 $\frac{1}{\sqrt{3}}$배, 기동 토크는 $\frac{1}{3}$배가 된다.

memo

memo

memo

memo

memo

memo

2024

전기산업기사 실기+무료동영상

22개년 기출 + 핵심요약 핸드북

내가 뽑은 1 원픽!

최신 출제경향에 맞춘 최고의 수험서

www.yeamoonsa.com